"十三五"国家重点出版物出版规划项目
国家科技基础性工作专项重点项目
国家社会公益研究专项项目
中国农业科学院科技创新工程

中国土壤剖面数据集

·广西卷

主　编　张维理

本卷主编　徐爱国　张认连　陈佑启　蒋瑜

浙江科学技术出版社·杭州

版权所有　侵权必究

图书在版编目（CIP）数据

中国土壤剖面数据集. 广西卷 / 张维理主编；徐爱国等本卷主编. -- 杭州：浙江科学技术出版社，2024.6. -- ISBN 978-7-5739-1278-7

Ⅰ. S152.2

中国国家版本馆CIP数据核字第2024CG3255号

书　　　名	中国土壤剖面数据集·广西卷	
主　　　编	张维理	
本卷主编	徐爱国　张认连　陈佑启　蒋　瑜	
出版发行	浙江科学技术出版社	
	杭州市拱墅区环城北路177号　邮政编码：310006	
	办公室电话：0571-85152719	
	销售部电话：0571-85176040	
排　　　版	杭州万方图书有限公司	
印　　　刷	浙江新华数码印务有限公司	
经　　　销	全国各地新华书店	
开　　　本	787mm×1092mm　1/8	印　张　60
字　　　数	1055千字	
版　　　次	2024年6月第1版	印　次　2024年6月第1次印刷
书　　　号	ISBN 978-7-5739-1278-7	定　价　450.00元
地图审核号	GS浙（2024）312号	
策划组稿	詹　喜　章建林　　责任编辑　赵雷霖　方　裕	
责任校对	赵　艳　　　　　　责任美编　金　晖　　责任印务　吕　琰	

如发现印、装问题，请与承印厂联系。电话：0571-85155604

《中国土壤剖面数据集》
编委会

主　　任　赵其国

副 主 任　张维理

委　　员　（按姓氏笔画排序）

　　　　　毛达如　　史学正　　刘　旭　　刘先林　　刘更另
　　　　　孙　睿　　孙九林　　孙铁珩　　杨　鹏　　张洪江
　　　　　张维理　　周健民　　赵其国　　陶　澍　　黄鸿翔
　　　　　黄德明　　傅伯杰

《中国土壤剖面数据集·广西卷》
编写人员

主　　编　张维理

本卷主编　徐爱国　　张认连　　陈佑启　　蒋　瑜

本卷编委　（按姓氏笔画排序）

　　　　　龙怀玉　　田有国　　朱晓晖　　伍华远　　李陈南
　　　　　张认连　　张维理　　陈　松　　陈印军　　陈佑启
　　　　　武淑霞　　周柳强　　徐爱国　　宾士友　　黄金生
　　　　　蒋　瑜　　曾　艳　　谭宏伟　　熊柳梅　　冀宏杰

土壤大数据整合与数字制图

设　　计　张维理

制　　作　徐爱国　　张认连　　冀宏杰

程序编制　贾　萌　　吴章生　　严　豪

地图编辑　中国地图出版社集团有限公司

内容提要

本数据集以分县主要土壤类型与土壤剖面点分布图、土壤剖面理化性状表的形式，提供了我国各地详尽的土壤资源与质量的科学数据。全集共25卷，收录了全国2200多个县（市、区）的分县土壤图和6万多个土壤剖面的分层理化性状数据。根据各省级行政区土壤剖面数量和地域关联特征，既有一个省（自治区）的单卷，也有多个省（自治区、直辖市、特别行政区）的合订卷。各卷内容包含分县主要土类说明、主要土壤类型与土壤剖面点分布图、中心区气候特征图表，还含有全国和各卷所涉省级行政区的土壤图、土壤有机质含量图与地势图，以便读者在全国、省级和县级不同视角和尺度上，了解土壤资源与质量状况及其空间分布特征，以及土壤类型、土壤肥力与气候条件、地势、地貌之间的相互关联。

广西壮族自治区地处我国地势第二级阶梯中的云贵高原东南边缘、两广丘陵西部，南临北部湾海面。西北高、东南低，呈西北向东南倾斜状。总体是山地丘陵性盆地地貌，分山地、丘陵、台地、平原、石山、水面6类。属亚热带季风气候和热带季风气候。主要土壤类型有红壤、赤红壤、石灰（岩）土、水稻土、黄壤、紫色土、粗骨土、砖红壤、黄棕壤、红黏土、潮土、新积土、滨海盐土等13个土类。本卷收录了广西壮族自治区89个县（市、区）2638个典型土壤剖面的分层理化性状数据，便于读者了解广西壮族自治区主要土壤类型的分布特征及剖面特征，可作为农业、林业、环境、气象、国土、水利、经济等领域的科研、管理、技术人员的工具书和参考书，也适合高等院校研究生参考使用。

序

万物土中生，有土斯有粮。土为万物之本，土壤的重要性是怎么强调都不为过的。现在，土壤相关数据已成为农业、林业、环境、气象、国土、水利等各部门、各行业的基础数据。土壤研究最基础、最重要的表现形式是土壤剖面数据，其反映了不同层次的土壤理化性状。然而，长期以来，我国一直缺乏一套完整的系统性表现全国各区域土壤性状的剖面数据。

中华人民共和国成立以来，我国曾开展了两次全国性土壤普查，其中20世纪70年代末开始的全国第二次土壤普查是迄今为止最完整的。当时全国挖掘了550余万个剖面，各地分县完成了大比例尺土壤图，数据完整且可靠性高；然而，限于种种因素，当时仅完成了全国范围小比例尺土壤类型图和养分图的汇总，未及时完成全国土壤剖面库的整理。这些纸质资料散落于各地，并且年代久远，面临丢失、损毁的风险。这些宝贵数据具有时空尺度的唯一性，一旦出现问题，将对国家和社会各层面造成无法挽回的损失。

自2001年起，在国家社会公益研究专项项目资助下，张维理研究员带领团队，在全国范围开始对分散存留各地的土壤调查资料进行抢救性收集和整理。2006年，科技部启动了国家科技基础性工作专项项目，"我国1:5万土壤图籍编撰及高精度数字土壤构建"项目被列入首批重点项目并连续获得两期资助。该项目由中国农业科学院农业资源与农业区划研究所牵头，全国近20个科研单位（两期）共同承担任务，极大地加快了土壤数据抢救的进程，为编制本数据集奠定了基础。在参与本数据集编制的土壤科技工作者20年的持续努力下，在2019年度国家出版基金的资助下，在中国农业科学院科技创新工程的持续支持下，本数据集终于得以面世。

本数据集以涵盖全国2200多个县的土壤剖面分层数据为主体，首次同时展示了分县土壤图与典型土壤剖面分布图，描述了影响土壤发生的气候特征、主要土类的性状等，内容丰富，兼具专业性和科普性。全集共25卷，既有一个省、自治区的单卷，也有多个省、自治区、直辖市、特别行政区的合订卷。鉴于其数据的完整性、系统性、科学性，本数据集可成为我国资源环境领域的必备工具书之一。

本数据集至少可以应用于以下几个方面：

第一，直接服务于农业生产，保障粮食安全和食品安全。全国分县的不同土壤类型分层养分数据、土壤质地信息，可为科学施肥、土壤培肥与耕作措施的制定提供决策依据。

第二，为水利、环境、建筑、旅游等行业提供便捷、直观的土壤分层次基础信息。信息后标有剖面点经纬度，便于查询获取。

第三，对于土壤质量演变、耕地地力演变、碳储量、面源污染、气候变化等多学科研究具有土壤科学起始点数据意义。

我国疆域辽阔，编制本数据集需要对各地分县完成的大比例尺土壤图和土壤调查资料进行数字化整合，创建覆盖我国全域的高精度数字土壤，再进行分县土壤剖面表的提取与分县土壤图的缩编。本数据集的总数据处理量达到 TB 级且数据来源多而复杂、专业性强、处理难度大，按常规方法，需数万人历时多年方能处理完成。张维理研究员创造性地将数据科学、人工智能与人机交互设计原理引入土壤学范畴，首创土壤大数据方法，以土壤科学需求设计统领其他各层级设计，以智能化、自动化、人机交互式的数据分析流程替代人工流程，高效、精准地完成了土壤大数据的时空整合和表达，这一巨著才得以面世。作为两期项目的专家组组长，我亲历了整个项目的全过程，对张维理研究员勇于创新、踏实、勤奋、务实、敬业、有担当的优秀品质印象深刻，也深感钦佩！

本数据集的完成前后历时 20 年之久，直接参与数据收集、编撰人数近百人，涉及我国各省（自治区、直辖市）的土壤肥料相关单位。正是他们的付出和努力，才使得本数据集得以面世。衷心希望本数据集能在农业、林业、环境、气象、国土、水利以及肥料工业等领域发挥积极作用，更好地服务于我国经济和社会发展。

中国科学院院士 赵其国

2021 年 12 月

前 言

土壤是农业的基础，是陆地生态系统生命过程的基础，也是维持地球上能量与水的交换、生命元素循环的重要基础。《中国土壤剖面数据集》首次以分县土壤图和土壤剖面理化性状表的形式，提供了我国陆域全覆盖的土壤资源与质量的科学数据，为农业、林业、环境、气象、国土、水利等部门和相关行业精准了解各地土壤资源分布与质量状况，科学利用土壤资源，发展绿色农业、特色农业和节水农业，进行耕地保育、科学施肥、面源污染防治和基本农田保护等提供了科学依据；也为农业科学、环境科学及地学、气象、测绘、水利等多个学科领域的科研工作者研究陆地生态系统生产力演变、地球物质循环、气候与环境变化提供了基础数据。

编入本数据集的分县土壤图和土壤剖面理化性状表主要源于对全国第二次土壤普查（以下简称"二普"）调查资料的收集、整理、提取与汇总。二普是我国现代规模最大的以查清土壤资源和土壤肥力为主要目标的土壤资源综合调查，既完成了我国迄今为止最详尽的土壤分类调查，也首次在全国范围内进行了较高密度的土壤采样化验，开启了我国用土壤理化性状量化指标描述土壤资源与土壤质量状况的时代。二普地面调查采样实施于1979—1987年，通过550万个土壤剖面观测和采样，分县完成了1∶5万比例尺土壤图绘制和10万余个土壤剖面的分层采样、化验、记录，其中的土壤质量稳定性要素，如土体构造、质地、母质、成土条件、土壤类型等时效性长，CRT值（土壤特性响应时间，characteristic response time）达上千年，可长久使用；土壤有机质含量，氮、磷、钾含量，酸碱度，耕层厚度等土壤质量变化性要素为了解土壤与环境质量演变提供了重要信息。无论从数量还是质量上看，二普获取的土壤科学数据至今都是我国最详尽、最有价值的土壤资源基础数据，其精度与质量超过许多发达国家的土壤资源基础数据。

20世纪末期以来，全球性人口和经济快速增长导致的人均土地资源与水资源紧缺、环境污染、气候变化、粮食安全危机，使科学界对土壤及其形成过程的关注度不断提高，关注重点也从了解土壤与环境质量现状转变为弄清演变趋势、引致变化的内在机理和驱动因素。土壤圈处于地球大气圈、水圈、生物圈和岩石圈的交会处。土壤层中的生物过程和物质循环过程既活跃，又具有一定的稳定性，能较好地反映地球水圈、土壤圈、大气圈、生物圈及岩石圈五大圈层动态交互作用的结果。只要对近年来国际上关于碳足迹、气候变化的研究进展稍加关注，就可知晓具有时空维度的土壤科学数据对于阐明土壤与环境过程并弄清其驱动因素、预测未来土壤与环境质量变化具有无可替代的作用。本数据集编入的土壤质量数据既是我国在全国范围内首次完成的土壤理化性状的科学记载，也是40多年前对我国土壤质量变化性要素的客观记录，能帮助我们了解改革开放以来经济、农业高速发展以及农用化学品投入量高速增长对土壤与环境质量的影响，对了解我国土壤与环境质量时空演变亦具有起始点土壤科学数据的意义。本数据集编入的起始点数据使我们对全国土壤及相关过程的认识延伸了40多年。历史上的土壤调查结果不能被新的调查结果替代，这一不可替代性使得本数据集将成为我国农业与环境领域最具影响力的工具书和参考书之一。

本数据集既是我国老一辈土壤与农业科研工作者在全国土壤普查工作中取得的成果，也是数据集编制人员长期以来默默耕耘的结晶。二普完成的大比例尺土壤图件和土壤剖面理化性状主要为手绘纸质图件和非正式出版的铅印或油印资料，份数少且由各地自行保存。二普结束后，随着各地机构调整与人员变动，土壤调查资料被损毁或丢失严重，难以发挥作用。在我国多位知名科学家的倡议和推动下，"十一五"期间，"我国1∶5万土壤图籍编撰及高精度数字土壤构建"项目（2006—2017）被列为国家科技基础性工作专项重点项目。其目的是对各地宝贵的土壤科学数据进行抢救性收集、数字化和整合，提升我国科学研究与管理基础数据的条件。为实现这一目标，项目组研究人员首先对各地分散存留的纸质分县土壤调查资料进行了全面的收集、修复和整理。针对国际范围内缺少对异源、异质、异构、异形土壤大数据的提取、整合方法的难题，项目组研究人员积极探索、勇于创新，融合应用土壤学、地理信息系统技术、数据科学、人工智能、人机交互设计方法，创建了土壤大数据方法，以层级化的流程设计实现土壤科学层面的需求设计统领体系架构、数据流程及模块设计，以独立于数据流程的监控设计实现土壤科学家对全流程的掌控和人工干预，以智能化、人机交互式数据流程替代人工流程，优质、高效地完成了对各地异源土壤资料的审核、提取、过滤、分类、整合与表达，完成了覆盖我国全陆域的1∶5万比例尺土壤图绘制与土壤剖面点空间数据库建设工作。为满足各行各业准确了解我国各地土壤资源与质量状况的广泛需求，编者通过对1∶5万比例尺土壤图数据的缩编表达与10万余个土壤剖面理化性状数据的进一步提取，最终完成了本数据集的编制。

本数据集共25卷，收录了全国2200多个县（市、区）的分县土壤图和6万多个土壤剖面的理化性状数据。根据各省级行政区土壤剖面数量的多寡和地域关联特征，既有一个省（自治区）的单卷，也有多个省（自治区、直辖市、特别行政区）的合订卷。为便于读者了解全国及各省级行政区土壤资源与质量的分布特征，特别编制了全国及各省级行政区土壤图、土壤有机质含量图与地势图三个序图，读者可以方便地查询全国及各省级行政区任何地区拥有的主要土壤类型，了解其土壤有机质含量及地势、地貌特征。在各分卷中，分县土壤资源与土壤质量性状由主要土类说明、中心区气候特征图表、分县主要土壤类型与土壤剖面点分布图以及土壤剖面理化性状表共同呈现。

本数据集既可作为工具书、参考书，供农业、林业、环境、气象、国土、水利、经济等领域的管理人员和技术人员使用，也适合高等院校相关专业研究生参考使用。

我国幅员辽阔，从收集、整理全国分县土壤调查资料，到完成覆盖我国全境的1∶5万比例尺土壤图籍，再到完成本数据集的编制，来自全国近20家研究机构的科研人员组成项目组，辛苦工作了20多年。其间，本项工作得到了国家社会公益研究专项项目、国家科技基础性工作专项重点项目的长期、连续资助和在项目实施年限上给予的充分理解，同时得到了中国农业科学院科技创新工程的资助，全国50多家国家级及省级土壤、测绘、农业科研与管理机构的大力支持以及我国老一辈土壤科学家自始至终的关心和鼓励。在整个项目实施期间，有9位院士和7位长期从事土壤科学、农业资源环境研究的专家给予了直接和全程的指导。近20年间，项目组研究人员一方面要承担艰难而繁重的科研任务，另一方面要顶着多年没有科研产出的压力，没有他们的坚持和付出，就没有本数据集的面世。在此，谨向所有参加数据集编制的科研人员及对本项工作给予支持的部门和人员一并表示衷心的感谢！

由于本数据集包含的数据量庞大，且不限于土壤学本身，尽管我们在编撰过程中极尽斟酌，仍难免存在不足之处，敬请读者批评指正，以便今后修订完善。

中国农业科学院研究员 张维理

2021年12月

目 录

第一编 编制说明与序图

编制说明

编制目的	002
土壤数据基础知识	002
数据集内容	005
土壤数据来源	005
编制方法——土壤大数据方法	006
中国土壤图、中国土壤有机质含量图与中国地势图编制	007
分省土壤图、分省土壤有机质含量图与分省地势图编制	009
县域中心区气候特征图表编制	011
分县主要土壤类型与土壤剖面点分布图编制	012
分县土壤剖面理化性状表编制	012
土壤专题图与土壤剖面数据可靠性检验	017
参编单位	019

序 图

中国土壤图	020
中国土壤有机质含量图	022
中国地势图	024
广西壮族自治区土壤图	026
广西壮族自治区土壤有机质含量图	028
广西壮族自治区地势图	030

第二编　分县土壤图与土壤剖面数据

南　宁　市

市辖区 …………………………… 034	马山县 …………………………… 057
邕宁区、良庆区、青秀区 …… 037	上林县 …………………………… 060
武鸣区 …………………………… 044	宾阳县 …………………………… 064
隆安县 …………………………… 051	横州市 …………………………… 072

柳　州　市

市辖区 …………………………… 076	融安县 …………………………… 091
柳江区 …………………………… 080	融水苗族自治县 ………………… 095
柳城县 …………………………… 084	三江侗族自治县 ………………… 099
鹿寨县 …………………………… 088	

桂　林　市

秀峰区、叠彩区、象山区、七星区、雁山区 ………………… 102	永福县 …………………………… 129
临桂区 …………………………… 105	灌阳县 …………………………… 133
阳朔县 …………………………… 108	龙胜各族自治县 ………………… 137
灵川县 …………………………… 117	资源县 …………………………… 140
全州县 …………………………… 121	平乐县 …………………………… 143
兴安县 …………………………… 125	恭城瑶族自治县 ………………… 147
	荔浦市 …………………………… 151

梧　州　市

市辖区 …………………………… 155	蒙山县 …………………………… 166
苍梧县 …………………………… 158	岑溪市 …………………………… 169
藤县 ……………………………… 162	

北　海　市

市辖区 …………………………… 172	合浦县 …………………………… 176

防　城　港　市

市辖区 …………………………… 181	上思县 …………………………… 185

钦 州 市

市辖区	190	灵山县	197
钦北区	194	浦北县	202

贵 港 市

市辖区	206	平南县	217
港南区	212	桂平市	221

玉 林 市

市辖区	230	博白县	248
容县	237	北流市	252
陆川县	244		

百 色 市

市辖区	259	乐业县	281
田阳区	262	田林县	285
田东县	267	西林县	290
德保县	270	隆林各族自治县	294
那坡县	274	靖西市	299
凌云县	277	平果市	306

贺 州 市

市辖区	310	平桂区、钟山县	325
昭平县	318	富川瑶族自治县	329

河 池 市

市辖区	333	罗城仫佬族自治县	361
金城江区	337	环江毛南族自治县	367
南丹县	343	巴马瑶族自治县	372
天峨县	348	都安瑶族自治县	376
凤山县	352	大化瑶族自治县	383
东兰县	356		

来 宾 市

市辖区 …… 386	武宣县 …… 396
忻城县 …… 389	金秀瑶族自治县 …… 400
象州县 …… 392	

崇 左 市

市辖区 …… 404	大新县 …… 431
扶绥县 …… 412	天等县 …… 436
宁明县 …… 417	凭祥市 …… 443
龙州县 …… 424	

附 录

附录1 广西壮族自治区县级行政区及分县主要土壤类型与土壤剖面点分布图地域名对照表 …… 448

附录2 专题图基础地理要素图例 …… 450

附录3 土壤图土类图例 …… 451

附录4 中国主要土壤类型简表 …… 453

附录5 广西壮族自治区主要土壤类型表 …… 458

附录6 分省土壤有机质含量图有机质含量分级图例 …… 459

附录7 广西壮族自治区典型剖面0—20cm土层土壤理化性状中位数与平均数 …… 460

附录8 广西壮族自治区主要土地利用类型0—30cm土层土壤有机质含量 …… 461

附录9 广西壮族自治区耕地、园地、林地和草地中主要土壤类型占比 …… 462

附录10 《中国土壤剖面数据集》参编单位 …… 463

参考文献 …… 465

中国土壤剖面数据集·广西卷

第一编 | 编制说明与序图

编 制 说 明

编制目的

土壤是农业的基础，也是维持地球碳、氮、硫、磷等重要生命元素正常循环的基础。肥沃的土壤促进了人类文明的诞生和繁荣。科学研究表明，地球上种类繁多、形态各异的土壤是在气候、生物、地形、时间、成土母质五大成土因素共同作用下形成的。北京社稷坛铺设的青、白、红、黑、黄五种不同颜色的土壤（五色土），分别代表我国东、西、南、北、中五大区域的典型土壤。不同类型的土壤性状差别很大。例如，南方红壤呈酸性，易缺乏钾离子、钙离子、镁离子等阳离子，农业生产上要注意调酸和补充富含钾、钙、镁的肥料；而西部土壤有机质含量低，施用有机肥料和秸秆还田对提高地力至关重要。我国人均土地资源紧缺，要实现粮食安全、环境安全和可持续发展，需要精准掌握各地土壤资源与质量状况，做到因土制宜，科学管理。

《中国土壤剖面数据集》是国家自然资源基本资料之一，其首次以分县土壤图和土壤剖面理化性状表的形式，提供了我国各地详尽的土壤资源与质量科学数据，为农业、林业、环境、气象、国土、水利等部门了解各地土壤质量状况，科学利用土壤资源，发展绿色农业、特色农业和节水农业，进行耕地保育、科学施肥、面源污染防治和基本农田保护提供了基础数据，也为农业科学、环境科学及地学、气象、测绘、水利多个学科领域的科研工作者研究陆地生态系统生产力及其演变、地球物质循环、气候与环境变化提供了科学依据。

本数据集编入的土壤质量数据亦是我国在全国范围内首次完成的土壤理化性状的科学记载，对了解我国土壤与环境质量时空演变具有起始点数据的意义。通过这些数据，科研工作者可以追溯我国全国范围土壤与环境相关过程至20世纪80年代，分析和了解导致土壤质量变化的环境和人为因素，并对土壤与环境质量演变趋势进行预报与预警。历史上的土壤调查结果不能被新的调查结果替代，这一不可替代性使得本数据集将成为我国农业与环境领域最具影响力的工具书和参考书之一。

土壤数据基础知识

本数据集收录的土壤数据源于土壤调查。为便于读者了解和应用这些数据，本节对土壤调查的目标、内容与主要方法，土壤数据的时空维度特征，土壤数据的应用领域与时效性做一简要介绍。

（一）土壤调查的目标、内容与主要方法

土壤调查的主要目标是查清一个区域内土壤资源与质量状况及其空间分布特征。19世纪末期至20世纪中后期，各国土壤调查的主要目标是查清土壤类型及分布特征[1-2]。由于不同土壤类型最典型的区别是成土过程中形成的土壤剖面特征，因而在传统的土壤调查中，需要在调查区域内进行多点采样，并在每个采样点对0—1—2m深土体的土壤剖面进行分层采样、观测、理化性状分析，记录剖面各分层土壤理化性状，据此进行土壤

分类、命名，并最终依据多点调查结果完成土壤图的绘制。

20世纪末期以来，全球人口及经济快速增长导致人均土地资源和水资源紧缺、环境污染、气候变化与粮食安全危机，不同行业及学科领域对土壤生产功能和环境功能的关注度不断提高，土壤调查的核心内容也逐步从查清土壤类型分布特征转为土壤功能调查。土壤功能调查的目标是了解土壤生产力、土壤环境质量和土壤健康质量等。例如，为了耕地保育和科学施肥，需要进行土壤有效养分含量状况、土壤障碍因素调查；为了了解环境质量，需要进行土壤污染状况、土壤环境容量调查；为了发展节水农业，需要进行土壤保水性状调查；为了控制水污染，需要进行流域农田土壤氮、磷流失特征与风险调查。土壤功能调查的内容主要为可量化的，或含义单一且明确、易于被其他学科和行业认知的土壤功能性指标，如土壤有机碳含量、土壤重金属含量、土壤质地类型、耕层厚度等。在土壤功能调查中，也需要在调查区进行多点采样，并根据调查目标的不同，选择适宜的采样深度。例如，当调查目标是了解土壤有效养分供应量或农田土壤污染物含量时，通常仅对耕层土壤进行采样；当调查目标是了解土壤保水性能、土壤水土流失与养分流失性状时，则需要对较深的土壤剖面进行分层采样和观测。

较早的土壤调查主要通过地面多点采样来了解一个区域土壤资源与质量性状的空间分布特征。近年来，随着遥感技术、地理信息系统（GIS）技术、模拟技术与大数据技术的发展，土壤质量相关数据（如数字高程、土地覆盖、植被数据等）产生量急剧增长，这使得在大区域尺度内通过多类型相关信息精确地捕捉和表达土壤质量性状以及相关过程成为可能。在国际上，地面采样调查与辅助信息结合的方法——数字土壤制图方法（digital soil mapping）已成为土壤调查的重要方法[3]。该方法能利用采样设计、辅助信息、推理模型与地统计检验，大幅度减少地面采样和土壤理化性状测试分析的工作量。与传统方法相比，采用数字土壤制图方法进行土壤调查，可缩短调查周期，降低调查成本，提高用土壤专题地图表征土壤资源与土壤质量性状空间分布特征的可靠性和精度，从而提高土壤调查的效率与质量。

（二）土壤数据的时空维度特征

在现代社会，农业、环境等领域的专业工作者要了解最新的土壤调查结果，更需要掌握未来土壤质量变化趋势，以便根据变化趋势、自然与人为要素对土壤质量的影响，制定具有针对性的政策与技术措施，实现高产、稳产和环境安全。要精确进行土壤与环境质量预测和预警，就需要对重要的土壤质量性状进行周期性的采样、调查、记录，构建具有时空维度的土壤质量数据。这意味着历史上完成的土壤调查不能被新的调查所替代，所以其结果十分宝贵。

土壤数据最重要的特征之一是时空维度特征。通过历史上的土壤调查结果记录，构建具有时间序列的土壤质量科学数据，能将土壤质量现状与土壤质量演变过程相关联，并以此对土壤质量演变趋势和导致其变化的因素进行分析、预测。而土壤数据标有空间坐标，便于科研工作者将土壤调查结果与其他类别的要素和过程，如与气候、地形、土地利用情况有关的变化信息，以及随施肥投入农田的碳、氮、硫、磷数据等相关联，从而进一步提高分析的精度和预测、预报的可靠性。

土壤圈处于地球大气圈、水圈、生物圈和岩石圈的交会处。土壤层中的生物过程和物质循环过程既活跃，又具有一定的稳定性，能较好地反映地球水圈、土壤圈、大气圈、生物圈及岩石圈五大圈层动态交互作用的结果。具有时空维度的土壤科学数据对于阐明土壤与环境过程并弄清其驱动因素、预测未来土壤与环境质量变化具有不可替代的作用。

近年来，具有地理坐标的土壤剖面点数据受到科学界的广泛关注。剖面数据记载了土体构造、剖面分层土壤理化性状，是了解成土过程的基础，也是构建推理模型，量化表征区域尺度土壤过程、流域水土流失与氮磷流失特征、碳氮循环与环境质量演变的基础。在过去的半个世纪中，尽管完成了大量的土壤剖面调查，但由于在较早的土壤调查中尚未使用全球定位系统（GPS）设备，各国在构建地理坐标的土壤剖面点数据库上差别较大。目前，美国完成了约2万个有地理位点标识的土壤剖面数据[4]，澳大利亚已完成约16万个有地理坐标的土壤剖面数据[5]，欧盟各成员国共享使用的土壤剖面数据库含4000个剖面的分层土壤理化性状数据[6]。本数据集则汇集了我国总计6万多个有地理坐标的土壤剖面数据。

（三）土壤数据的应用领域与时效性

表 1 汇总了本数据集编入的土壤理化性状及其主要影响因素与过程、时间变化特征、所关联的土壤质量性状和应用领域。

表 1　土壤理化性状及其主要影响因素与过程、时间变化特征、所关联的土壤质量性状和应用领域

土壤理化性状	主要影响因素与过程	时间变化特征	所关联的土壤质量性状	应用领域
土壤类型	成土过程	变化慢	土壤肥力与环境质量	农业、水利、环境、建筑、肥料工业等
剖面深度（指剖面各土层厚度的总和）	成土过程	变化慢	土壤肥力、土壤环境容量、土壤保水和保肥性能、土壤持水性能	农业、环境等
土体构造（指土壤剖面各发生层有规律的组合，是土壤剖面最重要的特征）	成土过程	变化慢	土壤肥力、土壤环境容量、土壤保水和保肥性能、土壤持水性能、土壤透水性能	农业、水利、环境等
母质	成土因素	变化慢	土壤肥力、土壤矿物组成、矿质养分含量、土壤质地	农业、水利、环境、肥料工业等
质地	成土过程、母质	变化慢	土壤肥力、土壤环境容量、土壤持水性能、土壤耕性、土壤有机碳与养分含量、土壤重金属吸附性能等	农业、水利、环境、建筑等
颜色	土壤氧化还原、淋溶等成土过程，土壤有机质累积过程	变化较慢	土壤肥力、土壤有机碳与养分含量	农业
土壤结构	成土过程、耕作措施	耕层：变化快；深层：变化慢	土壤水分、通气与养分供应状况，土壤持水性能、土壤透水性能、土壤阳离子交换量、土壤孔隙度、土壤松紧度、土壤耕性等多个土壤肥力相关性状	农业
有机质含量	成土过程、质地、土地利用、施肥、轮作等	变化较慢	与多项土壤肥力与环境指标密切相关，是土壤肥力最重要的指标	农业、环境、肥料工业等
全氮含量	成土过程、土地利用、施肥、轮作等	变化较慢	土壤肥力、土壤供氮性能	农业、环境等
全磷含量	成土过程、母质等	变化较慢	土壤肥力、土壤供磷性能	农业、环境等
全钾含量	成土过程、母质等	变化较慢	土壤肥力、土壤供钾性能	农业、环境等
pH	成土过程、酸雨、土壤调理剂施用等	变化快	土壤肥力、土壤养分有效性、土壤结构及重金属吸附性能	农业、环境、肥料工业等
碱解氮含量	土地利用、施肥等	变化快	土壤供氮性能、土壤氮素流失特征	农业、环境、肥料工业等
有效磷含量	土地利用、施肥等	变化快	土壤供磷性能、土壤磷素流失特征	农业、环境、肥料工业等
速效钾含量	土地利用、施肥等	变化快	土壤供钾性能、土壤钾素流失特征	农业、环境、肥料工业等
阳离子交换量	成土过程、黏粒、有机质含量、盐分含量	变化较慢	土壤供肥和保肥性能、土壤重金属吸附性能	农业、环境等

在表 1 中，主要影响因素与过程指对某项理化性状起主要作用的过程和因素。例如，土壤类型、土壤剖面深度、土体构造、母质、土壤质地类型主要由成土过程或成土条件决定；土壤有机质含量和土壤全氮含量则受成土过程、施肥及轮作等农业技术措施的共同影响；在耕地土壤上，施肥等农业技术措施对土壤碱解氮、有效磷、速效钾等土壤有效养分含量的影响很大。

土壤理化性状的现势性主要取决于其影响因素与过程的时间尺度。自然条件下，成土过程通常需要数万年。受成土过程影响的土壤类型、土层厚度、土体构造、土壤质地类型、母质等土壤理化性状变化很慢，CRT 值（土壤特性响应时间，characteristic response time）达上千年，可称为土壤稳定性要素或慢变化性状，其相关数据时效性很长，可长久使用。而农田土壤有效养分含量、酸碱度、耕层厚度等土壤质量性状受施肥和耕作等农业措施影响大，变化较快。例如，农田土壤有效磷、速效钾养分含量，在大量施用磷、钾肥条件下，10 余年后可成倍提升。这些土壤理化性状亦可称为土壤变化性要素或快变化性状。

不同土壤理化性状的应用范围既取决于其现势性、时空维度特征，又取决于其所关联的土壤质量性状。土壤剖面深度、土体构造、质地、有机质含量等与土壤持水、保肥、通气和透水性能密切相关，可供农业、水利、环境、金融等行业用于农田稳产、高产性能，农田排灌设施规划与灌溉定额编制，农田水土流失风险分级，流域农田蓄水容量与降雨后流失水量分级，农田水、旱灾害风险分级，农田环境容量测算等各方面的地力评价。土壤有效养分含量、pH 与土壤需肥性状和调酸性状密切相关，可供农业、肥料生产和销售部门用于科学施肥和土壤改良。土体构造和质地、土壤结构、土壤有效养分含量还影响流域农田土壤养分流失特征，农业和环境部门在进行农业面源污染防控时，可利用这些土壤性状与其他要素共同编制流域污染源解析与控制类型区分布图，以便对农业面源污染采取分类型、分区段的源头控制措施。土壤有机质含量变化也是了解气候变化和碳减排措施效果的基础，对于环境管控和环境外交具有重要意义。

数据集内容

本数据集全集共 25 卷，收录了我国 2200 多个县（市、区）的分县土壤图和 6 万多个土壤剖面的理化性状数据。根据各省级行政区土壤剖面数量的多寡和地域关联特征，既有一个省（自治区）的单卷，也有多个省（自治区、直辖市、特别行政区）的合订卷。

为便于读者了解各地土壤资源与质量分布概况及其主要特征，编者为各分卷编制了省级行政区的土壤图、土壤有机质含量图与地势图三图。读者可通过分省三图查询各省级行政区任何地区拥有的主要土壤类型，了解其土壤有机质含量及其地势、地貌特征。此外，编者还编制了全国土壤图、土壤有机质含量图与地势图三图附于各分卷，供读者比较和了解各省级行政区土壤资源及质量特征同全国其他地区的区别和关联。

各分卷的第二部分为分县土壤图与土壤剖面数据。在每个省级行政区内，各分县按四部分展示土壤及其相关信息，即分县主要土类说明、本区域中心区气候特征、主要土壤类型与土壤剖面点分布图以及土壤剖面理化性状表。在本卷目录中，分县按民政部于 2022 年 3 月发布的《2021 年中华人民共和国行政区划代码》中的地级、县级行政区顺序排序。各分卷目录中仅收录了县域内有土壤剖面数据的县级行政区，无土壤剖面数据的县级行政区未纳入分卷目录中，并在附录 1 中对其进行了标注。

土壤数据来源

编入数据集的分县土壤图与土壤剖面理化性状数据主要源于全国第二次土壤普查（以下简称"二普"）。二普是我国现代规模最大的、以查清土壤类型和土壤肥力为主要目标的土壤资源综合调查。二普之前，我国土壤调查以观测性调查和定性评价为主，很少有采样化验。在总结之前国内外土壤调查经验的基础上，二普不仅完成了我国迄今为止最为详尽的土壤分类调查，也首次在全国范围进行了高密度土壤采样化验，开启了我国用土壤理化性状量化指标描述土壤资源与土壤质量状况的时代。

二普地面采样调查实施于 1979—1987 年，调查区域基本覆盖我国全陆域。二普不仅地面采样密度高，科学性和系统性也比较突出。全国百余名长期从事土壤研究的科研工作者共同制定了全国土壤分类系统和统一的土壤调查技术规程[7]。在地面调查中，各地以 1∶1 万比例尺地形图作为工作底图，以乡为调查单元进行野外采样作业，全国共挖取土壤观察剖面 550 余万个，记录了 1—2m 深土体各发生层形态和特征，并根据土壤分类标准对土壤进行了分类和命名。对边远区、高寒区和无人区应用遥感解译方法，填补了之前土壤调查及成图中上述地区土壤数据的空白。在大量剖面土体观测和采样调查的基础上，完成了全国绝大部分分县 1∶5 万比例尺土壤图的绘制，牧区和边疆地区完成了1∶20万—1∶10万比例尺土壤图的绘制。二普还完成了10余万个典型剖面的分层采样，化验分析了剖面分层质地，有机质含量，大量、中量和微量元素含量，pH，阳离子交换量，土壤矿物组成等多项土壤理化性状，编制了分县土壤志。二普通过野外实地调查、采样和测试获取的土壤科学数据，至今仍是我国最详尽、最有实用价值的土壤资源基础数据，其精度与质量超过许多发达国家的土壤资源基础数据[8]。

如图1所示，收录于本数据集的土壤质量数据是对我国40多年前土壤质量状况的客观记录，亦是我国在全国范围内首次完成的土壤理化性状的科学记载，其中的土壤稳定性要素现势性较长，可在今后若干年间长期使用；而土壤变化性要素对了解我国土壤与环境过程的作用亦不可替代。这些数据使我们用现代科学手段研究各地土壤及相关过程的历史可上溯至20世纪80年代。

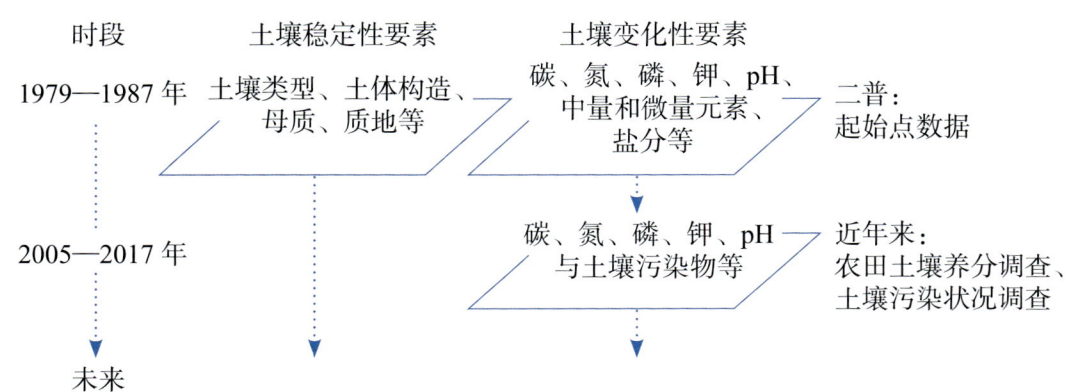

图1　全国性土壤调查所覆盖的时段

受历史条件限制，二普完成的大比例尺土壤图和土壤剖面理化性状主要为手绘纸质图件、非正式出版的铅印或油印资料，份数少且由各地自行保存。二普结束后，随着各地机构调整与人员变动，土壤调查资料被损毁或丢失严重。2000年以来，编者开始对各地分散存留的纸质分县土壤调查资料进行系统性收集、修复与整理，通过对宝贵的土壤科学数据的提取、整合和表达，我国科学研究与管理基础数据的水平得到了提升。本数据集收录的分县土壤图和剖面数据主要源于对全国分县土壤图、分县土种志和分省土种志的整理、提取、汇总与表达（表2）。

表2　数据集主要土壤资料与数据来源

资料类型	资料名称及数量
土壤图（纸质）	1∶5万分县土壤图，总计约1600个县
	1∶100万—1∶50万省级土壤图，总计570个县
土壤剖面资料（纸质）	分县土种志：约2200册，计约2200个县；分省土种志：28册
土壤有机质含量图（纸质）	全国、分省土壤有机质含量图
农区土壤耕层采样数据（电子）	2005—2017年在全国农区采集的、含GPS坐标定位的1000万个采样点耕层有机质含量数据

为编制全国与分省土壤有机质含量分布图，本数据集还使用了我国于二普期间完成的全国、分省土壤有机质含量图纸质图件和于2005—2017年在全国采集的1000万个具有GPS坐标定位的采样点耕层有机质含量数据[9]。

编制方法——土壤大数据方法

我国幅员辽阔，不同地区土壤的土壤类型及其质量状况和分布特征差别较大，各地土壤调查技术条件和水平差别也较大，因此各地分县完成的图件和剖面资料在形式和内容上有较大差异。在用异源土壤数据生成新数据时，新数据的科学性既取决于各异源数据本身的科学性和可靠性，也取决于数据整合采用方法的科学性和可靠性。例如，对分县剖面资料进行整合时，对国标上未出现过的土壤类型名进行归并需要有土壤分类学上的依据；用新的土壤调查数据对原有土壤有机质含量图进行更新，也需要有进行合并表达的科学依据。编制本数据集需要对海量异源数据进行提取、分析、整合、缩编与表达，数据分析流程复杂。同时，在数据分析过程中，土壤专业问题，非标准化数据问题，计算机硬、软件平台系统问题和数据分析员、程序员疏漏问题等可能引致多类别数据分析错误。若既要准确无误地完成各项数据分析技术任务，又要在繁复的数据分析流程中有效贯彻科学原则、实现数据分析科学目标，这就需要一套科学的方法体系。为此，本数据集编者通过研究异源非标准土壤数据特征，融合应用土壤学、数据科学、人工智能、人机交互设计方法与地理信息系统技术，创建了土壤大数据方法[10-11]。

土壤大数据方法是专门供土壤科研工作者使用的一种设计方法，是对经典土壤学研究方法的补充，主要适用于对海量异源土壤数据信息的提取、筛选、分析与表达。通过土壤大数据方法的使用，科研工作者能够分析、认识和阐明土壤性状及相关过程和规律。土壤大数据方法的主要设计规则为以层级化的流程设计实现土壤科学层面的需求设计统领体系架构设计，界定各分段流程目标和关联，部署低层级分段流程、模型和功能模块；以独立于数据流程的监控设计实现土壤科学家对全流程的掌控和人工干预。土壤大数据方法的设计内容包括数据科学分析目标与科学基础界定，数据流程体系架构，流程及软件工具设计，数据流程监控设计。设计中，所有节点均采用双命名制命名，即对流程中各节点数据同时进行土壤科学内涵命名和函数代码命名。应用以上设计方法编制设计文档，能在庞杂的异源、异质、异形、异构大数据分析中，实现以科学目标引领数据分析流程，以自动化、人工智能、人机交互式的数据流程替代人工流程，提高大数据分析效率。

在本数据集编制过程中，编者需要完成图件与资料数字化、矢量化，元数据构建，信息提取、过滤、分类、赋码，土壤空间数据逻辑结构、存储结构归一化，统计检验，数据整合、缩编表达、输出等多项数据分析任务，分段流程达1500余个，需要存储的重要节点数据超过2000个，数据量超过20TB。采用土壤大数据方法，编者自主设计和完成了6个土壤大数据分析工具软件包，其中包含157个功能模块（表3），设计文档的科学和工程目标实现率超过99%，为准确、高效完成数据集编制提供了保障，也为土壤学研究提供了新的方法。

表3　系列化土壤大数据分析软件包及其主要功能与模块数

软件包	主要功能	模块数/个
IMAT2.0（intelligent mapping tools）智能化制图工具	异源土壤空间数据的要素提取、过滤、分类、赋码、坐标转换，空间库要素与字段的编辑，图幅与图层的编辑，土壤要素空间库外挂属性表编辑与管理等	35
IMAT-big（intelligent mapping tools for big data）智能化大数据制图工具	超大土壤及相关要素空间数据的要素筛选、图层拆分、数据整合、节点监控、逻辑结构重组等分析	37
IMAP（intelligent map presentation）智能化地图表达工具	土壤大数据地图制图表达与输出	30
ISPA（intelligent soil profile data analysis）智能化土壤剖面数据分析	异源土壤剖面数据的信息提取、过滤、赋码、坐标匹配、检验、整合与统计等	22
ISPP（intelligent soil profile presentation）智能化土壤剖面表达	土壤剖面图表及辅助信息的表达	12
IMAT-SOM（intelligent mapping tools-SOM）土壤有机质图制图工具	异源土壤有机质数据整合与表达	21

中国土壤图、中国土壤有机质含量图与中国地势图编制

编制全国三图的目的是便于读者在全国视角和尺度上了解我国各地区土壤资源与质量状况空间分布特征，土壤类型和土壤肥力与地势、地貌之间的相互关联。其中，土壤图用于展示土壤资源分布状况及与成土过程相关的土壤质量状况；土壤有机质含量图用于直观反映土壤肥力情况；地势图便于读者了解不同类型和肥力水平土壤的地势、地貌特征。全国三图的制图比例尺为1∶1300万。

全国三图中采用的境界、城市等基础地理信息要素源于中国地图出版社出版的《第一次全国地理国情普查地图集》[12]和《中国地图集》[13]。全国三图中，境界、水系、居民地、地级以上城市等基础地理信息要素的图示与图例表达见附录2。

（一）中国土壤图

由于制图比例尺小，中国土壤图是在二普完成的1∶400万比例尺全国土壤图的基础上进行矢量化和缩编表达获得的。在缩编表达过程中，土壤类型仅保留了我国土壤分类系统中的第三层级——土类。

在土壤图中，土类颜色主要根据不同土类在其成土因素、发育程度下形成的典型颜色进行设计（附录3）。红色系供土壤富铝化程度高的土壤选用，如红壤、砖红壤、赤红壤等；黄色系、棕色系供干旱区发育程度低的土壤选用，如黄绵土、灰漠土、灰棕漠土等。受灌水、耕作和地下水影响大的土壤采用绿色系，如水稻土、灌淤土、潮土、草甸土等，表示土壤肥力较高，绿色植物生长茂盛；黑土、黑钙土、栗钙土、棕壤、褐土、黄棕壤、紫色土等分别选用深棕色系、褐色系、紫色系；盐土、碱土、沼泽土等植物生长有障碍的土类采用暗色系，如暗紫色系、灰褐色系、青灰色系等，表示土壤生产力低下，植物生长较差。这一颜色设计与国标相关规定一致[14]。

在图例中，按照我国主要土壤类型从南到北、从东向西的地带性分布规律对土类进行排序，附录4所列中国主要土壤类型的排序也按此规则编排。

（二）中国土壤有机质含量图

土壤有机质含量是指土壤中各种含碳有机物质的总和。土壤有机质主要包括土壤腐殖质、半分解的动植物残体、与土壤黏粒和细粉粒紧密结合的有机物质、土壤微生物体所含的有机物质等。以动植物残体形式进入土壤的有机物质成为土壤生物的食物，供养土壤生物的生命活动；在土壤生物，特别是土壤微生物作用下生成的土壤腐殖质，能够促进土壤团聚体形成，提高土壤保水、保肥、供水、供肥性能，提高土壤肥力，并大幅度提高耕地土壤高产、稳产性能。因此，土壤有机质含量是最重要的土壤质量指标之一。土壤有机质碳量是大气总碳量的2倍，是地球植被总碳量的3倍，参与地球陆域碳循环总碳量中80%的碳以土壤有机质碳的形式存在。研究显示，土壤有机质含量实质上是土壤有机碳投入和分解之间动态平衡的表现，影响这一平衡的主要因素为气候、土壤质地与土地利用方式，施肥和耕作等农业技术措施对其影响则相对较小。当影响平衡的主要因素未发生变化时，土壤有机质含量也比较稳定[15]。

中国土壤有机质含量图由各分省土壤有机质含量图（0—30cm土层）合并编制生成。制图用源数据和编制方法在分省土壤有机质含量图编制说明中加以叙述。

为展示全国范围的土壤有机质含量空间分布特征，编者在中国土壤有机质含量图的图示和图例表达中采用了有机质含量范围的非等距划分分级方式，将我国土壤有机质含量分为7个等级（表4），各分级所占我国陆域面积的比例也列于表中。其中，占我国陆域面积29%的"很低"和"低"两个分级的土壤（有机质含量小于10g/kg）主要分布于西北干旱地区，而"较高""高""很高"三个分级的土壤（有机质含量大于25g/kg）主要分布于东北、西南地区，这些地区森林覆盖率较高，雨量充沛，温度适宜，有利于土壤有机质的累积。

表4　中国土壤有机质含量（0—30cm土层）分级

分级	分级释义	有机质含量/（g/kg）	换算系数	有机碳含量/（g/kg）	占陆域面积/%
1	很低	≤5	1.724	≤2.9	5
2	低	5—10（含）	1.724	2.9—5.8（含）	24
3	较低	10—15（含）	1.724	5.8—8.7（含）	18
4	中	15—25（含）	1.724	8.7—14.5（含）	19
5	较高	25—35（含）	1.724	14.5—20.3（含）	9
6	高	35—45（含）	1.724	20.3—26.1（含）	16
7	很高	>45	1.724	>26.1	6

（三）中国地势图

地势图是表示制图区域地貌特征的专题地图，强调表现地面的高低起伏、倾斜程度及其区域对比关系，以及与地形密切相关的河流、湖泊等水系要素分布特征，显示出制图区域山河分布的脉络体系、结构形式、各种地貌类型的形态特征。地势是影响土壤类型的重要因素，地势图也是编制土壤图、气候图、植被图等的基础。

中国地势图的地貌晕渲图采用SRTM3 DEM（shuttle radar topography mission, digital elevation model, 2003）数据，考虑我国地势呈三级阶梯状分布的特点，按0—50—100—200—500—800—1000—1200—1500—2000—2500—3000—3500—5000m及以上设计高度表，以深绿色—黄绿色—棕色—紫色色调的象征色表示海拔由低向高过渡。其他矢量数据来源于中国地图出版社编制的1∶400万《中国地形图》[16]。河流参照中国地图出版社编制的《中国河流、水运资料图》进行选取、表达，三级及以上河流全部选取，二级及以上河流标注名称，低级别河流适当选取以反映区域水系特点；成图面积4mm^{2}以上湖泊和水库全部表示，但仅标注大型湖泊名称，小面积湖泊适当选取以反映区域特点，如青藏高原湖泊群分布；山脉、山峰参照中国地图出版社编制的《中国山脉资料图》选取，三级及以上山脉全部选取、表达，二级山脉主峰及知名山峰标注名称和高程，我国主要高原、平原、盆地和沙漠均选取、表达；自然地理要素分级参考中国地图出版社采用的地图编制分级系统；根据版面载负量情况选取省会、部分地级市和少量县级居民点（主要位于西部地区），居民地主要用于定位参照。

分省土壤图、分省土壤有机质含量图与分省地势图编制

编制分省土壤图、分省土壤有机质含量图与分省地势图三图的主要目的是使读者了解各省级行政区内不同地区土壤类型、土壤肥力与地貌的主要分布特征及其相互关联。其中，土壤图用于展示土壤资源分布状况及与成土过程相关的土壤质量状况；土壤有机质含量图用于直观反映土壤肥力情况；地势图便于读者了解不同类型和肥力水平土壤的地势、地貌特征。为便于比较，每个省级行政区的分省三图采用的比例尺相同，制图则采用幅面固定、各省级行政区制图比例尺自适应方法。

分省三图中采用的境界、城市等基础地理信息要素源于中国地图出版社出版的《第一次全国地理国情普查地图集》[12]和《中国地图集》[13]。分省三图中，境界、水系、居民地、地级以上城市等基础地理信息要素的图示与图例表达见附录2。

（一）分省土壤图

为编制数据集用分省土壤图，编者对二普完成的纸质分省土壤图（原图比例尺主要为1∶50万）进行了地理校正、空间要素提取、图层与分级码标准化、土壤学专业校正、属性表制作、挂接和专题图缩编表达。在缩编表达过程中，制图比例尺一般在1∶200万—1∶100万之间。由于制图比例尺较小，土壤类型仅保留了我国土壤分类系统中的第三层级——土类。各土类颜色与中国土壤图中采用的土类颜色相同（附录3）。在分省土壤图中，按照我国主要土壤类型从南到北、自东向西的分布规律对图例中的土壤类型进行排序。附录4所列中国主要土壤类型的排序也按此规则编排。附录5列出了广西壮族自治区主要土壤类型及其占省级行政区域面积百分比。

（二）分省土壤有机质含量图

1. 数据源说明

本数据集中，土壤剖面理化性状表给出了有确切时间和空间坐标的剖面信息。分省土壤有机质含量图的主要作用是便于读者直观了解各省级行政区最重要的土壤肥力指标——土壤有机质含量的空间分布特征。

二普中，受当时技术条件限制，全国仅完成了比例尺为1：400万的纸质土壤有机质含量分布图的绘制，19个省、自治区、直辖市完成了比例尺为1：250万—1：50万的纸质分省土壤有机质含量分布图的绘制。直接采用小比例尺纸质图矢量化生成的土壤有机质含量等级划线图作为分省土壤有机质含量图，存在有机质含量分级的级差大、信息均化、图斑大、制图精度不够等问题，难以精细表现一个省级行政区域内土壤有机质含量的空间分布特征。

2005—2017年，我国在农区进行了测土施肥，农田耕层采样点达到1000万个。这批数据的主要优点是采样密度大且有空间坐标，通过对这批数据进行空间插值分析，可较精细地展示各地农田土壤有机质含量分布特征；其缺点是采样点主要集中于占陆域面积不到20%的农田，仅采用这批数据难以绘制覆盖全域的土壤有机质含量分布图。考虑到土壤，尤其是林地、草地土壤的有机质含量变化较慢，在制图中采用了混合时段数据合并表达的方式。对无测土数据的林地、草地等，仍然采用从小比例尺土壤有机质含量等级划线图中提取的数据；对有测土数据的农田，则采用2005—2017年间耕层采样数据，对原有数据进行了更新。通过对两源数据的提取、土层转换、合并、插值，最终生成各省级行政区土壤有机质含量分布图（土层厚度0—30cm），这样既可较精细展示出各省级行政区土壤有机质含量的空间分布特征，也能保证所做专题图有很强的现势性。

三个数据源制图表达结果比较显示，采用异源数据合并表达的方式制图，各分省图展示的有机质含量空间分布特征与二普小比例尺图相近，但制图精度有较大改进，一个省级行政区域内土壤有机质含量的空间分布特征更为清晰（表5）。

表5 三个数据源制图表达结果比较

数据源	土壤有机质含量图制图表达效果	
	优点	存在问题
采用二普完成的手绘图	小比例尺手绘图中，土壤有机质含量地带性分布特征十分明显；基本无数据空区	局部地区图斑大，制图精度不够
采用新的测土数据插值生成	有数据的区域制图精度高	占陆域面积约80%的林地、草地和一些县域无新的测土数据，难以通过采样点插值生成覆盖全域的有机质含量图
异源数据合并表达	基本无数据空区；制图精度有较大改进；小比例尺图中土壤有机质含量的地带性分布特征被保留	用混合时段数据表达全陆域土壤有机质含量分布状况，其中林地、草地数据主要源于20世纪80年代采样数据，农田数据更新至2017年

表6汇总了分省土壤有机质含量图的主要制图信息。制图采用异源数据合并表达的方式，生成的分省土壤有机质含量图所代表的时间段为1979—2017年，图中核算土壤有机质含量的土层厚度为0—30cm。

表6 分省土壤有机质含量图制图信息

制图数据	异源数据合并表达
采样时间	草地、林地及其他非农田土壤采样时间段为1979—1987年，农田土壤采样时间段为2005—2017年
土层厚度	0—30cm（对采样深度不足0—30cm的耕层采样数据，用剖面数据进行了土层厚度转换，统一转换为0—30cm）
制图方法	普通克利金插值（ordinary Kriging）
网格尺寸	200m

2. 制图表达说明

我国地域辽阔，各地土壤有机质含量差异极大。西北部地区降水量少，土壤粗砂粒含量高，风沙土、漠土大量分布，占我国陆域总面积的12.6%，其0—30cm土层内有机质平均含量不到10g/kg；东北部地区雨量充沛，气候、植被有利于土壤有机碳累积，其0—30cm土层有机质平均含量在40g/kg以上。另外，一些省级行政区的土壤有机质含量变化范围很宽，如内蒙古土壤有机质含量主要为4—70g/kg；而北京、山东等地土壤有机质含量变化范围很窄，为7—17g/kg。

为使各省级行政区域内土壤有机质含量空间分布特征均能得到充分展示，编者在分省土壤有机质含量图的图示和图例表达中对有机质含量范围进行等距划分分级，根据各省级行政区土壤有机质含量分布特征，将有机质含量分为7—14个等级。各分级的颜色设计及其RGB与CMYK色码见附录6。

（三）分省地势图

根据各省级行政区的成图比例尺和地形特点，选取合适精度的数字高程模型（DEM）栅格数据，确定设色原则和色层表进行分层设色，编制彩色晕渲的分省地势图。图中的河流水系及山峰、山脉等地理要素基于中国地图出版社研制的多尺度中国地图数据库选取，按各省级行政区地图设定的投影参数和比例尺投影转换后进行数据融合处理，再进行图形化编辑和地图整饰，最后输出成图。各省级行政区的彩色地貌晕渲图，按0—50—200—500—1000—1500—2000—3000—4000—5000—6000及以上设计统一的高度表，但对一些低海拔平原地区，如天津、山东、上海等省、直辖市，则增添了20m等高距。确定统一的设色原则，建立色层表，以深绿色—黄绿色—棕色—紫色色调的象征色过渡方式表示海拔由低向高过渡，低海拔地区以绿色为主，中海拔地区以棕色为主，高海拔地区的高寒地带则用冷色调紫色。地势图中的其他地理要素，地级市及以上级别居民地全部选取，县级居民地根据图面载负量情况酌情选取；河流按等级选取以反映地域水系结构特点，主要河流加注名称；成图面积4mm²以上的湖泊和水库全部选取，大型湖泊、水库加注名称，适当选取小面积湖泊以反映区域分布特点；山脉按等级选取，仅标注主要山脉主峰和知名山峰。

县域中心区气候特征图表编制

气候是五大成土因素之一，也是土壤质量的重要影响因素。为便于读者了解各地土壤资源与质量状况及其与气候特征的关联，编者编制了各县域中心区（位于各县域中心点、代表面积约为400km²的区域）气候特征值表、月平均气温与月平均降水量分布图。各县域中心区气候特征值是通过对160个中国地面国际交换站的气象年值、月值以及日值数据的计算和空间分析获得的。气象数据的相关用语也采用中国地面国际交换站所用的表达方式。鉴于各地气候特征值需要依据多年气象观测数据分析和提取，而二普采样时段为1979—1987年，因此采用了1971—2000年共计30年的年值、月值和日值气象数据，气象数据时段覆盖二普采样时段。

在分县气候特征值编制过程中，先从相应的各数据源中提取出各站点年值、月值以及日值数据，再按照表7所示计算方法，计算160个站点的各项气候特征值并对其分别进行插值计算，获得覆盖我国全域、网格尺寸约为20km的网格化气候特征年值与月值数据，最后再与县域中心点图层叠加，提取出各县中心区气候特征值。各县所处气候带则是通过县域中心点图层与中国气候区划图叠加后提取获得的[17]。

表7 县域中心区气候特征值的计算方法与数据来源

县域中心区气候特征	计算方法	气象数据来源
年平均气温/℃	30年的年值平均	中国地面国际交换站气候标准值年值数据集（160个站点，1971—2000年）
年平均最高气温/℃		
年平均最低气温/℃		
年降水量/mm		
年平均相对湿度/%		
年日照时数/h		
月平均气温/℃	30年的月值平均	中国地面国际交换站气候标准值月值数据集（160个站点，1971—2000年）
月平均降水量/mm		
≥10℃的积温/℃	一年中日平均气温≥10℃的温度值加和	中国地面国际交换站气候资料日值数据集（160个站点，1971—2000年）
干燥度	修正的谢良尼诺夫公式： 干燥度 = $0.16 \times \dfrac{\text{全年} \geq 10℃\text{的积温}}{\text{全年} \geq 10℃\text{期间的降水量}}$	
气候带	提取	1:3200万中国气候区划图

分县主要土壤类型与土壤剖面点分布图编制

编制分县主要土壤类型与土壤剖面点分布图的主要目的是使读者在一个较小的图幅上也能大致了解一个县域内主要土壤类型概况。编者通过对全国1∶5万土壤图的缩编表达，为有土壤剖面数据的县级行政区编制了分县主要土壤类型图。受地图幅面限制，在分县土壤图中，仅保留了我国土壤分类系统中的第三层级——土类，通过缩编滤掉了亚类、土属、土种信息。

各分县主要土壤类型与土壤剖面点分布图的制图采用幅面固定、制图比例尺自适应的方法，制图比例尺一般为1∶35万—1∶20万，自适应制图由编制者自行设计的软件模块自动完成。

在分县主要土壤类型与土壤剖面点分布图中，各土类颜色与中国土壤图中采用的土类颜色相同（附录3）。图中各土类在图例中的排序则按各土类占本县县域面积比例从大到小的顺序排列，便于读者了解本县内主要土壤类型的分布。

在分县主要土壤类型与土壤剖面点分布图中，为便于读者查找，剖面点按照其在图面的位置，先左后右、先上后下顺序编码，编码过程也由ISPP软件包（表3）中的模块自动完成。

分县主要土壤类型与土壤剖面点分布图中的基础地理底图来源于国家基础地理信息中心提供的1∶25万DLG（公众版）数据（使用许可协议编号：非2011-1011），基础地理信息要素的图示与图例表达主要参照相关国标（详见附录2）。为保证本数据集中主要土壤类型与土壤剖面点分布图的内容和土壤剖面数据表对应，分县主要土壤类型与土壤剖面点分布图中的市级界线、县级界线均采用二普时的普查界线，并以此作为分县主要土壤类型与土壤剖面点分布图的分幅标准。为兼顾地名位置定位准确性和图书实用性，地图中乡镇级及以上居民地分别根据新版《中华人民共和国行政区划简册》和各省级行政区地图册进行了更新，现势性截至2021年12月。为更好地表现全书的系统性与协调性，在地图下方加注说明县级行政区划变更情况，部分市辖区图幅的图名根据图上县级居民点进行了更新。

二普后，随着城市化的加快，城市周边土地利用情况变化很大，居民地面积大幅增加，导致一些分县土壤图中的土壤面积占县域面积比例和分县主要土类说明中的一些土类面积占县域面积比例较二普时均有下降。在一些大城市周边县（市、区），土地利用情况的变化使各类土壤总面积不到县域面积的60%。

二普时，分县完成了1∶5万比例尺土壤图编绘后，还通过省级汇总和缩编制图，完成了1∶50万比例尺省级土壤图。在省级汇总中，对一些分县土壤图中原有土壤类型名进行了修订。例如，浙江在进行省级汇总时，将分县土壤图中原命名为侵蚀型红壤亚类的大部分土属划归粗骨土类；安徽、湖北等省在省级汇总时将黏盘黄棕壤亚类改为黄褐土类。在对二普调查成果的数字整合中，编者仅收集到约1600个县的大比例尺土壤图（表2）。对大比例尺图数据缺失的县，则以省级土壤图裁切方式进行了补全。这种补全虽有利于完成覆盖我国全域的高、中精度土壤图，但也引起了在一个省级行政区里源于分县和分省的两类土壤图中土壤分类命名不统一的问题，编者在尽量保持调查资料原始记载的前提下，对这类问题进行了力所能及的修订。

分县土壤剖面理化性状表编制

分县土壤剖面理化性状表是本数据集的主体内容。前文已对各项土壤理化性状应用范围以及从分县纸质土种志中进行信息提取、表达和制作的方法做了说明，本节仅对土壤理化性状测试方法、剖面点坐标匹配方法与土壤剖面分类名的修订加以说明。

（一）土壤理化性状测定方法

本数据集所列土壤理化性状的测定方法见表8。其中，土壤有机质含量，土壤氮、磷、钾全量与有效态含量，pH，土壤阳离子交换量的测定方法以及土壤分类方法均为国标方法。剖面理化性状表中的土壤全氮、全磷、全钾、碱解氮、有效磷、速效钾含量均以N、P、K纯养分量计。

在二普中，我国大多数地区土壤质地分级采用了卡庆斯基制，仅极少数地区采用了国际制。其中，卡庆斯基制采用了简制,将土壤质地分为3组9种类型;国际制将土壤质地分为12种类型(表9)。由于两种分级制中的质地分级名并无重复,因此在分县土壤剖面理化性状表中未对两种分级制的分级名进行合并。

表8 土壤理化性状的测定方法

土壤理化性状	测定方法
有机质	湿灰化或干灰化消化后,重铬酸钾滴定法测定(丘林法)
全氮	凯氏定氮法测定
全磷	酸溶或碱熔消化后,钼锑抗比色法测定
全钾	碱熔或酸溶消化后,火焰光度法或四苯硼钠比浊法测定
pH	水浸提法,水土比为5:1或2:1
碱解氮	扩散吸收法(康惠法)测定
有效磷	中性及石灰性土壤:Olsen法测定;酸性土壤:Bray法测定
速效钾	醋酸铵浸提后,火焰光度法或四苯硼钠比浊法测定
阳离子交换量	醋酸铵法测定

表9 卡庆斯基制与国际制土壤质地分级名

等级序号	卡庆斯基制[1]土壤质地分级名	等级序号	国际制[2]土壤质地分级名
1	松砂土	1	砂土
2	紧砂土	2	壤质砂土
		3	砂质壤土
3	砂壤土	4	壤土
4	轻壤土	5	粉砂质壤土
5	中壤土	6	砂质黏壤土
		7	黏壤土
6	重壤土	8	粉砂质黏壤土
7	轻黏土	9	砂质黏土
		10	壤质黏土
8	中黏土	11	粉砂质黏土
9	重黏土	12	黏土

注:1)卡庆斯基制指按卡庆斯基粒径分级的质地分类。该分类制有简制和详制两种。简制有3组9种质地,其主要特点是将土粒分为物理性黏粒和物理性砂粒两级;按物理性黏粒或物理性砂粒的数量进行质地分类,而不是按照砂粒、粉粒、黏粒三个粒级的质量比分组。详制是在简制的基础上,把9种质地进一步细分为39种质地类别,把含量最多和次多的粒组作为冠词,顺序放在简制名称前面,主要用于土壤基层分类及大比例尺制图。卡庆斯基还提出根据石砾含量而定的附加分类,也可作为质地分类的冠词,主要应用于山地土壤的质地分类。
2)国际制土壤质地分类在第二届国际土壤学会上通过,根据砂粒(粒径0.02—2mm)、粉粒(粒径0.002—0.02mm)、黏粒(粒径小于0.002mm)三粒含量的比例,通过国际制土壤质地分类三角图,以黏粒含量为主要标准,小于15%者为砂土质地组和壤土质地组,15%—25%者为黏壤组,黏粒含量大于25%者为黏土组,划定12种质地类别。

(二)土壤剖面点的坐标匹配

含地理坐标的剖面数据可直观展示该土壤剖面点所代表土壤的土层厚度、土体构造及理化性状等特征,也是构建推理模型,进行土壤及其理化性状数字制图的基础。

二普完成的分县土种志中虽无典型剖面地理坐标记载,却有关于剖面采样地点、景观和土壤剖面分类命名的详细记录,如乡镇名、村名、高程和土类、亚类、土属、土种名等。从1:5万土壤类型图与1:5万基础地理信息数据库中也能提取出上述信息。在1∶5万比例尺空间数据库中，空间对象分辨率可达到100m×100m精度，折合为1hm²。在全国性土壤调查中，对于选择、确定典型剖面采样点点位，通常要求其所代表的土壤类型在面积上能代表采样点周围100亩（1亩≈666.7m²）以上的土壤，通过这种匹配方法获得的点位对实际采样点点位有较高的代表性。

为了使分县土种志中记载的剖面数据获得坐标，编者构建了多要素土壤剖面点坐标匹配模型，无空间坐标的土壤剖面从1∶5万土壤类型图和基础地理信息数据库中获得空间坐标。坐标匹配模型工作机制如图2所示。首先，从分县土种志中提取出A源数据，即每个剖面隶属的土类、亚类、土属、土种名及剖面采样点地名、采样点高程等多要素信息；然后，用分县1∶5万土壤图与多要素基础地理信息数据库叠加，生成含土类、亚类、土属、土种名和村名、乡镇名、高程等要素信息的空间数据，即B源数据；最后，利用多要素匹配模型，逐县对A、B两源数据进行匹配。当A源数据中某剖面点土类、亚类、土属、土种名和采样点地名、高程与B源数据中某土壤要素空间对象的四个土壤分类名、地名、高程等多要素信息一致时，该剖面点获得B源数据中土壤要素空间对象中心点坐标。若一个县域内，某剖面点与B源数据中多个空间对象存在配对关系，则取其中面积最大的空间对象的中心点坐标。

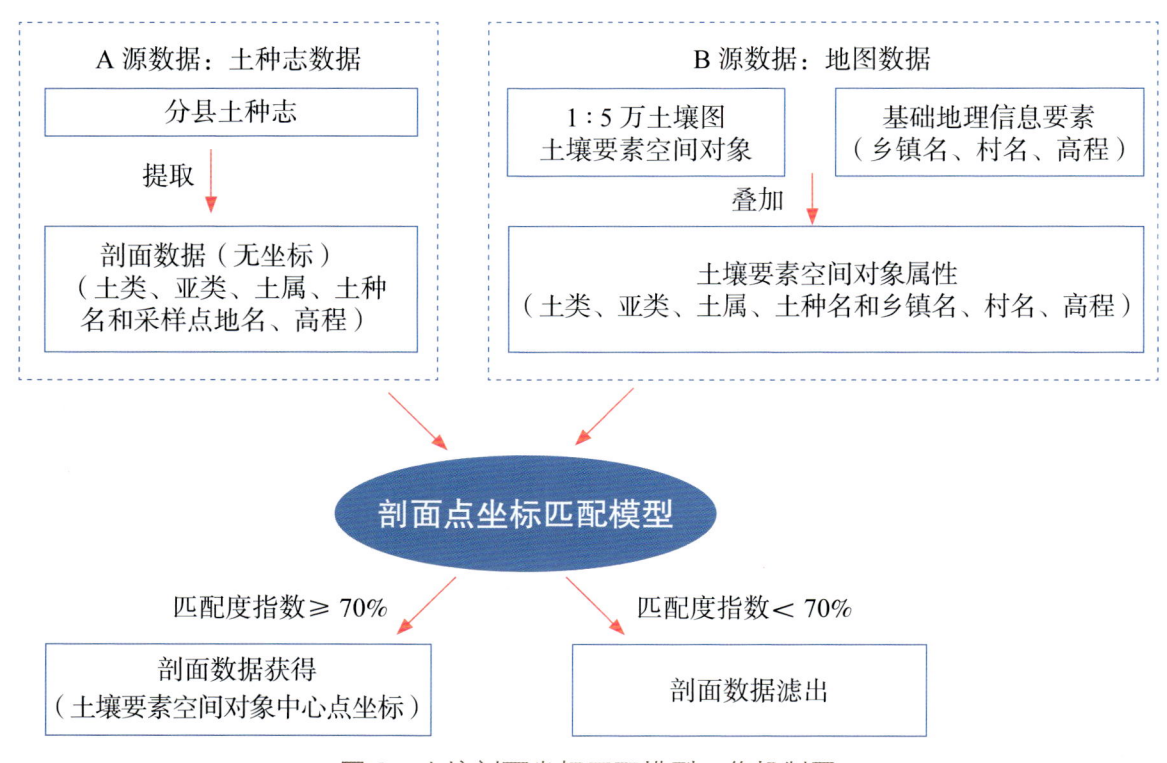

图2　土壤剖面坐标匹配模型工作机制图

为衡量每个土壤剖面坐标匹配的质量，在匹配模型中植入了匹配度评价模型，分析和提取每个土壤剖面点坐标匹配中多要素信息的吻合度。匹配度指数较高，代表两源数据中的土类、亚类、土属、土种名和地名、高程等多要素信息一致性高；匹配度指数较低，代表A、B两源多要素信息存在一些不一致性；匹配度指数小于70%的剖面数据会被滤出，该剖面也会从分县土壤剖面理化性状表中删除（表10）。利用坐标匹配模型，从分县土种志中提取出的10万余个剖面数据中，有6万多个获得了地理坐标并被收录于本数据集的分县土壤剖面理化性状表中，有约3万个由于匹配度指数较低被滤出。

表10　坐标匹配的匹配度指数及释义

匹配度指数/%	释义
90—100	匹配度高：A（分县土种志）、B（地图）两源数据中乡镇名、村名和三个以上土壤分类名（土类、亚类、土属、土种）、高程均一致
80—90	匹配度较高：A、B两源数据中乡镇名、村名和两个土壤分类名（土类、亚类）、高程一致
70—80	具有一定匹配度：A、B两源数据中乡镇名、村名、土类名、高程一致
<70	匹配度较低：A、B两源数据中地名和土类名不能全匹配

为检验通过匹配模型获得地理坐标的剖面对当地土壤类型是否具有代表性，编者自2008年以来，在河北、

山东、黑龙江、宁夏、海南等地挖取了 300 余个校验剖面，进行了比对研究。比对研究结果显示，校验剖面与二普完成的剖面记载在土壤类型、土体构造、母质、质地等土壤质量慢变化性状上都有很好的一致性。

（三）土壤剖面分类名的修订

分县土壤剖面理化性状表列出了每个土壤剖面的分类名。土壤分类名是对某一类土壤资源的抽象概括和表达，表述了各类土壤的主要成土过程以及各类土壤综合性的典型特征。如黑土是指在温带半湿润地区草甸草原植被条件下形成的具有深厚均匀腐殖质层的土壤，呈黑色，富含有机质和各种养分；褐土是指在暖温带半湿润地区形成的具有弱腐殖质表层和黏化层的土壤，盐基饱和度较高，呈棕褐色。土壤分类名既具有典型性，又具有综合性，是土壤最基本的属性。

二普中，我国基于全国第一次土壤普查经验制定了六等级土壤分类系统，这也是目前的国标系统。该系统中的六等级分别为土纲、亚纲、土类、亚类、土属和土种，从高级到低级，不同层级之间为隶属关系。其中，土纲用于界定水、温等主要的土壤成土条件，亚纲用来进一步区分土纲内成土条件与过程的差异，土类反映成土条件引致的最典型土壤特征，亚类反映土类内成土条件引致剖面特征的进一步分异，土属反映母质等成土条件引致亚类剖面的分异，土种反映同一土属中土壤的分异或当地群众对该土壤的命名。

在对各地土壤调查数据进行全国汇总时，编者发现，从全国 2200 多个分县土壤剖面资料中提取出的土壤分类名与我国在 1998—2009 年发布的三版《中国土壤分类与代码》国标差异较大[18-20]。国标发布的土类、亚类、土属、土种名数量分别为 60 个、229 个、663 个和 3246 个，而从 2200 多个分县土壤图件与剖面资料中提取出的土类、亚类、土属、土种名数量分别为 312 个、1520 个、12150 个和 43200 个。对国标上从未出现的土壤类型名进行审核和归并需要有土壤分类学上的依据。通过对俄罗斯、美国、加拿大、澳大利亚、德国、英国等各国土壤分类研究及发展状况的研究，编者总结了我国和其他世界各国过去半个世纪中在土壤分类方面的经验，确定了土壤剖面分类名的修订原则[1]。

研究显示，我国国标分类系统中的第三层级——土类（附录 4），能很好地反映我国主要土壤类型形态上的典型特征。通过土类及其隶属的 12 大土纲可清晰展现出我国 60 个土类受温度、海拔、降雨、土壤发育度、地下水盐运动、耕种垦殖等主要成土条件影响而形成的地带性分布特征。另外，土类本身属于高层级分类，数目有限，命名符合汉语语言特征，易于专业及非专业人员掌握。通过土类名，读者能够辨识各种土壤类型，了解其成土过程、土壤质量与肥力特征。因此，在土壤剖面分类名的修订中，应重视维护土类名的稳定性。根据这一原则，在对分县资料中土壤分类名的编审中，编者将国标发布的 60 个土类名进行了归并，对亚类及以下的中、低级分类名称则在尽量保留现场获取的一手土壤调查信息的前提下进行适度归并与整合。

为便于读者了解我国目前采用的土壤分类名与国际土壤学会推荐的土壤分类名（world reference base for soil resources，WRB）[21]之间的关联，附录 4 中还给出了由史学正研究员通过剖面比对建立的 WRB 土组名与我国 60 个土类名的关联及 WRB 土组名对我国土类名的最大可参比性[22]。

（四）剖面土层代码

在形成过程中，由于物质迁移和转化，土壤会分化成一系列组成、性质和形态各不相同的层次，称为发生层或土层。土壤剖面各土层的顺序和变化情况，反映了土壤形成过程及土壤性质。

目前各国尚无统一的土层命名。1967 年国际土壤学会提出将土壤剖面划分成 O 层（有机层）、A 层（腐殖质层）、E 层（淋溶层）、B 层（淀积层）、C 层（母质层）和 R 层（基岩）等 6 个主要土层。全国土壤普查办公室编制出版的《中国土种志》（6 卷）[23-28]、《中国土壤》[29]则将自然土壤剖面划分成 O 层（凋落物有机质层）、A 层（表层）、B 层（淀积层）、C 层（母质层）、D 层（岩石碎屑层）和 R 层（坚硬岩石层）等 6 个主要土层；将旱地农田土壤划分成 A（耕层）、C_1（心土层）和 C_2（底土层）等几个主要土层；将水田土壤划分成 Aa（耕作层）、Ap（犁底层）、P（渗育层）、W（潴育层）和 G（潜育层）等 5 个主要土层。

由于分县土种志中，土层代码和释义与以上文献给出的土层码不尽相同，因此在数据集编制中，编者主要保留了 2200 多个分县土种志中实际采用的土层代码和释义（表 11）。为便于读者参考，编者在附录 4 中列出了引自《中国土壤》部分土类典型剖面的土体构造及其关联的土层代码[29]。

表 11　土壤剖面土层代码和释义[1]

代码		释义
自然土壤与旱地土壤	Ao	位于土表的枯枝落叶层
	A	自然土壤指表土层，耕地土壤指耕作层
	B	心土层，受成土作用形成的淋溶淀积层
	C	底土层，受成土作用少的母质层，较紧实，通常不受耕作、施肥影响
	D	未风化的母岩层，岩石碎屑层
水田土壤	A	耕作层，亦称淹育层和作物栽培层
	P	犁底层，位于耕作层下，经机械耕作和黏粒淀积，结构较为紧实
	W[2]	潴育层，位于犁底层下，水田在干湿交替作用下，铁、锰淋溶淀积形成斑纹层，使水稻土有较好的通透性，渗水而不漏水，渍水而不滞水
	G	潜育层，存在于水稻土、沼泽土和泥炭土中。土体长期积水，通透性不良，在还原状态下形成青灰色土层又叫青泥层，作物受还原性物质危害。若在其他土层出现，可用 g 表示，如 Pg、Wg
	E	漂洗层，侧渗作用下黏粒、有机质被淋洗，铁质溶脱，形成灰白色或白色漂洗层

注：[1] 表中土层代码和释义主要根据全国各分县土种志中实际采用代码和释义进行综合与汇总。土体构造中，两个字母并列表示过渡层土壤，例如 AB 层、BC 层等。
[2] 一些地区将潴育层细分为 W_1（渗育层）和 W_2（淀积层）两层。渗育层指有明显水化铁层，多见黄色锈斑；淀积层指明显有铁锰淀斑或铁锰结核的土层。

（五）其他

分县土壤剖面理化性状表中，空格代表本项无数据。

若土壤剖面的土层码为数字，则表示调查中未对该剖面的各分层进行土层代码赋码。对这类剖面，编者按从地表至底土顺序赋土层序号 1、2、3……。土层序号不具有土壤发生学上的含义，仅表达每一土层的顺序。

分县土壤剖面理化性状表中土层厚度的上、下边界表示该土层采样范围。例如：土层厚度为 0—17cm，表示土层采自剖面 0—17cm 部位；土层厚度为 50—100cm 表示采自剖面 50—100cm 部位。一些剖面底土的土层厚度仅有上界而无下界。例如：85—，表示该土层采自剖面 85cm 至更深部位。

个别剖面上、下土层的上、下边界相互不衔接，例如：两个土层厚度分别为 0—10cm、30—35cm，表示该剖面的采样为不连贯采样，每个土层只选取了该土层的代表性层段。

一些剖面分层样本上、下土层的上、下边界相互不衔接，例如：按从地表至底土顺序，6 个土层采样范围分别为 0—13cm、13—18cm、18—40cm、18—32cm、32—100cm、50—100cm，其中第三个土层 18—40cm 为额外增加的采样层。在土壤调查中，当调查者认为需要对某些区域或土类的特定土层进行单独采样和分析时，往往会出现这一情形。为了最大限度保持第一手调查资料的完整性，编者将这类土层也编入了分县土壤剖面理化性状表中。

本卷收录的广西壮族自治区典型土壤剖面共计 2638 个。通过对剖面数据的土层厚度转换，附录 7 给出了这些典型剖面 0—20cm 土层土壤理化性状中位数与平均数。二普剖面采为典型土类采样，而非网格化采样。0—20cm 土层土壤理化性状中位数与平均数不代表本自治区土壤理化性状平均状况。但二普是我国最早的大样本量调查，附录 7 所示的 0—20cm 土层土壤理化性状中位数与平均数对了解广西壮族自治区 20 世纪 80 年代土壤肥力性状量化指标具有一定参考价值。

附录 8 列出了广西壮族自治区耕地、园地、林地、草地和湿地 0—30cm 土层土壤有机质含量的平均值。该值由广西壮族自治区土壤有机质含量图和自然资源部土地科学数据中心编制的 2019 年 1∶100 万比例尺全国土地利用缩编图通过叠加、计算生成。其中，耕地包括水田、水浇地、旱地 3 种土地利用类型；园地包括果园、茶园和其他园地 3 种土地利用类型；林地包括有林地、灌木林地和其他林地 3 种土地利用类型；草地包括天然牧草地、人工牧草地和其他草地 3 种土地利用类型；湿地包括沼泽地、沿海滩涂和内陆滩涂 3 种土地利用类型。鉴于广西壮族自治区土壤有机质含量图源于大样本量地面采样，土壤有机质含量亦为变化较慢的土壤质量性状[15]，附录8对了解广西壮族自治区耕地、园地、林地、草地和湿地的土壤有机质含量状况及演变具有较高的参考价值。为便于读者了解广西壮族自治区耕地、园地、林地和草地4种土地利用类型中受成土过程影响而形成的各主要土壤类型及其在各土地利用类型中的占比情况，附录9给出了主要土壤类型在这4种土地利用类型中的占比。

土壤专题图与土壤剖面数据可靠性检验

该检验目的是对数据集中的土壤专题图和土壤剖面数据能否真实反映土壤资源与土壤理化性状及其空间分布特征给出科学、客观的评价。另外，数据集中的土壤专题图和土壤剖面数据主要源于1979—1987年间的二普和2005—2017年在全国测土配方施肥项目中的土壤养分调查，因此，该检验也是对我国两次全国性土壤调查所获成果的质量评估。

对土壤专题图及含地理坐标的剖面数据的检验涉及地图制图学、测绘科学、土壤学、地统计学等多学科内容，而对于不同的学科，数据检验的目标和内容也不同。对于地图制图，精度检验十分重要；而在土壤学范畴，可靠性检验更为重要。精度检验方面，本数据集剖面坐标是通过1∶5万比例尺地图数据匹配获得，匹配用地图精度直接影响剖面数据坐标精度。可靠性检验方面，土壤专题图和土壤剖面数据均属于土壤学范畴，还需要从土壤学角度给出科学评价。借助目前仍在发展中的地统计方法，编者最终给出了合理的可靠性检验方法。为便于读者理解，本节将重点说明两点：一是地图精度与土壤专题图制图的关联；二是土壤专题图和剖面数据的地统计检验结果。

在地图制图中，地图精度用于衡量某一地物点或地物轮廓点的平面位置和高程位置偏离其真实位置的平均误差。这里的地物点或地物轮廓点可以是测量控制点、水准点、道路交叉点、境界线方向变化点、山脚点、山顶等。地图精度与地图投影、比例尺、制作方法和工艺有关。地图比例尺不同，误差控制要求也不同。一般来说，地图比例尺越大，误差越小，精度越高。换言之，地图精度或比例尺主要反映对地图中基础地理信息要素，如测量控制点、河流、道路、等高线、境界的误差控制要求。

在土壤专题图制图中，需要用基础地理信息要素标识土壤要素空间位置。在较早的土壤调查中，没有GPS设备，通常用纸质地形图为底图标识采样点位置。地面土壤采样调查完成后，根据底图标记的采样点位置和实测获得的土壤要素值，由经验丰富的土壤科学家依据土壤及相关要素的空间分布、空间相关性和空间依赖性规律进行人工综合判图，在底图上手工完成土壤专题图的勾绘和制图。我国的二普与欧美各国在20世纪80年代之前进行的全国性土壤调查基本均采用这一方法进行土壤专题图编绘。二普为大样本量土壤调查，采样密度高，采用1∶1万大比例尺地形图为工作底图，全国共挖取土壤观察剖面550余万个，采集0—20cm土壤表层样本200余万个，通过综合判图和人工勾绘，最终完成分县1∶5万比例尺土壤图和各类土壤养分含量图的编制。土壤专题图比例尺不代表地图中对土壤要素的误差控制要求，客观上，地面采样中应用大比例尺的工作底图，采样密度高，土壤采样点均衡分布于调查区域中，以此为依据编制的土壤专题图能精细表达调查区域内土壤要素的空间变化特征。采样密度低的土壤调查结果则不适合编制大比例尺土壤专题图。

近年来，随着GPS和GIS技术的发展，地统计方法已较多用于反映和研究土壤要素的空间变化规律。地统计方法不仅提供了利用含地理坐标的土壤采样点数据制作土壤专题图的地统计模型，还提供了对模拟结果进行不确定性检验的方法。地统计检验的主要目的是了解模拟结果对真实情况反演的客观性和可靠性，而不是评价地图中土壤要素的精度或误差控制。检验结果既受地面采样原则、采样量的影响，也受所选模型类型、建模过程中是否引入协变量等因素的影响。

由于二普完成的土壤图和养分含量图中没有采样点标注，难以对其进行地统计检验。为此，编者同时对我国在全国测土配方施肥项目中完成的、有GPS定位坐标的农田耕层土壤有机质含量数据进行了地统计分析和检验。与二普相似，全国测土配方施肥项目也按网格化均匀分布原则进行大样本量、高密度土壤采样，全国总计完成1000万个农田土壤耕层样本的采集。

检验方法为：首先，在我国东、南、西、北、中不同地域选取7个代表性片区，每片区包含地域相连、域内无大面积剖面点缺失的多个行政县，且含土壤剖面点500个以上。其次，提取7个片区源于二普剖面0—

20cm土层和源于2005—2017年0—20cm农田耕层采样的土壤有机质含量数据。二普剖面数据的采样特征为在优先选取典型土壤类型的前提下，尽量均衡分布；样本量较小，全国有6万多个具有匹配坐标的剖面。2005—2017年农田养分调查数据为网格化均衡分布的大样本量，全国完成了1000万个有GPS定位坐标的耕层样本。最后，用普通克利金插值（ordinary Kriging）方法进行地统计分析和检验。在每片区剖面点和耕层采样点的数据中分别随机选取80%作为训练样本集，20%作为验证样本集，同时进行建模；将验证样本预测值与实测值进行线性回归，计算R^2（决定系数）和RMSE（均方根误差），以此评价两组数据表达土壤要素空间分布特征的可靠性和误差。选择土壤有机质含量作为检验指标的原因为该指标是最重要的土壤质量性状之一，且可量化表达，便于进行地统计检验。

二普剖面数据的检验结果显示，在7个代表性片区，剖面点数据表达的有机质含量分布状况可靠性均达极显著水平（见表12）。这表明，尽管二普典型剖面数据为非网格化采样，含地理坐标样本量较少，需采用匹配坐标替代原点坐标，但在一个由多县组成的片区内，当剖面样本量达到一定数量后，即使未引入可极大改进R^2的地形、土地利用类型等辅助变量，用普通克利金插值仍然能比较真实、可靠地反演土壤要素空间分布特征。2005—2017年耕层采样点数据的检验结果显示，与二普剖面点数据相比，大部分片区的有机质含量分布数据R^2更大（达到中等相关至强相关），RMSE更小，可靠性和预测精度明显更优，这说明就表征土壤要素空间分布特征而言，网格化均衡分布的大样本量采样得到的数据可靠性和精度相对较高。这为二普大比例尺土壤专题图数据（土壤图和土壤pH、有机质、氮、磷、钾养分含量图）的地统计检验特征提供了佐证。二普大比例尺土壤专题图数据均源于网格化均衡分布的大样本量地面调查，其可靠性和精度应优于二普剖面点数据。

两组数据地统计检验结果还显示，尽管相隔近30年，两时段调查的土壤有机质含量也有一定变化，但各片区土壤有机质含量的空间分布规律总体相近。图3展示了东北片区两组数据通过普通克利金插值获得的土壤有机质含量分布图。可以看出，尽管二普土壤剖面样本数（546）远少于农田耕层土壤样本数（45182），20%校验集所获R^2较低，预测值与实测值偏差较大，但两组数据展示的土壤有机质含量空间分布格局相近，均为东北角最高，西南角最低。另外，该片区2005—2017年的农田耕层有机质含量均值为36.41g/kg，低于1979—1987年的二普采样结果（40.53g/kg），这一结果与东北地区所做长期定位试验结论一致。这表明，本数据集剖面数据可为了解土壤质量时空演变规律提供可靠的数据支持[9]。

表12 二普典型土壤剖面数据和2005—2017年耕层采样点数据的地统计检验结果

编号	片区名	县数	面积/km²	二普剖面土壤有机质含量 1)			耕层土壤有机质含量 2)		
				样本量	R^2 3)	RMSE 3)	样本量	R^2 3)	RMSE 3)
1	东北片区	19	72353	546	0.329**	14.77	45182	0.689**	6.32
2	冀鲁豫片区	64	50071	881	0.363**	5.65	256341	0.429**	3.47
3	江浙片区	53	63003	1312	0.334**	8.83	51759	0.666**	4.05
4	湖北片区	10	21044	515	0.286**	20.21	60545	0.281**	11.09
5	四川片区	39	98052	1283	0.380**	9.20	206682	0.344**	7.08
6	粤闽赣片区	27	58745	801	0.223**	13.33	51759	0.285**	6.42
7	陕甘片区	47	109010	990	0.296**	7.20	256341	0.558**	2.48

注：1) 数据源于二普土壤剖面（1979—1987年采样，0—20cm土层）数据库，土壤有机质含量单位为g/kg。
2) 数据源于2005—2017年农田耕层（0—20cm）土壤养分调查数据库，土壤有机质含量单位为g/kg。
3) 20%验证样本所获预测值与实测值的线性回归R^2（决定系数，其中**表示1%水平显著）和RMSE（均方根误差）。

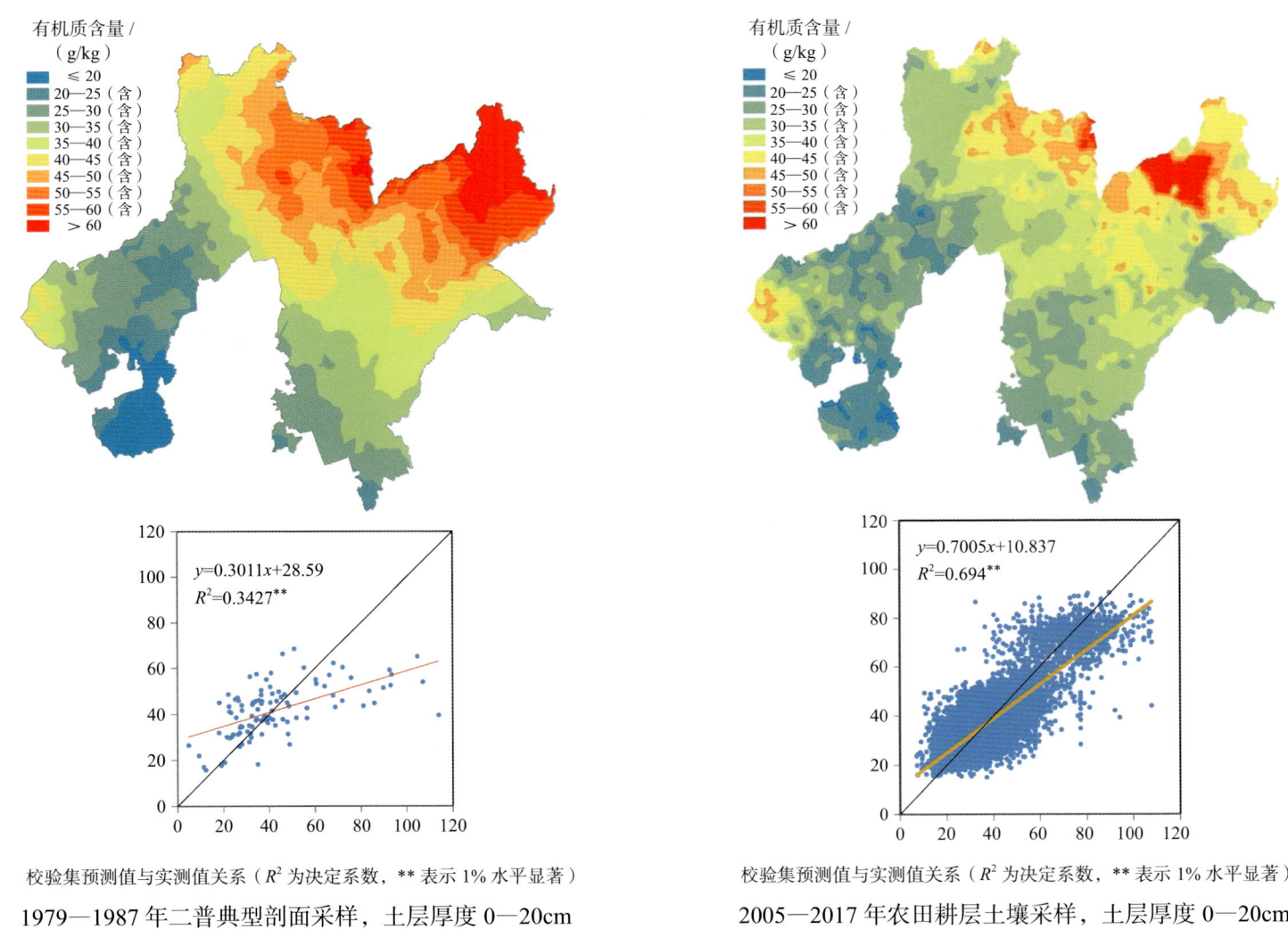

图3　东北片区土壤有机质含量分布图及地统计检验结果

参编单位

《中国土壤剖面数据集》的编制工作始于1998年。其编制过程主要分为以下两个阶段：

第一阶段为全国1∶5万土壤图编制和中国剖面数据库构建阶段。20世纪末，随着现代科学研究与管理对土壤时空信息的迫切需要和大数据技术的发展，利用土壤调查结果构建我国土壤资源与质量时空数据库日益显现出可行性和必要性。1998年，我国土壤科技工作者开始对二普分县土壤图件和资料进行系统收集和整理，这项工作曾得到国家社会公益性研究专项的资助。"十一五"期间，"我国1∶5万土壤图籍编撰及高精度数字土壤构建"被列为国家科技基础性工作专项重点项目。在全国各地农业、国土、档案等多家单位的大力配合和各地土壤科技工作者的支持下，项目组汇聚全国土壤科学、农业、测绘与环境领域多家专业科研院所的科研力量，深入31个省、自治区、直辖市以及数百个县的原始图件与资料存放部门，完成了2200多个县的分县大比例尺纸质土壤图与土种志的收集。同时，项目组还收集了31个省、自治区、直辖市的分省土壤图、土壤有机质含量图等多类别土壤专题图和分省土壤调查资料，并在此基础上，项目组研究人员通过融合多学科方法创建土壤大数据方法，以方法创新带动异源非标准海量土壤信息的时空整合与表达，至2017年，完成了我国1∶5万土壤图的整合表达和中国土壤剖面数据库的构建，为编制《中国土壤剖面数据集》奠定了科学基础、方法基础和数据基础。

第二阶段为《中国土壤剖面数据集》编制阶段。为满足我国农业、林业、环境、气象、国土、水利等各部门对公众版土壤资源与质量信息的迫切需求，项目组于2017年启动了数据集编制工作。在数据集编制过程中，项目组一方面利用土壤大数据方法进行数据的审核、土壤专题图的缩编与剖面数据表的表达等多项工作，另一方面组织了各省级土壤专业科研院所参与各分卷内容的审核和修订工作。数据集的编制还得到了中国农业科学院科技创新工程的资助。

本数据集的最终面世离不开多家科研单位在过去20多年时间里的共同付出。这些单位包括国家科技基础性工作专项重点项目"我国1∶5万土壤图籍编撰及高精度数字土壤构建""我国1∶5万土壤图籍编撰及高精度数字土壤构建二期工程"主持与参加单位、参加数据集各分卷审核和修订工作的土壤专业科研单位以及参与分县大比例尺纸质土壤图与土种志收集的各地相关管理与科研部门（附录10）。

（张维理、徐爱国、张认连、冀宏杰）

序图

中国土壤图
1:13 000 000

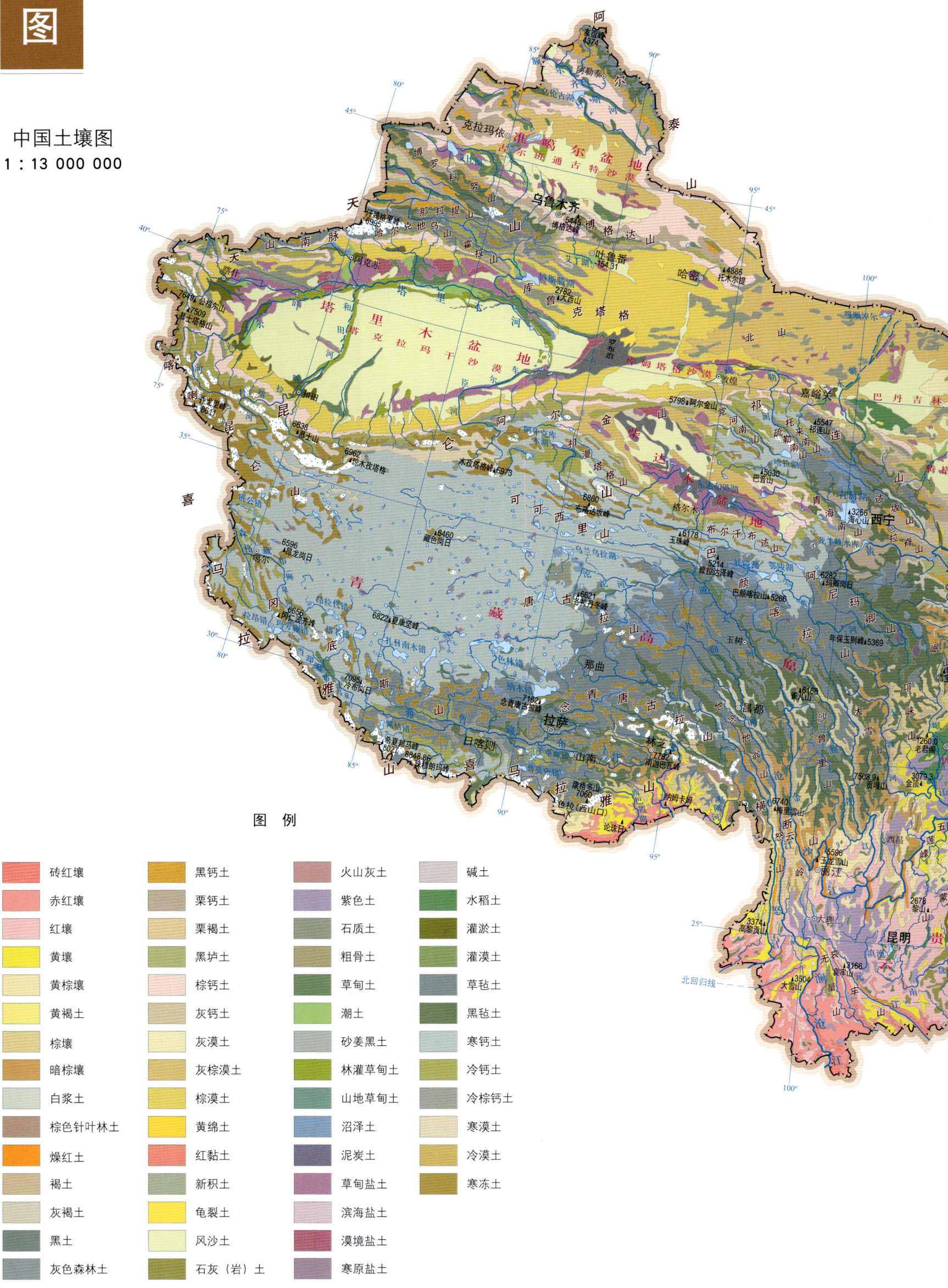

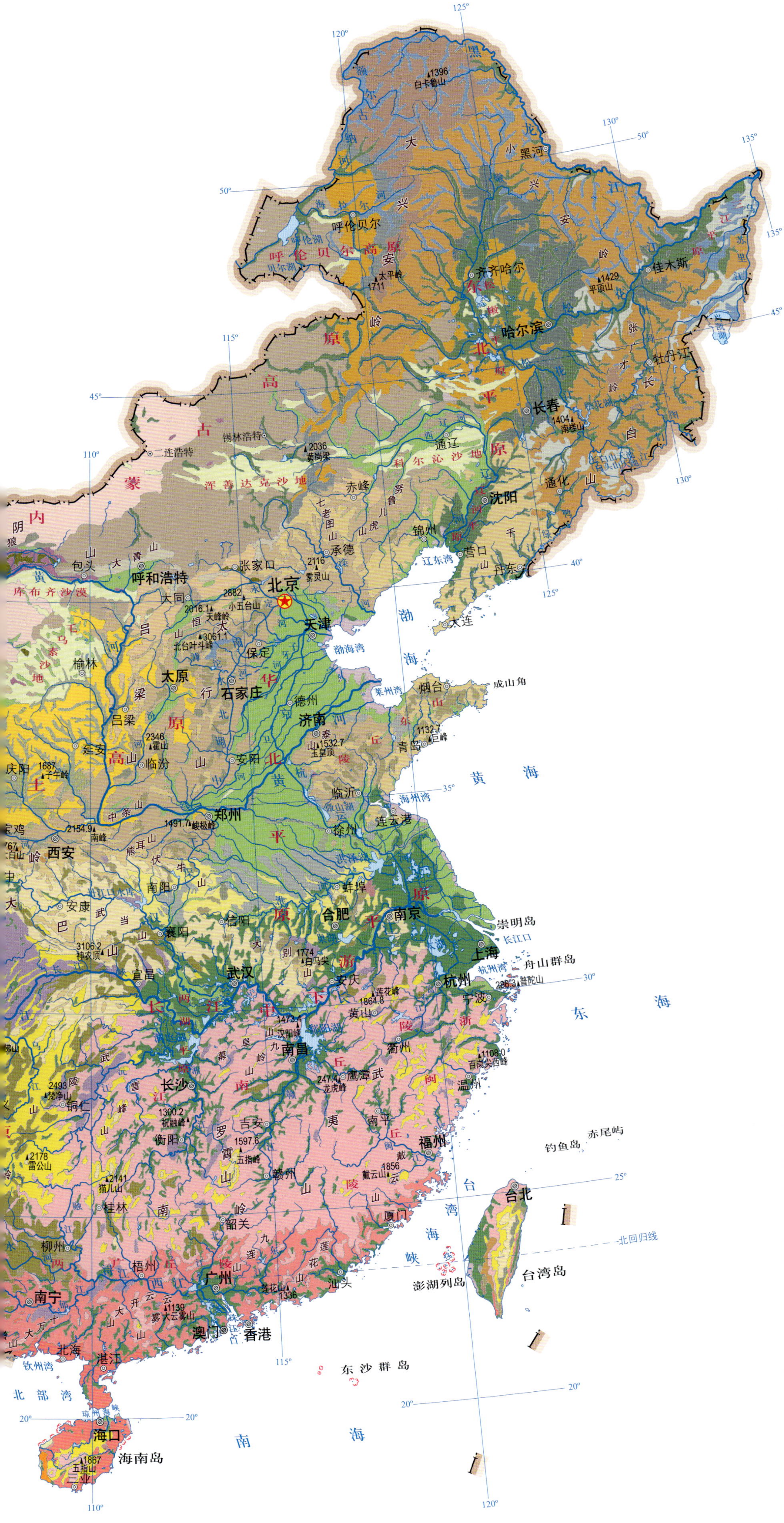

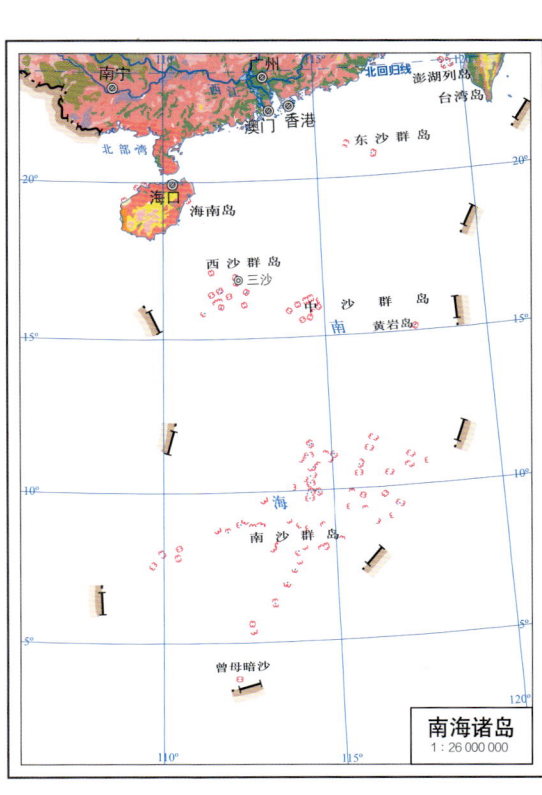

中国土壤有机质含量图
1∶13 000 000

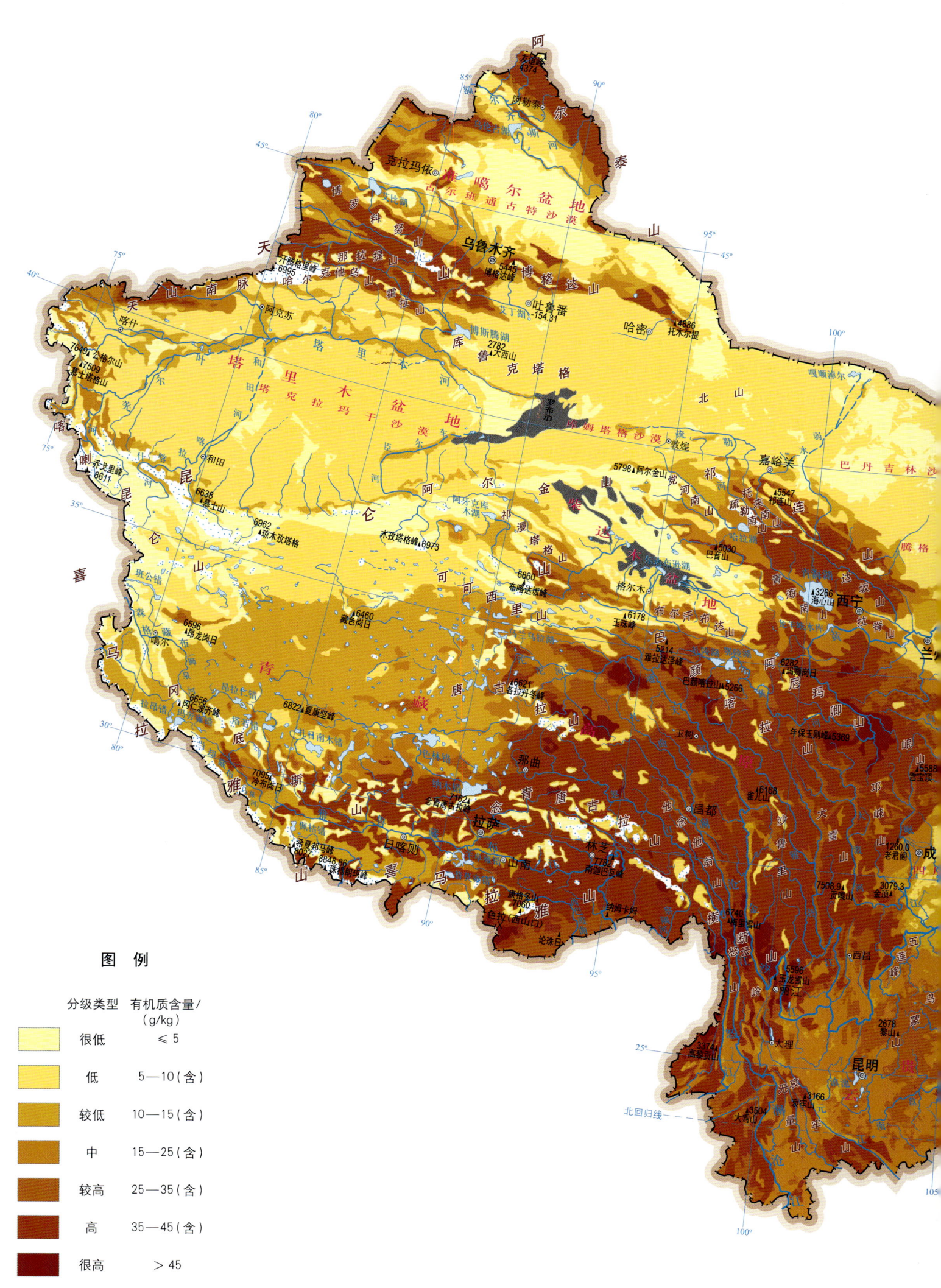

图　例

分级类型	有机质含量/(g/kg)
很低	≤5
低	5—10（含）
较低	10—15（含）
中	15—25（含）
较高	25—35（含）
高	35—45（含）
很高	>45

注：土层厚度为0—30cm。

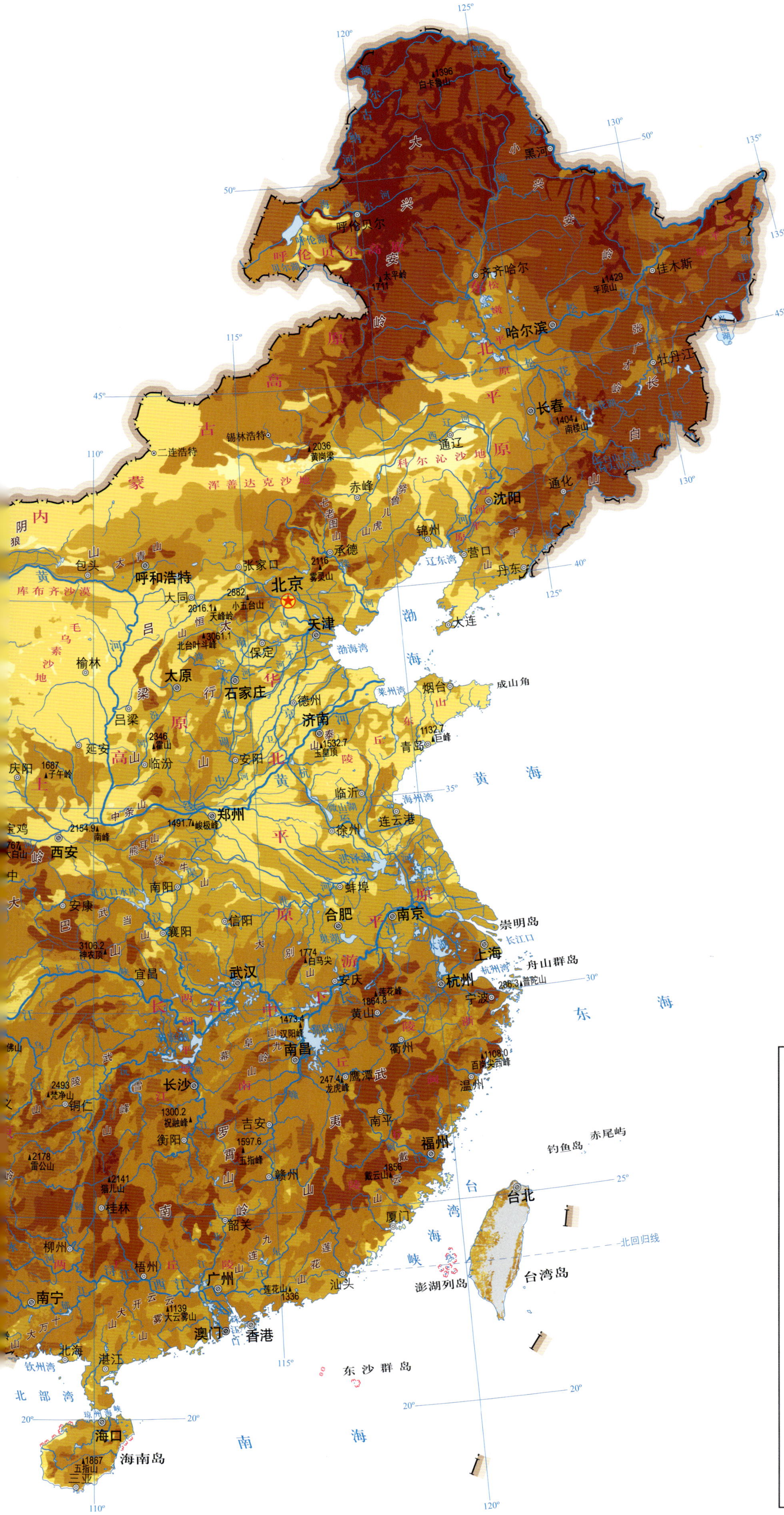

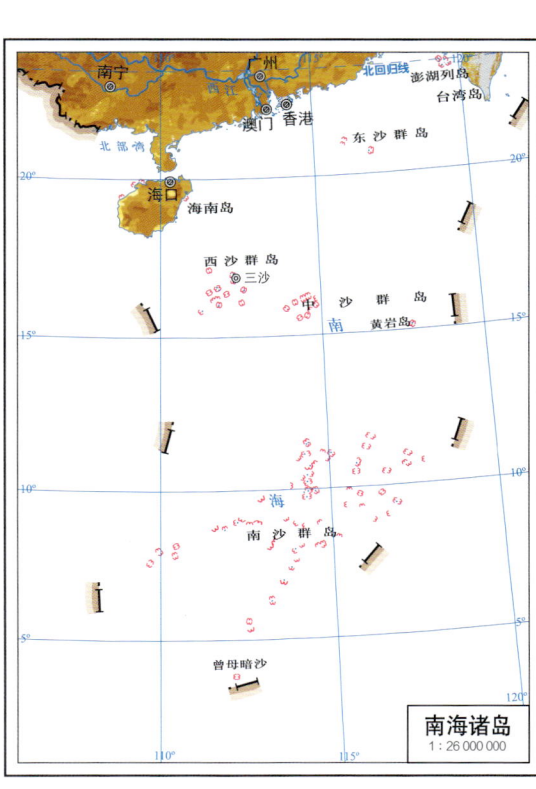

中国地势图

1 : 13 000 000

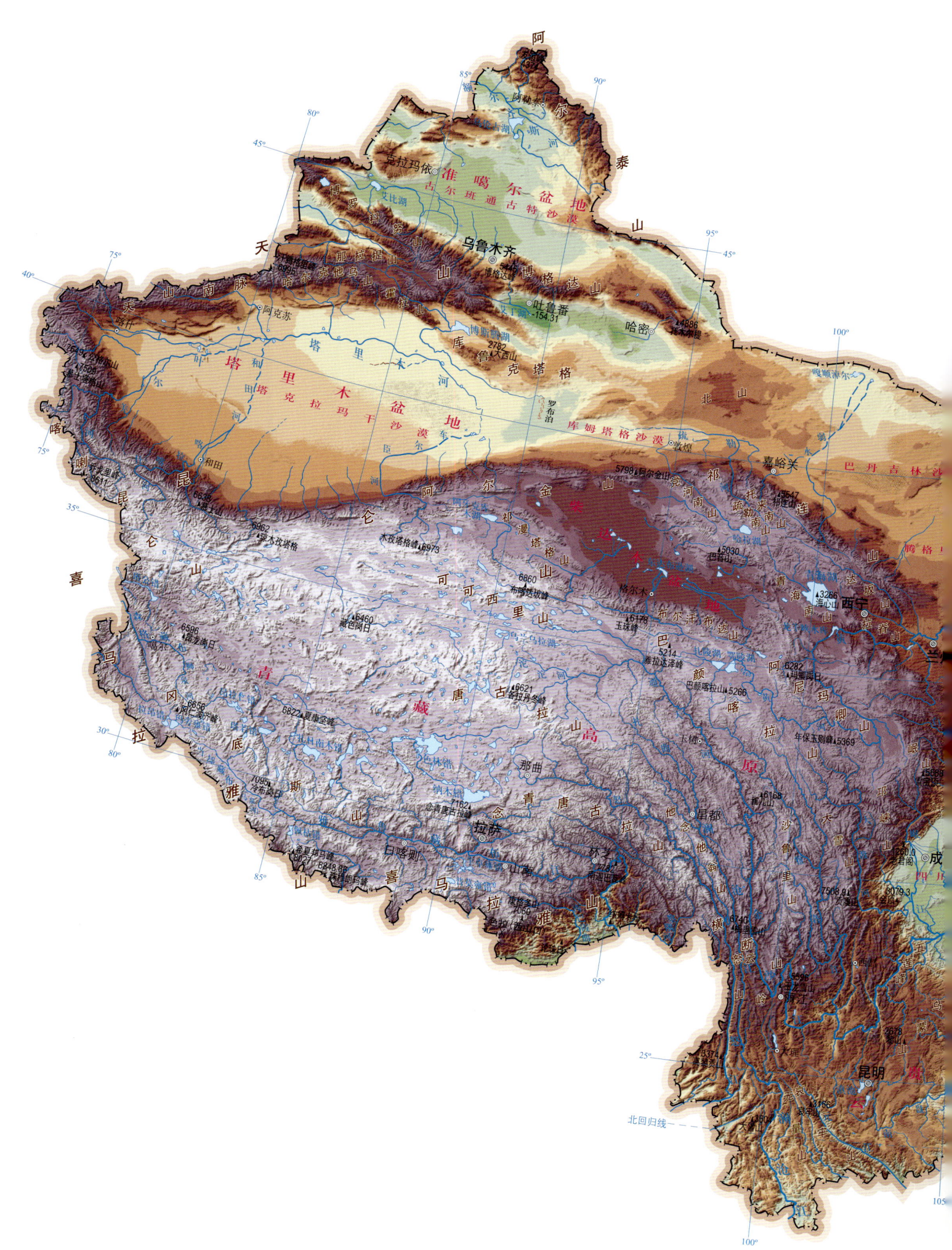

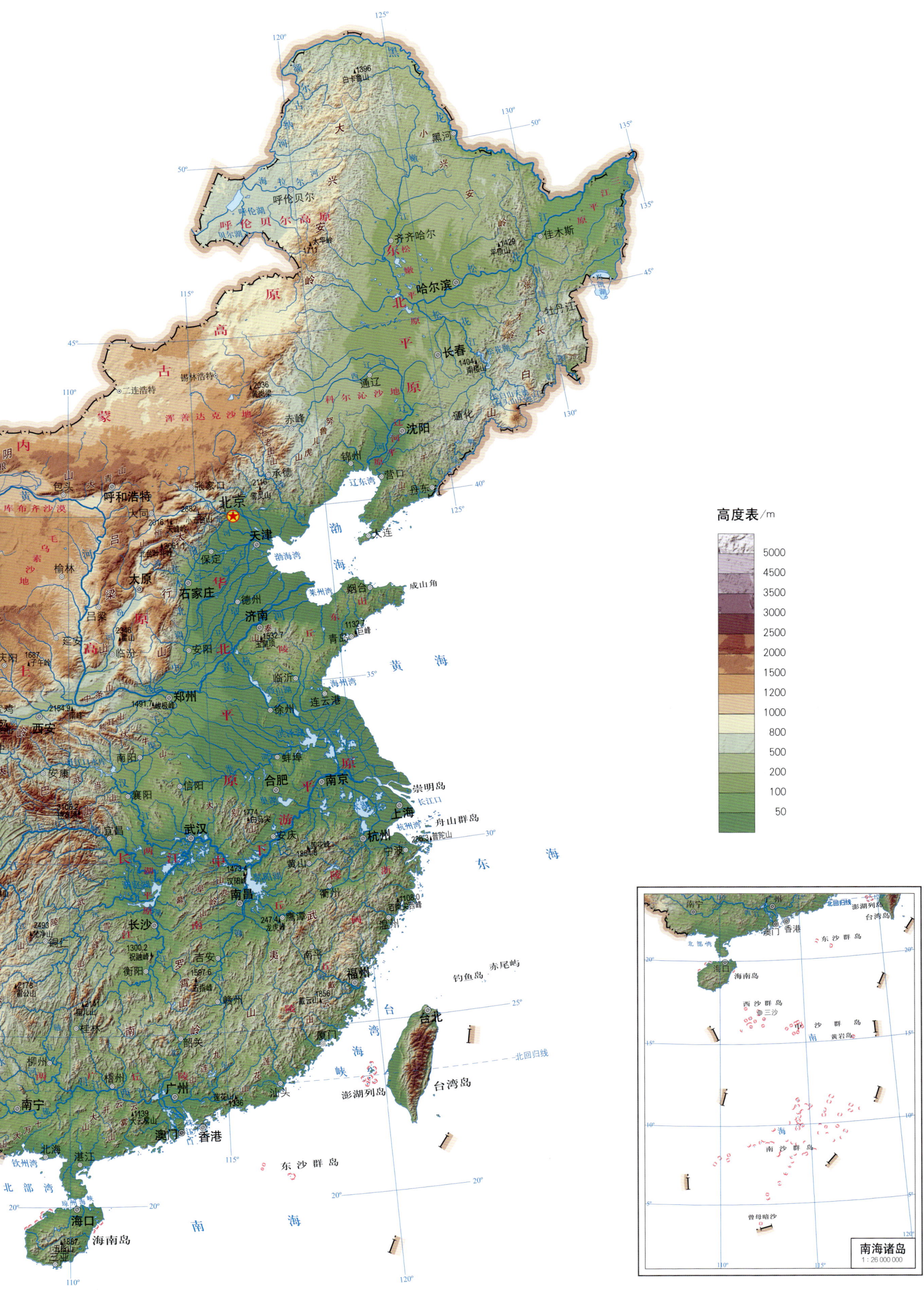

广西壮族自治区土壤图
1:1 900 000

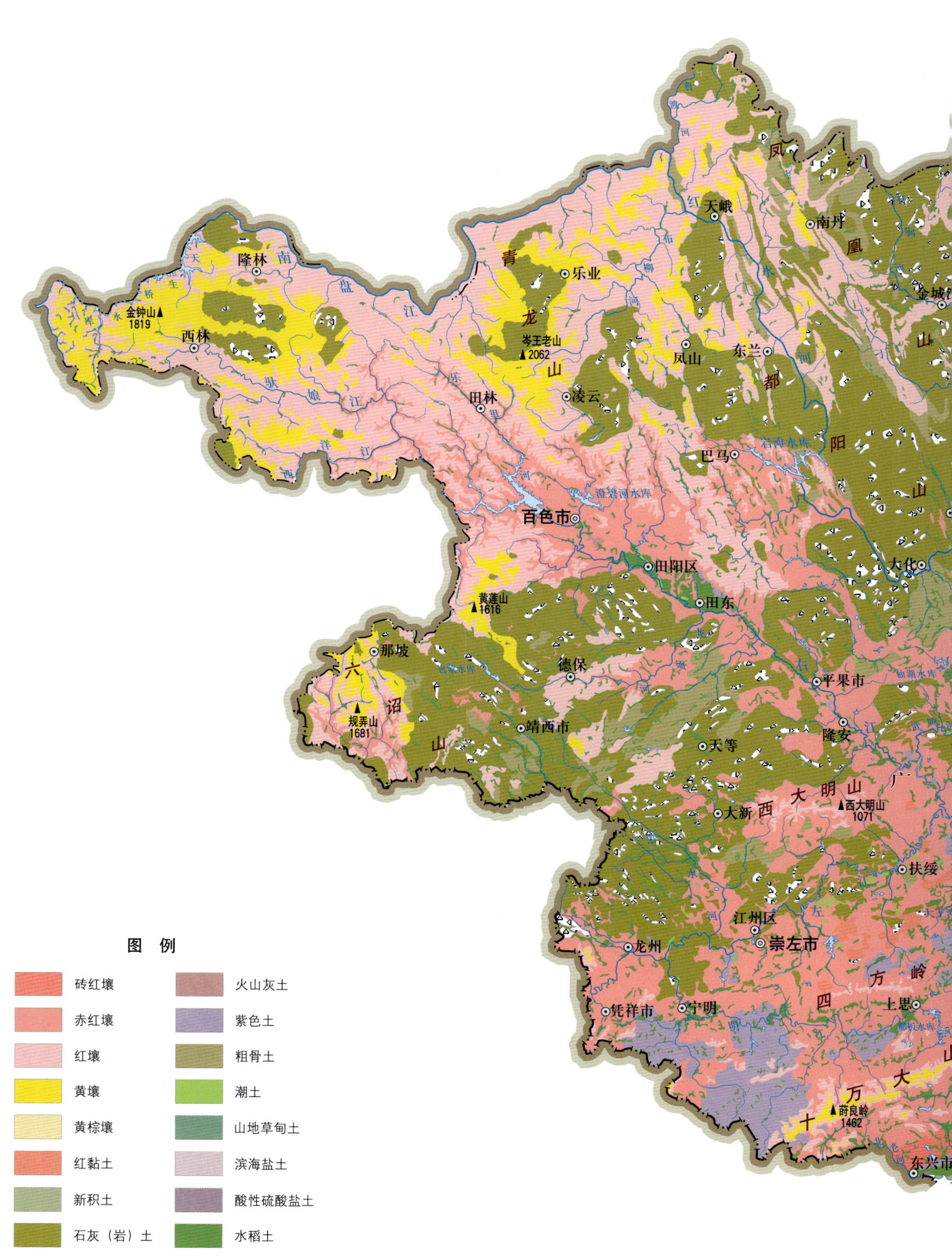

图 例

- 砖红壤
- 赤红壤
- 红壤
- 黄壤
- 黄棕壤
- 红黏土
- 新积土
- 石灰（岩）土
- 火山灰土
- 紫色土
- 粗骨土
- 潮土
- 山地草甸土
- 滨海盐土
- 酸性硫酸盐土
- 水稻土

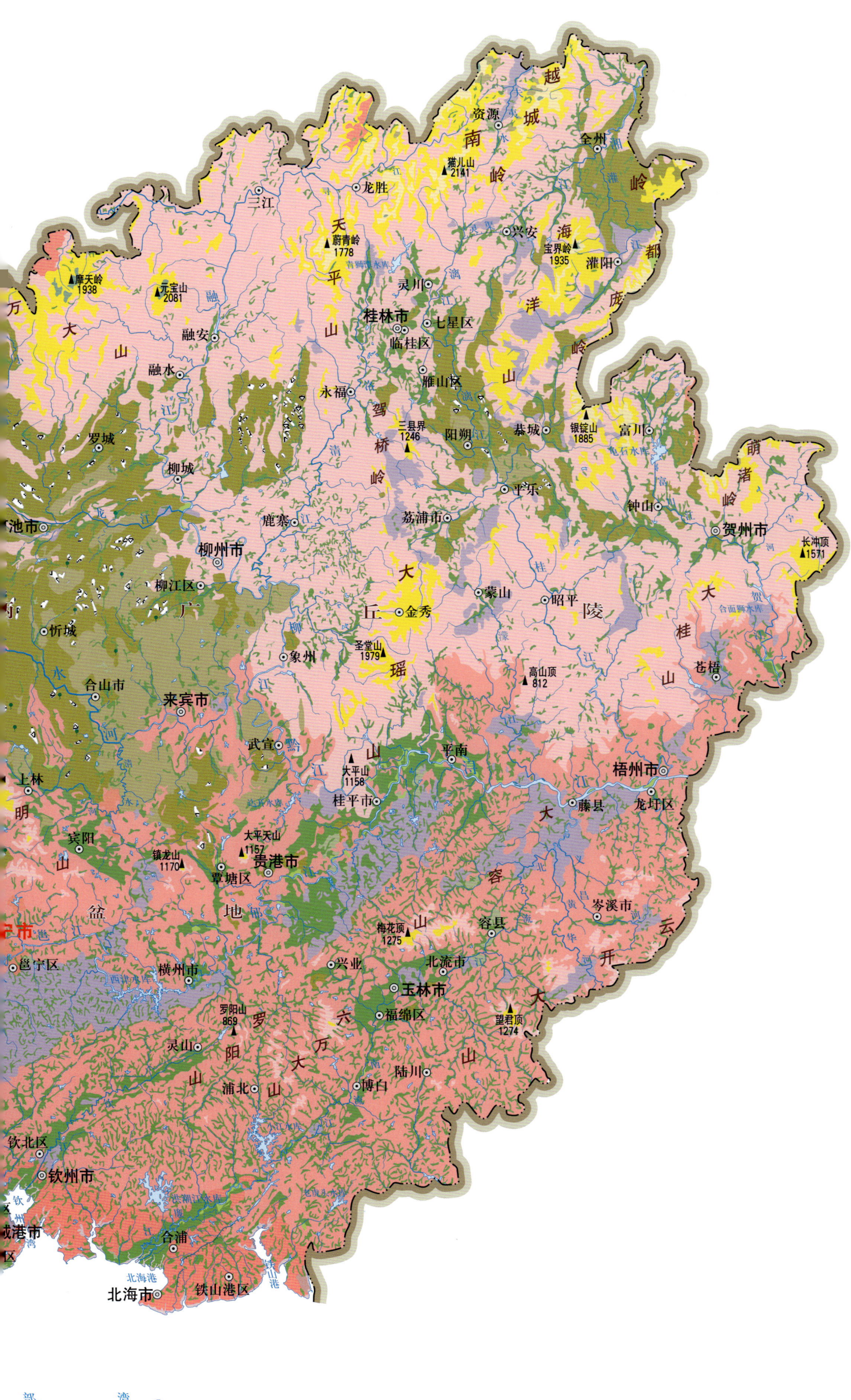

广西壮族自治区土壤有机质含量图
1∶1 900 000

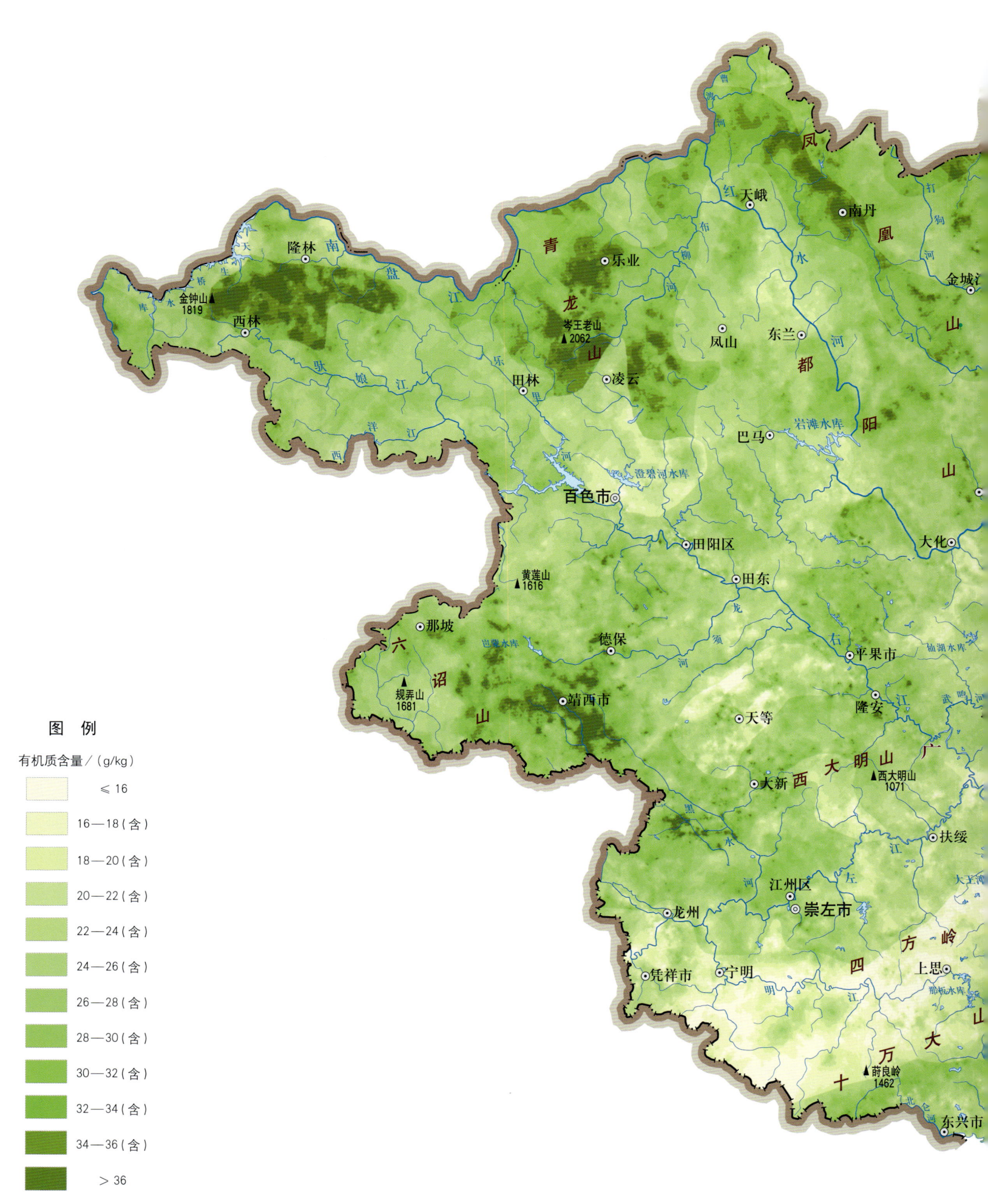

图　例

有机质含量／(g/kg)

- ≤16
- 16—18（含）
- 18—20（含）
- 20—22（含）
- 22—24（含）
- 24—26（含）
- 26—28（含）
- 28—30（含）
- 30—32（含）
- 32—34（含）
- 34—36（含）
- \>36

注：土层厚度为0—30cm。

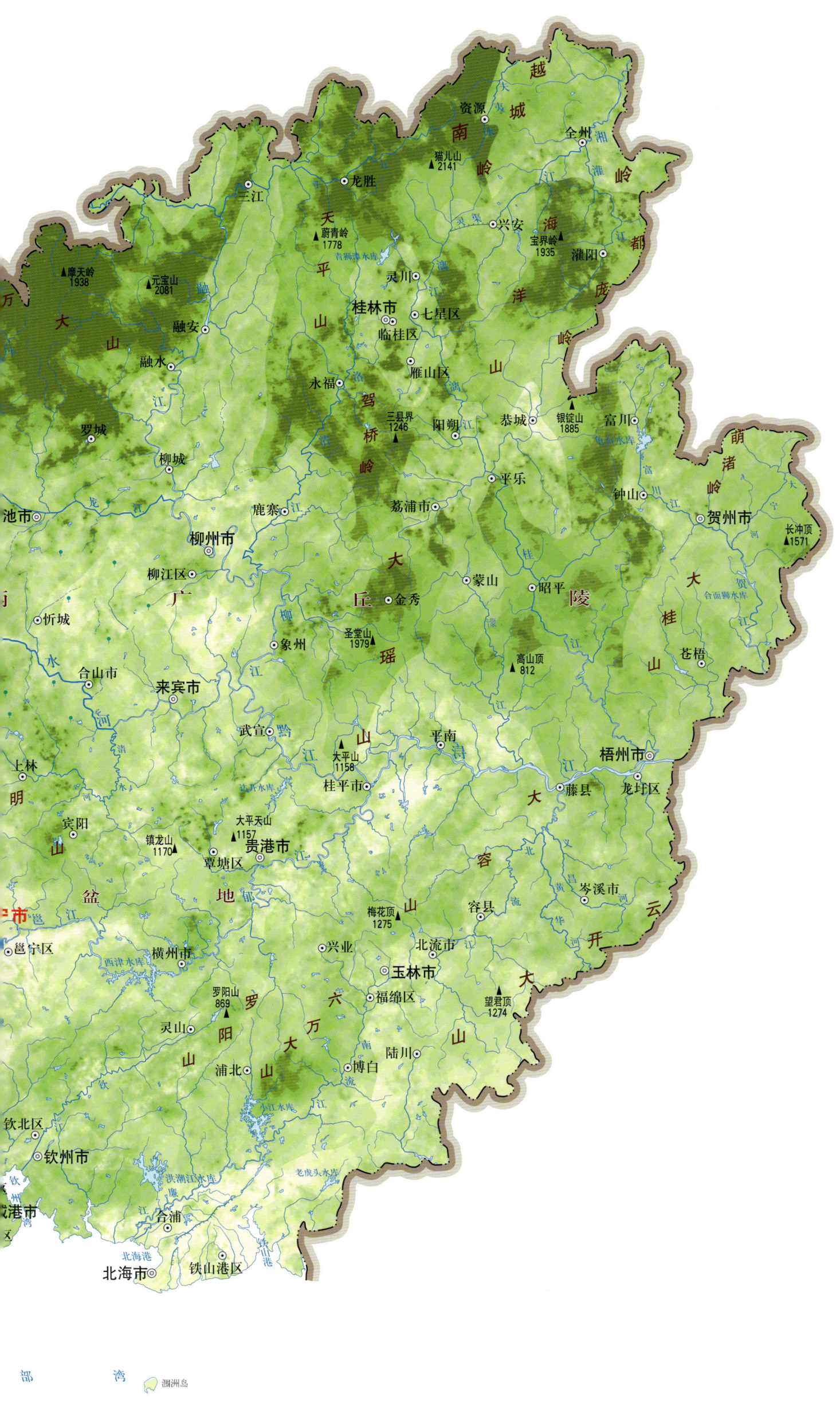

广西壮族自治区地势图
1:1 900 000

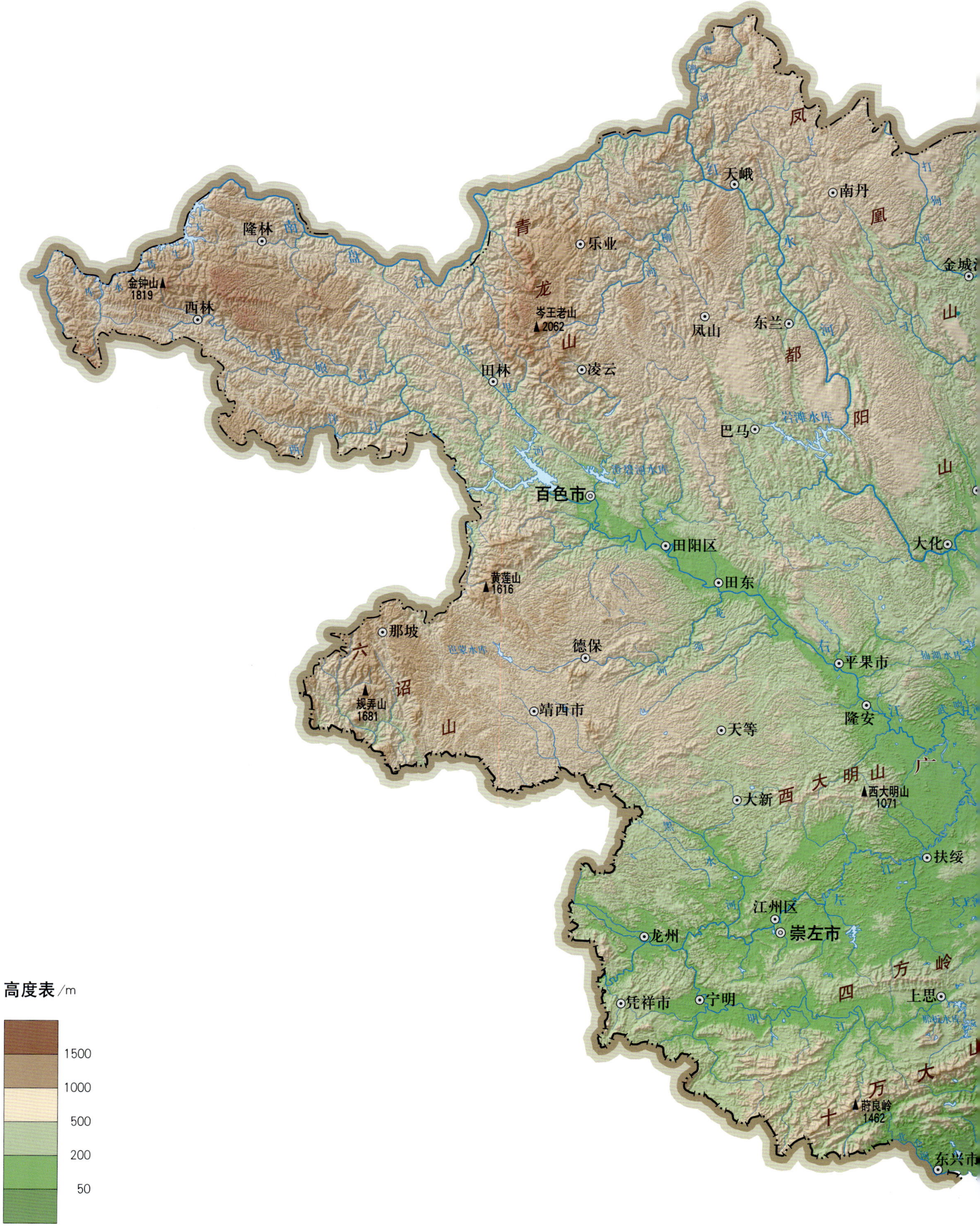

中国土壤剖面数据集·广西卷

第二编 | 分县土壤图与土壤剖面数据

南 宁 市

市 辖 区

主要土类说明

赤红壤是南宁市主要土壤类型，占本市地域面积的70%。赤红壤主要发生于南亚热带季雨林下，其脱硅富铝化程度仅次于砖红壤，强于红壤。铁的游离度介于二者之间，黏粒硅铝率为1.7—2.0，风化淋溶系数为0.05—0.15，盐基饱和度为15%—25%，pH为4.5—5.5。淀积层（B层）富含铁铝氧化物，呈赤红色。本市赤红壤只有赤红壤一个亚类。

水稻土是南宁市第二大土壤类型，占本市地域面积的9%。水稻土是在长期季节性淹灌、水下翻耕、季节性脱水、氧化还原交替影响下，原来成土母质或母土的特性发生重大改变，形成的新的土壤类型。由于干湿交替，水稻土形成糊状淹育层、较坚实板结的犁底层、渗育层、潴育层与潜育层等多种发生层。这些不同发生层段是在人为耕作、水浆管理下形成的。本市水稻土分为淹育型、潴育型、潜育型、沼泽型、渗育型、矿毒型等亚类。

紫色土是南宁市第三大土壤类型，占本市地域面积的7%。紫色土是由紫红色岩层直接风化形成的A-C型土壤。其理化性质与母岩组成直接相关，土层浅薄，剖面层次发育不明显，仍处于初育阶段。母岩富含矿质养分，且风化迅速，为良好的肥沃土壤。但其他较干旱地区的此类母岩风化物不具有此肥沃特性。本市紫色土只有酸性紫色土一个亚类。

石灰（岩）土占南宁市地域面积的3%。石灰（岩）土发生于石灰岩山区，是石灰岩经溶蚀风化，形成的厚薄不同的钙质饱和或含游离钙质的土壤，多见于石隙、溶洞或峰丛底部。该土壤碳酸钙淋溶程度不一，多黏土，多为铁钙质胶结物，风化程度不一，盐基饱和度高，有机质含量及胶结状态有较大差异。

小于本市地域面积3%的土壤类型还有红黏土、潮土、新积土和红壤等。

本区域中心区气候特征

本区域中心区气候特征值
Regional climate characteristics in central area of the region

气候带：南亚热带湿润气候 Climate region: South subtropical humid climate	
年平均气温 /℃ Annual average temperature /℃	21.9
年平均最高气温 /℃ Annual average maximum temperature /℃	26.5
年平均最低气温 /℃ Annual average minimum temperature /℃	18.8
年降水量 /mm Annual precipitation /mm	1300
≥10℃的积温 /℃ Daily temperature accumulated in a year (≥10℃) /℃	8001
年日照时数 /h Annual sunshine /h	1568
年平均相对湿度 /% Annual average relative humidity /%	79
干燥度 Dryness	0.99

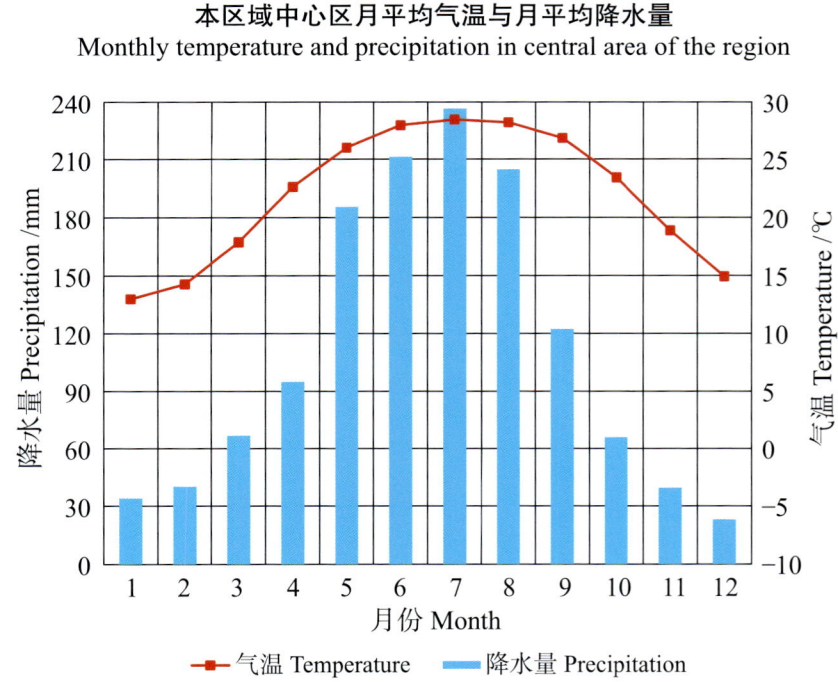

本区域中心区月平均气温与月平均降水量
Monthly temperature and precipitation in central area of the region

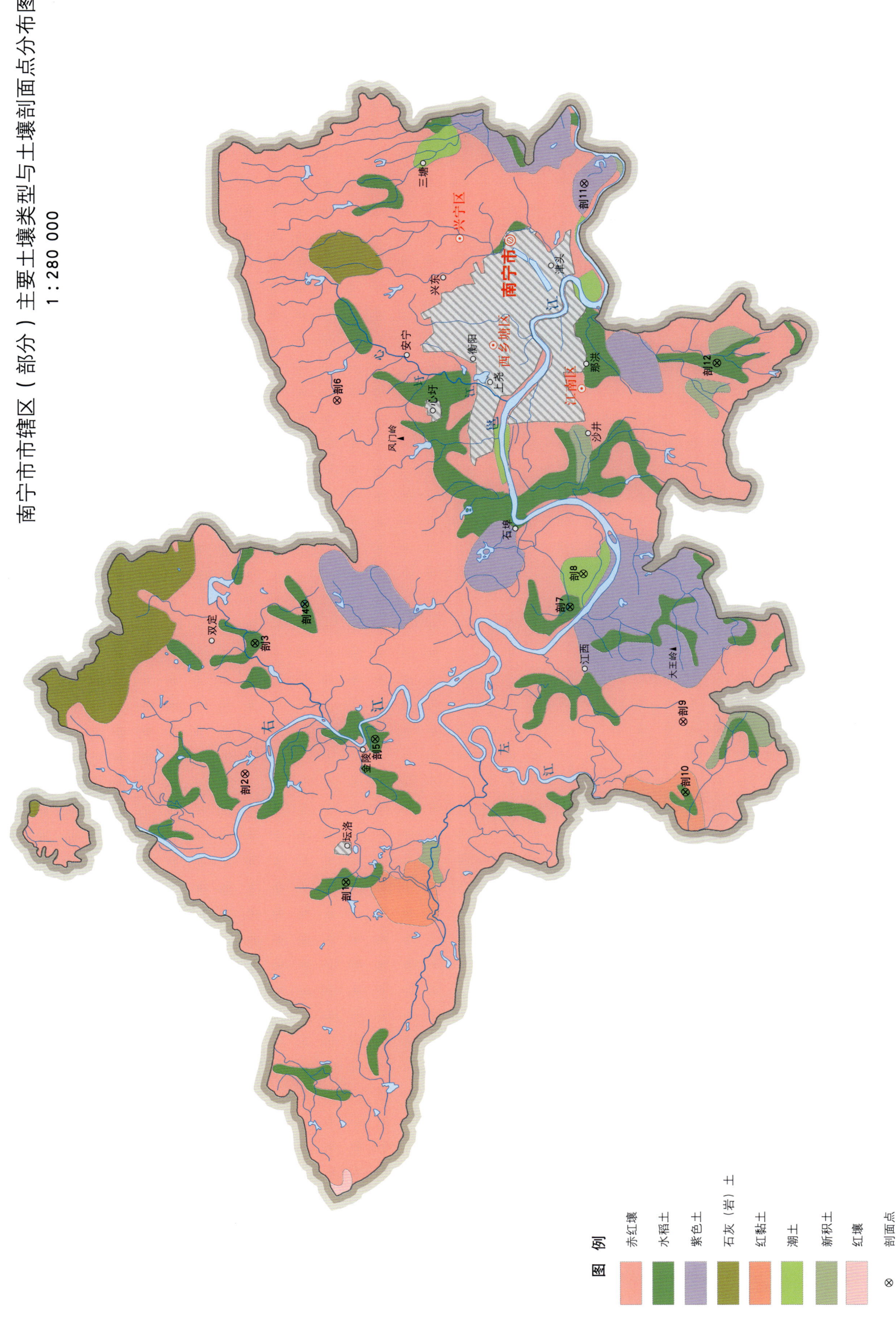

南宁市市辖区（部分）主要土壤类型与土壤剖面点分布图
1∶280 000

南宁市土壤剖面理化性状表

剖面号 Soil profile	土纲 Soil order	土类 Soil great group	亚类 Soil subgroup	土属 Soil genus	土种 Soil species	土层码 Layer code	土层厚度 Depth/cm	颜色 Soil color	质地 Soil texture	土壤结构 Soil structure	pH	有机质 OM/(g/kg)	全氮 TN/(g/kg)	全磷 TP/(g/kg)	全钾 TK/(g/kg)	碱解氮 AN/(mg/kg)	速效钾 AK/(mg/kg)	土壤母质 Parent material	剖面点坐标 Profile coordinate	匹配指数 Matching index/%
剖1	人为土	水稻土	潴育水稻土	砂页岩潴育水稻土	潴育砂泥田	1	0-18	浅灰色	中壤土	碎块状	5.5	20.8	1.28	0.60	5.1			砂页岩	E 107°57′25.2″ N 22°54′57.6″	86
						2	18-34	灰黄色	重壤土	柱状	6.1	5.2	0.40	0.53	8.9					
						3	34-53	棕灰色	中壤土	柱状	6.1	1.8	0.95	0.53	14.0					
						4	53-100	红灰黄色	中壤土	块状										
剖2	铁铝土	赤红壤	赤红壤	耕型铁砾赤红壤	铁子底土	1	0-29	灰棕色	中壤土	块状	5.5	13.4	0.64	0.51	5.1				E 108°01′29.3″ N 22°58′35.8″	99
						2	29-40	黄红色	黏壤土	块状	5.2									
						3	40-60	黄红色	砾质壤土	块状	5.2									
						4	60-100	红红色	黏壤土	块状										
剖3	人为土	水稻土	潴育水稻土	红土质潴育水稻土	潴育黄泥田	1	0-15	灰棕色	重壤土	小块状	5.4	29.1	1.22	0.54	9.8			红土	E 108°06′26.3″ N 22°58′19.9″	80
						2	15-22	棕灰色	重壤土	块状	5.4	19.4	0.94	0.62	7.0					
						3	22-34	灰黄色	重壤土	柱状	6.0	8.2	0.77	0.49	12.8					
						4	34-60	红白相间	黏壤土	柱状	5.5									
剖4	人为土	水稻土	潴育水稻土	砂页岩潴育水稻土	壤土田	1	0-14	棕灰色	壤土	碎块状	5.5	20.0				11	<20	砂页岩	E 108°07′57.7″ N 22°56′35.5″	71
						2	14-26	棕灰色	重壤土	块状	5.0									
剖5	人为土	水稻土	潴育水稻土	冲积性潴育水稻土	潮泥田	1	0-13	棕灰色	重黏土	碎粒状	6.3	24.0				78	<20	河流冲积物	E 108°02′54.2″ N 22°54′01.5″	79
						2	13-19	灰棕色	重黏土	块状										
						3	19-60	红灰色	轻黏土	块状										
						4	60-100	棕红色	中黏土	块状										
剖6	铁铝土	赤红壤	赤红壤	耕型砂页岩赤红壤	赤土	1	0-22	黄棕色	中壤土	碎块状	5.7	18.2	0.96	0.66	6.5			砂页岩	E 108°15′43.6″ N 22°55′35.0″	75
						2	22-80	黄红色	黏壤土	块状	5.5	8.2	0.60	0.62	10.3					
剖7	人为土	水稻土	潴育水稻土	红土质潴育水稻土	铁子底土	1	0-15	灰棕色	重壤土	小块状								红土	E 108°08′03.1″ N 22°47′13.9″	95
						2	15-20	棕灰色	黏壤土	块状										
						3	20-50	红黄白色	黏壤土	块状										
剖8	半水成土	潮土	潮土	冲积性菜园土	黑油砂土	1	0-17	暗棕色	中壤土	团粒状	5.2	56.6	2.00	2.95	15.7			冲积物	E 108°09′19.8″ N 22°46′46.6″	81
						2	17-35	暗棕色	中壤土		7.4	15.8	1.12	2.22	20.4	7				
剖9	铁铝土	赤红壤	赤红壤	砂岩赤红壤		1	0-18	暗黄色	砂壤土	粒状	4.3	25.0					<20	砂岩	E 108°03′48.2″ N 22°43′09.8″	70
						2	18-55	黄棕色	中壤土	块状										
						3	55-66	棕黄色	中壤土	块状										
剖10	人为土	水稻土	潴育水稻土	洪积性潴育水稻土	洪积潴育砂泥田	1	0-14	棕灰色	轻壤土	碎块状	5.1	25.6	1.31	0.54	4.7			洪积物	E 108°01′07.3″ N 22°43′02.3″	76
						2	14-22	灰黄色	轻壤土	块状	6.3	2.4	0.23	0.51	4.2					
						3	22-32	灰黄色	中壤土	柱状										
						4	32-70	红黄色	中壤土	块状	6.7	2.8	0.19	0.61	5.2					
						5	70-75	红黄白色	黏壤土	块状										
剖11	初育土	紫色土	酸性紫色土	耕型砂页岩酸性紫色土	酸性紫泥土	1	0-15	暗紫色	轻壤土	小块状	5.7	18.7	1.24	1.04	10.0			砂页岩	E 108°24′08.6″ N 22°46′59.2″	85
						2	15-40	棕紫色	中壤土	块状	6.8	7.2	0.51		10.8					
						3	40-100	棕紫色	重壤土	柱状	7.0	7.8	0.39	0.42	10.8					
剖12	人为土	水稻土	潴育水稻土	冲积潴育水稻土	潴育潮泥田	1	0-17	灰黄色	中壤土	团粒状	5.8	29.6	1.78	0.55	12.8			河流冲积物	E 108°17′25.4″ N 22°42′12.4″	78
						2	17-23	灰黄色	重壤土	柱状	5.5	17.2	1.17	0.59	14.0					
						3	23-43	黄灰色	砂壤土	块状	6.0	2.1	0.30	0.93	13.9					
						4	43-56	灰黄色	砂壤土	块状										
						5	56-68	灰灰色	砂壤土	块状										

邕宁区、良庆区、青秀区

主要土类说明

紫色土是邕宁区、良庆区、青秀区主要土壤类型，占本区域地域面积的41%，主要分布在南部丘陵一带。紫色土是由紫色岩风化物发育形成的岩性土，通体带有紫色，发育层次不明显，是较为幼年的土壤。本区紫色土上部为紫红色砂岩及页岩互层，一般为钙质胶结。紫色土在成土过程中，矿物化学风化比较弱，但物理风化比较强烈。紫色土由于母岩性质的差异，形成的土壤质地也有差异。由紫色砂岩发育形成的紫色土，呈砂质，物理性黏粒（小于0.01mm）为27%—28%；由紫色砂页岩发育形成的紫色土，多为壤土，呈小块状结构，物理性黏粒（小于0.01mm）在40%左右；由紫色页岩发育形成的紫色土，质地偏黏，呈块状结构，物理性黏粒（小于0.01mm）为60%—76%。紫色土因受母岩的钙质及淋溶强弱的影响，pH变化较大，本区以酸性紫色土为主，中性紫色土、石灰性紫色土分布面积较小。紫色土的有机质含量一般比较低，磷素少，钾、钙丰富，速效钾含量高，是供钾能力较强的土壤。

赤红壤是邕宁区、良庆区、青秀区第二大土壤类型，占本区域地域面积的32%，是分布于北回归线以南海拔500m以下的地带性土壤。本区成土条件下，菠萝、香蕉、荔枝、龙眼、木瓜、木棉等植物生长良好。土壤层次分化明显，且富含铁铝，表层呈浅红色，呈酸性。本区域赤红壤只有赤红壤一个亚类。

水稻土是邕宁区、良庆区、青秀区第三大土壤类型，占本区域地域面积的22%。水稻土是在长期季节性淹灌、水下翻耕、季节性脱水、氧化还原交替影响下，原来成土母质或母土的特性发生重大改变，形成的新的土壤类型。由于干湿交替，水稻土形成糊状淹育层、较坚实板结的犁底层、渗育层、潴育层与潜育层等多种发生层。这些不同发生层段是在人为耕作、水浆管理下形成的。本区域水稻土分为淹育型、潴育型、潜育型、沼泽型、渗育型、盐渍型、矿毒型等亚类。

小于本区域地域面积3%的土壤类型还有新积土、石灰（岩）土、红黏土和潮土等。

本区域中心区气候特征

本区域中心区气候特征值
Regional climate characteristics in central area of the region

气候带：南亚热带湿润气候 Climate region: South subtropical humid climate	
年平均气温 /℃ Annual average temperature /℃	21.9
年平均最高气温 /℃ Annual average maximum temperature /℃	26.3
年平均最低气温 /℃ Annual average minimum temperature /℃	19.0
年降水量 /mm Annual precipitation /mm	1553
≥10℃的积温 /℃ Daily temperature accumulated in a year（≥10℃）/℃	8034
年日照时数 /h Annual sunshine /h	1623
年平均相对湿度 /% Annual average relative humidity /%	79
干燥度 Dryness	0.87

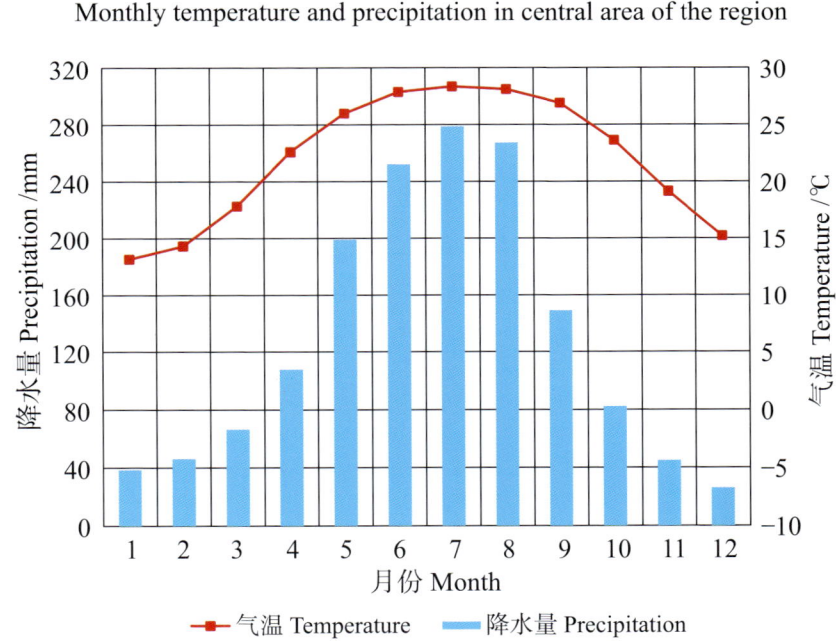

本区域中心区月平均气温与月平均降水量
Monthly temperature and precipitation in central area of the region

邕宁区、良庆区、青秀区主要土壤类型与土壤剖面点分布图
1∶430 000

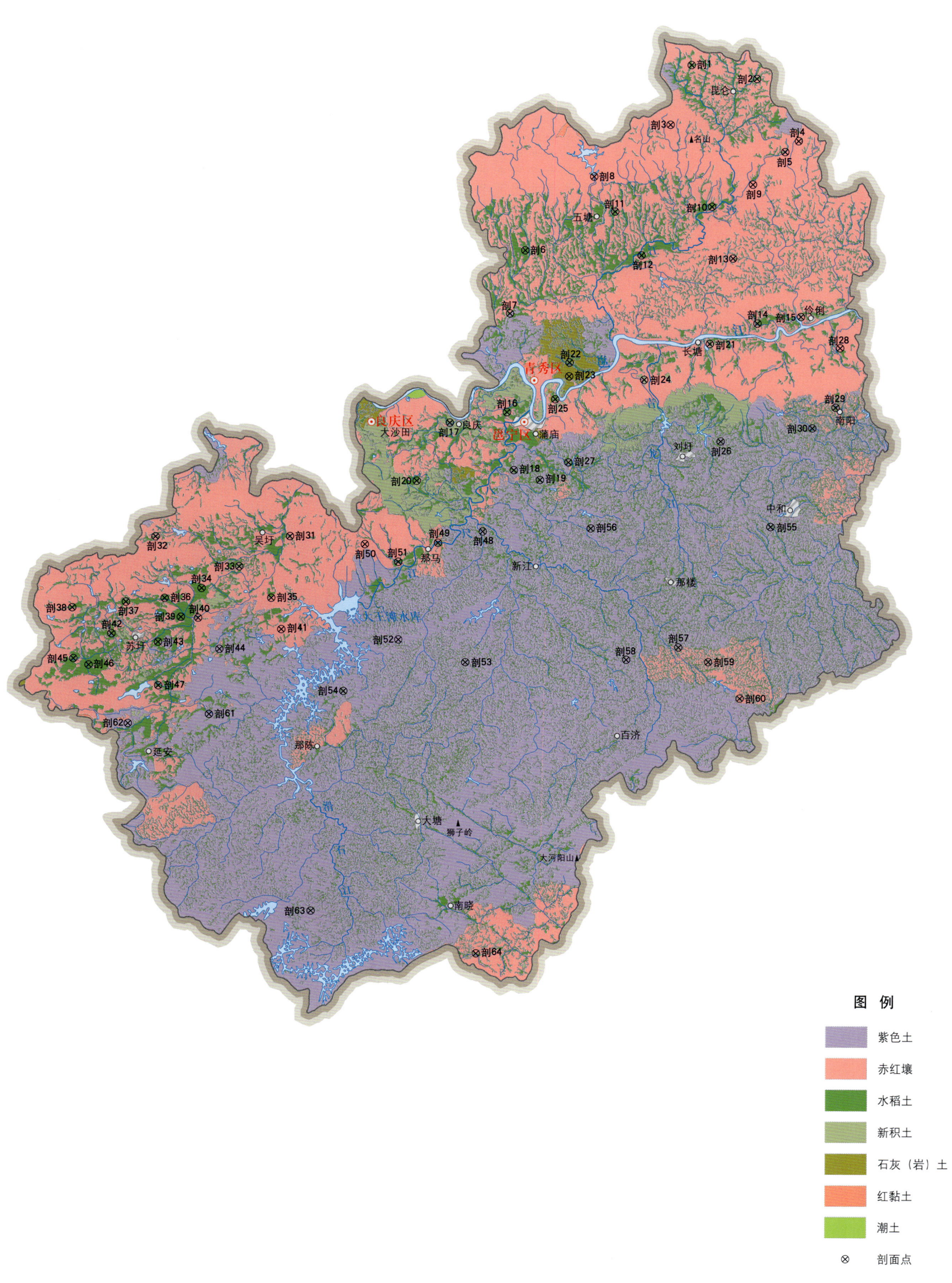

邕宁区、良庆区、青秀区土壤剖面理化性状表

剖面号 Soil profile	土纲 Soil order	土类 Soil great group	亚类 Soil subgroup	土属 Soil genus	土种 Soil species	土层码 Layer code	土层厚度 Depth/cm	颜色 Soil color	质地 Soil texture	土壤结构 Soil structure	pH	有机质 OM/(g/kg)	全氮 TN/(g/kg)	全磷 TP/(g/kg)	全钾 TK/(g/kg)	土壤母质 Parent material	剖面点坐标 Profile coordinate	匹配指数 Matching index/%
剖1	人为土	水稻土	潴育水稻土	花岗岩潴育水稻土	潴育杂砂泥肉田	A	0~15	灰色	中石质重壤土	小块状	5.7	39.9	1.66	0.60	17.7	花岗岩	E 108°38′17.2″ N 23°05′14.9″	84
						P	15~20	灰棕色	重壤土	块状	6.1	30.6	1.31	0.38	17.8			
						W	20~69	黄灰色	重壤土	棱柱状	5.3	17.4	0.78	0.32	21.3			
						Wg	69~100	青灰色	中壤土		6.5							
剖2	人为土	水稻土	淹育水稻土	冲积性淹育水稻土	潮泥田	A	0~12	灰黄色	中壤土	小块状	5.3	28.0	1.14	0.38	3.1	河流冲积物	E 108°42′13.8″ N 23°04′32.6″	78
						P	12~17	浅黄色	重壤土	块状	5.8	14.3	0.75	0.25	3.9			
						C	17~100	红棕色	轻黏土	块状	6.0	7.9	0.54	0.25	4.6			
剖3	铁铝土	赤红壤	赤红壤	花岗岩赤红壤	花岗岩赤红壤	A	0~20	棕灰色	重石质中壤土	碎块状	4.1	30.3	0.91	0.31	34.8	花岗岩	E 108°37′05.2″ N 23°01′56.6″	88
						C	20~100	棕黄色		无明显结构	4.1	27.2	0.88	0.36	33.4			
剖4	铁铝土	赤红壤	赤红壤	耕型砂页岩赤红壤	赤壤土	A	0~9	黄灰色	轻壤土	碎块状	6.0	11.6	0.60	0.43	5.0	砂页岩	E 108°44′48.1″ N 23°01′09.5″	75
						B	9~60	暗灰色	中壤土	块状	5.0	4.6	0.27	0.14	4.1			
						C	60~100	红色	重壤土	块状	5.0	4.7	0.28	0.15	4.9			
剖5	人为土	水稻土	潴育水稻土	砂页岩潴育水稻土	潴育油砂田	A	0~18	棕灰色	砂壤土	单粒状	6.5					砂页岩	E 108°43′59.2″ N 23°00′32.8″	75
						P	18~23	棕红色	轻壤土	小块状	6.5							
						W	23~65	灰黄色	轻壤土	块状	6.5							
						C	65~100	灰黄色	轻黏土	块状	6.5							
剖6	人为土	水稻土	潴育水稻土	红土质潴育水稻土	潴育黄泥田	A	0~17	黄棕色	中壤土	块状	5.3	35.4	1.81	0.42	17.2	红土	E 108°28′30.4″ N 22°54′50.0″	88
						P	17~40	黄灰色	黏土	块状	7.4	10.8	0.72	0.36	7.6			
						W	40~68	黄红色	黏土	柱状	7.3	11.0	0.61	0.27	6.9			
						B	68~100	灰白色	砂壤土	块状	6.5							
剖7	铁铝土	赤红壤	渗育水稻土	白散砂田	白散砂田	E₁	0~15	灰白色	砂壤土	单粒状	5.3	9.2	0.50	0.18	4.4		E 108°27′40.0″ N 22°51′19.8″	71
						E₂	15~32	灰黄色	砂壤土	小核状	6.8	3.9	0.28	0.15	4.9			
						C	32~100	灰黄色	砂壤土	小块状	6.8	3.2	0.25	0.15	5.4			
剖8	铁铝土	赤红壤	赤红壤	石灰岩赤红壤	铁砾赤红壤	A	0~26	黄色	中壤土	碎块状	7.0					石灰岩	E 108°32′33.4″ N 22°59′00.2″	70
						C	26~100	红色	中黏土	块状	8.0							
剖9	铁铝土	赤红壤	赤红壤	砂页岩赤红壤	厚层砂页岩赤红壤	A	0~16	棕色	中壤土	碎块状	6.0	28.4	1.20	0.21	12.5	砂页岩	E 108°42′05.8″ N 22°58′43.0″	88
						C₁	16~54	棕色	中壤土	块状	6.9	12.2	0.66	0.16	16.0			
						C₂	54~100	灰紫色	轻壤土	片状	7.0							
剖10	人为土	水稻土	潴育水稻土	冲积性潴育水稻土	潴育潮砂田	A	0~17	浅灰色	中壤土	碎块状	5.5	34.8	1.72	0.64	3.1	河流冲积物	E 108°39′39.2″ N 22°57′26.6″	99
						P	17~24	黄灰色	重壤土	块状	5.5	18.0	0.97	0.64	3.2			
						W	24~51	棕灰色	中壤土	棱柱状	6.0	12.7	0.66	0.92	7.5			
						C	51~100	灰黄色	重壤土	块状	6.0							
剖11	人为土	水稻土	潴育水稻土	冲积性潴育水稻土	潴育潮泥田	A	0~20	黄棕色	重壤土	小块状	5.6	46.0	2.38	0.44	19.4	河流冲积物	E 108°33′51.1″ N 22°57′05.0″	71
						P	20~38	灰黄色	轻壤土	碎块状	6.4	33.7	1.62	0.37	19.2			
						W	38~59	浅黄色	中壤土	棱柱状	5.2	9.3	0.48	0.28	21.7			
						Wg	59~100	棕灰色	轻壤土	块状	5.5							
剖12	人为土	水稻土	潴育水稻土	冲积性潴育水稻土	潴育潮油砂田	A	0~15	黄色	砂壤土	单粒状	5.3					河流冲积物	E 108°35′29.0″ N 22°54′40.0″	71
						P	15~19	棕黄色	黏壤土	块状	5.6							
						W	19~36		黏壤土	块状	6.5							
						C	36~100											
剖13	铁铝土	赤红壤		页岩赤红壤	厚层页岩赤红壤	A	0~12	棕黄色	黏壤土	块状	5.5					页岩	E 108°40′58.8″ N 22°54′34.9″	77
						C	12~80	红黄色	黏壤土	块状	5.5							

续表 Continued

剖面号 Soil profile	土纲 Soil order	土类 Soil great group	亚类 Soil subgroup	土属 Soil genus	土种 Soil species	土层码 Layer code	土层厚度 Depth/cm	颜色 Soil color	质地 Soil texture	土壤结构 Soil structure	pH	有机质 OM/(g/kg)	全氮 TN/(g/kg)	全磷 TP/(g/kg)	全钾 TK/(g/kg)	土壤母质 Parent material	剖面点坐标 Profile coordinate	匹配指数 Matching index/%
剖14	人为土	水稻土	淹育水稻土	砂页岩淹育水稻土	蜡泥田	A	0—12	灰黄色	轻黏土	粒状	4.6	29.1	1.60	0.36	19.4	砂页岩	E 108°12′30.2″ N 22°51′01.1″	80
						P	12—17	棕黄色	中黏土	块状	5.1	16.3	1.03	0.33	20.5			
						C₁	17—36	灰黄色	重黏土	柱状	6.8	11.4	0.80	0.35	20.1			
						C₂	36—100	黄色	轻黏土	碎块状	6.5							
剖15	初育土	新积土	冲积土	酸性潮泥土	薄层酸性潮泥土	A	0—15	浅黄色	中黏土	块状	7.0					河流冲积物	E 108°45′07.3″ N 22°51′25.3″	94
						B	15—30	黄灰色	重黏土	块状	6.0							
						C	30—100	棕黄色	轻黏土	棱柱状	5.0							
剖16	人为土	水稻土	潴育水稻土	红土质潴育水稻土	潴黄黏泥肉田	A	0—20	暗黄色	中黏土	碎块状	5.8	29.6	1.47	0.25	3.4	红土	E 108°27′35.7″ N 22°45′52.7″	70
						P	20—37	灰黄色	中黏土	块状	7.2	7.0	0.46	0.49	3.7			
						W	37—43	暗灰色	中黏土	棱柱状	7.1	18.3	0.86	0.19	10.5			
						B	43—100	灰红色	中黏土	块状	5.2							
剖17	人为土	水稻土	渗育水稻土	白胶泥田	白胶泥田	E	0—21	灰白色	中黏土	块状	5.3	23.7	1.32	0.34	9.8		E 108°24′10.8″ N 22°45′14.8″	80
						P	21—34	浅黄色	重黏土	块状	6.0	20.1	1.09	0.34	11.4			
						Pb	34—62	棕黄色	中黏土	块状	6.1	14.5	0.97	0.24	12.0			
						C	62—100	棕黄色	中黏土	块状	6.2							
剖18	人为土	水稻土	潴育水稻土	棕色石灰岩潴育水稻田	潴育棕泥田	A	0—17	灰棕色	轻黏土	块状	7.0					石灰岩风化物	E 108°28′04.8″ N 22°42′40.0″	84
						P	17—23	棕色	中黏土	块状	7.5							
						W	23—71	灰黄色	中黏土	柱状	8.0							
						C	71—100	浅棕色	轻黏土	块状	7.5							
剖19	水稻土	水稻土	沼泽型水稻土	烂泥田	烂底田	A	0—16	灰紫色	重壤土	块状	7.6	35.2	1.83	0.32	16.3		E 108°29′38.8″ N 22°42′08.6″	97
						G	16—100	青灰色	中壤土	无明显结构	6.8	31.5	1.50	0.25	16.3			
剖20	人为土	水稻土	沼泽型水稻土	埋藏黑泥田	深埋黑泥田	A	0—21	灰黄色	中壤土	块状	6.0						E 108°22′16.7″ N 22°41′58.2″	74
						P	21—35	棕灰色	重壤土	块状	6.5							
						Dp	35—57	黑色	重黏土	块状	6.5							
						C	57—100	暗黄色	轻壤土	块状	6.5							
剖21	人为土	水稻土	淹育水稻土	棕色石灰岩淹育水稻土	浅棕泥田	A	0—16	浅棕色	中黏土	块状	7.5	39.9	1.47	0.37	14.5	石灰岩风化物	E 108°39′40.2″ N 22°49′50.8″	75
						P	16—25	棕灰色	中黏土	块状	7.7	31.1	1.35	0.35	16.1			
						C₁	25—51	棕黄色	中黏土	块状	7.9	17.4	0.86	0.27	7.3			
						C₂	51—100	棕灰色	黏壤土	块状	7.0							
剖22	人为土	水稻土	淹育水稻土	紫色岩淹育水稻土	紫砂田	A	0—18	紫灰色	砂壤土	单粒状	7.4	11.0	0.48	0.15	7.7	紫色岩	E 108°31′17.8″ N 22°48′41.4″	97
						B	18—42	紫黄色	砂壤土	单粒状	7.7	3.2	0.15	0.12	7.1			
						C	42—100	紫灰色	轻壤土	块状	7.3	5.0	0.23	0.17	8.6			
剖23	初育土	石灰(岩)土	棕色石灰土	棕色石灰土	棕色石灰土	A	0—23	棕色	重壤土	碎块状	6.8	16.5	0.74	0.48	12.9		E 108°31′17.4″ N 22°47′56.0″	92
						B	23—100	黄棕色	中黏土	块状	7.0	6.4	0.55	0.29	19.4			
剖24	初育土	新积土	冲积土	耕型酸性潮泥土	酸性潮泥田	A	0—15	棕黄色	中黏土	块状	6.5	9.2	0.55	0.37	14.6	河流冲积物	E 108°35′47.0″ N 22°47′48.8″	89
						B	15—54	红黄色	重黏土	块状	5.8							
						C	54—100	灰黄色	重黏土	块状	7.5							
剖25	人为土	水稻土	矿毒型水稻土	废田	氮肥厂废水田	A	0—16	灰黄色	轻壤土	块状	7.6	25.9	1.22	0.54	2.3		E 108°30′28.3″ N 22°46′38.9″	81
						P	16—27	浅黄色	中黏土	块状	7.8	15.0	0.72	0.25	1.8			
						C₁	27—63	棕灰色	轻黏土	块状	7.7	15.0	0.76	0.25	2.0			
						C₂	63—100	红灰色	中黏土	块状	7.7	14.6						
剖26	人为土	水稻土	潴育水稻土	紫色岩潴育水稻土	潴育紫泥田	A	0—15	黄紫色	中壤土	块状	5.7	27.1	1.42	0.41	13.9	紫色岩	E 108°40′26.0″ N 22°44′28.3″	75
						P	15—24	紫黄色	中壤土	块状	5.3	19.2	1.04	0.32	13.9			
						W	24—70	紫灰色	黏壤土	块状	7.1	5.6	0.32	0.27	12.4			
						Wg	70—100	灰紫色	黏壤土	块状	7.2							

续表 Continued

剖面号 Soil profile	土纲 Soil order	土类 Soil great group	亚类 Soil subgroup	土属 Soil genus	土种 Soil species	土层码 Layer code	土层厚度 Depth/cm	颜色 Soil color	质地 Soil texture	土壤结构 Soil structure	pH	有机质 OM/(g/kg)	全氮 TN/(g/kg)	全磷 TP/(g/kg)	全钾 TK/(g/kg)	土壤母质 Parent material	剖面点坐标 Profile coordinate	匹配指数 Matching index/%
剖27	铁铝土	赤红壤	赤红壤	耕型第四纪红土红壤	砂质赤泥土	A	0—14	浅黄色	砂壤土	单粒状	6.5	6.5	0.41	0.16	8.0	红土	E 108°31′20.6″ N 22°43′08.8″	74
						C₁	14—47	灰棕色	轻壤土	小块状	6.4	3.7	0.27	0.10	8.1			
						C₂	47—100	棕红色	中壤土	块状	7.0	1.9		0.10	6.7			
剖28	铁铝土	赤红壤	赤红壤	耕型铁铬赤红壤	铁子底土	A	0—14	灰黄色	中石质中壤土	小块状	4.5	16.0	0.69	0.21	1.2		E 108°47′29.0″ N 22°49′44.4″	80
						B	14—30	灰黄色	中壤土	小块状	4.8	14.1	0.55	0.21	1.0			
						C	30—100	红色	中壤土	小块状	5.6	2.3	0.14	0.11	1.4			
剖29	人为土	水稻土	潴育水稻土	紫色岩潴育水稻土	潴育紫泥肉田	A	0—20	棕紫色	中壤土	团粒状	6.5					紫色岩	E 108°47′16.5″ N 22°46′27.1″	93
						P	20—30	棕紫色	中壤土	块状	7.0							
						W	30—82	紫紫色	中壤土	柱状	7.0							
						C	82—100	黄紫色	轻壤土	块状	7.0							
剖30	人为土	水稻土	沼泽型水稻土	埋藏黑泥田	浅理黑黑田	A	0—15	灰棕色	重壤土	小块状	6.5						E 108°45′54.4″ N 22°45′17.3″	72
						P	15—20	黑黑色	黏土	块状	7.0							
						Dg	20—100	棕灰色	重壤土	块状	7.0							
剖31	人为土	水稻土	潴育水稻土	砂页岩潴育水稻土	潴育砂泥田	A	0—16	黄棕色	重壤土	块状	5.2	32.4	1.59	0.37	13.3	砂页岩	E 108°14′46.3″ N 22°38′44.9″	72
						P	16—20	黄棕色	重壤土	块状	5.3	22.6	1.22	0.31	13.1			
						W	20—55	灰黄色	轻黏土	块状	6.8	7.6	0.56	0.22	13.1			
						B	55—100	灰棕色	轻黏土	块状	6.5							
剖32	人为土	水稻土	淹育水稻土	洪积性淹育水稻土	含砾质轻黏土	A	0—15	暗棕色	中石质轻黏土	块状	5.4	29.1	1.39	0.38	1.2	洪积物	E 108°06′43.6″ N 22°38′34.4″	73
						P	15—25	浅棕色	中壤土	块状	5.3	31.1	1.44	0.39	1.3			
						C₁	25—56	灰棕色	重壤土	块状	5.0	26.3	1.17	0.39	1.9			
						C₂	56—100	棕黄色	重壤土	块状	5.2							
剖33	人为土	水稻土	淹育水稻土	红土质淹育水稻土	红泥田	A	0—14	红色	中壤土	块状	5.1	19.5	0.91	0.27	3.7	红土	E 108°11′46.3″ N 22°37′01.6″	72
						P	14—21	红色	中壤土	块状	6.2	11.0	0.63	0.12	4.5			
						C	21—100	红色	中壤土	块状	5.2	9.0	0.43	0.30	4.0			
剖34	人为土	水稻土	淹育水稻土	红土质淹育水稻土	黄泥霄田	A	0—14	黄棕色	轻壤土	块状	6.0					红土	E 108°09′33.5″ N 22°35′47.0″	77
						P	12—22	黄棕色	中壤土	块状	6.8							
						C	22—100	红棕色	中壤土	块状	5.5							
剖35	铁铝土	赤红壤	赤红壤	耕型第四纪红土红壤	赤味红	A	0—18	灰棕色	重壤土	块状	5.1	17.7	0.79	0.25	8.6	红土	E 108°13′44.0″ N 22°35′19.3″	99
						B	18—100	红棕色	重壤土	块状	4.9	7.2	0.49	0.20	8.3			
剖36	人为土	水稻土	潴育水稻土	洪积性潴育水稻土	洪积潴育黄泥田	A	0—12	棕灰色	重壤土	块状	6.0					洪积物	E 108°07′21.0″ N 22°35′11.4″	79
						P	12—24	暗黄色	黏壤土	块状	6.5							
						W	24—52	灰黄色	重壤土	棱柱状	6.5							
						C	52—100	浅黄色	中壤土	块状	6.0							
剖37	人为土	水稻土	潴育水稻土	红土质潴育水稻土	潴育铁子黄泥田	A	0—15	灰红色	中壤土	小块状	6.5	61.9	3.45	0.27	10.0	红土	E 108°05′03.1″ N 22°34′55.6″	86
						P	15—23	灰黄色	重壤土	块状	6.5	78.9	3.17	0.18	12.4			
						W	23—50	灰黄色	重壤土	柱状	6.5	13.1	0.31	0.15	4.2			
						C	50—100	棕灰色	重壤土	块状	6.3							
剖38	人为土	水稻土	沼泽型水稻土	炭质黑泥田	黑泥黏田	A	0—28	灰黑色	中壤土	块状	4.7	37.2	1.84	0.41	0.3		E 108°01′50.2″ N 22°34′33.6″	78
						AP	28—68	灰黑色	黏土	块状	4.6	20.6	1.11	0.30	0.2			
						C	68—100	暗黄色	重石质重壤土	小块状	5.1		0.63	0.25				
剖39	人为土	水稻土	淹育水稻土	洪积性淹育水稻土	石子田	A	0—12	暗黄色	轻壤土	块状	5.1					洪积物	E 108°08′21.1″ N 22°34′09.8″	77
						P	12—20	暗黄色	砂壤土	块状	4.5	10.1						
						C₁	20—40	灰灰色	砂壤土	粒状	6.0							
						C₂	40—100	棕灰色	砂壤土	粒状								

续表 Continued

剖面号 Soil profile	土纲 Soil order	土类 Soil great group	亚类 Soil subgroup	土属 Soil genus	土种 Soil species	土层码 Layer code	土层厚度 Depth/cm	颜色 Soil color	质地 Soil texture	土壤结构 Soil structure	pH	有机质 OM/(g/kg)	全氮 TN/(g/kg)	全磷 TP/(g/kg)	全钾 TK/(g/kg)	土壤母质 Parent material	剖面点坐标 Profile coordinate	匹配指数 Matching index/%
剖40	人为土	水稻土	淹育水稻土	砂页岩淹育水稻土	铁子底田	A	0—16	浅灰色	砂壤土	团粒状	6.5					砂页岩	E 108°09′23.0″ N 22°34′07.7″	99
						P	16—22	浅灰色	轻壤土	小块状	7.0							
						C₁	22—29	灰黄色	中壤土	块状	7.0							
						C₂	29—100	黄红色	重壤土	大块状	7.5							
剖41	铁铝土	赤红壤	赤红壤	耕型铁铝赤红壤	铁子土	A	0—11	暗黄色	中壤土	碎块状	6.2	8.0	0.54	0.36	1.1	砂页岩	E 108°14′22.6″ N 22°33′36.0″	94
						C	11—100	暗黄色	重壤土	块状	6.6	3.9	0.33	0.43	1.7			
剖42	人为土	水稻土	潴育水稻土	洪积潴育水稻土	洪积潴育砂泥田	A	0—16	灰黄色	中石质重壤土	小块状	5.6	33.4	1.88	0.63	22.6	洪积物	E 108°04′13.4″ N 22°33′09.7″	93
						P	16—22	棕黄色	重壤土	块状	5.5	25.1	1.26	0.42	20.5			
						W	22—60	棕黄色	轻壤土	块状	6.2	12.0	0.56	0.37	23.9			
						C	60—100	红黄色	砂砾状	砂砾状	6.0							
剖43	人为土	水稻土	潴育水稻土	洪积潴育水稻土	洪积潴育砂土田	A	0—14	浅灰色	砂壤土	单粒状	5.5					洪积物	E 108°07′01.2″ N 22°32′44.9″	94
						W	14—25	灰黄色	重壤土	块状	6.0							
						C	25—43	棕灰色	中壤土	柱状	5.5							
						C	43—100	红黄色	重壤土	块状	5.5							
剖44	初育土	紫色土	石灰性紫色土	砂页岩石灰性紫色土	厚层石灰性紫泥土	A	0—15	紫红色	中壤土	块状	7.1	23.0	0.96	0.29	19.0	砂页岩	E 108°10′41.9″ N 22°32′25.8″	70
						B	15—19	紫红色	重壤土	块状	6.8	8.8	0.43	0.32	27.5			
						C	19—100	红紫色	轻壤土	块状	8.5				14.8			
剖45	人为土	水稻土	潴育水稻土	砂页岩潴育水稻土	潴育砂土田	A	0—16	灰棕色	中壤土	单粒状	5.6	21.4	1.02	0.42	3.5	砂页岩	E 108°04′58.8″ N 22°31′44.0″	90
						P	16—20	暗黄色	中壤土	小块状	6.3	11.5	0.64	0.18	3.0			
						W	20—39	暗黄色	重壤土	块状	6.0	7.8	0.34	0.15	3.4			
						C	39—100	红黄色	重壤土	块状	6.5							
剖46	人为土	水稻土	淹育水稻土	红土质淹育水稻土	铁子底田	A	0—13	浅灰色	重石质中壤土	块状	5.5	17.3	0.86	0.24	1.6	红土	E 108°02′52.8″ N 22°31′23.5″	83
						P	13—21	灰黄色	重石质中壤土	块状	7.2	7.1	0.34	0.09	1.6			
						C	21—100	棕灰色	轻壤土	柱状	7.3	5.3	0.29	0.12	3.0			
剖47	人为土	水稻土	潴育水稻土	红土质潴育水稻土	潴育砂土田	A	0—11	灰棕色	中壤土	块状	6.0					红土	E 108°07′05.5″ N 22°30′19.4″	78
						P	11—15	暗黄色	中黏土	块状	6.5	24.2	1.38	0.36	11.9			
						C₁	15—34	红黄色	重壤土	块状	8.0	12.8	0.83	0.53	11.0			
						C₂	34—100	灰黄色	重壤土	块状	5.5	6.7	0.36	0.13	10.3			
剖48	初育土	紫色土	酸性紫色土	棕色石灰土潴性紫色土	潴育棕泥肉田	A	0—20	暗黄色	轻黏土	碎块状	5.9	27.4	1.55	0.13		石灰岩风化物	E 108°26′17.5″ N 22°39′13.7″	95
						P	20—36	暗黄色	中黏土	块状	6.7	12.8	0.83	0.13				
						C	36—50	灰黄色	柱状	柱状	7.8	6.7	0.36					
							50—100	暗黄色	中壤土	块状	7.8	8.8						
剖49	初育土	紫色土	酸性紫色土	耕型砂页岩酸性紫色土	酸性紫泥土	A	0—18	紫色	中壤土	碎块状	5.9	24.2	1.38	0.36	21.0	砂页岩	E 108°23′38.0″ N 22°38′33.4″	82
						B	18—100	紫色	中壤土	块状	7.4	7.8	0.58	0.53				
剖50	铁铝土	赤红壤	赤红壤	第四纪红土赤红壤	红土赤红壤	A	0—16	棕色	中壤土	块状	5.2	10.8	0.41	0.25	0.6	红土	E 108°19′15.2″ N 22°38′23.3″	87
						C	16—100	黄红色	黏土	块状	5.5	5.6	0.31	0.40	2.2			
剖51	人为土	水稻土	渗育水稻土	白散砂田	浅修白散砂田	A	0—20	灰白色	砂壤土	单粒状	5.6	19.3	0.93	0.18	5.8		E 108°21′16.6″ N 22°37′27.8″	77
						E	20—35	棕灰色	中壤土	块状	6.1	7.0	0.43	0.13	6.4			
						C	35—100	棕灰色	轻壤土	块状	5.7	5.6	0.41	0.15	9.5			
剖52	初育土	紫色土	酸性紫色土	砂页岩酸性紫色土	厚层酸性紫泥土	A	0—14	紫红色	重壤土	小块状	4.4	27.1	1.03	0.15	7.7	砂页岩	E 108°21′22.7″ N 22°33′09.7″	90
						B	14—38	紫红色	重壤土	块状	4.8	11.0	0.53	0.13	10.4			
						C	38—100	深黄色	中壤土	块状	5.0	2.0	0.12	0.05	9.3			
剖53	人为土	水稻土	潴育水稻土	冷浸田	浅浸田	A	0—20	灰灰色	中壤土	块状	5.4	23.9	1.08	0.23	9.5		E 108°25′23.9″ N 22°31′58.8″	94
						P	20—25	灰灰色	中壤土	块状	5.6	22.6	0.93	0.20	9.5			
						G	25—100	灰黄色	黏壤土	块状	5.3	23.9	1.01	0.15	10.0			

续表 Continued

剖面号 Soil profile	土纲 Soil order	土类 Soil great group	亚类 Soil subgroup	土属 Soil genus	土种 Soil species	土层码 Layer code	土层厚度 Depth/cm	颜色 Soil color	质地 Soil texture	土壤结构 Soil structure	pH	有机质 OM/(g/kg)	全氮 TN/(g/kg)	全磷 TP/(g/kg)	全钾 TK/(g/kg)	土壤母质 Parent material	剖面点坐标 Profile coordinate	匹配指数 Matching index/%
剖54	人为土	水稻土	沼泽型水稻土	烂泥田	浅泜田	Ag	0—20	灰紫色	中壤土	无明显结构	5.5						E 108°18′09.7″ N 22°30′13.7″	70
						G	20—90	青灰色	重壤土	无明显结构	5.5							
						C	90—100	暗灰色	黏壤土	块状	5.5							
剖55	人为土	水稻土	淹育水稻土	紫色岩淹育水稻土	紫泥田	A	0—15	紫棕色	中壤土	小块状	5.0	25.1	1.09	0.26	13.2	紫色岩	E 108°43′30.7″ N 22°39′45.7″	77
						P	15—24	紫红色	重壤土	块状	5.2	20.2	1.07	0.33	16.5			
						C	24—100	紫黄色	重壤土	块状	5.6	10.1	0.56	0.26	23.8			
剖56	人为土	水稻土	潴育水稻土	紫色岩潴育水稻土	潴育紫油砂田	A	0—16	紫棕色	中壤土	碎块状	6.0	18.8	1.03	0.24	15.6	紫色岩	E 108°32′45.2″ N 22°39′30.2″	80
						P	16—24	紫棕色	中壤土	块状	7.7	5.8	0.40	0.17	11.4			
						W	24—51	紫灰色	中壤土	块状	8.1	3.3	0.25	0.19	11.2			
						C	51—100	紫黄色	轻壤土	小块状	7.5							
剖57	初育土	紫色土	酸性紫色土	砂岩酸性紫色土	厚层酸性紫砂土	A	0—10	紫黄色	砂壤土	单粒状	5.9	6.0	0.31	0.06	3.7	砂岩	E 108°38′08.2″ N 22°33′01.4″	89
						B	10—100	紫棕色	轻壤土	碎块状	6.3	7.0	0.16	0.08	10.5			
剖58	初育土	紫色土	中性紫色土	砂页岩中性紫色土	厚层中性紫泥土	A	0—10	浅紫色	中壤土	块状	6.5					砂页岩	E 108°35′02.0″ N 22°32′17.2″	72
						B	10—100	紫色	重壤土	块状	7.5							
剖59	人为土	水稻土	潜育水稻土	冷底田	冷底田	A	0—12	灰黄色	重壤土	块状	4.9	33.0	1.44	0.23	21.4		E 108°39′56.9″ N 22°32′14.3″	76
						P	12—16	黄棕色	重壤土	块状	4.8	18.9	1.42	0.11	24.6			
						B	16—100	黄灰色	黏壤土	块状	4.5	19.7	1.36	0.09	20.7			
剖60	铁铝土	赤红壤	赤红壤	砂岩赤红壤	厚层砂岩赤红壤	A	0—21	浅灰棕色	砂壤土	细块状	4.5					砂岩	E 108°41′52.1″ N 22°30′14.4″	89
						B	21—90	棕色	中壤土	块状	5.5							
						C	90—100	黄色	轻黏土	碎块状	7.5							
剖61	初育土	紫色土	中性紫色土	耕型中性紫泥土	耕型中性紫泥土	A	0—15	紫红色	轻黏土	碎块状	7.0						E 108°10′09.8″ N 22°28′46.9″	81
						B	15—100	紫红色	黏壤土	块状	5.0							
剖62	初育土	紫色土	酸性紫色土	页岩酸性紫色土	厚层酸性紫泥土	A	0—25	紫红色	黏土	块状	5.5					页岩	E 108°05′19.7″ N 22°28′10.6″	94
						B	25—100	紫灰色	重黏土	块状	5.0							
剖63	人为土	水稻土	沼泽型水稻土	烂泥田	深泜田	Ag	0—20	灰色	轻黏土	无明显结构	5.0						E 108°16′30.0″ N 22°17′58.9″	93
						G	20—100	青灰色	重黏土	无明显结构	5.5							
剖64	人为土	水稻土	潴育水稻土	花岗岩潴育水稻土	潴育杂砂田	A	0—13	棕灰色	重壤土	小块状	5.5					花岗岩	E 108°26′25.4″ N 22°15′47.9″	84
						P	13—20	灰褐色	重壤土	块状	6.0							
						W	20—45	灰黄色	重壤土	棱柱状	6.0							
						C	45—100	黄灰色	中壤土	块状	6.0							

武 鸣 区

主要土类说明

赤红壤是武鸣区主要土壤类型，占本区地域面积的54%，分布在北纬22°—25°的狭长地带。赤红壤主要发生于南亚热带季雨林下，其脱硅富铝化程度仅次于砖红壤，强于红壤。铁的游离度介于二者之间，土壤层次分化明显，且富含铁铝，表层呈浅红色，呈酸性。黏粒硅铝率为1.7—2.0，风化淋溶系数为0.05—0.15，具A–Bs–C剖面构型，盐基饱和度为15%—25%，pH为4.5—5.5。淀积层（B层）富含铁铝氧化物，呈赤红色。本区赤红壤只有赤红壤一个亚类。

水稻土是武鸣区第二大土壤类型，占本区地域面积的18%。水稻土是人类水旱耕作种稻条件下发育而成的。它受人类生产活动影响最深，在耕作、施肥、灌溉、轮作等因素综合作用下，产生了一系列不同于旱地的形态和理化性状，有机质及养分还原积累比旱地多，生产力比旱地高。本区水稻土分为淹育型、潴育型、潜育型、沼泽型、渗育型、盐渍型等亚类。

石灰（岩）土是武鸣区第三大土壤类型，占本区地域面积的13%。石灰（岩）土发生于石灰岩山区，是石灰岩经溶蚀风化，形成的厚薄不同的钙质饱和或含游离钙质的土壤，多见于石隙、溶洞或峰丛底部。该土壤碳酸钙淋溶程度不一，多黏土，多为铁钙质胶结物，风化程度不一，盐基饱和度高，有机质含量及胶结状态有较大差异。本区石灰（岩）土分为黑色石灰土、棕色石灰土两个亚类。

红壤占武鸣区地域面积的11%。红壤所分布的地区一般海拔在500m以下。红壤主要发生于常绿阔叶林下，呈中度脱硅富铝化特征，土壤黏粒中游离铁占全铁的50%—60%。黏土矿物以高岭石、赤铁矿为主，黏粒硅铝率为1.8—2.4，风化淋溶系数小于0.2，盐基饱和度小于35%，pH为4.5—5.5。红壤具深厚红色土层，具A–Bs–Bv或A–Bs–C剖面构型，淀积层（B层）底层可见具深厚红、黄、白相间网纹的红色黏土。红壤多生长柑橘、油桐、油茶、茶等。本区红壤只有红壤一个亚类。

小于本区地域面积3%的土壤类型还有黄壤、新积土、紫色土和沼泽土等。

本区域中心区气候特征

本区域中心区气候特征值
Regional climate characteristics in central area of the region

气候带：南亚热带湿润气候 Climate region: South subtropical humid climate	
年平均气温 /℃ Annual average temperature /℃	21.8
年平均最高气温 /℃ Annual average maximum temperature /℃	26.4
年平均最低气温 /℃ Annual average minimum temperature /℃	18.7
年降水量 /mm Annual precipitation /mm	1298
≥10℃的积温 /℃ Daily temperature accumulated in a year（≥10℃）/℃	7953
年日照时数 /h Annual sunshine /h	1538
年平均相对湿度 /% Annual average relative humidity /%	78
干燥度 Dryness	0.99

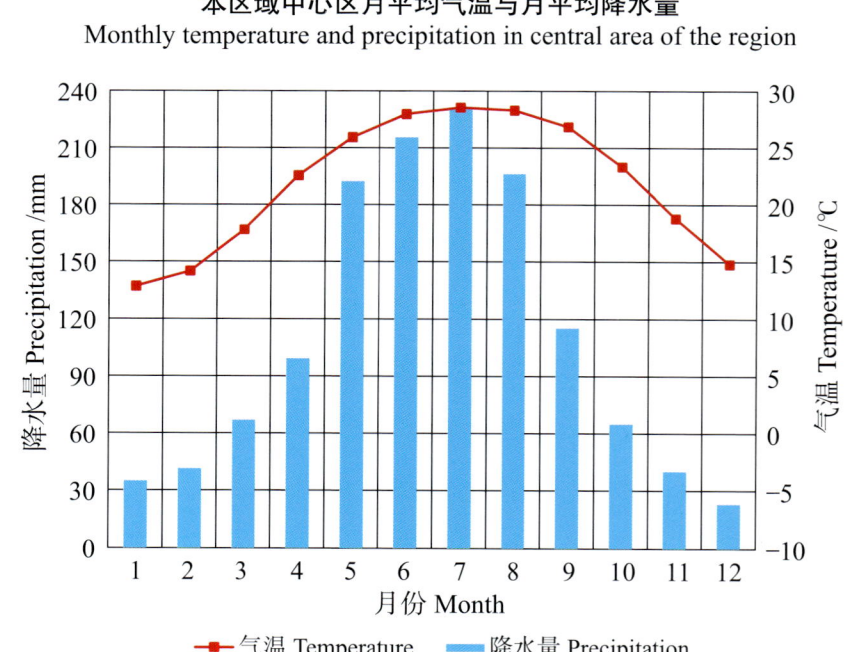

本区域中心区月平均气温与月平均降水量
Monthly temperature and precipitation in central area of the region

武鸣县主要土壤类型与土壤剖面点分布图
1:360 000

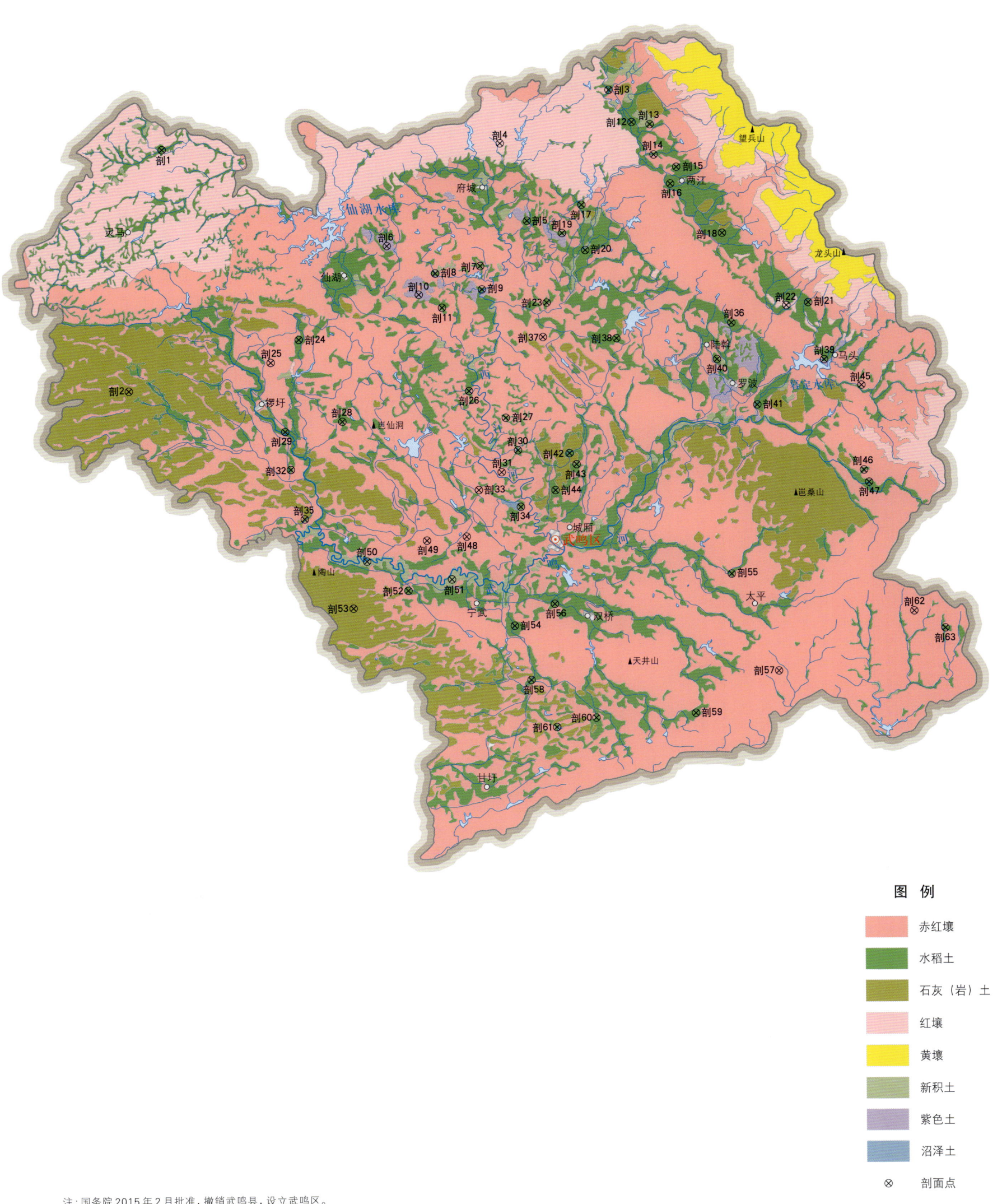

注：国务院2015年2月批准，撤销武鸣县，设立武鸣区。

图 例

- 赤红壤
- 水稻土
- 石灰（岩）土
- 红壤
- 黄壤
- 新积土
- 紫色土
- 沼泽土
- ⊗ 剖面点

武鸣区土壤剖面理化性状表

剖面号 Soil profile	土纲 Soil order	土类 Soil great group	亚类 Soil subgroup	土属 Soil genus	土种 Soil species	土层码 Layer code	土层厚度 Depth/cm	颜色 Soil color	质地 Soil texture	土壤结构 Soil structure	pH	有机质 OM/(g/kg)	全氮 TN/(g/kg)	全磷 TP/(g/kg)	全钾 TK/(g/kg)	碱解氮 AN/(mg/kg)	有效磷 AP/(mg/kg)	速效钾 AK/(mg/kg)	阳离子交换量CEC/(cmol/kg)	土壤母质 Parent material	剖面点坐标 Profile coordinate	匹配指数 Matching index/%
剖1	人为土	水稻土	潴育水稻土	砂页岩潴育水稻土	潴育蜡泥肉田	A	0—15	棕灰色	重壤土	块状	6.5	36.5	2.39			165	2.0	119		砂页岩	E 107°56′12.8″ N 23°27′08.3″	99
						P	15—19	棕灰色	轻黏土	块状	7.0											
						W	19—39	棕灰色	中黏土	块状	7.0											
						C	39—100	棕色	中黏土		7.0											
剖2	初育土	石灰(岩)土	棕色石灰土	棕色石灰土	棕色石灰土	1	0—5	棕灰色	轻壤土		8.0	68.4	4.28			242	6.0	140		砂页岩	E 107°54′45.7″ N 23°16′02.2″	74
剖3	人为土	水稻土	淹育水稻土	洪积性淹育水稻土	石子田	A	0—12	灰色	轻壤土	块状	6.0	20.0				40				洪积物	E 108°18′27.7″ N 23°30′15.8″	70
						P	12—17	浅灰色	轻壤土	块状	6.5											
						C_1	17—37	浅灰色	轻壤土	块状	6.6											
						C_2	37—100	灰黄色	轻壤土		7.0											
剖4	铁铝土	红壤		砂页岩红壤	中层砂页岩红壤	A	0—12	黄棕色	中壤土	小块状	4.5	24.0				90	0.5	5		砂页岩	E 108°13′04.8″ N 23°27′43.2″	98
						C	12—100	棕红色	轻壤土	大块状	4.5											
剖5	人为土	水稻土	淹育水稻土	砂页岩淹育水稻土	蜡泥田	A	0—15	暗黄色	重壤土	大块状	6.5	28.3	1.67	0.38	17.9	120	3.0			砂页岩	E 108°14′28.7″ N 23°24′10.8″	86
						P	15—21	浅灰色	重壤土	大块状	7.0	18.2	0.72	0.37	17.3	47						
						C	21—100	浅灰色	重黏土	大块状	7.5	12.7	0.61									
剖6	初育土	紫色土	酸性紫色土	砂页岩酸性紫色土	中层酸性紫色土	A	0—11	紫黄色	轻壤土	小块状	5.0	20.8	1.07	0.22	12.5	48				砂页岩	E 108°07′31.1″ N 23°22′54.1″	97
						C	11—100	紫黄色	块状	块状	5.0	0.6	0.01	0.25	16.9	21						
剖7	人为土	水稻土	淹育水稻土	棕色石灰土育水稻土	浅棕泥田	A	0—10	灰棕色	轻黏土	块状	7.5	32.0	1.77	0.33	19.2	70	2.5	25		石灰岩风化物	E 108°12′11.5″ N 23°22′03.7″	74
						P	10—13	棕红色	轻壤土	块状	6.5	31.5	1.79	0.31	19.4							
						C	13—100	灰棕色	轻壤土	块状	7.0	9.9	0.48									
剖8	人为土	水稻土	渗育水稻土	白散砂田	浅渗白散砂田	A	0—19	棕灰色	轻壤土	小块状	6.3	20.6	1.36			109	1.0	53		砂页岩	E 108°09′56.9″ N 23°21′41.8″	75
						E	19—100	灰白色	中壤土	状状	6.5											
剖9	人为土	水稻土	渗育水稻土	白胶泥田	浅渗白胶泥田	A	0—13	灰棕色	重壤土	大块状	6.0	39.9	2.22	0.79	5.6	154	5.0	37		砂页岩	E 108°12′17.6″ N 23°21′00.4″	94
						E	13—100	灰棕色	重壤土	大块状	6.5	2.3	0.51	0.43	13.5	14						
剖10	初育土	紫色土	酸性紫色土	耕型砂页岩酸性紫色土	酸性紫泥田	A	0—18	暗紫色	中壤土	团粒状	6.5	22.0	1.05	0.92	17.5	104				砂页岩	E 108°09′08.6″ N 23°20′42.4″	82
						C	18—100	紫棕色	中壤土	大块状	6.5	9.6	0.53	0.95	18.0	43						
剖11	人为土	水稻土	潴育水稻土	紫色岩潴育水稻土	潴育紫泥田	A	0—17	灰紫色	中壤土	小块状	6.5	24.9	1.62			130	4.0	68		紫色岩	E 108°10′18.8″ N 23°20′07.4″	100
						P	17—22	灰紫色	轻壤土	块状	6.0											
						W	22—39	紫红色	轻壤土	粒状	5.0											
						C	39—100	紫红色	重壤土	粒状	5.5											
剖12	人为土	水稻土	潴育水稻土	冲积性潴育水稻土	潴育潮沙田	A	0—15	黑紫色	中壤土	粒状	6.0	17.0	1.11			60	2.4	10		河流冲积物	E 108°19′37.9″ N 23°28′48.4″	94
						P	15—18	黑紫色	砂壤土	粒状	5.0											
						W	18—30	褐棕色	轻壤土	粒状	7.0											
						C	30—100	黄褐色	轻壤土	小块状												
剖13	人为土	水稻土	潴育水稻土	紫色岩潴育水稻土	潴育紫砂田	A	0—15	浅紫灰色	轻壤土	小块状	6.0	29.0				94	5.1	53		紫色岩	E 108°20′32.6″ N 23°28′43.3″	86
						P	15—22	紫灰色	轻壤土	小块状	6.5											
						W	22—40	浅紫黄色	轻壤土	块状	7.0											
						C	40—100	浅紫黄色	中壤土	块状	7.0											
剖14	人为土	水稻土	淹育水稻土	洪积性淹育水稻土	含砾砂泥田	A	0—14	浅棕色	中壤土	块状	5.0	26.2	1.79	0.35	16.6	156	2.5			洪积物	E 108°20′45.6″ N 23°27′19.8″	73
						P	14—19	棕灰色	中壤土	块状	5.5											
						C_1	19—60	灰棕色	中壤土	块状	6.0											
						C_2	60—100	褐色	重壤土													

续表 Continued

剖面号 Soil profile	土纲 Soil order	土类 Soil great group	亚类 Soil subgroup	土属 Soil genus	土种 Soil species	土层码 Layer code	土层厚度 Depth/cm	颜色 Soil color	质地 Soil texture	土壤结构 Soil structure	pH	有机质 OM/(g/kg)	全氮 TN/(g/kg)	全磷 TP/(g/kg)	全钾 TK/(g/kg)	碱解氮 AN/(mg/kg)	有效磷 AP/(mg/kg)	速效钾 AK/(mg/kg)	阳离子交换量CEC/(cmol/kg)	土壤母质 Parent material	剖面点坐标 Profile coordinate	匹配指数 Matching index,%
剖15	人为土	水稻土	淹育水稻土	砂页岩淹育水稻土	粉结田	A	0—11	黄灰色	砂壤土	小块状	7.3	13.9	0.83	0.39	3.2	73	3.0	20		砂页岩	E 108°21′53.6″ N 23°26′46.7″	77
						P	11—23	黄灰色	中壤土	块状	6.2	11.7	0.74	0.42	3.3	62						
						C	23—100	灰黄色	中黏土	粒状	7.5	4.8	0.26			26						
剖16	人为土	水稻土	淹育水稻土	冲积性淹育水稻土	潮砂田	A	0—15	灰色	砂壤土	粒状	5.5	26.0				80		25		河流冲积物	E 108°21′36.6″ N 23°26′00.7″	97
						P	15—18	灰黄色	砂壤土	粒状	5.5											
						C₁	18—24	灰黄色	砂壤土	粒状	6.0											
						C₂	24—100	灰黄色	砂壤土	粒状	6.0											
剖17	人为土	水稻土	淹育水稻土	红土质淹育水稻土	黄泥骨田	A	0—11	浅黄色	轻黏土	块状	6.3	29.6	1.71			136	1.3	7		红土	E 108°17′11.8″ N 23°24′57.6″	95
						C	11—100	黄色	中黏土	块状	6.5											
剖18	人为土	水稻土	潴育水稻土	砂页岩潴育水稻土	潴育砂泥田	A	0—14	棕灰色	中壤土	小块状	5.5	38.5	2.29	0.61	10.4	136	7.0	72		砂页岩	E 108°24′13.3″ N 23°23′46.0″	82
						P	14—19	棕灰色	中壤土	块状	6.0	27.1	1.50	0.56	10.3	119						
						W	19—51	灰黄色	中壤土	块状	7.5	9.1	0.65			49						
						C	51—100	橙黄色	重壤土	块状	7.0	6.1	0.48			44						
剖19	人为土	水稻土	潴育水稻土	潴育田	中潴底田	A	0—12	棕色	重壤土	大块状	7.5	44.1	2.47	0.76	4.1	244	4.0	28			E 108°16′14.5″ N 23°23′38.4″	94
						P	12—16	棕色	重壤土	大块状	7.0	38.6	2.22	0.28	3.8	162						
						Wg	16—34	棕色	重壤土	大块状	7.0	33.0	1.88			129						
						C	34—100	青棕色	重壤土	大块状	7.0	12.5	0.84			65						
剖20	人为土	水稻土	潴育水稻土	红土质潴育水稻土	潴育黄泥肉田	A	0—15	棕灰色	重壤土	团粒状	6.8	37.0	2.10	2.06	3.1	163	3.9	117		红土	E 108°17′25.1″ N 23°22′52.7″	76
						P	15—19	深棕色	重壤土	块状	6.5											
						W	19—49	黄棕色	重壤土	块状	7.5											
						C	49—100	灰棕色	重壤土	块状	7.0											
剖21	人为土	水稻土	淹育水稻土	洪积性淹育水稻土	含砾黄泥田	A	0—11	浅棕灰色	中壤土	小块状	5.5	25.0				80	0.5			洪积物	E 108°28′34.7″ N 23°20′38.4″	73
						P	11—15	浅棕灰色	轻黏土	块状	5.0											
						C₁	15—78	棕褐色	轻黏土	块状	5.5											
						C₂	78—100	浅褐色	中壤土	块状	6.0											
剖22	铁铝土	红壤	红壤	耕型砂页岩红壤	红壤土	A	0—8	红棕色	中壤土	小块状	6.5	24.0				80	1.5	1		砂页岩	E 108°27′29.2″ N 23°20′29.8″	98
						C	8—100	棕黄色	中壤土	块状	4.2											
剖23	人为土	水稻土	沼泽型水稻土	埋藏黑泥田	深埋黑泥田	A	0—18	褐黑色	中黏土	块状	6.5	33.1	1.69	0.56	7.9	122					E 108°15′32.0″ N 23°20′26.5″	72
						P	18—23	暗黑色	中黏土	块状	7.5	14.5	0.67	0.37	12.0	47						
						C₁	23—61	灰黄色	重壤土	块状												
						C₂	61—100	灰黄色	中壤土	小块状												
剖24	人为土	水稻土	淹育水稻土	红土质淹育水稻土	砂质黄泥田	A	0—13	浅灰色	砂壤土	团粒状	6.0	20.0				30	5.0	5		红土	E 108°03′11.5″ N 23°18′33.1″	95
						P	13—19	灰灰色	轻壤土	块状	6.0											
						C	19—100	红黄色	中黏土	块状	7.0											
剖25	铁铝土	赤红壤	赤红壤	耕型铁砾赤红壤	铁子土	A	0—15	灰黄色	重黏土	小块状	6.5	12.3	6.95	4.68	5.5	46	4.0	59			E 108°01′48.7″ N 23°17′28.7″	81
						C	15—100	棕黄色	重黏土	大块状	6.0	12.3	0.63	0.28	4.5	45						
剖26	人为土	水稻土	潴育水稻土	冷浸田	深浸田	A	0—15	灰蓝色	中黏土	大块状	6.0	38.4	1.64			169				红土	E 108°11′43.4″ N 23°16′19.9″	78
						G	15—35	灰黄色	中黏土	大块状	6.5											
							35—65	红黄色	中黏土	大块状	7.5											
						C	65—100	暗黄色	重壤土	块状	8.0	35.0				186	5.7	14				
剖27	人为土	水稻土	盐渍水稻土	碳酸盐渍性水稻土	石灰性泥肉田	A	0—14	灰褐色	轻黏土	块状	8.0										E 108°13′34.3″ N 23°15′07.6″	87
						P	14—18	浅灰色	轻黏土	块状	8.0											
						W	18—54	浅灰色	轻黏土	块状	8.0											
						C	54—100	棕黄色	轻黏土	块状	8.0											

续表 Continued

剖面号 Soil profile	土纲 Soil order	土类 Soil great group	亚类 Soil subgroup	土属 Soil genus	土种 Soil species	土层码 Layer code	土层厚度 Depth/cm	颜色 Soil color	质地 Soil texture	土壤结构 Soil structure	pH	有机质 OM/(g/kg)	全氮 TN/(g/kg)	全磷 TP/(g/kg)	全钾 TK/(g/kg)	碱解氮 AN/(mg/kg)	有效磷 AP/(mg/kg)	速效钾 AK/(mg/kg)	阳离子交换量 CEC/(cmol/kg)	土壤母质 Parent material	剖面点坐标 Profile coordinate	匹配指数 Matching index/%
剖28	人为土	水稻土	淹育水稻土	红土质淹育水稻土	多铁子田	A	0—13	棕色	中壤土	块状	7.0	26.8	1.06	0.37	1.0	75	4.0	10		红土	E 108°05′25.8″ N 23°14′49.2″	88
						P	13—18	灰棕色	轻黏土	块状	7.0	10.8	0.47	0.38	4.2	19						
						C	18—100	黄色	中黏土	块状	8.0	5.7	0.26				2.5					
剖29	人为土	水稻土	淹育水稻土	冲积性淹育水稻土	潮泥田	A	0—14	灰棕色	中壤土	块状	6.5	20.0				100				河流冲积物	E 108°02′35.2″ N 23°14′18.2″	85
						P	14—18	暗棕色	中壤土	块状	6.5											
						C₁	18—40	黄棕色	中壤土	块状	6.0											
						C₂	40—100	红黄色	中壤土	块状	5.5											
剖30	人为土	水稻土	潜育水稻土	冷底田	冷底田	A	0—15	紫色	轻壤土	小块状	5.5	25.0				70	2.5	5			E 108°14′12.1″ N 23°13′37.9″	90
						P	15—26	紫黄色	轻壤土	块状	5.5											
						W	26—70	褐紫色	中壤土	块状	6.0											
						C	70—100	白灰色	重壤土	块状	6.0											
剖31	铁铝土	赤红壤	赤红壤	页岩赤红壤	中层页岩赤红壤	A	0—9	灰黄色	重壤土	块状	4.0	10.5	0.78	0.46	18.2	40				页岩	E 108°13′23.9″ N 23°12′36.7″	98
						C	9—100	棕红色	轻壤土	块状	5.0	8.6	0.42	0.30	29.4	33						
剖32	人为土	水稻土	淹育水稻土	红土质淹育水稻土	黄泥田	A	0—13	灰棕色	中黏土	块状	7.0	33.1	0.95	0.48	3.9	99	7.0	40		红土	E 108°02′53.9″ N 23°12′33.8″	84
						P	13—16	红棕色	轻壤土	块状	6.5	27.0	1.08	0.44	5.2	89						
						C	16—100		重壤土	块状	5.5	4.9	0.60			17						
剖33	铁铝土	赤红壤	赤红壤	石灰岩赤红壤	铁砾赤红壤	A	0—50	灰棕色	轻壤土	块状	4.5	23.3	0.60	0.37	7.8	57				石灰岩	E 108°12′16.9″ N 23°11′46.7″	81
剖34	人为土	水稻土	盐渍水稻土	碳酸盐渍性水稻土	石灰性铁子田	A	0—13	浅黄色	轻壤土	块状	7.5	40.4	2.68	1.69	4.6	178	2.2	40			E 108°14′22.6″ N 23°11′02.4″	93
						P	13—18	暗黄色	中黏土	块状	7.5											
						C₁	18—39	褐紫色	中壤土	块状	7.5											
						C₂	39—100	浅黄色	中壤土	粒状	7.5											
剖35	初育土	石灰(岩)土	棕色石灰土	耕型棕色石灰土	棕泥土	A	0—16	棕色	轻壤土	块状	7.0	40.5	2.06	0.91	6.1	125		36	10.9		E 108°03′37.1″ N 23°10′18.5″	99
						C	16—100	红棕色	轻黏土	小块状	6.5	33.5	1.70	0.74	5.9	86						
剖36	人为土	水稻土	渗育水稻土	白胶泥田	深渗白胶泥田	A	0—11	灰棕色	中壤土	大块状	6.0	37.2	2.43	0.50	14.1	180	1.0				E 108°24′45.4″ N 23°19′39.7″	90
						P	11—15	棕灰色	中壤土	大块状	6.0	27.0	1.90	0.24	13.6	14						
						E	15—65	灰白色	重壤土	大块状	7.0	8.6	0.56			30						
						C	65—100	黄棕色	中壤土	块状	7.0	5.9	0.70			22						
剖37	铁铝土	赤红壤	赤红壤	耕型第四纪红土土壤	赤红色	A	0—12	浅红棕色	轻壤土	小块状	6.0	17.3	0.88	0.24	4.0	77	3.0			红土	E 108°15′22.0″ N 23°18′52.2″	83
						C	12—100	暗黄色	轻壤土	大块状	6.0											
剖38	人为土	水稻土	潜育水稻土	红土质潜育水稻土	潜育铁子田	A	0—12	红灰色	中壤土	粒状	6.5	26.2	1.29			120	1.5	16		红土	E 108°19′01.9″ N 23°18′51.8″	71
						P	12—15	棕灰色	中壤土	块状	6.5											
						W	15—30	棕黑色	重壤土	块状	7.0											
						C	30—100	棕黑色	中壤土		7.0											
剖39	人为土	水稻土	淹育水稻土	紫色岩淹育水稻土	紫砂田	A	0—10	浅紫色	轻壤土	小块状	6.0	13.5				60	1.3	18		紫色岩	E 108°29′24.4″ N 23°18′02.5″	91
						P	10—13	红紫色	轻砂土	块状	6.5											
						C	13—100	紫紫色	轻砂土	块状	6.5											
剖40	人为土	水稻土	潜育水稻土	冷浸田	浅浸田	A	0—16	棕灰色	重壤土	小块状	6.4	33.7	1.96	0.24	17.3	142	2.5	15		红土	E 108°24′02.9″ N 23°17′58.6″	80
						P	16—21	棕灰色	中壤土	块状	6.0	22.4	0.94	0.25	19.0	105						
						Wg	21—48	青灰色	中壤土	块状	7.0	10.3	0.60			48						
						C	48—100	青黄色	砂壤土		6.5	1.8	0.33			23						
剖41	人为土	水稻土	淹育水稻土	洪积性淹育水稻土	石砾底田	A	0—12	灰色	中壤土	小块状	4.5	14.9	1.01	0.54	8.4	107				洪积物	E 108°26′05.6″ N 23°15′54.4″	74
						P	12—15	灰灰色	中壤土	块状	5.0	6.2	0.50	0.22	1.4	41						
						C	15—100	棕黄色	中壤土	块状	5.5	6.8	0.30			50						

续表 Continued

剖面号 Soil profile	土纲 Soil order	土类 Soil great group	亚类 Soil subgroup	土属 Soil genus	土种 Soil species	土层码 Layer code	土层厚度 Depth/cm	颜色 Soil color	质地 Soil texture	土壤结构 Soil structure	pH	有机质 OM/(g/kg)	全氮 TN/(g/kg)	全磷 TP/(g/kg)	全钾 TK/(g/kg)	碱解氮 AN/(mg/kg)	有效磷 AP/(mg/kg)	速效钾 AK/(mg/kg)	阳离子交换量CEC/(cmol/kg)	土壤母质 Parent material	剖面点坐标 Profile coordinate	匹配指数 Matching index/%
剖42	人为土	水稻土	盐渍水稻土	碳酸盐渍性水稻土	石灰性黑泥田	A	0—16	灰黑色	中壤土	块状	8.0	51.1	1.67	0.65	5.8	183					E 108°16′46.2″ N 23°13′32.2″	93
						P	16—23	灰黑色	中壤土	块状	7.5	33.8	2.50	0.05	6.3	93						
						C₁	23—55	黑色	中壤土	块状	7.0	20.2	1.27			47						
						C₂	55—100	灰棕色	中壤土	块状	6.5	3.9	0.22			25						
剖43	人为土	水稻土	淹育水稻土	红土质淹育水稻土	铁子田	A	0—12	浅灰色	中壤土	块状	6.5	30.0				57	3.4	1		红土	E 108°17′07.8″ N 23°13′02.3″	92
						P	12—16	灰黄色	中壤土	块状	7.5	35.8	1.59	0.55	8.0	114	2.0	7				
						C	16—100	棕黄色	中壤土	柱状	7.5	35.1	1.84	0.51	7.6	80						
剖44	人为土	水稻土	淹育水稻土	红土质淹育水稻土	铁子底田	A	0—13	棕黑色	中壤土	大块状	6.8	35.8	1.59	0.55	8.0	114	2.0	7		红土	E 108°16′06.2″ N 23°11′49.6″	93
						P	13—16	棕黑色	中壤土	大块状	7.5	35.1	1.84	0.51	7.6	80						
						C	16—60	暗黑色	中壤土	块状	8.0	12.8	0.62			25			13.5			
						C₂	60—100	棕黄色	中壤土	块状	6.5											
剖45	铁铝土	赤红壤	赤红壤	耕型页岩赤红壤	赤红黏土	A	0—11	黄灰色	重壤土	小块状	6.0	29.8	2.02	0.42	18.8	125				页岩	E 108°31′16.7″ N 23°16′53.4″	70
						B	11—40	灰黄色	重壤土	块状	6.0	18.0	1.59	0.29	25.6	80						
						C	40—100	灰黄色	轻黏土	块状	6.0	9.4	0.50			25						
剖46	人为土	水稻土	淹育水稻土	砂页岩淹育水稻土	砂土田	A	0—12	红棕色	砂黏土	块状	6.5	20.8	1.08	0.47	5.2	89	6.0	20		砂页岩	E 108°31′27.8″ N 23°12′58.3″	94
						C	12—100	红棕色	重黏土	小块状	5.0	7.5	0.39	0.35	6.3	39						
剖47	人为土	水稻土	潴育水稻土	冲积性潴育水稻田	潴育潮泥田	A	0—15	灰褐色	重壤土	大块状	6.5	37.0	1.92	0.91	17.2	146				河流冲积物	E 108°31′43.3″ N 23°12′25.2″	84
						P	15—38	褐灰色	重黏土	大块状	6.5											
						W	38—60	黄褐色	重黏土	大块状	6.5											
						C	60—100	黄红色	重黏土	大块状	6.0											
剖48	铁铝土	赤红壤	赤红壤	耕型铁质赤红壤	铁子底土	A	0—13	灰黄色	中壤土	小块状	4.5	15.6	0.80	0.68	6.9	60					E 108°11′42.0″ N 23°09′38.2″	76
						B	13—16	红棕色	重黏土	块状	5.0	13.3	0.88	0.42	14.3	55						
						C	16—100	红棕色	重黏土	块状	5.2	13.5	0.93			83						
剖49	铁铝土	赤红壤	赤红壤	第四纪红土赤红壤	红土赤红壤	A	0—20	浅灰色	中黏土	团粒状	5.0	38.0	1.42	0.20	3.4	130					E 108°09′43.6″ N 23°09′25.9″	72
						C	20—100	棕红色	轻黏土	块状	5.5	15.3	0.55	0.28	5.5	44						
剖50	新积土	冲积土	冲积土	耕型酸性潮砂土	酸性潮砂土	A	0—17	白灰棕色	轻壤土	粒状	7.5	12.1	0.71	0.33	7.0	82	6.0			红土	E 108°06′45.4″ N 23°08′25.8″	73
						B	17—24	浅灰棕色	砂壤土	块状	7.5	12.9	0.76	0.28	9.0	62						
						C	24—100	棕黄色	砂壤土	块状	7.5	5.5	0.33									
剖51	新积土	冲积土	冲积土	耕型酸性潮泥土	潴育潮泥土	A	0—19	灰棕色	中壤土	小块状	6.0	10.7	0.72	0.36	20.4	82				河流冲积物	E 108°10′59.5″ N 23°07′40.1″	81
						C	19—100	暗棕色	中壤土	块状	6.0	14.1	0.72	0.52	28.0	62						
剖52	人为土	水稻土	淹育水稻土	红土质淹育水稻土	红泥田	A	0—10	黄棕色	重黏土	小块状	6.5									红土	E 108°08′50.3″ N 23°07′07.0″	90
						P	10—13	红棕色	轻黏土	块状	6.5											
						C	13—100	黄红色	中壤土	块状	4.5											
剖53	初育土	石灰(岩)土	黑色石灰土	黑色石灰土	黑色石灰土	1	0—20	黑色	轻壤土	团粒状	7.5	140.3	6.69	2.11	5.1	44	9.0	35			E 108°06′07.2″ N 23°06′15.5″	98
剖54	人为土	水稻土	沼泽型水稻土	炭质黑泥田	黑泥黏田	A	0—11	灰棕色	重壤土	大块状	6.0	41.2	2.19	1.03	7.3	166				河流冲积物	E 108°14′09.2″ N 23°05′35.5″	79
						P	11—34	灰黑色	重黏土	大块状	6.5	35.2	1.76	1.02	5.9	184						
						C	34—100	灰黄色	中壤土	块状	6.0	2.0	1.53			28						
剖55	人为土	水稻土	盐渍水稻土	碳酸盐渍性水稻土	钢巴底田	A	0—13	浅黄色	中壤土	小块状	9.0	30.0				80	2.0			红土	E 108°24′55.4″ N 23°08′07.4″	82
						P	13—16	浅黄色	重壤土	块状	8.0	23.2	1.12	0.69	5.5	97						
						C₁	16—63	棕黄色	重壤土	块状	8.0											
						C₂	63—100	棕黄色	重壤土	块状	8.0											
剖56	人为土	水稻土	潴育水稻土	红土质潴育水稻田	潴育黄泥田	A	0—15	棕红色	重壤土	小块状	5.5	23.2	1.12	0.69	5.5	97				红土	E 108°16′08.2″ N 23°06′37.5″	74
						P	15—20	灰棕色	重壤土	大块状	6.0	17.8	6.85	0.79	5.9	80						
						W	20—27	棕灰色	重壤土	大块状	6.5	13.2	0.68			55						
						C	27—100	灰黄色	重壤土	大块状	7.0	9.3	0.43			35						

续表 Continued

剖面号 Soil profile	土纲 Soil order	土类 Soil great group	亚类 Soil subgroup	土属 Soil genus	土种 Soil species	土层码 Layer code	土层厚度 Depth/cm	颜色 Soil color	质地 Soil texture	土壤结构 Soil structure	pH	有机质 OM/(g/kg)	全氮 TN/(g/kg)	全磷 TP/(g/kg)	全钾 TK/(g/kg)	碱解氮 AN/(mg/kg)	有效磷 AP/(mg/kg)	速效钾 AK/(mg/kg)	阳离子交换量 CEC/(cmol/kg)	土壤母质 Parent material	剖面点坐标 Profile coordinate	匹配指数 Matching index/%
剖57	铁铝土	赤红壤	赤红壤	砂页岩赤红壤	中层砂页岩赤红壤	A	0—8	暗灰色	中壤土		4.0	22.5	1.18	0.35	13.1	83				砂页岩	E 108°27′20.2″ N 23°03′41.4″	77
						C	8—100	棕红色	中壤土		4.5	15.5	0.81	0.26	26.4	83						
剖58	人为土	水稻土	盐渍水稻土	碳酸盐渍性水稻土	石灰性铁子底田	A	0—15	灰色	中壤土	大块状	7.5	32.8	1.76	1.70	8.4	121	36.0	60			E 108°15′00.7″ N 23°03′05.8″	76
						P	15—23	浅灰色	中壤土	小块状	7.5	25.7	1.69	1.56	8.4	67						
						B	23—56	暗灰色	中壤土	块状	7.5	26.1	1.47			96						
						C	56—100	浅黄色	中壤土	小块状	7.0											
剖59	人为土	水稻土	潴育水稻土	砂页岩潴育水稻土	潴育砂土田	A	0—15	灰色	砂壤土	粒状	6.0									砂页岩	E 108°23′13.2″ N 23°01′41.2″	86
						P	15—17	灰russ色	砂壤土	小块状	6.0											
						W	17—32	灰黄色	中壤土	大块状	6.0											
剖60	人为土	水稻土	渗育水稻土	白散砂田	深渗白散砂田	A	0—11	浅灰色	中壤土	小块状	6.5	22.4	1.29			128	3.0	20			E 108°18′15.8″ N 23°01′24.2″	87
						P	11—16	浅灰色	中壤土	小块状	6.8											
						E	16—52	白灰色	中壤土	块状	7.0											
						C	52—100	灰色	重壤土		6.8											
剖61	人为土	水稻土	盐渍水稻土	碳酸盐渍型水稻土	石灰性铁田	A	0—12	灰色	中壤土	块状	9.0	28.0	1.81	1.43				28	11.2		E 108°16′19.6″ N 23°00′56.5″	93
						P	12—16	灰色	中壤土	块状	9.0											
						C_1	16—56	浅灰色	中黏土	块状	8.0											
剖62	铁铝土	赤红壤	赤红壤	花岗岩赤红壤	花岗岩赤红壤	A	0—20	浅灰色	中壤土	块状	5.5	13.8	0.61			65		200		花岗岩	E 108°34′02.0″ N 23°06′32.8″	77
						C	20—100	浅黄色	中壤土	块状	4.5											
剖63	人为土	水稻土	淹育水稻土	花岗岩淹育水稻土	杂砂田	A	0—16	浅灰色	轻壤土	小块状	5.5	32.0	1.55	0.68	26.3	132	3.0	52		花岗岩	E 108°35′35.9″ N 23°05′46.3″	83
						P	16—20	浅黄色	轻壤土	小块状	5.0	18.2	1.35	0.48	32.5	89						
						C_1	20—65	灰黄色	轻壤土	块状	6.0	8.5	0.35			48						
						C_2	65—100	棕灰色	中壤土	块状	6.0	11.1	0.69			57						

隆 安 县

主要土类说明

赤红壤是隆安县主要土壤类型，占本县地域面积的45%。赤红壤主要发生于南亚热带季雨林下，其脱硅富铝化程度仅次于砖红壤，强于红壤。铁的游离度介于二者之间，黏粒硅铝率为1.7—2.0，风化淋溶系数为0.05—0.15，盐基饱和度为15%—25%，pH为4.5—5.5。淀积层（B层）富含铁铝氧化物，呈赤红色。本县赤红壤只有赤红壤一个亚类。

石灰（岩）土是隆安县第二大土壤类型，占本县地域面积的40%，分布于石灰岩山的下坡。土体厚薄不一，通常无石灰反应，呈中性，有时有少量铁锰结核。本县石灰（岩）土分为棕色石灰土和黄色石灰土等亚类。

水稻土是隆安县第三大土壤类型，占本县地域面积的10%。水稻土是本县面积最大、分布最广的一类耕作土壤，在开阔平地、低丘缓坡、丘陵谷地、峰林谷地均有分布，但主要分布于中部右江河谷。水稻土种类繁多，由于地形、水文地质、母质、耕作方式的不同，本县水稻土分为淹育型、潴育型、潜育型、沼泽型、渗育型、盐渍型等亚类。丘陵坡地、台地等地势较高的地方主要分布的是淹育水稻土；而东北部丘陵谷地的冲田、垌田、低洼田处则多形成潜育水稻土；潴育水稻土一般分布于村庄附近，耕作时间较长，施肥水平高，排灌便利；溶岩区水田受石灰性冲积、残积母质以及溶岩灌溉水的影响，形成较多的是碳酸盐渍性水稻土。

小于本县地域面积3%的土壤类型还有新积土、紫色土、红壤、粗骨土和沼泽土等。

本区域中心区气候特征

本区域中心区气候特征值
Regional climate characteristics in central area of the region

气候带：南亚热带湿润气候 Climate region: South subtropical humid climate	
年平均气温 /℃ Annual average temperature /℃	22.0
年平均最高气温 /℃ Annual average maximum temperature /℃	26.9
年平均最低气温 /℃ Annual average minimum temperature /℃	18.8
年降水量 /mm Annual precipitation /mm	1268
≥10℃的积温 /℃ Daily temperature accumulated in a year（≥10℃）/℃	8017
年日照时数 /h Annual sunshine /h	1563
年平均相对湿度 /% Annual average relative humidity /%	78
干燥度 Dryness	1.02

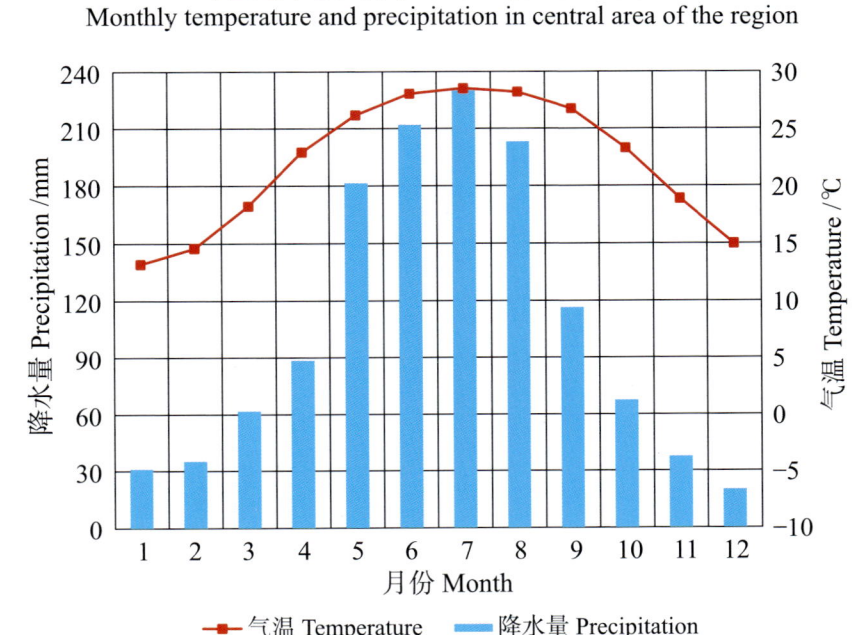

本区域中心区月平均气温与月平均降水量
Monthly temperature and precipitation in central area of the region

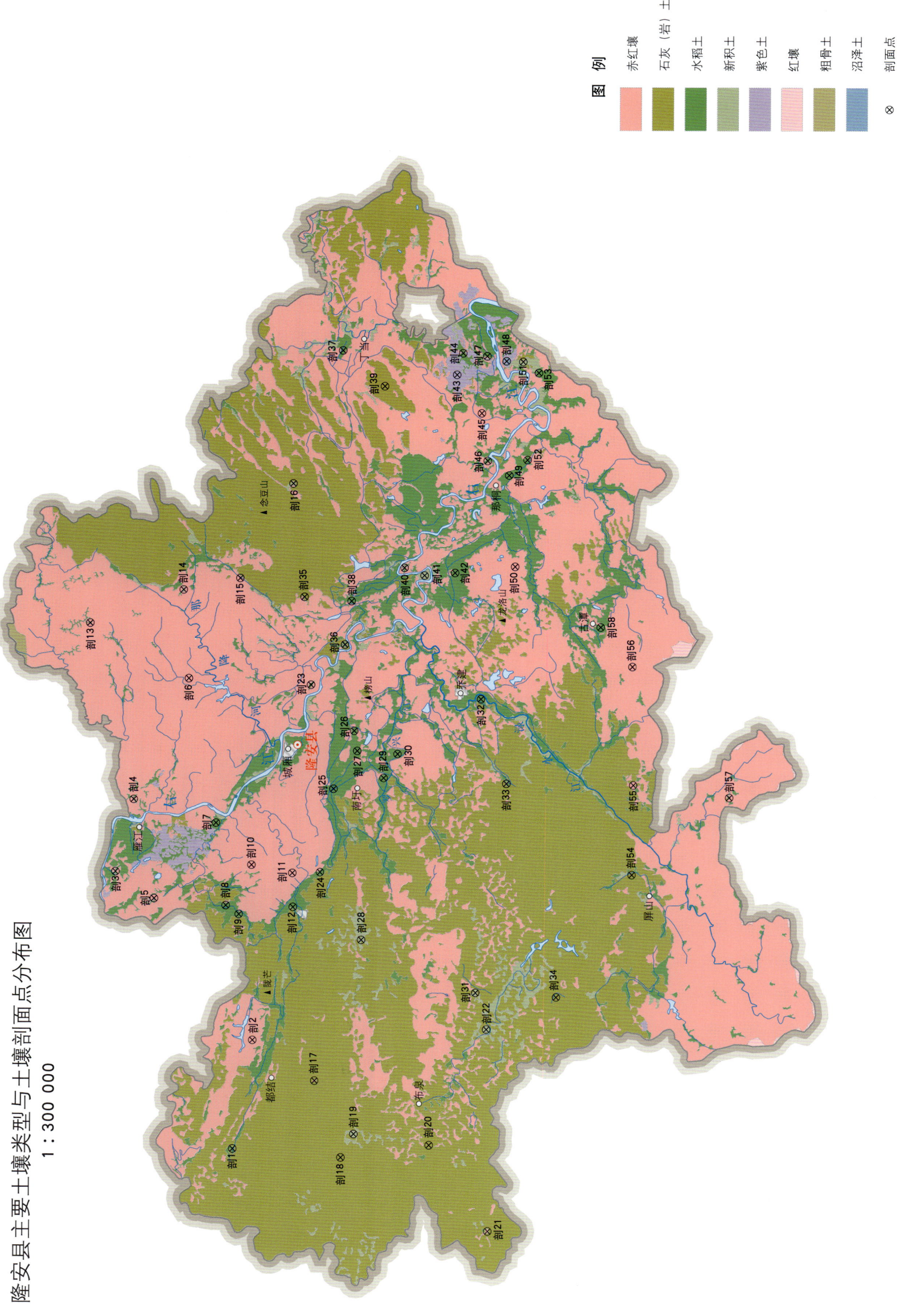

隆安县主要土壤类型与土壤剖面点分布图
1∶300 000

隆安县土壤剖面理化性状表

剖面号 Soil profile	土纲 Soil order	土类 Soil great group	亚类 Soil subgroup	土属 Soil genus	土种 Soil species	土层码 Layer code	土层厚度 Depth/cm	颜色 Soil color	质地 Soil texture	土壤结构 Soil structure	pH	有机质 OM/(g/kg)	全氮 TN/(g/kg)	全磷 TP/(g/kg)	全钾 TK/(g/kg)	有效磷 AP/(mg/kg)	速效钾 AK/(mg/kg)	阳离子交换量 CEC/(cmol/kg)	土壤母质 Parent material	剖面点坐标 Profile coordinate	匹配指数 Matching index/%
剖1	人为土	水稻土	淹育水稻土	棕色石灰土淹育水稻土	浅棕泥田	1	0—14	暗黄棕色	中壤土	块状	6.6	31.5	1.67	0.67	4.5	6.0	42		石灰岩风化物	E 107°25′06.3″ N 23°12′52.3″	94
						2	14—24	暗黄棕色	中壤土	块状	8.5	20.8	1.09	0.49	4.8						
						3	24—100	浅黄棕色	重壤土	块状	8.3	9.6	0.94	0.50	7.6						
剖2	铁铝土	赤红壤	赤红壤	砂页岩赤红壤	薄层砂页岩赤红壤	1	0—16	浅红黄色	重壤土	块状	4.9	13.8	1.17	0.53	16.8			11.1	砂页岩	E 107°29′29.6″ N 23°12′04.3″	99
						2	16—100	浅红黄色	轻黏土	块状	5.2	4.6	0.53	0.43	8.5	2.0	52	10.6			
剖3	人为土	水稻土	潜育水稻土	潜底田	深潜底田	1	0—13	灰色	重黏土	块状	5.9	39.1	1.96	0.44	14.9			14.9			80
						2	13—18	浅黄棕色	轻黏土	块状	5.9	32.8	1.74	0.50	16.7			14.5			
						3	18—72	浅黄棕色	轻黏土	块状	6.3	14.6	1.01	0.45	17.7						
						4	72—100	浅黄棕色	块黏土	块状	5.9	37.9	2.08	0.43	18.5			16.4			
剖4	人为土	水稻土	淹育水稻土	紫色岩淹育水稻土	紫黏田	1	0—19	紫棕色	重壤土		7.8	51.8	3.12	0.76	11.3	8.0	84		紫色岩	E 107°39′25.6″ N 23°16′26.4″	89
						2	19—29	紫棕色	重壤土		8.0	28.4	1.79	0.58	10.4						
						3	29—100	紫棕色	重壤土		8.0	10.0	0.74	0.53	9.7						
剖5	人为土	水稻土	潜育水稻土	潜底田	浅潜底田	1	0—14	浅灰黄色	黏壤土	块状	5.5	15.5	1.14	0.42	17.4			12.7	砂页岩	E 107°35′21.5″ N 23°15′43.2″	90
						2	14—100	红黄色	黏壤土	块状	6.0	8.3	0.94	0.36	17.2			12.8			
剖6	铁铝土	赤红壤	赤红壤	砂页岩赤红壤	厚层砂页岩赤红壤	1	0—20	浅红黄色	重壤土	块状	4.7	36.7	2.20	0.59	15.4	6.0	30	11.9	砂页岩	E 107°44′20.0″ N 23°14′17.5″	81
						2	20—100	棕色	轻壤土	块状	5.0	8.4	0.70	0.45	20.2						
剖7	人为土	水稻土	淹育水稻土	冲积性淹育水稻土	潮泥田	1	0—13	棕色	黏壤土	块状	5.9	20.3	1.36	0.46	15.9				河流冲积物	E 107°38′24.4″ N 23°13′21.0″	88
						2	13—21	黄黄色	黏壤土	块状	5.8	44.0	2.49	0.54	11.7			7.9			
						3	21—100	暗灰黄色	轻壤土	块状	6.0	17.0	1.09	0.37	11.3						
剖8	人为土	水稻土	潴育水稻土	砂页岩潴育水稻土	潴育蜡泥肉田	1	0—18	暗黄棕色	中黏土	块状	7.9	9.0	0.80	0.33	11.4				砂页岩	E 107°35′02.0″ N 23°13′01.2″	99
						2	18—24	褐色	中黏土	柱状	8.3	3.7	0.61	0.28	11.0	4.0	47				
						3	24—49	灰黄色	轻壤土	块状	8.1	72.0	3.99	1.64	7.6						
						4	49—100	暗黄棕色	壤土	块状	8.3	38.5	2.43	1.07	8.1						
剖9	人为土	水稻土	盐渍水稻土	碳酸盐渍性水稻土	石灰性泥肉田	1	0—19	暗黄棕色	重壤土	块状	8.3	9.7	0.62	0.27	7.1	15.0	65			E 107°34′40.3″ N 23°12′31.9″	100
						2	19—25	褐棕色	重壤土	块状	8.5	9.2	0.78	0.41	7.4						
						3	25—68	褐棕色	重壤土	块状	8.3	35.9	1.68	0.52	13.6						
						4	68—100	浅黄棕色	中壤土	块状	4.8	15.2	1.09	0.56	18.7			12.5	页岩	E 107°36′40.6″ N 23°12′01.2″	71
剖10	铁铝土	赤红壤	赤红壤	页岩赤红壤	中层页岩赤红壤	1	0—10	浅黄棕色	重壤土	块状	4.8	16.7	1.17	0.46	17.3			13.2			
						2	10—40	浅红黄色	中壤土	块状	5.1	8.7	0.79	0.44	15.2						
剖11	铁铝土	赤红壤	赤红壤	页岩赤红壤	厚层页岩赤红壤	1	0—18	浅红黄色	轻壤土	块状	8.5	47.8	2.88	0.77	11.3	5.0		11.4	页岩	E 107°36′19.1″ N 23°10′29.1″	98
						2	18—100	暗黄棕色	重黏土	块状	8.5	26.5	1.89	0.61	11.4			11.3			
剖12	人为土	水稻土	盐渍水稻土	碳酸盐渍性水稻土	石灰性板结田	1	0—18	暗黄棕色	重黏土	块状	8.3	22.8	1.46	0.67	7.8					E 107°34′55.3″ N 23°10′28.8″	78
						2	18—23	浅黄棕色	中黏土	块状	8.3	12.9	1.32	0.83	15.6	3.0	38				
						3	23—73	浅黄棕色	轻壤土	块状	6.0	42.2	2.36	0.60	8.2			15.3			
						4	73—100	栗色	重壤土	块状	6.4	30.4	1.76	0.59	7.7						
剖13	人为土	水稻土	潜育水稻土	冷浸田	深浸田	1	0—19	浅棕黄色	中黏土	块状	6.7	14.1	0.89	0.51	8.3					E 107°46′39.0″ N 23°17′58.9″	83
						2	19—25	青黄色	中黏土	块状	6.2	19.3	0.99	0.57	9.7	4.0	102				
						3	25—30	灰灰黄色	中壤土	块状	6.3	19.9	1.11	0.62	11.1						
						4	30—52	暗黄棕色	中壤土	块状	8.3	28.7	1.53	0.49	8.2						
						5	52—100	浅灰棕色	中壤土	块状	8.4	12.1	0.76	0.29	7.1						
剖14	初育土	新积土	新积土	砾质土	石灰性多砾壤土	1	0—13	暗黄棕色	中壤土	块状	8.3	28.7					109		洪积物	E 107°47′56.4″ N 23°14′26.5″	86
						2	13—40	浅灰棕色	中壤土	块状	8.4	12.1	0.76	0.29	7.1						
						3	40—100	灰灰色	重壤土	块状	8.1	17.1	1.21	0.77	11.7						

续表 Continued

剖面号 Soil profile	土纲 Soil order	土类 Soil great group	亚类 Soil subgroup	土属 Soil genus	土种 Soil species	土层码 Layer code	土层厚度 Depth/cm	颜色 Soil color	质地 Soil texture	土壤结构 Soil structure	pH	有机质 OM/(g/kg)	全氮 TN/(g/kg)	全磷 TP/(g/kg)	全钾 TK/(g/kg)	有效磷 AP/(mg/kg)	速效钾 AK/(mg/kg)	阳离子交换量CEC/(cmol/kg)	土壤母质 Parent material	剖面点坐标 Profile coordinate	匹配指数 Matching index/%
剖15	铁铝土	赤红壤	赤红壤	耕型铁砾赤红壤	石灰性赤壤土	1	0—20	浅棕黄色	重壤土	块状	8.5	39.7	2.51	1.10	5.4	11.0	65		砂页岩风化物	E 107°48′22.7″ N 23°12′18.0″	75
						2	20—31	暗黄棕色	重壤土	块状	8.5	29.9	2.00	1.04	5.3						
						3	31—100	浅黄棕色	轻壤土	块状	8.4	5.0	0.79	0.50	9.5						
剖16	初育土	新积土	新积土	石砾土	石砾土	1	0—11	暗黄棕色	中壤土	大块状	8.3	4.6	0.29	0.31	1.6	11.0	55		洪积物	E 107°52′12.7″ N 23°10′14.9″	80
						2	11—52	暗黄棕色	中壤土	块状	7.8	3.6	0.50	0.57	3.6						
						3	52—100	黄黄棕色	轻壤土		8.3	4.8	0.50	0.57	3.4						
剖17	铁铝土	赤红壤	赤红壤	耕型硅质岩赤红壤	灰砂土	1	0—16	黄灰色	砂壤土		6.3	6.9	0.39	0.23	2.4	3.0	63		硅质页岩	E 107°27′47.5″ N 23°09′45.0″	71
						2	16—100	浅棕黄色	轻壤土	块状	6.4	2.8	0.28	0.21	3.9						
剖18	初育土	石灰(岩)土	棕色石灰土	耕型棕色石灰土	砾质棕泥土	1	0—17	浅棕黄色	轻黏土	块状	7.5	32.2	1.83	3.46	7.2	5.0	137			E 107°24′42.0″ N 23°08′47.4″	90
						2	17—56	黄棕黄色	中黏土	块状	7.5	26.6	1.14	3.59	7.8						
						3	56—100	黄棕色	轻黏土	块状	6.5	12.0	1.20	3.52	8.0						
剖19	初育土	新积土	新积土	砾质土	砾质黏土	1	0—13	浅黄棕色	中黏土	块状	6.7	36.3	1.70	2.98	4.3	71.0	108		洪积物	E 107°25′38.0″ N 23°08′17.4″	82
						2	13—100	黄棕色	轻壤土	块状	6.0	8.7	0.52	1.55	2.9						
剖20	初育土	石灰(岩)土	棕色石灰土	棕色石灰土	棕色石灰土	1	0—18	棕色	中黏土		7.6	53.3	3.15	0.91	6.7					E 107°25′08.9″ N 23°05′27.2″	70
						2	18—62	棕色	轻黏土	块状	7.4	39.0	2.81	0.87	6.1						
						3	62—83	黄棕色	中黏土	块状	7.7	20.3	2.03	0.63	7.3						
						4	83—														
剖21	铁铝土	赤红壤	赤红壤	耕型铁砾赤红壤	铁磐土	1	0—14	暗黄棕色	重壤土	块状	8.4	22.4	1.52	1.28	5.5	67.0	201		石灰岩区红土	E 107°21′38.9″ N 23°03′16.2″	71
						2	14—100	黄棕黄色	重壤土	小块状	8.3	3.4	0.67	0.80	5.8						
剖22	初育土	冲积土	冲积土	耕型酸性潮砂土	酸性潮砂土	1	0—14	棕灰色	松砂土	小块状	6.0	10.3	0.66	0.38	5.3	6.0	51		河流冲积物	E 107°29′48.5″ N 23°03′14.0″	95
						2	14—100	浅棕黄色	砂壤土		6.0	7.2	0.49	0.32	10.5						
剖23	人为土	水稻土	潜育水稻土	潜底田	中潜底成	1	0—18	浅黄黄色	重壤土	块状	5.9	39.0	2.18	0.54	14.7	3.0	44	15.1		E 107°43′59.7″ N 23°09′41.6″	87
						2	18—21	暗黄白色	中壤土	块状	5.8	25.4	1.45	0.36	13.5			11.5			
						3	21—100	灰黄色	轻壤土	块状	6.7	31.2	1.53	2.30	12.8						
剖24	人为土	水稻土	潜育水稻土	砂页岩潴育水稻土	潴育蜡泥田	1	0—13	灰黄色	轻壤土	块状	5.9	44.5	2.09	0.37	15.2	2.0	77	18.8	砂页岩	E 107°36′20.2″ N 23°09′26.6″	87
						2	13—22	灰棕色	轻壤土	柱状	6.5	31.3	1.80	0.32	16.1						
						3	22—47	灰棕色	中壤土	块状	8.0	11.3	0.95	0.44	16.5						
						4	47—100	灰黄色	轻壤土	块状	8.0	9.4	0.81	0.43	15.6						
剖25	人为土	水稻土	淹育水稻土	砂页岩淹育水稻土	铁子底田	1	0—12	灰黄色	重壤土	大块状	7.1	24.8	1.23	0.58	6.8	3.0	15		砂页岩	E 107°39′43.9″ N 23°08′53.2″	76
						2	12—16	浅棕黄色	壤土	块状	7.9	17.6	0.97	0.36	8.3						
						3	16—31	暗棕黄色	壤土	块状	8.0	3.9	0.23	0.20	1.9						
						4	31—100	浅棕红色	中壤土	块状	6.6	8.8	0.65	0.22	9.9						
剖26	人为土	水稻土	盐渍水稻土	碳酸盐渍性水稻土	石灰性铁子底田	1	0—12	浅棕黄色	黏壤土	块状	8.5	24.4	1.40	0.68	5.0	7.0	41			E 107°42′05.3″ N 23°08′04.6″	81
						2	12—17	暗棕黄色	壤土	块状	8.3	25.8	1.20	0.60	4.8						
						3	17—100	黄黄棕色	黏壤土	块状	8.0	4.9	0.83	0.59	9.4						
剖27	人为土	水稻土	淹育水稻土	红土质淹育水稻土	铁子田	1	0—15	暗棕色	中壤土	块状	7.9	30.1	1.61	1.05	8.0	3.0	51		红土	E 107°41′16.1″ N 23°07′58.4″	76
						2	15—24	浅棕色	轻黏土		8.0	21.5	1.00	0.49	5.1						
						3	24—100	暗棕黄色	重壤土	块状	7.7	10.3	0.62	0.45	7.3						
剖28	初育土	新积土	新积土	砾质土	多砾壤土	1	0—13	暗棕黄色	壤土		7.0									E 107°33′33.5″ N 23°07′55.2″	92
						2	13—100	灰黄棕色	黏壤土	块状	6.5	23.9	1.33	0.85	8.4	5.0	36		洪积物		
剖29	人为土	水稻土	盐渍水稻土	碳酸盐渍性水稻土	石灰性铁子田	1	0—10	灰黄棕色	重壤土	大块状	8.4	14.1	0.81	0.72	6.4					E 107°40′08.8″ N 23°06′59.8″	90
						2	10—22	灰黄棕色	重壤土	大块状	8.5										
						3	22—100	黄黄棕色	轻黏土	大块状	8.4	3.2	0.41	0.43	6.4						

续表 Continued

剖面号 Soil profile	土纲 Soil order	土类 Soil great group	亚类 Soil subgroup	土属 Soil genus	土种 Soil species	土层码 Layer code	土层厚度 Depth/cm	颜色 Soil color	质地 Soil texture	土壤结构 Soil structure	pH	有机质 OM/(g/kg)	全氮 TN/(g/kg)	全磷 TP/(g/kg)	全钾 TK/(g/kg)	有效磷 AP/(mg/kg)	速效钾 AK/(mg/kg)	阳离子交换量CEC/(cmol/kg)	土壤母质 Parent material	剖面点坐标 Profile coordinate	匹配指数 Matching index/%
剖30	人为土	水稻土	盐渍水稻土	碳酸盐渍性水稻土	石灰性田	1	0—14	浅棕黄色	重壤土	块状	8.3	33.3	1.89	0.88	4.4	7.0	62			E 107° 41′ 07.4″ N 23° 06′ 27.7″	87
						2	14—18	浅棕黄色	重壤土	块状	8.4	26.3	1.54	0.74	3.8						
						3	18—30	褐色	轻黏土	块状	8.5	27.4	1.61	0.75	3.7						
						4	30—100	黄色	中黏土	块状	8.1	7.6	0.93	0.63	8.6						
剖31	初育土	新积土		砾质土	砾质壤土	1	0—17	浅棕色	黏壤土		4.5								洪积物	E 107° 31′ 19.2″ N 23° 03′ 37.8″	100
						2	17—31	红色	黏壤土		4.5										
						3	31—100	红黄色	黏壤土		5.0										
剖32	人为土	水稻土	淹育水稻土	冲积性淹育水稻土	潮砂田	1	0—14	棕色	砂壤土	小块状	6.2	28.3	1.35	0.83	8.1	5.0	15	8.3	河流冲积物	E 107° 43′ 18.5″ N 23° 03′ 16.6″	75
						2	14—22	暗黄棕色	砂壤土	块状	8.3	14.7	0.55	0.87	0.8						
						3	22—35	浅黄棕色	壤土	块状	8.3	11.5	0.55	0.89	7.1						
						4	35—100	黄色	黏壤土	块状	8.3	6.5	0.57	0.89	8.9						
剖33	人为土	水稻土	潴育水稻土	棕色石灰性潴育水稻土	潜育棕泥肉田	1	0—17	暗黄棕色	重黏土	块状	7.9	28.1	1.68	0.62	6.7	8.0	84		石灰岩风化物	E 107° 39′ 50.0″ N 23° 02′ 21.8″	70
						2	17—21	暗黄棕色	重黏土	块状	8.0	25.3	1.60	0.71	7.6						
						3	21—48	浅棕黄色	中壤土	块状	8.4	7.1	0.64	0.22	6.1						
						4	48—100	黄棕色	中壤土	块状	8.2	3.6	0.48	0.22	10.1						
剖34	初育土	石灰（岩）土	黄色石灰土	黄色石灰土	黄色石灰土	1	0—7	黄色	中壤土	粒状	7.9	8.9	0.96	0.90	11.2	5.0				E 107° 31′ 05.9″ N 23° 00′ 35.3″	84
						2	7—100	浅红黄色	重黏土	小块状	6.1	4.8	0.78	1.03	9.6						
剖35	初育土	石灰（岩）土	棕色石灰土	耕型棕色石灰土	含砂棕泥土	1	0—15	黄棕色	砂壤土	块状	6.4	16.6	1.21	0.84	9.6	2.0	75	10.9		E 107° 47′ 33.7″ N 23° 09′ 53.3″	87
						2	25—100	暗棕色	壤土	块状	5.3	9.2	0.91	0.66	10.9						
剖36	初育土	新积土		洪积性淹育水稻土	石砾底田	1	0—10	灰黄色	中壤土	块状	5.5	29.2	1.70	0.47	10.2	3.0	56	5.3	洪积物	E 107° 45′ 36.4″ N 23° 08′ 22.9″	88
						2	10—13	黄色	重黏土	块状	5.5	19.4	1.25	0.42	11.5						
						3	13—100		重黏土	大块状	6.8	4.7	0.45	0.26							
剖37	人为土	水稻土	淹育水稻土	红土质淹育水稻土	淋溶黑色石灰土	1	0—17	褐色	轻黏土	块状	6.3	38.6	2.06	1.19	8.9	3.0	62		红土	E 107° 57′ 35.3″ N 23° 08′ 17.5″	95
						2	17—100	浅灰黄色	中壤土	粒状	6.1	9.6	0.86	0.76	10.9						
剖38	人为土	水稻土	淹育水稻土	冷浸田	黄泥青田	1	0—14	暗黄棕色	重黏土	小块状	5.1	46.6	2.70	0.69	8.8	8.0	65	9.2		E 107° 47′ 21.8″ N 23° 08′ 06.7″	83
						2	14—20	暗黄棕色	重黏土	块状	5.3	32.5	2.06	0.65	8.2						
						3	20—100	黄棕色	中壤土	块状	7.5	8.9	0.58	0.69	6.1				8.8		
剖39	初育土	新积土		冲积土	浅浸田	1	0—22	褐色	中壤土	大块状	7.4	62.8	2.65	0.25	6.5					E 107° 56′ 06.4″ N 23° 06′ 43.9″	75
						2	22—	黑色	重黏土	块状	6.3	29.1	1.76	0.42	6.0						
剖40	人为土	水稻土	淹育水稻土	耕型酸性潮泥土	酸性潮泥田	1	0—12	灰黄色	黏壤土	小块状	5.5	14.9	1.01	0.27	6.0	5.0	35	6.5	河流冲积物	E 107° 48′ 41.8″ N 23° 06′ 05.4″	75
						2	12—18	暗黄棕色	中壤土	小块状	6.3	7.5	0.61	0.35	7.2						
						3	18—25	灰棕色	重黏土	块状	6.9	5.1	0.57	0.24	10.6						
						4	25—100	黄棕色	重黏土	块状	7.8										
剖41	初育土	冲积土		红土质潴育水稻土	潴育黄泥田	1	0—13	褐红色	壤土	小块状	5.5	51.4	2.49	0.49	8.2	4.0	67	13.3	河流冲积物	E 107° 48′ 22.0″ N 23° 05′ 20.4″	82
						2	13—37	灰黄棕色	黏土	大块状	6.0	36.8	2.01	0.42	8.1						
						3	37—100	红棕色	重黏土	块状	6.3	9.2	0.81	0.34	11.6						
						4	64—100	红棕色	重黏土	块状	7.9	8.4	0.75	0.37	16.2						
						5			轻黏土	小块状	7.6	7.8	0.82	0.35	16.2						
剖42	人为土	紫色土	中性紫色土	砂页岩中性紫色土	薄层中性紫泥田	1	0—16	红棕色	壤土	块状	6.6								红土	E 107° 48′ 27.4″ N 23° 04′ 11.6″	88
						2	16—19	暗棕红色	黏土	块状	7.0										
						3	19—33	暗黄棕色	重黏土	块状	6.5										
剖43	初育土	紫色土	中性紫色土	冷底田	冷底田	1	0—13	紫红色	壤土	块状	5.6	40.5	2.13	0.29	16.0				砂页岩	E 107° 56′ 31.6″ N 23° 04′ 00.1″	89
						2	13—100	暗黄棕色	轻黏土	小块状	7.0	7.8	0.71	0.35	11.5						
剖44	人为土	水稻土	潴育水稻土			1	0—18	暗灰棕色	重黏土	块状	6.7	27.2	1.64	0.33	11.6					E 107° 57′ 23.8″ N 23° 03′ 45.7″	99
						2	23—54	浅灰黄色	轻黏土	小块状											
						3	54—100														

续表 Continued

剖面号 Soil profile	土纲 Soil order	土类 Soil great group	亚类 Soil subgroup	土属 Soil genus	土种 Soil species	土层码 Layer code	土层厚度 Depth/cm	颜色 Soil color	质地 Soil texture	土壤结构 Soil structure	pH	有机质 OM/(g/kg)	全氮 TN/(g/kg)	全磷 TP/(g/kg)	全钾 TK/(g/kg)	有效磷 AP/(mg/kg)	速效钾 AK/(mg/kg)	阳离子交换量CEC/(cmol/kg)	土壤母质 Parent material	剖面点坐标 Profile coordinate	匹配指数 Matching index/%
剖45	铁铝土	赤红壤	赤红壤	耕型铁砾赤红壤	铁子底田	1	0–13	浅红色	轻黏土	块状	6.3	30.4	1.55	0.51	8.7	1.0	58		红土	E 107°54′56.8″ N 23°03′05.4″	70
						2	13–100	红色	轻黏土		6.2	10.8	0.61	0.37	7.7						
剖46	人为土	水稻土	沼泽型水稻土	烂湴田	浅湴田	1	0–17	暗灰黄色	重黏土	块状	5.4	43.7	2.39	0.52	10.7	3.0	78	12.0		E 107°53′01.0″ N 23°02′53.5″	95
						2	17–32	黄灰色	轻黏土	糊状	5.7	15.4	1.15	0.58	10.7			11.6			
						3	32–100	棕黄色	中黏土	块状	5.4	36.3	2.00	0.63	12.7			12.5			
剖47	人为土	水稻土	淹育水稻土	冲积性淹育水稻土	卵石底田	1	0–13	褐色	中壤土	小块状	6.0	26.0	1.43	0.77	6.9	4.0	13	8.3	河流冲积物	E 107°53′15.5″ N 23°02′51.0″	72
						2	13–20	浅红黄色	中黏土	小块状	6.9	15.3	0.91	0.71	6.6						
						3	20–67	红黄色			8.0	6.1	0.51	0.68	10.0						
						4	67–100	黄色	壤土	块状	6.4	4.4	0.49	0.66	11.1						
剖48	水成土	沼泽土	沼泽土	坡脚黑泥土	炭质黑黏土	1	0–17	栗色	重黏土	块状	7.7	23.2	1.19	0.40	10.0	2.0	91			E 107°57′02.2″ N 23°02′07.4″	86
						2	17–56	暗棕灰色	中壤土	大块状	8.3	15.2	0.65	0.41	12.6			11.4			
						3	56–100	黑色	中壤土	大块状	8.0	23.1	0.74	0.33	12.5						
剖49	人为土	水稻土	淹育水稻土	红土质淹育水稻土	黄泥田	1	0–15	灰黄色	重壤土	小块状	5.8	34.0	1.87	0.73	13.4	5.0	12		红土	E 107°52′24.2″ N 23°02′05.7″	70
						2	15–27	黄色	重壤土	块状	7.1	21.7	1.34	0.64	14.7						
						3	27–100	黄色	重壤土	块状	7.4	6.5	0.66	0.47	24.3						
剖50	铁铝土	赤红壤	赤红壤	第四纪红土赤红壤	红土赤红壤	1	0–6	黄棕色	重壤土	块状	5.1	33.5	1.23	0.84	3.5		53	10.7	红土	E 107°48′40.3″ N 23°01′55.2″	81
						2	6–100	红黄色	中壤土	块状	6.4	14.1	0.73	0.85	4.1			9.7			
剖51	初育土	新积土	新积土	石砾土	多石砾石	1	0–13	红红色	壤土	大块状	5.7	3.7	0.27	0.62	1.8	11.0	133	12.2	洪积物	E 107°57′00.4″ N 23°01′30.0″	90
						2	13–100	红黄色	黏土	块状	6.4	25.3	1.59	1.07	3.8						
剖52	人为土	水稻土	淹育水稻土	红土质淹育水稻土	铁子底田	1	0–13	黄棕色	重壤土	块状	6.0	32.8	1.78	0.53	5.8	14.0	94	12.2	红土	E 107°53′01.0″ N 23°01′23.6″	93
						2	13–15	棕灰色	重壤土	小块状	6.8	17.0	0.90	0.43	5.4			11.5			
						3	15–23	暗黄灰色	黏壤土	小块状	7.9	9.6	0.56	0.42	4.4						
						4	23–100	红黄色	中壤土	块状	7.5	9.2	0.61	0.34	7.2						
剖53	人为土	水稻土	淹育水稻土	红土质淹育水稻土	薄砂黄泥田	1	0–13	褐色	砂壤土	块状	5.5	24.8	1.42	0.26	7.1	6.0	100	6.9	红土	E 107°56′32.3″ N 23°00′55.1″	97
						2	13–17	褐色	壤土	块状	5.7	16.4	1.07	0.28	7.5						
						3	17–100	红黄色	黏土	柱状	8.1	3.4	0.46	0.26	11.5						
剖54	初育土	石灰(岩)土	黄色石灰土	耕型黄色石灰土	黄色石灰土	1	0–22	暗黄灰色	轻黏土	大块状	8.4	32.1	2.01	1.26	10.7		60	4.1	页岩	E 107°36′02.9″ N 22°57′40.3″	73
						2	22–32	浅棕色	轻黏土	块状	8.6	30.5	1.78	0.87	7.7			8.2			
						3	32–100	浅黄黄色	轻黏土	块状	8.3	8.2	0.96	0.48	10.1			8.5			
剖55	铁铝土	赤红壤	赤红壤	耕型页岩赤红壤	赤红黏土	1	0–14	灰灰色	轻黏土	小块状	7.4	44.4	1.48	0.94	26.4	3.0	55	6.7	页岩	E 107°39′42.0″ N 22°57′34.3″	73
						2	14–29	浅灰黄色	轻黏土	块状	8.5	11.4	2.80	0.78	23.9						
						3	29–100	红黄色	中壤土	大块状	8.3	3.7	1.16	0.53	27.4						
剖56	铁铝土	赤红壤	赤红壤	砂页岩赤红壤	中层砂页岩赤红壤	1	0–12	栗色	壤土	块状	4.5								砂页岩	E 107°44′31.6″ N 22°57′32.8″	81
						2	12–50	浅棕色	壤土	块状	4.5										
						3	50–100	暗棕红色	壤土	大块状	4.8										
剖57	人为土	水稻土	淹育水稻土	砂页岩淹育水稻土	粉结田	1	0–14	灰黄色	砂壤土	块状	5.0	17.6	1.13	0.48	22.7	5.0		6.1	砂页岩	E 107°39′07.9″ N 22°53′57.1″	86
						2	14–49	浅黄色	壤土	小块状	5.3	8.9	0.97	0.47	33.7						
						3	49–100	浅黄棕色	壤土	块状	4.8	5.4	0.84	0.51	35.5						
剖58	人为土	水稻土	潴育水稻土	砂页岩潴育水稻土	潴育砂泥田	1	0–13	灰黄色	重壤土	块状	6.3	33.1	1.78	0.58	12.0				砂页岩	E 107°46′08.8″ N 22°58′43.3″	76
						2	13–17	灰灰色	重壤土	块状	5.3	10.8	0.83	0.59	13.0			7.8			
						3	17–72	灰黄色	重壤土	块状	5.7	25.4	1.41	0.48	11.9						
						4	72–100	黄色	重壤土	块状		8.0	0.58	0.64	10.6						

马 山 县

主要土类说明

  石灰（岩）土是马山县主要土壤类型，占本县地域面积的 50%。本县石灰（岩）土分布广，在石灰岩山的下坡，石灰岩堆或石灰岩缝间及峰丛洼地、谷地中广泛分布。在冲积性的土壤上，由于大量施用石灰或引用岩溶水灌溉，也形成次生石灰（岩）土。石灰（岩）土发生于热带、亚热带石灰岩山区，是石灰岩经溶蚀风化，形成的厚薄不同的钙质饱和或含游离钙质的土壤，多见于石隙、溶洞或峰丛底部。该土壤碳酸钙淋溶程度不一，多黏土，多为铁钙质胶结物，风化程度不一，盐基饱和度高，土壤有机质含量及胶结状态有较大差异。本县石灰（岩）土分为棕色石灰土、黄色石灰土和黑色石灰土等亚类。

  赤红壤是马山县第二大土壤类型，占本县地域面积的 23%，分布于石灰岩区的洼地或平垌。其特点是土壤发育程度深，脱硅富铝化明显，质地黏重，耕性差，耕作层、心土层或底土层有铁砾成层、铁砾或铁质硬盘。本县赤红壤只有赤红壤一个亚类。

  粗骨土是马山县第三大土壤类型，占本县地域面积的 18%。粗骨土发育于基岩风化残积物、坡积物，表层发育不明显，属于 A–C 型，甚至（A）–C 型土壤。A 层发育不明显，与母质土层性状相似，略显有机质累积。有时母质层富含砾石，甚少出现剖面分异与发育特征。

  水稻土占马山县地域面积的 8%，主要分布于周鹿、林圩、乔利、永州和古零等乡镇的砂页岩区、丘陵平垌及峰丛谷地等有水源条件的地方。水稻土是人类活动的产物，它由各种地带性土壤、半水成土、水成土经水耕熟化培育而成。一方面由于氧化还原交替作用，剖面产生分异；另一方面在人为耕作、施肥、灌溉等措施影响下，土壤进行着有机质合成与分解、复盐基和盐基淋溶以及黏粒聚积和淋失等作用，使原来土壤性状受到不同程度的改变，形成水稻土所特有的形态、理化和生物特性。按其不同层段构型变化，本县水稻土分为淹育型、潴育型、潜育型、沼泽型、渗育型、盐渍型、矿毒型等亚类。

  小于本县地域面积 3% 的土壤类型还有红壤、黄壤、新积土和潮土等。

本区域中心区气候特征

本区域中心区气候特征值
Regional climate characteristics in central area of the region

气候带：南亚热带湿润气候 Climate region: South subtropical humid climate	
年平均气温 /℃ Annual average temperature /℃	21.7
年平均最高气温 /℃ Annual average maximum temperature /℃	26.3
年平均最低气温 /℃ Annual average minimum temperature /℃	18.6
年降水量 /mm Annual precipitation /mm	1325
≥10℃的积温 /℃ Daily temperature accumulated in a year（≥10℃）/℃	7890
年日照时数 /h Annual sunshine /h	1501
年平均相对湿度 /% Annual average relative humidity /%	78
干燥度 Dryness	0.97

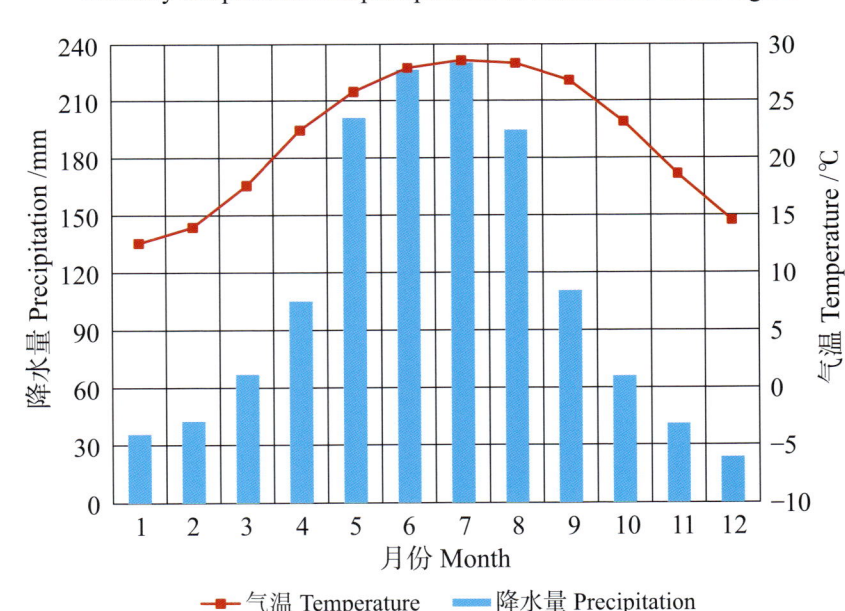

本区域中心区月平均气温与月平均降水量
Monthly temperature and precipitation in central area of the region

马山县主要土壤类型与土壤剖面点分布图
1：360 000

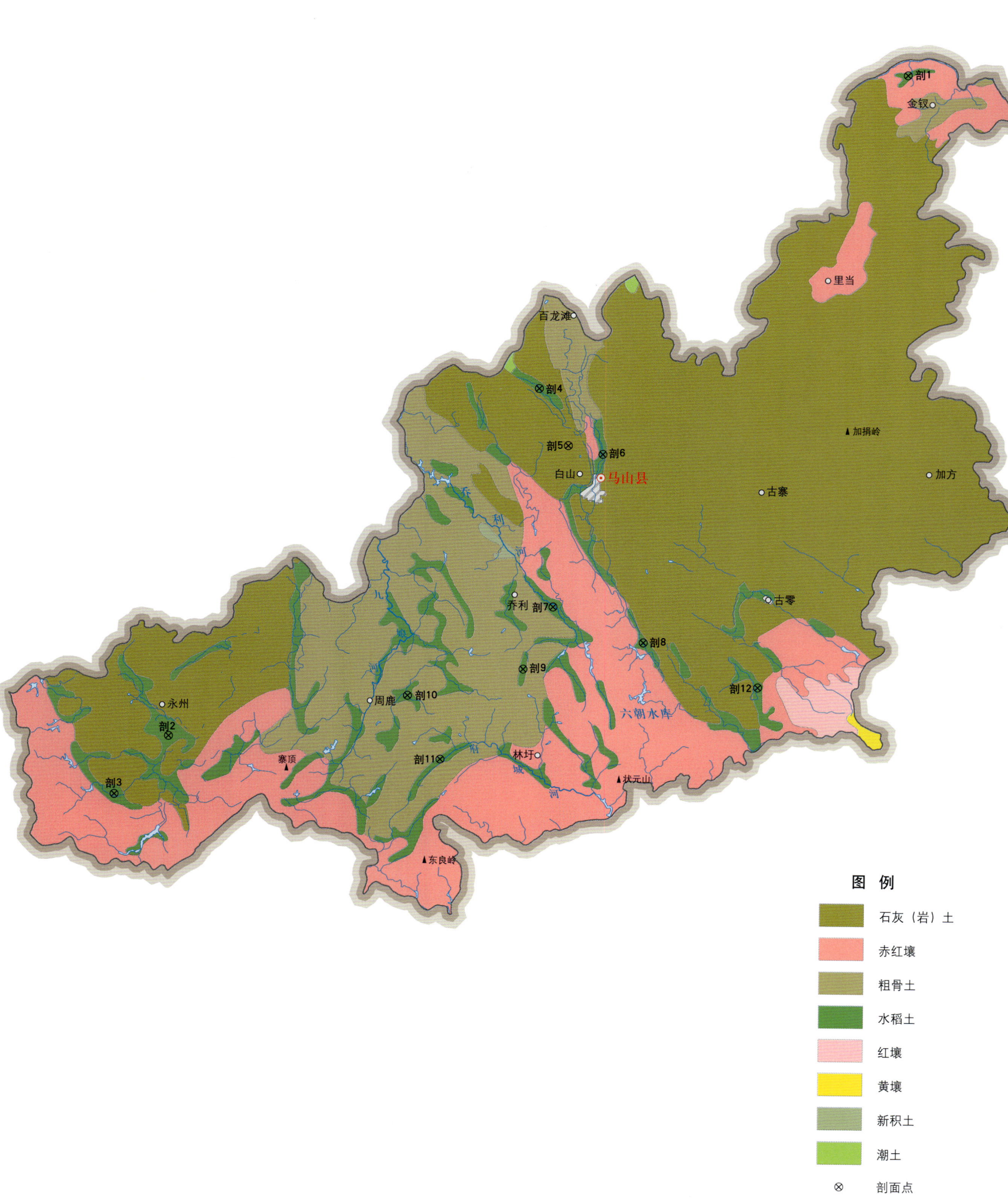

马山县土壤剖面理化性状表

剖面号 Soil profile	土纲 Soil order	土类 Soil great group	亚类 Soil subgroup	土属 Soil genus	土种 Soil species	土层码 Layer code	土层厚度 Depth/cm	颜色 Soil color	质地 Soil texture	土壤结构 Soil structure	pH	有机质 OM/(g/kg)	全氮 TN/(g/kg)	全磷 TP/(g/kg)	全钾 TK/(g/kg)	有效磷 AP/(mg/kg)	速效钾 AK/(mg/kg)	土壤母质 Parent material	剖面点坐标 Profile coordinate	匹配指数 Matching index/%
剖1	人为土	水稻土	淹育水稻土	红土质淹育水稻土	铁子田	1	0—12	灰棕色	重壤土	块状	6.8	32.8	2.08		9.0	9.0	42	红土	E 108°24′30.0″ N 24°01′18.7″	74
						2	12—22	黑棕色	重壤土	块状	7.0	30.1	1.96	1.26	9.4					
						3	22—100	棕黄色	轻壤土	块状	7.5	7.1	1.22	0.83	9.1	3.5				
剖2	人为土	水稻土	潴育水稻土	砂页岩潴育水稻土	潴育砂泥田	1	0—21	灰棕色	重壤土	小块状	5.3	41.9	2.86	0.24	16.0		60	砂页岩	E 107°50′20.0″ N 23°31′42.3″	79
						2	21—25	棕灰色	重壤土	小块状	6.5	12.2	0.36	0.18	16.2					
						3	25—60	浅灰色	重壤土	块状	7.5	6.5	0.35	0.30	18.8					
						4	60—100	黄灰色	重壤土	块状	7.3	5.0		0.15	16.1					
剖3	人为土	水稻土	潴育水稻土	砂页岩潴育水稻土	潴育砂泥肉田	1	0—15	棕灰色	壤土	团块状	6.5	33.0	2.18	6.90	10.9	8.2	90	砂页岩	E 107°47′50.6″ N 23°29′04.8″	98
						2	15—19	棕灰色	轻黏土	柱状	7.0									
						3	19—30	蓝灰色	轻黏土	块状	7.5									
						4	30—100	灰黄色	轻黏土	块状	7.5									
剖4	人为土	水稻土	潴育水稻土	洪积性淹育水稻土	石砾底成田	1	0—10	棕黄色	砂壤土	单粒状	6.9	34.4				3.6	60	洪积物	E 108°07′24.2″ N 23°47′17.5″	75
						2	10—13	黄灰色	砂壤土	小块状	6.0									
						3	13—100	黄灰色	黏壤土	块状	6.0									
剖5	初育土	石灰（岩）土	棕色石灰土	棕色石灰土	棕色石灰土	1	0—20	灰棕色	黏土	块状	7.5	18.3	1.99	0.35	20.4	8.8	89	砂页岩	E 108°08′51.0″ N 23°44′51.0″	72
						2	20—													
剖6	人为土	水稻土	潴育水稻土	冲积性潴育水稻土	潴育砂土田	1	0—14	棕灰色	壤土	团块状	5.7	33.0	2.18	0.65	10.9			河流冲积物	E 108°10′30.0″ N 23°44′30.5″	100
						2	14—19	浅棕灰色	壤土	块状	6.6	25.2	1.75	0.94	13.1					
						3	19—26	灰黄色	黏壤土	柱状	7.1	17.6	0.84	0.65	17.3					
						4	26—60	灰灰色	黏壤土	棱柱状	6.1	19.5	1.42	0.88	12.3					
						5	60—100		黏壤土	块状	7.5	2.5	0.73	0.61	21.3					
剖7	人为土	水稻土	潴育水稻土	砂页岩潴育水稻土	潴育砂土田	1	0—13	棕灰色	砂壤土	粒状	6.0	30.0	1.55			10.2	14	砂页岩	E 108°08′21.1″ N 23°37′47.7″	75
						2	13—16	浅棕灰色	砂壤土	小块状	6.5									
						3	16—35	灰黄色	砂壤土	块状	7.5									
						4	35—100	灰黄棕色	砂壤土	块状	7.5									
剖8	人为土	水稻土	潴育水稻土	冷浸田	深浸田	1	0—16	灰棕色	壤土	小块状	7.0	37.0				2.5	45	硅质页岩	E 108°12′41.0″ N 23°36′20.9″	84
						2	16—20	灰棕色	黏土	块状	7.5									
						3	20—100	蓝灰色	黏壤土	块状	6.5									
剖9	人为土	水稻土	潴育水稻土	硅质页岩潴育水稻土	灰砂泥田	1	0—12	棕灰色	砂壤土	块状	5.6	26.8	1.42			3.0	24	硅质页岩	E 108°07′00.8″ N 23°35′03.5″	80
						2	12—16	棕灰色	中壤土	小块状	6.5									
						3	16—100	灰黄色	重壤土	粒状	6.5									
剖10	人为土	水稻土	淹育水稻土	硅质页岩淹育水稻土	灰泥田	1	0—14	棕灰色	壤土	团块状	4.6	27.9	1.34			1.0	12	硅质页岩	E 108°01′35.0″ N 23°33′46.4″	100
						2	14—22	灰白色	壤土	小块状	5.0									
						3	22—100	棕灰色	重壤土	块状	5.5									
剖11	人为土	水稻土	潴育水稻土	冷浸田	浅浸田	1	0—15	棕灰色	重壤土	块状	4.9	40.3	2.83	0.34	19.7	2.6	43	硅质页岩	E 108°03′13.0″ N 23°31′01.2″	92
						2	15—23	蓝灰色	轻壤土	柱状	6.0	22.7	1.60	0.30	18.4					
						3	23—43	灰黄色	黏土	柱状	6.3	12.0	1.15	0.29	19.0					
						4	43—100	蓝灰色	黏土	块状	6.8	5.7	0.68	0.31	18.9					
剖12	人为土	水稻土	潴育水稻土	棕色石灰土潴育水稻土	潴育棕泥田	1	0—18	暗棕色	重黏土	团块状	6.1	39.4	2.39	0.98	8.0	2.9	27	石灰岩风化物	E 108°18′09.5″ N 23°34′31.8″	76
						2	18—23	暗棕色	中黏土	块状	7.7	15.4	1.19	0.68	7.1					
						3	23—43	浅棕色	中黏土	核柱状	8.3	5.1	0.42	0.40	6.6					
						4	43—58	灰棕色	重黏土	块状	8.1	5.4	0.61	0.36	12.3					
						5	58—100	黄棕色	重壤土	块状	8.5									

上 林 县

主要土类说明

　　石灰（岩）土是上林县主要土壤类型，占本县地域面积的 33%，分布于巷贤、白圩、澄泰、三里、乔贤、塘红、镇圩、西燕等乡镇的石灰岩山区。石灰（岩）土是由碳酸岩类发育而成的，在长期风化溶蚀作用下，碳酸钙残留于土体中，致使土壤呈碱性，石灰反应明显。由于含有碳酸钙、硅铝酸盐，钙素与腐殖酸结合，凝聚成较稳定的腐殖酸钙，所以 pH 高、质地黏重是石灰（岩）土的特点。本县石灰（岩）土分为黑色石灰土、棕色石灰土、黄色石灰土等亚类，其中棕色石灰土亚类面积最大，占该土类面积的 80%。

　　赤红壤是上林县第二大土壤类型，占本县地域面积的 32%，分布于北回归线以南的白圩、巷贤以及大丰、澄泰南半部海拔 500m 以下的地区。受南亚热带气候的影响，脱硅富铝化作用比红壤地区强烈，土壤富含铁铝，表层呈浅红色，土壤层次分化明显，具有酸性、黏质、瘦瘠等特点。本县赤红壤只有赤红壤一个亚类。

　　水稻土是上林县第三大土壤类型，占本县地域面积的 17%。水稻土是由旱耕地或自然土壤经水耕熟化而成的。在长期水耕条件下，氧化淀积与还原淋溶交替进行，有机质不断累积与分解，盐基、有机络合物不断淋溶向下移动淀积，致使土壤剖面形态和理化性状与原来的旱耕地或自然土壤相比发生了本质的变化，如在耕作层以下产生犁底层、潴育层、潜育层等。本县水稻土分为淹育型、潴育型、潜育型、沼泽型、矿毒型等亚类，其中潴育水稻土面积最大，占水稻土总面积的一半以上。

　　红壤占上林县地域面积的 7%，分布于本县北回归线以北的三里、乔贤、塘红、西燕以及澄泰、大丰北部海拔 500m 以下的地区。土壤中硅酸和钙、镁、钾、钠等元素的淋溶损失，降低了它们的绝对含量，使铝、铁、锰等元素在次生黏粒组成部分中的相对含量有了显著的提高。由于脱硅富铝化作用，红壤具有红色、酸性、黏质、缺磷、阳离子交换量小等特点。本县红壤分为红壤、黄红壤、红壤性土等亚类。

　　粗骨土占上林县地域面积的 7%。粗骨土发育于基岩风化残积物、坡积物，属于 A–C 型，甚至（A）–C 型土壤。A 层发育不明显，与母质土层性状相似，略显有机质累积。有时母质层富含砾石，甚少出现剖面分异与发育特征。

　　黄壤占上林县地域面积的 4%，分布于大明山海拔 1000—1500m 的地区。由于分布地区云雾多，日照少，湿润凉爽，有利于铁铝氧化物的水化作用进行，所以形成黄壤。黄壤的表土层之上为常绿阔叶林及灌丛草被有机质层。心土层呈黄色，底土层为半风化砂页岩的碎屑。土壤呈酸性至强酸性。本县黄壤只有黄壤一个亚类。

　　小于本县地域面积 3% 的土壤类型还有潮土和新积土等。

本区域中心区气候特征

本区域中心区气候特征值
Regional climate characteristics in central area of the region

气候带：南亚热带湿润气候 Climate region: South subtropical humid climate	
年平均气温 /℃ Annual average temperature /℃	21.5
年平均最高气温 /℃ Annual average maximum temperature /℃	25.9
年平均最低气温 /℃ Annual average minimum temperature /℃	18.6
年降水量 /mm Annual precipitation /mm	1452
≥10℃的积温 /℃ Daily temperature accumulated in a year（≥10℃）/℃	7859
年日照时数 /h Annual sunshine /h	1504
年平均相对湿度 /% Annual average relative humidity /%	78
干燥度 Dryness	0.88

本区域中心区月平均气温与月平均降水量
Monthly temperature and precipitation in central area of the region

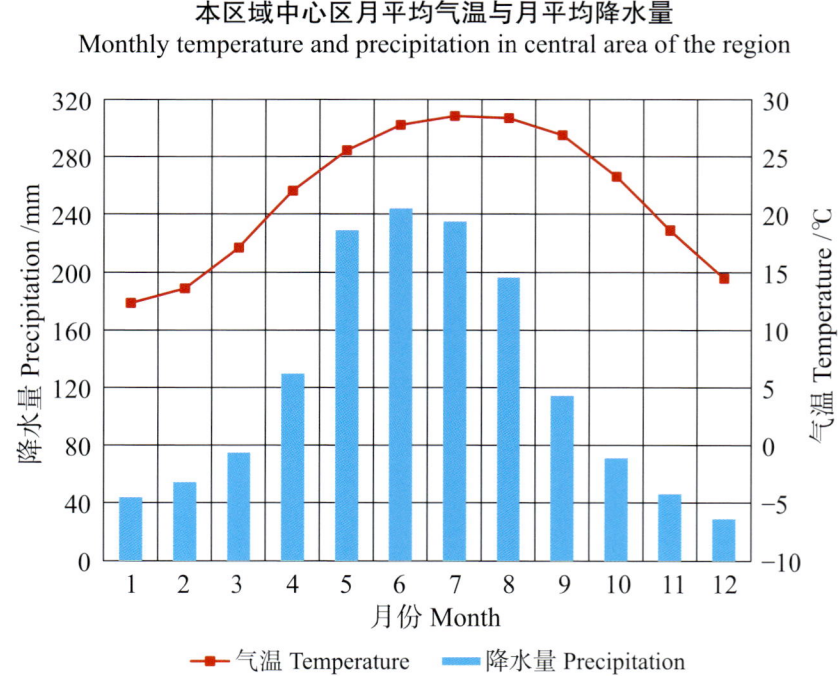

上林县主要土壤类型与土壤剖面点分布图
1:240 000

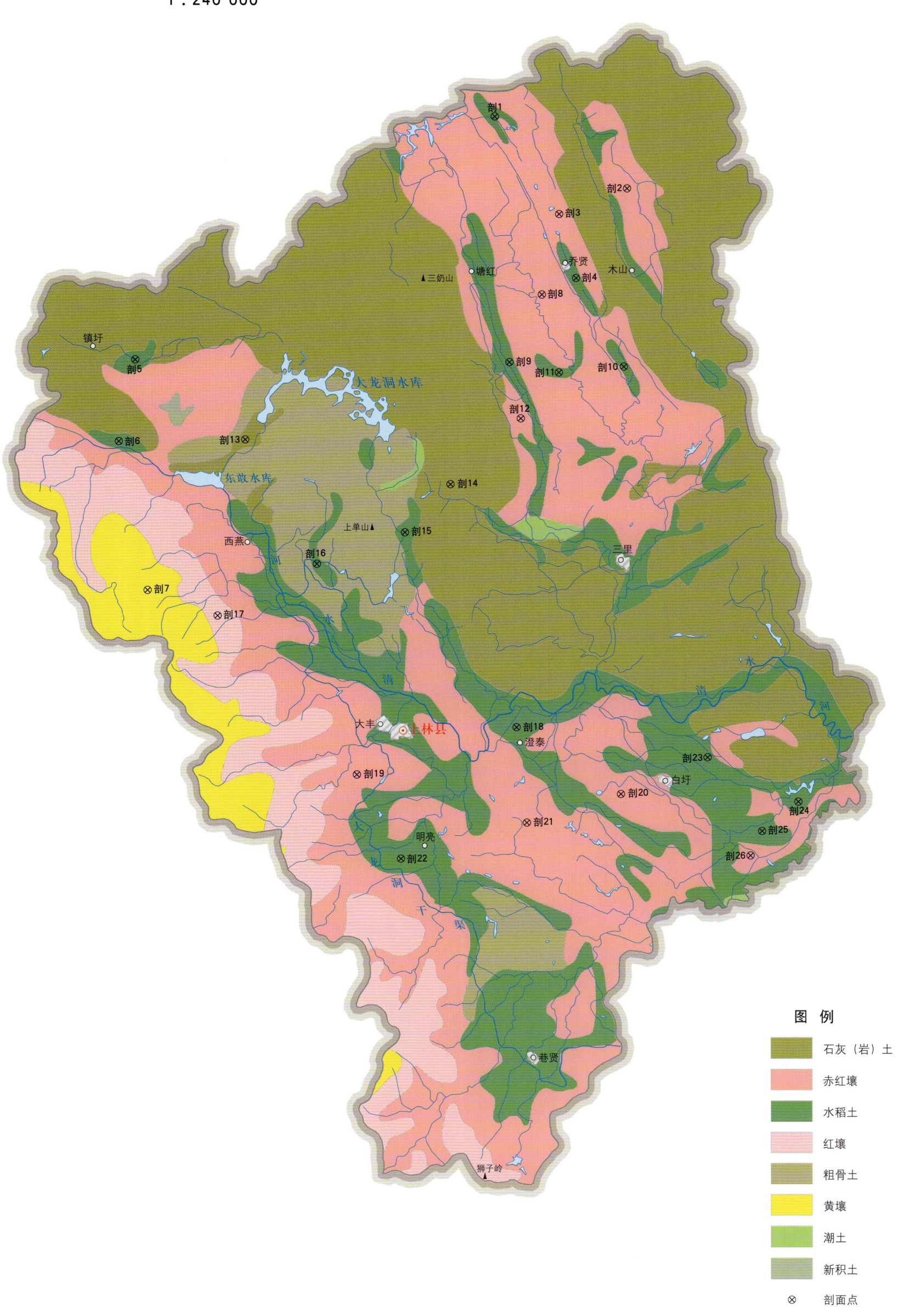

图例
- 石灰（岩）土
- 赤红壤
- 水稻土
- 红壤
- 粗骨土
- 黄壤
- 潮土
- 新积土
- ⊗ 剖面点

上林县土壤剖面理化性状表

剖面号 Soil profile	土纲 Soil order	土类 Soil great group	亚类 Soil subgroup	土属 Soil genus	土种 Soil species	土层码 Layer code	土层厚度 Depth/cm	颜色 Soil color	质地 Soil texture	土壤结构 Soil structure	pH	有机质 OM/(g/kg)	全氮 TN/(g/kg)	全磷 TP/(g/kg)	全钾 TK/(g/kg)	阳离子交换量CEC/(cmol/kg)	土壤母质 Parent material	剖面点坐标 Profile coordinate	匹配指数 Matching index/%
剖1	人为土	水稻土	潴育水稻土	砂页岩潴育水稻土	潴育砂土田	A	0—14	浅灰色	轻壤土	团粒状	5.7	19.5		1.21	15.5	4.3	砂页岩	E 108°38′43.1″ N 23°45′20.2″	90
						P	14—19	灰白色	砂壤土	团粒状	6.0	16.2		0.82	21.9	2.0			
						W	19—38	浅灰黄色	中壤土	团粒状	6.0	9.2		0.72	25.6	4.5			
						C	38—100	棕黄色	轻壤土	团粒状	6.3	7.1		0.53	15.5	6.0			
剖2	铁铝土	赤红壤	赤红壤	砂页岩赤红壤	厚层砂页岩赤红壤	A	0—20	褐色	壤土	团块状	5.5						砂页岩	E 108°43′16.3″ N 23°43′09.8″	92
						B	20—50	红棕色	黏壤土	块状	5.5								
						C	50—100	浅红黄色	黏壤土	块状	6.0								
剖3	铁铝土	赤红壤	赤红壤	耕型第四纪红土红壤	赤红土	A	0—14	浅棕色	黏土	团块状	5.5						红土	E 108°40′58.4″ N 23°42′18.7″	73
						B	14—24	浅棕色	黏土	块状	5.0								
						C	24—100	浅棕红色	黏土	大团块状	5.0								
剖4	人为土	水稻土	潴育水稻土	砂页岩潴育水稻土	潴育砂泥田	A	0—11	浅灰色	中壤土	团块状	6.0	23.4	1.95	0.42	15.2		砂页岩	E 108°41′35.2″ N 23°40′18.8″	83
						P	11—17	浅灰色	中壤土	块状	5.5	18.7	1.30	0.40	14.4				
						W	17—44	浅灰黄色	中壤土	棱柱状	7.0	5.2	0.78	0.21	20.7				
						C	44—100	紫灰色	重壤土	块状	7.5	3.0	0.77	0.22	22.6				
剖5	人为土	水稻土	淹育水稻土	棕色石灰土淹育水稻土	浅棕泥田	A	0—13	灰灰色	重壤土	块状	6.5	45.9	3.33	1.34	15.0	17.2	石灰岩风化物	E 108°26′38.0″ N 23°37′30.7″	75
						P	13—17	棕灰色	黏土	块状	6.5	41.8	3.21	1.46	14.8	16.0			
						C	17—100	黄灰色	黏土	块状	7.5	4.4	2.90	1.93	17.1				
剖6	人为土	水稻土	潴育水稻土	洪积性潴育水稻土	洪积潴泥田	A	0—15	浅灰色	轻石质中壤土	小粒状	5.3	28.2	1.69	0.40	12.0	4.8	洪积物	E 108°26′07.4″ N 23°34′56.3″	97
						P	15—17	浅灰色	中石质中壤土	小块状	5.3	12.6	0.84	0.27	12.8	7.2			
						W	17—33	棕灰色	轻石质中壤土	棱柱状	5.0	9.3	0.67	0.27	14.4	8.2			
						C	33—100	黄棕色	中壤土	核状	5.5	6.7	0.85	0.52	29.6	5.2			
剖7	铁铝土	黄壤	黄壤	砂页岩黄壤	薄层砂页岩黄壤	A	0—12	暗棕色	壤土	块状	4.0						砂页岩	E 108°27′11.5″ N 23°30′18.4″	100
						B	12—32	浅黄棕色	黏壤土	块状	4.5								
						D	32—	橙黄色		页片状									
剖8	铁铝土	赤红壤	赤红壤	耕型砂页岩赤红壤	赤砂土	A	0—18	棕灰色	重壤土	团粒状	7.3	10.8	0.87	0.68	7.7		砂页岩	E 108°40′25.7″ N 23°39′46.7″	87
						B	18—100	棕红色	轻黏土	粒状	4.1	5.1	0.55	0.41	6.3				
剖9	人为土	水稻土	潴育水稻土	砂页岩潴育水稻土	潴育蜡肉田	A	0—15	灰灰色	黏壤土	小块状	6.0						砂页岩	E 108°39′22.3″ N 23°37′39.0″	83
						P	15—21	灰黄色	黏土	块状	7.0								
						W₁	21—49	灰灰色	黏土	棱柱状	7.0								
						W₂	49—70	灰灰色	黏土	棱柱状	7.0								
						C	70—100	褐色	壤土	小团块状	6.5								
剖10	人为土	水稻土	潴育水稻土	冷浸田	深浸田	A	0—12	暗黄灰色	重壤土	块状	5.5	27.3	1.73	0.31	10.2			E 108°43′15.6″ N 23°37′34.7″	82
						G	12—23	黑黄灰色	黏土	块状	5.0	36.1	2.25	0.35	13.5				
						C	23—78	灰黄色	黏土	块状	6.0								
剖11	人为土	水稻土	潴育水稻土	冷浸田	浅浸田	A	0—18	灰灰色	轻黏土	团粒状	6.5	27.3	1.12	0.23	10.4			E 108°41′03.1″ N 23°37′21.4″	71
						G₁	18—25	蓝灰色	轻黏土	块状	7.0	36.1	2.25	0.35	13.5				
						G₂	25—40	蓝灰色	重壤土	块状	7.0	19.3							
						C	40—100	浅黄色	壤土	块状	7.5	1.5	0.32	0.17	7.8				
剖12	铁铝土	赤红壤	赤红壤	砂页岩赤红壤	中层砂页岩赤红壤	A	0—11	浅灰灰色	壤土	团粒状、片状	6.0						砂页岩	E 108°39′47.3″ N 23°35′53.8″	83
						B	11—52	红黄色	壤土	块状	6.0								
						D	52—100	浅黄棕色		页片状	6.0								

续表 Continued

剖面号 Soil profile	土纲 Soil order	土类 Soil great group	亚类 Soil subgroup	土属 Soil genus	土种 Soil species	土层码 Layer code	土层厚度 Depth/cm	颜色 Soil color	质地 Soil texture	土壤结构 Soil structure	pH	有机质 OM/(g/kg)	全氮 TN/(g/kg)	全磷 TP/(g/kg)	全钾 TK/(g/kg)	阳离子交换量 CEC/(cmol/kg)	土壤母质 Parent material	剖面点坐标 Profile coordinate	匹配指数 Matching index/%
剖13	初育土	石灰(岩)土	棕色石灰土	耕型棕色石灰土	棕泥土	A	0—18	棕色	重壤土	块状	7.0	15.9	1.43	0.76	6.5			E 108°30′25.5″ N 23°35′04.2″	76
						C	18—100	暗棕色	轻黏土	块状	7.0	19.7	1.53	0.57	7.9				
剖14	初育土	石灰(岩)土	棕色石灰土	棕色石灰土	棕色石灰土	A	0—30	暗棕色	轻黏土	团粒状	7.0	57.9	2.71	0.93	5.1			E 108°37′25.7″ N 23°33′46.8″	96
						B	30—100	棕色	中壤土	块状	8.0	32.4	2.43	0.87	6.1				
剖15	人为土	水稻土	淹育水稻土	硅质灰岩淹育水稻土	白粉砂泥田	A	0—9	灰白色	中壤土	小块状	6.5	17.0	1.05	0.13	1.5		硅质灰岩	E 108°35′54.6″ N 23°32′15.1″	100
						P	9—13	灰白色	轻壤土	块状	6.5	17.2	1.02	0.13	1.5				
						B	13—38	浅黄色	重壤土	块状	6.5	4.9	0.53	0.13	1.8				
						C	38—100	黄色	壤土	块状	6.5	1.2	0.21	0.07	1.6				
剖16	人为土	水稻土	淹育水稻土	硅质页岩淹育水稻土	灰泥田	A	0—12	褐色	壤土	团块状	6.0						硅质页岩	E 108°32′56.0″ N 23°31′13.1″	84
						P	12—19	褐色	壤土	块状	6.0								
						B	19—46	暗黄棕色	壤土	大块状	6.5								
						C	46—100	灰黄棕色	黏壤土	块状	6.5								
剖17	铁铝土	红壤	黄红壤	砂页岩黄红壤	薄层砂页岩黄红壤	A	0—12	暗棕色	壤土	核状	4.0						砂页岩	E 108°29′35.3″ N 23°29′32.8″	80
						D	13—33	浅黄棕色	壤土	页片状	4.5								
剖18	人为土	水稻土	淹育水稻土	第四纪红土淹育水稻土	黄泥田	A	0—12	褐黄色	重壤土	小块状	6.0	30.2	1.47	0.49	2.4		红土	E 108°39′48.6″ N 23°26′12.1″	80
						P	12—19	褐色	重壤土	块状	6.5	21.2	0.99	0.29	2.6				
						B	19—29	浅棕黄色	重壤土	核状	7.0	10.5	0.43	0.21	1.7				
						C	29—100	黄黄色	轻石质轻黏土	块状	7.5	9.4	0.62	0.24	4.2				
剖19	铁铝土	赤红壤	赤红壤	砂页岩赤红壤	赤壤土	A	0—11	暗黄棕色	轻黏土	团块状	7.0	23.5	1.30	0.70	15.1	7.4	砂页岩	E 108°34′24.7″ N 23°24′38.4″	86
						B	11—60	红黄色	轻黏土	块状	6.0	4.9	0.93	0.55	31.3	8.0			
						D	60—	黄棕色		片状									
剖20	铁铝土	赤红壤	赤红壤	耕型砂页岩赤红壤	薄砂质赤红壤	A	0—18	浅黄色	轻壤土	核柱状	6.5	8.4	0.42	0.18	1.1	3.6	红土	E 108°43′23.2″ N 23°24′10.4″	94
						B	18—100	浅黄棕色	轻石质轻黏土	块状	5.7	4.6	0.26	0.12	2.0	5.2			
剖21	铁铝土	赤红壤	赤红壤	砂页岩赤红壤	薄层砂页岩赤红壤	A_1	0—3	棕黄色	壤土	小团块状	4.5						砂页岩	E 108°40′12.4″ N 23°23′13.9″	79
						A_2	3—12	浅棕黄色	壤土	团块状	5.0								
						B	12—36	黄色	黏壤土	块状	5.5								
						C	36—100	棕红色		页片状									
剖22	人为土	水稻土	潴育水稻土	冲积性潴育水稻土	潴育粗泥田	A	0—15	灰色	中壤土	小块状	5.5	13.7	0.87	0.61	12.3	12.8	河流冲积物	E 108°35′57.1″ N 23°22′01.6″	78
						P	15—20	灰色	轻黏土	小块状	5.2	8.4	0.74	0.54	16.5	20.5			
						W	20—45	棕灰色	轻黏土	棱柱状	5.0	4.2	0.51	0.35	13.1	1.3			
						C	45—100	黄灰色	重壤土	块状	7.0	6.2	0.51	0.36	22.1	6.5			
剖23	人为土	水稻土	潴育水稻土	第四纪红土质潴育水稻土	潴育黄泥田	A	0—17	浅灰色	重壤土	小团块状	6.0	34.5	2.32	0.36	18.5	7.3	红土	E 108°46′18.8″ N 23°25′21.8″	84
						B	17—23	棕灰色	轻黏土	团块状	6.0	17.3	1.39	0.29	13.3	6.1			
						M	23—50	灰暗黄色	轻黏土	棱柱状	6.6	10.3	1.04	0.30	20.5				
						C	50—100	黄棕色	轻黏土	块状	6.8	8.4	0.87	0.26	26.5				
剖24	人为土	水稻土	淹育水稻土	第四纪红土质淹育水稻土	薄砂黄泥田	A	0—12	黄棕色	轻石质重壤土	团块状	6.5	21.8	1.19	0.46	14.9		红土	E 108°49′25.0″ N 23°24′01.5″	70
						P	12—23	棕灰色	轻石质重壤土	块状	6.5	11.4	0.79	0.38	15.6				
						C	23—100	浅棕色	中壤土	块状	6.3	8.4	0.67	0.40	21.8				
剖25	人为土	水稻土	淹育水稻土	第四纪红土质淹育水稻土	黄泥骨田	A	0—12	褐色	黏壤土	块状	7.0						红土	E 108°48′12.2″ N 23°23′04.9″	95
						C	12—100	浅黄棕色	黏土	块状	6.0								
剖26	铁铝土	赤红壤	赤红壤	耕型第四纪红土赤红壤	砂质赤红土	A	0—9	浅黄棕色	轻石质重壤土	团块状	5.5	18.5	1.04	0.49	5.3	7.8	红土	E 108°47′49.5″ N 23°22′18.8″	98
						B	9—50	浅黄棕色	轻黏土	块状	5.0	9.3	0.59	0.37	10.2	7.7			
						C	50—100	红黄色	中黏土	块状	5.0	5.9	0.65	0.38	11.7	10.3			

宾 阳 县

主要土类说明

赤红壤是宾阳县主要土壤类型，占本县地域面积的64%，主要分布于海拔500m以下地区。本土类土壤层次分化明显，富含铁铝，表层呈浅红色。其脱硅富铝化程度仅次于砖红壤，强于红壤。铁的游离度介于二者之间，黏粒硅铝率为1.7—2.0，风化淋溶系数为0.05—0.15，盐基饱和度为15%—25%，pH为4.5—5.5。本县赤红壤只有赤红壤一个亚类。

水稻土是宾阳县第二大土壤类型，占本县地域面积的27%。水稻土是在长期季节性淹灌、水下翻耕、季节性脱水、氧化还原交替影响下，原来成土母质或母土的特性发生重大改变，形成的新的土壤类型。由于干湿交替，水稻土形成糊状淹育层、较坚实板结的犁底层、渗育层、潴育层与潜育层等多种发生层。这些不同发生层段是在人为耕作、水浆管理下形成的。因发生条件、水耕熟化程度、肥力状况不同，本县水稻土的理化性状亦有差异。本县水稻土分为淹育型、潴育型、潜育型、沼泽型、矿毒型等亚类。

紫色土是宾阳县第三大土壤类型，占本县地域面积的4%，主要分布于甘棠、黎塘、和吉、邹圩等乡镇。紫色土是由紫红色岩层直接风化形成的A–C型土壤。其理化性质与母岩组成直接相关，土层浅薄，剖面层次发育不明显，仍处于初育阶段。母岩富含矿质养分，且风化迅速，不失为良好的肥沃土壤。但其他较干旱地区的此类母岩风化物不具有此肥沃特性。本县紫色土分为酸性紫色土、中性紫色土等亚类。

小于本县地域面积3%的土壤类型还有石灰（岩）土、新积土、黄壤和沼泽土等。

本区域中心区气候特征

本区域中心区气候特征值
Regional climate characteristics in central area of the region

气候带：南亚热带湿润气候 Climate region: South subtropical humid climate	
年平均气温 /℃ Annual average temperature /℃	21.7
年平均最高气温 /℃ Annual average maximum temperature /℃	26.0
年平均最低气温 /℃ Annual average minimum temperature /℃	18.8
年降水量 /mm Annual precipitation /mm	1513
≥10℃的积温 /℃ Daily temperature accumulated in a year（≥10℃）/℃	7927
年日照时数 /h Annual sunshine /h	1559
年平均相对湿度 /% Annual average relative humidity /%	79
干燥度 Dryness	0.86

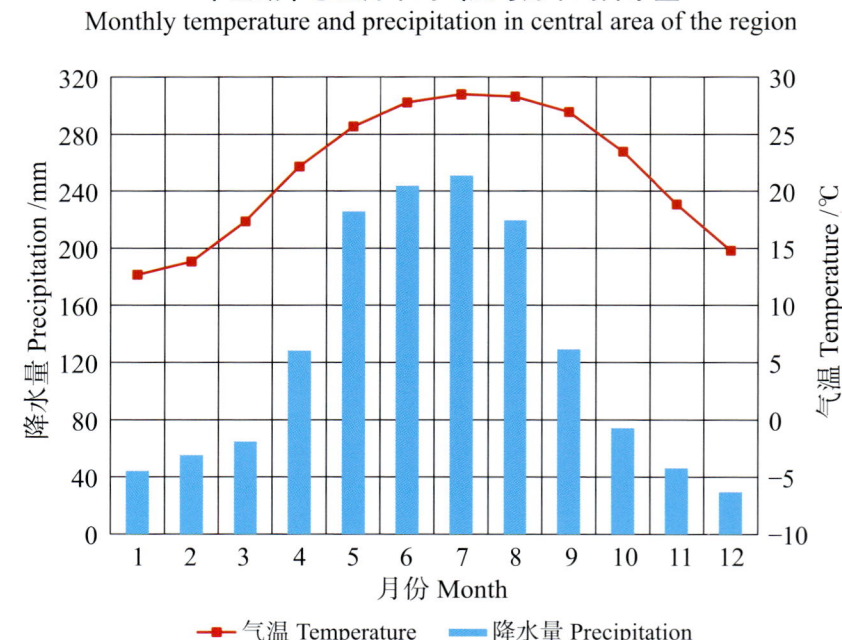

本区域中心区月平均气温与月平均降水量
Monthly temperature and precipitation in central area of the region

宾阳县主要土壤类型与土壤剖面点分布图
1 : 320 000

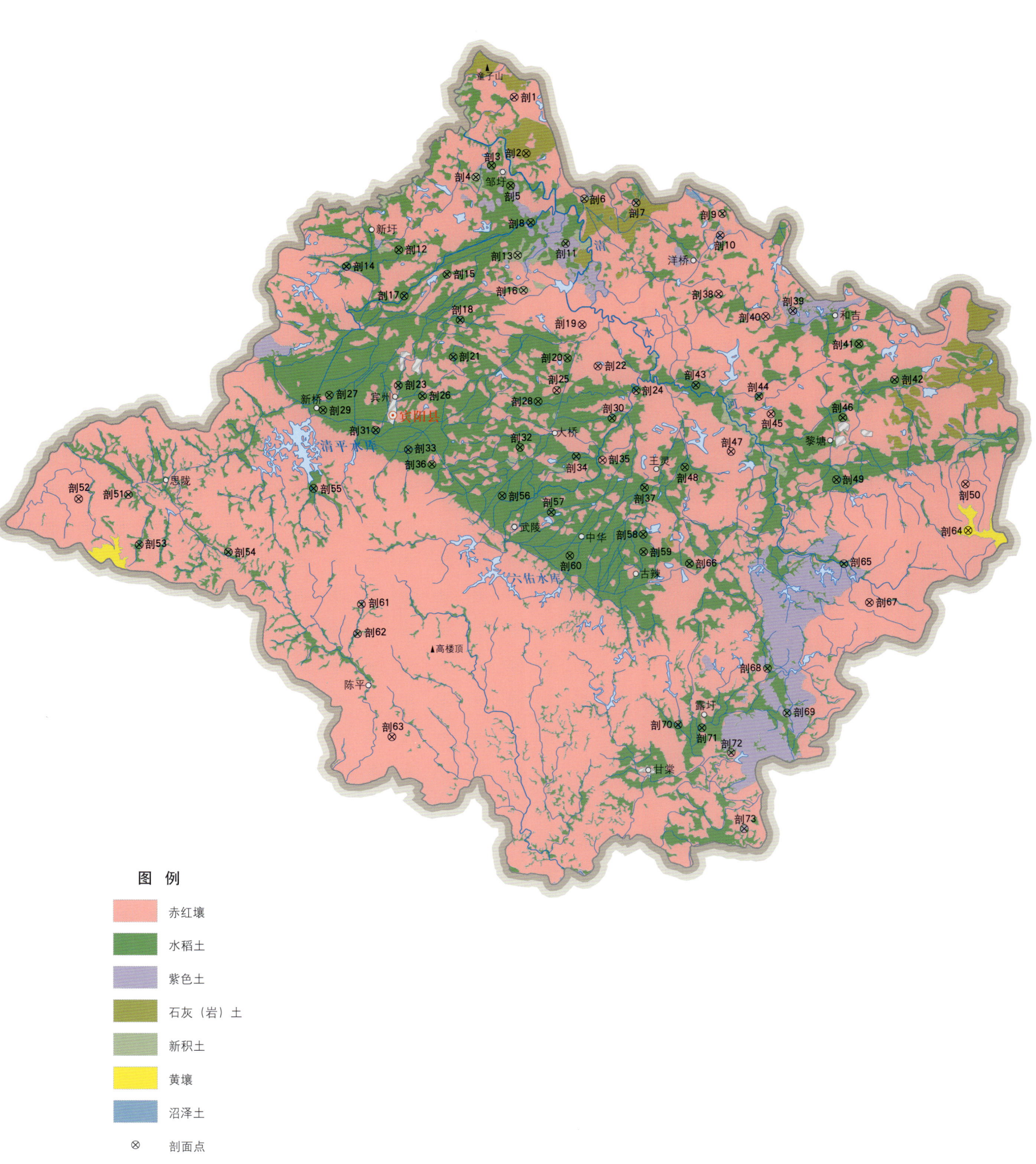

图例
- 赤红壤
- 水稻土
- 紫色土
- 石灰（岩）土
- 新积土
- 黄壤
- 沼泽土
- ⊗ 剖面点

宾阳县土壤剖面理化性状表

剖面号 Soil profile	土纲 Soil order	土类 Soil great group	亚类 Soil subgroup	土属 Soil genus	土种 Soil species	土层码 Layer code	土层厚度 Depth/cm	颜色 Soil color	质地 Soil texture	土壤结构 Soil structure	pH	有机质 OM/(g/kg)	全氮 TN/(g/kg)	全磷 TP/(g/kg)	全钾 TK/(g/kg)	碱解氮 AN/(mg/kg)	有效磷 AP/(mg/kg)	速效钾 AK/(mg/kg)	阳离子交换量CEC/(cmol/kg)	土壤母质 Parent material	剖面点坐标 Profile coordinate	匹配指数 Matching index/%
剖1	铁铝土	赤红壤	赤红壤	耕型铁砾赤红壤	铁磐土	1	0—12	棕灰色	重壤土	粒状	7.8	5.8	0.20	0.12	0.5				4.5	红土与石灰岩交错	E 108°53′23.3″ N 23°25′20.6″	90
剖2	初育土	石灰（岩）土	棕色石灰土	耕型棕色石灰土	棕泥土	1	0—23	灰色	轻壤土	粒状	7.7	2.2	0.07	0.07	0.2				7.8		E 108°53′56.0″ N 23°23′08.5″	75
						2	23—100	棕黄色	中壤土	粒状	6.1	16.7	0.45	0.51	0.9							
剖3	人为土	水稻土	淹育水稻土	洪积性淹育水稻土	含砾砂泥田	1	0—14	棕黄色	砂壤土	单粒状	5.4	8.3	0.21	0.32	0.7				3.2	洪积物	E 108°52′27.8″ N 23°22′38.3″	96
						2	14—100	黄棕色	重壤土	块状	5.2	29.0	1.15	0.56	9.2							
剖4	初育土	新积土	新积土	石砾土	多石砾土	1	0—13	黄棕色	中壤土	粒状	5.8	18.6	0.68	0.45	9.0				3.1	洪积物	E 108°51′47.7″ N 23°22′10.1″	73
						2	13—100	紫灰色	重壤土	块状	6.4	10.7	0.36	0.18	0.5							
剖5	人为土	紫色土	酸性紫色土	紫色岩淹育水稻土	紫泥田	1	0—17	紫紫褐色	中石质重壤	块状	5.5	1.9	0.04	0.05	0.3					紫色岩	E 108°53′17.9″ N 23°21′51.5″	85
						2	17—28	浅紫褐色	中石质重壤	块状	8.1	30.8	1.44	0.41	9.5							
						3	28—100	暗棕紫色	轻石质轻黏土	块状	8.1	25.8	1.04	0.32	9.5							
剖6	初育土	新积土	新积土	石砾土	石砾土	1	0—13	灰棕色	轻壤土	粒状	6.5	17.6	0.32	0.18	10.2						E 108°56′27.7″ N 23°21′23.4″	91
						2	13—27	棕黄色	砾质黏土	块状	6.5											
						3	27—100	黄白色	砾质黏土	块状	5.5											
剖7	人为土	水稻土	渗育水稻土	白散砂田	浅渗白散砂田	1	0—12	棕灰色	砂壤土	粉状	6.2	9.8	0.39	0.14	1.1	55	2.0	35	2.8		E 108°58′40.4″ N 23°21′16.6″	85
						2	12—100	棕灰色	轻壤土	块状	6.9	1.1	0.05	0.08	1.2	50	5.5	5				
剖8	人为土	水稻土	潴育水稻土	冲积性潴育水稻土	潴育潮砂泥田	1	0—15	暗棕色	重壤土	块状	5.2	31.3	1.12	0.45	29.7				8.8	河流冲积物	E 108°54′10.8″ N 23°20′24.0″	90
						2	15—21	暗棕色	重壤土		5.4	21.9	0.67	0.34	31.1							
						3	21—52	浅黄色	轻壤土		6.5	9.6	0.29	0.31	29.0							
						4	52—100	褐黄色	中壤土		6.5	6.3	0.15	0.32	33.0							
剖9	人为土	水稻土	潴育水稻土	白胶泥田	深潜白胶泥田	1	0—12	棕灰色	中壤土	粒状	5.7	19.9	0.56	0.20	2.3				8.8		E 109°02′21.8″ N 23°20′53.5″	94
						2	12—17	棕黄色	中壤土	块状	6.5	10.6	0.29	0.14	1.9							
						3	17—100	灰白色	中壤土	块状	6.3	12.8	0.22	0.14	1.9							
剖10	初育土	紫色土	酸性紫色土	耕型砂页岩酸性紫色土	酸性紫泥土	1	0—8	紫灰色	重壤土	粒状	5.0	20.7	0.59	0.36	11.1				9.5	砂页岩	E 109°02′17.2″ N 23°20′01.7″	90
						2	8—100	黄棕色	轻壤土	棱柱状	4.6	10.1	0.26	0.20	18.2							
剖11	人为土	水稻土	潴育水稻土	洪积性潴育黄泥田	洪积潴育黄泥田	1	0—15	棕灰色	重壤土	块状	7.8	33.8	1.59	0.60	3.0				27.2	洪积物	E 108°55′41.5″ N 23°19′35.8″	89
						2	15—21	暗棕色	重壤土	块状	5.4	27.7	1.10	0.46	3.0							
						3	21—50	黄黄色	重壤土	块状	6.5	7.7	0.27	0.21	2.0							
						4	50—100	红黄色	重壤土	块状	7.8	3.5	0.04	0.22	1.6							
剖12	人为土	水稻土	潴育水稻土	砂页岩潴育水稻土	潴育砂泥田	1	0—16	灰棕色	中壤土	粒状	5.0	35.7	1.33	0.66	21.3				12.4	砂页岩	E 108°48′33.5″ N 23°19′13.8″	87
						2	16—22	棕灰色	中壤土	块状	5.7	23.0	0.93	0.48	21.4							
						3	22—59	灰黄色	中壤土	棱柱状	4.9	12.2	0.45	0.39	18.6							
						4	59—100	黄黄色	轻壤土	块状	5.3	15.8	0.60	0.45	19.5							
剖13	初育土	新积土	新积土	砾质土	砾质壤土	1	0—14	灰棕色	重壤土	粒状	6.2	4.7	0.62	0.17	1.3				6.7	洪积物	E 108°53′38.4″ N 23°19′06.2″	82
						2	14—100	灰黄色	重壤土	块状	5.6	9.5	0.05	0.17	0.6							
剖14	人为土	水稻土	潴育水稻土	砂页岩潴育水稻土	潴育黄泥田	1	0—14	浅灰棕色	轻黏土	粒状	5.2	35.1	1.32	0.49	24.6				10.9	砂页岩	E 108°46′19.9″ N 23°18′32.4″	91
						2	14—18	棕灰色	轻黏土	块状	5.9	23.6	0.79	0.27	28.4							
						3	18—34	棕黄色	轻黏土	块状	7.4	9.0	0.46	0.24	25.8							
						4	34—100	棕黄色	轻黏土	块状	7.5	6.0	0.31	0.44	26.1							
剖15	人为土	水稻土	淹育水稻土	砂页岩淹育水稻土	砂土田	1	0—15	浅棕色	重石质重壤	碎块状	4.9	38.9	1.53	0.40	11.7				5.7	砂页岩	E 108°50′38.4″ N 23°18′18.0″	80
						2	15—23	棕黄色	重石质重壤	小块状	4.9	22.4	1.05	0.27	11.3				5.9			
						3	23—100	黄灰棕色	重石质轻壤	碎块状	6.2	5.8	0.24	0.18	7.8							

续表 Continued

剖面号 Soil profile	土纲 Soil order	土类 Soil great group	亚类 Soil subgroup	土属 Soil genus	土种 Soil species	土层码 Layer code	土层厚度 Depth/cm	颜色 Soil color	质地 Soil texture	土壤结构 Soil structure	pH	有机质 OM/(g/kg)	全氮 TN/(g/kg)	全磷 TP/(g/kg)	全钾 TK/(g/kg)	碱解氮 AN/(mg/kg)	有效磷 AP/(mg/kg)	速效钾 AK/(mg/kg)	阳离子交换量CEC/(cmol/kg)	土壤母质 Parent material	剖面点坐标 Profile coordinate	匹配指数 Matching index/%
剖16	初育土	新积土	新积土	砾质土	砾质砂土	1	0—14	灰黄色	轻粘土	粒状	7.6	8.2	0.39	0.21	1.6				4.4	洪积物	E 108° 53′ 55.0″ N 23° 17′ 43.8″	71
						2	14—100	黄红色	重壤土	块状	5.5	8.0	0.22	0.19	4.3							
剖17	人为土	水稻土	潴育水稻土	砂页岩潴育水稻土	潴育砂泥田	1	0—12	浅灰色	中壤土		4.7	34.4	1.40	0.31	13.8				6.6	砂页岩	E 108° 48′ 49.3″ N 23° 17′ 25.4″	88
						2	12—16	棕灰色	中壤土		4.8	25.4	1.01	0.25	14.4							
						3	16—47	黄棕色	重壤土		4.6	21.5	0.89	0.34	21.5							
						4	47—100	棕黄色	重壤土		6.1	6.3	0.37	0.36	13.8							
剖18	人为土	水稻土	潴育水稻土	红土质潴育水稻土	潴育多铁子田	1	0—10	灰棕色	重壤土	块状	6.6	25.7	0.83	3.60	2.6				11.7	红土	E 108° 51′ 13.7″ N 23° 16′ 31.1″	73
						2	10—17	灰棕色	重壤土		6.8	19.5	0.66	0.52	2.3							
						3	17—37	灰棕色	重壤土		7.0	2.3	0.07	0.09	0.4							
						4	37—100	浅黄色	黏壤土		7.5	4.2	0.07	0.14	0.8							
剖19	铁铝土	赤红壤	赤红壤	石灰岩赤红壤	铁铬赤红壤	1	0—13	黄棕色	黏土	粒状	5.0	41.7	1.45	0.86	2.6				11.1	石灰岩	E 108° 56′ 26.9″ N 23° 16′ 25.7″	100
						2	13—27	棕褐色	黏土	粒状	5.7	14.2	0.56	0.52	3.0				55.0			
剖20	人为土	水稻土	潴育水稻土	红土质潴育水稻土	潴育铁子底田	1	0—14	棕灰色	重石质轻黏土	块状	5.4	27.1	1.06	0.48	11.1					红土	E 108° 55′ 50.5″ N 23° 15′ 05.8″	81
						2	14—21	棕灰色	中石质轻黏土	块状	6.6	17.3	0.74	0.42	14.0							
						3	21—40	灰棕色	黏土	块状	7.5	8.8	0.38	0.33	9.6							
						4	40—100	浅黄色	砂壤土		7.9	4.2	0.11	0.42	3.2							
剖21	人为土	水稻土	淹育水稻土	红土质淹育水稻土	红泥田	1	0—14	棕灰色	重壤土	粒状	4.8	37.3	1.43	0.56	12.1				10.0	红土	E 108° 50′ 57.5″ N 23° 15′ 03.6″	79
						2	14—21	棕灰色	重壤土	粒状	6.0	18.6	0.76	0.43	9.0							
						3	21—100	棕灰色	重壤土	细块状	6.5	17.8	0.22	0.32	15.8							
剖22	铁铝土	赤红壤	赤红壤	耕型铁砾赤红壤	多铁子土	1	0—11	棕灰色	砂壤土	块状	6.0	7.2	0.26	0.12	1.2				2.9	红土与石灰岩交错	E 108° 57′ 09.0″ N 23° 14′ 48.5″	83
						2	11—100	棕黄色	黏土	粒状	6.0	2.1	0.09	0.15	1.2							
剖23	人为土	水稻土	沼泽型水稻土	炭质黑泥田	黑埋砂田	1	0—14	灰黑色	重壤土	块状	7.2	35.6	1.17	0.61	3.4				15.0		E 108° 48′ 37.8″ N 23° 13′ 54.5″	77
						2	14—19	灰黑色	重壤土	粒状	5.9	32.1	0.97	0.60	3.4							
						3	19—33	棕黑色	轻黏土	单粒、碎块状	5.8	26.8	0.85	0.59	3.0							
						4	33—100	棕黑色	重黏土	单粒状、块状	5.7	13.4	0.31	0.29	2.4							
剖24	人为土	水稻土	潴育水稻土	洪积性潴育水稻土	洪积潴育砂土田	1	0—14	黄灰色	中壤土	柱状	5.3	20.1	0.69	0.26	2.3				7.1	洪积物	E 108° 58′ 48.0″ N 23° 13′ 52.0″	87
						2	14—26	棕灰色	中壤土	柱状	7.5	7.8	0.21	0.19	1.9							
						3	26—50	浅灰色	重壤土	粒状	7.6	6.8	0.18	0.18	4.2							
						4	50—100	灰黄色	重壤土	块状	7.3	8.7	0.24	0.16	3.1							
剖25	铁铝土	赤红壤	赤红壤	耕型砂页岩赤红壤	赤壤土	1	0—12	棕灰色	轻壤土	单粒、小块状	6.6	16.0	0.65	0.20	2.8				5.7	砂页岩	E 108° 55′ 24.2″ N 23° 13′ 49.4″	71
						2	12—100	棕黄色	重壤土	单粒、碎块状	6.2	6.8	0.20	0.16	3.6							
剖26	人为土	水稻土	潴育水稻土	埋藏黑泥田	深埋黑泥	1	0—16	浅灰色	重黏土	棱柱状	5.4	33.7	1.54	0.40	4.6				5.6		E 108° 49′ 40.4″ N 23° 13′ 30.7″	71
						2	16—22	棕灰色	重黏土	块状	5.4	23.5	1.13	0.26	4.9							
						3	22—44	暗黑色	重黏土	块状	6.3	8.6	0.37	0.26	0.4							
						4	44—100	黑色	黏土	单粒状	5.9	24.6	0.92	0.38	5.9							
剖27	人为土	水稻土	沼泽型水稻土	冲积性潜砂田	潴育潮砂田	1	0—14	浅灰色	重壤土	块状	5.0	38.9	1.47	0.51	28.6				9.5	河流冲积物	E 108° 45′ 41.0″ N 23° 13′ 28.6″	89
						2	14—19	青灰色	重壤土	块状	4.9	33.2	1.30	0.37	29.8							
						3	19—41	灰棕色	重壤土	块状	6.6	10.8	0.38	0.30	34.2							
						4	41—100	黄棕色	重壤土	块状	6.5	6.8	0.15	0.30	36.2							
剖28	人为土	水稻土	潴育水稻土	潜底田	浅潜底田	1	0—13	浅灰色	重黏土	块状	5.5	22.5	1.45	0.49	18.5			20	15.6		E 108° 54′ 37.1″ N 23° 13′ 22.4″	94
						2	13—100	青灰色	重壤土	块状	6.7	16.9	1.41	0.41	17.1		0.5					
剖29	人为土	水稻土	潴育水稻土	冲积性潴育水稻土	潴育潮泥肉田	1	0—20	棕灰色	重黏土	块状	6.3	33.7	1.90	0.52	17.0				14.3	河流冲积物	E 108° 45′ 25.8″ N 23° 12′ 52.6″	79
						2	20—26	灰灰色	轻黏土	块状	7.2	16.8	1.06	0.28	18.9							
						3	26—49	棕灰色	轻黏土	块状	6.6	9.4	0.59	0.18	19.1							
						4	49—100	棕黄色	轻黏土	块状	5.9	4.2	0.35	0.24	20.8							

续表 Continued

剖面号 Soil profile	土纲 Soil order	土类 Soil great group	亚类 Soil subgroup	土属 Soil genus	土种 Soil species	土层码 Layer code	土层厚度 Depth/cm	颜色 Soil color	质地 Soil texture	土壤结构 Soil structure	pH	有机质 OM/(g/kg)	全氮 TN/(g/kg)	全磷 TP/(g/kg)	全钾 TK/(g/kg)	碱解氮 AN/(mg/kg)	有效磷 AP/(mg/kg)	速效钾 AK/(mg/kg)	阳离子交换量CEC/(cmol/kg)	土壤母质 Parent material	剖面点坐标 Profile coordinate	匹配指数 Matching index/%
剖30	人为土	水稻土	潜育水稻土	冷浸田	浅浸田	1	0—12	棕灰色	轻石质中壤土	小块状	7.8	25.0	1.09	0.39	10.6				82.0		E 108°57′47.2″ N 23°12′45.4″	88
						2	12—20	青灰色	中石质重壤土	块状	7.9	14.8	0.71	0.35	15.7							
						3	20—40	青黄色	黏壤土	块状	6.4	12.1	0.45	0.37	16.5							
						4	40—100	棕黄色	黏壤土	块状	6.3	7.1	0.38	0.33	17.7							
剖31	人为土	水稻土	潜育水稻土	冲积性潴育水稻土	潴育潮砂泥田	1	0—13	棕灰色	轻石质黏壤土	细粒状	5.8	32.9	1.63	0.61	13.5				10.7	河流冲积物	E 108°47′41.6″ N 23°12′07.6″	99
						2	13—22	棕棕色	轻石质重壤土	块状	6.6	17.2	0.91	0.40	15.0							
						3	22—72	黄棕色	黏质壤土	棱柱状	6.9		0.56	0.38	14.8							
						4	72—100	黄棕色	黏壤土	粒柱状	6.8		0.31	0.41	16.6							
剖32	人为土	水稻土	沼泽型水稻土	埋藏黑泥田	浅黑眼泥田	1	0—14	灰黑色	轻石质黏壤土	块状	5.4	56.7	2.13	0.77	6.7				14.5		E 108°53′52.4″ N 23°11′32.3″	71
						2	14—24	暗棕色	轻石质黏土	块状	5.7	58.5	1.88	0.70	6.1							
						3	24—44	灰黑色	中壤土	块状	5.5	55.2	1.17	0.79	6.4							
剖33	人为土	水稻土	淹育水稻土	冲积性潴育水稻土	潮砂田	1	0—10	浅黄色	中壤土		5.1	32.3	1.36	0.59	20.2				6.8	河流冲积物	E 108°49′06.2″ N 23°11′22.2″	75
						2	10—18	灰白色	中壤土		4.9	18.6	0.70	0.36	18.7							
						3	18—40	黄黄色	轻壤土		5.9	4.7	0.14	0.24	23.6							
剖34	人为土	水稻土	潴育水稻土	硅质页岩潴育水稻土	潜育灰泥田	1	0—10	浅灰色	黏壤土	粒柱状	6.2	35.0	1.41	0.37	1.5				9.5	硅质页岩	E 108°56′17.2″ N 23°11′13.2″	72
						2	10—16	棕灰色	黏壤土	块状	7.6	26.1	1.00	0.20	1.2							
						3	16—28	灰白色	中壤土	块状	7.5	4.3	0.03	0.08	0.9							
						4	28—100	灰白色	重壤土		7.3	10.9	0.23	0.15	1.2							
剖35	铁铝土	赤红壤	赤红壤	耕型砂页岩赤红壤	赤砂土	1	0—11	棕色	重石质砂轻壤土	粒状	7.6	10.7	0.36	0.23	4.0				5.4	砂页岩	E 108°57′24.1″ N 23°11′05.3″	85
						2	11—17	棕黄色	重石质轻壤土	块状	8.1	4.0	0.16	0.17	3.6							
						3	17—100	黄红色	重壤土	块状	7.8	3.1	0.11	0.24	6.8							
剖36	人为土	水稻土	潴育水稻土	冲积性潴育水稻土	潴育潮砂泥田	1	0—18	棕灰色	重壤土	粒状	6.1	23.2	0.85	0.51	18.8				10.0	河流冲积物	E 108°50′07.4″ N 23°10′48.4″	88
						2	18—23	浅灰色	中壤土	粒状	7.3	15.3	0.23	0.22	23.4							
						3	62—100	棕黄色	重壤土	粒状	7.5	12.9	0.28	0.23	22.1							
剖37	人为土	水稻土	淹育水稻土	砂页岩淹育水稻土	蜡泥田	1	0—18	棕灰色	重壤土	块状	5.1	36.1	1.48	0.51	16.9				8.6	砂页岩	E 108°59′12.6″ N 23°10′02.1″	77
						2	18—25	青灰色	重黏土	块状	5.8	24.8	0.96	0.38	17.7							
						3	25—100	蓝灰色	重黏土	块状	4.9	10.9	0.47	0.40	17.8							
剖38	铁铝土	赤红壤	赤红壤	耕型铁砂赤红壤	铁子底田	1	0—14	黄棕色	轻黏土	单粒状	7.9	27.0	0.81	0.75	3.1				19.0	红土与灰岩交错	E 109°02′15.7″ N 23°17′43.1″	74
						2	14—43	黄红色	重壤土	块状	5.5	15.0	0.41	0.56	3.7							
						3	43—100	黄色	重壤土	块状	5.7	8.7	0.28	0.78	4.2							
剖39	紫色土	酸性紫色土	酸性紫色土	耕型酸性紫色土	酸性潮砂泥红土	1	0—16	棕灰色	中壤土	粒状	5.7	15.9	0.57	0.28	4.8				6.2	红土	E 109°05′39.5″ N 23°16′53.4″	92
						2	16—100	紫红色	重壤土	柱状	4.6	12.4	0.36	0.36	6.3							
剖40	铁铝土	赤红壤	赤红壤	第四纪红土赤红壤	红土赤红壤	1	0—11	灰棕色	轻黏土	碎块状	4.6	45.4	1.36	0.38	2.1				7.2	红土	E 109°04′17.4″ N 23°16′52.3″	78
						2	11—46	红黄色	轻黏土	块状	5.1	19.3	0.50	0.36	2.6							
						3	46—100	黄黄色	中壤土	粒状	5.6	8.5	0.29	0.43	2.6							
剖41	人为土	水稻土	潜育水稻土	冷浸田	深浸田	1	0—15	青灰色	重壤土	粒状	7.6	82.6	1.51	1.59	2.0				63.3		E 109°08′17.5″ N 23°15′50.8″	82
						2	15—21	暗黄色	重壤土	核柱状	7.8	91.3	1.68	1.23	2.0							
						3	21—100	暗黄色	轻壤土	粒状	7.8	12.8	0.28	0.59	2.4							
剖42	人为土	水稻土	盐渍水稻土	碳酸盐渍性水稻土	石灰性潴育田	1	0—17	青灰色	轻黏土	粒状	8.1	75.1	0.27	1.54	7.8				15.8		E 109°09′50.4″ N 23°14′27.6″	100
						2	17—23	青灰色	轻黏土	块状	7.8	8.2	0.33	0.98	0.4							
						3	23—100	青棕色	黏土	块状	7.5	32.8	1.29		7.1							
剖43	人为土	水稻土	淹育水稻土	红土质水稻土	黄泥田	1	0—16	黄棕色	重石质轻黏土	块状	5.9	27.5	1.08	0.44	6.0				7.9	红土	E 109°01′20.6″ N 23°14′07.1″	79
						2	16—24	灰黄色	黏土	块状	6.2	22.2	0.76	0.42	8.2				8.9			
						3	24—100	红黄色	黏土	块状	6.2	12.3	0.42	0.32	10.2							

续表 Continued

剖面号 Soil profile	土纲 Soil order	土类 Soil great group	亚类 Soil subgroup	土属 Soil genus	土种 Soil species	土层码 Layer code	土层厚度 Depth/cm	颜色 Soil color	质地 Soil texture	土壤结构 Soil structure	pH	有机质 OM/(g/kg)	全氮 TN/(g/kg)	全磷 TP/(g/kg)	全钾 TK/(g/kg)	碱解氮 AN/(mg/kg)	有效磷 AP/(mg/kg)	速效钾 AK/(mg/kg)	阳离子交换量CEC/(cmol/kg)	土壤母质 Parent material	剖面点坐标 Profile coordinate	匹配指数 Matching index/%
剖44	人为土	水稻土	淹育水稻土	红土质潴育水稻土	黄泥骨田	1	0—13	棕灰色	重石质轻黏土	碎块状	5.4	20.5	0.83	0.33	6.9				5.1	红土	E 109°04′03.0″ N 23°13′43.3″	92
						2	13—24	棕灰色	重石质轻黏土	块状	6.2	15.9	0.62	0.29	7.2				7.2			
						3	24—100	红棕色	轻石质重黏土	粒状	6.1	10.5	0.50	0.40	0.3							
剖45	铁铝土	赤红壤	赤红壤	耕型铁砾赤红壤	铁子土	1	0—15	浅棕色	重石质中壤土	粒状	6.0	12.4	0.50	0.17	1.2				6.3	红土与石灰岩交错	E 109°04′34.7″ N 23°13′01.9″	100
						2	15—45	棕灰色	重石质重壤土	棱柱状	6.2	13.6	0.39	0.14	1.2							
						3	45—100	棕黄色	重黏土	块状	6.0	3.6	0.13	0.14	2.1							
剖46	人为土	水稻土	沼泽型水稻土	烂泥田	浅淀田	1	0—25	青灰色	轻垫土		7.6	21.4	1.04	0.45	17.7		2.5	20	17.6		E 109°07′39.0″ N 23°12′55.4″	70
						2	25—100	棕灰色	重黏土	块状	4.4	20.4	0.76	0.21	10.4							
剖47	铁铝土	赤红壤	赤红壤	耕型第四纪红土赤红壤	赤红壤	1	0—13	暗棕色	重石质轻黏土	粒状	6.9	11.4	0.47	0.29	2.9				8.0	红土	E 109°02′53.5″ N 23°11′31.2″	85
						2	13—23	暗棕色	重石质中壤土	块状	6.1	7.1	0.27	0.20	2.5							
						3	23—100	棕黄色	黏土	块状	6.6	7.1	0.25	2.80	1.3							
剖48	人为土	水稻土	潴育水稻土	潴底田	中潴底田	1	0—17	棕灰色	壤土	块状	5.5	38.6	1.59	0.67	18.4				7.4		E 109°00′55.4″ N 23°10′52.0″	70
						2	17—29	青灰色	重石质重黏土	块状	5.8	36.8	1.02	0.57	15.6							
						3	29—100	青灰色			5.0	8.2		0.47	3.0							
剖49	人为土	水稻土	潴育水稻土	红土质潴育水稻土	潴育砂质黄泥田	1	0—16	棕灰色	中壤土	粒状	6.1	31.9	0.92	0.43	5.9				9.2	红土	E 109°07′25.0″ N 23°10′27.8″	98
						2	16—22	棕灰色	中壤土	小块状	7.3	32.5	0.81	0.39	6.6							
						3	22—46	黄棕色	中壤土	小块状	7.4	16.6	0.44	0.27	5.3							
						4	46—100	黄棕色	重黏土	块状	7.5	15.1	0.20	0.29	5.7							
剖50	铁铝土	赤红壤	赤红壤	砂页岩赤红壤	中层砂页岩赤红壤	1	0—19	棕灰色	中壤土	块状	6.5	11.9	0.26	0.23	2.0				6.2	砂页岩	E 109°12′55.1″ N 23°10′22.1″	81
						2	19—100	棕红色	重黏土	粒状	5.0	7.9	0.21	0.23	3.1							
剖51	人为土	水稻土	淹育水稻土	花岗岩淹育水稻土	杂砂泥	1	0—13	棕灰色	重石质中壤土	单粒状	6.6	22.3	1.17	0.33	16.9				5.4	花岗岩	E 108°37′10.6″ N 23°09′23.8″	73
						2	13—19	灰黄色	重石质中壤土	单粒状	6.6	5.5	0.22	0.19	18.6							
						3	19—100	黄黄色	重黏土	块状	6.7	10.3	0.30	0.25	20.7							
剖52	铁铝土	赤红壤	赤红壤	花岗岩赤红壤	花岗岩赤红壤	1	0—12	棕灰色	壤土	碎粒状	4.5	15.4	0.48	0.22	22.6				8.2	花岗岩	E 108°35′02.9″ N 23°09′11.2″	77
						2	18—68	棕灰色	砾石	块状	4.8	5.1	0.14	0.23	24.5							
						3	68—100	黄棕色	中壤土	块状	4.9	2.7	0.07	0.20	23.5							
剖53	人为土	水稻土	潴育水稻土	花岗岩潴育水稻土	潴育杂砂田	1	0—16	棕灰色	中壤土	单粒、小块状	5.4	32.1	1.38	0.36	34.4				8.9	花岗岩	E 108°37′40.1″ N 23°07′25.7″	92
						2	16—28	灰棕色	中壤土	块状	5.6	10.2	0.47	0.20	34.2							
						3	28—77	黄棕色	中壤土	棱柱状	6.1	10.1	0.41	0.19	33.3							
						4	77—100	浅黄色	中壤土	柱状	5.5	3.6	0.11	0.11	29.6							
剖54	人为土	水稻土	矿毒型水稻土	金属矿毒田	钨矿毒田	1	0—15	灰色	中壤土	单粒、小块状	4.9	21.0	0.46	0.53	30.9				6.7	花岗岩	E 108°41′28.5″ N 23°07′12.5″	75
						2	15—21	浅棕灰色	中壤土	块状	4.5	24.9	0.68	0.55	27.9							
						3	21—100	棕黄色	中壤土	柱状	4.5	24.4	0.67	0.46	29.7							
剖55	人为土	水稻土	潴育水稻土	花岗岩潴育水稻土	潴育杂砂泥肉田	1	0—15	棕灰色	中壤土	单粒、小块状	4.8	37.4	1.75	0.54	33.3				8.4	花岗岩	E 108°45′04.7″ N 23°09′46.3″	94
						2	15—20	浅棕灰色	中壤土	块状	4.9	23.4	1.10	0.35	28.9							
						3	20—70	棕黄色	中壤土	块状	6.1	8.9	0.25	0.25	28.3							
						4	70—100	棕黄色	中壤土	块状	6.0	4.4	0.13	0.32	28.3							
剖56	人为土	水稻土	潴育水稻土	冲积性潴育水稻土	潴育潮泥田	1	0—15	棕色	轻壤土	碎块状	5.2	30.5	1.20	0.40	12.5				8.9	河流冲积物	E 108°53′08.5″ N 23°09′36.4″	87
						2	15—20	棕灰色	中壤土	块状	5.5	18.9	0.76	0.34	12.2							
						3	20—55	灰黄色	中壤土	棱柱状	7.2	6.7	0.20	0.31	11.9							
						4	55—100	黄灰色	中壤土	粒状	7.4	5.2	0.14	0.29	10.9							
剖57	人为土	水稻土	淹育水稻土	红土质淹育水稻土	薄砂黄泥田	1	0—13	浅灰色	中壤土	粒状	5.3	20.7	0.72	0.41	2.7					红土	E 108°55′14.5″ N 23°08′59.6″	84
						2	13—18	浅灰色	中壤土	粒状	5.8	15.5	0.50	0.33	2.3							
						3	18—100	黄红色	重黏土	块状	6.5	6.8	0.03	0.20	3.2							

续表 Continued

剖面号 Soil profile	土纲 Soil order	土类 Soil great group	亚类 Soil subgroup	土属 Soil genus	土种 Soil species	土层码 Layer code	土层厚度 Depth/cm	颜色 Soil color	质地 Soil texture	土壤结构 Soil structure	pH	有机质 OM/(g/kg)	全氮 TN/(g/kg)	全磷 TP/(g/kg)	全钾 TK/(g/kg)	碱解氮 AN/(mg/kg)	有效磷 AP/(mg/kg)	速效钾 AK/(mg/kg)	阳离子交换量CEC/(cmol/kg)	土壤母质 Parent material	剖面点坐标 Profile coordinate	匹配指数 Matching index/%
剖58	人为土	水稻土	淹育水稻土	红土质淹育水稻土	砂质黄泥田	1	0–12	棕灰色	中石质重壤土	块状	6.9	21.7	0.62	0.56	4.9				8.8	红土	E 108°59′10.8″ N 23°08′11.2″	90
						2	12–19	黄棕色	轻黏土	块状	6.5	17.7	0.88	0.50	6.1				14.3			
						3	19–100	浅黄色	重黏土	粒状	6.5	9.1	0.43	0.52	7.9							
剖59	人为土	水稻土	潴育水稻土	红土质潴育水稻土	潴育铁子田	1	0–12	浅灰色	重黏土	块状	6.6	25.1	0.97	0.57	7.3				10.6	红土	E 108°59′12.0″ N 23°07′30.2″	74
						2	12–16	棕灰色	重石质轻黏土	块状	7.3	18.1	0.72	0.46	8.1							
						3	16–25	棕黄色		块状	7.5	15.3	5.50	0.54	6.3							
						4	25–100	黄色		碎块状	5.1	8.8	0.41	0.46	6.3							
剖60	人为土	水稻土	潴育水稻土	红土质潴育水稻土	潴育黄泥田	1	0–16	浅深色	重壤土	块状	5.1	35.9	1.68	0.57	16.8				6.2	红土	E 108°56′03.8″ N 23°07′18.1″	71
						2	16–21	灰棕色	重壤土	柱状	5.3	26.0	1.27	0.47	15.9							
						3	21–47			粒状	6.9	12.8	0.98	0.36	16.7							
						4	47–100	黄色		粒状	6.7	3.7	0.30	0.35	14.2							
剖61	人为土	水稻土	矿毒型水稻土	矿毒田	砒霜矿毒田	1	0–11	棕灰色	中壤土	碎块状	4.9	21.4	0.80	0.38	11.6					红土	E 108°47′12.1″ N 23°05′15.4″	74
						2	11–20	灰棕色	中壤土	块状	5.0	11.6	0.75	0.42	11.6							
						3	20–100	黄棕色	中壤土	粒状	5.5	11.3	0.31	0.41	10.3							
剖62	人为土	水稻土	淹育水稻土	砂页岩淹育水稻土	壤土田	1	0–16	棕色	重壤土	碎块状	6.6	22.5	0.24	0.44	13.8				9.4	砂页岩	E 108°47′03.1″ N 23°04′05.9″	71
						2	16–24	灰棕色	重壤土	块状	4.9	36.6	0.71	0.26	15.4							
						3	24–80	黄棕橙色	轻壤土	粒状	4.8	28.6	1.37	0.43	16.8							
剖63	铁铝土	赤红壤	赤红壤	砂页岩赤红壤	厚层砂页岩赤红壤	1	0–12	浅灰色	轻黏土	块状	4.3	28.6	1.25	0.31	20.5				6.1	砂页岩	E 108°48′34.9″ N 23°00′02.2″	83
						2	12–100	红黄色	轻黏土	粒状	4.9	6.7	0.57	0.32	32.7							
剖64	铁铝土	黄壤	表潴黄壤	砂页岩表潴黄壤	厚层砂页岩砂黄壤	1	0–27	棕色		块状	4.7	29.4	1.20	0.46	11.7	2.0	43		7.4	砂页岩	E 109°13′03.7″ N 23°08′32.3″	88
						2	27–38	灰棕色			5.1	17.5	0.88	0.47	15.0							
						3	38–100	浅黄色		粒状	5.1	9.4	0.50	0.34	12.2							
剖65	人为土	水稻土	潴育水稻土	紫色岩潴育水稻土	潴育紫砂田	1	0–12	黄棕色	重壤土	块状	4.4	26.7	0.98	0.93	0.3				9.6	紫色岩	E 109°07′46.6″ N 23°07′09.1″	83
						2	12–19	棕色	重壤土	粒状	5.8	14.6	0.53	0.30	0.4							
						3	19–36	棕色	重壤土	粒状	6.2	12.4	0.27		2.5							
						4	36–100	棕色	轻壤土	块状	6.4	24.0	0.71	0.27	3.0							
剖66	人为土	水稻土	潴育水稻土	砂页岩潴育水稻土	薄层砂页岩田	1	0–13	暗棕色	轻黏土	粒状	5.2	32.0	1.20	0.44	15.9					砂页岩	E 109°01′10.6″ N 23°07′03.7″	96
						2	13–20	青灰色	轻黏土	细粒状	5.0	26.4	1.10	0.40	14.9							
						3	20–50	棕色	轻黏土	棱柱状	5.9	9.8	0.45	0.24	17.8							
						4	50–100	灰棕色	轻黏土	单粒状	5.5	5.9	0.33	0.28	15.4							
剖67	铁铝土	赤红壤	赤红壤	砂页岩赤红壤	潴育砂页岩赤红壤	1	0–15	黄棕色	重壤土	碎块状	4.3	29.9	1.04	0.39	12.5				5.5	砂页岩	E 109°08′53.1″ N 23°05′38.8″	81
						2	15–100	棕色	中壤土	柱状	4.6	6.7	0.17	0.11	4.5							
剖68	人为土	水稻土	潴育水稻土	砂页岩潴育水稻土	潴育油砂田	1	0–13	灰色	中壤土	粒状	4.5	24.8	0.86	0.76	7.4				5.3	砂页岩	E 109°04′34.0″ N 23°02′58.9″	74
						2	13–21	棕灰色	中壤土	块状	4.7	21.7	0.66	0.25	7.5							
						3	21–68	浅灰棕色	重黏土	粒状	5.9	17.3	0.45	0.25	11.2							
						4	68–100	浅黄棕色	重壤土	块状	6.4	11.5	0.29	0.30	14.5							
剖69	人为土	水稻土	潴育水稻土	冷底田	冷底田	1	0–21	深黄色	轻黏土	块状	5.4	30.0	1.24	0.75	33.2				8.7	砂页岩	E 109°05′25.4″ N 23°01′13.6″	89
						2	21–27	棕灰色	中壤土	块状	5.6	12.5	0.29	0.33	16.8							
						3	27–39	深黄色	砂土	粒状	6.5	17.6	0.51	0.19	28.7							
						4	39–100	浅灰棕色	中壤土	粒状	4.6	23.9	0.77	0.39	5.4							
剖70	人为土	水稻土	潴育水稻土	棕色石灰土潴育水稻土	潴育棕泥肉田	1	0–17	棕灰色	中壤土	块状	4.8	9.1	0.28	0.31	4.8				5.0	石灰岩风化物	E 109°00′47.2″ N 23°00′41.8″	79
						2	17–22	红黄色	中壤土	块状	5.9	12.3	0.33	0.25	3.7							
						3	22–35	红黄色	重壤土	块状	4.9											
						4	35–100				6.6	9.4	0.30	0.25	6.7							

续表 Continued

剖面号 Soil profile	土纲 Soil order	土类 Soil great group	亚类 Soil subgroup	土属 Soil genus	土种 Soil species	土层码 Layer code	土层厚度 Depth/cm	颜色 Soil color	质地 Soil texture	土壤结构 Soil structure	pH	有机质 OM/(g/kg)	全氮 TN/(g/kg)	全磷 TP/(g/kg)	全钾 TK/(g/kg)	碱解氮 AN/(mg/kg)	有效磷 AP/(mg/kg)	速效钾 AK/(mg/kg)	阳离子交换量CEC/(cmol/kg)	土壤母质 Parent material	剖面点坐标 Profile coordinate	匹配指数 Matching index/%
剖71	人为土	水稻土	潴育水稻土	红土质潴育水稻土	潴育黄泥肉田	1	0—14	棕黄色	重石质重壤土	粒状	5.5	33.1	1.60	0.49	10.7				10.1	红土	E 109°01′48.0″ N 23°00′35.3″	96
						2	14—20	棕灰色	重石质重壤土	块状	6.1	21.3	1.32	0.54	11.3							
						3	20—35	棕灰色	重石质重壤土	棱柱状	6.7	9.4	0.50	0.50	10.9							
						4	35—100	褐黄色	重石质重壤土	块状	7.5	7.1	0.41	0.60	13.5							
剖72	人为土	水稻土	淹育水稻土	紫色岩淹育水稻土	紫砂田	1	0—16	浅紫色	中壤土		5.5	4.4	0.79	0.45	12.0				12.4	紫色岩	E 109°03′04.3″ N 22°59′36.6″	74
						2	16—30	棕色	中壤土	块状	6.0	19.3	0.64	0.31	11.1							
						3	30—100	黑灰色	中壤土		7.8	10.9	0.18	0.20	12.8							
剖73	初育土	紫色土	中性紫色土	耕型中性紫砂土	中性紫砂土	1	0—15	紫色	轻砂土	粒状	6.8	12.0				40	1.5	50			E 109°03′39.6″ N 22°56′37.0″	82
						2	15—100	紫色	砂壤土	粒状												

横 州 市

主要土类说明

赤红壤是横州市主要土壤类型，占本市地域面积的57%，多分布于海拔300m以下地方。赤红壤主要发生于南亚热带季雨林下，其脱硅富铝化程度仅次于砖红壤，强于红壤。铁的游离度介于二者之间，黏粒硅铝率为1.7—2.0，风化淋溶系数为0.05—0.15，盐基饱和度为15%—25%，pH为4.5—5.5。淀积层（B层）富含铁铝氧化物，呈赤红色。本市赤红壤只有赤红壤一个亚类。

水稻土是横州市第二大土壤类型，占本市地域面积的21%，在山区、丘陵、平原均有分布，但主要集中分布于中部、东部的准平原区，地势平坦，自成一片，除局部地区由石灰岩形成溶蚀残丘和第四纪红土堆积造成起伏外，大部分高差在10m以内。水稻土是在长期季节性淹灌、水下翻耕、季节性脱水、氧化还原交替影响下，原来成土母质或母土的特性发生重大改变，形成的新的土壤类型。由于干湿交替，水稻土形成糊状淹育层、较坚实板结的犁底层、渗育层、潴育层与潜育层等多种发生层。这些不同发生层段是在人为耕作、水浆管理下形成的。本市水稻土分为淹育型、潴育型、潜育型、沼泽型、盐渍型等亚类。其中，潴育水稻土面积最大，占本市水稻土总面积一半以上。

紫色土是横州市第三大土壤类型，占本市地域面积的17%，分布在海拔200—400m的西北、西南及东南部的紫色岩丘陵区，土层深厚，质地疏松。紫色土是由紫红色岩层直接风化形成的A-C型土壤。其理化性质与母岩组成直接相关，土层浅薄，剖面层次发育不明显，仍处于初育阶段。母岩富含矿质养分，且风化迅速，不失为良好的肥沃土壤。但其他较干旱地区的此类母岩风化物不具有此肥沃特性。本市紫色土分为酸性紫色土、中性紫色土、石灰性紫色土等亚类，以酸性紫色土面积最大。

小于本市地域面积3%的土壤类型还有新积土等。

本区域中心区气候特征

本区域中心区气候特征值
Regional climate characteristics in central area of the region

气候带：南亚热带湿润气候 Climate region: South subtropical humid climate	
年平均气温 /℃ Annual average temperature /℃	21.8
年平均最高气温 /℃ Annual average maximum temperature /℃	26.0
年平均最低气温 /℃ Annual average minimum temperature /℃	19.0
年降水量 /mm Annual precipitation /mm	1681
≥10℃的积温 /℃ Daily temperature accumulated in a year（≥10℃）/℃	7976
年日照时数 /h Annual sunshine /h	1612
年平均相对湿度 /% Annual average relative humidity /%	79
干燥度 Dryness	0.78

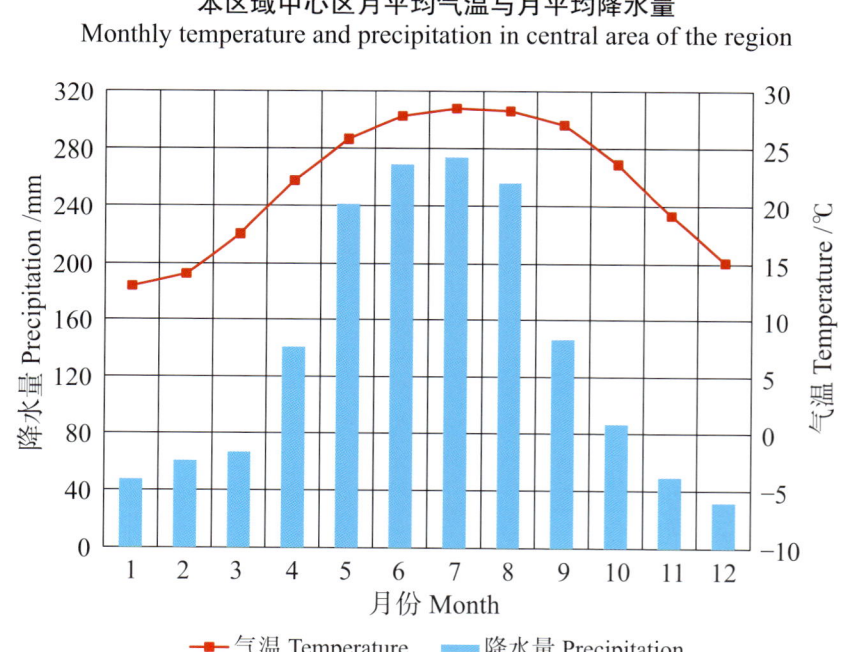

本区域中心区月平均气温与月平均降水量
Monthly temperature and precipitation in central area of the region

横县主要土壤类型与土壤剖面点分布图
1∶370 000

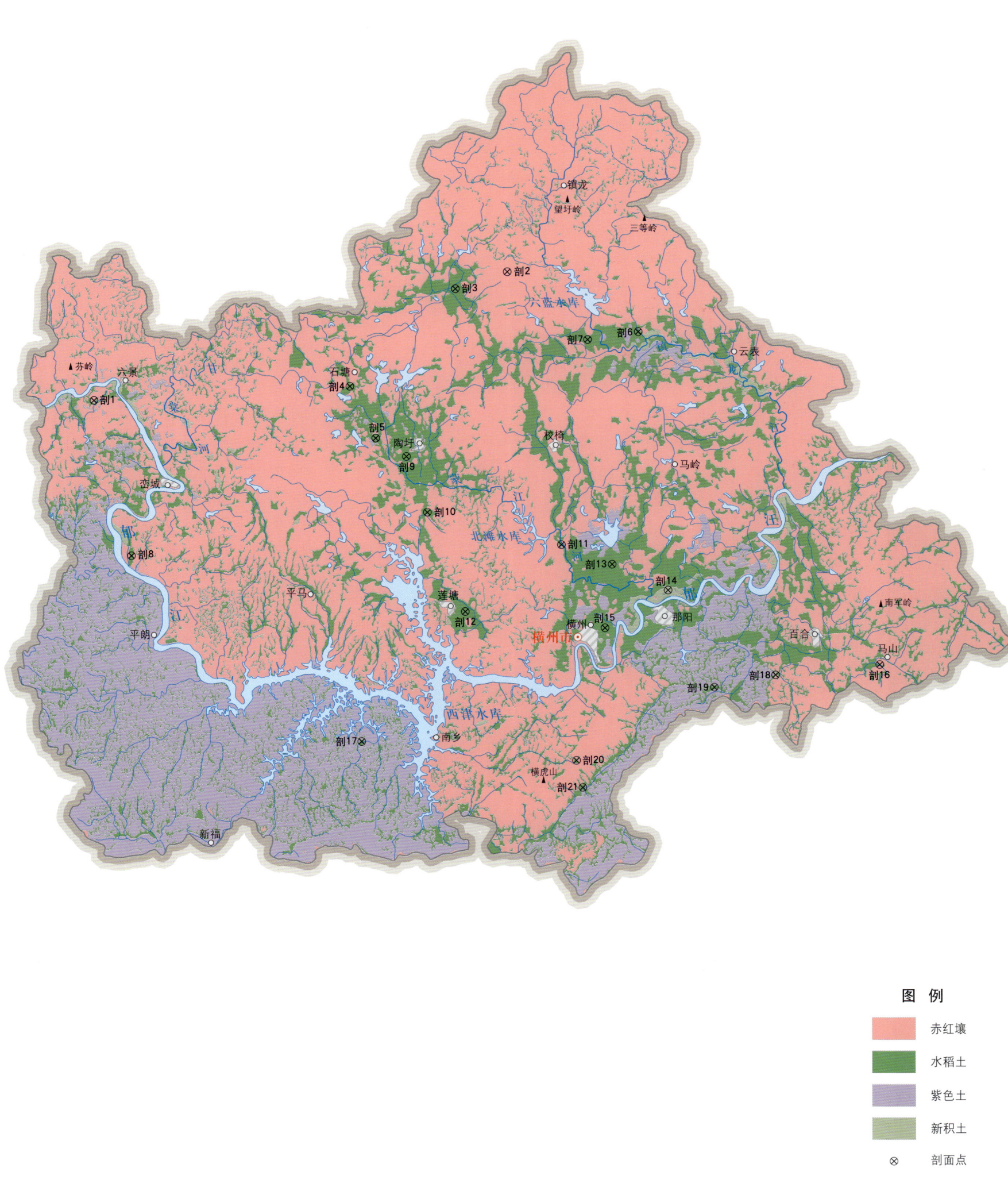

注：国务院 2021 年 2 月 3 日批准，撤销横县，设立横州市。

图例：赤红壤、水稻土、紫色土、新积土、⊗ 剖面点

横州市土壤剖面理化性状表

剖面号 Soil profile	土纲 Soil order	土类 Soil great group	亚类 Soil subgroup	土属 Soil genus	土种 Soil species	土层码 Layer code	土层厚度 Depth/cm	颜色 Soil color	质地 Soil texture	土壤结构 Soil structure	pH	有机质 OM/(g/kg)	全氮 TN/(g/kg)	全磷 TP/(g/kg)	全钾 TK/(g/kg)	碱解氮 AN/(mg/kg)	有效磷 AP/(mg/kg)	速效钾 AK/(mg/kg)	阳离子交换量CEC/(cmol/kg)	土壤母质 Parent material	剖面点坐标 Profile coordinate	匹配指数 Matching index/%
剖1	铁铝土	赤红壤	赤红壤	耕犁红质赤红壤	铁粒土	1	0—16	黄棕色	黏壤土		7.0	10.6		0.82	0.4	40	1.0	35		红土	E 108°51′12.6″ N 22°51′46.4″	95
						2	16—63	黄棕色	黏土		6.8											
剖2	铁铝土	赤红壤	赤红壤	耕犁红质赤红壤	红粒土	1	0—15	浅黄色			6.0	14.6	1.64	0.65	2.0		<0.5			红土	E 109°11′44.8″ N 22°57′56.6″	77
						2	15—				4.5	4.5	0.51		8.3							
剖3	水稻土	潴育水稻土	冷浸田	冷浸田	1	0—13	灰黑色	壤土		8.0	17.6				210	8.0	54			E 109°09′09.7″ N 22°57′07.6″	100
						2	13—29	黑色														
						3	29—50	黑色														
剖4	水稻土	潴育水稻土	砂页岩潴育水稻土	潴育粉结田	1	0—14	黄灰色	砂壤土		5.6										砂页岩	E 109°03′57.5″ N 22°52′35.4″	88
						2	14—28	黄棕色	砂壤土							61	1.0	24				
						3	28—53	棕色	砂壤土													
剖5	水稻土	潴育水稻土	紫色岩潴育水稻土	潴育紫砂泥田	1	0—15	灰黄色	砂壤土	碎块状	7.0	26.4	1.11	0.47	23.9		0.5	14		紫色岩	E 109°05′16.2″ N 22°50′13.4″	100
						2	15—43	黄棕色	黏壤土	块状	8.0	13.3										
剖6	水稻土	潴育水稻土	砂页岩潴育水稻土	潴育砂泥田	1	0—15	黄灰色	砂壤土		5.7						91	1.0	47		砂页岩	E 109°18′18.4″ N 22°55′16.3″	75
						2	15—23	黄色	黏壤土													
						3	23—74	黄灰色	黏壤土													
剖7	水稻土	潴育水稻土	冲积性潴育水稻土	潴育潮砂田	1	0—20	黄灰色	砂壤土	块状	6.3	20.3	1.19			14	1.0	13		河流冲积物	E 109°15′47.2″ N 22°54′52.6″	81
						2	20—28	棕灰色	砂壤土	块状												
						3	28—81	黄棕色	壤土	块状												
						4	81—100	黄红色	砂壤土													
剖8	水稻土	淹育水稻土	冲积性淹育水稻土	潮泥田	1	0—21		壤土	粒状	6.5	24.6	11.38	1.22	20.1		<0.5			近代冲积物	E 108°53′10.0″ N 22°44′38.4″	71
						2	21—31			块状	6.5	13.4	0.78	1.03	20.8							
剖9	水稻土	潴育水稻土	紫色岩潴育水稻土	潴育紫泥肉田	1	0—15	棕黄色	黏壤土	块状	8.0	21.6	1.09	0.55	26.9				18.8	紫色岩	E 109°06′49.4″ N 22°49′23.3″	79
						2	15—41	灰黄色	黏壤土	块状	7.5	9.6							20.2			
剖10	水稻土	潴育水稻土	红土质潴育水稻土	潴育黄砂肉田	1	0—15	灰黄色	壤土	粒状	6.0	23.6	1.43	0.88	16.9			25		红土	E 109°07′53.8″ N 22°46′49.4″	77
						2	15—24	灰黄色	黏壤土	块状	6.5											
						3	24—31	黄灰色	黏壤土	块状												
						4	31—100	灰色	黏土	块状												
剖11	水稻土	淹育水稻土	冲积性淹育水稻土	潮砂田	1	0—15	灰棕色	壤土		6.5	25.1	1.50	1.26		13				近代冲积物	E 109°14′35.5″ N 22°45′24.5″	88
						2	15—44			块状	6.0	16.6										
剖12	水稻土	潴育水稻土	红土质潴育水稻土	潴育黄泥田	1	0—15	红棕色	黏壤土		6.0					110	<1.0			红土	E 109°09′49.5″ N 22°42′16.7″	92
						2	12—28	灰黄色	黏壤土		6.0											
						3	28—55	灰色	黏壤土		7.0											
						4	55—75	灰色	黏土		7.0											
						5	75—100															
剖13	水稻土	潴育水稻土	红土质潴育水稻土	潴育铁子田	1	0—14	黄棕色	壤土	块状	8.5	28.2	1.86	1.12	3.5	18	4.0	21		红土	E 109°17′07.1″ N 22°44′32.3″	72
						2	14—24	棕灰色	壤土		6.0					18	1.0	24				
						3	24—51	黄褐色	黏壤土													
剖14	新积土	冲积土	河积性潮泥土	潮砂土	1	0—17	黄褐色	砂土		6.5	6.7	0.69	0.50	8.6		<0.5		12.4	河流冲积物	E 109°19′55.2″ N 22°43′22.7″	73
						2	17—27	黄灰色	砂壤土													
						3	27—64															
剖15	水稻土	潴育水稻土	鄂豆亚土质潴育水稻土	潴育黄泥田	1	0—12	黄灰色	砂壤土		6.5	31.2	1.44	1.32	1.3	11	<0.5		17.6	红土	E 109°16′47.7″ N 22°41′36.8″	89
						2	12—17		壤土		6.5	24.4					<0.5					

续表 Continued

剖面号 Soil profile	土纲 Soil order	土类 Soil great group	亚类 Soil subgroup	土属 Soil genus	土种 Soil species	土层码 Layer code	土层厚度 Depth/cm	颜色 Soil color	质地 Soil texture	土壤结构 Soil structure	pH	有机质 OM/(g/kg)	全氮 TN/(g/kg)	全磷 TP/(g/kg)	全钾 TK/(g/kg)	碱解氮 AN/(mg/kg)	有效磷 AP/(mg/kg)	速效钾 AK/(mg/kg)	阳离子交换量CEC/(cmol/kg)	土壤母质 Parent material	剖面点坐标 Profile coordinate	匹配指数 Matching index/%
剖16	人为土	水稻土	潴育水稻土	冲积性潴育水稻土	潴育潮油砂田	1	0—16	灰棕色	砂壤土	碎块状	6.2	24.0	1.53			70	5.0	50		河流冲积物	E 109°30′29.9″ N 22°40′03.4″	89
						2	16—24	灰黄棕色	砂壤土	块状	6.0											
						3	24—64	黄棕色	壤土		6.5											
剖17	人为土	水稻土	潴育水稻土	冲积性潴育水稻土	潴育潮泥田	1	0—19	浅棕灰色	壤土		6.0	27.8	1.91	1.95	7.7	80	4.0	85		河流冲积物	E 109°04′44.8″ N 22°36′13.7″	77
						2	19—27	灰棕色	壤土													
						3	27—66	浅棕色	壤土													
						4	66—76															
剖18	人为土	水稻土	潴育水稻土	冲积性潴育水稻土	潴育潮泥田	1	0—15	棕灰色	壤土	碎块状	6.3	32.0	1.58	1.15	19.4	100	痕迹	108		河流冲积物	E 109°25′18.5″ N 22°39′31.7″	84
						2	15—27	棕灰色	壤土	碎块状	6.5	22.5										
						3	27—47	棕灰色	壤土	碎块状	6.5											
剖19	人为土	水稻土	潴育水稻土	花岗岩潴育水稻土	潴育杂砂田	1	0—16	灰黄色	砂壤土	块状	5.5	22.2	1.77	0.65	15.9	120	痕迹	75		花岗岩	E 109°22′16.3″ N 22°38′55.7″	88
						2	16—38	黄棕灰色	壤土	块状	6.0	18.2										
						3	38—58	浅灰棕色	壤土	碎块状												
						4	58—71	浅灰棕色	砂壤土	块状												
						5	71—100	灰棕色	砂壤土													
剖20	人为土	水稻土	潴育水稻土	花岗岩潴育水稻土	潴育杂砂泥肉田	1	0—15				6.0	30.9	1.82	2.89	22.4		<0.5			花岗岩	E 109°15′27.0″ N 22°35′28.3″	82
						2	15—20				6.0	29.7	1.62	2.60	32.8		<0.5					
剖21	人为土	水稻土	潴育水稻土	紫色岩潴育水稻土	潴育紫泥田	1	0—10		砂壤土		6.5	21.9	1.08	0.62	12.6	10	<0.5			紫色岩	E 109°15′46.2″ N 22°34′13.6″	72
						2	10—15		砂壤土		5.0	18.3										

柳 州 市

市 辖 区

主要土类说明

红壤是柳州市主要土壤类型，占本市地域面积的59%。红壤主要发生于常绿阔叶林下，呈中度脱硅富铝化特征，土壤黏粒中游离铁占全铁的50%—60%。黏土矿物以高岭石、赤铁矿为主，黏粒硅铝率为1.8—2.4，风化淋溶系数小于0.2，盐基饱和度小于35%，pH为4.5—5.5。红壤具深厚红色土层，淀积层（B层）底层可见具深厚红、黄、白相间网纹的红色黏土。本市红壤分为红壤和红壤性土两个亚类。

水稻土是柳州市第二大土壤类型，占本市地域面积的8%。水稻土是在长期季节性淹灌、水下翻耕、季节性脱水、氧化还原交替影响下，原来成土母质或母土的特性发生重大改变，形成的新的土壤类型。由于干湿交替，水稻土形成糊状淹育层、较坚实板结的犁底层、渗育层、潴育层与潜育层等多种发生层。这些不同发生层段是在人为耕作、水浆管理下形成的。

石灰（岩）土是柳州市第三大土壤类型，占本市地域面积的6%。石灰（岩）土发生于石灰岩山区，是石灰岩经溶蚀风化，形成的厚薄不同的钙质饱和或含游离钙质的土壤，多见于石隙、溶洞或峰丛底部。该土壤碳酸钙淋溶程度不一，多黏土，多为铁钙质胶结物，风化程度不一，盐基饱和度高，有机质含量及胶结状态有较大差异。

小于本市地域面积3%的土壤类型还有新积土、紫色土和潮土等。

本区域中心区气候特征

本区域中心区气候特征值
Regional climate characteristics in central area of the region

气候带：南亚热带湿润气候 Climate region: South subtropical humid climate	
年平均气温 /℃ Annual average temperature /℃	20.5
年平均最高气温 /℃ Annual average maximum temperature /℃	24.7
年平均最低气温 /℃ Annual average minimum temperature /℃	17.6
年降水量 /mm Annual precipitation /mm	1652
≥10℃的积温 /℃ Daily temperature accumulated in a year (≥10℃) /℃	7470
年日照时数 /h Annual sunshine /h	1444
年平均相对湿度 /% Annual average relative humidity /%	77
干燥度 Dryness	0.73

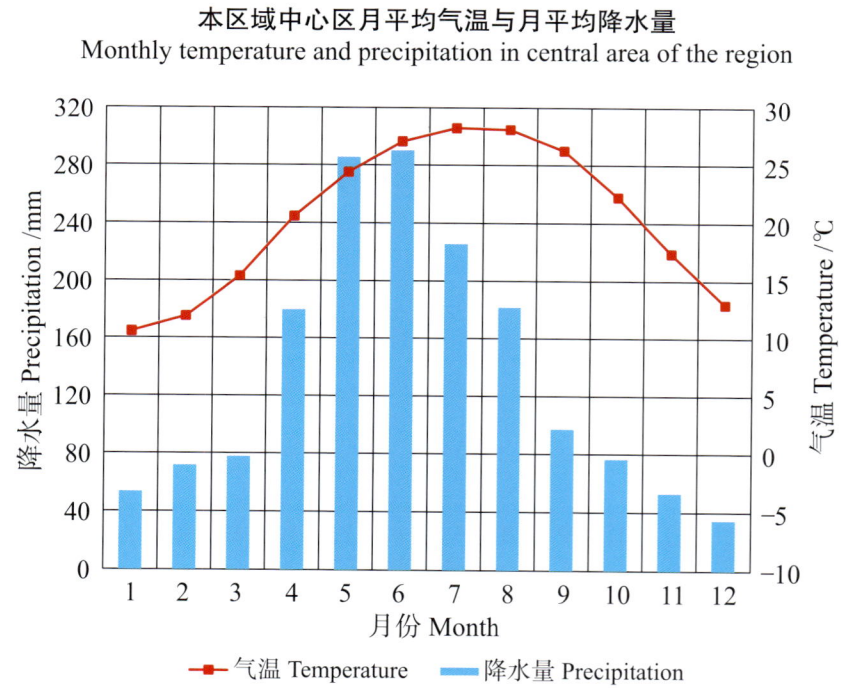

本区域中心区月平均气温与月平均降水量
Monthly temperature and precipitation in central area of the region

柳州市市辖区（部分）主要土壤类型与土壤剖面点分布图
1:160 000

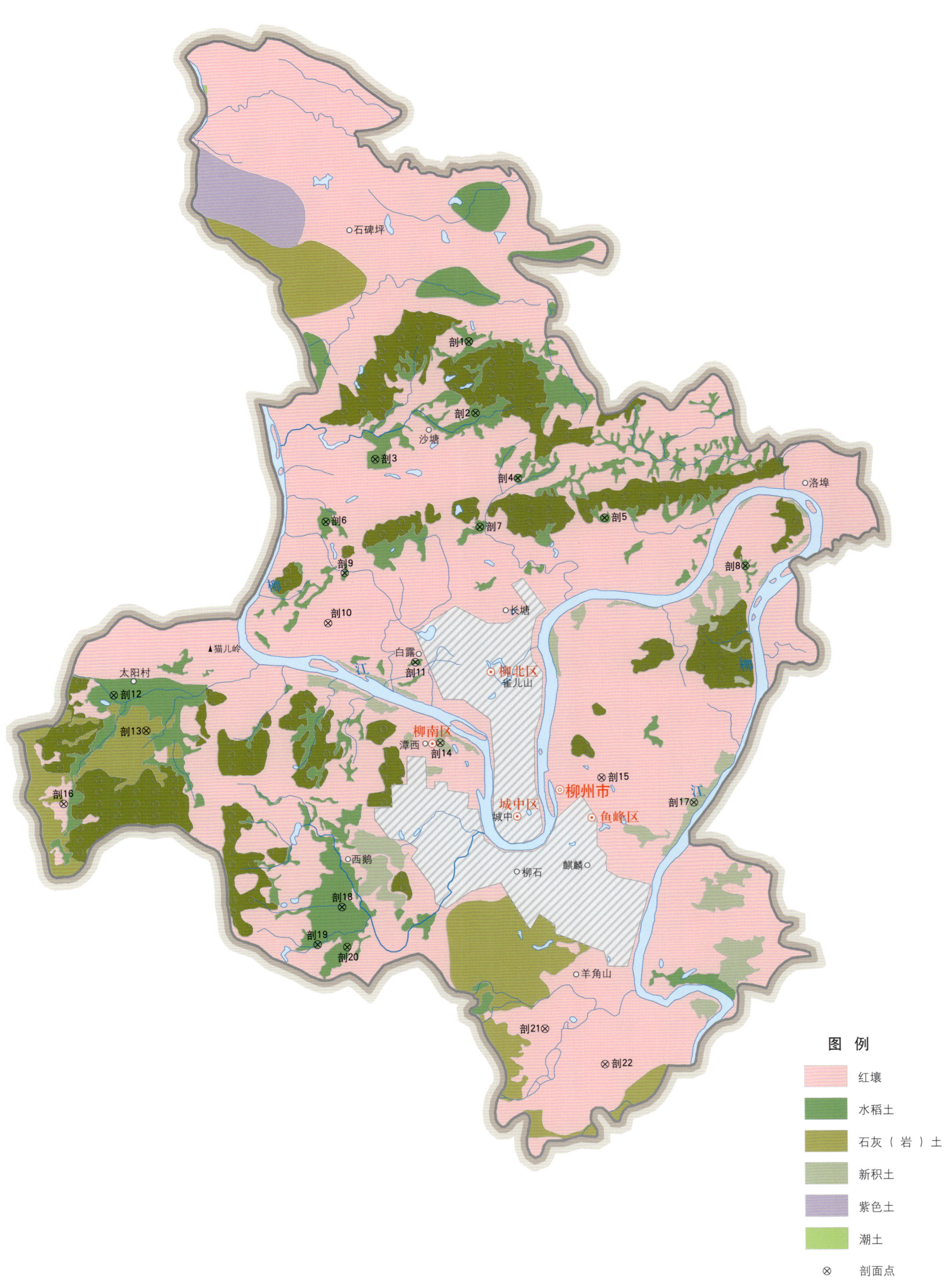

第二编　分县土壤图与土壤剖面数据 | 077

柳州市土壤剖面理化性状表

剖面号 Soil profile	土纲 Soil order	土类 Soil great group	亚类 Soil subgroup	土属 Soil genus	土种 Soil species	土层码 Layer code	土层厚度 Depth/cm	颜色 Soil color	质地 Soil texture	土壤结构 Soil structure	pH	有机质 OM/(g/kg)	全氮 TN/(g/kg)	全磷 TP/(g/kg)	全钾 TK/(g/kg)	土壤母质 Parent material	剖面点坐标 Profile coordinate	匹配指数 Matching index/%
剖1	人为土	水稻土	淹育水稻土	洪积性淹育水稻土	石子田	A	0—19	暗棕色	中壤土	团块状	6.0	24.7	1.37	0.64	1.1	洪积物	E 109°23′18.6″ N 24°28′51.6″	77
						P	19—50	红褐色	中壤土	团块状	7.0	7.0	0.47	0.32	1.4			
						C	50—100	橙棕色	中壤土		7.5	6.5	0.12	0.32	1.1			
剖2	人为土	水稻土	淹育水稻土	红土质淹育水稻土	黄泥田	A	0—15	浅红黄色	黏壤土	团块状	6.5	23.4	0.95	0.61	4.3	红土	E 109°23′28.3″ N 24°27′24.5″	94
						C	29—100	灰红黄色	黏壤土	团块状	7.0	3.8	0.19	0.30	4.2			
剖3	人为土	水稻土	淹育水稻土	红土质淹育水稻土	薄砂黄泥田	A	0—14	浅黄红色	砂壤土	团块状	6.3	19.8	11.01	0.50	6.2	红土	E 109°21′15.5″ N 24°26′27.2″	78
						P	14—19	红黄色	轻壤土	团块状	6.8	8.8	0.50	0.40	7.9			
						C	19—100	红黄色	重壤土	团块状	6.8	6.9	0.40	0.49	7.4			
剖4	人为土	水稻土	潜育水稻土	冷浸田	深浸田	A	0—16	灰棕色	黏壤土	块状	6.0	51.3	1.94	0.49	10.7		E 109°24′25.4″ N 24°26′06.1″	75
						P	16—30	暗棕色	黏壤土	块状	6.5	33.6		0.34	11.7			
						G	30—74	黄灰绿色	黏壤土	无明显结构	6.5	18.2	0.54	0.35	10.7			
						C	74—100	橙黄色	黏壤土		6.5	2.9		0.24	6.3			
剖5	人为土	水稻土	潴育水稻土	红土质潴育水稻土	砂质黄泥田	A	0—14	灰黄色	轻壤土	块状	6.6	16.1	0.93	0.56	7.4	红土	E 109°26′20.9″ N 24°25′19.2″	77
						P	14—23	浅红棕色	轻壤土	块状	7.0	8.0	0.38	0.59	6.2			
						C	23—100	红黄色	砂壤土	块状	7.0	2.3	0.14	0.64	10.2			
剖6	人为土	水稻土	潴育水稻土	红土质潴育水稻土	潴育铁子田	A	0—18	灰黄色	壤土	团块状	6.3	32.7	1.59	0.80	13.2	红土	E 109°20′10.3″ N 24°25′11.3″	84
						P	18—33	棕黄色	黏壤土	团块状	6.5	6.7	1.16	0.89	11.6			
						W	33—51	棕黄色	轻壤土	棱柱状	6.5	13.3	0.94	0.92	11.9			
						C	51—100	棕黄色	黏壤土	块状	6.5		0.96	0.67	12.0			
剖7	人为土	水稻土	淹育水稻土	红土质淹育水稻土	红泥田	A	0—13	红黄色	重壤土	团块状	7.0	32.3	1.90	0.83	8.8	红土	E 109°23′35.2″ N 24°25′06.6″	83
						P	13—35	黄黄色	轻黏土	团块状	7.2	11.9	0.69	0.27	7.5			
						C	35—100	黄红色	黏土	团块状	7.5	5.0	0.30	0.25	2.1			
剖8	人为土	水稻土	沼泽型水稻土	炭质黑泥田	黑泥散田	A	0—17	暗黑色	壤土	柱状	6.3						E 109°29′28.5″ N 24°24′22.3″	92
						G	17—100	灰黑色	壤土	团块状	6.0	13.3	0.60	0.33	5.7			
剖9	人为土	水稻土	淹育水稻土	红土质淹育水稻土	铁子底田	A	0—12	暗灰棕色	轻壤土	团块状	6.5	10.5	0.39	0.09	8.8	红土	E 109°20′36.2″ N 24°24′09.4″	75
						P	12—17	灰黄色	黏壤土	团粒状	7.0	9.4	0.27	0.12	7.6			
						C	17—100	红黄色	黏壤土	团块状	5.5	20.4	1.02	0.59	18.6			
剖10	铁铝土	红壤	红壤	耕型第四纪红土红壤	铁子土	A	0—14	红棕色	中壤土	团粒状	5.0	10.1	1.11	0.57	6.4	红土	E 109°20′14.5″ N 24°23′08.2″	96
						C	14—100	红棕色	中壤土	团块状	7.5	21.9	4.31	0.96	5.0			
剖11	人为土	水稻土	淹育水稻土	红土质淹育水稻土	铁子田	A	0—20	棕黄色	重壤土	棱柱状	7.5	6.1	0.58	0.36	6.4	红土	E 109°22′10.6″ N 24°22′21.4″	85
						P	20—50	灰白色	黏壤土		7.5	6.6	0.29	0.12	1.2			
						C	50—100	棕灰色	壤土	团块状	8.0	27.8	1.11					
剖12	人为土	水稻土	盐渍水稻土	碳酸盐渍性水稻土	石灰性田	A	0—17	暗灰棕色	壤土	团块状	7.5	13.3					E 109°15′30.2″ N 24°21′38.2″	100
						W	32—50	灰黄色	黏壤土	棱柱状	7.0							
						B	50—100	灰黄色	黏土		7.0							
剖13	初育土	石灰(岩)土	棕色石灰土	耕型棕色石灰土	棕泥土	A	0—22	灰棕色	重壤土	团块状	6.5	18.5	1.17	0.45	10.7	红土	E 109°16′13.8″ N 24°20′55.7″	100
						B	22—34	灰黄棕色	黏土	块状	6.5	14.5	0.85	0.55	11.2			
						C	34—100	灰棕色	黏壤土	块状	7.0	7.1	0.18	0.82	8.9			
剖14	初育土	新积土	冲积土	耕型酸性潮砂土	酸性潮砂土	A	0—22	浅棕色	轻砂土	块状	6.0	13.4	0.56	0.34	12.5	河流冲积物	E 109°22′44.4″ N 24°20′43.9″	88
						B_1	22—45	棕色	轻砂土	块状	6.0	10.1	0.42	0.18	14.5			
						B_2	45—80	棕黄色	砂壤土	块状	5.5	8.2	3.80	0.19	15.1			
						C	80—100	浅黄色	砂壤土	块状	5.5	7.2	0.29	0.32	14.9			

续表 Continued

剖面号 Soil profile	土纲 Soil order	土类 Soil great group	亚类 Soil subgroup	土属 Soil genus	土种 Soil species	土层码 Layer code	土层厚度 Depth/cm	颜色 Soil color	质地 Soil texture	土壤结构 Soil structure	pH	有机质 OM/(g/kg)	全氮 TN/(g/kg)	全磷 TP/(g/kg)	全钾 TK/(g/kg)	土壤母质 Parent material	剖面点坐标 Profile coordinate	匹配指数 Matching index/%
剖15	铁铝土	红壤	红壤	耕型砂页岩红壤	红壤土	A	0—17	浅灰色	轻壤土	团粒状	6.0	21.5	1.05	0.47	13.1	砂页岩	E 109° 26′ 19.0″ N 24° 20′ 03.5″	90
						B₁	17—30	灰黄色	轻壤土	团粒状	5.0	16.1	1.01	0.40	18.7			
						B₂	30—83	棕黄色	轻壤土	团块状	4.5	6.7	0.55	0.44	17.4			
						C	83—100	黄红黄色	轻壤土	团块状	4.5	4.6	0.67	0.38	24.9			
剖16	铁铝土	红壤	红壤	耕型砂岩红壤	红砂土	A	0—15	浅灰色	砂土		6.5	17.5	0.75	0.28	5.8	砂岩	E 109° 14′ 24.7″ N 24° 19′ 26.0″	93
						B	15—30	黄灰色	轻砂土	团块状	6.0	11.7	0.46	0.38	6.2			
						C₁	30—80	灰红黄色	轻砂土	团块状	6.0	8.0	0.53	0.27	10.7			
						C₂	80—100	黄黄色	轻砂土	团块状	7.0	4.6	0.39	0.25	14.0			
剖17	初育土	新积土	冲积土	耕型酸性潮泥土	酸性潮泥土	A	0—20	棕棕色	中壤土	块状	5.5	20.7	0.84	0.66	12.6	河流冲积物	E 109° 28′ 21.9″ N 24° 19′ 34.0″	82
						B	20—48	浅棕色	中壤土	块状	5.0	13.1	0.56	0.45	14.7			
						C	48—100	灰黄色	轻壤土	块状	4.5	13.3	0.58	0.16	13.8			
剖18	人为土	水稻土	潴育水稻土	红土质潴育水稻土	潴育黄泥田	A	0—17	灰棕色	中壤土	团块状	6.8	31.0	1.56	0.49	10.1	红土	E 109° 20′ 35.2″ N 24° 17′ 22.6″	80
						P	17—28	暗棕灰色	重壤土	块状	7.0	18.3	1.00	0.45	10.0			
						W	28—44	褐棕灰色	轻壤土	块状	7.0	15.3	0.51	0.54	10.5			
						C	44—69	褐棕灰色	轻壤土	块状	7.0	5.1	0.32	0.32	11.4			
						C	69—100	黄黄色	轻壤土	块状	7.0	6.0	0.36	0.36	14.3			
剖19	人为土	水稻土	潴育水稻土	冲积性潴育水稻土	潴育黄泥田	A	0—18	浅灰棕色	中壤土	团块状	6.3	33.3	1.95	0.39	16.0	河流冲积物	E 109° 20′ 03.1″ N 24° 16′ 36.8″	75
						P	18—38	灰棕色	中壤土	团块状	6.5	23.7	1.02	0.33	17.3			
						W	38—75	黄棕色	轻壤土	棱柱状	6.8	11.1	0.62	0.36	19.1			
						B	75—100	黄棕色	轻壤土	团块状	6.8	6.0	0.44	0.45	25.2			
剖20	人为土	水稻土	潴育水稻土	红土质第四纪红土红壤	潴育黄泥田	A	0—15	灰棕色	中壤土	团块状	6.5	22.9	1.89	0.49	11.0	红土	E 109° 20′ 42.7″ N 24° 16′ 34.3″	78
						P	15—26	灰棕色	中壤土	团块状	6.3	19.0	0.42	0.36	12.0			
						W	26—42	黄棕灰色	中壤土	棱柱状	6.3	18.5	0.71	0.48	11.4			
						B	42—49	棕色	中壤土	团块状	7.0	3.2	0.15	0.47	7.6			
						C	49—100	黄黄色	轻壤土	团块状	7.0	3.1	0.16	0.53	10.7			
剖21	铁铝土	红壤	红壤	耕型第四纪红土红壤	砂质红泥土	A	0—28	浅棕黄色	中壤土	块状	7.0	29.7	1.02	0.79	22.3	红土	E 109° 25′ 05.5″ N 24° 14′ 58.2″	71
						B₁	28—58	黄棕色	中壤土	块状	5.7	13.6	0.65	0.53	23.3			
						B₂	58—86	浅棕黄色	中壤土	块状	5.3	11.3	0.71	0.31	24.2			
						C	86—100	红黄色	中壤土	块状	6.3	7.6	0.49	0.32	24.8			
剖22	铁铝土	红壤	红壤	耕型第四纪红土红壤	红泥土	A	0—26	浅棕灰色	壤土	团块状	6.5	30.0	0.83	0.55	13.0	红土	E 109° 26′ 25.4″ N 24° 14′ 16.1″	92
						B	26—40	棕黄色	壤土	块状	5.5	13.7	0.56	0.22	13.3			
						C	40—100	红黄色	重壤土	块状	5.5	7.4	0.44	0.40	14.8			

柳 江 区

主要土类说明

粗骨土是柳江区主要土壤类型，占本区地域面积的55%。粗骨土发育于基岩风化残积物、坡积物，表层发育不明显，属于A-C型，甚至（A）-C型土壤。A层发育不明显，与母质土层性状相似，略显有机质累积。有时母质层富含砾石，甚少出现剖面分异与发育特征。

石灰（岩）土是柳江区第二大土壤类型，占本区地域面积的22%。石灰（岩）土发生于石灰岩山区，是石灰岩经溶蚀风化，形成的厚薄不同的钙质饱和或含游离钙质的土壤，多见于石隙、溶洞或峰丛底部。该土壤碳酸钙淋溶程度不一，多黏土，多为铁钙质胶结物，风化程度不一，盐基饱和度高，有机质含量及胶结状态有较大差异。

水稻土是柳江区第三大土壤类型，占本区地域面积的11%。水稻土是在长期季节性淹灌、水下翻耕、季节性脱水、氧化还原交替影响下，原来成土母质或母土的特性发生重大改变，形成的新的土壤类型。由于干湿交替，水稻土形成糊状淹育层、较坚实板结的犁底层、渗育层、潴育层与潜育层等多种发生层。这些不同发生层段是在人为耕作、水浆管理下形成的。本区水稻土分为淹育型、潴育型、潜育型、沼泽型、盐渍型等亚类。

红壤占柳江区地域面积的10%。红壤主要发生于常绿阔叶林下，呈中度脱硅富铝化特征，土壤黏粒中游离铁占全铁的50%—60%。黏土矿物以高岭石、赤铁矿为主，黏粒硅铝率为1.8—2.4，风化淋溶系数小于0.2，盐基饱和度小于35%，pH为4.5—5.5。红壤具深厚红色土层，淀积层（B层）底层可见具深厚红、黄、白相间网纹的红色黏土。

小于本区地域面积3%的土壤类型还有新积土、赤红壤和潮土等。

本区域中心区气候特征

本区域中心区气候特征值
Regional climate characteristics in central area of the region

气候带：南亚热带湿润气候 Climate region: South subtropical humid climate	
年平均气温 /℃ Annual average temperature /℃	20.7
年平均最高气温 /℃ Annual average maximum temperature /℃	24.9
年平均最低气温 /℃ Annual average minimum temperature /℃	17.8
年降水量 /mm Annual precipitation /mm	1636
≥10℃的积温 /℃ Daily temperature accumulated in a year（≥10℃）/℃	7539
年日照时数 /h Annual sunshine /h	1457
年平均相对湿度 /% Annual average relative humidity /%	77
干燥度 Dryness	0.75

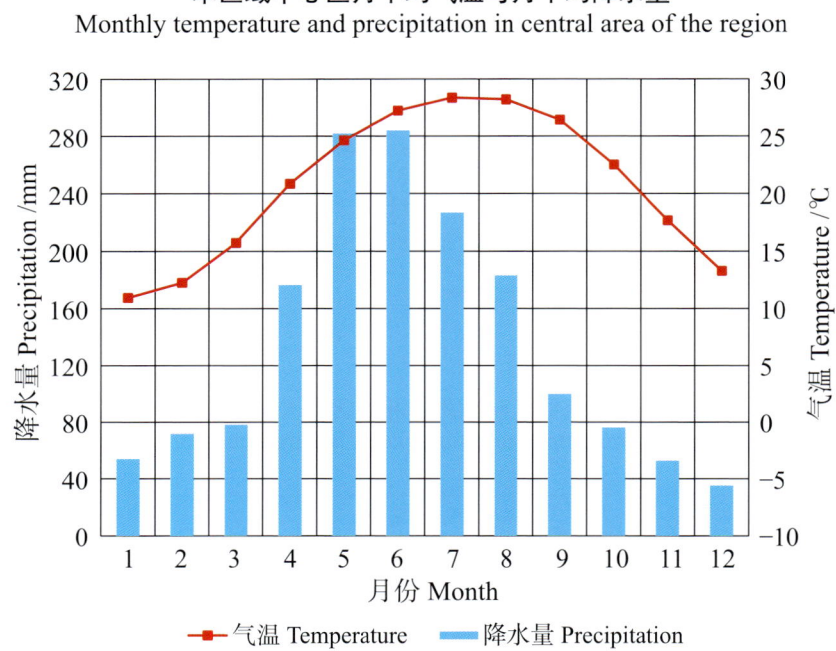

本区域中心区月平均气温与月平均降水量
Monthly temperature and precipitation in central area of the region

柳江县主要土壤类型与土壤剖面点分布图

1∶350 000

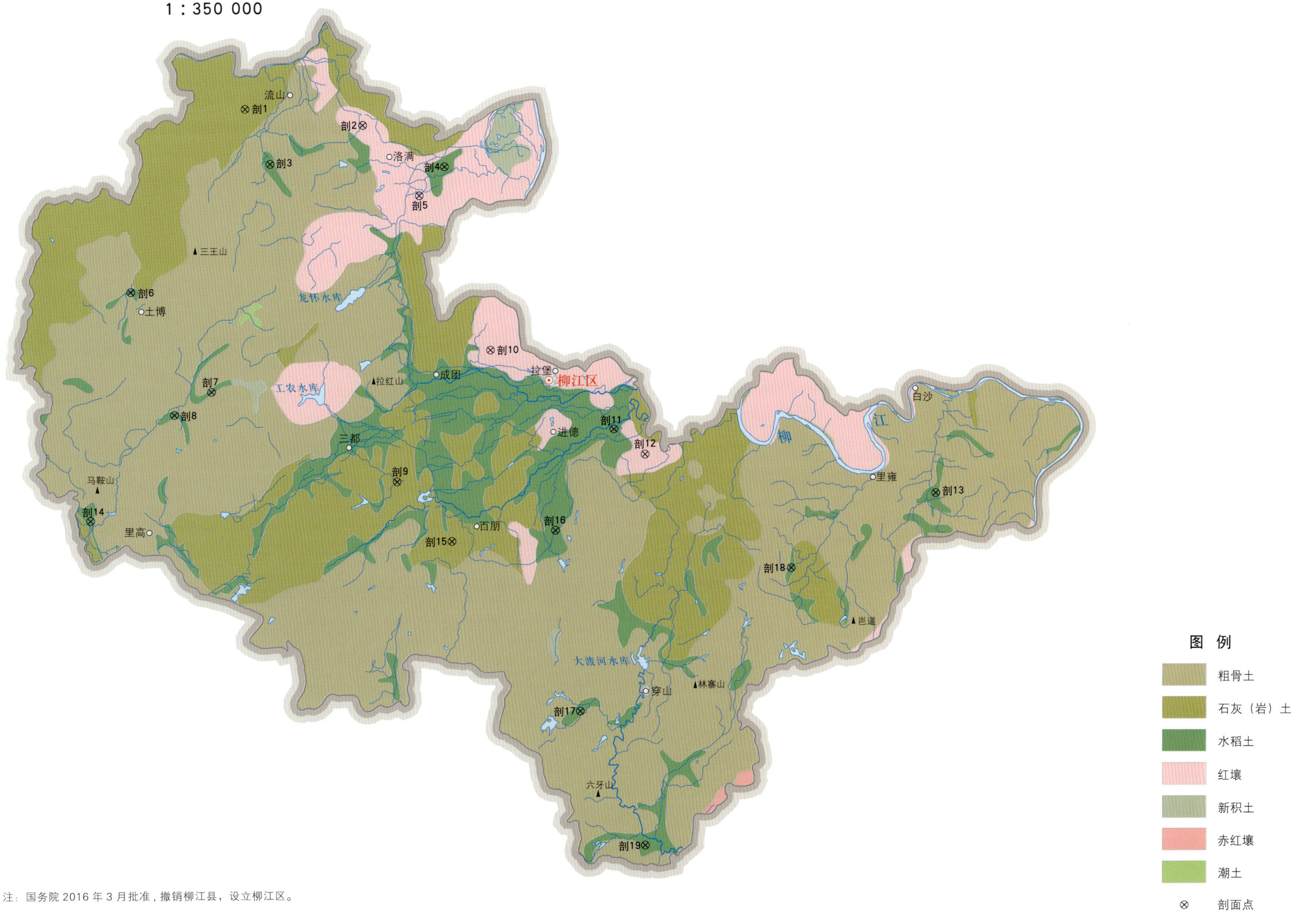

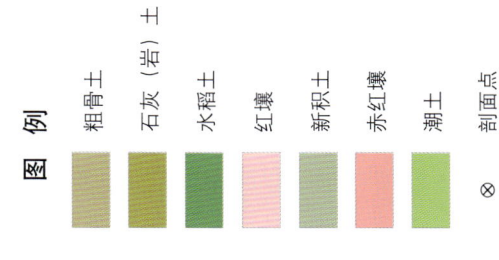

注：国务院2016年3月批准，撤销柳江县，设立柳江区。

第二编 分县土壤图与土壤剖面数据 | 081

柳江区土壤剖面理化性状表

剖面号 Soil profile	土纲 Soil order	土类 Soil great group	亚类 Soil subgroup	土属 Soil genus	土种 Soil species	土层码 Layer code	土层厚度 Depth/cm	颜色 Soil color	质地 Soil texture	土壤结构 Soil structure	pH	有机质 OM/(g/kg)	全氮 TN/(g/kg)	全磷 TP/(g/kg)	全钾 TK/(g/kg)	有效磷 AP/(mg/kg)	速效钾 AK/(mg/kg)	土壤母质 Parent material	剖面点坐标 Profile coordinate	匹配指数 Matching index/%
剖1	初育土	石灰（岩）土	棕色石灰土	棕色石灰土	含砂棕色石灰土	1	0–15	浅棕色	壤土	块状	6.5								E 109°05′01.0″ N 24°27′00.0″	71
剖2	铁铝土	红壤	红壤	耕型第四纪红土红壤	砂质红土壤	1	0–20	红棕色	黏壤土	块状	6.0	23.8	1.06			4.0	62	红土	E 109°10′33.6″ N 24°26′21.5″	97
						2	15–100	红棕色	砂质壤土	块状	6.0									
剖3	人为土	水稻土	潴育水稻土	砂页岩潴育水稻土	潴育砂泥田	1	0–16	灰黄棕色	中壤土	小块状	7.5	25.9	1.46	0.04	1.1			砂页岩	E 109°06′12.6″ N 24°24′38.2″	74
						2	16–26	暗黄棕色	重壤土	小块状	7.0	18.7	1.02	0.40	1.1					
						3	26–65	暗黄棕色	轻黏土	块状	7.0	7.3	0.40	0.25	1.3					
						4	65–100	红棕色	重壤土	块状	7.0	5.2	0.42	0.37						
剖4	人为土	水稻土	潴育水稻土	棕色石灰土	潴育壤质棕泥田	1	0–13	棕灰色	壤土	小块状	6.0	46.1	2.27	0.10	0.6			石灰岩风化物	E 109°14′25.8″ N 24°24′36.7″	97
						2	13–20	灰色	黏壤土	块状	6.5	20.2	1.29	0.01	0.6					
						3	20–49	暗灰色	黏壤土	梭柱状	6.5	5.1	0.62	0.06	0.6					
						4	49–100	灰棕色	重壤土	块状	6.5	7.7	0.64	0.90	0.5					
剖5	铁铝土	红壤	红壤	耕型页岩红壤	红黏土	1	0–12	紫棕色	壤土	块状	7.0	38.1	2.26			4.0	87	页岩	E 109°13′15.6″ N 24°23′20.0″	99
						2	12–100	浅棕色	黏壤土	块状	6.0									
剖6	人为土	水稻土	盐渍型水稻土	碳酸盐渍型水稻土	石灰性田	1	0–12	浅棕灰色	壤土	小块状	7.5	50.7	3.02	0.20	4.4				E 108°59′48.5″ N 24°19′01.9″	78
						2	12–17	红黄色	黏壤土	块状	8.5	34.0	1.17	0.10	0.5					
						3	39–100	红黄色	重壤土	块状	7.5	9.8	0.89	0.12	0.6					
剖7	人为土	水稻土	潴育水稻土	硅质页岩潴育水稻土	潴育灰泥田	1	0–17	暗黄棕色	重壤土	小块状	6.5	21.5	1.27	0.02	0.4			硅质页岩	E 109°03′36.7″ N 24°14′45.6″	81
						2	17–25	浅灰色	轻黏土	大块状	6.5	12.6	0.81	0.10	0.8					
						3	25–58	灰黄色	壤土	块状	6.5	4.0	0.26	0.10	0.8					
						4	58–100	黄色	壤土	块状	6.7	4.2	0.34	0.10	0.8					
剖8	人为土	水稻土	淹育水稻土	棕色石灰土	壤质棕泥田	1	0–15	暗黄棕色	壤土	块状	6.5	33.8	1.73	0.08	0.3			石灰岩风化物	E 109°01′53.4″ N 24°13′45.1″	81
						2	15–22	灰黄棕色	黏壤土	小块状	6.5									
						3	22–100	灰黄棕色	壤土	块状	7.0									
剖9	初育土	石灰（岩）土	棕色石灰土	耕型棕色石灰土	多砾棕泥土	1	0–15	棕色	壤土	小块状	7.0								E 109°12′22.0″ N 24°10′58.4″	85
						2	15–100	红棕色	黏壤土	块状	7.0									
剖10	铁铝土	红壤	红壤	耕型第四纪红土红壤	红泥土	1	0–11	浅黄棕色	轻黏土	小块状	7.0	29.3	1.43	0.09	0.3			红土	E 109°16′42.6″ N 24°16′41.9″	98
						2	11–100	棕色	中黏土	块状	6.5	13.8	1.11	0.09	0.5					
剖11	人为土	水稻土	潴育水稻土	第四纪红土质潴育水稻土	潴育黄泥田	1	0–14	灰棕色	壤土	小块状		43.7	2.60			11.0	48	红土	E 109°22′32.9″ N 24°13′20.6″	92
						2	14–29	青灰色	壤土	块状	7.0									
						3	29–45	黄灰色	壤土	块状	7.5									
						4	45–100	红黄色	黏壤土	块状	7.5									
剖12	铁铝土	红壤	红壤	第四纪红土红壤	红壤土	1	0–12	暗红棕色	黏壤土	小块状	5.5							红土	E 109°24′01.1″ N 24°12′16.2″	79
						2	12–100	灰棕色	黏壤土	块状	5.5									
剖13	人为土	水稻土	冲积性潴育水稻土	潴育潮泥田		1	0–18	暗黄棕色	壤土	小块状	7.5	38.6	2.30	0.11	0.5			河流冲积物	E 109°37′40.8″ N 24°10′43.7″	81
						2	18–28	棕色	黏壤土	块状	7.0									
						3	28–42	黄黄棕色	黏壤土	小块状	7.0									
						4	42–100	黄黄色	壤土	块状	6.5									
剖14	人为土	水稻土	潴育水稻土	棕色石灰土	潴育棕泥田	1	0–12	灰黄棕色	黏土	块状	7.0							石灰岩风化物	E 108°58′05.5″ N 24°09′07.6″	99
						2	12–19	棕灰色	壤土	块状	6.0									
						3	19–85		壤土	梭柱状	7.0									
						4	85–100	黄黄棕色	黏土	块状	7.0									

续表 Continued

剖面号 Soil profile	土纲 Soil order	土类 Soil great group	亚类 Soil subgroup	土属 Soil genus	土种 Soil species	土层码 Layer code	土层厚度 Depth/cm	颜色 Soil color	质地 Soil texture	土壤结构 Soil structure	pH	有机质 OM/(g/kg)	全氮 TN/(g/kg)	全磷 TP/(g/kg)	全钾 TK/(g/kg)	有效磷 AP/(mg/kg)	速效钾 AK/(mg/kg)	土壤母质 Parent material	剖面点坐标 Profile coordinate	匹配指数 Matching index/%
剖15	初育土	石灰(岩)土	棕色石灰土	棕色石灰土	棕色石灰土	1	0—14	暗棕色	黏壤土	块状	6.5								E 109°14′59.3″ N 24°08′25.4″	74
						2	14—100	浅棕色	黏壤土	块状	6.5									
剖16	人为土	水稻土	潴育水稻土	硅质页岩潴育水稻土	潴育多砾砂土田	1	0—13	黄棕色	壤土	小块状	6.0							硅质页岩	E 109°19′52.0″ N 24°08′56.4″	91
						2	13—24	灰色	砾质黏壤土	块状	6.5									
						3	24—46	棕色	砾质黏壤土	块状	6.5									
						4	46—100	灰棕色	砂壤土	小块状	6.0									
剖17	人为土	水稻土	潴育水稻土	硅质页岩潴育水稻土	潴育硅砾质砂土田	1	0—14	灰白色	壤土	块状	6.5							硅质页岩	E 109°21′07.2″ N 24°01′09.1″	79
						2	14—21	浅灰色	黏壤土	块状	6.5									
						3	21—88	黄棕色	黏壤土	块状	6.5									
						4	88—100	黄棕色	砂壤土	块状	5.5									
剖18	人为土	水稻土	淹育水稻土	硅质页岩淹育水稻土	硅质砂土田	1	0—8	褐色	壤土	小块状	5.5							硅质页岩	E 109°30′57.6″ N 24°07′25.7″	89
						2	8—23	灰棕色	壤土	块状	7.0									
						3	23—100	浅灰色	壤土	小块状	6.0	21.2	1.36							
剖19	人为土	水稻土	潴育水稻土	硅质页岩潴育水稻土	潴育灰砂泥田	1	0—15	暗灰色	砂壤土	大块状	7.5			0.70	0.7			硅质岩	E 109°24′13.3″ N 23°55′22.8″	72
						2	15—29	暗灰黄色	壤土	柱状	7.0									
						3	29—88	黄褐色	壤土	块状	7.0									
						4	88—100		黏壤土											

柳 城 县

主要土类说明

红壤是柳城县主要土壤类型，占本县地域面积的46%。红壤主要发生于常绿阔叶林下，呈中度脱硅富铝化特征，土壤黏粒中游离铁占全铁的50%—60%。黏土矿物以高岭石、赤铁矿为主，黏粒硅铝率为1.8—2.4，风化淋溶系数小于0.2，盐基饱和度小于35%，pH为4.5—5.5。红壤具深厚红色土层，淀积层（B层）底层可见具深厚红、黄、白相间网纹的红色黏土。本县红壤分为红壤、黄红壤、红壤性土等亚类。

石灰（岩）土是柳城县第二大土壤类型，占本县地域面积的36%。石灰（岩）土发生于石灰岩山区，是石灰岩经溶蚀风化，形成的厚薄不同的钙质饱和或含游离钙质的土壤，多见于石隙、溶洞或峰丛底部。该土壤碳酸钙淋溶程度不一，多黏土，多为铁钙质胶结物，风化程度不一，盐基饱和度高，有机质含量及胶结状态有较大差异。

水稻土是柳城县第三大土壤类型，占本县地域面积的10%。水稻土是在长期季节性淹灌、水下翻耕、季节性脱水、氧化还原交替影响下，原来成土母质或母土的特性发生重大改变，形成的新的土壤类型。由于干湿交替，水稻土形成糊状淹育层、较坚实板结的犁底层、渗育层、潴育层与潜育层等多种发生层段是在人为耕作、水浆管理下形成的。本县水稻土分为淹育型、潴育型、潜育型、沼泽型、渗育型、盐渍型、矿毒型等亚类。

小于本县地域面积3%的土壤类型还有粗骨土、紫色土和潮土等。

本区域中心区气候特征

本区域中心区气候特征值
Regional climate characteristics in central area of the region

气候带：南亚热带湿润气候 Climate region: South subtropical humid climate	
年平均气温 /℃ Annual average temperature /℃	20.4
年平均最高气温 /℃ Annual average maximum temperature /℃	24.7
年平均最低气温 /℃ Annual average minimum temperature /℃	17.5
年降水量 /mm Annual precipitation /mm	1639
≥10℃的积温 /℃ Daily temperature accumulated in a year (≥10℃) /℃	7449
年日照时数 /h Annual sunshine /h	1392
年平均相对湿度 /% Annual average relative humidity /%	77
干燥度 Dryness	0.74

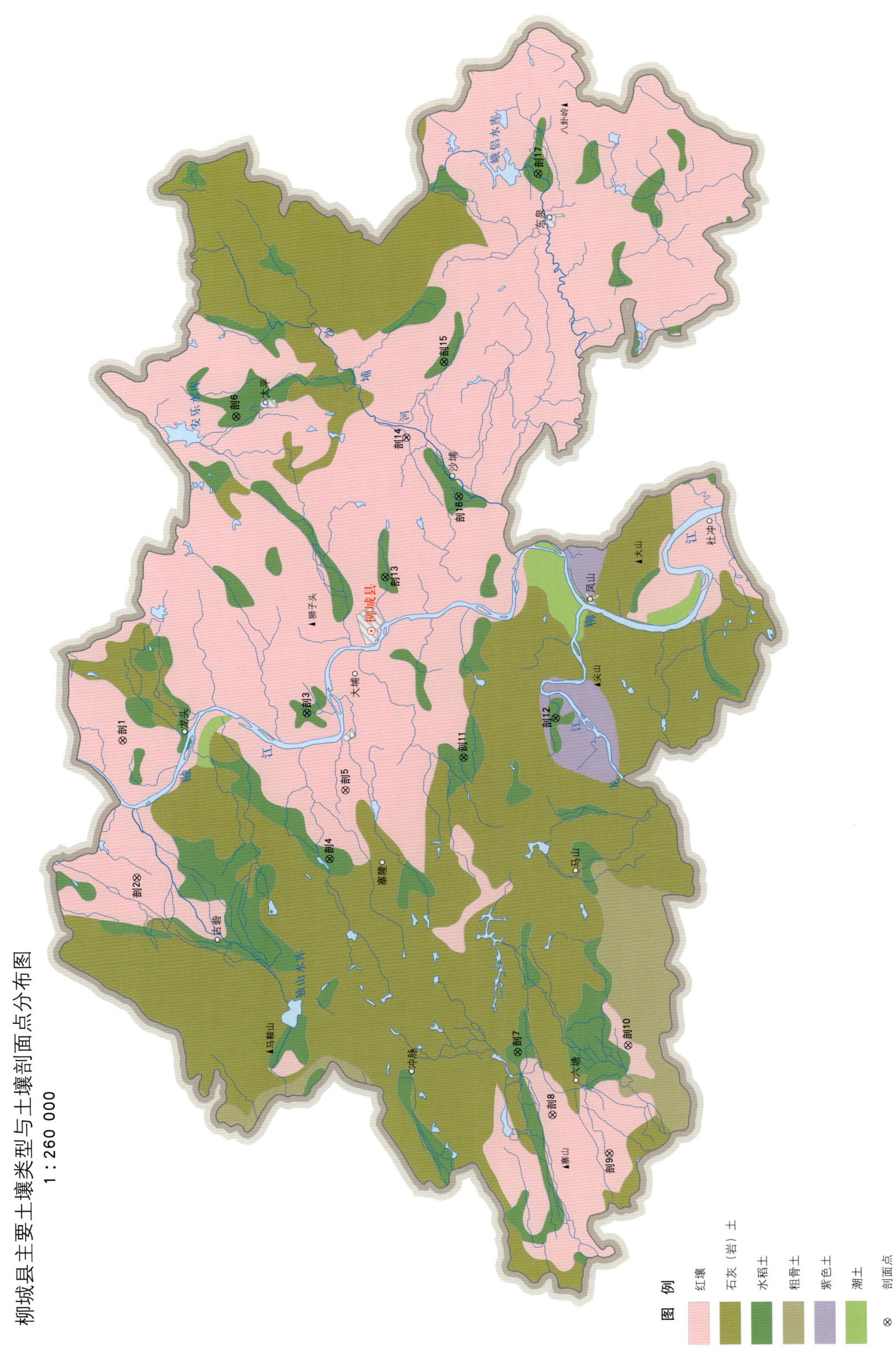

柳城县土壤剖面理化性状表

剖面号 Soil profile	土纲 Soil order	土类 Soil great group	亚类 Soil subgroup	土属 Soil genus	土种 Soil species	土层码 Layer code	土层厚度 Depth/cm	颜色 Soil color	质地 Soil texture	土壤结构 Soil structure	pH	有机质 OM/(g/kg)	全氮 TN/(g/kg)	全磷 TP/(g/kg)	全钾 TK/(g/kg)	有效磷 AP/(mg/kg)	速效钾 AK/(mg/kg)	土壤母质 Parent material	剖面点坐标 Profile coordinate	匹配指数 Matching index/%
剖1	铁铝土	红壤	红壤	砂页岩红壤		A	0—12	灰棕色	壤土		6.5	24.0				2.5	25	砂页岩	E 109°10′01.2″ N 24°47′38.8″	71
						C	12—100	黄红色	黏壤土		6.0	18.0				2.5	30			
剖2	铁铝土	红壤	红壤	耕型页岩红壤	红黏土	A	0—11	暗棕色	壤土	团块状	6.5	30.0				2.5	30	页岩	E 109°04′58.8″ N 24°47′08.2″	80
						C	11—100	棕灰色	黏壤土	碎块状	6.0	24.0				2.4	25			
剖3	人为土	水稻土	潴育水稻土	砂页岩潴育水稻土	潴育砂泥肉田	A	0—16	灰棕色	黏壤土	块状	6.5	24.0				2.8	35	砂页岩	E 109°11′05.1″ N 24°41′27.3″	82
						P	16—21	灰黄色	黏壤土	块状	7.0									
						W	21—48	黄棕色	黏壤土	块状	7.5									
						C	48—100	棕黄色	轻黏土	块状	6.0	25.0	1.67	0.58	9.8					
剖4	人为土	水稻土	潴育水稻土	棕色石灰土潴育水稻土	潴育棕泥肉田	A	0—13	棕黄色	重黏土	块状	6.6	25.0	1.28	0.50	10.1			石灰岩风化物	E 109°05′43.4″ N 24°40′39.7″	98
						P	13—20	黄棕色		块状	7.5	11.7	0.59	0.46	0.9					
						W	20—43	棕棕色		块状	7.5	15.0	0.60	0.38	9.8					
						C	43—100	棕灰色		块状	7.5									
剖5	铁铝土	红壤	红壤	耕型砂岩红壤	红砂土	A	0—12	暗棕色	砂壤土	块状	6.5	30.0				2.5	25	砂岩	E 109°08′15.4″ N 24°40′08.8″	82
						C	12—100	浅棕色	壤土	块状	6.0	30.0				3.0	35			
剖6	人为土	水稻土	潴育水稻土	棕色石灰土潴育水稻土	潴育粉黄泥田	A	0—11	暗棕色	壤土	块状	7.5	20.0				2.5	30	石灰岩风化物	E 109°21′56.5″ N 24°43′53.4″	92
						P	11—19	棕棕色		梭柱状	7.0									
						W	19—59			梭柱状	7.5									
						C	59—100	棕红色		柱状	7.5									
剖7	人为土	水稻土	潴育水稻土	棕色石灰土潴育水稻土	潴育棕泥肉田	A	0—13	棕灰色	重黏土	块状	7.0							石灰岩风化物	E 108°58′41.5″ N 24°34′17.5″	72
						P	13—22	棕红色	壤土	块状	7.5	25.0								
						W	22—46	棕红色	重黏土	梭柱状	7.0									
						C	46—100	黄棕色	壤土	块状	7.0									
剖8	铁铝土	红壤	红壤	厚层页岩红壤	厚层页岩红土	A	0—8	棕灰色	黏土	碎块状	6.0	23.0				1.3	25	页岩	E 108°56′26.6″ N 24°33′07.0″	82
						C	8—100	棕红色	黏土	块状	6.5	18.0				2.5	30			
剖9	铁铝土	红壤	红壤	第四纪红土		A	0—11	灰棕色	轻黏土	块状	6.0	30.0	1.36	0.38	2.2			红土	E 108°55′04.1″ N 24°31′11.6″	70
						C	11—100	黄红色	黏壤土	块状	6.6	8.5	0.29	0.47	0.4					
剖10	铁铝土	红壤	红壤	耕型第四纪红土红壤		A	0—16	暗棕黄色	黏壤土	块状	6.6							红土	E 108°58′58.8″ N 24°30′35.3″	75
						C	16—100	浅灰棕色	重黏土	团块状	7.5									
剖11	人为土	水稻土	潴育水稻土	棕色石灰土潴育水稻土	潴育壤质棕泥田	A	0—10	浅灰棕色	重黏土	团块状	8.0							石灰岩风化物	E 109°09′29.5″ N 24°36′10.8″	86
						P	10—17	红棕色	黏土	块状	7.5									
						W	17—36	红棕色	黏土	块状	7.0									
						C	36—100	暗棕色	轻黏土	块状	7.5									
剖12	人为土	水稻土	潴育水稻土	紫色岩潴育水稻土	潴育紫泥田	A	0—14	黄棕色	轻黏土	块状	8.0	30.0						紫色岩	E 109°10′58.3″ N 24°33′05.6″	74
						P	14—26	黄紫色	壤土	梭柱状	8.0									
						W	26—70	棕紫色	壤土	块状	7.0									
						C	70—100	棕紫色	壤土	块状	6.5	24.0				2.5	30			
剖13	人为土	水稻土	潴育水稻土	砂页岩潴育水稻土	潴育砂土田	A	0—14	浅灰棕色	中壤土	碎块状	6.5					2.5		砂页岩	E 109°16′05.2″ N 24°38′51.0″	74
						P	14—20	黄棕色	中壤土	小块状	7.0									
						W	20—43	黄棕色	黏壤土	块状				0.20	1.6					
						C	43—100	棕红色												
剖14	铁铝土	红壤	红壤	耕型砂页岩红壤	红壤土	1	0—12		中壤土	块状	6.5	13.0	0.65	0.20	1.6			砂页岩	E 109°21′13.0″ N 24°38′10.0″	73
						2	12—100		轻壤土		6.0	5.6	0.51	0.18	2.6					

续表 Continued

剖面号 Soil profile	土纲 Soil order	土类 Soil great group	亚类 Soil subgroup	土属 Soil genus	土种 Soil species	土层码 Layer code	土层厚度 Depth/cm	颜色 Soil color	质地 Soil texture	土壤结构 Soil structure	pH	有机质 OM/(g/kg)	全氮 TN/(g/kg)	全磷 TP/(g/kg)	全钾 TK/(g/kg)	有效磷 AP/(mg/kg)	速效钾 AK/(mg/kg)	土壤母质 Parent material	剖面点坐标 Profile coordinate	匹配指数 Matching index/%
剖15	人为土	水稻土	淹育水稻土	红土质淹育水稻土	薄砂黄泥田	A	0—15	棕灰色	黏土	碎块状	6.5	21.0				1.5	35	红土	E 109°24′00.0″ N 24°36′54.7″	93
						P	15—30	浅灰色	黏土	块状	6.5									
						C	30—100	棕红色	黏土	大块状	6.5									
剖16	人为土	水稻土	潴育水稻土	红土质潴育水稻土	潴育黄泥田	A	0—14	浅棕色	轻黏土	小块状	6.5	29.7	2.50	0.45	0.5			红土	E 109°19′04.7″ N 24°36′23.5″	83
						P	14—25	浅棕灰色	轻黏土		6.8	14.8	0.85	0.31	0.6					
						W	25—42	黄棕灰色	轻黏土	块状	7.2	8.2	0.45	0.45	0.5					
						C	42—100	黄棕色	轻黏土	小块状	7.2	6.0	0.60	0.55	0.6					
剖17	人为土	水稻土	潴育水稻土	砂页岩潴育水稻土	潴育蜡泥肉田	A	0—13	浅灰色	轻黏土	块状	6.5							砂页岩	E 109°30′56.2″ N 24°33′47.2″	85
						P	13—17	灰色	轻黏土		6.6									
						W	17—47	褐灰色		柱状	7.0									
						C	47—100	灰棕色	黏土		7.0									

鹿 寨 县

主要土类说明

红壤是鹿寨县主要土壤类型，占本县地域面积的73%。红壤主要发生于常绿阔叶林下，呈中度脱硅富铝化特征，土壤黏粒中游离铁占全铁的50%—60%。黏土矿物以高岭石、赤铁矿为主，黏粒硅铝率为1.8—2.4，风化淋溶系数小于0.2，盐基饱和度小于35%，pH为4.5—5.5。红壤具深厚红色土层，淀积层（B层）底层可见具深厚红、黄、白相间网纹的红色黏土。

水稻土是鹿寨县第二大土壤类型，占本县地域面积的14%。水稻土是在长期季节性淹灌、水下翻耕、季节性脱水、氧化还原交替影响下，原来成土母质或母土的特性发生重大改变，形成的新的土壤类型。由于干湿交替，水稻土形成糊状淹育层、较坚实板结的犁底层、渗育层、潴育层与潜育层等多种发生层。这些不同发生层段是在人为耕作、水浆管理下形成的。

石灰（岩）土是鹿寨县第三大土壤类型，占本县地域面积的9%。石灰（岩）土发生于石灰岩山区，是石灰岩经溶蚀风化，形成的厚薄不同的钙质饱和或含游离钙质的土壤，多见于石隙、溶洞或峰丛底部。该土壤碳酸钙淋溶程度不一，多黏土，多为铁钙质胶结物，风化程度不一，盐基饱和度高，有机质含量及胶结状态有较大差异。

小于本县地域面积3%的土壤类型还有新积土、紫色土和黄壤等。

本区域中心区气候特征

本区域中心区气候特征值
Regional climate characteristics in central area of the region

气候带：中亚热带湿润气候 Climate region: Subtropical humid climate	
年平均气温 /℃ Annual average temperature /℃	20.0
年平均最高气温 /℃ Annual average maximum temperature /℃	24.2
年平均最低气温 /℃ Annual average minimum temperature /℃	17.0
年降水量 /mm Annual precipitation /mm	1738
≥10℃的积温 /℃ Daily temperature accumulated in a year（≥10℃）/℃	7294
年日照时数 /h Annual sunshine /h	1475
年平均相对湿度 /% Annual average relative humidity /%	77
干燥度 Dryness	0.68

本区域中心区月平均气温与月平均降水量
Monthly temperature and precipitation in central area of the region

鹿寨县主要土壤类型与土壤剖面点分布图
1 : 370 000

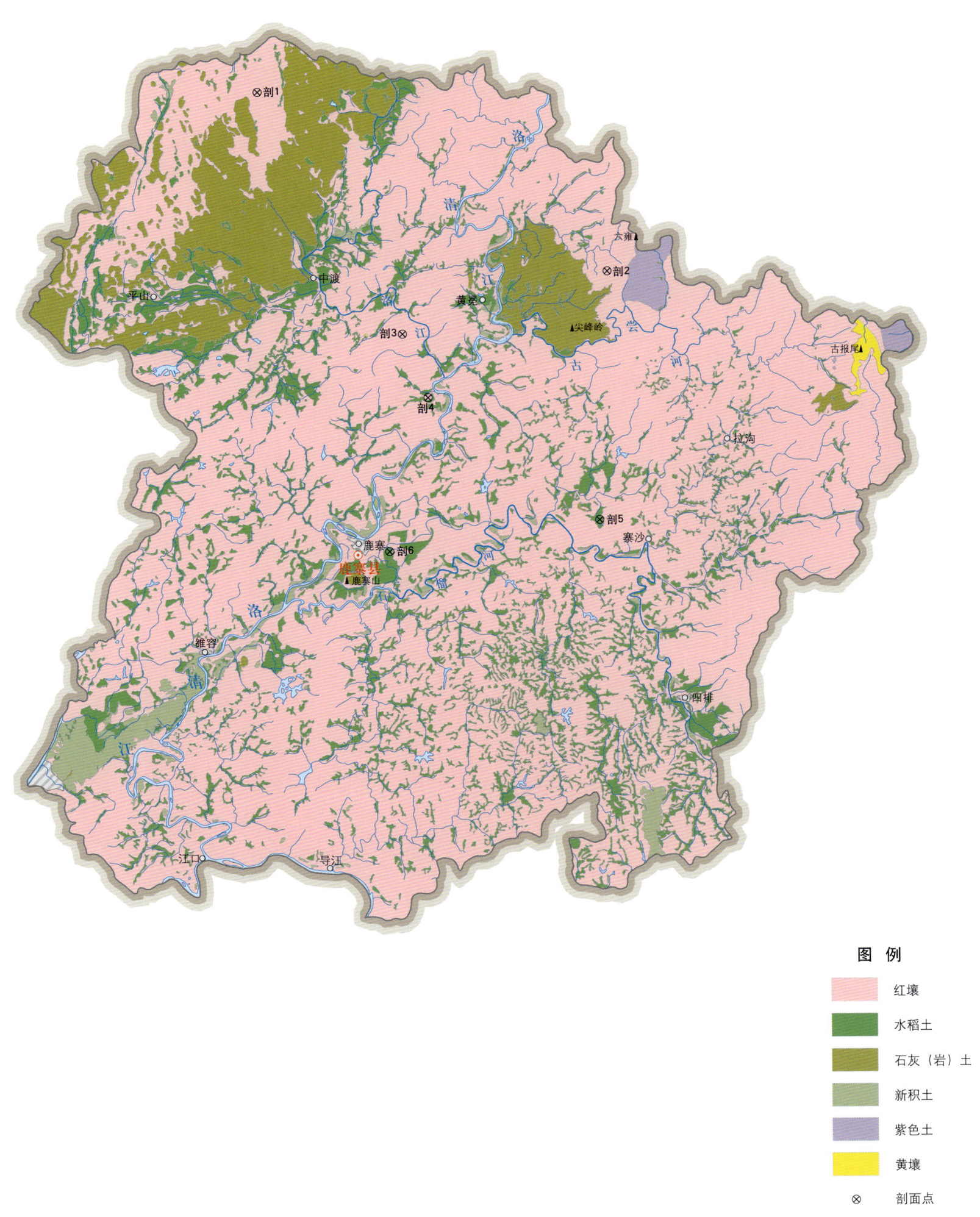

鹿寨县土壤剖面理化性状表

剖面号 Soil profile	土纲 Soil order	土类 Soil great group	亚类 Soil subgroup	土属 Soil genus	土种 Soil species	土层码 Layer code	土层厚度 Depth/cm	颜色 Soil color	质地 Soil texture	土壤结构 Soil structure	pH	有机质 OM/(g/kg)	全氮 TN/(g/kg)	全磷 TP/(g/kg)	全钾 TK/(g/kg)	有效磷 AP/(mg/kg)	速效钾 AK/(mg/kg)	阳离子交换量CEC/(cmol/kg)	土壤母质 Parent material	剖面点坐标 Profile coordinate	匹配指数 Matching index/%
剖1	铁铝土	红壤	红壤	红土质红壤	红土	A	0—20	暗红棕色	黏土	小块状	5.3	21.4	1.00	0.50	2.7	0.6	23		红土	E 109°39′04.3″ N 24°48′48.0″	100
						B₁	20—57	浅红棕色	黏土	块状	5.0	11.6	0.87	0.59	3.9	1.1	20				
						B₂	57—96	红棕色	黏土	块状	4.8	8.6	0.67	0.58	4.4	1.6	19				
						C₁	96—116	暗红棕色	黏土	块状	4.9	5.0	0.52	0.58	4.3	2.2	22				
						C₂	116—130	红棕色	黏土	小块状	4.9	4.7	0.56	0.57	4.5	2.3	22				
剖2	铁铝土	红壤	红壤	砂泥红壤	中层砂泥红土	A	0—14	灰棕色	壤质黏土	小块状	4.3	32.4	1.52	0.37	11.6	3.3	58	9.6	砂页岩风化物	E 109°55′46.5″ N 24°41′09.5″	87
						B	14—35	浅棕色	黏土	碎块状	4.3	17.8	1.08	0.36	13.8	0.9	38	9.1			
						C	35—45	橙棕色	黏土		4.2	16.3	1.12	0.39	14.3	1.1	34	8.9			
剖3	铁铝土	红壤	红壤	红泥土	红泥土	A	0—16	暗棕色	重黏土	碎块状	5.6	31.1	1.53	0.89	5.5	11.3	59		红土	E 109°46′02.6″ N 24°38′21.8″	92
						B₁	16—26	棕色	重黏土	块状	5.6	27.3	1.28	0.72	5.5	3.3	27				
						B₂	26—44	红棕色	重黏土	棱块状	5.3	18.8	1.06	0.69	5.5	2.1	20				
						C	44—100	浅红棕色	重黏土	块状	4.5	13.6	0.89	0.72	5.4	2.9	19				
剖4	铁铝土	红壤	红壤性土	耕型砾质红壤性土	红壤性土	A	0—10	灰棕色	重壤土	小块状	5.5	31.1	1.48	0.32	5.0	1.0	29	7.5	红土	E 109°47′16.1″ N 24°35′36.2″	91
						B	10—20	暗棕色	轻黏土	块状	6.0	18.4	0.94	0.35	4.6	1.0	10	7.3			
						C	20—100	浅棕色	轻黏土	块状	5.6	14.3	0.97	0.36	4.9	1.0	10	6.7			
剖5	人为土	水稻土	潴育水稻土	砂泥田	潴育砂泥田	A	0—17	棕色	壤质黏土		6.0	38.6	2.44	0.50	17.2	2.8	90		砂页岩风化坡积物	E 109°55′26.1″ N 24°30′22.6″	77
						P	17—24	棕黄色	黏土	块状	6.8	31.6	2.06	0.40	17.8	3.6	82				
						W₁	24—40	暗黄棕色	黏土		7.6	20.8	1.38	0.34	17.3	1.6	55				
						W₂	40—85	棕灰色	黏土		7.5	13.0	0.90	0.34	17.5	2.5	45				
剖6	人为土	水稻土	淹育水稻土	浅砂泥田	浅壤土田	A	0—11	灰黄棕色	粉砂质黏土	碎块状	4.7	37.8	2.24	0.49	12.1	4.8	67		砂页岩坡积物	E 109°45′27.7″ N 24°28′56.3″	85
						P	11—16	灰黄橙色	粉砂质黏土		5.5	22.3	1.47	0.35	11.0	2.9	43				
						Cw	16—23	灰黄橙色	粉砂质黏土		6.3	8.7	0.75	0.26	7.1	2.0	28				
						C₁	23—41	灰黄橙色	粉砂质黏土		6.8	3.2	0.60	0.28	8.4	1.6	27				
						C₂	41—70	灰黄橙色	壤质黏土			3.4	0.50	0.24	11.3	1.4	3				

融安县

主要土类说明

红壤是融安县主要土壤类型，占本县地域面积的 73%。红壤主要发生于常绿阔叶林下，呈中度脱硅富铝化特征，土壤黏粒中游离铁占全铁的 50%—60%。黏土矿物以高岭石、赤铁矿为主，黏粒硅铝率为 1.8—2.4，风化淋溶系数小于 0.2，盐基饱和度小于 35%，pH 为 4.5—5.5。红壤具深厚红色土层，淀积层（B 层）底层可见具深厚红、黄、白相间网纹的红色黏土。本县红壤分为红壤、黄红壤等亚类。

石灰（岩）土是融安县第二大土壤类型，占本县地域面积的 19%。石灰（岩）土发生于石灰岩山区，是石灰岩经溶蚀风化，形成的厚薄不同的钙质饱和或含游离钙质的土壤，多见于石隙、溶洞或峰丛底部。该土壤碳酸钙淋溶程度不一，多黏土，多为铁钙质胶结物，风化程度不一，盐基饱和度高，有机质含量及胶结状态有较大差异。

水稻土是融安县第三大土壤类型，占本县地域面积的 6%。水稻土是在长期季节性淹灌、水下翻耕、季节性脱水、氧化还原交替影响下，原来成土母质或母土的特性发生重大改变，形成的新的土壤类型。由于干湿交替，水稻土形成糊状淹育层、较坚实板结的犁底层、渗育层、潴育层与潜育层等多种发生层。这些不同发生层段是在人为耕作、水浆管理下形成的。按水型、水质，本县水稻土分为淹育型、潴育型、潜育型、沼泽型、盐渍型、矿毒型等亚类。

小于本县地域面积 3% 的土壤类型还有黄壤等。

本区域中心区气候特征

本区域中心区气候特征值
Regional climate characteristics in central area of the region

气候带：中亚热带湿润气候 Climate region: Subtropical humid climate	
年平均气温 /℃ Annual average temperature /℃	19.4
年平均最高气温 /℃ Annual average maximum temperature /℃	23.6
年平均最低气温 /℃ Annual average minimum temperature /℃	16.4
年降水量 /mm Annual precipitation /mm	1752
≥ 10℃的积温 /℃ Daily temperature accumulated in a year（≥ 10℃）/℃	7079
年日照时数 /h Annual sunshine /h	1417
年平均相对湿度 /% Annual average relative humidity /%	76
干燥度 Dryness	0.66

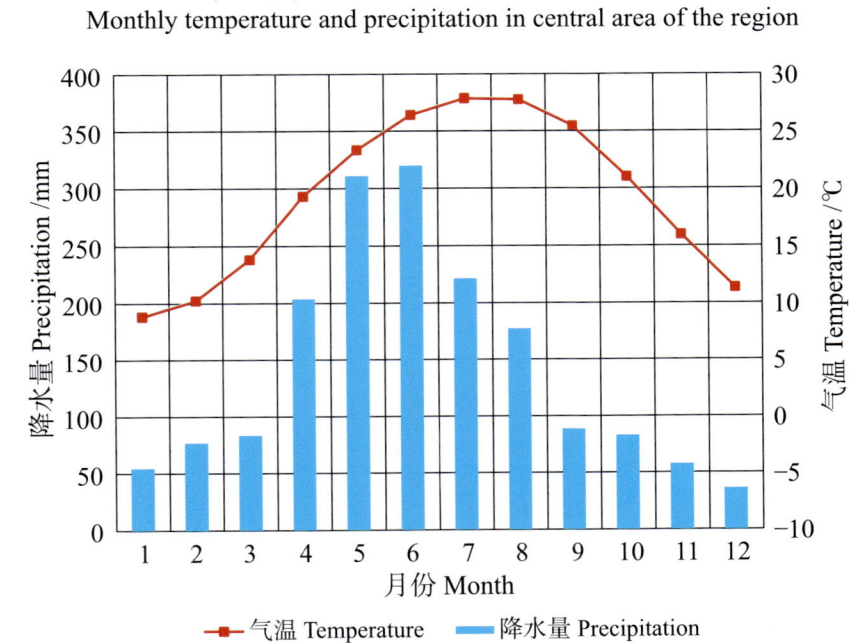

本区域中心区月平均气温与月平均降水量
Monthly temperature and precipitation in central area of the region

融安县主要土壤类型与土壤剖面点分布图
1 : 330 000

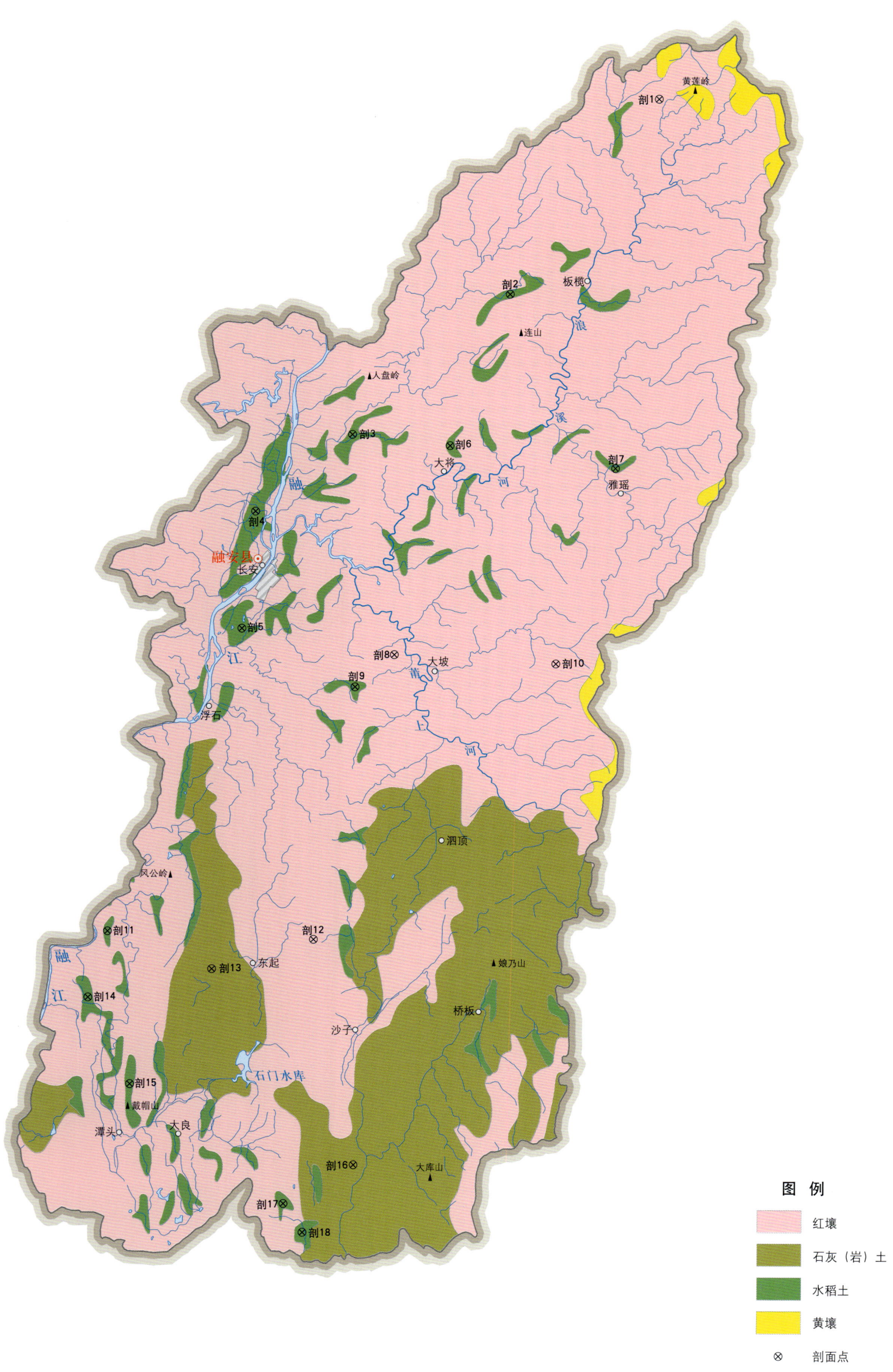

融安县土壤剖面理化性状表

剖面号 Soil profile	土纲 Soil order	土类 Soil great group	亚类 Soil subgroup	土属 Soil genus	土种 Soil species	土层码 Layer code	土层厚度 Depth/cm	颜色 Soil color	质地 Soil texture	土壤结构 Soil structure	pH	有机质 OM/(g/kg)	全氮 TN/(g/kg)	全磷 TP/(g/kg)	全钾 TK/(g/kg)	土壤母质 Parent material	剖面点坐标 Profile coordinate	匹配指数 Matching index/%
剖1	铁铝土	红壤	黄红壤	砂页岩黄红壤	薄层砂页岩黄红壤	A	0—15	暗棕色	壤土	团块状	5.0					砂页岩	E 109°40′54.9″ N 25°32′09.8″	73
						B	15—23	棕色	壤土	团块状	4.5							
						C	23—100	红黄色	壤土	团块状	5.0							
剖2	人为土	水稻土	潴育水稻土	砂页岩潴育水稻土	潴育油砂田	A	0—16	暗灰黄色	砂壤土	团块状	6.0					砂页岩	E 109°34′23.2″ N 25°24′13.3″	71
						P	16—21	浅棕黄色	砂壤土	块状	6.5							
						W	21—41	红棕色	砂壤土	块状	7.0							
						C	41—100	红黄色	壤土	块状	7.0							
剖3	人为土	水稻土	潴育水稻土	砂页岩潴育水稻土	潴育砂泥肉田	A	0—13	灰棕色	壤土	团块状	6.5					砂页岩	E 109°27′27.4″ N 25°18′30.6″	86
						P	13—20	棕灰色	壤土	块状	6.0							
						W	20—100	黄棕色	壤土	小块状	6.5							
剖4	人为土	水稻土	潴育水稻土	砂页岩潴育水稻土	潴育湖泥田	A	0—15	灰黄色	壤土	团粒状	6.0					砂页岩	E 109°23′12.1″ N 25°15′20.5″	72
						P	15—26	暗黄色	壤土	块状	6.5							
						W	26—45	灰黄色	壤土	棱柱状	6.5							
						C	45—100	棕黄色	壤土	块状	6.5							
剖5	人为土	水稻土	潴育水稻土	冲积性潴育水稻土	潴育潮泥田	A	0—15	灰棕色	壤土	团块状	6.0	32.4	1.90	0.29	18.6	河流冲积物	E 109°22′40.4″ N 25°10′37.6″	76
						P	15—26	棕黄色	壤土	团块状	6.5	22.2	1.35	0.33	17.9			
						W	26—39	灰黄色	壤土	棱柱状	7.0	8.0	1.65	0.32	17.9			
						C	39—100	灰黄色	壤土	块状	7.5	8.5	0.42	0.16	18.4			
剖6	人为土	水稻土	淹育水稻土	砂页岩淹育水稻土	壤土田	A	0—17	浅红黄色	壤土	块状	5.5	49.2	2.89	0.61	21.7	砂页岩	E 109°31′48.0″ N 25°18′06.1″	89
						P	17—29	红灰色	壤土	小块状	7.0	25.6	1.67	0.28	21.8			
						C	29—100	红灰色	壤土	小块状	6.5	6.7	1.07	0.21	22.9			
剖7	人为土	水稻土	潜育水稻土	冷浸田	深潜田	A	0—12	暗灰色	壤土	小块状	6.0					砂页岩	E 109°39′09.7″ N 25°17′15.7″	93
						G	12—100	青灰色	黏壤土	块状	6.5							
剖8	铁铝土	红壤	红壤	耕型砂页岩红壤	红壤土	A	0—12	暗棕红色	黏壤土	小块状	6.0					砂页岩	E 109°29′27.6″ N 25°09′39.2″	71
						C	12—100	棕灰色	壤土	块状	6.0							
剖9	人为土	水稻土	潜育水稻土	冷浸田	浅潜田	A	0—24	暗棕灰色	砂壤土	团块状	5.5	35.7	1.52	0.28	18.3	砂页岩	E 109°27′43.9″ N 25°08′19.5″	89
						G	24—36	暗黄灰色	砂壤土	团块状	5.5	23.5	0.98	0.25	19.4			
						C	36—100	灰黄色	砂壤土	团块状	6.0	5.9	0.38	0.44	19.0			
剖10	铁铝土	红壤	黄红壤	砂页岩黄红壤	厚层砂页岩黄红壤	A	0—13	暗棕色	壤土	小块状	6.0					砂页岩	E 109°36′37.6″ N 25°09′21.6″	90
						B	13—28	红灰色	壤土	块状	6.5							
						C	28—100	黄色	壤土	块状	6.0							
剖11	人为土	水稻土	淹育水稻土	砂页岩淹育水稻土	砂土田	A	0—12	黄棕色	砂壤土	小块状	6.0					砂页岩	E 109°16′55.7″ N 24°58′18.1″	98
						P	12—17	黄灰色	砂壤土	块状	6.5							
						C	17—100	棕色	壤土	块状	6.0							
剖12	铁铝土	红壤	黄红壤	砂页岩黄红壤	中层砂页岩黄红壤	A	0—24	暗棕红色	砂壤土	小块状	5.0					砂页岩	E 109°26′03.8″ N 24°58′05.2″	83
						C	24—100	浅红黄色	砂壤土	块状	5.5							
剖13	初育土	石灰(岩)土	棕色石灰土	棕色石灰土	含砂棕色石灰土	A	0—14	暗灰色	黏壤土	块状	7.0					砂页岩	E 109°21′34.9″ N 24°56′49.9″	77
						C	14—100	灰棕色	黏壤土	块状	6.5							
剖14	人为土	水稻土	潴育水稻土	砂页岩潴育水稻土	潴育鳝泥肉田	A	0—17	灰棕色	黏壤土	块状	7.0					砂页岩	E 109°16′06.6″ N 24°55′35.8″	99
						P	17—24	黄灰色	黏壤土	棱柱状	7.0							
						C	24—35	红棕色	黏壤土	块状	7.0							
							35—100											

续表 Continued

剖面号 Soil profile	土纲 Soil order	土类 Soil great group	亚类 Soil subgroup	土属 Soil genus	土种 Soil species	土层码 Layer code	土层厚度 Depth/cm	颜色 Soil color	质地 Soil texture	土壤结构 Soil structure	pH	有机质 OM/(g/kg)	全氮 TN/(g/kg)	全磷 TP/(g/kg)	全钾 TK/(g/kg)	土壤母质 Parent material	剖面点坐标 Profile coordinate	匹配指数 Matching index/%
剖15	人为土	水稻土	潴育水稻土	砂页岩潴育水稻土	潴育砂土田	A	0—14	暗灰色	砂壤土	团块状	7.5	17.2	0.78	0.20	2.3	砂页岩	E 109°18′01.9″ N 24°52′08.5″	99
						P	14—19	暗灰色	砂壤土	团块状	7.0	25.4	1.23	0.18	2.0			
						W	19—66	灰黄棕色	砂壤土	小块状	7.0	5.0	0.23	0.16	2.5			
						C	66—100	红黄色	砂壤土	小块状	7.0	4.0	0.17	0.16	2.2			
剖16	初育土	石灰(岩)土	棕色石灰土	棕色石灰土	棕色石灰土	A	0—9	暗棕色	黏壤土	块状	6.5						E 109°27′59.0″ N 24°49′03.0″	100
						B	9—15	棕色	黏壤土	块状	6.5							
						C	15—100	浅棕色	黏壤土	浅块状	7.0							
剖17	人为土	水稻土	淹育水稻土	砂页岩淹育水稻土	蜡泥田	A	0—13	暗灰黄色	黏壤土	团块状	7.0					砂页岩	E 109°24′55.1″ N 24°47′26.9″	94
						P	13—23	浅黄灰色	黏土	块状	7.0							
						C	23—100	黄棕色	黏土	块状	7.5							
剖18	人为土	水稻土	潴育水稻土	棕色石灰土潴育水稻土	潴育棕泥田	A	0—14	暗棕灰色	黏壤土	块状	7.0	42.0	2.09	0.30	8.2	石灰岩风化物	E 109°25′47.1″ N 24°46′18.5″	74
						P	14—20	暗灰色	黏壤土	块状	7.0	27.0	1.31	0.22	8.7			
						W	20—44	暗灰色	黏壤土	棱柱状	7.0	15.6	0.79	0.23	9.1			
						C	44—100	黄棕色	黏壤土	块状	7.0	11.5	0.63	0.21	11.9			

融水苗族自治县

主要土类说明

红壤是融水苗族自治县主要土壤类型，占本县地域面积的 71%。红壤主要发生于常绿阔叶林下，呈中度脱硅富铝化特征，土壤黏粒中游离铁占全铁的 50%—60%。黏土矿物以高岭石、赤铁矿为主，黏粒硅铝率为 1.8—2.4，风化淋溶系数小于 0.2，盐基饱和度小于 35%，pH 为 4.5—5.5。红壤具深厚红色土层，淀积层（B 层）底层可见具深厚红、黄、白相间网纹的红色黏土。根据海拔高度的不同，本县红壤分为红壤、黄红壤两个亚类。红壤亚类占本土类总面积的 44%，其特点主要是红、酸、黏，富含铁铝。黄红壤亚类占本土类总面积的 56%，分布于海拔 600—1000m 的山丘上，黄红壤属于红壤与黄壤之间的过渡类型，土色红黄相间，呈酸性，质地为黏土。

黄壤是融水苗族自治县第二大土壤类型，占本县地域面积的 21%，分布于本县海拔 700—1500m 的山地。表土层有机质含量较高，一般在 4%—8%，心土层呈黄色，底土层为半风化岩石碎屑，土壤呈酸性至强酸性，质地为壤土至黏壤土。

小于本县地域面积 3% 的土壤类型还有砖红壤、水稻土、石灰（岩）土、山地草甸土和潮土等。

本区域中心区气候特征

本区域中心区气候特征值
Regional climate characteristics in central area of the region

气候带：中亚热带湿润气候 Climate region: Subtropical humid climate	
年平均气温 /℃ Annual average temperature /℃	19.0
年平均最高气温 /℃ Annual average maximum temperature /℃	23.3
年平均最低气温 /℃ Annual average minimum temperature /℃	16.0
年降水量 /mm Annual precipitation /mm	1641
≥10℃的积温 /℃ Daily temperature accumulated in a year（≥10℃）/℃	6939
年日照时数 /h Annual sunshine /h	1358
年平均相对湿度 /% Annual average relative humidity /%	77
干燥度 Dryness	0.69

融水苗族自治县主要土壤类型与土壤剖面点分布图
1 : 400 000

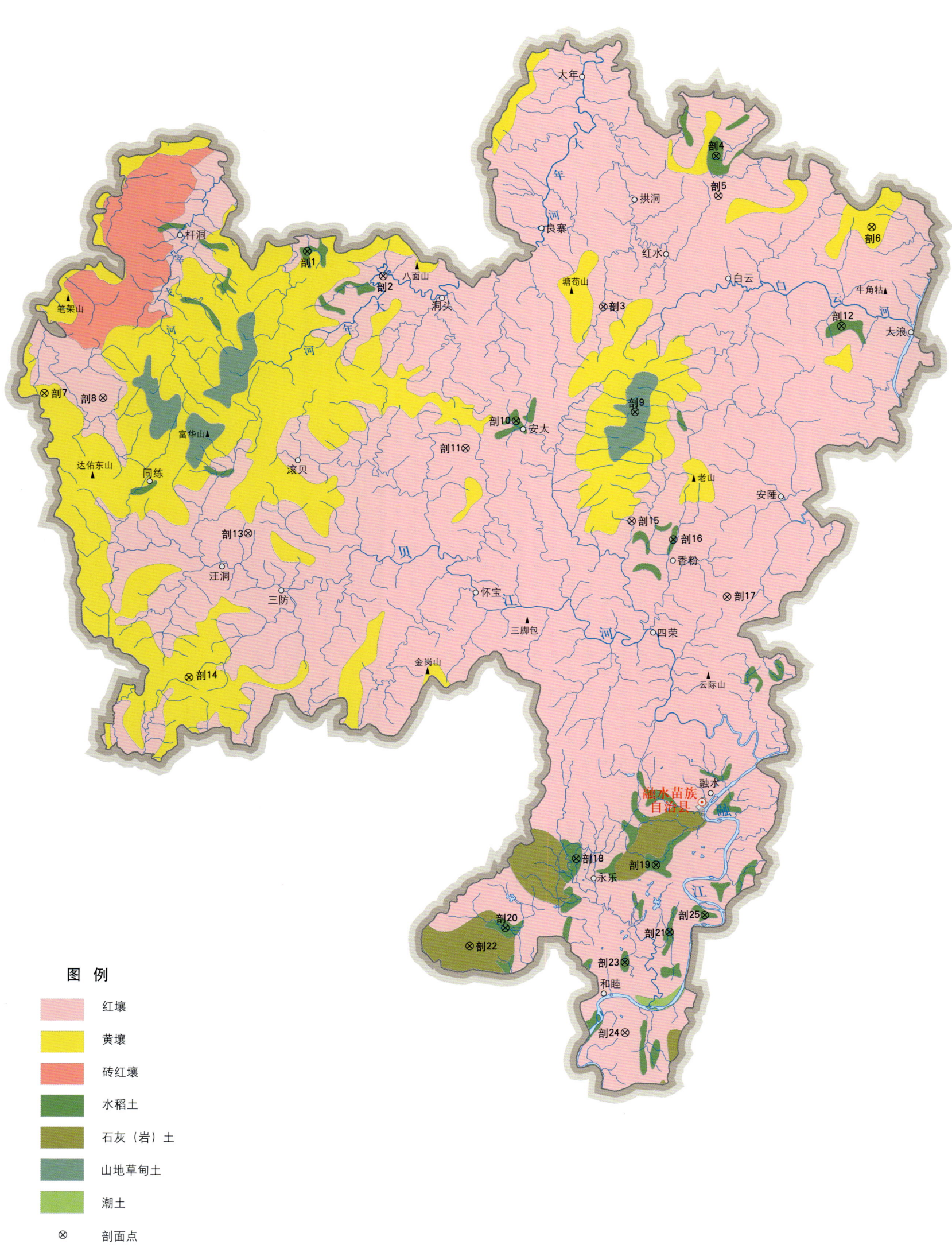

融水苗族自治县土壤剖面理化性状表

剖面号 Soil profile	土纲 Soil order	土类 Soil great group	亚类 Soil subgroup	土属 Soil genus	土种 Soil species	土层码 Layer code	土层厚度 Depth/cm	颜色 Soil color	质地 Soil texture	土壤结构 Soil structure	pH	有机质 OM/(g/kg)	全氮 TN/(g/kg)	全磷 TP/(g/kg)	全钾 TK/(g/kg)	有效磷 AP/(mg/kg)	速效钾 AK/(mg/kg)	阳离子交换量CEC/(cmol/kg)	土壤母质 Parent material	剖面点坐标 Profile coordinate	匹配指数 Matching index/%
剖1	人为土	水稻土	潴育水稻土	花岗岩潴育水稻土	潴育杂油砂田	A	0—16	灰棕色	壤土	小块状	6.5								花岗岩	E 108°51′36.0″ N 25°32′45.1″	88
						P	16—24	灰棕色	壤土	块状	6.5										
						W	24—34	黄灰棕色	壤土	棱柱状	6.0										
						C	34—100	红棕色	壤土	块状	6.0										
剖2	铁铝土	红壤	红壤	耕型砂页岩红壤	红壤土	A	0—14	红红色	中壤土	小团块状	4.0	23.8	1.06	0.39	12.0				砂页岩	E 108°56′01.0″ N 25°31′32.2″	73
						2	14—26	灰红色	重壤土	小块状	4.0	13.2	0.75	0.42	13.4						
						C	26—100	浅红色	中壤土	小块状	4.0	8.5	0.61	0.42	15.9						
剖3	铁铝土	红壤	黄红壤	耕型砂页岩黄红壤	砾质土	A	0—17	黄棕色	砾质土	红棕色	6.0	22.0							砂页岩	E 109°08′45.2″ N 25°30′05.4″	77
						2	17—35	黄棕色	砾质土	无明显结构	6.0					1.4					
						C	35—100	棕黄色	砂砾土	块状	6.0										
剖4	人为土	水稻土	潴育水稻土	砂页岩潴育水稻土	潴育砂泥田	A	0—20	暗棕色	重壤土	块状	5.0	64.1	3.36	0.48	16.5				砂页岩	E 109°15′09.7″ N 25°38′01.0″	73
						2	20—35	暗棕灰色	重壤土	块状	5.5	37.6	1.99	0.48	16.9						
						W	35—51	暗黄棕色	重壤土	块状	5.5	16.9	0.95	0.26	20.1		66				
						C	51—81	浅灰黄色	重壤土	块状	5.0	4.9	0.69	0.24	24.9						
剖5	铁铝土	红壤	黄红壤	砂页岩黄红壤	厚层砂页岩黄红壤	A	0—12	暗棕灰色	壤土	小块状	5.5								砂页岩	E 109°15′18.9″ N 25°35′56.4″	95
						C	12—100	浅黄棕色	壤土	小块状	5.5										
剖6	铁铝土	黄壤	黄壤	砂页岩黄壤	厚层砂页岩黄壤	A	0—17	黄棕色	壤土	小块状	5.5								砂页岩	E 109°24′11.7″ N 25°34′22.8″	84
						B	17—27	浅棕土	壤土	块状	6.5										
						C	27—100	红黄色	壤土	块状	5.5										
剖7	铁铝土	黄壤	黄壤	耕型砂页岩黄壤	潴育砂泥田	A	0—14	灰黄色	砂壤土	团块状	5.5								砂页岩	E 108°36′33.2″ N 25°25′07.3″	89
						2	14—21	浅黄棕色	砂壤土	块状	5.5										
						C	21—100	暗黄棕色	砂壤土	块状	5.5										
剖8	铁铝土	黄壤	黄红壤	耕型砂页岩黄红壤	砂质黄泥土	A	0—19	暗黄棕色	中壤土	团块状	4.5	48.1	2.04	0.36	13.8				砂页岩	E 108°39′56.5″ N 25°24′55.8″	83
						2	19—30	黄棕色	重壤土	块状	4.5	30.7	1.38	0.29	15.1						
						C	30—100	浅黄棕色	重壤土	块状	4.5	13.5	1.07	0.23	15.4						
剖9	半水成土	山地草甸土	山地灌丛草甸土	杂砂山地灌丛草甸土	灌丛草甸土	A	0—25	棕黄色	壤土	小块状	5.0	71.8	3.45			1.0	91		花岗岩	E 109°10′39.6″ N 25°24′35.0″	85
						C	25—65	白黄色	砂壤土	小块状	6.0										
						D	65—														
剖10	人为土	水稻土	潴育水稻土	花岗岩潴育水稻土	潴育杂砂田	A	0—11	黄灰色	砂壤土	小块状	5.5								花岗岩	E 109°03′48.9″ N 25°24′02.8″	89
						P	11—20	灰黄色	砂壤土	块状	6.0										
						W	20—61	黄棕灰色	砂壤土	棱柱状	6.5										
						C	61—100	黄白色	中壤土	块状	5.5										
剖11	铁铝土	红壤	黄红壤	砂页岩潴育红壤	薄层砂页岩黄红壤	A	0—13	暗棕色	黏壤土	块状	6.0								砂页岩	E 109°00′54.3″ N 25°22′33.6″	91
						2	13—34	暗棕红色	中壤土	小块状	5.5							5.3			
						D	34—														
剖12	人为土	水稻土	潴育水稻土	砂页岩潴育水稻土	潴育砂泥肉田	A	0—17	棕灰色	中壤土	小块状	4.5	30.0	2.13	0.45	15.0				砂页岩	E 109°22′31.5″ N 25°29′13.4″	92
						P	17—28	浅灰棕色	中壤土	块状	5.5	26.7	1.84	0.47	15.2			4.9			
						W	28—51	棕灰棕色	中壤土	棱柱状	5.5	13.4	0.90	0.91	13.6			4.4			
						C	51—100	棕黄色	中壤土	块状	5.0	5.5	0.42	0.19	25.5			6.9			
剖13	铁铝土	红壤	黄红壤	花岗岩黄红壤	薄层花岗岩黄红壤	A	0—14	暗黄棕色	砂壤土	小块状	5.0								花岗岩	E 108°48′27.4″ N 25°17′58.2″	76
						B	14—30	浅灰黄色	砂壤土	块状	5.0										
						C	30—40	灰黄色	砂土	粒状	4.5										

续表 Continued

剖面号 Soil profile	土纲 Soil order	土类 Soil great group	亚类 Soil subgroup	土属 Soil genus	土种 Soil species	土层码 Layer code	土层厚度 Depth/cm	颜色 Soil color	质地 Soil texture	土壤结构 Soil structure	pH	有机质 OM/(g/kg)	全氮 TN/(g/kg)	全磷 TP/(g/kg)	全钾 TK/(g/kg)	有效磷 AP/(mg/kg)	速效钾 AK/(mg/kg)	阳离子交换量CEC/(cmol/kg)	土壤母质 Parent material	剖面点坐标 Profile coordinate	匹配指数 Matching index/%
剖14	铁铝土	黄壤	黄壤	砂页岩黄壤	薄层砂页岩黄壤	A	0—10	暗棕色	壤土	块状	5.5								砂页岩	E 108°45′11.0″ N 25°10′21.2″	78
						B	10—20	红棕色	壤土	块状	6.3										
						C	20—38	棕色	壤土	块状	6.5										
剖15	铁铝土	红壤	黄红壤	花岗岩黄红壤	厚层花岗岩黄红壤	A	0—20	暗棕色	砂壤土	小块状	4.0	90.2	3.37	0.69	27.1				花岗岩	E 109°10′33.6″ N 25°18′53.6″	93
						B	20—34	黄棕色	砂壤土	小块状	4.0	53.2	3.30	0.65	28.3						
						C	34—100	黄红色	砂壤土	块状	4.0	6.0	0.27	0.40	24.1						
剖16	人为土	水稻土	淹育水稻土	花岗岩淹育水稻土	浅杂砂泥田	A	0—20	暗棕色	轻壤土	小块状	5.0	48.6	2.36	0.58	29.5				花岗岩	E 109°12′58.2″ N 25°17′57.0″	76
						P	20—30	暗棕灰色	轻壤土	块状	5.5	38.1	2.01	0.58	30.6						
						C	30—100	暗棕色	轻壤土	小块状	5.5	24.6	1.07	0.51	33.0						
剖17	铁铝土	红壤	黄红壤	砂页岩黄红壤	中层砂页岩黄红壤	A	0—7	暗棕色	中壤土	小块状	4.5	92.5	3.85	0.51	21.4				砂页岩	E 109°16′07.5″ N 25°15′00.2″	92
						B	7—15	暗黄棕色	轻壤土	小块状	4.0	52.4	2.05	0.37	21.9						
						C	15—49	浅黄棕色	轻壤土	棱柱状	4.5	30.4	1.38	0.24	31.4						
						D	49—														
剖18	人为土	水稻土	潴育水稻土	冲积性潴育水稻土	潴育潮泥田	A	0—14	棕灰色	壤土	小块状	7.3								河流冲积物	E 109°07′39.0″ N 25°01′11.3″	70
						P	14—20	灰棕色	壤土	小块状	6.0										
						W	20—40	棕黄色	壤土	棱柱状	6.5										
						C	40—100	黄色	壤土	块状	7.0										
剖19	人为土	水稻土	潴育水稻土	红土质潴育水稻土	潴育黄泥田	A	0—12	灰棕色	重壤土	小块状	6.5	31.0	2.08	0.20	16.0				红土	E 109°12′15.1″ N 25°00′55.1″	94
						P	12—17	灰棕色	重壤土	棱柱状	6.0	21.1	1.39	0.17	17.3						
						W	17—32	灰黄色	重壤土	棱柱状	6.5	11.2	0.86	0.17	18.3						
						C	32—100	黄色	重壤土	块状	7.0	4.5	0.69	0.74	19.3						
剖20	人为土	水稻土	淹育水稻土	砂页岩淹育水稻土	蜡泥田	A	0—10	棕灰色	黏壤土	小块状	6.0	28.0				3.0	25		砂页岩	E 109°03′38.5″ N 24°57′28.8″	83
						P	10—14	灰棕色	黏壤土	块状	5.5										
						C	14—100	黄棕色	黏土	块状	7.0										
剖21	人为土	水稻土	潴育水稻土	砂页岩潴育水稻土	潴育砂土田	A	0—14	暗黄棕色	砂壤土	块状	6.0	24.5				1.8	28		砂页岩	E 109°13′05.2″ N 24°57′23.0″	78
						P	14—17	灰黄棕色	砂壤土	块状	5.5										
						W	17—55	灰黄棕色	砂壤土	大块状	5.5										
						C	55—100	黄棕色	砂壤土	块状	5.0										
剖22	初育土	石灰(岩)土	棕色石灰土	耕型棕色石灰土	棕泥土	A	0—14	黄棕色	黏壤土	团状	7.5	38.4	2.50	0.50	19.1				砂页岩	E 109°01′35.8″ N 24°56′29.4″	82
						B	14—20	棕灰色	黏壤土	块状	8.0	32.5	2.21	0.49	19.4						
						C	20—100	黄红色	黏壤土	块状	8.0	6.4	0.53	0.27	19.1						
剖23	人为土	水稻土	淹育水稻土	砂页岩淹育水稻土	壤土田	A	0—10	暗黄棕色	轻壤土	小块状	6.0	17.0				1.3	70		砂页岩	E 109°10′32.2″ N 24°55′45.8″	95
						P	10—18	灰黄黄色	中壤土	块状	6.0										
						C	18—100	红黄色	中壤土	块状	6.5										
剖24	铁铝土	红壤	红壤	耕型砂岩红壤	红砂土	A	0—14	暗棕色	砂壤土	小块状	5.5	29.0							砂岩	E 109°10′36.9″ N 24°52′06.0″	70
						2	14—21	棕灰色	砂壤土	块状	6.5										
						C	21—81	黄红色	砂壤土	大块状	5.0										
						D	81—100														
剖25	人为土	水稻土	淹育水稻土	砂页岩淹育水稻土	黏质铁磐底田	A	0—13	暗黄棕色	黏壤土	块状	6.0					1.3	95		砂页岩	E 109°15′05.4″ N 24°58′17.4″	80
						P	13—18	暗黄棕色	黏壤土	块状	6.0										
						C	18—100	浅黄色	黏壤土	块状	7.0										

三江侗族自治县

主要土类说明

红壤是三江侗族自治县主要土壤类型，占本县地域面积的91%，一般分布于海拔500m以下地方。红壤主要发生于中亚热带常绿阔叶林下，呈中度脱硅富铝化特征，土壤黏粒中游离铁占全铁的50%—60%。黏土矿物以高岭石、赤铁矿为主，黏粒硅铝率为1.8—2.4，风化淋溶系数小于0.2，盐基饱和度小于35%，pH为4.5—5.5。红壤具深厚红色土层，淀积层（B层）底层可见具深厚红、黄、白相间网纹的红色黏土。本县红壤分为红壤、黄红壤、红壤性土等亚类。

黄壤是三江侗族自治县第二大土壤类型，占本县地域面积的5%，一般分布于本县海拔850m以上的砂页岩丘陵山地。一般植被覆盖良好，土壤质地为壤土至黏壤土，呈中度脱硅富铝化特征，土壤有机质累积较高，具O-A-AB-B-C剖面构型。

水稻土是三江侗族自治县第三大土壤类型，占本县地域面积的3%，主要分布于山冲、低山谷地、矮山坡，以及浔江、溶江、苗江等沿河两岸。水稻土是因种植水稻而形成的一种特殊土壤，它的形成条件和肥力特性都与旱地土壤有很大差别，它的存在能充分体现人为作用对土壤形成的能动性和主导性。为满足水稻生长的需要，人们采取了修筑田埂、平整土地、实施排灌、水耕水耙、施肥轮作等一系列农事活动，这些是水稻土形成的最基本条件。水稻土可分布于不同的地形部位，地形影响水稻土中水分的运动方向和速度，也影响水稻土中淋溶淀积作用。水稻土可在不同的母质上发育，母质影响水稻土的物质组成，从而使性状产生差异，其差异程度也受人为作用及发育深度的影响。水稻土发育的方向、发育的深度是由人为作用决定的，人类劳动不仅决定土壤中交替进行的氧化还原、淋溶和淀积过程，还决定了土壤中生物循环过程和肥力演变途径。按水型差异，本县水稻土分为淹育型、潴育型、潜育型、沼泽型等亚类。

本区域中心区气候特征

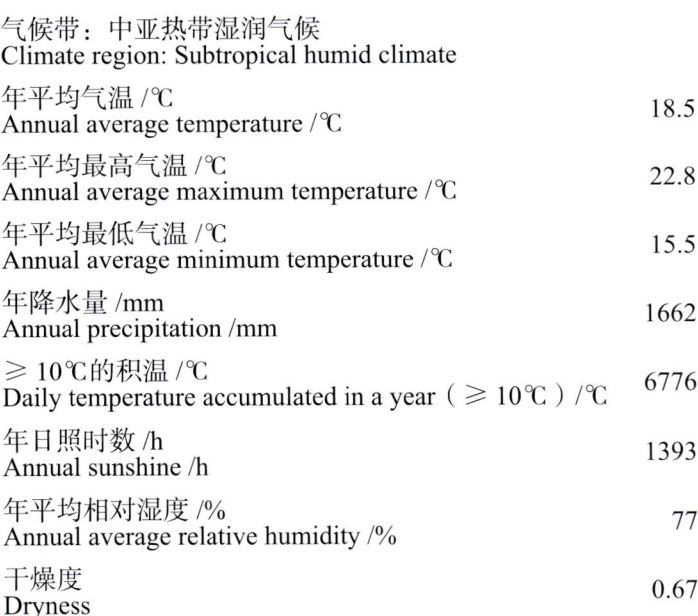

本区域中心区气候特征值
Regional climate characteristics in central area of the region

气候带：中亚热带湿润气候 Climate region: Subtropical humid climate	
年平均气温 /℃ Annual average temperature /℃	18.5
年平均最高气温 /℃ Annual average maximum temperature /℃	22.8
年平均最低气温 /℃ Annual average minimum temperature /℃	15.5
年降水量 /mm Annual precipitation /mm	1662
≥10℃的积温 /℃ Daily temperature accumulated in a year (≥10℃) /℃	6776
年日照时数 /h Annual sunshine /h	1393
年平均相对湿度 /% Annual average relative humidity /%	77
干燥度 Dryness	0.67

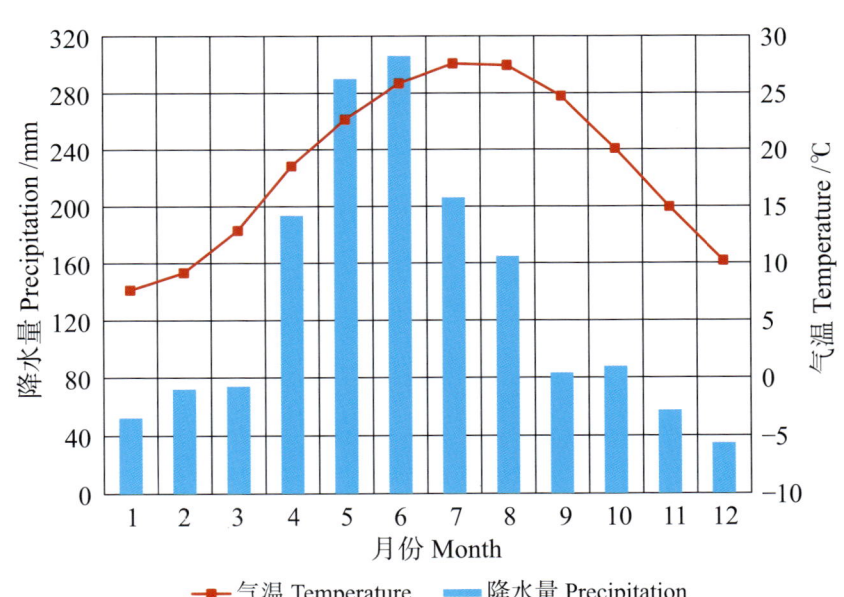

本区域中心区月平均气温与月平均降水量
Monthly temperature and precipitation in central area of the region

三江侗族自治县主要土壤类型与土壤剖面点分布图
1 : 390 000

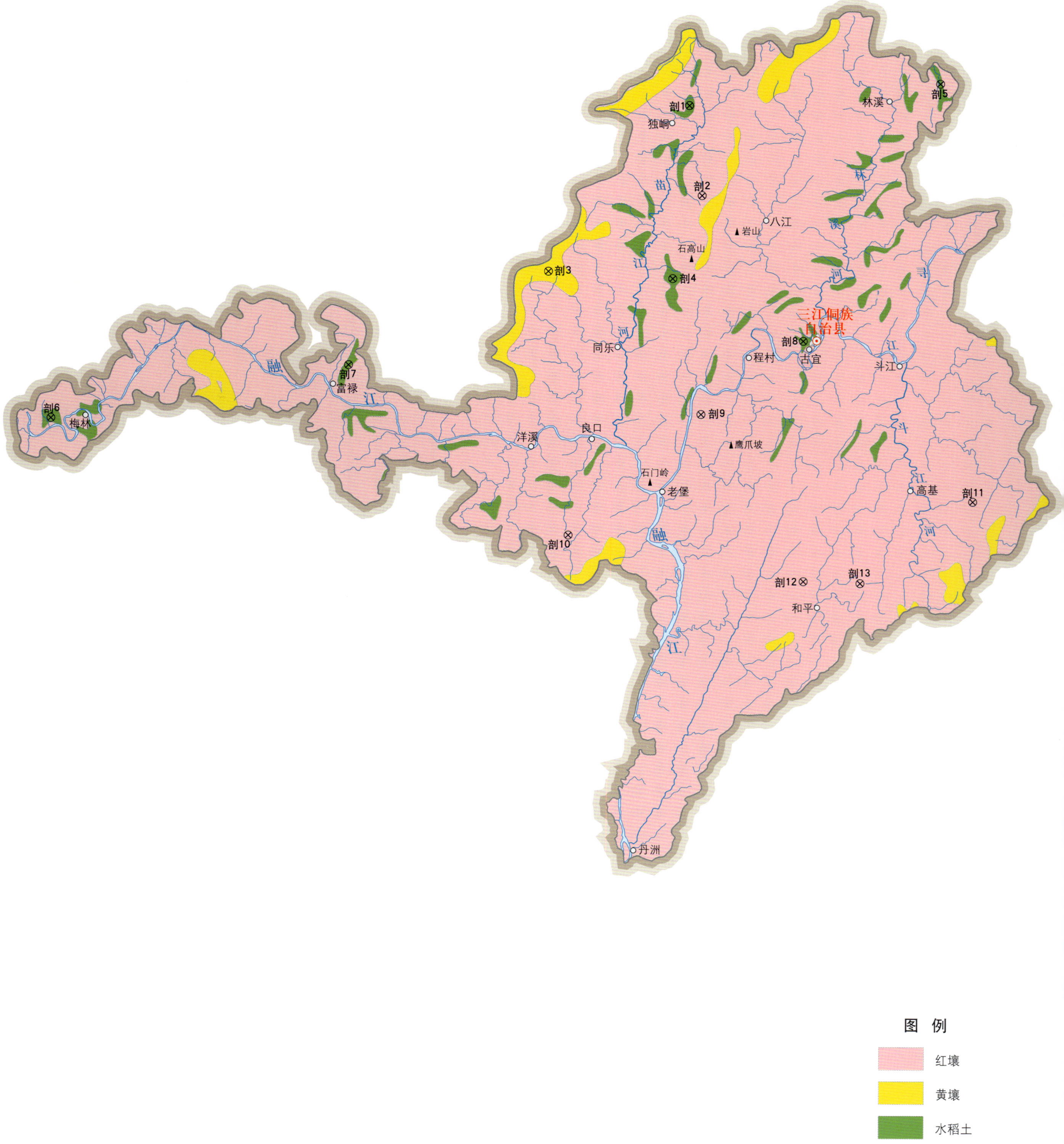

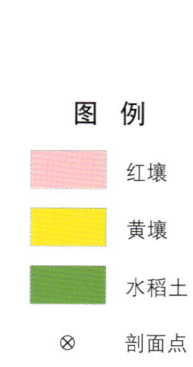

图 例
- 红壤
- 黄壤
- 水稻土
- ⊗ 剖面点

三江侗族自治县土壤剖面理化性状表

剖面号 Soil profile	土纲 Soil order	土类 Soil great group	亚类 Soil subgroup	土属 Soil genus	土种 Soil species	土层码 Layer code	土层厚度 Depth/cm	颜色 Soil color	质地 Soil texture	土壤结构 Soil structure	pH	有机质 OM/(g/kg)	全氮 TN/(g/kg)	全磷 TP/(g/kg)	全钾 TK/(g/kg)	有效磷 AP/(mg/kg)	速效钾 AK/(mg/kg)	土壤母质 Parent material	剖面点坐标 Profile coordinate	匹配指数 Matching index/%
剖1	人为土	水稻土	潴育水稻土	潜底田	中潜底田	1	0—21		重壤土		5.5	63.4	2.58	0.45	25.7				E 109° 29′ 09.6″ N 25° 58′ 20.4″	83
						2	21—25		重壤土		5.5	54.9	2.77	0.78	21.7					
						3	25—100		重壤土		5.5	62.9	2.62	0.45	23.0					
剖2	铁铝土	红壤	黄红壤	砂页岩黄红壤	薄层砂页岩黄红壤	A	0—16	暗灰色	壤土	团粒状	5.5							砂页岩	E 109° 29′ 54.2″ N 25° 54′ 02.9″	72
						B	16—28	黄棕色	黏土	块状	6.0									
						C	28—100													
剖3	铁铝土	黄壤	黄壤	砂页岩黄壤	厚层砂页岩黄壤	A	0—23	棕灰色	轻壤土	粒状	6.5	75.7	4.48	0.33	17.7			砂页岩	E 109° 21′ 47.2″ N 25° 50′ 19.3″	95
						B	23—85	橙色	中壤土	团块状	6.5	24.4	1.53	0.45	25.7					
						C	85—100	黄色												
剖4	人为土	水稻土	潴育水稻土	砂页岩潴育水稻土	潜育砂泥田	A	0—14	暗棕灰色	重壤土	团块状	6.0	39.1	2.27	0.39	16.0			砂页岩	E 109° 28′ 24.2″ N 25° 50′ 02.6″	77
						P	14—19	浅灰色	重壤土	块状	5.5	31.0	1.76	0.31	15.3					
						W	19—35	棕灰色	中壤土	棱柱状	5.0	20.4	1.15	0.33	15.3					
						C	35—100	黄棕色	轻壤土	块状	5.5	4.0	0.41	0.17	15.6					
剖5	人为土	水稻土	潴育水稻土	冷浸田	浅浸田	A	0—20	暗黄黄色	壤土	团块状	6.0								E 109° 42′ 31.8″ N 25° 59′ 31.7″	92
						G	20—28	暗灰黄色	壤土	团块状	6.0									
						C	28—100	浅棕黄色	黏土	团块状	7.0									
剖6	人为土	水稻土	潴育水稻土	冷浸田	深浸田	A	0—22	暗青黄色	重壤土	块状	5.5					2.5	75		E 108° 55′ 27.8″ N 25° 42′ 52.2″	91
						P	22—37	浅青黄色	黏土	团块状	6.5									
						G	37—63		黏土	块状	6.5									
						C	63—100	浅棕黄色	黏土	块状	6.0									
剖7	人为土	水稻土	潴育水稻土	洪积性潴育水稻土	洪积潜育砂泥田	A	0—14	灰黄色	中壤土	团块状	5.5	48.3	2.77	0.67	12.9			洪积物	E 109° 11′ 13.2″ N 25° 45′ 38.5″	75
						P	14—19	灰黄色	中壤土	块状	5.0	39.2	2.42	0.67	12.6		25			
						W	19—40	浅黄黄色	重壤土	棱柱状	5.0	20.7	1.25	0.59	11.5					
						C	40—100	暗棕色	重壤土	块状	5.0	17.7	1.09	0.86	14.4					
剖8	人为土	水稻土	潴育水稻土	冲积性潴育水稻土	潜育潮泥田	A	0—14	棕灰色	重壤土	块状	6.0	27.4	1.86	0.68	16.4	5.0		河流冲积物	E 109° 35′ 25.0″ N 25° 47′ 06.4″	76
						P	14—20	灰色	中壤土	团块状	6.5	10.4	0.61	0.74	16.7					
						C	20—30	黄灰色	中壤土	棱柱状	6.0	17.4	1.32	0.51	19.1		50			
						C	30—100	灰黄色												
剖9	铁铝土	红壤	黄红壤	砂页岩黄红壤	厚层砂页岩红壤	1	0—41		中壤土	团块状	6.5	20.1	1.53	0.66	21.2			砂页岩	E 109° 30′ 01.4″ N 25° 43′ 31.8″	70
						2	41—50		中壤土	块状	5.5	18.7	1.36	1.07	25.3					
						3	61—70		中壤土		5.5	63.2	3.60	1.05	26.2					
剖10	铁铝土	红壤	黄红壤	砂页岩黄红壤	中层砂页岩黄红壤	1	0—5		中壤土	团块状	5.5	95.3	3.71	0.45	21.5			砂页岩	E 109° 23′ 03.9″ N 25° 37′ 39.8″	96
						2	5—20		轻壤土	块状	5.0	15.9	0.92	0.33	25.3					
剖11	铁铝土	红壤	黄红壤	砂页岩黄红壤	厚层砂页岩黄红壤	A	0—18	暗黄棕色	重壤土	团块状	4.5	79.0	2.77	0.56	19.4			砂页岩	E 109° 44′ 32.8″ N 25° 39′ 31.0″	92
						B	18—55	黄棕黄色	重壤土	团块状	5.0	69.0	2.45	0.25	19.0					
						C	55—100	红灰色	轻壤土	团块状	5.0	39.0	1.71	0.44	24.0					
剖12	铁铝土	红壤	黄红壤	砂页岩黄红壤	厚层砂页岩黄红壤	1	0—5		重壤土	团块状	5.0	92.2	3.58	0.50	19.2			砂页岩	E 109° 35′ 35.9″ N 25° 35′ 34.1″	72
						2	5—15		重壤土	块状	5.5	47.5	2.07	0.42	20.1					
						3	40—50		轻壤土		5.0	12.0	0.83	0.30	26.4					
剖13	铁铝土	红壤	黄红壤	砂页岩黄红壤	中层砂页岩黄红壤	A	0—16	橙色	重壤土	团块状	5.0	30.8	1.75	0.20	25.7			砂页岩	E 109° 38′ 37.0″ N 25° 35′ 31.1″	82
						B	16—67		重壤土	块状	4.5	9.4	0.75	0.23	25.6					
						C	67—		轻壤土		6.5	9.9	0.75	0.34	32.9					

桂 林 市

秀峰区、叠彩区、象山区、七星区、雁山区

主要土类说明

  红壤是秀峰区、叠彩区、象山区、七星区、雁山区主要土壤类型，占本区域地域面积的 37%。红壤主要发生于中亚热带常绿阔叶林下，呈中度脱硅富铝化特征，土壤黏粒中游离铁占全铁的 50%—60%。黏土矿物以高岭石、赤铁矿为主，黏粒硅铝率为 1.8—2.4，风化淋溶系数小于 0.2，盐基饱和度小于 35%，pH 为 4.5—5.5。红壤具深厚红色土层，淀积层（B 层）底层可见具深厚红、黄、白相间网纹的红色黏土。

  石灰（岩）土是秀峰区、叠彩区、象山区、七星区、雁山区第二大土壤类型，占本区域地域面积的 33%。石灰（岩）土发生于石灰岩山区，是石灰岩经溶蚀风化，形成的厚薄不同的钙质饱和或含游离钙质的土壤，多见于石隙、溶洞或峰丛底部。该土壤碳酸钙淋溶程度不一，多黏土，多为铁钙质胶结物，风化程度不一，盐基饱和度高，有机质含量及胶结状态有较大差异。

  水稻土是秀峰区、叠彩区、象山区、七星区、雁山区第三大土壤类型，占本区域地域面积的 17%。水稻土是在长期季节性淹灌、水下翻耕、季节性脱水、氧化还原交替影响下，原来成土母质或母土的特性发生重大改变，形成的新的土壤类型。由于干湿交替，水稻土形成糊状淹育层、较坚实板结的犁底层、渗育层、潴育层与潜育层等多种发生层。这些不同发生层段是在人为耕作、水浆管理下形成的。本区域水稻土分为淹育型、潴育型、潜育型、沼泽型、矿毒型、盐渍型等亚类。

  小于本区域地域面积 3% 的土壤类型还有潮土和紫色土等。

本区域中心区气候特征

本区域中心区气候特征值
Regional climate characteristics in central area of the region

气候带：中亚热带湿润气候 Climate region: Subtropical humid climate	
年平均气温 /℃ Annual average temperature /℃	19.1
年平均最高气温 /℃ Annual average maximum temperature /℃	23.3
年平均最低气温 /℃ Annual average minimum temperature /℃	16.1
年降水量 /mm Annual precipitation /mm	1884
≥10℃的积温 /℃ Daily temperature accumulated in a year（≥10℃）/℃	6978
年日照时数 /h Annual sunshine /h	1497
年平均相对湿度 /% Annual average relative humidity /%	76
干燥度 Dryness	0.60

本区域中心区月平均气温与月平均降水量
Monthly temperature and precipitation in central area of the region

秀峰区、叠彩区、象山区、七星区、雁山区主要土壤类型与土壤剖面点分布图
1:150 000

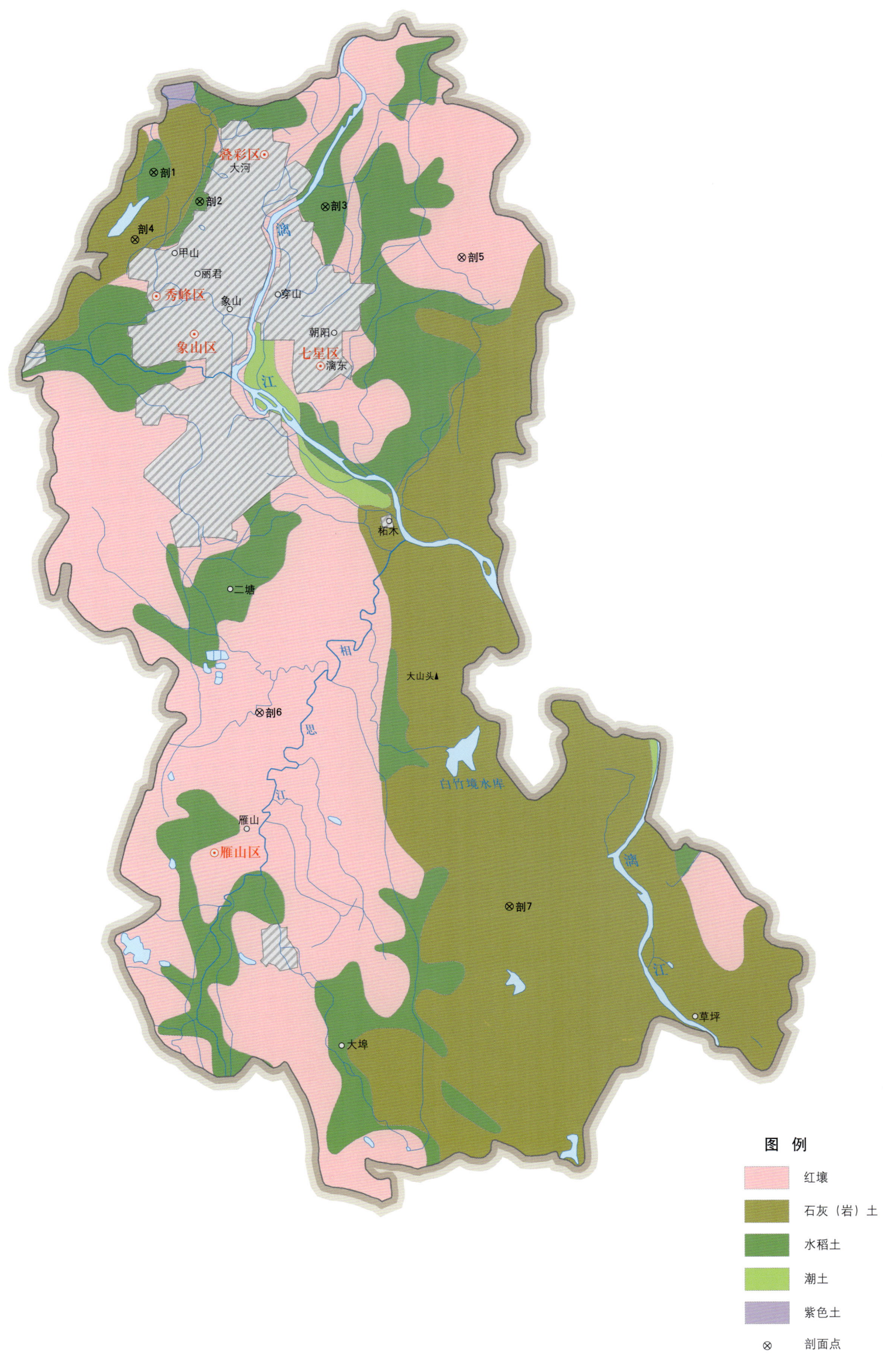

图 例
- 红壤
- 石灰（岩）土
- 水稻土
- 潮土
- 紫色土
- ⊗ 剖面点

秀峰区、叠彩区、象山区、七星区、雁山区土壤剖面理化性状表

剖面号 Soil profile	土纲 Soil order	土类 Soil great group	亚类 Soil subgroup	土属 Soil genus	土种 Soil species	土层码 Layer code	土层厚度 Depth/cm	颜色 Soil color	质地 Soil texture	土壤结构 Soil structure	pH	有机质 OM/(g/kg)	全氮 TN/(g/kg)	全磷 TP/(g/kg)	全钾 TK/(g/kg)	有效磷 AP/(mg/kg)	速效钾 AK/(mg/kg)	土壤母质 Parent material	剖面点坐标 Profile coordinate	匹配指数 Matching index/%
剖1	人为土	水稻土	潴育水稻土	洪积性潴育水稻土	洪积潴育砂泥田	A	0—15	浅灰色	轻壤土	小块状	6.5	42.9	2.32	0.80	11.6	1.3	30	洪积物	E 110°15′35.3″ N 25°18′51.1″	72
						P	15—22	棕灰色	壤土	块状	6.7	30.0	1.80	0.64	12.3	1.8	20			
						W	22—47	棕灰色	壤土	棱柱状	7.7	16.1	0.77	0.68	11.3	4.2	2			
						C	47—100	灰棕色	黏土	无明显结构	7.4	10.4	0.65	0.54	8.7	3.2	24			
剖2	人为土	水稻土	潴育水稻土	冲积性潴育水稻土	潴育潮砂泥田	A	0—13	浅灰色	砂壤土	粒状	6.2	22.6	1.02	0.28	17.8	1.1	18	河流冲积物	E 110°16′30.9″ N 25°18′19.5″	99
						P	13—19	灰棕色	砂壤土	小块状	6.1	11.3	0.50	0.32	20.6	0.8	15			
						W	19—42	灰棕色	砂壤土	棱柱状	6.3	5.7	0.38	0.40	19.6	0.7	23			
						C	42—100	灰棕色	砂壤土	无明显结构										
剖3	人为土	水稻土	潴育水稻土	冲积性潴育水稻土	潴育潮砂泥田	A	0—13	暗棕色	砂壤土	粒状	7.1	26.5	1.44	0.36	7.3	2.7	58	河流冲积物	E 110°19′03.6″ N 25°18′14.5″	79
						P	13—20	灰棕色	砂壤土	块状	7.7	13.0	0.69	0.45	7.1	2.1	42			
						W	20—54	灰黄色	砂壤土	棱柱状	7.9	7.5	0.35	0.42	6.0	3.0	46			
						C	54—100	红黄色	壤土											
剖4	初育土	石灰（岩）土	棕色石灰土	耕型棕色石灰土	棕泥土	A	0—23	暗棕色	壤土	粒状	6.4	26.6	1.47	0.81	5.3	0.3	42		E 110°15′12.7″ N 25°17′37.1″	76
						B	23—42	黄棕色	壤土	小块状	6.2	24.2	1.39	0.79	5.7		27			
						C	42—103	红棕色	黏土	小粒状	6.8	17.0	0.94	0.78	7.6		32			
剖5	铁铝土	红壤		砂页岩红壤	中层砂页岩红壤	1	0—24	浅灰棕色	黏壤土	小块状	5.5	10.9	0.88	0.23	18.1	4.8	163	砂页岩	E 110°21′49.1″ N 25°17′20.2″	91
						2	24—80	灰棕色	黏壤土	块状	5.4	4.6	0.54	0.37	17.1		61			
剖6	铁铝土	红壤		耕型第四纪红土红壤	红泥土	A	0—17	棕红色	黏土	块状显结构	7.6							红土	E 110°17′46.0″ N 25°08′58.2″	97
						B	17—27	红色	黏土	无明显结构	5.3	3.6	0.42	0.44	17.4	1.1	29			
						C	27—100	暗棕色	黏壤土	小粒状	6.5									
剖7	初育土	石灰（岩）土	棕色石灰土	棕泥土	自然土	A	0—28	棕色	黏土	小块状	7.0								E 110°22′49.1″ N 25°05′25.8″	83
						C	28—80													

临 桂 区

主要土类说明

红壤是临桂区主要土壤类型，占本区地域面积的59%。红壤主要发生于中亚热带常绿阔叶林下，呈中度脱硅富铝化特征，土壤黏粒中游离铁占全铁的50%—60%。黏土矿物以高岭石、赤铁矿为主，黏粒硅铝率为1.8—2.4，风化淋溶系数小于0.2，盐基饱和度小于35%，pH为4.5—5.5。红壤具深厚红色土层，淀积层（B层）底层可见具深厚红、黄、白相间网纹的红色黏土。

水稻土是临桂区第二大土壤类型，占本区地域面积的18%。水稻土是在长期季节性淹灌、水下翻耕、季节性脱水、氧化还原交替影响下，原来成土母质或母土的特性发生重大改变，形成的新的土壤类型。由于干湿交替，水稻土形成糊状淹育层、较坚实板结的犁底层、渗育层、潴育层与潜育层等多种发生层。这些不同发生层段是在人为耕作、水浆管理下形成的。

黄壤是临桂区第三大土壤类型，占本区地域面积的13%。黄壤发生于湿润条件下，呈中度脱硅富铝化特征，多见于海拔700—1200m的山地。土壤有机质累积较多，具O–A–AB–B–C剖面构型。pH为4.5—5.5。淀积层（B层）富含水合氧化物（针铁矿），呈黄色，有时多含三水铝石。

紫色土占临桂区地域面积的4%。紫色土是由热带、亚热带紫红色岩层直接风化形成的A–C型土壤。其理化性质与母岩组成直接相关，土层浅薄，剖面层次发育不明显，仍处于初育阶段。母岩富含矿质养分，且风化迅速，不失为良好的肥沃土壤。但其他较干旱地区的此类母岩风化物不具有此肥沃特性。

黄棕壤占临桂区地域面积的3%。黄棕壤发生于落叶阔叶林下，呈弱度脱硅富铝化特征，黏聚现象明显，呈黄棕色黏土状。具A–B–C或A–(B)–C剖面构型，黏粒硅铝率在2.5左右，铁的游离度较红壤低，B层交换性酸大于A层。土壤pH为5.5—6.0。

小于本区地域面积3%的土壤类型还有石灰（岩）土等。

本区域中心区气候特征

本区域中心区气候特征值
Regional climate characteristics in central area of the region

气候带：中亚热带湿润气候 Climate region: Subtropical humid climate	
年平均气温 /℃ Annual average temperature /℃	19.1
年平均最高气温 /℃ Annual average maximum temperature /℃	23.3
年平均最低气温 /℃ Annual average minimum temperature /℃	16.1
年降水量 /mm Annual precipitation /mm	1887
≥10℃的积温 /℃ Daily temperature accumulated in a year (≥10℃) /℃	6974
年日照时数 /h Annual sunshine /h	1482
年平均相对湿度 /% Annual average relative humidity /%	76
干燥度 Dryness	0.59

本区域中心区月平均气温与月平均降水量
Monthly temperature and precipitation in central area of the region

临桂县主要土壤类型与土壤剖面点分布图
1 : 350 000

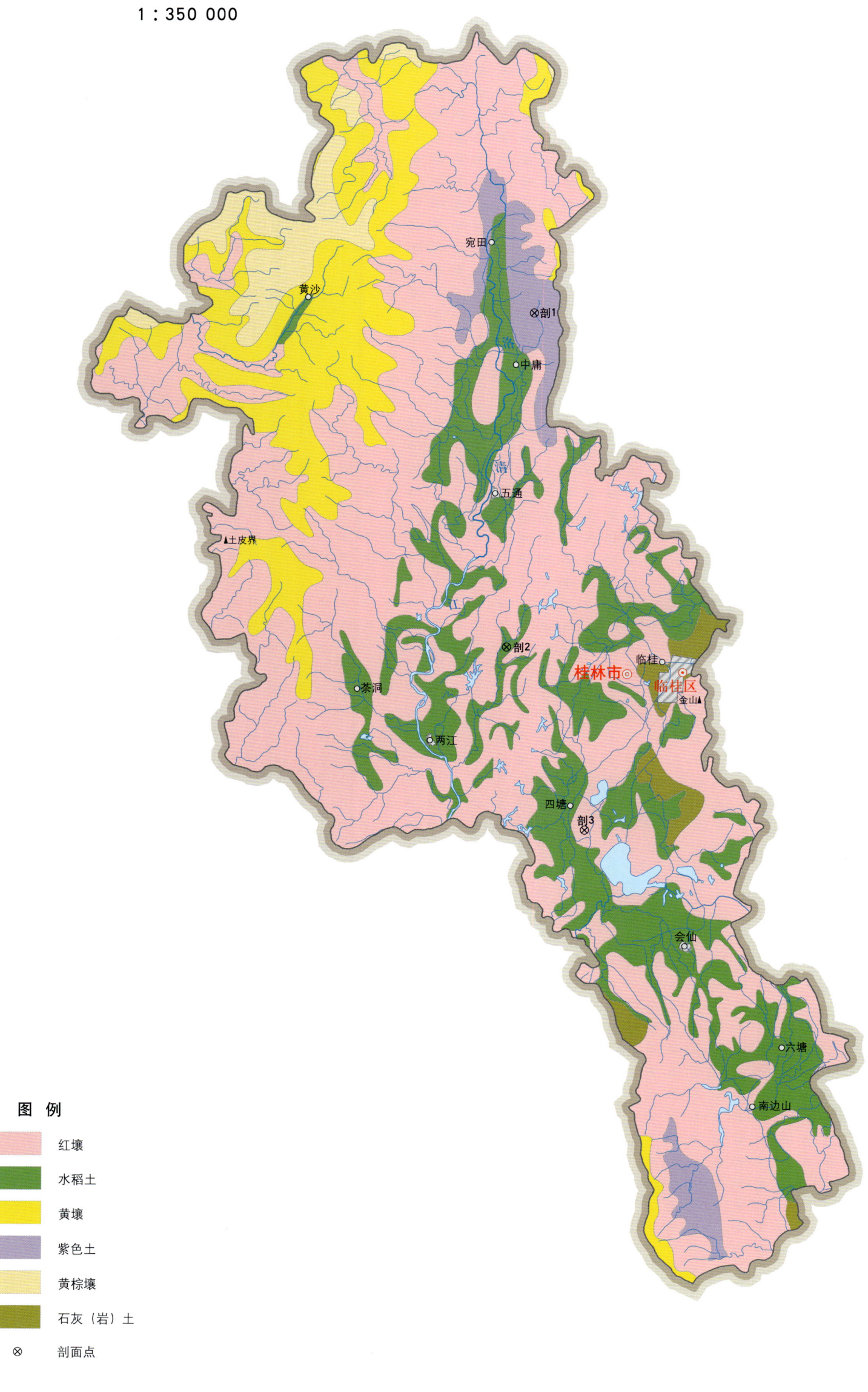

图例
- 红壤
- 水稻土
- 黄壤
- 紫色土
- 黄棕壤
- 石灰（岩）土
- ⊗ 剖面点

注：国务院2013年1月批准，撤销临桂县，设立临桂区。

临桂区土壤剖面理化性状表

剖面号 Soil profile	土纲 Soil order	土类 Soil great group	亚类 Soil subgroup	土属 Soil genus	土种 Soil species	土层码 Layer code	土层厚度 Depth/cm	颜色 Soil color	质地 Soil texture	土壤结构 Soil structure	pH	有机质 OM/(g/kg)	全氮 TN/(g/kg)	全磷 TP/(g/kg)	全钾 TK/(g/kg)	有效磷 AP/(mg/kg)	速效钾 AK/(mg/kg)	阳离子交换量CEC/(cmol/kg)	土壤母质 Parent material	剖面点坐标 Profile coordinate	匹配指数 Matching index/%
剖1	初育土	紫色土	酸性紫色土	酸性紫泥土	酸性紫泥土	A	0—20	紫棕色	中壤土	碎块状	4.4	30.0	1.86	0.68	25.8	2.0	182	9.5	紫色砂页岩风化物	E 110°05′37.0″ N 25°29′58.9″	84
						B	20—77	紫色	中壤土	棱块状	4.4	29.6	1.85	0.64	25.4	1.8	141	9.1			
						C	77—100	紫色	中壤土	块状	4.1	18.9	1.41	0.56	25.9	3.0	127	5.7			
剖2	人为土	水稻土	潴育水稻土	冷浸田	浅潴底田	A	0—26	灰黄色	轻黏土	块状	5.9	34.5	2.29	0.37	11.3	3.0	29	13.7	洪积物	E 110°04′30.3″ N 25°16′10.6″	82
						G	26—100	浅灰色	中壤土	块状	6.4	44.7	2.24	0.60	12.2	2.3	20	12.7			
剖3	铁铝土	红壤	红壤	红砂泥土	红壤土	A	0—12	暗黄橙色	中壤土	碎块状	4.7	21.9	1.64	0.78	22.6	2.0	28	8.6	砂页岩坡积物	E 110°08′08.2″ N 25°08′38.1″	77
						B	12—20	暗橙色	中壤土	碎块状	6.2	12.8	1.19	0.87	24.6	2.0	49	11.4			
						C	20—80	暗橙色	中壤土	块状	5.3	9.3	1.04	0.79	25.1	2.6	30	8.1			

阳 朔 县

主要土类说明

石灰（岩）土是阳朔县主要土壤类型，占本县地域面积的36%，本县各乡镇均有分布。石灰（岩）土是由石灰岩风化物发育而成，其特点是土体富含钙质，整个土体均有不同程度的石灰反应，土壤呈中性或微碱性，表层有机质含量高，常呈黑色和棕色，质地疏松，结构良好。由于地势陡峭，重力水下渗作用强，黏粒下移快，所以多形成上壤下黏的剖面层次。根据成土条件及其属性的差异，本县石灰（岩）土分为黑色石灰土和棕色石灰土两个亚类。植被大多为小灌木林。

红壤是阳朔县第二大土壤类型，占本县地域面积的36%，分布于海拔700m以下的地带，随着海拔高度上升则逐步过渡为黄壤。红壤主要发生于中亚热带常绿阔叶林下，呈中度脱硅富铝化特征，土壤黏粒中游离铁占全铁50%—60%。黏土矿物以高岭石、赤铁矿为主，黏粒硅铝率为1.8—2.4，风化淋溶系数小于0.2，盐基饱和度小于35%，pH为4.5—5.5。红壤具深厚红色土层，淀积层（B层）底层可见具深厚红、黄、白相间网纹的红色黏土。根据海拔高度和成土条件的不同，本县红壤分为红壤、黄红壤、红壤性土三个亚类。

水稻土是阳朔县第三大土壤类型，占本县地域面积的14%，分布在河谷、岩溶谷地、山谷及一些缓坡上，是本县最主要的耕作土壤。水稻土是在长期季节性淹灌、水下翻耕、季节性脱水、氧化还原交替影响下，原来成土母质或母土的特性发生重大改变，形成的新的土壤类型。由于干湿交替，水稻土形成糊状淹育层、较坚实板结的犁底层、渗育层、潴育层与潜育层等多种发生层。

紫色土占阳朔县地域面积的8%，主要分布于紫色岩区。紫色土呈紫色、酸性，是由紫红色岩层直接风化形成的A-C型土壤。在成土过程中，由于母岩质软、松脆、色深，物理风化作用强，成土迅速，加上山高坡陡，水土流失严重，土层厚薄不一，土体中常夹有较多的半风化母岩碎屑，层次发育不太明显。在地势陡峻的山坡上部，由于植被稀少，土壤冲刷流失严重，一般土层较浅薄。在地势比较平缓的坡下部和沟、坝、平地，因受坡积物、洪积物的影响，土层深厚，土壤熟化程度高，生产性能好，土壤养分含量较高。

黄壤占阳朔县地域面积的5%，主要分布于海拔700m以上的山地。该土壤主要由砂页岩风化物发育而成，按土层深厚划分，40—80cm为中层砂页岩黄壤，大于80cm的为厚层砂页岩黄壤。土壤有机质累积较多，具O-A-AB-B-C剖面构型。pH为4.5—5.5。淀积层（B层）富含水合氧化铁（针铁矿），呈黄色，有时多含三水铝石。多为林地，间亦耕种。

小于本县地域面积3%的土壤类型还有新积土等。

本区域中心区气候特征

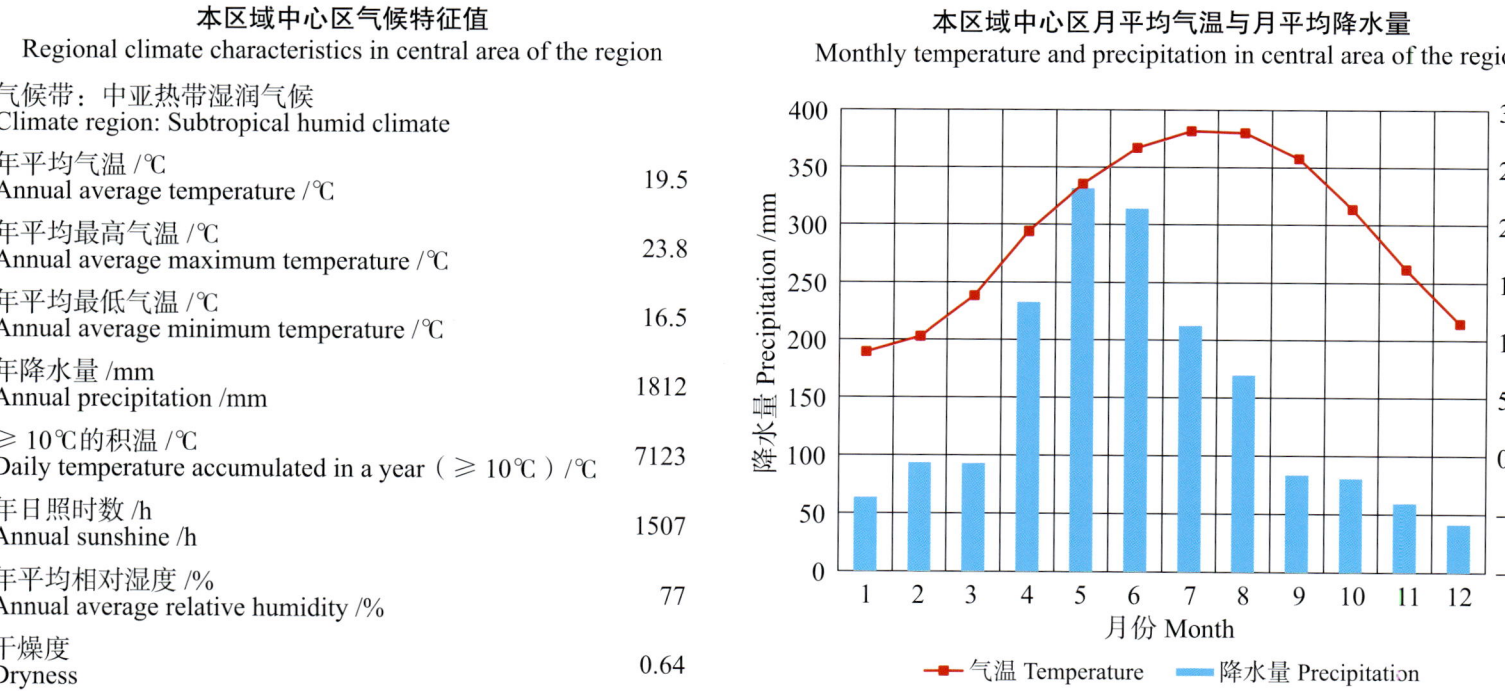

本区域中心区气候特征值
Regional climate characteristics in central area of the region

气候带：中亚热带湿润气候 Climate region: Subtropical humid climate	
年平均气温 /℃ Annual average temperature /℃	19.5
年平均最高气温 /℃ Annual average maximum temperature /℃	23.8
年平均最低气温 /℃ Annual average minimum temperature /℃	16.5
年降水量 /mm Annual precipitation /mm	1812
≥10℃的积温 /℃ Daily temperature accumulated in a year (≥10℃) /℃	7123
年日照时数 /h Annual sunshine /h	1507
年平均相对湿度 /% Annual average relative humidity /%	77
干燥度 Dryness	0.64

本区域中心区月平均气温与月平均降水量
Monthly temperature and precipitation in central area of the region

阳朔县主要土壤类型与土壤剖面点分布图
1 : 220 000

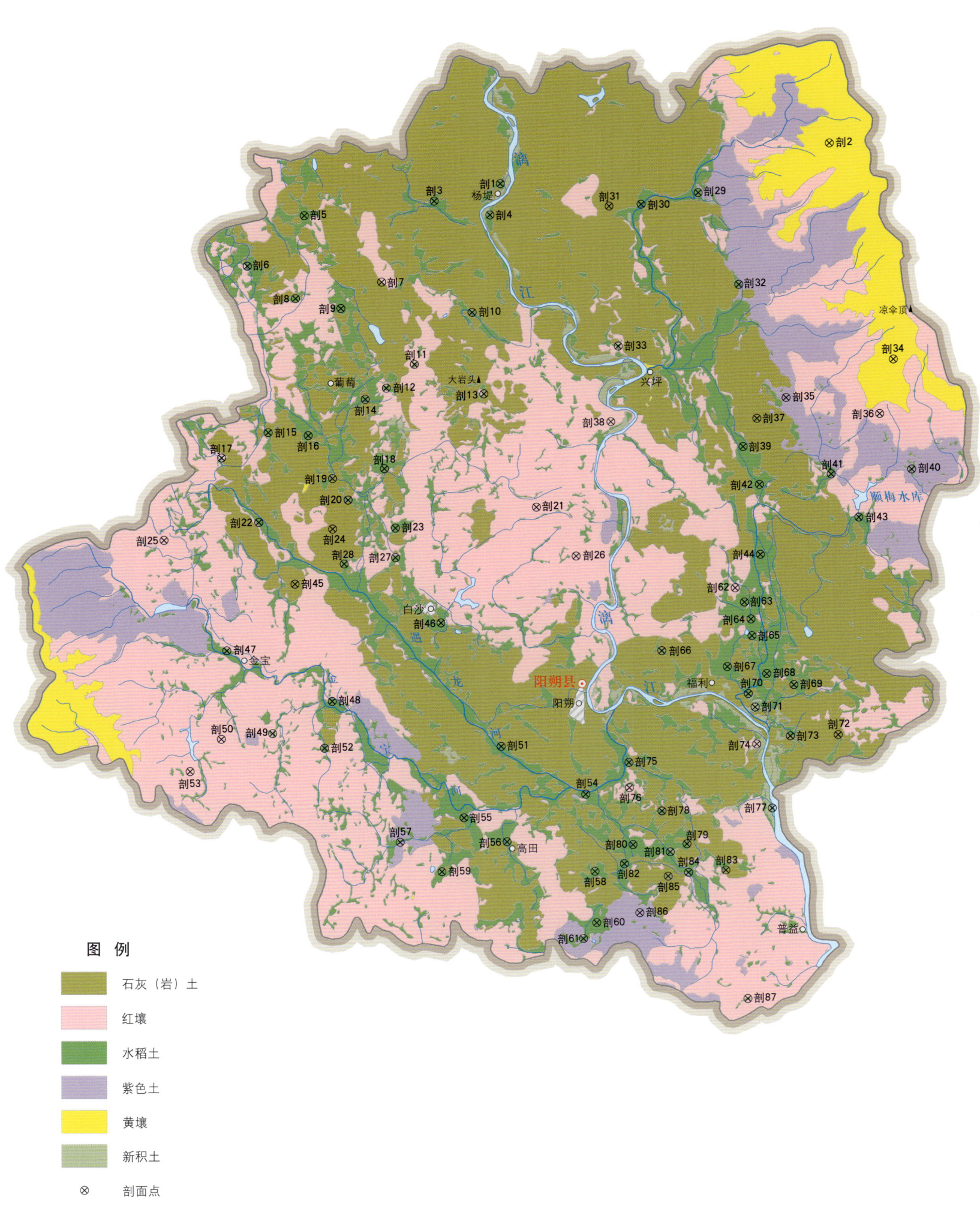

阳朔县土壤剖面理化性状表

剖面号 Soil profile	土纲 Soil order	土类 Soil great group	亚类 Soil subgroup	土属 Soil genus	土种 Soil species	土层码 Layer code	土层厚度 Depth/cm	颜色 Soil color	质地 Soil texture	土壤结构 Soil structure	pH	有机质 OM/(g/kg)	全氮 TN/(g/kg)	全磷 TP/(g/kg)	全钾 TK/(g/kg)	有效磷 AP/(mg/kg)	速效钾 AK/(mg/kg)	土壤母质 Parent material	剖面点坐标 Profile coordinate	匹配指数 Matching index/%
剖1	人为土	水稻土	淹育水稻土	冲积性淹育水稻土	潮砂泥田	A	0—13	灰黄棕色	壤土	碎块状	5.7	22.4	1.71	0.53	17.5	8.2	28	河流冲积物	E 110°27′01.8″ N 25°00′04.9″	92
						P	13—19	灰棕色	壤土	块状	6.3	5.1	1.25	0.44	19.9	4.0	20			
						C₁	19—32	浅棕色	壤土	块状	6.8	5.5	1.17	0.43	20.2	3.0	30			
						C₂	32—100	黄棕色	壤土	碎块状	6.9	10.7	1.23	0.47	17.7	3.0	32			
剖2	铁铝土	黄壤	黄壤	砂页岩黄壤	厚层砂页岩黄壤	Ao	0—4	暗灰色	黏壤土	碎块状	5.5	47.5	2.44	4.50	24.4			砂页岩	E 110°36′31.7″ N 25°01′12.4″	97
						A	4—11	暗棕色	黏壤土	碎块状	5.0	22.0	1.61	4.85	19.3		44			
						B	11—100	黄红色	黏壤土	碎块状	5.0	16.6	0.63	3.08	19.2		25			
剖3	人为土	水稻土	盐渍水稻土	碳酸盐渍性水稻土	石灰性潮泥田	A	0—15	暗黄棕色	黏壤土	块状	8.2	51.8	2.98	1.07	7.4	16.7	23		E 110°25′07.7″ N 24°59′36.6″	88
						P	15—23	暗黄棕色	黏壤土	棱柱状	8.3	18.4	1.07	9.44	9.6	11.5	46			
						W₁	23—50	棕黄色	黏壤土	棱柱状	8.3	15.3	0.68	1.07	7.0	21.6				
						W₂	50—70	暗黄棕色	黏壤土	棱柱状	8.3	14.4	0.96	1.57	9.8	21.8				
						C	70—100	暗黄棕色	黏壤土											
剖4	人为土	水稻土	淹育水稻土	冲积性淹育水稻土	潮砂泥田	A	0—15	栗色	砂壤土	粒状	6.5	13.1	1.21	0.21	21.1	16.3	64	河流冲积物	E 110°26′44.5″ N 24°59′15.2″	72
						P	15—23	棕色	砂壤土	粒状	6.4	6.5	0.64	0.52	19.5	8.3	24			
						C	23—100	棕灰色	砂壤土	粒状	6.7	3.6	0.83	0.51	20.1	10.8	20			
剖5	人为土	水稻土	盐渍水稻土	碳酸盐渍性水稻土	石灰性铁磐底田	A	0—17	灰棕色	壤土	块状	8.2	25.8	1.50	0.27	2.3	3.5		硅质质岩	E 110°21′23.0″ N 24°59′12.5″	79
						2	17—18	黑色	壤土	块状	8.3	11.1	0.74	0.39	1.0	0.8	34			
						C	18—100	棕棕色	壤土	蜂窝状	8.4	8.9	5.65	0.32	1.9	1.2	36			
剖6	人为土	水稻土	淹育水稻土	硅质性淹育水稻土	石灰性砂泥田	A	0—15	灰棕色	黏壤土	块状	8.5	4.9	0.24	0.12	11.5		23	洪积物	E 110°19′44.8″ N 24°57′52.6″	90
						P	15—23	棕色	黏壤土	块状	5.0	30.2	1.11	3.26	7.2		16			
						W	23—56	棕色	黏壤土	粒状	5.5	5.2	0.20	2.03	10.1					
						B	56—100	黄棕色	黏壤土											
剖7	铁铝土	红壤	红壤	硅质性红壤	薄层硅质页岩红壤	A	0—4	深栗色	壤土	粒状	6.8	25.9	1.25	0.91	10.8	8.2	42	硅质页岩	E 110°23′37.7″ N 24°57′28.8″	88
						B	4—20	栗色	壤土	粒状	7.0	17.4	0.94	0.97	12.1	5.8	24			
剖8	人为土	水稻土	淹育水稻土	洪积性淹育水稻土	石砾底田	A	0—13	灰色	砂壤土	块状	7.3	8.3	0.62	0.97	13.8	8.2	33	洪积物	E 110°21′08.6″ N 24°57′02.2″	71
						C	13—31	灰色	砂壤土	无明显结构	6.1	8.6	0.66	0.24	6.7	6.4	39			
						C	31—100	棕黄色	砂壤土	粒状										
剖9	人为土	水稻土	淹育水稻土	洪积性淹育水稻土	含砾砂泥田	A	0—13	红棕色	壤土	块状	6.9	13.8	0.97	0.26	5.9	2.2	24	洪积物	E 110°22′27.1″ N 24°56′47.0″	75
						P	13—18	红棕色	壤土	块状	6.9	7.6	0.84	0.28	10.2	0.9	31			
						B	18—100	暗黄色	壤土	碎块状	7.8	31.7	2.59	0.34	26.6	11.5	135			
剖10	人为土	水稻土	盐渍水稻土	碳酸盐渍性水稻土	石灰性石子田	A	0—16	暗黄棕色	壤土	小块状	8.0	24.2	2.03	0.22	28.1	9.0	128	硅质质岩	E 110°26′14.3″ N 24°56′42.4″	99
						P	16—21	暗黄棕色	壤土	棱柱状	8.0	11.2	3.16	0.24	30.6	5.2	101			
						W	21—48	暗黄黄色	砂壤土	小块状	8.0	7.0	0.26	0.18	20.9	5.4	87			
						C	48—100	浅黄色	壤土	碎块状	6.9	20.5	1.33	0.78	9.4	8.5	40			
剖11	人为土	水稻土	淹育水稻土	硅质性淹育水稻土	硅质石子田	A	0—13	暗棕色	壤土	小块状	6.6	23.4	1.72	0.84	9.2	8.7	46	硅质质岩	E 110°24′34.6″ N 24°55′20.3″	80
						P	13—17	褐黄色	壤土	粒状	6.2	28.0	1.75	0.87	10.3	5.8	35			
						C	17—100	深灰色	壤土	块状	5.3	23.8	1.55	0.42	15.8	20.2	28			
剖12	人为土	水稻土	潴育水稻土	硅质页岩潴育水稻土	潴黄灰砂泥田	A	0—15	灰灰色	壤土	棱柱状	5.8	10.9	0.84	0.54	17.7	8.5	28	硅质质岩	E 110°23′46.3″ N 24°54′42.5″	81
						P	15—25	灰色	壤土	块状	5.8	8.7	0.60	0.56	15.9	3.5	29			
						W	25—50													
						C	50—100	棕灰色	砂壤土	碎块状	6.3	9.0	0.77	0.49	15.5	2.0	23			

续表 Continued

剖面号 Soil profile	土纲 Soil order	土类 Soil great group	亚类 Soil subgroup	土属 Soil genus	土种 Soil species	土层码 Layer code	土层厚度 Depth/cm	颜色 Soil color	质地 Soil texture	土壤结构 Soil structure	pH	有机质 OM/(g/kg)	全氮 TN/(g/kg)	全磷 TP/(g/kg)	全钾 TK/(g/kg)	有效磷 AP/(mg/kg)	速效钾 AK/(mg/kg)	土壤母质 Parent material	剖面点坐标 Profile coordinate	匹配指数 Matching index/%
剖13	人为土	水稻土	潴育水稻土	硅质岩潴育水稻土	潴育硅质岩石子田	A	0~16	灰色	壤土	粒状	7.7	25.7	1.83	0.39	13.3	8.7	56	硅质页岩	E 110°26′35.2″ N 24°54′34.2″	85
						P	16~24	棕灰色	壤土	块状	8.0	20.0	1.59	3.86	12.9	8.5	38			
						W₁	24~58	棕灰色	黏壤土	碎块状	8.3	10.7	1.02	3.66	13.1	8.5	39			
						W₂	58~100	棕灰色	黏壤土	碎块状	8.1	11.5	1.07	3.34	11.5	7.9	34			
剖14	人为土	水稻土	淹育水稻土	洪积性淹育水稻土	石子田	A	0~14	灰黄棕色	黏壤土	小块状	5.9	36.6	1.86	8.53	10.5	6.8	43	洪积物	E 110°23′10.3″ N 24°54′24.8″	85
						P	14~25	黄黄棕色	黏壤土	小块状	6.5	9.3	1.02	7.67	13.0	6.2	41			
						C	25~100	暗灰棕色	黏壤土	碎块状										
剖15	人为土	水稻土	潴育水稻土	棕色石灰土潴育水稻土	潴育棕泥田	A	0~15	棕色	黏壤土	小块状								石灰岩风化物	E 110°20′22.2″ N 24°53′31.2″	80
						W₁	15~25	棕色	黏壤土	小块状										
						W₂	25~50	棕色	黏壤土	棱柱状										
						C	50~100	棕色	黏壤土	棱柱状										
剖16	人为土	水稻土	盐渍水稻土	碳酸盐渍水稻土	石灰性板结田	A	0~13	黄黄色	黏壤土	大块状								石灰岩风化物	E 110°21′31.7″ N 24°52′26.9″	97
						P	13~20	栗色	黏壤土	中块状										
						B₁	20~33	栗色	黏壤土	棱柱状										
						B₂	33~100	棕黄色	黏壤土	小块状										
剖17	人为土	水稻土	淹育水稻土	洪积性淹育水稻土	含砾泥田	A	0~13	棕黄色	黏壤土	块状								洪积物	E 110°19′01.9″ N 24°52′50.9″	80
						P	13~27	黄色	黏壤土	中块状										
						C	27~100	棕色	黏壤土	碎块状										
剖18	人为土	水稻土	潴育水稻土	洪积性潴育水稻土	洪积潴育泥田	A	0~13	灰黄色	黏壤土	碎块状	5.4	35.4	2.24	7.82	16.6	15.5	111	洪积物	E 110°23′43.8″ N 24°52′35.4″	95
						P	13~19	暗黄棕色	黏壤土	块状	5.7	33.4	2.10	7.74	16.6	14.9	82			
						W₁	19~58	浅黄棕色	黏壤土	棱柱状	6.3	11.7	1.81	9.57	12.8	17.5	63			
						W₂	58~100	黄棕色	黏壤土	棱柱状	7.0	8.2	2.08	7.77	13.9	20.4	78			
剖19	初育土	石灰（岩）土	红色石灰土	耕型淋溶性红色石灰土	红色石灰田	A	0~17	红棕色	黏土	碎块状	6.8	16.4	1.67	0.71	19.6	3.8	89	石灰岩风化物	E 110°22′13.8″ N 24°52′19.2″	79
						B	17~46	红棕色	黏土	中块状	7.0	11.0	1.02	0.80	16.2	6.9	53			
剖20	人为土	水稻土	淹育水稻土	棕色石灰土淹育水稻土	浅棕泥田	A	0~15	浅棕色	黏土	小块状	5.8	30.1	0.19	0.91	12.4	4.3	59		E 110°22′40.8″ N 24°51′45.4″	84
						P	15~28	棕色	黏土	块状	6.6	19.3	1.28	0.83	11.9	2.5	43			
						C	28~100	红棕色	黏土	块状	6.8	20.2	1.31	0.85	13.5		47			
剖21	铁铝土	红壤	红壤	硅质页岩红壤	中层硅质岩红壤	A	0~10	暗棕色	壤土	粒状	5.5	27.3	0.81	2.07	10.4	7.1	33	硅质页岩	E 110°28′06.6″ N 24°51′35.6″	85
						Bc	10~15	浅棕灰色	壤土	小块状	5.0	19.2	0.76	8.75	23.4	32.4	25			
剖22	人为土	水稻土	潴育水稻土	冲积性潴育水稻土	潴育潮油砂田	A	0~16	棕色	壤土	块状	5.3	16.5	1.01	0.23	17.2	5.7	25	河流冲积物	E 110°20′06.4″ N 24°51′09.7″	81
						P	16~28	棕黄色	壤土	棱柱状	5.8	10.6	0.86	0.29	17.0	3.6	31			
						W	28~56	棕褐色	黏壤土	棱柱状	5.6	12.1	0.72	0.23	17.3					
						C	56~100	黄色	黏壤土	碎块状	6.5	8.6	0.65	0.30	17.0					
剖23	人为土	水稻土	盐渍水稻土	碳酸盐渍水稻土	锅巴底田	A	0~14	红棕色	壤土	块状	7.9	14.1	1.05	0.33	11.9	5.6	74		E 110°24′02.9″ N 24°51′01.8″	84
						P	14~29	棕色	壤土	棱柱状	7.4	14.6	1.38	0.31	9.9	11.5	145			
						W	29~58	棕褐色	壤土	碎块状	8.0	6.3	0.89	0.32	11.7	11.1	57			
						C	58~66	棕色	壤土	块状										
剖24	初育土	石灰（岩）土	棕色石灰土	砂页岩红壤	中层砂页岩红壤	A	66~100	棕黄色	壤土	粒状	5.5	98.3	2.66	7.55	40.9			砂页岩	E 110°22′14.2″ N 24°51′00.0″	96
剖25	铁铝土	红壤	红壤	砂页岩红壤	中层砂页岩红壤	A	0~24	浅棕黄色	壤土	块状	5.0	23.4	0.82	12.35	17.6			砂页岩	E 110°17′22.6″ N 24°50′40.6″	90
						B	24~74	浅棕黄色	黏壤土	块状	5.0	12.0	0.64	10.72	13.6					
						CD	74~100	红棕色	黏壤土	块状	5.5	14.6	0.60	8.86	32.3					
剖26	铁铝土	红壤	红壤	硅质页岩红壤	厚层硅质页岩红壤	A	0~10	棕红色	黏壤土	块状	5.5	3.9	0.40	4.84	40.9			硅质页岩	E 110°29′15.4″ N 24°50′19.3″	74
						B	10~100													

续表 Continued

剖面号 Soil profile	土纲 Soil order	土类 Soil great group	亚类 Soil subgroup	土属 Soil genus	土种 Soil species	土层码 Layer code	土层厚度 Depth/cm	颜色 Soil color	质地 Soil texture	土壤结构 Soil structure	pH	有机质 OM/(g/kg)	全氮 TN/(g/kg)	全磷 TP/(g/kg)	全钾 TK/(g/kg)	有效磷 AP/(mg/kg)	速效钾 AK/(mg/kg)	土壤母质 Parent material	剖面点坐标 Profile coordinate	匹配指数 Matching index/%
剖27	人为土	水稻土	沼泽型水稻土	埋藏黑泥田	浅埋黑泥田	A	0–14	灰褐色	黏壤土	粒状	6.3	45.5	2.41	0.46	11.7	3.6	49		E 110°24′03.2″ N 24°50′15.4″	98
						P	14–22	灰褐色	黏壤土	小块状	6.5	36.7	1.88	0.63	10.6	1.8	54			
						G	22–39	黑色	黏壤土	块状	6.5	18.6	0.88	0.36	12.6	1.8	44			
						W₁	39–50	棕灰色	黏壤土	棱柱状		10.6	0.59	0.42	12.8		31			
						W₂	50–100	黄棕色		棱柱状										
剖28	人为土	水稻土	潴育水稻土	洪积性潴育水稻土	洪积潴育含砾泥肉田	A	0–20	紫色	黏壤土	小块状	5.1	35.1	1.88	0.16	7.9	10.8	63	洪积物	E 110°22′34.3″ N 24°50′05.3″	91
						P	20–31	紫色		柱状	5.6	24.2	1.44	0.12	8.8		39			
						W₁	31–51	紫棕色		棱柱状	7.6	6.5	0.43	0.23	10.5		28			
						W₂	51–69	灰紫色		棱柱状	7.7	13.1	0.89	0.26	11.0		47			
						W₃	69–100	棕黄色		棱柱状	7.7	3.6	0.29	0.18	10.8		35			
剖29	人为土	水稻土	盐渍型水稻土	碳酸盐渍性水稻土	石灰性矿毒田	A	0–20	深灰色	壤土	粒状	5.2	29.9	1.61	0.67	13.8	18.2	47		E 110°32′44.9″ N 24°59′52.4″	81
						G	20–80	灰褐色	黏壤土	柱状	7.5	8.6	0.61	0.46	16.7		49			
						C	80–100	灰棕色		小块状	7.7	4.3	0.55	0.41	14.8		35			
剖30	人为土	水稻土	潴育水稻土	冲积性潴育水稻土	潴育潮砂泥土	A	0–16	暗红棕色	砂壤土	粒状	7.6	2.4	0.30	0.44	20.3	1.0	38	河流冲积物	E 110°31′05.9″ N 24°59′33.7″	82
						P	16–25	暗红棕色	黏壤土	块状										
						W	25–48	暗红棕色	壤土	碎块状										
						C	48–95	暗红棕色	黏壤土	碎块状										
剖31	初育石灰（岩）土	棕色石灰土	棕色石灰土	棕色石灰土	棕色石砾土	A	0–15	暗棕色	壤土	小块状	7.0	48.8	1.68	21.80	9.9	3.6	79		E 110°30′10.4″ N 24°59′30.5″	84
						B	15–60	红棕色	黏壤土	粒状	7.5	18.1	1.13	8.29	12.2	0.7	44			
剖32	人为土	水稻土	盐渍型水稻土	碳酸盐渍性水稻土	石灰性石砾底田	A	0–13	紫色	壤土	粒状	7.7	33.3	1.42	0.30	11.0	1.8	47		E 110°33′55.4″ N 24°57′28.4″	95
						P	13–23	紫色	黏壤土	块状	7.9	18.5	1.28	0.36	10.8	0.8	47			
						W	23–53	紫棕色	砂壤土	粒状	8.0	14.1	1.30	0.61	11.8					
						C	53–100	紫棕色	砂壤土	粒状	8.2	11.5	0.80	0.61	13.1					
剖33	人为土	水稻土	淹育水稻土	冲积性淹育水稻土	潮泥田	A	0–15	棕灰色	黏壤土	碎块状	5.6	14.0	0.82	0.37	15.6	4.6	19	河流冲积物	E 110°30′27.5″ N 24°55′50.8″	75
						P	15–24	棕黄色	壤土	块状	6.1	9.2	0.67	0.36	15.6	2.0	24			
						C	24–100	浅棕灰色	壤土	块状	7.5	6.0	0.61	0.40	20.7	2.5	28			
剖34	铁铝土	黄壤	黄壤	砂页岩黄壤	中层砂页岩黄壤	Ao	0–5	暗褐色	黏壤土	碎块状	6.5	48.6	2.24	12.91	21.8			砂页岩	E 110°38′23.6″ N 24°55′32.5″	83
						A	5–48	黄褐色	黏壤土	中块状	6.0	17.1	1.06	11.85	22.9					
						B	48–80	黄褐色	黏壤土	碎块状	5.5	14.3	0.86	11.22	8.9					
剖35	紫色土	酸性紫色土	砂页岩酸性紫色土	厚层砂页岩紫色土	A	0–11	紫棕色	壤土	粒状	4.7	27.0	2.05	0.25	17.9	2.7	76	砂页岩	E 110°35′18.2″ N 24°54′31.0″	76
						B	11–35	紫灰色	壤土	小块状	4.7	2.7	0.88	0.16	14.8	1.1	44			
剖36	铁铝土	黄红壤	砂页岩黄红壤	厚层砂页岩黄红壤	A	0–12	红棕色	壤土	粒状	5.0	92.4	1.91	13.37	9.1			砂页岩	E 110°38′00.2″ N 24°54′06.1″	76
						B	12–40	棕红色	黏壤土	碎块状	4.5	26.9	1.08	9.36	16.2					
						C	40–100	棕红色	黏壤土	块状	4.5	11.6	1.38	7.81	23.8					
剖37	初育石灰（岩）土	棕色石灰土	棕色石灰土	含砂棕色石灰土	A	0–14	棕色	黏壤土	粒状	7.0	81.5	9.95	13.39	13.3				E 110°34′27.5″ N 24°53′57.8″	82
						C₁	14–42	棕黄色	黏壤土	小块状	7.0	52.4	1.83	11.33	14.5					
						C₂	42–100	浅棕红色	黏壤土	中块状	7.0	19.8	1.18	1.18	17.2					
剖38	铁铝土	红壤	耕型硅质岩红壤	硅砾土	A	0–14	灰棕色	壤土	小块状	5.7	28.6	2.34	0.31	5.2	7.7	87	硅质岩	E 110°30′15.0″ N 24°53′51.6″	85
						B	14–34	棕黄色	黏壤土	中块状	5.5	9.1	0.95	0.40	5.5	16.4	39			
						C	34–100	棕黄色	壤土	小块状	5.3	10.2	0.89	0.39	5.7	9.4	35			
剖39	人为土	水稻土	淹育水稻土	冲积性淹育水稻土	卵石底田	A	0–9	紫棕色	壤土	小块状	4.6	18.1	1.55	0.41	20.4	6.8	63	河流冲积物	E 110°34′03.7″ N 24°53′12.8″	97
						P	9–16	紫棕色	黏壤土	小块状	4.9	11.5	1.24	0.47	22.0	3.5	43			
						C	16–80	紫棕色		石子状	5.9	10.4	0.87	0.50	24.7	4.5	55			

续表 Continued

剖面号 Soil profile	土纲 Soil order	土类 Soil great group	亚类 Soil subgroup	土属 Soil genus	土种 Soil species	土层码 Layer code	土层厚度 Depth/cm	颜色 Soil color	质地 Soil texture	土壤结构 Soil structure	pH	有机质 OM/(g/kg)	全氮 TN/(g/kg)	全磷 TP/(g/kg)	全钾 TK/(g/kg)	有效磷 AP/(mg/kg)	速效钾 AK/(mg/kg)	土壤母质 Parent material	剖面点坐标 Profile coordinate	匹配指数 Matching index/%
剖40	人为土	水稻土	潴育水稻土	紫色岩潴育水稻土	潴育紫砂泥田	A	0—13	紫色	壤土	粒状	6.1	27.9	1.60	3.97	14.2	7.7	81	紫色岩	E 110°38′55.7″ N 24°52′38.3″	85
						P	13—19	紫色	壤土	小块状	6.3	9.1	1.45	3.63	18.5	2.7	77			
						W	19—35	紫色	壤土	棱柱状	6.1	18.1	1.64	2.62	15.7	6.0	72			
						C	35—100	紫色	壤土	中块状	6.1	6.3	1.41	3.19	20.3	5.0	91			
剖41	人为土	水稻土	潴育水稻土	洪积性潴育水稻土	洪积潴育石子田	A	0—10	暗灰色	壤土	粒状	7.0	20.2	1.21	0.59	9.6	3.7	37	洪积物	E 110°36′36.4″ N 24°52′30.0″	77
						P	10—25	灰棕色	壤土	块状	7.8	8.2	0.76	0.76	10.2	4.2	35			
						W	25—85	青灰色	壤土	块状	7.8	8.8	0.91	0.42	8.9	4.1	28			
						C	85—100	青灰色	壤土	块状	8.0	7.2	0.85	0.64	8.9	3.9	29			
剖42	人为土	水稻土	潴育水稻土	冲积性潴育水稻土	潴育潮泥田	A	0—18	棕色	黏壤土	碎块状	6.5	31.5	2.08	0.70	16.4	7.7	61	河流冲积物	E 110°34′32.2″ N 24°52′13.1″	79
						P	18—29	棕黄色	黏壤土	棱柱状	7.9	20.0	1.58	0.71	15.9	8.0	46			
						W	29—59	棕黄色	黏壤土	棱柱状	6.5	8.5	1.04	0.26	13.5	12.6	62			
						C	59—100	棕黄色	黏壤土	小块状	8.2	11.1	1.00	0.75	20.0	5.0	52			
剖43	人为土	水稻土	潴育水稻土	冲积性潴育水稻土	潴育紫潮肉田	A	0—16	紫色	壤土	蜂窝状	5.5	29.8	1.76	5.27	18.1	5.0	58	河流冲积物	E 110°37′24.2″ N 24°51′22.0″	94
						P	16—24	紫色	壤土	块状	6.2	12.8	0.78	4.64	19.6	2.5	30			
						W	24—50	紫灰色	壤土	棱柱状	7.0	20.6	1.42	5.83	20.9	9.6	6			
						C	50—100	紫色	壤土	棱柱状	7.0	2.1	0.48	3.74	20.1	7.5	37			
剖44	人为土	水稻土	盐渍水稻土	碳酸盐渍性水稻土	石灰性潴育石灰土	A	0—15	暗灰棕色	黏壤土	块状	7.8	20.8	1.32	0.43	10.9	3.9	72		E 110°34′34.0″ N 24°50′23.3″	100
						P	15—20	灰棕色	黏壤土	块状	8.1	15.7	1.07	0.45	10.7	3.4	41			
						W	20—65	棕灰色	黏壤土	棱柱状	7.6	22.8	1.43	0.67	14.0	3.0	78			
						Wc	65—100	棕黑色	黏壤土	块状										
剖45	初育土	石灰(岩)土	红色石灰土	淋溶红色石灰土	厚层红色石灰土	A	0—15	棕红色	壤土	粒状	7.3	46.8	4.16	1.24	18.8	0.3	105		E 110°21′09.7″ N 24°49′33.2″	83
						B	15—35	暗棕红色	壤土	碎块状	7.6	27.3	3.06	0.77	6.3	0.3	78			
						C	35—80	暗棕红色	壤土	块状	7.8	15.8	1.60	0.71	18.8		72			
剖46	人为土	水稻土	潴育水稻土	洪积性潴育水稻土	洪积潴育砾砂泥肉田	A	0—18	栗色	壤土	粒状	6.4	55.1	2.62	1.33	12.6	19.0	119	洪积物	E 110°25′22.1″ N 24°48′33.5″	94
						P	18—30	栗色	壤土	块状	7.7	37.6	1.84	1.47	12.6	41.3	78			
						W	30—62	栗色	壤土	棱柱状	8.2	18.5	1.08	1.20	12.7	42.0	72			
						C	62—100	灰黄棕色	壤土	片状	7.8	17.0	1.06	0.93	15.2	7.6	85			
剖47	人为土	水稻土	潴育水稻土	冲积性潴育水稻土	潴育潮泥田	A	0—14	灰色	壤土	粒状	6.6	14.8	0.99	0.43	14.4	19.1	30	河流冲积物	E 110°19′12.0″ N 24°47′48.1″	86
						P	14—28	黄灰色	壤土	小块状	6.6	6.9	0.60	0.55	17.9	3.9	42			
						W	28—53	灰棕色	壤土	棱柱状	6.7	3.8	0.44	0.41	17.0	3.9	33			
						C	53—100	黄灰色	壤土	粒块状	6.3	6.7	0.45	0.50	15.5	6.7	32			
剖48	人为土	水稻土	沼泽型水稻土	烂泥田	浅泥田	Ag	0—50	褐灰色	黏壤土	无明显结构	6.2	66.2	3.59	0.55	15.1	1.0	84		E 110°22′14.5″ N 24°46′28.9″	95
						G	50—100	青灰色	黏壤土	块状	7.2	39.6	2.40	0.39	15.6		59			
剖49	人为土	水稻土	淹育水稻土	砂页岩淹育水稻土	泥田	A	0—14	褐色	黏壤土	小块状	7.5	84.6	2.17	0.36	14.2	5.1	79	砂页岩	E 110°20′31.6″ N 24°45′37.4″	86
						P	14—23	栗色	黏壤土	块状	7.3	47.7	2.35	0.53	14.3	1.3	36			
						W	23—100	黄棕色	黏壤土	碎块状	7.1	53.4	1.96	0.51	13.6	1.8	44			
剖50	铁铝土	红壤	红壤	砂页岩红壤	厚层砂页岩红壤	A	0—38	暗灰色	黏壤土	碎块状	5.5	47.5	1.48	9.86	10.3			砂页岩	E 110°19′03.3″ N 24°45′28.1″	82
						B	38—70	浅红黄色	黏壤土	碎块状	5.0	38.4	1.46	7.46	25.9		52			
						C	70—100	红色	黏壤土	碎块状	7.7	38.1	2.66	0.45	12.3	3.0	32			
剖51	人为土	水稻土	盐渍水稻土	碳酸盐渍性水稻土	石灰性潮砂泥田	A	0—14	栗色	壤土	粒状	8.3	33.0	1.87	0.41	12.4	2.0	28		E 110°27′06.5″ N 24°45′18.7″	81
						P	14—17	灰棕色	壤土	块状	8.3	9.8	0.76	0.22	20.1		39			
						W₁	17—41	棕棕色	壤土	棱柱状	8.2	2.6	0.55	0.49	24.2					
						W₂	41—69	黄棕色	壤土	碎块状	8.2	2.1	0.72	0.59	25.2	2.8	50			
						W₃	69—100	浅红棕色	壤土	碎块状										

续表 Continued

剖面号 Soil profile	土纲 Soil order	土类 Soil great group	亚类 Soil subgroup	土属 Soil genus	土种 Soil species	土层码 Layer code	土层厚度 Depth/ cm	颜色 Soil color	质地 Soil texture	土壤结构 Soil structure	pH	有机质 OM/ (g/kg)	全氮 TN/ (g/kg)	全磷 TP/ (g/kg)	全钾 TK/ (g/kg)	有效磷 AP/ (mg/kg)	速效钾 AK/ (mg/kg)	土壤母质 Parent material	剖面点坐标 Profile coordinate	匹配指数 Matching index/%
剖52	人为土	水稻土	潜育水稻土	冷浸田	浅浸田	A	0—21	暗棕色	黏壤土	小块状	7.9	35.5	2.03	0.89	12.5	7.3	61		E 110°22′01.6″ N 24°45′14.8″	83
						Pg	21—31	暗棕色	黏壤土	小块状	7.9	15.9	0.98	0.96	14.1	9.3	51			
						W	31—72	棕色	黏壤土	棱柱状	7.6	10.6	0.99	1.02	16.0	6.4	52			
						C	72—100	棕色	黏壤土	棱柱状	7.7	9.9	0.86	1.00	16.6	2.9	52			
剖53	铁铝土	红壤	红壤	页岩红壤	薄层页岩红壤	A	0—10	暗黄棕色	黏壤土	碎块状	4.5	36.1	1.81	0.40	18.2	2.5	54	页岩	E 110°18′09.0″ N 24°44′37.0″	93
						B	10—20	暗黄棕色	黏土	块状	4.8	9.0	0.66	0.25	18.3	2.5	34			
						C	20—28	浅黄棕色	黏土	块状	4.8	9.0	0.66	0.25	18.3	2.5	34			
剖54	人为土	水稻土	潜育水稻土	砂页岩潜育水稻土	潜育蜡泥肉田	A	0—16	棕灰色	黏壤土	蜂窝状	5.2	14.6	1.38	8.18	25.3	2.5	56	砂页岩	E 110°29′33.0″ N 24°44′04.2″	94
						P	16—28	棕灰色	黏壤土	块状	5.1	6.1	0.65	4.61	31.1	2.0	49			
						W	28—55	黄褐色	黏壤土	棱柱状	4.9	5.3	0.64	5.57	33.1	1.0	27			
						C	55—100	黄褐色	黏壤土	棱柱状	4.8	6.0	0.65	3.68	31.4	0.5	45			
剖55	人为土	水稻土	潜育水稻土	潜底田	浅潜底田	A	0—13	紫灰色	壤土	碎块状	4.8	38.8	2.30	0.31	16.7		81		E 110°26′02.8″ N 24°43′25.7″	72
						G	13—17	青灰色	壤土	小块状	5.1	30.7	1.74	0.30	17.1	1.0	46			
						W_1	17—27	棕灰色	黏壤土	块状	7.8	10.6	0.92	0.44	18.6	1.0	46			
						W_2	27—58	浅灰棕色	黏壤土	棱柱状	7.6	6.1	0.61	0.34	17.1	0.5	81			
						W_3	58—100	棕灰色	黏壤土	棱柱状	7.6	5.3	0.53	0.41	17.8	1.0	41			
剖56	人为土	水稻土	潜育水稻土	冷浸田	深浸田	A	0—35	青灰色	黏壤土	无明显结构	5.5	44.1	2.57	0.43	15.8	1.0	80		E 110°27′16.9″ N 24°42′48.6″	74
						Pg	35—50	浅黄棕色	黏壤土	块状	5.8	22.2	1.66	0.36	18.8	1.0	47			
						G	50—100	黄色	黏壤土	块状	5.5	17.5	1.35	0.45	18.9	9.6	46			
剖57	人为土	水稻土	潜育水稻土	砂页岩潜育水稻土	潜育蜡泥田	A	0—13	浅黄棕色	黏壤土	小块状	5.3	30.5	1.93	0.61	22.2	2.1	69	砂页岩	E 110°24′12.6″ N 24°42′47.2″	98
						P	13—21	暗黄棕色	黏壤土	块状	6.6	12.1	1.25	0.68	24.6	0.5	41			
						W_1	21—35	红黄棕	黏壤土	柱状	6.9	16.3	1.23	0.52	22.1		44			
						W_2	35—65	黄棕色	重壤土	片状	6.4	7.2	0.91	1.00	28.5	0.3	69			
						C	65—100	黄棕色	黏壤土	块状	5.4	3.6	0.82	0.41	36.8		44			
剖58	人为土	水稻土	盐渍水稻土	碳酸盐渍性水稻土	石灰性深泮	Ag	0—20	褐灰色	壤土	粒状	8.0	59.3	2.83	0.32	4.9	5.3	78		E 110°29′48.8″ N 24°42′02.5″	99
						G	20—80	褐灰色	壤土	块状	8.0	58.8	2.91	0.24	4.9	3.0	43			
剖59	人为土	水稻土	潜育水稻土	砂页岩潜育水稻土	潜育砂泥田	A	0—14	灰黄棕色	壤土	块状	5.4	40.5	2.77	0.59	15.7	8.8	66	砂页岩	E 110°25′25.0″ N 24°42′00.7″	98
						P	14—23	灰黄棕色	壤土	柱状	6.1	28.8	1.26	0.62	13.9	1.5	46			
						W	23—46	暗黄棕色	壤土	块状	7.0	12.2	0.86	0.38	15.3	1.7	49			
						C	46—100	红黄棕	壤土	块状	6.9	11.0	0.79	0.29	13.3	1.7	45			
剖60	人为土	水稻土	潜育水稻土	洪积性潜育水稻土	洪积潜育砂泥田	A	0—16	褐灰色	壤土	碎块状	6.0	12.9	0.65	0.28	7.9	1.8	20	洪积物	E 110°29′52.3″ N 24°40′41.0″	90
						P	16—24	褐棕色	壤土	中块状	5.7	13.2	0.71	0.24	7.6	0.5	21			
						W	24—100	灰棕色	壤土	棱柱状	7.8	8.0	0.31	0.43	16.2	0.5	33			
剖61	人为土	水稻土	潜育水稻土	潜底田	中潜底田	A	0—15	棕紫色	黏壤土	块状	8.0	47.4	2.96	0.27	10.8	1.4	38		E 110°29′29.4″ N 24°40′15.4″	87
						P	15—20	棕紫色	黏壤土	块状	8.0	47.5	2.60	0.46	7.7	3.6	36			
						G	20—70	青灰色	黏壤土	块状	8.1	26.2	2.42	0.27	7.3	1.8	36			
						C	70—101	灰黄棕	壤土	块状	8.1	33.8	2.57	0.29	7.6	1.3	48			
剖62	铁铝土	红壤	红壤	耕型硅质岩红壤	硅质土	A	0—13	暗黄棕色	黏壤土	碎块状	5.3	23.8	2.18	0.55	17.1	12.5	174	硅质岩	E 110°33′50.6″ N 24°49′30.7″	87
						B	13—38	黄棕色	黏壤土	中块状	5.2	23.7	2.33	0.48	18.0	9.8	170			
						C	38—63	浅灰棕色	黏壤土	棱柱状	5.1	11.7	1.79	0.56	16.7	3.7	59			
剖63	人为土	水稻土	盐渍水稻土	碳酸盐渍性水稻土	石灰性砂泥肉田	A	0—17	棕灰色	黏壤土	蜂窝状	8.2	32.7	1.67	0.39	2.1	6.7	26		E 110°34′06.6″ N 24°49′08.4″	88
						W_1	17—26	棕色	黏壤土	块状	8.4	11.4	0.79	0.36	3.0	0.9	23			
						W_2	26—63	棕色	黏壤土	棱柱状	8.1	4.2	0.57	0.27	5.2		41			
							63—100	黄棕色	黏壤土	棱柱状	8.1	3.6	0.52	0.26	5.7	0.2	33			

续表 Continued

剖面号 Soil profile	土纲 Soil order	土类 Soil great group	亚类 Soil subgroup	土属 Soil genus	土种 Soil species	土层码 Layer code	土层厚度 Depth/cm	颜色 Soil color	质地 Soil texture	土壤结构 Soil structure	pH	有机质 OM/(g/kg)	全氮 TN/(g/kg)	全磷 TP/(g/kg)	全钾 TK/(g/kg)	有效磷 AP/(mg/kg)	速效钾 AK/(mg/kg)	土壤母质 Parent material	剖面点坐标 Profile coordinate	匹配指数 Matching index/%
剖64	人为土	水稻土	潴育水稻土	硅质页岩潴育水稻土	潴育灰泥田	A	0—15	黄棕色	黏壤土	粒状	6.4	22.8	1.10	0.55	17.2	3.7	30	硅质页岩	E 110°34′18.1″ N 24°48′41.8″	79
						P	15—24	棕色	黏壤土	块状	7.0	16.4	0.81	0.45	3.3	0.5	25			
						W	24—58	棕色	黏壤土	棱柱状	7.3	10.8	0.50	0.34	4.4	2.6	18			
						B	58—100	棕黄色	黏壤土	碎块状	6.5	10.6	0.63	0.43	5.3	1.6	22			
剖65	人为土	水稻土	淹育水稻土	硅质页岩淹育水稻土	灰泥田	A	0—17	棕灰色	黏壤土	小块状	6.5	14.7	0.09	0.76	17.6	5.8	37	硅质页岩	E 110°34′19.8″ N 24°48′15.3″	75
						P	17—25	灰棕色	黏壤土	块状	7.1	8.1	0.78	0.68	7.5	3.7	41			
						C	25—70	浅红色	黏壤土	块状	7.3	2.5	0.39	0.79	18.6	5.1	25			
剖66	人为土	水稻土	淹育水稻土	硅质页岩淹育水稻土		A	0—15	灰棕色	黏土	粒状	8.2	53.2	2.52	0.71	23.7	8.1	124	硅质页岩	E 110°31′44.0″ N 24°47′51.4″	84
						P	15—26	黄棕色	黏土	块状	8.0	27.9	1.50	0.45	19.3	4.5	99			
						C	26—100	黄棕色	黏土	细块状	8.2	13.7	0.79	0.33	18.2	5.0	80			
剖67	人为土	水稻土	盐渍水稻土	碳酸盐渍性水稻土	石灰性泥田	A	0—16	灰棕色	黏壤土	块状	8.0	37.5	2.18	0.65	9.3	3.4	41	硅质页岩	E 110°33′37.4″ N 24°47′26.2″	73
						P	16—21	棕灰色	黏壤土	块状	7.9	27.8	1.74	0.60	9.2	1.4	36			
						W_1	21—41	棕色	黏壤土	棱柱状	7.2	9.3	0.63	0.44	6.8	1.6	26			
						W_2	41—100	黄棕色	黏壤土	棱柱状										
剖68	人为土	水稻土	盐渍水稻土	碳酸盐渍性水稻土	石灰性泥肉田	A	0—14	灰色	黏壤土	团粒状									E 110°34′45.5″ N 24°47′15.4″	82
						P	14—25	暗灰色	黏壤土	块状										
						W	25—62	灰黄色	黏壤土	棱柱状										
						C	62—100	棕黄色	黏壤土	小块状							61			
剖69	人为土	水稻土	盐渍水稻土	碳酸盐渍性水稻土	石灰性淹洋田	G	0—55	褐色	黏壤土	无明显结构	8.0	60.0	3.12	0.47	11.6	3.0	41	硅质页岩	E 110°35′32.6″ N 24°46′58.1″	79
						G_1	55—70	栗色	黏壤土	中块状	8.3	46.5	2.43	0.39	10.7	1.2	27			
						G_2	70—75	深栗色	黏壤土	中块状	8.3	16.7	1.02	0.22	8.0		26			
						C	75—100	黄灰白色	黏壤土	中块状	8.3	4.3	0.38	0.23	5.3		86			
剖70	人为土	水稻土	淹育水稻土	冲积性淹育水稻土	薄潮泥田	A	0—15	暗灰棕色	黏壤土	碎块状	6.4	26.7	1.60	0.69	15.9	8.4	37	河流冲积物	E 110°34′13.8″ N 24°46′43.7″	82
						P	15—20	灰棕色	黏壤土	块状	7.3	13.2	0.97	0.50	16.4	4.6	55			
						C_1	20—38	浅棕色	黏壤土	块状	7.4	6.9	0.93	0.66	18.5	4.3	44			
						C_2	38—100	红黄色	黏壤土	块状	7.0	5.1	0.87	0.68	19.0	3.9	56			
剖71	初育土	新积土	冲积土	耕型酸性潮泥土	酸性潮泥土	A	0—17	紫棕色	壤土	中块状	6.2	10.2	0.65	0.26	13.7		32	河流冲积物	E 110°34′25.3″ N 24°46′22.4″	92
						B	17—57	棕色	黏壤土	中块状	6.3	7.9	0.60	0.29	17.6		40			
						C	57—100	棕黄色	黏壤土	中块状	6.5	4.5	0.64	0.39	22.1		120			
剖72	初育土	石灰（岩）土	棕色石灰土	耕型棕色石灰土	铁子棕泥土	A	0—13	棕色	黏壤土	碎块状	6.4	18.1	1.57	1.30	11.7	10.4	52			75
						B	13—34	浅棕色	黏壤土	碎块状	5.8	6.1	0.91	1.40	12.9	12.0	40			
						C	34—100	浅红色	黏壤土	块状	5.9	4.9	0.88	1.38	13.4	19.1	28			
剖73	人为土	水稻土	潴育水稻土	棕石灰潴育水稻土	潴粉红棕泥田	A	0—17	棕色	黏壤土	粒状	7.2	10.2	0.73	8.19	12.7	7.5	25	石灰岩风化物	E 110°36′49.0″ N 24°45′38.9″	89
						P	17—25	棕灰色	黏壤土	块状	7.3	13.2	0.62	5.38	10.8	7.0	20			
						W	25—50	灰棕色	黏壤土	棱柱状	7.9	10.3	0.91	0.39	14.8	4.0	36			
						Cw	50—100	棕黄色	黏壤土	块状	7.3	10.4	0.95	4.78	16.4	2.3	55			
剖74	铁铝土	红壤	红壤	第四纪红壤	水化红壤	A	0—9	红黄色	壤土	块状	4.9	34.7	1.92	0.38	13.6	3.8	34	红土	E 110°35′26.5″ N 24°45′36.7″	83
						B	9—49	棕黄色	壤土	块柱状	5.0	13.8	1.15	0.25	12.7	2.9	31			
						C	49—100	红棕色	壤土	块状	4.9	11.2	0.59	0.28	13.8	2.3	46			
剖75	人为土	水稻土	潴育水稻土	洪积性潴育水稻土	洪积潴黄泥田	A	0—13	棕棕色	黏壤土	碎块状	6.6	20.3	0.69	0.82	16.6	10.1	20	洪积物	E 110°30′47.5″ N 24°44′54.2″	77
						B	13—26	灰棕色	黏壤土	棱柱状	7.3	9.1	1.28	0.72	6.6	4.1	21			
						W	26—62	黄棕色	黏壤土	棱柱状	7.5	11.1	0.54	0.98	7.6	4.1	16			
						C	62—80	棕黄色	黏壤土	碎块状	7.2	13.6	1.40	1.07	8.1	2.9	79			
剖76	铁铝土	红壤	红壤性土	耕型砾质红壤性土	砾石红土	A	0—14	棕黄色	黏壤土	碎块状	5.3	15.4	0.99	0.25	6.7	3.4	130		E 110°30′48.2″ N 24°44′14.6″	86
						C	14—100	棕棕色	黏壤土	中块状	5.1	6.4		0.24	5.7	1.7				

续表 Continued

剖面号 Soil profile	土纲 Soil order	土类 Soil great group	亚类 Soil subgroup	土属 Soil genus	土种 Soil species	土层码 Layer code	土层厚度 Depth/cm	颜色 Soil color	质地 Soil texture	土壤结构 Soil structure	pH	有机质 OM/(g/kg)	全氮 TN/(g/kg)	全磷 TP/(g/kg)	全钾 TK/(g/kg)	有效磷 AP/(mg/kg)	速效钾 AK/(mg/kg)	土壤母质 Parent material	剖面点坐标 Profile coordinate	匹配指数 Matching index/%
剖77	初育土	新积土	冲积土	耕型酸性潮砂土	酸性潮砂土	A	0—20	褐灰色	砂土	粒状	4.9	5.9	0.36	0.18	10.5	13.8	20	河流冲积物	E 110°34′55.2″ N 24°43′43.0″	75
						B	20—35	黄棕色	砂土	粒状	6.1	7.7	0.81	0.27	16.3	5.7	38			
						C	35—100	暗黄棕色	壤土	粒状	6.3	13.7	0.71	0.29	18.3	4.9	38			
剖78	人为土	水稻土	淹育水稻土	洪积淹育水稻土	含砾黄泥田	A	0—14	棕黄色	黏壤土	小块状	7.0	17.1	0.92	0.61	18.4	1.5	41	洪积物	E 110°31′44.4″ N 24°43′37.9″	98
						P	14—25	灰黄色	黏壤土	碎块状	7.3	10.9	0.62	0.41	8.8	1.3	24			
						C	25—100	黄黄色	黏壤土	碎块状	7.4	19.8	1.12	0.62	14.8	3.3	28			
剖79	人为土	水稻土	潴育水稻土	棕色石灰土潴育水稻土	潴育棕泥田	A	0—15	浅红棕色	黏壤土	小块状	7.4	52.7	3.24	1.01	10.5	2.4	43	石灰岩风化物	E 110°32′28.0″ N 24°42′46.1″	90
						P	15—48	灰棕色	黏壤土	块状	7.8	25.0	1.74	0.67	11.5	1.0	63			
						W	48—100	浅红棕色	黏壤土	棱柱状	7.8	10.6	0.74	0.58	9.2	2.4	52			
剖80	人为土	水稻土	沼泽型水稻土	烂泥田	烂底田	A	0—14	黄棕色	壤土	粒状	8.2	55.5	0.95	0.49	7.4	5.2	73		E 110°30′54.7″ N 24°42′44.6″	83
						G	14—30	青灰色	壤土	大块状	7.5	50.4	2.85	0.67	7.2	1.8	51			
						C	30—100	青灰色	黏壤土	无明显结构	7.7	49.0	2.82	0.60	6.9	2.6	50			
剖81	人为土	水稻土	潴育水稻土	潴底田	深潴底田	P	21—35	棕色	黏壤土	粒状	7.8	73.5	4.42	0.69	10.7	6.8	68		E 110°31′59.2″ N 24°42′33.5″	97
						Wg	35—77	黄褐色	黏壤土	块状	7.8	58.1	3.47	0.47	10.2		54			
						G	77—100	蓝灰色	黏壤土	棱柱状	6.0	65.8	3.82	0.43	8.7		54			
剖82	人为土	水稻土	潴育水稻土	洪积性潴育水稻土	洪积潴育石砾底田	P	15—22	栗色	黏壤土	块状	5.2	36.5	2.25	5.19	24.8	7.5	59	洪积物	E 110°30′40.0″ N 24°42′14.8″	74
						W	22—33	暗灰棕色	壤土	块状	5.0	29.9	1.40	5.50	21.7	5.8	40			
						C	33—90	暗黄棕色	壤土	柱状	5.5	16.1	1.08	6.00	21.6	3.6	32			
剖83	初育土	石灰(岩)土	棕色石灰土	耕型棕色石灰土	砾质棕泥土	C	90—100	灰黄棕色	黏壤土	片状	6.3	14.2	0.93	8.03	20.1	5.6	50		E 110°33′35.3″ N 24°42′05.0″	85
						A	0—14	棕色	黏壤土	碎块状	6.0	19.7	1.35	0.44	5.9	3.7	39			
						B_1	14—46	棕色	黏壤土	中块状	6.6	9.1	0.59	0.32	10.7	3.6	53			
						B_2	46—100	棕黄色	黏壤土	中块状	5.4	8.5	0.57	0.37	10.1		32			
剖84	人为土	水稻土	潴育水稻土	洪积性潴育水稻土	洪积潴育含砾黄泥田	A	0—18	灰棕色	黏壤土	微团粒状	5.2	38.3	2.10	0.44	15.5	9.8	130	洪积物	E 110°32′30.5″ N 24°42′01.1″	83
						P	18—38	棕色	黏壤土	块状	7.5	13.9	0.76	0.32	15.6	0.5	47			
						W	38—77	灰棕色	黏壤土	柱状	7.6	7.2	0.57	0.22	17.5		48			
						Wc	77—100	棕黄色	黏壤土	粒状	7.7	6.0	0.38	0.32	15.2	2.9	50			
剖85	人为土	水稻土	盐渍水稻土	碳酸盐渍性水稻土	石灰反性埋藏黑泥田	Ag	0—14	灰褐色	壤土	无明显结构	8.2	24.9	1.50	0.32	2.9	1.5	32		E 110°31′55.6″ N 24°41′55.0″	91
						G	14—100	黑黑色	壤土	无明显结构	7.5	17.4	0.73	0.10	2.7	1.5	11			
剖86	初育土	紫色土	酸性紫色土	砂页岩酸性紫色土	中层酸性紫泥土	A	0—14	紫棕色	黏壤土	粒状	4.7	56.2	2.59	0.37	21.1	6.8	119	砂页岩	E 110°31′06.7″ N 24°40′57.0″	82
						B	14—52	紫黄色	黏壤土	块状	4.9	14.5	0.72	0.24	23.0	4.5	53			
剖87	人为土	水稻土	潴育水稻土	紫色岩潴育水稻土	潴育紫泥肉田	A	0—18	紫紫色	壤土	细粒状	4.6	24.2	1.30	0.61	22.1	6.1	31	紫色岩	E 110°34′13.4″ N 24°38′42.0″	91
						Pw	18—30	暗紫色	壤土	细粒状	4.7	7.5	0.67	0.54	18.9	3.6	25			
						W_1	30—50	暗紫棕色	壤土	块状	5.3	5.9	0.59	2.65	16.5	3.6	25			
						W_2	50—85	深紫色	黏壤土	块状										
						B	85—100	棕黄色	壤土	块状										

灵 川 县

主要土类说明

红壤是灵川县主要土壤类型，占本县地域面积的 58%。红壤是本县的主要地带性土壤，分布于海拔 700m 以下的低山、丘陵和台地。由于分布区域气候温和，雨量充沛，日照较强，岩石风化作用强，土壤中钾、钠、钙、镁的流失量和硅的迁移量较大，铁铝相对富集，因而形成的红壤土层深厚，呈红色，酸性，低缓地带表土层一般较厚，其剖面构型为 A-C 型或 A-B-C 型，层次分化一般较明显。按不同的成土条件、发育阶段和肥力特点，本县红壤分为红壤、黄红壤和红壤性土三个亚类。

石灰（岩）土是灵川县第二大土壤类型，占本县地域面积的 14%。石灰（岩）土是由石灰岩风化物发育而成，分布于定江、大圩、潮田、海洋等乡镇的石灰岩地区，以棕色石灰（岩）土为主。该土壤碳酸钙淋溶程度不一，多黏土，多为铁钙质胶结物，风化程度不一，盐基饱和度高，土壤有机质含量及胶结状态有较大差异。

黄壤是灵川县第三大土壤类型，占本县地域面积的 11%，一般分布于海拔 800—1400m 的山地。黄壤是本县山地主要土壤类型，在温湿的气候条件下发育而成，土壤呈黄色，多呈中度脱硅富铝化特征，有机质累积较高，具 O-A-AB-B-C 剖面构型。

水稻土占灵川县地域面积的 10%，是本县的主要耕型土壤。水稻土的形成是修筑田基、平整田面，实行排灌、施肥、水耕水耙、轮作等一系列农事活动的结果。在水旱交替耕作下，由于周期性的干湿交替影响，水稻土氧化还原作用增强，有机络合物和悬浮性胶体物质在土壤中淋溶淀积，水稻土形成了特有的剖面形态和发育层次。母质特性差异可以从不同母质发育的水稻土中体现出来，但这种差异随着水稻土的发育和人为作用的深化而减弱。由于成土因素作用强弱的差异、成土速度快慢的不同，水稻土在剖面形态和理化性状上形成差异。

紫色土占灵川县地域面积的 4%。紫色土是紫色岩母质发育的一种岩性土，在发育过程中，化学风化作用微弱，物理风化较强烈，岩石受热胀冷缩影响破碎成土，土体层次分化不明显，土层深浅不一，心土层含岩石碎片，土壤通体呈紫色。

小于本县地域面积 3% 的土壤类型还有黄棕壤、红黏土、潮土和山地草甸土等。

本区域中心区气候特征

本区域中心区气候特征值
Regional climate characteristics in central area of the region

气候带：中亚热带湿润气候 Climate region: Subtropical humid climate	
年平均气温 /℃ Annual average temperature /℃	18.9
年平均最高气温 /℃ Annual average maximum temperature /℃	23.1
年平均最低气温 /℃ Annual average minimum temperature /℃	15.9
年降水量 /mm Annual precipitation /mm	1895
≥10℃的积温 /℃ Daily temperature accumulated in a year（≥10℃）/℃	6900
年日照时数 /h Annual sunshine /h	1490
年平均相对湿度 /% Annual average relative humidity /%	76
干燥度 Dryness	0.58

本区域中心区月平均气温与月平均降水量
Monthly temperature and precipitation in central area of the region

灵川县主要土壤类型与土壤剖面点分布图
1∶340 000

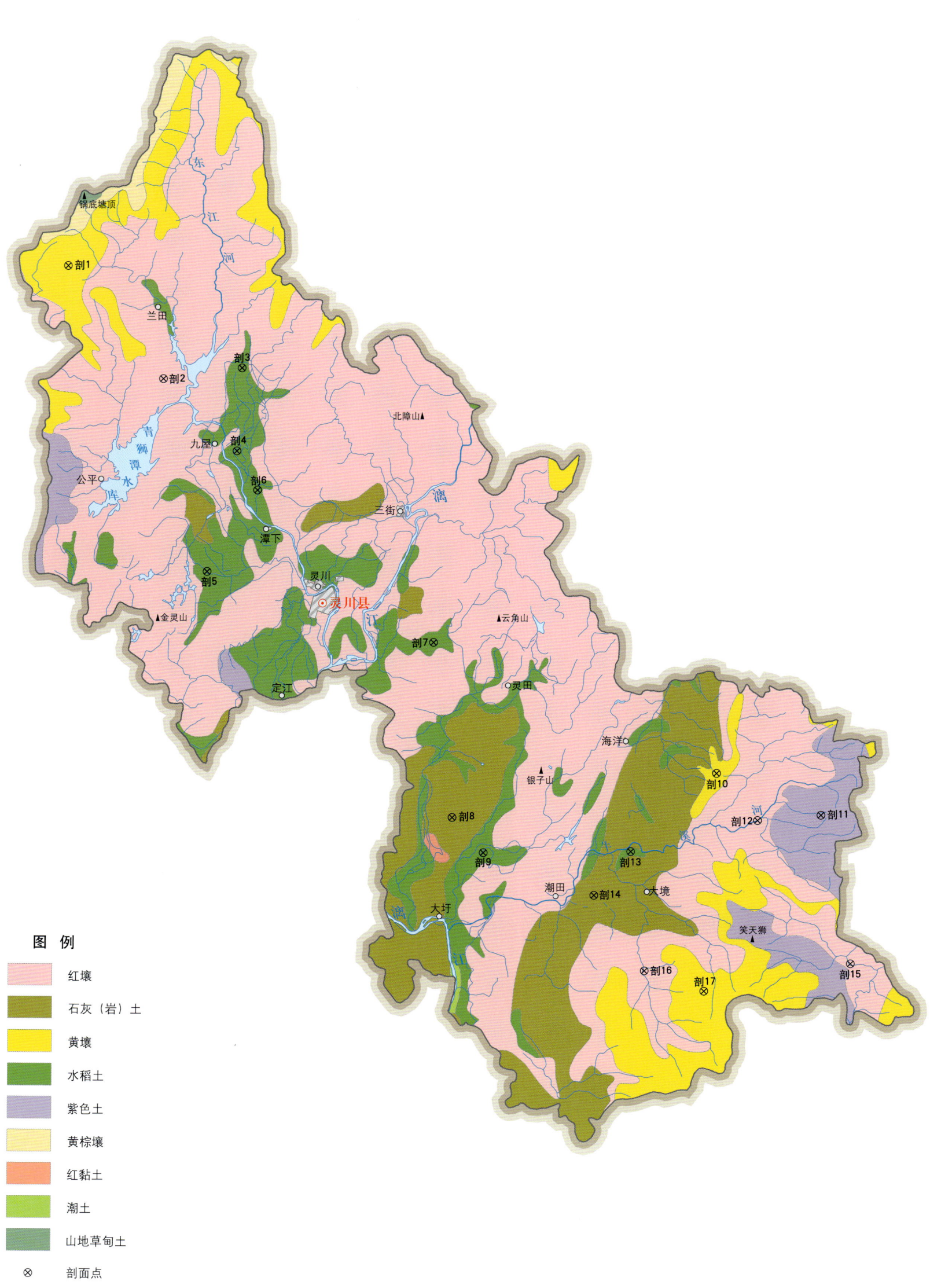

图 例
- 红壤
- 石灰（岩）土
- 黄壤
- 水稻土
- 紫色土
- 黄棕壤
- 红黏土
- 潮土
- 山地草甸土
- ⊗ 剖面点

灵川县土壤剖面理化性状表

剖面号 Soil profile	土纲 Soil order	土类 Soil great group	亚类 Soil subgroup	土属 Soil genus	土种 Soil species	土层码 Layer code	土层厚度 Depth/cm	颜色 Soil color	质地 Soil texture	土壤结构 Soil structure	pH	有机质 OM/(g/kg)	全氮 TN/(g/kg)	全磷 TP/(g/kg)	全钾 TK/(g/kg)	有效磷 AP/(mg/kg)	速效钾 AK/(mg/kg)	土壤母质 Parent material	剖面点坐标 Profile coordinate	匹配指数 Matching index/%
剖1	铁铝土	黄壤	黄壤	砂页岩黄壤	厚层砂页岩黄壤	A	0—17	暗棕黄色	轻壤土	核状	4.8	102.7	5.60	0.63	29.4			砂页岩	E 110°07′35.5″ N 25°38′13.3″	98
						B	17—75	橙黄色	轻壤土	团块状	5.0	20.1	2.18		32.2					
						C	75—110	橙黄色	中壤土	块状	5.0									
剖2	铁铝土	红壤	黄红壤	耕型砂页岩黄红壤	黄泥土	A	0—11	灰棕色	中壤土	小块状	6.0	23.5	2.20	0.44	11.0	2.0	47	砂页岩	E 110°12′04.0″ N 25°33′32.0″	72
						B	11—68	红棕色	中壤土	块状	6.0	9.2	0.89	0.49	13.4					
						C	68—100	红黄色	轻壤土	小块状	5.5									
剖3	人为土	水稻土	潴育水稻土	砂页岩潴育水稻土	潴育粉结田	A	0—13	灰色	中壤土	团块状	6.5	32.5	3.07	0.27	5.6	2.0	65	砂页岩	E 110°15′42.5″ N 25°34′00.8″	73
						P	13—20	暗灰色	重壤土	小块状	6.5	21.1	0.29		5.3					
						W	20—50	灰蓝色	重壤土	棱柱状	6.5	5.1	0.85	0.25	6.6					
						C	50—100	棕蓝色	重壤土	块状	6.5									
剖4	人为土	水稻土	潴育水稻土	冲积性潴育水稻土	潴育潮泥田	A	0—16	灰蓝色	重壤土	团粒状	7.0	32.4	2.68	0.56	11.3	8.0	42	河流冲积物	E 110°15′30.0″ N 25°30′31.0″	86
						P	16—26	暗灰色	重壤土	块状	7.0	13.2	1.10	0.46	12.2					
						W	26—70	暗黄红色	重壤土	棱柱状	6.5	1.9	1.13	0.22	13.3					
						Wc	70—199	黄红色	重壤土	块状	6.5									
剖5	人为土	水稻土	淹育水稻土	冲积性淹育水稻土	薄潮泥田	A	0—12	灰蓝色	中壤土	小块状	6.5	24.6	1.42	0.44	20.0	2.0	37	冲积物	E 110°14′10.3″ N 25°25′27.5″	90
						P	12—18	棕蓝色	重壤土	块状	7.0	18.4	0.77	0.45	20.1					
						C	18—105	棕蓝色	中壤土	碎块状	7.0	7.0	0.74	0.36	21.7					
剖6	人为土	水稻土	潴育水稻土	紫色岩潴育水稻土	潴育紫泥田	A	0—12	紫棕色	重壤土	微团状	6.0	27.8	2.28	0.63	7.8	5.0	38	紫色岩	E 110°16′28.6″ N 25°28′53.0″	77
						P	12—17	灰紫色	重壤土	小块状	6.0	15.5	1.23	0.93	8.5					
						W	17—67	紫红色	黏壤土	棱柱状	7.5	3.7	0.54	0.74	11.3					
						C	67—100	紫红色	黏壤土	块状	7.5									
剖7	人为土	水稻土	潴育水稻土	砂页岩潴育水稻土	潴育砂泥肉田	A	0—14	黄灰色	中壤土	微团粒状	6.5	25.8	1.93	0.49	12.5	3.0	32	砂页岩	E 110°24′41.8″ N 25°22′34.7″	89
						P	14—22	暗灰色	中壤土	块状		25.9	1.82	0.51	12.8					
						W	22—52	灰黄色	重壤土	棱柱状	6.5	9.5	0.95	0.45	17.5					
						C	52—100	棕蓝色	重壤土	碎块状	6.5									
剖8	初育土	石灰(岩)土	棕色石灰土	耕型棕色石灰土	棕泥土	A	0—13	灰蓝色	重壤土	粒状	6.0	27.3	1.70	0.48	10.2	6.0		砂页岩	E 110°25′37.5″ N 25°15′14.3″	99
						B	13—38	黄蓝色	重壤土	块状	6.5	20.7	1.50	0.77	10.6					
						C	38—100	黄蓝色	重壤土	碎块状	7.0	11.2	1.30	0.60	10.7					
剖9	人为土	水稻土	盐渍水稻土	碳酸盐潴性水稻土	石灰性板结田	A	0—12	暗灰色	重壤土	碎块状	8.0	26.4	2.04	0.51	11.6			砂页岩	E 110°27′05.5″ N 25°13′46.6″	93
						P	12—17	暗灰色	重壤土	块状	7.5	26.2	2.91	0.54	11.6					
						W	17—87	紫红色	黏壤土	块状	7.5	2.8	2.42	0.25	26.4					
						C	67—100	紫红色	黏壤土	块状										
剖10	人为土	水稻土	潴育水稻土	砂页岩潴育水稻土	中层砂页岩黄泥田	A	0—30	灰黄色	轻壤土	小块状	6.0	34.5	0.60	0.86	20.2			砂页岩	E 110°37′51.2″ N 25°17′10.3″	86
						B	30—85	浅黄色	轻壤土		6.0	27.4	1.09		27.4		73			
						C	35—													
剖11	初育土	紫色土	酸性紫色土	耕型紫色酸性紫色土	酸性紫泥土	A	0—18	灰蓝色	中壤土	粒状	5.0	41.2	2.78	0.76	23.8	6.0		砂页岩	E 110°42′42.1″ N 25°15′27.4″	99
						B	18—100	紫红色	重壤土	大块状	5.0	6.7	0.68	0.39	26.6					
剖12	铁铝土	红壤	红壤	砂岩红壤	薄层砂岩红壤	A	0—10	浅棕色	轻壤土	粒状	4.5	40.5	1.57	0.49	24.5			砂岩	E 110°39′46.1″ N 25°15′13.3″	96
						B	10—50	浅黄色	轻壤土	粒状	4.7	21.2	1.14	0.54	27.9					
						C	50—													
剖13	人为土	水稻土	潴育水稻土	冲积性潴育水稻土	潴育潮泥田	A	0—12	棕灰色	重壤土	微团粒状	7.0	25.4	2.06	0.58	14.1	6.0	67	河流冲积物	E 110°33′54.4″ N 25°13′52.7″	90
						P	12—20	灰蓝色	重壤土	小块状	6.5	17.4	1.44	0.68	21.3					
						W	20—60	棕色	重壤土	柱状	6.0	8.0	0.86	0.50	13.8					
						C	60—100	褐色	重壤土	小块状	5.5	9.7	0.77	0.71	24.8					

续表 Continued

剖面号 Soil profile	土纲 Soil order	土类 Soil great group	亚类 Soil subgroup	土属 Soil genus	土种 Soil species	土层码 Layer code	土层厚度 Depth/cm	颜色 Soil color	质地 Soil texture	土壤结构 Soil structure	pH	有机质 OM/(g/kg)	全氮 TN/(g/kg)	全磷 TP/(g/kg)	全钾 TK/(g/kg)	有效磷 AP/(mg/kg)	速效钾 AK/(mg/kg)	土壤母质 Parent material	剖面点坐标 Profile coordinate	匹配指数 Matching index/%
剖14	初育土	石灰(岩)土	红色石灰土	耕型红色石灰土	耕型红色石灰土	A	0—14	浅红黄色	重壤土	微团粒状	7.0	23.2	1.52	0.42	8.4				E 110°32′13.7″ N 25°12′00.4″	92
						B	14—60	黄红色	黏壤土	块状	7.5	6.7	1.08	0.35	9.6					
						C	60—100	红黄色	黏壤土	块状	7.5									
剖15	铁铝土	红壤	红壤	砂岩红壤	中层砂岩红壤	A	0—30	灰黄色	轻壤土	粒状	4.5	34.0	1.44	0.19	17.0			砂岩	E 110°44′06.7″ N 25°09′12.2″	71
						B	30—90	浅红黄色	轻壤土	小块状	5.0	8.7	1.07	0.22	22.3					
						C	90—													
剖16	铁铝土	红壤	红壤	砂岩红壤	厚层砂岩红壤	A	0—30	棕灰色	轻壤土	粒状	5.0	49.0	1.50	0.30	17.1			砂岩	E 110°34′35.8″ N 25°08′50.3″	85
						B	30—70	红橙色	轻壤土	块状	5.0	16.7	0.52	0.25	21.1					
						C	70—110	红黄色	轻壤土	块状	4.5									
剖17	铁铝土	黄壤	黄壤	耕型砂页岩黄壤	砂质黄壤	A	0—23	灰棕色	中壤土	粒状	4.5	24.1	1.90	0.29	5.3	5.0	43	砂页岩	E 110°37′20.6″ N 25°07′59.9″	73
						B	23—68	棕黄色	中壤土	块状	4.5	9.5	0.56	0.31	7.6					
						C	68—100	黄色	中壤土	块状										

全 州 县

主要土类说明

红壤是全州县主要土壤类型，占本县地域面积的 45%。在本县海拔 700m 以下，除非地带性土壤［水稻土、石灰（岩）土、冲积土和紫色土等］外，均为此土类，主要分布在山麓和丘陵地带，湘江西岸多，东岸少。红壤是土壤富铁铝化的产物，色红，呈酸性，硅铁铝率较小。土壤矿物质风化较彻底，淋溶强烈，黏土矿物以高岭石为主，土壤有机质矿化率高，不易积累，故养分含量低，特别是速效养分含量更少，土壤瘦瘠。

石灰（岩）土是全州县第二大土壤类型，占本县地域面积的 24%。石灰（岩）土是由石灰岩风化坡积物或残积物发育而成，含钙丰富，盐基饱和度较高，一般呈中性或微酸性。其中，棕色石灰土亚类是在高温、多湿与低温、干燥两种季节性交替的气候条件下形成。在高温、多湿季节，土壤脱硅富铝化作用强烈，石灰岩分解快，钙质在淋溶作用下随水流失或下渗，在多湿条件下，有机质形成有机胶体随水下渗，与钙结合成不可逆的复合胶体、团聚黏粒。在低温、干燥季节，土壤脱水成凝胶而形成微结构，土体呈棕色。

黄壤是全州县第三大土壤类型，占本县地域面积的 16%，分布在海拔 790—1400m 的中山中上部，在越城岭、海洋山和都庞岭都有分布。黄壤为亚热带山地土壤主要类型，在温暖而湿润的气候条件下形成，脱硅富铝化作用较明显，其成土条件相对红壤而言，光照较少，温度较低，湿度较大，因此，脱硅富铝化作用较红壤弱，pH 略高于红壤。由于湿度大，深红色的赤铁矿被水化成黄色的褐铁矿，附着于土粒外表，土壤变黄。

水稻土占全州县地域面积的 11%，分布在海拔 120—1000m 区域，但绝大多数处在海拔 120—300m 的湘江及其支流的两岸和附近丘陵、岩溶区，即越城岭、海洋山和都庞岭所夹的谷地丘陵区。水稻土是各种母质的土壤在淹水条件下，经水耕水作、种植水稻而发育成土。淀积层（心土层）中铁锰结核和锈纹、锈斑积累较多。

黄棕壤占全州县地域面积的 3%。部分铁在嫌气条件下被还原成亚铁，在下移中与有机胶体络合，经氧化沉淀后胶结于土壤微粒表面而使土壤呈黄棕色。其黏化作用和脱硅富铝化作用比黄壤弱，比棕壤强。

小于本县地域面积 3% 的土壤类型还有紫色土、新积土和山地草甸土等。

本区域中心区气候特征

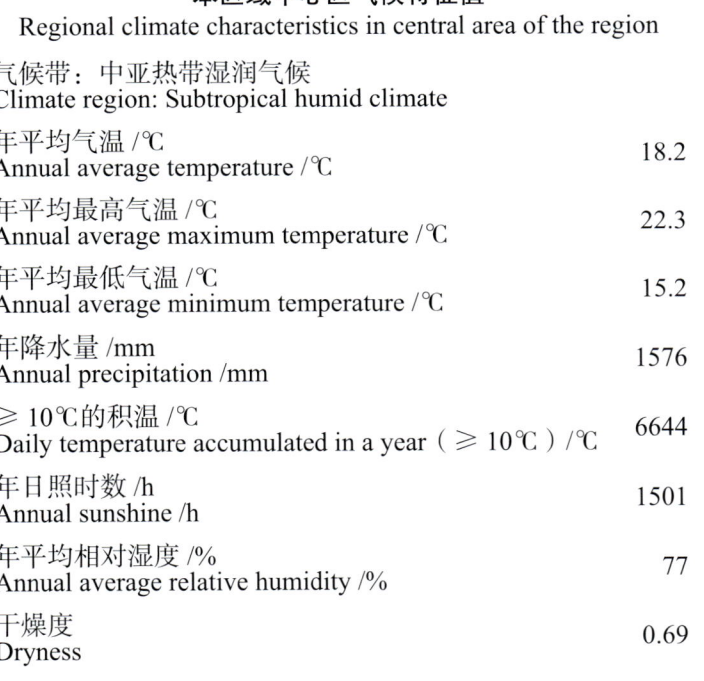

本区域中心区气候特征值
Regional climate characteristics in central area of the region

气候带：中亚热带湿润气候 Climate region: Subtropical humid climate	
年平均气温 /℃ Annual average temperature /℃	18.2
年平均最高气温 /℃ Annual average maximum temperature /℃	22.3
年平均最低气温 /℃ Annual average minimum temperature /℃	15.2
年降水量 /mm Annual precipitation /mm	1576
≥10℃的积温 /℃ Daily temperature accumulated in a year (≥10℃) /℃	6644
年日照时数 /h Annual sunshine /h	1501
年平均相对湿度 /% Annual average relative humidity /%	77
干燥度 Dryness	0.69

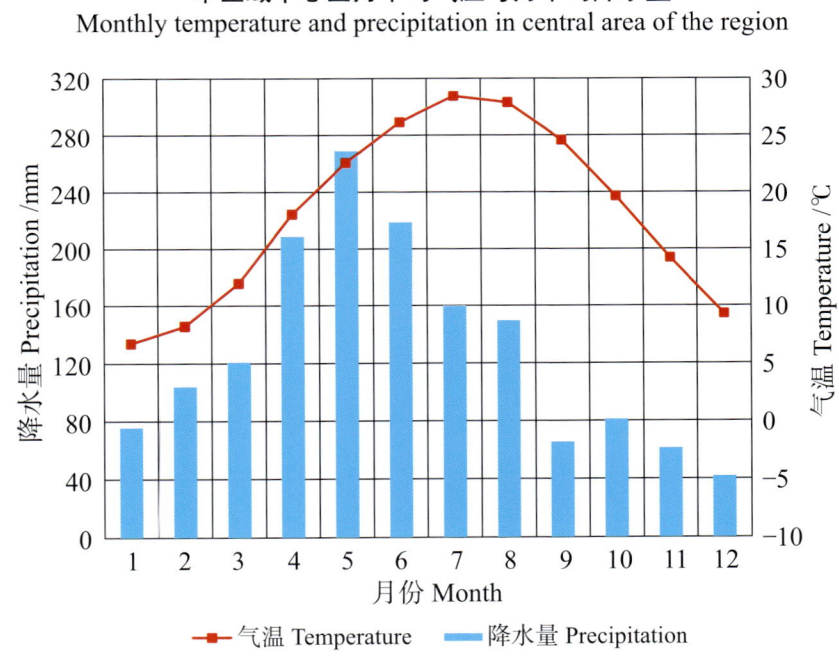

本区域中心区月平均气温与月平均降水量
Monthly temperature and precipitation in central area of the region

全州县主要土壤类型与土壤剖面点分布图
1 : 410 000

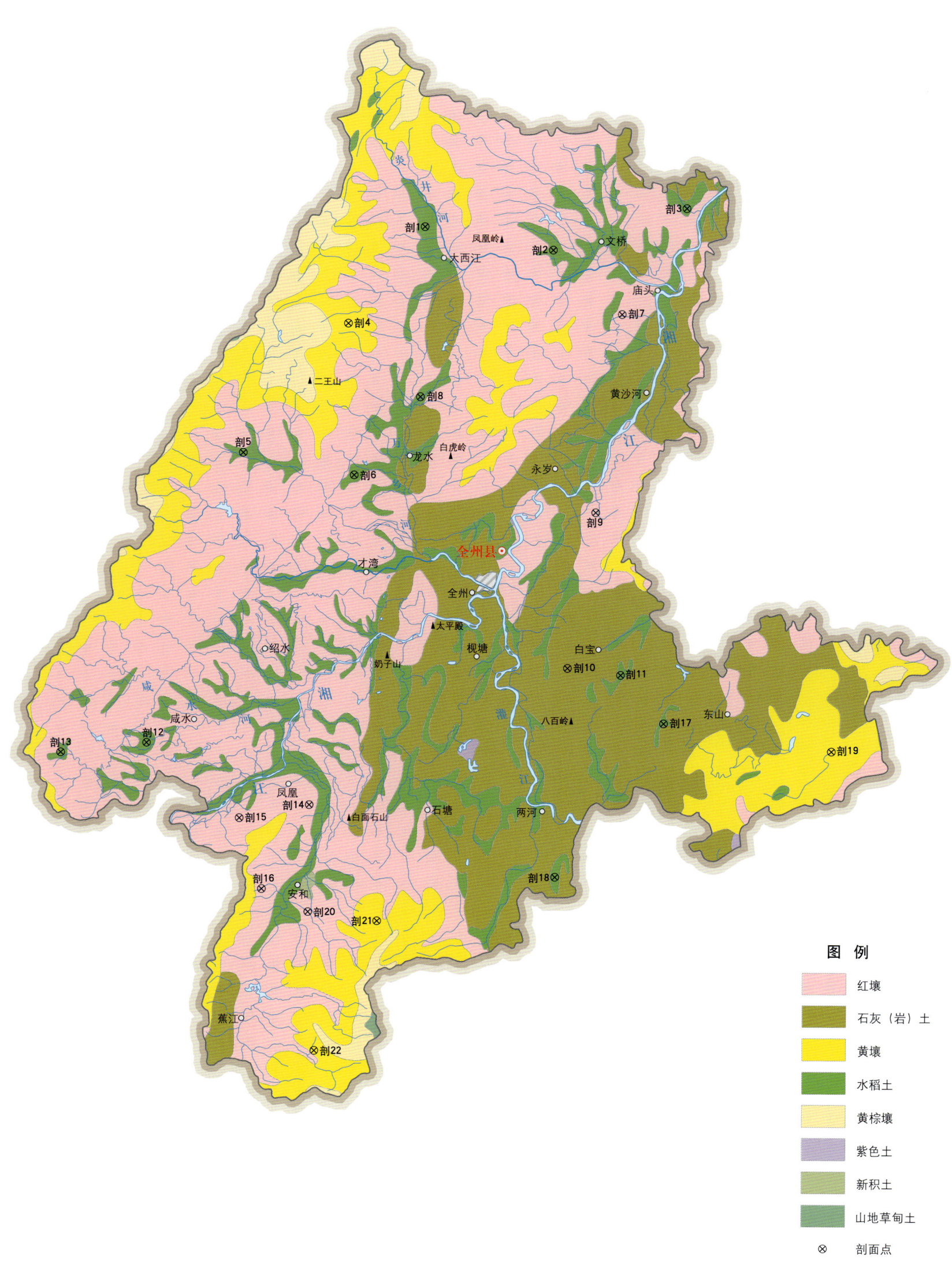

全州县土壤剖面理化性状表

剖面号 Soil profile	土纲 Soil order	土类 Soil great group	亚类 Soil subgroup	土属 Soil genus	土种 Soil species	土层码 Layer code	土层厚度 Depth/cm	颜色 Soil color	质地 Soil texture	土壤结构 Soil structure	pH	有机质 OM/(g/kg)	全氮 TN/(g/kg)	全磷 TP/(g/kg)	全钾 TK/(g/kg)	有效磷 AP/(mg/kg)	速效钾 AK/(mg/kg)	阳离子交换量 CEC/(cmol/kg)	土壤母质 Parent material	剖面点坐标 Profile coordinate	匹配指数 Matching index/%
剖1	人为土	水稻土	潴育水稻土	洪积性潴育水稻土	洪积潴育石砾底田	A	0—12	灰白色	黏壤土	微团粒状	7.4	31.3	1.84	0.66	15.7	4.8	82	13.0	洪积物	E 111°00′18.7″ N 26°14′00.2″	90
						P	12—21	褐色	黏壤土	块状	7.3	14.7	1.00	0.76	14.8						
						W	21—39	淡棕黄色	轻黏土	棱柱状	7.6	5.4	0.61	0.71	17.5						
						C	39—	淡黄棕色	轻黏土	小块状											
剖2	人为土	水稻土	潴育水稻土	洪积性潴育水稻土	洪积潴育肉田	P	14—18	黑褐色	黏壤土	微团粒状	5.7	38.4	2.09	0.55	9.6	14.2	94	17.0	洪积物	E 111°07′33.2″ N 26°12′49.3″	89
						W	18—42	暗灰棕色	轻黏土	棱柱状	5.9	30.1	1.62	0.31	9.1						
							42—	淡黄棕色	重黏土	棱柱状	6.6	10.7	0.58	0.39	9.6						
									轻黏土	棱柱状	7.3	5.7	0.36	0.24	8.9						
剖3	人为土	水稻土	潴育水稻土	砂页岩潴育水稻土	潴育蜡泥肉田	A	0—15	褐色	黏壤土	微团粒状	7.7	43.6	2.34			9.0	92		砂页岩	E 111°15′05.4″ N 26°14′56.0″	74
							15—30	褐色	黏壤土	块状											
							30—60	褐色	黏壤土	棱柱状											
							60—85	褐色	黏壤土	棱柱状											
							85—100	淡黄棕色	黏壤土	块状											
剖4	铁铝土	黄壤	黄壤	花岗岩黄壤	中层花岗岩黄壤	A	0—8	黑褐色	轻黏土	团粒状	5.0	91.9	5.83	0.88	39.9			18.2	花岗岩	E 110°56′00.6″ N 26°09′04.7″	85
						AB	8—28	灰黄色	黏壤土	粒状		47.8	3.31	0.68	41.5			15.9			
							28—55	黄色	黏壤土	粒状		25.7	1.97	0.64	42.2			14.0			
						B	0—14	灰白灰色	中壤土	微团粒状	5.7	52.0	2.73	1.14	27.0	50.4	77	22.0	花岗岩	E 110°50′07.4″ N 26°02′31.6″	93
剖5	人为土	水稻土	潴育水稻土	花岗岩潴育水稻土	潴育杂砂泥肉田	P	14—25	暗棕灰色	中壤土	块状	5.8	34.3	1.78	0.60	26.9						
						W₁	25—57	灰白灰色	中壤土	棱柱状	5.3	27.7	1.71	0.33	26.4						
						W₂	57—89	灰黄棕色	重黏土	棱柱状	6.8	10.3	0.81	0.71	26.2						
						C	89—	灰黄色	中壤土	小块状	5.2	7.5	0.84	0.53	29.0						
剖6	人为土	水稻土	潴育水稻土	砂页岩潴育水稻土	潴育砂泥肉田	A	0—13	褐色	中壤土	微团粒状	5.4	29.5	2.09	0.66	20.5	9.0	67	13.0	砂页岩	E 110°56′21.8″ N 26°01′23.9″	75
						P	13—19	褐色	重黏土	块状	5.8	25.6	1.82	0.64	20.8	5.8					
						W₁	19—38	淡棕黄色	重黏土	棱柱状	6.6	15.9	1.00	0.75	19.6	7.5					
						Wc	38—100	淡棕黄色	重黏土	棱柱状	6.8	11.6	0.73	0.64	21.4	4.7					
剖7	铁铝土	红壤性土	红壤性土	砾质红壤性土	砾石红壤性土	A	0—4	黑棕色	黏壤土	粒状	5.7	42.5	2.02	0.18	6.5				花岗岩	E 111°11′26.9″ N 26°09′32.4″	89
						AB	17—21	淡棕色	黏壤土	块状	4.5	12.1	1.23	0.16	9.5						
						B	21—60	淡棕红色	黏壤土	块状		1.7	0.49	0.12	9.4						
剖8	人为土	水稻土	潴育水稻土	冲积性潴育水稻土	潴育潮泥肉田	A	0—13	褐色	黏壤土	粒状	6.0	29.1	1.83	0.65	21.8	5.7	63	20.0	冲积物	E 111°00′04.7″ N 26°05′22.9″	89
						P	13—18	褐色	黏壤土	棱柱状	6.1	18.2	1.25	0.90	21.5						
						W₁	18—60	紫棕红色	黏壤土	棱柱状	6.7	16.1	1.15	0.75	22.2	0.3					
						C	60—120	棕灰色	黏壤土	棱柱状	6.9	6.4	0.61	0.65	19.7	8.0					
							120—														
剖9	铁铝土	红壤	红壤	耕型砂页岩红壤	红壤土	A	0—17	灰黄棕色	中壤土	粒状	5.7	14.2	0.79	0.39	6.8	4.1	67	14.0	砂页岩	E 111°09′58.7″ N 25°59′30.5″	96
						B	17—36	栗色	重黏土	块状	5.8	11.6	0.82	0.40	8.6						
						C	36—100	淡棕红色	重黏土	块状	5.7	6.3	0.73	0.34	12.8						
剖10	初育土	石灰(岩)土	棕色石灰土	棕色石灰土	棕色石灰土	A	0—18	黑棕色	重黏土	粒状	6.0	8.6	1.98	0.22	46.9			17.3	石灰岩风化物	E 111°08′25.1″ N 25°51′37.8″	97
						AB	18—25	淡棕红色	黏壤土	小块状		18.5	0.60	0.10	10.7			6.3			
						B	25—70	黄棕色	黏壤土	块状		7.2	0.22	0.13	14.7			6.8			
剖11	人为土	水稻土	潴育水稻土	棕色石灰潴育水稻土	潴育粉砂棕泥田	A	0—12	灰白色	重黏土	微团粒状	7.2	52.3	3.17	0.79	10.4	29.5	83	15.0	石灰岩风化物	E 111°11′23.8″ N 25°51′16.6″	95
						P	12—16	黑褐色	黏壤土	棱柱状	7.5	38.4	2.37	0.96	10.6						
						W₁	16—23	褐色	轻黏土	棱柱状	7.8	16.8	1.02	0.51	9.4						
						W₂	23—100	黑棕色	轻黏土	棱柱状	7.7	15.3	1.07	1.19	9.7						

续表 Continued

剖面号 Soil profile	土纲 Soil order	亚类 Soil subgroup	土属 Soil genus	土种 Soil species	土层码 Layer code	土层厚度 Depth/cm	颜色 Soil color	质地 Soil texture	土壤结构 Soil structure	pH	有机质 OM/(g/kg)	全氮 TN/(g/kg)	全磷 TP/(g/kg)	全钾 TK/(g/kg)	有效磷 AP/(mg/kg)	速效钾 AK/(mg/kg)	阳离子交换量CEC/(cmol/kg)	土壤母质 Parent material	剖面点坐标 Profile coordinate	匹配指数 Matching index/%
剖12	人为土	潴育水稻土	洪积性潴育水稻土	洪积潴育砾砂泥肉田	A	0—16	黑棕色	重壤土	微团粒状	6.0	55.0	2.93	0.70	17.1	6.5	71	20.0	洪积物	E 110°44′46.7″ N 25°47′46.0″	95
					P	16—24	褐色	重壤土	块状	6.4	31.0	0.97	0.55	17.0	3.2					
					W₁	24—48	暗棕灰色	黏壤土	棱柱状	7.0	17.4	1.09	0.46	19.1	1.3					
					W₂	48—62	浅黄棕色	黏壤土	棱柱状	6.7	8.8	0.77	0.68	23.2	4.3					
					C	62—	黄橙色	轻壤土	块状	6.8	4.4	0.61	0.63	22.3	6.5					
剖13	人为土	潴育水稻土	花岗岩潴育水稻土	潴育杂砂田	A	0—10	褐色	轻壤土	粒状	4.9	42.2	2.26	0.98	33.8	7.0	69	11.0	花岗岩	E 110°39′56.5″ N 25°47′15.0″	97
					P	10—15	褐色	轻壤土	块状	5.2	43.9	2.34	1.00	34.0			11.0			
					W	15—45	灰黄色	轻壤土	棱柱状	6.1	19.3	1.20	0.64	36.1			16.0			
					C	45—	浅黄棕色	中壤土	棱柱状	6.2	10.1	0.78	0.55	33.6			17.0			
剖14	铁铝土	红壤性土	耕型砾质红壤性土	砾石红土	A	0—19	灰黄色	重壤土	小块状	5.1	17.0	1.35	0.57	13.4	4.7	83	13.0	页岩	E 110°53′56.0″ N 25°44′37.7″	93
					B	19—28	灰黄色	重壤土	小块状	4.7	16.9	1.34	0.57	13.7			9.0			
					Bc	28—100	红棕色	黏壤土	小块状	5.0	8.9	0.98	0.56	14.4			10.0			
剖15	铁铝土	红壤	耕型页岩红壤性土	红黏土	A	0—20	灰黄棕色	黏土	粒状	6.4	18.7	1.35	0.47	13.0		111	22.0	砂页岩	E 110°50′01.1″ N 25°43′57.4″	95
					B	20—40	红棕色	黏土	粒状	6.3	8.4	1.02	0.34	16.6			15.0			
					C	40—100	红棕色	黏土	块状	6.2	5.0	0.71	0.29	17.2			14.0			
剖16	铁铝土	黄红壤	砂页岩黄红壤	厚层砂页岩黄红壤	A	0—15	黑棕色	重壤土	粒状	4.0	71.7	2.64	0.36	23.2	9.5		15.3	砂页岩	E 110°51′17.3″ N 25°40′21.7″	90
					AB	15—40	暗棕色	黏土	粒状		21.0	1.02	0.32	25.7			13.3			
					B	40—120	浅黄棕色	重壤土	小块粒状											
剖17	人为土	潴育水稻土	棕色石灰土潴育水稻土	潴育棕泥田	A	0—12	褐色	黏壤土	块状	7.0	23.6	1.51	0.79	21.3	12.2			石灰岩风化物	E 111°13′49.4″ N 25°48′49.0″	77
					P	12—18	褐状	黏壤土	块状	6.5	19.5	1.41	0.73	21.6		84				
					W₁	18—62	浅黄棕色	黏壤土	棱柱状	7.0	8.7	0.72	0.44	21.7						
					W₂	62—80	暗黄棕色	轻黏土	棱柱状	7.5										
					C	80—	暗棕色	轻黏土	碎块状	7.5										
剖18	人为土	潴育水稻土	棕色石灰土潴育水稻土	潴育含砂棕泥田	A	0—15	灰黄棕色	黏壤土	粒状	6.5	21.4	1.32	0.50	11.0	2.1	88		石灰岩风化物	E 111°07′45.1″ N 25°41′00.6″	73
					P	15—22	灰黄棕色	轻壤土	块状	6.5	15.6	0.91	0.50	11.2						
					W	22—44	暗黄棕色	中壤土	棱柱状	7.7	6.9	0.50	0.26	15.4						
					C	44—100	浅棕色	黏土	小块状											
剖19	铁铝土	黄壤	耕型砂页岩黄壤	砂质黄壤	A	0—13	暗黄棕色	中壤土	粒状	6.0	21.5	1.54	0.85	10.8	13.6	252		砂页岩	E 111°23′16.1″ N 25°47′23.6″	74
					B	13—26	暗黄棕色	中壤土	块状	6.0	7.4	0.74	0.49	14.5						
					C	26—80	黄色	重壤土	块状	5.9	3.7	0.53	0.46	14.6						
剖20	铁铝土	红壤性土	耕型砾质红壤性土	多砾红壤土	A	0—18	浅棕色	重壤土	粒状	7.5										
					B	18—55	浅棕色	黏土	小块状	7.5										
					C	55—100	红黄色	黏土	块状	6.8										
剖21	铁铝土	黄壤	砂页岩黄壤	中层砂页岩黄壤	A	0—18	褐色	中壤土	粒状	5.0	55.1	2.78	0.29	22.3		171	5.6	砂页岩	E 110°57′45.7″ N 25°38′45.6″	70
					B	18—97	灰黄棕色	中壤土	粒状	4.9	11.7	1.63	0.14	26.8			14.2			
剖22	铁铝土	黄壤	耕型花岗岩黄壤	杂砂黄壤土	A	0—18	浅黄棕色	重壤土	粒状	4.9	47.7	2.21	0.60	22.2	3.7		13.0	花岗岩	E 110°54′17.3″ N 25°32′06.4″	74
					B	18—35	黄色	中壤土	粒状	5.0	17.2	0.98	0.46	19.9			11.0			
					C	35—100	黄色	重壤土	小块状	5.2	6.6	0.52	0.40	20.3			9.0			

兴 安 县

主要土类说明

红壤是兴安县主要土壤类型，占本县地域面积的 61%，分布于中亚热带低山丘陵地区。红壤的成土母岩有花岗岩、第四纪红土、砂页岩、片麻岩、凝灰岩和千枚岩等。该土壤一般具有深厚的红色风化层，淀积层（B 层）底层可见具深厚红、黄、白相间网纹的红色黏土。在花岗岩及第四纪红土上发育的土体，网纹尤为明显。具有脱硅富铁铝现象，黏土矿物以高岭土为主，黏粒硅铝率为 1.8—2.4，风化淋溶系数小于 0.2，盐基饱和度小于 35%，pH 为 4.5—5.5。

黄壤是兴安县第二大土壤类型，占本县地域面积的 14%，分布于中亚热带中低山上、中部，自然植被为常绿阔叶林和常绿落叶阔叶林。黄壤分布区域的年平均气温低于红壤区，年降水量大于红壤区，成土母质与红壤相仿。中度脱硅富铝化，土壤有机质累积较高，呈黄色，具 O–A–AB–B–C 剖面构型。

水稻土是兴安县第三大土壤类型，占本县地域面积的 11%，分布于江河平原、山丘、沟谷及地形平坦的岗坡上。水稻土是各种土壤在长期水耕熟化条件下形成的，在季节性干湿交替条件下，土体中还原与氧化过程交替，有机物、无机物的迁移与淀积及有机质的分解发生明显分异，导致在原有起源土壤基础上，形成由特定发生层构成的剖面形态特征。

紫色土占兴安县地域面积的 8%，在空间分布上与周围地带性土壤的过渡界线明显。紫色土的成土母岩有第三纪紫色砂岩、紫页岩、白垩纪紫色砂页岩、侏罗纪棕紫色砂页岩、红紫色钙质厚泥岩、暗紫色或灰紫色砂页岩、三叠纪暗紫色砂页岩、志留纪灰紫色页岩、灰绿紫色页岩等。全剖面无明显发生层次。土壤颜色和理化性状保留母质特性。

石灰（岩）土占兴安县地域面积的 3%，除华江乡、湘漓镇外，其他各乡镇都有分布，其中以兴安、严关、漠川、高尚等地石灰岩区面积最大。石灰（岩）土是石灰岩经溶蚀风化，形成的厚薄不同的钙质饱和或含游离钙质的土壤，多见于石隙、溶洞或峰丛底部。该土壤碳酸钙淋溶程度不一，多黏土，多为铁钙质胶结物，风化程度不一，盐基饱和度高，有机质含量及胶结状态有较大差异。本县石灰（岩）土分为棕色石灰土、黄色石灰土两个亚类。

小于本县地域面积 3% 的土壤类型还有黄棕壤和山地草甸土等。

本区域中心区气候特征

本区域中心区气候特征值
Regional climate characteristics in central area of the region

气候带：中亚热带湿润气候 Climate region: Subtropical humid climate	
年平均气温 /℃ Annual average temperature /℃	18.5
年平均最高气温 /℃ Annual average maximum temperature /℃	22.7
年平均最低气温 /℃ Annual average minimum temperature /℃	15.5
年降水量 /mm Annual precipitation /mm	1743
≥ 10℃ 的积温 /℃ Daily temperature accumulated in a year（≥ 10℃）/℃	6789
年日照时数 /h Annual sunshine /h	1499
年平均相对湿度 /% Annual average relative humidity /%	77
干燥度 Dryness	0.63

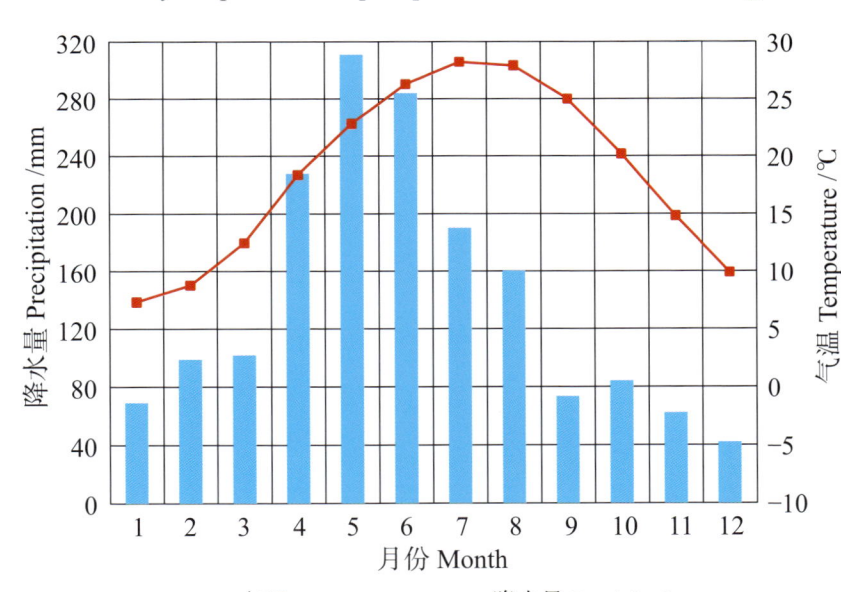

本区域中心区月平均气温与月平均降水量
Monthly temperature and precipitation in central area of the region

兴安县主要土壤类型与土壤剖面点分布图
1∶350 000

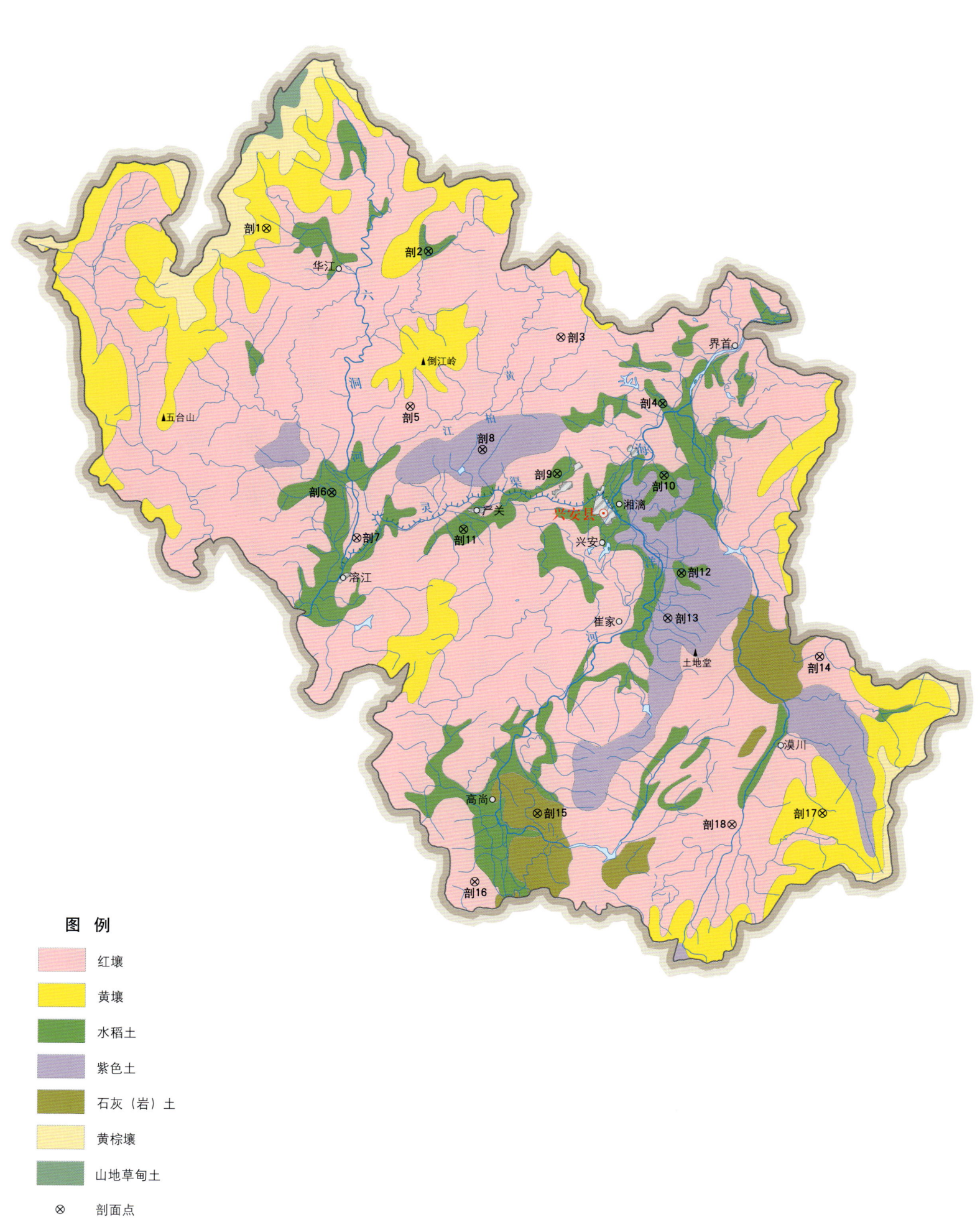

图 例

- 红壤
- 黄壤
- 水稻土
- 紫色土
- 石灰（岩）土
- 黄棕壤
- 山地草甸土
- ⊗ 剖面点

兴安县土壤剖面理化性状表

剖面号 Soil profile	土纲 Soil order	土类 Soil great group	亚类 Soil subgroup	土属 Soil genus	土种 Soil species	土层码 Layer code	土层厚度 Depth/cm	颜色 Soil color	质地 Soil texture	土壤结构 Soil structure	pH	有机质 OM/(g/kg)	全氮 TN/(g/kg)	全磷 TP/(g/kg)	全钾 TK/(g/kg)	碱解氮 AN/(mg/kg)	有效磷 AP/(mg/kg)	速效钾 AK/(mg/kg)	土壤母质 Parent material	剖面点坐标 Profile coordinate	匹配指数 Matching index/%
剖1	铁铝土	黄壤	黄壤	花岗岩黄壤		A	0—19	黑灰色	砂壤土		5.5	73.7	2.47	0.31	18.7	178	4.0	160	花岗岩	E 110°24′50.6″ N 25°47′56.3″	91
						B	19—100	黄色	轻壤土		6.0	15.8	0.72	0.47	18.1	51	4.0	40			
剖2	人为土	潴育水稻土	潴育水稻土	花岗岩潴育水稻土	潴育杂砂砂田	A	0—12	灰色	中壤土		6.5	39.3	2.28	0.89	24.2	50	6.0	80	花岗岩	E 110°32′03.8″ N 25°47′04.2″	80
						P	12—17	灰色	中壤土		6.5	29.9	1.75	0.96	24.2						
						W	17—60	灰黄色	中偏重壤土		6.9	20.4	1.36	1.01	20.2						
剖3	铁铝土	红壤	黄红壤	花岗岩黄红壤		A	0—40	灰黄色	砂壤土		5.0	27.8	1.39	0.35	26.3	103	4.0	20	花岗岩	E 110°38′00.0″ N 25°43′38.3″	75
						B	40—100	黄红色	砂壤土		5.5	8.8	0.15	0.31	36.3	11	4.0	20			
剖4	人为土	潴育水稻土	潴育水稻土	砂页岩潴育水稻土	潴育砂泥肉田	A	0—14	棕灰色	中壤土	微团粒状	6.9	30.7	1.48	0.66	7.4	40	10.0	60	砂页岩	E 110°42′32.8″ N 25°41′00.6″	99
						P	14—20	暗灰色	中壤土	块状	7.1	17.6	0.95	0.67	6.1						
						W	20—50	紫灰色	中壤土	梭柱状	7.3	13.5	0.80	0.65	0.7						
						C	50—100	棕黄色	中壤土												
剖5	铁铝土	红壤	黄红壤	砂页岩黄红壤		A	0—20	黑灰色	壤土		4.5	71.9	0.88	0.27	13.8	230	4.0	120	砂页岩	E 110°31′18.8″ N 25°40′49.1″	98
						B	20—100		中黏土		5.3	16.0	0.18	0.32	11.3						
剖6	人为土	潴育水稻土	潴育水稻土	冲积性潴育水稻土	潴育潮泥田	A	0—16	灰棕色	中黏土		7.0	30.7	1.90	0.61	29.5	30	6.0	20	河流冲积物	E 110°27′51.1″ N 25°37′18.8″	71
						P	16—24	棕黄色	黏土		7.1	24.8	1.59	0.62	32.1						
						W	24—90	棕黄色	黏土		7.1	3.1	0.71	0.61	41.3						
剖7	铁铝土	红壤	红壤	第四纪红壤		A	0—30	棕红色	中黏土		4.8	32.7	0.36	0.38	14.6	103	4.0	20	红土	E 110°28′59.9″ N 25°35′29.4″	97
						B	30—100	棕红色	中黏土		5.2	7.9	0.31	0.33	14.7	22	20.0	20			
剖8	初育土	紫色土	酸性紫色土	耕型酸性紫色土	酸性紫砂土	A	0—10	红棕色	轻壤土		6.0	57.2	3.63	0.55	40.3	25	6.0	80	砂页岩	E 110°34′32.9″ N 25°39′06.1″	75
						B	10—83	紫红色	中壤土		5.8	3.8	0.13	0.45	48.8						
剖9	人为土	水稻土	盐渍性水稻土	碳酸盐渍性水稻土	石灰性板结田	A	0—15	暗灰色	黏土		8.0	33.4	2.24	0.73	2.0	40	20.0	15	砂页岩	E 110°37′52.7″ N 25°38′10.0″	83
						P	15—26	棕灰色	黏土		7.8	24.4	1.94	0.85	19.7						
						W	26—47	灰灰色	重壤土		7.0	9.5	1.08	0.30	21.9						
						C	47—100		重壤土		7.0										
剖10	人为土	水稻土	潴育水稻土	砂页岩潴育水稻土	潴育蟮泥田	A	0—12	棕灰色	壤土		4.7	58.5	3.57	0.76	19.0	100	10.0	80	砂页岩	E 110°42′38.2″ N 25°38′07.4″	93
						P	12—19	灰棕色	黏壤土		5.0	27.7	1.59	0.62	19.5						
						W	19—45	棕黄色	黏土		6.5	14.5	1.05	0.56	18.0						
						C	45—100	棕黄色	中壤土												
剖11	人为土	水稻土	潴育水稻土	洪积性潴育水稻土	洪积潴育砂泥田	A	0—15	棕灰色	中壤土		7.2	32.7	2.33	0.54	23.8	60	20.0	30	洪积物	E 110°33′44.2″ N 25°35′52.6″	75
						P	15—24	棕灰色	中壤土		7.0	22.7	1.36	0.59	26.4						
						W	24—50	棕黄色	中壤土		7.0	9.1	1.18	0.65	36.0						
						C	50—100		重壤土												
剖12	人为土	水稻土	潴育水稻土	砂页岩潴育水稻土	潴育砂泥田	A	0—12	浅棕灰色	中壤土		6.0	43.1	2.73	0.77	11.9	80	16.0	80	砂页岩	E 110°43′26.4″ N 25°34′10.9″	88
						P	12—20	暗黄灰色	中壤土		6.4	32.4	2.21	0.94	12.2						
						W	20—50	棕红色	中偏重壤土		7.0	17.4	1.31	1.22	12.1						
剖13	初育土	紫色土	酸性紫色土	耕型砂页岩酸性紫色土	酸性紫泥土	A	0—18	紫灰色	中壤土		6.3	35.2	1.81	0.76	12.4	50	4.0	100	砂页岩	E 110°42′51.1″ N 25°32′21.8″	89
						B	18—48	棕红色	重壤土		6.3	25.2	1.58	1.46	13.4						
						C	48—														
剖14	铁铝土	红壤	红壤	耕型页岩红壤	红黏土	A	0—15	灰色	黏壤土		6.8	50.0	2.87	0.81	24.7	20	6.0	10	页岩	E 110°49′37.3″ N 25°30′51.7″	92
						B	15—40	棕红色	黏壤土		6.8	19.6	1.00	0.79	29.0						

续表 Continued

剖面号 Soil profile	土纲 Soil order	土类 Soil great group	亚类 Soil subgroup	土属 Soil genus	土种 Soil species	土层码 Layer code	土层厚度 Depth/cm	颜色 Soil color	质地 Soil texture	土壤结构 Soil structure	pH	有机质 OM/(g/kg)	全氮 TN/(g/kg)	全磷 TP/(g/kg)	全钾 TK/(g/kg)	碱解氮 AN/(mg/kg)	有效磷 AP/(mg/kg)	速效钾 AK/(mg/kg)	土壤母质 Parent material	剖面点坐标 Profile coordinate	匹配指数 Matching index/%
剖15	初育土	石灰(岩)土	棕色石灰土	耕型棕色石灰土	棕泥土	A	0—16	浅棕色	黏壤土		7.0	26.4	1.73	0.86	17.1	80	6.0	100		E 110°37′08.7″ N 25°24′27.5″	95
						B	16—40	红棕色	黏壤土		7.0	27.5	1.42	0.80	17.1						
						C	40—100	棕红色													
剖16	铁铝土	红壤		耕型砂页岩红壤	红壤土	A	0—19	黄红色	中壤土		6.5	17.9	1.59	0.53	24.3	30	6.0	40	砂页岩	E 110°34′23.4″ N 25°21′40.2″	75
						B	19—70	黄色	重壤土		6.2	8.5	1.14	0.41	28.0						
						C	70—100														
剖17	铁铝土	黄壤	黄壤	砂页岩黄壤		A	0—25	黄黑色	轻壤土		4.5	35.3	0.60	0.89	25.3	244	4.0	60	砂页岩	E 110°49′48.2″ N 25°24′33.4″	96
						B	25—100	黄色	轻壤土		5.5	11.7	0.21	0.73	30.1	89	4.0	20			
剖18	铁铝土	红壤	红壤	耕型砂页岩红黏土	红黏土	A	0—25	灰红色	黏壤土		4.3	38.3	1.20	0.66	17.2	40	8.0	70	砂页岩	E 110°45′46.7″ N 25°24′04.1″	82
						B	25—100	黄红色	黏壤土		4.3	15.7	0.83	0.54	20.2						

永 福 县

主要土类说明

红壤是永福县主要土壤类型，占本县地域面积的 73%，主要分布于海拔 700m 以下的低山、丘陵和台地。红壤是本县的地带性土壤，是本县面积最大、分布最广的土壤类型。它的形成环境条件为高温少雨，光照充足，昼夜温差大，干湿季节性明显。在成土因素的影响下，岩石风化强烈，各种矿物质分解彻底，钾、钙、钠、镁等盐基强烈淋溶、流失，造成铁、铝离子相对富集，土壤多呈红色、酸性至微酸性，质地为壤土至黏壤土，养分含量低。只有植被较好、枯枝落叶多的部分地区，养分含量稍高。

石灰（岩）土是永福县第二大土壤类型，占本县地域面积的 13%，主要分布在罗锦、百寿、三皇、永安四个乡镇。石灰（岩）土和其他母质一样，在高温多湿的气候条件下，可经脱硅富铝化过程形成红壤等土壤。但在岩体裸露的岩溶地区，因有源源不断的石灰岩风化物、崩解碎片及岩溶水浸入，延缓了土壤中盐基成分的淋溶下移速度和脱硅富铝化作用的进程，而形成与红壤性质不尽相同的石灰（岩）土。石灰（岩）土中富含碳酸盐，特别是碳酸钙，故质地黏重，一般为中性至微碱性，有机质和全氮含量较高，而磷、钾等养分含量较低，土体多呈棕色。但在有机质含量高的情况下土体呈黑棕色或黑色。本县石灰（岩）土分为黑色石灰土和棕色石灰土两个亚类。

水稻土是永福县第三大土壤类型，占本县地域面积的 6%。水稻土是为了适应水稻生长需要，采用构筑田基、平整田面、引水灌溉、施肥和水耕水耙等措施而形成的一种特殊土壤。由于长期水耕水耙种稻，在水稻土剖面中，除耕作层外，还有犁底层、潴育层、潜育层，这是区别于其他土类的土壤发育层次的主要特点。

黄壤占永福县地域面积的 4%，分布于中亚热带中低山上、中部，自然植被为常绿阔叶林和常绿落叶阔叶林。黄壤分布区域的年平均气温低于红壤区，年降水量大于红壤区，成土母质与红壤相仿。中度富铝化，土壤有机质累积较高，土壤呈黄色，具 O–A–AB–B–C 剖面构型。

紫色土占永福县地域面积的 4%，分布于紫色岩区，属地域性土壤，分布无规律性。成土母岩为侏罗纪紫色砂页岩，其风化物含灰分元素较少，土体以紫色为基色，呈酸性。由于紫色岩吸热性强，物理风化强烈，受热胀冷缩的影响，母岩易风化破碎，土体半风化物多，层次分化不明显。其土壤形成受母岩影响较大，以至土壤发育进度缓慢而处于相对年轻阶段。在植被较稀疏的地方，土壤流失严重，土层浅薄。

小于本县地域面积 3% 的土壤类型还有粗骨土和潮土等。

本区域中心区气候特征

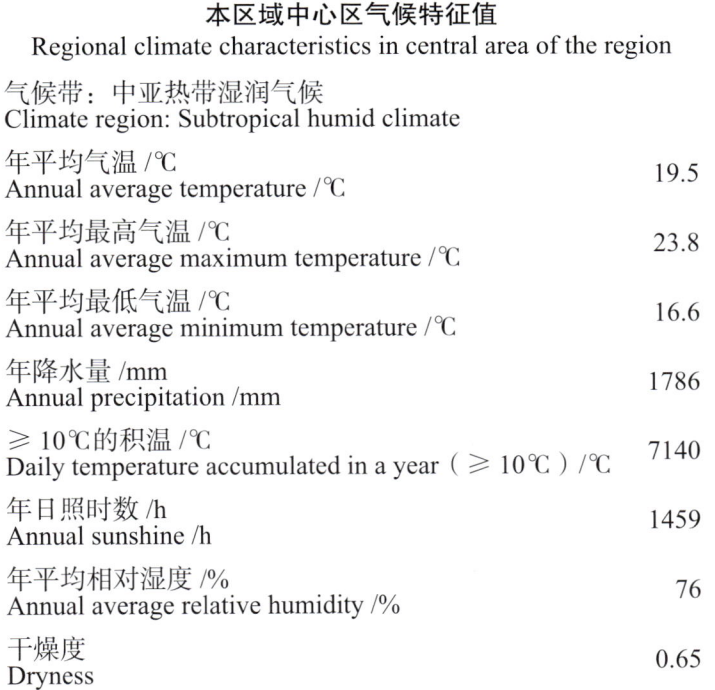

本区域中心区气候特征值
Regional climate characteristics in central area of the region

气候带：中亚热带湿润气候 Climate region: Subtropical humid climate	
年平均气温 /℃ Annual average temperature /℃	19.5
年平均最高气温 /℃ Annual average maximum temperature /℃	23.8
年平均最低气温 /℃ Annual average minimum temperature /℃	16.6
年降水量 /mm Annual precipitation /mm	1786
≥10℃的积温 /℃ Daily temperature accumulated in a year (≥10℃) /℃	7140
年日照时数 /h Annual sunshine /h	1459
年平均相对湿度 /% Annual average relative humidity /%	76
干燥度 Dryness	0.65

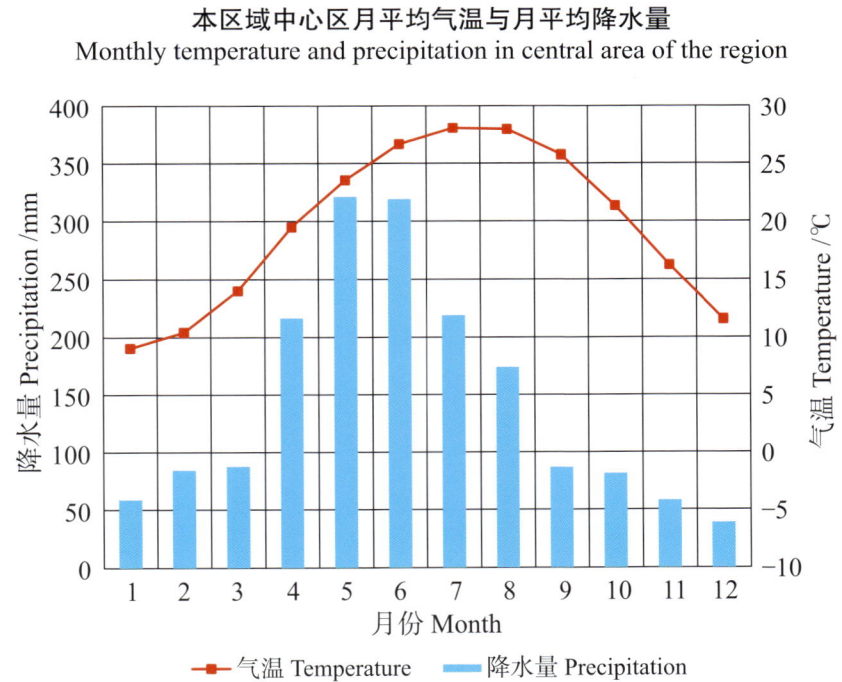

本区域中心区月平均气温与月平均降水量
Monthly temperature and precipitation in central area of the region

永福县主要土壤类型与土壤剖面点分布图
1 : 330 000

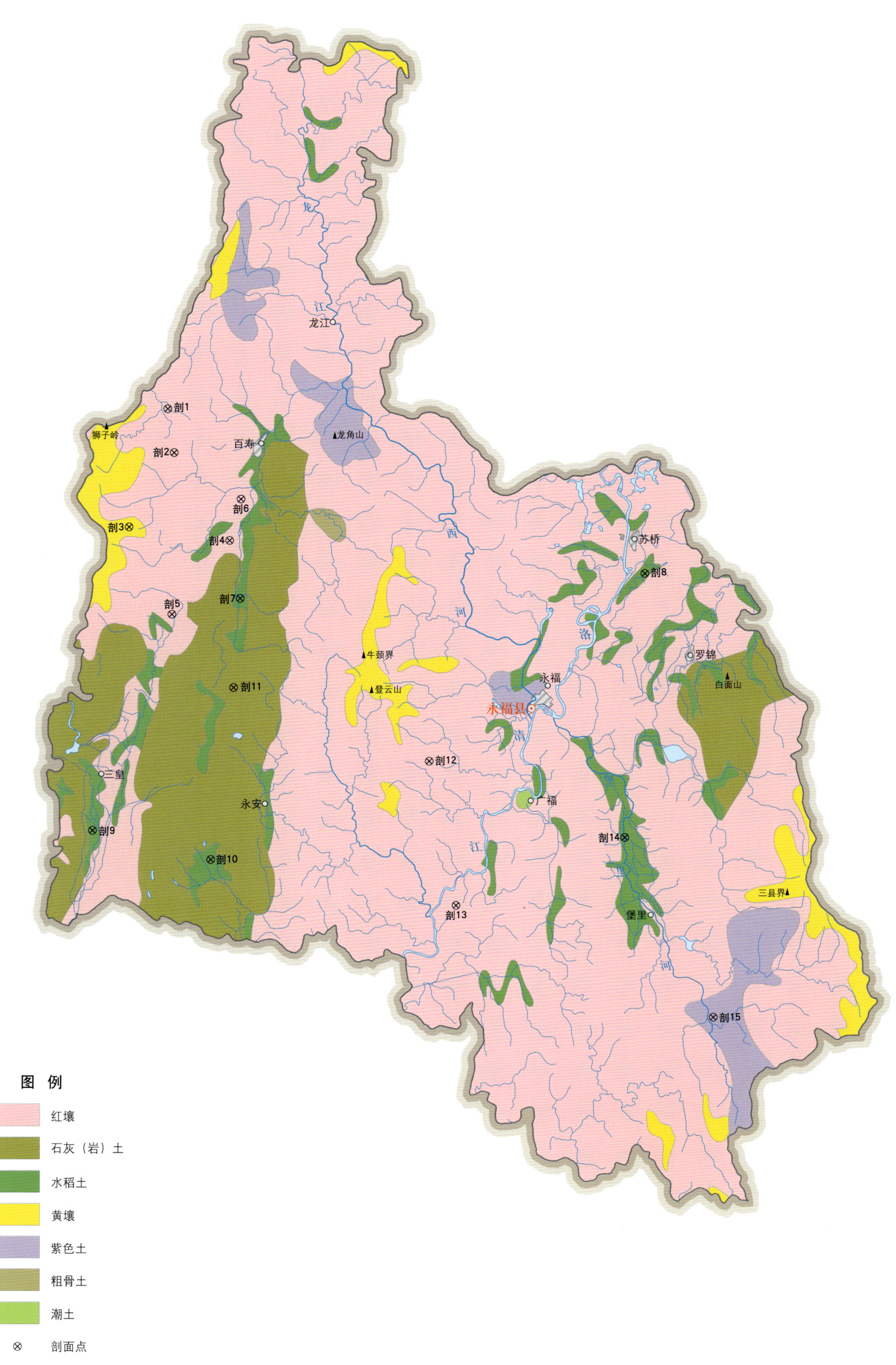

永福县土壤剖面理化性状表

剖面号 Soil profile	土纲 Soil order	土类 Soil great group	亚类 Soil subgroup	土属 Soil genus	土种 Soil species	土层码 Layer code	土层厚度 Depth/cm	颜色 Soil color	质地 Soil texture	土壤结构 Soil structure	pH	有机质 OM (g/kg)	全氮 TN (g/kg)	全磷 TP (g/kg)	全钾 TK (g/kg)	有效磷 AP (mg/kg)	速效钾 AK (mg/kg)	阳离子交换量 CEC (cmol/kg)	土壤母质 Parent material	剖面点坐标 Profile coordinate	匹配指数 Matching index/%
剖1	铁铝土	红壤	红壤	砂岩红壤	中层砂岩红壤	A	0—20	黄色	砂壤土	粒状	4.5	25.9	2.03	0.18	26.3			7.5	砂岩	E 109°42′07.9″ N 25°11′13.9″	95
						B	20—70	黄橙色	砂壤土	粒状	4.5	6.2	0.98	0.12	31.4			3.5			
剖2	铁铝土	红壤	黄红壤	砂页岩黄红壤	中层砂页岩黄红壤	A	0—18	黑棕色	中壤土	粒状	6.0	46.6	5.01	0.62	13.1			12.1	砂页岩	E 109°42′26.3″ N 25°09′26.3″	74
						B	18—31	暗棕色	中壤土	小块状	6.0	66.2	2.66	0.52	31.5			9.9			
						C	31—68	暗黄色	中壤土	小块状	5.5	33.6	2.10	0.49	33.7			14.5			
剖3	铁铝土	黄壤	黄壤	砂页岩黄壤	薄层砂页岩黄壤	A	0—12	暗灰黄色	轻壤土	粒状	4.5	50.3	2.31	0.28	35.7			10.8	砂页岩	E 109°40′25.7″ N 25°06′21.6″	93
						B	12—36	灰黄色	中壤土	小块状	5.0	33.1	1.59	0.35	35.3			8.9			
						C	36—50	浅灰黄色	重壤土	大块状	6.0	0.4	0.54	0.17	33.6						
剖4	铁铝土	红壤	红壤	砂岩红壤	厚层砂岩红壤	A	0—13	褐色	砂壤土	粒状	4.0	36.8	0.87	0.17	20.5			10.3	砂岩	E 109°44′58.6″ N 25°05′49.9″	78
						B	13—36	灰黄色	轻壤土	块状	4.5	20.0	0.60	0.21	18.3			8.1			
						C	36—100	浅黄棕色	轻壤土	块状	4.5	9.2	0.42	0.24	16.3			6.0			
剖5	铁铝土	红壤	红壤	耕型第四纪红土红壤	薄砂红泥土	A	0—11	浅灰色	砂壤土	粒状	6.6	6.9	0.79	0.27	1.3	3.0	63	1.7	红土	E 109°42′23.8″ N 25°02′47.8″	78
						C	11—100	棕红色	重壤土	碎块状	5.7	5.0	0.49	0.31	12.2			3.4			
剖6	铁铝土	红壤	红壤	耕型第四纪红土红壤	红泥土	A	0—17	棕黄色	壤土	粒状	5.1	21.2	1.27	0.38	9.8			6.4	红土	E 109°45′28.4″ N 25°07′32.2″	81
						C	17—100	红色	黏土	块状	5.3	5.3	0.70	0.39	12.8			4.9			
剖7	人为土	潴育水稻土	洪积性潴育水稻土	洪积潴育石砾底田	A	0—14	深褐色	壤土	粒状	5.0	31.9	2.06	0.55	14.8	15.0	43	4.2	洪积物	E 109°45′28.2″ N 25°03′28.0″	85
						P	14—20	深褐色	壤土	块状	5.4	14.7	1.54	0.50	13.8			4.3			
						W	20—30	棕褐色	壤土	棱柱状	5.8	14.7	1.54	0.50	15.8			4.3			
						C	30—70														
剖8	人为土	潴育水稻土		砂页岩潴育水稻土	潴育砂泥田	A	0—13	棕褐色	中壤土	粒状	5.0	32.7	2.11	0.55	17.6				砂页岩	E 110°03′41.3″ N 25°04′36.0″	71
						P	13—20	灰棕色	重壤土	块状	5.5	24.3	1.87	0.52	16.8						
						W₁	20—35	灰黄色	重壤土	柱状	6.3	14.3	1.14	0.55	17.9						
						W₂	35—55	棕黄色	重壤土	柱状	6.3	6.7	1.21	0.49	21.3						
						C	55—100	棕黄色	黏壤土	无明显结构											
剖9	人为土	盐渍水稻土	碳酸盐渍性水稻土	锅巴底田	A	0—13	棕褐色	黏壤土	块状	7.8	37.1	2.50	1.11	6.9			24.6	石灰岩风化物	E 109°38′54.6″ N 24°53′53.2″	84
						P	13—21	黄褐色	黏壤土	棱柱状	8.0	10.2	1.16	0.66	7.6			18.7			
						W	21—64	浅黄色	黏壤土	块状	8.3	7.7	1.13	0.72	8.9			19.8			
						C	64—100	棕黄色	重壤土	块状	8.0	6.3	1.16	0.86	9.8			11.7			
剖10	人为土	潴育水稻土	棕色石灰土潴育水稻土	潴育粉砂泥田	A	0—14	棕褐色	中壤土	粒状	7.3	47.2	3.06	0.81	8.6	13.0	35		石灰岩风化	E 109°44′14.4″ N 24°52′44.8″	92
						P	14—20	黄褐色	黏壤土	块状	7.3	48.8	2.92	0.79	9.1						
						W	20—68	浅黄色	黏壤土	粒状	7.5	4.7	0.95	0.55	13.5						
						C	68—100	棕黄色	中壤土	无明显结构	7.7	4.1	0.87	0.60	17.1						
剖11	初育土	石灰(岩)土	棕色石灰土	耕型棕色石灰土	含砂棕泥土	A	0—15	棕褐色	中壤土	粒状	5.9	20.1	1.19	0.62	6.2			3.9		E 109°45′12.6″ N 24°59′48.8″	89
						B	15—62	棕褐色	中壤土	块状	6.3	11.7	1.06	0.46	9.9			1.1			
						C	62—100	棕红色	壤土	粒状	6.5	5.6	0.86	0.56	12.7			3.6			
剖12	铁铝土	红壤	黄红壤	砂页岩黄红壤	厚层砂页岩黄红壤	A	0—15	黑棕色	中壤土	粒状	5.0	53.4	1.22	0.20	11.0			8.1	砂页岩	E 109°54′02.2″ N 24°56′51.1″	73
						B	15—65	黄色	轻壤土	小块状	5.5	27.2	0.62	0.19	13.3			8.9			
						C	65—100	黄色	壤土	块状	5.2	5.5	0.38	0.14	20.2			6.4			
剖13	铁铝土	红壤	红壤	耕砂页岩红壤	红壤土	A	0—13	灰黄色	中壤土	粒状	5.3	55.0	3.41	0.65	24.2			5.8	砂页岩	E 109°55′18.1″ N 24°50′57.5″	73
						B	13—23	灰黄色	中壤土	块状	5.3	30.8	2.23	0.56	25.4			4.2			
						C	23—100	浅黄色	重壤土	块状	5.3	18.8	1.75	0.56	26.3			2.2			

续表 Continued

剖面号 Soil profile	土纲 Soil order	土类 Soil great group	亚类 Soil subgroup	土属 Soil genus	土种 Soil species	土层码 Layer code	土层厚度 Depth/cm	颜色 Soil color	质地 Soil texture	土壤结构 Soil structure	pH	有机质 OM/(g/kg)	全氮 TN/(g/kg)	全磷 TP/(g/kg)	全钾 TK/(g/kg)	有效磷 AP/(mg/kg)	速效钾 AK/(mg/kg)	阳离子交换量CEC/(cmol/kg)	土壤母质 Parent material	剖面点坐标 Profile coordinate	匹配指数 Matching index/%
剖14	人为土	水稻土	潴育水稻土	冲积性潴育水稻土	潴育潮泥田	A	0—15	棕灰色	黏壤土	粒状	6.4	37.8	2.47	0.68	19.1			9.6	河流冲积物	E 110°02′52.1″ N 24°53′46.9″	93
						P	15—23	棕灰色	黏壤土	碎块状	6.7	26.0	1.91	0.56	19.1			9.0			
						W	23—80	棕黄色	黏壤土	柱状	7.3	8.0	0.84	0.45	20.3			7.6			
						C	80—100	棕黄色	黏壤土	无明显结构											
剖15	初育土	紫色土	酸性紫色土	耕型砂页岩酸性紫色土	酸性紫泥土	A	0—14	紫红色	中壤土	粒状	5.0	35.8	1.88	0.51	21.2			4.9	砂页岩	E 110°06′54.4″ N 24°46′24.6″	78
						B	14—25	紫红色	中壤土	碎块状	5.0	34.3	1.93	0.50	21.4			5.3			
						C	25—100	紫红色	中壤土	块状	4.9	18.1	1.25	0.28	19.1			2.9			

灌 阳 县

主要土类说明

黄壤是灌阳县主要土壤类型，占本县地域面积的27%，主要分布于都庞岭和海洋山海拔700—1400m地带，观音阁、西山、灌阳和都庞岭林场分布最广。成土母质为花岗岩和砂页岩原积物、坡积物。由于地势高，黄壤地带多雨多雾，湿度比丘陵地区高得多，土壤风化物中的铁、铝氧化物容易发生水化作用，特别是氧化铁水化后，形成水合氧化铁，显示出典型的黄色，而生成黄壤。

红壤是灌阳县第二大土壤类型，占本县地域面积的25%，分布于海拔700m以下的低山、河谷丘陵地区，以黄关、新街、中心镇区分布较广。成土母岩主要是花岗岩，其次是砂页岩、砂岩、页岩、第四纪红土，成土母质基本为原积、坡积和洪积。土壤风化和淋溶作用强烈。本土类发生层次不够明显，土层较厚，因人为活动多，地被植物少，部分冲刷严重，表层较薄，以褐色、棕灰色或灰黄色为主，心土层为红色、棕红色、黄红色等，其间往往有红、白相间的网状斑纹，可见铁锰结核（铁子）。

紫色土是灌阳县第三大土壤类型，占本县地域面积的21%，主要分布于海拔1000m以下区域，观音阁、黄关、灌阳镇、水车等地分布面积较大。紫色土发生于紫色岩地区，成土母岩有紫色砂岩、紫色页岩、紫色砂页岩，成土母质以原积和坡积母质为多。因紫色岩易风化、易冲刷，部分土层浅薄。

石灰（岩）土占灌阳县地域面积的12%，分布于本县北部丘陵及溶蚀谷地的石灰岩地区，新圩、文市分布最广。该土类多由石灰岩残积物或坡积物发育而成，有的则是在石灰岩上覆盖着一层砂页岩或古洪积物。

水稻土占灌阳县地域面积的8%。水稻土是在长期季节性淹灌、水下翻耕、季节性脱水、氧化还原交替影响下，原来成土母质或母土的特性发生重大改变，形成的新的土壤类型。由于干湿交替，水稻土形成糊状淹育层、较坚实板结的犁底层、渗育层、潴育层与潜育层等多种发生层。这些不同发生层段是在人为耕作、水浆管理下形成的。

黄棕壤占灌阳县地域面积的6%。黄棕壤多由砂页岩及花岗岩风化物发育而成。弱度脱硅富铝化，黏化特征明显，呈黄棕色黏土，具A–B–C或A–(B)–C剖面构型。B层黏聚现象明显，硅铝率在2.5左右，铁的游离度较红壤低，交换性酸B层大于A层，pH为5.5—6.0。

小于本县地域面积3%的土壤类型还有山地草甸土等。

本区域中心区气候特征

本区域中心区气候特征值
Regional climate characteristics in central area of the region

气候带：中亚热带湿润气候 Climate region: Subtropical humid climate	
年平均气温 /℃ Annual average temperature /℃	18.8
年平均最高气温 /℃ Annual average maximum temperature /℃	23.0
年平均最低气温 /℃ Annual average minimum temperature /℃	15.7
年降水量 /mm Annual precipitation /mm	1648
≥10℃的积温 /℃ Daily temperature accumulated in a year（≥10℃）/℃	6874
年日照时数 /h Annual sunshine /h	1522
年平均相对湿度 /% Annual average relative humidity /%	77
干燥度 Dryness	0.68

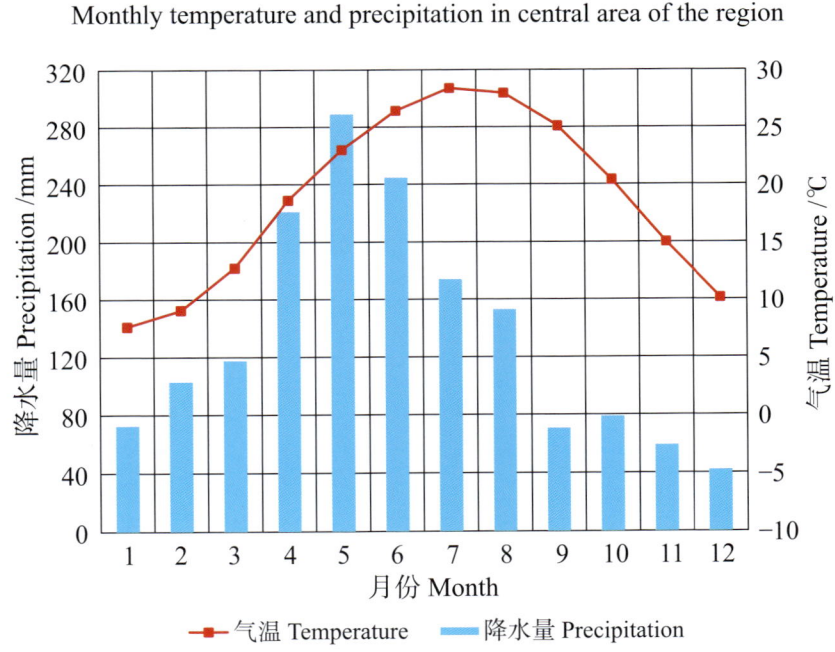

本区域中心区月平均气温与月平均降水量
Monthly temperature and precipitation in central area of the region

灌阳县主要土壤类型与土壤剖面点分布图
1 : 290 000

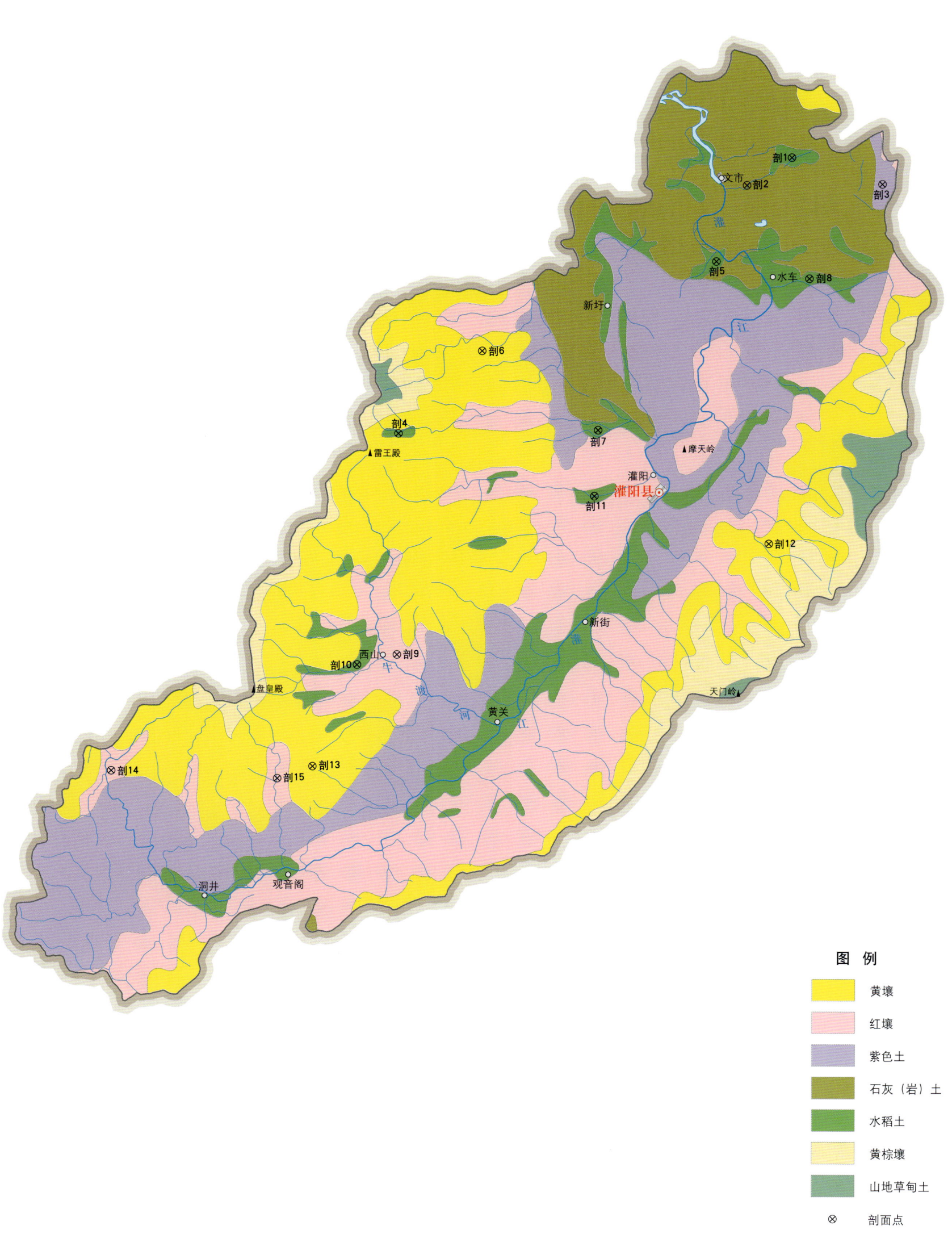

图 例
- 黄壤
- 红壤
- 紫色土
- 石灰（岩）土
- 水稻土
- 黄棕壤
- 山地草甸土
- ⊗ 剖面点

灌阳县土壤剖面理化性状表

剖面号 Soil profile	土纲 Soil order	亚类 Soil subgroup	土属 Soil genus	土种 Soil species	土层码 Layer code	土层厚度 Depth/cm	颜色 Soil color	质地 Soil texture	土壤结构 Soil structure	pH	有机质 OM/(g/kg)	全氮 TN/(g/kg)	全磷 TP/(g/kg)	全钾 TK/(g/kg)	有效磷 AP/(mg/kg)	速效钾 AK/(mg/kg)	阳离子交换量CEC/(cmol/kg)	土壤母质 Parent material	剖面点坐标 Profile coordinate	匹配指数 Matching index,%
剖1	人为土	潴育水稻土	棕色石灰土潴育水稻土	潴育棕泥田	A	0—19	棕灰色	重壤土	团块状	7.4	15.6	1.38	0.46	11.3	7.0	38		石灰岩风化物	E 111°14′35.5″ N 25°41′39.8″	87
					P	19—22	暗灰色	重壤土	块状	7.6	11.9	0.95	0.43	11.3						
					W	22—80	灰棕色	黏壤土	棱柱状	7.6	9.0	0.72	0.42	10.9						
					C	80—	黄色	黏壤土	块状	7.1	5.6	0.77	0.49	11.5						
剖2	初育土	棕色石灰土	耕型棕色石灰土	棕泥土	A	0—32	灰棕色	轻黏土	团品状	8.0	29.9	1.69	0.97	10.6	2.0	137			E 111°12′46.1″ N 25°40′40.1″	89
					B	32—75	暗棕色	轻黏土	块状	8.0	35.5	1.87	0.91	11.4						
					C	75—100	红褐色	黏土	块状											
剖3	紫色土	初育土	砂页岩酸性紫泥土	中层酸性紫泥土	A	0—22	黑棕色	轻壤土	核状	4.5	119.0	2.70	0.24	20.5			15.1	砂页岩	E 111°18′14.8″ N 25°40′41.2″	75
					B	22—52	紫色	中壤土	核状	4.5	31.5	0.50	0.13	24.1			8.3			
					C	52—														
剖4	人为土	潴育水稻土	冷浸田	深浸田	A	0—20				7.4	44.2	3.19	0.28	21.0	17.0	550		砂页岩	E 110°58′41.9″ N 25°31′36.8″	92
					2	20—29				7.2	6.8	0.66	0.27	27.8						
					3	29—51				7.3	55.6	3.32	0.31	23.3						
					4	51—				7.6	3.0	0.23	0.20	19.6						
剖5	人为土	潴育水稻土	洪积性潴育水稻土	洪积潴育含砾砂泥肉田	A	0—18				6.5	29.0	1.74	0.50	21.1	24.0	29		洪积物	E 111°11′31.9″ N 25°37′53.8″	98
					2	18—24				7.0	16.5	1.01	0.30	20.2						
					3	24—58				7.2	9.0	0.53	0.38	25.4						
剖6	铁铝土	黄壤	花岗岩黄壤	薄层花岗岩黄壤	1	0—30				5.0	66.9	2.95	0.77	32.4				花岗岩	E 111°02′03.8″ N 25°34′37.9″	97
					2	30—100				5.2	34.4	1.46	0.87	42.6						
剖7	人为土	潴育水稻土	洪积性潴育水稻土	洪积潴育含砾黄泥肉田	A	0—20				6.6	35.0	2.29	0.77	15.6	12.0	51		洪积物	E 111°06′45.0″ N 25°31′44.0″	89
					2	20—30				7.3	27.6	1.74	0.54	16.1						
					3	30—57				7.7	9.8	0.67	0.84	15.5						
剖8	人为土	潴育水稻土	洪积性潴育水稻土	洪积潴育石砾底田	A	0—14	灰色	轻壤土		7.4	20.4	1.15	0.50	20.8	7.0	33		洪积物	E 111°15′17.5″ N 25°37′15.6″	95
					2	14—18	深灰色	中壤土	块状	7.4	12.3	0.78	0.40	22.4						
					3	18—32	棕灰色	中壤土	棱柱状	7.6	7.3	0.48	0.27	24.0						
					C	32—100	黄灰色	中壤土	柱状											
剖9	红壤	黄红壤	耕型花岗岩黄红壤	杂砂黄泥土	A	0—62	黄棕色	中壤土		6.1	18.1	1.00	0.49	18.1	2.0	151		花岗岩	E 110°58′39.4″ N 25°23′32.3″	80
					C	62—	棕黄色	中壤土	团粒状	6.0	12.8	0.84	0.56	17.8						
剖10	人为土	潴育水稻土	花岗岩潴育水稻土	潴育杂砂泥肉田	A	0—18	棕黄色			5.7	48.4	2.61	0.63	23.0	8.0	42		花岗岩	E 110°57′02.5″ N 25°23′10.0″	95
					2	18—32	棕黄色			6.6	48.1	2.55	0.69	23.2						
					3	32—86	黄棕色			7.2	14.6	0.69	0.50	24.0						
					4	86—100	棕色			7.3	6.3	0.59	0.67	23.7						
剖11	人为土	潴育水稻土	洪积性潴育水稻土	洪积潴育砂泥田	1	0—12				7.2	46.1	2.65	0.61	20.2	6.0	258		洪积物	E 111°06′36.4″ N 25°29′20.0″	100
					2	12—20				7.8	39.7	2.17	0.56	20.7						
					3	20—50				7.9	8.4	0.59	0.86	24.2						
剖12	铁铝土	黄壤	耕型砂页岩黄壤	砂页岩黄壤	A	0—14	暗棕色	重壤土	团粒状	5.1	36.3	2.30	0.55	19.9	8.0	105		砂页岩	E 111°13′38.6″ N 25°27′35.3″	71
					B	14—42	暗棕色	重壤土	块状	5.0	36.4	2.17	0.54	20.8						
					C	42—100	黄色	重壤土	无明显结构											
剖13	铁铝土	黄壤	耕型花岗岩黄壤	杂砂岩黄壤土	A	0—14	棕褐色	中壤土	粒状	5.5	63.5	3.22	0.65	29.4				花岗岩	E 110°55′15.6″ N 25°19′27.5″	99
					B	14—40	黄棕色	中壤土	粒状	5.5	28.5	1.72	0.61	31.4						
					C	40—70	浅黄色	轻壤土	块状											
剖14	铁铝土	黄红壤	砂页岩黄红壤	薄层砂页岩黄红壤	1	0—20				5.2	15.1	0.90	0.41	12.6				砂页岩	E 110°47′09.2″ N 25°19′16.7″	78
					2	20—				5.3	13.7	0.88	0.38	10.4						

续表 Continued

剖面号 Soil profile	土纲 Soil order	土类 Soil great group	亚类 Soil subgroup	土属 Soil genus	土种 Soil species	土层码 Layer code	土层厚度 Depth/cm	颜色 Soil color	质地 Soil texture	土壤结构 Soil structure	pH	有机质 OM/(g/kg)	全氮 TN/(g/kg)	全磷 TP/(g/kg)	全钾 TK/(g/kg)	有效磷 AP/(mg/kg)	速效钾 AK/(mg/kg)	阳离子交换量CEC/(cmol/kg)	土壤母质 Parent material	剖面点坐标 Profile coordinate	匹配指数 Matching index/%
剖15	铁铝土	红壤	黄红壤	砂页岩黄红壤	厚层砂页岩黄红壤	A	0—13	褐色	轻壤土	粒状	5.5	50.9	1.90	0.81	21.2			13.8	砂页岩	E 110°53′50.3″ N 25°19′00.1″	98
						AB	13—57	红黄色	中壤土	粒状	5.5	13.4	0.80	0.45	21.3						
						B	57—120	黄橙色	中壤土	团块状	5.5	15.3	0.60	0.29	21.0			11.0			
						C	120—														

龙胜各族自治县

主要土类说明

红壤是龙胜各族自治县主要土壤类型，占本县地域面积的53%，主要分布于海拔800m以下区域。红壤分布区气候温暖，雨量充沛，无霜期长，植被为亚热带常绿阔叶林和常绿阔叶、针叶及落叶混交林。红壤区的植物生长繁茂，农作物可一年三熟，并适宜多种亚热带经济作物生长，故红壤是本县重要的土壤资源。

黄壤是龙胜各族自治县第二大土壤类型，占本县地域面积的29%，主要分布于海拔800—1200m地段。其所处地带多雾，冬季有霜冻及冰雪。植被以多种阔叶树为主，枯枝落叶层较厚。土壤呈中度脱硅富铝化特征，有机质累积较高，呈黄色，具O-A-AB-B-C剖面构型。

黄棕壤是龙胜各族自治县第三大土壤类型，占本县地域面积的10%，分布于黄壤地带之上，海拔1200m以上的北部南山，东部的秦岭、戴营山、绢底塘及南部的翁古山、广福顶一带。其所处地带霜期早且持续时间长，风力大，人畜活动极少，枯枝落叶层较厚，冷湿是成土的主要特点，土壤养分含量较为丰富。森林植被以耐寒树种为主。表层以黄棕色、暗褐色为主，心土层呈黄棕色、黄色。成土母岩有花岗岩、砂页岩（含砂岩、页岩）、硅质岩等，母质以坡积物为主，局部地带为原积物。

砖红壤占龙胜各族自治县地域面积的4%。砖红壤主要发生于雨林或季雨林下，是遭强烈脱硅富铝化作用的土壤。砖红壤中氧化硅大量迁出，游离铁占全铁的80%。黏粒矿物以高岭石、赤铁矿和三水铝矿为主，黏粒硅铝率小于1.6，风化淋溶系数小于0.05，盐基饱和度小于15%，pH为4.5—5.5，具有深厚的红色风化壳，具A-Bs-Bv-C剖面构型。

水稻土占龙胜各族自治县地域面积的3%，是本县主要耕作土壤。水稻土具有独特的层次构造，形成糊状淹育层、较坚实板结的犁底层、渗育层、潴育层与潜育层等多种发生层。在淹水情况下，土壤处于还原状态，介质呈中性，微生物的组成和生化活性也发生了变化，从而使水稻土具有独特的腐殖质特征，胡富比高于地带性土壤和旱地土壤。在水稻生长期间，土壤以还原状态为主（长期泡水的田块也是一样），其余时间以氧化状态为主，而旱地则是四季均以氧化状态为主。根据耕作历史、土壤熟化程度、肥力状况及土体构造等，本县水稻土分为淹育型、潴育型、潜育型、沼泽型等亚类。

小于本县地域面积3%的土壤类型还有粗骨土和山地草甸土等。

本区域中心区气候特征

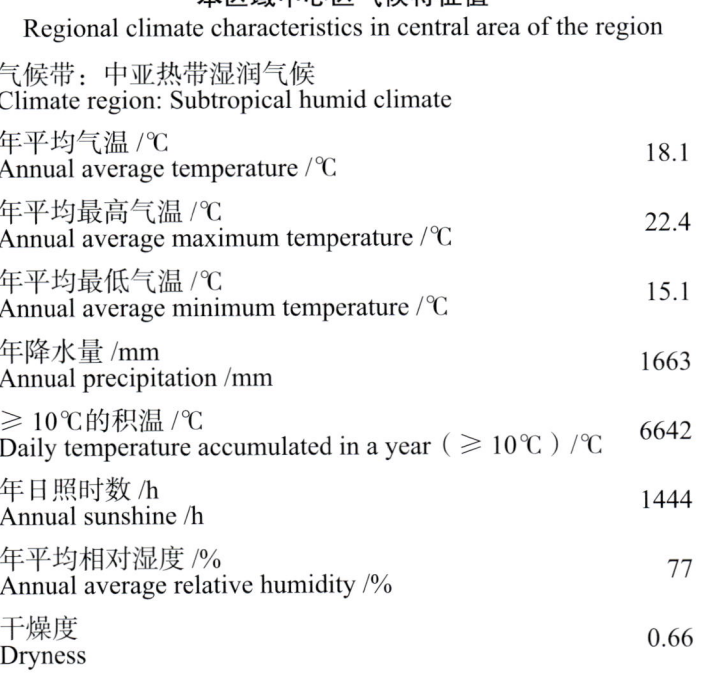

本区域中心区气候特征值
Regional climate characteristics in central area of the region

气候带：中亚热带湿润气候 Climate region: Subtropical humid climate	
年平均气温 /℃ Annual average temperature /℃	18.1
年平均最高气温 /℃ Annual average maximum temperature /℃	22.4
年平均最低气温 /℃ Annual average minimum temperature /℃	15.1
年降水量 /mm Annual precipitation /mm	1663
≥10℃的积温 /℃ Daily temperature accumulated in a year (≥10℃) /℃	6642
年日照时数 /h Annual sunshine /h	1444
年平均相对湿度 /% Annual average relative humidity /%	77
干燥度 Dryness	0.66

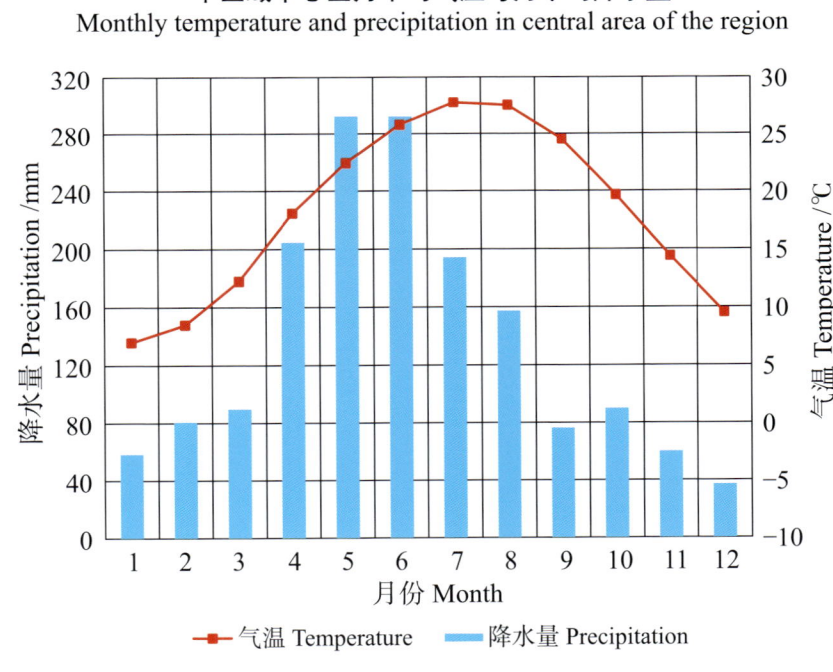

本区域中心区月平均气温与月平均降水量
Monthly temperature and precipitation in central area of the region

龙胜各族自治县主要土壤类型与土壤剖面点分布图
1 : 300 000

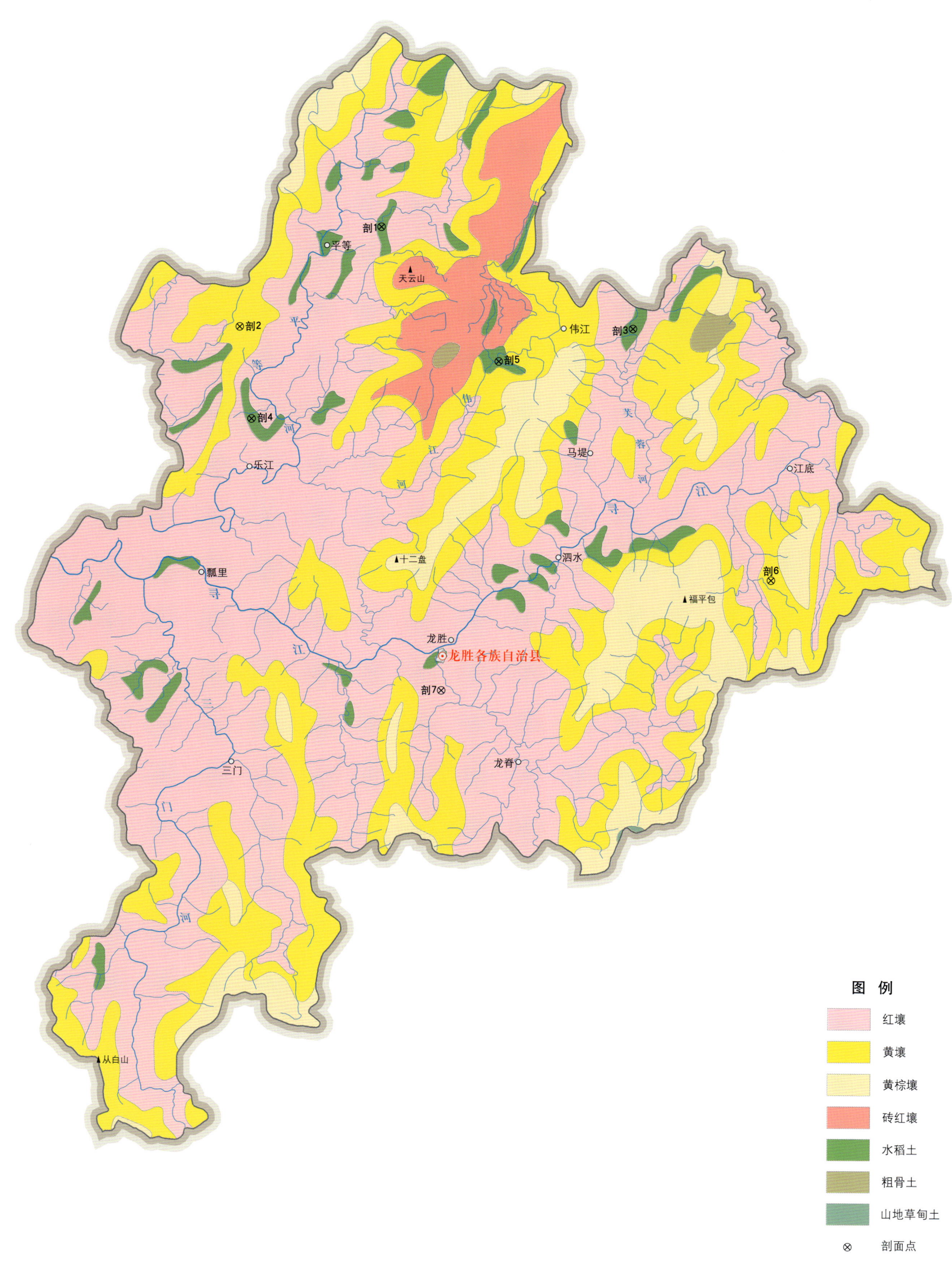

龙胜各族自治县土壤剖面理化性状表

剖面号 Soil profile	土纲 Soil order	土类 Soil great group	亚类 Soil subgroup	土属 Soil genus	土种 Soil species	土层码 Layer code	土层厚度 Depth/cm	颜色 Soil color	质地 Soil texture	土壤结构 Soil structure	pH	有机质 OM/(g/kg)	全氮 TN/(g/kg)	全磷 TP/(g/kg)	全钾 TK/(g/kg)	有效磷 AP/(mg/kg)	速效钾 AK/(mg/kg)	阳离子交换量 CEC/(cmol/kg)	土壤母质 Parent material	剖面点坐标 Profile coordinate	匹配指数 Matching index/%
剖1	人为土	水稻土	潜育水稻土	冷浸田	深浸田	Ag	0—30	棕蓝灰色	壤土	粒状	6.8	73.6	4.04	0.35	20.8	9.0	370			E 109°57′42.5″ N 26°04′06.6″	97
						G	30—80	青灰色	壤土	团块状	6.3	56.2	2.60	0.23	23.6						
						Cg	80—100	浅黄棕色	壤土	碎块状											
剖2	铁铝土	黄壤	耕型砂页岩黄壤	耕型砂质黄壤土	A	0—16	浅棕黄色	壤土	粒状	5.5	16.4	1.11	0.21	20.8	1.0	190		砂页岩	E 109°51′47.5″ N 26°00′15.1″	100
						B	16—56	黄色	壤土	团块状	5.0	6.0	0.64	0.19	24.7						
						D	56—														
剖3	人为土	水稻土	潜育水稻土	砂页岩潜育水稻土	潜育砂泥田	A	0—15	棕灰色	壤土	微团粒状	5.2	45.3	2.61	0.57	17.4	15.0	95		砂页岩	E 110°08′20.8″ N 26°00′19.0″	78
						P	15—21	浅灰色	壤土	块状	5.4	33.9	1.89	0.47	17.6						
						W	21—80	黄棕色	重壤土	棱柱状	5.8	17.3	0.63	0.54	17.8						
						C	80—100	黄棕色	重壤土	碎块状	5.5	15.7	1.00	0.36	17.4						
剖4	人为土	水稻土	潜育水稻土	洪积性潜育水稻土	洪积潜育砂泥田	A	0—16	暗棕灰色	壤土	块状	5.8	23.8	2.00	0.71	25.0	8.0	75		洪积物	E 109°52′19.9″ N 25°56′46.7″	97
						P	16—23	灰棕色	壤土	块状	5.3	47.2	3.30	0.74	25.8						
						W₁	23—33	棕红色	壤土	棱柱状	5.1	52.8	3.92	0.78	25.0						
						W₂	33—43	黄棕色	壤土	棱柱状	5.1	52.8	3.92	0.78	25.0						
						C	43—100		泥夹石	碎块状	5.8	17.8	1.81	0.74	25.4						
剖5	人为土	水稻土	潜育水稻土	冷浸田	浅浸田	Ag	0—16	棕灰色	砂壤土	无明显结构	5.6	67.5	3.62	0.49	20.5	9.0	315			E 110°02′42.4″ N 25°59′02.4″	88
						Pg	16—40	暗黄色	砂壤土	块状	5.5	23.8	1.41	0.34	24.1						
						Dg	40—	灰黄色	碎石夹泥土		5.5	23.5	1.11	0.42	26.2						
剖6	铁铝土	黄壤	砂页岩黄壤			A₁	0—20	褐色	轻壤土	粒状	5.5	51.5	2.08	0.80	21.9			8.3	砂页岩	E 110°14′15.9″ N 25°50′50.1″	71
						B	20—60	灰黄色	轻壤土	碎块状	5.5	15.7	1.26	0.61	20.7			9.5			
						C	60—110	黄色	中壤土	碎块状	5.5	6.4	0.56	0.85	20.7			10.0			
剖7	铁铝土	红壤	砂岩红壤	厚层砂岩红壤	A₁	0—10	黄棕色	轻壤土	粒状	5.3	27.0	1.16	0.58	29.4			5.4	砂岩	E 110°00′27.4″ N 25°46′33.2″	86
						B	10—90	棕黄色	轻壤土	碎块状	5.0	26.7	0.56	0.47	24.0			2.8			
						C	90—120	橙黄色	中壤土	团块状	5.0	10.8	0.33	1.82	31.1			6.8			

资 源 县

主要土类说明

黄壤是资源县主要土壤类型，占本县地域面积的36%。黄壤多见于海拔700—1200m的山区。土壤呈中度脱硅富铝化特征，有机质累积较多，具O-A-AB-B-C剖面构型。pH为4.5—5.5。淀积层（B层）富含水合氧化铁（针铁矿），呈黄色，有时多含三水铝石。多为林地，间亦耕种。

红壤是资源县第二大土壤类型，占本县地域面积的33%。红壤主要发生于中亚热带常绿阔叶林下，呈中度脱硅富铝化特征，土壤黏粒中游离铁占全铁的50%—60%。黏土矿物以高岭石、赤铁矿为主，黏粒硅铝率为1.8—2.4，风化淋溶系数小于0.2，盐基饱和度小于35%，pH为4.5—5.5。红壤具深厚红色土层，淀积层（B层）底层可见具深厚红、黄、白相间网纹的红色黏土。

黄棕壤是资源县第三大土壤类型，占本县地域面积的12%。黄棕壤发生于落叶阔叶林下，弱度脱硅富铝化，黏聚现象明显，呈黄棕色黏土。具A-B-C或A-(B)-C剖面构型，黏粒硅铝率在2.5左右，铁的游离度较红壤低，B层交换性酸大于A层。土壤pH为5.5—6.0。

紫色土占资源县地域面积的7%。紫色土是由紫红色岩层直接风化形成的A-C型土壤。其理化性质与母岩组成直接相关，土层浅薄，剖面层次发育不明显，仍处于初育阶段。母岩富含矿质养分，且风化迅速，不失为良好的肥沃土壤。但其他较干旱地区的此类母岩风化物不具有此肥沃特性。

水稻土占资源县地域面积的5%。水稻土是在长期季节性淹灌、水下翻耕、季节性脱水、氧化还原交替影响下，原来成土母质或母土的特性发生重大改变，形成的新的土壤类型。由于干湿交替，水稻土形成糊状淹育层、较坚实板结的犁底层、渗育层、潴育层与潜育层等多种发生层。这些不同发生层段是在人为耕作、水浆管理下形成的。

粗骨土占资源县地域面积的5%。粗骨土发育于基岩风化残积物、坡积物，表层发育不明显，属于A-C型，甚至（A）-C型土壤。A层发育不明显，与母质土层性状相似，略显有机质累积。有时母质层富含砾石，甚少出现剖面分异与发育特征。

小于本县地域面积3%的土壤类型还有新积土、山地草甸土和石灰（岩）土等。

本区域中心区气候特征

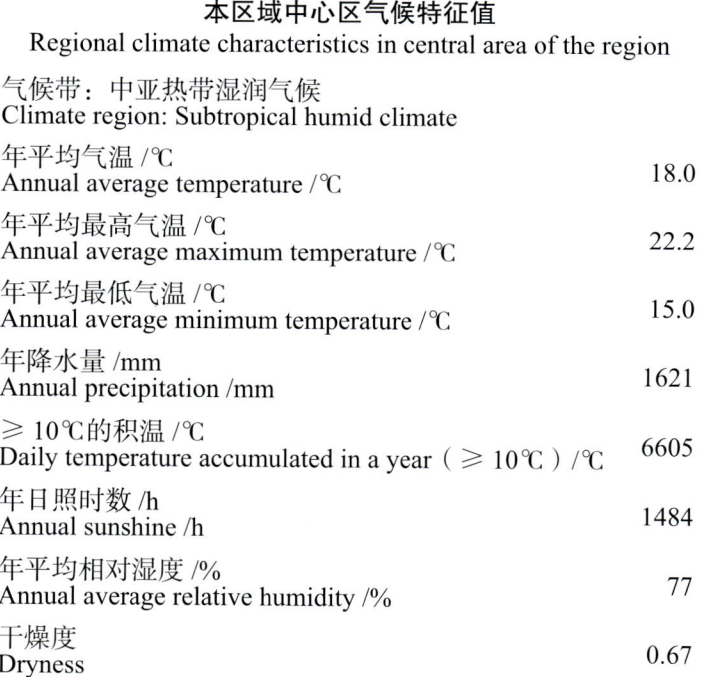

本区域中心区气候特征值
Regional climate characteristics in central area of the region

气候带：中亚热带湿润气候 Climate region: Subtropical humid climate	
年平均气温 /℃ Annual average temperature /℃	18.0
年平均最高气温 /℃ Annual average maximum temperature /℃	22.2
年平均最低气温 /℃ Annual average minimum temperature /℃	15.0
年降水量 /mm Annual precipitation /mm	1621
≥10℃的积温 /℃ Daily temperature accumulated in a year (≥10℃) /℃	6605
年日照时数 /h Annual sunshine /h	1484
年平均相对湿度 /% Annual average relative humidity /%	77
干燥度 Dryness	0.67

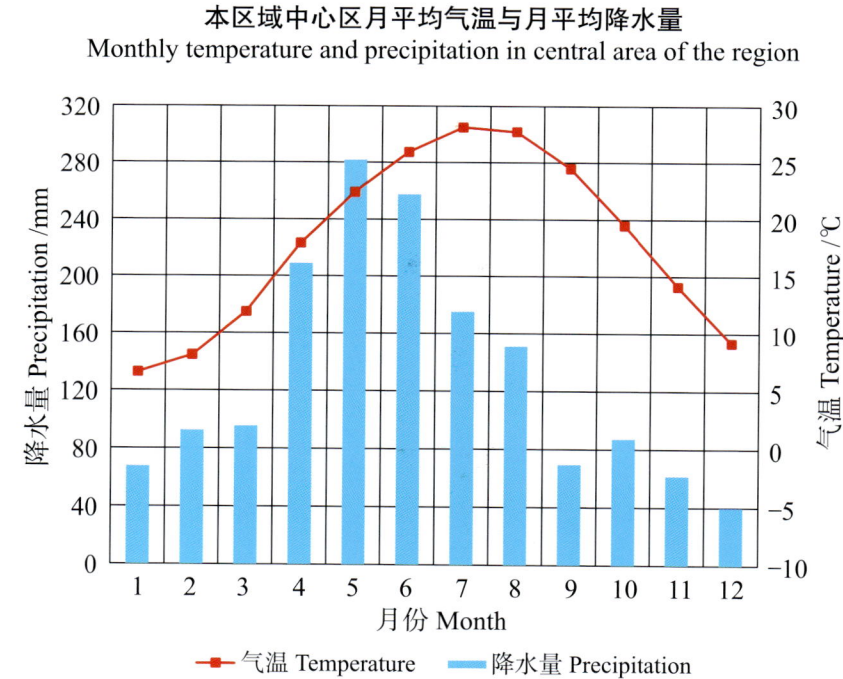

本区域中心区月平均气温与月平均降水量
Monthly temperature and precipitation in central area of the region

资源县主要土壤类型与土壤剖面点分布图
1∶320 000

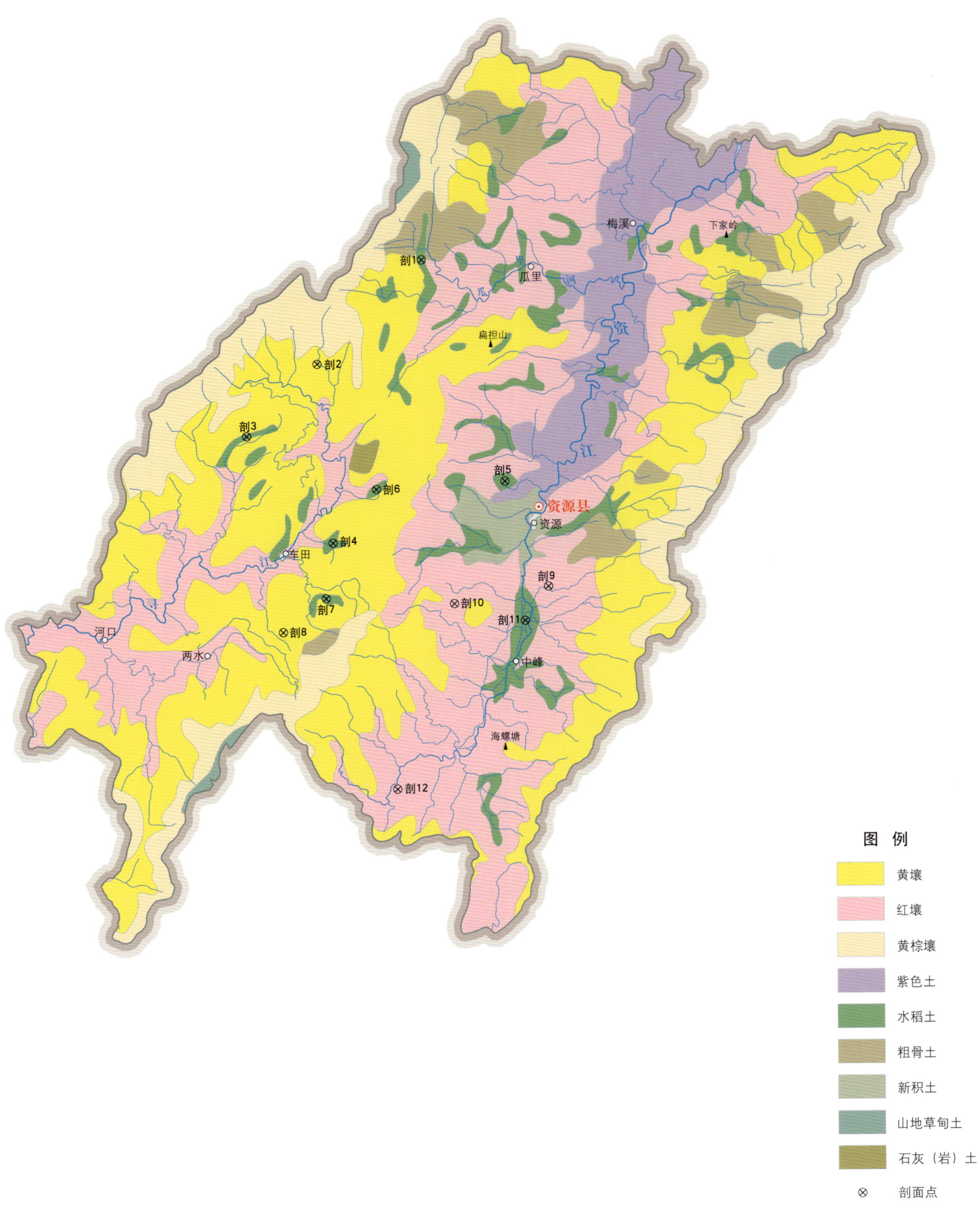

资源县土壤剖面理化性状表

剖面号 Soil profile	土纲 Soil order	土类 Soil great group	亚类 Soil subgroup	土属 Soil genus	土种 Soil species	土层码 Layer code	土层厚度 Depth/cm	颜色 Soil color	质地 Soil texture	土壤结构 Soil structure	pH	有机质 OM/(g/kg)	全氮 TN/(g/kg)	全磷 TP/(g/kg)	全钾 TK/(g/kg)	土壤母质 Parent material	剖面点坐标 Profile coordinate	匹配指数 Matching index/%
剖1	人为土	水稻土	潴育水稻土	冷浸田	浅浸田	A	0—20	灰色	壤土	碎粒状	5.7	56.5	2.18	0.89	21.4		E 110°33′41.3″ N 26°12′00.9″	93
						Gp	20—29	青灰色	壤土	大块状	6.1	37.1	1.38	0.64	28.0			
						C	29—100	黄灰色	黏壤土	大块状		5.6	0.38	0.41	25.1			
剖2	铁铝土	黄壤	黄壤	耕型花岗岩黄壤	杂砂黄泥土	A	0—23	棕褐色	砂壤土	碎粒状	6.7	28.5	1.09	0.31	29.3	花岗岩	E 110°29′16.4″ N 26°08′01.3″	82
						B	23—53	红黄色	砂壤土	碎块状		15.3	0.72	0.20	31.0			
						C	53—100	黄色	砂壤土	碎块状								
剖3	人为土	水稻土	淹育水稻土	冲积性淹育水稻土	潮砂泥田	A	0—17	棕褐色		团粒、碎块状	7.5	36.5	1.61	0.85	37.1	河流冲积物	E 110°26′17.5″ N 26°05′15.7″	100
						P	17—25	棕褐色	壤土、砂壤土	小团显结状	7.0	18.6	0.94	0.75	39.0			
						C	25—95	灰黄色	壤土	无明显结构	6.8	6.5	0.43	0.94	38.4			
剖4	人为土	水稻土	潴育水稻土	砂页岩潴育水稻土	潴育砂泥田	A	0—20	浅灰色	中壤土	微团粒状	6.6	50.5	1.93	0.50	20.2	砂页岩	E 110°29′56.4″ N 26°01′13.8″	96
						P	20—27	棕黄色	中壤土	小块状	6.8	20.0	0.68	0.39	19.3			
						W	27—47	深棕色	中壤土	棱柱状	6.7	32.9	1.13	0.49	19.8			
						C	47—100	棕灰色		大块状								
剖5	人为土	水稻土	潴育水稻土		深浸田	Ag	0—32	黄灰色	壤土、砂壤土	碎粒、碎块状							E 110°37′12.0″ N 26°03′35.6″	89
						Gp	32—117	青灰色	壤土	块状								
						G	117—195		砂壤土、壤土	大块状								
剖6	人为土	水稻土	潴育水稻土	砂页岩潴育水稻土	潴育砂泥田	A	0—16	深棕色	壤土	微团粒状	6.7	44.5	2.14	0.80	17.6	砂页岩	E 110°31′46.6″ N 26°03′16.2″	77
						P	16—22	深棕色	砂壤土	小块状	6.7	44.4	1.80	0.70	17.7			
						W	22—35	灰色	黏壤土	棱柱状	6.3	31.4	1.21	0.50	19.1			
						C	35—100		砂壤土	小块状								
剖7	人为土	水稻土	潴育水稻土	洪积性潴育水稻土	洪积潴育砂泥田	A	0—17	深棕色	壤土	微团粒状	7.1	41.6	1.63	0.43	28.5	洪积物	E 110°29′38.8″ N 25°59′06.0″	79
						P	17—21	深棕色	壤土	小块状	3.8	25.7	1.00	0.27	22.7			
						W	21—30	浅灰色	砂壤土	棱柱状		14.9	0.73	0.30	21.0			
						C₁	30—48	灰黄色	壤土	棱柱状								
						C₂	48—100	棕黄色	壤土	小块状								
剖8	铁铝土	黄壤		耕型砂页岩黄壤	砂质黄泥土	A	0—21	黄灰色	砂壤土	碎粒状	6.7	28.0	1.35	0.47	14.7	砂页岩	E 110°27′49.3″ N 25°57′48.2″	85
						C	21—100	黄色	砂壤土	小块状	7.1	5.3	0.53	0.24	19.0			
剖9	铁铝土	红壤	红壤	耕型砂页岩红壤	红壤土	A	0—25	棕黄色	壤土	棱柱状	6.5	24.1	1.14	0.74	12.4	砂页岩	E 110°39′02.2″ N 25°59′35.2″	94
						B	25—100	黄棕色	壤土	块状	6.6	13.5	0.89	0.50	12.4			
剖10	铁铝土	红壤	黄红壤	耕型花岗岩黄红壤	杂砂黄泥土	A	0—14	灰黄色	砂壤土	碎块状		28.1	1.00	0.33	15.7	花岗岩	E 110°35′03.7″ N 25°58′54.7″	76
						B₁	14—32	棕黄色	砂壤土	小块状	6.8	5.7	0.47	0.29	16.2			
						B₂	32—66	红黄色	壤土	碎块状								
						C	66—100	灰黄色	重壤土	小块状								
剖11	人为土	水稻土	潴育水稻土	冲积性潴育水稻土	潴育潮泥田	A	0—17	棕灰色	壤土	微团粒状	6.5	70.3	2.81	0.82	38.5	河流冲积物	E 110°38′02.8″ N 25°58′16.3″	93
						P	17—23	棕灰色	壤土	碎块状	6.7	62.2	2.65	0.84	40.1			
						W	23—42	深棕色	壤土	棱柱状	6.4	34.2	1.63	0.84	41.5			
						C	42—100	黄白色		无明显结构								
剖12	铁铝土	红壤	黄红壤	砂页岩山地黄红壤	中层砂页岩黄红壤	Ao	0—2	黄褐色								砂页岩	E 110°32′38.9″ N 25°51′50.7″	73
						A₁	2—12	棕黄色	轻石质重壤土	粒状	5.5	98.7	1.40	0.24	38.8			
						B	12—62				5.0	63.2	0.69	0.39	29.4			
						C	62—85											

恭城瑶族自治县

主要土类说明

红壤是恭城瑶族自治县主要土壤类型，占本县地域面积的 44%。红壤是本县地带性土壤类型，主要分布于海拔 700m 以下的低山、丘陵地区。按成土母质、发育阶段和肥力特点的不同，本县红壤分为红壤、黄红壤、红壤性土等亚类。

黄壤是恭城瑶族自治县第二大土壤类型，占本县地域面积的 21%，分布于海拔 800m 以上的山地。由于所处地形部位海拔高，湿度大，自然植被较好，土壤中的游离氧化铁在湿润条件下，生成水合氧化铁，土壤呈黄色。

石灰（岩）土是恭城瑶族自治县第三大土壤类型，占本县地域面积的 14%，主要分布于栗木、嘉会、西岭、平安、恭城、莲花等乡镇的岩溶地区。石灰（岩）土是由碳酸岩风化发育而成的土壤。由于土壤含钙较多，阻碍了土壤脱硅富铝化发育过程的进行，故脱硅富铝化作用微弱。土壤中的钙离子能和腐殖质络合形成较好的团粒结构。在植被繁茂的条件下，多发育成棕色石灰土。

紫色土占恭城瑶族自治县地域面积的 8%。紫色土是由紫色岩母质发育形成的一种岩性土。物理风化作用十分强烈，加之岩性疏松，吸热性强，易因热胀冷缩而风化崩解破碎，土层受侵蚀和堆积作用频繁，成土母质不断更新，土壤发育难以达到富铝化阶段，因而多为幼年土壤。土体层次发育不明显，表土层或表层以下常含母岩碎片，土壤呈紫色或紫棕色。土层厚度不一，一般含钾量较高。

水稻土占恭城瑶族自治县地域面积的 7%，主要分布于栗木、西岭、嘉会、平安、恭城、莲花等乡镇地势较低平的地区，在山区零星分布，是本县主要耕地土壤类型。水稻土是一种在长期水耕水耙作用下形成的特殊土壤类型。任何一种母质发育的土壤，在水利灌溉的条件下，通过构筑田埂、平整田面、长期栽培水稻，都可以形成水稻土。但水稻土的剖面构型随栽培时间的长短、灌溉条件及栽培管理水平的不同而有差异。本县水稻土分为淹育型、潴育型、潜育型、沼泽型、渗育型、盐渍型和矿毒型等亚类。

黄棕壤占恭城瑶族自治县地域面积的 6%。黄棕壤发生于落叶阔叶林下，多由砂页岩及花岗岩风化物发育而成，弱度脱硅富铝化，黏化特征明显，呈黄棕色黏土，具 A–B–C 或 A–（B）–C 剖面构型。B 层黏聚现象明显，硅铝率在 2.5 左右，铁的游离度较红壤低，交换性酸 B 层大于 A 层，pH 为 5.5—6.0。

本区域中心区气候特征

本区域中心区气候特征值
Regional climate characteristics in central area of the region

气候带：中亚热带湿润气候 Climate region: Subtropical humid climate	
年平均气温 /℃ Annual average temperature /℃	19.5
年平均最高气温 /℃ Annual average maximum temperature /℃	23.9
年平均最低气温 /℃ Annual average minimum temperature /℃	16.4
年降水量 /mm Annual precipitation /mm	1724
≥10℃的积温 /℃ Daily temperature accumulated in a year（≥10℃）/℃	7128
年日照时数 /h Annual sunshine /h	1542
年平均相对湿度 /% Annual average relative humidity /%	77
干燥度 Dryness	0.67

本区域中心区月平均气温与月平均降水量
Monthly temperature and precipitation in central area of the region

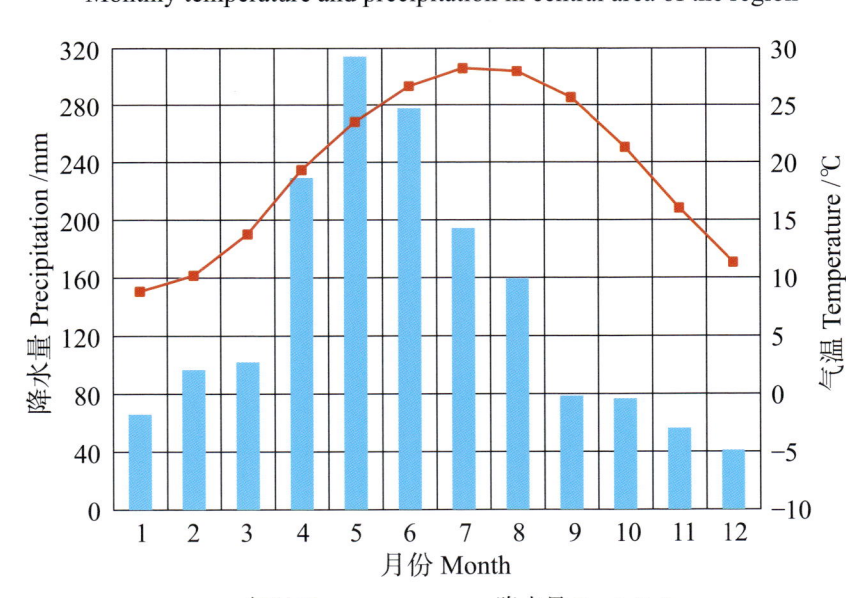

恭城瑶族自治县主要土壤类型与土壤剖面点分布图
1 : 270 000

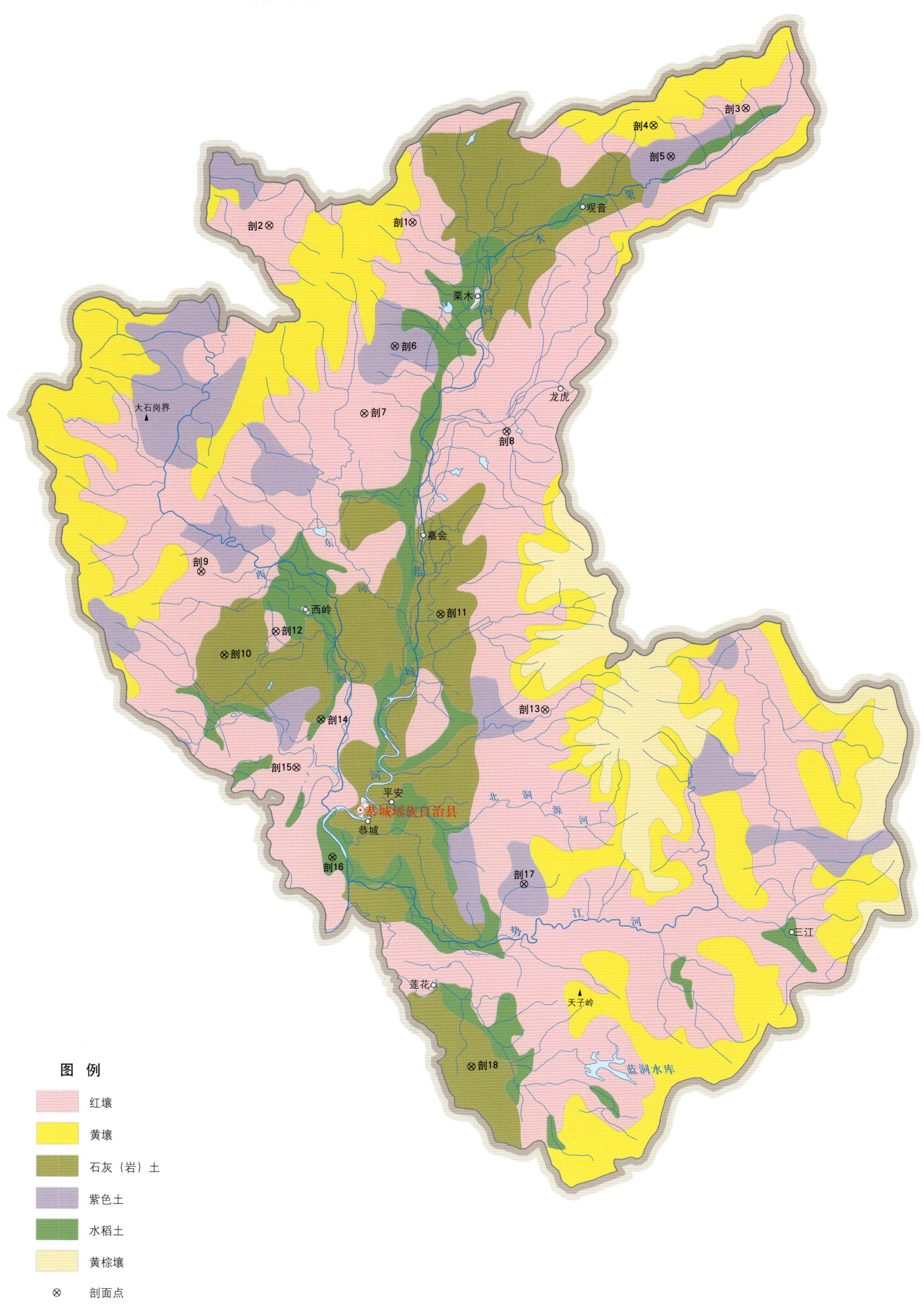

恭城瑶族自治县土壤剖面理化性状表

剖面号 Soil profile	土纲 Soil order	土类 Soil great group	亚类 Soil subgroup	土属 Soil genus	土种 Soil species	土层码 Layer code	土层厚度 Depth/cm	颜色 Soil color	质地 Soil texture	土壤结构 Soil structure	pH	有机质 OM/(g/kg)	全氮 TN/(g/kg)	全磷 TP/(g/kg)	全钾 TK/(g/kg)	有效磷 AP/(mg/kg)	速效钾 AK/(mg/kg)	土壤母质 Parent material	剖面点坐标 Profile coordinate	匹配指数 Matching index/%
剖1	铁铝土	红壤	黄红壤	砂页岩黄红壤	薄层砂页岩黄红壤	A	0—7	浅灰色	轻壤土	小块状	5.5	36.0	1.42	0.41	24.4	3.2	50	砂页岩	E 110°51′21.7″ N 25°10′28.3″	72
剖2	铁铝土	红壤	黄红壤	耕型砂页岩黄红壤	砂页黄泥土	A	7—41	黄色	中壤土	块状	6.0		0.82	0.40	37.6			砂页岩	E 110°45′52.9″ N 25°10′21.7″	96
剖3	铁铝土	红壤	黄红壤	砂页岩黄红壤	厚层砂页岩黄红壤	A	0—13	暗黄色	黏壤土	小块状	4.5							砂页岩	E 111°04′07.8″ N 25°14′25.7″	79
						C	13—100	浅红黄色	块状	块状	5.0	32.0	1.20	0.31	22.4	3.0	10			
剖4	铁铝土	黄壤	黄壤	砂页岩黄红壤	薄层砂页岩黄壤	A_1	0—13	暗栗色	轻壤土	小块状	4.5		1.00	0.30	25.0			砂页岩	E 111°00′35.9″ N 25°13′50.0″	98
						A_2	13—35	栗色	轻壤土	粒状	5.0	28.0	2.34	0.66	27.1	3.0	20			
						B	35—75	橙黄色	轻壤土	小块状	4.5		1.56	0.60	30.7					
						C	75—110	黄红色	轻壤土	块状	5.2									
剖5	初育土	紫色土	酸性紫色土	砂页岩酸性紫色土	薄层砂页岩酸性紫色土	A	0—14	红褐色	壤土	小块状	5.5	32.0	3.16	0.67	22.6	3.4	50	砂页岩	E 111°01′15.6″ N 25°12′45.0″	78
						C	14—30	紫红色	壤土	块状	5.0		1.15	0.35	28.3					
剖6	初育土	紫色土	酸性紫色土	砂岩酸性紫色土	薄层砂岩酸性紫色土	A	0—11	暗栗色	砂壤土	小块状	5.5	20.0	2.77	0.45	34.0	4.8	40	砂岩	E 110°50′41.6″ N 25°06′10.1″	85
						B	11—31	紫褐色	中壤土	小块状	5.5		0.79	0.17	15.3					
						C	31—53	紫红色	中壤土	块状	5.5									
剖7	铁铝土	红壤	黄红壤	砂页岩黄红壤	中层砂页岩黄红壤	A	0—4	暗棕色	轻壤土	粒状	5.5	32.0	1.15	0.38	16.8	2.2	30	砂页岩	E 110°49′32.2″ N 25°03′49.7″	86
						B	4—42	棕色	轻壤土	小块状	5.5		0.89	0.28	26.5					
						C	42—90	黄棕色	轻壤土	块状	4.6									
剖8	铁铝土	红壤	红壤	耕型页岩红壤	红黏土	A	0—17	暗棕色	黏壤土	小块状	4.5	22.5	3.14	0.39	22.8	2.8	86	页岩	E 110°54′59.4″ N 25°03′12.6″	87
						C	17—50	黄棕色	黏壤土	块状	5.0	8.6	1.62	0.34	26.0					
剖9	铁铝土	红壤	黄红壤	耕型砂岩黄红壤	砾质土	A	0—18	暗黄棕色	壤土	小块状	5.5							砂页岩	E 110°43′19.4″ N 24°58′18.6″	75
						C	18—100	浅黄棕色	黏壤土	块状	7.3	24.0	0.99	3.35	12.2	4.8	40			
剖10	初育土	石灰(岩)土	红色石灰土	红色石灰岩红壤土	薄层红色石灰土	A	0—8	暗棕褐色	轻壤土	团块状	7.5		0.50	0.47	14.6				E 110°44′13.2″ N 24°55′25.0″	72
						B	8—46	红褐色	黏壤土	块状	6.5	32.0	1.72	0.23	12.9					
						C	0—14	褐色	壤土	粒状	6.5		0.21	0.23	21.1					
剖11	初育土	石灰(岩)土	棕色石灰土	棕色石灰土	含砂棕色石灰土	A_1	14—26	浅褐色	中壤土	小块状	5.5	12.0	1.45	0.35	27.5	1.4	100		E 110°52′28.6″ N 24°56′51.0″	76
						A_2	26—57	褐色	中壤土	块状	5.5		0.54	0.37	14.6					
						C	57—77	黄褐色	中壤土	块状	4.5									
剖12	铁铝土	红壤	红壤	第四纪红土红壤	红壤土	A	0—20	暗红色	黏壤土	小块状	5.0							红土	E 110°46′11.3″ N 24°56′14.3″	100
						C	20—100	浅红色	黏壤土	块状	7.3	26.2	1.61	0.49	20.1	6.9	56			
剖13	铁铝土	红壤	黄红壤	耕型砂页岩黄红壤	黄泥土	A	0—13	黄棕色	黏壤土	小块状	7.1	10.3	1.01	0.55	20.9			砂页岩	E 110°56′28.7″ N 24°53′33.0″	70
						C	13—100	浅红黄色	砂土	块状	4.5	7.9	0.58	0.37	19.4					
剖14	人为土	水稻土	潴育水稻土	紫色岩潴育水稻土	潴育紫泥田	A	0—10	紫灰色	黏壤土	块状	5.0							紫色岩	E 110°47′55.0″ N 24°53′11.0″	77
						P	10—20	紫灰色	壤土	核柱状	5.7	21.1	1.05	0.42	6.7	3.7	105			
						W	20—100	黄棕色	黏壤土	细粒状	5.6	14.4	0.97	0.20	6.8					
剖15	铁铝土	红壤	红壤	耕型砂页岩红壤	红壤土	A	0—13	红黄色	黏壤土	小块状	6.8	25.0	1.46	0.44	12.1	4.5	26	砂页岩	E 110°46′59.4″ N 24°51′30.8″	98
						B	13—33	棕灰色	黏壤土	小块状	7.6	10.6	0.80	0.31	10.6					
						C	33—100	棕灰色	重壤土	棱柱状	8.0	4.1	0.58	0.66	11.2					
剖16	人为土	水稻土	潴育水稻土	冲积性潴育水稻土	潴育潮泥田	A	0—12	暗灰色	轻壤土	小块状	4.6	24.0	3.25	0.45	21.9	1.8	70	河流冲积物	E 110°48′22.6″ N 24°48′22.4″	70
						P	12—20		黏壤土	碎块状										
						W	20—100													
剖17	初育土	紫色土	酸性紫色土	页岩酸性紫色土	薄层酸性紫黏土	A	0—3	暗紫色	黏壤土	块状	4.7	1.67	3.25	0.33	24.0			页岩	E 110°55′41.9″ N 24°47′28.3″	79
						C	3—29	紫黄色	黏壤土											

续表 Continued

剖面号 Soil profile	土纲 Soil order	土类 Soil great group	亚类 Soil subgroup	土属 Soil genus	土种 Soil species	土层码 Layer code	土层厚度 Depth/cm	颜色 Soil color	质地 Soil texture	土壤结构 Soil structure	pH	有机质 OM/(g/kg)	全氮 TN/(g/kg)	全磷 TP/(g/kg)	全钾 TK/(g/kg)	有效磷 AP/(mg/kg)	速效钾 AK/(mg/kg)	土壤母质 Parent material	剖面点坐标 Profile coordinate	匹配指数 Matching index/%
剖18	初育土	石灰（岩）土	棕色石灰土	棕色石灰土	棕色石灰土	A	0—7	棕色	轻壤土	粒状	6.8	64.5	3.02	0.64	10.4	3.8	60		E 110°53′42.0″ N 24°41′06.4″	75
						B	7—40	棕色	中壤土	小块状	7.2	33.4	2.02	0.56	11.9					
						C	40—100	浅棕色	中壤土	块状										

荔浦市

主要土类说明

红壤是荔浦市主要土壤类型，占本市地域面积的53%，在各乡镇的低山、丘陵盆地、谷地均有分布。成土母岩有第四纪红土、砂页岩、页岩、硅质页岩等。红壤主要发生于中亚热带常绿阔叶林下，呈中度脱硅富铝化特征，土壤黏粒中游离铁占全铁的50%—60%。黏土矿物以高岭石、赤铁矿为主，黏粒硅铝率为1.8—2.4，风化淋溶系数小于0.2，盐基饱和度小于35%，pH为4.5—5.5。红壤具深厚红色土层，淀积层（B层）底层可见具深厚红、黄、白相间网纹的红色黏土。本市红壤分为红壤、黄红壤、红壤性土等亚类。

紫色土是荔浦市第二大土壤类型，占本市地域面积的23%，在双江、新坪、马岭、东昌、龙怀、修仁、蒲芦等地的紫色砂页岩丘陵区均有分布。紫色土是由紫红色岩层直接风化形成的A-C型土壤。其理化性质与母岩组成直接相关，土层浅薄，剖面层次发育不明显，仍处于初育阶段。母岩富含矿质养分，且风化迅速，不失为良好的肥沃土壤。本市紫色土包括酸性紫色土、中性紫色土两个亚类。

水稻土是荔浦市第三大土壤类型，占本市地域面积的12%，集中分布在荔浦河、马岭河两岸的冲积小平原和其他沿河谷地。水稻土是全市的主要耕种土壤，是在生产活动中经过构筑田埂、平整土地、水耕水耙、灌水、施肥以种植水稻发育而成的。长期周期性的干湿交替、氧化还原，使一些易还原物质和悬浮性胶体淋溶淀积在土壤中，形成了水稻土特有的发生层次和剖面特征。母质、地形等成土因素对水稻土的形成也有着重要影响，这些因素影响其发育和属性。本市水稻土分为淹育型、潴育型、潜育型、沼泽型、渗育型、盐渍型和矿毒型等亚类。

石灰（岩）土占荔浦市地域面积的8%，在杜莫、龙怀、青山、荔城、新坪、东镇、马岭等乡镇的石灰岩丘陵、谷地、台地、洼地中广泛分布。石灰（岩）土发生于石灰岩山区，是石灰岩经溶蚀风化，形成的厚薄不同的钙质饱和或含游离钙质的土壤，多见于石隙、溶洞或峰丛底部。该土壤碳酸钙淋溶程度不一，多黏土，多为铁钙质胶结物，风化程度不一，盐基饱和度高，有机质含量及胶结状态有较大差异。本市石灰（岩）土包括棕色石灰土等亚类。

小于本市地域面积3%的土壤类型还有黄壤和粗骨土等。

本区域中心区气候特征

本区域中心区气候特征值
Regional climate characteristics in central area of the region

气候带：中亚热带湿润气候 Climate region: Subtropical humid climate	
年平均气温 /℃ Annual average temperature /℃	19.9
年平均最高气温 /℃ Annual average maximum temperature /℃	24.2
年平均最低气温 /℃ Annual average minimum temperature /℃	16.9
年降水量 /mm Annual precipitation /mm	1745
≥10℃的积温 /℃ Daily temperature accumulated in a year（≥10℃）/℃	7270
年日照时数 /h Annual sunshine /h	1523
年平均相对湿度 /% Annual average relative humidity /%	77
干燥度 Dryness	0.67

本区域中心区月平均气温与月平均降水量
Monthly temperature and precipitation in central area of the region

荔浦县主要土壤类型与土壤剖面点分布图
1:280 000

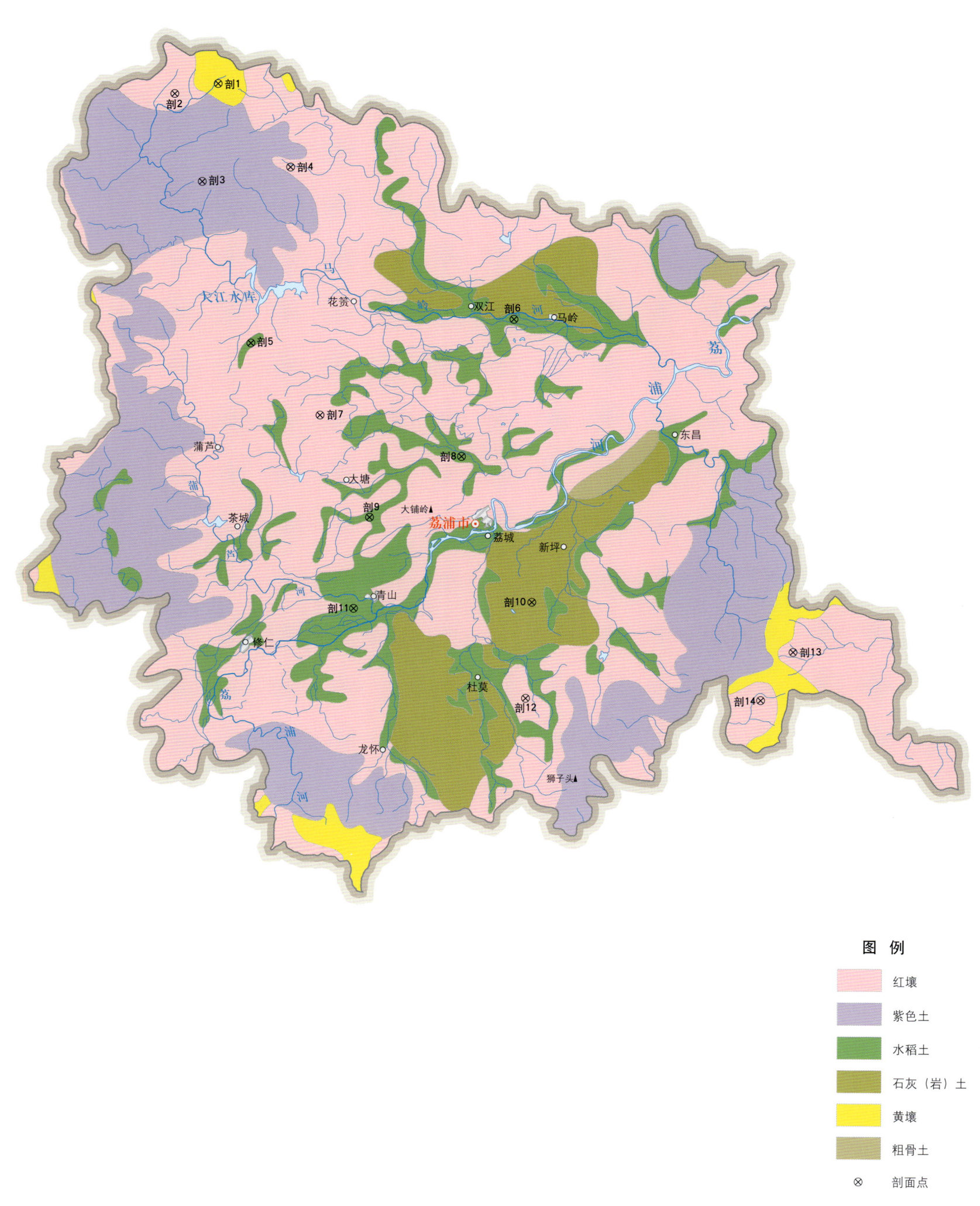

注：国务院 2018 年 7 月批准，撤销荔浦县，设立荔浦市。

荔浦市土壤剖面理化性状表

剖面号 Soil profile	土纲 Soil order	土类 Soil great group	亚类 Soil subgroup	土属 Soil genus	土种 Soil species	土层码 Layer code	土层厚度 Depth/cm	颜色 Soil color	质地 Soil texture	土壤结构 Soil structure	pH	有机质 OM/(g/kg)	全氮 TN/(g/kg)	全磷 TP/(g/kg)	全钾 TK/(g/kg)	有效磷 AP/(mg/kg)	速效钾 AK/(mg/kg)	阳离子交换量CEC/(cmol/kg)	土壤母质 Parent material	剖面点坐标 Profile coordinate	匹配指数 Matching index/%
剖1	铁铝土	黄壤	黄壤	砂页岩黄壤	薄层砂页岩黄壤	A	0—40		黏壤土		5.0	79.8	1.63	0.61	22.5				砂页岩	E 110°13′32.2″ N 24°44′34.1″	99
						C	40—				5.0	26.9	1.04	0.60	22.3						
剖2	铁铝土	红壤	红壤	砂页岩红壤	厚层砂页岩红壤	A	0—9		壤土		5.5	34.6	1.35	0.37	16.8				砂页岩	E 110°11′54.8″ N 24°44′13.0″	78
						B	9—80		轻壤土		5.5	11.1	0.64	0.38	16.8						
						C	80—		中壤土		5.0										
剖3	初育土	紫色土	酸性紫色土	砂页岩酸性紫色土	薄层酸性紫砂土	A	0—25				6.0	44.0	1.24	0.26	25.4				砂岩	E 110°12′58.4″ N 24°41′12.4″	89
						B	25—34				6.0	44.0	0.74	0.21	28.1						
						D	34—														
剖4	铁铝土	红壤	黄红壤	砂页岩黄红壤	薄层砂页岩黄红壤	A	0—10		轻壤土		5.5	84.5	1.86	0.17	26.8				砂页岩	E 110°16′17.0″ N 24°41′43.4″	100
						B	10—40		中壤土		6.0	41.5	0.63	0.15	11.7						
						D	40—														
剖5	人为土	水稻土	潜育水稻土	砂页岩潜育水稻土	潜育砂泥田	A	0—16	灰黄色	壤土	小块状	6.5	30.1	1.60	0.39	10.1	3.0	39	13.8	砂页岩	E 110°14′51.4″ N 24°35′42.4″	88
						P	16—23	暗灰黄色	壤土	块状	6.5	11.6	0.65	0.34	8.3			7.0			
						W	23—63	暗灰黄色	轻壤土	柱状	5.5	8.5	0.56	0.32	11.3			7.3			
						C	63—100	浅灰黄色	中壤土	块状	5.0	4.5	0.30	0.29	9.6			2.6			
剖6	人为土	水稻土	潜育水稻土	冲积性潜育水稻土	潜育潮泥田	A	0—16	灰棕色	壤土	微团粒状	6.3	33.9	1.79	0.62	14.1	7.6	48		河流冲积物	E 110°12′43.9″ N 24°36′35.3″	90
						P	16—21	灰棕色	中壤土	碎块状	6.5	27.7	1.50	0.62	16.3						
						W₁	21—43	紫棕色	中壤土	梭柱状	7.5	11.7	0.82	0.46	14.4						
						W₂	43—79	紫棕色	中壤土	梭柱状	7.5	8.8	0.65	0.52	14.1						
						C	79—100	紫棕色	砂壤土	粒状	7.5										
剖7	铁铝土	红壤	红壤	砂页岩红壤	中层砂页岩红壤	A	0—40		壤土		5.0	19.3	1.44	0.19	30.2				砂页岩	E 110°17′28.8″ N 24°33′14.7″	81
						B	40—80				5.0	13.8	0.90	0.29	37.9						
						C	80—		重壤土												
剖8	人为土	水稻土	潜育水稻土	冷浸田	深浸田	Ag	0—29	暗灰色	黏壤土	碎块状	7.0	45.0	2.42	0.44	17.7	5.0	64	18.4	砂页岩	E 110°22′48.0″ N 24°31′52.3″	77
						G	29—58	青灰色	黏壤土	小块状	7.0	33.2	1.80	0.31	16.9			9.9			
						Wg	58—100	棕色	中壤土	块状	7.0	13.0	0.78	0.22	13.5			18.5			
剖9	人为土	水稻土	潜育水稻土	冷浸田	浅浸田	Ag	0—15	灰色	中壤土	碎块状	7.0	41.3	2.72	0.48	11.9	5.1	56	10.6	砂页岩	E 110°19′22.1″ N 24°29′46.3″	96
						Pg	15—25	青灰色	中壤土	小块状	7.5	17.3	1.10	0.55	10.0						
						G	25—30	蓝灰色	中壤土	小块状	7.8	32.5	2.17	0.47	11.3						
						C	30—100	棕黄色	重壤土	大块状	7.5	9.5	0.59	0.31	8.9						
剖10	初育土	石灰(岩)土	棕色石灰土	棕色石灰土	棕色石灰土	A	0—50				7.0	25.7	0.96	0.34	14.1					E 110°25′29.3″ N 24°26′55.0″	76
						B	50—85				7.0	17.8	0.29	0.34	8.8						
						C	85—		重壤土												
剖11	人为土	水稻土	潜育水稻土	冲积性潜育水稻土	潜育潮泥肉田	A	0—18	暗灰色	重壤土	碎块状	6.0	31.2	1.91	0.48	18.6	6.0	56		河流冲积物	E 110°18′48.4″ N 24°26′38.8″	91
						P	18—23	灰棕色	中壤土	小块状	6.5	35.6	1.97	0.48	17.5						
						W	23—	灰棕色	中壤土	柱状,梭柱状	7.0	13.6	1.00	0.29	19.3						
剖12	铁铝土	红壤	红壤	砂页岩红壤	砂质砂页岩水化红壤	A	0—21	棕红色	轻壤土		6.0	23.9	0.94	0.19	28.5				砂页岩	E 110°25′17.0″ N 24°23′37.3″	98
						B	21—80	红色	轻壤土		5.5	19.7	0.79	0.11	33.4						
						C	80—	红色	中壤土												
剖13	铁铝土	红壤	黄红壤	耕型砂页岩黄红壤	砂质黄泥土	A	0—15		壤土	碎块状	4.8	29.8	1.86	0.55	20.2				砂页岩	E 110°35′18.4″ N 24°25′15.8″	80
						B	15—28		壤土	块状	5.0	11.2	1.01	0.46	22.0						
						C	28—100		黏壤土		5.0	12.0	1.06	0.63	17.3						

续表 Continued

剖面号 Soil profile	土纲 Soil order	土类 Soil great group	亚类 Soil subgroup	土属 Soil genus	土种 Soil species	土层码 Layer code	土层厚度 Depth/cm	颜色 Soil color	质地 Soil texture	土壤结构 Soil structure	pH	有机质 OM/(g/kg)	全氮 TN/(g/kg)	全磷 TP/(g/kg)	全钾 TK/(g/kg)	有效磷 AP/(mg/kg)	速效钾 AK/(mg/kg)	阳离子交换量CEC/(cmol/kg)	土壤母质 Parent material	剖面点坐标 Profile coordinate	匹配指数 Matching index/%
剖14	铁铝土	红壤	黄红壤	砂页岩黄红壤	厚层砂页岩黄红壤	A	0—40		中壤土		6.0	58.8	2.08	0.27	37.8				砂页岩	E 110°34′06.6″ N 24°23′36.4″	70
						B	40—100				6.0	30.8	0.87	0.24	32.2						
						C	100—														

梧 州 市

市 辖 区

主要土类说明

赤红壤是梧州市主要土壤类型，占本市地域面积的75%。赤红壤主要发生于南亚热带季雨林下，其脱硅富铝化程度仅次于砖红壤，强于红壤。铁的游离度介于二者之间，黏粒硅铝率为1.7—2.0，风化淋溶系数为0.05—0.15，盐基饱和度为15%—25%，pH为4.5—5.5。淀积层（B层）富含铁铝氧化物，呈赤红色。本市赤红壤只有赤红壤一个亚类。

水稻土是梧州市第二大土壤类型，占本市地域面积的11%。水稻土是在长期季节性淹灌、水下翻耕、季节性脱水、氧化还原交替影响下，原来成土母质或母土的特性发生重大改变，形成的新的土壤类型。由于干湿交替，水稻土形成糊状淹育层、较坚实板结的犁底层、渗育层、潴育层与潜育层等多种发生层。这些不同发生层段是在人为耕作、水浆管理下形成的。根据水稻土的不同土体构造及其理化性质，本市水稻土分为淹育型、潴育型、潜育型、沼泽型和盐渍型等亚类。

小于本市地域面积3%的土壤类型还有紫色土等。

本区域中心区气候特征

本区域中心区气候特征值
Regional climate characteristics in central area of the region

项目	值
气候带：南亚热带湿润气候 Climate region: South subtropical humid climate	
年平均气温 /℃ Annual average temperature /℃	21.2
年平均最高气温 /℃ Annual average maximum temperature /℃	26.3
年平均最低气温 /℃ Annual average minimum temperature /℃	17.6
年降水量 /mm Annual precipitation /mm	1493
≥10℃的积温 /℃ Daily temperature accumulated in a year (≥10℃) /℃	7743
年日照时数 /h Annual sunshine /h	1736
年平均相对湿度 /% Annual average relative humidity /%	79
干燥度 Dryness	0.84

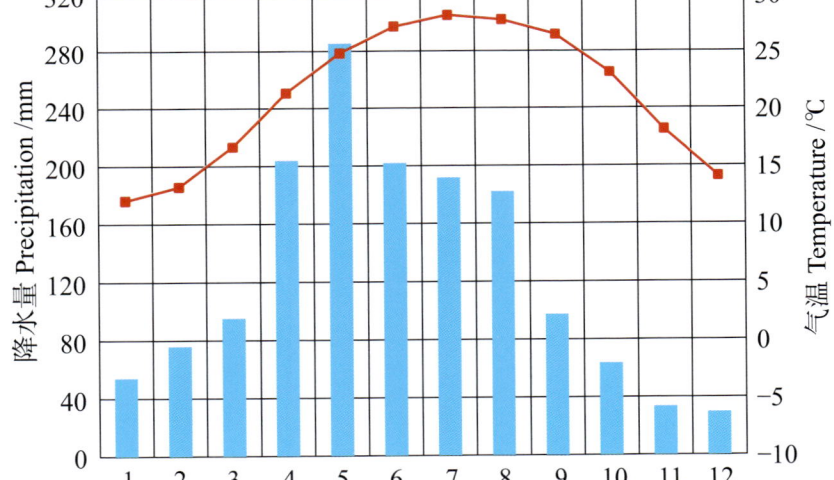

本区域中心区月平均气温与月平均降水量
Monthly temperature and precipitation in central area of the region

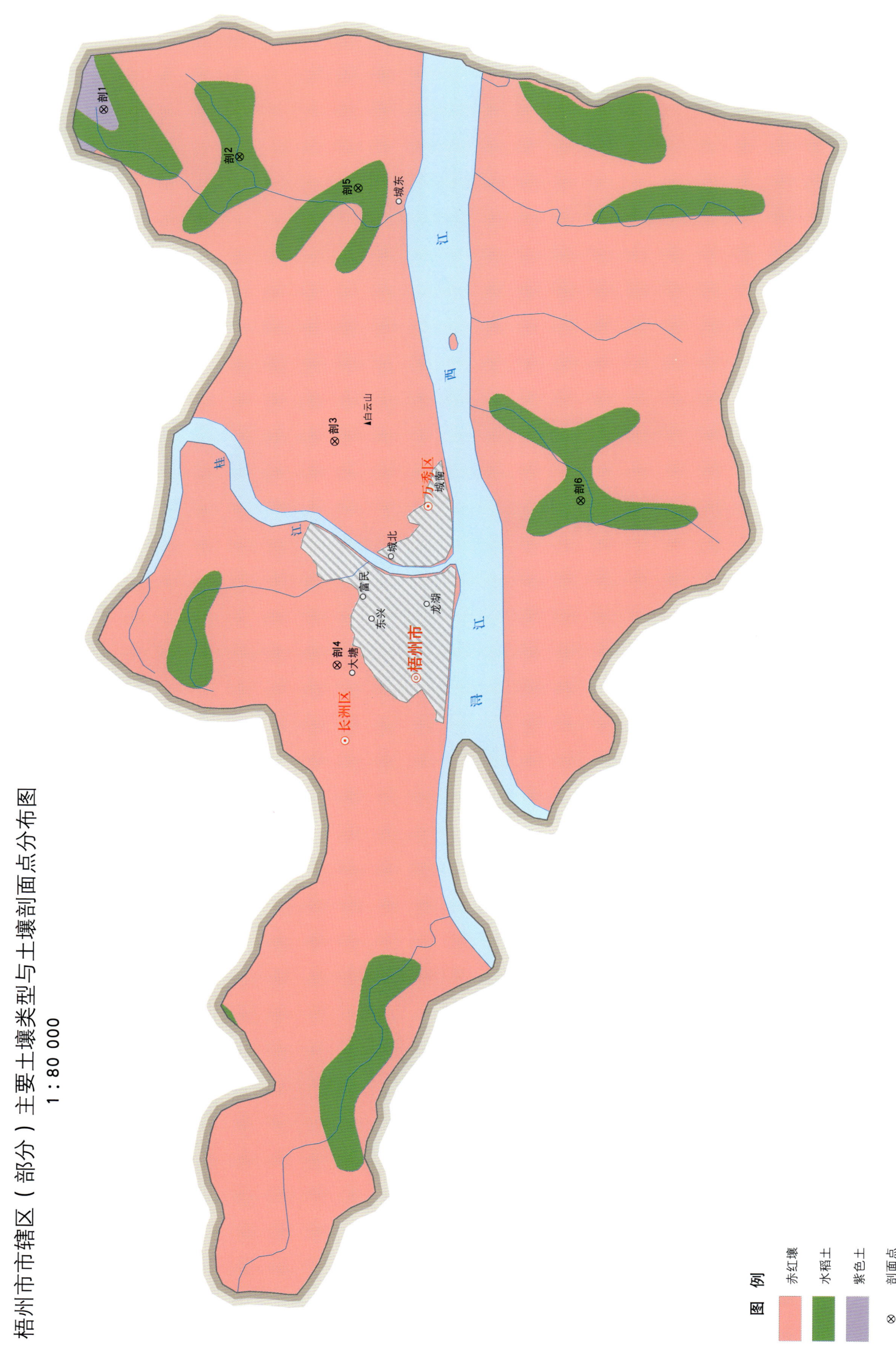

梧州市市辖区（部分）主要土壤类型与土壤剖面点分布图
1∶80 000

梧州市土壤剖面理化性状表

剖面号 Soil profile	土纲 Soil order	土类 Soil great group	亚类 Soil subgroup	土属 Soil genus	土种 Soil species	土层码 Layer code	土层厚度 Depth/cm	颜色 Soil color	质地 Soil texture	土壤结构 Soil structure	pH	有机质 OM/(g/kg)	全氮 TN/(g/kg)	全磷 TP/(g/kg)	全钾 TK/(g/kg)	有效磷 AP/(mg/kg)	速效钾 AK/(mg/kg)	土壤母质 Parent material	剖面点坐标 Profile coordinate	匹配指数 Matching index/%
剖1	初育土	紫色土	酸性紫色土	耕型砂页岩酸性紫色土	酸性紫泥土	A	0—14	灰棕红色	壤土	核状	4.6							砂页岩	E 111° 23′ 13.3″ N 23° 31′ 42.6″	81
						B	14—44	浅棕红色	壤土	核状	4.4									
						C	44—100	紫红色	壤土	核状	4.5									
剖2	人为土	水稻土	潴育水稻土	砂页岩潴育水稻土	潴育砂泥田	Ap	0—19	浅灰棕色	中壤土	核状	5.0	26.8	1.40	0.65	10.4	4.0	55	砂页岩	E 111° 22′ 43.3″ N 23° 30′ 23.4″	87
						W₁	19—49	暗黄棕色	中壤土	块状	6.0	19.1	1.07	0.60	11.6					
						W₂	49—75	灰棕色	中壤土	棱柱状	6.5	10.4	0.57	0.62	11.6					
						C	75—100	灰白色	中壤土	块状	6.4	9.4	0.50	0.64	12.4					
剖3	铁铝土	赤红壤	赤红壤	砂页岩赤红壤	厚层砂页岩赤红壤	Ao	0—4	黑褐色										砂页岩	E 111° 19′ 44.0″ N 23° 29′ 28.0″	86
						A	4—44	黄黑色	重壤土	小核块状	5.2	24.0	1.22	0.53	10.8	2.0	33			
						B	44—97	暗红色	轻黏土	核状	6.0	5.3	0.38	0.66	10.3					
						C	97—	红黄色			5.5	4.4	0.47	0.64	9.7					
剖4	铁铝土	赤红壤	赤红壤	砂页岩赤红壤	薄层砂页岩赤红壤	A	0—10	浅红色	轻壤土	粒状	4.8	10.2	0.75	0.28	24.2	0.1	40	砂页岩	E 111° 17′ 22.9″ N 23° 29′ 26.5″	87
						B	10—28	浅红色	中壤土	小核状	5.0	8.6	0.18	0.43	27.8	0.1	45			
剖5	人为土	水稻土	潴育水稻土	冲积性潴育水稻土	潴育潮砂田	A	0—18	灰棕色	中壤土	小团块状	5.0	23.8	1.60	0.49	16.0	4.0	71	河流冲积物	E 111° 22′ 23.5″ N 23° 29′ 14.3″	86
						P	18—25	灰棕色	中壤土	块状	6.5	14.7	1.32	0.46	14.5					
						W	25—40	黄灰色	中壤土	棱柱状	6.5	9.1	0.86	0.76	14.2					
						C	40—100	棕黄色	中壤土	块状	6.8	3.4	0.58	0.66	13.3					
剖6	人为土	水稻土	潴育水稻土	洪积性潴育水稻土	洪积潴育砂泥田	A	0—11	暗黄黄色	中壤土	核状	4.8	27.3	1.23	0.61	11.6	12.0	48	洪积物	E 111° 19′ 06.6″ N 23° 27′ 04.7″	83
						P	11—17	暗黄色	中壤土	团块状	6.5	8.0	0.48	0.48	11.4					
						W	17—45	棕灰色	中壤土	棱柱状	6.3	6.7	0.56	0.56	12.0					
						C	45—53				6.5	3.9	0.38	0.50	10.0					

苍 梧 县

主要土类说明

赤红壤是苍梧县主要土壤类型，占本县地域面积的53%。赤红壤主要发生于南亚热带季雨林下，其脱硅富铝化程度仅次于砖红壤，强于红壤。铁的游离度介于二者之间，黏粒硅铝率为1.7—2.0，风化淋溶系数为0.05—0.15，盐基饱和度为15%—25%，pH为4.5—5.5。淀积层（B层）富含铁铝氧化物，呈赤红色。本县赤红壤只有赤红壤一个亚类。

红壤是苍梧县第二大土壤类型，占本县地域面积的28%。红壤主要发生于常绿阔叶林下，呈中度脱硅富铝化特征，土壤黏粒中游离铁占全铁的50%—60%。黏土矿物以高岭石、赤铁矿为主，黏粒硅铝率为1.8—2.4，风化淋溶系数小于0.2，盐基饱和度小于35%，pH为4.5—5.5。红壤具深厚红色土层，淀积层（B层）底层可见具深厚红、黄、白相间网纹的红色黏土。本县红壤分为红壤、黄红壤等亚类。

水稻土是苍梧县第三大土壤类型，占本县地域面积的10%，分布在本县缓坡、台地、阶地，由于有较长的水耕植稻历史，它们具有共同的成土过程和属性。第一，在不同程度的干燥和湿润、淋溶和淀积、氧化和还原交替作用以及农具耕种下，形成特殊的发育层段，并且同一层段内土壤性状较为均一；第二，由于较长时间实行水耕和管理，在较低的氧化还原电位以及嫌气微生物类群为主的状况下，土壤的有机质累积一般较多；第三，由于同一层段内性状较均一且水热状况较稳定，土壤供肥也较稳定。本县水稻土分为淹育型、潴育型、潜育型、沼泽型、渗育型、盐渍型、矿毒型等亚类。

紫色土占苍梧县地域面积的7%。紫色土是由热带、亚热带紫红色岩层直接风化形成的A-C型土壤。其理化性质与母岩组成直接相关，土层浅薄，剖面层次发育不明显，仍处于初育阶段。母岩富含矿质养分，且风化迅速，不失为良好的肥沃土壤。但其他较干旱地区的此类母岩风化物不具有此肥沃特性。

小于本县地域面积3%的土壤类型还有黄壤和潮土等。

本区域中心区气候特征

本区域中心区气候特征值
Regional climate characteristics in central area of the region

气候带：南亚热带湿润气候 Climate region: South subtropical humid climate	
年平均气温 /℃ Annual average temperature /℃	21.0
年平均最高气温 /℃ Annual average maximum temperature /℃	26.2
年平均最低气温 /℃ Annual average minimum temperature /℃	17.5
年降水量 /mm Annual precipitation /mm	1465
≥10℃的积温 /℃ Daily temperature accumulated in a year (≥10℃) /℃	7687
年日照时数 /h Annual sunshine /h	1725
年平均相对湿度 /% Annual average relative humidity /%	79
干燥度 Dryness	0.84

本区域中心区月平均气温与月平均降水量
Monthly temperature and precipitation in central area of the region

苍梧县主要土壤类型与土壤剖面点分布图
1∶480 000

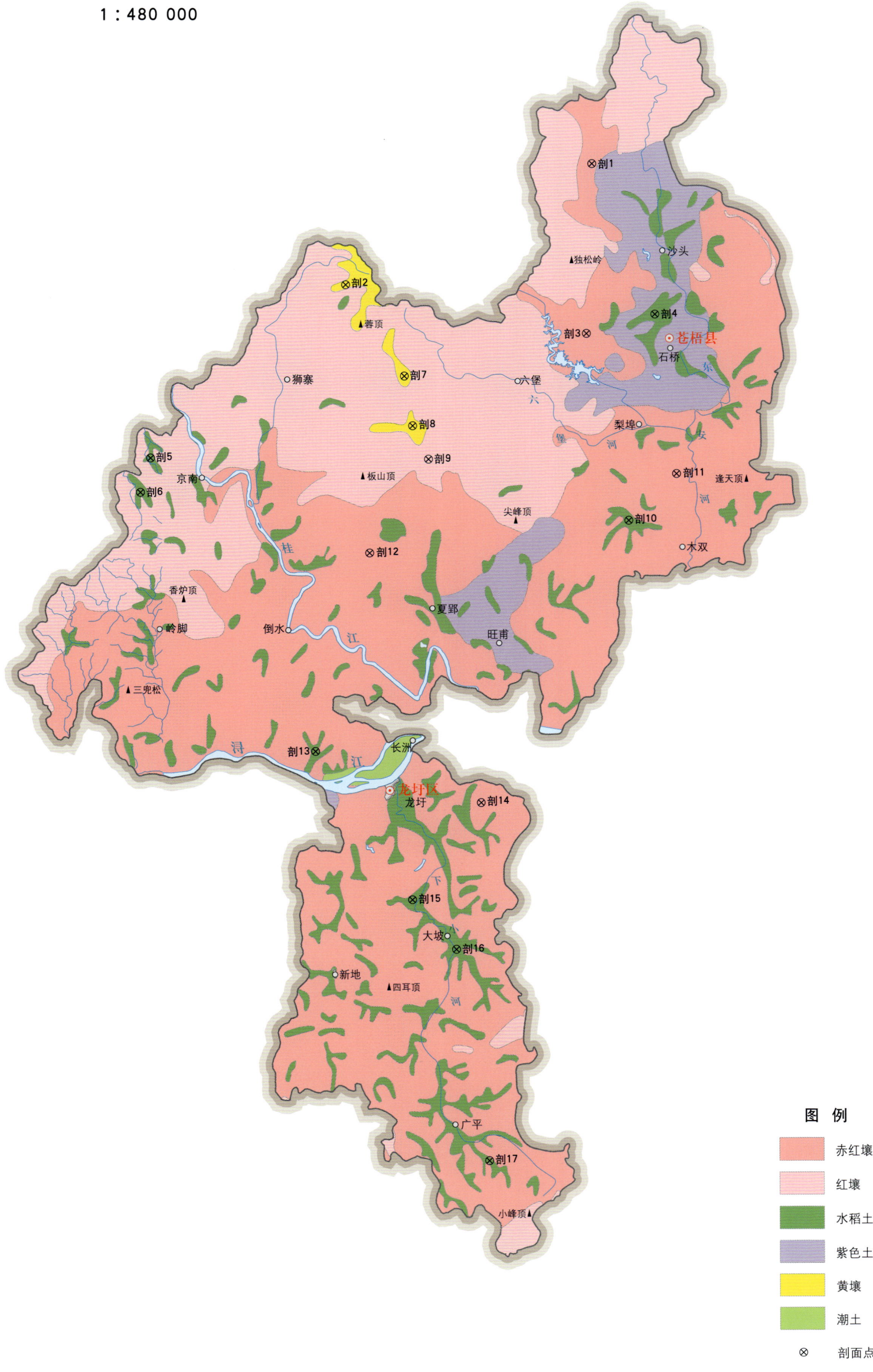

注：国务院 2013 年 2 月批准，设立龙圩区，苍梧县政府驻地由龙圩镇迁至石桥镇。

苍梧县土壤剖面理化性状表

剖面号 Soil profile	土纲 Soil order	土类 Soil great group	亚类 Soil subgroup	土属 Soil genus	土种 Soil species	土层码 Layer code	土层厚度 Depth/cm	颜色 Soil color	质地 Soil texture	土壤结构 Soil structure	pH	有机质 OM/(g/kg)	全氮 TN/(g/kg)	全磷 TP/(g/kg)	全钾 TK/(g/kg)	碱解氮 AN/(mg/kg)	有效磷 AP/(mg/kg)	速效钾 AK/(mg/kg)	土壤母质 Parent material	剖面点坐标 Profile coordinate	匹配指数 Matching index/%
剖1	铁铝土	赤红壤	赤红壤	砂页岩赤红壤	薄层砂页岩赤红壤	1	0—15	黄棕色	轻壤土	小粒状	4.2	14.7	0.65		21.2				砂页岩	E 111°27′20.2″ N 24°01′32.9″	85
						B	15—38	黄色		碎块状											
						C	38—120														
剖2	铁铝土	黄壤	黄壤	耕型砂页岩黄壤	砂质黄壤	A	0—18	暗棕色	壤土	小块状	5.0	29.6	1.42	0.44	13.6	80	4.0	47	砂页岩	E 111°11′41.3″ N 23°54′32.8″	94
						B	18—41	黄棕色	壤土	块状	5.2	11.9	0.43	0.41	16.1						
						C	41—100	黄红色	壤土	碎块状	4.4	3.0	0.32	0.39	18.3						
剖3	铁铝土	赤红壤	赤红壤	耕型砂页岩赤红壤	赤砂土	A	0—14	褐黄色	砂壤土	粒状	7.0	12.8							砂页岩	E 111°26′57.1″ N 23°51′40.0″	88
						B	14—100	棕黄色	壤土	块状											
剖4	人为土	水稻土	潴育水稻土	紫色岩潴育水稻土	潴育紫泥田	A	0—15	浅灰紫色	重壤土	团粒状						50	3.0	30	紫色岩	E 111°31′17.8″ N 23°52′46.9″	95
						P	15—23	暗棕紫色	黏壤土	块状											
						W	23—58	紫灰棕相间	黏壤土	大棱柱状											
						4	58—100	紫灰棕色	砂壤土	小块状											
剖5	人为土	水稻土	潴育水稻土	砂页岩潴育水稻土	潴育砂土田	A	0—16	灰棕色	砂壤土	小粒状									砂页岩	E 110°59′16.6″ N 23°44′29.2″	79
						P	16—24	灰棕黄相间	砂壤土	块状											
						W	24—50	棕黄色	砂壤土	棱柱状											
						WC	50—			小块状											
剖6	人为土	水稻土	潴育水稻土	砂页岩潴育水稻土	潴育砂泥田	A	0—15	暗棕色	中壤土	团粒状	6.0	36.9	0.89	0.46	18.6			45	砂页岩	E 110°58′37.9″ N 23°42′29.5″	90
						P	15—25	暗黄棕色	中壤土	块状	6.5	35.3	1.03	0.54	19.1						
						W	25—54	黄棕相间	中壤土	棱柱状	7.5	17.1	0.06	0.40	17.0						
						C	54—100	黄棕色	轻壤土	碎块状	6.5	7.8	0.39	0.31	10.4						
剖7	铁铝土	黄壤	黄壤	砂页岩黄壤	中层砂页岩黄壤	1	0—3	暗黄色	壤土	碎块状	4.5	50.3	1.86	0.28	11.9				砂页岩	E 111°15′22.7″ N 23°49′12.4″	94
						B	3—25	棕黄色	壤土	碎块状	4.8	6.6	0.55	0.38	6.0						
						3	25—65	橙黄色	壤土	碎块状	4.0										
剖8	人为土	黄壤	黄壤	砂页岩黄壤	厚层砂页岩黄壤	1	0—13	暗棕色	壤土	大块状	4.3								砂页岩	E 111°15′53.6″ N 23°46′19.2″	97
						P	13—42	暗黄棕色	轻壤土	碎块状	5.0										
						3	42—120	浅黄棕色	轻壤土	碎块状	5.3										
剖9	铁铝土	黄壤	黄红壤	砂页岩潴育黄壤	薄层砂页岩黄壤	A	0—29	灰黑色	轻壤土	碎块状	4.6	28.4	1.78	0.52	14.5			35	砂页岩	E 111°16′53.7″ N 23°44′23.5″	94
						C	29—120	灰黄色	轻壤土	碎块状	4.8	8.6	0.36	0.40	23.0						
剖10	人为土	水稻土	潴育水稻土	砂页岩潴育水稻土	潴育砂泥肉田	A	0—17	灰黑色	壤土	团粒状						90	1.0		砂页岩	E 111°29′33.5″ N 23°40′47.7″	91
						P	17—26	灰棕色	壤土	块状											
						W	26—54	灰黄棕相间	壤土	棱柱状											
						C	54—100	灰黄棕色	壤土	块状											
剖11	铁铝土	赤红壤	赤红壤	第四纪红土赤红壤	红土赤红壤	A	0—25	棕红色	轻黏土	小团块状	5.3	27.2				80	1.0		红土	E 111°32′36.6″ N 23°43′30.0″	72
						B	25—57	浅红色	黏土	棱柱状	5.4										
						C	57—120	浅红黄色	黏土	拟棱状											
剖12	铁铝土	赤红壤	赤红壤	耕型砂岩赤红壤	赤砂土	A	0—25	浅黄棕色	砂质土	粒状	4.8	16.8					4.0	25	砂岩	E 111°13′08.8″ N 23°38′56.0″	82
						B	25—65	黄棕色	砂壤土	小块状											
						BC	65—86	暗棕色	砂壤土	拟柱状											
剖13	人为土	水稻土	潴育水稻土	砂页岩潴育水稻土	潴育油砂田	A	0—18	暗棕色	轻壤土	团粒状	6.2	25.6				110		60	砂页岩	E 111°09′39.6″ N 23°27′24.5″	84
						P	18—28	黄棕灰相间	壤土	小块状											
						W	28—73			棱柱状											

续表 Continued

剖面号 Soil profile	土纲 Soil order	土类 Soil great group	亚类 Soil subgroup	土属 Soil genus	土种 Soil species	土层码 Layer code	土层厚度 Depth/cm	颜色 Soil color	质地 Soil texture	土壤结构 Soil structure	pH	有机质 OM/(g/kg)	全氮 TN/(g/kg)	全磷 TP/(g/kg)	全钾 TK/(g/kg)	碱解氮 AN/(mg/kg)	有效磷 AP/(mg/kg)	速效钾 AK/(mg/kg)	土壤母质 Parent material	剖面点坐标 Profile coordinate	匹配指数 Matching index/%
剖1.4	铁铝土	赤红壤	赤红壤	砂页岩赤红壤	厚层砂页岩赤红壤	A	1.5—35	暗灰色	壤土	块状	5.0	22.1	0.70	0.27	20.7				砂页岩	E 111°20′07.8″ N 23°24′22.7″	84
						B	35—95	棕色	黏壤土	棱块状	5.0	5.0	0.26	0.30	23.6						
						C	95—120	棕黄色	黏壤土	块状	4.5	5.6	0.16	0.27	10.4						
剖1.5	人为土	潴育水稻土	冲积性潴育水稻土	潴育潮泥田		A	0—16	灰棕色		拟粒状									河流冲积物	E 111°15′44.6″ N 23°18′43.2″	87
						P	16—23			块状											
						W	23—73	灰黄棕相间		棱柱状											
						WC	73—														
剖1.6	人为土	潴育水稻土	花岗岩潴育水稻土	潴育杂砂泥肉田		A	0—17	暗棕色	壤土	团粒状									花岗岩	E 111°18′30.6″ N 23°15′49.3″	96
						P	17—25		重壤土	块状											
						W	25—65	灰棕相间	壤土	棱柱状											
						4	65—105		黏壤土	拟棱柱状											
剖1.7	人为土	潴育水稻土	花岗岩潴育水稻土	潴育杂砂砂田		A	0—15	棕黄色	砂壤土	碎块状									花岗岩	E 111°20′30.8″ N 23°03′32.8″	79
						P	15—22	棕色	轻壤土	块状											
						W	22—53	灰棕色	壤土	棱柱状											
						4	53—			拟块状											

藤 县

主要土类说明

赤红壤是藤县主要土壤类型，占本县地域面积的 39%，主要分布在北纬 24° 以南海拔 500m 以下的丘陵。由于分布区域温度高，日照强，雨水较少，蒸发量大，岩石风化彻底，钾、钠、钙、镁和硅的迁移量大，铁铝富集，因而形成的赤红壤土体较厚，颜色较红，酸性较强，有的底土具红白网纹。赤红壤的剖面构型一般是 A–B–C 或 A–C 型，各层分化明显。本县赤红壤只有赤红壤一个亚类。

紫色土是藤县第二大土壤类型，占本县地域面积的 31%，分布在紫色岩地区。本县的紫色砂页岩、页岩是在中生代白垩纪沉积的，以低丘地貌存在；而紫色砂岩、砾岩是新生代第三纪沉积的，以中丘、高丘地貌存在。本县的紫色土在成土过程中同样风化较彻底，钾、钠、钙、镁和硅的迁移、流失量较大，而铁、锰相对富集，因而土壤通体呈紫色，但颜色分化不及赤红壤、红壤明显。本县紫色土分为酸性紫色土、石灰性紫色土两个亚类。

红壤是藤县第三大土壤类型，占本县地域面积的 20%，一般分布在北纬 24° 以北海拔 500m 以下的丘陵。由于分布区域温度较高，雨量充沛，日照较强，岩石风化强烈，母岩中的钾、钠、钙、镁的流失量和硅的迁移量较大，铁铝相对富集，因而形成的红壤土层较厚，呈浅红色，偏酸性。由于针叶林、阔叶林和草本植物混交，该土区有枯枝落叶，能储水截流。表土层一般较厚，剖面构型一般是 A–C 或 A–B–C，各层分化一般较明显。本县红壤分为红壤、黄红壤、红壤性土等亚类。

水稻土占藤县地域面积的 10%。本县水稻土是由各种母岩发育而成的，其中由砂页岩发育的最多。水稻土是由于栽培水稻而形成的一种具有与其他土壤不同特性的土壤类型。水稻土分布在比较平坦和缓的地方，该地有水源供给，为适应水稻生长的需要，人们采用构筑田埂、平整田面、引水灌溉、水耕水耙、施肥、轮作等一系列农事活动。由于长期的水耕水耙，在水稻土剖面中，除具有耕作层外，还有犁底层、潴育层、潜育层等异于其他土类的土壤发生层次和剖面特征。钾、钠、钙、镁等碱金属、碱土金属随水淋溶流失量大，钾的迁移率一般达 70%—80%，阳离子交换量小，一般为 9—11cmol/kg。同时，铁、锰、铝的淋溶淀积很明显，心土、底土层具铁、锰、铝的结核、斑纹、胶膜。又由于稻田复种指数高，休耕时间短，土壤中养分被吸收和淋溶流失，矿质营养元素比较缺乏。本县水稻土分为淹育型、潴育型、潜育型、沼泽型、渗育型、盐渍型、矿毒型等亚类。

小于本县地域面积 3% 的土壤类型还有潮土等。

本区域中心区气候特征

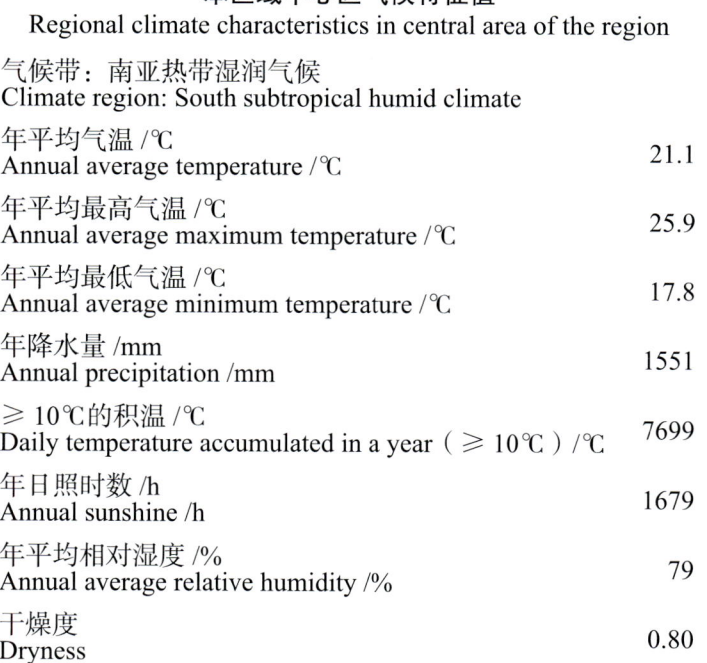

本区域中心区气候特征值
Regional climate characteristics in central area of the region

气候带：南亚热带湿润气候 Climate region: South subtropical humid climate	
年平均气温 /℃ Annual average temperature /℃	21.1
年平均最高气温 /℃ Annual average maximum temperature /℃	25.9
年平均最低气温 /℃ Annual average minimum temperature /℃	17.8
年降水量 /mm Annual precipitation /mm	1551
≥10℃的积温 /℃ Daily temperature accumulated in a year（≥10℃）/℃	7699
年日照时数 /h Annual sunshine /h	1679
年平均相对湿度 /% Annual average relative humidity /%	79
干燥度 Dryness	0.80

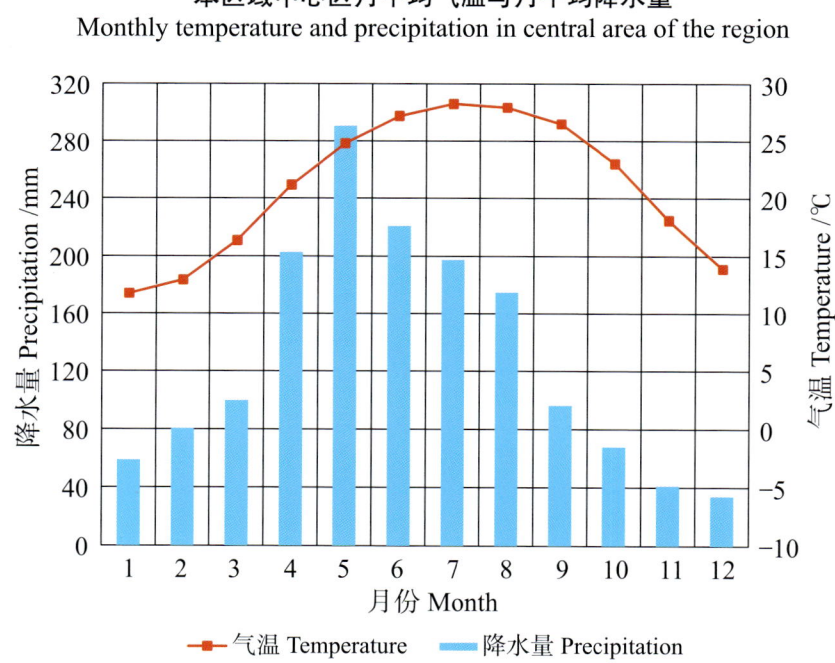

本区域中心区月平均气温与月平均降水量
Monthly temperature and precipitation in central area of the region

藤县主要土壤类型与土壤剖面点分布图
1∶410 000

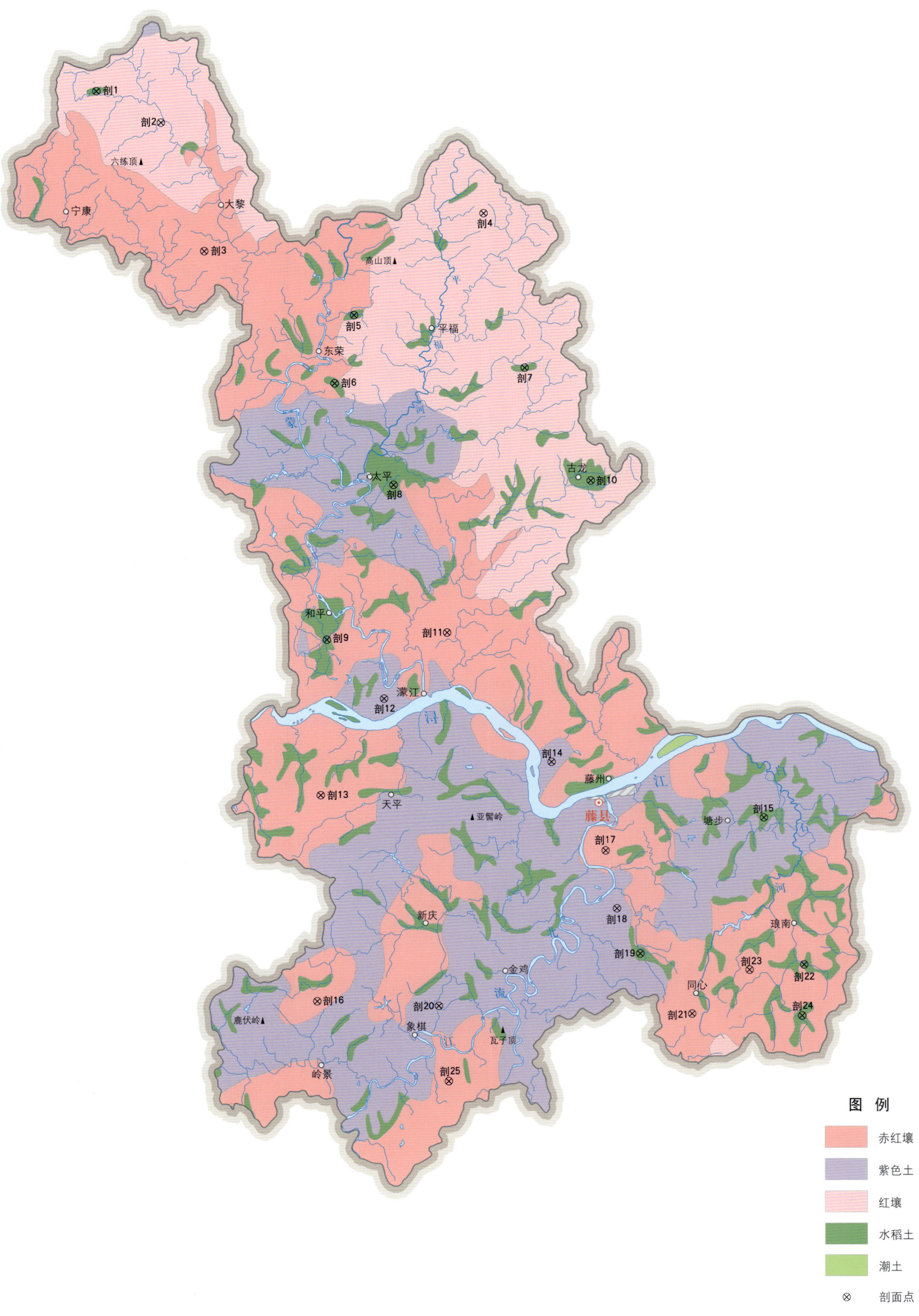

藤县土壤剖面理化性状表

剖面号 Soil profile	土纲 Soil order	土类 Soil great group	亚类 Soil subgroup	土属 Soil genus	土种 Soil species	土层码 Layer code	土层厚度 Depth/cm	颜色 Soil color	质地 Soil texture	土壤结构 Soil structure	pH	有机质 OM/(g/kg)	全氮 TN/(g/kg)	全磷 TP/(g/kg)	全钾 TK/(g/kg)	土壤母质 Parent material	剖面点坐标 Profile coordinate	匹配指数 Matching index/%
剖1	人为土	水稻土	潴育水稻土	砂页岩潴育水稻土	蜡泥田	A	0—13	灰棕色	黏壤土	无明显结构	5.5					砂页岩	E 110°25′43.7″ N 23°59′31.2″	87
						P	13—23	棕灰色	壤土	团粒状								
						C	23—100	暗褐色	壤土	团粒状								
剖2	铁铝土	红壤	红壤	砂页岩红壤	厚层砂页岩红壤	A	0—15	暗褐色	壤土	团块状	4.2	66.2	1.60	0.38	18.1	砂页岩	E 110°29′25.4″ N 23°57′54.7″	89
						B	15—24	红棕色	壤土	小块状	4.5	13.6	0.40	0.38	19.9			
						C	24—100	浅棕红色	壤土	块状	5.3	10.5	0.33	0.34	19.8			
剖3	铁铝土	赤红壤	赤红壤	耕型砂页岩赤红壤	赤土	A	0—14	棕黄色	壤土	碎块状	5.2					砂页岩	E 110°31′54.8″ N 23°51′13.7″	84
						B	14—21	黄褐色	壤土	小块状	5.2							
						C	21—100	棕红色	壤土	小块状	5.0							
剖4	铁铝土	红壤	黄红壤	砂页岩黄红壤	厚层砂页岩黄红壤	A	0—17	暗灰棕色	砂壤土	碎粒状	4.3					砂页岩	E 110°47′51.0″ N 23°53′16.1″	79
						C	17—100	黄红色	壤土	碎粒状	4.5							
剖5	人为土	水稻土	潴育水稻土	砂页岩潴育水稻土	潴育砂泥田	A	0—15	灰棕色	砂壤土	小块状	5.0	35.2	1.29	0.36	12.2	砂页岩	E 110°40′28.6″ N 23°47′54.2″	81
						P	15—27	棕灰色	壤土	小块状	5.5	22.0	0.88	0.31	13.1			
						W	27—48	灰棕色相间	壤土	棱柱状	5.5	12.8	0.54	0.24	13.3			
						WC	48—90	灰棕黄色	壤土	棱柱状	5.0	10.4	0.41	0.26	14.0			
						C	90—100	黄色	壤土	块状	5.0	4.1	0.31	0.30	13.0			
剖6	人为土	水稻土	潴育水稻土	砂页岩潴育水稻土	砂土田	A	0—12	灰褐色	砂壤土	碎块状	6.0					砂页岩	E 110°39′22.3″ N 23°44′20.8″	81
						P	12—22	暗褐色	壤土	块状	5.8							
						C	22—100	橘黄色	砾质壤土	块状	5.5							
剖7	人为土	水稻土	潴育水稻土	砂页岩潴育水稻土	潴育油砂泥田	A	0—15	棕灰色	砂壤土	碎块状	5.5	41.2	1.64	0.36	25.1	砂页岩	E 110°50′12.1″ N 23°45′10.8″	92
						P	15—31	灰棕色	壤土	小块状	5.8	26.2	1.01	0.40	22.1			
						W	31—62	灰棕色	壤土	棱柱状	6.5	12.7	0.57	0.41	19.3			
						B	62—100	棕黄色	砂壤土	块状	6.0	6.6	0.27	0.26	28.1			
剖8	人为土	水稻土	潴育水稻土	紫色潴育水稻土	潴育紫泥田	A	0—14	浅灰紫色	黏壤土	小块状	5.2	24.2	1.23	0.34	11.4	紫色土	E 110°42′45.0″ N 23°39′04.0″	74
						P	14—25	灰紫紫色	黏壤土	块状	6.5	16.3	0.77	0.26	13.7			
						W	25—55	灰黄紫色	壤土	棱柱状	7.0	15.5	0.94	0.24	12.9			
						Wg	55—100	灰紫青色	黏壤土	棱柱状	6.0	14.6	0.49	0.23	10.8			
剖9	人为土	水稻土	潴育水稻土	红土潴育水稻土	潴育黄泥肉田	A	0—20	暗棕色	壤土	团块状	5.5	54.4	2.06	0.46	6.6	红土	E 110°38′57.8″ N 23°30′57.6″	80
						P	20—39	暗棕灰色	砂壤土	小块状	6.5	47.1	1.93	0.36	7.2			
						W	39—67	灰棕色	壤土	棱柱状	7.0	7.3	0.11	0.23	7.7			
						B	67—100	黄棕色	壤土	块状	6.5	5.3	0.09	0.22	11.2			
剖10	人为土	水稻土	潴育水稻土	花岗岩潴育水稻土	潴育杂砂泥肉田	A	0—19	棕灰色	砂壤土	小块状	5.5	34.5	1.72	0.73	15.5	花岗岩	E 110°53′58.4″ N 23°39′19.1″	80
						P	19—27	暗灰色	壤土	块状	6.0	24.2	1.17	0.50	19.5			
						W	27—69	黄棕色相间	壤土	棱柱状	6.5	20.1	0.71	0.35	19.5			
						WC	69—100	黄棕色	砂壤土	棱柱状	6.8	7.5	0.41	0.38	17.2			
剖11	铁铝土	赤红壤	赤红壤	耕型砂岩赤红壤	中层酸性砂泥土	A	0—8	浅棕色	壤土	碎块状	7.0	19.3	0.69	0.61	3.3	砂岩	E 110°45′47.9″ N 23°31′21.4″	85
						B	8—22	浅红色	壤土	小块状	6.8	14.7	0.62	0.34	3.1			
						C	22—100	红棕色	壤土	小块状	4.9	6.5	0.47	0.44	2.7			
剖12	初育土	紫色土	酸性紫色土	砂页岩酸性紫色土		A	0—13	黄紫红色	砂壤土	小块状	4.4					砂页岩	E 110°42′13.3″ N 23°27′54.3″	97
						C	13—76	浅红棕色	砂壤土	碎块状	4.2							
剖13	铁铝土	赤红壤	赤红壤	砂岩赤红壤	厚层砂岩赤红壤	A	0—16	黄棕色	砂壤土	小块状	4.0	34.1	1.08	0.27	6.1	砂岩	E 110°38′37.0″ N 23°22′50.3″	84
						B	16—61	浅红棕色	砂壤土	小块状	4.2	3.3	0.26	0.27	9.2			
						C	61—121	红棕色	砂壤土	块状	4.2	5.4	0.29	0.27	8.2			

续表 Continued

剖面号 Soil profile	土纲 Soil order	土类 Soil great group	亚类 Soil subgroup	土属 Soil genus	土种 Soil species	土层码 Layer code	土层厚度 Depth/cm	颜色 Soil color	质地 Soil texture	土壤结构 Soil structure	pH	有机质 OM/(g/kg)	全氮 TN/(g/kg)	全磷 TP/(g/kg)	全钾 TK/(g/kg)	土壤母质 Parent material	剖面点坐标 Profile coordinate	匹配指数 Matching index/%
剖14	初育土	紫色土	酸性紫色土	页岩酸性紫色土	厚层酸性紫黏土	A	0—14	灰紫色	黏土	小块状	4.0	34.5	1.32	0.37	19.2	页岩	E 110°51′44.3″ N 23°24′36.0″	81
						C	14—100	红紫色	黏土	团块状	4.3	11.4	0.68	0.35	25.2			
剖15	人为土	水稻土	潴育水稻土	冷浸田	深浸田	Ag	0—14	棕灰色	壤土	小块状	7.5	29.5	1.36	0.34	13.5		E 111°03′47.9″ N 23°21′39.6″	94
						Pg	14—23	褐灰色	壤土	块状	7.0	19.0	0.92	0.25	15.5			
						G	23—62	青灰色	壤土	块状	7.5	15.1	0.70	0.25	19.9			
						C	62—100	棕黄色	壤土	块状	7.0	3.7	0.33	0.22	19.2			
剖16	铁铝土	赤红壤	赤红壤	页岩赤红壤	中层页岩赤红壤	A	0—16	橙黄色	黏壤土	无明显结构	4.5					页岩	E 110°38′25.4″ N 23°12′03.2″	92
						C	16—80	橙红色	黏壤土		5.0							
剖17	铁铝土	赤红壤	赤红壤	砂页岩赤红壤	厚层砂页岩赤红壤	A	0—16	棕黄灰色	壤土	碎块状	4.5	28.1	0.90	0.62	12.9	砂页岩	E 110°54′48.2″ N 23°19′55.9″	89
						B	16—85	棕红黄色	壤土	小块状	4.7	12.5	0.59	0.35	19.7			
						C	85—100	棕红色	壤土	块状	5.0	5.9	0.46	0.23	34.1			
剖18	初育土	紫色土	酸性紫色土	耕型砂页岩酸性紫泥土	耕型酸性紫泥土	A	0—17	橙紫色	壤土	碎块状	4.8					砂页岩	E 110°55′26.8″ N 23°16′54.3″	77
						C	17—100	红紫色	壤土	块状	4.6							
剖19	人为土	水稻土	淹育水稻土	冲积性淹育水稻土	潮泥田	A	0—17	棕黄色	壤土	小块状	6.0					河流冲积物	E 110°56′45.6″ N 23°14′31.9″	100
						P	17—27	灰棕色	黏壤土	块状	6.5							
						C	27—100	浅棕色	壤土	块状	6.5							
剖20	初育土	紫色土	酸性紫色土	砂岩酸性紫色土	厚层酸性紫砂土	A	0—13	棕紫色	砂壤土	碎块状	4.0	34.2	0.75	0.26	23.0	砂岩	E 110°45′19.4″ N 23°11′48.8″	93
						B	13—43	紫棕色	砂壤土	小块状	5.5	12.6	0.18	0.21	28.1			
						C	43—100	紫红色	砂壤土	小块状	4.0	5.5	0.39	0.24	34.6			
剖21	铁铝土	赤红壤	赤红壤	花岗岩赤红壤	花岗岩赤红壤	A	0—30	棕黄色	砂壤土	块状	5.3	51.0	1.45	0.34	21.8	花岗岩	E 110°59′41.9″ N 23°11′24.3″	99
						C	30—100	红棕色	黏壤土	块状	4.2	15.6	0.60	0.40	16.5			
剖22	人为土	水稻土	潴育水稻土	冷浸田	浅浸田	Ag	0—22	青灰色	壤土	无明显结构	6.0	44.7	1.67	0.43	10.6		E 111°06′03.6″ N 23°13′57.0″	78
						Pg	22—36	青蓝色	砂壤土	小块状	6.5	35.9	1.06	0.30	10.2			
						C	36—100	黄棕色	砂壤土	小块状	6.8	3.5	0.19	0.33	11.8			
剖23	铁铝土	赤红壤	赤红壤	砂岩赤红壤	中层砂岩赤红壤	A	0—16	黄棕色	砂壤土	碎块状	4.5					砂岩	E 111°02′57.2″ N 23°13′41.5″	78
						C	16—79	红棕色	砂壤土	小块状	4.4							
剖24	人为土	水稻土	潴育水稻土	冲积性潴育水稻土	潴育潮泥田	A	0—15	灰棕色	壤土	块状	6.5	32.2	1.83	0.28	16.8	河流冲积物	E 111°05′56.0″ N 23°11′17.5″	74
						P	15—27	棕褐色	壤土	块状	6.5	11.5	0.86	0.37	29.5			
						W	27—76	棕次黄色	壤土	棱柱状	6.8	10.5	0.64	0.41	22.3			
						C	76—100	棕黄色	壤土	块状	5.5	3.8	0.17	0.41	14.7			
剖25	铁铝土	赤红壤	赤红壤	砂页岩赤红壤	中层砂页岩赤红壤	A	0—13	红棕色	壤土	碎块状	5.1					砂页岩	E 110°45′52.6″ N 23°07′55.2″	97
						C	13—72		壤土	小块状	4.7							

蒙 山 县

主要土类说明

红壤是蒙山县主要土壤类型，占本县地域面积的 68%。红壤主要发生于常绿阔叶林下，呈中度脱硅富铝化特征，土壤黏粒中游离铁占全铁的 50%—60%。黏土矿物以高岭石、赤铁矿为主，黏粒硅铝率为 1.8—2.4，风化淋溶系数小于 0.2，盐基饱和度小于 35%，pH 为 4.5—5.5。红壤具深厚红色土层，淀积层（B 层）底层可见具深厚红、黄、白相间网纹的红色黏土。本县红壤分为红壤、黄红壤、红壤性土等亚类。

紫色土是蒙山县第二大土壤类型，占本县地域面积的 17%。紫色土是由紫红色岩层直接风化形成的 A-C 型土壤。其理化性质与母岩组成直接相关，土层浅薄，剖面层次发育不明显，仍处于初育阶段。母岩富含矿质养分，且风化迅速，不失为良好的肥沃土壤。但其他较干旱地区的此类母岩风化物不具有此肥沃特性。本县紫色土分为酸性紫色土、中性紫色土等亚类。

水稻土是蒙山县第三大土壤类型，占本县地域面积的 10%。水稻土发育于多种母质，广泛分布于全县各地，是耕作土壤的主要类型。因其发生条件、水耕熟化程度、土壤特性的不同，本县水稻土分为淹育型、潴育型、潜育型、沼泽型、渗育型、盐渍型、矿毒型等亚类。

赤红壤占蒙山县地域面积的 5%。赤红壤主要发生于南亚热带季雨林下，其脱硅富铝化程度仅次于砖红壤，强于红壤。铁的游离度介于二者之间，黏粒硅铝率为 1.7—2.0，风化淋溶系数为 0.05—0.15，盐基饱和度为 15%—25%，pH 为 4.5—5.5。淀积层（B 层）富含铁铝氧化物，呈赤红色。

小于本县地域面积 3% 的土壤类型还有黄壤等。

本区域中心区气候特征

本区域中心区气候特征值
Regional climate characteristics in central area of the region

气候带：南亚热带湿润气候 Climate region: South subtropical humid climate	
年平均气温 /℃ Annual average temperature /℃	20.7
年平均最高气温 /℃ Annual average maximum temperature /℃	25.2
年平均最低气温 /℃ Annual average minimum temperature /℃	17.5
年降水量 /mm Annual precipitation /mm	1620
≥ 10℃的积温 /℃ Daily temperature accumulated in a year（≥ 10℃）/℃	7539
年日照时数 /h Annual sunshine /h	1601
年平均相对湿度 /% Annual average relative humidity /%	78
干燥度 Dryness	0.75

本区域中心区月平均气温与月平均降水量
Monthly temperature and precipitation in central area of the region

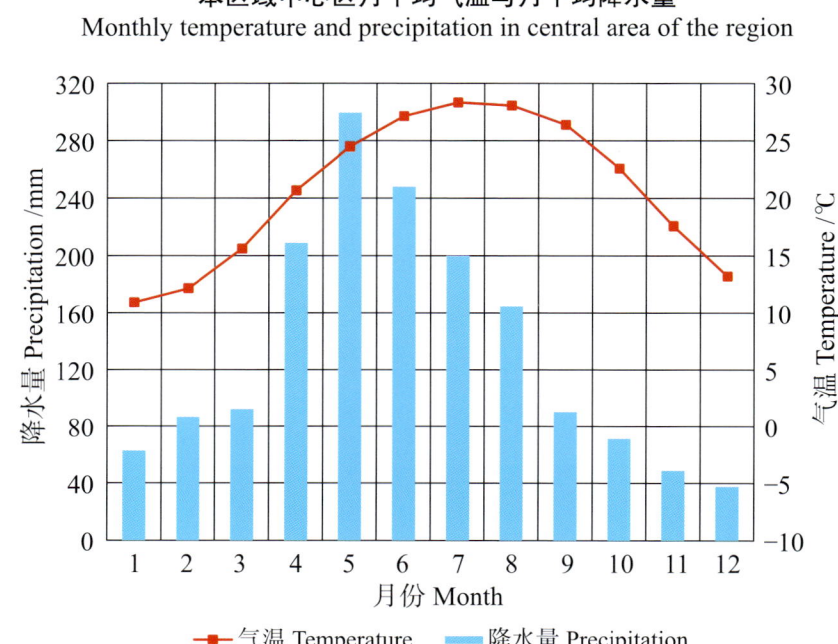

蒙山县主要土壤类型与土壤剖面点分布图
1∶220 000

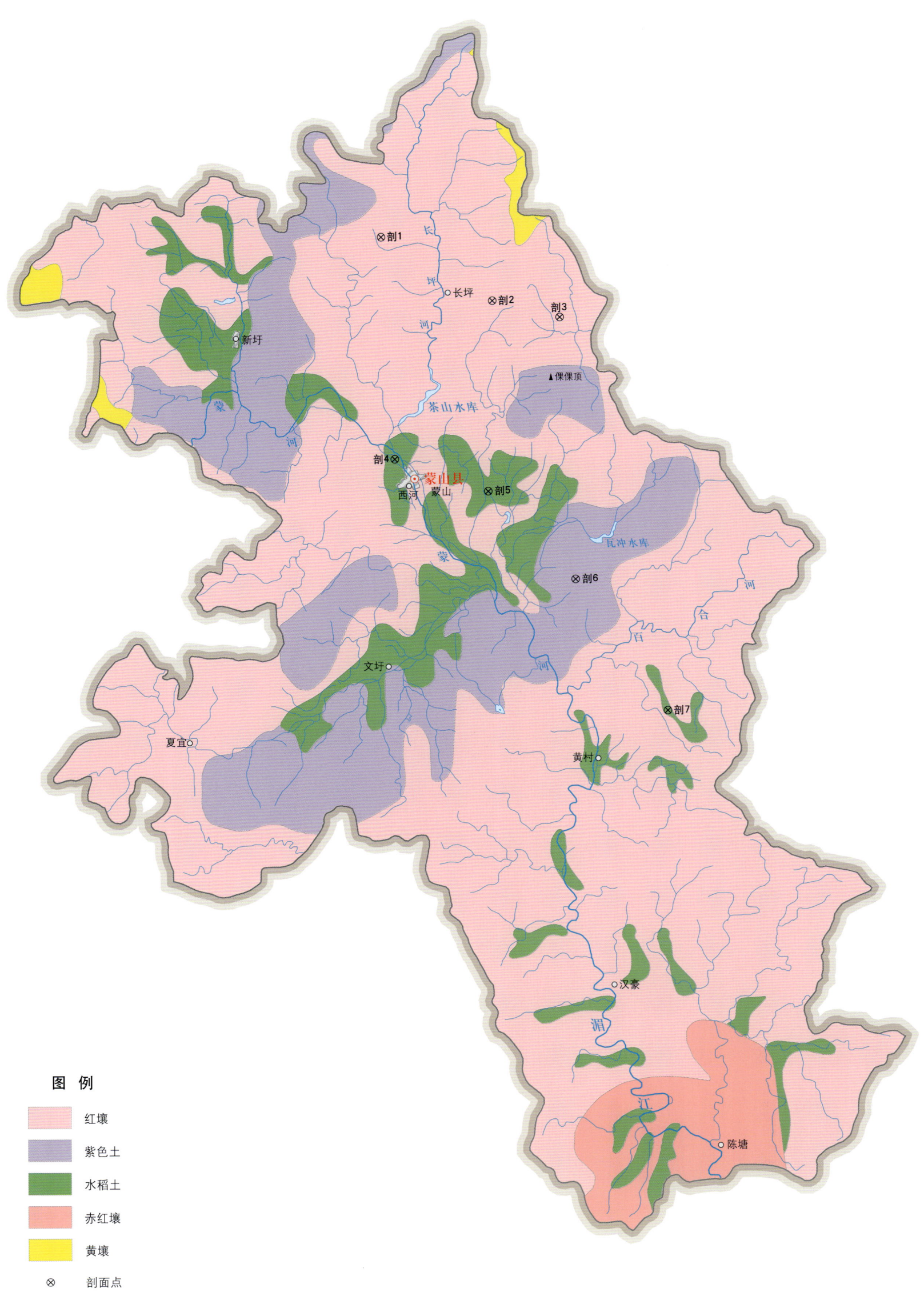

蒙山县土壤剖面理化性状表

剖面号	土纲	土类	亚类	土属	土种	土层码	土层厚度/cm	颜色	质地	土壤结构	pH	有机质 OM/(g/kg)	全氮 TN/(g/kg)	全磷 TP/(g/kg)	全钾 TK/(g/kg)	土壤母质	剖面点坐标	匹配指数/%
剖1	铁铝土	红壤	黄红壤	砂页岩黄红壤	中层砂页岩黄红壤	A	0—14	浅灰色	壤土	块状	4.0					砂页岩	E 110°30′04.7″ N 24°18′48.9″	75
						B	14—48	黄红色	壤土	块状	4.0							
						D	48—100											
剖2	铁铝土	红壤	黄红壤	砂页岩黄红壤	厚层砂页岩黄红壤	A	0—12	灰黑色	壤土	块状	4.0					砂页岩	E 110°33′26.0″ N 24°17′05.0″	74
						B	12—100	黄红色	黏壤土	块状	4.0							
剖3	铁铝土	红壤	红壤	砂岩红壤	薄层砂岩红壤	A	0—14	灰黄色	砂壤土	粒状	4.5					砂岩	E 110°35′27.8″ N 24°16′38.2″	90
						B	14—38	棕黄色	砂壤土	块状	4.5							
						D	38—100											
剖4	人为土	水稻土	潴育水稻土	洪积性潴育水稻土	洪积潴育砂泥田	A	0—16	灰棕色	壤土	团粒状	6.5	37.8	2.13	0.49	12.3	洪积物	E 110°30′30.2″ N 24°12′42.1″	70
						P	16—26	浅灰棕色	壤土	块状	6.5	27.6	1.46	0.36	11.6			
						W	26—42	浅棕灰色	壤土	棱柱状	6.8	17.1	1.18	0.35	12.8			
						C	42—100		砂砾土									
剖5	人为土	水稻土	潴育水稻土	冲积性潴育水稻土	潴育潮泥田	A	0—14	棕灰色	壤土	团粒状	7.0	32.0	1.53	0.43	16.1	河流冲积物	E 110°33′19.1″ N 24°11′49.9″	91
						P	14—24	棕灰色	壤土	片状	7.0	20.5	0.89	0.40	16.3			
						W	24—41	黄棕色	壤土	棱柱状	7.3	11.4	0.67	0.34	18.0			
						C	41—100	黄棕色	壤土	块状	6.2	4.6	0.35	0.29	19.2			
剖6	初育土	紫色土	酸性紫色土	耕型砂页岩酸性紫色土	酸性紫泥土	A	0—11	浅灰棕色	壤土	粒状	6.3					砂页岩	E 110°35′56.8″ N 24°09′25.6″	98
						B	11—70	灰棕色	壤土	块状	6.2							
						C	70—100	浅紫色	壤土	块状	5.8							
剖7	人为土	水稻土	潴育水稻土	砂页岩潴育水稻土	潴育砂泥田	A	0—14	棕灰色	壤土	小团粒状	6.0	32.4	1.67	0.63	14.2	砂页岩	E 110°38′43.4″ N 24°05′48.4″	83
						P	14—19	棕灰色	壤土	块状	6.6	27.3	1.40	0.53	9.6			
						W	19—74	棕灰色	壤土	棱柱状	7.0	10.7	0.83	0.35	10.8			
						C	74—100	棕黄色	壤土	块状	7.2	6.3	0.36	0.63	11.9			

岑 溪 市

主要土类说明

赤红壤是岑溪市主要土壤类型，占本市地域面积的71%，分布于全市各乡镇海拔500m以下地区。由于分布区域温度高，日照强，雨量充沛，蒸发量大，岩石风化彻底，钾、钠、钙、镁等盐基和硅酸淋溶流失量很大，铁铝富集，特别是铝氧化物有最明显的累积，因而形成的土壤颜色较红，土体深厚，质黏，酸性较强，底土具红白网纹。剖面构型常为A–B–C或A–C，各层分化明显。本市赤红壤只有赤红壤一个亚类。

红壤是岑溪市第二大土壤类型，占本市地域面积的11%，主要分布于海拔500m以上的山地。由于本市地处南亚热带湿润季风气候区，气温较高，日照较强，雨量充沛，岩石风化强烈，母岩中的钾、钠、钙、镁的流失量和硅的迁移量较大，而铁铝相对富集，因而形成的红壤土层较深厚，色红，偏酸性，质黏。由于植被以针叶林、阔叶林和草本植物混交为主，该地区有枯枝落叶，能储水截流。表土层较厚，但如果是水土流失严重的地方，其表土层较薄，甚至岩石裸露。剖面构型一般是A–C或A–B–C型，各层分化一般较明显。本市红壤只有红壤一个亚类。

紫色土是岑溪市第三大土壤类型，占本市地域面积的9%，主要分布于紫色岩地区。由于紫色岩在成土过程中风化彻底，钾、钠、钙、镁和硅淋溶流失，而铁锰相对富集，因而形成的土壤呈紫色，酸性。

水稻土占岑溪市地域面积的8%。水稻土是本市主要的耕地土壤，是在采取一系列农田建设、土壤熟化措施以长期栽培水稻的条件下形成的一种特殊土壤。长期水耕水耙、周期性的水旱耕作和氧化还原交替作用，使铁、锰、铝淋溶淀积、下渗，因而在水稻土剖面中，除具有耕作层外，还有犁底层、潴育层、潜育层等水稻土特有的发生层及其剖面特征。水稻土多分布于地势比较平坦缓和的地方，少数分布在位置较高的缓坡，形成梯田。不同水型的水稻土具有不同的剖面层段结构，本市水稻土分为淹育型、潴育型、潜育型、沼泽型、渗育型、矿毒型等亚类。

小于本市地域面积3%的土壤类型还有黄壤等。

本区域中心区气候特征

本区域中心区气候特征值
Regional climate characteristics in central area of the region

气候带：南亚热带湿润气候 Climate region: South subtropical humid climate	
年平均气温 /℃ Annual average temperature /℃	21.7
年平均最高气温 /℃ Annual average maximum temperature /℃	26.3
年平均最低气温 /℃ Annual average minimum temperature /℃	18.4
年降水量 /mm Annual precipitation /mm	1711
≥10℃的积温 /℃ Daily temperature accumulated in a year（≥10℃）/℃	7911
年日照时数 /h Annual sunshine /h	1730
年平均相对湿度 /% Annual average relative humidity /%	79
干燥度 Dryness	0.77

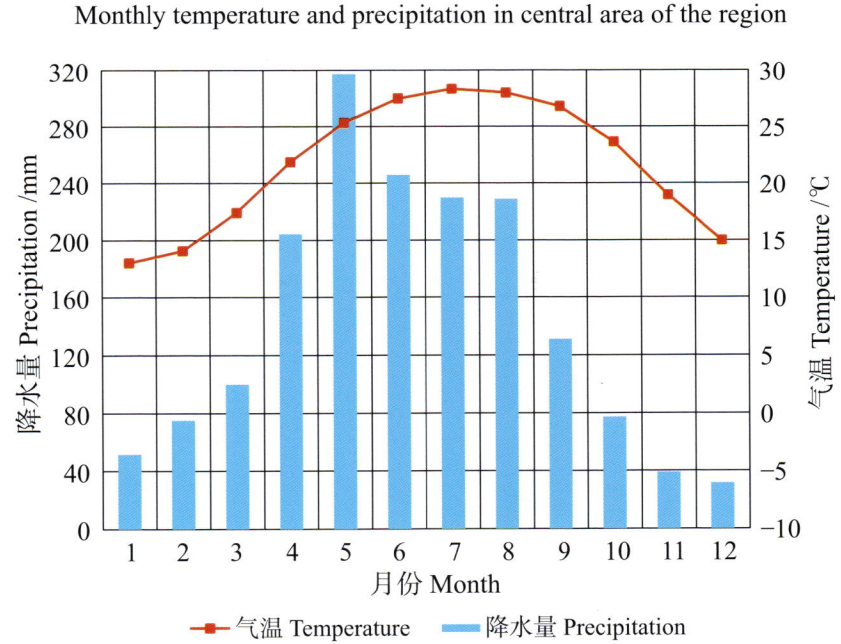

本区域中心区月平均气温与月平均降水量
Monthly temperature and precipitation in central area of the region

岑溪县主要土壤类型与土壤剖面点分布图
1 : 320 000

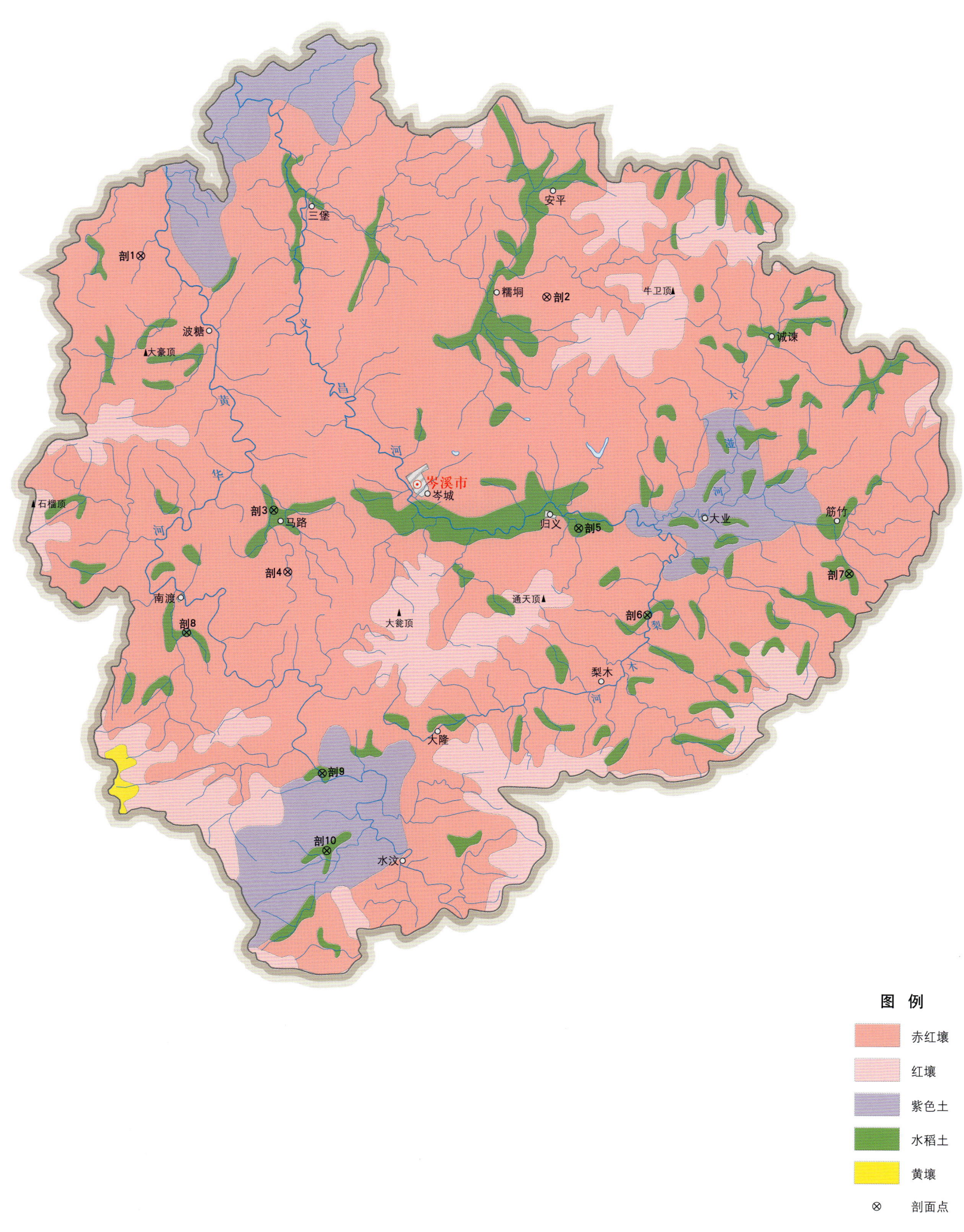

注：国务院 1995 年 9 月批准，撤销岑溪县，设立岑溪市。

岑溪市土壤剖面理化性状表

剖面号 Soil profile	土纲 Soil order	土类 Soil great group	亚类 Soil subgroup	土属 Soil genus	土种 Soil species	土层码 Layer code	土层厚度 Depth/cm	颜色 Soil color	质地 Soil texture	土壤结构 Soil structure	pH	有机质 OM/(g/kg)	全氮 TN/(g/kg)	全磷 TP/(g/kg)	全钾 TK/(g/kg)	阳离子交换量CEC/(cmol/kg)	土壤母质 Parent material	剖面点坐标 Profile coordinate	匹配指数 Matching index/%
剖1	铁铝土	赤红壤	赤红壤	砂页岩赤红壤	厚层砂页岩赤红壤	A	0—11	黄棕色	重壤土	块状	4.5	29.9	0.87	0.29	6.4	6.4	砂页岩	E 110°47′59.6″ N 23°04′13.8″	90
						B	11—40	灰棕色	重壤土	块状	5.1	5.4	0.42	0.25	6.7	5.7			
						C	40—100	棕红色	重壤土	块状	5.4	4.4	0.36	0.26	7.9	4.5			
剖2	铁铝土	赤红壤	赤红壤	耕型砂页岩赤红壤	赤壤土	A	0—20	棕红色	壤土	碎块状	4.5						砂页岩	E 111°04′53.1″ N 23°02′41.4″	93
						B	20—50	黄棕灰色	壤土	块状	5.0								
						C	50—100	黄红色	壤土	块状									
剖3	人为土	水稻土	潴育水稻土	洪积性潴育水稻土	洪积潴育砂泥田	A	0—19	灰棕色	中壤土	碎块状	6.0	53.7	2.54	0.60	14.4	10.5	洪积物	E 110°53′34.1″ N 22°54′28.7″	100
						P	19—28	黄黄棕色	中壤土	块状	6.1	36.3	1.89	0.37	15.3	8.8			
						W	28—40	灰黄棕色	重壤土	柱状	6.6	4.4	0.39	0.12	15.6	8.3			
						C	40—100	黄棕黄色	重壤土	块状	6.6	3.4	0.33	0.15	27.6	8.8			
剖4	铁铝土	赤红壤	赤红壤	耕型砂页岩赤红壤	赤砂土	A	0—13	黄棕灰色	轻壤土	碎块状	4.1	12.9	0.68	0.30	4.6	3.2	砂页岩	E 110°54′09.7″ N 22°52′07.7″	80
						B	13—29	红棕色	轻壤土	块状	4.1	6.2	0.48	0.29	3.8	0.6			
						C	29—100	红棕色	轻壤土	块状	4.2	4.6	0.33	0.35	4.0	4.4			
剖5	人为土	水稻土	潴育水稻土	红土质潴育水稻土	潴育黄泥田	A	0—13	浅棕灰色	重壤土	碎块状	6.0	37.8	1.79	0.68	6.3	7.5	红土	E 111°06′14.4″ N 22°53′49.6″	99
						P	13—24	灰棕色	重壤土	块状	6.5	16.2	0.95	0.69	5.4	9.3			
						W	24—43	黄棕棕色	重壤土	棱柱状	6.4	30.9	1.72	0.64	5.8	8.2			
						C	43—100	灰黄色	中壤土	块状	6.7	2.5	0.45	0.36	6.0	4.5			
剖6	人为土	水稻土	潴育水稻土	冷浸田	浅浸田	A	0—11	棕灰色	中壤土	块状	6.2	44.7	1.96	0.78	23.9	8.1		E 111°09′06.5″ N 22°50′30.5″	77
						Pg	11—19	青灰色	轻壤土	块状	4.5	36.1	1.80	0.52	19.8	8.4			
						G	19—40	青灰色	轻壤土	块状	4.7	23.1	1.22	0.58	24.8	6.6			
						Cg	40—100	黄黄棕色	轻壤土	块状	5.2	8.3	0.63	0.47	25.7	6.3			
剖7	人为土	水稻土	潴育水稻土	冷浸田	深浸田	A	0—21	棕灰色	中壤土	块状	6.0	55.2	2.83	0.75	19.1	9.8		E 111°17′29.0″ N 22°52′05.9″	93
						P	21—29	青黄色	轻壤土	块状	4.5	39.9	2.01	0.35	20.3	10.0			
						G	29—52	黄黄棕色	轻壤土	块状	4.7	33.6	1.75	0.36	20.1	8.7			
						Cg	52—100	灰黄色	中壤土	碎块状	6.3	0.6	0.70	0.49	17.7	6.1			
剖8	人为土	水稻土	潴育水稻土	花岗岩潴育水稻土	潴育杂砂泥肉田	A	0—12	灰黄棕色	壤土	碎块状	5.1	30.1	1.44	0.54	16.6	8.4	花岗岩	E 110°49′58.1″ N 22°49′47.3″	89
						P	12—21	灰黄相间	壤土	块状	6.1	12.7	0.88	0.43	20.5	8.9			
						W	21—57	灰黄相间	壤土	棱柱状	6.1	9.5	0.44	0.37	17.8	9.1			
						WC	57—100		壤土	块状	6.0	10.5	0.44	0.26	18.0	11.4			
剖9	人为土	水稻土	潴育水稻土	紫色岩潴育水稻土	潴育紫泥田	A	0—18	棕灰紫色	重壤土	碎块状							紫色岩	E 110°55′38.3″ N 22°44′22.9″	91
						P	18—30	紫棕灰色	重壤土	块状									
						W	30—75	紫棕灰色	重壤土	块柱状									
						Wg	75—100	黄棕灰色	壤土	块状									
剖10	人为土	水稻土	潴育水稻土	冲积性潴育水稻土	潴育潮泥田	A	0—22	黄棕色	壤土	块状	6.7						河流冲积物	E 110°55′50.2″ N 22°41′26.2″	91
						P	22—34	黄棕灰色	壤土	棱柱状	6.0								
						WC	34—55	黄棕灰色	壤土	块状	6.0								
						C	55—74	灰黄色	壤土	块状	6.0								
							74—100												

北 海 市

市 辖 区

主要土类说明

赤红壤是北海市主要土壤类型，占本市地域面积的56%。赤红壤主要发生于南亚热带季雨林下，其脱硅富铝化程度仅次于砖红壤，强于红壤。铁的游离度介于二者之间，黏粒硅铝率为1.7—2.0，风化淋溶系数为0.05—0.15，盐基饱和度为15%—25%，pH为4.5—5.5。淀积层（B层）富含铁铝氧化物，呈赤红色。本市赤红壤只有赤红壤一个亚类。

水稻土是北海市第二大土壤类型，占本市地域面积的22%。水稻土是在长期季节性淹灌、水下翻耕、季节性脱水、氧化还原交替影响下，原来成土母质或母土的特性发生重大改变，形成的新的土壤类型。由于干湿交替，水稻土形成糊状淹育层、较坚实板结的犁底层、渗育层、潴育层与潜育层等多种发生层。这些不同发生层段是在人为耕作、水浆管理下形成的。本市水稻土分为淹育型、潴育型、潜育型、渗育型、沼泽型等亚类。

砖红壤是北海市第三大土壤类型，占本市地域面积的14%。热带雨林或季雨林下，土壤遭强烈脱硅富铝化作用，硅大量迁出，游离铁占全铁的80%，黏粒硅铝率小于1.6，风化淋溶系数小于0.05，盐基饱和度小于15%，黏粒矿物以高岭石、赤铁矿与三水铝矿为主，pH为4.5—5.5，具有深厚的红色风化壳。具A–Bs–Bv–C剖面构型。本市砖红壤只有砖红壤一个亚类。

小于本市地域面积3%的土壤类型还有潮土、滨海盐土和沼泽土等。

本区域中心区气候特征

本区域中心区气候特征值
Regional climate characteristics in central area of the region

气候带：南亚热带湿润气候 Climate region: South subtropical humid climate	
年平均气温 /℃ Annual average temperature /℃	22.7
年平均最高气温 /℃ Annual average maximum temperature /℃	26.6
年平均最低气温 /℃ Annual average minimum temperature /℃	20.0
年降水量 /mm Annual precipitation /mm	1961
≥10℃的积温 /℃ Daily temperature accumulated in a year (≥10℃) /℃	8301
年日照时数 /h Annual sunshine /h	1825
年平均相对湿度 /% Annual average relative humidity /%	81
干燥度 Dryness	0.71

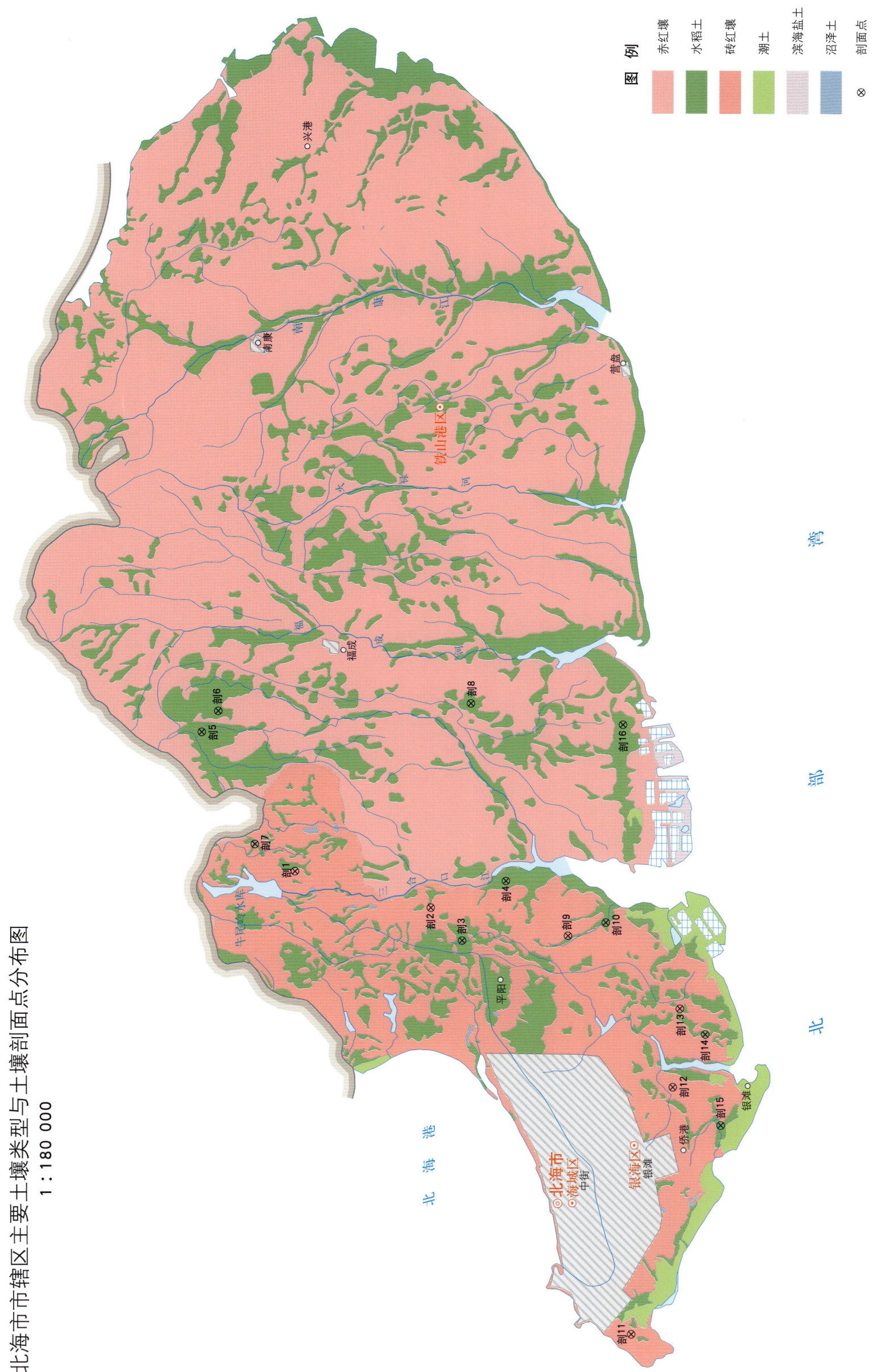

北海市市辖区主要土壤类型与土壤剖面点分布图
1∶180 000

第二编　分县土壤图与土壤剖面数据 | 173

北海市土壤剖面理化性状表

剖面号 Soil profile	土纲 Soil order	土类 Soil great group	亚类 Soil subgroup	土属 Soil genus	土种 Soil species	土层码 Layer code	土层厚度 Depth/cm	颜色 Soil color	质地 Soil texture	土壤结构 Soil structure	pH	有机质 OM/(g/kg)	全氮 TN/(g/kg)	全磷 TP/(g/kg)	全钾 TK/(g/kg)	有效磷 AP/(mg/kg)	速效钾 AK/(mg/kg)	阳离子交换量CEC/(cmol/kg)	土壤母质 Parent material	剖面点坐标 Profile coordinate	匹配指数 Matching index/%
剖1	铁铝土	砖红壤	砖红壤	耕型浅海沉积砖红壤	海积红色砂泥土	A	0—12	灰红色	壤土	块状	6.0	7.0	0.36	0.27	1.4	24.0	60			E 109°14′22.2″ N 21°34′58.1″	100
						2	12—33	棕红色	砂壤土	块状	5.0	5.5	0.37	0.18	1.8						
						C	33—100	棕红色	砂壤土	块状	4.5	3.4	0.34	0.30	2.2						
剖2	铁铝土	砖红壤	砖红壤	浅海沉积砖红壤	浅海沉积黄色砖红壤	A	0—17	灰黄色	砂壤土	块状	5.0	7.4	0.41	0.20	1.7	6.0	20		浅海沉积物	E 109°13′31.1″ N 21°31′52.7″	95
						C	17—100	黄红色		块状	4.5	2.0	0.20	0.19	2.2						
剖3	人为土	水稻土	沼泽型水稻土	炭质黑泥田	黑泥散田	A	0—15	黑色	壤土	小块状	6.5	43.6	1.94	0.52	1.9	7.0	30	27.7		E 109°12′43.4″ N 21°31′09.6″	93
						P	15—22	棕黑色	壤土	块状	6.5	61.5	2.66	0.66	2.4			29.9			
						3	22—45	灰黑色	壤土	棱柱状	6.5	88.2	2.60	0.48	2.0			34.4			
						C	45—100	灰白色	壤土	块状	6.5	17.1	0.81	0.26	1.7			25.8			
剖4	人为土	水稻土	盐渍水稻土	咸酸田	淡田	A	0—11	灰黑色	壤土	块状	5.5	46.1	2.61	0.46	2.9	5.0	30			E 109°14′11.4″ N 21°30′10.8″	85
						P	11—17	灰黑色	壤土	块状											
						C	17—100	灰黑色	壤土	小块状	5.0	65.6	2.16	0.37	2.4						
剖5	人为土	水稻土	沼泽型水稻土	埋藏黑泥田	浅埋黑泥田	A	0—15	暗黄黄色	壤土	块状	5.5	16.5	0.81	0.30	1.7	7.0	20			E 109°17′42.5″ N 21°37′07.0″	98
						P	15—20	暗黄黄色	壤土	块状	5.5	18.1	0.84	0.38	2.1						
						3	20—55	黑色	壤土	粒状	5.5	14.5	0.43	0.22	1.2						
						C	55—100	黄色	黏土	块状	6.0	5.3	0.31	0.27	1.9						
剖6	人为土	水稻土	沼泽型水稻土	埋藏黑泥田	深埋黑泥田	A	0—12	浅灰黄色	壤土	块状	6.0	12.9	0.62	0.32	7.7	6.0	10			E 109°18′13.3″ N 21°36′44.6″	71
						P	12—20	棕灰色	壤土	块状	6.0	12.6	0.61	0.34	8.5						
						3	20—50	黄灰色	壤土	块状	5.5	5.2	0.30	0.18	9.9						
						C	50—100	灰黄色	壤土	粒状	5.5	11.9	0.65	0.23	11.1						
剖7	人为土	水稻土	潴育水稻土	浅海沉积潴育水稻土	潴育黄砂泥田	A	0—15	黑色	壤土	块状	5.5	12.9	0.50	0.37	2.0	31.0	20			E 109°15′01.5″ N 21°35′53.2″	100
						P	15—23	灰灰黄色	壤土	块状	6.0	9.6	0.48	0.35	2.5						
						3	23—40	黄黄色	壤土	块状	6.0	3.8	0.21	0.39	1.1						
						C	40—100	浅黄色	壤土	块状	6.0	3.4	0.21	0.42	1.6						
剖8	人为土	水稻土	淹育水稻土	浅海沉积淹育水稻土	黄砂泥田	A	0—15	浅黄色	壤土	块状	6.0	19.6	0.74	0.50	1.4	27.0	60	14.2		E 109°18′28.6″ N 21°31′00.9″	71
						P	15—20	棕黄色	壤土	块状	6.0	10.2	0.55	0.35	1.2			19.9			
						3	20—50	黄黄色	壤土	块状	6.0	6.1	0.31	0.33	1.4			20.1			
						C	50—100	浅黄色	壤土	块状	6.0	2.9	0.13	0.32	1.4			15.3			
剖9	铁铝土	砖红壤	砖红壤	耕型浅海沉积砖红壤	海积黄色红砖砂泥土	A	0—15	灰灰黄色	砂壤土	小块状	5.0	13.6	0.77	0.29	4.0					E 109°12′52.2″ N 21°28′45.5″	97
						P	15—60	棕灰色	壤土	块状	5.5	9.6	0.45	0.26	1.9						
						C	60—100	棕黄色	壤土	块状	5.0	6.3	0.46	0.31	2.5						
剖10	人为土	水稻土	潜育水稻土	潜底田	中潜底田	A	0—16	黄灰白色	砂壤土	粒状	5.0	27.0	1.35	0.36	2.8	11.0	30			E 109°18′12.3″ N 21°27′54.0″	74
						P	16—26	黄灰白相间	砂壤土	无明显结构	6.5	53.8	2.57	0.48	3.7						
						G	26—80	青灰白相间	砂壤土	无明显结构	5.5	11.0	0.51	0.29	1.9						
							80—100	青灰黄色	砂壤土	小块状	5.0	30.7	0.51	0.24	3.0						
剖11	铁铝土	砖红壤	砖红壤	砂页岩砖红壤	中层砂页岩砖红壤	1	0—12	灰灰黄色	壤土	块状	5.0	15.1	0.67	0.27	1.6	2.0	40		砂页岩	E 109°03′19.8″ N 21°27′14.0″	93
						C	12—70	黄黄色	壤土	块状		5.0	0.28	0.25	1.8						
剖12	铁铝土	砖红壤	砖红壤	浅海沉积砖红壤	浅海沉积红壤	1	0—18	砖红色	壤土	块状	5.5	14.7	0.70	0.26	2.0	20.0	60			E 109°09′15.2″ N 21°26′20.6″	99
						2	18—100	砖红色	砂壤土	粒状	6.0	10.5	0.49	0.20	1.8						
剖13	铁铝土	砖红壤	砖红壤	耕型浅海沉积砖红壤	海积黄色红砂土	A	0—18	灰灰黄色	砂壤土	块状	6.0	12.5	0.72	0.38	3.1				浅海沉积物	E 109°11′07.8″ N 21°26′12.1″	94
						2	18—77	灰灰黄色	砂壤土	粒状	4.5	7.7	0.48	0.32	3.4						
						C	77—100	黄黄色	砂壤土	块状	5.5	8.5	0.45	0.27	3.2						

续表 Continued

剖面号 Soil profile	土纲 Soil order	土类 Soil great group	亚类 Soil subgroup	土属 Soil genus	土种 Soil species	土层码 Layer code	土层厚度 Depth/cm	颜色 Soil color	质地 Soil texture	土壤结构 Soil structure	pH	有机质 OM/(g/kg)	全氮 TN/(g/kg)	全磷 TP/(g/kg)	全钾 TK/(g/kg)	有效磷 AP/(mg/kg)	速效钾 AK/(mg/kg)	阳离子交换量CEC/(cmol/kg)	土壤母质 Parent material	剖面点坐标 Profile coordinate	匹配指数 Matching index/%
剖14	人为土	水稻土	渗育水稻土	白散砂田	深渗白散砂田	A	0—9	黄灰色	砂壤土	粒状	5.0	19.4	0.96	0.23	0.2	7.0	30			E 109°10′31.6″ N 21°25′37.5″	95
						P	9—15	黄灰色	砂壤土	块状	5.0	7.1	0.31	0.12	1.3						
						3	15—35	灰白色	砂土	粒状	5.0	14.8	0.17	0.16	2.1						
						E	35—100	灰白色	砂土	块状	3.0	12.2	0.21	0.14	2.7						
剖15	人为土	水稻土	盐渍水稻土	咸酸田	淡酸田	A	0—15	灰黄色	壤土	块状	4.0	36.1	1.58	0.26	6.9	6.0	30			E 109°08′20.8″ N 21°25′14.9″	96
						P	15—27	黄灰色	壤土	块状	4.0	42.2	1.86	0.25	8.0						
						3	27—47	暗灰色	砂土	粒状	3.0	8.5	0.33	0.12	2.6						
						C	47—100	浅灰色	壤土	块状	4.5	21.1	0.95	0.29	3.6						
剖16	人为土	水稻土	盐渍水稻土	咸酸田	咸酸田	A	0—16	灰黄色	壤土		4.0	21.3	0.71	0.20	5.3	4.0	60			E 109°18′00.4″ N 21°27′33.5″	77
						P	16—25	灰黄色	砂壤土		3.0	32.0	0.79	0.17	6.5						
						C	50—100	浅白色	砂土		3.0	14.8	0.27	0.27	0.9						

合 浦 县

主要土类说明

赤红壤是合浦县主要土壤类型，占本县地域面积的 61%。赤红壤主要发生于南亚热带季雨林下，其脱硅富铝化程度仅次于砖红壤，强于红壤。铁的游离度介于二者之间，黏粒硅铝率为 1.7—2.0，风化淋溶系数为 0.05—0.15，盐基饱和度为 15%—25%，pH 为 4.5—5.5。淀积层（B 层）富含铁铝氧化物，呈赤红色。本县赤红壤只有赤红壤一个亚类。

水稻土是合浦县第二大土壤类型，占本县地域面积的 28%。水稻土是在长期季节性淹灌、水下翻耕、季节性脱水、氧化还原交替影响下，原来成土母质或母土的特性发生重大改变，形成的新的土壤类型。由于干湿交替，水稻土形成糊状淹育层、较坚实板结的犁底层、渗育层、潴育层与潜育层等多种发生层。这些不同发生层段是在人为耕作、水浆管理下形成的。本县水稻土分成淹育型、潴育型、潜育型、渗育型、沼泽型、盐渍型等亚类。

新积土是合浦县第三大土壤类型，占本县地域面积的 5%。新积土是由新近冲积、洪积、坡积、塌积或人工堆垫而成的土壤。成土期短，母质特性明显，属 A–C 型或（A）–C 型土。

小于本县地域面积 3% 的土壤类型还有潮土、砖红壤、滨海盐土和沼泽土等。

本区域中心区气候特征

本区域中心区气候特征值
Regional climate characteristics in central area of the region

气候带：南亚热带湿润气候 Climate region: South subtropical humid climate	
年平均气温 /℃ Annual average temperature /℃	22.6
年平均最高气温 /℃ Annual average maximum temperature /℃	26.4
年平均最低气温 /℃ Annual average minimum temperature /℃	19.8
年降水量 /mm Annual precipitation /mm	1971
≥10℃的积温 /℃ Daily temperature accumulated in a year（≥10℃）/℃	8255
年日照时数 /h Annual sunshine /h	1796
年平均相对湿度 /% Annual average relative humidity /%	80
干燥度 Dryness	0.70

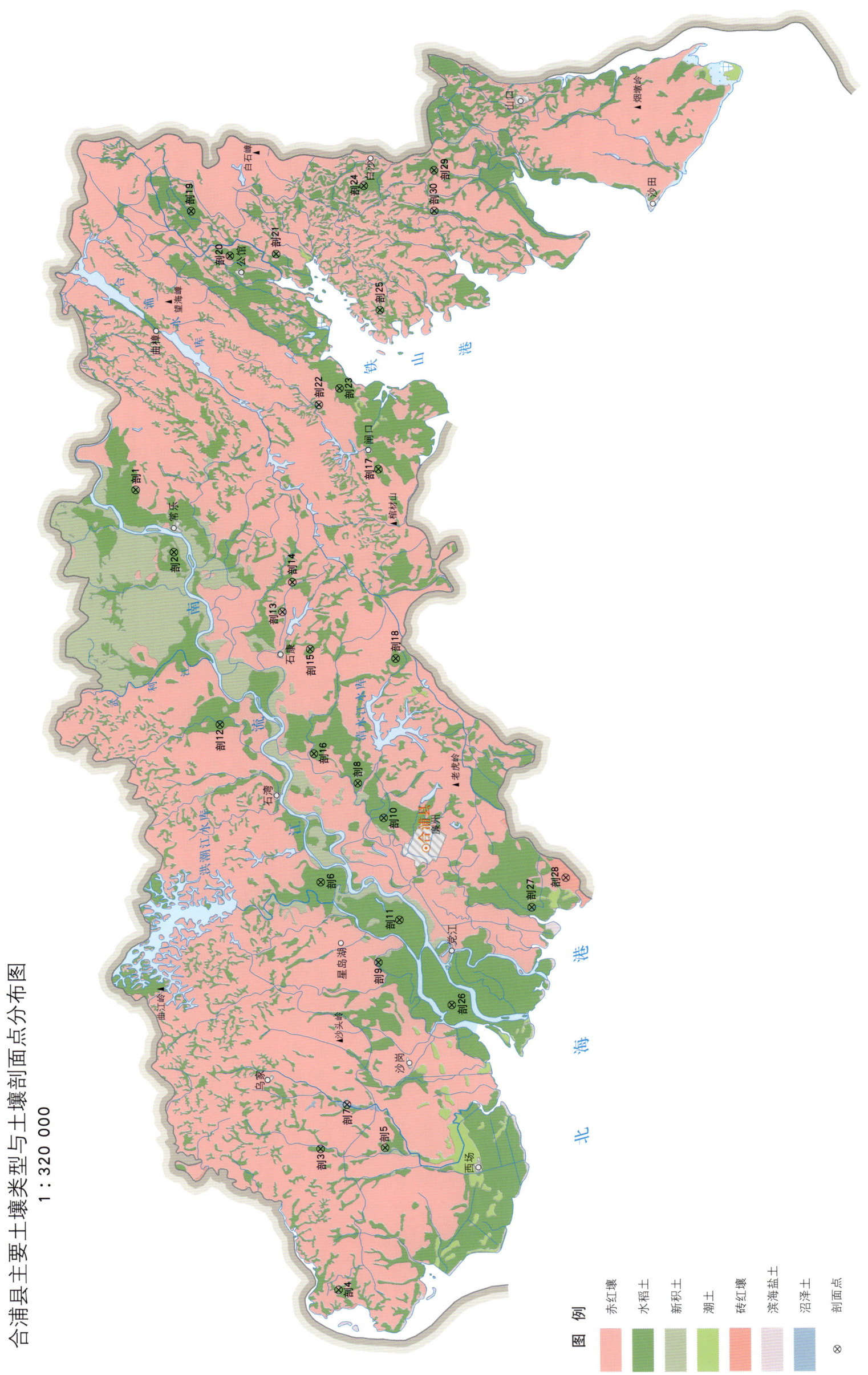

合浦县土壤剖面理化性状表

剖面号 Soil profile	土纲 Soil order	土类 Soil great group	亚类 Soil subgroup	土属 Soil genus	土种 Soil species	土层码 Layer code	土层厚度 Depth/cm	颜色 Soil color	质地 Soil texture	土壤结构 Soil structure	pH	有机质 OM/(g/kg)	全氮 TN/(g/kg)	全磷 TP/(g/kg)	全钾 TK/(g/kg)	土壤母质 Parent material	剖面点坐标 Profile coordinate	匹配指数 Matching index/%
剖1	人为土	水稻土	淹育水稻土	冲积性淹育水稻土	薄潮泥田	A	0—14	浅灰色	壤土	粒状						河流冲积物	E 109°26′55.3″ N 21°51′49.3″	70
						P	14—24	灰棕色	壤土	块状								
						C	24—100	黄红色	壤土	块状								
剖2	人为土	水稻土	潴育水稻土	砂页岩潴育水稻土	潴育砂泥田	A	0—13	浅棕色	壤土	块状	5.0	25.1	1.24	0.33	8.1	砂页岩	E 109°24′15.8″ N 21°50′16.8″	91
						P	13—22	浅棕色	壤土	块状	4.5	17.6	1.07	0.17	9.9			
						W	22—33	棕棕色	壤土	棱柱状	5.5	19.8	1.22	0.14	18.6			
						C	33—100	棕灰色	壤土	棱柱状	4.5	32.2	1.39	0.14	9.7			
剖3	人为土	水稻土	沼泽型水稻土	烂泥田	深泥田	G	0—100	青灰色	黏土	糊状							E 108°58′42.6″ N 21°44′12.5″	93
剖4	人为土	水稻土	淹育水稻土	洪积性淹育水稻土	石砾底田	A	0—12	灰棕色	砂壤土	粒状	6.0	14.1	0.76	0.29	6.0	洪积物	E 108°52′44.4″ N 21°43′26.8″	70
						P	12—19	灰棕色	壤土	块状	6.5	12.3	0.67	0.29	3.9			
						C	19—100	黄棕色	壤土	粒状	6.5	2.6	0.13	0.08	3.2			
剖5	人为土	水稻土	渗育水稻土	白胶泥田	深渗白胶泥田	A	0—15	灰棕色	砂壤土	粒状	6.5	7.4	0.40	0.16	1.6		E 108°58′47.3″ N 21°41′37.0″	91
						P	15—26	棕黄色			5.5	11.3	0.87	0.30	10.9			
						E	26—100				7.5	1.4	0.26	0.17	14.2			
剖6	人为土	水稻土	潴育水稻土	冲积性潴育水稻土	潴育潮泥田	A	0—13	浅灰色	壤土	粒状	6.0	20.1	1.02	0.34	12.7	河流冲积物	E 109°10′06.6″ N 21°44′16.4″	84
						P	13—20	棕灰色	壤土	块状	5.0	13.1	0.88	0.54	25.6			
						W	20—32	灰棕色	重黏土	棱柱状	6.0	29.1	1.31	0.67	22.3			
						C	32—100	棕灰色	轻黏土	块状	5.5	30.2	1.23	0.71	22.6			
剖7	水成土	沼泽土	沼泽土	耕型炭质黑泥散土	黑泥散土	A	0—13	深黑色	砂壤土	粒状							E 109°00′35.6″ N 21°43′09.8″	98
						B	13—30	深黑色	壤土	块状								
						C	30—100	浅灰棕色	壤土	单粒状								
剖8	人为土	水稻土	淹育水稻土	冲积性淹育水稻土	潮砂田	A	0—11	棕灰色	砂土	块状	5.5	12.2	0.66	0.13	2.1	河流冲积物	E 109°14′24.7″ N 21°42′48.6″	93
						P	11—18	棕灰色	砂土	块状	6.0	9.3	0.54	0.12	2.6			
						C_1	18—36	棕灰色	砂土	粒状	7.0	4.2	0.25	0.12	2.2			
						C_2	36—100	灰色	砂土	块状	7.0	3.0	0.23	0.13	1.3			
剖9	人为土	水稻土	淹育水稻土	砂页岩淹育水稻土	壤土田	A	0—10	棕灰色	壤土	粒状		15.3	0.77	0.28	3.3	砂页岩	E 109°06′41.8″ N 21°41′56.0″	96
						P	10—15	灰黄色	壤土	块状	6.0	14.7	0.75	0.30	3.1			
						C	15—100	灰黄色	壤土			8.8	0.50	0.24	3.1			
剖10	人为土	水稻土	淹育水稻土	红土质淹育水稻土	砂质黄泥田	A	0—7	灰白色	砂土	块状	6.0	7.5	0.56	0.24	3.7	红土	E 109°12′55.4″ N 21°41′45.6″	70
						P	7—11	灰黄色	砂土	块状	6.0	7.2	0.54	0.19	5.1			
						C	11—100	红黄色	砂土	粒状	6.5	24.1	1.33	0.15	5.4			
剖11	人为土	水稻土	潴育水稻土	红土质潴育水稻土	潴育铁子田	A	0—12	棕灰色	壤土	块状	6.5	13.7	0.72	0.35	5.3	红土	E 109°08′31.6″ N 21°41′06.4″	88
						P	12—17	棕灰色	壤土	棱柱状	6.5	21.0	1.29	0.38	4.5			
						W	17—57	灰黄色	黏土	块状	8.0	3.5	0.40	0.20	4.9			
						C	57—100	灰黄色	砂壤土	块状	6.5	36.8	1.16	0.26	3.9			
剖12	人为土	水稻土	沼泽型水稻土	埋藏黑泥田	浅埋黑泥田	P	0—13	黑色	黏土	块状	5.5	17.3	1.94	0.67	5.1		E 109°16′52.7″ N 21°48′22.7″	71
						C_1	13—23	黑色	壤土	块状	5.5	93.6	1.63	0.23	8.5			
						C_2	23—63	黄灰色	砂壤土	单粒状	6.5	4.1	0.11	0.11	2.5			
							63—100											
剖13	人为土	水稻土	潜育水稻土	潜底田	深潜底田	P	0—12	浅灰色	壤土	块状	5.0	22.3	1.00	0.23	4.2		E 109°21′43.9″ N 21°45′53.7″	80
						W	12—20	灰灰色	壤土	粒状	4.5	12.2	0.61	0.17	3.3			
							20—42	灰灰色	壤土	粒状		14.3	0.97	0.41	3.7			
						G	42—100	青灰色	砂土	粒状	4.3	84.4	2.02	0.31	6.1			

续表 Continued

剖面号 Soil profile	土纲 Soil order	土类 Soil great group	亚类 Soil subgroup	土属 Soil genus	土种 Soil species	土层码 Layer code	土层厚度 Depth/cm	颜色 Soil color	质地 Soil texture	土壤结构 Soil structure	pH	有机质 OM/(g/kg)	全氮 TN/(g/kg)	全磷 TP/(g/kg)	全钾 TK/(g/kg)	土壤母质 Parent material	剖面点坐标 Profile coordinate	匹配指数 Matching index/%
剖14	人为土	水稻土	潜育水稻土	潜育田	中潜底田	A	0—13	棕灰色	砂壤土	粒状	5.0	10.0	0.54	0.15			E 109°23′00.6″ N 21°45′29.9″	98
						P	13—24	灰色	砂壤土	粒状	5.0	8.0	0.40	0.15				
						G	24—49	青灰色	砂壤土	粒状	5.5	0.9	0.14	0.05				
						G₁	49—100	灰蓝色	砂土	单粒状	4.8	10.0	0.04	0.12				
剖15	人为土	水稻土	淹育水稻土	浅海沉积淹育水稻土	黄砂泥田	A	0—10	灰黄色	砂壤土	块状	5.5	15.6	0.73	0.29	2.5	浅海沉积物	E 109°20′07.8″ N 21°44′46.0″	99
						P	10—18	灰黄色	砂壤土	块状	5.5	16.8	1.16	0.38	2.8			
						C₁	18—31	灰黄色	砂壤土	柱状	5.5	19.2	0.74	0.31	3.1			
						C₂	31—100	灰褐色	轻黏土	块状	6.0	11.6	0.58	0.33	2.9			
剖16	人为土	水稻土	潴育水稻土	冲积性潴育水稻土	潴育潮砂田	A	0—10	浅黄色	砂壤土	块状		12.5	0.73	0.36	15.7	河流冲积物	E 109°15′39.6″ N 21°44′35.2″	89
						P	10—15	浅黄色	壤土	块状		7.9	0.50	0.36	16.1			
						W	15—24	浅黄色	砂壤土	柱状		5.2	0.34	0.33	14.5			
						C	24—100	浅黄色	砂壤土	粒状		3.7	0.37	0.28	15.6			
剖17	人为土	水稻土	渗育水稻土	白散砂田	深渗白散砂田	A	0—13	黄黄色	壤土	块状	5.5	25.0	0.99	0.35	0.5		E 109°27′53.3″ N 21°42′04.0″	79
						P	13—17	灰黄色	黏土	块状	5.5	1.1	0.10	0.16	3.6			
						E	17—33	白灰色	砂土	粒状	5.5	1.2	0.13	0.16	3.8			
						C	35—100	浅灰色	砂壤土	粒状		31.3	1.42	0.44	1.2			
剖18	人为土	水稻土	淹育水稻土	浅海沉积淹育水稻土	黄砂土田	A	0—9	浅黄色	砂壤土	块状		26.9	1.15	0.30	1.0	浅海沉积物	E 109°19′45.8″ N 21°41′19.3″	92
						P	9—17	棕灰色	砂壤土	粒状		14.2	0.51	0.17	1.0			
						C₁	17—35	黄灰色	砂壤土	粒状		6.8	0.29	0.18	0.8			
						C₂	35—100	棕灰色	壤土	粒状	5.5	11.1	0.75	0.24	5.4			
剖19	人为土	水稻土	潴育水稻土	红土质潴育水稻土	铁子底田	A	0—14	黄棕色	壤土	棱柱状	6.0	11.4	0.44	0.22	5.5	红土	E 109°38′53.5″ N 21°49′40.1″	70
						P	14—18	棕灰色	壤土	棱柱状	7.0	4.5	0.16	0.16	5.9			
						W	18—58	黑灰色	黏壤土	块状	7.0	2.7	0.38	0.31	0.6			
						G	58—100	灰色	砂壤土	碎块状	5.5	9.2	0.52	0.27	1.7			
剖20	人为土	水稻土	淹育水稻土	红土质淹育水稻土	黄泥田	A	0—14	黄黄色	中壤土	块状	7.0	11.4	0.52	0.31	2.9	红土	E 109°36′59.8″ N 21°48′05.8″	87
						P	14—19	黄黄色	壤土	块状	7.0	6.0	0.44	0.09	1.7			
						C₁	19—35	棕灰色	黏土	粒状	7.0	4.8	0.32	0.12	20.7			
						C₂	35—100	灰棕色	壤土	块状	6.0	22.0	1.38	0.46	5.2			
剖21	人为土	水稻土	淹育水稻土	红土质淹育水稻土	黄泥田	A	0—14	黄灰红色	壤土	粒状	7.0	10.6	0.54	0.16	8.3	红土	E 109°37′05.5″ N 21°46′14.2″	80
						P	14—17	黄灰红色	壤土	粒状	7.5	4.8	3.30	0.41	3.2			
						C	17—100	黄棕色	砂壤土	粒状	6.0	15.6	0.85	0.31	11.8			
剖22	人为土	水稻土	潜育水稻土	冷底田	冷底田	A	0—13	黄棕色	砂壤土	粒状	6.5	13.8	0.83	0.33	14.7		E 109°30′37.1″ N 21°44′28.3″	91
						P	13—24	黄黄色	砂壤土	粒状	5.5	8.3	0.57	0.31	13.1			
						Wg	24—65	灰黄色	砂壤土	粒状	6.0	15.2	7.50	0.20	9.9			
						G	65—100	灰色	砂壤土	块状		17.1	0.91	0.21	5.0			
剖23	人为土	水稻土	潴育水稻土	砂页岩潴育水稻土	潴育黄泥田	A	0—13	灰灰色		块状		12.5	0.63	0.14	5.1	砂页岩	E 109°31′20.3″ N 21°43′39.0″	83
						P	13—19	灰灰色	砂壤土	棱柱状	6.0	6.8	0.32	0.16	5.2			
						W	19—44	深灰色	砂壤土	柱状		11.8	0.49	0.27	11.0			
剖24	人为土	水稻土	盐渍水稻土	咸酸田	淡酸田	A	0—18	棕灰色	中黏土	块状	4.5	23.7	1.16	0.26	12.5		E 109°40′02.6″ N 21°42′43.6″	74
						P	18—29	黄灰色	重黏土	块状	6.0	38.0	1.36	0.49	4.4			
						WC	29—100	浅灰色	重黏土	粒状	5.5	16.2	0.77	0.56	16.2			
剖25	人为土	水稻土	潴育水稻土	浅海沉积潴育水稻土	潴育黄砂泥田	A	0—13	浅灰黄色	壤土	粒状	6.0	31.1	1.81	0.77	3.0	浅海沉积物	E 109°34′43.3″ N 21°42′02.7″	100
						P	13—21	棕灰色	壤土	块状	7.0	23.9	1.39	0.56	2.8			
						W	21—55	灰灰色	壤土	棱柱状	7.0	35.0	1.84	0.71	3.7			
						C	55—100	灰黑色	黏土	棱柱状	6.5	63.8	2.56	0.85	3.8			

续表 Continued

剖面号 Soil profile	土纲 Soil order	土类 Soil great group	亚类 Soil subgroup	土属 Soil genus	土种 Soil species	土层码 Layer code	土层厚度 Depth/cm	颜色 Soil color	质地 Soil texture	土壤结构 Soil structure	pH	有机质 OM/(g/kg)	全氮 TN/(g/kg)	全磷 TP/(g/kg)	全钾 TK/(g/kg)	土壤母质 Parent material	剖面点坐标 Profile coordinate	匹配指数 Matching index/%
剖26	人为土	水稻土	盐渍型水稻土	咸酸田	咸酸田	A	0—15	棕黄色	中黏土	块状	3.0	46.7	1.27	0.20	12.2		E 109°04′53.4″ N 21°38′58.2″	85
						P	15—35	浅灰色	重黏土	块状	4.5	35.5	1.98	0.44	17.8			
						B	35—45	暗灰色	重黏土	块状	4.0	97.3	1.14	0.14	9.1			
						C	45—100	浅灰色	轻黏土	块状	3.0	46.6	0.17		7.6			
剖27	人为土	水稻土	沼泽型水稻土	烂泥田	浅泥田	G_1	0—25	蓝灰色	壤土	糊烂状	5.0	120.0	3.13	0.50	7.5		E 109°09′06.8″ N 21°35′47.0″	89
						G_2	25—60	蓝灰色	壤土	糊烂状	5.0	176.0	3.57	0.41	9.0			
						C	60—	浅灰色											
剖28	铁铝土	砖红壤	砖红壤	浅海沉积砖红壤		AB	0—16	浅棕色	中壤土	块状	4.5	13.8	0.59	0.19	1.3	浅海沉积物	E 109°10′24.2″ N 21°34′25.3″	88
						B_1	16—30	暗黄棕色	中壤土	块状	5.0	10.3	0.37	0.16	2.5			
						B_2	30—67	棕色	中壤土	块状	5.0	9.2	0.33	0.17	2.5			
						C	67—150	红棕色	中壤土	块状	5.0	4.1	0.15	0.16	3.8			
剖29	人为土	水稻土	淹育水稻土	红土质淹育水稻土	黄泥骨田	A	0—10	浅棕色	壤土	块状	6.0	15.6	0.83	0.38	3.1	红土	E 109°40′43.7″ N 21°39′54.4″	92
						P	10—20	棕黄色	壤土	块状	6.0	18.0	0.70	0.32	3.4			
						C	20—100	黄红色	黏壤土	块状	5.5	11.0	0.49	0.28	3.5			
剖30	人为土	水稻土	沼泽型水稻土	炭质黑泥田	黑泥砂田	A	0—12	黄灰色	砂壤土	粒状	6.5	29.5	1.29	0.60	2.9		E 109°38′59.6″ N 21°39′53.3″	93
						P	12—17	黄黑色	壤土	块状	6.0	43.0	0.89	0.53	2.6			
						B	17—57	灰黑色	壤土	块状	6.5	17.6	0.38	0.21	1.4			
						C	57—100	灰白色	砂壤土	单粒状								

防城港市

市辖区

主要土类说明

赤红壤是防城港市主要土壤类型，占本市地域面积的72%。赤红壤主要发生于南亚热带季雨林下，其脱硅富铝化程度仅次于砖红壤，强于红壤。铁的游离度介于二者之间，黏粒硅铝率为1.7—2.0，风化淋溶系数为0.05—0.15，盐基饱和度为15%—25%，pH为4.5—5.5。淀积层（B层）富含铁铝氧化物，呈赤红色。

水稻土是防城港市第二大土壤类型，占本市地域面积的19%。水稻土是在长期季节性淹灌、水下翻耕、季节性脱水、氧化还原交替影响下，原来成土母质或母土的特性发生重大改变，形成的新的土壤类型。由于干湿交替，水稻土形成糊状淹育层、较坚实板结的犁底层、渗育层、潴育层与潜育层等多种发生层。这些不同发生层段是在人为耕作、水浆管理下形成的。

黄壤是防城港市第三大土壤类型，占本市地域面积的3%。黄壤发生于亚热带湿润条件下，中度脱硅富铝化，多见于海拔700—1200m的山区。土壤有机质累积较多，具O-A-AB-B-C剖面构型。pH为4.5—5.5。淀积层（B层）富含水合氧化铁（针铁矿），呈黄色，有时多含三水铝石。

小于本市地域面积3%的土壤类型还有紫色土、风沙土、沼泽土、新积土、红壤和酸性硫酸盐土等。

本区域中心区气候特征

本区域中心区气候特征值
Regional climate characteristics in central area of the region

气候带：南亚热带湿润气候 Climate region: South subtropical humid climate	
年平均气温 /℃ Annual average temperature /℃	22.4
年平均最高气温 /℃ Annual average maximum temperature /℃	26.5
年平均最低气温 /℃ Annual average minimum temperature /℃	19.5
年降水量 /mm Annual precipitation /mm	1838
≥10℃的积温 /℃ Daily temperature accumulated in a year（≥10℃）/℃	8210
年日照时数 /h Annual sunshine /h	1748
年平均相对湿度 /% Annual average relative humidity /%	80
干燥度 Dryness	0.77

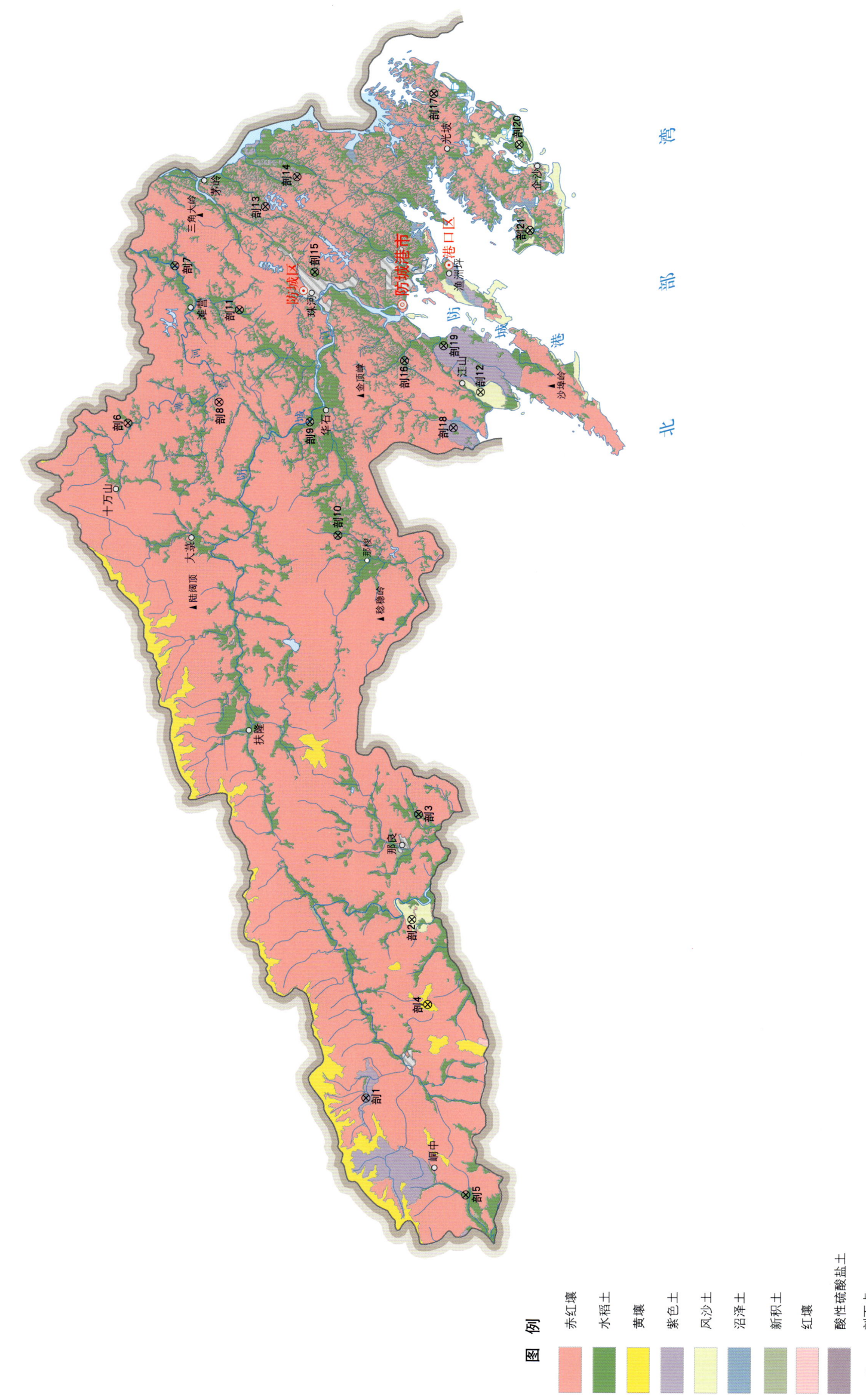

防城港市土壤剖面理化性状表

剖面号 Soil profile	土纲 Soil order	土类 Soil great group	亚类 Soil subgroup	土属 Soil genus	土种 Soil species	土层码 Layer code	土层厚度 Depth/cm	颜色 Soil color	质地 Soil texture	土壤结构 Soil structure	pH	有机质 OM/(g/kg)	全氮 TN/(g/kg)	全磷 TP/(g/kg)	全钾 TK/(g/kg)	阳离子交换量 CEC/(cmol/kg)	土壤母质 Parent material	剖面点坐标 Profile coordinate	匹配指数 Matching index/%
剖1	人为土	水稻土	潴育水稻土	紫色岩潴育水稻土	潴育紫泥田	A	0—16	紫灰色	中壤土	粒状	5.5	17.6	1.22	0.52	17.2	6.9	紫色岩	E 107°36′47.5″ N 21°42′29.5″	94
						P	16—26	紫灰色	中壤土	碎块状	5.5	16.0	0.36	0.42	16.8	9.1			
						W	26—60	紫灰色	重壤土	棱柱状	5.0	20.2	1.13	0.60	18.0				
						C	60—100	紫色	中壤土	块状	4.5	10.5	0.64	0.38	25.7				
剖2	初育土	风沙土	滨海风沙土	滨海盐土	海盐土	A	0—15	灰黄色	轻壤土	块状	3.0	29.2	1.37	0.20	10.6		滨海沉积物	E 107°46′43.3″ N 21°40′20.6″	84
						P₁	15—30	灰黑色	重壤土	块状	3.0	31.5	0.95	0.23	22.1				
						B₂	30—60	黑色	重壤土	块状	7.0	52.9	1.19	0.19	9.0				
						C	60—100	黄紫相间	中壤土	块状	3.0	7.4	0.32	0.18	13.7				
剖3	人为土	水稻土	潴育水稻土	花岗岩潴育水稻土	潴育杂砂泥田	A	0—16	灰黄色	中壤土	粒状	6.0	24.4	1.25	0.59	4.8		花岗岩	E 107°52′31.5″ N 21°40′25.2″	99
						P	16—24	灰黄色	砂壤土	碎块状	6.0	13.5	0.71	0.40	3.8				
						W	24—70	浅黄色	中壤土	棱柱状	6.5	7.6	0.47	0.37	4.2				
						C	70—100	黄棕色	中壤土	块状	5.5	10.4	0.52	0.42	5.2				
剖4	铁铝土	黄壤	黄壤	砂页岩黄壤	中层砂页岩黄壤	A	0—3	灰黄色	轻壤土	团粒状	4.5	38.0	1.91	0.21	4.7		砂页岩	E 107°42′01.8″ N 21°39′25.2″	98
						B	3—44	黄色	重壤土	块状	4.5	7.8	0.49	0.19	6.4				
						C	44—100	黄色	中壤土	块状	5.0	6.6	0.51	0.18	10.0				
剖5	人为土	水稻土	淹育水稻土	花岗岩潴育水稻土	杂砂泥田	A	0—15	浅灰黄色	中壤土	粒状	6.0	29.1	1.36	0.43	3.2		花岗岩	E 107°31′37.6″ N 21°37′13.1″	96
						P	15—28	浅灰色	中壤土	块状	5.0	29.7	1.30	0.39	3.3				
						C	28—100	浅黄棕色	中壤土	块状	5.5	8.6	0.50	0.18	3.4				
剖6	铁铝土	赤红壤	赤红壤	耕型花岗岩赤红土	杂砂赤红土	A	0—14	灰黄色	轻壤土	小团粒状	5.5	12.7	0.59	0.62	13.9		花岗岩	E 108°13′45.9″ N 21°55′32.0″	70
						B	14—52	浅棕黄色	中壤土	块状	5.0	6.9	0.46	0.28	11.5				
						C	52—100	浅棕黄色	中壤土	块状	4.5	7.6	0.52	0.40	22.3				
剖7	新积土	冲积土	冲积土	酸性潮泥土	厚酸性潮泥土	A	0—17	紫灰色	中壤土	粒状	5.0	14.0	0.73	0.59	13.5		河流冲积物	E 108°22′28.9″ N 21°53′15.0″	83
						B	17—60	紫灰色	中壤土	粒状	5.0	6.7	0.37	0.45	15.7				
						C	60—100	紫灰色	中壤土	粒状	5.0	5.7	0.27	0.43	16.3				
剖8	铁铝土	赤红壤	赤红壤	花岗岩赤红壤	花岗岩赤红壤	A	0—12	棕色	重壤土	团粒状	4.5	30.3	1.31	0.34	4.5		花岗岩	E 108°15′00.7″ N 21°50′51.0″	85
						B₁	12—30	红色	重壤土	块状	4.2	9.7	0.60	0.34	5.1				
						B₂	30—100	红色	中壤土	块状	4.0	4.2	0.21	0.28	4.9				
剖9	新积土	冲积土	冲积土	酸性潮砂土	厚厚酸性潮砂土	A	0—22	灰黄色	砂壤土	粒状	7.5	8.7	0.47	0.40	12.0		河流冲积物	E 108°14′00.6″ N 21°46′08.8″	81
						B	22—44	浅棕黄色	轻壤土	粒状	7.0	4.5	0.34	0.35	13.9				
						C	44—100	浅棕黄色	中壤土	粒状	6.5	4.4	0.40	0.38	15.4				
剖10	赤红壤	赤红壤	赤红壤	耕型砂页岩赤红壤	赤红土	A	0—13	紫灰色	轻壤土	小团粒状	4.5	12.1	0.73	0.69	5.6		砂页岩	E 108°07′47.6″ N 21°44′35.2″	73
						B	13—27	灰黄色	轻壤土	碎块状	5.5	7.4	0.41	0.36	5.3				
						C	27—100	灰黄色	重壤土	棱柱状	4.0	4.7	0.37	0.22	11.8				
剖11	人为土	水稻土	潴育水稻土	冲积性潴育水稻土	潴育潮泥田	A	0—20	浅黄色	中壤土	碎块状	5.0	27.7	1.33	0.51	10.6		河流冲积物	E 108°20′07.8″ N 21°49′53.0″	75
						P	20—34	棕黄色	中壤土	碎块状	6.5	23.2	1.35	0.46	10.9				
						W	34—87	棕灰色	重壤土	棱柱状	6.5	17.5	1.16	0.61	12.4				
						C	87—100	暗棕灰色	重壤土	块状	5.0	22.8	0.88	0.80	12.9				
剖12	初育土	风沙土	滨海风沙土	耕垦滨海沙土	砾质海沙土	A	0—12	浅灰黄色	轻砂壤土	无明显结构	7.0	4.6	0.47	0.18	1.7		滨海沉积物	E 108°29′46.3″ N 21°49′12.4″	72
						C	12—100	黄灰色	轻壤土	粒状	6.5	5.1	0.25	0.26	4.9				
剖13	人为土	水稻土	潴育水稻土	冷浸田	浅浸田	A	0—18	黑灰色	中壤土	块状	5.0	34.6	1.57	0.43	12.7		河流冲积物	E 108°25′49.4″ N 21°48′37.8″	93
						G	18—40	浅灰黄色	中壤土	块状	5.0	28.8	1.48	0.47	19.0				
						C	40—100	黑灰色	中壤土	块状	4.5	7.7	0.38	0.40	13.7				

续表 Continued

剖面号 Soil profile	土纲 Soil order	土类 Soil great group	亚类 Soil subgroup	土属 Soil genus	土种 Soil species	土层码 Layer code	土层厚度 Depth/cm	颜色 Soil color	质地 Soil texture	土壤结构 Soil structure	pH	有机质 OM/(g/kg)	全氮 TN/(g/kg)	全磷 TP/(g/kg)	全钾 TK/(g/kg)	阳离子交换量CEC/(cmol/kg)	土壤母质 Parent material	剖面点坐标 Profile coordinate	匹配指数 Matching index/%
剖14	人为土	水稻土	盐渍水稻土	氯化物盐渍田	咸酸田	A	0—15	浅黄棕色	中壤土	粒状	5.0	22.1	0.98	0.36	7.4	7.4		E 108°27′29.5″ N 21°47′02.0″	93
						P	15—21	灰黄色	重壤土	碎块状	5.0	24.5	0.64	0.19	8.2	8.1			
						G₁	21—35	褐黑灰色	中壤土	块状	4.0	56.9	0.98	0.19	9.8	12.8			
						G₂	35—100	黑灰棕色	重壤土	块状	5.0	53.2	0.71	0.18	6.4	10.1			
剖15	人为土	水稻土	潴育水稻土	砂页岩潴育水稻土	潴育砂泥田	A	0—20	棕灰色	重壤土	粒状	6.0	24.1	1.40	0.51	15.4		砂页岩	E 108°22′15.9″ N 21°46′01.5″	96
						P	20—29	棕棕灰色	重壤土	碎块状	5.5	19.8	1.26	0.60	16.4				
						W	29—69	棕灰色	中壤土	棱柱状	5.0	10.1	1.04	0.39	15.4				
						C	69—100	灰黄色	重壤土	块状	5.0	7.7	0.55	0.35	14.9				
剖16	人为土	水稻土	盐渍水稻土	氯化物盐渍田	淡酸田	A	0—12	浅棕色	中壤土	粒状	4.0	24.5	1.23	0.31	12.6			E 108°17′28.7″ N 21°41′19.0″	99
						P	12—22	浅棕色	中壤土	块状	4.0	21.6	0.83	0.33	10.9				
						C₁	22—40	浅灰色	重壤土	碎块状	4.0	20.0	1.03	0.30	14.2				
						C₂	40—100	暗灰色	中壤土	块状	5.5	15.6	0.47	0.12	9.9				
剖17	铁铝土	赤红壤	赤红壤	砂页岩赤红壤	薄层砂页岩赤红壤	A	0—5	灰黄色	轻壤土	团粒状	4.5	12.9	0.72	0.23	13.5		砂页岩	E 108°32′12.1″ N 21°40′01.9″	75
						B	5—35	黄灰色	重壤土	块状	4.5	10.9	0.67	0.20	14.1				
						C	35—100	浅棕黄色	重壤土	块状	4.5	6.1	0.62	0.18	3.1				
剖18	初育土	紫色土	酸性紫色土	砂页岩酸性紫色土	薄层酸性紫泥土	A	0—8	紫色	重壤土	团粒状	4.5	7.1	0.50	0.30	19.7		砂页岩	E 108°13′49.8″ N 21°38′44.5″	85
						B	8—40	红紫色	重壤土	块状	4.5	2.6	0.42	0.31	23.8				
						C	40—100	红紫色	重壤土	块状	4.5								
剖19	初育土	紫色土	酸性紫色土	耕型砂页岩酸性紫色土	酸性紫泥土	A	0—15	紫色	重壤土	碎块状	4.0	21.5	1.22	0.51	12.6		砂页岩	E 108°18′20.9″ N 21°39′19.1″	86
						B	15—23	紫色	轻壤土	碎块状	4.7	6.5	0.59	0.33	15.2				
						C	23—100	紫色	重壤土	块状	4.7	14.6	0.86	0.54	14.5				
剖20	初育土	风沙土	滨海风沙土	耕型滨海沙土	海沙土	A	0—17	浅黄灰色	松砂土	无明显结构	7.0	1.4	0.89	0.11	3.4		滨海沉积物	E 108°29′27.4″ N 21°35′35.2″	70
						C₁	17—37	暗黄色	松砂土	无明显结构	4.5	2.0	0.39	0.09	2.9				
						C₂	37—100	浅灰色	松砂土	无明显结构	4.5	3.5	0.30	0.36	3.5				
剖21	人为土	水稻土	盐渍水稻土	氯化物盐渍田	淡田	A	0—14	浅灰色	重壤土	粒状	7.5	20.7	1.05	0.43	17.5			E 108°24′43.9″ N 21°34′57.4″	98
						P	14—18	浅灰色	重壤土	块状	7.5	8.8	0.55	0.44	35.4				
						E₁	18—28	白色	中壤土	块状	7.5	2.5	0.14	0.18	22.6				
						E₂	28—100	白色	砂壤土	碎块状	5.0	3.0	0.22		8.7				

上 思 县

主要土类说明

赤红壤是上思县主要土壤类型，占本县地域面积的73%，主要分布在北回归线以南海拔500m以下的地区，本县大部分自然土壤都属于这类土壤。赤红壤是南亚热带地区代表性的地带性土壤，也是红壤向砖红壤过渡的一类土壤，是在特定的气候环境条件下形成的。赤红壤脱硅富铝化作用比砖红壤弱，但比红壤强，硅铝率为1.8—2.0，阳离子交换量为10—15cmol/kg。黏土矿物以高岭土为主，土壤剖面中有明显的A-B-C土层发育，心土层黏实，呈大块状结构，结构面上有大量铁锰胶膜，呈强酸性，pH为4.5—5.5。

水稻土是上思县第二大土壤类型，占本县地域面积的9%。水稻土是本县农业生产上最主要的一种土类，其形成受母质、生物、气候、地形、人为耕作等环境条件影响。水稻土是在自然土壤或旱地土壤的基础上，经过种植水稻，有规律地耕作、施肥、排灌等措施形成的。水稻土的发育受水分状况的影响，随着水分的流动、干湿交替的变化，土壤中铁锰物质的氧化、还原、淋溶、淀积交替作用很明显，因而形成水稻土特有的剖面构型。根据土壤耕作时间长短、熟化程度、地下水及地表水深浅的不同以及剖面层次的特点。本县水稻土分为淹育型、潴育型、潜育型、沼泽型等亚类。

紫色土是上思县第三大土壤类型，占本县地域面积的9%，分布比较广泛，以叫安、平福、那琴、公正等乡镇分布为多。紫色土是由紫色岩发育而成的一种岩性土。在成土过程中矿物质风化作用十分微弱，粉砂粒部分除有石英外，还有大量长石、云母等原生矿物颗粒；黏粒部分的黏土矿物以脱水云母或蒙脱土类为主。紫色土不具有脱硅富铝化的特性，土体呈紫红色或紫棕色，上下层次无明显分异，保留母质的特征。但紫色岩有强烈的物理风化过程，母岩受热胀冷缩影响进行物理风化而形成碎屑状物质，再受到淋溶冲刷，物质不断更新，使土壤发育处于相对幼年阶段，若植被不好，水土极易流失。根据酸碱度，本县紫色土仅有酸性紫色土一个亚类。

黄壤占上思县地域面积的7%，多见于海拔700—1200m的山区。黄壤发生于亚热带湿润条件下，具O-A-AB-B-C剖面构型。土壤富含水合氧化铁（针铁矿），呈黄色，中度脱硅富铝化，有时多含三水铝石，有机质累积较多，含量可达100g/kg，pH为4.5—5.5。多为林地，间亦耕种。

小于本县地域面积3%的土壤类型还有新积土等。

本区域中心区气候特征

本区域中心区气候特征值
Regional climate characteristics in central area of the region

气候带：南亚热带湿润气候 Climate region: South subtropical humid climate	
年平均气温 /℃ Annual average temperature /℃	22.2
年平均最高气温 /℃ Annual average maximum temperature /℃	26.6
年平均最低气温 /℃ Annual average minimum temperature /℃	19.3
年降水量 /mm Annual precipitation /mm	1621
≥10℃的积温 /℃ Daily temperature accumulated in a year（≥10℃）/℃	8149
年日照时数 /h Annual sunshine /h	1678
年平均相对湿度 /% Annual average relative humidity /%	80
干燥度 Dryness	0.86

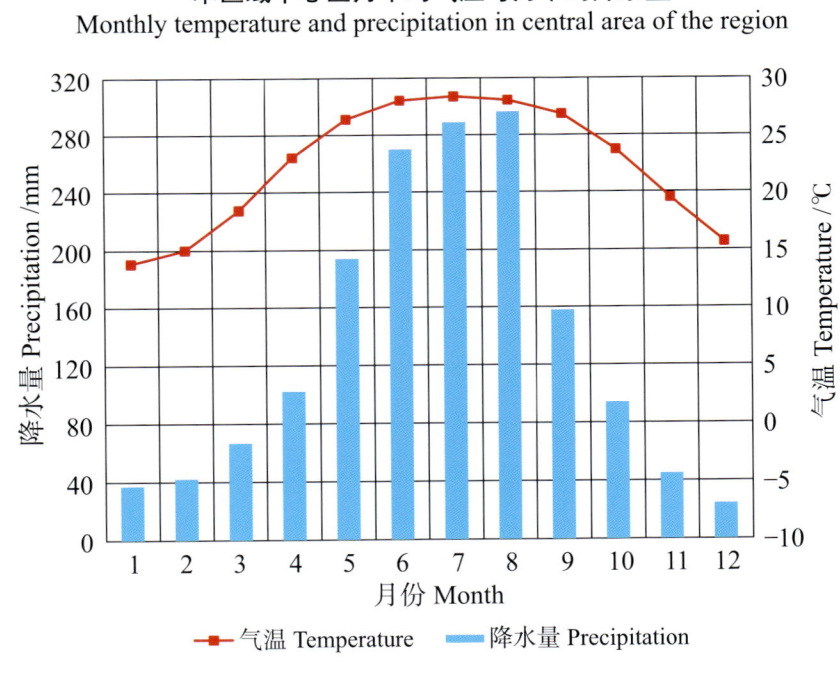

本区域中心区月平均气温与月平均降水量
Monthly temperature and precipitation in central area of the region

上思县主要土壤类型与土壤剖面点分布图
1 : 380 000

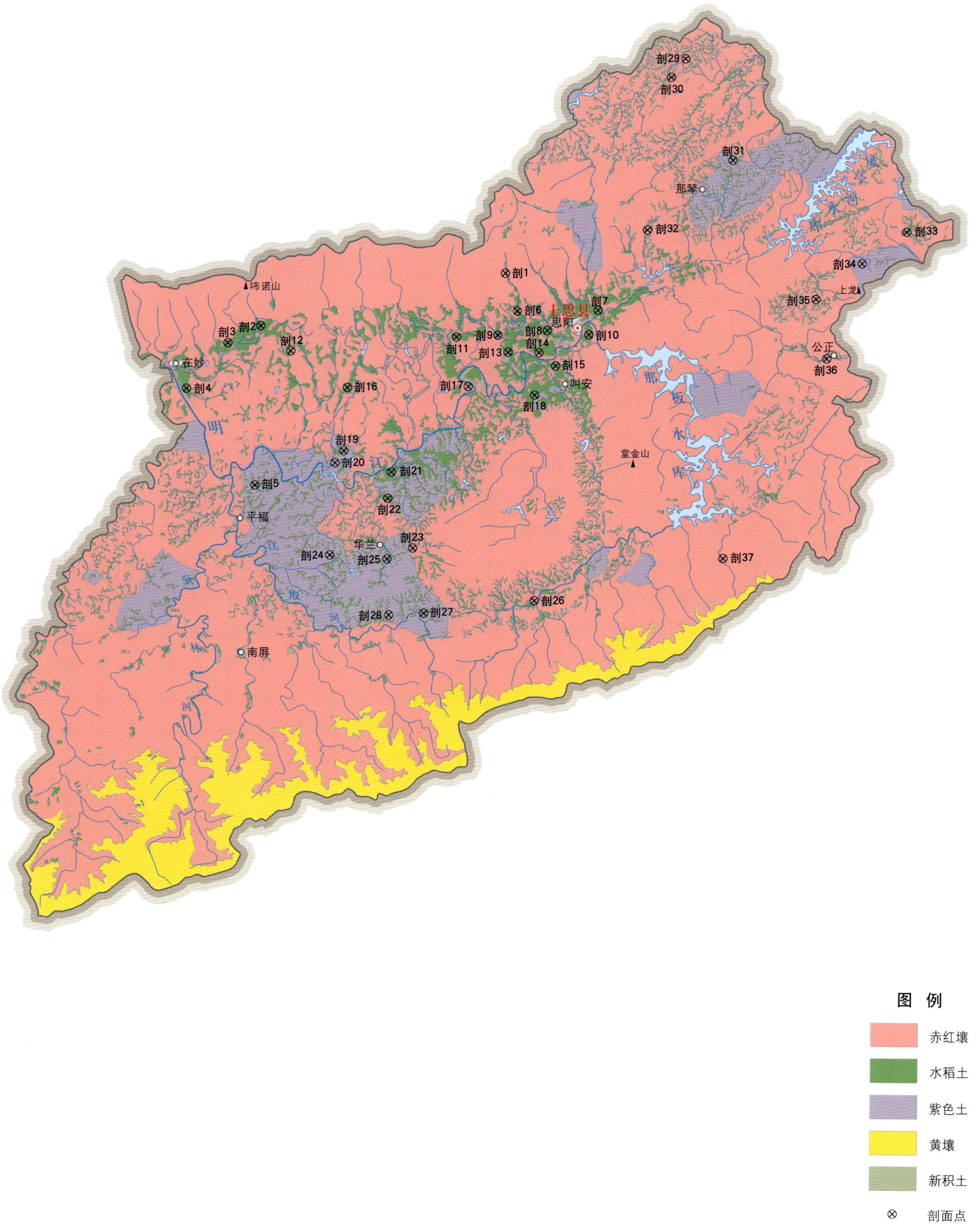

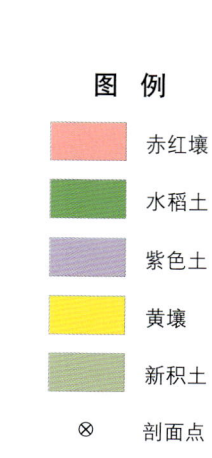

图 例
- 赤红壤
- 水稻土
- 紫色土
- 黄壤
- 新积土
- ⊗ 剖面点

上思县土壤剖面理化性状表

剖面号 Soil profile	土纲 Soil order	土类 Soil great group	亚类 Soil subgroup	土属 Soil genus	土种 Soil species	土层码 Layer code	土层厚度 Depth/cm	颜色 Soil color	质地 Soil texture	土壤结构 Soil structure	pH	有机质 OM/(g/kg)	全氮 TN/(g/kg)	全磷 TP/(g/kg)	全钾 TK/(g/kg)	有效磷 AP/(mg/kg)	速效钾 AK/(mg/kg)	阳离子交换量CEC/(cmol/kg)	土壤母质 Parent material	剖面点坐标 Profile coordinate	匹配指数 Matching index/%
剖1	人为土	水稻土	潴育水稻土	石灰岩潴育水稻土	浅棕泥田	A	0—14	浅棕色	黏土	团块状	6.5	13.5	0.93	0.27	8.6			6.3	石灰岩	E 107°55′28.9″ N 22°11′32.3″	86
						P	14—20	暗棕色	黏土	块状	7.0	6.1	0.72	0.23	7.9			5.6			
						C	20—100	棕色	黏土	大块状	7.5	7.7	0.58	0.31	12.2			12.1			
剖2	人为土	水稻土	潴育水稻土	砂页岩潴育水稻土	潴育砂土田	A	0—15	黄灰色	砂壤土	碎粒状	4.5	10.1	0.64	0.18	10.1				砂页岩	E 107°43′58.4″ N 22°09′23.0″	79
						P	15—27	浅黄色	砂壤土	块状	5.0	9.8	0.50	0.41	12.4						
						W	27—85	黄棕色	轻壤土	棱柱状	5.6	8.6	0.36	0.14	11.1						
						C	85—100	黄棕色	轻壤土	大块状											
剖3	人为土	水稻土	淹育水稻土	第三纪页岩泥岩淹育水稻土	黏质马肝土田	A	0—15	灰黄色	轻黏土	团块状	5.5	15.0				6.0	30		页岩、泥岩	E 107°42′24.1″ N 22°08′39.8″	72
						P	15—27	黄黄色	中黏土	块状											
						C	27—100	灰黄色	黏土	块状											
剖4	人为土	水稻土	潴育水稻土	冲积性潴育水稻土	潴育潮泥田	A	0—15	浅黄色	壤土	团块状	5.5	17.9	0.96	0.23	3.6				河流冲积物	E 107°40′26.3″ N 22°06′42.0″	96
						P	15—35	黄棕色	中壤土	块状	5.0	14.6	0.80	0.21	4.6						
						W	35—60	棕灰色	重壤土	棱柱状	5.5	12.7		0.26	9.4						
						C	60—100	棕灰色	砂壤土	粒块状											
剖5	人为土	水稻土	淹育水稻土	紫色岩淹育水稻土	紫泥田	A	0—13	紫色	重壤土	块状	6.0	13.4	0.87	0.38	16.1				紫色岩	E 107°43′35.4″ N 22°02′25.4″	80
						P	13—26	紫色	重壤土	块状	7.0	8.4	0.59	0.38	22.0						
						C	26—100	紫色	重壤土	大块状	7.0	6.4	0.51	0.38	21.5						
剖6	人为土	水稻土	潴育水稻土	砂页岩潴育水稻土	潴育蜡泥田	A	0—16	棕灰色	重壤土	团块状	5.5	11.5				8.0	50		砂页岩	E 107°56′01.3″ N 22°09′52.9″	92
						P	16—29	棕灰色	黏壤土	块状											
						W	29—57		黏土	棱柱状											
						C	57—100	灰黄色	黏土	大块状	5.0	21.0									
剖7	人为土	水稻土	潴育水稻土	红土质潴育水稻土	潴育多铁子田	A	0—12	棕灰色	中壤土	粒状						15.0	60		红土	E 107°59′48.8″ N 22°09′51.8″	87
						P	12—20	棕黄色	重壤土	棱柱状											
						W	20—48	浅棕色	重壤土	棱柱状											
						C	48—100	浅黄色	黏土	大块状											
剖8	人为土	水稻土	潴育水稻土	红土质潴育水稻土	薄砂质黄泥田	A	0—15	棕灰色	砂壤土	粒状	5.5	15.0	0.97	0.43	10.4	10.0	30		红土	E 107°57′25.2″ N 22°09′01.4″	79
						P	15—24	棕灰色	砂壤土	块状			0.76	0.25	6.5						
						C	24—100	棕灰色	轻壤土	碎块状			0.89	0.29	13.1						
剖9	人为土	水稻土	潴育水稻土	红土质潴育水稻土	黄泥田	A	0—15	棕灰色	轻黏土	块状	4.0	16.3	1.35	0.27	8.0				红土	E 107°55′05.2″ N 22°08′51.4″	89
						P	15—24	棕黄色	轻黏土	块状	4.5	21.3	0.62	0.20	6.5						
						C	24—100	黄棕色	黏土	大块状	6.0	13.7	0.40	0.38	6.4						
剖10	人为土	水稻土	潴育水稻土	冲积性潴育水稻土	潴育潮砂田	A	0—12	棕灰色	砂壤土	块状	6.5	22.2	0.29	0.20	10.0				河流冲积物	E 107°59′21.5″ N 22°08′48.5″	73
						P	12—20	浅棕色	砂壤土	块状	5.5	8.6									
						W	20—65	棕灰色	砂壤土	块状	6.5	5.0									
						C	65—100	棕灰色	砂壤土	小块状	6.5	3.1									
剖11	人为土	水稻土	潴育水稻土	砂页岩潴育水稻土	砂土田	A	0—10	浅棕色	砂壤土	块状	5.0	14.5	0.72	0.12	2.2	6.0	30		砂页岩	E 107°53′09.2″ N 22°08′47.8″	85
						P	10—20	棕灰色	壤土	块状	5.0	10.9	0.58	0.12	1.9						
						C	20—100	棕灰色	轻壤土	粒块状	6.0	4.5	0.32	0.11	2.2						
剖12	人为土	水稻土	淹育水稻土	第三纪页岩泥岩淹育水稻土	壤质马肝土田	A	0—13	灰灰色	砂壤土		5.5	15.0							页岩、泥岩	E 107°45′21.2″ N 22°08′16.4″	71
						P	13—21	灰白色	重壤土	大块状											
						C	21—100														

续表 Continued

剖面号 Soil profile	土纲 Soil order	土类 Soil great group	亚类 Soil subgroup	土属 Soil genus	土种 Soil species	土层码 Layer code	土层厚度 Depth/cm	颜色 Soil color	质地 Soil texture	土壤结构 Soil structure	pH	有机质 OM/(g/kg)	全氮 TN/(g/kg)	全磷 TP/(g/kg)	全钾 TK/(g/kg)	有效磷 AP/(mg/kg)	速效钾 AK/(mg/kg)	阳离子交换量CEC/(cmol/kg)	土壤母质 Parent material	剖面点坐标 Profile coordinate	匹配指数 Matching index/%
剖13	人为土	水稻土	潴育水稻土	冲积质潴育水稻土	潴育潮油砂田	A	0—13	褐红色	壤土	粒状	6.0	20.0				15.0	50		河流冲积物	E 107°55′33.2″ N 22°08′06.0″	84
剖14	人为土	水稻土	淹育水稻土	冲积性淹育水稻土	潮泥田	P	13—21	紫灰色	砂壤土	块状									河流冲积物	E 107°57′01.1″ N 22°08′03.8″	71
						C	21—41	紫色	砂壤土	梭柱状											
							41—100	紫色	砂壤土												
剖15	人为土	水稻土	淹育水稻土	砂页岩淹育水稻土	蜡泥田	A	0—13	浅灰色	中壤土	粒状	4.5	16.4	0.93	0.24	2.9				砂页岩	E 107°57′47.5″ N 22°07′28.9″	73
						P	13—21	棕灰色	中壤土	块状	5.0	8.9	0.66	0.24	2.9						
						C	21—100	棕灰色	中壤土	大块状	5.0	6.3	0.41	0.19	2.6						
剖16	人为土	水稻土	潴育水稻土	第三纪页岩泥质潴育水稻土	潴育黏质马尿土田	A	0—13	灰黄色	轻黏土	粒状	6.5	12.0	0.68	0.25	1.5				页岩、泥岩	E 107°47′59.6″ N 22°06′39.2″	81
						P	13—20	灰黄色	中黏土	块状	6.5	10.9	0.64	0.23	1.5						
						W	20—100	灰黄色	中黏土	块状	8.0	2.3	0.20	0.15	4.2						
						C	17—27	灰白色	重壤土	块状	5.5	20.0				9.0	30				
剖17	铁铝土	赤红壤	赤红壤	耕型第四纪红土红壤	赤红土	A	0—15	棕黄色	轻黏土	块状	6.5	8.9	0.45	0.25	1.8				红土	E 107°53′39.8″ N 22°06′37.7″	84
						B	15—26	黄灰色	黏土	大块状	6.5	5.5	0.36	0.26	1.8						
						C	26—80	黄棕色	黏土	大块状	4.5	6.3	0.45	0.24	2.9						
剖18	人为土	水稻土	潴育水稻土	砂页岩潴育水稻土	潴育砂泥田	A	0—16	暗黄色	砂壤土	小块状	5.0	32.9	1.64	0.40	11.1				砂页岩	E 107°56′46.7″ N 22°06′13.0″	75
						P	16—30	灰黄色	重壤土	块状	7.5	2.3	0.18	0.19	7.6						
						W	30—80	褐黄色	重壤土	块状	7.5	3.2	3.20	0.18	5.9						
						G	80—100	青灰色	黏土	无明显结构											
剖19	人为土	水稻土	潴育水稻土	紫色岩潴育水稻土	潴育紫砂田	A	0—13	紫灰色	轻黏土	粒状	5.0	21.2	1.24	0.32	20.9				紫色岩	E 107°47′47.4″ N 22°03′53.3″	77
						P	13—23	浅紫色	轻黏土	块状	5.0	19.1	1.24	0.31	22.1						
						W	23—75	紫色	重黏土	梭柱状	6.0	15.3	1.08	0.25	18.0						
						C	75—100	紫色	重黏土	大块状											
剖20	初育土	紫色土	酸性紫色土	砂页岩酸性紫色土	中层砂页岩酸性紫色土	A	0—15	紫灰黄色	中壤土	团块状	4.5	44.6	1.78	0.30	6.1				砂页岩	E 107°47′22.2″ N 22°03′22.0″	71
						B	15—25	紫灰色	重壤土	大块状	4.5	11.1	0.64	0.19	6.2						
						C	25—80	紫色	重壤土	大块状	4.5	6.2	0.50	0.19	6.4						
剖21	人为土	水稻土	淹育水稻土	砂页岩淹育水稻土	壤土田	A	0—15	灰黄色	轻壤土	粒状	5.5	13.2	0.73	0.24	12.4				砂页岩	E 107°50′01.0″ N 22°02′55.7″	99
						P	15—24	浅灰黄色	壤土	块状	7.0	3.8	0.25	0.13	12.3						
						C	24—100	棕黄色	轻壤土	块状	7.0	2.3	0.22	0.11	9.9						
剖22	人为土	水稻土	淹育水稻土	紫色岩淹育水稻土	紫黏田	A	0—15	紫黄色	黏土	粒状	6.5	20.8	1.26	0.23	14.7				紫色岩	E 107°49′49.8″ N 22°01′46.9″	88
						P	15—24	浅紫色	黏土	块状	7.5	7.7	0.57	0.22	14.6						
						C	24—100	紫色	黏土	大块状	7.5	7.4	0.41	0.71	12.2						
剖23	人为土	水稻土	潴育水稻土	冷浸田	浅渍田	A	0—15	紫灰黄色	重壤土	粒状	4.5	43.7	1.99	0.26	10.7				砂页岩	E 107°50′57.8″ N 21°59′35.5″	77
						G	15—35	青灰色	重壤土	无明显结构	4.5	57.7	2.09	0.19	12.0						
						C	35—100	棕灰色	砂壤土	块状	4.5	57.3	2.08	0.18	12.3						
剖24	初育土	紫色土	酸性紫色土	砂页岩酸性紫色土	薄层砂页岩酸性紫色土	A	0—10	紫灰色	砂壤土	小块状	5.0	8.7	0.64	0.20	23.8			10.8	砂页岩	E 107°47′04.2″ N 21°59′19.7″	92
						C	10—21	紫灰色	砂壤土	梭柱状	4.5	4.5	0.44	0.35	25.1						
剖25	人为土	水稻土	潴育水稻土	紫色岩潴育水稻土	潴育紫泥田	A	0—16	紫灰色	轻黏土	块状	5.5	23.7	1.30	0.18	12.4				紫色岩	E 107°49′45.5″ N 21°59′07.4″	98
						P	16—25	浅紫色	重黏土	梭柱状	7.5	7.3	0.52	0.20	11.9						
						W	25—48	棕紫色	重黏土	大块状	7.5	8.7	0.57	0.17	11.9						
						C	48—100	紫紫色	重黏土		8.0	5.0	0.45	0.17	11.2						
剖26	铁铝土	赤红壤	赤红壤	耕型砂页岩赤红壤	赤壤土	A	0—10	棕色	轻黏土	块状	4.5	25.7	1.65	0.30	9.0				砂页岩	E 107°56′39.1″ N 21°57′14.4″	78
						C	10—100	黄棕色	重黏土	块状	5.5	24.4	1.64	0.29	7.8						

续表 Continued

剖面号 Soil profile	土纲 Soil order	土类 Soil great group	亚类 Soil subgroup	土属 Soil genus	土种 Soil species	土层码 Layer code	土层厚度 Depth/cm	颜色 Soil color	质地 Soil texture	土壤结构 Soil structure	pH	有机质 OM/(g/kg)	全氮 TN/(g/kg)	全磷 TP/(g/kg)	全钾 TK/(g/kg)	有效磷 AP/(mg/kg)	速效钾 AK/(mg/kg)	阳离子交换量CEC/(cmol/kg)	土壤母质 Parent material	剖面点坐标 Profile coordinate	匹配指数 Matching index/%
剖27	人为土	水稻土	淹育水稻土	紫色岩淹育水稻土	紫砂田	A	0—13	灰紫色	砂壤土	碎块状	5.0	12.7	0.78	0.12	17.2			6.3	紫色岩	E 107°51′27.0″ N 21°56′45.2″	87
						P	13—25	浅紫色	中壤土	块状	7.0	6.4	0.45	0.22	17.4			5.0			
						C	25—60	紫黄色	中壤土	碎块状	7.0	7.6	0.54	0.22	10.1			9.2			
剖28	人为土	水稻土	潜育水稻土	冷浸田	深浸田	A	0—12	青灰色	重壤土	块状	5.5	26.4	1.40	0.33	10.4			16.0		E 107°49′48.7″ N 21°56′41.3″	84
						P	12—27	青灰色	重壤土	块状		16.8	1.04	0.22	10.2			11.8			
						G	27—60	青灰色	轻壤土	无明显结构	6.0	4.6	0.39	0.17	8.8			3.7			
						C	60—100	棕黄色	重壤土	大块状											
剖29	人为土	水稻土	沼泽型水稻土	烂泥田	深泥田	A	0—16	蓝灰色	轻黏土	无明显结构	4.0	56.8	1.74	0.23	6.0					E 108°04′05.9″ N 22°20′47.0″	93
						G	16—100	青灰色	中壤土	无明显结构	4.5	10.6	0.58	0.16	8.5						
剖30	人为土	水稻土	潜育水稻土	潜底田	深潜底田	A	0—14	浅灰色	重壤土	块状	6.0	29.8	0.16	0.30	11.0					E 108°03′24.5″ N 22°19′59.2″	75
						P	14—26	蓝灰色	重壤土	无明显结构	7.0	20.8	1.26	0.25	11.5						
						Wg	26—60	青灰色	重壤土	无明显结构	7.5	8.2	0.63	0.27	12.7						
						G	60—100	青灰色	重壤土	无明显结构											
剖31	人为土	水稻土	潜育水稻土	潜底田	浅潜底田	A	0—18	棕灰色	中壤土	无明显结构	5.0	31.6	1.63	0.21	4.4					E 108°06′14.4″ N 22°16′19.6″	86
						G	18—100	青灰色	中壤土	无明显结构	4.5	7.3	0.45	0.16	4.4						
剖32	人为土	水稻土	潜育水稻土	砂页岩潜育水稻土	潴育砂泥肉田	A	0—16	棕灰色	壤土	蜂窝状	5.5	25.0				20.0	60		砂页岩	E 108°02′11.0″ N 22°13′20.3″	79
						P	16—23	棕灰色	中壤土	棱柱状											
						W	23—76	棕灰色	壤土	大块状											
						C	76—100	棕灰色	砂壤土												
剖33	人为土	水稻土	潜育水稻土	潜底田	中潜底田	A	0—15	浅灰色	中壤土	小块状	4.5	23.7	1.20	0.26	11.6					E 108°14′22.2″ N 22°13′04.4″	77
						P	15—25	深灰色	中壤土	无明显结构	6.0	22.4	1.35	0.27	16.7						
						G	25—100	青灰色	重壤土	无明显结构	6.5	6.6	0.44	0.17	13.9						
剖34	初育土	紫色土	酸性紫色土	页岩酸性紫色土	中层页岩酸性紫色土	A	0—10	紫色	中黏土	块状	6.0	31.4	1.54	0.25	12.8				页岩	E 108°12′15.8″ N 22°11′43.3″	95
						C	10—60	紫色	黏壤土	无明显结构	6.0	1.5	0.26	0.22	13.7						
剖35	人为土	水稻土	沼泽型水稻土	烂泥田	浅泥田	Ag	0—30	蓝灰色	轻壤土	无明显结构	4.5	43.5	1.89	0.32	10.9					E 108°10′04.1″ N 22°10′12.0″	94
						G	30—60	青灰色	重壤土	无明显结构	4.5	43.6	1.80	0.26	11.6						
						Cg	60—100	棕灰色	重壤土	大块状											
剖36	人为土	水稻土	潴育水稻土	冲积性潴育水稻土	潴育潮泥肉田	A	0—15	棕灰色	轻黏土	微团粒状	5.0	27.2	1.70	0.63	13.0				河流冲积物	E 108°10′31.2″ N 22°07′36.8″	80
						P	15—26	浅灰色	重黏土	块状	6.5	14.0	0.97	0.52	12.4						
						W	26—46	灰黄色	重黏土	棱柱状	8.0	3.6	0.40	0.30	2.7						
						C	46—100	棕黄色	重黏土	大块状	7.5	9.8	0.77	0.37	13.9						
剖37	铁铝土	赤红壤	赤红壤	砂页岩赤红壤	厚层砂页岩赤红壤	A	0—10	灰黄色	中壤土	粒块状	4.5	22.3	0.84	0.11	6.4				砂页岩	E 108°05′31.9″ N 21°58′57.4″	85
						C	10—100	棕黄色	重壤土	块状	5.0	9.0	0.49	0.11	7.8						

钦 州 市

市 辖 区

主要土类说明

砖红壤是钦州市主要土壤类型，占本市地域面积的49%。砖红壤是发生于亚热带雨林或季雨林下，遭强烈脱硅富铝化的土壤。砖红壤中氧化硅大量迁出，游离铁占全铁的80%，黏粒矿物以高岭石、赤铁矿和三水铝矿为主，黏粒硅铝率小于1.6，风化淋溶系数小于0.05，盐基饱和度小于15%，pH为4.5—5.5。具A-Bs-Bv-C剖面构型，具有深厚的红色风化壳。

水稻土是钦州市第二大土壤类型，占本市地域面积的25%。水稻土是在长期季节性淹灌、水下翻耕、季节性脱水、氧化还原交替影响下，原来成土母质或母土的特性发生重大改变，形成的新的土壤类型。由于干湿交替，水稻土形成糊状淹育层、较坚实板结的犁底层、渗育层、潴育层与潜育层等多种发生层。这些不同发生层段是在人为耕作、水浆管理下形成的。

红壤是钦州市第三大土壤类型，占本市地域面积的17%。红壤主要发生于常绿阔叶林下，呈中度脱硅富铝化特征，土壤黏粒中游离铁占全铁的50%—60%。黏土矿物以高岭石、赤铁矿为主，黏粒硅铝率为1.8—2.4，风化淋溶系数小于0.2，盐基饱和度小于35%，pH为4.5—5.5。红壤具深厚红色土层，淀积层（B层）底层可见具深厚红、黄、白相间网纹的红色黏土。

紫色土占钦州市地域面积的3%。紫色土是由热带、亚热带紫红色岩层直接风化形成的A-C型土壤。其理化性质与母岩组成直接相关，土层浅薄，剖面层次发育不明显，仍处于初育阶段。母岩富含矿质养分，且风化迅速，为良好的肥沃土壤。但其他较干旱地区的此类母岩风化物不具有此肥沃特性。

小于本市地域面积3%的土壤类型还有风沙土、潮土、赤红壤、滨海盐土和新积土等。

本区域中心区气候特征

本区域中心区气候特征值
Regional climate characteristics in central area of the region

气候带：南亚热带湿润气候 Climate region: South subtropical humid climate	
年平均气温 /℃ Annual average temperature /℃	22.3
年平均最高气温 /℃ Annual average maximum temperature /℃	26.2
年平均最低气温 /℃ Annual average minimum temperature /℃	19.6
年降水量 /mm Annual precipitation /mm	2049
≥10℃的积温 /℃ Daily temperature accumulated in a year (≥10℃) /℃	8173
年日照时数 /h Annual sunshine /h	1745
年平均相对湿度 /% Annual average relative humidity /%	80
干燥度 Dryness	0.65

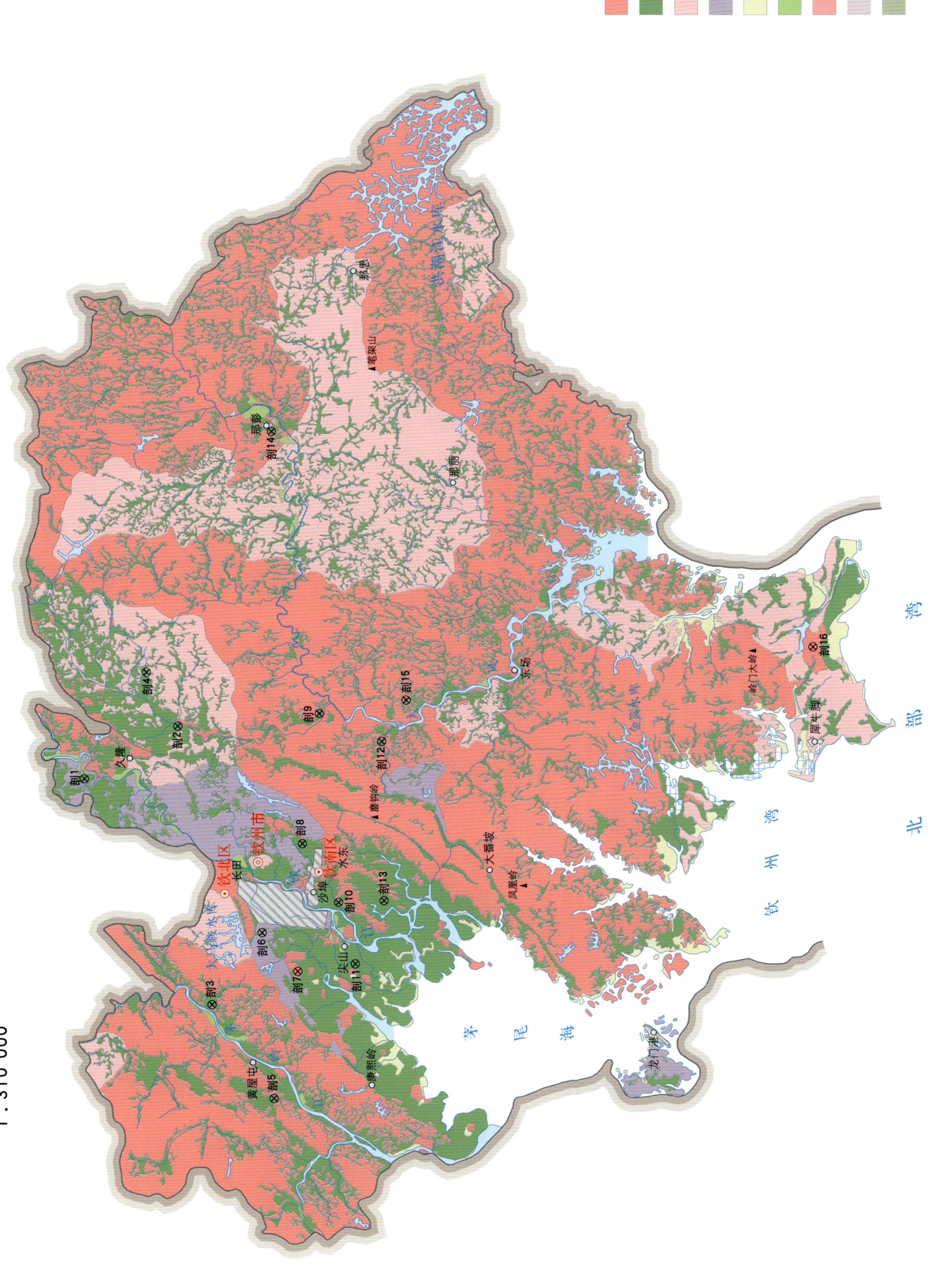

钦州市土壤剖面理化性状表

剖面号	土纲	土类	亚类	土属	土种	土层码	土层厚度/cm	颜色	质地	土壤结构	pH	有机质OM/(g/kg)	全氮TN/(g/kg)	全磷TP/(g/kg)	全钾TK/(g/kg)	阳离子交换量CEC/(cmol/kg)	土壤母质	剖面点坐标	匹配指数/%
剖1	人为土	水稻土	潴育水稻土	冲积性潴育水稻土	潴育潮泥田	A	0—16	浅灰色	壤土	粒状	6.5	20.9	1.25	0.37	10.0		河流冲积物	E 108°42′07.9″ N 22°05′28.0″	82
						P	16—23	灰色	壤土	块状	7.0	17.3	1.06	0.30	12.1				
						W	23—70	棕灰色	壤土	棱柱状	7.0								
						C	70—100	棕灰色	壤土	块状									
剖2	人为土	水稻土	沼泽型水稻土	埋藏潴泥田	深埋黑潴泥田	A	0—16	棕褐色	黏土	块状	6.5	33.8	1.53	0.33	6.2			E 108°44′13.6″ N 22°02′06.4″	100
						P	16—28	黑褐色	中黏土	块状	6.5	36.2	1.58	2.70	5.4				
						3	28—100	黑色	中黏土	块状	5.0								
剖3	人为土	水稻土	潴育水稻土	冲积性潴育水稻土	潴育潮砂田	A	0—19	浅棕灰色	砂壤土	粒状	5.5	26.1	1.48	0.48	8.7		河流冲积物	E 108°33′25.6″ N 22°00′43.9″	97
						P	19—25	棕灰色	砂壤土	小块状	6.0	10.1	0.64	0.33	9.1				
						W	25—63	暗灰色	砂壤土	棱柱状	6.5								
						C	63—100	暗灰色	砂壤土	块状	5.0								
剖4	人为土	水稻土	淹育水稻土	砂页岩淹育水稻土	砂土田	A	0—11	灰黄色	轻壤土	粒状	5.7	16.9	0.92	0.36	9.3		砂页岩	E 108°46′17.8″ N 22°03′15.5″	77
						P	11—20	棕灰色	中壤土	块状	5.8	17.9	0.90	0.34	9.1				
						C	20—100	橘红色	壤土	块状	5.0								
剖5	人为土	水稻土	潴育水稻土	砂页岩潴育水稻土	潴育砂泥田	A	0—18	灰色	壤土	粒状	5.5	27.8	1.45	0.26	6.1		砂页岩	E 108°29′50.3″ N 21°58′27.1″	80
						P	18—25	灰色	中壤土	小块状	5.8	13.3	0.81	0.23	5.1				
						W	25—62	浅灰色	壤土	棱柱状	5.0								
						C	62—100	黄灰色	壤土	块状	5.0								
剖6	人为土	水稻土	淹育水稻土	红土质淹育水稻土	黄泥田	A	0—12	棕黄色	中壤土	粒状	6.0	27.6	1.32	0.35	4.1	7.0	红土	E 108°36′12.2″ N 21°58′57.0″	71
						P	12—20	棕黄色	壤土	块状	6.5	13.2	0.68	0.29	4.2	6.9			
						C	20—100	红黄色	重壤土	块状	6.0	12.4	0.55	0.34	3.9	8.8			
剖7	铁铝土	砖红壤	砖红壤	耕型砂页岩砖红壤	红砂土	A	0—10	黄灰色	砂壤土	粒状	5.5	9.1	0.48	0.23	2.1		砂页岩	E 108°34′44.8″ N 21°57′38.2″	95
						2	10—80	红灰色	砂壤土	块状	5.0	6.2	0.41	0.21	4.7				
剖8	人为土	水稻土	潴育水稻土	红土质潴育水稻土	潴育黄泥田	A	0—18	浅黄色	重壤土	粒状	4.5	21.1	1.04	0.20	13.0		红土	E 108°39′41.9″ N 21°57′31.4″	94
						P	18—28	浅黄色	中黏土	块状	5.0	16.1	0.88	0.32	10.2				
						W	28—90	灰黄色	中黏土	棱柱状	5.0	13.4	0.86	0.17	9.9				
						C	90—100	灰黄色	中黏土	块状	6.0								
剖9	人为土	水稻土	潴育水稻土	砂页岩潴育水稻土	粉结田	A	0—12	灰棕色	砂壤土	粒状	6.0	28.0	1.40	0.19	8.7		砂页岩	E 108°44′47.0″ N 21°56′57.5″	82
						P	12—20	灰黄色	重壤土	块状	6.5	22.9	1.20	0.16	10.2				
						C	20—80	红黄色	重壤土	块状	5.0								
剖10	人为土	水稻土	淹育水稻土	冲积性淹育水稻土	潮泥田	A	0—12	浅棕色	砂壤土	粒状	5.5	25.2	1.22	0.27	2.6		河流冲积物	E 108°37′25.3″ N 21°56′11.4″	88
						P	12—24	紫棕色	中壤土	块状	5.5	22.4	1.20	0.19	4.5				
						C	24—44	灰色	重壤土	块状	6.5								
剖11	人为土	水稻土	盐渍水稻土	咸酸田	咸酸田	A	0—14	黄灰色	重壤土	粒状	3.5	40.4	1.70	0.13	9.6		砂页岩	E 108°35′03.8″ N 21°55′33.2″	98
						P	14—22	黄灰黑色	重壤土	块状	3.5	41.7	1.43	0.31	9.0				
						G	22—100	灰黄色	中壤土	块状	4.0								
剖12	人为土	水稻土	淹育水稻土	砂页岩淹育水稻土	壤土田	A	0—10	灰棕色	轻壤土	粒状	5.5	17.4	0.84	0.33	1.6	7.0	砂页岩	E 108°43′44.0″ N 21°54′41.0″	79
						P	10—18	棕黄色	重壤土	块状	5.5	13.9	0.73	0.24	2.0	8.2			
						C	18—100	棕黄色	重壤土	块状	4.0	4.9	0.25	0.33	8.7	11.8			
剖13	人为土	水稻土	盐渍水稻土	咸酸田	淡酸田	A	0—14	黄灰色	砂壤土	粒状	4.0	31.3	1.44	0.37	5.7			E 108°37′30.7″ N 21°51′32.2″	86
						P	14—20	棕灰色	中壤土	块状	4.0	22.0	1.16	0.20	5.3				
						3	20—58	深灰色	中壤土	块状									
						C	58—100	深灰色	砂土	单粒状									

续表 Continued

剖面号 Soil profile	土纲 Soil order	土类 Soil great group	亚类 Soil subgroup	土属 Soil genus	土种 Soil species	土层码 Layer code	土层厚度 Depth/cm	颜色 Soil color	质地 Soil texture	土壤结构 Soil structure	pH	有机质 OM/(g/kg)	全氮 TN/(g/kg)	全磷 TP/(g/kg)	全钾 TK/(g/kg)	阳离子交换量CEC/(cmol/kg)	土壤母质 Parent material	剖面点坐标 Profile coordinate	匹配指数 Matching index/%
剖14	人为土	水稻土	潴育水稻土	红土质潴育水稻土	潴育黄泥肉田	A	0—12	黄灰色	中壤土	粒状	5.0	23.4	1.30	0.32	6.4		红土	E 108°55′42.9″ N 21°58′49.1″	91
						P	12—18	黄灰色	中壤土	块状	5.0	21.7	1.23	0.28	7.0				
						W	18—80	棕灰色	中壤土	棱柱状	5.0								
						C	80—100	灰棕色	中壤土	块状									
剖15	人为土	水稻土	淹育水稻土	红土质淹育水稻土	砂质黄泥田	A	0—8	黄黄色	砂壤土	粒状	6.5	11.0	0.66	0.24	2.2		红土	E 108°45′20.8″ N 21°53′49.1″	88
						P	8—12	灰黄色	砂壤土		5.5	7.9	0.52	0.19	2.7				
						C	12—100	棕黄色	重壤土		6.0								
剖16	铁铝土	砖红壤	砖红壤	耕型砂页岩砖红壤	红壤土	A	0—15	灰黄色	轻壤土	粒状	5.0	7.6	0.40	0.30	1.4		砂页岩	E 108°47′36.2″ N 21°39′04.0″	90
						C	15—100	红黄色	中壤土	块状	5.5	1.9	0.35	0.11	2.0				

钦 北 区

主要土类说明

红壤是钦北区主要土壤类型，占本区地域面积的38%。红壤主要发生于本区常绿阔叶林下，呈中度脱硅富铝化特征，土壤黏粒中游离铁占全铁的50%—60%。黏土矿物以高岭石、赤铁矿为主，黏粒硅铝率为1.8—2.4，风化淋溶系数小于0.2，盐基饱和度小于35%，pH 为 4.5—5.5。红壤具深厚红色土层，淀积层（B 层）底层可见具深厚红、黄、白相间网纹的红色黏土。

砖红壤是钦北区第二大土壤类型，占本区地域面积的29%。砖红壤是发生于热带雨林或季雨林下，遭强烈脱硅富铝化的土壤。砖红壤中氧化硅大量迁出，游离铁占全铁的80%，黏粒矿物以高岭石、赤铁矿和三水铝矿为主，黏粒硅铝率小于1.6，风化淋溶系数小于0.05，盐基饱和度小于15%，pH 为 4.5—5.5。具 A–Bs–Bv–C 剖面构型，具有深厚的红色风化壳。

水稻土是钦北区第三大土壤类型，占本区地域面积的26%。水稻土是在长期季节性淹灌、水下翻耕、季节性脱水、氧化还原交替影响下，原来成土母质或母土的特性发生重大改变，形成的新的土壤类型。由于干湿交替，水稻土形成糊状淹育层、较坚实板结的犁底层、渗育层、潴育层与潜育层等多种发生层。这些不同发生层段是在人为耕作、水浆管理下形成的。

紫色土占钦北区地域面积的4%。紫色土是由热带、亚热带紫红色岩层直接风化形成的 A–C 型土壤。其理化性质与母岩组成直接相关，土层浅薄，剖面层次发育不明显，仍处于初育阶段。母岩富含矿质养分，且风化迅速，为良好的肥沃土壤。但其他较干旱地区的此类母岩风化物不具有此肥沃特性。

小于本区地域面积3%的土壤类型还有潮土、赤红壤、风沙土和新积土等。

本区域中心区气候特征

本区域中心区气候特征值
Regional climate characteristics in central area of the region

气候带：南亚热带湿润气候 Climate region: South subtropical humid climate	
年平均气温 /℃ Annual average temperature /℃	22.1
年平均最高气温 /℃ Annual average maximum temperature /℃	26.1
年平均最低气温 /℃ Annual average minimum temperature /℃	19.2
年降水量 /mm Annual precipitation /mm	1915
≥10℃的积温 /℃ Daily temperature accumulated in a year（≥10℃）/℃	8084
年日照时数 /h Annual sunshine /h	1676
年平均相对湿度 /% Annual average relative humidity /%	80
干燥度 Dryness	0.70

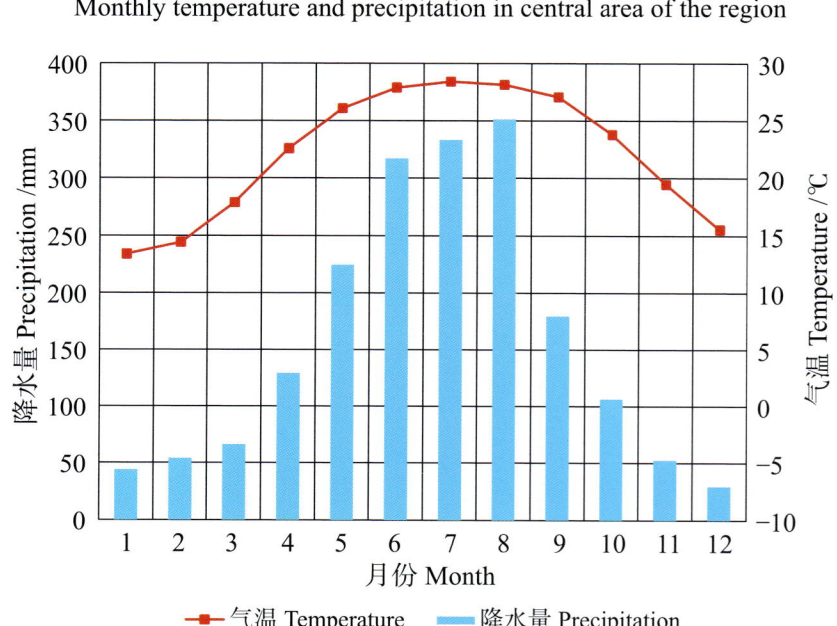

本区域中心区月平均气温与月平均降水量
Monthly temperature and precipitation in central area of the region

钦北区主要土壤类型与土壤剖面点分布图

1∶320 000

图 例

- 红壤
- 砖红壤
- 水稻土
- 紫色土
- 潮土
- 赤红壤
- 风沙土
- 新积土
- ⊗ 剖面点

注：钦北区于2005年迁址，在钦州市市辖区图内出现。

第二编　分县土壤图与土壤剖面数据 | 195

钦北区土壤剖面理化性状表

剖面号 Soil profile	土纲 Soil order	土类 Soil great group	亚类 Soil subgroup	土属 Soil genus	土种 Soil species	土层码 Layer code	土层厚度 Depth/cm	颜色 Soil color	质地 Soil texture	土壤结构 Soil structure	pH	有机质 OM/(g/kg)	全氮 TN/(g/kg)	全磷 TP/(g/kg)	全钾 TK/(g/kg)	土壤母质 Parent material	剖面点坐标 Profile coordinate	匹配指数 Matching index/%
剖1	人为土	水稻土	潴育水稻土	紫色岩潴育水稻土	潴育紫泥田	A	0—13	紫灰色	重壤土	粒状	5.0	24.0	1.11	0.33	15.2	紫色岩	E 108°34′59.5″ N 22°24′04.0″	70
						P	13—23	紫灰色	重壤土	碎块状	5.5	23.1	1.10	0.36	12.8			
						W	23—80	紫灰色	重壤土	棱柱状	6.0							
						C	80—100	紫灰色	重壤土									
剖2	人为土	水稻土	潴育水稻土	砂页岩潴育水稻土	潴育砂泥田	A	0—18	浅棕色	壤土	蜂窝状	5.5	23.3	1.42	0.89	15.1	砂页岩	E 108°44′05.3″ N 22°20′55.3″	74
						P	18—24	棕灰色	壤土	块状	5.5	10.5	0.64	0.20	14.8			
						W	24—55	灰棕色	壤土	棱柱状	6.5							
						C	55—100	灰棕色	壤土	块状								
剖3	人为土	水稻土	潴育水稻土	花岗岩潴育水稻土	潴育杂砂泥肉田	A	0—18	黄东色	壤土	蜂窝状	4.5	28.8	1.34	0.31	15.6	花岗岩	E 108°38′12.5″ N 22°19′03.0″	86
						P	18—24	棕灰色	壤土	棱柱状	5.0	27.1	1.42	0.26	11.0			
						W	24—100	灰棕色	轻壤土		6.5							
剖4	人为土	淹育水稻土	砂页岩淹育水稻土	蚂蜞田		A	0—12	浅灰色	重中壤土	块状	5.0	20.9	1.92	0.35	9.1	砂页岩	E 108°44′39.1″ N 22°18′09.7″	75
						P	12—19	灰黄色	中黏土	块状	5.0	17.7	1.89	0.35	9.2			
						C	19—100	黄灰色	轻黏土	块状	5.0							
剖5	人为土	淹育水稻土	红土质淹育水稻土	铁子底田		A	0—17	灰色	砂壤土	粒状	6.5	21.3	1.30	0.41	6.6	红土	E 108°38′01.9″ N 22°13′47.4″	90
						P	17—22	棕灰色	中壤土	块状	5.0	16.3	1.07	0.28	6.5			
						C	22—100	黑褐色	轻黏土	团块状	5.0							
剖6	人为土	潴育水稻土	砂页岩潴育水稻土	潴育砂土田		A	0—20	棕灰色	砂壤土	粒状	6.5	27.0	1.50	0.32	16.5	砂页岩	E 108°49′39.7″ N 22°16′28.9″	84
						P	20—27	灰色	壤土	块状	5.0	9.2	0.49	0.17	9.1			
						W	27—100	灰黄色	壤土	棱柱状	5.0							
剖7	人为土	淹育水稻土	冲积性淹育水稻土	潮砂田		A	0—14	黄灰色	砂壤土	粒状	5.7	13.9	1.25	0.37	15.4	河流冲积物	E 108°51′19.8″ N 22°11′53.2″	75
						P	14—24	灰黄色	轻壤土	粒状	6.0	10.0	0.59	0.34	16.0			
						C	24—80	棕黄色	轻壤土	粒状	5.0							
剖8	人为土	潴育水稻土	花岗岩潴育水稻土	潴育杂砂田		A	0—18	灰黄色	砂壤土	块状	5.5	24.2	1.19	0.26	13.0	花岗岩	E 108°26′05.6″ N 22°06′22.0″	78
						P	18—24	灰黄色	中壤土	棱柱状	5.5	14.1	0.76	0.18	11.4			
						W	24—100	灰黄色	中壤土	粒状	7.0							
剖9	人为土	淹育水稻土	花岗岩淹育水稻土	杂砂田		A	0—12	浅灰色	砂壤土	粒状	6.5	21.1	1.08	0.23	4.5	花岗岩	E 108°19′16.7″ N 22°05′16.8″	79
						P	12—20	灰棕色	砂壤土	块状	6.5	9.0	0.50	0.13	3.6			
						C	20—100	黄灰色	砂壤土	块状	5.5							
剖10	人为土	潴育水稻土	紫色岩潴育水稻土	潴育紫砂田		A	0—15	紫棕色	砂壤土	粒状	5.0	19.0	1.08	0.28	2.8	紫色岩	E 108°43′26.8″ N 22°09′20.9″	92
						P	15—22	紫色	砂壤土	小碎块状	5.5	14.6	0.71	0.22	3.1			
						W	22—60	紫色	中壤土	棱柱状	4.5							
						C	60—100	紫色	中壤土	块状								
剖11	人为土	淹育水稻土	紫色岩淹育水稻土	紫砂田		A	0—12	浅紫色	砂壤土	粒状	6.0	22.4	1.27	0.27	6.0	紫色岩	E 108°41′55.3″ N 22°07′49.1″	83
						P	12—22	紫色	砂壤土	块状	6.0	13.3	0.87	0.20	5.4			
						C	22—100	灰棕色	重壤土	团块状	7.0							
剖12	人为土	淹育水稻土	砂页岩淹育水稻土	硬结田		A	0—12	灰色	重壤土	块状	5.0	21.4	1.07	0.24	14.3	砂页岩	E 108°31′49.4″ N 22°06′11.2″	70
						P	12—21	灰色	重壤土	块状	5.0	20.4		0.19	15.4			
						C	21—100	深灰色	重壤土	块状	5.0							

灵 山 县

主要土类说明

赤红壤是灵山县主要土壤类型，占本县地域面积的67%，分布于本县海拔800m以下的地带，表土层呈浅红色，层次分化明显，富铁铝化，呈微酸性至酸性。赤红壤主要发生于南亚热带季雨林下，其脱硅富铝化程度仅次于砖红壤，强于红壤。铁的游离度介于二者之间，黏粒硅铝率为1.7—2.0，风化淋溶系数为0.05—0.15，盐基饱和度为15%—25%，pH为4.5—5.5。淀积层（B层）富含铁铝氧化物，呈赤红色。本县赤红壤只有赤红壤一个亚类。

水稻土是灵山县第二大土壤类型，占本县地域面积的28%。水稻土是在长期季节性淹灌、水下翻耕、季节性脱水、氧化还原交替影响下，原来成土母质或母土的特性发生重大改变，形成的新的土壤类型。由于干湿交替，水稻土形成糊状淹育层、较坚实板结的犁底层、渗育层、潴育层与潜育层等多种发生层。这些不同发生层段是在人为耕作、水浆管理下形成的。由于地形不同，土壤受水分的影响各有差异，地势高的梯田和地下水位低的土壤为淹育水稻土，排灌条件好的为潴育水稻土，排灌不良或地下水位高的为潜育水稻土或沼泽型水稻土。

紫色土是灵山县第三大土壤类型，占本县地域面积的4%，分布在太平、沙坪、平南、陆屋等地的紫色土丘陵上。紫色土是由热带、亚热带紫红色岩层直接风化形成的A-C型土壤。其理化性质与母岩组成直接相关，土层浅薄，剖面层次发育不明显，仍处于初育阶段。母岩富含矿质养分，且风化迅速，为良好的肥沃土壤。但其他较干旱地区的此类母岩风化物不具有此肥沃特性。本县紫色土只有酸性紫色土一个亚类。

小于本县地域面积3%的土壤类型还有新积土等。

本区域中心区气候特征

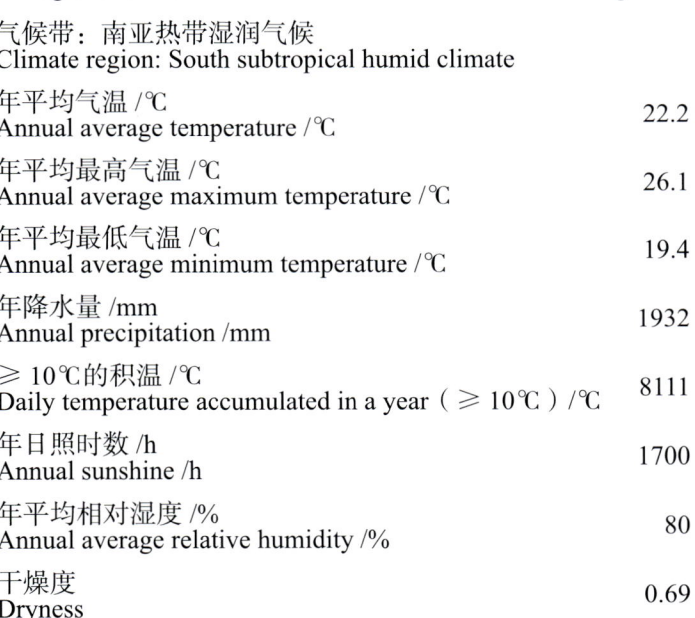

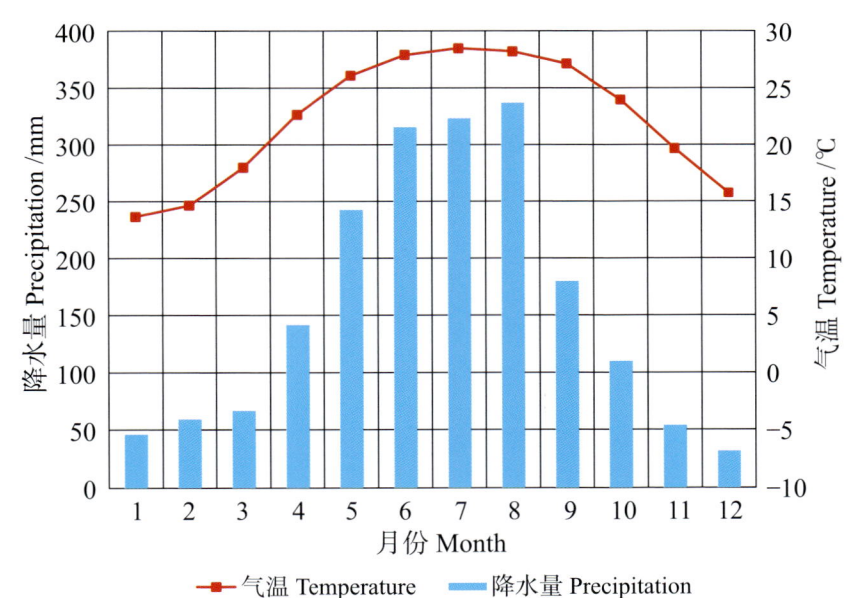

灵山县主要土壤类型与土壤剖面点分布图
1∶440 000

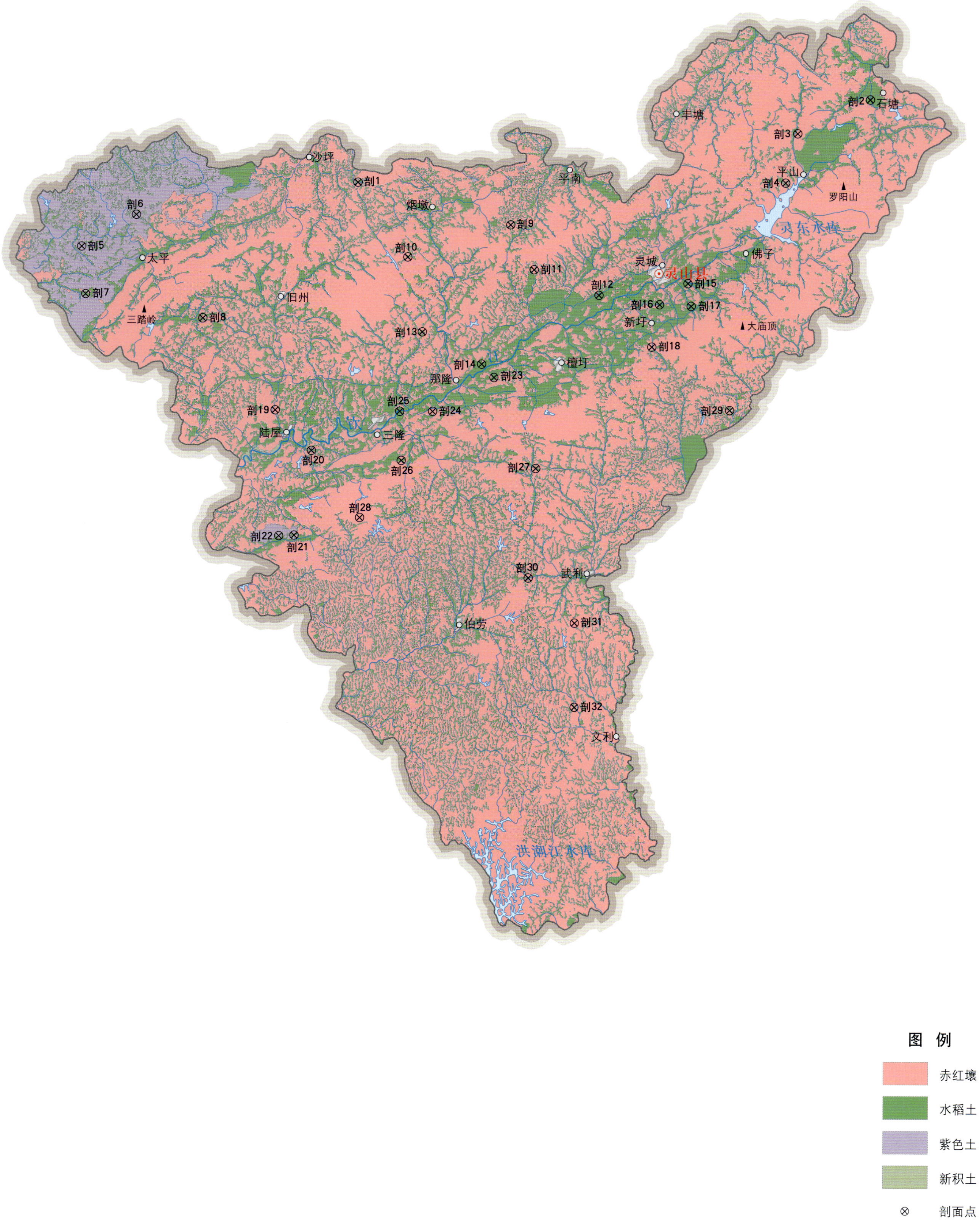

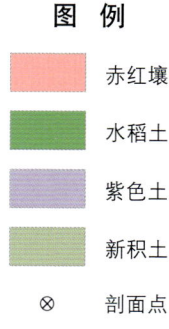

图 例

- 赤红壤
- 水稻土
- 紫色土
- 新积土
- ⊗ 剖面点

灵山县土壤剖面理化性状表

剖面号 Soil profile	土纲 Soil order	土类 Soil great group	亚类 Soil subgroup	土属 Soil genus	土种 Soil species	土层码 Layer code	土层厚度 Depth/cm	颜色 Soil color	质地 Soil texture	土壤结构 Soil structure	pH	有机质 OM/(g/kg)	全氮 TN/(g/kg)	全磷 TP/(g/kg)	全钾 TK/(g/kg)	土壤母质 Parent material	剖面点坐标 Profile coordinate	匹配指数 Matching index/%
剖1	人为土	水稻土	潴育水稻土	紫色岩潴育水稻土	潴育紫砂田	A	0—18	浅紫色	砂壤土	粒状	6.0	21.5	1.26	0.27	9.2	紫色岩	E 109°00′34.9″ N 22°30′07.2″	72
						P	18—30	紫色	壤土	块状	5.6	14.5	1.00	0.21	8.5			
						W	30—100	紫灰色	重壤土	棱柱状	6.6	5.8	0.43	0.19	8.2			
剖2	人为土	水稻土	潴育水稻土	冲积性潴育水稻土	潴育潮泥肉田	A	0—18	浅棕色	壤土	粒状	5.3	37.0	1.60	0.47	49.0	河流冲积物	E 109°29′37.0″ N 22°34′43.7″	79
						P	18—35	棕色	壤土	块状	6.3	28.1	1.32	0.47	13.4			
						W	35—100	棕褐色	壤土	棱柱状	6.7	12.3	0.78	0.39	14.4			
剖3	铁铝土	赤红壤	赤红壤	砂页岩赤红壤	赤壤土	A	0—15	浅棕色	壤土	粒状	5.0	11.0	0.49	0.26	3.0	砂页岩	E 109°25′30.7″ N 22°32′55.7″	86
						B	15—40	浅黄色	壤土	块状	4.8	8.7	0.52	0.22	4.2			
						C	40—100	浅黄色	壤土	块状	4.8	4.7	0.37	0.18	4.9			
剖4	人为土	水稻土	沼泽型水稻土	烂泥田	浅泥田	Ag	0—15	青灰色	黏土	无明显结构	6.4	100.1	3.13	0.62	8.2		E 109°24′52.2″ N 22°30′21.2″	80
						G	15—100	青灰色	黏土	无明显结构	5.5	113.9	2.99	0.62	8.1			
剖5	初育土	紫色土	酸性紫色土	砂页岩酸性紫色土	厚层酸性紫泥田	A	0—16	紫色	壤土	粒状	6.6	5.1	0.36	0.18	7.0	砂页岩	E 108°44′57.2″ N 22°26′31.3″	96
						B	16—45	紫色	壤土	块状	6.5	3.4	0.22	0.15	5.8			
						C	45—100	紫色	壤土	块状	6.5	2.1	0.20	2.00	5.5			
剖6	人为土	水稻土	淹育水稻土	紫色岩淹育水稻土	紫砂田	A	0—16	浅紫色	砂壤土	粒状	5.6	12.4	0.63	0.26	5.4	紫色岩	E 108°48′02.5″ N 22°28′14.9″	91
						P	16—30	紫棕色	壤土	块状	6.0	9.7	0.43	0.23	5.0			
						C	30—100	紫色	壤土	块状	5.6	9.2	0.33	0.32	4.8			
剖7	人为土	水稻土	淹育水稻土	花岗岩淹育水稻土	杂砂泥田	A	0—14	浅棕色	黏土夹砂土	粒状	5.7	15.4	0.67	0.27	7.1	花岗岩	E 108°45′14.0″ N 22°24′00.7″	76
						P	14—27	黄灰色	黏土夹砂土	块状	6.1	8.8	0.36	0.17	5.5			
						C	27—100	灰黄色	黏土夹砂土	块状	6.2	4.6	0.22	0.37	7.0			
剖8	人为土	水稻土	淹育水稻土	冲积性淹育水稻土	潮泥田	A	0—14	浅灰色	壤土	粒状	6.0	21.6	1.03	0.48	15.7	河流冲积物	E 108°51′54.0″ N 22°22′50.2″	91
						P	14—25	灰色	重壤土	块状	6.0	19.4	0.92	0.44	15.4			
						C	25—100	棕红色	壤土	粒状	7.0	11.8	0.60	0.40	16.8			
剖9	人为土	水稻土	潜育水稻土	潜底田	中潜底田	A	0—15	灰棕色	壤土	粒状	5.0	25.9	1.20	0.47	6.6		E 109°09′17.3″ N 22°27′59.0″	96
						P	15—25	灰棕色	壤土	块状	5.0	29.2	1.21	0.36	6.6			
						G	25—100	青灰色	壤土	粒状、块状	4.7	43.0	1.27	0.19	5.3			
剖10	人为土	水稻土	淹育水稻土	花岗岩淹育水稻土	杂砂田	A	0—16	浅灰黄色	砂壤土	粒状	5.1	25.0	1.13	0.45	3.9	花岗岩	E 109°03′28.1″ N 22°26′12.8″	98
						P	16—27	棕色	壤土	小块状	5.2	15.3	0.79	0.31	3.6			
						C	27—100	黄灰色	壤土	小块状	6.2	7.1	0.39	0.34	3.6			
剖11	铁铝土	赤红壤	赤红壤	耕型第四纪红土红壤	砂质赤红壤	A	0—15	浅灰黄色	砂壤土	粒状、块状	5.5	9.7	0.65	0.15	2.5	红土	E 109°10′38.6″ N 22°25′37.9″	98
						B	15—23	黄红色	壤土	小块状	5.1	5.9	0.52	0.14	3.2			
						C	23—100	黄灰色	壤土	小块状	5.5	1.2	0.02	0.15	6.1			
剖12	人为土	水稻土	潴育水稻土	砂页岩潴育水稻土	潴育砂泥田	A	0—17	棕灰色	砂壤土	粒状	4.9	22.7	1.42	0.35	12.3	砂页岩	E 109°14′21.1″ N 22°24′18.7″	70
						P	17—28	棕灰色	壤土	棱柱状	4.9	26.5	1.34	0.33	11.8			
						W	28—100	灰黄色	重壤土	棱柱状	5.5	15.0	0.85	0.30	12.0			
剖13	人为土	水稻土	潴育水稻土	花岗岩潴育水稻土	潴育杂砂田	A	0—16	棕色	砂壤土	粒状	5.3	27.6	1.21	0.52	4.8	花岗岩	E 109°04′21.7″ N 22°22′17.0″	93
						P	16—28	棕色	壤土	棱柱状	5.4	16.6	0.65	0.41	7.2			
						W	28—100	浅黄色	壤土	块状	5.3	11.8	0.66	0.41	11.1			
剖14	人为土	水稻土	淹育水稻土	红土质淹育水稻土	黄泥田	A	0—14	灰色	壤土	块状	5.5	26.8	1.81	0.43	6.7	红土	E 109°07′44.4″ N 22°20′37.8″	75
						P	14—23	灰黄色	壤土	块状	6.7	20.7	1.34	0.38	6.8			
						C	23—100	红黄色	重壤土	块状	7.2	7.6	0.65	0.20	5.8			

续表 Continued

剖面号 Soil profile	土纲 Soil order	土类 Soil great group	亚类 Soil subgroup	土属 Soil genus	土种 Soil species	土层码 Layer code	土层厚度 Depth/cm	颜色 Soil color	质地 Soil texture	土壤结构 Soil structure	pH	有机质 OM/(g/kg)	全氮 TN/(g/kg)	全磷 TP/(g/kg)	全钾 TK/(g/kg)	土壤母质 Parent material	剖面点坐标 Profile coordinate	匹配指数 Matching index/%
剖15	人为土	水稻土	潴育水稻土	红土质潴育水稻土	潴育砂质黄泥田	A	0—18	浅灰色	砂壤土	粒状	6.5	24.6	1.27	0.49	5.1	红土	E 109°19′23.5″ N 22°24′59.6″	71
						P	18—29	浅灰色	壤土	块状	7.0	18.2	1.03	0.43	5.1			
						W	29—69	棕灰色	壤土	棱柱状	7.0	10.1	0.63	0.34	6.2			
						C	69—100	灰棕色	壤土	块状	7.3	2.8	0.34	0.27	7.3			
剖16	人为土	水稻土	淹育水稻土	红土质淹育水稻土	砂壤质黄泥田	A	0—12	深灰色	砂壤土	粒状	6.0	11.1	0.85	0.37	2.4	红土	E 109°17′47.8″ N 22°23′51.0″	82
						P	12—21	深灰红色	砂壤土	块状	6.5	7.7	0.62	0.25	1.0			
						C	21—100	浅灰红色	砂壤土	块状	7.0	1.6	0.43	0.21	2.5			
剖17	人为土	水稻土	潴育水稻土	红土质潴育水稻土	潴育杂砂黄泥田	A	0—18	棕灰色	砂壤土	小块状	5.5	23.5	1.10	0.60	2.3	红土	E 109°19′35.0″ N 22°23′47.0″	98
						P	18—26	黄灰色	砂壤土	块状	5.8	12.1	0.57	0.28	1.6			
						W	26—100	黄黄色	壤土	棱柱状	7.0	4.2	0.34	0.19	1.5			
剖18	铁铝土	赤红壤	赤红壤	耕型花岗岩赤红壤	杂砂赤红土	A	0—20	黄黄色	砂壤土	粒状	6.4	19.8	0.98	0.61	0.6	花岗岩	E 109°17′22.6″ N 22°23′37.8″	95
						B	20—50	浅黄棕色	砂壤土	小块状	6.5	9.8	0.54	0.45	4.8			
						C	50—100	黄黄色	砂壤土	块状	6.4	3.9	0.25	0.66	4.6			
剖19	铁铝土	赤红壤	赤红壤	耕型砂页岩赤红壤	赤砂土	A	0—21	棕灰色	砂壤土	粒状	4.8	13.8	0.59	0.27	3.4	砂页岩	E 108°56′05.4″ N 22°18′05.3″	82
						B	21—29	浅棕灰色	砂壤土	块状	5.0	6.5	0.50	0.25	4.9			
						C	29—100	黄黄色	壤土	块状	5.0	5.5	4.10	0.21	5.3			
剖20	人为土	水稻土	潴育水稻土	冲积性潴育水稻土	潴育湖砂田	A	0—18	棕灰色	砂壤土	微粒状	5.3	12.7	0.54	0.30	5.8	河流冲积物	E 108°58′10.2″ N 22°15′58.8″	92
						P	18—33	棕灰色	壤土	块状	5.6	10.6	0.41	0.32	5.8			
						W	33—100	黄黄色	壤土	棱柱状	5.6	6.2	0.39	0.37	6.7			
剖21	初育土	紫色土	酸性紫色土	紫色岩淹育酸性紫色土	紫黏田	A	0—15	紫色	重壤土	粒状	5.0	21.4	1.27	0.29	11.5	紫色岩	E 108°57′15.7″ N 22°11′29.8″	92
						P	15—21	紫色	壤土	块状	4.7	17.1	0.90	0.20	12.3			
						C	21—100	灰紫色	壤土	块状	4.7	8.6	0.34	0.16	10.5			
剖22	人为土	水稻土	潴育水稻土	耕型砂页岩酸性水稻土	酸性紫泥田	A	0—25	浅灰色	重壤土	粒状	6.5	14.1	0.69	0.32	5.9	砂页岩	E 108°56′23.7″ N 22°11′27.5″	78
						B	25—60	灰黄色	壤土	块状	6.5	6.9	0.33	0.23	1.7			
						C	60—100	棕灰色	壤土	块状	5.6	1.8	0.18	0.07	1.7			
剖23	人为土	水稻土	潴育水稻土	红土质潴育水稻土	潴育黄泥田	A	0—21	灰黄色	壤土	小块状	7.0	37.8	1.65	1.72	7.6	红土	E 109°08′27.2″ N 22°19′56.6″	81
						P	21—30	棕灰色	壤土	小块状	7.0	14.9	0.82	1.11	8.1			
						W	30—80	红色	重壤土	块状	7.0	9.2	0.44	0.44	8.2			
						C	80—100	浅灰色	重壤土	块状	7.0	7.4	0.52	1.06	4.2			
剖24	铁铝土	赤红壤	赤红壤	第四纪红土赤红壤	红土赤红壤	A	0—16	灰白色	壤土	粒状	4.7	15.4	0.90	0.12	2.3	红土	E 109°05′00.5″ N 22°18′07.8″	84
						B	16—28	棕灰色	壤土	块状	6.0	4.2	0.30	0.05	1.8			
						C	28—100	红色	壤土	棱柱状	5.2	1.3	0.47	0.10	5.7			
剖25	人为土	水稻土	淹育水稻土	冲积性淹育水稻土	潮砂田	A	0—12	浅灰色	砂壤土	小块状	5.3	9.4	0.43	0.43	8.1	河流冲积物	E 109°03′08.3″ N 22°18′06.8″	89
						P	12—20	灰白色	砂壤土	粒状	5.4	8.2	0.41	0.46	8.4			
						C	20—100	棕黄色	重壤土	粒状	5.2	0.2	0.12	0.37	8.7			
剖26	人为土	水稻土	潴育水稻土	砂页岩潴育水稻土	潴育砂土田	A	0—17	棕灰色	砂壤土	粒状	4.8	25.8	1.31	0.37	1.9	砂页岩	E 109°03′15.5″ N 22°15′31.7″	92
						P	17—26	棕黄色	砂壤土	块状	4.7	16.5	0.90	0.20	1.5			
						W	26—100	红色	壤土	棱柱状	5.8	4.3	0.55	0.27	3.6			
剖27	人为土	水稻土	潜育水稻土	潜底田	浅潜底田	A	0—20	青灰色	重壤土	粒状	5.3	26.4	1.31	0.31	9.1		E 109°10′53.4″ N 22°15′12.2″	77
						G	20—100	浅棕灰色	壤土	小团块状	5.2	29.0	1.13	0.17	10.5			
剖28	铁铝土	赤红壤	赤红壤	砂页岩赤红壤	厚层砂页岩赤红壤	A	0—20	灰黄色	壤土	块状	4.9	18.1	0.55	0.23	0.7	砂页岩	E 109°00′57.2″ N 22°12′29.2″	86
						B	20—40	黄红色	壤土	大块状	4.8	10.2	0.65	0.12	0.5			
						C	40—100	黄红色	壤土	粒状	4.8	5.2	0.31	0.10	0.4			
剖29	人为土	水稻土	潴育水稻土	红土质潴育水稻土	潴育铁子土	A	0—15	黑灰色	壤土	块状	6.0	26.4	1.95	0.37	3.2	红土	E 109°21′49.8″ N 22°18′22.0″	98
						P	15—26	浅灰色	壤土	粒状	6.5	3.4	0.57	0.26	3.3			
						W	26—100		壤土	棱柱状	7.0	2.8	0.57	0.35	1.2			

续表 Continued

剖面号 Soil profile	土纲 Soil order	土类 Soil great group	亚类 Soil subgroup	土属 Soil genus	土种 Soil species	土层码 Layer code	土层厚度 Depth/cm	颜色 Soil color	质地 Soil texture	土壤结构 Soil structure	pH	有机质 OM/(g/kg)	全氮 TN/(g/kg)	全磷 TP/(g/kg)	全钾 TK/(g/kg)	土壤母质 Parent material	剖面点坐标 Profile coordinate	匹配指数 Matching index/%
剖30	人为土	水稻土	潜育水稻土	潜底田	深潜底田	A	0—16	棕灰色	壤土	微粒状	5.5	28.9	1.31	0.52	6.6		E 109°10′33.6″ N 22°09′25.6″	72
						P	16—25	浅灰色	壤土	块状	6.0	18.0	0.92	0.40	6.2			
						Wg	25—40	青灰色	壤土	小块状	5.6	20.2	0.97	0.29	5.7			
						G	40—100	青灰色	壤土	块状	6.0	21.4	0.83	0.25	3.5			
剖31	铁铝土	赤红壤	赤红壤	花岗岩赤红壤	花岗岩赤红壤	A	0—25	黄红色	砂壤土	块状	4.9	11.4	0.52	0.29	5.6	花岗岩	E 109°13′12.0″ N 22°07′05.5″	93
						B	25—50	红黄色	砂壤土	块状	5.9	13.7	0.70	0.58	3.9			
						C	50—100	浅红色	砂壤土	块状	4.9	5.6	0.47	0.16	3.8			
剖32	人为土	水稻土	潴育水稻土	砂页岩潴育水稻土	潴育蟮泥田	A	0—15	棕灰色	重壤土	小块状	6.2	28.8	1.73	0.32	10.0	砂页岩	E 109°13′15.6″ N 22°02′40.6″	86
						P	15—24	灰色	黏土	块状	6.5	22.4	1.32	0.26	9.4			
						W	24—100	黄灰色	黏土	棱柱状	6.1	16.6	1.17	2.32	10.1			

浦 北 县

主要土类说明

赤红壤是浦北县主要土壤类型，占本县地域面积的 69%。赤红壤主要发生于南亚热带季雨林下，其脱硅富铝化程度仅次于砖红壤，强于红壤。铁的游离度介于二者之间，黏粒硅铝率为 1.7—2.0，风化淋溶系数为 0.05—0.15，盐基饱和度为 15%—25%，pH 为 4.5—5.5。淀积层（B 层）富含铁铝氧化物，呈赤红色。本县赤红壤只有赤红壤一个亚类。

水稻土是浦北县第二大土壤类型，占本县地域面积的 24%。水稻土是各种母质土壤，经水耕水耙、长期种植水稻后，发生一系列物理、化学、生物反应后，土体内部物质进行转化、淋溶、淀积发育而成。受水分的影响，土壤中氧化还原交替进行，水稻土形成糊状淹育层、较坚实板结的犁底层、渗育层、潴育层与潜育层等多种发生层。根据水分条件、熟化程度和层段的发育特征等，本县水稻土分为淹育型、潴育型、潜育型、沼泽型、渗育型、矿毒型等亚类。

红壤是浦北县第三大土壤类型，占本县地域面积的 4%。红壤主要发生于常绿阔叶林下，呈中度脱硅富铝化特征，土壤黏粒中游离铁占全铁的 50%—60%。黏土矿物以高岭石、赤铁矿为主，黏粒硅铝率为 1.8—2.4，风化淋溶系数小于 0.2，盐基饱和度小于 35%，pH 为 4.5—5.5。红壤具深厚红色土层，淀积层（B 层）底层可见具深厚红、黄、白相间网纹的红色黏土。

小于本县地域面积 3% 的土壤类型还有砖红壤、潮土和黄壤等。

本区域中心区气候特征

本区域中心区气候特征值
Regional climate characteristics in central area of the region

气候带：南亚热带湿润气候 Climate region: South subtropical humid climate	
年平均气温 /℃ Annual average temperature /℃	22.4
年平均最高气温 /℃ Annual average maximum temperature /℃	26.3
年平均最低气温 /℃ Annual average minimum temperature /℃	19.6
年降水量 /mm Annual precipitation /mm	1948
≥10℃的积温 /℃ Daily temperature accumulated in a year (≥10℃) /℃	8171
年日照时数 /h Annual sunshine /h	1742
年平均相对湿度 /% Annual average relative humidity /%	80
干燥度 Dryness	0.69

本区域中心区月平均气温与月平均降水量
Monthly temperature and precipitation in central area of the region

浦北县主要土壤类型与土壤剖面点分布图
1:320 000

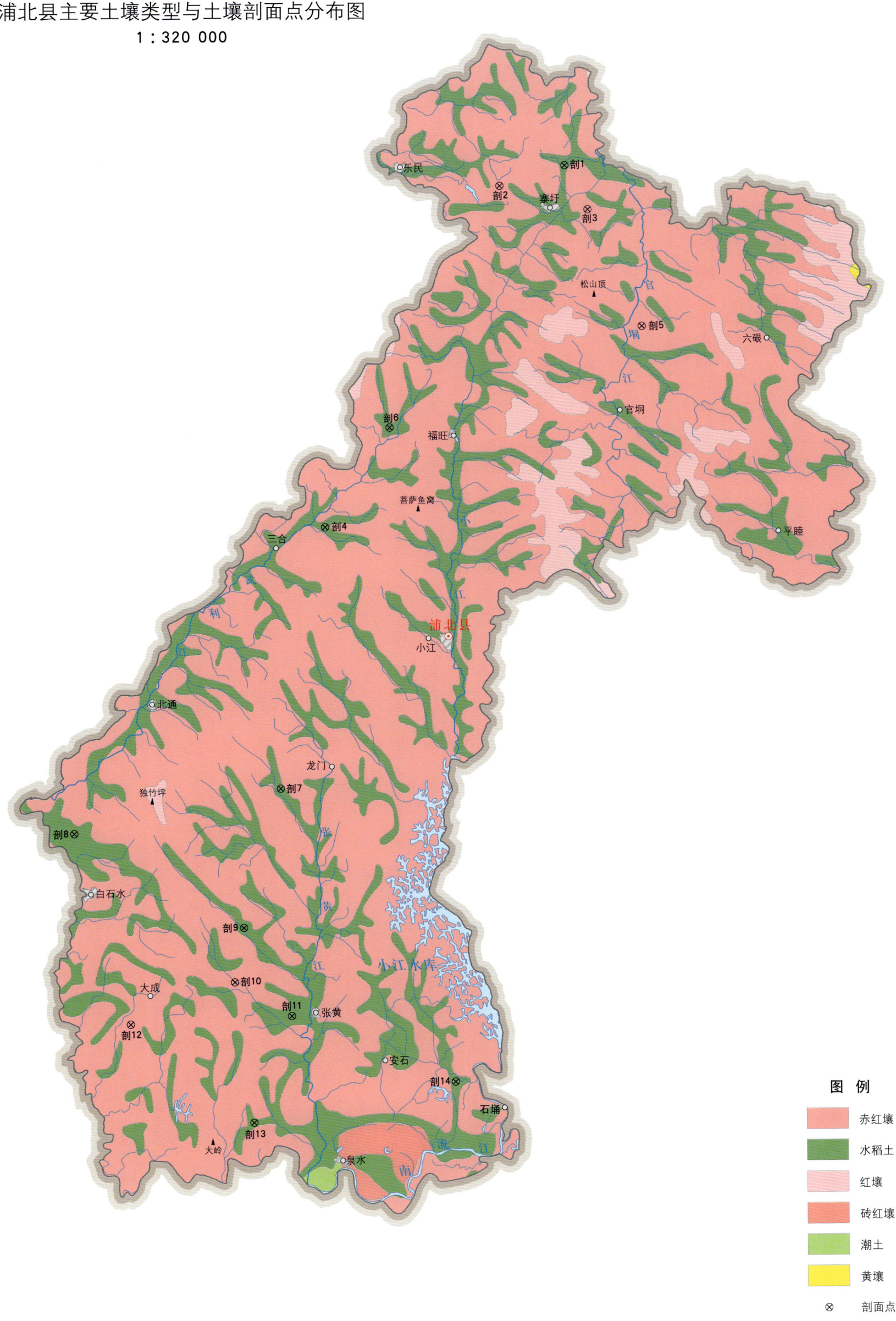

浦北县土壤剖面理化性状表

剖面号 Soil profile	土纲 Soil order	土类 Soil great group	亚类 Soil subgroup	土属 Soil genus	土种 Soil species	土层码 Layer code	土层厚度 Depth/cm	颜色 Soil color	质地 Soil texture	土壤结构 Soil structure	pH	有机质 OM/(g/kg)	全氮 TN/(g/kg)	全磷 TP/(g/kg)	全钾 TK/(g/kg)	阳离子交换量CEC/(cmol/kg)	土壤母质 Parent material	剖面点坐标 Profile coordinate	匹配指数 Matching index/%
剖1	人为土	水稻土	潴育水稻土	砂页岩潴育水稻土	潴育油砂田	A	0—19	黄灰色	砂壤土		6.2	27.5	1.24	0.17	4.9		砂页岩	E 109°38′08.5″ N 22°36′04.2″	78
						P	19—27	灰黑色	壤土	块状	6.0	21.6	0.90	0.22	4.1				
						W	27—47	灰黄色	黏壤土		5.0	9.6	0.72	0.17	5.4				
剖2	铁铝土	赤红壤	赤红壤	砂页岩赤红壤	中层砂页岩赤红壤	A	0—13	浅灰色	轻壤土		4.4	21.0	0.72	0.15	12.7		砂页岩	E 109°35′13.8″ N 22°35′11.7″	98
						B	13—50	黄红色	轻黏土		4.2	9.5	0.58	0.21	31.1				
						C	50—100	红黄色	砂黏土										
剖3	铁铝土	赤红壤	赤红壤	砂页岩赤红壤	薄层砂页岩赤红壤	A	0—40	红黄色	砂壤土		5.0	4.9	0.33	0.15	10.6		砂页岩	E 109°39′11.2″ N 22°34′14.9″	79
						C	40—100	红黄色	砂壤土		5.5	3.1	0.29	0.24	17.7				
剖4	人为土	水稻土	潴育水稻土	花岗岩潴育水稻土	潴育杂砂泥肉田	A	0—15	棕黄色	壤土	蜂窝状	5.2	41.8	2.17	1.10	10.0		花岗岩	E 109°27′27.7″ N 22°20′56.8″	100
						P	15—23	黄灰色	黏壤土	块状	5.8	28.1	1.60	1.16	9.0				
						WC	23—60	黄灰色	黏土	柱状	7.0	17.4	1.15	0.94	10.6				
剖5	铁铝土	赤红壤	耕型花岗岩赤红壤	杂砂赤红壤		A	0—22	棕黄色	砂壤土	单粒状	4.3	15.7	0.73	0.40	8.0		花岗岩	E 109°41′38.7″ N 22°29′23.6″	76
						2	22—32	黄棕色	砂壤土	粒状	4.2	12.9	0.62	0.35	8.8				
						3	32—100	黄色											
剖6	人为土	水稻土	淹育水稻土	花岗岩淹育水稻土	浅杂砂田	A	0—16	灰黄色	砂壤土		5.5	18.9	1.08	0.58	11.7		花岗岩	E 109°30′20.5″ N 22°25′07.0″	82
						P	16—22	灰棕色	砂壤土	块状	6.0	15.2	0.78	0.44	9.0				
						C	22—100	黄色	轻壤土	块状	6.0	8.7	0.67	0.48	13.9				
剖7	人为土	水稻土	潴育水稻土	砂页岩潴育水稻土	潴育砂泥田	A	0—17	浅灰色	砂壤土	蜂窝状	5.5	30.0	1.78	0.93	11.9		砂页岩	E 109°25′31.4″ N 22°10′04.1″	89
						P	17—32	棕灰色	黏壤土	块状	6.0	24.0	1.28	0.65	6.6				
						W	32—50	黄灰色	黏土	柱状	7.0	18.2	0.69	0.54	16.1				
剖8	人为土	水稻土	潴育水稻土	冲积性潴育水稻土	潴育潮泥田	A	0—20	棕灰色	轻壤土	碎块状	6.5	25.1	1.50	0.83	26.9		河流冲积物	E 109°16′17.0″ N 22°08′08.5″	72
						P	20—31	黄灰色	中壤土	块状	7.0	23.6	1.06	0.50	25.3				
						W	31—60	灰黄色	轻壤土	棱柱状	7.0	16.7	0.53						
						G	60—100	青灰色	轻壤土	块状					25.8				
剖9	人为土	水稻土	潴育水稻土	花岗岩潴育水稻土	潴育杂砂泥田	A	0—18	黄棕色	壤土	块状	5.5	25.0	1.37	0.51	17.7		花岗岩	E 109°23′53.9″ N 22°04′14.9″	100
						P	18—38	灰棕色	壤土	块状	6.5	13.9	0.81	0.33	14.0				
						W	30—70	棕黄色	砂壤土	粒状		15.3	0.72	0.28	14.7				
剖10	铁铝土	赤红壤	赤红壤	花岗岩赤红壤	花岗岩赤红壤	A	0—3	浅灰色	砂壤土	粒状	4.5	20.9	1.04	0.32	5.4		花岗岩	E 109°23′30.1″ N 22°01′58.1″	93
						2	3—40	红色	砂壤土	粒状	5.5	23.7	1.05	0.43					
						C	40—100	浅棕红色	轻壤土		4.0	2.6	0.11	0.13	2.5				
剖11	人为土	水稻土	潴育水稻土	砂页岩潴育水稻土	潴育砂泥田	A	0—18	黄灰色	壤土	粉状	4.0	28.1	1.49	0.12	14.3		砂页岩	E 109°26′03.5″ N 22°00′35.6″	72
						P	18—25	黄灰色	壤土	块状	4.2	20.4	1.18	0.47	14.2	8.4			
						W	25—55	棕黄色	轻黏土	柱状	5.0	16.6	0.95	0.49	14.9	8.2			
						C	55—100	灰黄色	砂壤土	块状	6.5	13.0	0.66	0.41	15.1	12.1			
剖12	铁铝土	赤红壤	赤红壤	耕型砂页岩赤红壤	赤砂土	A	0—10	红黄色	砂壤土	块状	5.5	17.4	0.92	0.53	5.1		砂页岩	E 109°18′50.7″ N 22°00′12.9″	72
						2	10—40	棕黄色	砂壤土	块状	5.0	10.5	0.61	0.28	5.9				
						C	40—100	红黄色											
剖13	人为土	水稻土	淹育水稻土	冲积性淹育水稻土	潮泥田	A	0—14	红黄色	壤土	块状	6.5	24.3	1.24	0.54	13.3		河流冲积物	E 109°24′22.3″ N 21°56′12.5″	81
						P	14—20	灰黄色	壤土	块状	5.5	18.4	0.92	0.47	14.7				
						C	20—100	红黄色	壤土		6.3	18.0		0.35	17.5				

续表 Continued

剖面号 Soil profile	土纲 Soil order	土类 Soil great group	亚类 Soil subgroup	土属 Soil genus	土种 Soil species	土层码 Layer code	土层厚度 Depth/ cm	颜色 Soil color	质地 Soil texture	土壤结构 Soil structure	pH	有机质 OM/ (g/kg)	全氮 TN/ (g/kg)	全磷 TP/ (g/kg)	全钾 TK/ (g/kg)	阳离子 交换量CEC/ (cmol/kg)	土壤母质 Parent material	剖面点坐标 Profile coordinate	匹配指数 Matching index/%
剖14	人为土	水稻土	潴育水稻土	红土质潴育水稻土	潴育黄泥田	A	0—18	浅灰色	壤土	蜂窝状	6.2	39.4	1.80	1.01	11.0		红土	E 109°33′23.0″ N 21°57′55.4″	70
						P	18—26	棕灰色	黏壤土		6.8	24.3		0.50	12.8				
						W	26—60	黄灰色	黏壤土		7.0	6.9	0.33	0.34	13.2				
						C	60—100	黄灰色	黏壤土										

贵 港 市

市 辖 区

主要土类说明

赤红壤是贵港市主要土壤类型，占本市地域面积的60%，分布于海拔500米以下的地区。赤红壤主要发生于南亚热带季雨林下，其脱硅富铝化程度仅次于砖红壤，强于红壤。铁的游离度介于二者之间，黏粒硅铝率为1.7—2.0，风化淋溶系数为0.05—0.15，盐基饱和度为15%—25%，pH为4.5—5.5。

水稻土是贵港市第二大土壤类型，占本市地域面积的25%。水稻土是在长期季节性淹灌、水下翻耕、季节性脱水、氧化还原交替影响下，原来成土母质或母土的特性发生重大改变，形成的新的土壤类型。由于干湿交替，水稻土形成糊状淹育层、较坚实板结的犁底层、渗育层、潴育层与潜育层等多种发生层。这些不同发生层段是在人为耕作、水浆管理下形成的。本市水稻土分为淹育型、潴育型、潜育型、沼泽型、渗育型、盐渍型、矿毒型等亚类。其中潴育水稻土面积最大，占水稻土总面积的80%，多分布于平原、广谷、缓丘的峒田，是耕种时间较长、土壤熟化较好的一类水稻土，其剖面主要特点是在犁底层之下有淋溶淀积的潴育层。在潴育层之下，可以是土壤的淀积层，也可以是潜育层，但整个土体各层段是逐渐过渡状态。

石灰（岩）土是贵港市第三大土壤类型，占本市地域面积的13%。石灰（岩）土发生于热带、亚热带石灰岩山区，是石灰岩经溶蚀风化，形成的厚薄不同的钙质饱和或含游离钙质的土壤，多见于石隙、溶洞或峰丛底部。该土壤碳酸钙淋溶程度不一，多黏土，多为铁钙质胶结物，风化程度不一，盐基饱和度高，有机质含量及胶结状态有较大差异。

小于本市地域面积3%的土壤类型还有新积土、黄壤和紫色土等。

本区域中心区气候特征

本区域中心区气候特征值
Regional climate characteristics in central area of the region

气候带：南亚热带湿润气候 Climate region: South subtropical humid climate	
年平均气温/℃ Annual average temperature /℃	21.7
年平均最高气温/℃ Annual average maximum temperature /℃	25.7
年平均最低气温/℃ Annual average minimum temperature /℃	18.8
年降水量/mm Annual precipitation /mm	1677
≥10℃的积温/℃ Daily temperature accumulated in a year (≥10℃) /℃	7893
年日照时数/h Annual sunshine /h	1588
年平均相对湿度/% Annual average relative humidity /%	79
干燥度 Dryness	0.77

本区域中心区月平均气温与月平均降水量
Monthly temperature and precipitation in central area of the region

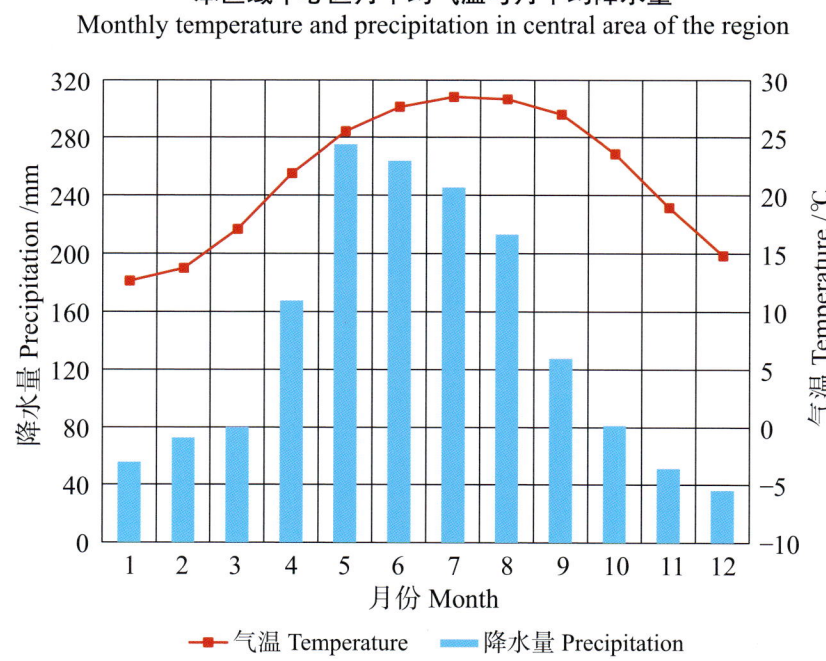

贵港市市辖区（部分）主要土壤类型与土壤剖面点分布图

1:350 000

图 例

- 赤红壤
- 水稻土
- 石灰（岩）土
- 新积土
- 黄壤
- 紫色土
- ⊗ 剖面点

第二编 分县土壤图与土壤剖面数据 | 207

贵港市土壤剖面理化性状表

剖面号 Soil profile	土纲 Soil order	土类 Soil great group	亚类 Soil subgroup	土属 Soil genus	土种 Soil species	土层码 Layer code	土层厚度 Depth/cm	颜色 Soil color	质地 Soil texture	土壤结构 Soil structure	pH	有机质 OM/(g/kg)	全氮 TN/(g/kg)	全磷 TP/(g/kg)	全钾 TK/(g/kg)	碱解氮 AN/(mg/kg)	有效磷 AP/(mg/kg)	速效钾 AK/(mg/kg)	阴离子交换量 CEC/(cmol/kg)	土壤母质 Parent material	剖面点坐标 Profile coordinate	匹配指数 Matching index/%
剖1	人为土	水稻土	盐渍水稻土	碳酸盐渍型水稻土	石灰性田	1	0–12	灰棕色	黏壤土	小块状	8.1	60.2	3.70	1.05	13.5		11.0	82	17.2		E 109°19′42.8″ N 23°24′10.3″	85
						2	12–17	暗黄棕色	黏壤土	块状	8.2	43.0	2.70	0.88	14.5		5.1	73				
						3	17–29	暗棕色	黏壤土	块状	8.4	21.2	1.53	0.90	13.2		5.6	67				
						4	29–100	黏土	黏土	块状	8.4	7.8	0.95	0.63	20.2		2.8	86				
剖2	人为土	水稻土	盐渍水稻土	碳酸盐渍性水稻土	鸭屎田	1	0–14	黄棕灰色	黏壤土	块状	8.5	34.0				168	4.0	25			E 109°13′24.9″ N 23°18′22.6″	71
						2	14–23	黄灰色	黏壤土	块状	8.0											
						3	23–53	灰黑色	黏壤土	块状	8.0											
						4	53–100	暗黄棕色	黏壤土	块状	7.0											
剖3	人为土	水稻土	潴育水稻土	冲积性潴育水稻土	潴育潮油砂田	1	0–20	灰棕色	壤土	粒状	5.8	33.9	1.63				7.0	34		河流冲积物	E 109°29′24.4″ N 23°18′59.0″	92
						2	20–30	灰棕色	壤土	块状	6.8											
						3	30–64	黄黄棕色	砂壤土	棱柱状	7.5											
						4	64–100	褐黄棕色	砂壤土	柱状	7.0											
剖4	人为土	水稻土	沼泽型水稻土	烂泥田	深泥田	1	0–26	青蓝色	黏土	稀烂状	7.5	19.8	1.06				3.8	36			E 109°28′48.4″ N 23°17′40.2″	76
						2	26–35	蓝灰色	重黏土	稀烂状	6.8											
						3	35–100				7.2											
剖5	人为土	水稻土	潴育水稻土	砂页岩潴育水稻土	潴育蜡田	1	0–14	浅灰棕色	重黏土	块状	6.7	32.2	1.63	0.35	19.9		3.0	47	13.8	砂页岩	E 109°25′57.7″ N 23°17′15.4″	89
						2	14–22	棕灰色	重黏土		6.6	30.2	1.49	0.25	20.5		1.5	37				
						3	22–70	棕灰色	重黏土	棱柱状	5.6	28.8	1.57	0.18	23.8		0.4	45				
						4	70–100	棕黄色	轻黏土	块状	4.6	17.1	1.06	0.25	24.3		2.7	48				
剖6	初育土	石灰(岩)土	黄色石灰土	红土质淹育水稻土	铁磐底田	1	0–10	棕灰色	壤土	碎块状	7.0	20.7	1.23			135	5.0	44		红土	E 109°21′39.6″ N 23°16′52.3″	86
						2	10–19	棕灰色	壤土	块状	6.2											
						3	19–100	灰棕色	壤土	块状	7.5											
剖7	人为土	水稻土	淹育水稻土	红土质淹育水稻土	铁子底田	1	0–15	暗黄棕色	壤土	碎块状	6.5	57.0	2.72				5.2	81		红土	E 109°23′18.6″ N 23°16′38.3″	98
						2	15–23	浅灰 棕色	壤土	碎块状	6.6											
						3	23–100	深灰棕色	壤土	块状	6.5											
剖8	人为土	水稻土	盐渍水稻土	碳酸盐渍性水稻土	石灰性埋藏黑泥田	1	0–23	黑黄色	轻黏土	块状	8.1	48.1	2.70	1.01	4.9		8.1	87	17.0		E 109°20′07.4″ N 23°14′48.5″	90
						2	23–35	黑黄色	中黏土	块状	8.2	43.6	2.48	0.91	8.5		1.6	48				
						3	35–100	黑黄色	黏土	块状	8.5											
剖9	初育土	石灰(岩)土	黄色石灰土	耕型黄色石灰土	耕型黄色石灰土	1	0–15	棕黄色	黏壤土	块状	7.8	29.0	1.80				4.1	95			E 109°20′56.8″ N 23°14′06.7″	86
						2	15–100	黄色	黏土	块状	8.0											
剖10	人为土	水稻土	盐渍水稻土	碳酸盐渍性水稻土	石灰性泥肉田	1	0–17	棕色	壤土	粒状	8.2	36.0	0.19				4.0	30			E 109°21′36.0″ N 23°12′50.4″	83
						2	17–30	灰棕色	轻壤土	块状	8.3											
						3	30–100	灰黄棕色	重壤土	棱柱状	7.6											
剖11	人为土	水稻土	潴育水稻土	冲积性潴育水稻土	潴育潮砂泥田	1	0–19	黄灰色	壤土	碎块状	6.4	22.8	1.18				2.9	36		河流冲积物	E 109°23′54.1″ N 23°11′42.1″	87
						2	19–30	灰黄色	重壤土	块状	7.0											
						3	30–73	暗黄棕色	黏壤土	棱柱状	7.5											
						4	73–100	灰暗棕色	中壤土	柱状	7.0											
剖12	人为土	水稻土	淹育水稻土	洪积砂页岩淹育水稻土	深石砾底田	1	0–14	浅暗灰棕色	壤土	单粒状	5.1	25.7	1.33				3.7	52		砂页岩洪积物	E 109°26′56.0″ N 23°11′41.5″	70
						2	14–19	棕灰色	重壤土	单粒状	6.0											
						3	19–100	灰棕色	黏壤土	块状	6.4											
剖13	人为土	水稻土	盐渍水稻土	碳酸盐渍性水稻土	石灰性潜育田	1	0–18	棕灰色	黏土	块状	7.9	40.3	2.15				3.1	63			E 109°22′09.6″ N 23°10′15.0″	70
						2	18–28	浅灰棕色	黏壤土	块状	8.0											
						3	28–100	浅黄色	黏土	块状	9.0											

续表 Continued

剖面号 Soil profile	土纲 Soil order	土类 Soil great group	亚类 Soil subgroup	土属 Soil genus	土种 Soil species	土层码 Layer code	土层厚度 Depth/cm	颜色 Soil color	质地 Soil texture	土壤结构 Soil structure	pH	有机质 OM/(g/kg)	全氮 TN/(g/kg)	全磷 TP/(g/kg)	全钾 TK/(g/kg)	碱解氮 AN/(mg/kg)	有效磷 AP/(mg/kg)	速效钾 AK/(mg/kg)	阳离子交换量CEC/(cmol/kg)	土壤母质 Parent material	剖面点坐标 Profile coordinate	匹配指数 Matching index/%
剖14	人为土	水稻土	渗育水稻土	白散砂田	浅渗白散砂田	1	0~21	灰白色	砂土	粒状	5.1	32.0	1.70	0.38	14.3		4.6	31	10.7		E 109°33′05.1″ N 23°15′57.7″	89
						2	21~47	棕灰白色	砂土	粒状	5.7	7.7	0.41	0.16	10.0		0.4	16				
						3	47~100	白灰色	砂壤土	碎块状	6.3	3.3	0.48	0.19	18.6		1.0	42				
剖15	人为土	水稻土	潴育水稻土	洪积性潴育水稻土	洪积潴育砂土田	1	0~13	浅红质轻壤	砂壤土	碎块状	6.9	13.2	0.78	0.21	6.6				9.2	洪积物	E 109°43′39.4″ N 23°14′50.3″	88
						2	13~23	棕灰色	砂壤土	碎块状	6.2	7.4	0.48	0.21	6.5							
						3	23~100	黄棕色	砂壤土	碎块状	7.7	5.4	0.50	0.18	7.6							
剖16	人为土	水稻土	潴育水稻土	红土质潴育水稻土	潴育铁子底田	1	0~23	灰棕色	重石质重壤	块状	7.2	69.2	3.87	1.26	3.0		10.8	31	28.7	红土	E 109°43′51.6″ N 23°12′58.3″	79
						2	23~30	棕灰色	重石质轻黏	棱柱状	7.7	59.7	3.20	1.13	3.1		4.7	31				
						3	30~64	灰棕色	黏土	棱柱状	7.6	39.0	1.77	1.17	1.9		3.0	35				
						4	64~100	浅黄色	重壤土	棱柱状	8.1	12.3	0.60	1.37	1.3		2.3	22				
剖17	铁铝土	黄壤	黄壤	砂页岩黄壤		1	0~22	浅黄色	壤土	粒状	4.3	36.0	1.83				0.8	133		砂页岩	E 109°30′01.4″ N 23°10′58.1″	73
						2	22~60	浅黄色	壤土	粒状	5.0											
剖18	人为土	水稻土	潴育水稻土	砂页岩潴育水稻土	潴育砂子田	1	0~15	浅棕灰色	轻石质中壤	碎块状	5.7	17.7	1.01	0.42	12.1		1.0	22	4.9	砂页岩风化物	E 109°37′48.4″ N 23°10′21.7″	70
						2	15~20	棕灰色	轻石质中壤	小块状	7.3	9.5	0.60	0.39	5.6		1.0	16				
						3	20~38	暗棕灰色	轻石质重壤	小块状	7.6	3.1	0.33	0.39	6.0		1.0	20				
						4	38~100	灰黄色	中石质重壤	碎块状	7.6	2.1	0.19	0.41	14.1		1.0	20				
剖19	人为土	水稻土	盐渍水稻土	碳酸盐渍性水稻土	石灰性浅烂泥田	1	0~22	浅灰色	黏土	块状	8.4	27.6	1.34				4.3	36			E 109°39′49.7″ N 23°10′18.1″	84
						2	22~44	青灰色	黏壤土	块状	7.0											
						3	44~100	棕灰色	黏土	块状												
剖20	人为土	水稻土	潴育水稻土	冲积性潴育水稻土	潴育砂田	1	0~12	棕灰色	砂壤土	碎块状	5.0	18.2	0.98	0.45	30.7		2.9	73	8.5	河流冲积物	E 109°45′28.8″ N 23°17′42.0″	81
						2	12~16	灰棕色	中壤土	块状	5.3	12.5	0.63	0.52	30.7		2.7	52	9.5			
						3	16~64	蓝灰色	轻壤土	棱柱状	6.3	10.5	0.61	0.52	24.6		1.9	71				
						4	64~100	黄青色	黏壤土	粒状	5.2	5.8	0.48	0.51	15.3		1.9	61				
剖21	人为土	水稻土	淹育水稻土	红土质淹	多铁子田	1	0~15	暗棕色	壤土	块状	7.4	23.0	1.16	0.79	9.3		1.0	36	11.2	红土	E 109°48′15.5″ N 23°17′24.7″	96
						2	15~21	暗棕灰色	壤土	块状	7.6		1.00	0.58	14.9		1.1	5				
						3	21~100	棕灰色	黏土		7.8		1.07	0.46	18.0		1.1	48				
剖22	人为土	水稻土	潴育水稻土	冷浸田	浅浸田	1	0~16	灰棕色	壤土	小块状	6.3	37.8	1.92	0.46	12.8		5.2	33	14.0		E 109°45′18.4″ N 23°16′33.1″	83
						2	16~24	蓝青色	壤土	块状	6.8	28.2	1.51	0.37	19.1		0.8	26	9.4			
						3	24~61	黄青色	壤土	块状	8.2	21.7	1.09	0.32	17.9		0.5	29				
						4	61~100	灰青色	重壤土	块状	5.0	31.6	1.28	0.06	18.9		0.5	32				
剖23	人为土	水稻土	潴育水稻土	冲积性潴育水稻土	潴育潮泥田	1	0~17	棕灰色	重石质重壤	碎块状	8.2	23.2	1.13	0.57	9.2		2.4	25	5.6	河流冲积物	E 109°47′21.5″ N 23°16′03.4″	87
						2	17~23	棕灰色	轻石质重黏	棱柱状	7.8	5.1	0.43	0.38	15.1		1.0	28				
						3	23~46	黄棕灰色	轻石质轻黏	棱柱状	7.8	6.9	0.54	0.37	13.6		1.0	25				
						4	46~100	轻棕灰色	轻石质中壤	块状	7.3	10.9	0.62	0.43	9.6		1.0	16				
剖24	人为土	水稻土	潴育水稻土	红土质潴育水稻土	潴育多铁子田	1	0~11	灰棕色	壤土	块状	7.5	15.3	1.76			141	2.0	30		红土	E 109°46′38.4″ N 23°14′02.1″	76
						2	11~18	浅棕色	壤土	块状	7.0											
						3	18~48	棕色	黏棕灰色	柱状	7.5											
						4	48~100	棕色	黏土	块状	7.5											
剖25	人为土	水稻土	盐渍水稻土	碳酸盐渍性水稻土	石灰性板结田	1	0~12	浅灰色	轻黏土	块状	8.1	20.8	1.63				4.5	31			E 109°22′28.7″ N 23°08′46.6″	75
						2	12~16	棕灰色	黏土	块状	8.0											
						3	16~39	灰黄色	壤土	块状	6.5											
						4	39~100	灰白色	壤土	块状	6.0											
剖26	人为土	水稻土	沼泽型水稻土	烂泥田	烂底田	1	0~18	棕灰色	黏壤土	块状	6.2	41.2					4.0	51			E 109°24′53.3″ N 23°08′44.9″	75
						2	18~29	青灰色	黏壤土	块状	6.4											
						3	29~100	蓝灰色	黏壤土	块状	7.1											

续表 Continued

剖面号 Soil profile	土纲 Soil order	土类 Soil great group	亚类 Soil subgroup	土属 Soil genus	土种 Soil species	土层码 Layer code	土层厚度 Depth/cm	颜色 Soil color	质地 Soil texture	土壤结构 Soil structure	pH	有机质 OM/(g/kg)	全氮 TN/(g/kg)	全磷 TP/(g/kg)	全钾 TK/(g/kg)	碱解氮 AN/(mg/kg)	有效磷 AP/(mg/kg)	速效钾 AK/(mg/kg)	阳离子交换量CEC/(cmol/kg)	土壤母质 Parent material	剖面点坐标 Profile coordinate	匹配指数 Matching index/%
剖27	人为土	水稻土	沼泽型水稻土	炭质潜泥田	黑泥黏田	1	0~16	黑灰色	黏土	块状	5.7	34.8	1.57				6.2	31			E 109°28′07.0″ N 23°07′19.9″	76
						2	16~27	黑色	黏土	块状	6.3											
						3	27~100	黑黄色	黏土	块状	5.5											
剖28	人为土	水稻土	潴育水稻土	冲积性潴育水稻土	潴育潮砂田	1	0~15	灰黄棕色	壤土	粒状	6.5	30.7	1.75				11.4	33		河流冲积物	E 109°23′17.5″ N 23°07′19.6″	86
						2	15~20	灰棕色	壤土	块状	6.5											
						3	20~65	灰黄棕色	砂壤土	棱柱状	6.6											
						4	65~100	浅黄灰色	黏壤土	柱状	7.0											
剖29	人为土	水稻土	淹育水稻土	洪积淹育水稻土	含砾砂泥田	1	0~15	棕灰色	壤土	单粒状	6.9	21.8	1.28				3.6	28		洪积物	E 109°21′07.9″ N 23°07′17.0″	79
						2	15~19	灰灰色	壤土	块状	6.5											
						3	19~100	棕灰色	壤土	块状	7.0											
剖30	人为土	水稻土	潜育水稻土	潜底田	深潜底田	1	0~13	棕灰色	壤土	小块状	6.7	46.3	2.30	0.82	12.9		2.1	62	11.0		E 109°27′14.0″ N 23°06′32.4″	73
						2	13~18	棕灰色	壤土	块状	7.3	33.0	1.74	0.99	13.0		1.8	56				
						3	18~48	黄绿色	黏壤土	块状	7.6	20.6	0.99	0.42	16.3		1.7	81				
						4	48~100	蓝灰色	黏砂壤土	块状	7.0	8.7	0.54	0.28	17.5		1.0	109				
剖31	初育土	石灰（岩）土	棕色石灰土	耕型棕色石灰土	砾石棕泥土	1	0~13	棕色	重黏土	碎块状	7.0	26.4	1.35				2.1	53			E 109°25′40.0″ N 23°05′13.5″	75
						2	13~100	棕黄色	黏土	块状	6.5											
剖32	人为土	水稻土	淹育水稻土	红土质潴育水稻土	黄泥背田	1	0~14	浅灰棕色	轻黏土	碎块状	6.5	17.8	0.33	0.05	10.5		8.8	83	13.8	红土	E 109°28′05.2″ N 23°04′46.6″	96
						2	14~24	浅灰棕色	轻黏土	块状	7.0	14.8	0.60	0.47	11.2		1.4	35				
						3	24~100	红灰色	重黏土	棱柱状	7.0	11.6	0.61	0.31	13.3		0.2	51				
剖33	人为土	水稻土	潴育水稻土	红土质潴育水稻土	潴育铁子田	1	0~13	棕色	黏土	碎块状	6.5	19.4	1.18			88	2.0	44		红土	E 109°23′35.9″ N 23°02′19.0″	86
						2	13~19	棕黄色	黏壤土	块状	7.2											
						3	19~42	浅灰棕色	黏壤土	棱柱状	7.5											
						4	42~100	灰棕色	黏壤土	粒状	7.6											
剖34	铁铝土	赤红壤	赤红壤	耕型铁砾赤红壤	多铁子土	1	0~14	黄棕色	黏壤土	块状	6.8		1.32				1.5	48			E 109°27′51.1″ N 23°01′22.1″	74
						2	14~100	黄棕色	壤土	块状	6.8											
剖35	人为土	水稻土	潴育水稻土	花岗岩潴育水稻土	潴育杂砂泥田	1	0~12	黄棕灰色	壤土	块状	7.4									花岗岩	E 109°30′21.2″ N 23°09′55.4″	85
						2	20~40	灰红相间	轻黏土	块状	7.3											
						3	40~100	黄红相间	轻黏土	块状	7.3											
剖36	初育土	石灰（岩）土	棕色石灰土	耕型棕色石灰土	砾质棕泥土	1	0~18	浅棕色	黏壤土	小块状	7.0	35.1	2.16				5.0	107			E 109°39′51.8″ N 23°07′50.9″	82
						2	18~100	棕色	砂壤土	粒状	6.5											
剖37	人为土	水稻土	盐渍水稻土	碳酸盐渍性水稻土	含砂棕泥土	1	0~11	黄棕色	壤土	块状	8.5	20.0	0.91				6.6	24			E 109°30′44.3″ N 23°07′41.9″	86
						2	11~20	暗灰棕色	壤土	粒状	7.6											
						3	20~50	黄棕灰色	轻黏土	块状	7.6											
						4	50~100	灰黄棕色	壤土	块状	7.6											
剖38	初育土	石灰（岩）土	棕色石灰土	棕色石灰土淹稻	壤质棕泥田	1	0~16	灰棕色	黏土	块状	5.9	18.5	0.85				5.0	32			E 109°41′35.9″ N 23°07′31.1″	70
						2	16~53	浅棕色	中壤土	粒状	6.8											
						3	53~100	棕灰色	重壤土	块状	7.0											
剖39	人为土	水稻土	淹育水稻土	碳酸盐渍性水稻土	壤质棕泥田	1	0~11	棕灰色	黏壤土	粒状	6.5	26.3	1.48				3.8	25		石灰岩风化物	E 109°42′43.2″ N 23°07′12.7″	77
						2	11~16	棕色	黏壤土	棱柱状	7.5											
						3	16~24	棕色	中壤土	柱状	7.0											
						4	24~100	黄棕色	砂壤土	块状	6.5											
剖40	人为土	水稻土	盐渍水稻土	碳酸盐渍性水稻土	石灰性潮砂田	1	0~16	棕灰色	砂壤土	粒状	8.0	28.8	1.50				6.5	33			E 109°31′28.9″ N 23°06′40.0″	75
						2	16~26	黄灰色	壤土	块状	8.2											
						3	26~60	黄棕红色		棱柱状	8.0											
						4	60~100	黄棕色	砂土	单粒状	7.7											

续表 Continued

剖面号 Soil profile	土纲 Soil order	土类 Soil great group	亚类 Soil subgroup	土属 Soil genus	土种 Soil species	土层码 Layer code	土层厚度 Depth/cm	颜色 Soil color	质地 Soil texture	土壤结构 Soil structure	pH	有机质 OM/(g/kg)	全氮 TN/(g/kg)	全磷 TP/(g/kg)	全钾 TK/(g/kg)	碱解氮 AN/(mg/kg)	有效磷 AP/(mg/kg)	速效钾 AK/(mg/kg)	阴离子交换量 CEC/(cmol/kg)	土壤母质 Parent material	剖面点坐标 Profile coordinate	匹配指数 Matching index/%
剖41	铁铝土	赤红壤	赤红壤	耕型铁砾赤红壤	铁磐土	1	0—17	浅灰色	中壤土	小块状	6.1	26.8	1.22	0.65	6.0		1.1	56	11.8		E 109°32′33.0″ N 23°06′30.6″	100
						2	17—48	赤红色	重壤土	块状	7.0	15.2	0.77	0.74	3.0		1.0	35				
						3	48—100	灰黄色	轻黏土	块状	6.9	3.6	0.22	0.91	4.7		1.0	51				
剖42	人为土	水稻土	淹育水稻土	红土质淹育水稻土	黄泥田	1	0—15	黄棕色	重石质轻黏土	块状	5.4	35.0	1.72	0.52	6.3		4.0	38	11.8	红土	E 109°32′44.4″ N 23°04′10.5″	89
						2	15—20	黄棕色	黏土	块状	6.2	25.4	1.20	0.41	6.2		3.3	24				
						3	20—100	红黄色	黏土	块状	5.3	8.0	0.52	0.18	7.6		0.3	19	11.3			
剖43	初育土	新积土	冲积土	酸性潮泥土	酸性潮湖土	1	0—20	灰棕色	轻石质中壤土		6.8	13.3	0.77	0.36	5.5		4.4	28	7.1	河流冲积物	E 109°33′51.4″ N 23°01′56.8″	88
						2	20—44	黄棕色	黏土	块状	6.5	9.6	0.54	0.32	4.1		2.3	19				
						3	44—100	灰黄色	黏土	块状	5.5	7.2	0.54	0.47	7.0		1.9	23				
剖44	人为土	水稻土	盐渍水稻土	碳酸盐渍性水稻田	石灰性铁磐底田	1	0—12	灰黄色	中壤土	块状	8.2	29.1	1.64				8.3	42			E 109°47′09.6″ N 23°09′36.0″	85
						2	12—19	浅灰黄色	中壤土	块状	9.0											
						3	19—59	浅白灰色	黏红土	柱状	8.2											
						4	59—100	白灰色	黏土	柱状	8.5											
剖45	人为土	水稻土	盐渍水稻土	碳酸盐渍性水稻田	石灰性铁多铁子田	1	0—15	黄棕色	中壤土	块状	8.3	18.3	0.92	0.72	5.7		2.7	51	10.6		E 109°46′31.4″ N 23°08′45.6″	99
						2	15—20	灰棕色	黏土	块状	8.2	23.6	1.25	0.49	6.3		0.2	47				
						3	20—57	黄黄色	黏土	块状	8.1	11.5	0.74	0.54	5.3		0.4	41				
						4	57—100	棕黄色	中壤土	块状	8.1	4.6	0.46		6.7		0.4	48				
剖46	人为土	水稻土	淹育水稻土	砂页岩淹育水稻土	砂土田	1	0—17	棕浅灰色	重石质壤土	碎块状	5.5	11.5	0.58	0.41	5.1		1.0	25	3.6	砂页岩风化物	E 109°47′55.0″ N 23°06′33.5″	83
						2	17—21	浅棕灰色	壤土	小块状	5.6	11.4	0.64	0.40	5.8		1.0	28				
						3	21—100	棕黄色	重石质中壤土	碎块状	7.7	6.7	0.43	0.42	5.8		1.0	64				
剖47	铁铝土	赤红壤	赤红壤	耕型铁砾赤红壤	铁子底土	1	0—17	浅灰棕色	轻壤土	粒状	7.0	23.4	1.27	0.76	20.1		7.9	53	12.2		E 109°28′19.9″ N 22°57′23.4″	99
						2	17—53	黄棕色	黏壤土	块状	7.4	19.3	0.90	0.65	9.4		0.1	39				
						3	53—100	灰黄色	中壤土	块状	6.2	6.0	0.61	0.29	8.5		0.2	39				
剖48	人为土	水稻土	潜育水稻土	潜底田	中潜底田	1	0—11	灰棕色	轻壤土	块状	6.2	26.9	1.29	0.40	15.1		2.1	26	8.7	砂页岩风化物	E 109°23′49.9″ N 22°56′56.8″	97
						2	11—18	棕黄色	中壤土	块状	6.7	22.8	1.19	0.40	14.9		2.1	19				
						3	18—100	灰青色	黏土	块状	4.8	30.1	1.27	0.27	16.9		0.9	29				
剖49	铁铝土	赤红壤	赤红壤	耕型铁砾赤红壤	铁子土	1	0—10	灰棕色	黏壤土	粒块状	6.0	16.7	0.54		1.5					红土	E 109°25′47.3″ N 22°55′23.5″	79
						2	10—100	黄棕色	黏土	块状	6.5											
剖50	人为土	水稻土	淹育水稻土	红土质淹育水稻土	砂质黄泥田	1	0—12	棕黄色	重壤土	块状	6.5	16.9	0.46				3.2	28		红土	E 109°27′56.8″ N 22°51′45.4″	72
						2	12—19	黄棕色	重壤土	块状	6.2											
						3	19—100	浅灰色	黏壤土	块状	6.0											
剖51	人为土	水稻土	沼泽型水稻土	埋藏黑泥田	深埋黑泥田	1	0—12	棕灰色	轻黏土	小块状	6.0	38.0					4.3	69		石灰岩残积物	E 109°30′52.2″ N 22°56′39.1″	86
						2	12—19	浅蓝灰色	黏土	块状	6.8	20.0	0.99	0.40	12.2		4.2	44	6.3			
						3	19—44	蓝灰色	重黏土	块状	7.3	3.7	0.37	0.22	18.6		0.5	35				
						4	44—100	黑黄灰色	黏土	块状	7.4	5.2	0.38	0.26	17.0		0.6	37				
剖52	人为土	水稻土	冷浸田	冷浸田	深浸田	1	0—10	黑黑灰色	黏土	碎块状	6.6	33.0	1.54	0.52	3.1		7.3	25	10.7	石灰岩风化物	E 109°31′36.5″ N 22°55′34.0″	91
						2	16—26	深棕灰色	轻石质轻黏土	块状	7.5	10.5	0.61	0.27	2.9		3.0	21	9.9			
						3	26—43	黄棕色		碎块状	7.5	12.4	0.58	1.60	4.0		0.5	27				
剖53	人为土	水稻土	潜育水稻土	棕色石灰土潜育水稻土	潜育棕泥田	4	43—100	黄棕色	中石质重黏土	块状	7.5	8.2	0.60	0.15	12.1		0.4	56			E 109°31′21.2″ N 22°51′08.2″	81

港 南 区

主要土类说明

赤红壤是港南区主要土壤类型，占本区地域面积的43%。赤红壤主要发生于南亚热带季雨林下，其脱硅富铝化程度仅次于砖红壤，强于红壤。铁的游离度介于二者之间，黏粒硅铝率为1.7—2.0，风化淋溶系数为0.05—0.15，盐基饱和度为15%—25%，pH为4.5—5.5。淀积层（B层）富含铁铝氧化物，呈赤红色。

水稻土是港南区第二大土壤类型，占本区地域面积的40%。水稻土是在长期季节性淹灌、水下翻耕、季节性脱水、氧化还原交替影响下，原来成土母质或母土的特性发生重大改变，形成的新的土壤类型。由于干湿交替，水稻土形成糊状淹育层、较坚实板结的犁底层、渗育层、潴育层与潜育层等多种发生层。这些不同发生层段是在人为耕作、水浆管理下形成的。

紫色土是港南区第三大土壤类型，占本区地域面积的11%。紫色土是由热带、亚热带紫红色岩层直接风化形成的A-C型土壤。其理化性质与母岩组成直接相关，土层浅薄，剖面层次发育不明显，仍处于初育阶段。母岩富含矿质养分，且风化迅速，为良好的肥沃土壤。但其他较干旱地区的此类母岩风化物不具有此肥沃特性。

小于本区地域面积3%的土壤类型还有新积土和石灰（岩）土等。

本区域中心区气候特征

本区域中心区气候特征值
Regional climate characteristics in central area of the region

气候带：南亚热带湿润气候 Climate region: South subtropical humid climate	
年平均气温 /℃ Annual average temperature /℃	21.8
年平均最高气温 /℃ Annual average maximum temperature /℃	25.9
年平均最低气温 /℃ Annual average minimum temperature /℃	19.0
年降水量 /mm Annual precipitation /mm	1722
≥10℃的积温 /℃ Daily temperature accumulated in a year（≥10℃）/℃	7959
年日照时数 /h Annual sunshine /h	1627
年平均相对湿度 /% Annual average relative humidity /%	79
干燥度 Dryness	0.76

本区域中心区月平均气温与月平均降水量
Monthly temperature and precipitation in central area of the region

港南区主要土壤类型与土壤剖面点分布图
1:190 000

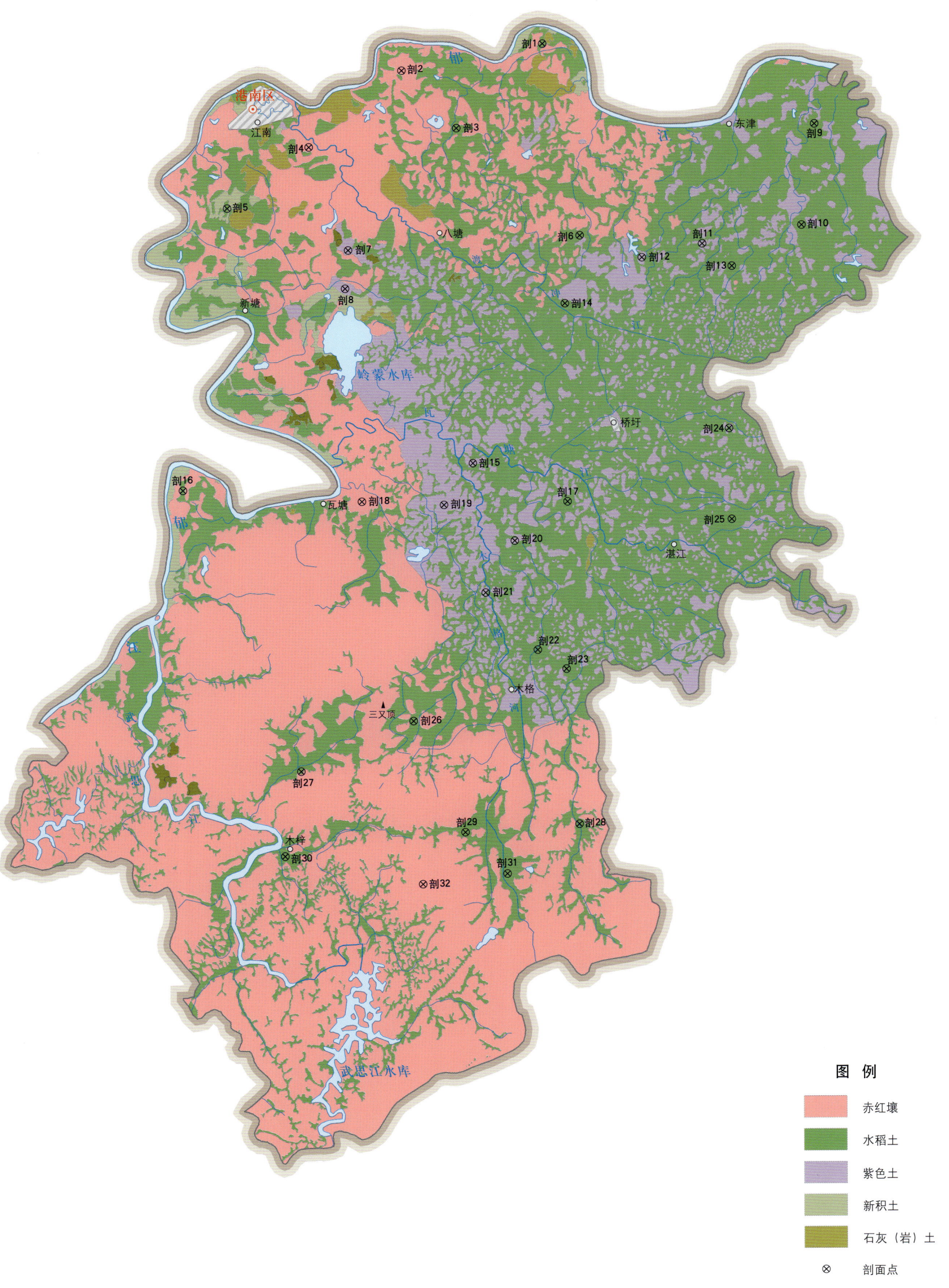

图 例
- 赤红壤
- 水稻土
- 紫色土
- 新积土
- 石灰（岩）土
- ⊗ 剖面点

港南区土壤剖面理化性状表

剖面号 Soil profile	土纲 Soil order	土类 Soil great group	亚类 Soil subgroup	土属 Soil genus	土种 Soil species	土层码 Layer code	土层厚度 Depth/cm	颜色 Soil color	质地 Soil texture	土壤结构 Soil structure	pH	有机质 OM/(g/kg)	全氮 TN/(g/kg)	全磷 TP/(g/kg)	全钾 TK/(g/kg)	碱解氮 AN/(mg/kg)	有效磷 AP/(mg/kg)	速效钾 AK/(mg/kg)	阳离子交换量CEC/(cmol/kg)	土壤母质 Parent material	剖面点坐标 Profile coordinate	匹配指数 Matching index/%
剖1	人为土	水稻土	淹育水稻土	棕色石灰土淹育水稻土	浅棕泥田	1	0—11	浅黄棕色	轻石质重壤土	碎块状	6.3	31.9	1.84	0.45	11.2				16.4	石灰岩风化物	E 109°43′50.3″ N 23°06′10.6″	73
						2	11—15	黄棕色	重壤土	块状	7.2	25.3	1.56	0.38	12.8							
						3	15—100	浅红棕色	黏土	粒状	7.1	9.8	0.83	0.26	16.5							
剖2	铁铝土	赤红壤	赤红壤	耕型砂页岩赤红壤	赤砂土	1	0—20	棕黄色	砂壤土	块状	6.4	5.3	0.38	0.22	8.5					砂页岩	E 109°40′11.2″ N 23°05′29.9″	89
						2	20—100	棕黄色	重壤土	块状	5.7	8.5	0.49	0.36	1.7							
剖3	人为土	水稻土	淹育水稻土	红土质淹育水稻土	铁子田	1	0—18	暗黄色	轻黏土	块状	6.2	32.3	1.84	0.33	7.0				16.3	红土	E 109°41′37.0″ N 23°04′08.0″	89
						2	18—34	暗棕色	轻黏土	块状	7.0	23.1	1.03	0.45	5.0							
						3	34—100	红黄色	黏土		6.8	10.3	0.67	0.18	12.6							
剖4	铁铝土	赤红壤	赤红壤	第四纪红土赤红壤		1	0—20	灰棕色	中黏土	碎块状	4.2	30.2	1.16				0.8	77		红土	E 109°37′47.0″ N 23°03′38.7″	84
						2	20—40	黄红色	黏土	块状	4.5											
						3	40—100	黄红色		块状	5.0											
剖5	人为土	潴育水稻土	洪积性潴育水稻土	洪积潴育砂泥田		1	0—10	棕灰色	砂壤土	粒状	6.8	14.8	0.79	0.09	10.7	91	9.0	64		洪积物	E 109°35′40.6″ N 23°02′10.0″	73
						2	10—17	棕灰色	壤土	块状	6.0											
						3	17—33	灰黄色	壤土	块状	6.5											
						4	33—100	黄棕色	砂壤土		7.0											
剖6	人为土	水稻土	淹育水稻土	红土质淹育水稻土	薄砂黄泥田	1	0—10	棕灰色	砂壤土	小块状	5.7	23.3	1.35	0.22	8.2	110	5.0	61	14.9	红土	E 109°44′50.6″ N 23°01′36.1″	74
						2	10—18	棕灰色	轻壤土	块状	5.2											
						3	18—100	灰黄色	中黏土	块状	5.5											
剖7	初育土	紫色土	酸性紫色土	耕型酸性紫色土	酸性紫砂土	1	0—22	棕紫色	砂壤土	粒状	4.8	4.1	0.33	0.14	6.5						E 109°38′49.8″ N 23°01′11.5″	74
						2	22—100	紫色	壤土	块状	4.6			0.28	4.8							
剖8	初育土	紫色土	中性紫色土	中性紫色土	中性紫砂土	1	0—21	紫色	壤土	粒状	7.1	9.5	0.59	0.36	16.1				10.1		E 109°38′45.6″ N 23°00′16.2″	87
						2	21—100	紫色	壤土	块状	6.9	5.7	0.55	0.38	12.1							
剖9	人为土	水稻土	淹育水稻土	紫色岩淹育水稻土	紫泥田	1	0—12	灰紫色	中黏土	块状	6.5	21.5	1.23		14.8	94	1.0	80		紫色岩	E 109°50′55.0″ N 23°04′19.2″	72
						2	12—21	灰紫褐色	轻黏土	小块状	6.8		0.94									
						3	21—100	紫褐色	黏土	块状	7.0											
剖10	人为土	潴育水稻土	潴育水稻土	红土质潴育水稻土	潴育黄泥田	1	0—17	黄棕色	砂壤土	粒状	5.5	20.0	0.94	0.22	8.2					红土	E 109°50′36.1″ N 23°01′54.1″	75
						2	17—23	黄棕色	轻黏土	块状	7.0	6.7	0.43	0.14	6.5							
						3	23—45	棕黄色	中黏土	棱柱状	7.2	4.7	0.31	0.28	4.8							
						4	45—100	红棕色	重黏土	块状	5.5											
剖11	初育土	紫色土	中性紫色土	中型中性紫色土	耕型中性紫泥土	1	0—16	灰紫棕色	黏壤土	碎块状	7.3	14.8	0.79	0.38	14.8						E 109°48′01.3″ N 23°01′25.9″	89
						2	16—100	棕色	黏壤土	块状	7.2	15.9	0.95	0.35	13.2							
剖12	人为土	水稻土	石灰性水稻土	耕型石灰性紫泥土	紫灰棕色紫泥土	1	0—24	紫棕褐色	轻黏土	小块状	8.0	11.7	0.79	0.17	15.5	61	12.0	117	14.7		E 109°46′27.8″ N 23°01′05.2″	81
						2	24—100	紫灰色	重黏土	块状	8.3											
剖13	人为土	水稻土	潴育水稻土	紫色岩潴育水稻土	潴育紫泥田	1	0—17	浅紫棕色	壤土	碎块状	6.8	22.3	1.28	0.30	15.5					紫色页岩风化物	E 109°48′47.9″ N 23°00′54.0″	81
						2	17—23	灰紫色	中壤土	碎块状	7.5	19.5	1.16	0.27	16.4							
						3	23—60	棕色	轻壤土	棱柱状	7.2	7.6	0.35	0.17	13.4							
						4	60—100	灰白色	重壤土	块状	8.3											
剖14	水稻土	水稻土	渗育水稻土	白散砂田	深渗白散砂田	1	0—21	紫灰色	砂壤土	碎块状	6.6	15.6	0.88	0.16	12.6				8.1		E 109°44′28.3″ N 22°59′58.2″	91
						2	21—32	灰紫色	砂壤土	粒状	5.5	1.3	0.14	0.10	5.5							
						3	32—100	棕灰色	砂壤土	棕粒状	5.3	6.6	0.40	0.21	6.1							
剖15	初育土	紫色土	石灰性紫色土	耕型石灰性紫色土	耕型石灰性紫砂土	1	0—17	棕色	砂壤土	粒状	8.0										E 109°42′06.6″ N 22°56′07.8″	82
						2	17—39	紫色	中壤土	块状	8.3											
						3	39—100															

续表 Continued

剖面号 Soil profile	土纲 Soil order	土类 Soil great group	亚类 Soil subgroup	土属 Soil genus	土种 Soil species	土层码 Layer code	土层厚度 Depth/cm	颜色 Soil color	质地 Soil texture	土壤结构 Soil structure	pH	有机质 OM/(g/kg)	全氮 TN/(g/kg)	全磷 TP/(g/kg)	全钾 TK/(g/kg)	碱解氮 AN/(mg/kg)	有效磷 AP/(mg/kg)	速效钾 AK/(mg/kg)	阳离子交换量CEC/(cmol/kg)	土壤母质 Parent material	剖面点坐标 Profile coordinate	匹配指数 Matching index/%
剖16	人为土	水稻土	潴育水稻土	砂页岩潴育水稻土	潴育蚝泥肉田	1	0—22	棕灰色	壤土	块状	6.0	33.4	1.65				145	6.0	32		砂页岩	E 109°34′35.0″ N 22°55′24.6″	91
						2	22—32	棕灰色	壤土	块状	7.5												
						3	32—72	红黄灰色		棱柱状	6.5												
						4	72—100	黄棕灰色	黏土壤土	块状	6.0												
剖17	人为土	水稻土	潴育水稻土	红土质潴育水稻土	潴育黄泥田	1	0—18	棕灰色	重壤土	碎块状	5.2	22.9	1.14	0.38	8.5				12.5	红土	E 109°44′34.3″ N 22°55′14.0″	76
						2	18—32	浅棕灰色	重壤土	块状	7.0		0.84	0.28	8.3								
						3	32—49	红黄色	黏壤土	棱柱状	7.3		0.53	0.32	13.1								
						4	49—100	红黄色	黏壤土	块状	5.3	6.3	0.35	0.31	15.5								
剖18	铁铝土	赤红壤	赤红壤	耕型砂页岩赤红壤	赤壤土	1	0—13	灰黄色	壤土	粒状	6.6	6.4	0.73	0.27	8.0	48	5.0	64		砂页岩	E 109°39′14.0″ N 22°55′11.0″	86
						2	13—59	棕黄色	黏壤土	块状	6.5	6.2	0.33	0.13	2.6								
						3	59—100	灰黄色	黏壤土	块状	7.0												
剖19	初育土	紫色土	中性紫色土	砂页岩中性紫色土		1	0—25	棕灰色	中壤土	块状	5.9	2.8	0.19				0.4	63		砂页岩	E 109°41′21.8″ N 22°55′07.3″	91
						2	25—60	红黄色	中壤土	块状	6.0												
剖20	初育土	紫色土	中性紫色土	中性紫色土	中性紫黏土	1	0—16	棕灰色	重黏土	块状	7.0	14.2	0.90	0.33	18.8				13.2	砂页岩	E 109°43′12.4″ N 22°54′16.6″	74
						2	16—100	棕紫色	重黏土	粒状	6.5	8.4	0.62	2.30	19.5								
剖21	初育土	紫色土	酸性紫色土	耕型酸性紫色土	酸性紫砂泥土	1	0—16	紫棕色	中壤土	粒状	4.5	9.6	0.69	0.30	11.2				11.4	紫色岩	E 109°42′27.7″ N 22°53′01.3″	100
						2	16—100	紫棕色	重黏土	块状	4.8	2.9	0.38	0.18	27.1								
剖22	人为土	水稻土	潴育水稻土	紫色岩潴育水稻土	潴育紫泥田	1	0—16	灰紫色	砂壤土	碎块状	5.0	24.0	1.33	0.30	12.1					紫色砂页岩风化物	E 109°43′49.1″ N 22°51′40.3″	86
						2	16—25	紫棕灰色	中壤土	块状	5.3	16.8	0.87	0.22	10.0								
						3	25—61	紫紫黄色	中壤土	棱柱状	6.6	8.7	0.50	0.70	12.3								
						4	61—100	紫紫黄色	中壤土	柱状	6.5												
剖23	人为土	水稻土	沼泽型水稻土	烂泥田	浅泥田	1	0—13	棕灰色	黏壤土	粒状	6.1	21.1	1.28	0.21	11.5	108	5.0	68			E 109°44′34.4″ N 22°51′13.3″	88
						2	13—24	灰黄色	黏壤土	块状	6.5	17.0	1.02	0.20	11.0								
						3	24—51	青灰色	黏土	块状	6.0	18.0	1.11	0.18	11.3								
						4	51—100	青黄色	黏壤土	块状	7.0												
剖24	人为土	水稻土	潴育水稻土	紫色岩潴育水稻土	潴育紫泥田	1	0—26	暗棕紫色	壤土	碎块状	6.2	20.8	1.10	0.30	26.9	96	3.0	69	19.8	紫色岩	E 109°48′45.3″ N 22°57′01.1″	97
						2	26—36	紫棕色	重壤土	碎块状	6.5	22.9	1.31	0.50									
						3	36—80	紫棕灰色	中壤土	块状	7.0	10.0	0.93	0.22	10.3								
						4	80—100	紫紫黄色	中壤土	棱柱状	7.1	7.5	0.56	0.18	14.4								
剖25	人为土	水稻土	潴育水稻土	砂页岩潴育水稻土	潴育砂泥田	1	0—13	棕灰色	壤土	块状	6.0	21.0	1.24			111	5.0	36		紫色页岩风化物	E 109°48′50.5″ N 22°54′50.3″	72
						2	13—21	棕灰色	壤土	块状	6.0												
						3	21—58	灰黄色	壤土	块状	6.5												
						4	58—100	灰黄色	壤土	块状	7.0												
剖26	人为土	水稻土	淹育水稻土	砂页岩淹育水稻土	壤田	1	0—13	棕灰色	黏壤土	碎块状	5.8	23.7	1.24	0.39	7.1	114	5.0	75	13.8	砂页岩	E 109°40′36.5″ N 22°49′56.5″	99
						2	13—29	棕灰色	壤土	块状	6.5	16.6	0.93	0.28	13.8								
						3	29—100	红黄橙色	壤土	棱柱状	6.8	4.4	0.31	0.19	3.9								
剖27	人为土	水稻土	潴育水稻土	冲积性潴育水稻土	潴育潮泥肉田	1	0—15	灰灰色	壤土	碎块状	6.5	21.1	1.08							砂页岩风化物	E 109°37′41.9″ N 22°48′42.5″	71
						2	15—23	灰黄色	黏土	块状	7.0												
剖28	人为土	水稻土	潴育水稻土			3	23—64	黄褐色	黏土	柱状	6.5									河流冲积物	E 109°44′55.7″ N 22°47′30.1″	94
						4	64—100															

续表 Continued

剖面号 Soil profile	土纲 Soil order	土类 Soil great group	亚类 Soil subgroup	土属 Soil genus	土种 Soil species	土层码 Layer code	土层厚度 Depth/cm	颜色 Soil color	质地 Soil texture	土壤结构 Soil structure	pH	有机质 OM/(g/kg)	全氮 TN/(g/kg)	全磷 TP/(g/kg)	全钾 TK/(g/kg)	碱解氮 AN/(mg/kg)	有效磷 AP/(mg/kg)	速效钾 AK/(mg/kg)	阳离子交换量CEC/(cmol/kg)	土壤母质 Parent material	剖面点坐标 Profile coordinate	匹配指数 Matching index/%
剖29	人为土	水稻土	潴育水稻土	花岗岩潴育水稻土	潴育杂砂田	1	0—18	灰棕色	重石质中壤土	粒状、碎块状	5.0	23.5	1.23	0.35	18.0				9.2	花岗岩	E 109°41′57.8″ N 22°47′17.1″	100
						2	18—24	棕灰色	轻壤土	块状	6.4	18.4	0.91	0.34	19.7							
						3	24—60	黄棕灰色	壤土	棱柱状	6.6		0.76	0.30	14.8							
						4	60—100	黄灰棕色	黏壤土	柱状	6.5											
剖30	人为土	水稻土	潴育水稻土	花岗岩潴育水稻土	潴育杂砂泥肉田	1	0—17	浅灰棕色	轻石质中壤土	粒状	5.0	26.8	1.35	0.45	27.0				12.7	花岗岩	E 109°37′17.8″ N 22°46′39.5″	79
						2	17—21	灰棕色	中壤土	单粒、碎块状	6.7	11.6	0.52	0.34	29.5							
						3	21—35	棕黄色	中壤土	棱柱状	5.7	15.5	0.81	0.35	30.0							
						4	35—100	黄棕色	黏壤土	块状	5.5											
剖31	人为土	水稻土	潴育水稻土	砂页岩潴育水稻土	潴育油砂田	1	0—13	棕灰色	砂壤土	碎块状	6.5	20.6	1.16			97	9.0	81		砂页岩风化物	E 109°43′04.1″ N 22°46′17.4″	71
						2	13—25	浅灰棕色	轻壤土	块状	6.5											
						3	25—91	灰棕色	壤土	棱柱状	5.8											
						4	91—100	黄棕黄色	黏壤土	块状	5.0											
剖32	铁铝土	赤红壤	赤红壤	花岗岩赤红壤	薄层花岗岩赤红壤	1	0—5	灰棕色	壤土	碎块状	5.5	50.8	1.73				1.6	330		花岗岩	E 109°40′52.8″ N 22°46′01.5″	97
						2	5—15	浅棕色	壤土	块状	5.0											
						3	15—95	黄棕色	黏壤土	块状	4.8											

平 南 县

主要土类说明

赤红壤是平南县主要土壤类型，占本县地域面积的43%，分布于平山、寺面、大坡、六陈、大新、镇隆、大安等乡镇海拔500m以下的低山、丘陵区。赤红壤发生于南亚热带季雨林下，其脱硅富铝化程度仅次于砖红壤，强于红壤。铁的游离度介于二者之间，土壤呈赤红色，具A–Bs–C剖面构型。

水稻土是平南县第二大土壤类型，占本县地域面积的33%。水稻土是在长期季节性淹灌、水下翻耕、季节性脱水、氧化还原交替影响下，原来成土母质或母土的特性发生重大改变，形成的新的土壤类型。由于干湿交替，水稻土形成糊状淹育层、较坚实板结的犁底层、渗育层、潴育层与潜育层等多种发生层段是在人为耕作、水浆管理下形成的。根据水型、水质的不同，本县水稻土分为淹育型、潴育型、潜育型、沼泽型、渗育型、盐渍型、矿毒型等亚类。

红壤是平南县第三大土壤类型，占本县地域面积的16%，分布于海拔500m以下、北回归线以北的丘陵或山岭，在本县北河片的国安、丹竹、安怀、官成、同和、马练、思旺、大鹏等乡镇的山丘均有分布。该土壤的主要特点是色红、质黏、呈酸性，较富含铁铝。

紫色土占平南县地域面积的6%。紫色土是由热带、亚热带紫红色岩层直接风化形成的A–C型土壤。其理化性质与母岩组成直接相关，土层浅薄，剖面层次发育不明显，仍处于初育阶段。母岩富含矿质养分，且风化迅速，为良好的肥沃土壤。但其他较干旱地区的此类母岩风化物不具有此肥沃特性。

小于本县地域面积3%的土壤类型还有潮土、黄壤和新积土等。

本区域中心区气候特征

本区域中心区气候特征值
Regional climate characteristics in central area of the region

气候带：南亚热带湿润气候 Climate region: South subtropical humid climate	
年平均气温 /℃ Annual average temperature /℃	21.2
年平均最高气温 /℃ Annual average maximum temperature /℃	25.6
年平均最低气温 /℃ Annual average minimum temperature /℃	18.2
年降水量 /mm Annual precipitation /mm	1635
≥10℃的积温 /℃ Daily temperature accumulated in a year（≥10℃）/℃	7729
年日照时数 /h Annual sunshine /h	1618
年平均相对湿度 /% Annual average relative humidity /%	79
干燥度 Dryness	0.76

本区域中心区月平均气温与月平均降水量
Monthly temperature and precipitation in central area of the region

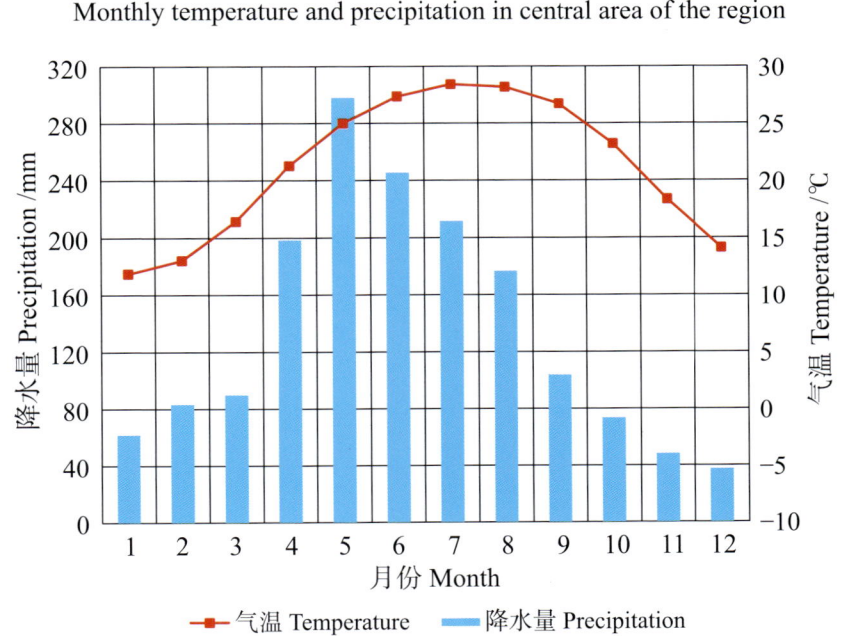

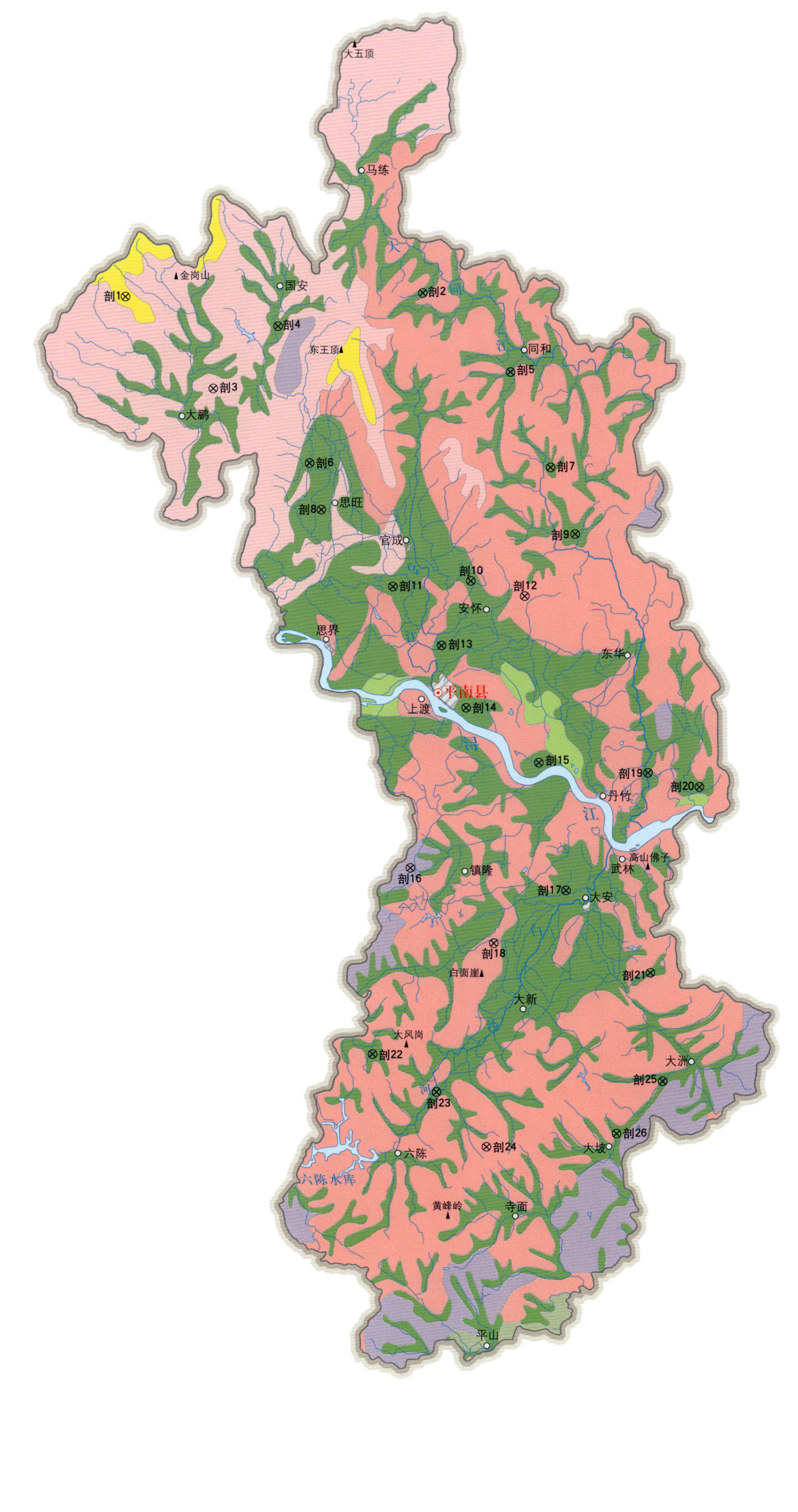

平南县土壤剖面理化性状表

剖面号 Soil profile	土纲 Soil order	土类 Soil great group	亚类 Soil subgroup	土属 Soil genus	土种 Soil species	土层码 Layer code	土层厚度 Depth/cm	颜色 Soil color	质地 Soil texture	土壤结构 Soil structure	pH	有机质 OM/(g/kg)	全氮 TN/(g/kg)	全磷 TP/(g/kg)	全钾 TK/(g/kg)	碱解氮 AN/(mg/kg)	有效磷 AP/(mg/kg)	速效钾 AK/(mg/kg)	阳离子交换量 CEC/(cmol/kg)	土壤母质 Parent material	剖面点坐标 Profile coordinate	匹配指数 Matching index/%
剖1	铁铝土	黄壤	黄壤	砂岩黄壤	中层砂岩黄壤	1	0—15	黑褐色	砂壤土	块状	4.2	37.8	4.57	0.63	7.4					砂岩	E 110° 07′ 48.1″ N 23° 50′ 12.6″	88
剖2	人为土	水稻土	潴育水稻土	冷浸田	深浸田	2	15—30	棕黄色	壤土	块状	4.7	33.4	1.78	0.47	8.9							83
						3	30—100	浅黄色	壤土													
						A	0—16				5.1	29.6	1.37	0.20	4.2							
						2	16—32				5.4	22.0	0.93	0.23	4.4							
						3	32—100				4.7	39.5	1.30	0.20	6.5							
剖3	铁铝土	红壤	红壤	耕型砂岩红壤	红砂土	1	0—24	浅灰白色	砂土	单粒状	5.9	5.6	0.36	0.10	4.6					砂岩	E 110° 12′ 07.1″ N 23° 46′ 07.4″	98
						2	24—100	棕黄色	砂壤土	小块状	5.1	4.4	0.36	0.05	9.4							
剖4	人为土	水稻土	潴育水稻土	砂页岩潴育水稻土	潴育蜡样肉田	1	0—24	灰紫色	黏壤土	块状	5.9	34.1	1.63	0.57	13.9	137	3.0	120		砂页岩	E 110° 15′ 14.7″ N 23° 48′ 56.2″	79
						2	20—24	棕黄色	黏壤土	块状												
						3	24—100	黄棕色	黏壤土	棱柱状												
剖5	人为土	水稻土	潴育水稻土	洪积潴育水稻土	洪积砂泥田	1	0—17		中壤土		5.4	23.7	1.09	0.24	3.3					洪积物	E 110° 26′ 34.1″ N 23° 46′ 58.1″	79
剖6	人为土	水稻土	潴育水稻土	洪积性潴育水稻土	洪积潴育含砾砂泥肉田	A	0—20	浅紫灰色		块状	5.5	19.2	0.98	0.37	9.8		3.0	38	6.6	洪积物	E 110° 16′ 50.2″ N 23° 42′ 50.4″	88
						2	20—35	浅黄灰色	砾质黏壤土	块状	5.6	17.8	0.80	0.30	9.6		2.0	28				
						3	35—55	棕灰色	黏质壤土	块状	4.1	10.5	0.42	0.35	6.3		2.0	34				
						4	55—100	深灰色	砾质砂壤土	小块状	4.8	7.2	0.32	0.18	5.7		4.0	29				
剖7	人为土	水稻土	潴育水稻土	砂页岩潴育水稻土	潴育砂泥田	1	0—19				5.3	22.7	1.14	0.48	11.3		13.0	33		砂页岩	E 110° 28′ 32.9″ N 23° 42′ 43.6″	74
剖8	人为土	水稻土	潴育水稻土	冲积潴育水稻土	潴育潮泥田	1	0—12				5.5	42.0	1.79	0.51	16.7					河流冲积物	E 110° 17′ 25.4″ N 23° 40′ 47.3″	99
剖9	人为土	水稻土	潴育水稻土	砂页岩潴育水稻土	潴育砂泥田	1	0—31				6.0	39.3	1.66	0.59	4.0		4.0	43		砂页岩	E 110° 29′ 46.3″ N 23° 39′ 47.5″	75
剖10	人为土	水稻土	潴育水稻土	洪积潴育水稻土	洪积潴育含砾黄泥肉田	1	0—13	黄黄色	黏壤土	块状	6.8	33.2	1.51	0.33	25.5				11.6	洪积物	E 110° 24′ 42.9″ N 23° 37′ 40.0″	100
						2	13—25	黄棕色	黏质壤土	块状	5.7	29.3	1.44	0.32	16.2							
						3	25—86	棕黄色	砾质黏壤土	棱柱状	6.8	10.1	0.51	0.24	16.0							
						4	86—100	浅黄色	轻石质轻黏土	棱柱状												
剖11	人为土	水稻土	潴育水稻土	红土质潴育水稻土	潴育黄泥田	1	0—15	棕黄色	黏壤土	块状	6.9	26.7	1.52	0.51	14.0		5.0	55		红土	E 110° 20′ 56.0″ N 23° 37′ 23.2″	85
						2	15—26	深灰色	黏壤土	棱柱状	7.9	11.3	0.73	0.35	16.7		3.0	51				
						3	26—49	黄灰色	黏壤土	块状	7.0	7.5	0.59	0.32	16.6		3.0	58				
						4	49—100	浅灰色	黏壤土	棱柱状	7.9	8.8	0.65	0.32	18.6		3.0	59				
剖12	铁铝土	赤红壤	赤红壤	耕型砂岩赤红壤	赤砂土	1	0—16	棕灰色	壤土	小块状	5.2	13.0	0.61			53	5.0	55		砂页岩	E 110° 27′ 21.2″ N 23° 37′ 00.5″	94
						2	16—100	棕红色	黏壤土	块状	6.0	14.9	0.85	0.22	8.6							
剖13	人为土	水稻土	淹育水稻土	红土质淹育水稻土	红泥田	1	0—14	黄棕色	黏壤土	块状						113	5.0	40		红土	E 110° 23′ 19.7″ N 23° 34′ 45.8″	98
						2	14—100	棕红色	壤土	块状												
剖14	人为土	水稻土	潴育水稻土	砂页岩潴育水稻土	潴育油砂田	1	0—16	黄棕色	砂壤土	小块状	5.9	23.2								砂页岩	E 110° 24′ 32.4″ N 23° 31′ 59.4″	98
						2	16—30	黄灰色														
						3	30—100															
剖15	人为土	水稻土	淹育水稻土	砂页岩淹育水稻土	壤土田	1	0—16	棕灰色		块状	5.4	22.6	1.30	0.53	10.6		4.0	59		砂页岩	E 110° 28′ 06.6″ N 23° 29′ 34.8″	76
剖16	初育土	紫色土	中性紫色土	耕型中性紫泥土	中性紫泥土	1	0—20	紫	壤土	块状	6.9	6.6	0.45	0.35	21.3		8.0	181		砂岩	E 110° 21′ 54.0″ N 23° 24′ 51.1″	97
						2	20—100		壤土	块状												

续表 Continued

剖面号 Soil profile	土纲 Soil order	土类 Soil great group	亚类 Soil subgroup	土属 Soil genus	土种 Soil species	土层码 Layer code	土层厚度 Depth/cm	颜色 Soil color	质地 Soil texture	土壤结构 Soil structure	pH	有机质 OM/(g/kg)	全氮 TN/(g/kg)	全磷 TP/(g/kg)	全钾 TK/(g/kg)	碱解氮 AN/(mg/kg)	有效磷 AP/(mg/kg)	速效钾 AK/(mg/kg)	阳离子交换量CEC/(cmol/kg)	土壤母质 Parent material	剖面点坐标 Profile coordinate	匹配指数 Matching index/%
剖17	人为土	水稻土	淹育水稻土	砂页岩淹育水稻土	蜡泥田	1	0—12	黄灰色	黏土	块状		24.1					3.0	27		砂页岩	E 110°29′28.3″ N 23°23′53.9″	84
						2	12—26	棕灰色	黏土	块状												
						3	26—100	浅黄色	黏土	块状												
剖18	铁铝土	赤红壤	赤红壤	耕型砂岩赤红壤	赤红砂土	1	0—18	浅黄色	砂土	单粒状	5.5	11.3	0.55				6.0	40		砂岩	E 110°25′59.5″ N 23°21′30.2″	77
						2	18—100	灰黄色	砂土	小块状												
剖19	人为土	水稻土	潴育水稻土	砂页岩潴育水稻土	潴育砂泥田	1	0—16				5.2	33.4	1.85	0.52	19.9		5.0	50		砂页岩	E 110°33′24.2″ N 23°29′09.8″	100
						2	16—24				5.2	27.7	1.60	0.50	18.8							
						3	24—51				6.4	14.3	0.84	0.35	19.3							
						4	51—100				7.0	6.2	0.56	0.42	23.0							
剖20	人为土	水稻土	淹育水稻土	砂页岩淹育水稻土	砂土田	1	0—17	暗棕灰色	砂壤土	小块状	5.3	19.0	0.90	0.34	2.0					砂页岩	E 110°35′54.6″ N 23°28′33.6″	95
						2	17—25	暗棕黄色	砂壤土	块状	5.4	15.8	0.83	0.40	2.2							
						3	25—39	棕黄色	壤土	块状	5.9	11.8	0.51	0.25	2.3							
剖21	人为土	水稻土	潴育水稻土	砂页岩潴育水稻土	深潜底田	A	0—14	棕灰色	重壤土	小块状	4.8	24.8	1.40	0.40	22.7		8.0	111	11.8			88
						2	14—21	棕灰色	砂壤土	块状	5.5	18.2	0.85	0.31	21.9		4.0	134				
						3	21—54	黄灰色	黏壤土	块状	5.1	18.9	0.93	0.33	24.1		2.0	155				
						4	54—100	青灰色	黏壤土	块状	5.0	21.1	1.03	0.40	26.5		5.0	154				
剖22	人为土	水稻土	潴育水稻土	冷浸田	浅浸田	1	0—16	青灰色	壤土	块状	5.4	19.6	0.94	0.08	7.4		3.0	32			E 110°20′11.0″ N 23°16′29.5″	87
						2	16—26			小块状												
						3	26—38			小块状												
						4	38—100															
剖23	人为土	水稻土	潴育水稻土	花岗岩潴育水稻土	潴育杂砂泥肉田	1	0—17	棕灰色	黏壤土	块状	5.2	34.3	1.53	0.42	15.9		5.0	64		花岗岩	E 110°23′17.9″ N 23°14′49.9″	78
						2	17—34	浅灰黄色	黏壤土	块状												
						3	34—80	灰黄白色	砂壤土	块状												
						4	80—100		砂壤土	块状												
剖24	铁铝土	赤红壤	赤红壤	耕型花岗岩赤红壤	杂砂赤红土	1	0—13	灰黄色	砂壤土	小块状	7.6	18.3	0.76	0.43	8.4		6.0	52	8.1	花岗岩	E 110°25′44.4″ N 23°12′23.5″	93
						2	13—100	橙黄灰色	砂壤土	块状	5.5	12.9	0.51	0.44	8.7		3.0	22				
剖25	人为土	水稻土	潴育水稻土	花岗岩潴育水稻土	潴育杂砂田	1	0—15	浅灰黄色	中壤土	小块状	4.9	23.6	1.06	0.32	14.4		7.0	56		花岗岩	E 110°34′14.5″ N 23°15′24.5″	70
						2	15—24	灰黄色	砂壤土	块状	5.6	15.4	0.77	0.19	13.7		2.0	51				
						3	24—61	灰灰色	黏壤土	块状	5.5	10.9	0.46	0.22	12.5		1.0	86				
						4	61—100	暗灰色	黏壤土	棱柱状	4.7	49.7	2.23	0.21	22.5		2.0	164				
剖26	人为土	水稻土	潜育水稻土	潜底田	浅潜底田	1	0—22	灰色	黏壤土	块状	7.3	38.7	1.54	0.41	8.8						E 110°32′02.4″ N 23°13′02.3″	95
						2	22—100	蓝灰色	黏壤土	块状												

桂 平 市

主要土类说明

水稻土是桂平市主要土壤类型，占本市地域面积的30%。水稻土是在人为长期耕作、施肥和灌溉的条件下，由于淋溶和氧化还原、淀积等作用，形成了其特有的剖面结构，即耕作层、犁底层、淀积层、还原淀积层和潴育层、潜育层等。本市水稻土包括淹育型、潴育型、潜育型、沼泽型、渗育型、盐渍型等亚类。

赤红壤是桂平市第二大土壤类型，占本市地域面积的26%，主要分布在南亚热带海拔500m以下地区，在本市的木乐、西山、寻旺、石咀、社步、麻垌、罗秀、大洋、大湾、下湾、白沙、石龙、蒙圩等乡镇均有分布。赤红壤层次分化明显，富含铁铝，表层较暗红。其形成与南亚热带丰富的水热条件密切相关。本市夏季炎热多雨，冬季温凉干旱，干湿明显，有利于赤红壤中物质的强烈风化和生物物质的循环。

紫色土是桂平市第三大土壤类型，占本市地域面积的26%。紫色土是由紫色岩发育而成的一种岩性土，由不同地质时期的紫色砂岩、紫色页岩风化而成。其中紫色砂岩风化形成的土壤，颗粒粗大，组织疏松，多含石英砂粒，透水容易，石灰淋失较快。紫色页岩风化形成的土壤，颗粒细，组织较密，透水困难，石灰淋失较慢，剖面多呈紫色，或以紫色为主，夹杂其他色泽，上下颜色均一，无明显差别，层次间无明显变异。母质层、耕作层由于风化不彻底，常含紫色岩碎屑。本市紫色土包括酸性紫色土、中性紫色土两个亚类。

红壤占桂平市地域面积的11%，主要分布在北回归线以北海拔约500m以下的地带，在本市分布在木圭（一部分）、江口、金田、紫荆一带海拔500m以下的地域。红壤的主要特点是低坡地带上土层深厚，高丘陡坡上土层比较浅薄，色红或有红白相间斑纹，黏、酸、瘦和板结。本市红壤包括红壤、黄红壤、红壤性土等亚类。

新积土占桂平市地域面积的4%。新积土是由新近冲积、洪积、坡积、塌积或人工堆垫形成的土壤。该土壤成土期短，母质特性明显，具A-C或（A）-C剖面构型。

小于本市地域面积3%的土壤类型还有砖红壤、石灰（岩）土和黄壤等。

本区域中心区气候特征

本区域中心区气候特征值
Regional climate characteristics in central area of the region

气候带：南亚热带湿润气候 Climate region: South subtropical humid climate	
年平均气温 /℃ Annual average temperature /℃	21.7
年平均最高气温 /℃ Annual average maximum temperature /℃	25.8
年平均最低气温 /℃ Annual average minimum temperature /℃	18.9
年降水量 /mm Annual precipitation /mm	1710
≥10℃的积温 /℃ Daily temperature accumulated in a year (≥10℃) /℃	7910
年日照时数 /h Annual sunshine /h	1623
年平均相对湿度 /% Annual average relative humidity /%	79
干燥度 Dryness	0.75

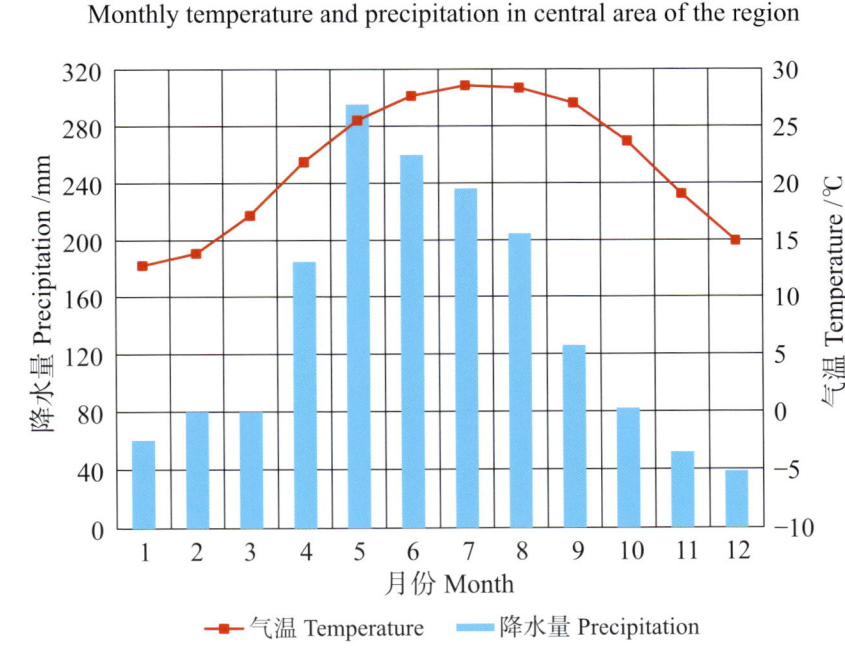

本区域中心区月平均气温与月平均降水量
Monthly temperature and precipitation in central area of the region

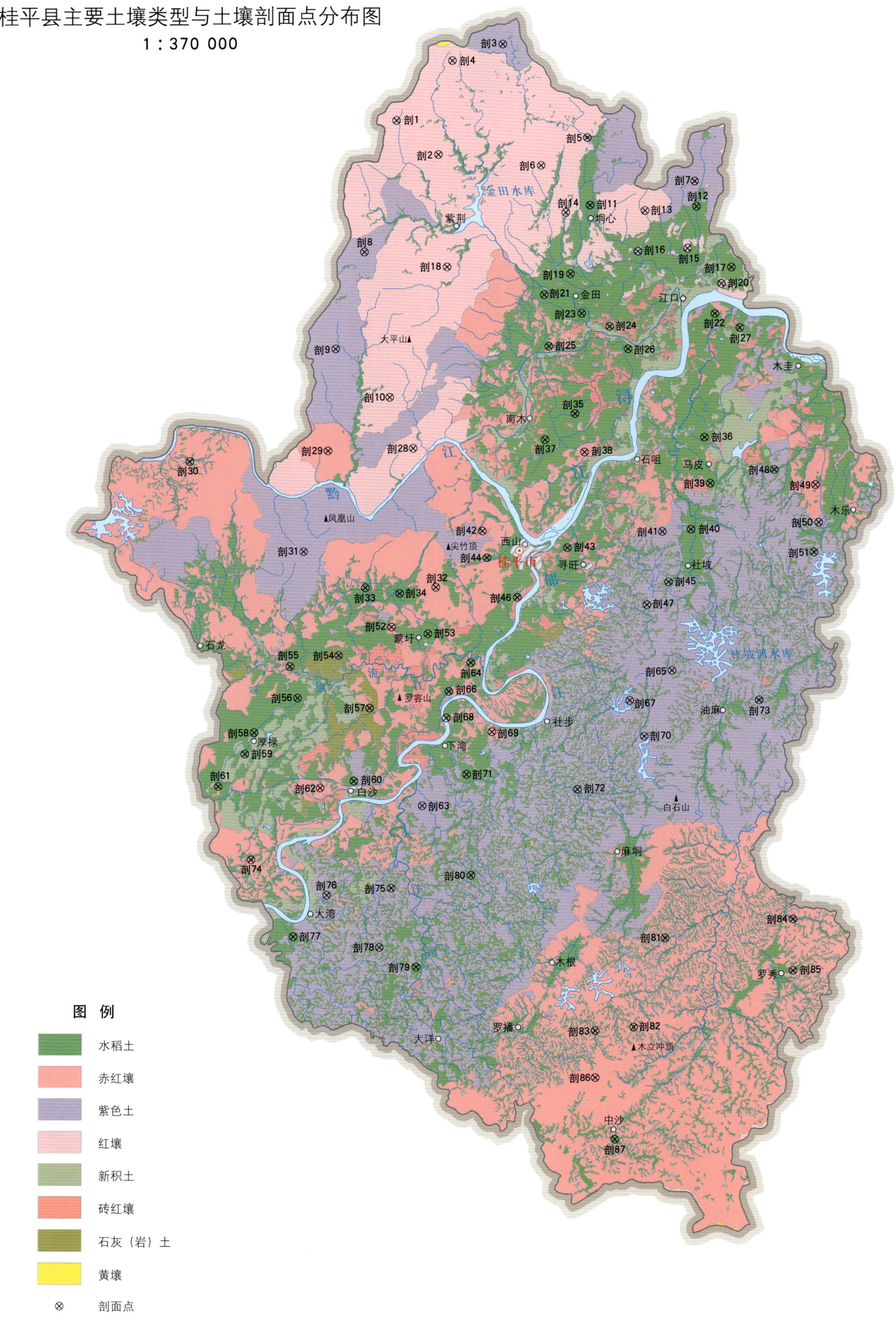

桂平市土壤剖面理化性状表

剖面号 Soil profile	土纲 Soil order	土类 Soil great group	亚类 Soil subgroup	土属 Soil genus	土种 Soil species	土层码 Layer code	土层厚度 Depth/cm	颜色 Soil color	质地 Soil texture	土壤结构 Soil structure	pH	有机质 OM/(g/kg)	全氮 TN/(g/kg)	全磷 TP/(g/kg)	全钾 TK/(g/kg)	阳离子交换量 CEC/(cmol/kg)	土壤母质 Parent material	剖面点坐标 Profile coordinate	匹配指数 Matching index/%
剖1	铁铝土	红壤	红壤	砂岩山地红壤	中层砂岩山地红壤	A	0—60	黑棕色	中壤土	粒状	5.8	48.5	2.10	0.20	18.5		砂岩	E 109°57′45.9″ N 23°43′21.6″	74
						C	60—	棕红黄色	中壤土	粒状	5.9	13.3	1.23	0.17	20.5				
剖2	铁铝土	红壤	红壤	砂岩红壤	中层砂岩红壤	A	0—40	棕色	砂壤土	粒状	6.0	29.8	1.99	0.37	10.2		砂岩	E 109°59′52.8″ N 23°41′47.4″	76
						C	40—100	红白色	轻壤土	粒状	6.2	12.1	1.07	0.37	10.2				
剖3	初育土	紫色土	酸性紫色土	砂岩酸性紫色土	薄层酸性紫砂土	A	0—10	黄棕色	中壤土	粒状	5.4	37.0	1.66	0.30	12.8		砂岩	E 110°03′05.8″ N 23°46′54.8″	84
						2	10—40	棕黄色	中壤土	粒状	5.4	10.2							
						C	40—												
剖4	铁铝土	红壤	红壤	页岩山地红壤	中层页岩山地红壤	A	0—11	灰褐色	壤土	块状	5.2	58.1	2.16	0.34	19.7		页岩	E 110°00′33.0″ N 23°46′08.2″	88
						C	11—71	黄黄棕色	壤土	块状	5.9	9.5	0.76	0.29	19.4				
						D	71—												
剖5	人为土	水稻土	盐渍水稻土	碳酸盐渍性水稻土	石灰性黑泥田	A	0—12	暗灰色	壤土	块状	7.6	31.7	1.47	0.49	10.6		砂页岩	E 110°07′22.1″ N 23°42′36.0″	80
						P	12—20	灰黄棕色	壤土	棱柱状	8.2	28.5	1.28	0.46	11.3				
						W	20—45	浅黄棕色	壤土	块状	8.3	3.5	0.33	0.34	25.3				
						C	45—100	橙红色	砂壤土	块状	7.9	3.7	0.14	0.45	29.8				
剖6	铁铝土	红壤	红壤	砂页岩红壤	中层砂页岩红壤	A	0—74	黄红色	壤土	块状	5.0	5.7	0.47	0.26	10.2		砂页岩	E 110°05′02.8″ N 23°41′18.2″	78
						C	74—	红红色	壤土	块状	5.6	4.0	0.30	0.36	12.3				
剖7	初育土	紫色土	酸性紫色土	砂页岩酸性紫色土	厚层酸性紫泥土	A	0—47	棕色	黏壤土	块状	5.0	13.0	0.59	0.14	14.1		砂页岩	E 110°12′46.6″ N 23°40′35.9″	73
						C	47—100	红棕色	黏壤土	粒状	5.0	2.8	0.33	0.16	23.8				
剖8	初育土	紫色土	酸性紫色土	砂岩酸性紫色土	中层酸性紫砂土	A	0—14	棕棕色	砂壤土	块状	5.6	24.8	1.31	0.20	3.5		砂岩	E 109°56′11.0″ N 23°37′16.3″	86
						2	14—65	紫红色	壤土	块状	5.9	4.4	0.33	0.15	4.5				
						C	65—												
剖9	初育土	紫色土	酸性紫色土	砂岩酸性紫色土	厚层酸性紫砂土	A	0—50	褐棕色	砂壤土	块状	5.4	50.6	1.96	0.26	13.2		砂岩	E 109°54′46.1″ N 23°32′47.4″	90
						2	50—85	紫紫色	壤土	块状	6.8	15.0	1.19	0.25	14.4				
						C	85—												
剖10	铁铝土	红壤	红壤	砂岩红壤	薄层砂岩红壤	A	0—12	黑棕色	壤土	粒状	5.4	63.6	2.30	0.72	20.7		砂岩	E 109°57′30.4″ N 23°30′34.5″	96
						C	12—40	棕黄色	壤土	块状	6.2	12.4	0.88	0.69	9.0	3.4			
							40—												
剖11	人为土	水稻土	潴育水稻土	砂页岩潴育水稻土	潴育镇泥田	A	0—18	灰灰色	黏壤土	块状	7.7	46.4	2.83	0.62	16.7		砂页岩	E 110°07′31.1″ N 23°39′28.4″	89
						P	18—27	棕棕色	黏土	块状	7.8	42.4	2.38	0.50	7.3				
						W	27—65	棕灰黄色	黏土	棱柱状	7.7	32.2	1.93	0.34	18.5				
						WC	65—100	浅灰黄色	黏土	棱柱状	7.5	21.2	1.30	0.30	21.9				
剖12	人为土	水稻土	淹积水稻土	冲积淹育水稻土	紫潮田	A	0—15	浅灰黄色	砂壤土	块状	6.0	12.0	0.50	0.14	4.5		河流冲积物	E 110°12′52.3″ N 23°39′26.2″	76
						P	15—22	浅棕色	砂壤土	块状	6.2	4.3	0.23	0.11	4.0				
						C_1	22—35	紫紫色	砂壤土	块状	6.2	1.9	0.13	0.11	5.0				
						C_2	35—50	紫紫色	砂土	块状									
						C_3	50—100												
剖13	铁铝土	红壤	红壤	砂页岩红壤	厚层砂页岩红壤	A	0—80	黄红棕色	砂壤土	块状	5.1	8.6	1.14	0.14	6.6		砂页岩	E 110°10′17.4″ N 23°39′14.4″	82
						C	80—	黄黄色	砂壤土	块状	5.3	4.2	0.31	0.18	8.6				
剖14	铁铝土	红壤	红壤	砂页岩红壤	薄层砂页岩红壤	A	0—36	黄棕色	砂壤土	块状	4.9	8.5	0.44	0.30	13.2		砂页岩	E 110°06′18.2″ N 23°39′08.1″	72
						C	36—100	浅黄色	砂壤土	块状	5.0	6.8	0.47	0.33	27.9				
剖15	铁铝土	红壤	红壤	耕犁砂页岩红壤	红壤土	A	0—16	棕黄色	壤土	块状	6.5	19.0	0.79	0.31	7.1		砂页岩	E 110°12′25.6″ N 23°37′31.1″	75
						C	16—100	黄红色	壤土	块状	5.9	3.7	0.66	0.32	9.5				

续表 Continued

剖面号 Soil profile	土纲 Soil order	土类 Soil great group	亚类 Soil subgroup	土属 Soil genus	土种 Soil species	土层码 Layer code	土层厚度 Depth/cm	颜色 Soil color	质地 Soil texture	土壤结构 Soil structure	pH	有机质 OM/(g/kg)	全氮 TN/(g/kg)	全磷 TP/(g/kg)	全钾 TK/(g/kg)	阳离子交换量CEC/(cmol/kg)	土壤母质 Parent material	剖面点坐标 Profile coordinate	匹配指数 Matching index/%
剖16	铁铝土	红壤	红壤	耕型第四纪红土红壤	薄砂红泥土	A	0—19	灰棕色	砂壤土	块状	6.7	7.0	0.32	0.15	2.0		红土	E 110° 09′ 56.5″ N 23° 37′ 22.1″	79
						C	19—100	黄棕色	黏土	块状	5.8	6.2	0.61	0.26	9.7				
剖17	人为土	淹育水稻土		红土质淹育水稻土	黄泥田	A	0—12	浅棕黄色	黏壤土	块状	6.1	31.7	1.84	0.72	14.0		红土	E 110° 14′ 38.8″ N 23° 36′ 39.2″	74
						P	12—19	浅棕黄色	黏土	块状	6.9	19.1	1.43	0.53	14.7				
						C	19—100	红棕黄色	黏土	块状	6.8	8.6	0.96	0.31	14.5				
剖18	铁铝土	红壤		砂岩红壤	厚层砂岩红壤	A	0—80	棕红色	壤土	块状	5.2	7.7	0.34	0.26	8.1	6.3	砂岩	E 110° 00′ 20.2″ N 23° 36′ 37.1″	83
						C	80—	棕红色	黏土	块状	5.4	5.2	0.30	0.25	10.4				
剖19	人为土	潴育水稻土		砂页岩潴育水稻土	潴育砂土田	A	0—13	棕色	壤土	块状	5.8	15.8	0.91	0.26	8.6		砂页岩	E 110° 06′ 32.8″ N 23° 36′ 18.7″	91
						P	13—21	黄褐棕色	砂壤土	块状	6.0	10.5	0.59	0.15	8.9				
						W	21—44	棕色	壤土	柱状	6.6	5.0	0.36	0.30	10.4				
						C	44—100	黄红色	壤土	块状	6.7	6.5	0.54	0.31	18.2				
剖20	铁铝土	红壤		耕型第四纪红土红壤	砂质红泥土	A	0—18	灰棕色	壤土	块状	7.4	15.3	0.82	0.36	13.8		红土	E 110° 14′ 09.1″ N 23° 35′ 54.5″	88
						B	18—45	棕灰色	壤土	块状	6.9	7.3	0.61	0.27	17.8				
						C	45—100	棕灰色	壤土	块状	6.8	7.3	0.61	0.25	16.7				
剖21	人为土	潴育水稻土		冲积性潴育水稻土	潴育潮砂田	A	0—16	灰棕色	砂壤土	块状	5.0	39.8	2.18	0.60	40.4		河流冲积物	E 110° 05′ 14.3″ N 23° 35′ 21.1″	77
						P	16—27	灰棕色	砂土	柱状	5.8	10.0	0.53	0.42	46.8				
						W	27—63	灰褐棕色	砂土	块状	6.4	6.3	0.27	0.60	47.8				
						C	63—100	浅灰棕色	细砂土	粒状	6.6	3.4	0.13	0.31	42.8				
剖22	人为土	潴育水稻土		冲积性潴育水稻土	潴育潮泥田	A	0—18	棕色	砂土	块状	6.0	33.1	1.91	0.58	16.6		河流冲积物	E 110° 13′ 49.8″ N 23° 34′ 31.4″	81
						P	18—24	棕灰色	壤土	块状	6.3	28.4	1.51	0.57	17.8				
						W₁	24—48	棕灰色	壤土	块状	6.7	15.0	0.91	0.53	18.2				
						W₂	48—70	棕灰色	壤土	块状	7.0	15.0	0.70	0.45	16.7				
						C	70—100	棕灰色	砂壤土	块状	7.0	5.8	0.34	0.26	16.2				
剖23	人为土	潴育水稻土		冲积性潴育水稻土	潴育潮泥田	A	0—18	灰棕色	壤土	块状	5.2	36.1	1.94	0.93	34.8		河流冲积物	E 110° 07′ 07.7″ N 23° 34′ 30.0″	92
						P	18—28	棕灰色	壤土	块状	5.5	20.7	1.28	0.56	32.4				
						W	28—37	黄棕黄色	壤土	柱状	5.9	11.7	0.73	0.66	39.6				
						C	37—100	灰棕色	砂壤土	块状	6.8	3.2	0.19	0.36	39.1				
剖24	人为土	潴育水稻土		砂页岩潴育水稻土	潴育油砂田	A	0—18	浅灰棕色	壤土	块状	6.1	21.1	1.90	0.93	7.1		砂页岩	E 110° 13′ 31.9″ N 23° 33′ 53.9″	83
						P	18—31	浅灰棕色	砂壤土	块状	7.0	13.4	0.93	0.62	6.9				
						W	31—54	棕灰黄色	砂壤土	柱状	7.4	10.8	0.81	0.53	7.1				
						C	54—100	红黄色	砂壤土	柱状	7.5	9.8	0.64	0.48	8.2				
剖25	人为土	潴育水稻土		红土质潴育水稻土	潴育黄泥田	A	0—17	棕黄色	壤土	块状	5.0	38.7	2.06	0.44	14.6		红土	E 110° 05′ 29.4″ N 23° 32′ 58.6″	70
						P	17—26	棕灰色	黏壤土	块状	5.6	26.7	1.44	0.24	13.2				
						W	26—71	灰棕黄色	黏壤土	核柱状	6.6	7.4	0.41	0.32	13.2				
						C	71—100	棕黄色	黏壤土	块状	7.0	4.0	0.19	0.38	16.0				
剖26	人为土	潴育水稻土		洪积性潴育水稻土	洪积潴育黄泥田	A	0—18	棕黄色	壤土	块状	7.0	31.7	1.91	0.93	18.6		洪积物	E 110° 08′ 28.4″ N 23° 32′ 52.1″	79
						P	18—26	棕灰黄色	壤土	块状	7.3	25.6	1.64	0.75	19.4				
						W	26—54	棕灰黄色	壤土	核柱状	7.5	13.3	0.92	0.56	20.7				
						C	54—100	棕黄色	壤土	块状	7.3	11.6	1.00	0.38	20.0				
剖27				页岩红壤	中层页岩红壤	A	0—15	棕灰色	壤土	块状	6.0	40.2	1.87	0.43	5.7		页岩	E 110° 15′ 04.7″ N 23° 33′ 52.6″	73
						P	15—33	浅灰棕色	黏壤土	核柱状	6.7	28.8	1.44	0.37	9.7				
						W	33—78	黄棕黄色	黏壤土	块状	6.7	3.0	0.20	0.26	14.5				
						C	78—	浅灰红色	中壤土	粒状	7.4	2.3	0.23	0.26	41.3				
剖28	铁铝土	红壤		页岩红壤		A	0—80	黄红色	中壤土	块状	5.4	38.7	2.04	0.49	9.8		页岩	E 109° 58′ 41.9″ N 23° 28′ 13.1″	74
							80—	棕黄红色	中壤土	块状	6.0	15.8	1.21	0.69	20.6				

续表 Continued

剖面号 Soil profile	土纲 Soil order	土类 Soil great group	亚类 Soil subgroup	土属 Soil genus	土种 Soil species	土层码 Layer code	土层厚度 Depth/cm	颜色 Soil color	质地 Soil texture	土壤结构 Soil structure	pH	有机质 OM/(g/kg)	全氮 TN/(g/kg)	全磷 TP/(g/kg)	全钾 TK/(g/kg)	阳离子交换量CEC/(cmol/kg)	土壤母质 Parent material	剖面点坐标 Profile coordinate	匹配指数 Matching index/%
剖29	铁铝土	赤红壤	赤红壤	砂页岩淹育水稻土	中层砂页岩赤红壤	A	0–42	棕color	壤土	块状	6.0	27.0	1.49	0.38	31.0		砂页岩	E 109°54′25.2″ N 23°28′04.4″	86
						2	42–64	红棕色	壤土	块状	7.4	3.0	0.31	0.55	25.9				
						C	64–100	红棕色	壤土	块状	7.3	4.3	0.36	0.68	33.1				
剖30	人为土	水稻土	淹育水稻土	砂页岩酸性水稻土	壤土田	A	0–13	浅棕色	壤土	块状	4.9	15.1	0.81	0.33	8.1		砂页岩	E 109°47′28.9″ N 23°27′32.7″	70
						P	13–24	浅棕色	壤土	块状	5.4	13.9	0.56	0.59	9.1				
						C	24–100	红棕色	壤土	块状	7.2	5.6	0.43	0.45	10.5				
剖31	初育土	紫色土	酸性紫色土	砂页岩酸性紫色土	中层酸性紫泥土	A	0–74	紫色	壤土	块状	5.2	1.7	0.14	0.86	6.1		砂页岩	E 109°53′14.3″ N 23°23′25.4″	90
						C	74–100	褐紫色	壤土	块状	6.5	1.0	0.04	0.23	10.3				
剖32	铁铝土	赤红壤	赤红壤	砂页岩赤红壤	薄层砂页岩赤红壤	A	0–40	橙棕色	砂壤土	块状	5.6	12.5	0.66	0.30	11.7		砂页岩	E 109°59′52.8″ N 23°21′49.3″	98
						C	40–	黄红色	砂壤土	块状	5.9	1.6	0.16	0.45	18.7				
剖33	人为土	水稻土	潴育水稻土	冲积性潴育水稻土	潴育潮油砂田	A	0–20	灰黄色	壤土	块状	5.3	37.1	1.81	0.65	6.1		河流冲积物	E 109°56′20.4″ N 23°21′46.4″	100
						P	20–30	黄灰色	壤土	块状	5.7	26.4	1.52	0.42	6.6				
						W	30–70	黄灰褐色	壤土	柱状	6.6	13.8	0.70	0.24	6.6				
						C	70–100	浅黄色	壤土	块状	7.2	1.8	0.20	0.12	4.8				
剖34	人为土	水稻土	淹育水稻土	冲积性淹育水稻土	薄潮潴田	A	0–15	灰黄色	砂壤土	块状	5.5	23.2	1.40	0.40	13.3		河流冲积物	E 109°58′04.4″ N 23°21′31.0″	89
						C	15–100	浅黄色	砂壤土	块状	5.1	10.0	0.64	0.24	16.5				
剖35	人为土	水稻土	潴育水稻土	棕色石灰土潴育水稻土	潴育棕泥田	A	0–16	浅棕色	壤土	块状	5.5	39.3	2.22	0.41	15.2	15.9	石灰岩风化物	E 110°06′48.6″ N 23°29′51.4″	89
						P	16–27	棕灰色	黏土	块状	6.5	19.8	1.41	0.38	17.7				
						W	27–53	灰棕黄色	黏土	棱柱状	7.2	5.9	0.79	0.44	17.4				
						C	53–100	棕黄色	黏土	棱柱状	7.3	10.8	0.87	0.27	16.7				
剖36	人为土	水稻土	潴育水稻土	红土质潴育水稻土	铁子田	A	0–10	浅黄色	壤土	粒状	7.5	18.0	9.70	0.66	4.9		红土	E 110°13′20.3″ N 23°28′47.6″	98
						P	10–19	浅黄色	砂壤土	块状	7.6	3.0	0.13	0.47	21.7				
						B	19–36	灰白色	砂壤土	块状	7.5	7.4	0.40	0.70	6.6				
						C	36–100	浅黄色	黏土	块状	7.7	2.4	0.29	0.31	31.4				
剖37	人为土	水稻土	潴育水稻土	红土质潴育水稻土	潴育黄泥田	A	0–13	棕灰色	黏壤土	块状	5.6	24.6	1.17	0.39	13.6		红土	E 110°05′19.1″ N 23°28′39.4″	85
						P	13–20	灰黄色	黏壤土	块状	6.9	12.8	0.70	0.30	14.6				
						W_1	20–37	灰棕黄色	黏壤土	棱柱状	7.6	9.5	0.63	0.27	15.4				
						W_2	37–100	红棕色	黏土	棱柱状	7.6	5.8	0.68	0.35	18.3				
剖38	铁铝土	赤红壤	赤红壤	耕型砂岩赤红壤	赤红砂土	A	0–17	棕color	砂土	粒状	7.7	7.1	0.35	0.26	3.5		砂岩	E 110°07′18.1″ N 23°28′05.9″	86
						B	17–43	棕灰色	砂壤土	块状	6.4	19.7	0.81	0.49	10.7				
						C	43–100	黄棕色	壤土	块状	6.5	15.9	0.78	0.34	11.2				
剖39	人为土	水稻土	潴育水稻土	砂页岩淹育水稻土	蜡泥田	A	0–16	棕灰色	黏壤土	块状	7.3	49.5	2.70	0.63	14.3		砂页岩	E 110°13′37.9″ N 23°26′40.9″	78
						P	16–22	黄灰色	黏壤土	块状	7.1	14.7	1.07	0.24	14.8				
						B	22–37	灰黄色	黏土	柱状									
						C	37–100	黄黄色	砂土	块状									
剖40	人为土	水稻土	潴育水稻土	紫色岩潴育水稻土	潴育紫砂田	A	0–11	灰黄色	砂土	块状	5.5	14.5	0.63	0.08	4.0		紫色岩	E 110°12′40.0″ N 23°24′34.2″	73
						P	11–26	灰紫色	砂土	块状	5.5	5.8	0.32	0.10	6.4				
						W	26–78	紫紫色	砂土	柱状	6.6	2.2	0.22	0.08	5.6				
						C	78–100	黄黄色	砂土	块状	6.9	1.6	0.23	0.07	4.6				
剖41	初育土	紫色土	酸性紫色土	砂页岩酸性紫色土	薄层酸性紫泥土	A	0–9	浅紫色	壤土	块状	5.6	23.8	1.19	0.21	16.5		砂页岩	E 110°11′14.3″ N 23°24′27.4″	98
						P	9–100	紫色	壤土	块状	5.6	14.0	0.80	0.27	28.5				
剖42	铁铝土	赤红壤	赤红壤	砂岩赤红壤	中层砂岩赤红壤	A	0–60	棕红色	砂土	块状	5.0	10.0	0.52	0.30	1.8		砂岩	E 110°02′11.8″ N 23°24′26.3″	79
						C	60–	棕红色	壤土	块状	5.4	7.4	0.40	0.44	4.8				

续表 Continued

剖面号 Soil profile	土纲 Soil order	土类 Soil great group	亚类 Soil subgroup	土属 Soil genus	土种 Soil species	土层码 Layer code	土层厚度 Depth/cm	颜色 Soil color	质地 Soil texture	土壤结构 Soil structure	pH	有机质 OM/(g/kg)	全氮 TN/(g/kg)	全磷 TP/(g/kg)	全钾 TK/(g/kg)	阳离子交换量CEC/(cmol/kg)	土壤母质 Parent material	剖面点坐标 Profile coordinate	匹配指数 Matching index/%
剖43	人为土	水稻土	潴育水稻土	棕色石灰土潴育水稻土	潴育棕泥肉田	A	0—19	灰棕色	壤土	块状	6.2	28.2	1.69	0.57	13.0		石灰岩风化物	E 110° 06′ 28.4″ N 23° 23′ 41.3″	91
						P	19—30	棕色棕色	黏壤土	块状	7.4	16.6	0.86	0.54	11.9				
						W	30—100	黄棕灰色	黏壤土	块状	7.4	9.5	0.58	0.50	12.3				
剖44	人为土	水稻土	淹育水稻土	棕色石灰土淹育水稻土	浅棕泥田	A	0—13	浅棕灰色	壤土	块状	6.0	20.0	1.25	0.57	12.1		石灰岩风化物	E 110° 02′ 26.2″ N 23° 23′ 12.1″	94
						P	13—23	灰棕色	黏土	块状	6.9	13.4	1.08	0.51	12.1				
						C	23—100	黄红色	黏土	块状	6.3	5.6	0.55	0.25	15.2				
剖45	人为土	水稻土	潴育水稻土	潜底田	浅潜底田	A	0—16	灰棕色	黏壤土	块状	5.7	24.4	1.32	0.40	20.2			E 110° 11′ 33.7″ N 23° 22′ 07.7″	73
						G	16—100	棕色	黏壤土	块状									
剖46	人为土	水稻土	盐顶水稻土	碳酸盐潴型水稻土	石灰性田	A	0—14	棕棕色	黏壤土	块状	7.9	27.0	1.40	0.51	9.0			E 110° 03′ 58.7″ N 23° 21′ 22.3″	90
						W_1	14—24	灰棕色	黏壤土	棱柱状		9.2	0.57	0.41	8.7				
						W_2	24—50	灰棕黄色	黏壤土	棱柱状		5.9	0.56	0.40	12.2				
						C	50—100	黄棕色	黏壤土	柱状		4.8	0.44	0.36	13.8				
剖47	初育土	紫色土	酸性紫色土	页岩酸性紫色土	中层酸性紫黏土	A	0—60	紫棕色	黏壤土	块状	5.1	11.0	0.68	0.41	21.5		页岩	E 110° 10′ 28.9″ N 23° 21′ 03.6″	84
						C	60—100	棕灰色	黏壤土	片状	5.1	8.5	0.57	0.40	30.9	10.1			
剖48	人为土	水稻土	潴育水稻土	洪积性潴育水稻土	洪积潴育砂土田	A	0—16	棕灰色	砂壤土	块状	5.2	28.5	1.45	0.24	8.6		洪积物	E 110° 16′ 50.5″ N 23° 27′ 19.8″	94
						P	16—30	紫棕棕色	砂壤土	柱状	5.0	17.4	0.89	0.15	8.6				
						W	30—50	中性紫棕色	砂壤土	块状	4.4	10.7	0.53	0.10	6.0				
						C	50—100	灰白色	砂土	块状	4.3	7.9	0.36	0.12	6.5				
剖49	铁铝土	赤红壤	赤红壤	第四纪红土赤红壤	红土赤红壤	A	0—8	棕棕色	壤土	块状	5.9	13.6	0.80	0.26	4.7		红土	E 110° 18′ 54.7″ N 23° 26′ 38.8″	85
						C	8—100	暗黄红色	壤土	块状	5.6	9.2	0.63	0.48	5.8				
剖50	初育土	紫色土	中性紫色土	耕型中性紫砂土	中性紫砂土	A	0—14	紫棕色	砂土	块状	7.1	12.4	0.58	0.22	4.5			E 110° 19′ 05.7″ N 23° 24′ 54.7″	84
						C	14—	棕灰色	砂土	块状	6.0	6.4	0.44	0.21	6.6				
剖51	人为土	水稻土	潴育水稻土	冷底田	冷底田	A	0—17	紫灰棕色	黏壤土	块状	5.0	25.1	1.32	0.24	16.4	12.3		E 110° 18′ 51.7″ N 23° 23′ 31.9″	98
						P	17—29	紫棕色	黏土	块状	5.4	18.6	1.18	0.17	17.1				
						W_g	29—100	紫棕灰色	黏土	块状	5.0	13.1	0.71	0.14	18.9				
剖52	铁铝土	赤红壤	赤红壤	耕型花岗岩赤红壤	杂砂赤红土	A	0—18	灰棕色	砂壤土	块状	7.4	13.4	0.55	0.78	48.5	13.1	花岗岩	E 109° 57′ 41.0″ N 23° 19′ 57.4″	77
						C	18—	棕色	砂壤土	块状	4.8	8.4	0.50	0.40	39.3				
剖53	人为土	水稻土	潴育水稻土	花岗岩潴育水稻田	潴育杂砂砂田	A	0—15	浅灰棕色	砂壤土	块状	6.1	33.3	1.55	0.52	17.3		花岗岩	E 109° 59′ 30.1″ N 23° 19′ 39.0″	87
						P	15—35	棕灰色	砂壤土	块状	7.2	21.4	1.08	0.36	19.4				
						W_1	35—73	棕灰黄色	砂壤土	棱柱状	6.3	16.4	0.79	0.27	23.1				
						W_2	73—100	棕黄色	砂壤土	棱柱状	7.6	5.6	5.60	0.29	19.3				
剖54	人为土	水稻土	淹育水稻土	紫色岩淹育水稻土	紫砂田	A	0—14	紫棕灰色	砂壤土	块状	5.9	14.5	0.75	0.17	3.8		紫色岩	E 109° 55′ 02.2″ N 23° 18′ 37.1″	89
						P	14—21	紫灰黄红色	砂土	块状	6.3	6.3	0.35	0.17	4.6				
						C	21—100	棕黄色	砂土	粒状	6.6	7.1	0.47	0.34	6.6				
剖55	初育土	石灰(岩)土	棕色石灰土	含砂棕色石灰土	含砂棕泥土	A	0—12	棕棕色	黏土	块状	6.6	20.3	1.02	0.42	4.1	9.0		E 109° 52′ 35.8″ N 23° 18′ 04.8″	82
						C	12—100	黄黄色	黏土	块状									
剖56	人为土	水稻土	潴育水稻土	红土质潴育水稻土	潴育铁子田	A	0—11	棕棕色	黏土	块状	6.3	23.7	1.53	0.49	13.2		红土	E 109° 52′ 59.5″ N 23° 16′ 37.9″	74
						P	11—20	棕棕色	黏土	棱柱状	8.1	11.9	0.78	0.31	13.2				
						W	20—60	棕黄色	黏土	块状	8.3	4.0	0.42	0.13	19.5				
						C	60—100	棕黄色	轻黏土	块状	8.3	3.4	0.54	0.16	42.2				
剖57	初育土	石灰(岩)土	棕色石灰土	棕色石灰土	棕色石灰土	A	0—13	暗黄色	黏壤土	块状	6.3	53.6	2.82	0.59	9.8			E 109° 56′ 36.6″ N 23° 16′ 12.0″	90
						C	13—100	浅灰色	中壤土	块状	6.6	22.3	1.77	0.59	9.5				

续表 Continued

剖面号 Soil profile	土纲 Soil order	土类 Soil great group	亚类 Soil subgroup	土属 Soil genus	土种 Soil species	土层码 Layer code	土层厚度 Depth/cm	颜色 Soil color	质地 Soil texture	土壤结构 Soil structure	pH	有机质 OM/(g/kg)	全氮 TN/(g/kg)	全磷 TP/(g/kg)	全钾 TK/(g/kg)	阳离子交换量CEC/(cmol/kg)	土壤母质 Parent material	剖面点坐标 Profile coordinate	匹配指数 Matching index/%
剖58	人为土	水稻土	潴育水稻土	洪积性潴育水稻土	洪积潴育含砂泥田	A	0—16	浅灰棕色	壤土	块状	5.5	25.7	1.64	0.40	11.7		洪积物	E 109° 50′ 49.9″ N 23° 15′ 01.4″	91
						P	16—25	浅灰黄色	壤土	块状	6.8	13.2	0.67	0.18	11.1				
						W	25—73	灰棕色	黏壤土	柱状	7.5	9.5	0.41	0.16	17.9				
						C	73—100	棕黄红色	黏壤土	块状	7.0	4.9	0.22	0.17	12.3				
剖59	人为土	水稻土	潴育水稻土	洪积性潴育水稻土	洪积潴育砾黄泥肉田	A	0—16	黄黄色	黏壤土	块状	6.3	29.0	1.55	0.70	7.0		洪积物	E 109° 50′ 22.6″ N 23° 14′ 02.0″	89
						P	16—24	黄灰色	黏壤土	块状	6.9	12.3	0.67	0.53	6.7				
						W	24—60	灰黄泥色	黏壤土	块状	7.0	9.4	0.65	0.53	7.2				
						C	60—100	灰黄色	黏壤土	棱柱状	7.1	11.3	0.54	0.63	8.2				
剖60	人为土	水稻土	潴育水稻土	冲积性潴育水稻土	薄潴砂泥田	A	0—11	灰棕色	砂壤土	块状	5.2	16.4	0.82	0.25	4.6		河流冲积物	E 109° 55′ 51.3″ N 23° 12′ 50.7″	93
						P	11—16	浅灰棕色	黏壤土	块状	6.0	9.5	0.58	0.21	5.1				
						C	16—100	紫红色	黏壤土	块状	6.8	3.7	0.39	0.34	22.7				
剖61	人为土	水稻土	潜育水稻土	冷浸田	深浸田	A	0—23	棕灰色	黏壤土	块状	8.2	43.5	2.38	0.43	25.1		河流冲积物	E 109° 49′ 03.4″ N 23° 12′ 32.0″	86
						P	23—45	棕灰色	黏土	块状	8.0	32.4	1.93	0.37	28.3				
						G	45—56	灰蓝色	黏土	块状	7.5	28.7	1.58	0.23	38.9				
						C	56—100	灰棕色	黏土	块状	7.7	18.3	1.83	0.20	35.4				
剖62	铁铝土	赤红壤		耕型铁砾赤红壤	多铁子土	A	0—10	灰黄色	壤土	块状	6.8	14.4	0.64	0.54	5.6			E 109° 54′ 10.1″ N 23° 12′ 30.2″	85
						C	10—100	红黄色	黏土	块状	6.6	8.1	0.41	0.48	12.8				
剖63	初育土	紫色土	中性紫色土	页岩中性紫色土	中层中性紫黏土	A	0—60	棕紫色	黏土	块状	7.0	13.1	0.68	0.20	21.0	27.8	页岩	E 109° 59′ 17.0″ N 23° 11′ 43.8″	95
						C	60—100	紫红色	黏土	块状	6.6	4.2	0.40	0.54	27.1				
剖64	人为土	水稻土	潴育水稻土	冲积性潴育水稻土	薄潴泥田	A	0—16	棕棕色	黏壤土	块状	6.6	24.5	1.66	0.61	13.8		河流冲积物	E 110° 01′ 40.4″ N 23° 18′ 19.4″	75
						P	16—24	棕棕色	黏土	块状	6.8	19.0	1.23	0.41	14.5				
						C	24—100	红黄色	壤土	块状	6.8	11.5	1.26	0.17	17.3				
剖65	初育土	紫色土	中性紫色土	砂页岩中性紫色土	厚层中性紫泥	A	0—82	紫色	黏壤土	块状	7.3	3.7	4.40	0.25	24.0	13.4	砂页岩	E 110° 11′ 45.6″ N 23° 18′ 01.1″	88
						C	82—												
剖66	人为土	水稻土	潴育水稻土	冲积性潴育水稻土	潮泥田	A	0—13	灰棕色	壤土	块状	5.3	31.0	1.62	0.36	9.7		砂岩	E 110° 00′ 34.9″ N 23° 16′ 59.9″	90
						P	13—22	浅灰黄色	黏土	块状	6.1	14.4	0.70	0.34	11.0				
						C	22—100	红棕色	黏土	块状	7.0	5.9	0.29	0.43	10.0				
剖67	初育土	紫色土	酸性紫色土	耕型酸性紫色土	酸性紫黏土	A	0—14	紫色	壤土	块状	5.4	12.5	0.76	0.38	18.8	12.4		E 110° 09′ 34.4″ N 23° 16′ 24.6″	94
						C	14—100	紫色	黏土	块状	5.2	11.3	0.66	0.28	16.0				
剖68	初育土	石灰(岩)土	棕色石灰土	耕型棕色石灰土	棕色土	A	0—25	红黄色	壤土	块状	6.2	43.2	1.97	0.55	12.2			E 110° 00′ 27.0″ N 23° 15′ 46.4″	94
						C	25—100	红黄色	黏土	粒状	6.4	7.1	0.52	0.43	13.5				
剖69	铁铝土	赤红壤		砂岩赤红壤	厚层砂岩赤红壤	A	0—80	黄棕色	砂土	粒状	7.2	4.9	0.44	0.26	10.7		砂岩	E 110° 02′ 44.9″ N 23° 15′ 09.7″	80
						C	80—	紫红色	黏土	块状	7.0	3.8	0.36	0.26	12.2				
剖70	初育土	紫色土	酸性紫色土	耕型酸性紫色土	酸性紫黏土	A	0—13	紫灰色	壤土	块状	5.2	13.3	0.83	0.32	22.4		页岩	E 110° 10′ 23.9″ N 23° 14′ 59.3″	97
						C	13—100	红紫色	黏土	块状	5.6	4.0	0.49	0.43	25.1				
剖71	人为土	水稻土	潴育水稻土	紫色岩潴育水稻土	潴育紫砂泥田	A	0—13	灰棕色	砂壤土	块状	5.0	30.8	1.29	0.31	6.6		紫岩	E 110° 01′ 30.4″ N 23° 13′ 11.3″	73
						P	13—24	棕色	壤土	块状	5.3	19.3	1.03	0.25	7.6				
						W₁	24—63	棕灰紫色	黏土	块状	5.6	12.1	0.54	0.27	12.1				
						W₂	63—100	灰紫色	黏土	块状	5.2	25.8	1.08	0.20	9.8				
						C	100—												
剖72	初育土	紫色土	酸性紫色土	页岩酸性紫色土	厚层酸性紫黏土	A	0—23	棕棕色	黏土	块状	5.0	19.9	1.10	0.16	13.1		页岩	E 110° 07′ 04.1″ N 23° 12′ 31.7″	70
						C	23—100	紫紫色	黏壤土	块状	5.2	8.0	0.74	0.14	16.1				
剖73	人为土	水稻土	潴育水稻土	冲积性潴育水稻土	潴育紫潮泥肉田	A	0—15	棕灰色	壤土	块状	5.5	31.6	1.92	0.53	16.8		河流冲积物	E 110° 16′ 08.6″ N 23° 16′ 40.9″	77
						P	15—20	棕黄色	壤土	块状	5.7	21.1	1.50	0.48	17.1				
						W	20—45	棕黄色	壤土	柱状	5.7	14.2	1.08	0.41	16.0				
						C	45—100	红黄色	壤土	块状	6.4	10.2	0.89	0.34	17.5				

续表 Continued

剖面号 Soil profile	土纲 Soil order	土类 Soil great group	亚类 Soil subgroup	土属 Soil genus	土种 Soil species	土层码 Layer code	土层厚度 Depth/cm	颜色 Soil color	质地 Soil texture	土壤结构 Soil structure	pH	有机质 OM/(g/kg)	全氮 TN/(g/kg)	全磷 TP/(g/kg)	全钾 TK/(g/kg)	阳离子交换量CEC/(cmol/kg)	土壤母质 Parent material	剖面点坐标 Profile coordinate	匹配指数 Matching index/%
剖74	人为土	水稻土	淹育水稻土	砂页岩淹育水稻土	砂泥田	A	0—11	浅灰色	砂壤土	块状	5.5	14.6	0.88	0.22	8.4		砂页岩	E 109°50′43.8″ N 23°09′08.6″	95
						P	11—18	灰棕色	壤土	块状	5.6	8.9	0.47	0.17	8.6				
						B	18—40	红棕色	壤土	块状	6.3	3.7	0.47	0.24	13.4				
						C	40—100	棕色	壤土	块状	6.3	3.8	0.49	0.33	14.1				
剖75	人为土	水稻土	潴育水稻土	紫色岩潴育水稻土	潴育紫泥肉田	A	0—22	紫棕灰色	砂壤土	块状	6.0	24.4	1.27	0.21	6.1		紫色岩	E 109°57′46.1″ N 23°07′53.3″	79
						P	22—37	紫黄色	砂壤土	梭柱状	7.7	8.9	0.52	0.16	5.1				
						W	37—77	紫灰色	砂壤土	块状	7.7	5.3	0.44	0.13	10.1				
						C	77—100	紫色	砂壤土	块状	7.3	4.0	0.36	0.11	6.6				
剖76	初育土	紫色土	酸性紫色土	页岩酸性紫色土	薄层酸性紫黏土	A	0—16	紫色	黏土	块状	5.2	18.7	1.03	0.18	18.8		页岩	E 109°54′32.0″ N 23°07′31.4″	71
						2	16—40	紫色	黏土	块状	5.3	13.0	0.78	0.15	20.8				
						C	40—100	紫色	砂土	块状	5.6	4.2	0.47	0.14	24.5				
剖77	人为土	水稻土	潴育水稻土	红土质潴育水稻土	薄砂黄泥田	A	0—9	浅灰棕色	壤土	块状	5.5	17.2	1.09	0.26	9.1		红土	E 109°52′52.3″ N 23°05′35.5″	99
						P	9—15	黄灰棕色	砂壤土	块状	7.4	2.4	0.21	0.36	17.4				
						C	15—100	黄红灰色	砂壤土	块状	7.4	3.1	0.44	0.40	18.5				
剖78	初育土	紫色土	中性紫色土	耕型中性紫泥土	耕型中性紫泥土	A	0—26	紫色	壤土	块状	6.5	12.1	0.78	0.29	24.8	16.8	紫色岩	E 109°57′11.9″ N 23°05′08.2″	71
						C	26—100	紫灰色	壤土	块状	5.6	3.5	0.52	0.34	24.8	13.5			
剖79	人为土	水稻土	潴育水稻土	紫色岩潴育水稻土	潴育紫泥田	A	0—12	紫棕色	黏壤土	块状	5.3	28.4	1.54	0.31	20.0		紫色岩	E 109°59′03.0″ N 23°04′15.1″	100
						P	12—20	灰棕色	黏壤土	梭柱状	5.9	22.1	1.22	0.22	19.7	15.2			
						W₁	20—80	黄灰棕色	黏壤土	块状	6.4	9.7	0.78	0.19	18.5				
						W₂	80—100	灰黄棕色	黏壤土	块状	6.9	12.4	0.70		16.7				
						C	100—												
剖80	人为土	水稻土	潴育水稻土	紫色岩潴育水稻土	潴育紫油砂田	A	0—14	棕灰色	砂壤土	块状	5.4	24.5	1.31	0.42	4.1		紫色岩	E 110°01′45.5″ N 23°08′30.5″	77
						P	14—27	灰棕色	砂壤土	块状	5.6	10.2	0.49	0.31	3.0	20.0			
						W	27—70	黄棕灰色	黏壤土	梭柱状	6.6	4.5	0.25	0.36	9.2				
						C	70—100	红棕色	黏壤土	梭柱状	7.3	3.2	0.28	0.35	7.4				
剖81	人为土	水稻土	潴育水稻土	潴底田	中潜底田	A	0—15	黄棕色	壤土	块状	5.2	33.6	1.64	0.34	17.2			E 110°11′30.3″ N 23°05′39.9″	71
						P	15—25	棕灰色	黏壤土	块状	5.4	27.5	1.29	0.27	19.1				
						G	25—100	青灰色	黏壤土	块状	5.1	23.9	0.96	0.18	19.1				
剖82	人为土	水稻土	淹育水稻土	冲积性淹育水稻土	潮砂田	A	0—11	棕色	砂壤土	块状	5.6	9.1	0.50	0.26	8.9		河流冲积物	E 110°09′58.1″ N 23°01′32.8″	88
						P	11—20	棕灰色	砂壤土	块状	5.6	19.7	9.60	0.47	7.4				
						B	20—45	棕灰色	黏壤土	块状	6.3	5.1	0.23	0.24	7.0				
						C	45—100	浅棕灰色	黏壤土	块状	6.8	2.8	0.17	0.12	6.8				
剖83	人为土	水稻土	潴育水稻土	冲积性潴育水稻土	潴育潮砂田	A	0—12	棕灰色	黏壤土	块状	5.3	32.2	1.74	0.16	13.1		河流冲积物	E 110°08′02.4″ N 23°01′22.1″	81
						W₁	12—22	紫棕色	黏壤土	块状	5.4	28.2	1.62	0.33	10.9				
						W₂	22—50	灰棕色	黏壤土	块状	5.7	12.5	0.82	0.17	10.3				
						C	50—100	棕色	黏壤土	块状		23.9	1.07	0.25	10.3				
剖84	人为土	水稻土	潴育水稻土	潴底田	深潜底田	A	0—19	紫棕色	黏土	块状	5.3	32.4	1.85	0.27	18.2			E 110°17′54.7″ N 23°06′34.7″	83
						P	19—25	灰棕色	黏土	块状	5.9	26.6	1.31	0.24	18.3				
						Wg	25—50	黄绿色	黏壤土	块状	7.5	11.8	0.60	0.20	19.0				
						G	50—100	灰蓝色	黏壤土	块状	7.4	12.1	0.60	0.19	19.6				
剖85	人为土	水稻土	潴育水稻土	花岗岩潴育水稻土	潴育棕油砂田	A	0—18	棕灰色	壤土	块状	5.5	38.2	1.81	0.42	17.9		花岗岩	E 110°17′56.4″ N 23°04′12.7″	75
						P	18—28	棕灰色	壤土	块状	5.6	31.2	1.52	0.35	16.9				
						W	28—46	棕黄灰色	黏土	柱状	6.4	27.7	1.36	0.26	16.3				
						C	46—100	棕黄色	壤土	块状	7.5	14.3	0.73	0.21	14.4				
剖86	铁铝土	赤红壤	赤红壤	砂页岩赤红壤	厚层砂页岩赤红壤	A	0—30	棕红色	壤土	块状	4.6	21.7	1.07	0.43	15.5	11.0	砂页岩	E 110°08′03.1″ N 22°59′11.0″	80
						C	30—100	红棕色	壤土	块状	4.9	8.3	0.68	0.32	18.0				

续表 Continued

剖面号 Soil profile	土纲 Soil order	土类 Soil great group	亚类 Soil subgroup	土属 Soil genus	土种 Soil species	土层码 Layer code	土层厚度 Depth/cm	颜色 Soil color	质地 Soil texture	土壤结构 Soil structure	pH	有机质 OM/(g/kg)	全氮 TN/(g/kg)	全磷 TP/(g/kg)	全钾 TK/(g/kg)	阳离子交换量CEC/(cmol/kg)	土壤母质 Parent material	剖面点坐标 Profile coordinate	匹配指数 Matching index/%
剖87	人为土	水稻土	潴育水稻土	冲积性潴育水稻土	潴育潮砂泥肉田	A	0—16	棕灰色	壤土	块状	5.4	23.2	1.41	0.47	16.8		河流冲积物	E 110°09′04.0″ N 22°56′19.7″	73
						P	16—22	灰棕色	壤土	块状	6.2	11.6	0.92	0.43	18.0				
						W₁	22—33	暗棕灰色	壤土	柱状	6.5	8.4	0.65	0.35	16.2				
						W₂	33—88	红棕色	壤土	块状	6.7	10.2	0.72	0.45	23.4				
						C	88—100	棕红色	壤土	块状	6.9	7.9	0.61	0.39	22.5				

玉 林 市

市 辖 区

主要土类说明

水稻土是玉林市主要土壤类型，占本市地域面积的46%。水稻土是在长期季节性淹灌、水下翻耕、季节性脱水、氧化还原交替影响下，原来成土母质或母土的特性发生重大改变，形成的新的土壤类型。由于干湿交替，水稻土形成糊状淹育层、较坚实板结的犁底层、渗育层、潴育层与潜育层等多种发生层。这些不同发生层段是在人为耕作、水浆管理下形成的。

赤红壤是玉林市第二大土壤类型，占本市地域面积的43%。赤红壤主要发生于南亚热带季雨林下，其脱硅富铝化程度仅次于砖红壤，强于红壤。铁的游离度介于二者之间，黏粒硅铝率为1.7—2.0，风化淋溶系数为0.05—0.15，盐基饱和度为15%—25%，pH为4.5—5.5。淀积层（B层）富含铁铝氧化物，呈赤红色。

小于本市地域面积3%的土壤类型还有紫色土、红壤、石灰（岩）土、新积土和黄壤等。

本区域中心区气候特征

本区域中心区气候特征值
Regional climate characteristics in central area of the region

气候带：南亚热带湿润气候 Climate region: South subtropical humid climate	
年平均气温 /℃ Annual average temperature /℃	22.1
年平均最高气温 /℃ Annual average maximum temperature /℃	26.1
年平均最低气温 /℃ Annual average minimum temperature /℃	19.2
年降水量 /mm Annual precipitation /mm	1825
≥10℃的积温 /℃ Daily temperature accumulated in a year (≥10℃) /℃	8043
年日照时数 /h Annual sunshine /h	1696
年平均相对湿度 /% Annual average relative humidity /%	80
干燥度 Dryness	0.73

本区域中心区月平均气温与月平均降水量
Monthly temperature and precipitation in central area of the region

玉林市市辖区（部分）主要土壤类型与土壤剖面点分布图
1∶250 000

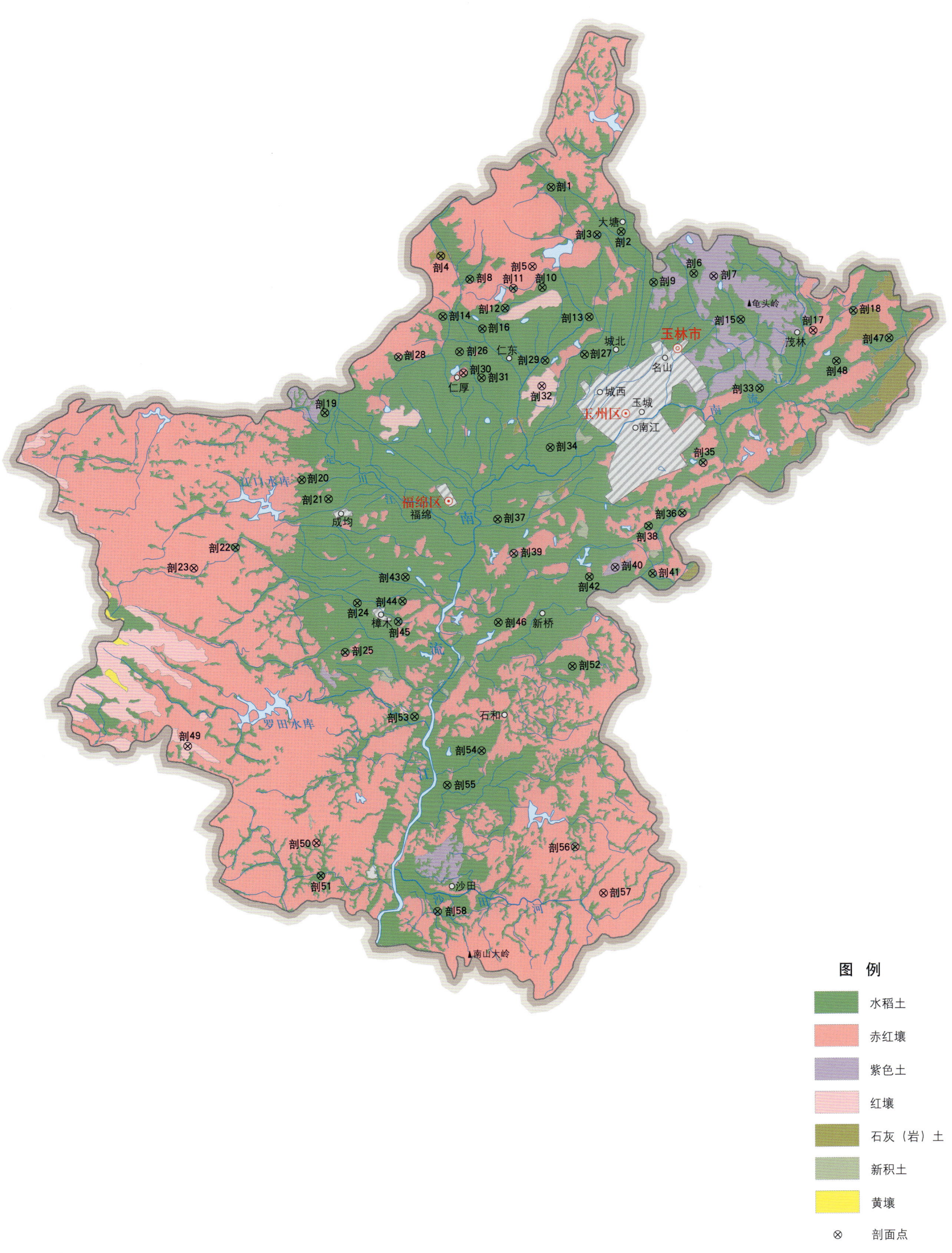

玉林市土壤剖面理化性状表

剖面号 Soil profile	土纲 Soil order	土类 Soil great group	亚类 Soil subgroup	土属 Soil genus	土种 Soil species	土层码 Layer code	土层厚度 Depth/cm	颜色 Soil color	质地 Soil texture	土壤结构 Soil structure	pH	有机质 OM/(g/kg)	全氮 TN/(g/kg)	全磷 TP/(g/kg)	全钾 TK/(g/kg)	碱解氮 AN/(mg/kg)	有效磷 AP/(mg/kg)	速效钾 AK/(mg/kg)	土壤母质 Parent material	剖面点坐标 Profile coordinate	匹配指数 Matching index/%
剖1	人为土	水稻土	潜育水稻土	冷底田	冷底田	1	0—15				7.3	21.6	0.98	0.25	18.7		2.5	70		E 110°06′10.8″ N 22°44′31.2″	95
						2	15—29					8.9	0.56	0.20	11.9						
						3	29—100														
剖2	人为土	水稻土	潜育水稻土	紫色岩潜育水稻土	潜育紫泥肉田	1	0—21	紫灰色	中壤土	块状	7.5	24.5	1.59	0.55	16.8	90	21.0	25	紫色岩	E 110°08′31.6″ N 22°43′10.2″	90
						2	21—43	紫灰棕色	重壤土	块状	7.0										
						3	43—73	紫黄棕色	重壤土	块状											
						C	73—100	紫黄色	重壤土	块状											
剖3	人为土	水稻土	渗育水稻土	白散砂田	深渗白散砂田	1	0—16	灰棕色	中壤土	粒状	6.0	30.4				110	7.5	75		E 110°07′43.3″ N 22°43′04.1″	91
						2	16—33	灰白色	砂壤	粒状	7.0										
						3	33—		粉砂土												
剖4	初育土	石灰(岩)土	棕色石灰土	耕型棕色石灰土	棕泥土	1	0—20	黄棕色	重壤土	团粒状	7.0	25.6	1.15	0.35	5.6	100	1.0	25		E 110°02′30.1″ N 22°42′23.8″	70
						2	20—100	红棕色	重壤土	碎块状	7.0										
剖5	铁铝土	赤红壤	赤红壤	硅质页岩赤红壤	硅质页岩赤红壤	1	0—10	棕色色	轻黏土	块状	4.5	29.4	0.95	0.24	9.3		4.0	32	硅质页岩	E 110°05′34.1″ N 22°42′04.7″	90
						2	10—32	灰棕色	轻黏土	块状	4.5	8.1	0.12	0.24	3.1		3.0	25			
						3	32—60	棕色		粒状	4.5	3.5	0.50	0.30	1.3		1.2	14			
						4	60—100	红棕色	中黏土	块状		2.2	0.56	0.25	1.8		4.0	12			
剖6	人为土	水稻土	潜育水稻土	紫色岩潜育水稻土	潜育紫砂田	1	0—13			小块状	6.2	22.3	1.19	0.51	8.8		2.5	50	紫色岩	E 110°10′57.5″ N 22°41′52.6″	87
剖7	初育土	紫色土	中性紫色土	砂页岩中性紫泥土	薄层中性紫泥土	1	0—10	紫色	壤土	块状	6.8	20.5	1.02	0.35	12.6				砂页岩	E 110°11′36.9″ N 22°41′48.0″	78
						2	10—28	紫色	壤土	块状	7.5	15.8	0.89	0.31	11.3						
						3	28—														
剖8	人为土	水稻土	淹育水稻土	红土质淹育水稻土	黄泥骨田	1	0—12		中壤土	块状	6.0	18.0	1.11	0.35	11.7		4.0	50	红土	E 110°03′28.4″ N 22°41′40.2″	87
						2	12—17				5.5										
						3	17—100				5.5										
剖9	人为土	水稻土	潜育水稻土	冲积物潜育水稻土	潜育潮油砂田	1	0—14	灰棕色	砂壤土	小块状	5.0	32.0	1.54	0.51	34.5	113	3.0	104	河流冲积物	E 110°09′37.1″ N 22°41′36.2″	96
						2	14—21	棕灰色	壤土	块状	5.0										
						3	21—58	棕黄色	壤土	块状	5.0										
						4	58—100	浅灰色	砂壤土	粒状											
剖10	人为土	水稻土	渗育水稻土	白胶泥田	深渗白胶泥田	1	0—15	浅灰色	中壤土	块状	6.5	10.7	0.61	0.41	1.6	80	7.5	25		E 110°05′53.9″ N 22°41′25.8″	87
						2	15—30	灰白色	轻壤土	块状	7.2										
						3	30—100	灰白色	重壤土	块状	6.8										
剖11	人为土	水稻土	淹育水稻土	洪积物淹育水稻土	石子田	1	0—14	褐棕色	砂壤土	小块状	5.0	12.0	0.58	0.25	5.8	40	4.0	50	洪积物	E 110°04′55.9″ N 22°41′24.0″	73
						2	14—35	黄棕色	砾质壤土	块状	5.5	4.1	0.34	0.22	3.9		1.3	38			
						3	35—100	棕褐色	砾质砂土	粒状	5.5	6.2	0.48	0.19	8.9		1.0	33			
剖12	人为土	水稻土	冷浸田	冷浸田	浅浸田	1	0—14	蓝灰色	黏土	块状	6.2	25.5	1.48	0.26	12.4		1.0	25		E 110°04′39.4″ N 22°40′46.9″	70
						2	20—46	棕灰色	黏土	块状	6.5										
剖13	人为土	水稻土	潜育水稻土	砂页岩潜育水稻土	潜育砂土田	1	0—13	褐棕色	砂壤土	小块状	5.6	22.8	1.99	0.39	5.3	70	5.0	25	砂页岩	E 110°07′27.8″ N 22°40′31.4″	89
						2	13—19	灰黄色	轻壤土	块状	5.5										
						3	19—41	浅灰黄色	砂壤土	块状	5.5										
						C	41—100		砂壤土												
剖14	人为土	水稻土	淹育水稻土	花岗岩淹育水稻土	杂砂田	1	0—12	黄灰色	砂壤土	块状	6.0	27.9	1.32	0.28	11.3	80	5.0	50	花岗岩	E 110°02′34.6″ N 22°40′31.2″	88
						2	12—20	灰黄色	砂壤土	块状	5.5										
						C	20—100		轻壤土		5.5										

续表 Continued

剖面号 Soil profile	土纲 Soil order	土类 Soil great group	亚类 Soil subgroup	土属 Soil genus	土种 Soil species	土层码 Layer code	土层厚度 Depth/cm	颜色 Soil color	质地 Soil texture	土壤结构 Soil structure	pH	有机质 OM/(g/kg)	全氮 TN/(g/kg)	全磷 TP/(g/kg)	全钾 TK/(g/kg)	碱解氮 AN/(mg/kg)	有效磷 AP/(mg/kg)	速效钾 AK/(mg/kg)	土壤母质 Parent material	剖面点坐标 Profile coordinate	匹配指数 Matching index/%
剖15	人为土	水稻土	潴育水稻土	洪积性潴育水稻土	洪积潴育砂泥田	1	0—17	灰棕色	重壤土	小块状	6.0	22.6	1.06	0.17	7.8	100	12.5	25	洪积物	E 110°12′31.7″ N 22°40′27.5″	98
						2	17—22	灰棕色	中壤土	块状	6.5										
						3	22—40	灰色	轻壤土	块状	7.0										
						4	40—100	灰色	砂壤土												
剖16	人为土	水稻土	淹育水稻土	洪积淹育水稻土	含砾砂泥田	1	0—15	灰棕色	砂壤土	小块状	6.0	31.5	1.54	0.35	8.1				洪积物	E 110°03′53.6″ N 22°40′08.8″	85
						2	15—24	灰棕色	轻壤土	块状	6.0										
						3	24—58	棕灰色	轻壤土	块状	6.5										
						4	58—100	棕黄色	中壤土	小块状	6.5										
剖17	铁铝土	赤红壤	赤红壤	耕种铁砾赤红壤	铁子土	1	0—17	灰棕色	壤土	块状	7.0	7.1	0.39	0.46	3.1		4.5	25		E 110°14′56.8″ N 22°40′08.0″	83
						2	17—100	浅棕色	黏土		8.0										
剖18	人为土	水稻土	盐渍型水稻土	碳酸盐渍型水稻土	石灰性潴育田	1	0—16	灰黄色	壤土	小块状	7.0	28.9	1.80	0.52	0.7		5.0	30		E 110°16′17.0″ N 22°40′44.8″	89
						2	16—26			块状		23.3	1.26	0.48	0.7						
						3	26—100														
剖19	人为土	水稻土	淹育水稻土	砂页岩淹育水稻土	粉结田	1	0—11	浅棕灰色	砂壤土	粒状	5.0	15.7	0.60	0.16	10.1		4.0	50	砂页岩	E 109°58′38.7″ N 22°37′32.5″	72
						2	11—20	灰棕色	壤土	块状	5.5	13.8	0.60	0.75	0.5		5.0	31			
						3	20—32	灰棕色	砂土	粒状	5.5	1.7	0.27	0.75	2.5		3.0	20			
						4	32—100	浅棕色	砂土	粒状	6.0	0.3	0.19	0.15	1.2		2.0	30			
剖20	人为土	水稻土	潴育水稻土	紫色岩潴育水稻土	潴育紫泥田	1	0—15	浅紫色	中壤土	块状	6.0	23.1	1.07	0.57	15.3	100	15.0	40	紫色岩	E 109°57′52.6″ N 22°35′28.7″	91
						2	15—20	灰紫色	重壤土	块状	6.5										
						3	20—45	紫灰色	轻黏土	块状	6.5										
						4	45—100	紫灰色	中黏土												
剖21	人为土	水稻土	潴育水稻土	花岗岩潴育水稻土	潴育杂砂田	1	0—15	灰棕色	砂壤土	软烂状	6.0	23.2	1.17	0.39	13.1		2.5	75	花岗岩	E 109°58′46.6″ N 22°34′53.8″	76
剖22	人为土	水稻土	沼泽型水稻土	烂泥田	深滂田	1	0—16	黄灰色	重壤土	软烂状	7.0	27.3	1.46	0.47	12.7	80	2.5	25		E 109°55′40.2″ N 22°33′22.9″	73
						2	16—100	灰蓝色	重壤土	糊烂状	6.5										
剖23	铁铝土	赤红壤	赤红壤	花岗岩赤红壤	花岗岩赤红壤	1	0—6				4.8	40.5	1.43	0.34	19.0				花岗岩	E 109°54′16.9″ N 22°32′44.2″	94
						2	6—35				4.7	15.7	0.67	0.33	23.6						
						3	35—120				5.0	10.5	0.58	0.32	22.7						
剖24	人为土	水稻土	潴育水稻土	冲积性潴育水稻土	潴育潮砂田	1	0—13	棕灰色	砂壤土	块状	6.5	11.3	0.71	0.29	2.0	100	20.0	25	河流冲积物	E 109°59′44.7″ N 22°31′40.6″	77
						2	13—18	棕灰色	砂壤土	块状	7.0										
						W	18—43	褐黏灰色	轻黏土	块状											
						4	43—100	灰黄色	中壤土	块状											
剖25	人为土	水稻土	潜育水稻土	潜底田	浅潜底田	1	0—20	浅灰色	黏土	糊烂状	5.5	28.2	1.15	0.55	6.4	100	3.0	25		E 109°58′20.4″ N 22°30′09.7″	92
						2	20—100	灰灰色			6.5										
剖26	人为土	水稻土	潴育水稻土	花岗岩潴育水稻土	潴育杂砂泥肉田	1	0—22				6.0	35.8	1.60	0.60	21.6		4.0	67	花岗岩	E 110°03′08.3″ N 22°39′26.3″	90
剖27	人为土	水稻土	淹育水稻土	冲积性淹育水稻土	潮泥田	1	0—13	黄灰色	轻壤土	小块状	5.5	30.1	1.55	0.39	8.2		5.0	25	河流冲积物	E 110°07′18.8″ N 22°39′22.0″	87
						2	13—18	黄灰色	轻壤土	小块状	6.5	13.7	0.68	0.41	18.3						
						3	18—27	棕灰色	黏土	块状	6.0										
						4	27—100	棕黑色	黏土		6.0										
剖28	人为土	水稻土	沼泽型水稻土	埋藏黑泥田	浅埋黑泥田	1	0—11	黄灰色	轻壤土	小块状	5.5	43.3	1.85	0.50	7.5	133	2.0	25		E 110°01′05.9″ N 22°39′15.8″	70
						2	11—17	黄灰色	轻壤土	块状	6.0										
						3	17—56	棕黑色	黏土	块状	6.0										
						4	56—100	棕黑色	黏土		5.0										

续表 Continued

剖面号 Soil profile	土纲 Soil order	土类 Soil great group	亚类 Soil subgroup	土属 Soil genus	土种 Soil species	土层码 Layer code	土层厚度 Depth/cm	颜色 Soil color	质地 Soil texture	土壤结构 Soil structure	pH	有机质 OM/(g/kg)	全氮 TN/(g/kg)	全磷 TP/(g/kg)	全钾 TK/(g/kg)	碱解氮 AN/(mg/kg)	有效磷 AP/(mg/kg)	速效钾 AK/(mg/kg)	土壤母质 Parent material	剖面点坐标 Profile coordinate	匹配指数 Matching index/%
剖29	人为土	水稻土	盐渍水稻土	碳酸盐渍性水稻土	鸭屎田	1	0—20	暗灰色	重壤土	小块状	7.5	32.2	1.57	0.44	6.0					E 110°05′59.9″ N 22°39′10.4″	98
						2	20—27	黑灰色	重壤土	块状	7.5	23.6	1.30								
						3	27—56	灰褐色	重壤土	块状	7.5										
						4	56—100	棕褐色	重壤土	块状	8.0										
剖30	铁铝土	赤红壤	赤红壤	耕型砂页岩赤红壤	赤砂土	1	0—11	灰棕色	中壤土	屑粒状	4.5	10.7	0.50	0.16	9.2		5.0	50	砂页岩	E 110°03′16.1″ N 22°38′46.9″	93
						2	11—100	浅棕黄色	砂壤土	块状	5.0										
剖31	人为土	水稻土	淹育水稻土	洪积淹育水稻土	含砾砂土田	1	0—13	灰棕灰色	砂壤土	小块状	5.5	20.6	0.89	0.22	3.6				洪积物	E 110°03′52.2″ N 22°38′37.7″	98
						2	13—22	棕褐灰色	砂壤土	块状	6.0										
						3	22—38	棕褐色	松砂土	粒状	6.0										
						4	38—100	棕黄色	重壤土	块状	6.5										
剖32	铁铝土	红壤		硅质页岩红壤	中层硅质岩红壤	1	0—18	黑褐色	砾质轻壤土	碎块状	4.3	38.1	1.49	0.93	9.2		6.0	50	硅质页岩	E 110°05′53.1″ N 22°38′23.3″	92
						2	18—40	灰褐色	砾质轻壤土	碎块状	4.5	14.0	0.72	0.12	2.3		5.0	23			
						3	40—58	灰黄色	砾质土		5.0	8.0	0.38								
剖33	人为土	水稻土	潴育水稻土	棕色石灰土潴育水稻土	潴育棕泥田	1	0—17		砾质轻壤土	块状	6.5	42.0	2.16	0.86	9.6		15.0	25	石灰岩风化物	E 110°13′09.5″ N 22°38′20.4″	98
						2	17—23		砾质轻壤土	块状	6.5	26.1	1.45	0.38	8.8						
剖34	人为土	水稻土	淹育水稻土	红土质淹育水稻土	砂质黄泥田	1	0—16		砂质壤土	块状	5.5	11.3	0.59	0.10	3.3		4.0	30	红土	E 110°06′10.2″ N 22°36′30.2″	77
						2	16—100		重壤土	块状	6.0	20.5	1.01	0.43	3.6		5.0	25			
剖35	人为土	水稻土	渗育水稻土	白胶泥田	白胶泥田	1	0—15	白灰色	黏土		6.5	15.9	0.63	0.39	0.9		3.0	25		E 110°11′16.5″ N 22°36′03.4″	89
						2	15—21	浅灰白色	黏土	粉粒状	7.0	9.5	0.36								
						3	21—36	黄灰色	黏土	碎块状	7.0										
						4	36—100	棕灰色	轻壤土	碎块状	6.5										
剖36	人为土	水稻土	渗育水稻土	白散砂田	白散砂田	1	0—17	黄灰色	重壤土	块状	6.0	19.7	0.92	0.29	4.6	91	3.0	25		E 110°10′34.7″ N 22°34′29.6″	75
						2	17—28	黄灰色	黏土	块状	6.0										
						C	28—100	灰黄色	黏土	块状	6.0										
剖37	人为土	水稻土	淹育水稻土	红土质淹育水稻土	黄泥田	1	0—17	褐棕色	重壤土	小块状	5.5	33.1	1.57	0.51	13.9	90	15.0	25	红土	E 110°04′25.6″ N 22°34′17.2″	100
						2	17—30	棕黄色	黏土	块状	6.0										
						3	30—79	黄灰色	黏土	块状	5.5										
						4	79—100	灰黄色	黏土	块状	5.5										
剖38	人为土	水稻土	潴育水稻土	红土质潴育水稻土	潴育黄泥田	1	0—13	灰黄色	黏土	块状	5.0	17.0	0.67	0.35	8.6	68	15.4	41	红土	E 110°09′27.5″ N 22°34′05.7″	70
						2	13—100	红黄色	黏土	块状	5.0										
剖39	铁铝土	赤红壤	赤红壤	耕型页岩赤红壤	赤红黏土	1	0—16	紫色	黏土	粒状	6.5	11.8	0.75	0.37	12.6		2.5	25	页岩	E 110°04′57.7″ N 22°33′13.7″	86
						2	16—100	紫灰色	黏土	块状	6.8	10.3	0.50								
剖40	初育土	紫色土	中性紫色土	耕型中性紫砂土	中性紫砂土	1	0—13	紫色	砂壤土		6.0	18.1	0.77	0.31	10.3		2.5	25		E 110°08′20.5″ N 22°32′48.6″	77
剖41	人为土	水稻土	淹育水稻土	冲积性淹育水稻土	潮砂田	1	0—16	棕灰色	轻壤土	小块状	6.0	25.5	1.33	0.57	6.9				河流冲积物	E 110°09′35.9″ N 22°32′37.3″	82
						2	16—23	棕灰色	中壤土	块状	6.0										
						3	23—45	棕灰色	中壤土	块状	6.5										
						4	45—62	灰黄色	重壤土	块状	6.5										
剖42	人为土	水稻土	潴育水稻土	砂页岩潴育水稻土	潴育砂泥肉田	5	62—100	暗灰黄色	重壤土	块状	6.5								砂页岩	E 110°07′29.1″ N 22°32′30.7″	82

续表 Continued

剖面号 Soil profile	土纲 Soil order	土类 Soil great group	亚类 Soil subgroup	土属 Soil genus	土种 Soil species	土层码 Layer code	土层厚度 Depth/cm	颜色 Soil color	质地 Soil texture	土壤结构 Soil structure	pH	有机质 OM/(g/kg)	全氮 TN/(g/kg)	全磷 TP/(g/kg)	全钾 TK/(g/kg)	碱解氮 AN/(mg/kg)	有效磷 AP/(mg/kg)	速效钾 AK/(mg/kg)	土壤母质 Parent material	剖面点坐标 Profile coordinate	匹配指数 Matching index/%
剖43	人为土	水稻土	潜育水稻土	冷浸田	低洼田	1	0—14	黄灰色	砂壤土	小块状	6.0	25.6	1.51	0.63	5.8		12.5	25		E 110°01′21.0″ N 22°32′29.0″	82
						2	14—27	青灰色	黏土	块状	6.5	19.3	0.75								
						3	27—65	灰黄色	黏土		6.0										
						4	65—100	红黄色	黏土		6.2										
剖44	人为土	水稻土	淹育水稻土	红土质淹育水稻土	铁子田	1	0—14				6.3	22.6	1.24	0.31	8.2		15.0	25	红土	E 110°01′15.2″ N 22°31′44.4″	100
						2	14—25				6.3										
						3	25—100				6.5										
剖45	人为土	水稻土	沼泽型水稻土	炭质黑泥土	黑泥糊田	1	0—17	棕灰色	中壤土	块状	6.0	50.8	2.23	0.69	4.3	120	2.0	25	砂页岩	E 110°01′06.9″ N 22°31′06.6″	73
						2	17—26	灰黑色	中壤土	块状	5.5										
						3	26—59	黑灰色	重黏土	大块状	5.5										
						C	59—100	红黄色	轻黏土		5.0										
剖46	人为土	水稻土	淹育水稻土	砂页岩淹育水稻土	蜡泥田	1	0—11	黄灰色	中黏土	块状	6.5	22.9	1.22	0.40	13.5	30	2.5	30	砂页岩	E 110°04′27.1″ N 22°31′05.9″	75
						2	11—19	黄灰色	中黏土	块状											
						3	19—100	黄灰带红斑	重黏土	大块状											
剖47	人为土	水稻土	盐渍型水稻土	碳酸盐渍型水稻土	石灰性板结田	1	0—14	暗棕色	重壤土	块状	8.0	55.8	2.14	0.69	3.1					E 110°17′29.0″ N 22°39′54.4″	75
						2	14—25	暗棕色	中壤土	柱状	8.0										
						3	25—47	褐棕色	轻壤土	块状	8.0										
						4	47—100	棕黄色	重黏土	块状	7.5										
剖48	人为土	水稻土	淹育水稻土	红土质淹育水稻土	多铁子田	1	0—9	浅黄灰色	重黏土	块状	7.2	20.5	0.98	0.38	3.4				红土	E 110°15′43.6″ N 22°39′11.5″	71
						2	9—18	黄灰色	黏土	块状	7.0										
						3	18—40	棕灰色	黏土	块状	7.5										
						4	40—100	棕红色	黏土	块状	7.0										
剖49	铁铝土	红壤	红壤	花岗岩红壤	中层花岗岩红壤	1	0—15	黑灰色	壤土	团粒状	4.5	43.4	1.46	0.25	10.7		1.0	30	花岗岩	E 109°54′05.6″ N 22°27′15.9″	95
						2	15—50	灰黄色	壤土	块状	5.0	12.6	0.60	0.31	12.5	60					
						3	50—85	红黄色	壤土	小块状	5.0										
剖50	铁铝土	赤红壤	赤红壤	耕型砂岩赤红壤	赤红砂土	1	0—14	灰黄色	砂壤土	块状	5.5	9.0	0.52	0.20	5.6	70	10.0	25	砂岩	E 109°58′23.5″ N 22°24′15.5″	88
						2	14—100	红黄色	轻壤土	粒状	5.5	5.1	0.44		1.7						
						C															
剖51	人为土	水稻土	淹育水稻土	砂页岩淹育水稻土	砂土田	1	0—15	浅棕灰色	砂壤土	粒状	6.0	10.0	0.54	0.21					砂岩	E 109°58′32.5″ N 22°23′14.6″	99
						2	15—28	棕灰色	砂壤土	小块状	6.5										
						C	28—100	棕灰色	砂壤土		6.5										
剖52	人为土	水稻土	潴育水稻土	砂页岩潴育水稻土	潴育砂泥田	1	0—15	浅黄灰色	轻壤土	块状	5.0	24.3	1.16	0.73	6.5	90	2.0	30	砂页岩	E 110°06′55.6″ N 22°29′45.3″	84
						2	15—20	灰棕色	轻壤土	块状	5.5										
						3	20—57	浅棕色	中壤土	块状	6.0										
						4	57—100														
剖53	人为土	水稻土	潴育水稻土	红土质潴育水稻土	潴育黄泥田	1	0—16	黄灰色	重壤土	块状	6.0	25.2	1.12	0.43	21.0	70	2.5	25	红土	E 110°01′40.7″ N 22°28′11.8″	98
						2	16—26	灰黄色	重壤土	块状	6.0										
						3	26—68	灰黄色	重壤土	块状	5.5										
						4	68—100	浅黄色	黏土	块状	5.5										
剖54	人为土	水稻土	淹育水稻土	紫色岩淹育水稻土	紫色田	1	0—17	紫灰色	中壤土	块状	6.0	22.3	1.34	0.60	16.3	60	3.0	50	紫色岩	E 110°03′53.7″ N 22°27′08.8″	74
						2	17—26	红灰色	中黏土	块状	6.5										
						3	26—100														

续表 Continued

剖面号 Soil profile	土纲 Soil order	土类 Soil great group	亚类 Soil subgroup	土属 Soil genus	土种 Soil species	土层码 Layer code	土层厚度 Depth/cm	颜色 Soil color	质地 Soil texture	土壤结构 Soil structure	pH	有机质 OM/(g/kg)	全氮 TN/(g/kg)	全磷 TP/(g/kg)	全钾 TK/(g/kg)	碱解氮 AN/(mg/kg)	有效磷 AP/(mg/kg)	速效钾 AK/(mg/kg)	土壤母质 Parent material	剖面点坐标 Profile coordinate	匹配指数 Matching index/%
剖55	人为土	水稻土	潴育水稻土	冲积性潴育水稻土	潴育潮泥田	1	0—14	灰色	中壤土	块状	6.0	25.8	1.80	0.37	5.3	100	10.0	50	河流冲积物	E 110°02′45.1″ N 22°26′04.7″	92
						2	14—19	棕灰色	重壤土	块状	6.5										
						3	19—39	棕灰色	重壤土	块状											
						4	39—100	灰黄色	轻黏土	块状											
剖56	人为土	水稻土	淹育水稻土	紫色岩淹育水稻土	紫砂田	1	0—10	紫灰色	砂壤土	小块状	5.0	17.9	0.72	0.35	13.3		0.5	50	紫色岩	E 110°07′01.1″ N 22°24′09.6″	73
						2	10—15	紫灰色	砂壤土	小块状	5.0										
						3	15—25	紫灰色	砂壤土	块状	5.0										
						4	25—44	紫红色	轻壤土	块状	5.5										
						5	44—				6.0										
剖57	铁铝土	赤红壤	赤红壤	砂岩赤红壤	中层砂岩赤红壤	1	0—17	灰黄色	砂壤土	粉粒状	4.0	20.9	1.00	0.19	1.5				砂岩	E 110°07′57.8″ N 22°22′44.0″	74
						2	17—27	棕黄色	砂壤土	小块状	4.2	15.2	0.62	0.14	0.5						
						3	27—85	黄红色	砂壤土	块状	4.5	7.5	0.48	0.16	0.5						
剖58	人为土	水稻土	潴育水稻土	砂页岩潴育水稻土	潴育油砂田	1	0—18				5.5	26.7	1.31	0.29	10.4		1.5	60	砂页岩	E 110°02′26.1″ N 22°22′09.3″	73

容 县

主要土类说明

赤红壤是容县主要土壤类型，占本县地域面积的51%，主要分布于海拔500m以下的丘陵、岗地、平原地带，范围很广。在高温多雨的气候条件下形成的赤红壤表层富含铁铝，含量比红壤多，故颜色也较红，而相对的，盐基性物质（即带碱性养分）如钙、镁、钾、钠等淋溶流失比红壤强烈，土壤呈酸性至微酸性。本县赤红壤只有赤红壤一个亚类。

水稻土是容县第二大土壤类型，占本县地域面积的24%。在较平坦的地区，人为蓄水灌溉，于淹水耕作管理状况下种植水稻后，土壤的物理、化学性质发生一系列变化，进而形成水稻土。根据水型及耕作熟化等的差异，本县水稻土分为淹育型、潴育型、潜育型、沼泽型、矿毒型等亚类。

新积土是容县第三大土壤类型，占本县地域面积的12%。新积土是由新近冲积、洪积、坡积、塌积或人工堆垫形成的土壤。该土壤成土期短，母质特性明显，具 A–C 或（A）–C 剖面构型。

红壤占本县地域面积的7%。红壤主要发生于常绿阔叶林下，呈中度脱硅富铝化特征，土壤黏粒中游离铁占全铁的50%—60%。黏土矿物以高岭石、赤铁矿为主，黏粒硅铝率为1.8—2.4，风化淋溶系数小于0.2，盐基饱和度小于35%，pH 为 4.5—5.5。红壤具深厚红色土层，淀积层（B层）底层可见具深厚红、黄、白相间网纹的红色黏土。

黄壤占本县地域面积的4%。黄壤中度脱硅富铝化，多见于海拔 700—1200m 的山区。土壤有机质累积较多，具 O–A–AB–B–C 剖面构型。pH 为 4.5—5.5。淀积层（B层）富含水合氧化铁（针铁矿），呈黄色，有时多含三水铝石。多为林地，间亦耕种。

小于本县地域面积3%的土壤类型还有紫色土等。

本区域中心区气候特征

本区域中心区气候特征值
Regional climate characteristics in central area of the region

气候带：南亚热带湿润气候 Climate region: South subtropical humid climate	
年平均气温 /℃ Annual average temperature /℃	22.0
年平均最高气温 /℃ Annual average maximum temperature /℃	26.2
年平均最低气温 /℃ Annual average minimum temperature /℃	18.9
年降水量 /mm Annual precipitation /mm	1810
≥10℃的积温 /℃ Daily temperature accumulated in a year（≥10℃）/℃	8007
年日照时数 /h Annual sunshine /h	1723
年平均相对湿度 /% Annual average relative humidity /%	80
干燥度 Dryness	0.73

本区域中心区月平均气温与月平均降水量
Monthly temperature and precipitation in central area of the region

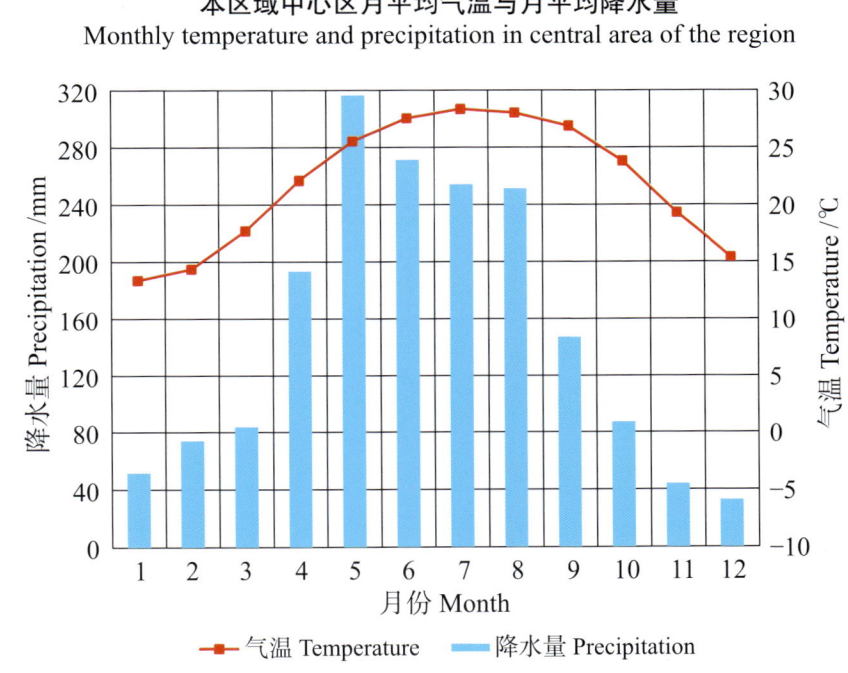

容县主要土壤类型与土壤剖面点分布图
1：310 000

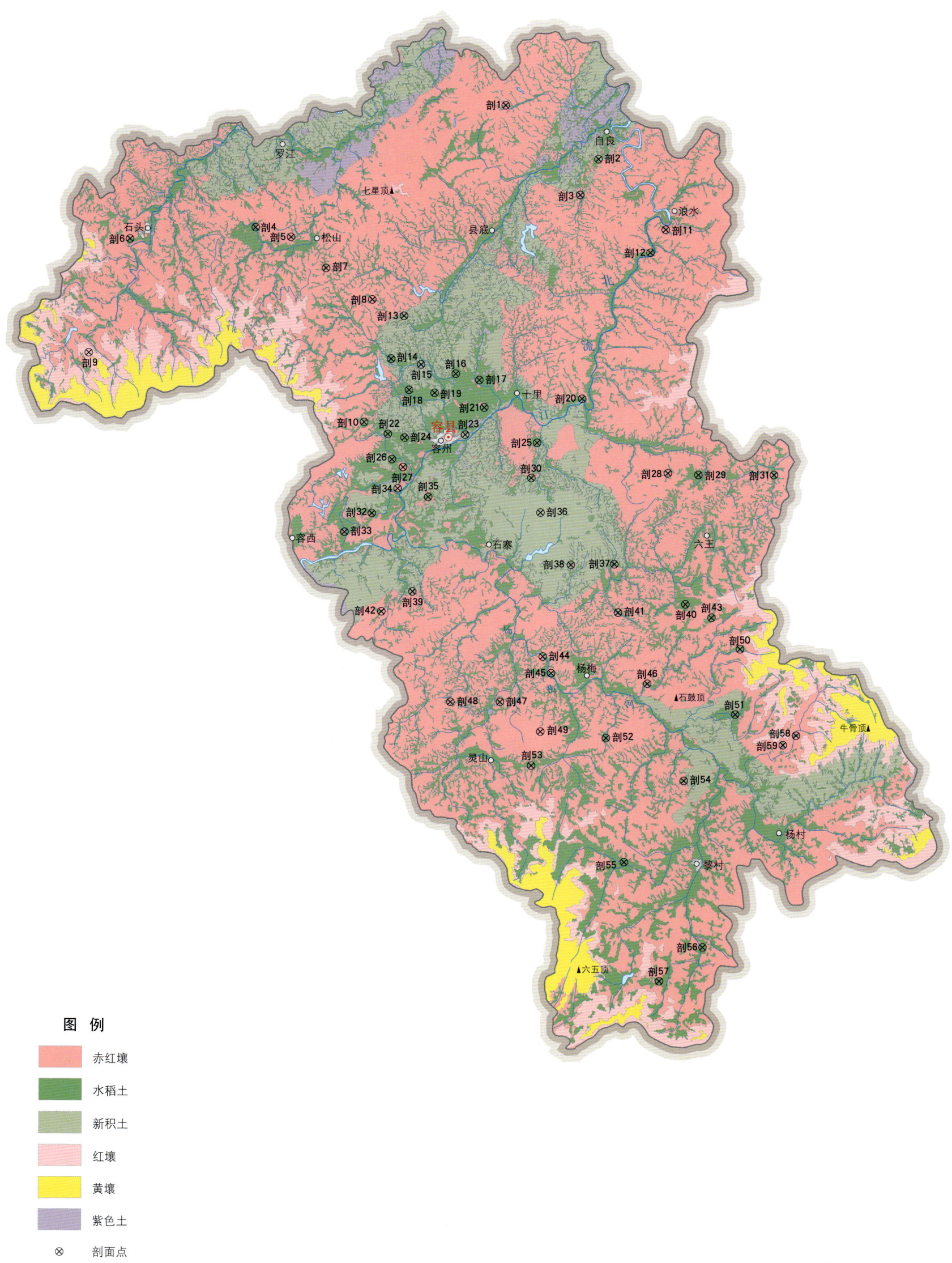

图 例
- 赤红壤
- 水稻土
- 新积土
- 红壤
- 黄壤
- 紫色土
- ⊗ 剖面点

容县土壤剖面理化性状表

剖面号	土纲	土类	亚类	土属	土种	土层码	土层厚度/cm	颜色	质地	土壤结构	pH	有机质OM/(g/kg)	全氮TN/(g/kg)	全磷TP/(g/kg)	全钾TK/(g/kg)	碱解氮AN/(mg/kg)	有效磷AP/(mg/kg)	速效钾AK/(mg/kg)	阳离子交换量CEC/(cmol/kg)	土壤母质	剖面点坐标	匹配指数/%
剖1	人为土	水稻土	淹育水稻土	花岗岩淹育水稻土	杂砂泥田	A	0–15	灰黄色	中壤土	粒状	6.0									花岗岩	E 110°35′31.5″ N 23°04′32.9″	82
						C	15–100	赤红色	中壤土	块状	6.5											
剖2	人为土	水稻土	潴育水稻土	紫色岩潴育水稻土	潴育紫砂泥田	1	0–15				5.1	24.1	1.24	0.38	12.2					紫色岩	E 110°39′27.6″ N 23°02′27.8″	75
						2	15–26				5.7	28.0	1.22	1.69	14.3							
						3	26–56				5.3	29.9	1.18	1.48	14.3							
						4	56–100				4.8	40.9	1.57	0.15	15.8							
剖3	铁铝土	赤红壤	赤红壤	耕型花岗岩赤红壤	杂砂赤红土	1	0–20	棕褐色	壤土	粒状	5.6	32.2	0.97	0.43	9.1					花岗岩	E 110°38′41.8″ N 23°01′04.1″	83
						2	20–100	棕黄色	壤土	块状	5.3	20.3	0.31	0.23	6.8							
剖4	人为土	水稻土	潴育水稻土	潜底田	中潜底田	1	0–16		轻黏土		4.9	37.3	1.32	0.47	8.5						E 110°24′56.2″ N 22°59′44.9″	85
						2	16–24		轻黏土		4.9	27.3	0.90	0.18	12.4							
						3	24–100		轻黏土		4.1	28.2	0.99	0.17	10.9							
剖5	人为土	水稻土	潴育水稻土	潜底田	浅潜底田	A	0–14	浅黄灰色	少石质重壤土	小块状	5.9	31.5	1.24	0.37	12.1				6.3		E 110°26′26.5″ N 22°59′22.6″	100
						G	14–100	蓝灰色	少石质中壤土	小块状	6.3	25.0	1.00	0.23	11.9							
剖6	人为土	水稻土	淹育水稻土	冲积性淹育水稻土	卵石底田	A	0–16	棕褐色	轻壤土	粒状	5.6	16.5	0.84				4.9	70		河流冲积物	E 110°19′37.0″ N 22°59′16.8″	81
						P	16–25	暗棕色	砂壤土	散粒状	6.0											
						3	25–100				6.0											
剖7	人为土	水稻土	潴育水稻土	潜底田	深潜底田	1	0–18				5.3	37.1	1.43	0.34	14.9						E 110°27′55.8″ N 22°58′10.2″	95
						2	18–30				7.1	26.0	0.92	0.22	13.9							
						3	30–38				6.5	30.6	1.29	0.25	20.5							
						4	38–100				6.0	57.7	2.32	0.19	20.8							
剖8	人为土	水稻土	沼泽型水稻土	炭质黑泥田	黑烂砂田	1	0–14	蓝灰色	轻壤土	稀烂糊状	6.5	30.4				124	5.0	51			E 110°29′54.2″ N 22°56′56.4″	93
						G₁	14–47	蓝褐色	轻壤土		6.0											
						G₂	47–100	黑蓝灰色	中壤土													
剖9	初育土	红壤	黄红壤	花岗岩黄红壤	厚层花岗岩黄红壤	Ao	0–2													花岗岩	E 110°17′53.6″ N 22°54′47.8″	74
						A₁	2–15	灰黑色	中壤土	粒状	6.3	11.2	0.50									
						A₂	15–21	黄灰色	中壤土	粒状	5.5											
						B₁	21–57	黄红色	中壤土	粒状												
						B₂	57–100	红色	中壤土													
剖10	新积土	新积土	新积土	砾质土	砾质壤土	1	0–11	棕褐色	中壤土	块状	6.6	24.8	1.14	0.40	14.1		7.2	95		洪积物	E 110°29′35.2″ N 22°52′09.8″	92
						2	11–100	棕褐色	中壤土	块状	5.5	21.1	0.87	0.32	14.3							
剖11	人为土	水稻土	沼泽型水稻土	埋藏黑泥田	深埋黑泥田	1	0–22	浅棕色	重壤土	块状	5.5	27.8	0.71	0.61	11.8		4.6	51		花岗岩	E 110°42′19.6″ N 22°59′43.2″	94
						P	22–30	灰色	重黏土	块状	5.0											
						G	30–60	灰黑色	重黏土		7.0	11.8	0.30	0.21	14.0							
						4	60–100															
剖12	人为土	水稻土	潴育水稻土	冲积性潴育水稻土	潴育潮泥田	1	0–15		中石质中壤土		5.3	39.6	1.41	0.74	24.1					河流冲积物	E 110°41′41.3″ N 22°58′49.4″	73
						2	15–24		多石质中壤土	块状	5.7	38.0	1.30	0.70	22.5							
						3	24–50		多石质轻壤土	块状	7.0	24.3	0.71	0.61	22.4							
						4	50–100		少石质紧砂土	块状	7.3	11.8	0.12	0.21	14.0							
剖13	人为土	水稻土	潴育水稻土	冲积性潴育水稻土	潴育潮泥田	1	0–16		少石质中壤土		5.4	38.9	1.48	0.82	22.5					河流冲积物	E 110°31′14.9″ N 22°56′18.6″	99
						2	16–27		少石质中壤土		6.4	25.1	1.23	0.59	22.7							
						3	27–45		少石质轻壤土		6.8	14.3	0.76	0.64	30.2							
						4	45–100		少石质重壤土		7.0	14.7	0.45	0.57	31.2							

续表 Continued

剖面号 Soil profile	土纲 Soil order	土类 Soil great group	亚类 Soil subgroup	土属 Soil genus	土种 Soil species	土层码 Layer code	土层厚度 Depth/cm	颜色 Soil color	质地 Soil texture	土壤结构 Soil structure	pH	有机质 OM/(g/kg)	全氮 TN/(g/kg)	全磷 TP/(g/kg)	全钾 TK/(g/kg)	碱解氮 AN/(mg/kg)	有效磷 AP/(mg/kg)	速效钾 AK/(mg/kg)	阳离子交换量CEC/(cmol/kg)	土壤母质 Parent material	剖面点坐标 Profile coordinate	匹配指数 Matching index/%
剖14	人为土	水稻土	淹育水稻土	洪积淹育水稻土	含砾砂田	1	0—15	棕红色	砂壤土	粒状	4.8	10.8	0.39	0.23	26.1					洪积物	E 110°30′43.2″ N 22°54′37.4″	96
						2	15—100	棕灰色	轻壤土	粒状	4.6	8.1	0.21	0.16	28.4							
剖15	人为土	水稻土	潴育水稻土	洪积潴育水稻土	洪积潴育砂泥田	1	0—17				5.4	54.7	2.08	0.87	16.3					洪积物	E 110°31′59.5″ N 22°54′24.5″	74
						2	17—27				5.3	22.0	0.90	0.51	17.6							
						3	27—57				7.0	17.5	0.57	0.45	17.1							
						4	57—100				7.0	15.2	0.51	0.45	15.5							
剖16	人为土	水稻土	淹育水稻土	砂页岩淹育水稻土	砂土田	1	0—16				5.2	20.7	0.93	0.31	4.5					砂页岩	E 110°33′27.7″ N 22°54′04.0″	95
						2	16—27				5.9	15.9	0.58	0.32	5.7							
						3	27—100				6.2	15.6	0.61	0.33	6.0							
剖17	人为土	水稻土	潴育水稻土	红土质潴育水稻土	潴育黄泥田	1	0—17	灰棕色	中壤土	小块状	6.1	31.7	0.42	0.40	14.7					红土	E 110°34′26.8″ N 22°53′49.2″	85
						2	17—24	浅黄棕色	中壤土	块状	7.6	18.2	0.78	0.33	14.7							
						3	24—51	黄棕紫色	中壤土	块状	7.9	14.0	0.55	0.32	14.0							
						4	51—100	灰黄色	重壤土	块状	7.0	8.4	0.37	0.26	13.3							
剖18	人为土	水稻土	潴育水稻土	冲积性潴育水稻土	潴育潮泥田	A	0—17		多石质轻壤土	小块状	6.1	30.7	1.22	0.43	11.4					河流冲积物	E 110°31′28.9″ N 22°53′25.1″	70
						2	17—26		中石质中壤土	柱状	7.3	16.0	0.46	0.24	12.5							
						3	26—67		多石质中壤土	柱状	7.6	10.0	0.38	0.28	10.5							
						4	67—100		多石质重壤土	柱状	7.6	9.6	0.28	0.19	12.5							
剖19	人为土	水稻土	潴育水稻土	紫色岩潴育水稻土	潴育紫泥肉田	P	0—19	棕紫灰色	重壤土	小块状	5.8	42.0	2.00	0.52	24.0					紫色岩	E 110°32′34.1″ N 22°53′18.6″	97
						W	19—31	浅紫棕灰色	中壤土	柱状	7.2	28.8	1.35	0.48	24.6							
						2	31—48	黄棕紫色	中壤土	柱状	7.2	17.4	0.67	0.37	24.0							
						C	48—100	浅紫棕色	重壤土	蜂窝状	7.0	13.6	0.43	0.33	19.9							
剖20	人为土	水稻土	潴育水稻土	冲积性潴育水稻土	潴育潮泥肉田	A	0—20	棕灰色	中壤土	块状	7.3	34.3	1.45	0.63	22.5					河流冲积物	E 110°31′49.2″ N 22°53′06.3″	82
						P	20—30	浅棕灰色	重壤土	块状	7.2	15.2	0.54	0.33	24.8							
						W	30—62	灰黄棕色	重壤土	粒状	6.5	14.5	0.56	0.47	22.0							
						C	62—100	灰黄色	中壤土	粒状	6.4	20.1	0.55	0.29	23.8							
剖21	人为土	水稻土	潴育水稻土	洪积性潴育水稻土	石子田	A	0—13	深棕色	砂土	散粒状	6.0	17.9	0.80	0.33	26.6					洪积物	E 110°34′40.1″ N 22°52′44.8″	91
						2	13—21	白灰色	砂砾	散粒状	6.0								8.6			
						3	21—100	浅棕色	粗砂、石砾													
剖22	人为土	水稻土	潴育水稻土	洪积性潴育水稻土	洪积含砾砂肉田	A	0—20	棕灰色	多石质中壤土	小块状	5.4	30.7	1.23	0.35	10.8					洪积物	E 110°30′35.6″ N 22°51′42.1″	82
						P	20—30	棕灰色	多石质中壤土	块状	5.5	16.9	0.72	0.26	11.5							
						W	30—65	灰棕色	中石质中壤土	块状	6.8	12.1	0.43	0.21	9.5							
						C	65—100	灰棕色	多石质中壤土	块状	7.9	11.1	0.41	0.21	13.4							
剖23	初育土	新积土	冲积土	耕型酸性潮泥土	酸性潮泥土	1	0—27	浅棕灰色	中壤土	粒状	5.5	22.7	0.98	0.52	23.2					河流冲积物	E 110°33′52.2″ N 22°51′41.4″	91
						2	27—100	灰黄色	轻壤土	粒状	6.5	10.6	0.42	0.37	26.4							
剖24	人为土	水稻土	潴育水稻土	洪积性潴育水稻土	含砾潴育砂泥田	1	0—15	棕黄色			5.7	29.0	1.27	0.45	9.6					洪积物	E 110°31′18.1″ N 22°51′33.8″	89
						2	15—25				6.6	23.1	1.02	0.33	9.5							
						3	25—100				7.7	3.6	0.36	0.27	13.0							
剖25	人为土	水稻土	淹育水稻土	红土质潴育水稻土	砂质黄泥田	1	0—11	浅棕黄色	中壤土	团块状	5.7	15.5	0.66	0.37	13.3					洪积物	E 110°36′55.1″ N 22°51′23.0″	93
						2	11—19	棕灰色	轻壤土	块状	6.3	9.4	0.41	0.28	8.3							
						3	19—100	灰棕色	重壤土	棱柱状	6.7	8.2	0.40	0.23	11.1							
剖26	人为土	水稻土	潴育水稻土	红土质潴育水稻土	潴育砂质黄泥田	1	0—16	浅棕灰色	中壤土		6.3	24.8				85	5.0	40		红土	E 110°30′46.8″ N 22°50′43.1″	79
						2	16—26	棕灰色	重壤土	块状	6.7	13.6	0.69	0.26	7.0							
						3	26—58	灰棕灰色	中壤土		7.8	8.7	0.37	0.21	7.8							
						C	58—100	灰白色			7.6											
剖27	铁铝土	赤红壤	赤红壤	耕型砂页岩赤红壤	赤红土	1	0—32				4.8	26.7	0.97	0.32	14.5					砂页岩	E 110°31′14.5″ N 22°50′24.7″	89
						2	32—50				4.0	9.5	0.46	0.22	14.6							

续表 Continued

剖面号 Soil profile	土纲 Soil order	土类 Soil great group	亚类 Soil subgroup	土属 Soil genus	土种 Soil species	土层码 Layer code	土层厚度 Depth/cm	颜色 Soil color	质地 Soil texture	土壤结构 Soil structure	pH	有机质 OM/(g/kg)	全氮 TN/(g/kg)	全磷 TP/(g/kg)	全钾 TK/(g/kg)	碱解氮 AN/(mg/kg)	有效磷 AP/(mg/kg)	速效钾 AK/(mg/kg)	阳离子交换量CEC/(cmol/kg)	土壤母质 Parent material	剖面点坐标 Profile coordinate	匹配指数 Matching index/%
剖28	人为土	水稻土	淹育水稻土	冲积性淹育水稻土	潮泥田	A	0—16	灰黑色	壤土	粒状	6.0	24.0					1.5	30		河流冲积物	E 110°42′28.2″ N 22°50′13.1″	71
						P	16—24	灰黄色	壤土	粒状	5.5											
						3	24—100	黑棕色	壤土	粒状	5.5											
剖29	人为土	水稻土	潴育水稻土	砂页岩潴育水稻土	潴育砂泥肉田	A	0—19	深灰色	中壤土	块状	5.3	34.7	1.44	0.32	18.6					砂页岩	E 110°43′45.7″ N 22°50′09.3″	90
						P	19—28	浅黄灰色	中壤土	块状	5.7	18.8	0.58	0.25	21.9							
						W_1	28—40	浅黄灰色	中壤土	棱柱状	5.9	13.4	0.46	0.27	24.5							
						W_2	40—100	黄灰色	中壤土	棱柱状	6.6	43.1	0.27									
剖30	人为土	水稻土	潴育水稻土	砂页岩潴育水稻土	潴育砂泥田	1	0—11				5.0	41.4	1.57	0.48	12.2					砂页岩	E 110°36′41.4″ N 22°50′00.7″	82
						2	11—27				5.2	21.6	0.88	0.29	11.9							
						3	27—41				5.5	14.2	0.41	0.39	14.6							
剖31	人为土	水稻土	潴育水稻土	冲积性潴育水稻土	潴育潮油砂田	A	0—17	棕灰色	中壤土	粒状	5.5	21.0	1.16				10.2	107		河流冲积物	E 110°46′57.7″ N 22°50′10.3″	73
						P	17—30	浅棕色	中壤土	块状	5.5											
						W	30—60	浅灰色	中壤土	块状	6.5											
						C	60—100				6.5											
剖32	人为土	水稻土	潴育水稻土	红土质潴育水稻土	潴育黄泥肉田	1	0—17				5.3	42.2	1.99	0.92	15.3					红土	E 110°29′56.5″ N 22°48′35.6″	72
						2	17—31				6.0	26.6	1.13	0.50	16.1							
剖33	铁铝土	赤红壤	赤红壤	耕型砂页岩赤红壤	赤砂土	1	0—14		砂壤土		6.7	12.0	0.89	0.25	6.7					砂页岩	E 110°28′47.6″ N 22°47′51.0″	72
						2	14—100		轻黏土		4.3	8.7	0.49	0.26	13.0							
剖34	铁铝土	赤红壤	赤红壤		赤红土	1	0—24	浅黄棕色	砂壤土	粒状	7.5	9.8	0.37	0.17	5.1					红土	E 110°31′01.6″ N 22°49′34.7″	84
						2	24—100	褐红色	中壤土	小块状	4.7	13.3	0.42	0.22	14.9							
剖35	人为土	水稻土	沼泽型水稻土	烂泥田	浅淀田	1	0—17				8.0	54.1	2.59	0.56	10.6						E 110°32′19.3″ N 22°49′14.9″	91
						2	17—24				8.0	54.5	2.54	0.62	10.2							
						3	24—48				8.1	42.0	1.69	0.41	9.4							
						4	48—100				8.3	26.9	1.16	0.41	10.3							
剖36	初育土	新积土	新积土		多砾壤土	A	0—20	灰棕色	中壤土	糊状	5.4	32.6	1.36	0.46	17.6					洪积物	E 110°37′04.8″ N 22°48′38.9″	73
						AB	20—70	棕黄色	重壤土		5.4	26.2	1.10	0.35	16.9							
						B	70—95	黄红色	轻黏土		7.4	22.9	0.77	0.30	10.6							
						C	95—100		轻黏土		4.9	12.7	0.41	0.16	9.3							
剖37	人为土	水稻土	沼泽型水稻土	烂泥田	深淀田	1	0—15	褐棕色	重壤土		5.4											76
						2	15—100	深灰色														
剖38	人为土	水稻土	沼泽型水稻土	烂泥田	壤土田	1	0—14														E 110°38′23.1″ N 22°46′36.2″	75
						2	14—100															
剖39	人为土	水稻土	潜育型水稻土		烂底田	1	0—18	棕灰色	中壤土	粒状	4.5	34.8	1.30				8.1	56		红土	E 110°31′41.1″ N 22°45′32.0″	93
						2	18—42	青灰色	重壤土		6.5											
						3	42—100	蓝灰色	黏土		6.5											
剖40	人为土	水稻土	潴育水稻土	花岗岩潴育水稻土	潴育赤砂泥肉田	1	0—23				5.3	42.9	1.87	0.68	16.7					花岗岩	E 110°43′14.5″ N 22°45′05.0″	74
						2	23—33				5.2	34.2	1.33	0.50	19.6							
剖41	人为土	水稻土	冷底田	冷底田	冷底田	1	0—15				5.5	44.2	1.77	0.46	17.1						E 110°40′23.2″ N 22°44′45.2″	79
						2	15—26				5.6	33.6	1.66	0.34	20.1							
						3	26—41				6.4	13.6	0.56	0.15	27.7							
剖42	人为土	水稻土	潴育水稻土	砂页岩潴育水稻土	潴育砂泥田	1	0—16				6.3	27.1	1.23	0.56	34.3					砂页岩	E 110°30′22.3″ N 22°44′44.9″	99
						2	16—32				7.4	20.9	1.05	0.38	20.7							
						3	32—58				7.6	10.0	0.27	0.30	27.9							
剖43	人为土	水稻土	淹育水稻土	洪积淹育水稻土	石砾底田	1	0—12				5.3	20.6	0.99	0.25	9.3					洪积物	E 110°44′20.8″ N 22°44′34.1″	78
						2	12—25				5.2	6.2	0.29	0.17	9.3							
						3	25—100				6.5	3.9	0.18	0.17	12.1							

续表 Continued

剖面号 Soil profile	土纲 Soil order	土类 Soil great group	亚类 Soil subgroup	土属 Soil genus	土种 Soil species	土层码 Layer code	土层厚度 Depth/cm	颜色 Soil color	质地 Soil texture	土壤结构 Soil structure	pH	有机质 OM/(g/kg)	全氮 TN/(g/kg)	全磷 TP/(g/kg)	全钾 TK/(g/kg)	碱解氮 AN/(mg/kg)	有效磷 AP/(mg/kg)	速效钾 AK/(mg/kg)	阳离子交换量CEC/(cmol/kg)	土壤母质 Parent material	剖面点坐标 Profile coordinate	匹配指数 Matching index/%
剖44	初育土	新积土	冲积土	酸性潮砂土	厚层酸性潮砂土	1	0—32				7.5	8.1	0.22	0.33	20.0					河流冲积物	E 110°37′13.1″ N 22°43′01.9″	81
						2	32—100				6.8	3.7	0.20	0.28	20.4							
剖45	初育土	新积土	冲积土	酸性潮砂土	薄层酸性潮砂土	1	0—25				6.2	13.2	2.64	0.50	29.8					河流冲积物	E 110°37′34.3″ N 22°42′23.0″	79
						2	25—100				6.4	1.8	0.17	0.24	27.7							
剖46	人为土	水稻土	淹育水稻土	冲积性淹育水稻土	潮砂田	1	0—14				6.2	27.9	1.22	0.47	18.3					河流冲积物	E 110°41′38.8″ N 22°41′59.6″	73
						2	14—100				6.1	10.9	0.11	0.17	19.6							
剖47	人为土	水稻土	淹育水稻土	紫色岩淹育水稻土	紫黏田	1	0—13				4.5	35.1	1.58	0.89	16.3					紫色岩	E 110°35′25.4″ N 22°41′15.4″	79
						2	13—20				4.8	22.3	0.98	0.74	14.1							
						3	20—30			小块状	5.3	9.4	0.48	0.89	11.3							
剖48	人为土	水稻土	淹育水稻土	砂页岩淹育水稻土	蜡泥田	A	0—13	浅黄棕色	重壤土	小块状	5.0									砂页岩	E 110°33′19.6″ N 22°41′14.8″	74
						P	13—37	黄深灰色	重壤土	小块状	5.5											
						3	37—100	灰黄色	中壤土	粗粒状	5.5											
剖49	铁铝土	赤红壤	赤红壤	砂页岩赤红壤	中层砂页岩赤红壤	A	0—20	棕色	中壤土	粗粒状										砂页岩	E 110°37′08.0″ N 22°40′06.2″	85
						B	20—70	红棕色														
						C	70—															
剖50	人为土	水稻土	淹育水稻土	紫色岩淹育水稻土	紫泥田	1	0—11		多石质重黏土		4.6	27.7	1.55	0.42	23.4					紫色岩	E 110°45′33.8″ N 22°43′21.4″	100
						2	11—40		中石质重黏土		5.5	18.6	1.08	0.30	24.0							
						3	40—100		多石质重黏土		6.8	5.4	0.49	0.58	28.1							
剖51	人为土	水稻土	潴育水稻土	紫色岩潴育水稻土	潴育紫泥田	1	0—18		多石质重黏土		5.9	31.3	1.47	0.35	24.3					紫色岩	E 110°45′22.7″ N 22°40′48.4″	75
						2	18—32		中石质重黏土		5.2	29.4	1.21	0.19	26.4							
						3	32—60		多石质重黏土		5.3	30.4	1.20	0.25	24.2							
						4	60—100		中石质重黏土		5.7	27.9	1.14	0.17	26.2							
剖52	人为土	水稻土	潴育水稻土	砂页岩潴育水稻土	潴育蜡泥田	1	0—17		多石质重壤土		5.9	32.9	1.74	0.46	21.9					砂页岩	E 110°39′54.7″ N 22°39′51.5″	89
						2	17—27	棕色	重壤土	块状	5.4	19.8	1.03	0.17	24.2							
						3	27—74	棕色	重壤土	柱状	5.5	11.0	0.60	0.10	23.9							
						4	74—100	棕色	中黏土		6.7	31.7	1.70	1.11	23.4							
剖53	人为土	水稻土	潴育水稻土	棕色石灰土潴育水稻土	潴育棕泥田	A	0—14		壤土	散粒状	6.9	37.1	1.73	0.85	22.5					石灰岩风化物	E 110°36′45.4″ N 22°38′46.0″	91
						P	14—22		轻壤土	粒状	6.9	12.0	0.70	0.34	19.6							
						W	22—80		砂壤土	散粒状	7.3											
						C	80—100		松砂土	散粒状	6.5											
剖54	人为土	水稻土	沼泽型水稻土	炭质黑泥田	黑散泥田	A	0—14	灰蓝色	轻壤土	粒状	5.5	20.8		0.45	20.6						E 110°39′43.1″ N 22°38′12.1″	70
						G	14—100	蓝黑色			5.5								10.1			
剖55	人为土	水稻土	潴育水稻土	冲积性潴育水稻土	潴育棕泥田	A	0—16	浅棕灰色	多石质中壤土	散粒状	5.6	26.5	1.04	0.22	21.1	128	12.5	50		河流冲积物	E 110°40′42.6″ N 22°35′00.1″	78
						P	16—26	棕灰色	多石质中壤土	粒状	6.4	22.0	0.89	0.48	23.7							
						W₁	26—60	黄棕灰色	多石质中壤土	块状	6.6	13.3	0.44	0.41	26.1							
						W₂	60—65	黄灰色	砂壤土	核块状	7.2	10.6	0.26	0.35	26.1							
						W₃	65—100	黄灰色	多石质轻壤土	块状	6.9	9.6	0.26	0.45	20.6							
剖56	人为土	水稻土	潴育水稻土	花岗岩潴育水稻土	潴育杂砂田	A	0—15	棕灰色		粒状	6.1	42.5	1.64	0.42	18.0					花岗岩	E 110°44′03.2″ N 22°31′40.2″	85
						P	15—28	灰棕色	多石质中壤土	块状	6.9	21.6	0.94	0.22	19.7							
						W	28—50	黄灰棕色	多石质中壤土	核柱状	7.9	19.5	0.57	0.20	20.1							
						C	50—100	棕灰色		块状	7.7	9.2	0.30	0.32	16.5							
剖57	人为土	水稻土	淹育水稻土	花岗岩淹育水稻土	杂砂田	1	0—14				5.1	25.7	1.00	0.46	9.5					花岗岩	E 110°42′14.3″ N 22°30′19.4″	71
						2	14—19				5.3	26.8	1.00	0.62	15.2							
						3	19—100				6.5	19.9	0.72	0.38	12.5							

续表 Continued

剖面号 Soil profile	土纲 Soil order	土类 Soil great group	亚类 Soil subgroup	土属 Soil genus	土种 Soil species	土层码 Layer code	土层厚度 Depth/cm	颜色 Soil color	质地 Soil texture	土壤结构 Soil structure	pH	有机质 OM/(g/kg)	全氮 TN/(g/kg)	全磷 TP/(g/kg)	全钾 TK/(g/kg)	碱解氮 AN/(mg/kg)	有效磷 AP/(mg/kg)	速效钾 AK/(mg/kg)	阳离子交换量CEC/(cmol/kg)	土壤母质 Parent material	剖面点坐标 Profile coordinate	匹配指数 Matching index/%
剖58	人为土	水稻土	潴育水稻土	紫色岩潴育水稻土	潴育紫砂田	A	0—12	紫灰色	轻壤土	粒状	4.6	50.8	1.90	0.57	6.4		28.9	59		紫色岩	E 110°47′57.1″ N 22°39′59.8″	90
						P	12—21	棕灰色	轻壤土	块状	4.5	41.6	1.37	0.40	6.5		21.7	63				
						W	21—32	浅紫色	中壤土	棱柱状	6.5	9.1	0.37	0.09	4.5							
						4	32—100	紫色			6.5											
剖59	人为土	水稻土	淹育水稻土	紫色岩淹育水稻土	紫砂田	1	0—9	浅紫色	轻壤土	散粒状	6.0	28.0				76	1.5	70		紫色岩	E 110°47′24.0″ N 22°39′37.1″	75
						2	9—15	浅紫色	轻壤土		6.5											
						3	15—100	紫色	中壤土	块状	6.5											

陆 川 县

主要土类说明

赤红壤是陆川县主要土壤类型，占本县地域面积的 74%，分布于全县各乡镇海拔 500m 以下的丘陵、台地。土壤层次分化明显，且富含铁铝，一般具红白网纹，表层呈浅红色。赤红壤主要发生于南亚热带季雨林下，其脱硅富铝化程度仅次于砖红壤，强于红壤。铁的游离度介于二者之间，黏粒硅铝率为 1.7—2.0，风化淋溶系数为 0.05—0.15，盐基饱和度为 15%—25%，pH 为 4.5—5.5。淀积层（B 层）富含铁铝氧化物，呈赤红色。

水稻土是陆川县第二大土壤类型，占本县地域面积的 23%，全县均有分布，其中以大桥、乌石、良田这三个镇为多。在地势较高的丘陵坡地、台地、梯田和地势较低的阶地主要分布着淹育水稻土；九洲江等河流两岸、准平原、广谷、缓丘和村庄附近的垌田是潴育水稻土的主要分布区；丘陵底垌、山间谷地、低山山冲的地下水位较高，为潜育水稻土分布区；古沼泽泥炭层上垦殖的稻田多属沼泽型水稻土；而渗育水稻土，通常分布在坡地和阶地梯田。

小于本县地域面积 3% 的土壤类型还有红壤和石灰（岩）土等。

本区域中心区气候特征

本区域中心区气候特征值
Regional climate characteristics in central area of the region

气候带：南亚热带湿润气候 Climate region: South subtropical humid climate	
年平均气温 /℃ Annual average temperature /℃	22.3
年平均最高气温 /℃ Annual average maximum temperature /℃	26.3
年平均最低气温 /℃ Annual average minimum temperature /℃	19.4
年降水量 /mm Annual precipitation /mm	1912
≥ 10℃的积温 /℃ Daily temperature accumulated in a year（≥ 10℃）/℃	8126
年日照时数 /h Annual sunshine /h	1747
年平均相对湿度 /% Annual average relative humidity /%	80
干燥度 Dryness	0.70

本区域中心区月平均气温与月平均降水量
Monthly temperature and precipitation in central area of the region

陆川县主要土壤类型与土壤剖面点分布图
1∶280 000

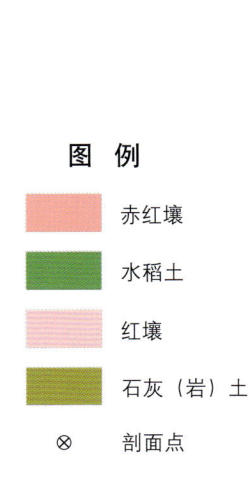

陆川县土壤剖面理化性状表

剖面号 Soil profile	土纲 Soil order	土类 Soil great group	亚类 Soil subgroup	土属 Soil genus	土种 Soil species	土层码 Layer code	土层厚度 Depth/cm	颜色 Soil color	质地 Soil texture	土壤结构 Soil structure	pH	有机质 OM/(g/kg)	全氮 TN/(g/kg)	全磷 TP/(g/kg)	全钾 TK/(g/kg)	土壤母质 Parent material	剖面点坐标 Profile coordinate	匹配指数 Matching index/%
剖1	初育土	石灰(岩)土	棕色石灰土	棕色石灰土	棕色石灰土	1	0~20	灰褐色	壤土	块状							E 110°11′59.4″ N 22°33′55.4″	81
						2	20~55	黄棕色	重壤土	块状								
剖2	人为土	水稻土	潜育水稻土	冷浸田	浅浸田	1	0~14	棕灰色	壤土	块状	7.0	30.0	0.19	0.18	2.6		E 110°14′58.8″ N 22°31′38.9″	70
						2	14~23	蓝灰色	壤土	块状	7.5	27.0	1.43	0.30	4.4			
						3	23~35	蓝灰色	黏壤土	块状	7.0	33.4	1.63	0.47	5.0			
						4	35~100	黄棕色	黏壤土	块状	7.5	26.4	0.27	0.43	5.0			
剖3	人为土	水稻土	潜育水稻土	砂页岩潜育水稻土	潜育砂泥田	1	0~15				5.5	19.1	0.97	0.34	5.6	砂页岩	E 110°14′14.8″ N 22°32′21.8″	99
						2	15~26				7.5	8.6	0.37	0.19	6.4			
						3	26~70				8.0	8.4	0.36	0.17	6.5			
						4	70~100				7.5							
剖4	人为土	水稻土	潜育水稻土	砂页岩潜育水稻土	潜育砂土田	1	0~17				6.0	18.0	0.90	0.29	15.8	砂页岩	E 110°18′55.1″ N 22°30′36.0″	72
						2	17~27				7.0	10.8	0.59	0.23	1.5			
						3	27~50				7.5	5.5	0.57	0.19	1.5			
						4	50~100				5.5	4.6	0.22	0.16	17.3			
剖5	人为土	水稻土	潜育水稻土	冷浸田	深浸田	1	0~13	灰棕色	黏壤土	块状	7.0						E 110°16′51.6″ N 22°30′00.7″	76
						2	13~24	蓝灰色	黏壤土	块状	7.0							
						3	24~80	青灰色	砂土	块状	7.5							
						4	80~100	黄灰色	黏土		7.5							
剖6	人为土	水稻土	渗潜水稻土	白胶泥田	深渗白胶泥田	1	0~26		重石质轻壤土		6.5	4.8	0.24	0.15	24.2		E 110°10′31.8″ N 22°26′36.2″	71
						2	26~58				7.0	14.7	0.64	0.14	18.6			
						3	58~100				7.0	27.1	1.42	0.35	18.3			
剖7	人为土	水稻土	潜育水稻土	冷底田	冷底田	1	0~19		中黏土		5.5	26.1	1.42	0.44	19.8		E 110°14′26.5″ N 22°23′21.8″	71
						2	19~29				5.7	20.8	1.17	0.33	21.2			
						3	29~100				7.0	20.2	1.00	0.30	24.6			
剖8	铁铝土	赤红壤	赤红壤	耕型砂页岩赤红壤	赤壤土	1	0~13	黑灰色	砂壤土		5.0	32.5	1.10	0.24	0.4		E 110°17′26.2″ N 22°28′34.3″	83
						2	13~100	黑灰色	砂壤土	块状	5.5	11.6	0.43	0.24	0.7			
剖9	人为土	水稻土	潜育水稻土	洪积性潜育水稻土	洪积潜育砂土田	1	0~13	灰白色	砂土	块状	4.5	25.9	1.24	0.26	31.3	洪积物	E 110°20′44.9″ N 22°24′28.1″	100
						2	13~25	棕色	砂土	粒状	5.0	6.8	0.37	0.10	33.6			
						3	25~65	灰白色	壤土	块状	5.5	4.7	0.30	0.19	32.6			
						4	65~100				6.0	9.4	0.46	0.16	32.0			
剖10	人为土	水稻土	潜育水稻土	白散砂田	深渗白散砂田	1	0~14	黑灰色	壤土	柱状	6.8	1.8	0.09	0.80	1.3	砂页岩	E 110°16′29.4″ N 22°20′35.8″	76
						2	14~24	黄棕灰色	砂壤土	块状	6.3	35.1	1.24	0.44	4.8			
						3	24~100	棕灰色	黏壤土	块状	6.0	40.9	1.87	0.62	3.9			
剖11	人为土	水稻土	潜育水稻土	花岗岩潜育水稻土	潜育杂潜肉田	1	0~15		壤土		6.5	33.5	1.64	0.47	10.3	花岗岩	E 110°11′11.1″ N 22°12′06.1″	81
						2	15~27		壤土	块状	7.0	11.2	0.48	0.01	11.1			
						3	27~57		砂壤土	柱状		14.6	0.68	0.42	9.4			
						4	57~100		黏壤土	块状								
剖12	人为土	水稻土	潜育水稻土	花岗岩潜育水稻土	潜育杂砂田	1	0~14				6.8	36.5	1.86	0.51	6.8	花岗岩	E 110°14′40.2″ N 22°10′28.3″	72
						2	14~25				7.0	25.6	1.37	0.39	6.2			
						3	25~80				7.5	10.0	0.59	0.24	6.3			
						4	80~100				7.3	8.8	0.51	0.20	6.6			

续表 Continued

剖面号 Soil profile	土纲 Soil order	土类 Soil great group	亚类 Soil subgroup	土属 Soil genus	土种 Soil species	土层码 Layer code	土层厚度 Depth/cm	颜色 Soil color	质地 Soil texture	土壤结构 Soil structure	pH	有机质 OM/(g/kg)	全氮 TN/(g/kg)	全磷 TP/(g/kg)	全钾 TK/(g/kg)	土壤母质 Parent material	剖面点坐标 Profile coordinate	匹配指数 Matching index/%
剖13	人为土	水稻土	潴育水稻土	花岗岩潴育水稻土	潴育杂砂泥田	1	0—15				6.8	39.6	1.98	1.10	6.8	花岗岩	E 110°21′46.8″ N 22°18′26.3″	91
						2	15—27				6.8	37.0	1.68	0.95	7.5			
						3	27—70				5.0	17.2	0.73	0.54	8.6			
						4	70—100				6.0	13.4	0.47	0.65	5.9			
剖14	人为土	水稻土	潴育水稻土	冲积性潴育水稻土	潴育潮砂泥田	1	0—14				6.5	20.9	1.16	0.34	23.8	河流冲积物	E 110°15′24.1″ N 22°13′32.9″	74
						2	14—20				7.0	16.0	0.95	0.25	23.3			
						3	20—34				6.3	20.7	1.07	0.37	22.8			
						4	34—51				7.5	6.0	0.34	0.21	24.1			
						5	51—100				7.5	5.4	0.28	0.19	19.3			
剖15	铁铝土	赤红壤	赤红壤	耕型砂页岩赤红壤	赤砂土	1	0—19	灰棕色	砂壤土	小块状	7.0	14.6	0.69	0.50	2.4	砂页岩	E 110°08′51.0″ N 22°09′60.0″	71
						2	19—30	灰棕色	砂壤土	小块状	7.5	12.4	0.61	0.44	1.9			
						3	30—100	黄棕色	砂壤土	小块状	5.5	5.4	0.29	0.46	2.6			
剖16	人为土	水稻土	潴育水稻土	冲积性潴育水稻土	潴育潮砂泥田	1	0—16	灰黄色	壤土	块状	5.5					河流冲积物	E 110°13′46.4″ N 22°03′38.0″	90
						2	16—25	灰黄色	壤土	柱状	7.0							
						3	25—66	黄棕灰色	壤土	柱状	7.0							
						4	66—100	灰黄色	黏壤土	块状	7.2							
剖17	人为土	水稻土	潜育水稻土	潜底田	浅潜底田	1	0—25				7.0	31.8	1.40	0.42	14.2		E 110°18′37.9″ N 22°07′06.8″	76
						2	25—100				5.5	12.0	0.48	0.13	25.7			
剖18	人为土	水稻土	潜育水稻土	潜底田	深潜底田	1	0—15				6.0	22.2	1.16	0.65	6.0		E 110°15′17.1″ N 22°05′18.7″	84
						2	15—25				6.5	23.8	1.27	1.33	5.9			
						3	25—50				6.5	11.1	0.51	0.35	7.8			
						4	50—100				6.5	30.4	1.02	0.18	10.0			
剖19	人为土	水稻土	潜育水稻土	潜底田	中潜底田	1	0—13				6.0	24.7	1.31	0.43	21.6		E 110°18′27.7″ N 22°00′32.4″	86
						2	13—21				5.0	23.5	1.19	0.33	22.2			
						3	21—100				5.5	22.5	1.05	0.21	25.5			

博 白 县

主要土类说明

赤红壤是博白县主要土壤类型，占本县地域面积的72%。赤红壤主要发生于南亚热带季雨林下，其脱硅富铝化程度仅次于砖红壤，强于红壤。铁的游离度介于二者之间，黏粒硅铝率为1.7—2.0，风化淋溶系数为0.05—0.15，盐基饱和度为15%—25%，pH为4.5—5.5。淀积层（B层）富含铁铝氧化物，呈赤红色。本县赤红壤只有赤红壤一个亚类。

水稻土是博白县第二大土壤类型，占本县地域面积的24%。在地势较高的丘陵坡地、台地、缓坡梯田和地势较低的阶地，主要分布着淹育水稻土；南流江、九洲江、龙潭河等河流两岸，以及平原、广谷、缓丘冲田、垌田，是潴育水稻土的主要分布区；丘陵低垌、山间谷地、低山山冲的地下水位较高，多为潜育水稻土；在古沼泽泥炭层上垦殖的稻田和有泉眼出露的稻田，多属沼泽型水稻土；而渗育水稻土，多分布在缓坡阶地、梯田。水稻土是在长期季节性淹灌、水下翻耕、季节性脱水、氧化还原交替影响下，原来成土母质或母土的特性发生重大改变，形成的新的土壤类型。由于干湿交替，水稻土形成糊状淹育层、较坚实板结的犁底层、渗育层、潴育层与潜育层等多种发生层。这些不同发生层段是在人为耕作、水浆管理下形成的。本县水稻土包括淹育型、潴育型、潜育型、沼泽型、渗育型、盐渍型、矿毒型等亚类。

小于本县地域面积3%的土壤类型还有红壤、紫色土、潮土和砖红壤等。

本区域中心区气候特征

本区域中心区气候特征值
Regional climate characteristics in central area of the region

气候带：南亚热带湿润气候 Climate region: South subtropical humid climate	
年平均气温 /℃ Annual average temperature /℃	22.4
年平均最高气温 /℃ Annual average maximum temperature /℃	26.4
年平均最低气温 /℃ Annual average minimum temperature /℃	19.6
年降水量 /mm Annual precipitation /mm	1938
≥10℃的积温 /℃ Daily temperature accumulated in a year（≥10℃）/℃	8195
年日照时数 /h Annual sunshine /h	1769
年平均相对湿度 /% Annual average relative humidity /%	80
干燥度 Dryness	0.70

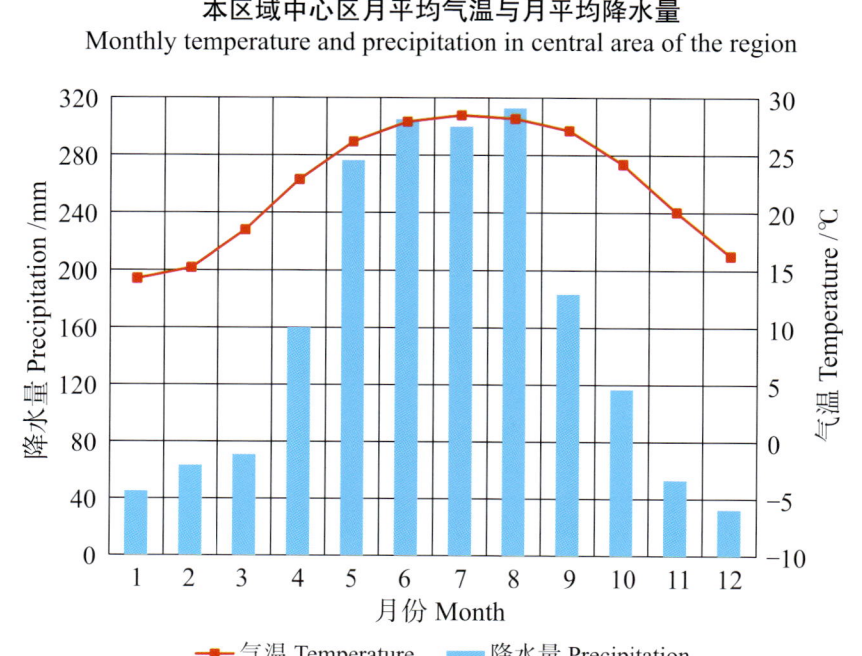

本区域中心区月平均气温与月平均降水量
Monthly temperature and precipitation in central area of the region

博白县主要土壤类型与土壤剖面点分布图
1∶360 000

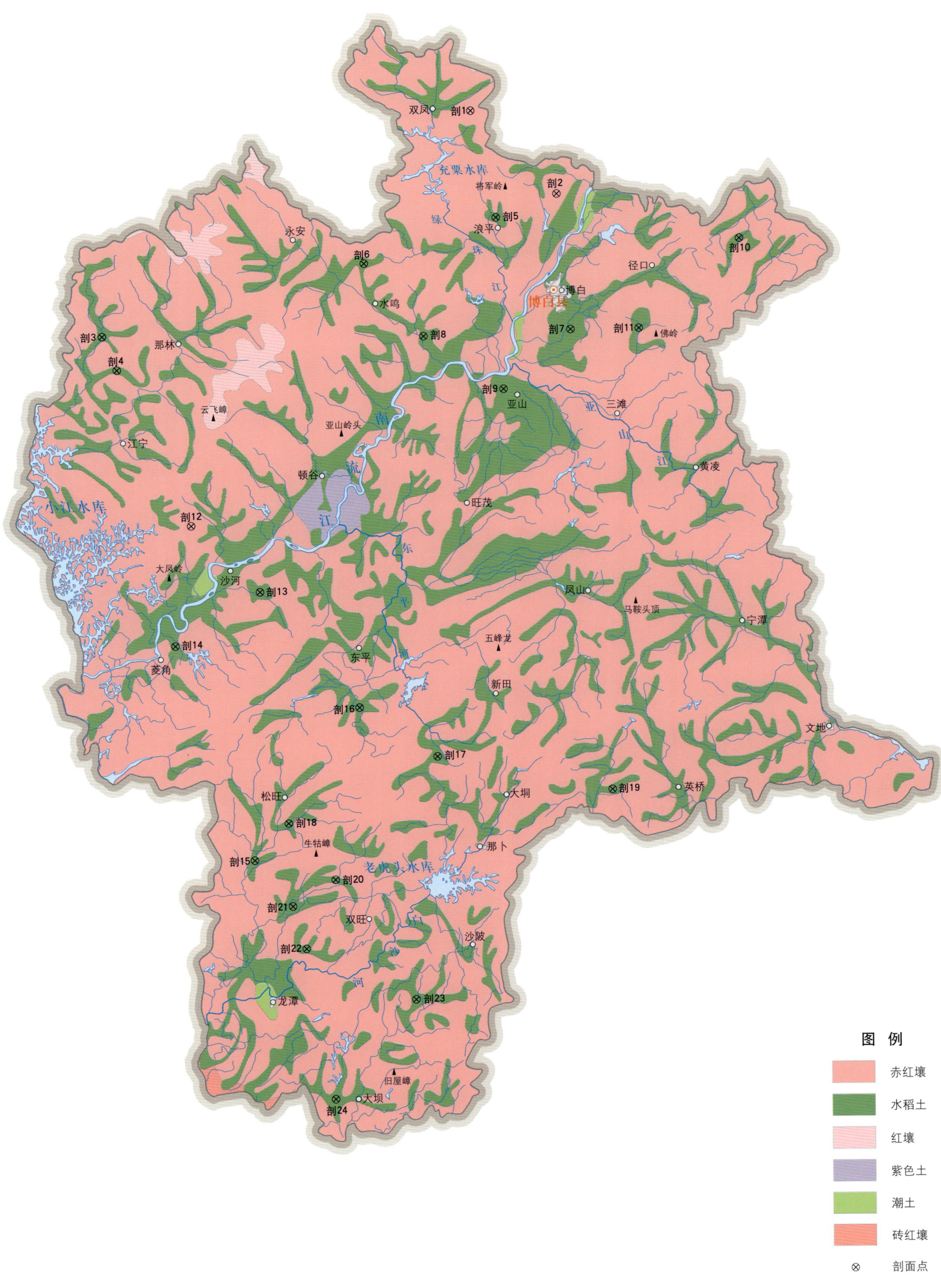

博白县土壤剖面理化性状表

剖面号 Soil profile	土纲 Soil order	土类 Soil great group	亚类 Soil subgroup	土属 Soil genus	土种 Soil species	土层码 Layer code	土层厚度 Depth/cm	颜色 Soil color	质地 Soil texture	土壤结构 Soil structure	pH	有机质 OM/(g/kg)	全氮 TN/(g/kg)	全磷 TP/(g/kg)	全钾 TK/(g/kg)	有效磷 AP/(mg/kg)	速效钾 AK/(mg/kg)	阳离子交换量 CEC/(cmol/kg)	土壤母质 Parent material	剖面点坐标 Profile coordinate	匹配指数 Matching index/%
剖1	铁铝土	赤红壤	赤红壤	耕型砂页岩赤红壤	赤砂土	1	0—12	浅灰色	砂土	粒状	6.5	7.4	0.36	0.32	1.0	12.0	44		砂页岩	E 109°54′23.4″ N 22°24′38.2″	76
						2	12—31	黄灰色	砂壤土	块状	6.5	13.1	0.55	1.00	1.0						
						3	31—100	灰黄色	砂壤土	块状											
剖2	铁铝土	赤红壤	赤红壤	砂页岩赤红壤	中层砂页岩赤红壤	1	0—16	棕褐色	壤土	块状	5.2	27.5	1.23			0.9	22		砂页岩	E 109°58′37.2″ N 22°20′54.5″	95
						2	16—73	棕红色	壤土	块状	5.0										
						3	73—														
剖3	人为土	水稻土	潴育水稻土	花岗岩潴育水稻土	潴杂砂砂田	1	0—15	浅灰色	砂壤土	块状	6.0	18.6	0.81	0.48	7.3	3.0	64		花岗岩	E 109°36′21.2″ N 22°14′21.1″	80
						2	15—24	棕灰色	砂壤土	块状	5.5	12.4	0.62	0.33	5.0						
						3	24—50	棕灰色	砂壤土	棱柱状											
						4	50—100	灰棕色	砂壤土	块状											
剖4	人为土	水稻土	潴育水稻土	冷浸田	深浸田	1	0—16	蓝灰色	砂壤土	块状	6.5	26.5	1.20			4.0	39	4.4		E 109°37′05.1″ N 22°12′50.5″	71
						2	16—22	蓝灰色	砂壤土	块状											
						3	22—60	蓝灰色													
						4	60—100	灰黄色													
剖5	人为土	水稻土	沼泽型水稻土	烂泥田	深泥田	1	0—100	青灰色	壤土		6.3	30.2	1.80	0.58	15.7	2.1	51			E 109°55′38.6″ N 22°19′50.2″	81
剖6	人为土	水稻土	潴育水稻土	冷底田	冷底田	1	0—17				5.0	36.6	1.66	0.60	16.0					E 109°49′10.9″ N 22°17′43.3″	83
						2	17—22				5.0	37.1	1.59	0.50	16.3						
						3	22—35				4.5	29.2	1.35	0.63	16.5						
						4	35—100				4.5	25.8	1.22	0.40	7.5						
剖7	人为土	水稻土	潴育水稻土	洪积性潴育水稻土	洪积潴育砂泥田	1	0—13				7.3	16.2	0.83	0.23	7.4				洪积物	E 109°59′17.4″ N 22°14′45.4″	97
						2	13—18				7.8	7.6	0.38	0.15	7.7						
						3	18—32				8.0	6.2	0.36	0.15	7.9						
						4	32—100				7.0	3.4	0.25	0.42	22.0						
剖8	人为土	潴育水稻土	冲积性潴育水稻土	潴育潮泥田		1	0—14				5.5	22.6	1.31	0.39	22.0				河流冲积物	E 109°52′06.2″ N 22°14′25.4″	99
						2	14—23				5.2	13.7	0.72	0.32	21.4						
						3	23—60				6.3	8.8	0.45	0.39	22.6						
						4	60—100				6.3	8.4	0.46	0.31	11.6						
剖9	人为土	水稻土	潴育水稻土	红土质潴育水稻土	潴育黄泥田	1	0—13				5.8	24.7	1.43	0.40	11.2				红土	E 109°56′00.6″ N 22°12′02.9″	99
						2	13—17				6.0	21.7	1.14	0.25	11.8						
						3	17—50				7.5	11.7	0.67	0.19	10.4						
						4	50—100				7.2	5.5	0.27	0.18	5.8						
剖10	人为土	水稻土	淹育水稻土	砂页岩淹育水稻土	砂土田	1	0—14	黄灰色	黏壤土		6.2	18.3	0.90	0.12	4.9	4.2	25		砂页岩	E 110°07′32.5″ N 22°18′54.7″	96
						2	14—21	暗黄灰色	黏壤土		6.5	9.5	0.47	0.10	6.4						
						3	21—100	暗灰色	黏壤土		7.5	1.9	0.11								
剖11	人为土	水稻土	沼泽型水稻土	烂泥田	烂底田	1	0—15	浅灰色	砂土	粒状	6.2	36.0	1.72	0.33	9.8			9.4		E 110°02′38.0″ N 22°14′48.8″	74
						2	15—72	赤红色	砂壤土	块状	6.1	39.7	1.56	0.22	10.8						
						3	72—100	浅灰色	砂壤土	块状	5.7	37.4	1.10	0.12	8.5	5.9	36				
剖12	铁铝土	赤红壤	赤红壤	耕型砂岩赤红壤	赤红砂土	1	0—13	棕灰色	壤土	块状	6.0	10.9	0.47						砂岩	E 109°40′43.9″ N 22°05′48.5″	74
						2	13—100	棕灰色	壤土	块状	6.5	17.9	0.94				26				
剖13	人为土	水稻土	渗育水稻土	白胶泥田	深渗白胶泥田	1	0—11	灰白色	黏壤土	块状	6.5									E 109°44′05.6″ N 22°02′48.8″	89
						2	11—19				7.0										
						3	19—100				7.6										

续表 Continued

剖面号 Soil profile	土纲 Soil order	土类 Soil great group	亚类 Soil subgroup	土属 Soil genus	土种 Soil species	土层码 Layer code	土层厚度 Depth/cm	颜色 Soil color	质地 Soil texture	土壤结构 Soil structure	pH	有机质 OM/(g/kg)	全氮 TN/(g/kg)	全磷 TP/(g/kg)	全钾 TK/(g/kg)	有效磷 AP/(mg/kg)	速效钾 AK/(mg/kg)	阳离子交换量 CEC/(cmol/kg)	土壤母质 Parent material	剖面点坐标 Profile coordinate	匹配指数 Matching index/%
剖14	人为土	水稻土	淹育水稻土	洪积淹育水稻土	石砾底田	1	0–10	浅灰色	砂土	单粒状	6.0	12.6	0.99	0.22	1.1	1.0	46		洪积物	E 109°39′57.8″ N 22°00′21.6″	84
						2	10–20	浅灰色	砂土	粒状	6.0	7.7	0.43	0.19	0.5						
						3	20–100	灰棕色	砂土	单粒状	7.8	5.0	0.32	0.29	1.3						
剖15	人为土	水稻土	潴育水稻土	砂页岩潴育水稻土	潴育砂土田	1	0–14				7.0	19.0	0.90	0.38	5.0				砂页岩	E 109°43′50.2″ N 21°50′37.8″	88
						2	14–20				7.0	14.0	0.75	0.27	5.5						
						3	20–47				7.0	6.2	0.25	0.18	6.7						
						4	47–100				7.5	6.4	0.30	0.18	6.1						
剖16	人为土	水稻土	潴育水稻土	砂页岩潴育水稻土	潴育杂砂泥田	1	0–13	棕灰色	壤土	块状	6.4	23.8	1.27	0.54	7.7	6.0	105	10.9	砂页岩	E 109°48′57.3″ N 21°57′36.2″	87
						2	13–19	棕灰色	壤土	块状	6.7	17.8	1.15	0.43	7.5						
						3	19–41	棕灰色	壤土	棱柱状	7.3	7.2	0.45	0.33	8.8						
						4	41–73	棕灰色	黏壤土	棱柱状	6.4	8.3	0.34	0.28	7.7						
						5	73–100	浅灰色	黏壤土		6.2	7.9	0.56	0.30	10.1						
剖17	人为土	水稻土	潴育水稻土	花岗岩潴育水稻土	潴育杂砂泥田	1	0–14				5.5	21.0	1.08	0.29	8.4				花岗岩	E 109°52′45.8″ N 21°55′23.2″	88
						2	14–22				6.7	13.0	0.59	0.14	8.4						
						3	22–50				6.5	5.3	0.21	0.07	6.8						
						4	50–70				5.0	4.1	0.20	0.11	7.7						
						5	70–100				4.5	4.1	0.18	0.58	8.5						
剖18	人为土	水稻土	潴育水稻土	砂页岩潴育水稻土	潴育油砂田	1	0–15	棕灰色	砂壤土	小块状	6.0	21.8	1.07	0.42	13.0	4.0	51		砂页岩	E 109°45′29.4″ N 21°52′19.8″	80
						2	15–24	棕灰色	砂壤土	块状	7.0	16.2	0.82	0.30	12.2						
						3	24–48	灰棕色	壤土	棱柱状											
						4	48–100	黄黄色	黏壤土	块状											
剖19	人为土	水稻土	潴育水稻土	冲积性潴育水稻土	潴育潮砂泥田	1	0–12				6.5	11.0	0.53	0.42	16.9				河流冲积物	E 110°01′17.8″ N 21°53′53.9″	85
						2	12–19				6.8	9.2	0.45	0.40	16.8						
						3	19–33				7.0	8.7	0.44	0.59	17.7						
						4	33–100				6.0	13.5	0.69	0.41	20.9						
剖20	人为土	水稻土	沼泽型水稻土	烂泥田	浅泞田	1	0–15	青灰色	壤土		5.5								砂页岩	E 109°47′46.7″ N 21°49′45.8″	84
						2	15–60	青灰色	壤土	块状	6.0										
						3	60–100	黄灰色	砂壤土	块状	6.0	18.2	0.83			0.3	40				
剖21	人为土	水稻土	潜育水稻土	冷浸田	浅浸田	1	0–12	蓝灰色	砂壤土	块状									砂页岩	E 109°45′41.4″ N 21°48′33.1″	75
						2	12–19	蓝灰色	砂壤土	块状											
						3	19–27	灰棕色	砂壤土	块状											
						4	27–100	白灰色	壤土	块状											
剖22	人为土	水稻土	潜育水稻土	潜底田	浅潜底田	1	0–17	暗灰色	壤土	块状	6.3	26.8	1.12	0.26	6.3	3.4	26	8.3	砂页岩	E 109°46′21.4″ N 21°46′37.6″	82
						2	17–100	青灰色	壤土	块状	6.0	29.4	1.03	0.16	8.1						
剖23	人为土	水稻土	潴育水稻土	砂页岩潴育水稻土	潴育砂泥田	1	0–12	浅棕灰色	砂壤土	块状	5.5	17.5	0.85	0.38	1.0	1.0	27		砂页岩	E 109°51′42.1″ N 21°44′20.8″	96
						2	12–20	棕灰色	壤土	块状	5.5	12.1	0.64	0.26	0.4						
						3	20–43	棕灰色	砂壤土	棱柱状	6.7	4.2	0.20	0.27	0.8						
						4	43–100	灰黄色	砂壤土	块状	6.7	3.1	0.16	0.28	1.4						
剖24	人为土	水稻土	潴育水稻土	冲积性潴育水稻土	潴育潮砂泥田	1	0–15				5.2	18.5	0.94	0.31	11.2				河流冲积物	E 109°47′46.3″ N 21°39′51.6″	91
						2	15–22				6.0	12.1	0.59	0.25	12.0						
						3	22–62				6.7	5.8	0.33	0.27	14.1						
						4	62–100				6.7	5.1	0.23	0.21	13.9						

北 流 市

主要土类说明

赤红壤是北流市主要土壤类型，占本市地域面积的71%。赤红壤主要发生于南亚热带季雨林下，其脱硅富铝化程度仅次于砖红壤，强于红壤。铁的游离度介于二者之间，黏粒硅铝率为1.7—2.0，风化淋溶系数为0.05—0.15，盐基饱和度为15%—25%，pH为4.5—5.5。淀积层（B层）富含铁铝氧化物，呈赤红色。

水稻土是北流市第二大土壤类型，占本市地域面积的25%。水稻土是在长期季节性淹灌、水下翻耕、季节性脱水、氧化还原交替影响下，原来成土母质或母土的特性发生重大改变，形成的新的土壤类型。由于干湿交替，水稻土形成糊状淹育层、较坚实板结的犁底层、渗育层、潴育层与潜育层等多种发生层。这些不同发生层段是在人为耕作、水浆管理下形成的。本市水稻土包括淹育型、潴育型、潜育型、沼泽型、渗育型、盐渍型、矿毒型等亚类。

小于本市地域面积3%的土壤类型还有新积土、紫色土和红壤等。

本区域中心区气候特征

本区域中心区气候特征值
Regional climate characteristics in central area of the region

气候带：南亚热带湿润气候 Climate region: South subtropical humid climate	
年平均气温 /℃ Annual average temperature /℃	22.1
年平均最高气温 /℃ Annual average maximum temperature /℃	26.2
年平均最低气温 /℃ Annual average minimum temperature /℃	19.2
年降水量 /mm Annual precipitation /mm	1838
≥10℃的积温 /℃ Daily temperature accumulated in a year（≥10℃）/℃	8053
年日照时数 /h Annual sunshine /h	1718
年平均相对湿度 /% Annual average relative humidity /%	80
干燥度 Dryness	0.72

本区域中心区月平均气温与月平均降水量
Monthly temperature and precipitation in central area of the region

北流县主要土壤类型与土壤剖面点分布图
1∶330 000

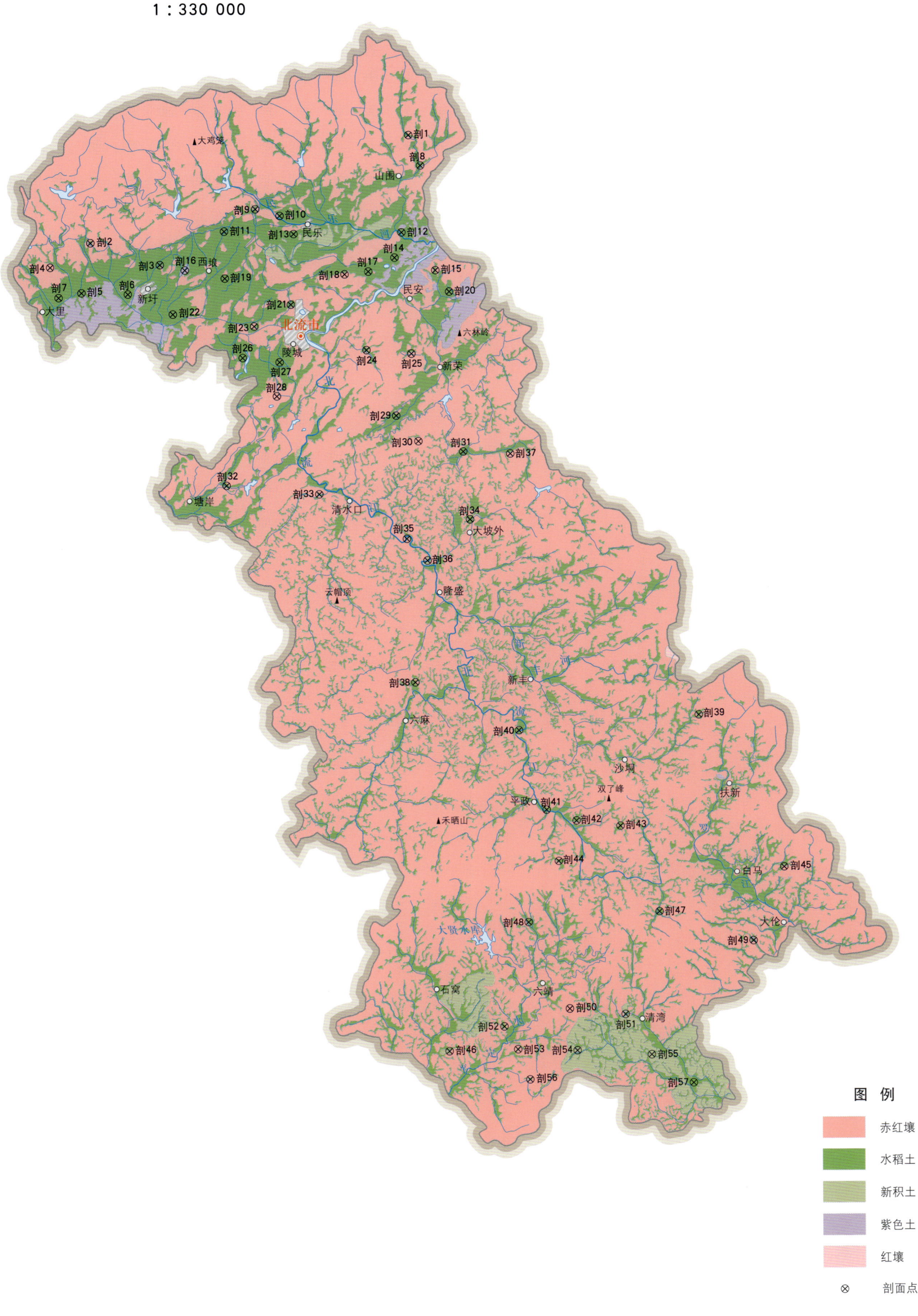

图 例
- 赤红壤
- 水稻土
- 新积土
- 紫色土
- 红壤
- ⊗ 剖面点

注：国务院1994年4月批准，撤销北流县，设立北流市。

北流市土壤剖面理化性状表

剖面号 Soil profile	土纲 Soil order	土类 Soil great group	亚类 Soil subgroup	土属 Soil genus	土种 Soil species	土层码 Layer code	土层厚度 Depth/cm	颜色 Soil color	质地 Soil texture	土壤结构 Soil structure	pH	有机质 OM/(g/kg)	全氮 TN/(g/kg)	全磷 TP/(g/kg)	全钾 TK/(g/kg)	有效磷 AP/(mg/kg)	速效钾 AK/(mg/kg)	土壤母质 Parent material	剖面点坐标 Profile coordinate	匹配指数 Matching index/%
剖1	人为土	水稻土	淹育水稻土	花岗岩淹育水稻土	杂砂田	A	0—12	暗灰黄色	砂壤土	小块状	6.5	23.4	1.04	0.98	6.0			花岗岩	E 110° 25' 44.0" N 22° 50' 58.9"	72
						P	12—19	暗灰黄色	壤土	块状	6.5	14.2	0.71	0.45	8.7					
						C	19—100	黄棕色	黏土	块状	7.0	6.1	0.45	0.23	11.9					
剖2	人为土	水稻土	潴育水稻土	白散砂田	浅育白散砂田	A	0—20	灰白色	砂壤土	小块状	5.3	24.4	1.07	0.17	34.8		28	花岗岩	E 110° 11' 21.5" N 22° 46' 25.0"	82
						E	20—40	灰白色	砂土	无明显结构	4.8	3.7	0.26	0.12	40.4					
						C	40—60	灰黄棕色	砂土	无明显结构	5.5	1.9	0.11	0.11	36.4					
剖3	人为土	水稻土	沼泽型水稻土	埋藏黑泥田	浅埋黑泥田	A	0—16	暗灰棕色	壤土	小块状	5.6	35.8	1.81	0.42	16.1			花岗岩	E 110° 14' 30.1" N 22° 45' 31.0"	71
						P	16—25	暗灰黄色	壤土	无明显结构	5.4	31.7	1.46	0.21	15.7					
						H	25—63	黑色	黏壤土	无明显结构	5.0	59.0	1.67	0.20	17.5					
						E	63—88	灰白色	黏壤土	块状	4.6	7.0	0.26	0.20	13.4					
剖4	铁铝土	赤红壤	赤红壤	耕型花岗岩赤红壤	杂砂赤红土	1	0—24		中壤土		5.4	32.8	1.39	0.34	13.4			花岗岩	E 110° 09' 32.4" N 22° 45' 23.8"	75
						2	24—100		中壤土		4.5	9.1	0.54	0.17	13.2					
剖5	人为土	水稻土	潴育水稻土	紫色岩潴育水稻土	薄育紫紫泥田	1	0—14		重壤土		5.6	26.7	1.36	0.58	13.4			紫色岩	E 110° 10' 57.1" N 22° 44' 20.2"	72
						2	14—24		多石质中壤土		6.0	26.2	1.17	0.53	14.7					
						3	24—100		中壤土		5.9	22.5	1.13	0.34	15.7					
剖6	人为土	水稻土	淹育水稻土	红土质淹育水稻土	薄砂黄泥田	A	0—10	浅灰黄色	砂壤土	小块状	6.5	16.6	0.85			14.0	30	红土	E 110° 13' 03.0" N 22° 44' 17.5"	92
						P	11—17	灰黄色	壤土	块状	5.5									
						C	17—100	红黄色	黏壤土	大块状	5.0									
剖7	人为土	水稻土	潴育水稻土	冲积性潴育水稻土	潴育潮泥田	A	0—13	暗棕色	壤土	小块状	6.1	27.7	1.10	0.45	6.2		44	河流冲积物	E 110° 09' 55.6" N 22° 44' 08.0"	73
						P	13—21	暗棕色	壤土	块状	5.9	18.6	0.96	0.20	6.2		31			
						W	21—67	灰棕色	壤土	柱状	5.3	13.4	0.52	0.14	5.6		29			
						G	67—100	灰白色	壤土	柱状	5.3	6.3	0.42	0.11	6.2		45			
剖8	人为土	水稻土	淹育水稻土	洪积性淹育水稻土	石砾底田	1	0—10	灰黄色	中壤土	块状	5.5	18.8	0.89	0.33	12.3		34	洪积物	E 110° 26' 16.1" N 22° 49' 42.2"	72
						2	10—13	灰黄色	轻壤土	块状	5.9	10.5	0.62	0.25	7.3		62			
						3	13—100		黏壤土	大块状	6.0	7.7	0.53	0.24	6.8		71			
剖9	人为土	水稻土	渗育水稻土	白胶泥田	浅渗白胶泥田	A	0—10	灰白色	砂壤土	小块状	6.2	20.4	1.05	0.29	6.9		103	河流冲积物	E 110° 18' 49.0" N 22° 47' 51.0"	90
						P	10—18	灰白色	黏壤土	块状	6.0	17.3	0.80	0.24	6.5		89			
						C	18—100	灰白色	黏土	大块状	5.0	8.1	0.33	0.10	4.5		84			
剖10	人为土	水稻土	潴育水稻土	冲积性潴育水稻土	潴育潮砂田	A	0—12	灰棕色	砂壤土	小块状	6.5	15.6	0.73	0.17	28.9		119	河流冲积物	E 110° 19' 54.5" N 22° 47' 34.4"	80
						P	12—23	灰黄色	壤土	块状	7.5	10.9	0.50	0.19	28.7					
						W	23—69	红黄色	壤土	块状	7.5	5.1	0.33	0.19	36.1					
						B	69—100	红黄色	壤土	块状	7.0	5.1	0.33	0.19	36.1					
剖11	人为土	水稻土	淹育水稻土	花岗岩淹育水稻土	杂砂泥田	A	0—14	浅灰黄色	多石质轻壤土	小块状	6.9	26.7	1.26	0.45	35.5			花岗岩	E 110° 17' 24.4" N 22° 46' 54.8"	76
						P	14—24	灰棕色	多石质轻壤土	块状	6.7	18.2	0.86	0.36	20.4					
						W	24—49	棕色	多石质轻壤土	大块状	7.9	5.6	0.29	0.27	26.8					
						C	49—100	黄棕色	多石质轻壤土	大块状	7.6	5.4	0.33	0.27	27.1					
剖12	人为土	水稻土	潴育水稻土	冲积性潴育水稻土	潴育潮泥肉田	A	0—16	浅灰色	中壤土	小块状	6.3	27.2	0.78	0.71	34.4			河流冲积物	E 110° 25' 25.5" N 22° 46' 54.3"	75
						P	16—25	黄灰色	中壤土	柱状	7.4	11.2	0.36	0.48	37.8					
						W	25—85	棕灰色	重壤土	柱状	7.4	7.9	0.54	0.43	35.2					
						C	85—100	棕灰色	重壤土	柱状	7.4	8.7	0.48	0.45	36.2					

续表 Continued

剖面号 Soil profile	土纲 Soil order	土类 Soil great group	亚类 Soil subgroup	土属 Soil genus	土种 Soil species	土层码 Layer code	土层厚度 Depth/cm	颜色 Soil color	质地 Soil texture	土壤结构 Soil structure	pH	有机质 OM/(g/kg)	全氮 TN/(g/kg)	全磷 TP/(g/kg)	全钾 TK/(g/kg)	有效磷 AP/(mg/kg)	速效钾 AK/(mg/kg)	土壤母质 Parent material	剖面点坐标 Profile coordinate	匹配指数 Matching index/%
剖13	人为土	水稻土	潴育水稻土	洪积性潴育水稻土	洪积潴育砂土田	A	0—13	暗灰色	砂壤土	小块状	5.6	20.3	0.92	0.22	27.0			洪积物	E 110°20′33.0″ N 22°46′49.4″	96
						P	13—23	暗灰色	砂壤土	块状	5.6	8.1	0.39	0.12	26.1					
						W	23—59	暗灰黄色	砂壤土	块状	5.1	6.4	0.27	0.16	28.9					
						C	59—100	黄棕色	砂壤土	块状	5.9	5.1	0.26	0.11	26.2					
剖14	人为土	水稻土	淹育水稻土	红土质淹育水稻土	黄泥田	A	0—11	灰黄色	壤土	大块状	5.0	20.4	0.98			5.0	78	红土	E 110°25′06.6″ N 22°45′50.8″	97
						P	11—20	灰黄色	黏壤土	大块状	5.5									
						C	20—100	橙黄色	黏壤土	大块状	5.5									
剖15	人为土	水稻土	淹育水稻土	紫色岩淹育水稻土	紫砂田	A	0—14	灰棕色	黏土	单粒状	8.0	19.8	1.19			6.0	66	紫色岩	E 110°26′57.1″ N 22°45′19.8″	95
						P	14—23	暗棕色	砂质黏土	小块状	7.5									
						C	23—100	紫棕色	黏壤土	大块状	7.5									
剖16	初育土	紫色土	酸性紫色土	耕型砂页岩酸性紫色土	酸性紫泥土	A	0—19	紫色	壤土	单粒状	4.5	17.5	0.85			32.0	68	砂页岩	E 110°15′37.4″ N 22°45′17.6″	97
						C₁	19—36	紫色	壤土	大块状	5.0									
						C₂	36—100	紫色	壤土	大块状	4.5									
剖17	人为土	水稻土	盐渍水稻土	碳酸盐渍性紫色岩砂泥土	石灰性潴育田	A	0—17	暗灰色	黏土	块状	8.0	31.9	1.93			10.0	81	紫色岩	E 110°23′55.7″ N 22°45′16.2″	95
						P	17—28	暗灰色	黏土	块状	8.0									
						G	28—62	黄灰色	黏土	块状	7.5									
						C	62—100	灰黄色	黏土	块状	8.0									
剖18	铁铝土	赤红壤	赤红壤	耕型铁砾性赤红壤	铁子土	A	0—10	黄灰色	砂壤土	小块状	8.1	14.1	0.72	0.47	3.3		26	红土与石灰岩交错	E 110°22′50.9″ N 22°45′09.0″	92
						C	10—100	灰黄色	重壤土	块状	7.9	11.5	0.51	0.32	3.1					
剖19	人为土	水稻土	潴育水稻土	砂页岩潴育水稻土	潴育砂土田	A	0—14	浅灰色	砂壤土	单粒状	5.8	14.4	0.78	0.18	2.2		18	砂页岩	E 110°17′26.5″ N 22°44′57.8″	80
						P	14—34	黄灰色	重壤土	单粒状	6.0	7.0	0.30	0.15	1.8		34			
						W	34—68	棕灰色	重壤土	单粒状	6.7	7.2	0.36	0.17	5.1					
						C	68—100	棕灰色	壤土	块状	6.0									
剖20	人为土	水稻土	潴育水稻土	紫色岩潴育水稻土	潴育紫砂田	A	0—15	暗灰色	砂壤土	小块状	7.0	11.7	0.60	0.98	8.2		38	紫色岩	E 110°27′34.5″ N 22°44′26.4″	85
						P	15—25	紫灰色	砂壤土	块状	7.5	20.3	0.97	0.29	7.4		33			
						W	25—74	紫灰色	壤土	块状	7.5	5.1	0.31	0.06	5.3		37			
						C	74—100	灰黄色	黏壤土	块状	7.5	2.6	0.22	0.06	4.6		58			
剖21	人为土	水稻土	淹育水稻土	棕色石灰土	浅棕泥田	A	0—14	黄灰色	砂壤土	大块状	7.5	35.7	2.01			5.0	66	石灰岩风化物	E 110°20′25.7″ N 22°43′53.0″	73
						C	14—23	暗黄色	砂壤土	大块状	7.0									
						C	23—100	灰黑色	砂壤土	大块状	7.0									
剖22	人为土	水稻土	淹育水稻土	砂页岩淹育水稻土	砂土田	A	0—10	灰白色	砂土	小块状	5.0	9.9	0.52			6.0	32	砂页岩	E 110°15′05.2″ N 22°43′27.8″	77
						P	10—18	紫灰色	砂壤土	块状	5.0									
						C	18—100	黄色	砂壤土	块状	6.0									
剖23	铁铝土	赤红壤	赤红壤	砂页岩赤红壤	薄层砂岩赤红壤	1	0—15	浅红黄色	砂壤土	小块状	4.3	21.8	0.77	0.12	5.7			砂岩	E 110°18′46.1″ N 22°42′58.3″	77
						2	15—100	红黄色	黏壤土	块状	4.3	17.0	0.56	0.11	8.3					
剖24	人为土	水稻土	潴育水稻土	砂页岩潴育水稻土	潴育蜡泥田	1	0—12		轻黏土	大块状	6.3	30.7	1.73	0.44	14.3			砂页岩	E 110°23′50.6″ N 22°41′59.6″	91
						2	12—20	重黏土		大块状	6.9	25.5	1.21	0.39	14.4					
						3	20—100	重黏土			8.0	13.6	0.82	0.30	16.3					
剖25	铁铝土	赤红壤	赤红壤	耕型砂岩赤红壤	赤壤土	A	0—14	浅黄棕色	黏壤土	块状	4.5	24.1	1.11	0.33	9.2			砂页岩	E 110°25′52.3″ N 22°41′51.0″	96
						P	14—100	浅黄棕色	壤土	小块状	4.5	13.3	0.67	0.33	12.7					
剖26	人为土	水稻土	淹育水稻土	红土质淹育水稻土	铁子底田	A	0—11	棕色	黏壤土	块状	8.0	29.8	1.62	0.48	4.9			红土	E 110°18′14.7″ N 22°41′39.1″	75
						P	11—25	棕色	黏壤土	块状	8.0	12.4	0.72	0.32	4.5					
						C	25—100	黄棕色	黏壤土	大块状	8.0	1.8	0.22	0.33	4.8					

续表 Continued

剖面号 Soil profile	土纲 Soil order	土类 Soil great group	亚类 Soil subgroup	土属 Soil genus	土种 Soil species	土层码 Layer code	土层厚度 Depth/cm	颜色 Soil color	质地 Soil texture	土壤结构 Soil structure	pH	有机质 OM/(g/kg)	全氮 TN/(g/kg)	全磷 TP/(g/kg)	全钾 TK/(g/kg)	有效磷 AP/(mg/kg)	速效钾 AK/(mg/kg)	土壤母质 Parent material	剖面点坐标 Profile coordinate	匹配指数 Matching index/%
剖27	人为土	水稻土	潴育水稻土	红土质潴育水稻土	潴育铁子底田	A	0~11	棕灰色	壤土	块状	6.5	21.4	1.19			8.0	42	红土	E 110°19′54.8″ N 22°41′28.7″	97
剖28	铁铝土	赤红壤	赤红壤	耕型砂页岩赤红壤	赤砂土	P	11~20	棕灰色	壤土	块状	6.5							砂页岩	E 110°19′47.3″ N 22°40′02.6″	98
						W	20~34	黄灰色	黏土	大块状	7.0				11.8					
						C	34~100	棕黄色	黏土	大块状	7.0				13.2					
剖29	人为土	水稻土	潴育水稻土	砂页岩潴育水稻土	潴育砂泥田	1	0~17		中壤土		4.9	10.1	0.48	0.11				砂页岩	E 110°25′11.3″ N 22°39′14.8″	85
						2	17~100		中壤土		5.1	7.5	0.38	0.17						
剖30	铁铝土	赤红壤	赤红壤	砂页岩赤红壤	薄层砂页岩赤红壤	A	0~15	浅灰色	壤土	小块状	5.5	24.1	1.07					砂页岩	E 110°26′11.0″ N 22°38′10.7″	86
						P	15~24	灰黄色	壤土	块状	6.5									
						W	24~48	灰黄色	壤土	块状	6.5									
						C	48~100	红黄色	壤土	块状	7.0									
剖31	人为土	水稻土	潴育水稻土	混合岩潴育水稻土	潴育混合砂泥肉田	1	0~20	棕黄色	黏壤土	块状	4.2	10.2	0.56	0.21	17.4	12.0	50	混合岩	E 110°28′12.7″ N 22°37′44.8″	92
						2	20~90	红黄色	黏壤土	大块状	4.0	4.8	0.26	0.24	28.1					
						A	0~16	暗黄色	重壤土	团粒状	6.6	29.7	1.44	0.83	18.0					
						W₁	16~28	灰色	轻砾质黏壤土	块状	7.5	22.7	1.14	0.58	18.2					
						W₁	28~40	灰色	轻砾质黏壤土	棱粒状	7.0	15.8	0.75	0.27	15.8					
						W₂	40~60	棕黄色	轻砾质黏壤土	棱柱状	7.5	3.6	0.32	0.26	15.3					
						W₃	60~100	浅黄色	轻砾质黏壤土	棱柱状	7.5	4.3	0.28	0.18	18.9					
剖32	人为土	水稻土	潴育水稻土	红土质潴育水稻土	潴育黄泥田	A	0~17	浅棕灰色	壤土	小块状	7.5	27.5	1.61	0.44	16.7		105	红土	E 110°17′31.6″ N 22°36′17.6″	91
						P	17~25	灰棕黄色	壤土	块柱状	6.2	23.6	1.39	0.34	16.5		97			
						W	25~52	黏灰黄色	壤土	块柱状	7.0	14.1	0.78	0.25	14.9		100			
						C	52~100	棕红色	壤土	块状	6.2	8.7	0.49	0.20	14.3		97			
剖33	人为土	矿毒型水稻土	矿毒田	矿毒田	硫磺矿"毒田	A	0~9	灰色	黏土	小块状	5.5	21.6	1.12			11.0	96	混合岩	E 110°21′42.5″ N 22°35′57.1″	92
						G	9~100	青灰色	黏土	大块状	6.5									
剖34	人为土	水稻土	潴育水稻土	花岗岩潴育水稻土	潴育杂砂泥田	A	0~16	棕灰色	壤土	小块状	5.3	33.7	1.60	0.38	25.4			花岗岩	E 110°28′30.9″ N 22°34′54.8″	98
						P	16~28	暗棕色	壤土	块状	6.6	22.9	0.77	0.25	28.5					
						W₁	28~40	浅灰色	黏土	棱柱状	6.8	14.2	0.54	0.24	26.4					
						W₂	40~100	灰黄色	黏土	棱柱状	7.0	6.2	0.25	0.24	30.0					
剖35	初育土	新积土	冲积土	耕型酸性潮泥土	酸性潮泥土	A	0~17	暗黄棕色	壤土	小块状	6.4	23.9	1.29	0.63	28.8			河流冲积物	E 110°25′39.7″ N 22°34′06.2″	82
						C	17~100	暗黄棕色	壤土	块状	7.6	10.4	0.63	0.47	29.1					
剖36	初育土	新积土	冲积土	耕型酸性潮砂土	酸性潮砂土	A	0~15	灰棕色	砂土	单粒状	6.4	4.3	0.25	0.22	21.3			河流冲积物	E 110°26′35.2″ N 22°33′11.9″	97
						C	15~100	灰白色	砂土	单粒状	6.8	1.2	0.21	0.11	14.6					
剖37	铁铝土	赤红壤	赤红壤	混合岩赤红壤	混合岩赤红壤	A	0~18	红棕色	中壤土	小块状	5.2	14.9	0.75	0.20	5.3			混合岩	E 110°30′19.9″ N 22°37′39.4″	76
						B₁	18~30	浅棕色	重壤土	块状	4.8	16.9	0.66	0.14	5.9					
						B₂	30~60	红棕色	中壤土	柱状	5.0	14.2	0.56	0.16	5.8					
						C	60~100	棕红色	重壤土	块状	5.0	11.9	0.53	0.20	8.0					
剖38	人为土	水稻土	沼泽型水稻土	埋藏黑泥田土	深埋黑泥田	A	0~15	暗黄色	砂壤土	粒状	5.9	48.8	1.87	0.71	5.4			花岗岩	E 110°26′02.3″ N 22°28′05.3″	93
						P	15~39	黑黄色	重壤土	块状	6.0	44.3	1.54	0.49	4.8					
						H	39~100	灰黑色	重壤土	块状	5.6	25.2	1.34	0.51	6.5					
剖39	人为土	水稻土	淹育水稻土	花岗岩潴育水稻土	杂砂泥田	A	0~14	浅灰色	壤土	小块状	5.0	17.3	0.80	0.37	12.0			花岗岩	E 110°38′49.2″ N 22°26′44.5″	79
						P	14~20	灰棕色	壤土	小块状	5.5	10.1	0.52	0.29	10.2					
						C	20~60	棕黄色	壤土	粒状	6.0	5.2	0.29	0.21	10.2					
剖40	人为土	水稻土	潴育水稻土	红土质潴育水稻土	潴育黄泥田	A	0~20	暗棕色	黏壤土	块状	6.5	27.6	1.04	0.28	6.8			红土	E 110°30′42.9″ N 22°26′05.1″	95
						P	20~33	暗黄色	黏壤土	柱状	7.0									
						W	33~57	棕黄色	壤土	块状	7.0									
						C	57~100	灰黄色	黏土	大块状	7.0									

续表 Continued

剖面号 Soil profile	土纲 Soil order	土类 Soil great group	亚类 Soil subgroup	土属 Soil genus	土种 Soil species	土层码 Layer code	土层厚度 Depth/cm	颜色 Soil color	质地 Soil texture	土壤结构 Soil structure	pH	有机质 OM/(g/kg)	全氮 TN/(g/kg)	全磷 TP/(g/kg)	全钾 TK/(g/kg)	有效磷 AP/(mg/kg)	速效钾 AK/(mg/kg)	土壤母质 Parent material	剖面点坐标 Profile coordinate	匹配指数 Matching index/%
剖41	人为土	水稻土	潴育水稻土	冲积性潴育水稻土	潴育潮砂泥肉田	A	0—19	深灰色	轻石质中壤土	蜂窝状	5.8	30.7	1.52	0.40	24.2			河流冲积物	E 110°31′57.0″ N 22°22′46.2″	96
						P	19—28	棕灰色	轻石质中壤土	块状	6.3	21.4	1.05	0.37	26.6					
						W₁	28—35	棕褐色	轻石质重壤土	棱柱状	7.7	9.0	0.67	0.41	27.2					
						W₂	35—45	黄棕色	中壤土	棱柱状	7.9	3.7	0.41	0.31	22.7					
						W₃	45—100	灰色	轻石质中壤土	棱柱状	7.8	5.5	0.39	0.35	30.8					
剖42	人为土	水稻土	潴育水稻土	花岗岩潴育水稻土	潴育杂油砂泥田	A	0—16	浅灰色	砂壤土	小块状	5.5	18.8	0.85			9.0	90	花岗岩	E 110°33′17.6″ N 22°22′19.6″	73
						P	16—27	灰白色	砂壤土	小块状	5.5									
						W	27—85	褐色	壤土	棱柱状	6.0									
						C	85—100	黄色	壤土	块状	7.0									
剖43	人为土	水稻土	潜育水稻土	潜底田	中潜底田	A	0—15	暗棕黄色	壤土	块状	5.5	27.7	1.25	0.46	22.2			砂页岩	E 110°35′16.9″ N 22°22′06.6″	76
						P	15—21	暗灰色	壤土	块状	4.5	23.5	0.92	0.31	21.9					
						G	21—75	蓝灰色	壤土	块状	4.7	22.7	0.84	0.13	21.1					
						C	75—100	白色	壤土	块状	7.0	6.1	0.38	0.17	18.3					
剖44	人为土	水稻土	潴育水稻土	砂页岩潴育水稻土	潴育砂泥肉田	A	0—16	暗棕色	壤土	小块状	6.5	18.7	0.87			8.0	70	砂页岩	E 110°32′29.4″ N 22°20′37.3″	84
						P	16—27	暗灰黄色	壤土	块状	6.0									
						W	27—100	灰灰白色	壤土	棱柱状	7.0									
剖45	铁铝土	赤红壤	赤红壤	排型砂页岩赤红壤	砾石土	A	0—13	浅灰色	砂砾土	单粒状	6.5	15.7	0.77			1.0	64	砂页岩	E 110°42′39.6″ N 22°20′22.6″	70
						C	13—100	暗棕红色	砂砾土	块状	6.0									
剖46	初育土	新积土	新积土	砾质土	多砾壤土	A	0—16	棕黄色	砂壤土	块状	4.5	14.5	0.64			3.0	17	洪积物	E 110°27′32.4″ N 22°12′39.6″	79
						C	16—100	黄红色	黏壤土	小块状	5.5									
剖47	人为土	水稻土	潴育水稻土	洪积性潴育水稻土	洪积潴育砂泥田	1	0—16	暗棕灰色	多石质砂壤土		5.8	13.1	0.61	0.41	30.8			洪积物	E 110°37′01.4″ N 22°18′29.1″	71
						2	16—25	暗灰黄色	中壤土		7.0	6.6	0.43	0.43	37.3					
						3	25—89	灰白色	多石质轻黏土		7.2	2.6	0.18	0.36	38.4					
						4	89—100		多石质轻黏土		7.3	2.4	0.12	0.52	33.9					
剖48	人为土	淹育水稻土	冲积性淹育水稻土	卵石底田		A	0—10	暗棕色	轻壤土	小块状	6.3	35.8	1.71	0.27	19.6			河流冲积物	E 110°31′07.7″ N 22°18′01.8″	88
						P	10—14	暗灰黄色	砂壤土	小块状	6.8	23.4	1.26	0.13	19.5					
						C	14—100	灰白色	紧砂土	无明显结构	7.8	2.4	0.30	0.25	6.3					
剖49	沼泽型水稻土	烂泥田	烂底田			A	0—12	棕黄色	砂壤土	小块状	4.8	24.0	1.14	0.17	5.7				E 110°41′15.7″ N 22°17′15.0″	86
						G	12—	蓝棕色	砂壤土		4.7	24.4	1.09	0.16	5.1					
剖50	铁铝土	赤红壤	赤红壤	花岗岩赤红壤		1	0—20	灰黑色	黏土	小块状	4.0	49.0	1.80	0.63	15.0			花岗岩	E 110°32′57.9″ N 22°14′25.1″	76
						2	20—90	红黄色	壤土	块状	4.5	19.9	0.94	0.51	15.6					
剖51	人为土	水稻土	潴育水稻土	洪积性潴育水稻土	洪积潴育黄泥田	A	0—14	暗黄棕色	壤土	块状	4.9	29.4	1.44	0.33	12.5			洪积物	E 110°35′29.0″ N 22°14′11.4″	82
						P	14—20	暗灰黄色	黏壤土	块状	5.5	17.7	0.93	0.17	10.9					
						W	20—53	浅棕色	黏壤土	小块状	7.2	8.3	0.48	0.15	12.9					
						C	53—100	灰黄色	黏壤土	块状	7.4	7.1	0.39	0.19	13.0					
剖52	人为土	潜育水稻土	潜底田	浅潜底田		A	0—13	青黄色	黏土	小块状	7.0	33.2	1.71	0.62	17.0				E 110°30′00.8″ N 22°13′40.8″	84
						G	13—100	蓝灰色		糊状	7.6	27.2	1.24	0.28	20.0					
剖53	人为土	沼泽型水稻土	烂泥田	深潜田		G	0—100				6.3								E 110°30′38.5″ N 22°12′44.3″	89
剖54	初育土	新积土	砾质土	砾质壤土		1	0—20	黄灰色	轻石质轻黏土		4.8	16.2	0.74	0.16	4.7			洪积物	E 110°33′18.4″ N 22°12′41.4″	75
						2	20—38	棕黄色	轻石质轻黏土	块状	4.7	9.2	0.37	0.12	5.2					
						3	38—100	灰黄色	轻石质轻黏土	块状	4.9	6.4	0.45	0.12	6.1					
剖55	初育土	新积土	石砾土			1	0—12		壤土	小块状	5.0	18.4	0.75	0.21	11.7			洪积物	E 110°36′39.2″ N 22°12′31.0″	88
						2	12—90	棕黄色	黏壤土	块状	5.5	7.4	0.38	0.25	14.8					
						3	90—150	红黄色	黏壤土	大块状	5.5	4.2	0.19	0.25	14.1					

续表 Continued

剖面号 Soil profile	土纲 Soil order	土类 Soil great group	亚类 Soil subgroup	土属 Soil genus	土种 Soil species	土层码 Layer code	土层厚度 Depth/cm	颜色 Soil color	质地 Soil texture	土壤结构 Soil structure	pH	有机质 OM/(g/kg)	全氮 TN/(g/kg)	全磷 TP/(g/kg)	全钾 TK/(g/kg)	有效磷 AP/(mg/kg)	速效钾 AK/(mg/kg)	土壤母质 Parent material	剖面点坐标 Profile coordinate	匹配指数 Matching index/%
剖56	人为土	水稻土	渗育水稻土	白散砂田	深渗白散砂田	A	0—18	黄灰色	砂壤土	小块状	5.4	25.6	1.20	0.21	19.9				E 110° 31′ 10.6″ N 22° 11′ 29.4″	91
						P	18—27	黄灰色	砂壤土	小块状	5.3	18.7	0.78	0.12	12.6					
						E	27—100	灰白色	多石质紫砂土	块状	5.0	5.4	0.28	0.17	17.6					
剖57	人为土	水稻土	潴育水稻土	冲积性潴育水稻土	潴育潮砂泥田	A	0—14	黄灰色	壤土	小块状	5.7	38.8	2.90	0.37	34.7			河流冲积物	E 110° 38′ 32.7″ N 22° 11′ 21.0″	91
						P	14—20	暗灰色	壤土	块状	5.8	15.8	1.00	0.90	29.4					
						W	20—64	黄棕色	壤土	块状	7.5	8.1	0.45	0.64	36.9					
						C	64—100	灰黄色	壤土	块状	7.3	2.3	0.19	0.45	40.1					

百 色 市

市 辖 区

主要土类说明

赤红壤是百色市主要土壤类型，占本市地域面积的53%。赤红壤主要发生于南亚热带季雨林下，其脱硅富铝化程度仅次于砖红壤，强于红壤。铁的游离度介于二者之间，黏粒硅铝率为1.7—2.0，风化淋溶系数为0.05—0.15，盐基饱和度为15%—25%，pH为4.5—5.5。淀积层（B层）富含铁铝氧化物，呈赤红色。

红壤是百色市第二大土壤类型，占本市地域面积的38%。红壤主要发生于常绿阔叶林下，呈中度脱硅富铝化特征，土壤黏粒中游离铁占全铁的50%—60%。黏土矿物以高岭石、赤铁矿为主，黏粒硅铝率为1.8—2.4，风化淋溶系数小于0.2，盐基饱和度小于35%，pH为4.5—5.5。红壤具深厚红色土层，淀积层（B层）底层可见具深厚红、黄、白相间网纹的红色黏土。

黄壤是百色市第三大土壤类型，占本市地域面积的5%。黄壤中度脱硅富铝化，多见于海拔700—1200m的山区。土壤有机质累积较多，具O-A-AB-B-C剖面构型。pH为4.5—5.5。淀积层（B层）富含水合氧化铁（针铁矿），呈黄色，有时多含三水铝石。多为林地，间亦耕种。

小于本市地域面积3%的土壤类型还有水稻土、火山灰土、石灰（岩）土和潮土等。

本区域中心区气候特征

本区域中心区气候特征值 Regional climate characteristics in central area of the region	
气候带：南亚热带湿润气候 Climate region: South subtropical humid climate	
年平均气温 /℃ Annual average temperature /℃	21.5
年平均最高气温 /℃ Annual average maximum temperature /℃	27.0
年平均最低气温 /℃ Annual average minimum temperature /℃	17.8
年降水量 /mm Annual precipitation /mm	1080
≥10℃的积温 /℃ Daily temperature accumulated in a year（≥10℃）/℃	7754
年日照时数 /h Annual sunshine /h	1711
年平均相对湿度 /% Annual average relative humidity /%	77
干燥度 Dryness	1.17

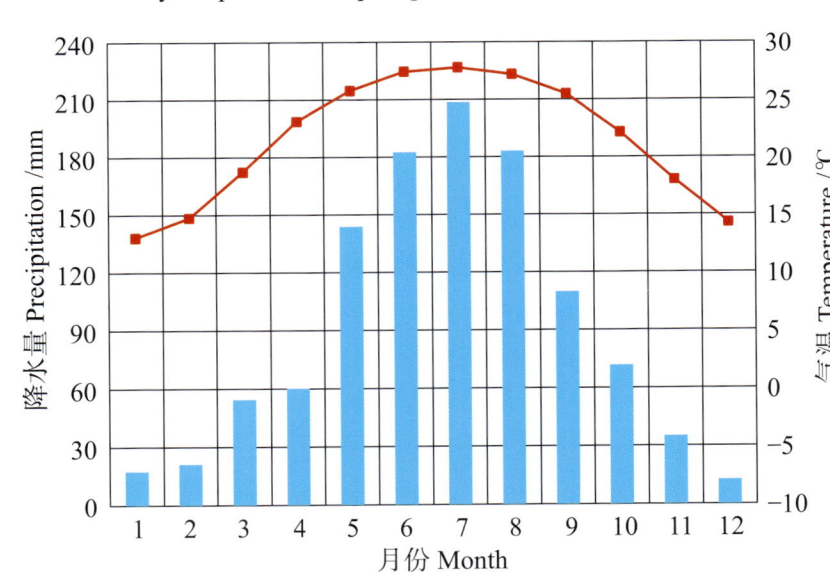

本区域中心区月平均气温与月平均降水量
Monthly temperature and precipitation in central area of the region

百色市市辖区（部分）主要土壤类型与土壤剖面点分布图
1∶380 000

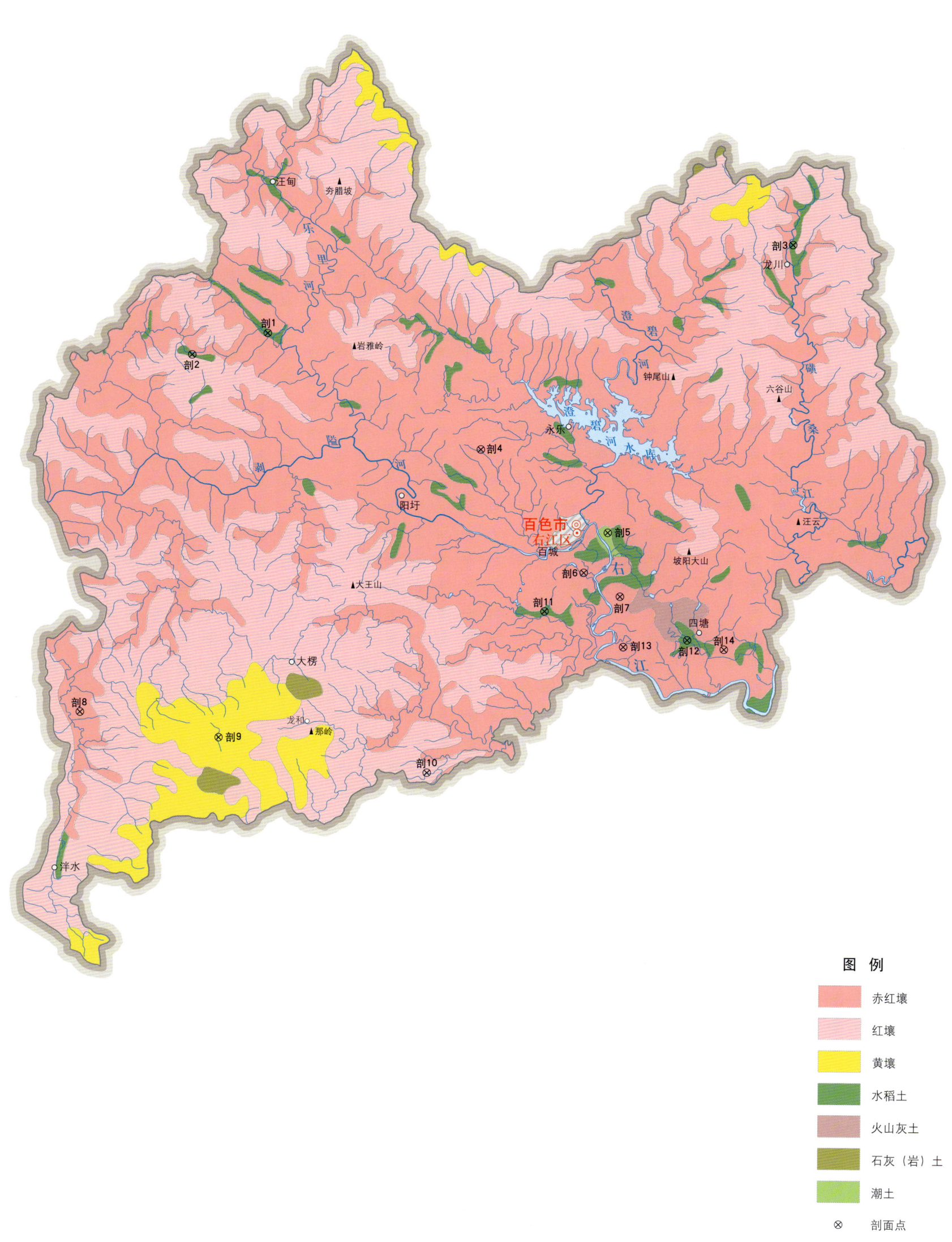

百色市土壤剖面理化性状表

剖面号 Soil profile	土纲 Soil order	土类 Soil great group	亚类 Soil subgroup	土属 Soil genus	土种 Soil species	土层码 Layer code	土层厚度 Depth/cm	颜色 Soil color	质地 Soil texture	土壤结构 Soil structure	pH	有机质 OM/(g/kg)	全氮 TN/(g/kg)	全磷 TP/(g/kg)	全钾 TK/(g/kg)	有效磷 AP/(mg/kg)	速效钾 AK/(mg/kg)	土壤母质 Parent material	剖面点坐标 Profile coordinate	匹配指数 Matching index/%
剖1	人为土	水稻土	潴育水稻土	冷浸田	浅浸田	A	0—20	蓝灰色	壤土	无明显结构	7.0	44.1	2.89	0.53	21.8	33.0	4	砂页岩	E 106°20′20.0″ N 24°03′40.7″	99
剖2	人为土	水稻土	潴育水稻土	冷浸田	深浸田	G	20—54	蓝黄色	黏壤土	无明显结构	7.0	45.1	2.56	0.54	20.1	24.0	2	冲积物	E 106°16′15.6″ N 24°02′38.5″	78
						C	54—100	蓝黄色	壤土	小块结构	6.5	49.7	2.77	0.59	21.6	27.0	4			
剖3	人为土	水稻土	潴育水稻土	砂页岩潴育水稻土	潴育砂泥田	A	0—15	浅蓝灰色	壤土	无明显结构	5.3	30.4	1.55	0.24	10.3	2.0	21	砂页岩	E 106°48′38.6″ N 24°07′50.9″	96
						G₁	15—21	青灰色	壤土	小块状	5.5	17.7	0.78	0.13	12.9	2.0	21			
						G₂	21—96	浅蓝灰色	壤土	棱柱状	6.0	26.4	1.19	0.18	12.3	2.0	10			
						C	96—100	灰黄色	壤土	小块状	6.0	11.0	0.39	0.31	13.7	2.0	15			
剖4	铁铝土	赤红壤	赤红壤	耕型砂页岩赤红壤	赤壤土	A	0—17	浅黄灰色	壤土	团块状	4.8	33.1	1.80	0.26	14.6	2.0	28	砂页岩	E 106°31′45.5″ N 23°57′54.4″	79
						P	17—21	浅黄灰色	壤土	块状	4.7	24.8	1.43	0.26	14.6	1.0	19			
						W	21—55	灰灰色	壤土	块状	5.9	13.1	0.74	0.29	14.6	0.5	9			
						C	55—100	栗灰色	重壤土	块状	6.4	7.9	0.64	0.65	15.2	2.0	8			
剖5	半水成土	潮土	潮土	冲积性菜园土	黄砂土	A	0—16	棕灰色	壤土	小块状	5.5	24.9	1.32	0.40	5.0	0.5	77	砂页岩	E 106°38′34.4″ N 23°53′46.0″	98
						B	16—42	黄棕色	壤土	大块状	5.9	7.5	0.67	0.25	12.3	0.4	22			
						C	42—100	黄棕红色	壤土	大块状	5.9	10.3	0.73	0.25	12.2	12.0	22			
剖6	铁铝土	赤红壤	赤红壤	耕型第四纪红土红壤	薄砂赤红壤	A	0—18	浅黄棕色	砂壤土	粒状	6.5	10.7	0.59	0.50	6.1	11.0	34	河流冲积物	E 106°37′15.6″ N 23°51′47.4″	78
						B	18—42	黄棕色	壤土	小块状	6.4	9.7	0.51	0.45	11.4	6.0	17			
						C	42—100	黄色	壤土	块状	6.4	5.8	0.44	0.45	14.0	4.0	22			
剖7	铁铝土	赤红壤	赤红壤	耕型第四纪红土红壤	砂质赤泥田	A	0—15	黄红色	砂壤土	粒状	4.9	6.9	0.48	0.12	0.7	4.0	9	红土	E 106°39′12.4″ N 23°50′35.7″	98
						B		棕红色	壤土	小块状	4.4	0.6	0.22	0.12	1.9	1.0	14			
						C	15—62	暗棕灰色	黏壤土	块状	8.2	13.1	0.55	0.46	4.6	0.4	27			
							62—100				7.0	7.5	0.34	0.27	7.1	0.5	21			
剖8	铁铝土	赤红壤	赤红壤	砂页岩赤红壤	厚层砂页岩赤红壤	A	0—16	红棕灰色	壤土	块状	7.3	7.7	0.29	0.26	9.5	0.6	18	红土	E 106°10′10.9″ N 23°45′03.6″	81
						B	16—29	暗黄色	黏壤土	块状	7.0	16.6	0.93	0.24	10.6	2.0	48			
						C	29—100	浅黄色	壤土	小块状	3.8	7.7	0.58	0.16	9.1	3.0	24			
剖9	黄壤	黄壤	黄壤	砂页岩黄壤		A	0—15	黄棕色	砂壤土	块状	3.8	145.9	4.91	0.31	11.9	3.0	168	砂页岩	E 106°17′37.7″ N 23°43′46.9″	70
						B	15—100	黑色	壤土	小块状	5.1	46.4	1.98	0.30	13.4	痕迹	41			
						C	0—11	灰黄棕色	壤土	粒状	4.7	18.5	0.91	0.57	12.7	2.0	24			
剖10	红壤	红壤	红壤	砂页岩黄红壤	厚层砂页岩黄红壤	A	11—26	灰黄棕色	砂壤土	粒状	5.2	148.3	5.42	0.52	10.7	5.0	240	砂页岩	E 106°28′47.3″ N 23°41′60.0″	99
						B	26—100	黄红色	壤土	小块状	5.0	51.1	2.24	0.42	9.9	1.0	57			
						C	0—15	黄红色	黏壤土	块状	4.3	9.3	0.80	0.29	12.3	痕迹	14			
剖11	人为土	水稻土	潴育水稻土	砂页岩潴育水稻土	潴育砂泥田	A	15—54	浅黄灰色	壤土	小块状	4.0	31.7	1.79	0.56	14.9	7.0	27	砂页岩	E 106°35′08.5″ N 23°49′54.1″	76
						C	54—100	灰灰色	壤土	块状	6.1	20.3	1.12	0.33	13.4	1.0	21			
						W	0—18	浅黄黄色	壤土	棱柱状	6.0	9.7	0.65	0.27	13.0	2.0	16			
						Wc	18—25	黄黄色	黏壤土	小块状	6.9	6.0	0.30	0.31	9.7	5.0	14			
剖12	人为土	水稻土	潴育水稻土	冲积性潴育水稻土	潴育潮泥田	A	25—47	黄灰色	壤土	块状	7.4	24.6	1.40	0.39	11.3	3.0	47	河流冲积物	E 106°42′48.5″ N 23°48′25.9″	91
						P	47—100	黄棕色	壤土	大块状	5.6	17.1	0.84	0.38	10.6	3.0	38			
						W	0—10	灰黄棕色	壤土	小块状	6.6	6.6	0.41	0.42	10.7	3.0	34			
剖13	铁铝土	赤红壤	赤红壤	耕型第四纪红土红壤	赤红土	A	10—15	红黄色	黏壤土	块状	7.2	18.1	0.65	0.25	2.2	2.0	22	红土	E 106°39′22.5″ N 23°48′07.1″	75
							15—100	灰黄棕色	黏壤土	块状	5.4	10.5	0.45	0.15	4.9	1.0	15			
剖14	铁铝土	赤红壤	赤红壤	第四纪红土赤红壤	红土赤红壤	A	0—13	黄黄棕色	黏土	块状	4.8	23.8	1.38	0.22	9.0	1.0	10	红土	E 106°44′46.5″ N 23°47′57.5″	95
						B	13—100	黄红色	黏土	块状	5.0	4.8	0.28	0.20	9.5	0.9	66			
						C	18—66	浅黄红色	黏土	状	4.5									
							66—100				4.5									

田 阳 区

主要土类说明

　　石灰（岩）土是田阳区主要土壤类型，占本区地域面积的 41%。石灰（岩）土发生于热带、亚热带石灰岩山区，是石灰岩经溶蚀风化，形成的厚薄不同的钙质饱和或含游离钙质的土壤，多见于石隙、溶洞或峰丛底部。该土壤碳酸钙淋溶程度不一，多黏土，多为铁钙质胶结物，风化程度不一，盐基饱和度高，有机质含量及胶结状态有较大差异。

　　赤红壤是田阳区第二大土壤类型，占本区地域面积的 37%。赤红壤主要发生于南亚热带季雨林下，其脱硅富铝化程度仅次于砖红壤，强于红壤。铁的游离度介于二者之间，黏粒硅铝率为 1.7—2.0，风化淋溶系数为 0.05—0.15，盐基饱和度为 15%—25%，pH 为 4.5—5.5。淀积层（B 层）富含铁铝氧化物，呈赤红色。

　　红壤是田阳区第三大土壤类型，占本区地域面积的 11%。红壤主要发生于亚热带常绿阔叶林下，呈中度脱硅富铝化特征，土壤黏粒中游离铁占全铁的 50%—60%。黏土矿物以高岭石、赤铁矿为主，黏粒硅铝率为 1.8—2.4，风化淋溶系数小于 0.2，盐基饱和度小于 35%，pH 为 4.5—5.5。红壤具深厚红色土层，淀积层（B 层）底层可见具深厚红、黄、白相间网纹的红色黏土。

　　水稻土占本区地域面积的 9%。水稻土是在长期季节性淹灌、水下翻耕、季节性脱水、氧化还原交替影响下，原来成土母质或母土的特性发生重大改变，形成的新的土壤类型。由于干湿交替，水稻土形成糊状淹育层、较坚实板结的犁底层、渗育层、潴育层与潜育层等多种发生层。这些不同发生层段是在人为耕作、水浆管理下形成的。本区水稻土包括淹育型、潴育型、潜育型、沼泽型、渗育型、盐渍型、矿毒型等亚类。

　　小于本区地域面积 3% 的土壤类型还有新积土和沼泽土等。

本区域中心区气候特征

本区域中心区气候特征值
Regional climate characteristics in central area of the region

气候带：南亚热带湿润气候 Climate region: South subtropical humid climate	
年平均气温 /℃ Annual average temperature /℃	22.1
年平均最高气温 /℃ Annual average maximum temperature /℃	27.4
年平均最低气温 /℃ Annual average minimum temperature /℃	18.6
年降水量 /mm Annual precipitation /mm	1126
≥ 10℃的积温 /℃ Daily temperature accumulated in a year（≥ 10℃）/℃	7979
年日照时数 /h Annual sunshine /h	1655
年平均相对湿度 /% Annual average relative humidity /%	78
干燥度 Dryness	1.15

田阳县主要土壤类型与土壤剖面点分布图
1∶370 000

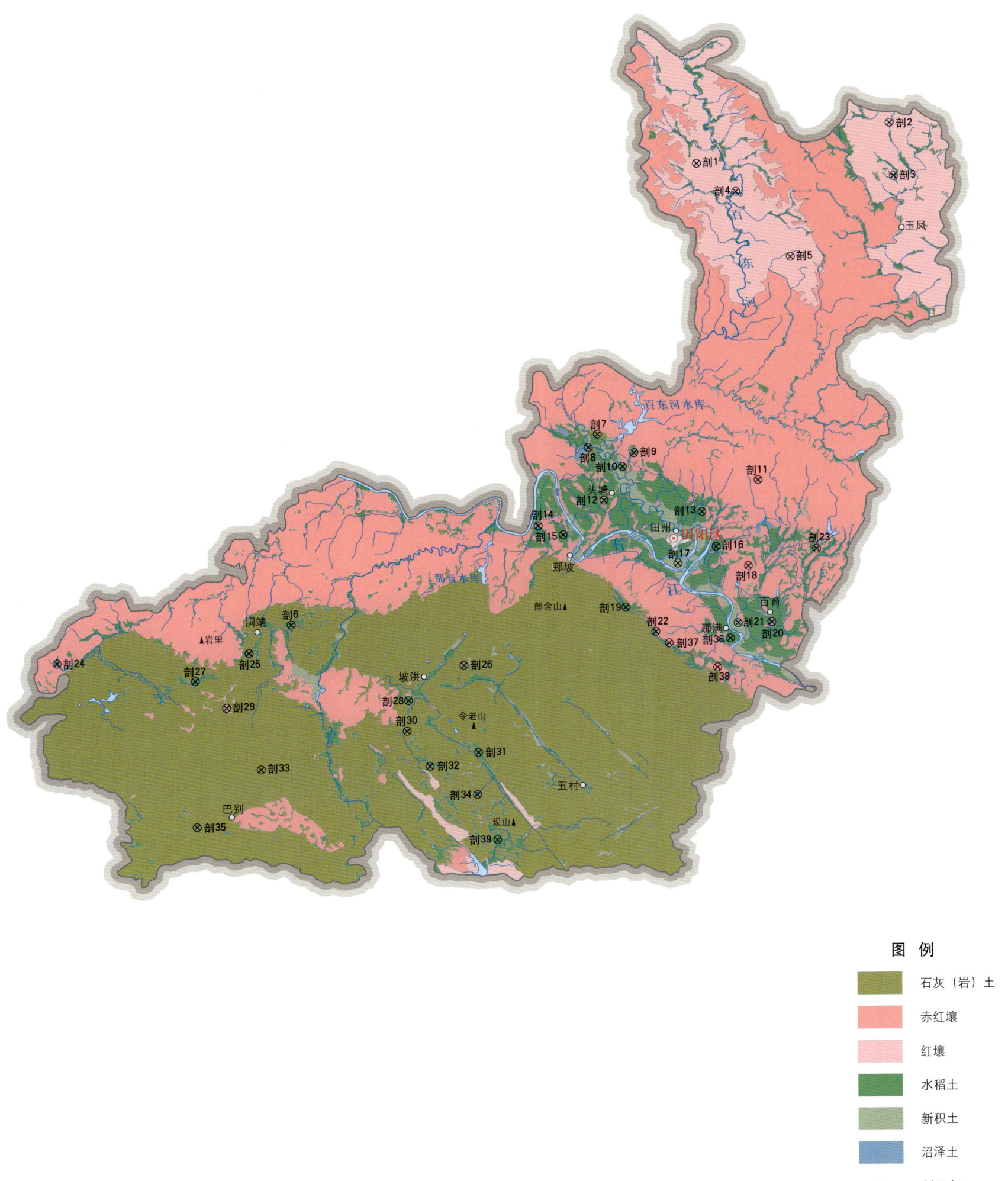

图 例
- 石灰（岩）土
- 赤红壤
- 红壤
- 水稻土
- 新积土
- 沼泽土
- ⊗ 剖面点

注：国务院 2019 年 6 月批准，撤销田阳县，设立田阳区。

田阳区土壤剖面理化性状表

剖面号 Soil profile	土纲 Soil order	土类 Soil great group	亚类 Soil subgroup	土属 Soil genus	土种 Soil species	土层码 Layer code	土层厚度 Depth/cm	颜色 Soil color	质地 Soil texture	土壤结构 Soil structure	pH	有机质 OM/(g/kg)	全氮 TN/(g/kg)	全磷 TP/(g/kg)	全钾 TK/(g/kg)	有效磷 AP/(mg/kg)	速效钾 AK/(mg/kg)	阳离子交换量 CEC/(cmol/kg)	土壤母质 Parent material	剖面点坐标 Profile coordinate	匹配指数 Matching index/%
剖1	铁铝土	红壤	红壤	砂页岩红壤	厚层砂页岩红壤	A	0—8	黄棕色	重壤土	块状	4.9	13.7	0.85	0.45	11.7	2.0	48	7.3	砂页岩	E 106°55′47.3″ N 24°01′04.4″	88
						C	8—100	赤红色	轻壤土	块状	5.7	4.8	0.28	0.18	7.1		21	5.0			
剖2	铁铝土	红壤	黄红壤	耕型砂页岩黄红壤	砂质黄泥土	A	0—11	棕褐色	轻黏土	块状	5.2	32.2	1.39	0.28	15.3	1.0	86	9.4	砂页岩	E 107°05′13.2″ N 24°02′44.2″	87
						B	11—100	浅红色	轻黏土	柱状	5.3	7.1	0.58	0.07	21.6	1.0	21	5.4			
剖3	人为土	水稻土	淹育水稻土	砂页岩淹育水稻土	砂页土田	A	0—13	灰棕色	砂壤土	小块状	6.5	25.3	1.16	2.90	17.5	2.0	73		砂页岩	E 107°05′22.6″ N 24°00′22.3″	77
剖4	铁铝土	红壤	红壤	耕型砂页岩红壤	红壤土	A	0—18	黄棕色	砂壤土	柱状	6.0	16.2	0.73	0.59	6.0	8.0	31		砂页岩	E 106°57′40.3″ N 23°59′47.8″	80
						C	18—100	棕色	壤土	柱状											
剖5	铁铝土	红壤	黄红壤	砂页岩黄红壤	厚层砂页岩黄红壤	A	0—13	褐色	重壤土	块状	4.9	35.6	1.46	0.31	10.9	1.0	62	7.6	砂页岩	E 107°00′16.6″ N 23°56′51.4″	79
						C	13—50	黄红色	轻黏土	块状	5.7	6.8	0.61	0.14	11.8		21	7.4			
剖6	人为土	水稻土	淹育水稻土	棕色石灰土淹育水稻土	浅色棕泥田	A	0—11	褐棕色	轻黏土	块状	7.0	28.7	1.55	1.68	8.3	9.0	114	10.6	石灰岩风化物	E 106°35′37.0″ N 23°40′45.8″	75
						B	11—22	褐棕色	轻黏土	块状	7.0	26.2	1.51	1.14	7.2	1.0	87	8.3			
						C	22—50	棕灰色	轻黏土	块状	6.8	13.4	0.95	0.71	7.4		40	8.3			
						4	50—100	棕黄色	轻黏土	块状											
剖7	初育土	石灰(岩)土	棕色石灰土	棕色石灰土		A	0—11	暗棕色	中黏土	块状	8.0	44.5	2.11	0.84	16.7	2.0	41	11.6	砂页岩	E 106°50′42.0″ N 23°49′03.4″	83
						C	11—18	灰棕色	轻黏土	块状	7.5	26.7	1.53	0.79	7.0		痕迹	12.0			
						3	18—34	浅黄色													
						4	34—100	橙黄色													
剖8	人为土	水稻土	沼泽型水稻土	灰黑黑泥田	黑泥田	A	0—25	黑黄色	中黏土	块状	6.8	36.5	2.25	0.44	15.4	1.0	100	24.8	砂页岩	E 106°50′14.6″ N 23°48′28.4″	95
						P	25—30	黑黄色	中黏土	块状	7.2	28.2	1.53	0.41	14.0	2.0	96	23.3			
						C	30—40	灰色	中黏土	块状	7.2	12.7	0.67	0.72	14.3	2.0	50				
						4	40—100	灰色													
剖9	人为土	水稻土	盐渍水稻土	碳酸盐渍性水稻土	石灰性板结田	A	0—15	棕灰色	黏土	块状	9.0	35.2	1.95	9.70	17.2	21.0	144			E 106°52′27.1″ N 23°48′12.2″	97
剖10	人为土	水稻土	潴育水稻土	砂页岩潴育水稻土	潴育砂土田	A	0—14	棕灰色	砂壤土	小块状	6.0	16.1	0.90	0.28	4.1	8.0	44	5.3	砂页岩	E 106°51′53.3″ N 23°47′35.9″	85
						P	14—22	灰棕色	重壤土	小块状	7.5	6.7	0.57	0.11	6.9	1.0	27	6.0			
						C	22—32	黄棕色	轻壤土	小块状	7.5	6.8	0.51	0.17	11.8	2.0	16				
						4	32—100	棕黄色		小块状											
剖11	铁铝土	赤红壤	赤红壤	砂页岩赤红壤	中层砂页岩赤红壤	A	0—35	棕黄色	中黏土	块状	5.6	22.0	0.81	0.42	13.3	1.0	66	8.0	砂页岩	E 106°58′28.9″ N 23°46′54.5″	84
						C	35—80	褐红色	中黏土	粒状	6.6	6.8	0.41	0.34	12.2		20	9.6			
剖12	人为土	水稻土	渗育水稻土	白散砂泥田	白散砂泥田	A	0—18	浅灰色	砂壤土	粒状	7.0	23.4	1.22	0.44	2.4	5.0	21			E 106°50′57.1″ N 23°46′07.0″	95
						E	18—26	浅灰色	砂壤土	块状											
						W	26—46	红白灰色	黏土	小块状											
						C	46—100			块状											
剖13	人为土	水稻土	潴育水稻土	红土质潴育水稻土	潴育砂质黄泥田	A	0—16	棕褐色	砂壤土	小块状	6.0	35.2							红土	E 106°55′42.6″ N 23°45′32.0″	90
						P	16—23	棕褐色	黏壤土	块状	6.5						13				
						W	23—40	棕红色	黏壤土	块状	7.0										
						C	40—100	棕红色	黏壤土	块状	7.0	112.9	6.48	0.84	13.0	10.0					
剖14	人为土	水稻土	盐渍水稻土	碳酸盐渍性水稻土	石灰性黑泥田	A	0—15	红白灰色	砂壤土	块状	7.5	33.7	1.58	0.57	24.1	8.0	20	9.1		E 106°47′43.8″ N 23°45′01.4″	83
						P	0—22	棕色	中壤土	块状	6.7	14.0	0.93	0.61	14.3	2.0	29	8.1			
						W	22—26	灰棕色	轻壤土	块状	7.0	12.6	0.84	0.30	19.8	1.0	22				
剖15	人为土	水稻土	潴育水稻土	红土质潴育水稻土	潴育黄泥田	A	0—22	黄褐色	中黏土	块状	7.3	12.6	0.84	0.30	19.8	1.0	22		红土	E 106°48′56.2″ N 23°44′36.2″	75
						P	22—26														
						W	26—56														
						C	56—100														

续表 Continued

剖面号 Soil profile	土纲 Soil order	土类 Soil great group	亚类 Soil subgroup	土属 Soil genus	土种 Soil species	土层码 Layer code	土层厚度 Depth/cm	颜色 Soil color	质地 Soil texture	土壤结构 Soil structure	pH	有机质 OM/(g/kg)	全氮 TN/(g/kg)	全磷 TP/(g/kg)	全钾 TK/(g/kg)	有效磷 AP/(mg/kg)	速效钾 AK/(mg/kg)	阳离子交换量 CEC/(cmol/kg)	土壤母质 Parent material	剖面点坐标 Profile coordinate	匹配指数 Matching index/%
剖16	人为土	水稻土	淹育水稻土	红土质淹育水稻土	砂质黄泥田	A	0—15	浅棕色	重壤土	小块状	6.5	24.5	1.30	0.16	4.1	9.0	127	7.6	红土	E 106°56′22.2″ N 23°43′57.7″	90
						B	15—23	深灰色	中壤土	小块状	6.4	6.9	0.47	0.49	3.2	痕迹	痕迹	5.0			
						CW	23—100	黄红白色	轻黏土	小块状	6.0	2.5	0.48	0.31	6.3	1.0	痕迹				
剖17	初育土	新积土	冲积土	耕型酸性潮砂土	酸性潮砂土	A	0—19	灰白色	砂质壤土	块状	6.5	10.3	0.67	0.43	6.3	1.0	35		河流冲积物	E 106°54′29.8″ N 23°43′14.4″	85
						B	19—34	黄红色	块状												
						C	34—60	红色													
剖18	铁铝土	赤红壤	赤红壤	第四纪红土赤红壤	红土赤红壤	A	0—12	灰黄色	重壤土	块状	5.0	12.5	0.53	0.34	4.3	1.0	20	5.6	红土	E 106°57′55.4″ N 23°43′04.8″	73
						C	12—100	红色	重壤土	块状	4.9	7.6	0.28	0.14	5.3	0.5	痕迹	6.1			
剖19	人为土	水稻土	盐渍水稻土	碳酸盐渍性水稻土	石灰性埋藏黑泥田	A	0—16	浅灰棕色	黏壤土		8.0	41.3	2.43	0.83	13.8	8.0	72			E 106°51′55.4″ N 23°41′19.0″	97
剖20	人为土	水稻土	淹育水稻土	红土质淹育水稻土	黄泥田	A	0—20	灰黄色	中黏土	块状	6.8	32.2	1.68	0.88	16.2	6.0	85	8.0	红土	E 106°59′00.6″ N 23°40′31.4″	72
						B	20—25	灰黄色	中黏土	块状	6.8	17.2	1.40	0.97	18.3	2.0	27	7.2			
						C	25—44	黄红色	轻黏土	块状	7.5	10.9	1.00	1.03	11.4	2.0	27				
						4	44—100	红色													
剖21	初育土	新积土	冲积土	耕型酸性潮泥土	酸性潮泥田	A	0—20	灰黄色	重壤土	块状	7.0	20.2	1.27	0.69	18.0	18.0	56	8.3	河流冲积物	E 106°57′21.6″ N 23°40′30.9″	77
						B	20—85	灰黄色	重壤土	块状	7.5	12.0	0.62	0.59	18.4	1.0	10	8.0			
						C	85—100														
剖22	人为土	水稻土	盐渍水稻土	碳酸盐渍性水稻土	石灰性泥肉田	A	0—18	灰黄色	壤土	块状	9.0	38.1	2.40	1.08	1.5	24.0	98	12.1		E 106°53′20.8″ N 23°40′11.3″	89
剖23	人为土	水稻土	盐渍水稻土	碳酸盐渍性水稻土	石灰性潴育田	A	0—15	棕灰色	中黏土		9.0	70.3	3.22	0.84	18.6	4.0	93	8.1		E 107°01′15.1″ N 23°43′47.3″	96
剖24	人为土	水稻土	潴育水稻土	洪积性潴育水稻土	洪积潴育砂泥田	A	0—13	黄黄色	重壤土	块状	6.5	54.3	2.83	1.35	25.5	8.0	87		洪积物	E 106°24′11.1″ N 23°39′12.4″	90
						P	13—20	灰黄色	轻壤土	块状	7.5	21.3	1.16	1.09	19.8	5.0	95				
						W	20—31	棕黄色	重壤土	块状	8.0	8.3	0.47	0.58	20.7	2.0	25				
						C	31—100	黄棕色		块状											
剖25	人为土	水稻土	盐渍水稻土	碳酸盐渍性水稻土	石灰性田	A	0—17	棕灰色	重黏土	块状	8.0	52.1	3.16	1.01	12.4	6.0	82	10.3		E 106°33′31.7″ N 23°39′31.7″	83
						P	17—24	棕灰色	重黏土	块状	8.5	36.5	2.54	1.27	12.3	3.0	53	9.2			
						W	24—31	黄棕色	轻黏土	块状	8.4	17.5	1.40	0.74	8.8	2.0	42	7.8			
						C	31—100	棕黄色		块状	8.0										
剖26	初育土	新积土	冲积土	石灰性潮砂土	厚层石灰性潮砂田	A	0—13	暗棕色	砂壤土	小块状	8.0	35.6	2.23	2.00	11.5	8.0	123		河流冲积物	E 106°43′58.8″ N 23°38′49.9″	94
						C	13—100	褐棕色	砂壤土	大块状											
剖27	人为土	水稻土	盐渍水稻土	碳酸盐渍性水稻土	石灰性淀积田	A	0—10	浅灰棕色	砂壤土	小块状	9.0	48.0	2.46	0.96	6.7	7.0	41	8.5		E 106°30′53.3″ N 23°38′19.4″	84
剖28	人为土	水稻土	潴育水稻土	棕色石灰土潴育水稻土	潴育棕泥田	A	0—16	褐棕色	轻壤土	块状	7.0	71.4	3.90	1.32	23.1	5.0	99	11.0		E 106°41′15.3″ N 23°37′18.5″	80
						P	16—22	褐棕色	重黏土	块状	7.0	30.5	2.02	1.26	24.1	7.0	53	6.7			
						W	22—44	黄黄色	中黏土	块状	7.5	10.6	0.96	0.83	19.9	3.0	53				
						C	44—100	黄棕色		块状											
剖29	铁铝土	赤红壤	赤红壤	耕型铁砾性赤红壤	铁铄土	A	0—13	灰棕色	壤土	小块状	7.0		5.00	0.69	36.1	1.0	70			E 106°32′23.8″ N 23°37′07.0″	96
						B	13—35	浅灰棕色	壤土	大块状											
						C	35—100	蓝灰色	壤土	小块状											
剖30	水稻土	水稻土	沼泽型水稻土	埋藏黑泥田	深埋黑泥田	A	0—19	灰蓝色	重黏土	块状	7.0	86.8	5.00	0.69	36.1	1.0	70	8.5	石灰岩风化物	E 106°41′09.2″ N 23°35′57.5″	81
						P	19—28	灰黄色	重黏土	块状	6.9	63.2	3.72	0.85	32.2		22	8.0			
						C	28—55	灰黑色		柱状											
						4	55—100														
剖31	人为土	水稻土	盐渍水稻土	碳酸盐渍性水稻土	锅巴底田	A	0—18	灰棕色	重黏土		8.0	65.0	3.46	1.37	10.9	10.0	64	14.3		E 106°44′36.6″ N 23°34′57.4″	82

续表 Continued

剖面号 Soil profile	土纲 Soil order	土类 Soil great group	亚类 Soil subgroup	土属 Soil genus	土种 Soil species	土层码 Layer code	土层厚度 Depth/cm	颜色 Soil color	质地 Soil texture	土壤结构 Soil structure	pH	有机质 OM/(g/kg)	全氮 TN/(g/kg)	全磷 TP/(g/kg)	全钾 TK/(g/kg)	有效磷 AP/(mg/kg)	速效钾 AK/(mg/kg)	阳离子交换量CEC/(cmol/kg)	土壤母质 Parent material	剖面点坐标 Profile coordinate	匹配指数 Matching index/%
剖32	人为土	水稻土	淹育水稻土	砂页岩淹育水稻土	壤土田	A	0—13	暗棕色	重壤土	块状	6.3	34.7	1.67	1.42	8.7	>10.0	196	11.4	砂页岩	E 106°42′15.1″ N 23°34′22.8″	91
						B	13—40	棕灰色	重壤土	块状	6.7	14.0	0.43	1.41	10.2	>10.0	163	12.1			
						C	40—100	褐黄色	轻壤土	块状	7.4	5.0	0.39	1.01	12.6	>10.0	131				
剖33	初育土	石灰（岩）土	棕色石灰土	耕型棕色石灰土	棕泥土	A	0—11	棕灰色	中黏土	粒状	6.9	33.5	1.74	0.71	12.0	3.0	114	12.2		E 106°34′01.7″ N 23°34′20.8″	96
						B	11—100	黄黄色	中黏土	块状	7.0	25.6	1.00	1.56	14.9		28	7.5			
剖34	人为土	水稻土	淹育水稻土	洪积淹育水稻土	石砾底田	A	0—13	黄灰色	壤土	块状	7.0								洪积物	E 106°44′31.2″ N 23°33′03.6″	72
						B	13—39	灰黄色	黏壤土	块状	7.0										
						C	39—100	黄棕色	黏壤土	块状	7.0										
剖35	人为土	水稻土	淹育水稻土	棕色石灰土淹育水稻土	壤质棕泥田	A	0—15	灰黄色	壤土	块状	7.0								石灰岩风化物	E 106°30′51.5″ N 23°31′47.6″	73
						B	15—24	棕黄色	壤土	块状	7.5										
						CW	24—100	黄棕色	壤土	块状	7.5										
剖36	人为土	水稻土	潴育水稻土	冲积性潴育水稻土	潴育潮泥田	A	0—18	棕色	重壤土	块状	6.5	34.0	1.66	0.67	12.1	7.0	52	5.5	河流冲积物	E 106°56′57.7″ N 23°39′49.9″	96
						P	18—27	黄棕色	轻壤土	块状	7.0	10.3	0.80	0.44	15.4	4.0	38	5.2			
						W	27—43	褐棕色	轻壤土	块状	7.0	11.1	0.09	0.38	13.6	3.0	37				
						C	43—100	黄棕色	壤土	块状											
剖37	铁铝土	赤红壤		耕型砂页岩赤红壤	赤红土	A	0—12	棕红色	壤土	块状	6.0	23.9	1.32	0.44	0.7	1.0	53		砂页岩	E 106°54′00.0″ N 23°39′40.7″	77
						B	12—28	黄红色		块状											
						C	28—100	黄红色		块状											
剖38	铁铝土	赤红壤		耕型第四纪红土赤红壤	赤红土	A	0—14	褐棕色	中黏土	粒状	5.8	25.0	1.01	0.91	7.4	1.0	28	6.6	红土	E 106°56′19.0″ N 23°38′33.0″	79
						B	14—100	赤红色	中黏土	粒状	5.0	14.2	0.71	0.76	9.1		17	4.1			
剖39	人为土	水稻土	潴育水稻土	砂页岩潴育水稻土	潴育砂泥田	A	0—13	浅灰棕色	重壤土	小块状	5.5	46.8	2.06	0.53	14.0	8.0	46	10.1	砂页岩	E 106°45′27.9″ N 23°31′00.4″	89
						P	13—20	暗黄色	重壤土	块状	5.7	32.9	1.86	0.57	20.0	2.0	26	7.8			
						W	20—30	灰黄棕色	重壤土	块状	5.8	20.6	1.17	0.59	17.5		20	7.6			
						C	30—100			块状											

田 东 县

主要土类说明

赤红壤是田东县主要土壤类型，占本县地域面积的35%。赤红壤主要发生于南亚热带季雨林下，其脱硅富铝化程度仅次于砖红壤，强于红壤。铁的游离度介于二者之间，黏粒硅铝率为1.7—2.0，风化淋溶系数为0.05—0.15，盐基饱和度为15%—25%，pH为4.5—5.5。淀积层（B层）富含铁铝氧化物，呈赤红色。本县赤红壤只有赤红壤一个亚类。

红壤是田东县第二大土壤类型，占本县地域面积的23%。红壤主要发生于亚热带常绿阔叶林下，呈中度脱硅富铝化特征，土壤黏粒中游离铁占全铁的50%—60%。黏土矿物以高岭石、赤铁矿为主，黏粒硅铝率为1.8—2.4，风化淋溶系数小于0.2，盐基饱和度小于35%，pH为4.5—5.5。红壤具深厚红色土层，淀积层（B层）底层可见具深厚红、黄、白相间网纹的红色黏土。本县红壤包括红壤、黄红壤等亚类。

石灰（岩）土是田东县第三大土壤类型，占本县地域面积的21%。石灰（岩）土发生于热带、亚热带石灰岩山区，是石灰岩经溶蚀风化，形成的厚薄不同的钙质饱和或含游离钙质的土壤，多见于石隙、溶洞或峰丛底部。该土壤碳酸钙淋溶程度不一，多黏土，多为铁钙质胶结物，风化程度不一，盐基饱和度高，有机质含量及胶结状态有较大差异。

水稻土占田东县地域面积的13%。在长期耕作、施肥和灌溉的条件下，土壤发生还原淋溶和氧化淀积等作用，形成了水稻土特有的剖面结构。同时在水稻土形成过程中，受氧化还原、有机质的合成和分解、复盐基和盐基淋溶以及黏粒的积累和流失等的影响，形成了水稻土剖面的主要特征。由于本县地处南亚热带，加上地形错综复杂，地貌类型多样，成土母质不同，农业气候条件各异，耕作制度也不尽一样，因此形成了各种各样的水稻土，包括淹育型、潴育型、潜育型、沼泽型、渗育型、盐渍型等亚类。

粗骨土占田东县地域面积的6%。粗骨土发育于基岩风化残积物、坡积物，属于A–C型，甚至（A）–C型土壤。A层发育不明显，与母质土层性状相似，略显有机质累积。有时母质层富含砾石，甚少出现剖面分异与发育特征。

小于本县地域面积3%的土壤类型还有紫色土、潮土和新积土等。

本区域中心区气候特征

本区域中心区气候特征值
Regional climate characteristics in central area of the region

气候带：南亚热带湿润气候 Climate region: South subtropical humid climate	
年平均气温 /℃ Annual average temperature /℃	22.0
年平均最高气温 /℃ Annual average maximum temperature /℃	27.2
年平均最低气温 /℃ Annual average minimum temperature /℃	18.6
年降水量 /mm Annual precipitation /mm	1181
≥10℃的积温 /℃ Daily temperature accumulated in a year (≥10℃) /℃	7975
年日照时数 /h Annual sunshine /h	1598
年平均相对湿度 /% Annual average relative humidity /%	78
干燥度 Dryness	1.10

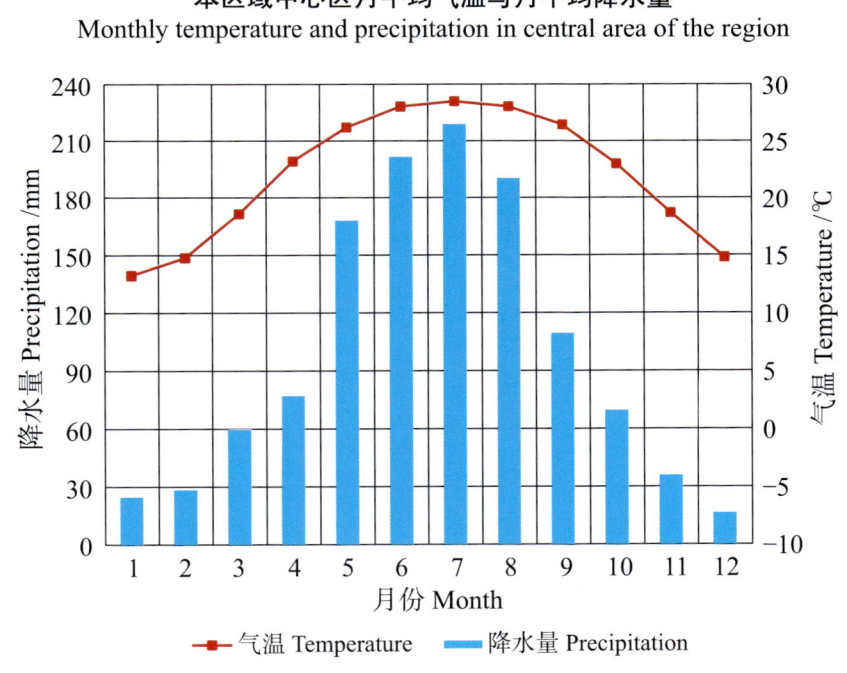

本区域中心区月平均气温与月平均降水量
Monthly temperature and precipitation in central area of the region

田东县主要土壤类型与土壤剖面点分布图
1:300 000

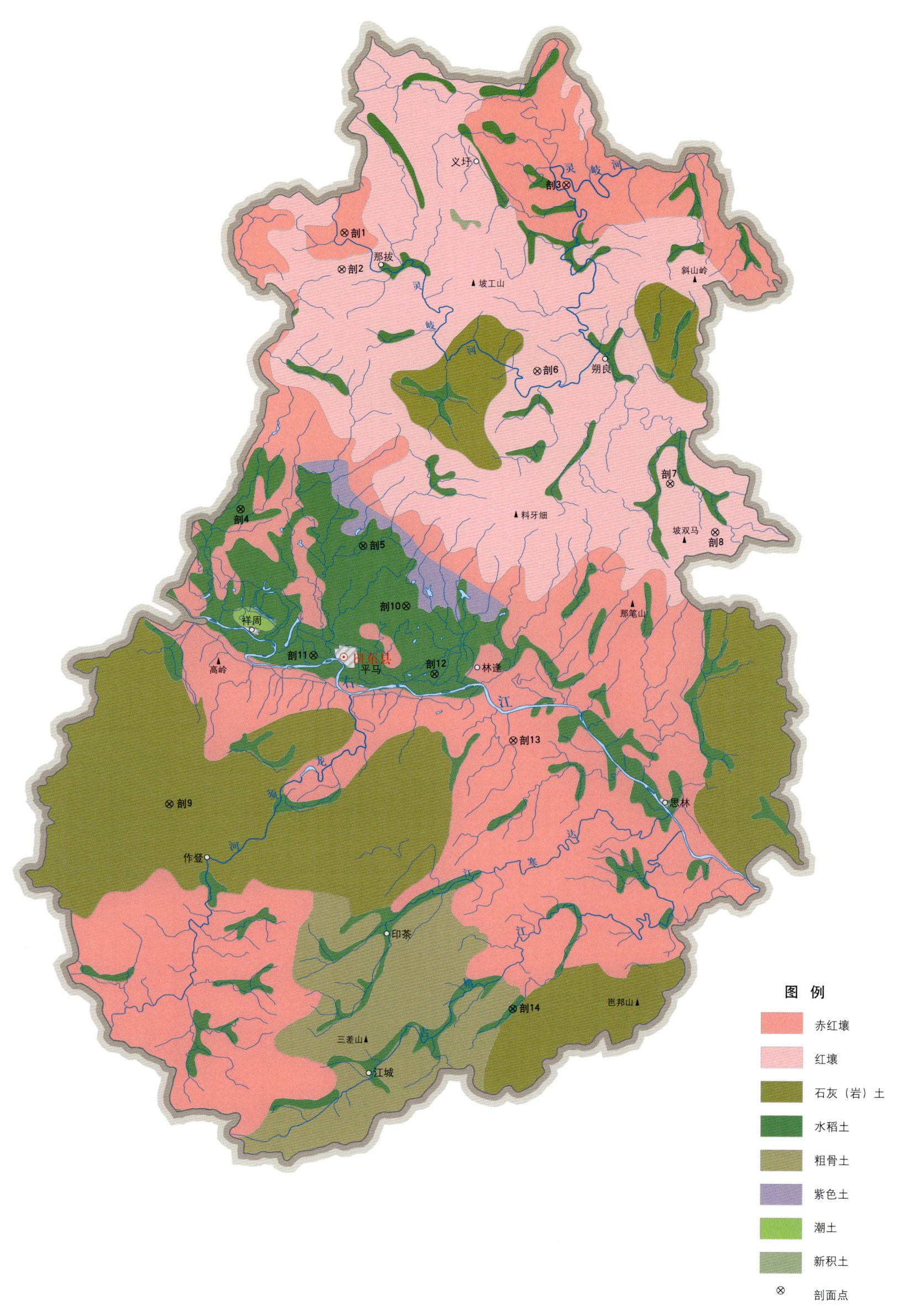

田东县土壤剖面理化性状表

剖面号 Soil profile	土纲 Soil order	土类 Soil great group	亚类 Soil subgroup	土属 Soil genus	土种 Soil species	土层码 Layer code	土层厚度 Depth/cm	颜色 Soil color	质地 Soil texture	土壤结构 Soil structure	pH	有机质 OM/(g/kg)	全氮 TN/(g/kg)	全磷 TP/(g/kg)	全钾 TK/(g/kg)	碱解氮 AN/(mg/kg)	有效磷 AP/(mg/kg)	速效钾 AK/(mg/kg)	阳离子交换量 CEC/(cmol/kg)	土壤母质 Parent material	剖面点坐标 Profile coordinate	匹配指数 Matching index/%
剖1	铁铝土	赤红壤	赤红壤	砂页岩赤红壤	厚层砂页岩赤红壤	1	0—9	灰褐色	中壤土	粒状	5.0	23.6	1.47	0.52	23.9	117	1.0	88		砂页岩	E 107°07′06.7″ N 23°52′30.8″	94
剖2	铁铝土	红壤	黄红壤	耕型砂页岩黄红壤	砂质黄泥土	1	0—20	黄红色	中壤土		5.3	25.0				123	0.5	75		砂页岩	E 107°06′58.7″ N 23°51′05.8″	71
						2	20—40	褐红色	中壤土		5.0											
						3	40—100		中壤土		4.5											
剖3	铁铝土	赤红壤	赤红壤	耕型砂页岩赤红壤	赤壤土	1	0—14	棕红色	中壤土	小块状	7.0	16.4	1.04	0.38		98	7.0	66		砂页岩	E 107°16′31.2″ N 23°54′13.7″	74
						2	14—54	棕红色	中壤土	块状	6.0	11.2				76	2.0	33				
剖4	人为土	水稻土	潴育水稻土	砂页岩潴育水稻土	潴育砂泥田	1	0—15	褐褐灰色	中壤土	小块状	6.0	37.6	2.11	0.34	28.2	251	1.0	76		砂页岩	E 107°02′33.9″ N 23°41′49.8″	96
						2	15—20	蓝褐灰色	中壤土	块状	6.8	21.3										
						3	20—45	棕褐灰色	中壤土	块状	7.0											
						4	45—100	棕黄色	中壤土	块状												
剖5	人为土	水稻土	潴育水稻土	紫色岩潴育水稻土	潴育紫泥田	1	0—14	紫红色	重壤土	块状	7.0	30.4	1.87	1.46	32.7	148	4.0	95	15.5	紫色岩	E 107°07′43.0″ N 23°40′20.6″	89
						2	14—22	紫灰色	中壤土	块状	7.5	30.7	1.97	0.75	35.2	89	2.0	73	17.5			
						3	22—78	紫灰色	中壤土	块状	9.0											
						4	78—100	浅灰色	中壤土	块状	7.5											
剖6	铁铝土	红壤	红壤	砂页岩红壤	中层砂页岩红壤	1	0—8	棕灰色	重壤土	小块状	6.0	39.7	1.88	0.47	14.0	180	痕迹			砂页岩	E 107°15′10.1″ N 23°47′01.3″	87
						2	8—70	棕红色	中壤土	块状	5.5											
						3	70—100															
剖7	铁铝土	红壤	潴育水稻土	耕型砂页岩红壤	红壤土	1	0—10	棕红色	轻壤土	小块状	6.5	29.9	1.25	0.31	14.0		2.0			砂页岩	E 107°20′42.9″ N 23°42′35.6″	100
						2	10—100	红色	中壤土	块状	6.0											
剖8	铁铝土	红壤	黄红壤	砂页岩黄红壤	中层砂页岩黄红壤	1	0—13	棕褐色	轻壤土	柱状	4.5	48.6	1.09	0.45	44.8	247	痕迹	82		砂页岩	E 107°22′34.3″ N 23°40′40.2″	95
						2	13—68	棕黄色	轻壤土	大块状	4.7											
						3	68—100	红黄色	中壤土	大块状	5.0	12.9										
剖9	初育土	石灰(岩)土	棕色石灰土	棕色石灰土	棕色石灰土	1	0—9	浅黄色	重壤土	块状	7.5	42.5	2.33	0.44	35.6		1.0	66	16.7	砂页岩	E 106°59′25.0″ N 23°30′23.8″	90
						2	9—56	浅黄棕色	重壤土	块状	7.5	37.8		0.35	7.7							
						3	56—90	黄棕色	黏土	大块状	7.5											
剖10	人为土	水稻土	潴育水稻土	砂页岩潴育水稻土	蜡泥田	1	0—13	褐黄色	轻黏土	大块状	7.0									砂页岩	E 107°09′29.9″ N 23°37′59.2″	94
						2	13—19	棕黄色	轻黏土	小块状	6.5	28.6	2.10	0.72	12.8	156	1.0	58	12.3			
						3	19—100	棕灰色	中壤土	块状	6.4											
剖11	人为土	水稻土	潴育水稻土	冲积性潴育水稻土	潴育潮泥田	1	0—16	棕褐色	中壤土	小块状	6.3	21.2	1.50	1.23		102	1.0	31	12.2	河流冲积物	E 107°05′33.7″ N 23°36′07.6″	79
						2	16—20	褐黄色	中壤土	块状	6.5											
						3	20—80	灰黄色	重壤土	块状	6.5											
						4	80—100															
剖12	人为土	水稻土	潴育水稻土	红乙质潴育水稻土	潴育黄泥田	1	0—16	黄灰色	重壤土	块状	6.5	29.6	1.65	0.49	18.6	160	0.3	21	12.8	红土	E 107°10′39.7″ N 23°35′20.8″	98
						2	16—26	棕黄色	重壤土	块状	6.0	16.7	1.64	0.41	21.1	60	痕迹	21	11.3			
						3	26—58	棕黄色	重壤土	块状	6.0											
						4	58—100															
剖13	铁铝土	赤红壤	赤红壤	耕型砂页岩赤红壤	赤红砂土	1	0—12	浅黄灰色	轻壤土	小块状	4.5	18.4	1.37	0.13	7.2	109	0.4	28		砂岩	E 107°13′57.0″ N 23°32′43.1″	78
						2	12—25	黄灰色	中壤土	小块状	5.0											
						3	25—90	棕黄色	中壤土	小块状	6.0											
剖14	人为土	水稻土	潴育水稻土	砂页岩潴育水稻土	砂土田	1	0—15	灰灰色	砂壤土	小块状	6.0	14.5				59	痕迹	34		砂页岩	E 107°13′47.6″ N 23°22′16.3″	71
						2	15—22	黄灰色	轻壤土	块状	6.5											
						3	22—82	褐灰色	中壤土	块状	7.0											

德 保 县

主要土类说明

石灰（岩）土是德保县主要土壤类型，占本县地域面积的49%，主要分布于石灰岩区山间峡谷丘陵、谷地，也有部分由于施用石灰或用溶洞水灌溉，而形成次生石灰性土，其在各乡镇均有分布。石灰（岩）土发生于本县石灰岩山区，是石灰岩经溶蚀风化，形成的厚薄不同的钙质饱和或含游离钙质的土壤，多见于石隙、溶洞或峰丛底部。该土壤碳酸钙淋溶程度不一，多黏土，多为铁钙质胶结物，风化程度不一，盐基饱和度高，有机质含量及胶结状态有较大差异。本县石灰（岩）土只有棕色石灰土一个亚类。

红壤是德保县第二大土壤类型，占本县地域面积的25%，多分布于海拔600m以下砂页岩区的低山、丘陵和岩溶谷地。红壤主要发生于常绿阔叶林下，呈中度脱硅富铝化特征，土壤黏粒中游离铁占全铁的50%—60%。黏土矿物以高岭石、赤铁矿为主，黏粒硅铝率为1.8—2.4，风化淋溶系数小于0.2，盐基饱和度小于35%，pH为4.5—5.5。红壤具深厚红色土层，淀积层（B层）底层可见具深厚红、黄、白相间网纹的红色黏土。

赤红壤是德保县第三大土壤类型，占本县地域面积的8%。赤红壤主要发生于南亚热带季雨林下，其脱硅富铝化程度仅次于砖红壤，强于红壤。铁的游离度介于二者之间，黏粒硅铝率为1.7—2.0，风化淋溶系数为0.05—0.15，盐基饱和度为15%—25%，pH为4.5—5.5。淀积层（B层）富含铁铝氧化物，呈赤红色。

黄壤占德保县地域面积的8%，主要分布于海拔1000m以上的砂页岩区的中山坡地，在东凌的黄连山顶和都安的南盖后山分布较多。黄壤中度脱硅富铝化，土壤有机质累积较多，具O-A-AB-B-C剖面构型。pH为4.5—5.5。淀积层（B层）富含水合氧化铁（针铁矿），呈黄色，有时多含三水铝石。多为林地，间亦耕种。

水稻土占德保县地域面积的6%，在各乡镇均有分布，特别是水利灌溉条件较好的城关、足荣、那甲、燕峒、荣华等乡镇，近鉴河两岸和支流谷地的分布面积较大。水稻土由于受不同母质和地形、灌溉、人为等因素影响，发育形成不同亚类和土属、土种。水稻土是在长期季节性淹灌、水下翻耕、季节性脱水、氧化还原交替影响下，原来成土母质或母土的特性发生重大改变，形成的新的土壤类型。由于干湿交替，水稻土形成糊状淹育层、较坚实板结的犁底层、渗育层、潴育层与潜育层等多种发生层。这些不同发生层段是在人为耕作、水浆管理下形成的。本县水稻土包括淹育型、潴育型、潜育型、沼泽型、渗育型、盐渍型、矿毒型等亚类。

粗骨土占德保县地域面积的3%。粗骨土发育于基岩风化残积物、坡积物，属于A-C型，甚至（A）-C型土壤。A层发育不明显，与母质土层性状相似，略显有机质累积。有时母质层富含砾石，甚少出现剖面分异与发育特征。

本区域中心区气候特征

本区域中心区气候特征值
Regional climate characteristics in central area of the region

气候带：南亚热带湿润气候 Climate region: South subtropical humid climate	
年平均气温 /℃ Annual average temperature /℃	22.1
年平均最高气温 /℃ Annual average maximum temperature /℃	27.4
年平均最低气温 /℃ Annual average minimum temperature /℃	18.5
年降水量 /mm Annual precipitation /mm	1118
≥10℃的积温 /℃ Daily temperature accumulated in a year（≥10℃）/℃	7974
年日照时数 /h Annual sunshine /h	1675
年平均相对湿度 /% Annual average relative humidity /%	78
干燥度 Dryness	1.15

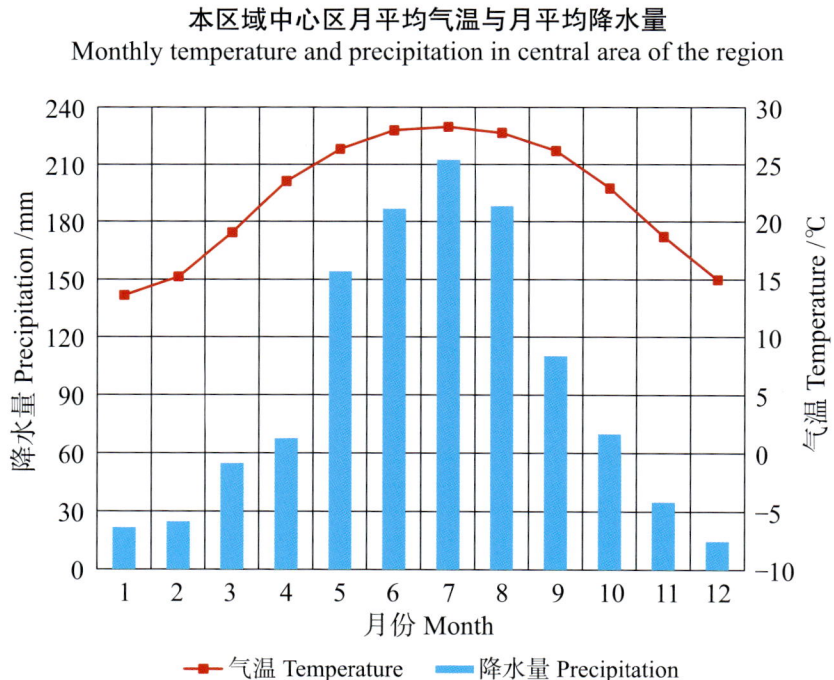

本区域中心区月平均气温与月平均降水量
Monthly temperature and precipitation in central area of the region

德保县主要土壤类型与土壤剖面点分布图
1∶380 000

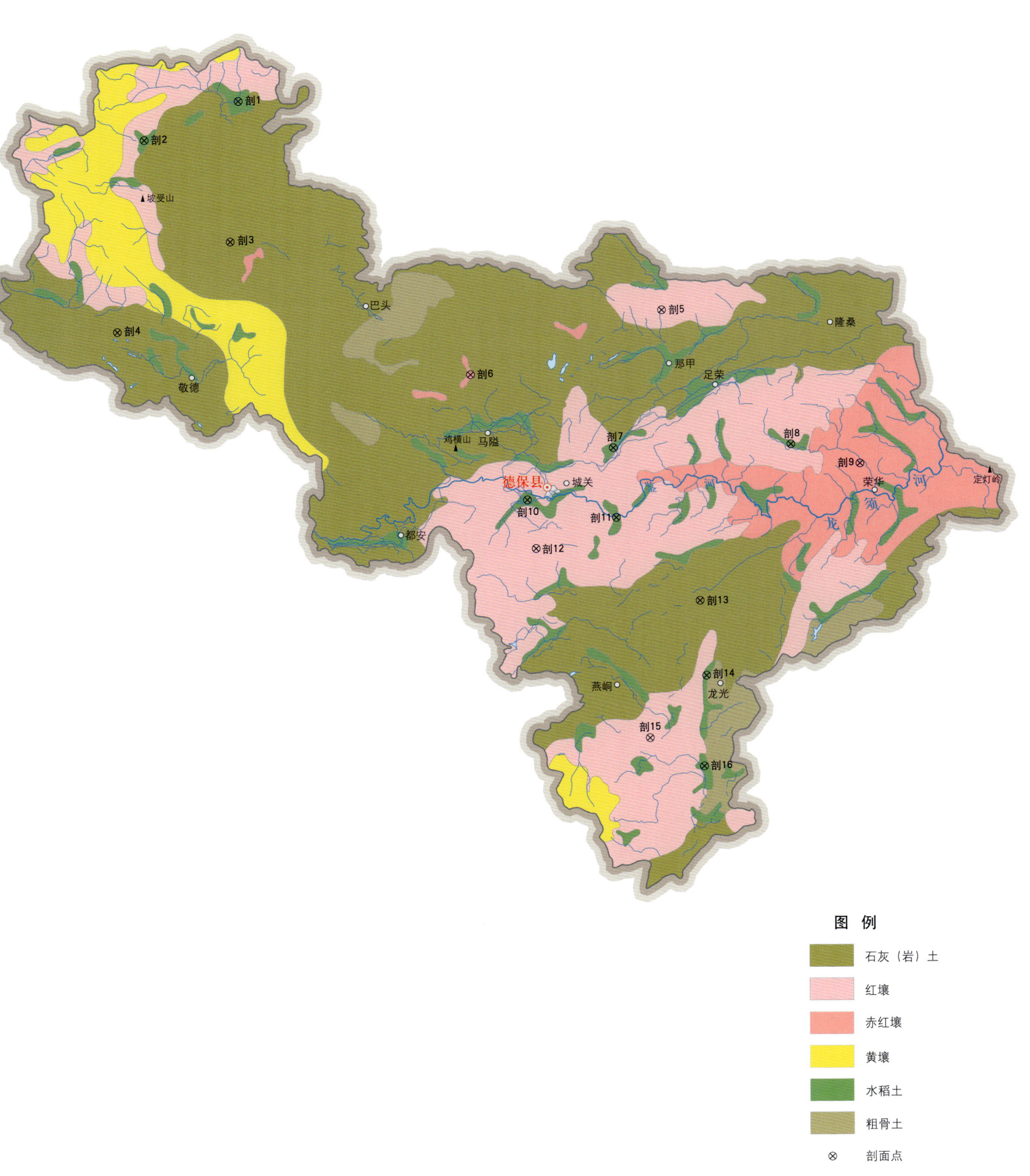

德保县土壤剖面理化性状表

剖面号 Soil profile	土纲 Soil order	土类 Soil great group	亚类 Soil subgroup	土属 Soil genus	土种 Soil species	土层码 Layer code	土层厚度 Depth/cm	颜色 Soil color	质地 Soil texture	土壤结构 Soil structure	pH	有机质 OM/(g/kg)	全氮 TN/(g/kg)	全磷 TP/(g/kg)	全钾 TK/(g/kg)	有效磷 AP/(mg/kg)	速效钾 AK/(mg/kg)	土壤母质 Parent material	剖面点坐标 Profile coordinate	匹配指数 Matching index/%
剖1	人为土	水稻土	潴育水稻土	红土质潴育土	潴育黄泥田	A	0—14	黄灰色	重壤土	小块状	5.5	31.8	1.96	0.68	8.6	5.0	30	红土	E 106°21′09.1″ N 23°38′04.2″	100
剖2	人为土	水稻土	潴育水稻土	砂页岩潴育土	潴育砂泥肉田	P	14—20	黄灰色	重壤土	小块状	5.5	30.9	1.68	0.72	7.7	5.0	30	砂页岩	E 106°16′21.6″ N 23°36′17.5″	97
						W	20—60	棕灰色	重壤土	棱柱状	6.0	34.0	1.57	0.90	9.2	5.0	40			
						C	60—100	棕黄灰色	重壤土	柱状	5.5	18.0	0.85	0.65	6.5	3.0	35			
剖3	初育土	石灰（岩）土	棕色石灰土	耕型棕色石灰土	棕泥土	P	0—18		壤土	小块状	6.0	54.4	2.68	1.06	12.4	6.0	37	石灰岩	E 106°20′39.3″ N 23°31′30.1″	97
						P	18—23		壤土	小块状	6.0	53.0	2.60	0.92	10.3	5.0	37			
						W	23—55		壤土	棱柱状	6.0	50.0	1.01	0.66	10.0	5.0	33			
剖4	初育土	石灰（岩）土	棕色石灰土	耕型棕色石灰土	砾石棕泥土	A	0—11	浅灰色	重壤土	块状	6.5	25.0	1.75	0.90	5.3	3.0	39	石灰岩	E 106°14′52.8″ N 23°27′21.7″	91
						B	11—60	黄灰色	重壤土	块状	7.0	25.0	1.80	0.70	5.3	3.0	40			
剖5	铁铝土	红壤	黄红壤	砂页岩黄红壤	薄层砂页岩黄红壤	A	0—14	灰黄色	砂壤土	小块状	7.5	25.0	2.00	0.90	8.1	3.5	45	砂页岩	E 106°42′28.8″ N 23°28′06.7″	85
						B	14—100	黄黄色	重壤土	棱柱状	7.5	20.0	1.01	0.61	4.8	2.5	35			
剖6	铁铝土	赤红壤	赤红壤	砂页岩赤红壤	铁子土	A	0—11	红黄色	重壤土	小块状	5.5	40.0	5.10	0.71	10.0	2.0	38	砂页岩		76
						B	11—38	红黄色	重壤土	大块状	5.0	35.0	3.00	0.44	8.5	2.0	35			
剖7	人为土	水稻土	潴育水稻土	棕色石灰岩潴育土	潴育棕泥田	A	0—12	浅红色	重壤土	块状	5.5	29.0	1.70	2.70	6.7	4.0	47	石灰岩风化物	E 106°32′45.4″ N 23°25′12.3″	74
						B	12—100	棕红色	重壤土	块状	5.0	25.0	1.50	0.90	5.9	3.0	39			
						A	0—15	灰棕色	轻石质轻黏土	小块状	7.5	27.8	1.28	0.50	6.1	7.0	14			
						P	15—22	灰棕色	轻黏土	棱柱状	7.0	20.9	1.24	0.63	6.3	6.0	16			
						W	22—50	蓝红灰棕色	轻石质重壤土	棱柱状	6.5	3.5	0.35	0.45	9.1	2.0	22			
						C	50—100	黄棕色	重壤土	块状	6.5									
剖8	人为土	水稻土	淹育水稻土	洪积性淹育土	石子田	A	0—10	浅灰色	砂壤土	小块状	6.0	30.0	2.20	0.37	4.0	4.0	31	洪积物	E 106°39′56.0″ N 23°21′42.0″	76
						P	10—14	浅灰色	黏壤土	小块状	5.5	25.0	1.00	0.31	3.8	4.0	25			
						C	14—100	灰棕色	黏壤土	块状	5.5	18.0	0.36	0.20	4.0	3.0	25			
剖9	铁铝土	赤红壤	赤红壤	耕型第四纪红土红壤	赤红土	A	0—12	棕红色	壤土	大块状	6.4	25.0	1.69	2.34	5.7	4.0	58	红土	E 106°48′56.0″ N 23°21′46.0″	83
						B	12—100	浅红色	壤土	块状	5.9	20.0	1.52	0.52	4.9	5.0	52			
剖10	人为土	水稻土	潴育水稻土	砂页岩潴育土	潴育砂泥田	A	0—14	棕红色	壤土	小块状	5.5	40.0	2.52	0.72	21.5	3.0	23	砂页岩	E 106°52′25.0″ N 23°20′49.5″	96
						P	14—19	浅灰色	壤土	小块状	5.5	32.3	2.56	0.72	20.7	3.0	23			
						Wc	19—50	青黄间红水	壤土	棱柱状	5.5	7.5	0.83	0.42	20.3	1.0	42			
						C	50—100	棕黄色	壤土	块状	5.5									
剖11	人为土	水稻土	潴育水稻土	砂页岩潴育土	潴育砂土田	A	0—13	棕灰色	砂壤土	粒状	6.0	25.0	1.63	0.46	2.8	3.0	20	砂页岩风化物	E 106°35′32.9″ N 23°19′18.8″	91
						P	13—18	浅灰色	砂壤土	小块状	6.0	25.0	0.83	0.21	2.8	3.0	32			
						W	18—30	黄灰棕色	砂壤土	小块状	6.0	25.0	0.71	0.22	2.7	2.0	32			
						C	30—100	棕黄色	壤土	块状	6.5	18.0								
剖12	铁铝土	红壤	黄红壤	砂页岩黄红壤	中层砂页岩黄红壤	A	0—13	棕灰色	重壤土	小块状	5.5	55.0	4.69	0.57	9.0	3.0	44	砂页岩	E 106°40′02.1″ N 23°18′27.1″	78
						B	13—65	暗棕色	重壤土	块状	5.0	50.0	3.98	0.45	10.0	2.5	35			
剖13	初育土	石灰（岩）土	棕色石灰土	耕型棕色石灰土	砾质棕泥土	A	0—14	黄棕色	砾质砂质壤土	小块状	7.0	35.0	1.28	0.80	6.7	3.5	45	石灰岩	E 106°35′57.1″ N 23°17′03.3″	100
						B	14—100	黄棕色	重壤土	小块状	6.5	30.0	1.30	0.70	6.5	3.0	45			
剖14	人为土	水稻土	淹育水稻土	洪积性淹育土	合砾砂泥田	A	0—12	棕灰色	砂质壤土	小块状	6.5	35.0	2.33	0.51	8.9	5.0	56	洪积物	E 106°44′12.6″ N 23°14′32.2″	91
						P	12—16	棕灰色	壤土	小块状	6.0	35.0	2.41	0.69	8.8	4.0	35			
						Cw	16—20	灰棕色	壤土	块状	5.5	30.0	3.30	0.70	6.9	4.0	40			
						C	20—100	灰黄色	黏壤土	小块状	5.0	48.5	2.50	0.61	7.1	3.0	35			
剖15	铁铝土	红壤	黄红壤	砂页岩黄红壤	厚层砂页岩黄红壤	A	0—25	浅黄色	重壤土	小块状	5.0	30.0	7.85	0.66	19.7	2.0	40	砂页岩	E 106°41′34.2″ N 23°08′07.2″	93
						B	25—100	红黄色	重壤土	块状	5.6		2.10	0.32	14.3	2.0	43			

续表 Continued

剖面号 Soil profile	土纲 Soil order	土类 Soil great group	亚类 Soil subgroup	土属 Soil genus	土种 Soil species	土层码 Layer code	土层厚度 Depth/cm	颜色 Soil color	质地 Soil texture	土壤结构 Soil structure	pH	有机质 OM/(g/kg)	全氮 TN/(g/kg)	全磷 TP/(g/kg)	全钾 TK/(g/kg)	有效磷 AP/(mg/kg)	速效钾 AK/(mg/kg)	土壤母质 Parent material	剖面点坐标 Profile coordinate	匹配指数 Matching index/%
剖16	人为土	水稻土	潴育水稻土	冲积性潴育水稻土	潴育潮砂田	A	0—15	棕灰色	砂质土	粒状	6.5	30.0	1.33	0.52	9.0	5.0	38	河流冲积物	E 106°44′17.5″ N 23°06′46.3″	94
						P	15—20	棕灰色	砂壤土	细粒状	6.5	25.0	1.10	0.38	9.5	5.0	30			
						W	20—100	灰黄色	砂壤土	粒状	7.0	20.1	0.45	0.11	3.0	4.0	25			

那 坡 县

主要土类说明

红壤是那坡县主要土壤类型，占本县地域面积的 34%。红壤主要发生于亚热带常绿阔叶林下，呈中度脱硅富铝化特征，土壤黏粒中游离铁占全铁的 50%—60%。黏土矿物以高岭石、赤铁矿为主，黏粒硅铝率为 1.8—2.4，风化淋溶系数小于 0.2，盐基饱和度小于 35%，pH 为 4.5—5.5。红壤具深厚红色土层，淀积层（B层）底层可见具深厚红、黄、白相间网纹的红色黏土。本县红壤分为红壤、黄红壤等亚类。

石灰（岩）土是那坡县第二大土壤类型，占本县地域面积的 27%。石灰（岩）土发生于热带、亚热带石灰岩山区，是石灰岩经溶蚀风化，形成的厚薄不同的钙质饱和或含游离钙质的土壤，多见于石隙、溶洞或峰丛底部。该土壤碳酸钙淋溶程度不一，多黏土，多为铁钙质胶结物，风化程度不一，盐基饱和度高，有机质含量及胶结状态有较大差异。本县石灰（岩）土分为棕色石灰土、黑色石灰土等亚类。

黄壤是那坡县第三大土壤类型，占本县地域面积的 19%，一般分布于海拔 1200m 以上的山地，但因植被、坡向不同，其分布高度亦有差异。表土层之上为有机残落物（半分解层），心土层为黄色，底土层为半风化岩石碎屑，土壤酸性至强酸性。本县黄壤分为黄壤、粗骨性黄壤等亚类。

赤红壤占那坡县地域面积的 14%。赤红壤主要发生于南亚热带季雨林下，其脱硅富铝化程度仅次于砖红壤，强于红壤。铁的游离度介于二者之间，黏粒硅铝率为 1.7—2.0，风化淋溶系数为 0.05—0.15，盐基饱和度为 15%—25%，pH 为 4.5—5.5。淀积层（B层）富含铁铝氧化物，呈赤红色。本县赤红壤只有赤红壤一个亚类。

水稻土占那坡县地域面积的 4%。水稻土是在长期季节性淹灌、水下翻耕、季节性脱水、氧化还原交替影响下，原来成土母质或母土的特性发生重大改变，形成的新的土壤类型。由于干湿交替，水稻土形成糊状淹育层、较坚实板结的犁底层、渗育层、潴育层与潜育层等多种发生层。这些不同发生层段是在人为耕作、水浆管理下形成的。本县水稻土包括淹育型、潴育型、潜育型、沼泽型、盐渍型等亚类。

小于本县地域面积 3% 的土壤类型还有粗骨土和红黏土等。

本区域中心区气候特征

本区域中心区气候特征值
Regional climate characteristics in central area of the region

气候带：南亚热带湿润气候 Climate region: South subtropical humid climate	
年平均气温 /℃ Annual average temperature /℃	21.2
年平均最高气温 /℃ Annual average maximum temperature /℃	26.7
年平均最低气温 /℃ Annual average minimum temperature /℃	17.6
年降水量 /mm Annual precipitation /mm	1095
≥10℃的积温 /℃ Daily temperature accumulated in a year（≥10℃）/℃	7682
年日照时数 /h Annual sunshine /h	1764
年平均相对湿度 /% Annual average relative humidity /%	77
干燥度 Dryness	1.14

本区域中心区月平均气温与月平均降水量
Monthly temperature and precipitation in central area of the region

那坡县主要土壤类型与土壤剖面点分布图
1 : 280 000

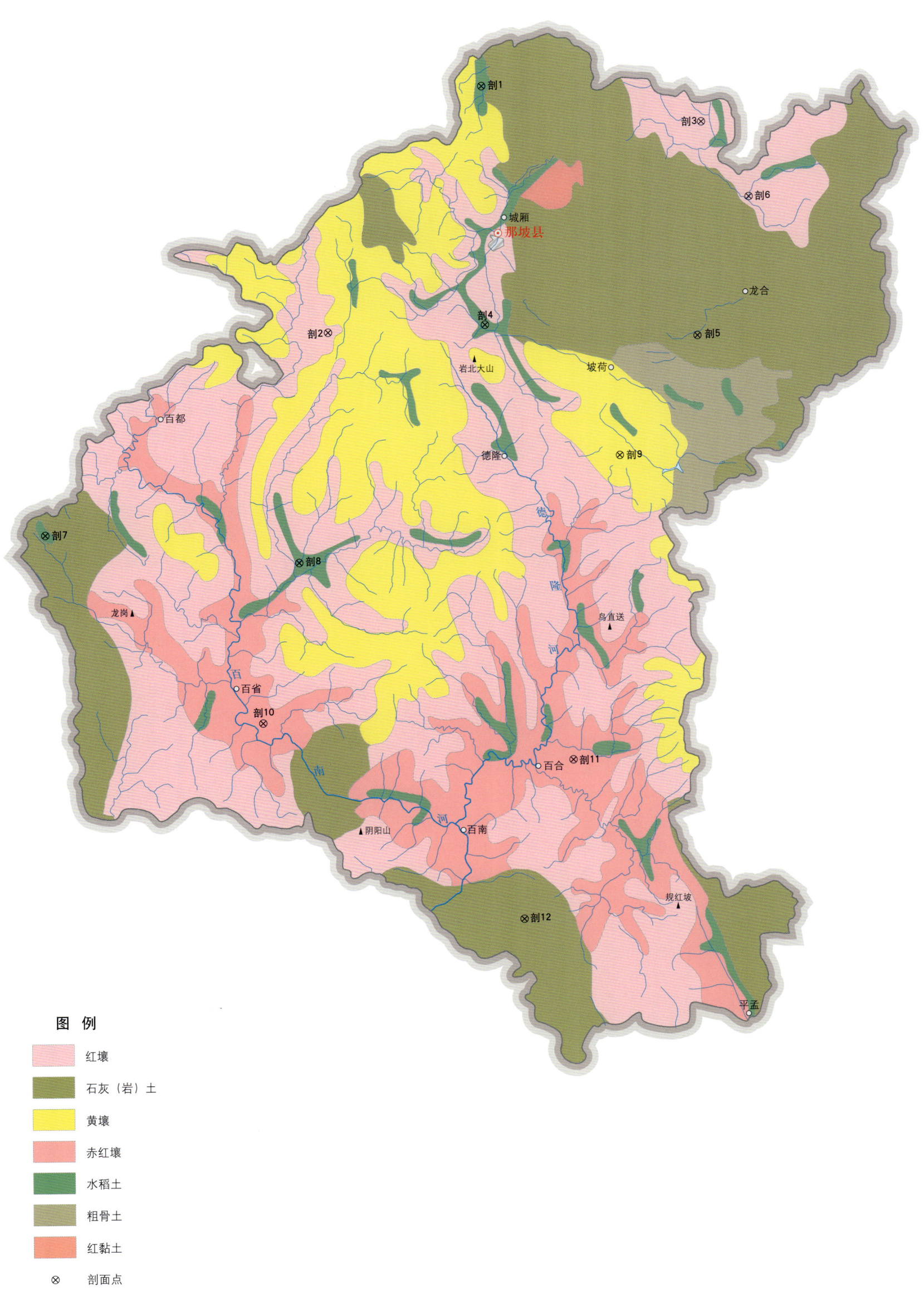

那坡县土壤剖面理化性状表

剖面号 Soil profile	土纲 Soil order	土类 Soil great group	亚类 Soil subgroup	土属 Soil genus	土种 Soil species	土层码 Layer code	土层厚度 Depth/cm	颜色 Soil color	质地 Soil texture	土壤结构 Soil structure	pH	有机质 OM/(g/kg)	全氮 TN/(g/kg)	全磷 TP/(g/kg)	全钾 TK/(g/kg)	有效磷 AP/(mg/kg)	速效钾 AK/(mg/kg)	土壤母质 Parent material	剖面点坐标 Profile coordinate	匹配指数 Matching index/%
剖1	人为土	水稻土	潴育水稻土	洪积性潴育水稻土	洪积潴育砂泥田	A	0—14	棕灰色	壤土	小块状	6.4	25.4	1.38	1.07	8.6	45.6	74	洪积物	E 105°49′42.2″ N 23°30′11.9″	96
						P	14—19	浅灰色	壤土	块状	6.8	22.6	1.27	0.94	8.7	45.0	69			
						W	19—100	灰黄棕色	壤土	柱状	8.0	17.1	0.81	2.00	9.9	79.8	79			
剖2	铁铝土	红壤	黄红壤	耕型砂页岩黄红壤	砾质土	A	0—15	暗黄棕色	壤土	小块状	6.7	11.9	1.09	1.62	10.8	9.1	65	砂页岩	E 105°43′36.1″ N 23°21′24.1″	89
						B	15—40	黄黄棕色	壤土	块状	6.8	9.1	0.56	1.69	10.8	12.8	44			
						C	40—100	浅棕色	壤土	块状	6.7	6.1	0.37	1.98	10.6	19.1	46			
剖3	铁铝土	红壤	黄红壤	耕型砂页岩黄红壤	砂质黄泥土	A	0—14	浅黄棕色	轻黏土	小块状	5.1	20.3	1.26	0.45	12.9	2.3	67	砂页岩	E 105°58′16.6″ N 23°28′51.7″	96
						B	14—35	黄黄棕色	轻黏土	块状	4.9	17.8	1.29	0.40	13.3	1.0	51			
						C	35—100	红棕色	轻黏土	块状	4.9	15.6	1.22	0.53	14.5	0.2	35			
剖4	人为土	水稻土	潴育水稻土	砂页岩潴育水稻土	潴育砂泥田	A	0—17	黄灰色	重壤土	棱柱状	5.4	35.2	1.94	0.55	13.9	7.5	96	砂页岩	E 105°49′44.4″ N 23°21′37.8″	86
						P	17—25	暗黄棕色	重壤土	棱柱状	6.4	12.7	0.83	0.48	14.6	4.8	30			
						W	25—71	黄黄棕色	重壤土	棱柱状	5.8	22.5	1.32	0.43	13.6	9.8	68			
						B	71—100	灰黄棕色	轻石质中壤土	棱柱状	5.8	22.7	0.53	0.49	13.7	6.7	30			
剖5	初育土	石灰（岩）土	棕色石灰土	棕色石灰土	含砂棕色石灰土	Ao	0—2	黑色	壤土	小块状		74.8	3.52	0.26	40.7	2.8	54		E 105°58′02.3″ N 23°21′10.8″	92
						A	2—21	暗棕色	壤土	小块状	6.2	15.7	0.68	0.20	48.1		28			
						B_1	21—75	灰黄色	壤土	柱状	6.2									
						B_2	75—100	黄棕色	壤土	柱状	6.4	13.8	0.69	0.10	46.9		36			
剖6	铁铝土	红壤	黄红壤	耕型砂页岩黄红壤	黄泥土	A	0—14	浅红黄色	中壤土	小块状	5.0	24.7	1.29	1.08	0.8	3.4	45	砂页岩	E 106°00′06.5″ N 23°26′09.2″	97
						B_1	14—40	红黄色	中壤土	块状	4.7	18.9	1.12	0.82	0.8	1.4	37			
						B_2	40—100	黄棕色	重壤土	块状	5.2	8.4	0.73	0.58	0.9		24			
剖7	人为土	水稻土	潴育水稻土	棕色石灰土潴育水稻土	潴育棕泥田	A	0—16	棕色	轻黏土	小块状	7.3	41.8	2.51	2.26	9.5	54.9	78	石灰岩风化物	E 105°32′28.2″ N 23°14′12.1″	80
						P	16—23	暗棕色	轻黏土	块状	7.8	34.4	2.44	2.15	10.7	63.5	52			
						W	23—74	暗棕色	轻黏土	块状	7.9	29.9	1.69	2.04	10.8	26.3	45			
						C	74—100	暗棕色	重黏土	块状	7.8	5.0	0.80	1.32	16.4	26.5	68			
剖8	人为土	水稻土	潴育水稻土	冲积性潴育水稻土	潴育潮泥田	A	0—12	暗黄棕色	轻黏土	小块状	5.4	31.1	1.98	1.02	16.6	14.8	45	河流冲积物	E 105°42′22.3″ N 23°13′08.8″	97
						P	12—17	暗黄棕色	轻黏土	块状	5.7	28.2	1.80	1.21	16.5	14.3	34			
						W	17—69	红黄色	轻黏土	棱柱状	7.9	14.0	1.02	0.74	16.3	9.0	33			
						C	69—100	浅棕红色	轻黏土	块状	8.1	12.8	0.87	0.65	15.0	9.6	30			
剖9	铁铝土	黄壤		砂页岩黄壤	厚层砂页岩黄壤	Ao	0—1												砂页岩	E 105°54′56.9″ N 23°16′54.2″	72
						A	1—11	浅灰色	壤土	小块状	4.0	114.0	4.14	0.50	14.9	8.3	76			
						B_1	11—28	灰黄色	壤土	块状	4.0	57.5	1.93	0.29	12.2	2.4	43			
						B_2	28—110	黄色	壤土	块状	5.0	15.8	0.80	0.18	7.0	1.0	18			
剖10	铁铝土	赤红壤	赤红壤	砂页岩赤红壤	中层砂页岩赤红壤	A	0—14	暗黄棕色	壤土	小块状	5.3	24.3	1.24	0.52	10.3	1.7	54	砂页岩	E 105°40′53.7″ N 23°07′23.1″	97
						B	14—43	红黄色	壤土	块状	4.8	8.9	0.59	0.60	10.5	0.2	26			
						C	43—70	浅棕红色	壤土	块状	4.9	5.8	0.53	0.48	14.7		25			
						D	70—													
剖11	铁铝土	赤红壤	赤红壤	砂页岩赤红壤	薄层砂页岩赤红壤	A	0—17	黄黄棕色	壤土	块状	4.7	27.1	1.62	0.44	18.2	2.0	38	砂页岩	E 105°52′58.6″ N 23°05′57.9″	76
						B	17—36	浅黄棕色	轻黏土	块状	4.7	18.5	1.33	1.17	19.7	0.3	32			
						D	36—													
剖12	初育土	石灰（岩）土	棕色石灰土	棕色石灰土	棕色石灰土	Ao	0—0.2	暗棕色	重壤土	块状	6.7	168.1	10.03	2.16	6.9	3.2	82		E 105°50′59.1″ N 23°00′14.4″	96
						A	0.2—12	棕色	轻黏土	块状	7.5	80.7	6.12	2.06	8.1	1.5	53			
						B_1	12—32	暗棕色	中黏土	块状										
						B_2	32—68	暗红棕色		块状	6.6	33.7	2.23	1.92	9.8	3.2	51			

凌 云 县

主要土类说明

红壤是凌云县主要土壤类型，占本县地域面积的 42%。红壤主要发生于亚热带常绿阔叶林下，呈中度脱硅富铝化特征，土壤黏粒中游离铁占全铁的 50%—60%。黏土矿物以高岭石、赤铁矿为主，黏粒硅铝率为 1.8—2.4，风化淋溶系数小于 0.2，盐基饱和度小于 35%，pH 为 4.5—5.5。红壤具深厚红色土层，淀积层（B 层）底层可见具深厚红、黄、白相间网纹的红色黏土。

石灰（岩）土是凌云县第二大土壤类型，占本县地域面积的 35%。石灰（岩）土发生于本县石灰岩山区，是石灰岩经溶蚀风化，形成的厚薄不同的钙质饱和或含游离钙质的土壤，多见于石隙、溶洞或峰丛底部。该土壤碳酸钙淋溶程度不一，多黏土，多为铁钙质胶结物，风化程度不一，盐基饱和度高，有机质含量及胶结状态有较大差异。

黄壤是凌云县第三大土壤类型，占本县地域面积的 17%。黄壤中度脱硅富铝化，多见于海拔 700—1200m 的山区。土壤有机质累积较多，具 O–A–AB–B–C 剖面构型。pH 为 4.5—5.5。淀积层（B 层）富含水合氧化铁（针铁矿），呈黄色，有时多含三水铝石。

赤红壤占凌云县地域面积的 5%。赤红壤主要发生于南亚热带季雨林下，其脱硅富铝化程度仅次于砖红壤，强于红壤。铁的游离度介于二者之间，黏粒硅铝率为 1.7—2.0，风化淋溶系数为 0.05—0.15，盐基饱和度为 15%—25%，pH 为 4.5—5.5。淀积层（B 层）富含铁铝氧化物，呈赤红色。

小于本县地域面积 3% 的土壤类型还有水稻土和潮土等。

本区域中心区气候特征

本区域中心区气候特征值
Regional climate characteristics in central area of the region

气候带：南亚热带湿润气候 Climate region: South subtropical humid climate	
年平均气温 /℃ Annual average temperature /℃	20.4
年平均最高气温 /℃ Annual average maximum temperature /℃	25.6
年平均最低气温 /℃ Annual average minimum temperature /℃	17.0
年降水量 /mm Annual precipitation /mm	1189
≥10℃的积温 /℃ Daily temperature accumulated in a year（≥10℃）/℃	7387
年日照时数 /h Annual sunshine /h	1555
年平均相对湿度 /% Annual average relative humidity /%	77
干燥度 Dryness	1.03

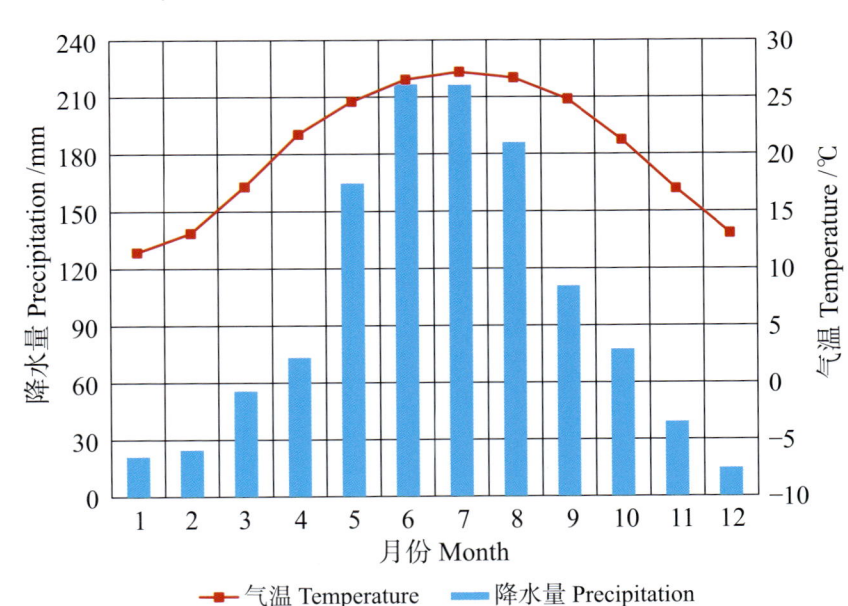

本区域中心区月平均气温与月平均降水量
Monthly temperature and precipitation in central area of the region

凌云县主要土壤类型与土壤剖面点分布图
1 : 260 000

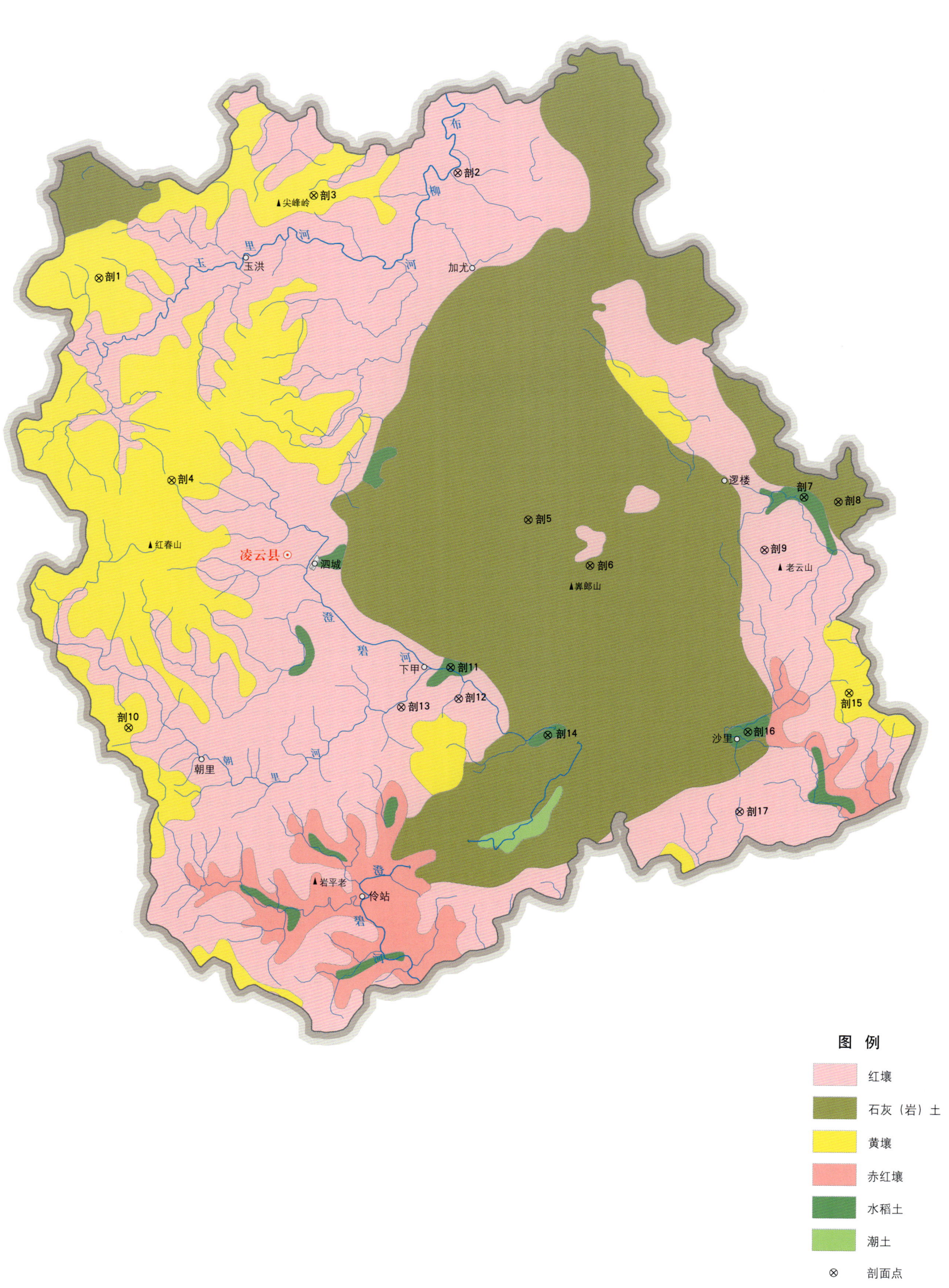

图 例

- 红壤
- 石灰（岩）土
- 黄壤
- 赤红壤
- 水稻土
- 潮土
- ⊗ 剖面点

凌云县土壤剖面理化性状表

剖面号 Soil profile	土纲 Soil order	土类 Soil great group	亚类 Soil subgroup	土属 Soil genus	土种 Soil species	土层码 Layer code	土层厚度 Depth/cm	颜色 Soil color	质地 Soil texture	土壤结构 Soil structure	pH	有机质 OM/(g/kg)	全氮 TN/(g/kg)	全磷 TP/(g/kg)	全钾 TK/(g/kg)	有效磷 AP/(mg/kg)	速效钾 AK/(mg/kg)	土壤母质 Parent material	剖面点坐标 Profile coordinate	匹配指数 Matching index/%
剖1	铁铝土	黄壤	黄壤	砂页岩黄壤	中层砂页岩黄壤	Ao	0~1.5	黑色	黏壤土	粒状	4.0							砂页岩	E 106°26′26.5″ N 24°30′05.4″	77
						A	1.5~5.5	黑色	黏壤土	小块状	4.5									
						3	5.5~23	黄棕色	黏壤土	块状	4.5									
						C	23~70	黄色	壤土	块状	4.8	27.6	1.12	0.43	14.4	1.2	92			
剖2	铁铝土	红壤	红壤	砂页岩红壤	厚层砂页岩红壤	A	0~10	浅棕色	壤土	块状	4.6	11.4	0.87	0.36	17.7			砂页岩	E 106°39′10.8″ N 24°33′25.6″	75
						2	10~60	浅棕红色	壤土	块状	4.8	6.7	0.77	0.35	20.4					
						C	60~100	浅红色	壤土	粒状	4.8									
剖3	铁铝土	黄壤	黄壤	砂页岩黄壤	厚层砂页岩黄壤	A	0~6	暗棕灰色	壤土	小块状	5.0	27.3	4.53	0.55	12.2	痕迹	203	砂页岩	E 106°34′04.5″ N 24°32′43.9″	86
						2	6~30	黄红色	壤土	块状	5.5	9.5	1.53	0.40	13.1					
						C	30~100	黄色	壤土				0.88	0.26						
剖4	铁铝土	黄壤	黄壤	砂页岩黄壤	薄层砂页岩黄壤	A	0~15	暗棕灰色	壤土	小块状	4.0	87.4	3.62	0.59	20.5			砂页岩	E 106°28′58.8″ N 24°23′32.3″	73
						2	15~38	黄棕色	壤土	块状	4.5	26.2	1.66	0.46	13.1					
剖5	初育土	石灰（岩）土	棕色石灰土	棕色石灰土	含砂棕色石灰土	A	0~20	棕灰色	砂壤土	大块状	7.0							砂页岩	E 106°41′36.5″ N 24°22′11.1″	81
						2	20~100	浅棕灰色	砂壤土	大块状	6.5									
剖6	初育土	石灰（岩）土	棕色石灰土	耕型棕色石灰土	砾石棕泥土	A	0~13	棕灰色	黏壤土	小块状	6.0	49.4	2.52	1.09	5.8	2.0	20			71
						2	13~47	灰棕色	黏壤土	块状	5.6	48.3	2.15	1.09	5.8					
						C	47~80	浅棕灰色	砂壤土	块状	5.9	34.2	1.89	1.16	8.2					
剖7	人为土	潴育水稻土	砂页岩潴育水稻土	潴育砂泥田		A	0~13	浅棕灰色	壤土	小团块状	4.8	50.2	2.80	0.31	12.5	痕迹	60	砂页岩	E 106°43′47.3″ N 24°20′40.9″	80
						P	13~17	浅棕灰色	壤土	块状	5.3	30.0	2.28	0.41	12.1					
						W_1	17~34	浅棕黄色	壤土	棱柱状	7.4	12.0	0.91	0.48	11.4					
						W_2	34~48	灰黄色	壤土	块状	7.8	7.4	0.69	0.49	11.6					
						C	48~100	浅棕红色	壤土	块状	7.8	6.9	0.65	0.47	11.6					
剖8	初育土	石灰（岩）土	棕色石灰土	棕色石灰土	棕色石灰土	A	0~13	灰棕色	黏壤土	块状	7.8	33.5	1.95	0.65	7.2				E 106°51′23.1″ N 24°22′50.7″	99
						2	13~34	棕色	黏壤土	块状	7.1	45.0	2.24	0.71	7.2					
						C	34~100	红棕色	黏土	大块状	7.7	39.7	2.52	2.03	9.1					
剖9	铁铝土	黄红壤	黄红壤	砂页岩黄红壤	厚层砂页岩黄红壤	A	0~20	浅棕色	壤土	小块状	4.7	48.1	1.96	0.46	11.5	4.2	81	砂页岩	E 106°52′35.6″ N 24°22′41.3″	100
						2	20~39	浅黄色	壤土	块状	4.5	23.2	1.35	0.23	12.1					
						C	39~100	黄棕色	壤土	块状	5.1	11.0	1.06	0.29	13.7					
剖10	黄壤	黄壤	黄壤	耕型砂页岩黄壤	砾质黄壤	A	0~12	灰棕色	壤土	粒状	5.7	43.2	2.55	0.88	25.6	1.0	130	砂页岩	E 106°49′58.1″ N 24°21′08.6″	79
						2	12~40	黄棕色	壤土	块状	5.7	32.4	2.14	0.77	25.6					
						C	40~80	灰棕色	黏壤土	块状	5.6	17.6	1.57	0.59	22.3					
						D	80~													
剖11	人为土	潴育水稻土	洪积性潴育水稻土	洪积潴育砂泥田		A	0~17	浅灰色	黏壤土	小块状	5.6	45.2	2.24	0.53	12.9		30	洪积物	E 106°27′25.2″ N 24°15′31.7″	90
						P	17~24	浅棕色	壤土	柱状	5.8	37.1	2.03	0.43	12.8					
						W	24~48	浅棕灰色	壤土	棱柱状	6.0	21.3	1.29	0.23	12.6					
						WC	48~66	浅灰色	壤土	棱柱状	6.0	11.6	0.83	0.19	15.1					
						C	66~100	浅黄色	壤土	块状	5.7	15.9	0.67	0.60	15.5	7.5				
剖12	铁铝土	红壤	黄红壤	砂页岩黄红壤	薄层砂页岩黄红壤	A	0~7	暗黄棕色	壤土	小块状	4.8	46.9	2.50	0.47	16.6			砂页岩	E 106°39′06.1″ N 24°16′25.0″	98
						2	7~24	浅黄棕色	壤土	块状	4.8	23.3	1.35	0.48	20.7					
						C	24~38	浅黄红色	壤土	块状	5.0	7.1	0.84	0.46	48.5					
剖13	铁铝土	红壤	红壤	砂页岩红壤	薄层砂页岩红壤	A	0~9	灰棕色	壤土	小块状	5.0							砂页岩	E 106°37′04.4″ N 24°16′09.1″	90
						2	9~34	红棕色	壤土	块状	5.0									

续表 Continued

剖面号 Soil profile	土纲 Soil order	土类 Soil great group	亚类 Soil subgroup	土属 Soil genus	土种 Soil species	土层码 Layer code	土层厚度 Depth/cm	颜色 Soil color	质地 Soil texture	土壤结构 Soil structure	pH	有机质 OM/(g/kg)	全氮 TN/(g/kg)	全磷 TP/(g/kg)	全钾 TK/(g/kg)	有效磷 AP/(mg/kg)	速效钾 AK/(mg/kg)	土壤母质 Parent material	剖面点坐标 Profile coordinate	匹配指数 Matching index/%
剖14	人为土	水稻土	潴育水稻土	棕色石灰土潴育水稻土	潴育棕泥田	A	0—18	浅灰棕色	黏壤土	块状	6.8	24.8	1.56	0.88	8.6	12.0	30	石灰岩风化物	E 106°42′14.8″ N 24°15′13.3″	72
						P	18—23	灰棕色	黏壤土	块状	7.5	21.6	1.40	0.84	7.7					
						W₁	23—45	暗棕色	黏壤土	棱柱状	7.7	18.2	1.15	0.75	6.9					
						W₂	45—70	暗棕色	黏壤土	棱柱状	7.7	13.9	1.00	0.98	6.3					
						C	70—100	暗黄棕色	黏壤土	块状	7.7	13.9	1.99	0.85	6.3					
剖15	铁铝土	黄壤	黄壤	砂页岩黄壤	壤质黄壤	A	0—9	暗黄棕色	壤土	小块状	5.4	68.4	3.83	1.07	16.5		90	砂页岩	E 106°52′55.1″ N 24°16′30.6″	93
						2	9—40	浅棕色	壤土	小块状	5.4	13.4	1.27	1.23	19.6	痕迹				
						C	40—100	浅棕色	黏壤土	小块状	5.3	16.9	1.64	1.16	20.2					
剖16	人为土	水稻土	潴育水稻土	洪积性潴育水稻土	洪积潴育石砾底田	A	0—11	浅棕灰色	壤土	小块状	5.5						80	洪积物	E 106°49′20.3″ N 24°15′16.6″	94
						P	11—16	暗灰黄色	壤土	块状	5.5									
						W	16—28	浅棕黄色	壤土	柱状	6.0									
						C	28—													
剖17	铁铝土	红壤	黄红壤	砂页岩黄红壤	中层砂页岩黄红壤	A	0—11	灰棕色	壤土	小块状	4.7	32.9	1.69	0.44	13.6	2.9		砂页岩	E 106°49′01.6″ N 24°12′41.4″	86
						2	11—36	浅黄红色	壤土	块状	4.8	22.9	1.42	0.35	14.0					
						C	36—70	黄红色	壤土	块状	4.8	12.7	1.20	0.35	15.7					

乐 业 县

主要土类说明

红壤是乐业县主要土壤类型，占本县地域面积的 53%。红壤主要发生于亚热带常绿阔叶林下，呈中度脱硅富铝化特征，土壤黏粒中游离铁占全铁的 50%—60%。黏土矿物以高岭石、赤铁矿为主，黏粒硅铝率为 1.8—2.4，风化淋溶系数小于 0.2，盐基饱和度小于 35%，pH 为 4.5—5.5。红壤具深厚红色土层，淀积层（B 层）底层可见具深厚红、黄、白相间网纹的红色黏土。本县红壤分为红壤、黄红壤等亚类。

黄壤是乐业县第二大土壤类型，占本县地域面积的 25%。黄壤中度脱硅富铝化，多见于本县海拔 700—1200m 的山区。土壤有机质累积较多，具 O-A-AB-B-C 剖面构型。pH 为 4.5—5.5。淀积层（B 层）富含水合氧化铁（针铁矿），呈黄色，有时多含三水铝石。多为林地，间亦耕种。本县黄壤只有黄壤一个亚类。

石灰（岩）土是乐业县第三大土壤类型，占本县地域面积的 21%。石灰（岩）土发生于本县石灰岩山区，是石灰岩经溶蚀风化，形成的厚薄不同的钙质饱和或含游离钙质的土壤，多见于石隙、溶洞或峰丛底部。该土壤碳酸钙淋溶程度不一，多黏土，多为铁钙质胶结物，风化程度不一，盐基饱和度高，有机质含量及胶结状态有较大差异。本县石灰（岩）土分为黑色石灰土、棕色石灰土等亚类。

小于本县地域面积 3% 的土壤类型还有水稻土等。

本区域中心区气候特征

本区域中心区气候特征值
Regional climate characteristics in central area of the region

气候带：南亚热带湿润气候 Climate region: South subtropical humid climate	
年平均气温 /℃ Annual average temperature /℃	19.6
年平均最高气温 /℃ Annual average maximum temperature /℃	24.6
年平均最低气温 /℃ Annual average minimum temperature /℃	16.2
年降水量 /mm Annual precipitation /mm	1232
≥10℃的积温 /℃ Daily temperature accumulated in a year（≥10℃）/℃	7108
年日照时数 /h Annual sunshine /h	1487
年平均相对湿度 /% Annual average relative humidity /%	77
干燥度 Dryness	0.95

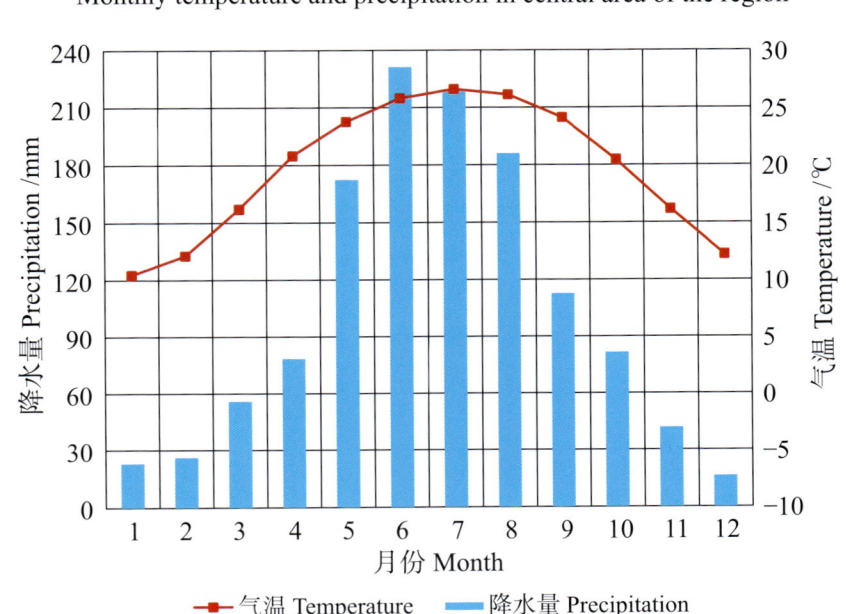

本区域中心区月平均气温与月平均降水量
Monthly temperature and precipitation in central area of the region

乐业县主要土壤类型与土壤剖面点分布图
1 : 330 000

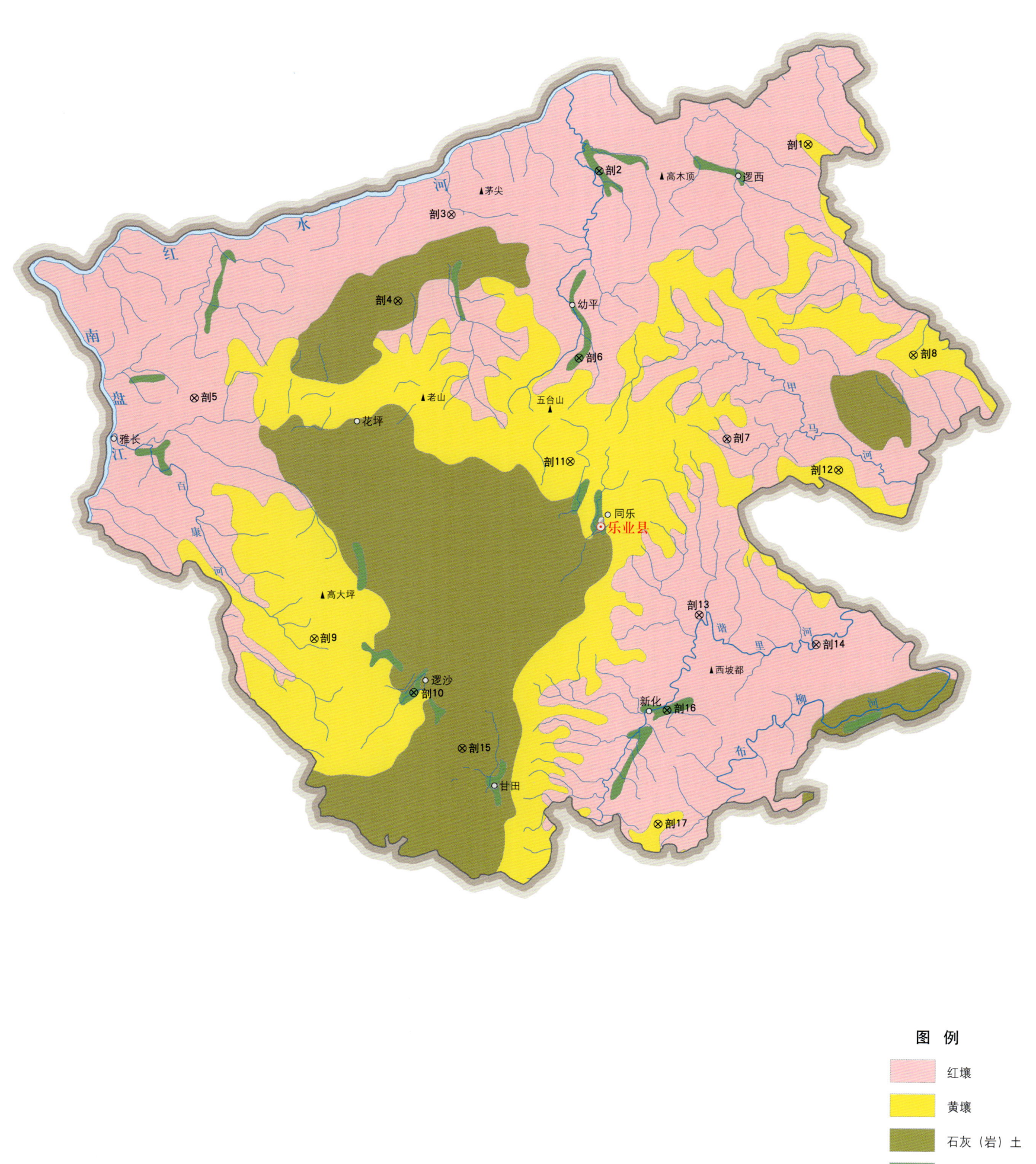

图 例

- 红壤
- 黄壤
- 石灰（岩）土
- 水稻土
- ⊗ 剖面点

乐业县土壤剖面理化性状表

剖面号 Soil profile	土纲 Soil order	土类 Soil great group	亚类 Soil subgroup	土属 Soil genus	土种 Soil species	土层码 Layer code	土层厚度 Depth/cm	颜色 Soil color	质地 Soil texture	土壤结构 Soil structure	pH	有机质 OM/(g/kg)	全氮 TN/(g/kg)	全磷 TP/(g/kg)	全钾 TK/(g/kg)	有效磷 AP/(mg/kg)	速效钾 AK/(mg/kg)	土壤母质 Parent material	剖面点坐标 Profile coordinate	匹配指数 Matching index/%
剖1	铁铝土	黄壤	黄壤	耕型砂页岩黄壤	砂质黄壤	A	0—14	灰黄棕色	砂壤土	小团块状	6.5							砂页岩	E 106°42′34.6″ N 25°02′11.7″	70
						B	14—65	灰棕色	砂壤土	小块状	6.0									
						C	65—100	暗灰棕色	砂壤土	小块状	6.0									
剖2	人为土	水稻土	潴育水稻土	砂页岩潴育水稻土	潴育砂泥肉田	A	0—16	暗黄棕色	壤土	块状	6.5	41.2	2.68	0.35	13.4			砂页岩	E 106°33′24.1″ N 25°01′12.4″	81
						P	16—27	暗黄棕色	壤土	块状	6.5	29.5	1.98	0.23	13.2	6.0	60			
						W	27—80	灰黄棕色	壤土	柱状	6.5	22.5	1.47	0.22	12.2					
						C	80—100													
剖3	铁铝土	红壤	红壤	砂页岩红壤	厚层砂页岩黄红壤	A	0—10	浅黄棕色	黏壤土	小团块状	4.6	21.5	1.07	0.28	14.5	痕迹		砂页岩	E 106°26′55.1″ N 24°59′30.6″	83
						A₂	10—22	浅黄棕色	壤土	块状	4.7	12.7	0.79	0.26	15.2					
						B	22—40	浅红色	壤土	块状	6.5									
						C	40—100	暗黄红色	壤土	块状	6.5									
剖4	初育土	石灰(岩)土	棕色石灰土	棕色石灰土	棕色石灰土	A	0—5	灰黑色	黏壤土	粒状	8.0							砂页岩	E 106°24′34.2″ N 24°56′03.8″	100
						B	5—20	黄棕色	黏土	小块状	8.5									
						C	20—100	棕色	黏土	块状	8.7									
剖5	铁铝土	红壤	黄红壤	砂页岩黄红壤	中层砂页岩黄红壤	A	0—5	灰棕色	壤土	块状	6.0							砂页岩	E 106°15′38.2″ N 24°52′14.3″	91
						C	5—60	浅红黄色	黏土	块状	5.5									
剖6	人为土	水稻土	潴育水稻土	砂页岩潴育水稻土	潴育砂泥田	A	0—14	暗黄棕色	壤土	小块状	6.0	29.1				28.0	108	砂页岩	E 106°32′29.0″ N 24°53′45.2″	73
						P	14—18	暗灰黄色	壤土	棱柱状	6.5									
						W	18—34	棕色	壤土	大块状	7.0									
						C	34—60	浅黄棕色	壤土	块状	7.3									
剖7	铁铝土	红壤	黄红壤	砂页岩黄红壤	薄层砂页岩黄红壤	A	0—11	暗黄棕色	壤土	块状	5.0				11.3			砂页岩	E 106°38′56.8″ N 24°50′30.5″	79
						C	11—39	浅黄棕色	壤土	粒状	5.5				11.3					
剖8	铁铝土	黄壤	黄壤	砂页岩黄壤	中层砂页岩黄壤	A	0—12	黑棕色	壤土	粒状	6.5							砂页岩	E 106°47′07.4″ N 24°53′47.0″	100
						B	12—40	暗棕灰色	壤土	小块状	7.0									
						C	40—70	浅灰黄色	壤土	块状	6.0									
剖9	铁铝土	黄壤	黄壤	砂页岩黄壤	厚层砂页岩黄壤	Ao	0—5	黑棕色	壤土	小块状	5.5	78.7	3.28	0.51	12.2	痕迹		砂页岩	E 106°20′51.4″ N 24°42′37.8″	98
						A	5—15	黑棕色	壤土	粒状	5.5	60.1	0.26	0.40	12.1					
						C	15—100	浅灰黄色	壤土	小块状	5.4	37.0	2.08	0.42	13.8					
剖10	人为土	水稻土	潴育水稻土	洪积性潴育水稻土	洪积潴育砂泥田	A	0—11	浅灰灰色	壤土	小块状	5.1	22.8	1.37	0.39				洪积物	E 106°25′11.3″ N 24°40′28.9″	72
						P	11—17	浅灰棕色	壤土	小块状	5.2	14.1	0.88	0.37						
						W	17—45	灰黄棕色	砂壤土	砂石粒状	6.5									
						C	45—80	灰灰棕色	壤土	小块状	5.2									
剖11	铁铝土	黄壤	黄壤	砂页岩黄壤	薄层砂页岩黄壤	A	0—10	灰棕色	壤土	块状	5.0							砂页岩	E 106°32′04.6″ N 24°49′39.7″	75
						C	10—38	红灰棕色	壤土	小块状	7.3									
剖12	铁铝土	黄壤	黄壤	耕型砂页岩黄壤	砾质黄壤	A	0—10	黑棕色	砂壤土	小块状	6.5							砂页岩	E 106°43′49.1″ N 24°49′14.4″	81
						B	10—17	棕灰色	砂壤土	小块状	7.0									
						C	17—100	棕灰色	壤土	小块状	7.0									
剖13	铁铝土	红壤	黄红壤	砂页岩黄红壤	厚层砂页岩黄红壤	A	0—12	灰灰色	壤土	小块状	5.3	41.6	1.84	0.61	12.7			砂页岩	E 106°37′40.8″ N 24°43′29.9″	96
						B	12—28	黄棕色	壤土	大块状	5.0	20.9	1.00	0.56	11.2					
						C	28—100	黄红色	壤土	大块状	5.0									
剖14	铁铝土	红壤	红壤	砂页岩红壤	中层砂页岩红壤	A	0—13	灰棕色	黏壤土	块状	5.0							砂页岩	E 106°42′47.5″ N 24°42′18.0″	82
						B	13—22	浅红色	黏壤土	块状	5.5									
						C	22—50	暗红色	黏壤土	块状	5.0									

续表 Continued

剖面号 Soil profile	土纲 Soil order	土类 Soil great group	亚类 Soil subgroup	土属 Soil genus	土种 Soil species	土层码 Layer code	土层厚度/cm Depth/cm	颜色 Soil color	质地 Soil texture	土壤结构 Soil structure	pH	有机质 OM/(g/kg)	全氮 TN/(g/kg)	全磷 TP/(g/kg)	全钾 TK/(g/kg)	有效磷 AP/(mg/kg)	速效钾 AK/(mg/kg)	土壤母质 Parent material	剖面点坐标 Profile coordinate	匹配指数/% Matching index/%
剖15	初育土	石灰(岩)土	棕色石灰土	棕色石灰土	含砂棕色石灰土	A	0—13	灰棕色	壤土	块状	7.0								E 106°27′17.4″ N 24°38′15.1″	99
						B	13—35	灰棕色	壤土	块状	6.5									
						C	35—100	黄棕色	壤土	小块状	6.5									
剖16	人为土	水稻土	潴育水稻土	砂页岩潴育水稻土	潴育砂土田	A	0—13	棕灰色	砂壤土	小块状	7.0	30.0	1.76			3.0	90	砂页岩	E 106°36′15.1″ N 24°39′43.9″	98
						P	13—16	暗棕灰色	壤土	小块状	7.0									
						W	16—23	黄棕灰色	砂壤土	块状	7.0									
						C	23—100	黄棕色	砂壤土	块状	7.0									
剖17	铁铝土	黄壤	黄壤	耕型砂页岩黄壤	壤质黄壤	A	0—10	灰棕色	壤土	小块状	5.5	32.9	1.81	0.24	10.7	2.0	148	砂页岩	E 106°35′50.6″ N 24°35′10.7″	77
						B	10—40	浅红黄色	壤土	小块状	6.0	22.8	1.58	0.26	17.0					
						3	40—													

田 林 县

主要土类说明

红壤是田林县主要土壤类型，占本县地域面积的89%，主要分布于北回归线以北，海拔500m左右的低山与丘陵区。红壤呈中度脱硅富铝化特征，土壤黏粒中游离铁占全铁的50%—60%。黏土矿物以高岭石、赤铁矿为主，黏粒硅铝率为1.8—2.4，风化淋溶系数小于0.2，盐基饱和度小于35%，pH为4.5—5.5。红壤具深厚红色土层，淀积层（B层）底层可见具深厚红、黄、白相间网纹的红色黏土。本县红壤区主要生长柑橘、油桐、油茶、茶等。本县红壤分为红壤、黄红壤等亚类。

黄壤是田林县第二大土壤类型，占本县地域面积的4%，分布于本县海拔1200—1800m的中山地带。山地黄壤一般有机质含量较高，不少未经开垦的黄壤表层有0.5—1.0cm厚的半分解残落物有机质层，心土层为黄色，底土层为半风化岩石碎屑，土壤呈酸性。本县黄壤只有黄壤一个亚类。

石灰（岩）土是田林县第三大土壤类型，占本县地域面积的4%。石灰（岩）土发生于热带、亚热带石灰岩山区，是石灰岩经溶蚀风化，形成的厚薄不同的钙质饱和或含游离钙质的土壤，多见于石隙、溶洞或峰丛底部。该土壤碳酸钙淋溶程度不一，多黏土，多为铁钙质胶结物，风化程度不一，盐基饱和度高，有机质含量及胶结状态有较大差异。本县石灰（岩）土只有棕色石灰土一个亚类。

小于本县地域面积3%的土壤类型还有水稻土、赤红壤、新积土和山地草甸土等。

本区域中心区气候特征

本区域中心区气候特征值
Regional climate characteristics in central area of the region

气候带：南亚热带湿润气候 Climate region: South subtropical humid climate	
年平均气温 /℃ Annual average temperature /℃	19.2
年平均最高气温 /℃ Annual average maximum temperature /℃	24.4
年平均最低气温 /℃ Annual average minimum temperature /℃	15.7
年降水量 /mm Annual precipitation /mm	1162
≥10℃的积温 /℃ Daily temperature accumulated in a year (≥10℃) /℃	6972
年日照时数 /h Annual sunshine /h	1640
年平均相对湿度 /% Annual average relative humidity /%	78
干燥度 Dryness	1.00

本区域中心区月平均气温与月平均降水量
Monthly temperature and precipitation in central area of the region

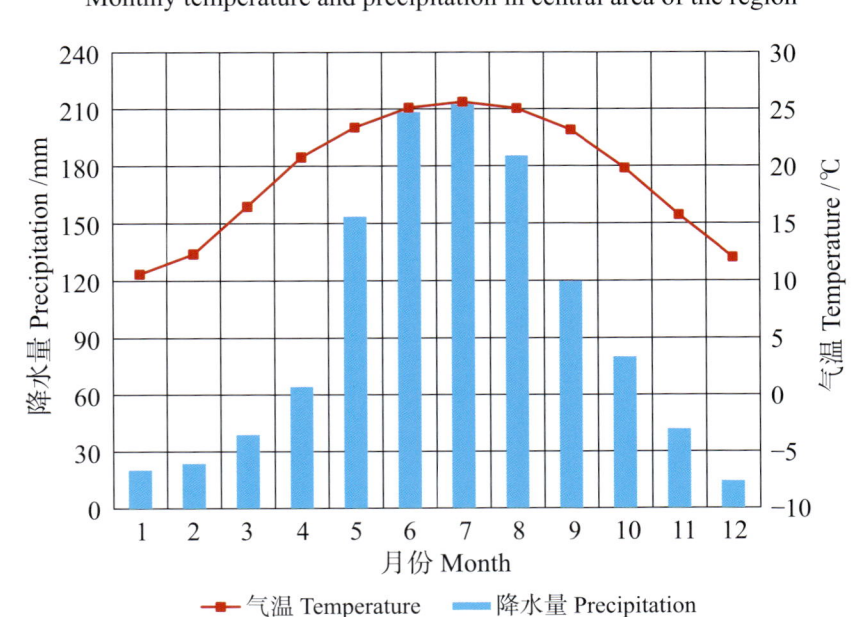

田林县主要土壤类型与土壤剖面点分布图
1:430 000

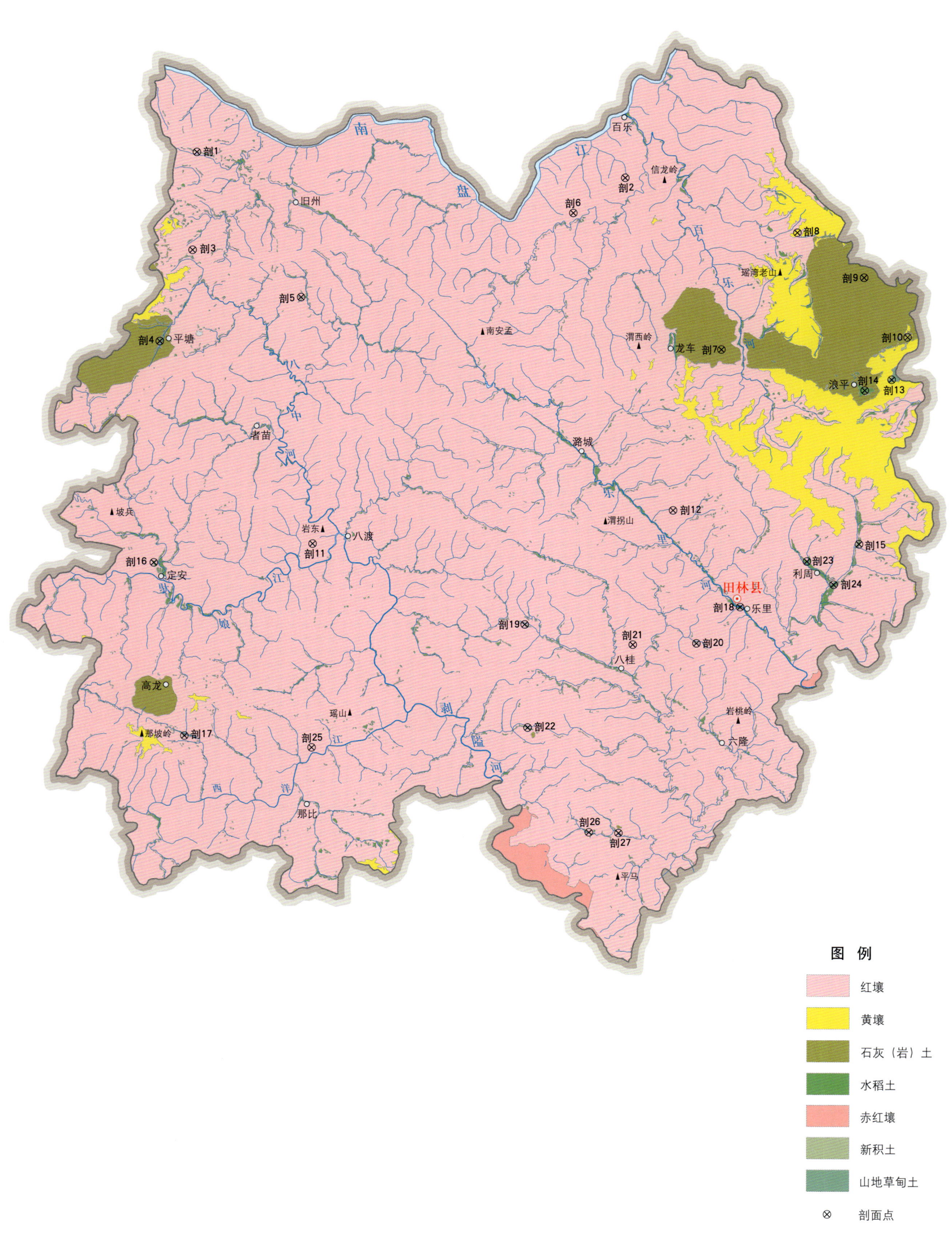

田林县土壤剖面理化性状表

剖面号 Soil profile	土纲 Soil order	土类 Soil great group	亚类 Soil subgroup	土属 Soil genus	土种 Soil species	土层码 Layer code	土层厚度 Depth/cm	颜色 Soil color	质地 Soil texture	土壤结构 Soil structure	pH	有机质 OM/(g/kg)	全氮 TN/(g/kg)	全磷 TP/(g/kg)	全钾 TK/(g/kg)	有效磷 AP/(mg/kg)	速效钾 AK/(mg/kg)	土壤母质 Parent material	剖面点坐标 Profile coordinate	匹配指数 Matching index/%
剖1	人为土	水稻土	潴育水稻土	砂页岩潴育水稻土	潴育砂土田	A	0—12	棕褐色	砂壤土	小块状	6.6	28.3	1.39	0.32	8.2	0.5	29	砂页岩	E 105°42′19.1″ N 24°41′57.5″	75
						P	12—17	灰褐色	壤土	块状、棱柱状	7.7	23.8	1.06	0.22	9.0	1.4	18			
						W	17—58	棕褐色		棱柱状	7.2	7.7	0.49	0.14	6.6	1.0	18			
						WC	58—77	棕灰色			7.5	4.6	0.44	0.22	6.3	1.0	20			
						C	77—100	棕黄色			7.5	2.9	0.26	0.17	7.5	1.0	18			
剖2	铁铝土	红壤	黄红壤	砂页岩黄红壤	薄层砂页岩黄红壤	A	0—9	棕褐色	壤土	块状	6.2	51.7	2.62	0.72	16.5	4.0	75	砂页岩	E 106°07′50.5″ N 24°40′20.6″	92
						C	9—35	黄红色	壤土	块状										
剖3	铁铝土	红壤	黄红壤	耕型砂页岩黄红壤	砂质黄泥土	A	0—16	黄棕色	壤土	块状	6.1	20.0	1.58	0.54	16.7	2.0	25	砂页岩	E 105°42′02.2″ N 24°36′37.1″	70
						B	16—30	黄红色	壤土	块状	5.8	12.2	1.26	0.67	19.0	2.0	23			
						C	30—60	浅黄红色	壤土	块状										
剖4	人为土			碳酸盐渍性水稻土	石灰性潴育田	G	0—14	暗青灰色	黏壤土	稀烂糊状	7.6	76.6	4.86	1.36	7.3	13.0	62		E 105°40′02.6″ N 24°31′41.9″	78
						P	14—19	棕灰褐色	壤土	块状	7.8	76.3	4.70	1.44	7.1	11.0	56			
						W	19—70	棕灰色	壤土	块状	7.8	31.6	2.35	1.35	7.9	8.0	35			
						C	70—100	棕黄色	壤土	块状	8.0	11.5	1.24	1.20	7.7	8.0	58			
剖5	人为土	水稻土	沼泽型水稻土	烂泥田	深泥田	G_1	0—8	浅棕灰色	壤土	稀烂状	6.7	58.6	3.09	0.24	15.9	痕迹	34	砂页岩	E 105°48′28.4″ N 24°34′01.2″	97
						G_2	8—110	青灰色			6.7	59.1	2.96	0.28	14.7	1.0	30			
剖6	铁铝土	红壤	黄红壤	砂页岩黄红壤	厚层砂页岩黄红壤	A	0—18	浅黄褐色	壤土	块状	5.6	21.2	1.79	0.56	17.0	1.0	28	砂页岩	E 106°04′44.4″ N 24°38′27.6″	94
						B	18—38	褐黄褐色	壤土	块状	5.5	9.4	1.30	0.55	19.2	痕迹	21			
						C	38—100	棕黄色	壤土	粒状	5.5	4.6	1.12	0.55	20.0	痕迹	24			
剖7	初育土	石灰（岩）土	棕色石灰土	棕色石灰土	棕色石灰土	A	0—14	黄褐色	黏壤土	粒状	6.6	52.4	3.82	0.78	8.4	4.0	82	砂页岩	E 106°13′29.3″ N 24°30′58.7″	89
						C	14—100	棕色	黏壤土	块状	6.7	16.7	1.58	0.77	9.5	15.0	44			
剖8	铁铝土	黄壤	黄壤	砂页岩黄壤	厚层砂页岩黄壤	A	0—17	棕黄色	壤土	团粒状	5.0	68.4	4.01	0.67	18.4	1.0	55	砂页岩	E 106°18′05.0″ N 24°37′15.2″	100
						B	17—60	黄色	壤土	块状	5.5	5.7	0.76	0.37	21.9	痕迹	12			
						C	60—100	棕黄色	壤土	块状	5.5	9.2	0.77	0.39	24.4	2.0	12			
剖9	初育土	石灰（岩）土	棕色石灰土	耕型棕色石灰土	壤质黄壤	A	0—16	褐棕色	砂壤土	团粒状	5.6	21.2	1.79	0.56				砂页岩	E 106°22′00.8″ N 24°34′47.3″	93
						B	16—70	灰黄棕色	砂壤土	块状										
						C	70—100	褐黄棕色	砂壤土	块状										
剖10	黄壤	黄壤	耕型砂页岩黄壤	壤质黄壤	A	0—14	黄棕色	壤土	块状	4.5	15.5	0.90	0.33	9.0	痕迹	31	砂页岩	E 106°24′34.1″ N 24°31′32.8″	82
						B	14—70	浅黄色	壤土	块状	4.5	8.6	0.58	0.25	10.1	痕迹	21			
						C	70—100	黄色	壤土	块状	4.3	5.9	0.47	0.27	10.3	痕迹	14			
剖11	铁铝土	红壤	红壤	砂页岩红壤	薄层砂页岩红壤	A	0—21	暗黄棕色	壤土	团粒状	4.2	174.1	5.79	0.45	8.7	37.0	400	砂页岩	E 105°49′04.1″ N 24°20′36.6″	81
						B	21—27	黄红色	壤土	块状	4.2	116.3	4.02	0.29	12.2	9.0	214			
						C	27—35	黄红色	壤土	块状										
剖12	铁铝土	红壤	红壤	耕型砂页岩红壤	红壤土	A	0—11	棕红色	壤土	团粒状	4.5	90.0	2.96	0.29	13.0	5.0	120	砂页岩	E 106°10′31.1″ N 24°22′15.6″	86
						B	11—30	棕红色	壤土	块状	5.5	40.6	1.69	0.17	26.4	4.0	49			
						C_1	30—100	红色												
剖13	半水成土	山地草甸土	山地灌丛草甸土	灌丛草甸土	灌丛草甸土	Ao	0—5	黑棕色	壤土	团粒状	5.1	17.3	0.98	0.58	28.3	4.0	24	砂页岩	E 106°23′35.9″ N 24°29′14.4″	87
						A	5—17	黑棕色	壤土	团块状										
						B	17—35	黑棕色		团块状										
						C_1	35—44													
						C_2	44—55	黄棕色												

续表 Continued

剖面号 Soil profile	土纲 Soil order	土类 Soil great group	亚类 Soil subgroup	土属 Soil genus	土种 Soil species	土层码 Layer code	土层厚度 Depth/cm	颜色 Soil color	质地 Soil texture	土壤结构 Soil structure	pH	有机质 OM/(g/kg)	全氮 TN/(g/kg)	全磷 TP/(g/kg)	全钾 TK/(g/kg)	有效磷 AP/(mg/kg)	速效钾 AK/(mg/kg)	土壤母质 Parent material	剖面点坐标 Profile coordinate	匹配指数 Matching index/%
剖14	人为土	水稻土	潴育水稻土	砂页岩潴育水稻土	潴育砂泥田	A	0—15	棕灰色	壤土	小块状	6.0	27.0	1.48	0.39	11.2	0.2	19	砂页岩残积物	E 106°21′58.3″ N 24°28′40.4″	79
						P	15—25	棕褐色	壤土	块状	6.3	22.4	1.24	0.39	10.6	4.0	14			
						W	25—80	棕褐色	壤土	块状	7.3	9.7	0.70	0.39	9.8	6.6	33			
						WC	80—90	黄灰色	壤土	块状	7.0	6.6	0.53	0.44	10.4	4.0	21			
						C	90—100	棕灰色	壤土	块状	7.2	5.8	0.49	0.25	12.3	4.0	14			
剖15	人为土	水稻土	淹育水稻土	冲积性淹育水稻土	潮砂田	A	0—13	灰黄色	砂壤土	粒状	6.6	10.9	0.52	0.47	12.8	5.5	16	河流冲积物	E 106°21′32.4″ N 24°20′20.0″	93
						P	13—20	棕灰黄色	轻壤土	小块状	6.9	6.1	0.43	0.33	12.8	3.4	23			
						C_1	20—30	灰黄色	轻壤土	粒状	7.0	12.2	0.87	0.37	11.7	5.0	17			
						C_2	30—100	灰黄色	中黏土	小块状	5.8	4.5	0.34	0.47	14.9	4.8	25			
剖16	人为土	水稻土	潜育水稻土	潜底田	浅潜底田	A	0—9	棕灰色	壤土	小块状	5.7	26.7	1.71	0.27	11.7	2.0	60	砂页岩	E 105°39′37.4″ N 24°19′37.9″	99
						G	9—12	青蓝灰色	壤土	块状	5.5	26.1	1.71	0.30	11.7	3.0	38			
						C	12—100	暗灰色	壤土	块状	5.9	24.9	1.72	0.31	11.5	1.0	31			
剖17	人为土	水稻土	淹育水稻土	洪积性淹育水稻土	石子田	A	0—8	棕灰色	砂壤土	小块状	6.3	27.2				2.5	40	洪积物	E 105°41′24.4″ N 24°10′12.0″	89
						P	8—11	浅棕灰色	砂土	块状										
						C	11—70	棕褐灰色	砂质土	小块状										
剖18	人为土	水稻土	潴育水稻土	冲积性潴育水稻土	潴育潮砂田	A	0—14	褐黄色	砂壤土	小块状	5.9	38.7	2.20	0.39	8.5	6.7	31	河流冲积物	E 106°14′27.6″ N 24°16′59.5″	91
						P	14—18	褐黄色	砂壤土	块状	5.9	22.4	1.42	0.35	7.6	12.7	16			
						W	18—45	褐棕灰色	砂壤土	块状	7.3	7.9	0.64	0.23	7.8	1.9	16			
						WC	45—60	砂质土	砂质土	块状										
剖19	人为土	水稻土	潜育水稻土	冷浸田	深浸田	Ag	0—15	棕褐色	壤土	烂泥状	5.8	32.4	1.86	0.40	15.4	3.0	50	砂页岩	E 106°01′39.4″ N 24°16′08.8″	78
						G	15—60	青蓝灰色	壤土	块状	5.8	16.9	1.30	0.41	15.9	3.0	31			
						C	60—100	褐灰色	黏壤土	小块状	6.2	14.5	0.93	0.42	13.4	6.0	41			
剖20	人为土	水稻土	潜育水稻土	潜底田	中潜底田	A	0—14	褐灰色	壤土	稀烂状								砂页岩风化物	E 106°11′50.3″ N 24°15′02.5″	72
						P	14—19	褐灰色	壤土	块状										
						G	19—34	青灰色	壤土	块状										
						C	34—75	棕灰色	壤土	块状										
剖21	铁铝土	红壤	黄红壤	砂页岩黄红壤	中层砂页岩黄红壤	A	0—11	黄棕色	壤土	块状	5.8	37.0	2.12	1.45	15.0	39.0	56	砂页岩	E 106°08′03.1″ N 24°15′00.0″	79
						C	11—70	棕灰色	壤土	块状	5.9	30.6	1.93	1.37	14.2	35.0	41			
剖22	人为土	水稻土	淹育水稻土	洪积性淹育水稻土	含砾砂泥田	A	0—10	黑棕灰色	砂壤土	小块状	7.0	12.4	1.02	0.93	15.1	11.0	72	洪积物	E 106°01′46.6″ N 24°10′31.8″	99
						P	10—13	褐棕色	壤土	块状	7.2	13.8	0.96	0.96	12.8	10.0	57			
						C	13—100	黄棕色	壤土	块状	7.2	6.5	0.94	0.80	16.2	6.0	54			
剖23	人为土	水稻土	沼泽型水稻土	烂速田	浅速田	G	0—60	青灰色	壤土	团粒状	4.3	24.1	1.43	0.33	12.9	1.0	56	洪积物	E 106°18′27.4″ N 24°19′26.0″	94
						C	60—100	浅灰棕色	壤土	块状										
剖24	人为土	水稻土	潴育水稻土	洪积性潴育水稻土	洪积潴育砂泥田	A	0—18	棕灰褐色	壤土	棱柱状	4.2	12.7	0.97	0.27	20.5	35.0	42	洪积物	E 106°20′01.7″ N 24°18′09.4″	71
						P	18—23	暗灰色	壤土	块状	4.2	5.5	0.86	0.24	22.9	痕迹	17			
						W	23—50	棕黄灰色	壤土	块状										
						WC	50—64	黄灰褐色	壤土	块状										
						C	64—100	褐黄色	壤土	块状										
剖25	铁铝土	红壤		砂页岩红壤	厚层砂页岩红壤	A	0—14	浅棕灰色	黏壤土	团块状	5.6	51.1	2.73	0.82		13.9	76	砂页岩	E 105°48′56.9″ N 24°09′31.3″	74
						B	14—40	棕褐色	壤土	团块状	5.3	36.4	2.66	0.80		12.5	52			
						C	40—100	黄绿色	黏壤土	块状	6.0	36.1	1.76	0.43		10.1	31			
剖26	人为土	水稻土	潜育水稻土	潜底田	深潜底田	A	0—12	青灰色	黏壤土	团块状								砂页岩风化物	E 106°05′22.6″ N 24°04′49.1″	91
						G_1	12—17													
						G_2	17—22													
							22—100													

续表 Continued

剖面号 Soil profile	土纲 Soil order	土类 Soil great group	亚类 Soil subgroup	土属 Soil genus	土种 Soil species	土层码 Layer code	土层厚度 Depth/cm	颜色 Soil color	质地 Soil texture	土壤结构 Soil structure	pH	有机质 OM/(g/kg)	全氮 TN/(g/kg)	全磷 TP/(g/kg)	全钾 TK/(g/kg)	有效磷 AP/(mg/kg)	速效钾 AK/(mg/kg)	土壤母质 Parent material	剖面点坐标 Profile coordinate	匹配指数 Matching index/%
剖27	人为土	水稻土	潴育水稻土	棕色石灰土潴育水稻土	潴育棕泥田	A	0—14	暗棕色	黏壤土	块状	6.4	68.1	3.97	3.82	11.0	13.0	174	石灰岩风化物	E 106°07′07.7″ N 24°04′46.2″	71
						P	14—19	暗棕色	黏壤土	块状	6.5	59.4	3.69	4.61	10.8	14.4	218			
						W	19—40	暗棕褐色	黏壤土	块状	7.0	33.6	2.83	1.35	9.3	19.9	183			
						C	40—80	棕褐色			7.5	12.6	1.19	0.97	10.4	8.0	40			

西 林 县

主要土类说明

红壤是西林县主要土壤类型，占本县地域面积的58%，分布于海拔1200m以下的广大地区。所处地区气候温暖，雨量充沛，无霜期长。红壤形成过程具有两个特点：一是强烈的地质风化。红壤是在高温多雨的情况下形成的，在形成过程中，母质中的矿物遭受强烈的分解，易溶性的钙、镁、钾、钠等盐基物质被淋失，而活动性不大的铁铝氧化物或氢氧化物则相对增加，由于高价铁氧化物如赤铁矿为红色，土壤及其风化层呈现明显的红色；盐基物质大量流失，土壤胶体复合体处于盐基不饱和状态，使土壤风化壳呈现酸性或强酸性；盐基物质的大量流失、碳酸盐的淋溶、铁铝氧化物的累积、高岭石等黏土矿物的形成，是红壤形成过程的重要特征。二是旺盛的生物积累。生物积累在红壤形成过程中产生极为深刻的作用，红壤地区由于气候优越，植物生长期长，生长速度快，有机体的年增长量很大。

黄壤是西林县第二大土壤类型，占本县地域面积的35%，主要分布于海拔1200m以上的高山地区。这里气候凉爽，雨量充沛，雾露多，土壤含水量大，淋溶作用较弱，呈黄色。土壤具 O–A–AB–B–C 剖面构型，富含水合氧化铁（针铁矿），中度脱硅富铝化，有时多含三水铝石，有机质累积较高，含量可达 100g/kg，pH 为 4.5—5.5。

水稻土是西林县第三大土壤类型，占本县地域面积的3%，分布广，以驮娘江沿岸、古障河沿岸等最为集中。水稻土受人为作用的影响最深刻，是在长期淹水耕作下形成的，土壤一经淹水耕作，产生不同的土壤生物类群，使土壤剖面的形态特征产生变化。在淹水耕作的条件下，土壤水分多，氧气不足，二氧化碳积累，铁锰氧化物还原，酸性土壤pH升高，土壤盐基饱和度提高。在嫌气性微生物分解下，磷的有效性提高，盐基的可溶性提高，土壤氧化还原电位降低，这些特征和性状是旱地土壤所没有的。

石灰（岩）土占西林县地域面积的3%。石灰（岩）土是在亚热带气候条件下由石灰岩风化物发育而成的，主要分布于那佐、八达的石灰岩地区，由于成土条件不同，可分为一系列石灰（岩）土，本县主要有棕色石灰土等亚类。

小于本县地域面积3%的土壤类型还有赤红壤等。

本区域中心区气候特征

本区域中心区气候特征值
Regional climate characteristics in central area of the region

气候带：南亚热带湿润气候 Climate region: South subtropical humid climate	
年平均气温 /℃ Annual average temperature /℃	19.1
年平均最高气温 /℃ Annual average maximum temperature /℃	24.5
年平均最低气温 /℃ Annual average minimum temperature /℃	15.5
年降水量 /mm Annual precipitation /mm	1128
≥10℃的积温 /℃ Daily temperature accumulated in a year（≥10℃）/℃	6943
年日照时数 /h Annual sunshine /h	1754
年平均相对湿度 /% Annual average relative humidity /%	77
干燥度 Dryness	1.03

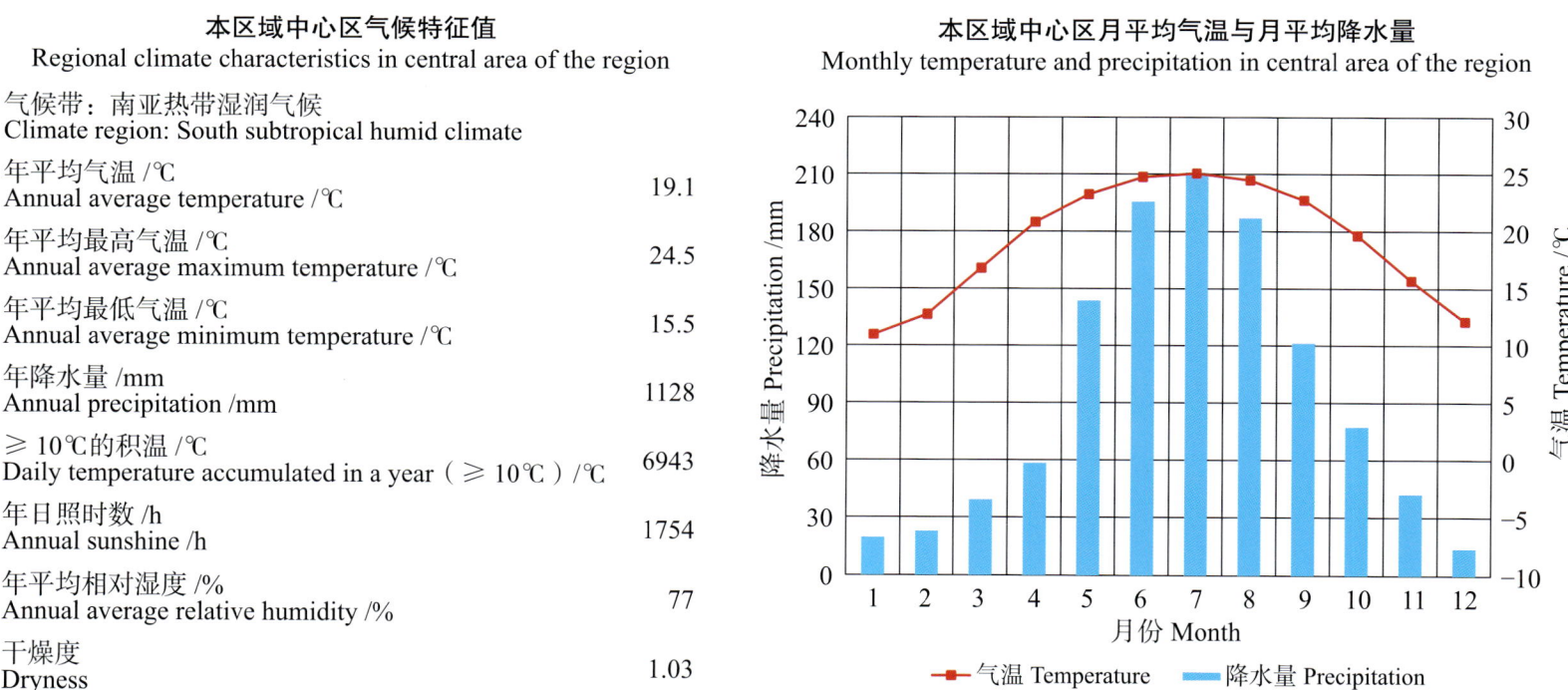

本区域中心区月平均气温与月平均降水量
Monthly temperature and precipitation in central area of the region

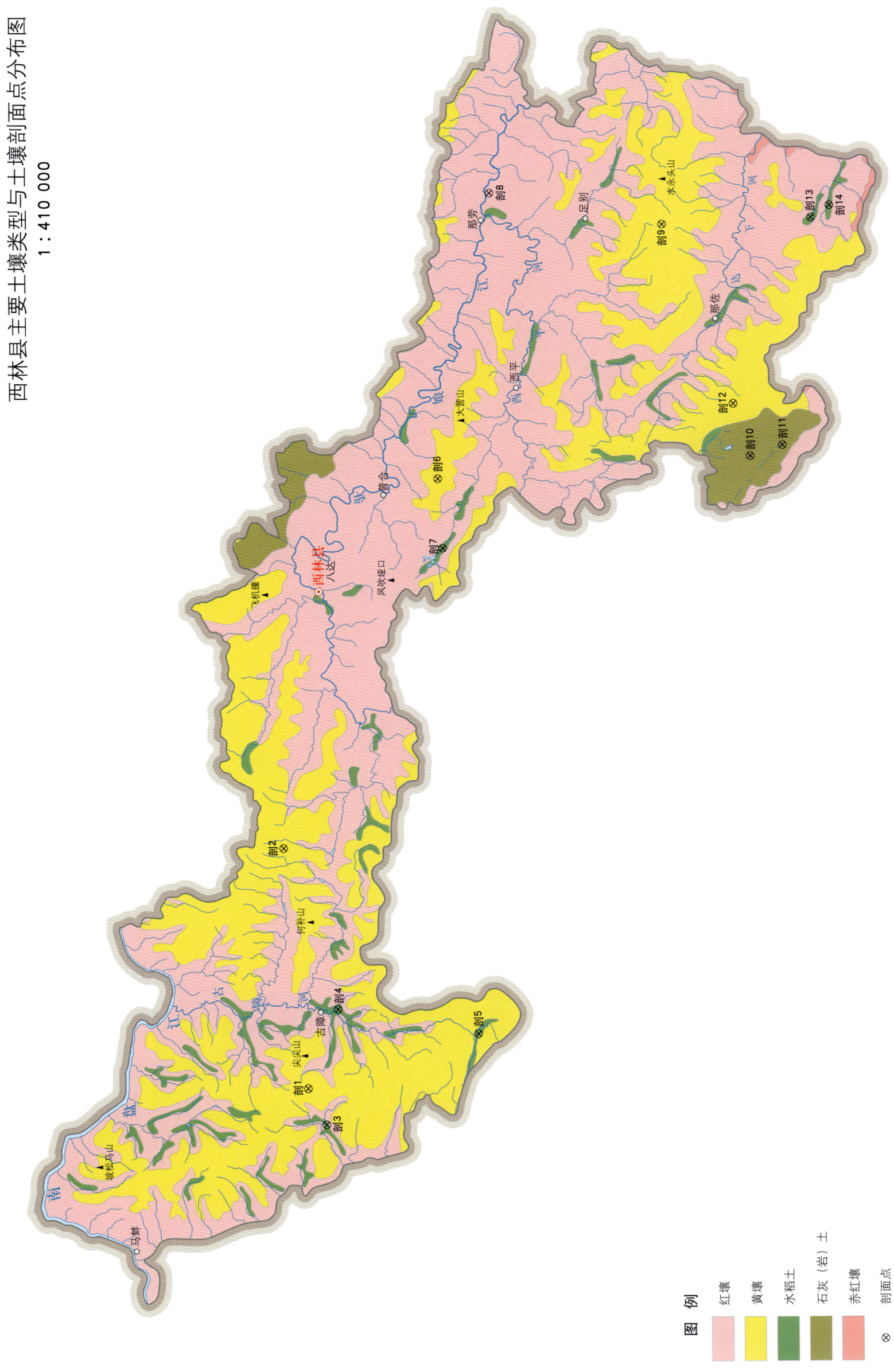

西林县土壤剖面理化性状表

剖面号 Soil profile	土纲 Soil order	土类 Soil great group	亚类 Soil subgroup	土属 Soil genus	土种 Soil species	土层码 Layer code	土层厚度 Depth/cm	颜色 Soil color	质地 Soil texture	土壤结构 Soil structure	pH	有机质 OM/(g/kg)	全氮 TN/(g/kg)	全磷 TP/(g/kg)	全钾 TK/(g/kg)	有效磷 AP/(mg/kg)	速效钾 AK/(mg/kg)	阳离子交换量 CEC/(cmol/kg)	土壤母质 Parent material	剖面点坐标 Profile coordinate	匹配指数 Matching index/%
剖1	铁铝土	黄壤	黄壤	砂页岩黄壤	薄层砂页岩黄壤	A₁	0—10	黑棕色	壤土	小块状	4.5	128.4	4.75	0.73	15.5				砂页岩	E 104°38′10.7″ N 24°30′17.6″	98
						A₂	10—18	暗棕色	壤土	小块状	4.5	84.2	3.40	0.57	14.9						
						B	18—30	浅棕色	壤土	块状	4.8	33.0	2.29	0.46	17.2						
						C	30—40	棕黄色	壤土	块状	4.5	17.0	1.46	0.45	16.3						
剖2	铁铝土	黄壤	黄壤	砂页岩黄壤	厚层砂页岩黄壤	A	0—4	灰黄棕色	壤土	块状	4.4	49.0	2.96	0.57	20.0				砂页岩	E 104°51′34.8″ N 24°31′31.2″	98
						2	4—62	浅黄棕色	壤土	块状	4.8	10.0	0.85	0.34	19.8						
						C	62—110	浅棕黄色	壤土	块状	4.8	5.9	0.58	0.53	18.7						
剖3	人为土	水稻土	潴育水稻土	砂页岩潴育水稻土	潴育砂泥田	A	0—14	暗灰黄色	壤土	小块状	4.9	33.4	1.62	0.36	10.6	1.0	38		砂页岩	E 104°36′11.9″ N 24°29′21.5″	73
						P	14—17	暗灰黄色	壤土	块状	4.9	29.9	1.58	0.30	13.4						
						W	17—29	浅灰棕色	壤土	块状	5.6	26.9	1.45	0.27	12.2						
						C	29—100	红黄色	壤土	块状	7.0	5.4	0.35	0.22	7.8						
剖4	人为土	水稻土	潴育水稻土	洪积性潴育水稻土	洪积潴育石砾底田	A	0—13	灰黄棕色	壤土	小块状	5.6	19.5	1.01	0.24	21.0	6.0	45	4.0	洪积物	E 104°42′33.1″ N 24°28′46.0″	78
						P	13—19	暗灰黄色	壤土	块状	5.1	14.8	0.85	0.40	12.4						
						W	19—50	暗灰黄色	壤土	块状	6.0	17.0	1.24	0.44	12.6						
						C	50—100		壤土												
剖5	人为土	水稻土	潴育水稻土	洪积性潴育水稻土	洪积潴育砂泥田	A	0—17	黄灰色	壤土	小块状	5.6	45.8	2.93	0.54	12.9	31.0	71	12.3	洪积物	E 104°41′11.4″ N 24°21′33.5″	78
						P	17—23	暗黄色	壤土	小块状	6.6	25.9	1.74	0.54	12.7						
						W₁	23—39	黄棕灰色	壤土	粒状	7.5	10.6	0.78	0.36	12.7						
						W₂	39—70	黄棕灰色	壤土	粒状	7.7	6.0	0.42	0.24	12.7						
						C	70—100		壤土												
剖6	铁铝土	黄壤	黄壤	耕型砂页岩黄壤	砾质黄壤	A	0—18	黑棕色	壤土	粒状	4.5	78.1	3.63	1.62	5.7	2.0	63		砂页岩	E 105°12′12.6″ N 24°23′32.3″	99
						B	18—100	浅黄棕色	壤土	蜂窝状	5.2	13.1	0.71	0.32	5.8						
剖7	人为土	水稻土	潴育水稻土	洪积性潴育水稻土	洪积潴育砂泥田	A	0—15	暗黄灰色	壤土	块状	5.3	39.1	2.16	0.60	14.9	9.0	76	9.9	洪积物	E 105°08′18.6″ N 24°23′18.3″	76
						P	15—20	暗棕色	壤土	粒状	7.5	27.7	1.62	0.54	13.6						
						W₁	20—34	暗黄灰色	壤土	粒状	6.9	16.1	0.79	0.41	12.4						
						W₂	34—100	暗黄灰色	壤土			16.7	2.00	0.52	14.9						
剖8	铁铝土	红壤	红壤	砂页岩红壤	薄型砂页岩红壤	A	0—12	棕色	壤土	小块状	4.8	24.3	1.26	0.50	13.8	16.0	73		砂页岩	E 105°28′06.6″ N 24°20′49.6″	79
						B	12—22	浅黄棕色	壤土	块状	4.8	22.0	1.30	0.44	14.0						
						C	22—35	浅棕红色	壤土	块状	5.0	15.9	1.00	0.47	19.7						
						D	35—														
剖9	铁铝土	黄壤	黄壤	砂页岩黄壤	中层砂页岩黄壤	A	0—10	栗色	壤土	粒状	5.0	47.0	2.47	0.48	16.0				砂页岩	E 105°26′20.4″ N 24°11′58.6″	89
						2	10—70	棕色	壤土	块状	5.1	13.6	2.24	0.36	4.3						
						3	70—														
剖10	初育土	石灰(岩)土	棕色石灰土	棕色石灰土	棕色石灰土	A	0—22	暗棕色	黏壤土	碎块状	7.0	34.5	2.50	1.23	5.0				砂页岩	E 105°13′25.3″ N 24°07′31.1″	86
						2	22—80	棕色	黏壤土	块状	6.6	17.8	2.04	0.09	6.0						
						D	80—														
剖11	初育土	石灰(岩)土	棕色石灰土	耕型棕色石灰土	棕泥土	A	0—17	棕色	黏壤土	块状	6.2	25.7	1.23	1.63	9.0	6.1	83		砂页岩	E 105°14′02.4″ N 24°05′51.4″	77
						B	17—40	暗棕色	黏壤土	块状	6.2	24.9	1.71	1.63	9.7						
						C	40—80	暗棕色	黏壤土	块状	6.2	25.8	1.54	1.94	4.8						
剖12	铁铝土	黄壤	黄壤	耕型砂页岩黄壤	黄壤土	A	0—16	棕黑色	壤土	小块状	4.4	91.9	3.27	0.48	16.0	15.2	164		砂页岩	E 105°16′19.6″ N 24°08′22.4″	84
						B	16—62	棕色	壤土	块状	4.5	29.5	1.19	0.45							
						C	62—100	棕黄色	壤土	块状	4.9	14.7	0.75	0.36	31.4						

续表 Continued

剖面号 Soil profile	土纲 Soil order	土类 Soil great group	亚类 Soil subgroup	土属 Soil genus	土种 Soil species	土层码 Layer code	土层厚度 Depth/cm	颜色 Soil color	质地 Soil texture	土壤结构 Soil structure	pH	有机质 OM/(g/kg)	全氮 TN/(g/kg)	全磷 TP/(g/kg)	全钾 TK/(g/kg)	有效磷 AP/(mg/kg)	速效钾 AK/(mg/kg)	阳离子交换量CEC/(cmol/kg)	土壤母质 Parent material	剖面点坐标 Profile coordinate	匹配指数 Matching index/%
剖13	人为土	水稻土	淹育水稻土	洪积淹育水稻土	石砾底田	A(g)	0—17	浅灰色	壤土	小块状	5.2	36.9	1.87	0.28	10.6	1.0	70	11.2	洪积物	E 105°26′41.6″ N 24°04′20.6″	92
						P(g)	17—20	暗灰色	壤土	块状	5.6	33.1	1.66	0.21	11.5						
						M	20—26	暗灰色	壤土	块状	5.2	35.1	1.75	0.24	9.5						
						C	26—36	黄棕色	砂石土	无明显结构	7.0	11.4	0.66	0.23	28.0						
剖14	人为土	水稻土	潴育水稻土	砂页岩潴育水稻土	潴育砂泥田	A	0—15	暗灰黄色	壤土	小块状	6.4	41.8	2.07	0.32	16.5	1.3	69	12.5	砂页岩	E 105°27′21.6″ N 24°03′23.8″	95
						P	15—19	暗灰色	壤土	块状	5.7	16.0	0.80	0.39	18.2						
						W	19—70	暗棕灰色	壤土	块状	5.8	20.2	0.96	0.37	20.3						
						WC	70—100	暗棕黄色	壤土	块状	7.4	17.0	1.02	0.51	20.6						

隆林各族自治县

主要土类说明

红壤是隆林各族自治县主要土壤类型，占本县地域面积的52%。本县土壤多发育于砂页岩上，一般分布于海拔800m以下。红壤呈中度脱硅富铝化特征，土壤黏粒中游离铁占全铁的50%—60%。黏土矿物以高岭石、赤铁矿为主，黏粒硅铝率为1.8—2.4，风化淋溶系数小于0.2，盐基饱和度小于35%，pH为4.5—5.5。红壤具深厚红色土层，淀积层（B层）底层可见具深厚红、黄、白相间网纹的红色黏土。本县红壤包括黄壤、黄红壤、红壤性土等亚类。

黄壤是隆林各族自治县第二大土壤类型，占本县地域面积的26%。在本县海拔1200m以上的砂页岩上发育的土壤为黄壤。黄壤发生于亚热带湿润条件下，中度脱硅富铝化。土壤有机质累积较多，具O-A-AB-B-C剖面构型。pH为4.5—5.5。淀积层（B层）富含水合氧化铁（针铁矿），呈黄色，有时多含三水铝石。多为林地，间亦耕种。本县黄壤只有黄壤一个亚类。

石灰（岩）土是隆林各族自治县第三大土壤类型，占本县地域面积的18%，主要分布于东南和西北部的石灰岩地区。石灰（岩）土是石灰岩经溶蚀风化，形成的厚薄不同的钙质饱和或含游离钙质的土壤，多见于石隙、溶洞或峰丛底部。该土壤碳酸钙淋溶程度不一，多黏土，多为铁钙质胶结物，风化程度不一，盐基饱和度高，有机质含量及胶结状态有较大差异。本县石灰（岩）土只有棕色石灰土一个亚类。

水稻土占本县地域面积的3%，主要分布在砂页岩山地的广谷、狭谷和沿河阶地。主要成土母质有砂页岩坡积物、冲积物、洪积物和石灰岩风化物，南部有少量硅质页岩风化物。水稻土是在长期季节性淹灌、水下翻耕、季节性脱水、氧化还原交替影响下，原来成土母质或母土的特性发生重大改变，形成的新的土壤类型。由于干湿交替，水稻土形成糊状淹育层、较坚实板结的犁底层、渗育层、潴育层与潜育层等多种发生层。这些不同发生层段是在人为耕作、水浆管理下形成的。本县水稻土包括淹育型、潴育型、潜育型、沼泽型、渗育型、盐渍型等亚类。

小于本县地域面积3%的土壤类型还有新积土等。

本区域中心区气候特征

本区域中心区气候特征值
Regional climate characteristics in central area of the region

气候带：南亚热带湿润气候 Climate region: South subtropical humid climate	
年平均气温 /℃ Annual average temperature /℃	17.6
年平均最高气温 /℃ Annual average maximum temperature /℃	22.7
年平均最低气温 /℃ Annual average minimum temperature /℃	14.1
年降水量 /mm Annual precipitation /mm	1224
≥10℃的积温 /℃ Daily temperature accumulated in a year（≥10℃）/℃	6433
年日照时数 /h Annual sunshine /h	1645
年平均相对湿度 /% Annual average relative humidity /%	78
干燥度 Dryness	0.88

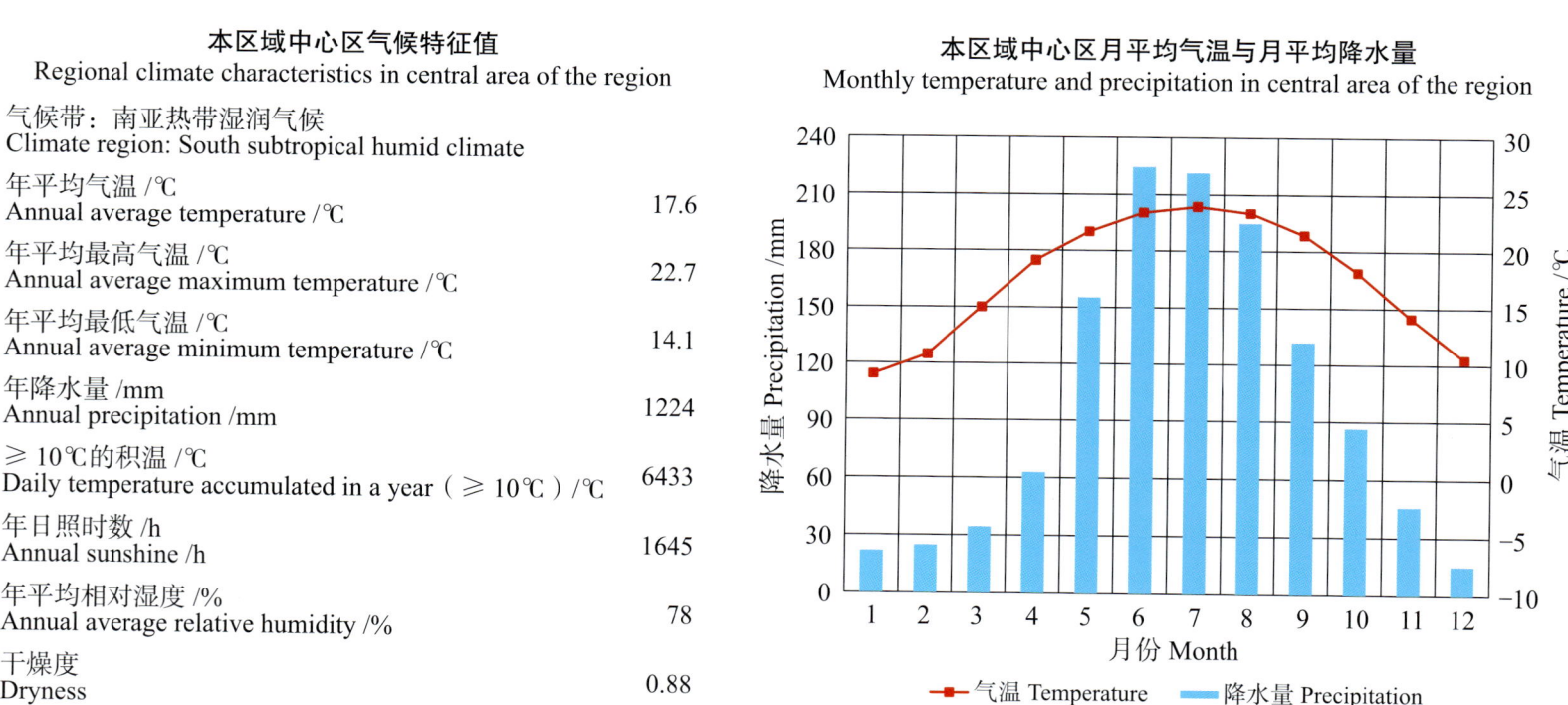

本区域中心区月平均气温与月平均降水量
Monthly temperature and precipitation in central area of the region

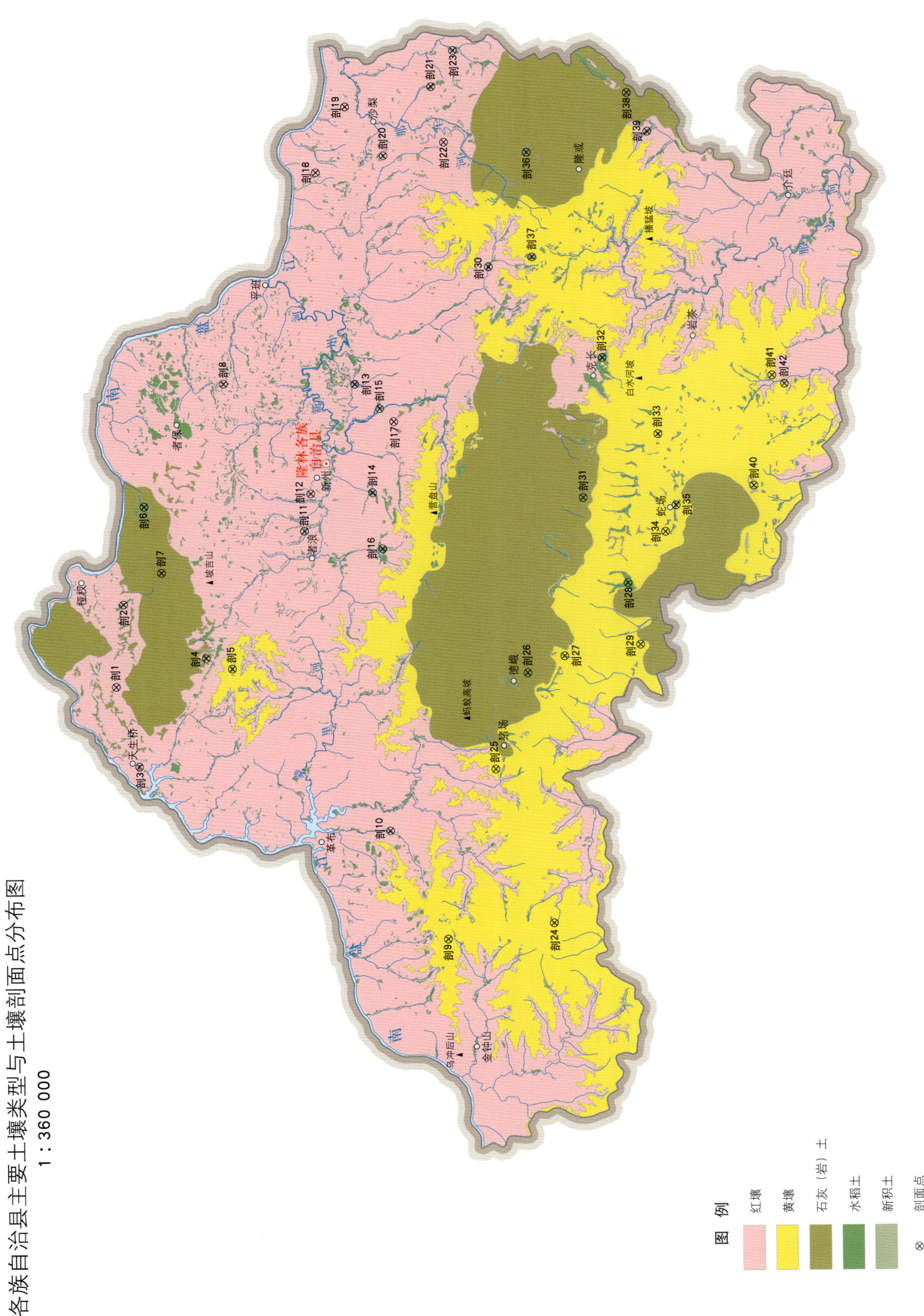

隆林各族自治县主要土壤类型与土壤剖面点分布图
1:360 000

图例：红壤、黄壤、石灰（岩）土、水稻土、新积土、剖面点

隆林各族自治县土壤剖面理化性状表

剖面号 Soil profile	土纲 Soil order	土类 Soil great group	亚类 Soil subgroup	土属 Soil genus	土种 Soil species	土层码 Layer code	土层厚度 Depth/cm	颜色 Soil color	质地 Soil texture	土壤结构 Soil structure	pH	有机质 OM/(g/kg)	全氮 TN/(g/kg)	全磷 TP/(g/kg)	全钾 TK/(g/kg)	有效磷 AP/(mg/kg)	速效钾 AK/(mg/kg)	土壤母质 Parent material	剖面点坐标 Profile coordinate	匹配指数 Matching index/%
剖1	铁铝土	红壤	黄红壤	耕型砂页岩黄红壤	黄泥土	A	0-15	暗灰色	重黏土	小块状	4.9	21.1	1.20	0.34	13.1	1.0	115	砂页岩	E 105°09′32.4″ N 24°55′57.7″	92
						B	15-50	灰黄色	轻黏土	块状	4.9	11.5	0.88	0.32	19.5	1.0	50			
						C	50-100	红黄色	轻黏土	块状	4.8	10.4	0.86	0.32	18.3	1.0	57			
剖2	人为土	水稻土	潴育水稻土	洪积性潴育水稻土	洪积潴育含砾砂泥肉田	A	0-15	灰黄棕色	轻黏土	小块状	5.1	26.1	1.56	1.05	13.5	17.0	127	洪积物	E 105°13′32.2″ N 24°55′36.8″	96
						P	15-20	暗黄色	轻壤土	小块状	5.7	23.4	1.60	0.99	13.8	17.0	132			
						W	20-61	灰黄棕色	重壤土	梭柱状	7.5	15.0	1.04	1.02	12.0	17.0	67			
						WC	60-100	暗黄棕色	轻黏土	梭柱状	7.0	13.5	0.82	1.15	11.0	12.0	54			
剖3	人为土	水稻土	潴育水稻土	砂页岩潴育水稻土	潴育蝽泥田	A	0-15	暗黄棕色	轻黏土	小块状	7.4	39.7	2.61	0.12	18.3	14.0	176	砂页岩	E 105°05′40.9″ N 24°54′58.0″	85
						P	15-24	暗黄棕色	轻黏土	小块状	7.7	22.3	2.03	0.83	18.3	14.0	220			
						WC	29-80	暗黄棕色	中壤土	梭柱状	7.5	9.4	1.16	0.87	18.0	3.0	76			
剖4	初育土	石灰(岩)土	棕色石灰土	耕型棕色石灰土	砾石棕泥土	A	0-14	棕色	轻黏土		7.6	27.8	1.86	1.00	8.9	1.8	70			72
						B	14-43	暗棕色	轻黏土	块状	7.8	38.9	2.21	1.02	24.7	2.0	76			
						C	43-94	暗棕色	中黏土	粒状	7.8	12.7	1.11	0.80	17.2	2.0	22			
剖5	人为土	水稻土	潴育水稻土	潜底田	中潜底田	A	0-15	浅黄黄色	中黏土	团粒状	7.9	28.1	1.81	0.55	18.7	6.0	102		E 105°10′53.8″ N 24°51′58.3″	100
						P	15-22	黄黄棕色	中黏土	块状	7.9	30.2	1.73	0.54	19.4	3.0	35			
						G	22-40	青灰色	轻黏土	糊状	7.8	30.8	1.93	0.59	18.3	4.0	75			
剖6	人为土	水稻土	潴育水稻土	棕色石灰土	潴育棕泥田	A	0-15	黄棕色	轻黏土	块状	7.1	45.0	2.48	1.49	13.7	12.0	150	石灰岩风化物	E 105°10′22.4″ N 24°50′48.1″	91
						B	17-38	灰黄棕色	中黏土	块状	7.2	39.0	2.11	1.59	12.2	12.0	117			
						C	38-93	暗黄棕色	中黏土	梭柱状	7.2	20.0	1.33	1.26	13.6	11.0	93			
剖7	初育土	石灰(岩)土	棕色石灰土	耕型砂页岩黄壤	砾石棕泥土	A	0-15	暗棕色	轻黏土	梭柱状	7.2	29.9	2.10	1.37	13.4	11.0	107			72
						P	15-25	暗棕色	中黏土	粒状	6.8	31.6	1.56	0.75	13.4	6.0	50			
						W	25-50	浅黄棕色	中黏土	块状	7.9	27.0	1.41	0.77	13.2	7.0	45			
						WC	50-100	黄黄色	重黏土	小块状	6.9	18.1	0.82	0.38	8.9	4.0	30			
剖8	人为土	水稻土	潴育水稻土	潜底田	粉结田	A	0-12	灰黄棕色	中壤土	团粒状	5.3	13.1	0.82	0.32	5.5	1.0	63	砂页岩	E 105°18′15.8″ N 24°54′39.2″	95
						P	12-16	暗黄棕色	中壤土	团粒状	5.6	8.8	0.70	0.27	4.4	1.0	36			
						C	16-19	浅棕红色	重壤土	块状	7.2	2.5	0.37	0.26	4.1	痕迹	38			
剖9	铁铝土	黄壤	黄壤	烂泥田	砾质黄壤	A	0-18	暗棕色	重壤土	粒状	4.7	67.6	2.98	0.56	14.9	6.0	78	砂页岩	E 104°57′12.2″ N 24°41′20.0″	79
						P	18-100	红黄色	重壤土	块状	4.9	13.9	1.41	0.38	19.1	1.0	31			
剖10	人为土	水稻土	沼泽型水稻土	耕型砂页岩黄壤	浅泣田	A	0-45	暗黄色	重壤土	糊状	6.7	48.0	2.34	0.51	10.5	3.0	32	砂页岩	E 105°02′30.1″ N 24°43′51.2″	76
						G	45-60	灰黄棕色	重壤土	糊状	6.8	21.4	1.03	0.67	12.3	7.0	31			
						C	60-100	暗黄色	重壤土	块状	7.5	8.6	0.69	0.95	16.0	4.0	54			
剖11	人为土	水稻土	潴育水稻土	洪积性潴育水稻土	洪积潴育砂土田	A	0-13	暗棕色	中壤土	块状	5.3	53.2	2.58	0.79	23.2	10.0	88	洪积物	E 105°17′02.4″ N 24°47′33.0″	75
						P	13-23	暗黄棕色	重壤土	块状	5.6	53.8	2.72	0.79	27.9	9.0	54			
						W	23-40	灰黄棕色	重壤土	块状	6.1	24.6	1.68	0.78	21.6	7.0	75			
剖12	人为土	水稻土	潴育水稻土	潜底田	浅潜底田	A	0-20	灰黄色	重壤土	微团粒状	7.5	42.3	2.15	0.50	13.1	9.0	65	砂页岩	E 105°18′50.0″ N 24°47′15.4″	80
						P	20-26	灰黄色	中壤土	块状	7.5	35.2	2.04	0.39	14.4	5.0	78			
						C	26-100	青灰色	轻黏土	块状	7.8	29.6	1.70	0.37	21.2	3.0	56			
剖13	人为土	水稻土	潴育水稻土	冲积性潴育水稻土	卵石底田	A	0-9	灰黄色	砂壤土	蜂窝状	6.0	18.4	0.68	9.14	37.9	4.0	21	河流冲积物	E 105°24′06.5″ N 24°45′15.8″	100
						P	9-12	暗黄色	中壤土	块状	6.2	16.2	0.94	0.45	19.0	9.0	43			
						C	12-100	暗黄色	轻壤土	粒状	4.8	19.5	0.88	0.23	29.1	7.0	75			
剖14	人为土	水稻土	淹育水稻土	砂页岩淹育水稻土	壤土田	A	0-14	红棕色	轻壤土	块状	5.0	23.0	1.11	0.40	13.1	2.5	65	砂页岩	E 105°18′51.8″ N 24°44′31.2″	98
						P	14-19	红棕色	轻壤土	块状	6.4	10.7	0.25	0.35	12.0	2.0	45			
						C	19-96	红黄色	轻壤土	块状	5.1	2.9	0.58	0.29	14.9	1.0	30			

续表 Continued

剖面号 Soil profile	土纲 Soil order	土类 Soil great group	亚类 Soil subgroup	土属 Soil genus	土种 Soil species	土层码 Layer code	土层厚度 Depth/cm	颜色 Soil color	质地 Soil texture	土壤结构 Soil structure	pH	有机质 OM/(g/kg)	全氮 TN/(g/kg)	全磷 TP/(g/kg)	全钾 TK/(g/kg)	有效磷 AP/(mg/kg)	速效钾 AK/(mg/kg)	土壤母质 Parent material	剖面点坐标 Profile coordinate	匹配指数 Matching index/%
剖15	人为土	水稻土	盐渍水稻土	碳酸盐渍性水稻土	石灰性板结田	A	0—12	棕灰色	中黏土	大块状	8.3	20.0	1.54	0.44	18.5	4.0	118		E 105°22′54.8″ N 24°44′09.6″	80
						P	12—24	暗黄黄色	中黏土	块状	8.3	14.7	1.30	0.39	16.9	3.0	74			
						C	24—100	浅棕色	中黏土	块状	8.1	5.0	0.86	0.28	16.2	2.0	51			
剖16	人为土	水稻土	淹育水稻土	洪积淹育水稻土	石砾底田	A	0—15	灰色	轻黏土	团块状	7.9	47.6	2.84	0.67	24.1	17.0	91	洪积物	E 105°16′09.8″ N 24°44′04.9″	98
						P	15—20	浅红黄色	轻黏土	片状	8.1	34.1	2.04	0.63	13.0	9.0	100			
						C	20—100	浅红黄色	砂土	砾石状										
剖17	铁铝土	红壤	黄红壤	耕型砂页岩黄红壤	砾质土	A	0—12	浅红黄色	重壤土	团粒状	5.6	23.8	1.81	0.55	19.1	1.0	77	砂页岩	E 105°22′16.7″ N 24°43′32.5″	85
						B	12—26	棕色	重壤土	块状	5.7	19.3	1.67	0.53	18.9	1.0	65			
						C	26—100	棕色	重壤土	块状	5.2	8.0	1.33	0.51	22.7	1.0	34			
剖18	铁铝土	红壤	红壤性	耕型砾质红壤性土	多砾红壤	A	0—22	棕色	轻壤土	块状	6.8	20.4	1.39	0.51	44.0	1.0	66	砂页岩	E 105°34′20.6″ N 24°46′54.5″	97
						B	22—100	暗红棕色	轻壤土	块状	6.3	9.6	0.87	0.43	47.6	1.0	38			
剖19	铁铝土	红壤	黄红壤	砂页岩黄红壤	厚层砂页岩黄红壤	A	0—14	暗红棕色	轻壤土	块状	5.2	35.6	2.06	0.39	13.4	1.0	83	砂页岩	E 105°37′31.1″ N 24°43′34.9″	74
						B	14—100	暗红棕色	轻壤土	块状	5.1	4.2	0.64	0.27	0.7	1.0	28			
剖20	人为土	水稻土	沼泽型水稻土	烂泥田	深泥田	Ag	0—10	青灰色	重壤土	糊状	6.0	80.5	4.45	1.03	18.5	7.0	56		E 105°35′08.2″ N 24°43′53.8″	93
						G	10—100	青灰色	重壤土	糊状	6.0	78.3	4.13	1.02	17.2	5.0	30			
剖21	人为土	水稻土	盐渍水稻土	碳酸盐渍水稻土		A	0—15	灰黄色	重壤土	块状	8.5	38.8	2.88	0.39	27.5	12.0	100		E 105°38′28.0″ N 24°41′45.2″	98
						P	15—20	灰黄棕色	重壤土	块状	8.3	25.7	2.08	0.82	28.9	13.0	154			
						W	20—42	暗黄棕色	重壤土	棱柱状	8.2	16.4	0.84	0.72	25.8	17.0	108			
						C	42—100	灰黄棕色	重壤土	棱柱状	8.1	18.1	0.82	0.82	30.0	14.0	73			
剖22	铁铝土	红壤	黄红壤	砂页岩黄红壤	中层砂页岩黄红壤	A	0—10	黄灰棕色	中壤土	散状	4.6	23.2	1.50	0.30	5.4	2.0	57	砂页岩	E 105°35′45.6″ N 24°41′12.4″	77
						B	10—54	红黄色	轻壤土	砂状	5.0	7.3	0.97	0.32	3.9	1.0	25			
						C	54—66	红黄色	轻壤土	砂状	5.0	5.9	0.82	0.43	3.8	1.0	20			
剖23	人为土	水稻土	淹育水稻土	冲积性淹育水稻土	潮砂田	A	0—8	灰黄棕色	中壤土	小块状	5.5	21.5	1.20	0.40	18.3	4.0	82	河流冲积物	E 105°40′12.4″ N 24°40′46.2″	80
						P	8—18	暗黄棕色	轻壤土	小块状	5.5	15.6	1.28	0.39	10.1	3.0	47			
						C	18—85	灰黄棕色	轻壤土	小块状	7.7	10.8	0.80	0.39	9.1	2.0	38			
剖24	铁铝土	红壤	沼泽型水稻土	炭质黑泥田	黑泥散田	A	0—9	黄灰棕色	中黏土	块状	7.3	24.6	2.29	0.51	14.0	5.0	53		E 104°57′57.6″ N 24°36′37.4″	98
						G₁	9—28	暗黄棕色	中黏土	块状	7.1	18.2	0.62	0.55	12.0	5.0	36			
						G₂	80—100	黑棕色	重壤土	块状	7.1	12.8	1.14	0.43	12.5	4.0	40			
剖25	初育土	石灰（岩）土	棕色石灰土	砂页岩黄红壤	薄层砂页岩黄红壤	A	0—11	黄色	轻壤土	粒状	5.2	55.8	3.33	0.48	14.0	1.7	194	砂页岩	E 105°05′27.2″ N 24°39′09.7″	92
						C	11—15	暗红黄色	重壤土	团粒状	5.2	19.4	1.30	0.33	16.1	2.2	40			
剖26	黄壤	黄壤	黄壤性	耕型粗骨石灰土	含砂棕泥土	A	0—11	暗黄棕色	重壤土	小块状	7.7	33.1	2.21	0.92	23.3	10.0	116		E 105°10′05.2″ N 24°37′42.2″	76
						B	11—18	暗黄棕色	重壤土	块状	7.2	23.7	1.68	0.90	22.0	5.0	62			
						C	18—100	暗黄棕色	重壤土	块状	7.3	17.0	1.30	0.81	21.0	7.7	54			
剖27	黄壤	黄壤	黄壤	耕型粗骨黄壤	耕型粗黄泥	A	0—11	棕棕色	重壤土	粒状	4.2	92.5	3.80	0.93	28.8	6.0	163		E 105°10′53.8″ N 24°36′03.6″	98
						B	11—15	暗黄棕色	重壤土	块状	4.9	63.2	6.44	0.89	23.4	4.0	114			
						C	15—100	浅红黄色	重壤土	小块状	5.1	18.5	1.34	0.74	20.5	1.0	17			
剖28	人为土	水稻土	潴育水稻土	洪积性潴育水稻土	洪积潴育砂泥田	A	0—15	浅灰棕色	重壤土	小块状	6.7	22.1	1.39	0.27	12.6	7.0	74	洪积物	E 105°14′25.8″ N 24°33′13.3″	100
						P	15—19	暗黄棕色	重壤土	小块状	7.6	17.3	1.02	0.28	15.0	4.0	55			
						W	19—50	浅黄棕色	中壤土	棱柱状	8.1	9.8	0.73	0.23	11.2	18.0	29			
						C	50—100	暗黄棕色	中壤土	小块状	7.1	5.9	0.66	0.63	15.0	4.0	54			
剖29	铁铝土	黄壤	粗骨性黄壤	粗骨黄壤	粗骨黄泥	A	0—10	暗黄色	重壤土	团粒状	4.7	63.2	3.21	0.83	19.2	6.0	122		E 105°11′26.2″ N 24°32′41.6″	90
						C	10—16	浅黄色	重壤土	块状	5.0	16.5	1.27	0.48	17.4	17.0	106			
剖30	人为土	水稻土	潴育水稻土	冲积性潴育水稻土	潴育潮砂泥田	A	0—25	浅棕色	中壤土	团粒状	5.4	24.5	1.45	0.65	25.4	13.0	51	冲积物	E 105°29′44.2″ N 24°39′16.9″	84
						P	10—16	浅灰色	中壤土	块状	5.9	20.0	1.14	0.64	27.4	13.0	31			
						W	16—31	灰白色	中壤土	块状	7.8	14.6	0.91	0.51	15.2	11.0	32			
						C	31—100	灰黄色	中壤土	散砂状	7.7	9.6	0.75	0.47	12.3	2.0	31			

续表 Continued

剖面号 Soil profile	土纲 Soil order	土类 Soil great group	亚类 Soil subgroup	土属 Soil genus	土种 Soil species	土层码 Layer code	土层厚度 Depth/cm	颜色 Soil color	质地 Soil texture	土壤结构 Soil structure	pH	有机质 OM/(g/kg)	全氮 TN/(g/kg)	全磷 TP/(g/kg)	全钾 TK/(g/kg)	有效磷 AP/(mg/kg)	速效钾 AK/(mg/kg)	土壤母质 Parent material	剖面点坐标 Profile coordinate	匹配指数 Matching index/%
剖31	初育土	石灰(岩)土	棕色石灰土	耕型棕色石灰土	棕泥土	A	0—15	暗棕色	重壤土	团粒状	6.8	47.1	2.86	1.87	8.5	33.0	86		E 105°18′33.1″ N 24°35′11.0″	98
						B	15—35	暗棕色	重壤土	块状	7.4	25.7	1.69	1.23	5.4	3.0	36			
						C	35—100	暗棕色	重壤土	块状	7.1	11.0	1.88	1.57	6.5	14.0	45			
剖32	人为土	水稻土	潴育水稻土	砂页岩潴育水稻土	潴育砂泥田	A	0—18	暗黄灰色	轻壤土	块状	4.9	28.4	1.51	0.41	12.7	2.0	75	砂页岩	E 105°25′17.4″ N 24°34′16.7″	76
						P	18—28	棕灰黄色	轻壤土	块状	6.3	15.9	0.99	0.38	11.1	3.0	44			
						W	28—56	灰黄棕色	轻壤土	块状	6.4	15.9	0.84	0.64	11.6	6.0	36			
						WC	56—100	暗棕灰色	重壤土	块状	6.8	15.4	0.88	0.83	12.0	13.0	75			
剖33	初育土	新积土			砾质壤土	A	0—13	棕灰色	重壤土	粒状	7.4	37.5	2.05	1.09	25.7	14.0	193	洪积物	E 105°21′35.6″ N 24°31′50.2″	97
						C	13—100	棕灰色	重壤土	块状	7.6	27.9	1.60	1.02	24.2	9.0	65			
剖34	铁铝土	黄壤		耕型砂页岩黄壤	多砾壤土	A	0—10	黑黄棕色	重壤土	团粒状	3.9	75.4	4.34	1.32	6.9	6.0	39	砂页岩	E 105°16′53.8″ N 24°31′32.5″	98
						B	10—20	暗红棕色	重壤土	块状	4.0	43.8	2.26	1.27	6.6	2.0	24			
						C	20—100	红黄色	重壤土	块状	4.6	8.7	1.01	0.76	8.8	1.0	24			
剖35	人为土	水稻土	潴育水稻土	砂页岩潴育水稻土	潴育砂土田	A	0—12	黄灰色	中壤土	小块状	4.9	14.4	1.68	0.43	30.5	2.0	83	砂页岩	E 105°18′10.1″ N 24°31′03.7″	75
						P	12—16	黄灰色	中壤土	块状	5.0	14.3	1.46	0.51	14.4	2.0	104			
						W	16—51	灰黄棕色	中壤土	块状	5.4	15.1	0.90	0.44	12.6	1.0	73			
						WC	51—90	浅黄棕色	中壤土	块状	7.1	61.6	3.73	3.43	14.7	88.8	114			
剖36	人为土	水稻土	潴育水稻土	棕色石灰岩潴育水稻土	潴育砂质泥田	A	0—11	暗黄灰色	重壤土	粉粒状	8.0	51.1	3.13	2.84	14.3	91.5	80	石灰岩风化物	E 105°35′14.6″ N 24°37′32.9″	85
						P	11—15	暗黄灰色	轻壤土	块状	8.0	20.8	1.77	2.19	16.5	46.0	67			
						WC	15—94	暗黄灰色	重壤土	块状	4.8	44.0	4.07	1.46	13.0	14.0	22			
剖37	人为土	水稻土	淹育水稻土	砂页岩淹育水稻土	砂质铁磐底田	A	0—11	暗黄灰色	重壤土	块状	4.8	41.7	3.20	1.40	11.8	13.0	34	砂页岩	E 105°30′12.2″ N 24°37′21.4″	78
						P	11—17	暗黄灰色	重壤土	块状	6.3	39.1	2.86	2.58	16.5	15.0	43			
						C_1	17—21	棕色	重壤土	块状	7.4	13.0	1.37	1.32	14.7	10.0	40			
						C_2	42—49	棕色	轻壤土	棱柱状	6.8	32.8	3.13	2.51	25.6	44.0	255			
剖38	人为土	水稻土	潴育水稻土	棕色石灰岩潴育水稻土	壤质棕泥田	A	0—16	棕色	轻壤土	小块状	6.9	23.1	1.79	2.54	16.7	48.0	237	石灰岩风化物	E 105°38′05.8″ N 24°33′04.8″	86
						P	16—24	灰黄棕色	轻壤土	小粒状	7.0	5.7	1.04	2.21	20.6	27.0	51			
						C	24—100	黄棕色	轻壤土	大块状	5.7	21.3	1.30	0.53	14.7	7.0	41			
剖39	人为土	水稻土	潴育水稻土	冲积性潴育水稻土	潴育潮砂田	A	0—14	暗黄灰色	中壤土	小块状	8.0	21.6	1.24	0.42	14.2	5.0	47	冲积物	E 105°36′12.6″ N 24°32′11.4″	73
						P	14—18	暗棕灰色	中壤土	小块状	7.3	21.6	1.24	0.61	14.2	5.0	47			
						C_1	18—40	暗棕灰色	中壤土	棱柱状	7.7	2.9	1.46	0.61	14.6	5.0	31			
						C_2	40—80	暗黄灰色	中壤土	粒状	7.4	13.0	1.37	1.32	14.7	10.0	40			
剖40	初育土	新积土		砾质土		A	0—13	暗黄灰色	轻黏土	小块状	6.8	16.8	1.78	1.74	13.8	3.6	124	洪积物	E 105°19′05.2″ N 24°27′36.4″	78
						B	13—17	灰黄棕色	轻黏土	小粒状	7.0	20.9	1.04	1.68	12.1	2.5	115			
						C	17—90	浅棕色	轻黏土	块状	7.0	22.1	1.09	1.78	12.7	3.0	120			
剖41	铁铝土	黄壤		砂页岩黄壤	中层砂页岩黄壤	A	0—14	暗黄棕色	中壤土	块状	4.6	56.3	2.42	0.53	12.0	2.8	78	砂页岩	E 105°24′23.4″ N 24°26′45.6″	76
						B	14—25	浅黄色	轻壤土	块状	4.9	22.7	1.32	0.47	14.4	2.0	49			
						C	25—62	浅红黄色	轻壤土	小块状	5.1	12.1	0.93	0.52	18.5	1.3	26			
剖42	铁铝土	黄壤		砂页岩黄壤	厚层砂页岩黄壤	A	0—10	浅棕色	重壤土	小块状	4.5	28.0	1.33	0.79	9.3	1.0	246	砂页岩	E 105°23′59.3″ N 24°26′12.5″	85
						B	7—94	浅红黄色	轻壤土	块状	4.6	6.4	0.53	0.57	13.1	1.0	55			
						C	94—100	红黄色	轻黏土	小块状	4.7	65.0	0.56	0.43	9.5	1.0	58			

靖 西 市

主要土类说明

　　石灰（岩）土是靖西市主要土壤类型，占本市地域面积的 67%。石灰（岩）土发生于热带、亚热带石灰岩山区，是石灰岩经溶蚀风化，形成的厚薄不同的钙质饱和或含游离钙质的土壤，多见于石隙、溶洞或峰丛底部。该土壤碳酸钙淋溶程度不一，多黏土，多为铁钙质胶结物，风化程度不一，盐基饱和度高，有机质含量及胶结状态有较大差异。本市石灰（岩）土只有棕色石灰土一个亚类。

　　红壤是靖西市第二大土壤类型，占本市地域面积的 19%。红壤主要发生于常绿阔叶林下，呈中度脱硅富铝化特征，土壤黏粒中游离铁占全铁的 50%—60%。黏土矿物以高岭石、赤铁矿为主，黏粒硅铝率为 1.8—2.4，风化淋溶系数小于 0.2，盐基饱和度小于 35%，pH 为 4.5—5.5。红壤具深厚红色土层，淀积层（B 层）底层可见具深厚红、黄、白相间网纹的红色黏土。本市红壤分为红壤、黄红壤、红壤性土等亚类。

　　水稻土是靖西市第三大土壤类型，占本市地域面积的 11%。水稻土的存在充分体现了人为作用对土壤形成的能动性和主导性。人们采用构筑田埂、平整田面、水耕水耙、灌溉、施肥、轮作等一系列农事措施，以满足水稻的生长需要，从而促使了具有特有剖面发生层次及形态的水稻土的形成。水稻土因所处地形部位、母质、人为作用程度不同，以及受水旱交替耕作条件影响，尤其是本市既有双季稻连作又有玉米与水稻轮作的情况，对土壤中水分运动、氧化还原作用、悬浮性胶体淋溶淀积的速度快慢发生深刻影响，形成了剖面形态和理化特性都不相同的土壤类型。本市水稻土分为淹育型、潴育型、潜育型、沼泽型、矿毒型、盐渍型等亚类。

　　小于本市地域面积 3% 的土壤类型还有赤红壤、黄壤和新积土等。

本区域中心区气候特征

本区域中心区气候特征值
Regional climate characteristics in central area of the region

气候带：南亚热带湿润气候 Climate region: South subtropical humid climate	
年平均气温 /℃ Annual average temperature /℃	21.9
年平均最高气温 /℃ Annual average maximum temperature /℃	27.2
年平均最低气温 /℃ Annual average minimum temperature /℃	18.3
年降水量 /mm Annual precipitation /mm	1124
≥ 10℃的积温 /℃ Daily temperature accumulated in a year（≥ 10℃）/℃	7917
年日照时数 /h Annual sunshine /h	1702
年平均相对湿度 /% Annual average relative humidity /%	78
干燥度 Dryness	1.14

本区域中心区月平均气温与月平均降水量
Monthly temperature and precipitation in central area of the region

靖西县主要土壤类型与土壤剖面点分布图
1:410 000

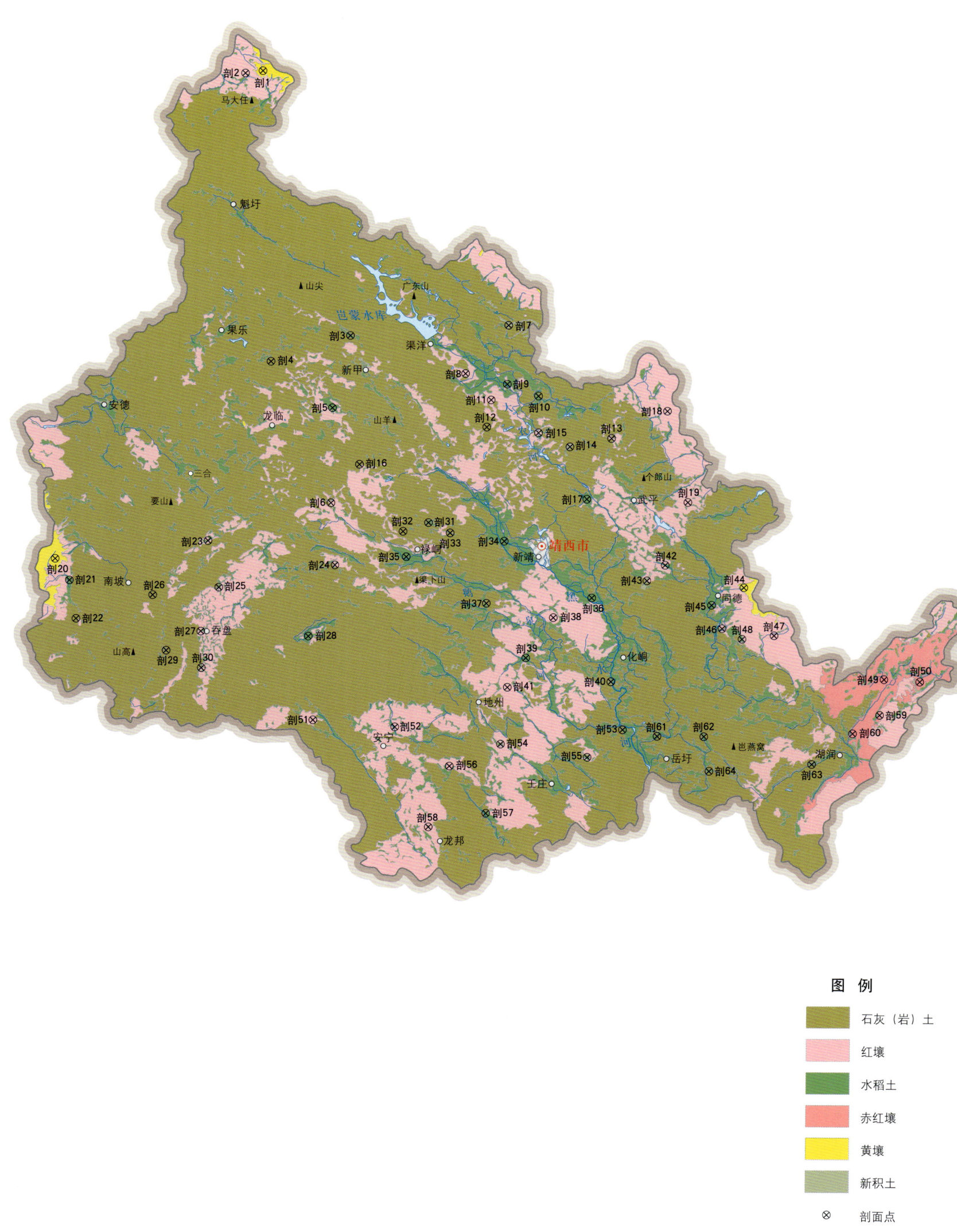

图 例
- 石灰（岩）土
- 红壤
- 水稻土
- 赤红壤
- 黄壤
- 新积土
- ⊗ 剖面点

注：国务院 2015 年 8 月批准，撤销靖西县，设立靖西市。

靖西市土壤剖面理化性状表

剖面号 Soil profile	土纲 Soil order	土类 Soil great group	亚类 Soil subgroup	土属 Soil genus	土种 Soil species	土层码 Layer code	土层厚度 Depth/cm	颜色 Soil color	质地 Soil texture	土壤结构 Soil structure	pH	有机质 OM/(g/kg)	全氮 TN/(g/kg)	全磷 TP/(g/kg)	全钾 TK/(g/kg)	有效磷 AP/(mg/kg)	速效钾 AK/(mg/kg)	土壤母质 Parent material	剖面点坐标 Profile coordinate	匹配指数 Matching index/%
剖1	铁铝土	黄壤	黄壤	砂页岩黄壤	中层砂页岩黄壤	A₁	0—29	黄灰色	轻壤土	小块状	5.0	58.5	0.30	0.50	20.9			砂页岩	E 106°09′46.8″ N 23°32′39.1″	80
						B	29—56	褐黄色	轻壤土	小块状	5.1	80.5	3.50	0.55	24.3					
						C	56—80	黄橙色	轻壤土	小块状	5.2	22.0	1.57	0.17	3.1					
剖2	铁铝土	红壤	黄红壤	砂页岩黄壤	中层砂页岩黄红壤	A₁	0—6	浅棕色	中壤土	小块状	5.5	55.5	2.64	0.45	17.8	微量	95	砂页岩	E 106°08′48.8″ N 23°32′32.3″	72
						B	6—42	黄红色	黏壤土	小块状	5.5	14.2	1.91	0.42	18.6	微量	21			
						C	42—													
剖3	人为土	水稻土	淹育水稻土	洪积性淹育水稻土	石砾底田	A	0—12	灰黄色	砂壤土	小块状	6.0	26.8	1.25	0.47	2.1	6.0	23	洪积物	E 106°14′35.9″ N 23°19′06.6″	100
						P	12—20	黄黄色	壤土	块状	6.5	20.6	1.00	0.47	1.8	5.0	10			
						C	20—80	红黄色	壤土	块状	6.5	7.9	0.57	0.63	4.5	1.0	13			
剖4	初育土	石灰(岩)土	棕色石灰土	硅质砂页岩淹育水稻土	棕色石灰土	A₁	0—15	棕灰色	轻黏土	小块状	7.0	49.1	3.18	1.02	10.0	微量	33	砂页岩	E 106°10′11.6″ N 23°17′47.4″	85
						B	15—40	灰黄色	轻黏土	柱状	7.0	37.7	3.18	1.10	11.7	5.0	27			
						C	40—100	黄棕色	轻壤土	块状	7.0	15.1	1.50	0.62	12.1	微量	17			
剖5	人为土	水稻土	淹育水稻土	硅质砂页岩淹育水稻土	灰黄砂泥田	A	0—14	浅黄土	砂黏壤土	小块状	6.5	35.1	2.12	0.53	1.1	5.0	31	砂页岩	E 106°13′35.0″ N 23°15′24.1″	74
						C	14—100	灰白色	砂黏壤土	块状	7.0	8.0	0.37	0.23	0.5	19.0	10			
剖6	铁铝土	红壤	黄红壤	耕型砂页岩黄红壤	含砾黄砂泥土	A	0—15	灰黄棕色	壤土	小块状	6.5	20.9	1.19	0.56	1.9	微量	42	砂页岩	E 106°13′28.9″ N 23°10′34.0″	95
						B	15—80	浅黄棕色	壤土	块状	6.5	13.7	1.00	0.46	3.6		16			
剖7	初育土	新积土	新积土	砾质土	多砾砂土	A	0—10	黄灰色	砂土	粒状	7.0							洪积物	E 106°23′22.6″ N 23°19′36.1″	78
						B	10—100	灰黄色	砂土	粒状	7.0									
剖8	铁铝土	红壤	红壤	耕型第四纪红土红壤	红泥土	A	0—14	灰棕色	黏壤土	小块状	5.9	48.5	1.59	0.68	2.1	微量	19	红土	E 106°20′57.8″ N 23°17′08.2″	88
						B	14—80	红黄色	黏壤土	块状	5.4	36.2	0.93	0.60	2.1		21			
剖9	人为土	水稻土	盐渍水稻土	碳酸盐渍性水稻土	石灰性埋藏黑泥田	A	0—13	灰黄棕色	壤土	块状	8.0	86.8	4.94	1.21	6.4	7.0	46	砂页岩	E 106°23′17.2″ N 23°16′34.7″	88
						P	13—21	棕黑色	壤土	柱状	7.6	126.0	6.34	1.23	7.5	6.0	26			
						W	21—40	暗棕灰色	壤土	柱状	7.5	192.2	9.21	1.47	7.2	7.0	33			
						4	40—70	棕灰色	壤土	小块状	7.5	253.1	5.08	1.26	4.6	4.0	32			
						Cw	70—100	黄黄色	黏壤土	大块状	7.5	42.8	2.35	2.18	10.2	5.0	23			
剖10	人为土	水稻土	潴育水稻土	棕色石灰土潴育水稻土	潴育棕泥田	A	0—13	浅棕灰色	黏壤土	块状	7.3	42.1	1.63	1.13	4.6	6.0	26	石灰岩风化物	E 106°25′00.1″ N 23°15′57.6″	97
						P	13—17	暗棕灰色	黏壤土	柱状	7.5	32.5	1.33	1.07	4.8	10.0	18			
						W	17—50	浅棕灰色	黏壤土	块状	7.5	36.2	1.05	0.98	4.3	9.0	30			
						Wc	50—100	灰黄灰色	壤土	小块状	7.5									
剖11	铁铝土	红壤	黄红壤	第四纪红土红壤	红壤土	A	0—43	黄棕色	壤土	块状	5.5	49.0	1.40	0.69	2.1	微量	22	红土	E 106°22′22.8″ N 23°15′46.4″	99
						B	43—100	浅棕红色	壤土	小块状	5.5	15.3	0.77	0.45	2.2	微量	11			
剖12	初育土	石灰(岩)土	棕色石灰土	耕型棕色石灰土	砾石底棕泥土	A	0—13	暗棕红色	黏壤土	小块状	6.5								E 106°22′07.7″ N 23°14′23.3″	77
						B	13—55	棕棕色	黏壤土	小块状	6.5									
						C	55—77	红红色	黏壤土	块状	6.5									
剖13	铁铝土	红壤性	红壤性	耕型砾质红壤性土	砾石底红土	A	0—9	红红色	黏土	团粒状	6.0								E 106°29′02.4″ N 23°13′46.2″	86
						B	9—32	棕红色	黏土	小块状	6.0									
						C	32—100	棕红色	黏土	柱状	5.5									
剖14	初育土	新积土	新积土	石灰黄红壤	砾型黄壤土	A	0—14	暗黄棕色	壤土	块状	7.0							洪积物	E 106°26′43.4″ N 23°13′21.4″	89
						B	14—53	浅黄棕色	黏壤土	块状	6.5	34.4	1.09	0.98	6.3	微量	24			
剖15	铁铝土	红壤	黄红壤	石灰岩黄红壤	厚层石灰岩黄红壤	A₁	0—18	浅红棕色	黏壤土	小块状	6.0							石灰岩	E 106°24′60.0″ N 23°14′04.9″	73
						B	18—100	黄红色	黏壤土	块状	6.0	18.7	1.84	0.94	6.4	微量	19			

续表 Continued

剖面号 Soil profile	土纲 Soil order	土类 Soil great group	亚类 Soil subgroup	土属 Soil genus	土种 Soil species	土层码 Layer code	土层厚度 Depth/cm	颜色 Soil color	质地 Soil texture	土壤结构 Soil structure	pH	有机质 OM/(g/kg)	全氮 TN/(g/kg)	全磷 TP/(g/kg)	全钾 TK/(g/kg)	有效磷 AP/(mg/kg)	速效钾 AK/(mg/kg)	土壤母质 Parent material	剖面点坐标 Profile coordinate	匹配指数 Matching index/%
剖16	初育土	石灰(岩)土	棕色石灰土	耕型棕色石灰土	棕泥土	A	0—13	浅棕色	中黏土	小块状	7.1	35.7	2.00	0.82	15.5	微量	39		E 106°15′05.0″ N 23°12′31.0″	78
						B	13—100	黄棕色	黏壤土	小块状	6.8	14.3	1.16	0.62	17.8	微量	18			
剖17	人为土	水稻土	盐渍水稻土	碳酸盐潴性水稻土	石灰性水田	A	0—10	浅棕色	黏壤土	小块状	8.1	28.5	1.84	0.80	3.5	6.0	38		E 106°27′39.6″ N 23°10′41.2″	88
						P	10—15	浅棕色	黏壤土	小块状	8.2	24.6	1.47	0.83	4.1	8.0	21			
						C	15—100	棕黄色	黏壤土	小块状	8.3	20.4	1.35	0.80	5.7	4.0	87			
剖18	铁铝土	红壤	黄红壤	砂页岩黄红壤	薄层砂页岩黄红壤	A	0—5	浅灰黄色	黏壤土	小块状	5.0							砂页岩	E 106°32′09.0″ N 23°15′08.6″	86
						B	5—40	黄红色	黏壤土	小块状	5.0									
剖19	铁铝土	红壤	黄红壤	硅质砂页岩黄红壤	厚层硅质砂页岩黄红壤	A$_1$	0—20	暗棕色	壤土	小块状	7.5	23.6	0.89	0.29	0.8	微量	14	砂页岩	E 106°33′15.1″ N 23°10′29.5″	77
						A$_2$	20—50	暗棕色	壤土	小块状	7.5	28.0	1.05	0.27	0.9	2.0	19			
						B	50—100	浅灰棕色	壤土	小块状	7.5									
剖20	铁铝土	黄壤	黄壤	砂页岩黄壤	厚层砂页岩黄壤	A$_1$	0—12	暗橙色	壤土	小块状	5.5	32.1	1.58	0.54	14.4	微量	56	砂页岩	E 105°58′13.2″ N 23°07′46.0″	91
						B	12—82	棕灰色	壤土	小块状	5.0	17.2	1.44	0.66	19.1	8.0	40			
剖21	人为土	水稻土	潴育水稻土	洪积性潴育水稻土	洪积潴育砂泥田	A	0—12	棕灰色	重壤土	块状	7.6	45.9	2.95	0.98	6.4	3.0	191	洪积物	E 105°59′00.2″ N 23°06′39.3″	86
						P	12—16	棕灰色	重壤土	块状	7.5	30.0	1.91	1.09	7.5	5.0	83			
						W	16—41	棕黄灰色	重壤土	小块状	7.5	14.6	0.99	0.94	9.5		74			
						Wc	41—72	浅红黄色	重壤土	小块状	7.0									
						C	72—100	浅灰黄色	重壤土	小块状	7.5									
剖22	初育土	石灰(岩)土	棕色石灰土	耕型棕色石灰土	含砂棕潴土	A	0—17	棕灰色	砂壤土	小块状	6.5	16.3	1.14	0.61	16.3	8.3	138	砂页岩	E 105°59′21.8″ N 23°04′41.2″	79
						B	17—100	浅棕灰色	砂壤土	小块状	6.5	4.3	0.68	0.35	20.0	4.1	64			
剖23	人为土	水稻土	淹育水稻土	砂页岩淹育水稻土	深潜底田	A	0—13	浅棕灰色	砂壤土	小块状	6.0							砂页岩	E 106°06′41.4″ N 23°08′39.5″	83
						P	13—19	青灰色	砂壤土	小块状	6.0									
						C	19—100	青蓝色	砂壤土	小块状	6.0									
剖24	人为土	水稻土	沼泽型水稻土	烂泥田	深泥田	A	0—14	浅灰黄色	黏壤土	糊状	6.5								E 106°13′43.0″ N 23°07′23.5″	77
						G$_1$	14—20	暗灰色	黏壤土	糊状	6.5									
						G$_2$	20—100	暗灰色	黏壤土	糊状	6.5									
剖25	初育土	石灰(岩)土	棕色石灰土	耕型棕色石灰土	砾石棕潴土	A	0—15	浅棕灰色	黏壤土	小块状	7.5	61.2	3.35	0.59	19.8	微量	109		E 106°07′16.7″ N 23°06′16.2″	74
						P	15—20	浅黄灰色	黏壤土	小块状	7.5	58.7	2.95	0.50	24.3	微量	113			
						Wg	20—51	青灰色	黏壤土	小块状	8.0	56.0	2.66	0.34	17.7	1.0	56			
						G	51—87	青蓝色	黏壤土	小块状	7.5									
剖26	人为土	水稻土	潜育水稻土	砂页岩潜育水稻土	中潜底田	A	0—23	棕色	壤土	小块状	6.8	39.0	2.44	0.86	8.5	4.0	51		E 106°03′36.7″ N 23°05′53.5″	92
						B	23—100	黄棕色	黏壤土	小块状	7.5	16.0	1.15	1.44	7.4	微量	22			
剖27	人为土	水稻土	潜育水稻土	潜底田	中潜底田	A	0—14	黄棕色	黏壤土	小块状	7.0								E 106°06′16.9″ N 23°04′01.2″	85
						P	14—22	黄蓝灰色	黏壤土	小块状	7.5									
						G	22—50	蓝灰色	黏壤土	小块状	7.5									
						Wg	50—80	蓝灰色	黏壤土	小块状	7.5									
剖28	人为土	水稻土	潜育水稻土	砂页岩潜育水稻土	潜育砂泥田	A	0—11	灰黄色	壤土	小块状	5.5	35.9	1.85	0.44	24.1	3.0	41	砂页岩	E 106°12′13.4″ N 23°03′44.5″	94
						P	11—16	黄灰色	壤土	柱状	6.5	35.9	1.66	0.43	24.4	3.0	88			
						W	16—50	黄灰褐色	壤土	块状	6.5	22.9	1.00	0.40	26.0	2.0	26			
						Cw	50—100	红黄色	砂壤土	块状	6.5	11.1	0.71	0.33	24.0	1.0	42			
剖29	人为土	水稻土	潜育水稻土	洪积潴育水稻土	洪积潴育石砾底田	A	0—13	棕灰色	壤土	块状	6.0							洪积物	E 106°04′21.0″ N 23°03′01.8″	76
						P	13—25	棕灰色	壤土	块状	6.0									
						W	25—50	棕灰色	黏壤土	小块状	7.0									
						Wc	50—70	棕灰色	壤土	小块状	7.0									
						C	70—100	浅棕色	壤土	小块状	7.0									

续表 Continued

剖面号 Soil profile	土纲 Soil order	土类 Soil great group	亚类 Soil subgroup	土属 Soil genus	土种 Soil species	土层码 Layer code	土层厚度 Depth/cm	颜色 Soil color	质地 Soil texture	土壤结构 Soil structure	pH	有机质 OM/(g/kg)	全氮 TN/(g/kg)	全磷 TP/(g/kg)	全钾 TK/(g/kg)	有效磷 AP/(mg/kg)	速效钾 AK/(mg/kg)	土壤母质 Parent material	剖面点坐标 Profile coordinate	匹配指数 Matching index/%
剖30	人为土	水稻土	沼泽型水稻土	烂泥田	浅潴田	G₁	0—14	青黄灰色	黏壤土	糊状	7.1	36.6	2.32	0.37	27.1	微量	105		E 106°06′18.2″ N 23°02′08.7″	91
						G₂	14—34	青黄灰色	黏壤土	糊状	6.8	40.4	2.26	0.42	27.2	微量	111			
						Wg	34—100	浅黄灰色	黏壤土	糊状	7.1	46.3	2.81	0.36	27.5	微量	138			
剖31	人为土	水稻土	淹育水稻土	洪积性淹育水稻土	含砾黄泥田	A	0—13	灰棕色	黏壤土	块状	6.5	39.4	2.18	1.01	5.8	7.0	75	洪积物	E 106°18′53.6″ N 23°09′32.8″	89
						P	13—21	浅棕色	黏壤土	大块状	7.0	39.1	2.18	1.01	5.7	8.0	68			
						C	21—100	红色	黏土	块状	7.0	7.4	0.59	0.70	7.2	4.0	25			
剖32	初育土	石灰（岩）土	棕色石灰土	耕型棕色石灰土	多砾棕色土	A	0—9	棕红色	黏壤土	小块状	6.5								E 106°17′28.7″ N 23°09′06.5″	78
						B	9—85	棕灰色	黏壤土	小块状	6.5									
剖33	人为土	水稻土	淹育水稻土	洪积性淹育水稻土	含砾砂泥田	A	0—10	浅棕灰色	壤土	块状	6.5							洪积物	E 106°20′05.6″ N 23°09′00.7″	95
						P	10—14	棕灰色	壤土	小块状	6.5									
						C	14—90	红黄色	壤土	块状	7.0									
剖34	人为土	水稻土	盐渍水稻土	碳酸盐渍性水稻土	石灰性潴育田	A	0—16	棕灰色	壤土	块状	8.5	58.3	3.73	1.48	3.1	13.0	139		E 106°23′04.9″ N 23°08′34.4″	77
						P	16—20	灰棕色	壤土	小块状	8.5	49.1	3.15	1.39	3.2	13.0	96			
						W₁	20—46	灰棕黄色	黏壤土	块状	8.0	17.3	0.88	0.88	3.2	4.0	53			
						W₂	46—100	棕黄相间	黏壤土	小块状	7.0									
剖35	人为土	水稻土	盐渍水稻土	碳酸盐渍性水稻土	石灰性淀积田	A	0—13	深棕灰色	黏壤土	块状	8.5								E 106°17′39.1″ N 23°07′48.4″	76
						P	13—20	深棕灰色	黏壤土	块状	8.0									
						G	40—90	蓝灰色	黏壤土	块状	8.0									
剖36	人为土	水稻土	盐渍水稻土	碳酸盐渍性水稻土	石灰性潴育田	A	0—16	黄灰色	黏壤土	小块状	8.1	43.3	2.82	1.16	5.0	11.0	54		E 106°27′55.1″ N 23°05′38.8″	71
						P	16—20	黄灰色	黏壤土	块状	8.2	41.1	2.53	0.78	2.9	6.0	31			
						Wc	20—44	浅黄灰	黏壤土	块状	8.3	18.6	1.07	0.91	2.2	4.0	23			
						B₁	44—58	灰白色	黏壤土	块状	8.0									
						B₂	58—100	灰白色	黏壤土	小块状	8.6									
剖37	人为土	水稻土	沼泽型水稻土	埋藏黑泥田	深埋黑泥田	A	0—11	灰棕色	黏壤土	块状	6.5								E 106°22′04.8″ N 23°05′24.0″	73
						P	11—17	浅棕灰色	黏壤土	块状	6.5									
						Wc	17—37	灰棕色	黏壤土	块状	7.0									
						4	37—100	灰棕色	壤土	粒状	7.0									
剖38	铁铝土	红壤	黄红壤	硅质砂页岩黄红壤	薄层硅质砂页岩黄红壤	A	0—16	暗棕灰色	壤土	小块状	5.6	3.8	1.28	0.47	1.1	4.1	22	砂页岩	E 106°25′46.9″ N 23°04′39.0″	78
						C	16—39	灰棕色	壤土	小块状	5.6	12.6	0.65	0.33	1.2	4.0	9			
剖39	人为土	水稻土	潴育水稻土	硅质砂页岩潴育水稻土	潴育灰棕泥田	A	0—13	浅黄灰	黏壤土	小块状	6.5	25.8	1.07	0.73	2.4	10.0	40	砂页岩	E 106°24′15.5″ N 23°02′35.2″	71
						P	13—18	浅黄灰	黏壤土	小块状	6.6	20.0	0.98	0.45	2.3	5.0	39			
						W	18—61	灰白色	黏壤土	小块状	7.1	12.7	0.64	0.49	2.3	微量	21			
						Wc	61—100	灰白色	黏壤土	小块状	5.5									
剖40	人为土	水稻土	潴育水稻土	砂页岩潴育水稻土	潴育砂土田	A	0—13	灰棕色	黏壤土	块状	6.5	40.2	1.25	0.27	1.9	2.0	35	砂页岩	E 106°28′57.4″ N 23°01′21.0″	87
						P	13—17	暗棕灰色	黏壤土	块状	7.0	6.1	0.26	0.21	1.5	1.0	12			
						W	17—43	浅棕红色	轻黏土	块状	7.5	4.1	0.20	0.17	4.5	2.0	19			
						Wc	43—100	黄灰色	轻黏土	小块状	7.5									
剖41	铁铝土	红壤	黄红壤	硅质砂页岩黄红壤	中层硅质砂页岩黄红壤	A₁	0—13	棕灰色	壤土	小块状	6.0	59.7	3.94	1.38	7.7	24.0	67	砂页岩	E 106°23′14.3″ N 23°01′05.9″	82
						B	13—70	浅棕红色	轻黏土	大块状	7.5	14.8	1.02	0.74	6.6	14.0	51			
						C	70—100	棕红色	壤土	柱状	7.5	42.1	2.52	1.51	8.8	15.0	85			
剖42	人为土	水稻土	盐渍水稻土	碳酸盐渍性水稻土	锅巴底田	P	0—16	浅黄色	壤土	大块状	8.0								E 106°31′59.5″ N 23°07′17.8″	94
						W	20—80	暗黄色	壤土	柱状	7.5									
						C	80—100	棕黄色	壤土	小块状	7.5									

续表 Continued

剖面号 Soil profile	土纲 Soil order	土类 Soil great group	亚类 Soil subgroup	土属 Soil genus	土种 Soil species	土层码 Layer code	土层厚度 Depth/cm	颜色 Soil color	质地 Soil texture	土壤结构 Soil structure	pH	有机质 OM/(g/kg)	全氮 TN/(g/kg)	全磷 TP/(g/kg)	全钾 TK/(g/kg)	有效磷 AP/(mg/kg)	速效钾 AK/(mg/kg)	土壤母质 Parent material	剖面点坐标 Profile coordinate	匹配指数 Matching index/%
剖43	初育土	新积土	新积土	砾质土	砾质土	A	0–17	棕灰色	砂壤土	小块状	7.8	17.9	0.92	0.56	11.2	5.0	153	洪积物	E 106°30′58.0″ N 23°06′30.6″	94
						B	17–100	棕灰色	砂壤土	小块状	7.8	16.1	0.86	0.49	11.4	8.0	125			
剖44	铁铝土	黄壤	黄壤	花岗岩黄壤	厚层花岗岩黄壤	Ao	0–2	灰黑色	壤土	小块状	4.5	157.9	5.32	0.51	28.4	8.0	214	花岗岩	E 106°36′20.5″ N 23°06′07.8″	97
						A₁	2–20	灰黑色	壤土	小块状	4.5	88.9	3.49	0.50	30.7	5.0	93			
						B₁	20–90	棕黄色	壤土	小块状	5.0	17.8	0.85	0.25	41.3	微量	29			
						B₂	90–100	黄色	壤土	小块状	5.5	9.9	0.49	0.24	47.8	2.0	32			
剖45	人为土	水稻土	潴育水稻土	红土质潴育水稻土	潴育黄泥田	A	0–16	浅黄棕色	黏壤土	小块状	7.0	48.2	3.22	0.73	10.6	2.0	50	红土	E 106°34′32.2″ N 23°05′13.9″	99
						P	16–28	灰棕色	黏壤土	小块状	7.0	30.7	1.41	0.57	9.6	6.0	21			
						W₁	28–48	暗灰棕色	黏壤土	柱状	7.5	25.1	1.15	0.45	17.0	1.0	43			
						W₂	48–70	黄灰棕色	黏壤土	柱状	7.5									
						Wc	70–95	红黄相间	黏壤土	块状	7.5									
剖46	铁铝土	红壤	黄红壤	耕型花岗岩黄红壤	杂砂黄泥土	A	0–12	灰棕色	壤土	粒状	6.0	31.5	1.53	0.75	12.5	7.3	61	花岗岩	E 106°35′06.4″ N 23°04′01.9″	95
						B	12–60	棕黄色	壤土	小块状	6.0	27.9	1.20	0.57	12.3	微量	23			
剖47	铁铝土	红壤	黄红壤	花岗岩黄红壤	厚层花岗岩黄红壤	A₁	0–24	暗黄棕色	壤土	小块状	5.0	27.4	1.08	0.34	34.3	微量	67	花岗岩	E 106°37′59.5″ N 23°03′39.6″	80
						B	24–100	红黄色	壤土	小块状	4.5	13.7	0.70	0.26	23.8	微量	106			
剖48	人为土	水稻土	潜育水稻土	潜底田	浅潜底田	A	0–20	深灰色	壤土	小块状	6.5								E 106°36′13.7″ N 23°03′29.2″	71
						G	20–60	青灰色	壤土	小块状	6.5									
						Wg	60–100	灰棕色	壤土	小块状	6.5									
剖49	铁铝土	赤红壤	赤红壤	硅质砂页岩赤红壤	中层硅质砂页岩赤红壤	A₁	0–15	棕色	壤土	小块状	5.5	23.0	1.58	0.36	11.3	3.1	80	硅质砂页岩	E 106°44′03.5″ N 23°01′22.4″	89
						B	15–60	浅红棕色	壤土	小块状	5.5	8.9	1.25	0.34	13.5	2.1	62			
剖50	铁铝土	赤红壤	赤红壤	硅质砂页岩赤红壤	薄层硅质砂页岩赤红壤	A₁	0–16	暗棕色	砂壤土	粒状	6.5	16.4	0.99	0.23	3.4	4.0	38	硅质砂页岩	E 106°46′02.3″ N 23°01′14.5″	71
						B	16–40	暗棕色	砂壤土	小块状	6.5	5.7	0.53	0.28	3.8	1.0	15			
剖51	铁铝土	赤红壤	黄红壤	耕型砂页岩黄红壤	砂页岩黄红壤	A	0–15	灰棕色	砂壤土	小块状	6.5	26.9	1.86	0.59	28.4	微量	231	砂页岩	E 106°12′27.4″ N 22°59′28.3″	94
						B	15–80	红棕色	黏壤土	小块状	4.9	13.3	1.37	0.40	30.4	微量	196			
剖52	人为土	水稻土	淹育水稻土	砂页岩淹育水稻土	埌土田	A	0–14	灰棕色	黏壤土	块状	5.5	43.9	2.64	0.81	19.4	7.2	44	砂页岩	E 106°16′59.9″ N 22°59′06.4″	95
						P	14–22	灰棕色	黏壤土	块状	5.5	39.1	2.45	0.90	20.7	7.2	38			
						C	22–100	灰棕色	黏壤土	块状	6.0	16.0	1.10	0.60	24.1	2.1	42			
剖53	人为土	水稻土	盐渍水稻土	碳酸盐渍性水稻土	石灰性铁子底田	A	0–13	暗黄棕色	黏壤土	小块状	8.0	44.2	2.63	0.88	2.7	13.0	48		E 106°29′35.5″ N 22°58′53.8″	79
						P	13–19	黄黄棕色	黏壤土	小块状	8.0	28.0	1.80	0.78	3.0	11.0	33			
						W	19–50	灰黄棕色	黏壤土	块状	8.0	22.0	1.56	0.66	6.0	4.0	33			
						C	50–100	棕灰色	黏壤土	块状	7.5	5.4	0.54	0.32	6.6	3.0	27			
剖54	人为土	水稻土	潜育水稻土	冷浸田	浅浸田	Ag	0–13	灰黑色	壤土	小块状	6.6	41.0	2.22	1.00	6.1	19.0	62		E 106°22′50.9″ N 22°58′12.7″	93
						G	13–20	暗蓝色	壤土	大块状	6.2	40.2	2.29	0.99	6.1	27.0	54			
						Wg	20–100	黄蓝色	壤土	小块状	6.1	36.8	2.14	0.87	6.1	17.0	34			
剖55	铁铝土	水稻土	淹育水稻土	红土质淹育水稻土	铁磐底田	A	0–13	棕色	壤土	块状	7.0	41.6	2.36	1.14	4.3	14.0	39	红土	E 106°27′38.2″ N 22°57′31.0″	84
						P	13–20	暗棕色	壤土	块状	7.0	37.6	2.19	1.11	4.3	15.0	35			
						3	20–26	棕色		块状	7.0	7.4	0.58	0.58	5.3	5.0	21			
						W	26–46	灰黄色	黏壤土	小块状	7.0	5.4	0.39	0.49	8.9	3.0	20			
						Wc	46–100	红黄色	黏壤土	小块状	7.0	4.0	0.45	0.43	12.1	2.0	27			
剖56	铁铝土	红壤	黄红壤	砂页岩黄红壤	厚层砂页岩黄红壤	A₁	0–12	灰黄棕色	砂壤土	小块状	5.5							砂页岩	E 106°20′00.6″ N 22°57′06.8″	84
						A	12–100	黄灰色	壤土	小块状	5.0									
剖57	人为土	水稻土	淹育水稻土	红土质淹育水稻土	铁子底田	A	0–12	浅灰棕色	黏壤土	块状	7.5							红土	E 106°22′01.2″ N 22°54′40.7″	70
						P	12–18	暗红黄色	黏壤土	块状	7.0									
						C	18–90				7.0									

续表 Continued

剖面号 Soil profile	土纲 Soil order	土类 Soil great group	亚类 Soil subgroup	土属 Soil genus	土种 Soil species	土层码 Layer code	土层厚度 Depth/cm	颜色 Soil color	质地 Soil texture	土壤结构 Soil structure	pH	有机质 OM/(g/kg)	全氮 TN/(g/kg)	全磷 TP/(g/kg)	全钾 TK/(g/kg)	有效磷 AP/(mg/kg)	速效钾 AK/(mg/kg)	土壤母质 Parent material	剖面点坐标 Profile coordinate	匹配指数 Matching index/%
剖58	人为土	水稻土	潴育水稻土	冷底田	冷底田	A	0—15	深棕色	壤土	糊状	6.5	39.5	2.13	0.22	4.0	微量	66		E 106°18′50.8″ N 22°53′59.6″	93
剖59	铁铝土	赤红壤	赤红壤	耕型硅质砂页岩赤红壤	灰砂泥土	Pg	15—40	深灰棕色	壤土	小块状	7.0	37.5	1.87	0.17	4.4	微量	23	砂页岩	E 106°43′48.0″ N 22°59′33.7″	89
						C	40—100	灰黄色	黏壤土	小块状	6.5	12.6	0.87	0.21	6.7	1.0	21			
剖60	铁铝土	赤红壤	赤红壤	硅质砂页岩赤红壤	厚层硅质砂页岩赤红壤	A	0—14	浅黄色	砂壤土	小块状	6.5	21.3	1.20	1.14	2.6	11.4	54	硅质砂页岩	E 106°42′18.4″ N 22°58′37.9″	94
						B	14—20	浅黄色	砂壤土	小块状	6.8	5.5	0.52	1.09	2.5	9.3	23			
						C	20—90	浅黄色	壤土	小块状	6.8	9.2	0.85	1.17	3.1	8.4	34			
剖61	人为土	水稻土	淹育水稻土	棕色石灰土	浅棕泥地田	A_1	0—20	暗灰色	壤土	小块状	6.0	24.0	1.06	0.45	0.8	3.1	16	石灰岩风化物	E 106°31′30.4″ N 22°58′33.6″	100
						B_1	20—38	黄灰色	壤土	块状	6.0	12.4	0.58	0.28	0.7	1.0	9			
						B_2	38—100	棕黄色	壤土	块状	6.5	6.5	0.32	0.38	0.9	微量	8			
剖62	人为土	水稻土	潴育水稻土	红泥质潴育水稻土	潴育铁子田	A	0—12	暗黄棕色	黏壤土	小块状	7.0	34.8	1.99	0.94	11.2	10.0	111	红土	E 106°34′04.8″ N 22°58′31.4″	84
						P	12—19	浅棕色	黏壤土	块状	6.5	28.7	1.81	0.84	10.9	9.0	77			
						W	19—50	棕黄色	黏壤土	块状	6.5	8.7	0.84	0.42	11.3	3.0	30			
剖63	人为土	水稻土	潴育水稻土	冲积性潴育水稻土	潴育潮砂田	A	0—14	棕灰色	壤土	小块状	7.5							河流冲积物	E 106°40′02.6″ N 22°57′05.8″	73
						P	14—27	灰棕色	壤土	小块状	7.7	24.6	0.67	0.48	3.1	13.0	33			
						W	27—50	棕黑色	壤土	小块状	7.5	13.8	0.67	0.57	2.0	16.0	31			
						Wc	50—100	棕灰色	壤土	小块状	7.5	11.8	0.51	0.55	3.0	10.0	30			
剖64	人为土	水稻土	沼泽型水稻土	埋藏黑泥田	浅里黑泥田	A	0—14	暗棕色	壤土	小块状	7.5								E 106°34′21.4″ N 22°56′46.3″	75
						P	14—22	浅棕灰色	黏壤土	小块状	6.5	27.6	1.06	0.96	2.6	15.0	82			
						3	22—37	棕灰色	壤土	小块状	7.0	10.7	1.65	1.44	2.6	10.0	56			
						C	37—90	灰黑色	黏壤土	块状	7.5	4.2	0.22	0.75	2.6	8.0	49			
								浅棕黄色	黏壤土		7.5									

平 果 市

主要土类说明

石灰（岩）土是平果市主要土壤类型，占本市地域面积的49%。石灰（岩）土发生于热带、亚热带石灰岩山区，是石灰岩经溶蚀风化，形成的厚薄不同的钙质饱和或含游离钙质的土壤，多见于石隙、溶洞或峰丛底部。该土壤碳酸钙淋溶程度不一，多黏土，多为铁钙质胶结物，风化程度不一，盐基饱和度高，有机质含量及胶结状态有较大差异。

赤红壤是平果市第二大土壤类型，占本市地域面积的36%。赤红壤主要发生于南亚热带季雨林下，其脱硅富铝化程度仅次于砖红壤，强于红壤。铁的游离度介于二者之间，黏粒硅铝率为1.7—2.0，风化淋溶系数为0.05—0.15，盐基饱和度为15%—25%，pH为4.5—5.5。淀积层（B层）富含铁铝氧化物，呈赤红色。

水稻土是平果市第三大土壤类型，占本市地域面积的8%。水稻土是在长期季节性淹灌、水下翻耕、季节性脱水、氧化还原交替影响下，原来成土母质或母土的特性发生重大改变，形成的新的土壤类型。由于干湿交替，水稻土形成糊状淹育层、较坚实板结的犁底层、渗育层、潴育层与潜育层等多种发生层段是在人为耕作、水浆管理下形成的。本市水稻土分为淹育型、潴育型、潜育型、沼泽型、渗育型、盐渍型、矿毒型等亚类。

小于本市地域面积3%的土壤类型还有粗骨土、红壤、红黏土和潮土等。

本区域中心区气候特征

本区域中心区气候特征值
Regional climate characteristics in central area of the region

气候带：南亚热带湿润气候 Climate region: South subtropical humid climate	
年平均气温 /℃ Annual average temperature /℃	21.9
年平均最高气温 /℃ Annual average maximum temperature /℃	26.7
年平均最低气温 /℃ Annual average minimum temperature /℃	18.6
年降水量 /mm Annual precipitation /mm	1260
≥10℃的积温 /℃ Daily temperature accumulated in a year（≥10℃）/℃	7940
年日照时数 /h Annual sunshine /h	1532
年平均相对湿度 /% Annual average relative humidity /%	78
干燥度 Dryness	1.02

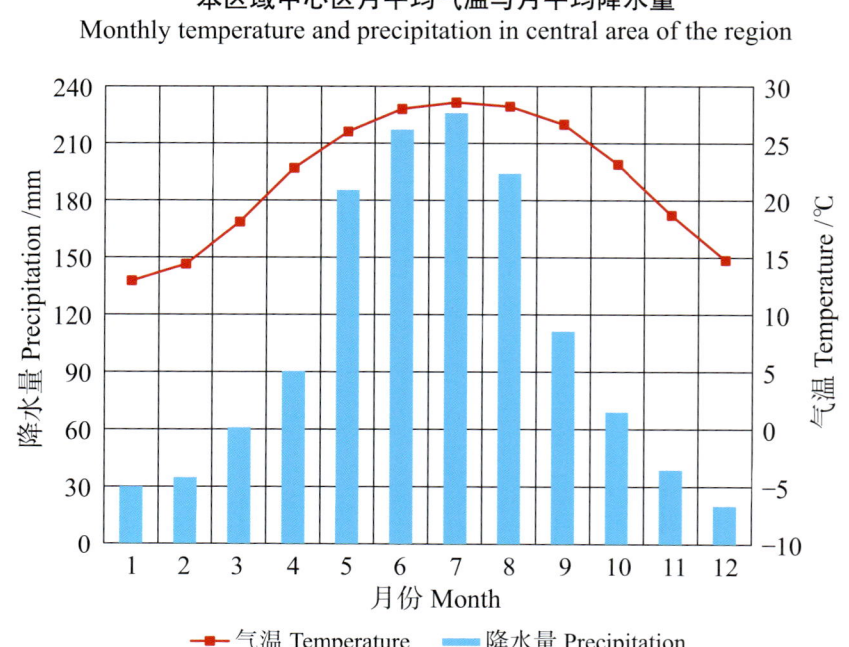

本区域中心区月平均气温与月平均降水量
Monthly temperature and precipitation in central area of the region

平果县主要土壤类型与土壤剖面点分布图
1∶280 000

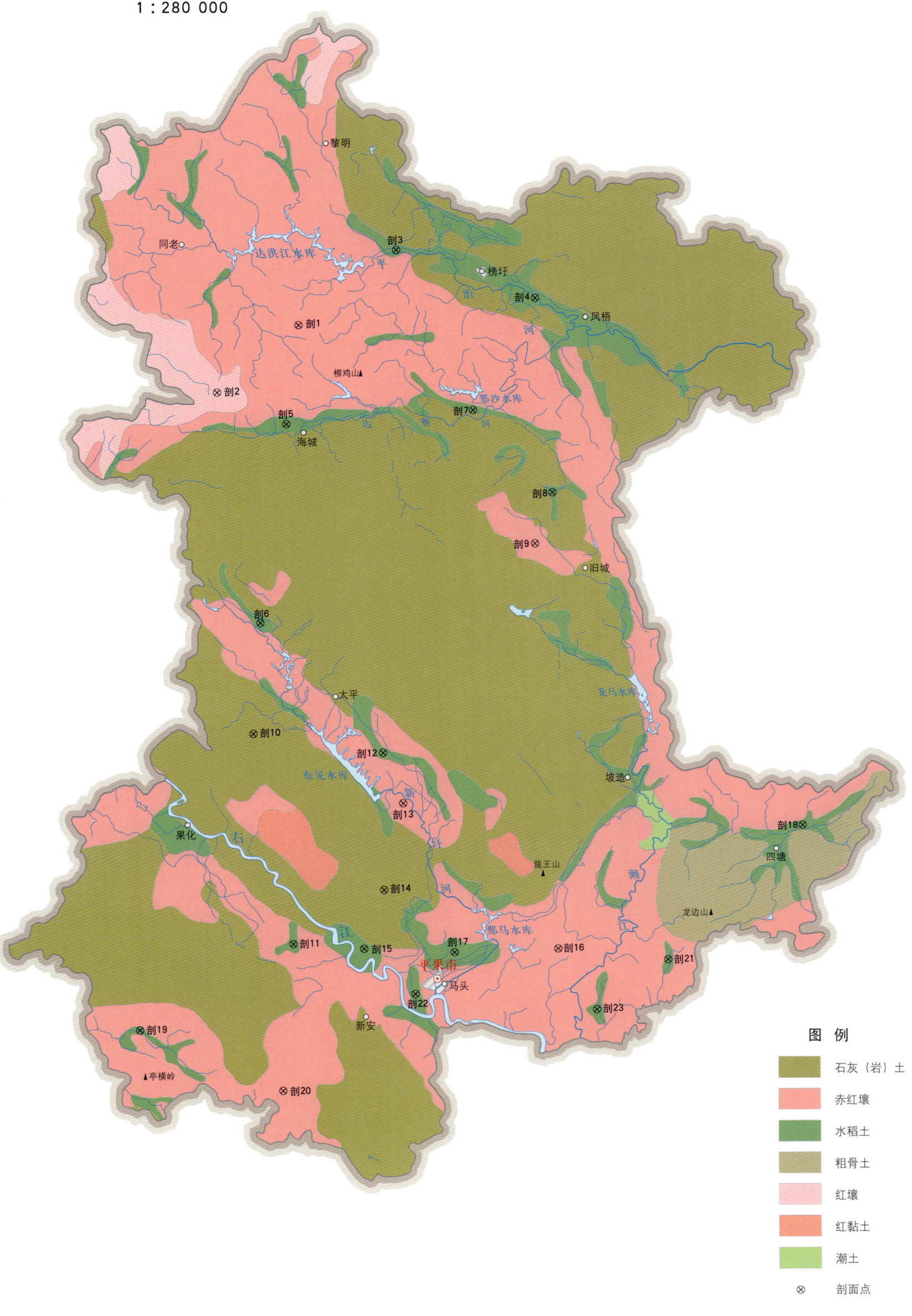

注：国务院 2019 年 12 月批准，撤销平果县，设立平果市。

图 例
- 石灰（岩）土
- 赤红壤
- 水稻土
- 粗骨土
- 红壤
- 红黏土
- 潮土
- ⊗ 剖面点

平果市土壤剖面理化性状表

剖面号 Soil profile	土纲 Soil order	土类 Soil great group	亚类 Soil subgroup	土属 Soil genus	土种 Soil species	土层码 Layer code	土层厚度 Depth/cm	颜色 Soil color	质地 Soil texture	土壤结构 Soil structure	pH	有机质 OM (g/kg)	全氮 TN (g/kg)	全磷 TP (g/kg)	全钾 TK (g/kg)	碱解氮 AN (mg/kg)	有效磷 AP (mg/kg)	速效钾 AK (mg/kg)	土壤母质 Parent material	剖面点坐标 Profile coordinate	匹配指数 Matching index/%
剖1	铁铝土	赤红壤	赤红壤	砂页岩赤红壤	中层砂页岩赤红壤	Ao	0—2	灰色	壤土		4.7	51.3	1.80						砂页岩	E 107°29′50.6″ N 23°43′04.1″	85
						A	2—12	灰棕色	壤土		4.5										
剖2	铁铝土	红壤	黄红壤	砂页岩黄红壤	中层砂页岩黄红壤	3	12—45	黄棕色	壤土	块状	5.5	47.1	1.84				1.0	109	砂页岩	E 107°26′34.9″ N 23°40′41.4″	96
						A	0—7	红黄色	壤土		5.5						2.0	50			
剖3	人为土	水稻土	潴育水稻土	冲积性潴育水稻土	潴育潮泥田	2	7—60	棕黄色	壤土	团块状	5.1	22.9	1.36	0.41	7.2	89	14.0	15	河流冲积物	E 107°33′44.6″ N 23°45′42.5″	96
						A	12—16	棕灰色	壤土	块状	5.3	17.6	1.31	0.46	7.2		21.0	15			
						P	16—35	灰棕色	黏壤土	块状	7.3	1.4		0.71	5.6		18.0	12			
						W	35—100	棕黄色	黏壤土		7.0										
剖4	人为土	水稻土	潴育水稻土	红土质潴育水稻土	潴育黄泥田	C	0—13	灰棕色	壤土	粒状	5.0	27.1	1.77	0.40	6.3	103	4.0	21	红土	E 107°39′10.1″ N 23°43′53.0″	79
						A	13—17	黏壤色	黏壤土	小块状	5.6	21.0	1.66	0.26	11.5		5.0	21			
						P	17—28	浅灰棕色	黏壤土	棱块状	7.1	11.1	0.10	0.46	2.6		5.0	10			
						W	28—100	棕红色	黏壤土		7.0										
剖5	人为土	水稻土	潴育水稻土	砂页岩潴育水稻土	潴育蜡泥肉田	4	0—13	灰棕色	黏壤土		7.0	32.8				140	1.0	60	砂页岩	E 107°29′17.2″ N 23°39′30.2″	84
						A	13—20	棕灰色	黏壤土	块状	7.0										
						P	20—59	灰棕色	黏壤土	柱状	7.0										
						W	59—100	浅灰棕色	黏壤土	棱柱状	7.0										
剖6	人为土	水稻土	潴育水稻土	棕色石灰潴育水稻土	粉砂土田	C	100—105	黄棕色	黏壤土	大块状	7.0								石灰岩风化物	E 107°28′06.2″ N 23°32′20.8″	76
						A	0—14	灰棕色	砂壤土		7.9	32.4	2.48	0.84	4.7	134	15.0	44			
						P	14—20	灰棕色	砂壤土	块状	7.9	26.5	1.49	1.09	5.3		7.0	27			
						W	20—35	棕色	黏壤土		7.1	10.7		0.80	4.5		12.0	30			
剖7	人为土	水稻土	潴育水稻土	砂页岩潴育水稻土	浅浸田	C	35—100	黄棕色	黏壤土		7.0								砂页岩	E 107°36′38.2″ N 23°39′53.3″	93
						A	0—9	棕灰色	砂壤土	团块状	4.8	20.8	1.61	9.23	9.1	125	2.0	20			
						P	9—14	棕灰色	黏壤土	块状	5.5	19.0		0.27	8.8		0.2	23			
						C	14—100	棕黄色	黏壤土		7.5	1.1		0.35	1.1			35			
剖8	人为土	水稻土	潴育水稻土	冷浸田	浅浸田	G	0—22	蓝青灰色	黏壤土		6.5	30.0				140	0.5	25		E 107°39′41.0″ N 23°36′50.5″	98
						2	22—67	黄棕色	壤土		7.0										
						C	67—100	棕黄色	砂壤土		8.0										
剖9	铁铝土	赤红壤	赤红壤	红土赤红壤	红土赤红壤	A	0—12	浅红色	黏壤土	柱状	4.6	20.9	1.08				1.0	81	红土	E 107°38′57.5″ N 23°35′01.3″	94
						2	12—100	棕红色	黏壤土		5.5										
剖10	初育土	石灰（岩）土	棕色石灰土	耕型棕色石灰土	棕泥土	A	0—11	暗棕色	黏壤土		6.8	31.2	2.50	2.24	11.0	173	41.0	121	红土	E 107°27′44.3″ N 23°28′19.9″	84
						2	11—45	棕色	黏壤土		7.0	4.5	1.74	2.40	12.0		50.0	65			
						C	45—100	棕黄色	黏壤土		7.0										
剖11	人为土	水稻土	淹育水稻土	红土质淹育水稻土	薄耕层铁磐底田	A	0—10	浅灰色	壤土	团块状	6.5	32.0				80	5.0	75	红土	E 107°29′07.8″ N 23°20′41.3″	71
						P	10—15	褐棕色	壤土	块状	6.5										
						3	15—34	褐色	重黏土	铁质硬块状	6.5										
						C	34—75	黄棕色	重黏土	块状	6.5										
剖12	人为土	水稻土	淹育水稻土	红土质淹育水稻土	薄耕层黄泥田	A	0—11	浅棕色	黏土	块状	7.9	37.6	1.96	1.06	5.1	75	8.0	43	红土	E 107°32′48.8″ N 23°27′33.5″	100
						P	11—20	黄色	黏土		7.9	39.9	2.31	1.20	4.7		13.0	24			
						C	20—100	棕黄色	重黏土		8.0	7.5	1.12				2.0	43			
剖13	铁铝土	赤红壤	赤红壤	页岩赤红壤	薄层页岩赤红壤	A	0—15	棕红色	黏壤土	块状	4.4	31.4	1.40				3.0	114	页岩	E 107°33′33.5″ N 23°25′43.7″	78
						2	15—30	黄红色	黏壤土	状状	5.0										

续表 Continued

剖面号 Soil profile	土纲 Soil order	土类 Soil great group	亚类 Soil subgroup	土属 Soil genus	土种 Soil species	土层码 Layer code	土层厚度 Depth/cm	颜色 Soil color	质地 Soil texture	土壤结构 Soil structure	pH	有机质 OM/(g/kg)	全氮 TN/(g/kg)	全磷 TP/(g/kg)	全钾 TK/(g/kg)	碱解氮 AN/(mg/kg)	有效磷 AP/(mg/kg)	速效钾 AK/(mg/kg)	土壤母质 Parent material	剖面点坐标 Profile coordinate	匹配指数 Matching index/%
剖1.4	初育土	石灰(岩)土	棕色石灰土	棕色石灰土	棕色石灰肉土	A	0—12	浅棕色	黏壤土	小块状	7.4	70.4	4.53				2.0	148		E 107°32′44.5″ N 23°22′35.8″	76
						2	12—100	红棕色	黏壤土	大块状	7.0										
剖1.5	人为土	水稻土	潴育水稻土	砂页岩潴育水稻土	潴育砂泥田	A	0—14	棕灰色	壤土		5.5	28.0					1.0	3	砂页岩	E 107°31′54.1″ N 23°20′27.7″	98
						P	14—18	棕灰色	壤土	块状	6.0					100					
						W	18—30	棕灰色		柱状	6.5										
						C	30—92	黄棕色		块状	6.5										
剖1.6	铁铝土	赤红壤	赤红壤	耕型砂页岩赤红壤	赤红土	A	0—15	灰棕色	黏壤土		5.4	12.5	0.95	0.52	5.7	71	4.0	82	砂页岩	E 107°39′30.6″ N 23°20′20.0″	84
						2	15—70	黄棕色	黏壤土	块状	4.8	1.3		0.47	9.2		1.0	25			
						C	70—100	黄棕色	黏壤土		5.5										
剖1.7	人为土	水稻土	潴育水稻土	砂页岩潴育水稻土	潴育砂泥田	A	0—10	浅棕灰色	壤土	块状	5.8	39.7	2.59	0.24	15.1	190	2.0	88	砂页岩	E 107°35′26.3″ N 23°20′16.3″	75
						P	10—14	浅棕灰色	壤土	团块状	6.5	27.5	1.97	0.39	13.8		4.0	42			
						W	14—35	棕灰色	壤土		6.5	5.0	0.87	0.36	14.5		3.0	38			
						C	35—100	黄灰色	黏壤土		6.5										
剖1.8	人为土	水稻土	潴育水稻土	硅质岩潴育水稻土	潴育砂泥田	A	0—11	浅灰色	壤土	小块状	5.4	29.3	1.73				1.0	46	硅质岩	E 107°49′12.4″ N 23°24′38.9″	93
						P	11—16	棕灰色	壤土	块状	5.5										
						W	16—45	棕灰色	黏壤土	块状	6.0										
						C	45—100	棕灰色	黏壤土		7.0										
剖1.9	人为土	水稻土	潴育水稻土	砂页岩潴育水稻土	潴育灰砂泥田	A	0—12	浅棕灰色	砂壤土	小块状	5.0	25.6				130		75	砂页岩	E 107°23′02.4″ N 23°17′41.6″	94
						P	12—18	浅棕灰色	砂壤土		5.5										
						W	18—41	红棕色	黏壤土	小团块状	6.0										
						C	41—100	棕黄色	黏壤土	团块状	7.0										
剖1.20	铁铝土	赤红壤	赤红壤	耕型铁砾赤红壤	铁子土	A	0—14	棕红色	黏壤土	烂泥状	6.1	20.4	1.65	0.83	9.4	108	3.0	18		E 107°28′36.1″ N 23°15′26.6″	72
						2	14—30	棕黄色	黏壤土	块状	6.4	24.9	1.62	0.29	9.3		2.0	84			
						C	30—100	棕黄色	黏壤土		6.0										
剖1.21	人为土	水稻土	潴育水稻土	冷浸田	深浸田	G	0—33	青灰色	黏壤土		7.0	29.0				150	2.5	20		E 107°43′49.1″ N 23°19′51.2″	100
						C	33—90	棕黄色	黏壤土		7.0										
剖1.22	人为土	水稻土	淹育水稻土	砂页岩淹育水稻土	蜡泥田	A	0—12	灰棕色	黏壤土	小块状	6.0	36.0				130	5.0	25	砂页岩	E 107°33′52.2″ N 23°18′48.3″	88
						P	12—18	棕灰色	黏壤土	块状	7.0										
						3	18—26	棕灰色	黏壤土	块状	7.0										
						C	26—100	棕灰色	重黏土		7.0										
剖1.23	人为土	水稻土	淹育水稻土	砂页岩淹育水稻土	壤土田	A	0—13	棕灰带青色	壤土		5.8	37.1	2.72	0.30	9.5		3.0	31	砂页岩	E 107°40′58.7″ N 23°18′08.1″	87
						P	13—18	灰黄色	壤土	块状	5.7	22.2		0.27	9.2		0.2	20			
						3	18—44	黄棕色	壤土		6.0	0.7		0.21	9.0						
						C	44—100		壤土		6.0										

贺 州 市

市 辖 区

主要土类说明

红壤是贺州市主要土壤类型，占本市地域面积的61%。红壤主要发生于亚热带常绿阔叶林下，呈中度脱硅富铝化特征，土壤黏粒中游离铁占全铁的50%—60%。黏土矿物以高岭石、赤铁矿为主，黏粒硅铝率为1.8—2.4，风化淋溶系数小于0.2，盐基饱和度小于35%，pH 为4.5—5.5。红壤具深厚红色土层，淀积层（B层）底层可见具深厚红、黄、白相间网纹的红色黏土。本市红壤包括红壤、黄红壤、红壤性土等亚类。

黄壤是贺州市第二大土壤类型，占本市地域面积的14%。黄壤发生于亚热带湿润条件下，中度富铝化，多见于海拔700—1200m的山区。土壤有机质累积较多，具O-A-AB-B-C剖面构型。pH 为4.5—5.5。淀积层（B层）富含水合氧化铁（针铁矿），呈黄色，有时多含三水铝石。

赤红壤是贺州市第三大土壤类型，占本市地域面积的11%。赤红壤主要发生于南亚热带季雨林下，其脱硅富铝化程度仅次于砖红壤，强于红壤。铁的游离度介于二者之间，黏粒硅铝率为1.7—2.0，风化淋溶系数为0.05—0.15，盐基饱和度为15%—25%，pH 为4.5—5.5。淀积层（B层）富含铁铝氧化物，呈赤红色。

水稻土占贺州市地域面积的10%，分布于本市各乡镇。水稻土除有耕作层以外，一般还有较明显的犁底层、潴育层、潜育层等剖面层段。由于长期的水耕水耙，钾、钠、钙、镁等碱金属和碱土金属淋溶流失。铁锰的淋溶淀积现象明显，由于水分的下渗，氧化还原交替进行，在心土层或底土层形成较多量的铁锰结核、锈斑、铁铝胶膜等。本市水稻土分为淹育型、潴育型、潜育型、沼泽型、渗育型、盐渍型、矿毒型等亚类。

小于本市地域面积3%的土壤类型还有紫色土、新积土、山地草甸土和石灰（岩）土等。

本区域中心区气候特征

本区域中心区气候特征值
Regional climate characteristics in central area of the region

气候带：南亚热带湿润气候 Climate region: South subtropical humid climate	
年平均气温 /℃ Annual average temperature /℃	20.3
年平均最高气温 /℃ Annual average maximum temperature /℃	25.1
年平均最低气温 /℃ Annual average minimum temperature /℃	16.9
年降水量 /mm Annual precipitation /mm	1533
≥10℃的积温 /℃ Daily temperature accumulated in a year（≥10℃）/℃	7324
年日照时数 /h Annual sunshine /h	1634
年平均相对湿度 /% Annual average relative humidity /%	78
干燥度 Dryness	0.78

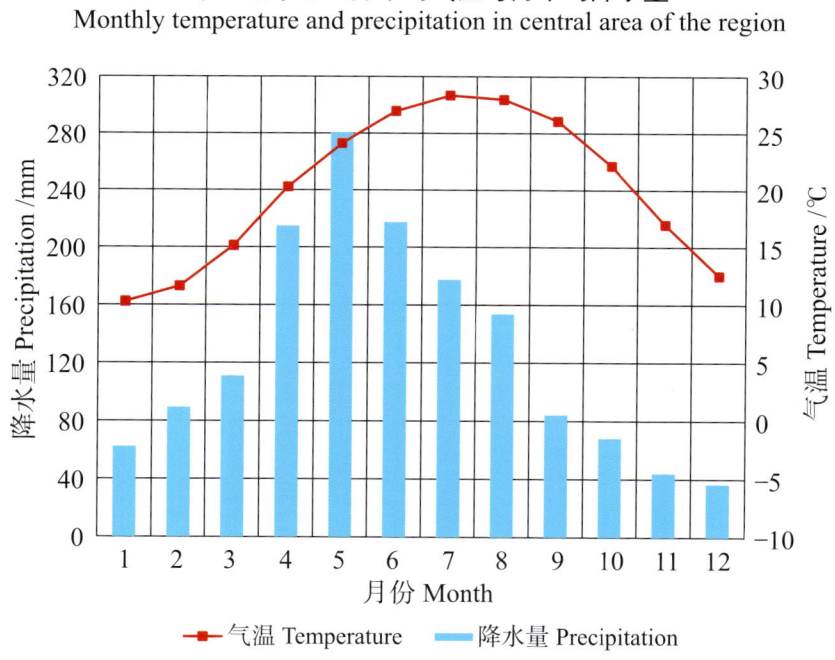

本区域中心区月平均气温与月平均降水量
Monthly temperature and precipitation in central area of the region

贺州市市辖区（部分）主要土壤类型与土壤剖面点分布图
1:410 000

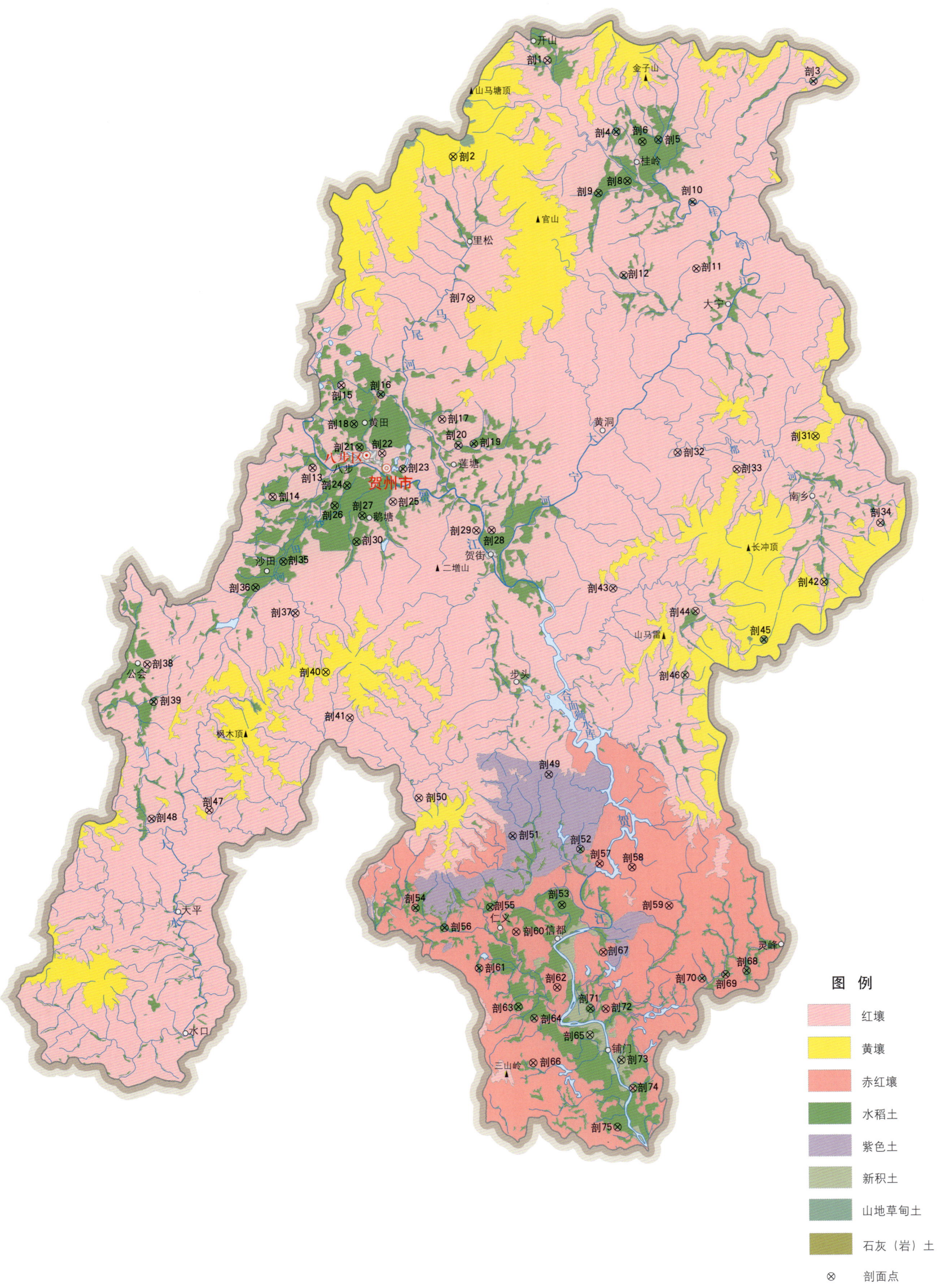

贺州市土壤剖面理化性状表

剖面号 Soil profile	土纲 Soil order	土类 Soil great group	亚类 Soil subgroup	土属 Soil genus	土种 Soil species	土层码 Layer code	土层厚度 Depth/cm	颜色 Soil color	质地 Soil texture	土壤结构 Soil structure	pH	有机质 OM/(g/kg)	全氮 TN/(g/kg)	全磷 TP/(g/kg)	全钾 TK/(g/kg)	阳离子交换量CEC/(cmol/kg)	土壤母质 Parent material	剖面点坐标 Profile coordinate	匹配指数 Matching index/%
剖1	铁铝土	红壤	红壤	耕型第四纪红土红壤	铁子土	A	0—15	棕黄色	黏壤土	碎块状	5.8	30.2	1.37	0.71	9.8	13.2	红土	E 111°43′11.6″ N 24°45′42.5″	90
						B	18—32	棕黄色	黏壤土	块状	6.0	23.8	1.29	0.72	10.9	10.2			
						C	32—100	红黄色	黏壤土	块状	5.5	11.8	0.84	0.62	10.5	10.8			
剖2	铁铝土	黄壤	黄壤	花岗岩黄黄壤	厚层花岗岩黄壤	Ao	0—1										花岗岩	E 111°37′42.6″ N 24°40′43.3″	91
						A_1	1—26	棕黑色	砂壤土	粒状	5.5	82.3	2.73	0.49	34.4				
						B	26—53	灰黄色	砂壤土	碎块状	5.4	30.7	1.24	0.38	37.3				
						C	53—98	红黄色	砂壤土	块状	5.4	8.7	0.93	0.37	37.9				
剖3	人为土	水稻土	矿毒型水稻土	金属矿毒田	铅锌矿毒田	A	0—18	黄黑色	壤土	粒状	5.5	29.2	1.36	0.77	23.3	5.4		E 111°58′30.7″ N 24°44′29.4″	81
						P	18—26	暗黄色	壤土	团块状	6.0	25.5	1.77	0.72	23.8	6.9			
						C_1	26—71	浅黄色	壤土	小块状	6.2	6.3	0.68	1.02	24.1	9.2			
						C_2	71—100	灰黄色	黏壤土	块状	6.5	6.3	0.31	1.01	23.6	10.8			
剖4	人为土	水稻土	淹育水稻土	洪积性淹育水稻土	含咯砂泥田	A	0—10	黄黄棕色	壤土	团粒状	7.3	35.3	1.58	0.78	19.4	20.8	洪积物	E 111°47′06.9″ N 24°41′56.7″	100
						P	10—18	暗黄棕色	壤土	团块状	6.5	19.9	1.03	0.61	17.3	14.1			
						WC	18—27	灰黄色	壤土	块状	7.2	15.7	0.95	0.58	17.6	13.0			
						C	27—100	棕红色	壤土	块状	7.0	6.3	0.68	0.52	27.9	12.3			
剖5	人为土	水稻土	淹育水稻土	红土质淹育水稻土	红泥田	A	0—10	棕色	壤土	团块状	6.5	18.5	0.98	1.24	12.7		红土	E 111°49′32.9″ N 24°41′30.5″	78
						P	10—15	黄棕色	壤土	团块状	6.0	16.0	0.74	1.24	11.6	10.3			
						C	15—100	红黄色	黏壤土	块状	6.0	5.9	0.53	1.02	12.6				
剖6	水稻土	水稻土	潜育水稻土	潜底田	中潜底田	A	0—15	暗棕色	壤土	团块状	6.2	41.2	1.75	1.58	8.5			E 111°48′37.1″ N 24°41′25.1″	85
						P	15—28	灰棕色	壤土	块状	6.0	40.5	1.63	1.30	8.6	11.4			
						G	28—100	蓝灰色	壤土	块状	6.5	24.7	1.07	0.80	9.7	9.9			
剖7	铁铝土	红壤	黄红壤	花岗岩红壤	厚层花岗岩黄红壤	A_1	0—11	灰黑色	壤土	碎块状	6.0	65.0	2.16	0.29	46.6		花岗岩	E 111°38′39.2″ N 24°33′13.5″	94
						A_2	11—31	黄黑色	壤土	块状	5.0	16.0	0.71	0.17	21.3	8.0			
						B	31—72	棕红色	壤土	柱状	5.3	6.3	0.48	0.16	37.1	7.8			
						C	72—100	黄黄色	壤土	团块状	5.0	3.6	0.19	0.25	38.7	6.3			
剖8	人为土	水稻土	潜育水稻土	冷浸田	浅浸田	A	0—20	灰色	壤土	碎块状	6.5	36.8	1.44	1.08	16.9	7.4		E 111°47′43.8″ N 24°39′21.6″	85
						P	20—29	黄黄棕色	壤土	团块状	6.3	25.6	1.24	0.55	17.8	8.0			
						G	29—48	青灰色	砂壤土	团块状	6.5	16.9	0.63	0.43	15.9	7.8			
						C	48—100	棕黄色	壤土	块状	6.0	13.8	0.59	0.60	16.1	6.3			
剖9	人为土	水稻土	潜育水稻土	花岗岩潜育水稻土	潜育杂砂青田	A	0—13	灰棕色	壤土	粒状	5.5	35.1	1.44	0.80	25.1	10.1	花岗岩	E 111°38′38.7″ N 24°33′44.5″	80
						P	13—22	黄黑色	壤土	块状	6.5	29.7	1.38	0.68	24.8	8.5			
						W	22—35	棕黄色	壤土	柱状	7.2	8.6	0.49	0.48	27.5	7.8			
						C	35—100	红黄相间	砂壤土	团块状	7.7	4.0	0.19	0.25	25.6	6.7			
剖10	水稻土	水稻土	淹育水稻土	红土质淹育水稻土	铁磐底田	A	0—13	浅灰色	砂壤土	团粒状	6.0	37.1	1.61	1.11	21.3		红土	E 111°46′03.7″ N 24°38′44.5″	72
						P	13—22	棕灰色	砂壤土	块状	5.5	26.5	1.09	0.92	22.5				
						WC	22—42	红黄色	砂壤土	块状	6.3	12.8	0.54	0.91	23.0				
						C_1	42—59	红黄色	砂壤土	团块状	6.8	4.1	0.39	0.86	26.6				
						C_2	59—100	红黄色	砂壤土	碎块状	6.8	2.7	0.34	0.82	27.9				
剖11	铁铝土	红壤	红壤	花岗岩红壤	厚层花岗岩红壤	A_1	0—36	灰黑色	壤土	块状	5.3	50.6	2.10	0.42	13.1		花岗岩	E 111°51′27.7″ N 24°34′42.6″	100
						B	36—78	灰黄色	壤土	块状	5.0	22.1	0.95	0.36	13.1				
						C	78—100	红黄色	壤土	块状	6.0	16.0	0.89	0.37	13.1				
剖12	人为土	水稻土	沼泽型水稻土	烂泥田	浅淀田	Ag	0—25	暗灰色	黏壤土	无明显结构	5.5	26.7	1.32	0.59	21.9			E 111°47′27.6″ N 24°34′23.9″	95
						G	25—100	青灰色	黏壤土	无明显结构	5.5	23.3	1.24	0.45	22.4				

续表 Continued

剖面号 Soil profile	土纲 Soil order	土类 Soil great group	亚类 Soil subgroup	土属 Soil genus	土种 Soil species	土层码 Layer code	土层厚度 Depth/cm	颜色 Soil color	质地 Soil texture	土壤结构 Soil structure	pH	有机质 OM/(g/kg)	全氮 TN/(g/kg)	全磷 TP/(g/kg)	全钾 TK/(g/kg)	阳离子交换量 CEC/(cmol./kg)	土壤母质 Parent material	剖面点坐标 Profile coordinate	匹配指数 Matching index/%
剖13	铁铝土	红壤	红壤	耕型页岩红壤	红黏土	A	0—14	红棕色	黏壤土	碎块状	6.9	17.2	0.86	0.84	4.6	17.0	页岩	E 111°29′27.2″ N 24°24′27.0″	92
						C	14—100	红棕色	黏土	块状	5.5	5.7	0.53	0.69	5.1	8.7			
剖14	铁铝土	红壤	红壤性土	耕型砾质红壤性土	砾石红土	A	0—10	灰黄色	砂黏壤土	碎块状	6.5	15.5	0.81	0.91	15.2	7.8		E 111°27′08.6″ N 24°22′56.3″	79
						C	10—100	红黄色	砂黏壤土	块状	6.0	2.1	0.54	0.63	19.9	8.4			
剖15	铁铝土	红壤	红壤	耕型第四纪红土红壤	砂质红泥土	A	0—20	灰棕色	黏壤土	碎块状	6.5	11.8	0.61	0.94	25.4		红土	E 111°31′08.8″ N 24°28′46.2″	99
						B	20—78	黄棕色	壤土	块状	6.3	7.8	0.69	0.46	26.9				
						C	78—100	黄棕色	壤土	块状	6.2	8.7	0.60	0.32	24.8				
剖16	人为土	水稻土	盐渍水稻土	碳酸盐渍性水稻土	石灰性板结田	A	0—12	暗灰色	壤土	粒状	8.2	48.2	2.07	1.16	11.5			E 111°33′25.2″ N 24°28′16.7″	88
						P	12—22	暗棕色	黏壤土	块状	8.3	24.4	1.53	1.14	13.3				
						Wc	22—45	灰褐色	黏壤土	棱块状	8.1	14.6	0.73	1.11	13.1				
						C	45—100	黄灰色	黏壤土	团块状	7.7	12.2	0.56	1.00	19.0				
剖17	铁铝土	红壤	红壤性土	耕型砂页岩红壤	红黏土	A	0—16	浅棕红色	壤土	碎块状	5.5	26.1	0.88	0.37	7.8		砂页岩	E 111°36′56.2″ N 24°26′57.1″	75
						C	16—100	棕红色	壤土	块状	6.0	3.4	0.30	0.35	11.1				
剖18	人为土	水稻土	盐渍水稻土	碳酸盐渍性水稻土	石灰性黑泥田	A	0—18	暗黑色	黏壤土	粒状	8.5	121.4	4.13	1.46	11.2	19.9		E 111°31′51.7″ N 24°26′45.1″	70
						G	18—100	棕黑色	壤土	块状	7.0	234.1	5.71	0.85	12.9	25.6			
剖19	人为土	水稻土	淹育水稻土	红土质淹育性水稻土	砂黄泥田	A	0—11	黄褐色	壤土	粒状	6.4	22.6	1.17	0.69	6.8		红土	E 111°38′44.2″ N 24°25′39.0″	71
						P	11—20	浅灰多色	壤土	块状	6.7	9.3	0.69	0.74	16.2				
						C	20—100	红黄相间	黏壤土	粒状	7.0	4.1	0.45	1.09	16.5				
剖20	人为土	水稻土	淹育水稻土	冲积性淹育水稻土	潮砂泥田	A	0—17	深灰色	壤土	块状							河流冲积物	E 111°37′50.5″ N 24°25′34.3″	75
						P	17—22	黄褐色	黏壤土	块状									
						C₁	22—37	灰黄白色	黏壤土	块状									
						C₂	37—100												
剖21	人为土	水稻土	盐渍水稻土	碳酸盐渍性水稻土	石灰性潜育田	A	0—19	暗蓝灰色	黏壤土	无明显结构	8.8	56.9	2.39	1.37	5.2			E 111°32′09.8″ N 24°25′30.8″	81
						G	19—100	暗蓝灰色	黏土	无明显结构	7.6	62.4	1.97	0.89	5.3				
剖22	铁铝土	红壤	红壤	耕型第四纪红土红壤	红土壤	A	0—20	黄棕色	黏壤土	碎块状	6.5	23.0	1.15	1.96	4.7		红土	E 111°33′28.0″ N 24°25′11.6″	100
						B	20—67	暗棕红色	黏壤土	块状	6.0	8.8	0.59	1.91	4.8				
						C	67—100	红色	黏土	块状	5.0	3.9	5.90	0.99	5.9				
剖23	人为土	水稻土	盐渍水稻土	碳酸盐渍性水稻土	石灰性浅烂渍田	Ag	0—29	浅灰色	黏土	无明显结构	8.5	53.9	2.57	1.02	6.5	39.1		E 111°34′39.3″ N 24°24′21.6″	91
						G	29—100	暗灰色	黏土	无明显结构	8.5	49.9	2.19	0.66	5.8	34.4			
剖24	人为土	水稻土	淹育水稻土	碳酸盐渍性水稻土	石灰性田	A	0—13	灰棕色	壤土	粒状	8.0	35.0	1.27	1.26	3.6			E 111°31′25.7″ N 24°23′30.1″	94
						P	13—20	棕灰色	黏壤土	块状	8.0	20.1	1.01	0.83	3.6				
						C	20—100	灰色	黏壤土	块状	6.5	2.8	0.44	0.40	5.2				
剖25	铁铝土	红壤	红壤	棕色石灰土淹育水稻土	红砂土	A	0—14	红褐色	壤土	粒状	6.0	25.7	0.81	1.11	4.6	11.4	砂岩	E 111°34′03.4″ N 24°22′37.9″	83
						B	14—100	黄棕色	壤土	块状	7.0	12.3	0.64	1.04	5.8	8.8			
剖26	人为土	水稻土	盐渍水稻土	碳酸盐渍性水稻土	鸭屎泥田	A	0—12	棕灰色	黏壤土	块状	7.0	19.8	1.32	1.09	13.0		石灰岩风化物	E 111°30′42.1″ N 24°22′27.5″	96
						P	12—19	暗黑色	黏壤土	块状	7.0	13.5	0.87	1.02	13.6				
						Wc	19—27	灰黄色	黏壤土	块状	6.8	10.0	0.91	1.84	13.4				
						C	27—100	棕色	黏壤土	团块状	7.0	6.1	0.70	0.96	13.7				
剖27	人为土	红壤	红壤	耕型第四纪红土红壤	薄砂红泥土	A	0—15	暗棕色	砂壤土	团块状							红土	E 111°32′16.8″ N 24°21′54.7″	95
						P	15—23	棕黑色	砂壤土	团块状									
						Wc	23—46	暗黑色	砂壤土	团块状									
						C	46—100	灰黄色	砂壤土	团块状									
剖28	铁铝土	红壤	红壤			A	0—24	浅棕色	砂壤土	块状								E 111°39′42.1″ N 24°21′05.0″	97
						B	24—33	棕黄色	砂壤土	块状									
						C	33—100	黄红色	砂壤土	粒状									

续表 Continued

剖面号 Soil profile	土纲 Soil order	土类 Soil great group	亚类 Soil subgroup	土属 Soil genus	土种 Soil species	土层码 Layer code	土层厚度 Depth/cm	颜色 Soil color	质地 Soil texture	土壤结构 Soil structure	pH	有机质 OM/(g/kg)	全氮 TN/(g/kg)	全磷 TP/(g/kg)	全钾 TK/(g/kg)	阳离子交换量CEC/(cmol/kg)	土壤母质 Parent material	剖面点坐标 Profile coordinate	匹配指数 Matching index/%
剖29	铁铝土	红壤	红壤	耕型砂页岩红壤	红黏土	A	0-13	灰棕色	黏壤土	碎块状	6.2	21.9	1.39	0.61	21.9		砂页岩	E 111°38′49.6″ N 24°21′04.7″	84
						B	13-50	灰棕色	黏壤土	块状	6.5	17.3	1.18	0.56	23.7				
						C	50-100	棕黄色	黏土	块状	7.0	8.6	1.10	0.41	27.6				
剖30	人为土	水稻土	潴育水稻土	洪积潴育水稻土	洪积潴育含砾砂泥肉田	A	0-14	棕灰色	壤土	团粒状	6.0	22.3	1.24	0.50	19.1		洪积物	E 111°31′55.9″ N 24°20′32.6″	72
						P	14-22	暗棕色	壤土	团块状	6.0	20.9	1.15	0.54	20.8				
						W	22-100	浅灰色	砂壤土	团块状	7.0	5.8	0.50	0.58	24.4				
剖31	铁铝土	黄壤	黄壤	花岗岩黄壤	中层花岗岩黄壤	A_1	0-18	黑色	砂壤土	碎块状	5.5	166.2	6.74	0.76	26.8	18.8	花岗岩	E 111°58′21.7″ N 24°25′52.0″	75
						A_2	18-32	棕黑色	砂壤土	碎块状	5.0	86.8	3.83	0.63	27.4	10.8			
						B	32-76	黄棕色	砂壤土	块状	4.5	17.0	1.15	0.35	29.3	9.4			
						C	76-80	黄色	砂壤土	块状	5.3	3.1	0.28	0.38	47.3	12.9			
剖32	铁铝土	红壤	红壤	砂页岩红壤	薄层砂页岩红壤	A_1	0-11	灰黑色	砂壤土	碎块状							砂页岩	E 111°50′27.2″ N 24°25′05.2″	88
						B	11-30	黄黑色	砂壤土	块状									
剖33	铁铝土	红壤	黄红壤	砂页岩黄红壤	薄层砂页岩黄红壤	A_1	1-25	灰黄色	壤土	粒状	4.1	34.4	1.62	0.43	19.2		砂页岩	E 111°53′49.2″ N 24°24′10.4″	70
						B	25-40	红黄色	砂壤土	块状	5.0	5.5	0.58	0.43	26.4				
						Ao	0-1												
剖34	铁铝土	红壤	黄红壤	花岗岩黄红壤	中层花岗岩黄红壤	A_1	1-28	褐色	砂壤土	碎块状							花岗岩	E 112°02′01.3″ N 24°21′15.8″	81
						C	28-75	红黄色	砂壤土	块状									
						4	75-												
剖35	人为土	水稻土	潴育水稻土	洪积潴育水稻土	洪积潴育砂土田	A	0-17	暗灰色	砂壤土	粒状							洪积物	E 111°27′43.7″ N 24°19′32.3″	81
						P	17-29	灰黑色	砂壤土	团块状									
						W	29-56	暗灰色	黏壤土	棱柱状									
						C	56-100	红白相间	砂壤土	块状									
剖36	人为土	水稻土	淹育水稻土	红土质淹育水稻土	薄砂黄泥田	A	0-12	灰黄色	砂壤土	团粒状	6.5	29.7	1.41	0.80	11.8		红土	E 111°26′06.4″ N 24°18′11.5″	97
						P	12-16	灰黄色	壤土	块状	6.0	20.7	1.19	0.81	16.5				
						C	16-100	红白相间	砂壤土	团块状	5.5	4.0	0.41	0.71	25.8				
剖37	铁铝土	红壤	红壤	砂页岩红壤	厚层砂页岩红壤	Ao	0-3											砂页岩	E 111°28′23.2″ N 24°16′50.5″	93
						A_1	3-9	棕黑色	砂壤土	碎块状	5.4	19.3	1.48	0.52	15.6				
						B	9-13	棕红色	壤土	块状	5.5	13.0	1.33	0.47	25.1				
						C	13-100	黄红色	黏壤土	粒状	5.5	9.2	1.17	0.40	33.2				
剖38	铁铝土	红壤	红壤性	耕型砾质红壤性	多砾红壤	A	0-12	黄红色	砂壤土	块状							红土	E 111°19′51.9″ N 24°14′13.3″	96
						C	12-100	黄红色	黏壤土	块状									
剖39	人为土	水稻土	淹育水稻土	洪积性淹育水稻土	含咪黄泥田	A	0-11	浅灰色	壤土	粒状	6.2	32.6	1.41	1.42	12.4	5.1	洪积物	E 111°20′12.5″ N 24°12′15.8″	94
						P	11-16	浅灰色	黏壤土	块状	6.5	19.4	0.96	1.07	12.2	7.5			
						C	16-100	黄红色	黏壤土	块状	7.0	9.6	0.57	1.43	15.4	7.9			
剖40	铁铝土	黄壤	黄壤	砂页岩黄壤	厚层砂页岩黄壤	A	0-16	灰黑色	壤土	块状	4.2	110.9	3.60	0.48	7.5		砂页岩	E 111°30′05.7″ N 24°13′44.3″	95
						B	16-27	黄褐色	壤土	块状	5.0	52.5	1.86	0.36	8.4				
						C	27-100	黄黑色	黏壤土	块状	4.5	29.2	0.84	0.44	10.0				
剖41	铁铝土	红壤	黄红壤	花岗岩黄红壤	薄层花岗岩黄红壤	A	0-7	红黄色	砂壤土	块状							花岗岩	E 111°31′26.0″ N 24°11′19.6″	71
						D	7-31	黄色	砂壤土	块状									
						31-												
剖42	铁铝土	黄壤	黄壤	砂页岩黄壤	中层砂页岩黄壤	Ao	0-1											砂页岩	E 111°58′44.4″ N 24°18′11.9″	98
						A_1	1-17	灰黄色	砂壤土	粒状	5.4	16.6	0.79	0.34	18.4				
						B	17-28	黄色	壤土	块状	5.3	4.3	0.31	0.36	16.1				
						C	28-80	黄色	砂壤土	块状	5.3	4.6	4.80	0.29	38.3				

续表 Continued

剖面号 Soil profile	土纲 Soil order	土类 Soil great group	亚类 Soil subgroup	土属 Soil genus	土种 Soil species	土层码 Layer code	土层厚度 Depth/cm	颜色 Soil color	质地 Soil texture	土壤结构 Soil structure	pH	有机质 OM/(g/kg)	全氮 TN/(g/kg)	全磷 TP/(g/kg)	全钾 TK/(g/kg)	阳离子交换量CEC/(cmol/kg)	土壤母质 Parent material	剖面点坐标 Profile coordinate	匹配指数 Matching index/%
剖43	铁铝土	红壤	黄红壤	砂页岩黄红壤	厚层砂页岩黄红壤	A₁	0—7	灰黑色	砂壤土	粒状	4.0	38.7	2.57	0.60	8.4		砂页岩	E 111°46′38.6″ N 24°17′59.3″	82
						B	7—20	灰黄色	砂壤土	块状	4.2	27.5	1.36	0.51	11.4				
						C	20—120	红褐色	砂壤土	块状	5.0	10.2	0.56	0.44	15.1				
剖44	铁铝土	红壤	红壤	耕型花岗岩红壤	杂砂泥土	A	0—12	黄棕色	壤土	碎块状	5.2	16.9	0.59	0.70	9.4		花岗岩	E 111°51′21.3″ N 24°16′45.1″	81
						B	12—48	棕色	黏壤土	块状	4.2	8.6	0.46	0.70	9.1				
						C	48—100	黄棕色	砂壤土	块状	4.5	7.3	0.41	0.59	8.6				
剖45	人为土	水稻土	淹育水稻土	花岗岩淹育水稻土	杂砂泥田	A	0—15	暗棕色	砂壤土	粒状	5.0	53.7	2.26	0.70	17.4		花岗岩	E 111°55′15.6″ N 24°15′13.3″	98
						P	15—25	暗黄色	砂壤土	块状	5.5	39.2	1.72	0.73	17.7				
						WC	25—40	灰黄色	砂壤土	棱柱状	5.5	30.3	1.25	0.76	13.8				
						C	40—100	红黄色	砂壤土	块状	5.5	9.0	0.88	0.68	13.2				
剖46	人为土	水稻土	潴育水稻土	花岗岩潴育水稻土	潴育杂砂泥田	A	0—14	暗黄棕色	壤土	粒状	7.0	28.1	1.42	0.76	8.3		花岗岩	E 111°50′42.4″ N 24°13′24.2″	94
						P	14—21	黄棕色	壤土	块状	7.0	20.6	1.19	0.63	4.1				
						W	21—37	棕黄色	砂壤土	棱柱状	7.0	18.4	0.88	0.51	9.8				
						C	37—100	红黄色	砂壤土	块状	7.0	14.4	0.70	0.43	10.6				
剖47	铁铝土	红壤	黄红壤	砂页岩黄红壤	中层砂页岩黄红壤	A₁	0—18	棕黑色	壤土	粒状	4.5	37.0	1.83	0.63	17.3		砂页岩	E 111°23′19.2″ N 24°06′31.4″	77
						B	18—44	棕黄色	砂壤土	碎块状	4.5	17.1	1.00	0.54	19.1				
						C	44—75	红黄色	砂壤土	块状	4.7	9.9	1.04	0.65	21.9				
剖48	铁铝土	红壤	红壤	砂页岩红壤	中层砂页岩红壤	Ao	0—11											E 111°20′01.7″ N 24°06′06.1″	76
						A₁	11—20	灰黑色	砂壤土	块状	4.0	63.5	2.28	0.14	6.6		砂页岩		
						B	20—60	棕灰色	砂壤土	块状	5.5	13.5	1.14	0.37	35.9				
						C	60—80	黄棕色	砂壤土	块状	5.0	10.9	0.95	0.45	32.5				
						D	80—												
剖49	初育土	紫色土	酸性紫色土	砂页岩酸性紫色土	薄层酸性紫泥土	A	0—8	紫红色	砂壤土	块状	4.0	29.0	2.09	0.41	11.7	10.7	砂页岩	E 111°42′49.0″ N 24°08′13.9″	98
						B	8—35	棕紫色	壤土	块状	4.8	15.8	0.75	0.33	13.5	11.4			
						C	35—40	红紫色	壤土	块状	5.0	11.1	0.62	0.35	13.5	8.7			
剖50	铁铝土	红壤	黄红壤	耕型花岗岩黄红壤	杂砂黄泥土	A	0—11	棕灰色	壤土	小块状	4.0	46.3	1.64	0.31	11.9		花岗岩	E 111°35′21.1″ N 24°07′04.4″	100
						B	11—25	浅红黄色	壤土	块状	4.3	26.5	0.95	0.25	22.6				
						C	25—100	红黄相间	壤土	块状	4.3	13.5	0.75	0.32	24.8				
剖51	初育土	紫色土	酸性紫色土	砂页岩酸性紫色土	厚层酸性紫泥土	Ao	0—1											砂页岩	E 111°40′41.9″ N 24°05′01.7″	73
						A	1—15	暗紫色	壤土	小团块状	4.0	22.3	1.12	0.36	10.6				
						B	15—30	红紫色	壤土	块状	4.3	12.9	0.65	0.47	10.7				
						D	30—90 90—	红紫色	壤土	块状	4.3	9.0	0.66	0.51	27.7				
剖52	人为土	水稻土	淹育水稻土	砂页岩淹育水稻土	砂页铁磐底田	A	0—12	暗棕色	砂壤土	粒状	6.0	35.5	1.73	1.10	4.9		砂页岩	E 111°44′34.1″ N 24°04′18.5″	95
						P	12—20	暗棕色	壤土	团块状	5.6	28.0	1.41	0.97	5.4				
						G₁	20—100	棕红色	壤土	团粒状	7.0	2.8	0.47	0.82	5.0				
剖53	人为土	水稻土	淹育水稻土	红土质淹育水稻土	黄泥田	A	0—16	黄灰色	黏壤土	团块状	7.8						红土	E 111°43′28.9″ N 24°01′22.8″	74
						P	16—26	灰黄色	黏壤土	团块状	7.5								
						G₂	26—100	灰黄色	壤土	团块状	7.8								
剖54	水稻土	水稻土	潴育水稻土	潴底田	深潜底田	A	0—15	灰色	壤土	粒状	6.5	36.9	1.48	0.95	5.0			E 111°35′05.8″ N 24°01′17.9″	93
						P	15—22	浅灰色	壤土	块状	6.5								
						G₁	22—47	黄灰色	壤土	块状									
						G₂	47—100	蓝灰色	黏壤土	团块状									
剖55	人为土	水稻土	淹育水稻土	砂页岩淹育水稻土	壤土田	A	0—15	棕灰色	壤土	粒状	6.5	36.9	1.48	0.95	5.0		砂页岩	E 111°39′22.3″ N 24°01′17.4″	83
						P	15—26	棕灰色	壤土	块状	6.5	29.6	1.40	0.17	4.6				
						C	26—100	灰色	壤土	块状	7.0	27.5	1.34	0.60	3.8				

续表 Continued

剖面号 Soil profile	土纲 Soil order	土类 Soil great group	亚类 Soil subgroup	土属 Soil genus	土种 Soil species	土层码 Layer code	土层厚度 Depth/cm	颜色 Soil color	质地 Soil texture	土壤结构 Soil structure	pH	有机质 OM/(g/kg)	全氮 TN/(g/kg)	全磷 TP/(g/kg)	全钾 TK/(g/kg)	阳离子交换量CEC/(cmol/kg)	土壤母质 Parent material	剖面点坐标 Profile coordinate	匹配指数 Matching index/%
剖56	人为土	水稻土	淹育水稻土	紫色岩淹育水稻土	紫泥田	A	0—12	紫灰色	壤土	粒状							紫色岩	E 111°36′43.9″ N 24°00′13.7″	95
						P	12—21	紫棕色	壤土	块状									
						C	21—100	紫棕色	砂壤土	团块状									
剖57	铁铝土	赤红壤		砂页岩赤红壤	中层砂页岩赤红壤	Ao	0—3										砂页岩	E 111°45′40.0″ N 24°03′31.7″	85
						A₁	3—13	灰黑色	黏壤土	团块状									
						B	13—63	红黄色	黏壤土	块状									
						C	63—												
剖58	铁铝土	赤红壤		砂页岩赤红壤	薄层砂页岩赤红壤	Ao	0—5										砂页岩	E 111°47′31.6″ N 24°03′19.1″	86
						A₁	5—11	灰黑色	黏壤土	团块状									
						B	11—21	灰黄色	黏壤土	块状									
						C	21—40	红黄色	黏壤土	块状									
剖59	铁铝土	赤红壤		砂页岩赤红壤	厚层砂页岩赤红壤	A₁	0—12	黑色	砂壤土	粒状	4.5	51.5	1.78	0.38	18.0		砂页岩	E 111°49′36.5″ N 24°01′16.7″	73
						B	12—50	红色	壤土	团块状	4.5	20.5	1.11	0.33	20.5				
						C	50—100	红棕色	黏壤土	块状	4.5	8.0	1.02	0.34	34.6				
剖60	铁铝土	赤红壤		耕犁砂页岩赤红壤	赤壤土	A	0—12	黄褐色	壤土	碎块状							砂页岩	E 111°40′50.2″ N 23°59′58.9″	97
						B	12—20	暗褐色	黏壤土	块状									
						C	20—100	红黄色	壤土	块状									
剖61	人为土	水稻土	淹育水稻土	砂页岩淹育水稻土	蜡泥田	A	0—12	灰灰棕色	黏壤土	团块状							砂页岩	E 111°38′41.6″ N 23°58′05.9″	77
						P	12—16	深灰棕色	黏壤土	块状									
						WC	16—38	浅灰棕色	黏壤土	块状									
						C	38—100	灰灰棕色	黏壤土	块状									
剖62	铁铝土	赤红壤		耕型第四纪土红壤	赤红土	A	0—8	灰黄色	黏壤土	粒状							红土	E 111°43′09.0″ N 23°57′03.2″	93
						C	8—100	棕灰色	黏壤土	团块状									
剖63	人为土	水稻土	淹育水稻土	冲积性淹育水稻土	薄潮泥田	A	0—11	灰棕色	黏壤土	粒状	6.4	10.8	2.06	1.49	25.4		河流冲积物	E 111°40′54.8″ N 23°56′03.5″	94
						P	11—27	灰棕色	壤土	块状	6.0	18.4	0.96	1.27	25.7				
						WC	27—46	棕灰色	壤土	块状	6.8	10.7	0.60	1.25	26.3				
						C	46—100	棕灰色	壤土	块状	7.0	10.8	0.49	1.02	25.9				
剖64	人为土	水稻土	潜育水稻土	冷底田	冷底田	A	0—11	棕色	壤土	粒状	6.0	29.4	1.54	1.18	14.6	3.5	河流冲积物	E 111°41′48.5″ N 23°55′27.1″	99
						P	11—20	黄色	壤土	块状	6.5	6.5	0.41	0.87	14.5	5.0			
						C	20—100	黄红色	砂壤土	团块状	5.0	3.4	0.24	0.81	18.7	6.3			
剖65	新积土		冲积土	耕型酸性潮砂土	酸性潮砂土	A	0—15	浅棕色	砂壤土	粒状	6.5	10.5	0.52	0.96	23.7		河流冲积物	E 111°44′58.4″ N 23°54′34.0″	80
						B	15—30	黄棕色	砂壤土	小块状	6.3	3.3	0.26	0.93	25.7				
						C	30—100	浅黄色	壤土	块状	5.8	3.3	0.24	0.91	27.9				
剖66	铁铝土	赤红壤		花岗岩赤红壤	花岗岩赤红壤	A	0—10	灰黑色	壤土	块状							花岗岩	E 111°41′43.0″ N 23°53′09.6″	81
						B	10—27	红黄色	砂壤土	块状									
						C	27—100	浅黄色	砂壤土	块状									
剖67	铁铝土	赤红壤		第四纪红土赤红壤	红土赤红壤	A	0—7	浅紫色	黏土	团块状	4.3	16.4	0.71	1.40	24.7	10.9	红土	E 111°45′48.6″ N 23°58′51.6″	85
						C	7—100	浅紫色	壤土	块状	4.0	8.3	0.67	1.20	23.2	5.0			
剖68	人为土	水稻土	淹育水稻土	紫色岩淹育水稻土	紫砂田	A	0—12	灰紫色	砂壤土	粒状							紫色岩	E 111°54′00.0″ N 23°57′49.3″	100
						P	12—21	浅紫色	砂壤土	团块状									
						WC	21—39	黄褐色	砂壤土	块状									
						C	39—100	灰紫色	砂壤土	团块状									
剖69	人为土	水稻土	淹育水稻土	砂页岩淹育水稻土	砂土田	A	0—11	灰黄色	砂壤土	团块状	6.0	30.3	1.15	1.13	3.8		砂页岩	E 111°52′47.3″ N 23°57′37.8″	92
						P	11—15	灰棕色	壤土	块状	7.0	20.6	0.86	0.82	3.2				
						C	15—100	黄色	壤土	块状	7.0	2.3	0.53	0.75	3.5				

续表 Continued

剖面号 Soil profile	土纲 Soil order	土类 Soil great group	亚类 Soil subgroup	土属 Soil genus	土种 Soil species	土层码 Layer code	土层厚度/cm Depth/cm	颜色 Soil color	质地 Soil texture	土壤结构 Soil structure	pH	有机质 OM/(g/kg)	全氮 TN/(g/kg)	全磷 TP/(g/kg)	全钾 TK/(g/kg)	阳离子交换量CEC/(cmol/kg)	土壤母质 Parent material	剖面点坐标 Profile coordinate	匹配指数/% Matching index/%
剖70	人为土	水稻土	淹育水稻土	冲积性淹育水稻土	薄潮砂田	A	0—8	灰棕色	砂壤土	团粒状							河流冲积物	E 111°51′26.6″ N 23°57′26.6″	79
						P	8—14	深灰棕色	砂壤土	块状									
						WC	14—26	棕色	砂壤土	团块状									
						C	26—100	灰白色	砂土	粒状									
剖71	人为土	水稻土	淹育水稻土	冲积性淹育水稻土	潮泥田	A	0—13	棕黄色	壤土	粒状	6.0	26.3	1.25	0.94	15.6		河流冲积物	E 111°45′02.2″ N 23°55′55.9″	75
						P	13—20	棕黄色	黏壤土	块状	6.5	21.0	1.08	0.87	16.2				
						WC	20—52	暗棕色	砂壤土	团块状	7.2	13.8	0.94	0.65	14.7				
						C	52—100	褐色	砂壤土	团块状	7.2	6.8	0.40	0.50	11.2				
剖72	铁铝土	赤红壤	赤红壤	耕型铁砾赤红壤	铁子土	A	0—10	灰棕色	黏壤土	粒状	7.8	14.2	0.33	0.94	17.0				98
						C	10—100	红棕色	壤土	团粒状	7.0	3.7	0.28	0.79	9.0				
剖73	初育土	新积土	冲积土	耕型酸性潮泥土	酸性潮泥田	A	0—12	灰棕色	壤土	团块状	7.0	24.7	1.44	1.15	24.1	10.9	河流冲积物	E 111°46′46.2″ N 23°53′15.7″	73
						B	12—69	浅紫色	壤土	块状	7.5	16.7	1.06	1.04	25.2	11.4			
						C	69—100	黄紫色	壤土	粒状	7.0	6.6	0.61	0.96	22.5	7.3			
剖74	铁铝土	赤红壤	赤红壤	耕型花岗岩赤红壤	杂砂赤红土	A	0—10	棕色	砂土	块状							花岗岩	E 111°47′24.0″ N 23°51′47.5″	85
						B	10—36	棕黄色	砂土	块状									
						C	36—100	黄色	砂壤土	无明显结构									
剖75	人为土	水稻土	沼泽型水稻土	炭质黑泥田	黑泥黏田	A	0—12	棕色	黏壤土	块状								E 111°46′29.3″ N 23°49′47.6″	72
						P	12—20	灰黑色	黏壤土	块状									
						C	20—100	黑色	黏壤土	块状									

昭 平 县

主要土类说明

红壤是昭平县主要土壤类型，占本县地域面积的 82%。红壤主要发生于本县常绿阔叶林下，呈中度脱硅富铝化特征，土壤黏粒中游离铁占全铁的 50%—60%。黏土矿物以高岭石、赤铁矿为主，黏粒硅铝率为 1.8—2.4，风化淋溶系数小于 0.2，盐基饱和度小于 35%，pH 为 4.5—5.5。红壤具深厚红色土层，淀积层（B 层）底层可见具深厚红、黄、白相间网纹的红色黏土。

紫色土是昭平县第二大土壤类型，占本县地域面积的 7%。紫色土是由热带、亚热带紫红色岩层直接风化形成的 A–C 型土壤。其理化性质与母岩组成直接相关，土层浅薄，剖面层次发育不明显，仍处于初育阶段。母岩富含矿质养分，且风化迅速，为良好的肥沃土壤。但其他较干旱地区的此类母岩风化物不具有此肥沃特性。

水稻土是昭平县第三大土壤类型，占本县地域面积的 6%。水稻土是在长期季节性淹灌、水下翻耕、季节性脱水、氧化还原交替影响下，原来成土母质或母土的特性发生重大改变，形成的新的土壤类型。由于干湿交替，水稻土形成糊状淹育层、较坚实板结的犁底层、渗育层、潴育层与潜育层等多种发生层。这些不同发生层段是在人为耕作、水浆管理下形成的。本县水稻土发育于多种母质，广泛分布于全县各地，是耕作土壤的主要类型。本县水稻土分为淹育型、潴育型、潜育型、沼泽型、盐渍型等亚类。

小于本县地域面积 3% 的土壤类型还有黄壤、石灰（岩）土和新积土等。

本区域中心区气候特征

本区域中心区气候特征值
Regional climate characteristics in central area of the region

气候带：南亚热带湿润气候 Climate region: South subtropical humid climate	
年平均气温 /℃ Annual average temperature /℃	20.6
年平均最高气温 /℃ Annual average maximum temperature /℃	25.3
年平均最低气温 /℃ Annual average minimum temperature /℃	17.4
年降水量 /mm Annual precipitation /mm	1567
≥ 10℃的积温 /℃ Daily temperature accumulated in a year（≥ 10℃）/℃	7533
年日照时数 /h Annual sunshine /h	1634
年平均相对湿度 /% Annual average relative humidity /%	78
干燥度 Dryness	0.77

本区域中心区月平均气温与月平均降水量
Monthly temperature and precipitation in central area of the region

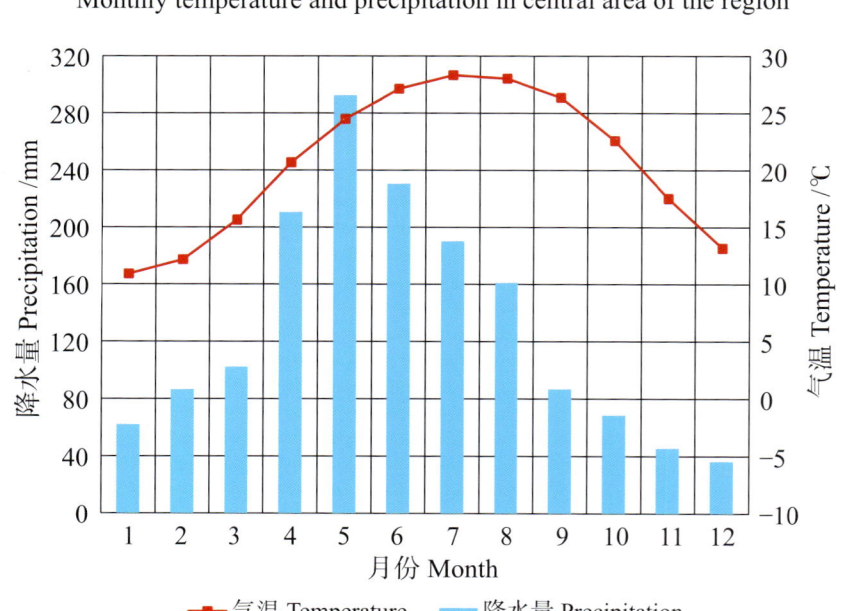

昭平县主要土壤类型与土壤剖面点分布图
1:360 000

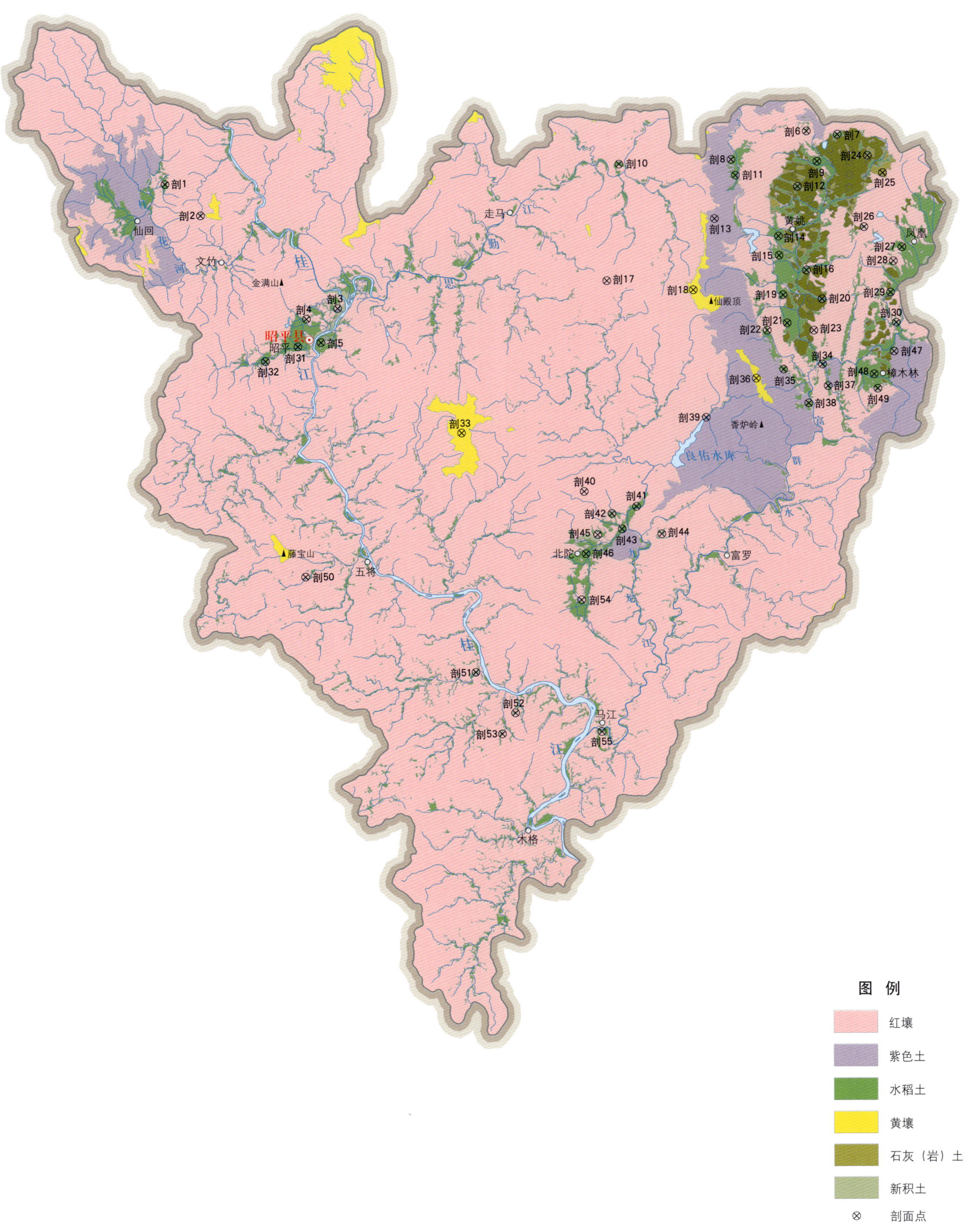

昭平县土壤剖面理化性状表

剖面号 Soil profile	土纲 Soil order	土类 Soil great group	亚类 Soil subgroup	土属 Soil genus	土种 Soil species	土层码 Layer code	土层厚度 Depth/cm	颜色 Soil color	质地 Soil texture	土壤结构 Soil structure	pH	有机质 OM/(g/kg)	全氮 TN/(g/kg)	全磷 TP/(g/kg)	全钾 TK/(g/kg)	碱解氮 AN/(mg/kg)	有效磷 AP/(mg/kg)	速效钾 AK/(mg/kg)	阳离子交换量CEC/(cmol/kg)	土壤母质 Parent material	剖面点坐标 Profile coordinate	匹配指数 Matching index/%
剖1	人为土	水稻土	淹育水稻土	紫色岩淹育水稻土	紫泥田	A	0—12	紫色	壤土	小块状	6.5	41.1	2.00	0.40	14.5	140	2.5	30		紫色岩	E 110°41′19.3″ N 24°17′03.1″	96
						P	12—20	紫色	壤土	块状	6.5	21.9	1.28	0.28	17.8							
						C	20—50	紫黄棕色	黏壤土	块状	7.0	8.7	0.61	0.24	17.3							
						D	50—															
剖2	铁铝土	红壤	黄红壤	砂页岩黄红壤	厚层砂页岩黄红壤	A	0—11	灰棕色	壤土	块状	4.5	44.5	1.24			95	2.0	9		砂页岩	E 110°43′02.6″ N 24°15′39.6″	71
						2	11—86	灰黄棕色	砂壤土	块状												
						C	86—100	浅黄棕色	砂壤土	块状												
剖3	铁铝土	红壤	红壤	耕型砂页岩红壤	红壤土	A	0—20	黄橙色	壤土	块状	4.3	38.0	0.93	1.14	10.7	55	2.0	80		砂页岩	E 110°49′42.1″ N 24°11′33.0″	79
						2	20—53	黄棕色	砂壤土	块状	4.5	28.9	0.89	1.03	14.8							
						C	53—100	黑黄色	壤土	块状	4.2	23.4	1.21	1.01	10.8							
剖4	铁铝土	红壤	红壤	耕型砂岩红壤土	红砂土	A	0—15		砂壤土		5.0	21.0	0.61	0.87	10.9	80	2.0	30		砂岩	E 110°48′11.5″ N 24°11′04.6″	85
						2	15—100		砂壤土			8.5	0.88	1.04	8.8							
剖5	人为土	水稻土	淹育水稻土	冲积物淹育水稻土	潮砂田	A	0—12	灰棕色	黏壤土	碎块状	6.7	17.8	0.87	0.80	13.5	75	2.5	30	5.5	河流冲积物	E 110°48′53.9″ N 24°10′02.1″	78
						2	12—16	棕灰色	壤土	块状	7.0	10.0	0.96	0.64	15.8				6.5			
						C	16—37	棕灰色	砂土		7.0	5.9	0.38	0.55	18.6							
剖6	人为土	水稻土	淹育水稻土	砂页岩淹育水稻土	蜡泥田	A	0—12	灰棕色	黏壤土	块状	4.5	32.8	1.60	1.23	12.2	85	1.5	30	9.2	砂页岩	E 111°12′29.2″ N 24°19′27.5″	87
						P	12—20	灰棕色	黏壤土		6.5	23.6	1.31	1.20	14.7							
						C_1	20—70		黏土		7.0	5.5	0.74	1.57	19.5							
						C_2	70—															
剖7	人为土	水稻土	盐渍水稻土	碳酸盐渍性水稻土	石灰性泥肉田	A	0—14	灰棕色	壤土	块状	8.0	24.0	1.40			84	2.9	34	10.1 15.7		E 111°13′58.8″ N 24°19′18.1″	93
						P	14—24		壤土	块状	8.0											
						W	24—78		黏壤土	棱柱状	8.0											
						C	78—100		黏壤土	块状	8.0											
剖8	初育土	紫色土	中性紫色土	耕型中性紫泥土	中性紫泥土	A	0—12	紫色	壤土	碎块状	7.0	13.6	0.88	0.89	45.2	80	1.5	50		砂页岩	E 111°08′49.2″ N 24°18′11.2″	71
						P	12—58	紫色	壤土	块状	5.0	5.3	0.87	0.73	47.2							
						C	58—															
剖9	人为土	水稻土	盐渍水稻土	碳酸盐渍型水稻土	石灰性田	A	0—13	棕灰色	壤土	块状	8.0	43.0	2.13	2.19	11.5	84	3.0	37		砂页岩	E 111°12′59.6″ N 24°18′05.9″	74
						P	13—21	灰棕色	黏壤土	棱柱状	7.7	24.0	1.40	1.64	10.8							
						W	21—36	灰棕色	黏壤土	棱柱状	7.6	14.1	0.83	1.09	5.0							
						C	36—100	棕黄色	黏壤土	块状	7.3	2.3	0.30	8.20	6.6							
剖10	人为土	水稻土	潜育水稻土	冷浸田	深浸田	A	0—14	浅蓝灰色	壤土	块状	7.8	30.4	1.61			52	3.0	<30			E 111°03′22.3″ N 24°17′58.9″	95
						G	14—48	蓝灰色	壤土	大块状	7.0											
						C	48—100	黄色	壤土	块状	7.3											
剖11	人为土	水稻土	潜育水稻土	砂页岩潜育水稻土	潜育砂泥田	A	0—14	棕色	壤土	小块状	6.5	38.7	1.79	0.46	9.1	161	7.0	92		砂页岩	E 111°09′01.8″ N 24°17′28.7″	97
						P	14—24	棕色	壤土	棱柱状	6.0	20.8	1.09	0.31	12.2							
						W	24—51	灰棕色	壤土	棱柱状	6.7	5.3	0.47	0.23	11.2							
						G	51—100	棕色	壤土	块状	7.0	2.0	0.45	0.25	13.9							
剖12	人为土	水稻土	淹育水稻土	棕色石灰土淹育水稻土	浅棕泥田	A	0—12	棕色	黏土	团块状	7.7	30.4	1.40	1.42	19.7	130	2.0	50		石灰岩风化物	E 111°12′03.2″ N 24°16′58.9″	84
						P	12—22	浅棕色	黏土	小块状	7.7	28.5	1.15	1.55	20.1							
						C	22—100	棕色	砂壤土	大块状	7.8	20.3	1.10	1.74	22.3							
剖13	初育土	紫色土	酸性紫色土	砂页岩酸性紫色土	薄层砂页岩酸性紫色土	A	0—15	紫棕色	砂壤土	团块状	3.8	26.2	1.13			153	2.0	152		砂页岩	E 111°08′01.0″ N 24°15′32.0″	89
						2	15—38	黄棕色	砂壤土	团块状	5.6											
						D	38—															

续表 Continued

剖面号 Soil profile	土纲 Soil order	土类 Soil great group	亚类 Soil subgroup	土属 Soil genus	土种 Soil species	土层码 Layer code	土层厚度 Depth/cm	颜色 Soil color	质地 Soil texture	土壤结构 Soil structure	pH	有机质 OM/(g/kg)	全氮 TN/(g/kg)	全磷 TP/(g/kg)	全钾 TK/(g/kg)	碱解氮 AN/(mg/kg)	有效磷 AP/(mg/kg)	速效钾 AK/(mg/kg)	阳离子交换量CEC/(cmol/kg)	土壤母质 Parent material	剖面点坐标 Profile coordinate	匹配指数 Matching index/%
剖14	人为土	水稻土	潴育水稻土	冲积性潴育水稻土	潴育潮油砂田	A	0–14	棕灰色	砂壤土	小团块状	6.0	29.9	1.17	1.60	16.7	111	4.0	28		河流冲积物	E 111°11′07.1″ N 24°14′45.6″	91
						P	14–27	棕色	砂壤土	块状	5.5	18.8	1.01	1.21	16.4							
						W	27–100	灰棕色	砂壤土	块状	6.7	9.2	0.61	0.85	16.9							
剖15	人为土	水稻土	潴育水稻土	红土质潴育水稻土	潴育黄泥田	A	0–17	棕色	壤土	块状	7.8	36.2	1.74	1.44	13.8	110	2.5	45		红土	E 111°11′08.5″ N 24°13′53.8″	84
						P	17–30	棕黄色	壤土	块状	7.0	15.9	0.89	1.01	16.9							
						W	30–62	浅灰棕色	黏土	棱柱状		3.7	0.54	0.80	25.1							
剖16	人为土	水稻土	盐渍水稻土	碳酸盐渍性水稻土	石灰性潴育田	A	0–13	灰棕色	黏壤土	块状	8.1	45.4	1.95	2.54	13.6	95	2.0	40		砂页岩	E 111°12′28.8″ N 24°13′14.9″	94
						P	13–26	灰灰棕色	黏壤土	块状	8.0	29.8	0.84	2.45	12.3							
						G	26–90	黄棕色	黏壤土	块状	7.7	15.7	0.44	1.57								
剖17	铁铝土	红壤	黄红壤	砂页岩黄红壤	中层砂页岩黄红壤	2	0–18	黄红色	壤土	块状	4.1	41.7	1.74			176	2.0	7		砂页岩	E 111°02′46.3″ N 24°12′46.8″	92
						3	18–80	红色														
							80–															
剖18	铁铝土	黄壤	黄壤	砂页岩潴黄壤	厚层砂页岩黄壤	2	0–17	黑棕色	壤土	块状	6.5	19.1	0.73	0.62	9.9	80	2.0	30		砂页岩	E 111°06′57.6″ N 24°12′22.7″	78
						2	17–100	浅灰棕色	壤土	块状	5.7	8.6	0.39	0.56	13.5							
剖19	人为土	水稻土	淹育水稻土	红土质淹育水稻土	砂质黄泥田	P	12–19	黄黄色	黏壤土	块状		3.1	0.37	0.71	17.5					红土	E 111°11′20.0″ N 24°12′09.0″	88
						B	19–48	红棕色	黏土	块状		2.6	0.39	0.68	21.6							
						C	48–100										6.0	83				
剖20	人为土	水稻土	潴育水稻土	砂页岩潴育水稻土	潴育砂泥肉田	A	0–13	暗黄棕色	壤土	小团块状		42.0	2.16	0.64	15.6	150				砂页岩	E 111°13′13.1″ N 24°11′57.8″	98
						P	13–23	浅棕灰色	壤土	块状		26.5	1.45	0.33	15.7							
						W	23–70	棕灰色	壤土	棱柱状		6.1	0.33	0.19	4.0							
						C	70–100	红棕色	壤土	块状		3.4	0.35	0.32	14.6							
剖21	人为土	水稻土	潴育水稻土	砂页岩潴育水稻土	潴育砂泥田	A	0–13	黄棕色	黏土	小团块状	6.0	35.1	1.73	1.66	18.8	138	6.0	69		砂页岩	E 111°13′31.6″ N 24°10′54.1″	90
						P	13–22	黄黄色	黏土	块状	7.0	21.7	1.19	1.36	19.4							
						W	22–64	灰黄色	黏土	棱柱状	7.5	20.7	0.92	1.37	20.6							
						C	64–100	棕色	黏土	块状	7.4	4.1	0.66	1.35	22.7							
剖22	铁铝土	红壤性土	红土质淹育水稻土	铁子田	A	0–16	灰棕色	壤土	无明显结构	5.0	28.9	1.32	0.90	18.1	82	4.0	31		红土	E 111°12′49.3″ N 24°10′34.7″	92
						P	16–22	棕色	壤土	块状	6.8	20.6	0.21	0.96	20.3							
						C	22–100	黄橙色	黏土	块状	7.2	3.6	0.45	0.98	22.6							
剖23	初育土	石灰(岩)土	红色石灰土	耕型砾质石灰土	砾石红土	A	0–12	黄橙色	砂壤土	小核块状	6.0	15.9	1.77	2.05	12.9	70	3.0	22	14.5		E 111°15′26.3″ N 24°18′21.6″	74
						B	12–40	黄赭色	砂壤土	块状	5.0	20.5	1.34	1.97	14.7				16.1			
						C	40–100	红棕色	重黏土	核柱状	6.5	16.5										
剖24	初育土	石灰(岩)土	棕色石灰土	耕型红色石灰土	耕型红色石灰土	A	0–15	红棕色	黏壤土	团块状	6.5	54.4	2.93			183	2.0	8			E 111°15′10.9″ N 24°17′34.8″	70
						2	15–70	暗棕色	黏壤土	团块状	8.0											
						C	70–															
剖25	初育土	石灰(岩)土	棕色石灰土	棕色石灰土	棕色石灰土	A	0–35	暗棕色	黏壤土	块状	8.0	29.8	0.88	0.86	14.6	85	2.0	32	10.5		E 111°16′10.9″ N 24°17′34.8″	74
						2	35–60	棕色	壤土	块状	5.5											
						D	60–															
剖26	人为土	水稻土	潴育水稻土	冷底田	冷底田	A	0–17	棕色	壤土	块状	5.5	17.5	0.55	0.60	13.3	75	1.8	40			E 111°15′16.6″ N 24°15′10.1″	99
						C	17–20	浅黄色	砂壤土	小块状	6.0	23.0	0.92	0.75	20.8							
						2	20–51	浅棕色	砂壤土	块状							2.5					
剖27	人为土	水稻土	淹育水稻土	洪积淹育水稻土	石砾底田	P	0–13	灰棕色	砂壤土	块状		10.1	0.52	0.59	19.7					洪积物	E 111°17′06.4″ N 24°14′15.7″	95
						C	13–21	黄棕色	砂壤土	块状		7.2	1.08	0.67	16.1							
						C	21–86															
						4	86–															

续表 Continued

剖面号 Soil profile	土纲 Soil order	土类 Soil great group	亚类 Soil subgroup	土属 Soil genus	土种 Soil species	土层码 Layer code	土层厚度 Depth/cm	颜色 Soil color	质地 Soil texture	土壤结构 Soil structure	pH	有机质 OM/(g/kg)	全氮 TN/(g/kg)	全磷 TP/(g/kg)	全钾 TK/(g/kg)	碱解氮 AN/(mg/kg)	有效磷 AP/(mg/kg)	速效钾 AK/(mg/kg)	阴离子交换量CEC/(cmol/kg)	土壤母质 Parent material	剖面点坐标 Profile coordinate	匹配指数 Matching index/%
剖28	铁铝土	红壤	红壤性土	耕型砾质红壤性土	多砾红土	A	0—11	黄棕色	黏壤土	块状	7.5	9.0	0.43	0.91	7.6	45	1.5	50			E 111°16′41.2″ N 24°13′38.6″	79
						C	11—100	红棕色	黏土	块状	4.5	5.0	0.46	0.90	10.6							
剖29	人为土	水稻土	盐渍水稻土	碳酸盐渍性水稻土	石灰性岩板结田	A	0—11	棕灰色	壤土	团块状	8.0	24.1	2.32			92	5.0	28			E 111°16′33.2″ N 24°12′15.5″	86
						P	11—16	棕灰色	黏壤土	棱柱状	8.0											
						3	16—45	棕灰色	黏壤土	棱柱状	8.0											
						C	45—100	棕灰色	黏壤土	团柱状	8.0											
剖30	人为土	水稻土	潴育水稻土	红土质潴育水稻土	潴育砂泥黄泥田	A	0—13	灰棕色	砂壤土	小块状		27.5	1.43			106	4.0	9		红土	E 111°16′49.1″ N 24°10′54.8″	82
						P	13—24	灰棕色	黏壤土	块状												
						W	24—39	灰灰色	黏壤土	棱柱状												
						C	39—100	红黄相间	黏壤土	棱柱状												
剖31	人为土	水稻土	潴育水稻土	洪积物潴育水稻土	洪积潴育黄泥田	A	0—20	灰棕色	黏壤土	块状	8.0	39.3	1.73	0.38	10.4	80	2.0	25	26.9	洪积物	E 110°47′46.3″ N 24°09′50.8″	90
						P	20—29	灰棕色	壤土	块状	7.5	16.2	0.78	0.23	9.6				22.0			
						W	29—43	棕灰色	壤土	棱柱状	8.0	7.4	0.43	0.20	11.7				21.3			
						C	43—100	棕黄色	壤土	棱柱状	8.2	6.1	0.42	0.23	13.0				33.1			
剖32	人为土	水稻土	淹育水稻土	洪积物淹育水稻土	含砾黄泥田	A	0—15	棕灰黄色	黏壤土	块状		35.7	1.60			121	4.0	40		红土	E 110°46′12.0″ N 24°09′11.9″	96
						P	15—20	暗黄黄色	黏壤土	块状												
						C	20—100	灰黄色														
剖33	铁铝土	黄壤		砂页岩黄壤	薄层砂岩黄壤	A	0—9	浅棕灰色	砂壤土	团粒状	6.0									砂页岩	E 110°55′42.2″ N 24°06′01.1″	99
						2	9—21	暗棕灰色	砂壤土	小团块状	5.5											
						C	32—	浅黄棕色	壤土	大块状	5.0											
剖34	人为土	水稻土	淹育水稻土	红土质淹育水稻土	红泥田	A	0—12	灰棕色	壤土	块状	6.3	12.2	1.34	2.73	18.1	100	2.5	36	5.5	红土	E 111°13′13.8″ N 24°09′05.0″	92
						C	12—100	红橙色	砂壤土	无明显结构	6.3	12.2	1.34	2.73	18.1							
剖35	人为土	水稻土	淹育水稻土	洪积物淹育水稻土	含砾砂土田	A	0—16	紫紫色	砂壤土	块状		28.8	1.43	0.98	8.4	110	4.0	23	7.0	洪积物	E 111°11′20.4″ N 24°08′51.0″	94
						P	16—24	灰棕色	壤土	小块状	6.6	14.5	0.74	0.97	8.7				8.3			
						C	24—50	橙黄色	壤土	小块状		4.7	0.49	1.02	10.7							
						4	50—															
剖36	人为土	水稻土		砂页岩淹育水稻土	中层砂岩岩底田	A	0—15	红灰色	砂壤土	块状	4.6	76.5	3.27		13.1	191	2.0	37		砂页岩	E 110°10′00.8″ N 24°08′26.9″	96
						2	15—42	黄色	壤土	块状	6.0	35.3	1.54									
						3	42—															
剖37	人为土	水稻土	潴育水稻土	紫色岩潴育水稻土	潴育紫砂田	A	0—13	紫棕色	砂壤土	块状	6.0	21.1	0.97	0.63	13.1	144	6.0	65		紫色岩	E 111°13′30.4″ N 24°08′06.4″	94
						P	13—20	黄紫色	黏壤土	小块状	7.0	11.2	0.64	0.47	16.7							
						C	20—54	浅紫棕色	黏壤土	小块状	7.0	6.5	0.39	0.75	16.7							
						4	54—100															
剖38	人为土	水稻土	淹育水稻土	紫色岩淹育水稻土	紫砂田	A	0—12	灰棕色	壤土	块状	6.2	24.4	1.18			130	2.0	50		紫色岩	E 111°12′33.5″ N 24°07′20.6″	79
						P	12—20	黄棕色	黏壤土	小块状	6.5											
						C	20—100	暗紫色	壤土	块状	7.0											
剖39	人为土	水稻土	淹育水稻土	砂页岩淹育水稻土	砂岩铁磐底田	A	0—12	红棕色	壤土	小块状		42.2	1.74			70	2.7	40		砂页岩	E 111°07′35.0″ N 24°06′42.8″	81
						P	12—24	浅棕色	壤土	块状												
						C	24—100	红棕色	壤土	块状												
剖40	铁铝土	红壤		砂页岩红壤	中层砂岩岩红壤	A	0—15	浅灰棕色	壤土	块状		50.3	2.63	1.68	21.4	167	2.0	20	3.0	砂页岩	E 111°01′38.3″ N 24°03′24.5″	71
						2	15—75	红黄色	黏壤土	块状		42.5	3.27	1.59	20.3				21.5			
						C	75—															
剖41	人为土	水稻土	潴育水稻土	砂页岩潴育水稻土	潴育蜡泥肉田	A	0—15	灰棕色	壤土	块状		9.6	0.62	0.96	19.5	84	1.9	43	14.9	砂页岩	E 111°04′10.6″ N 24°02′44.5″	98
						P	15—27	浅灰棕色	黏土	棱柱状												
						W	27—45	黄色	黏土	块状		2.4	0.48	1.24	20.9				13.2			
						C	45—100															

续表 Continued

剖面号 Soil profile	土纲 Soil order	土类 Soil great group	亚类 Soil subgroup	土属 Soil genus	土种 Soil species	土层码 Layer code	土层厚度 Depth/cm	颜色 Soil color	质地 Soil texture	土壤结构 Soil structure	pH	有机质 OM/(g/kg)	全氮 TN/(g/kg)	全磷 TP/(g/kg)	全钾 TK/(g/kg)	碱解氮 AN/(mg/kg)	有效磷 AP/(mg/kg)	速效钾 AK/(mg/kg)	阳离子交换量CEC/(cmol/kg)	土壤母质 Parent material	剖面点坐标 Profile coordinate	匹配指数 Matching index/%
剖42	人为土	水稻土	沼泽型水稻土	埋藏黑泥田	深埋黑泥田	A	0—11	棕色	壤土	团块状	6.5	55.2	1.93			172	6.0	28			E 111°02′58.9″ N 24°02′25.4″	97
						P	11—18	灰棕色	壤土	团块状												
						G	18—45	暗灰色	壤土	团块状												
						4	45—100	黑色														
剖43	人为土	水稻土	潜育水稻土	冲积潮育水稻土	潜育潮泥肉田	A	0—17	灰棕色	壤土	碎块状	7.0	48.0	2.01	1.39	15.6	116	7.0	52	23.6	河流冲积物	E 111°03′27.7″ N 24°01′44.8″	90
						P	17—25	灰棕色	壤土	块状	7.0	24.8	1.24	1.14	16.6				13.5			
						W	25—48	浅灰棕色	壤土	梭柱状	7.2	11.2	0.70	0.93	15.5				11.6			
						C	48—100		壤土		7.3	1.3	0.31	0.90	17.7							
剖44	人为土	水稻土	潜育水稻土	潜底田	深潜底田	A	0—13	灰棕色	壤土	块状	5.0	43.9	2.06	1.08	18.1	150	1.5	50			E 111°05′24.0″ N 24°01′31.8″	73
						3	13—19	棕灰色	壤土	块状	7.0	36.4	1.52	1.75	17.3							
						G	19—35	灰蓝色	黏壤土	块状	6.5	17.7	0.85	0.62	14.1							
							35—100	蓝灰色	砂黏壤土		6.3	4.2	0.49	0.59	17.6							
剖45	铁铝土	红壤		耕型第四纪红土红土壤	砂质红壤	A	0—11	黄棕色	砂黏壤土	粒状	5.5	14.6	0.79	0.41	0.7	40	3.0	50		红土	E 111°02′17.2″ N 24°01′29.3″	84
						C	11—100	红黄色	黏壤土		5.0	5.7	0.68	5.30	12.3							
剖46	人为土	水稻土	淹育水稻土	红土质淹育水稻土	薄砂黄泥田	A	0—17	灰棕色	砂壤土	块状	7.1	30.7	1.49	2.19	13.4	80	2.0	30		红土	E 111°01′43.3″ N 24°00′38.5″	98
						P	10—22	砂黄色	壤土	块状		9.4	0.55	0.76	13.5							
						C	22—100	红棕色	壤土			2.0	0.28	1.01	17.8							
剖47	初育土	紫色土	酸性紫色土	耕型砂页岩酸性紫色土壤	酸性紫泥土	A	0—18	紫红色		团块状	5.5	8.0				30	2.0	100		砂页岩	E 111°16′42.5″ N 24°09′38.6″	75
						2	18—25	紫红色	壤土	块状	5.5											
						C	25—100	紫红色	壤土	块状	5.1											
剖48	人为土	水稻土	潜育水稻土	冲积性潜育水稻土	潜育紫泥肉田	A	0—17	灰棕色	壤土	小团块状		29.5	1.30			113	4.0	5		河流冲积物	E 111°15′44.3″ N 24°08′38.0″	71
						P	17—26	灰棕色	壤土	块状												
						W	26—61	灰棕色	黏土	梭柱状												
						C	61—100		壤土	块状												
剖49	人为土	水稻土	潜育水稻土	红土质潜育水稻土	黄泥骨田	A	0—11	浅黄棕色	黏壤土	团块状	6.6	34.1	1.30	1.36	14.3	88	1.7	28		红土	E 111°15′54.7″ N 24°07′59.2″	78
						P	11—21	黄泥色	黏壤土	块状		26.9	1.12	1.25	14.3							
						C	21—100	黄黄色	黏土	块状		8.1	0.66	1.25	13.1							
剖50	铁铝土	红壤		砂页岩红壤	厚层砂页岩红壤	A	0—20	紫黄色	壤土	块状	4.0	49.8	1.74			167	2.0	23		砂页岩	E 110°48′07.2″ N 23°59′37.0″	87
						2	20—85	灰黄色	壤土	小块状												
						D	85—															
剖51	人为土	水稻土	潴育水稻土	洪积潴育含砾砂泥肉田	洪积潴育含砾砂泥肉田	A	0—14	浅棕色	砂壤土	团块状	5.0	23.4	1.28	1.12	13.9	138	6.0	18		洪积物	E 110°56′22.2″ N 23°55′22.8″	95
						P	14—22	灰棕色	黏壤土	块状	5.5	10.8	0.64	0.92	12.4							
						W	22—86	黄棕色	黏土	梭柱状	7.0	9.8	0.71	1.46	19.1							
						C	86—100	黄黄色	壤土	块状	7.0	5.6	5.80	2.02	19.4							
剖52	人为土	水稻土	潴育水稻土	洪积潴育水稻土	洪积潴育砂泥田	A	0—12	紫棕色	壤土	小团块状	6.0	20.4	0.98	0.70	9.2	20	1.5	25		洪积物	E 110°58′17.0″ N 23°53′34.1″	79
						P	12—17	灰棕色	壤土	块状	7.0	10.0	0.48	0.64	13.6							
						W	17—49	黄棕色	黏壤土	梭柱状	6.5	8.7	0.42	0.74	15.5							
						C	49—61	红棕色	壤土	块状	7.0	6.0	0.42	0.58	20.5							
						5	61—															
剖53	人为土	水稻土	潴育水稻土	砂页岩潴育水稻土	潴育油泥田	A	0—10	棕灰色	砂壤土	小块状	5.3	42.7	1.84	1.17	16.4	182	7.0	183		砂页岩	E 110°57′38.5″ N 23°52′37.6″	82
						P	10—21	浅灰棕色	壤土	块状	5.2	21.9	1.25	0.81	16.3							
						W	21—43	浅黄棕色	黏壤土	梭柱状	7.0	10.8	0.66	0.66	14.2							
						C	43—100	棕黄色	壤土	块状	7.0	4.1	0.43	0.80	17.6							
剖54	人为土	水稻土	盐渍水稻土	碳酸盐渍性水稻土	石灰性埋藏黑泥田	A	0—14	灰棕色	黏壤土	块状	8.0	56.3	1.81	1.80	13.3	85	2.0	40		砂页岩	E 111°01′30.0″ N 23°58′36.5″	77
						P	14—23	浅灰棕色	黏壤土	块状	6.5	91.2	2.72	0.91	12.0							
						3	23—65	灰黑色	黏壤土		8.0	91.2	2.70	0.91	12.0							

续表 Continued

剖面号 Soil profile	土纲 Soil order	土类 Soil great group	亚类 Soil subgroup	土属 Soil genus	土种 Soil species	土层码 Layer code	土层厚度 Depth/cm	颜色 Soil color	质地 Soil texture	土壤结构 Soil structure	pH	有机质 OM/(g/kg)	全氮 TN/(g/kg)	全磷 TP/(g/kg)	全钾 TK/(g/kg)	碱解氮 AN/(mg/kg)	有效磷 AP/(mg/kg)	速效钾 AK/(mg/kg)	阳离子交换量CEC/(cmol/kg)	土壤母质 Parent material	剖面点坐标 Profile coordinate	匹配指数 Matching index/%
剖55	人为土	水稻土	潜育水稻土	潜底田	浅潜底田	A	0—18	棕灰色	壤土	块状	7.0	111.3	3.82	0.96	21.6	150	1.5	60	31.6		E 111°02′28.0″ N 23°52′43.7″	77
						G	18—60	蓝灰色		块状	6.3	77.6	2.44	0.64	21.4				11.7			

平桂区、钟山县

主要土类说明

红壤是平桂区、钟山县主要土壤类型，占本区域地域面积的64%。红壤主要发生于中亚热带常绿阔叶林下，呈中度脱硅富铝化特征，土壤黏粒中游离铁占全铁的50%—60%。黏土矿物以高岭石、赤铁矿为主，黏粒硅铝率为1.8—2.4，风化淋溶系数小于0.2，盐基饱和度小于35%，pH为4.5—5.5。红壤具深厚红色土层，淀积层（B层）底层可见具深厚红、黄、白相间网纹的红色黏土。

水稻土是平桂区、钟山县第二大土壤类型，占本区域地域面积的16%。本县水稻土发育于多种母质，广泛分布于全县各地平原、谷地，是主要耕作土壤。水稻土是在长期季节性淹灌、水下翻耕、季节性脱水、氧化还原交替影响下，原来成土母质或母土的特性发生重大改变，形成的新的土壤类型。由于干湿交替，水稻土形成糊状淹育层、较坚实板结的犁底层、渗育层、潴育层与潜育层等多种发生层。这些不同发生层段是在人为耕作、水浆管理下形成的。因其发生条件、水耕熟化程度、土壤特征特性的不同，本区域水稻土分为淹育型、潴育型、潜育型、沼泽型、盐渍型、渗育型、矿毒型等亚类。

石灰（岩）土是平桂区、钟山县第三大土壤类型，占本区域地域面积的12%。石灰（岩）土发生于热带、亚热带石灰岩山区，是石灰岩经溶蚀风化，形成的厚薄不同的钙质饱和或含游离钙质的土壤，多见于石隙、溶洞或峰丛底部。该土壤碳酸钙淋溶程度不一，多黏土，多为铁钙质胶结物，风化程度不一，盐基饱和度高，有机质含量及胶结状态有较大差异。

黄壤占平桂区、钟山县地域面积的5%。黄壤发生于亚热带湿润条件下，中度脱硅富铝化，多见于海拔700—1200m的山区。土壤有机质累积较多，具O-A-AB-B-C剖面构型。pH为4.5—5.5。淀积层（B层）富含水合氧化铁（针铁矿），呈黄色，有时多含三水铝石。

小于本区域地域面积3%的土壤类型还有紫色土、新积土和黄棕壤等。

本区域中心区气候特征

本区域中心区气候特征值
Regional climate characteristics in central area of the region

气候带：中亚热带湿润气候 Climate region: Subtropical humid climate	
年平均气温 /℃ Annual average temperature /℃	19.9
年平均最高气温 /℃ Annual average maximum temperature /℃	24.5
年平均最低气温 /℃ Annual average minimum temperature /℃	16.7
年降水量 /mm Annual precipitation /mm	1625
≥10℃的积温 /℃ Daily temperature accumulated in a year（≥10℃）/℃	7278
年日照时数 /h Annual sunshine /h	1584
年平均相对湿度 /% Annual average relative humidity /%	77
干燥度 Dryness	0.73

本区域中心区月平均气温与月平均降水量
Monthly temperature and precipitation in central area of the region

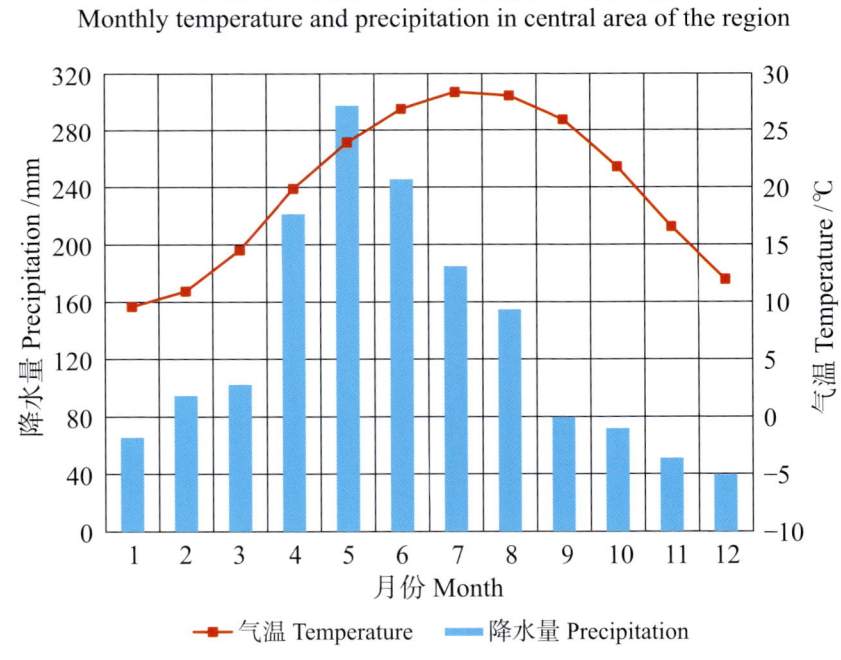

平桂区、钟山县主要土壤类型与土壤剖面点分布图
1∶280 000

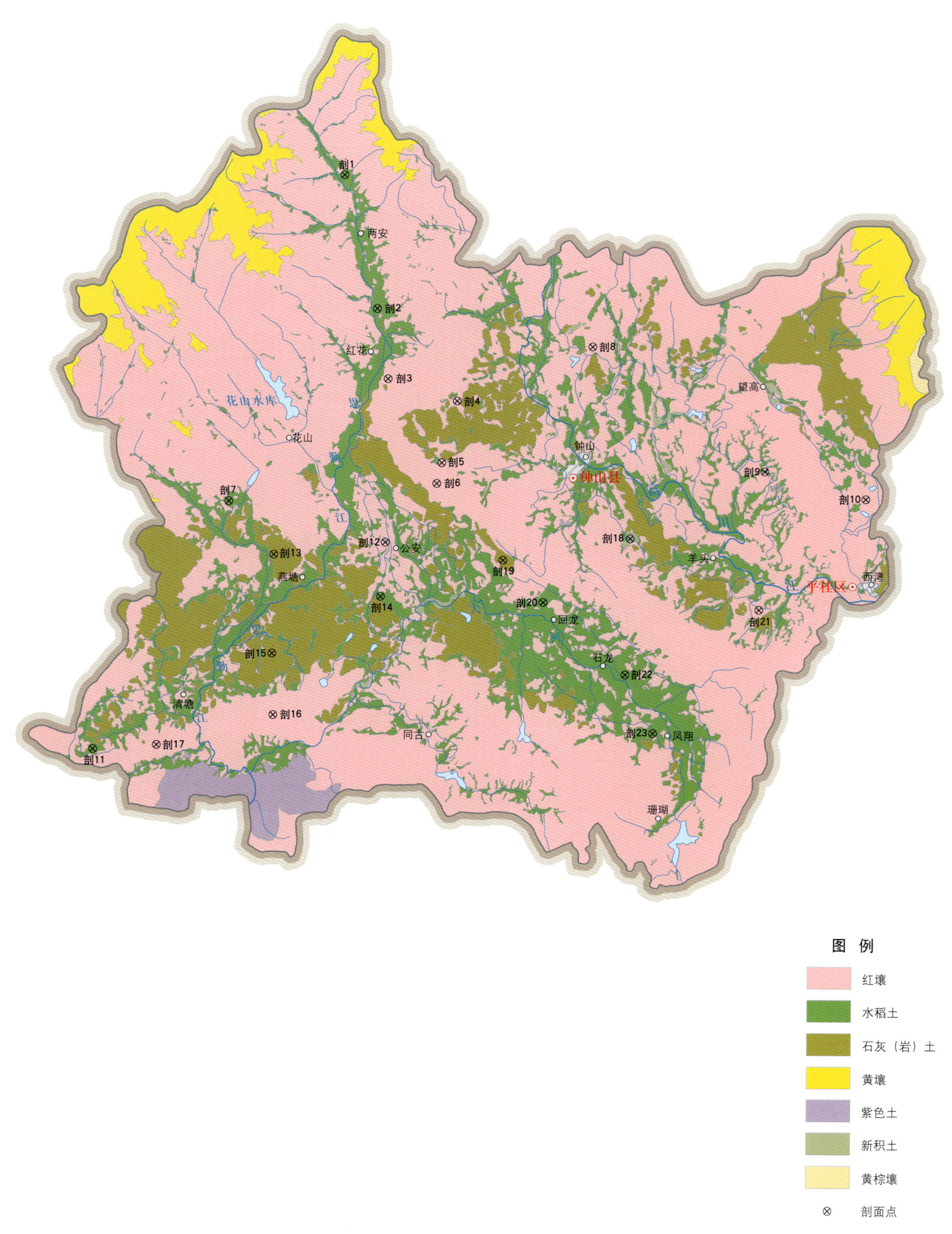

注：国务院 2016 年 7 月批准，设立平桂区。

平桂区、钟山县土壤剖面理化性状表

剖面号 Soil profile	土纲 Soil order	土类 Soil great group	亚类 Soil subgroup	土属 Soil genus	土种 Soil species	土层码 Layer code	土层厚度 Depth/cm	颜色 Soil color	质地 Soil texture	土壤结构 Soil structure	pH	有机质 OM/(g/kg)	全氮 TN/(g/kg)	全磷 TP/(g/kg)	全钾 TK/(g/kg)	碱解氮 AN/(mg/kg)	有效磷 AP/(mg/kg)	速效钾 AK/(mg/kg)	土壤母质 Parent material	剖面点坐标 Profile coordinate	匹配指数 Matching index/%
剖1	人为土	水稻土	潴育水稻土	花岗岩潴育水稻土	潴育杂砂泥田	A	0—11	棕灰色	中壤土	小块状	6.0	48.5	1.95	0.98	21.2	80	1.8	35	花岗岩	E 111°09′18.7″ N 24°41′48.1″	95
						P	11—18	黄灰色	中壤土	块状	6.8	27.2	1.28	0.83	19.6						
						W	18—54	红黄色	重壤土	棱柱状	7.0	4.9	0.42	0.74	9.7						
							54—100	黄白色	轻壤土	团块状	7.5	1.2	0.24	0.67	38.0						
剖2	人为土	水稻土	潴育水稻土	冲积性潴育水稻土	潴育潮泥田	A	0—15	棕灰色	中壤土	小块状	6.5	24.5	1.02	0.87	32.8	80	3.3	30	河流冲积物	E 111°10′33.6″ N 24°37′12.4″	83
						P	15—20	黄棕色	中壤土	块状	7.2	24.7	0.67	0.78	33.4						
						W	20—80	灰棕色	重壤土	棱柱状	6.9	8.7	0.44	0.96	32.0						
						C	80—100	棕灰色	中壤土	块状	6.5	4.5	3.80	0.82	32.5						
剖3	铁铝土	红壤	红壤性土	砾质红壤红壤性土	砾石红土	A	0—13	黄棕色	砂壤土	粒状	7.0	14.0	0.78	0.95	7.1	75	2.5	45	洪积物	E 111°10′58.8″ N 24°34′46.9″	80
						B	13—52	红棕色	中壤土	块状	6.3	10.5	0.62	1.05	11.4						
						C	52—100	黄棕色			7.0	3.8	0.38	0.92	12.4						
剖4	铁铝土	红壤	红壤性土	耕型砾质红壤性土	砾质红泥土	A	0—34	黄棕色	轻壤土	粒状	4.2	56.0	1.69	0.91	8.9	70	2.5	105	砾岩残积物	E 111°13′35.8″ N 24°34′01.2″	91
						C	34—100	棕黄色	中壤土	粒状	5.5	7.8	0.57	1.35	19.7						
剖5	铁铝土	红壤	红壤性土	耕型砾质红壤性土	多砾红土	A	0—12	棕色	轻壤土	小团块状	6.7	13.9	0.85	1.88	11.8	70	2.5		洪积物	E 111°13′01.6″ N 24°31′53.8″	97
						C	12—100	黄棕色	重壤土	大团块状	6.0	6.3	0.79	2.13	17.9						
剖6	铁铝土	红壤	红壤	耕型砂页岩红壤	红壤土	A	0—26	黄棕色	重壤土	粒状	6.0	23.3	1.02	0.76	5.7	45	0.5	35	砂页岩风化物	E 111°12′50.4″ N 24°31′11.3″	71
						C	26—100	黄棕色	重壤土	团状	5.0	6.6	6.60	0.53	8.0						
剖7	人为土	水稻土	潴育水稻土	花岗岩潴育水稻土	潴育杂砂泥田	A	0—23	红棕色	轻壤土	小团块状	7.3	29.8	1.58	1.51	14.4	80	2.0	28	花岗岩	E 111°04′58.9″ N 24°30′33.3″	91
						P	23—43		中壤土	棱柱状	7.0	18.6	1.17	1.12	16.6						
						W	43—66	黄棕色	中壤土	块状	6.5	5.6	0.40	0.87	28.9						
						C	66—100		重壤土	小团块状	8.2	5.4	0.41	1.29	31.8						
剖8	铁铝土	红壤	红壤	耕型第四纪红土红壤	砂质红泥土	A	0—22	棕黄色	轻黏土	粒状	5.5	31.2	1.37	1.49	10.5	90	0.5	110	红土	E 111°18′43.3″ N 24°35′54.2″	70
							22—100	棕红色	中壤土	团粒状	4.3	9.6	0.67	1.14	11.9						
剖9	人为土	水稻土	潴育水稻土	洪积性潴育水稻土	洪积潴育砂泥田	A	0—11	灰棕色	中壤土	块状	6.0	34.6	1.43	1.35	19.7	70	1.0	25	洪积物	E 111°25′14.5″ N 24°31′36.1″	96
						P	11—19	灰棕色	中壤土	小棱柱状	6.0	20.2	1.16	1.39	18.7						
						W	19—32	灰黄色	重壤土	块状	7.8	19.7	0.89	2.13	18.9						
						C	32—100	灰黄相间		块状	5.0	6.6	0.56	2.73	18.0						
剖10	铁铝土	红壤	红壤	耕型第四纪红土红壤	红泥土	A	0—24	棕红色	轻黏土	粒状	5.0	34.6	1.16	1.40	7.5	75	0.5	65	红土	E 111°29′03.7″ N 24°30′39.7″	92
						C	24—100	红棕色	轻黏土	粒状	4.5	8.0	0.68	1.04	8.5						
剖11	人为土	水稻土	潴育水稻土	砂页岩潴育水稻土	潴育砂泥田	A	0—14	灰棕色	中壤土	团粒状	7.5	32.7	1.20	0.59	16.3	65	2.5	43	砂页岩风化物	E 110°59′54.6″ N 24°21′58.7″	87
						P	14—21	黄棕色	中壤土	块状	8.0	9.0	0.37	0.93	12.4						
						WC	23—100	灰黄相间	重壤土	棱柱状	7.8	5.8	0.30	0.92	14.6						
剖12	铁铝土	红壤	红壤	第四纪红土红壤	红壤	A	0—20	棕红色	重黏土	粒状	5.4	23.5	0.99	1.23	10.7	75	0.5		红土	E 111°10′54.1″ N 24°29′09.2″	83
						C	20—100	红黄色	重黏土	小块状	4.5	4.4	0.64	1.30	14.4						
剖13	初育土	石灰（岩）土	棕色石灰土	耕型棕色石灰土	含砂棕泥土	A	0—14	黄棕色	砂壤土	小团块状	5.5	12.0				60	1.5	70	石灰岩风化物	E 111°06′41.8″ N 24°28′43.3″	98
						C	14—100	棕灰色	壤土	小团鳞块状	8.5	37.9	1.86	0.95	6.5						
剖14	人为土	水稻土	盐渍水稻土	碳酸盐渍性水稻土	石灰性埋藏黑泥田	A	0—14	棕灰色	重黏土	团块状	8.5	25.3	1.39	0.90	6.5	80	2.0	45		E 111°10′43.7″ N 24°27′16.9″	89
						P	14—23	深褐色	轻黏土	棱柱状	8.0	21.6	1.10	0.80	6.1						
						G_1	23—65	黄棕色	轻黏土	棱柱状	8.5	17.6	0.89	0.77	5.6						
						G_2	65—100	棕灰色	重黏土	片状	7.8	43.9	2.33	1.95	11.9						
剖15	初育土	石灰（岩）土	棕色石灰土	棕色石灰土	棕色石灰土	C	23—100	橙黄色	轻黏土	片状	8.5	12.9	0.96	0.96	12.5				石灰岩风化物	E 111°06′38.5″ N 24°25′17.4″	96

续表 Continued

剖面号 Soil profile	土纲 Soil order	土类 Soil great group	亚类 Soil subgroup	土属 Soil genus	土种 Soil species	土层码 Layer code	土层厚度 Depth/cm	颜色 Soil color	质地 Soil texture	土壤结构 Soil structure	pH	有机质 OM/(g/kg)	全氮 TN/(g/kg)	全磷 TP/(g/kg)	全钾 TK/(g/kg)	碱解氮 AN/(mg/kg)	有效磷 AP/(mg/kg)	速效钾 AK/(mg/kg)	土壤母质 Parent material	剖面点坐标 Profile coordinate	匹配指数 Matching index/%
剖16	铁铝土	红壤	红壤	耕型砂岩红壤	红砂土	A	0—16	黄棕色	轻砂土	小粒状	7.8	6.8	0.45	0.67	4.3	20	1.5	25	砂岩风化物	E 111°06′42.1″ N 24°23′10.7″	94
						B	16—47	黄棕色	砂土	粒状	6.9	6.3	0.43	0.49	4.9						
						C	47—100	黄棕色	中壤土	粒状	6.0	2.3	0.20	0.40	5.0						
剖17	铁铝土	红壤	红壤	耕型页岩红壤	红黏土	A	0—10	浅红色	中壤土	团块状	5.5	19.2	1.02	1.17	7.3	50	0.5	45	页岩坡积物	E 111°02′18.6″ N 24°22′08.0″	73
						C	10—100	红黄相间	中黏土	团状	4.5	7.3	0.68	1.15	14.4						
剖18	初育土	新积土	新积土	砾质土	砾质壤土	A	0—16	灰棕色	砂壤土	粒状	5.5	22.0				50	2.0	15	洪积物	E 111°20′09.2″ N 24°29′17.9″	76
						B	16—18	灰棕色	砂壤土	小块状	5.6										
						C	18—100	黄褐相间	中壤土	小团块状	5.5										
剖19	初育 石灰(岩)土	棕色石灰土	棕色石灰土	含砂棕色石灰黏土	A	0—23	棕黄色	中壤土	团块状	8.5	24.5	1.02	1.67	31.4				石灰岩残积物	E 111°15′21.2″ N 24°28′32.9″	93
						B	23—64	黄红色	重壤土	团块状	8.9	14.9	1.43	1.38	35.7						
						D	64—														
剖20	人为土	水稻土	潴育水稻土	砂页岩潴育水稻土	潴育砂泥田	A	0—15	棕黄色	重壤土	团块状	7.5	49.1	2.21	1.85	16.6	80	5.0	25	砂页岩坡积物	E 111°16′52.7″ N 24°27′05.4″	93
						P	15—21	棕灰色	轻壤土	块状	7.0	18.1	0.93	2.75	17.9						
						C	44—100	浅灰黄色	重壤土	块状	7.0	2.0	0.17	0.99	17.2						
剖21	铁铝土	红壤	红壤	耕型第四纪红土红壤	薄砂红泥土	A	0—12	灰棕色	砂壤土	小团块状	6.5	18.6	0.23			78	2.0	29	红土	E 111°25′01.9″ N 24°26′50.3″	79
						P	12—20	红黄相间	黏壤土	块状	6.8										
						C	29—100														
剖22	人为土	水稻土	潴育水稻土	红土质潴育水稻土	潴育黄泥田	A	0—16	棕灰色	重壤土	小团块状	5.0	22.8	0.99	1.02	13.0	70	0.8	25	红土	E 111°19′59.2″ N 24°24′35.6″	91
						P	16—22	灰棕色	重黏土	大团块状	6.0	11.5		1.01	13.0						
						WC	22—100		轻黏土	柱状	7.5	2.5	0.34		25.0						
剖23	人为土	水稻土	潴育水稻土	砂页岩潴育水稻土	潴育砂土田	A	0—13	灰色	中壤土	小团块状	5.5	34.7	1.62	1.00	20.7	90	1.3	30	砂页岩残积物	E 111°21′02.5″ N 24°22′34.7″	83
						P	13—22	橙黄色	中壤土	大团块状	6.3	19.0	0.82	0.99	21.3						
						W	22—66	橙黄色	中壤土	棱柱状	6.8	9.1	0.41	0.83	22.4						
						C	66—100	橙黄色	轻壤土	团块状	6.8	5.1	0.34	0.85	21.7						

富川瑶族自治县

主要土类说明

红壤是富川瑶族自治县主要土壤类型，占本县地域面积的63%。本县红壤是在亚热带生物气候条件下形成的红色酸性的土壤。红壤呈中度脱硅富铝化特征，土壤黏粒中游离铁占全铁的50%—60%。黏土矿物以高岭石、赤铁矿为主，黏粒硅铝率为1.8—2.4，风化淋溶系数小于0.2，盐基饱和度小于35%，pH为4.5—5.5。红壤具深厚红色土层，淀积层（B层）底层可见具深厚红、黄、白相间网纹的红色黏土。本县红壤分为红壤、黄红壤、红壤性土等亚类。

黄壤是富川瑶族自治县第二大土壤类型，占本县地域面积的16%。黄壤发生于亚热带湿润条件下，中度脱硅富铝化，多见于海拔700—1200m的山区。土壤有机质累积较多，具O-A-AB-B-C剖面构型。pH为4.5—5.5。淀积层（B层）富含水合氧化铁（针铁矿），呈黄色，有时多含三水铝石。本县黄壤分为黄壤、粗骨性黄壤两个亚类。

水稻土是富川瑶族自治县第三大土壤类型，占本县地域面积的16%。水稻土是在长期季节性淹灌、水下翻耕、季节性脱水、氧化还原交替影响下，原来成土母质或母土的特性发生重大改变，形成的新的土壤类型。由于干湿交替，水稻土形成糊状淹育层、较坚实板结的犁底层、渗育层、潴育层与潜育层等多种发生层。本县水稻土分为淹育型、潴育型、潜育型、沼泽型、盐渍型、渗育型、矿毒型等亚类。

小于本县地域面积3%的土壤类型还有紫色土、红黏土和石灰（岩）土等。

本区域中心区气候特征

本区域中心区气候特征值
Regional climate characteristics in central area of the region

气候带：中亚热带湿润气候 Climate region: Subtropical humid climate	
年平均气温 /℃ Annual average temperature /℃	19.6
年平均最高气温 /℃ Annual average maximum temperature /℃	24.1
年平均最低气温 /℃ Annual average minimum temperature /℃	16.4
年降水量 /mm Annual precipitation /mm	1614
≥10℃的积温 /℃ Daily temperature accumulated in a year（≥10℃）/℃	7137
年日照时数 /h Annual sunshine /h	1573
年平均相对湿度 /% Annual average relative humidity /%	77
干燥度 Dryness	0.72

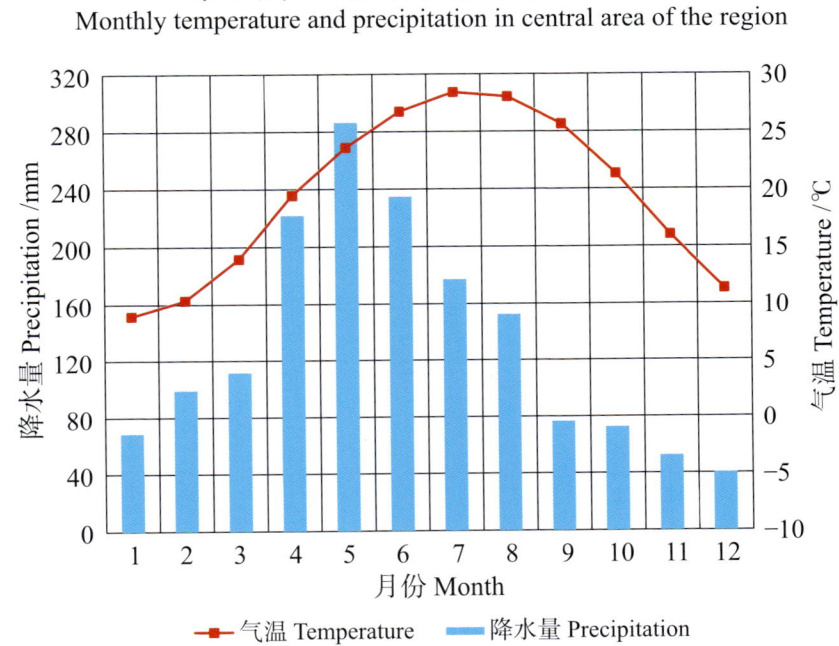

本区域中心区月平均气温与月平均降水量
Monthly temperature and precipitation in central area of the region

富川瑶族自治县主要土壤类型与土壤剖面点分布图
1 : 220 000

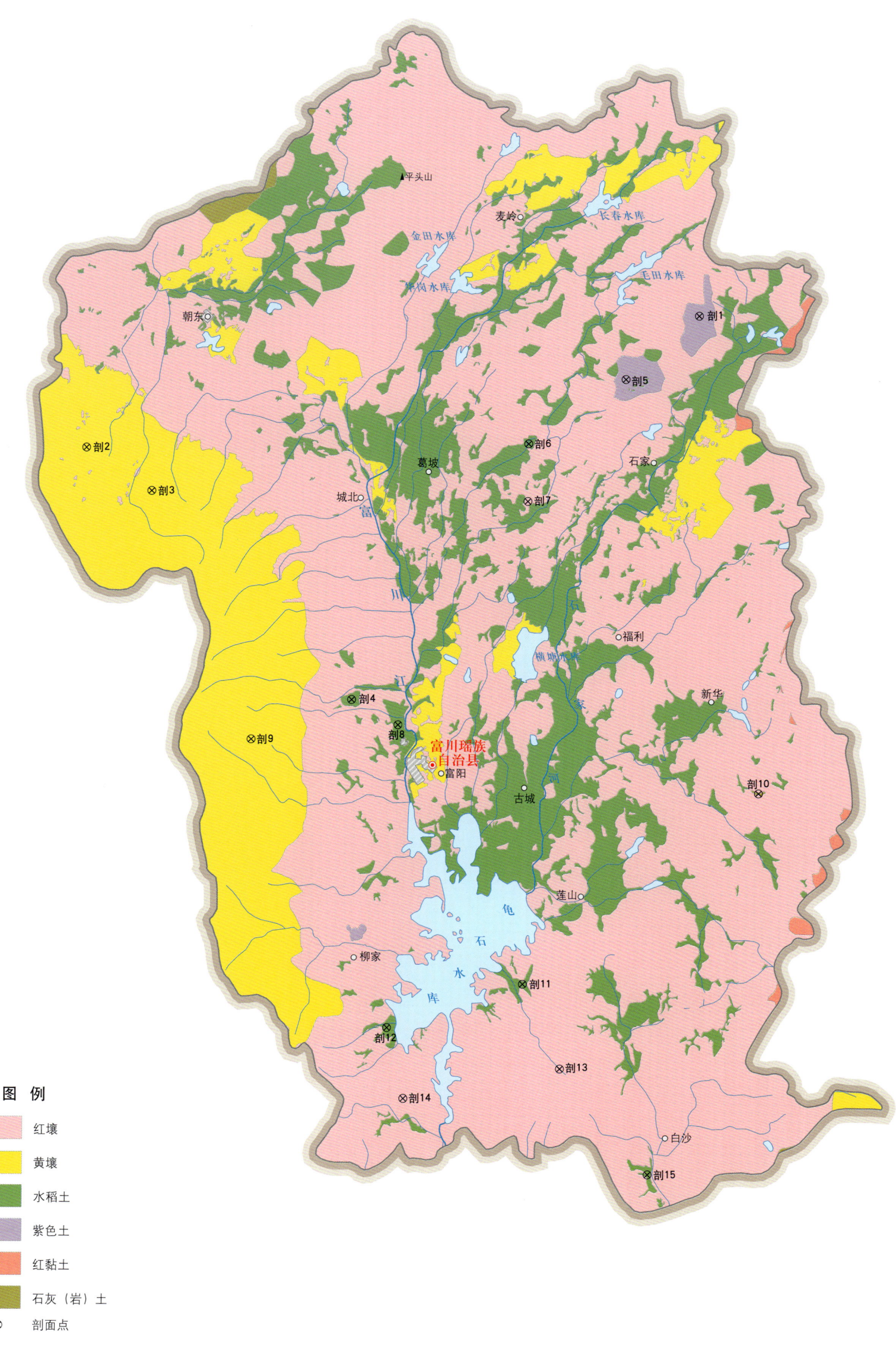

富川瑶族自治县土壤剖面理化性状表

剖面号 Soil profile	土纲 Soil order	土类 Soil great group	亚类 Soil subgroup	土属 Soil genus	土种 Soil species	土层码 Layer code	土层厚度 Depth/cm	颜色 Soil color	质地 Soil texture	土壤结构 Soil structure	pH	有机质 OM/(g/kg)	全氮 TN/(g/kg)	全磷 TP/(g/kg)	全钾 TK/(g/kg)	碱解氮 AN/(mg/kg)	有效磷 AP/(mg/kg)	速效钾 AK/(mg/kg)	土壤母质 Parent material	剖面点坐标 Profile coordinate	匹配指数 Matching index/%
剖1	初育土	紫色土	酸性紫色土	砂岩酸性紫色土	薄层酸性紫砂土	A	0—9	紫棕色	砂壤土	粒状	4.5	24.0				85	2.0		砂岩	E 111°24′34.2″ N 25°01′04.8″	85
						C	9—39	紫棕色	壤土		5.0										
剖2	铁铝土	黄壤	黄壤	砂页岩黄壤	厚层砂页岩黄壤	A	0—11	棕黑色	壤土	团粒状	4.2								砂页岩	E 111°06′42.5″ N 24°57′35.3″	94
						C	11—100	黄色	壤土	小块状	5.2										
						D	39—														
剖3	铁铝土	黄壤	黄壤	砂页岩黄壤	中层砂页岩黄壤	A	0—36	灰黑色	砂壤土	碎块状	4.7	16.8				270	2.0		砂页岩	E 111°08′36.6″ N 24°56′26.2″	77
						C	36—69	灰黄色	砂壤土	碎块状	6.5										
						D	69—														
剖4	人为土	水稻土	潴育水稻土	冲积性潴育水稻土	潴育潮砂田	A	0—15	暗棕色	砂壤土	块状	6.7	24.5	1.30	1.08	14.3				河流冲积物	E 111°14′27.6″ N 24°50′55.0″	76
						P	15—22	暗棕色	黏土	块状	7.0	12.0	0.55	1.09	14.2						
						W	22—100	棕黄灰相间	砂壤土	块状	7.0	7.4	0.39	1.32	13.6						
剖5	初育土	紫色土	酸性紫色土	砂岩酸性紫色土	厚层酸性紫砂土	A	0—10	紫黑色	砂壤土	碎块状	4.5	136.0				80	2.0		砂岩	E 111°22′26.0″ N 24°59′24.7″	86
						C	10—100	紫棕色	砂土	碎块状	4.5										
剖6	人为土	水稻土	盐渍水稻土	碳酸盐潴积性水稻土	石灰性铁磐底田	A	0—15	黏棕色	黏壤土	块状	8.5	24.8				60	6.5	50		E 111°19′36.1″ N 24°57′42.5″	79
						P	15—23	棕色	壤土	块状	8.0										
						W	23—53			棱柱状	8.0										
						C	53—100	黄棕色	黏壤土		7.5										
剖7	铁铝土	红壤	红壤	耕型第四纪红土红壤	红泥土	A	0—20	浅棕色	黏土	块状	7.0	26.5	1.21	1.10	8.1				红土	E 111°19′34.9″ N 24°56′10.5″	98
						C	20—100	红棕色	黏土	团粒状	6.0	7.5	0.68	8.60	9.4						
剖8	人为土	水稻土	潴育水稻土	冲积性潴育水稻土	潴育潮泥田	A	0—12	灰色	壤土	块状	7.2	40.1	1.79	1.26	8.8				河流冲积物	E 111°15′48.6″ N 24°50′14.8″	87
						P	12—19	灰棕色	黏壤土	块状	7.5	13.9	0.74	0.91	8.9						
						W	19—72	灰棕色	壤土	块状	7.5	11.2	0.60	0.48	8.7						
						C	72—100	黄棕色	壤土	块状	7.5	10.3	0.59	0.45	13.8						
剖9	铁铝土	黄壤	黄壤	砂页岩黄壤	薄层砂页岩黄壤	A	0—8	棕黄色	砂壤土	碎块状	6.0	16.0	1.17	2.70	14.1	80	1.0		砂页岩	E 111°11′32.3″ N 24°49′51.2″	81
						C	8—20	黄黄色	黏土	粒状	5.5	8.0	0.94	1.78	14.1	70	1.0				
						D	20—														
剖10	初育土	石灰(岩)土	棕石灰土	耕型棕色石灰土	含砂棕泥土	A	0—15	灰棕色	壤土		8.0	18.8								E 111°26′19.3″ N 24°48′25.2″	82
						C	15—100	灰棕色	壤土	小块状	7.0	15.9				120	2.0	25			
剖11	人为土	水稻土	潴育水稻土	砂页岩潴育水稻土	潴育砂泥田	A	0—16	浅棕黄色	黏壤土	块状	7.0	24.8							砂页岩	E 111°19′28.2″ N 24°43′21.4″	72
						P	16—24	浅棕黄色	黏壤土	棱块状	7.0										
						W	24—38	黄棕色	壤土	块状	6.8										
						C	38—100	棕色	黏土	块状	7.5	49.1	2.44	9.50	15.2						
剖12	人为土	水稻土	潴育水稻土	砂页岩潴育水稻土	潴育砂泥田	A	0—14	褐色	壤土	块状	6.3	22.6	1.42	0.48	18.6				砂页岩	E 111°15′31.2″ N 24°42′11.0″	70
						P	14—18	褐色	壤土	块状	6.8	15.6	0.86	0.49	18.5						
						W	18—69	红黄色	壤土	块状	6.8	4.9	0.58	0.63	17.2						
						C	69—100	灰黄色	砂壤土	碎块状	6.2	20.3	1.04	0.72	13.4						
剖13	铁铝土	红壤	红壤	耕型砂页岩红壤	红壤土	A	0—10	棕红色	砂壤土	柱状	6.0	9.2	0.76	0.45	9.2	40	1.0	25	砂页岩	E 111°20′33.7″ N 24°41′05.6″	71
						C	10—100	棕色	砂壤土	碎块状	6.0	16.0									
剖14	铁铝土	红壤	红壤	耕型砂岩红壤	红砂土	A	0—19	灰棕色	砂壤土	状状	6.0								砂岩	E 111°16′00.5″ N 24°40′19.1″	99
						2	19—35	浅黄棕色	砂壤土	状状	6.0										
						C	35—100														

续表 Continued

剖面号 Soil profile	土纲 Soil order	土类 Soil great group	亚类 Soil subgroup	土属 Soil genus	土种 Soil species	土层码 Layer code	土层厚度 Depth/ cm	颜色 Soil color	质地 Soil texture	土壤结构 Soil structure	pH	有机质 OM/ (g/kg)	全氮 TN/ (g/kg)	全磷 TP/ (g/kg)	全钾 TK/ (g/kg)	碱解氮 AN/ (mg/kg)	有效磷 AP/ (mg/kg)	速效钾 AK/ (mg/kg)	土壤母质 Parent material	剖面点坐标 Profile coordinate	匹配指数 Matching index/%
剖15	人为土	水稻土	潴育水稻土	砂页岩潴育水稻土	潴育砂土田	A	0—12	褐色	砂壤土	块状	6.5	19.0	0.96	0.33	10.0				砂页岩	E 111°23′07.6″ N 24°38′19.7″	92
						P	12—19		砂壤土	块状	6.5	15.3	0.90	0.35	11.3						
						W	19—42	浅棕色	砂壤土	块状	7.0	14.3	0.72	0.48	11.7						
						C	42—100	暗棕色	壤土	块状	7.0	9.4	0.67	0.50	13.4						

河 池 市

市 辖 区

主要土类说明

石灰（岩）土是河池市主要土壤类型，占本市地域面积的46%。石灰（岩）土发生于本市石灰岩山区，是石灰岩经溶蚀风化，形成的厚薄不同的钙质饱和或含游离钙质的土壤，多见于石隙、溶洞或峰丛底部。该土壤碳酸钙淋溶程度不一，多黏土，多为铁钙质胶结物，风化程度不一，盐基饱和度高，有机质含量及胶结状态有较大差异。

红壤是河池市第二大土壤类型，占本市地域面积的40%。红壤主要发生于常绿阔叶林下，呈中度脱硅富铝化特征，土壤黏粒中游离铁占全铁的50%—60%。黏土矿物以高岭石、赤铁矿为主，黏粒硅铝率为1.8—2.4，风化淋溶系数小于0.2，盐基饱和度小于35%，pH为4.5—5.5。红壤具深厚红色土层，淀积层（B层）底层可见具深厚红、黄、白相间网纹的红色黏土。

水稻土是河池市第三大土壤类型，占本市地域面积的10%。水稻土是在长期季节性淹灌、水下翻耕、季节性脱水、氧化还原交替影响下，原来成土母质或母土的特性发生重大改变，形成的新的土壤类型。由于干湿交替，水稻土形成糊状淹育层、较坚实板结的犁底层、渗育层、潴育层与潜育层等多种发生层。这些不同发生层段是在人为耕作、水浆管理下形成的。

小于本市地域面积3%的土壤类型还有新积土、粗骨土和紫色土等。

本区域中心区气候特征

本区域中心区气候特征值
Regional climate characteristics in central area of the region

气候带：南亚热带湿润气候 Climate region: South subtropical humid climate	
年平均气温 /℃ Annual average temperature /℃	20.7
年平均最高气温 /℃ Annual average maximum temperature /℃	25.1
年平均最低气温 /℃ Annual average minimum temperature /℃	17.8
年降水量 /mm Annual precipitation /mm	1553
≥10℃的积温 /℃ Daily temperature accumulated in a year (≥10℃) /℃	7562
年日照时数 /h Annual sunshine /h	1358
年平均相对湿度 /% Annual average relative humidity /%	77
干燥度 Dryness	0.79

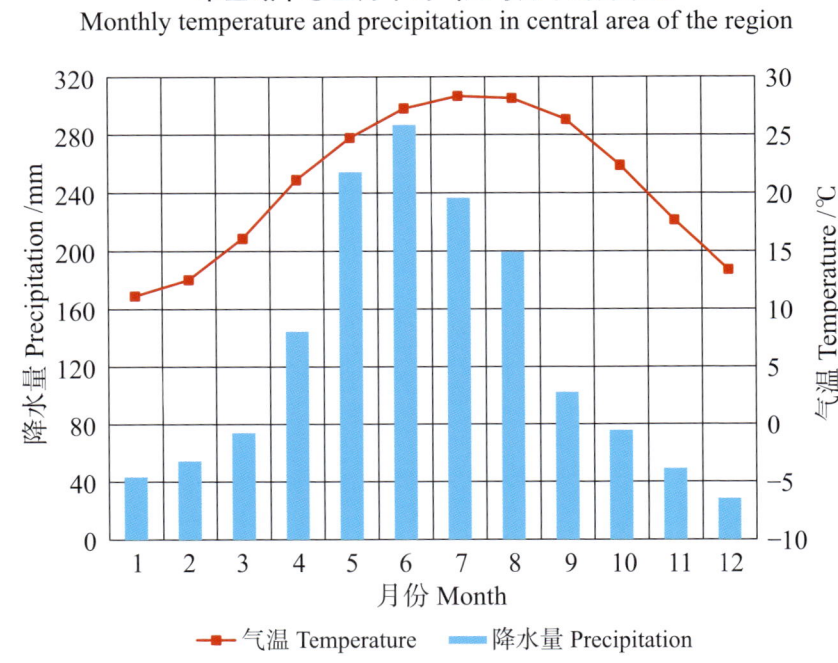

本区域中心区月平均气温与月平均降水量
Monthly temperature and precipitation in central area of the region

河池市市辖区（部分）主要土壤类型与土壤剖面点分布图
1∶500 000

图　例

- 石灰（岩）土
- 红壤
- 水稻土
- 新积土
- 粗骨土
- 紫色土
- ⊗ 剖面点

河池市土壤剖面理化性状表

剖面号 Soil profile	土纲 Soil order	土类 Soil great group	亚类 Soil subgroup	土属 Soil genus	土种 Soil species	土层码 Layer code	土层厚度 Depth/cm	颜色 Soil color	质地 Soil texture	土壤结构 Soil structure	pH	有机质 OM/(g/kg)	全氮 TN/(g/kg)	全磷 TP/(g/kg)	全钾 TK/(g/kg)	有效磷 AP/(mg/kg)	速效钾 AK/(mg/kg)	阳离子交换量 CEC/(cmol/kg)	土壤母质 Parent material	剖面点坐标 Profile coordinate	匹配指数 Matching index/%
剖1	人为土	水稻土	淹育水稻土	冲积性淹育水稻土	潮泥田	A	0—17	棕色	中黏土	块状	6.3	29.8	1.49	0.49	8.9				冲积物	E 108°17′11.6″ N 24°40′41.6″	77
						P	17—27	棕色	黏土		6.8	17.3	1.11	4.30	8.0						
						WC	27—37	棕色	黏土		6.7	16.8	1.02	0.48	8.1						
						C	37—100	暗棕色	黏土		7.3	18.7	1.02	0.48							
剖2	人为土	水稻土	淹育水稻土	红壤、黄壤性淹育水稻土	红泥田	A	0—12	棕红色	重石质轻黏土	大块状	6.0	22.6	1.18	0.25	10.2	1.5	30	9.8		E 108°33′18.0″ N 24°42′28.6″	79
						C	12—100	棕红色	黏土	大块状	6.0	7.8	0.66	0.23	10.3			8.4			
剖3	人为土	水稻土	淹育水稻土	冲积性淹育水稻土	洪积砂土田	A	0—14	灰色	中壤土	粒状	7.0	22.9	1.26	0.59	3.3	7.0	21		冲积物	E 108°04′24.1″ N 24°32′37.2″	98
						P	14—24	黄棕色	重黏土	小块状	6.2	13.2	0.82	0.35	3.7						
						C_1	24—37	浅黄色	重黏土	小块状	5.8	5.6	0.59	0.20	4.5						
						C_2	37—100	灰白色			6.2	4.4	0.56	0.21							
剖4	人为土	水稻土	淹育水稻土	冲积性淹育水稻土	洪积砂泥田	A	0—10	浅棕色	轻黏土	小块状	6.2	31.6	1.85	0.49	11.5				冲积物	E 108°14′17.1″ N 24°31′18.7″	83
						P	10—25	暗棕色	重黏土		6.5	19.5	1.09	0.43							
						C	25—100	浅黄色		块状	7.0	11.6	0.99	0.38	12.5						
剖5	人为土	水稻土	潴育水稻土	红壤、黄壤性潴育水稻土	潴育砂土田	A	0—12		轻壤土		6.7	29.8	1.63	0.46	2.3					E 108°18′53.6″ N 24°39′36.8″	95
						P	12—20		中壤土		6.8	11.3	0.70	0.15	2.7						
						W	20—				7.2	4.5	0.37	0.10	2.7						
剖6	人为土	水稻土	潴育水稻土	次生石灰土性潴育水稻土	潴育石灰性泥肉田	A	0—13	深灰色	重壤土	小块状	8.0	48.7	2.93	0.51	3.2	6.0	23			E 108°24′38.9″ N 24°35′01.3″	79
						P	13—18	深灰色	轻黏土	块状	8.2	38.0	2.23	0.45	4.2						
						W	18—33	灰黄色	轻黏土	块状	8.3	8.1	0.67	0.19	2.0						
						C	82—100	灰黄色	轻黏土		8.2	6.2	1.45	0.16	19.6						
剖7	人为土	水稻土	潴育水稻土	冲积性潴育水稻土	潴育潮砂田	A	0—11	灰色	轻壤土	小块状	6.6	24.1	1.43	0.42	20.8				冲积物	E 108°17′31.0″ N 24°33′30.8″	78
						P	11—20	浅灰色	壤土	小块状	6.5	14.3	1.08	0.28	22.6						
						W	20—40	灰黄色	壤土	小块状	7.2	6.1	0.43	0.35	24.4						
						C	40—100	暗棕色	重壤土	小块状	7.3	4.0	0.32	0.19	18.5						
剖8	人为土	水稻土	潴育水稻土	冲积性潴育水稻土	潴育潮砂田	A	0—12	浅黄色	重壤土	小块状	6.0	33.2	1.93	0.35	20.6	1.9	46		冲积物	E 108°23′51.9″ N 24°32′02.5″	88
						P	12—20	棕黄色	重壤土	大棱柱状	7.0	10.6	0.74	0.23	21.6						
						W	20—39	棕黄色	重壤土	块状	7.5	10.0	0.63	0.27	23.6						
						C	39—100	红黄色	重壤土	块状	7.2	6.4	0.66	0.42	6.4						
剖9	人为土	水稻土	淹育水稻土	次生石灰土性淹育水稻土	潴育砂质次生石灰土田	A	0—17	暗黄色	中石质中壤土	块状	8.0		1.08	0.70						E 108°51′33.8″ N 24°35′24.1″	83
						P	17—26	棕灰色		块状	7.5										
						C	26—60	红黄色		碎块状	6.1	17.2	1.67	0.17	4.5						
剖10	人为土	水稻土	淹育水稻土	紫色土淹育水稻土	紫砂泥田	A	0—13	棕紫色	重壤土		6.3	2.8	0.86	0.20	6.0	1.3	48		紫色岩	E 108°45′01.3″ N 24°33′43.0″	70
						P	13—23	黄紫色	中壤土		6.4	7.2	0.66	0.13							
						C	23—100	红黄色			6.5	21.3	1.08	0.40	20.5						
剖11	人为土	水稻土	淹育水稻土	冲积性淹育水稻土	潮砂田	A	0—15	暗灰色	中壤土	小块状	7.0	4.6	0.36	0.96					冲积物	E 108°47′32.6″ N 24°30′13.1″	74
						P	15—35	浅灰色	重壤土	小块状	6.8	6.5	0.41	0.28	23.4						
						C_1	35—100	红灰色		团粒状	7.0	6.0	0.40	0.26	24.8						
						C_2	100—														
剖12	人为土	水稻土	潴育水稻土	红壤、黄壤性潴育水稻土	潴育砂泥田	A	0—13	棕色	重壤土	块状	6.4	29.3	1.63	0.28	2.2				冲积物	E 108°28′46.2″ N 24°23′48.4″	77
						P	13—17	浅黄灰色	重壤土		7.2	15.0	1.01	0.34	1.9						
						W	17—66	浅灰色	重壤土		7.2	1.4	0.25	0.13							
						C	66—100	棕灰色	壤土		7.2	1.4	0.29	0.34	1.7						

续表 Continued

剖面号 Soil profile	土纲 Soil order	土类 Soil great group	亚类 Soil subgroup	土属 Soil genus	土种 Soil species	土层码 Layer code	土层厚度 Depth/cm	颜色 Soil color	质地 Soil texture	土壤结构 Soil structure	pH	有机质 OM/(g/kg)	全氮 TN/(g/kg)	全磷 TP/(g/kg)	全钾 TK/(g/kg)	有效磷 AP/(mg/kg)	速效钾 AK/(mg/kg)	阳离子交换量CEC/(cmol/kg)	土壤母质 Parent material	剖面点坐标 Profile coordinate	匹配指数 Matching index/%
剖13	人为土	水稻土	淹育水稻土	红壤、黄壤性淹育水稻土	腊泥田	A	0—13	棕灰色	轻黏土		6.5	38.0	2.24	0.39	12.3	2.0	61			E 108°44′37.2″ N 24°28′16.3″	95
						P	13—23	棕灰色	轻黏土		6.5	35.0	1.79	0.42							
						C	23—92	黄色			7.0										
剖14	人为土	水稻土	潜育水稻土	石灰性潜育水稻土	石灰性冷浸田	1	0—24		重壤土		8.5	44.3	2.48	0.31	7.7	4.0	23			E 108°44′30.2″ N 24°27′13.3″	81
						2	24—27		重壤土		8.3	39.5	2.15	0.34							
						3	27—100				7.0	12.9	0.73	0.34	2.1						
剖15	人为土	水稻土	潜育水稻土	紫色土性潴育水稻土	潴育紫泥田	P	14—26	暗紫色	轻黏土	块状	7.5	46.2	2.40	0.34	9.0				紫色岩	E 108°42′30.3″ N 24°26′25.5″	72
						W	26—70	黄紫色	轻黏土	核柱状	7.5	13.2	0.74	0.29	9.5						
						C	70—100	黄紫色	轻黏土	块状	7.5	13.2	0.79	0.24	6.8						
剖16	人为土	水稻土	淹育水稻土	红壤、黄壤性淹育水稻土	粉结田	A	0—12	黄紫色 灰色	中壤土	粒状	7.5 6.5	4.9 15.8	0.49 9.14	0.21 0.18	1.3	3.0	21			E 108°41′15.5″ N 24°21′01.4″	78
						P	12—19	暗色	重壤土		6.2	6.0	0.49	0.19	1.4						
						C	19—100	黄棕色	轻壤土		7.3	30.0	0.40	0.14	3.7						
剖17	人为土	水稻土	淹育水稻土	红壤、黄壤性淹育水稻土	铁子底田	A	0—10	浅棕褐色	轻黏土		6.3	28.7	1.61	0.50	5.6					E 108°48′42.5″ N 24°29′10.9″	95
						P	10—25	棕褐色	轻黏土		7.0	14.3	1.14	0.54	7.0						
						C	25—100	棕黄色	轻黏土		6.6	5.8	0.74	0.63	4.8						
剖18	人为土	水稻土	淹育水稻土	红壤、黄壤性淹育水稻土	铁子田	A	0—9	灰色	轻壤土	团块状	7.7	32.3	1.96	0.80	6.0					E 108°25′16.5″ N 24°18′56.9″	92
						P	9—18	棕色	轻壤土	块状	7.5	7.6	0.68	1.74	9.7						
						C	18—100	棕色	轻壤土	粒状	7.5	24.5	1.80	1.27	7.5						
剖19	人为土	水稻土	淹育水稻土	红壤、黄壤性淹育水稻土	砂质黄泥田	A	0—11	黄棕色	轻石质重壤土	大块状	6.0	21.1	1.29	0.38	7.3					E 108°30′56.9″ N 24°19′56.0″	82
						P	11—21	灰棕色		核粒状	6.5	10.2	0.85	0.25	11.6	3.8	43				
						C	21—100	黄棕色			5.5	2.6	0.52	0.23							
剖20	人为土	水稻土	淹育水稻土	棕色石灰性淹育水稻土	黑棕泥田	A	0—20	灰黑色	重壤土	小团块状	6.5	19.9	1.14	0.29	1.6				石灰岩风化物	E 108°30′14.1″ N 24°19′08.6″	94
						P	20—34	暗棕色	中壤土	团块状	7.2	11.9	0.59	0.30	1.2						
						C	34—100	深棕色	中壤土	柱状	7.2	19.1	0.49	0.13	1.3						
剖21	人为土	水稻土	潴育水稻土	棕色石灰性潴育水稻土	潴育砂质棕泥田	A	0—14	灰色	中壤土	柱状	6.5	19.6	1.04	0.29	1.4	5.0	25		石灰岩风化物	E 108°37′07.4″ N 24°16′50.4″	87
						P	14—24	暗棕色	中壤土	小块状	7.0	12.7	0.64	0.20	1.9						
						W	24—54	灰黄色	重壤土		7.2	10.5	0.64	0.22	4.3						
						C	54—180	黄色			7.2	5.6	0.69	0.22							
剖22	人为土	水稻土	淹育水稻土	红壤、黄壤性淹育水稻土	黄泥田	A	0—14	浅黄色	重壤土	小块状	6.8	17.3	1.09	0.32	2.3					E 108°36′49.6″ N 24°15′47.5″	73
						P	14—18	浅黄色	黏土	块状	7.3	15.4	0.90	0.22	4.4						
						C	18—100	红棕色	重壤土	团块状	5.5	4.2	0.41	1.08	6.5						
剖23	人为土	水稻土	潴育水稻土	棕色石灰性潴育水稻土	潴育棕泥田	A	0—10	浅灰棕色	重壤土	团块状	7.5	27.7	1.70	0.98	6.3				石灰岩风化物	E 108°31′18.5″ N 24°13′07.2″	93
						P	10—17	浅灰棕色	重壤土	团块状	8.0	25.2	1.35								
						3	17—35	红棕色			7.5										
						4	35—100	棕红色			7.0										

金 城 江 区

主要土类说明

红壤是金城江区主要土壤类型,占本区地域面积的52%。各乡镇均有分布,尤以河池、九圩、拔贡、白土等乡镇面积较大。红壤是高温多雨条件下发育的一种地带性土壤,分布于低山、丘陵地区(海拔500m以下),随海拔高度上升(海拔500—800m),逐渐过渡为黄红壤。本区红壤分为红壤、黄红壤、砾石红壤性土等亚类。土壤呈红色、酸性至微酸性,富含铁铝,质黏,宜种性广,适宜种植杉、松、茶、玉米、黄豆、柑橘、瓜果和其他亚热带经济作物。

石灰(岩)土是金城江区第二大土壤类型,占本区地域面积的37%,主要分布在九圩、白土、六圩、东江、长老等乡镇。峰丛顶部为淋溶黑色石灰土、棕色石灰土,洼地为棕泥土、含砂棕泥土。该土壤是发育在碳酸岩母质上或直接受石灰岩影响的一类土壤,其富含$CaCO_3$,呈中性至碱性,土色为暗黑色或棕色,质黏,适宜种植豆类、玉米、红薯、甘蔗等作物。

水稻土是金城江区第三大土壤类型,占本区地域面积的8%。水稻土是在各种自然土和旱地土壤上开垦种植水稻,长期进行水耕水种和施肥等农事活动,导致土壤在形态、理化特性上逐渐有别于旱地土的一类土壤。淹水期间,温度较稳定,昼夜温差小,但土中缺乏空气,通过排水晒田和灌水更新,可以补充部分氧气。在缺氧情况下,土壤中会产生一定数量的甲烷、硫化氢、亚铁化合物等有毒物质并不断积累,严重时会危害水稻根系的正常生长。尤其是潜育水稻土及沼泽型水稻土,插秧后容易发生坐蔸,作物根变黑而死亡。淹水条件下,土壤还原状态占优势,腐殖质大量积累,土壤中难溶性磷、高价铁被还原成溶于水的磷酸、低价铁,土壤对磷酸的固定作用显著减弱。而开沟排水、深施磷肥是改造该耕作土壤的有效措施之一。因熟化程度、水源状况以及物质转化的不同,水稻土的剖面构型也有差异。典型的高度熟化的水稻土,剖面层次发育明显即A-P-W-C型。耕层厚度一般在15—20cm,颜色随熟化度和不断施肥而由浅变深,由于水耕水种的影响,耕层黏粒往往沿土壤孔隙下移而逐渐形成较黏重的犁底层,厚度为10—15cm,较耕层紧实。犁底层之下为心土层或潴育层,熟化程度高的稻田发育明显,并有锈纹及胶膜。心土层以下为母质层,具母质特性。

小于本区地域面积3%的土壤类型还有黄壤、新积土和潮土等。

本区域中心区气候特征

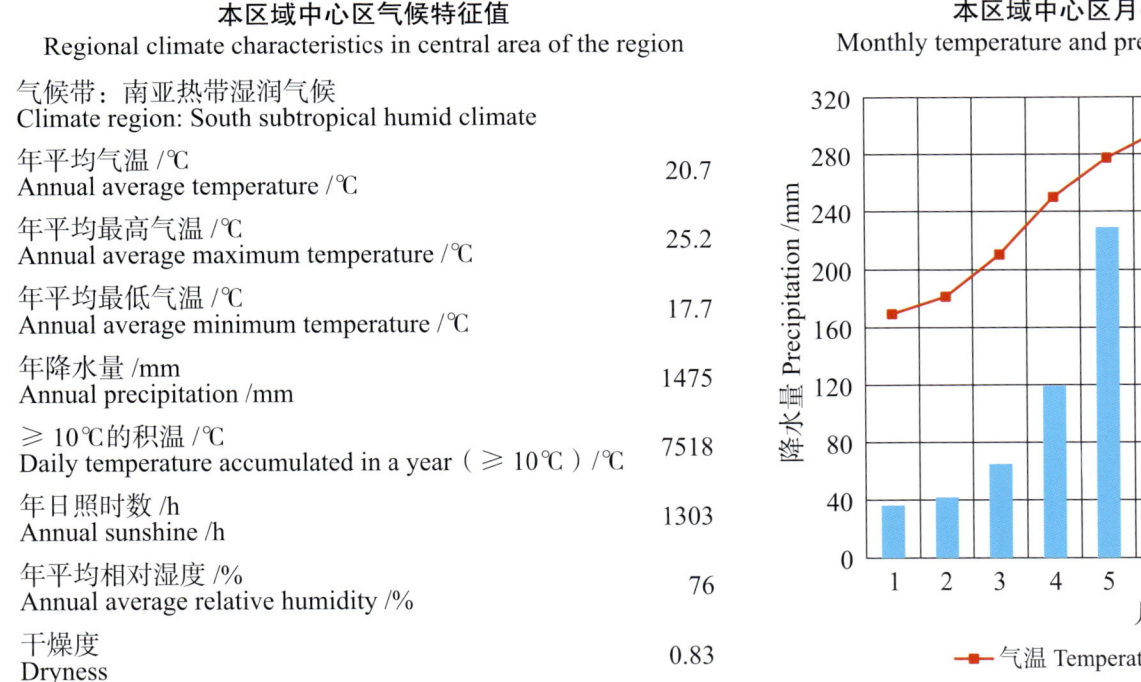

本区域中心区气候特征值
Regional climate characteristics in central area of the region

气候带:南亚热带湿润气候 Climate region: South subtropical humid climate	
年平均气温 /℃ Annual average temperature /℃	20.7
年平均最高气温 /℃ Annual average maximum temperature /℃	25.2
年平均最低气温 /℃ Annual average minimum temperature /℃	17.7
年降水量 /mm Annual precipitation /mm	1475
≥10℃的积温 /℃ Daily temperature accumulated in a year(≥10℃)/℃	7518
年日照时数 /h Annual sunshine /h	1303
年平均相对湿度 /% Annual average relative humidity /%	76
干燥度 Dryness	0.83

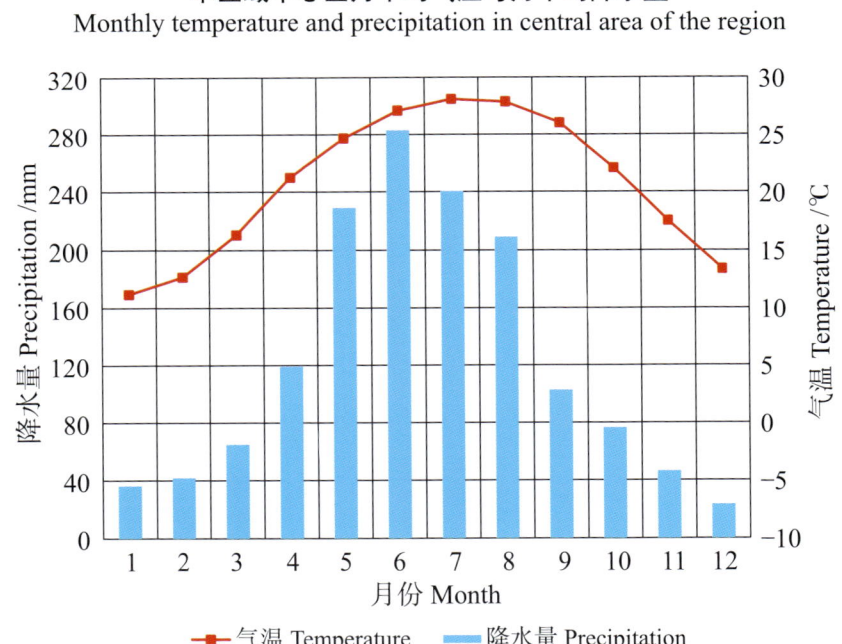

本区域中心区月平均气温与月平均降水量
Monthly temperature and precipitation in central area of the region

金城江区主要土壤类型与土壤剖面点分布图

1∶330 000

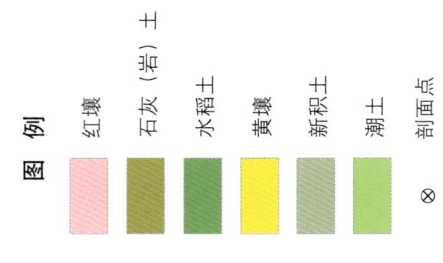

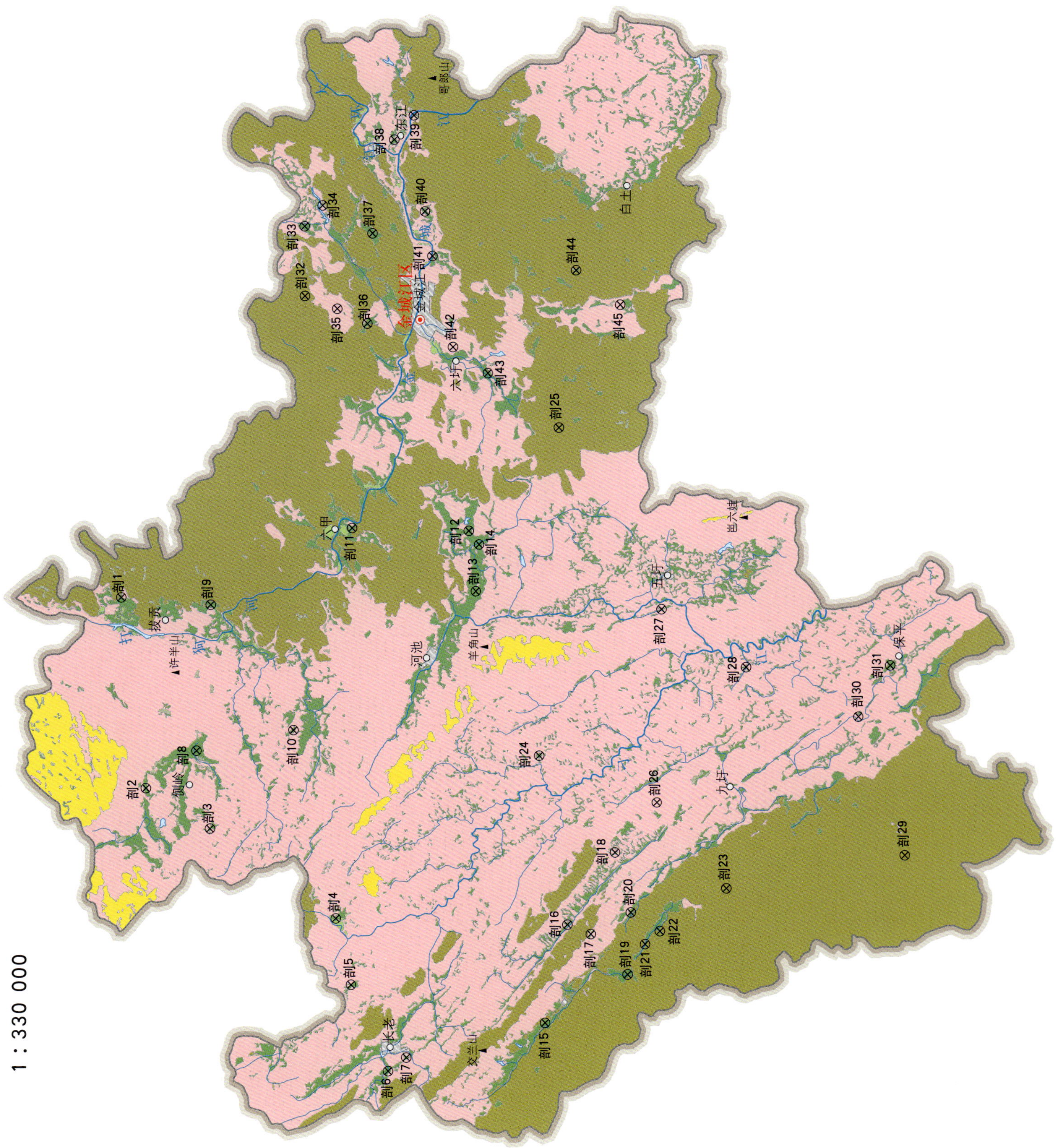

图例: 红壤 | 石灰(岩)土 | 水稻土 | 黄壤 | 新积土 | 潮土 | ⊗ 剖面点

金城江区土壤剖面理化性状表

剖面号 Soil profile	土纲 Soil order	土类 Soil great group	亚类 Soil subgroup	土属 Soil genus	土种 Soil species	土层码 Layer code	土层厚度 Depth/cm	颜色 Soil color	质地 Soil texture	土壤结构 Soil structure	pH	有机质 OM/(g/kg)	全氮 TN/(g/kg)	全磷 TP/(g/kg)	全钾 TK/(g/kg)	碱解氮 AN/(mg/kg)	有效磷 AP/(mg/kg)	速效钾 AK/(mg/kg)	阳离子交换量 CEC/(cmol/kg)	土壤母质 Parent material	剖面点坐标 Profile coordinate	匹配指数 Matching index/%
剖1	人为土	水稻土	淹育水稻土	砂页岩淹育水稻土	砂质铁磐底田	A	0—12	褐色	中壤土	小块状	4.9	23.6	1.54	0.43	3.9	94	3.0	34		砂页岩	E 107°52′53.3″ N 24°52′05.3″	97
						B	12—17	灰黄色	中壤土	小块状	5.0	18.0	1.30	0.40	3.6							
							17—20			块状	6.4	7.0	0.76	0.24	4.4							
						C	20—100	棕色		块状	5.2	7.2	0.93	0.29	8.3							
剖2	人为土	水稻土	潴育水稻土	硅质页岩潴育水稻土	潴育灰砂泥田	A	0—11	浅灰砂色	壤土	小块状	5.4	27.7	1.55	0.25	0.3					硅质页岩	E 107°45′53.5″ N 24°51′23.2″	87
						P	11—16	灰白色	壤土	块状	5.4	11.3	0.71	0.18	0.2							
						W	16—30	灰黄色	壤土	棱柱状	6.3	4.2	0.34	0.21	0.2							
						WC	30—100	白色	黏土	块状	6.6	1.3	0.19	0.16	0.2							
剖3	人为土	水稻土	沼泽型水稻土	烂湴田	浅湴田	Ag	0—16	青灰色	中壤土	糊状	7.9	38.4	3.01	0.37	9.2					河流冲积物	E 107°44′22.8″ N 24°49′16.6″	70
						G	16—100	青灰色	重壤土	糊状	8.0	28.8	2.44	0.32	9.5							
剖4	人为土	水稻土	潴育水稻土	冲积性潴育水稻土	潴育潮砂泥肉田	A	0—20	暗棕棕色	壤土	块状	6.8	48.8	3.47	1.03	5.8					河流冲积物	E 107°41′00.8″ N 24°45′08.5″	73
						P	20—28	暗棕灰色	壤土	块状	7.5	41.1	3.07	0.86	5.5							
						W	28—100	棕灰色	重壤土	棱柱状	7.9	49.0	0.74	0.56	4.6							
剖5	人为土	水稻土	潴育水稻土	洪积性潴育水稻土	洪积潴育石子田	A	0—14	暗棕色	砂壤土	团状	7.5	46.3	2.80	0.42	6.0					洪积物	E 107°38′37.1″ N 24°44′40.2″	79
						P	14—22	灰棕色	砂壤土	团状	6.5	36.7	2.99	0.43	6.0							
						W	22—41	浅棕色	砂壤土	柱状	7.6	18.8	1.37	0.43	7.8							
						C	41—100	灰棕色	砂壤土	散状	7.6	13.9	1.26	0.44	8.6							
剖6	人为土	水稻土	潴育水稻土	冲积性潴育水稻土	潴育潮泥肉田	A	0—16	灰砂色	轻壤土	团粒状	7.1	37.7	2.61	0.43	11.5					河流冲积物	E 107°35′28.4″ N 24°43′28.5″	71
						P	16—22	暗棕灰色	壤土	团粒状	7.5	34.7	2.38	0.40	11.3							
						W	22—71	暗棕灰色	壤土	块状	7.9	15.2	1.29	0.41	12.9							
						C	71—100	青灰色	粗砂	粒状	6.5	16.0	1.41	0.60	17.1							
剖7	人为土	水稻土	潴育水稻土	潜底田	浅潜底田	A	0—22	暗棕棕色	中壤土	烂泥状	8.0	104.8	5.83	0.93	11.5					河流冲积物	E 107°35′57.5″ N 24°42′51.9″	87
						G	22—100	青灰色	轻壤土	糊状	8.1	70.8	3.90	0.81	11.1							
剖8	人为土	水稻土	潴育水稻土	洪积性潴育水稻土	洪积潴育砂泥田	A	0—16	灰棕色	壤土	团状	5.7	38.2	2.47	0.63	14.1					洪积物	E 107°47′15.7″ N 24°49′41.2″	86
						P	16—20	暗棕色	壤土	小块状	5.6	29.4	1.99	0.64	15.3							
						W	20—33	灰棕色	壤土	块状	6.1	20.8	1.57	0.65	15.4							
						C	33—100	浅棕色	粗砂	粒状	7.5	4.2	0.55	0.33	15.2							
剖9	人为土	水稻土	潴育水稻土	冲积性潴育水稻土	潴育潮砂泥田	A	0—14	暗棕棕色	中壤土	小块状	5.7	35.6	2.89	0.75	9.4					河流冲积物	E 107°52′33.0″ N 24°49′07.2″	73
						P	14—23	浅白色	中壤土	小块状	5.9	29.2	2.57	0.74	9.7							
						W	23—42	浅白色	重壤土	棱柱状	7.6	6.7	1.16	0.52	8.0							
						C	42—100	浅棕色	重壤土	块状	7.4	2.0	1.18	0.54	10.6							
剖10	人为土	水稻土	潴育水稻土	潜底田	深潜底田	A	0—12	棕灰色	重壤土	块状	7.1	48.9	3.04	0.66	22.7					洪积物	E 107°47′56.6″ N 24°46′26.3″	72
						Wg	12—18	青棕色	重壤土	块状	7.0	38.9	3.67	0.66	23.2							
							18—58	暗棕色	重壤土	块状	7.7	10.9	1.37	0.88	23.7							
						G	58—100	棕灰色	重壤土	块状	7.8	33.5	1.72	0.58	23.3							
剖11	人为土	水稻土	潴育水稻土	棕色石灰土潴育水稻土	潴育棕泥肉田	A	0—17	浅棕色	中壤土	块状	7.7	33.5	1.83	0.53	3.6					石灰岩风化物	E 107°47′56.6″ N 24°44′22.0″	75
						P	17—21	暗棕色	中壤土	块状	6.1	19.6	1.15	0.46	3.7							
						W	21—34	暗棕色	中壤土	块状	7.5	14.1	0.85	0.54	3.0							
						C	34—100	棕色	中壤土	块状	7.8	5.0	0.55	0.43	2.8							
剖12	人为土	水稻土	潴育水稻土	红土质潴育水稻土	潴育黄泥田	A	0—14	棕灰色	重壤土	块状	5.3	46.6	3.02	0.58	4.9					红土	E 107°55′03.8″ N 24°40′29.4″	72
						P	14—18	暗棕色	重壤土	块状	5.3	30.2	2.00	0.53	4.6							
						W	18—100	暗棕灰色	重壤土	柱状	7.8	4.6	0.75	0.68	5.6							

续表 Continued

剖面号 Soil profile	土纲 Soil order	土类 Soil great group	亚类 Soil subgroup	土属 Soil genus	土种 Soil species	土层码 Layer code	土层厚度 Depth/cm	颜色 Soil color	质地 Soil texture	土壤结构 Soil structure	pH	有机质 OM/(g/kg)	全氮 TN/(g/kg)	全磷 TP/(g/kg)	全钾 TK/(g/kg)	碱解氮 AN/(mg/kg)	有效磷 AP/(mg/kg)	速效钾 AK/(mg/kg)	阳离子交换量CEC/(cmol/kg)	土壤母质 Parent material	剖面点坐标 Profile coordinate	匹配指数 Matching index/%
剖13	人为土	水稻土	潴育水稻土	硅质页岩	潴育灰泥田	A	0—10	浅灰色	重壤土	块状	5.3	30.4	1.92	0.50	6.0					硅质页岩	E 107°52′51.3″ N 24°40′17.7″	90
						P	10—13	灰色	重壤土	棱柱状	6.7	22.8	1.43	0.52	5.6							
						W	13—29	灰黄色	轻壤土	块状	7.2	4.1	0.49	0.50	6.2							
						C	29—100	灰黄色	轻黏土	块状	5.0	3.1	0.76	0.53	12.0							
剖14	人为土	水稻土	潴育水稻土	红土质潴育水稻土	潴育砂泥田	A	0—10	灰白色	重壤土	块状	5.8	43.8	3.12	0.87	11.0					红土	E 107°54′33.2″ N 24°40′09.2″	78
						P	10—18	浅白色	重壤土	块状	6.6	37.3	2.77	0.87	11.3							
						W	18—55	暗黄灰色	重壤土	柱状	7.6	7.3	5.80	0.92	8.1							
						C	55—100	浅黄棕色	重壤土	柱状	7.6	2.3	0.61	0.92	11.7							
剖15	人为土	水稻土	淹育水稻土	砂页岩淹育水稻土	壤土田	P	0—13	灰黄棕色	重壤土	团块状	4.8	25.0	1.43	0.36	2.1					砂页岩	E 107°37′07.8″ N 24°38′13.6″	79
						P	13—20	灰黄棕色	重壤土	块状	5.2	16.0	0.98	0.33	2.1							
						C	20—100	黄色	重壤土	柱状	5.7	7.5	0.78	0.44	5.9							
剖16	人为土	水稻土	潴育水稻土	砂页岩潴育水稻土	潴育砂泥田	A	0—14	灰白色	轻壤土	团块状	5.4	63.1	4.28	0.42	10.0					砂页岩	E 107°40′38.5″ N 24°37′25.9″	81
						P	14—21	灰白色	重壤土	粒状	5.4	49.7	3.73	0.36	10.7							
						W	21—42	黄色	重壤土	块状	6.6	12.6	1.57	0.38	10.9							
						C	42—100	灰黄色	重壤土	粒状	6.8	18.1	1.91	0.51	11.4							
剖17	人为土	水稻土	淹育水稻土	冲积性淹育水稻土	潮砂田	A	0—16	棕灰色	砂壤土	粒状	5.2	51.2	2.77	0.45	8.2	96	10.8	96		河流冲积物	E 107°40′17.4″ N 24°36′39.6″	80
						P	16—24	棕灰色	轻壤土	块状	5.4	18.7	1.58	0.42	7.9							
						WC	24—100	浅黄棕色	轻壤土	柱状	7.3	7.3	1.30	0.43	9.5							
剖18	人为土	水稻土	潜育水稻土	冷浸田	浅潜田	A	0—20	青灰色	砂壤土	块状	5.8	39.9	3.10	0.84	22.6						E 107°43′14.8″ N 24°35′48.8″	92
						P	20—25	青灰色	轻壤土	块状	5.9	34.4	2.72	0.81	21.7							
						G	25—100	灰黄色	轻壤土	粒状	7.8	12.0	1.27	0.68	17.7							
剖19	人为土	水稻土	淹育水稻土	冲积淹育水稻土	薄潮潮泥田	A	0—14	白灰色	中壤土	块状	6.2	39.7	2.60	0.95	12.4					河流冲积物	E 107°38′48.4″ N 24°35′27.7″	71
						P	14—23	灰白色	中壤土	粒状	5.9	33.5	2.43	0.61	14.9							
						C	23—100	棕灰色	砂壤土	块状	7.7	6.8	0.89	0.49	14.3							
剖20	人为土	水稻土	淹育水稻土	洪积淹育水稻土	石砾底田	A	0—13	暗黄色	壤土	小块状	5.8	44.5	2.83	0.41	1.3					洪积物	E 107°41′02.6″ N 24°35′19.5″	84
						P	13—23	灰灰色	壤土	小块状	6.0	14.7	1.10	0.27	1.0							
						C	23—100	浅黄棕色	砂壤土	块状	7.2	4.2	0.35	0.36	0.8							
剖21	人为土	水稻土	淹育水稻土	冲积淹育水稻土	薄潮砂泥田	A	0—12	暗黄色	轻黏土	小块状	6.4	23.3	1.37	0.38	6.1	94	5.8	48		河流冲积物	E 107°39′53.2″ N 24°34′52.0″	94
						P	12—15	暗黄色	壤土	块状	7.0	15.3	1.03	0.34	6.4							
						C	15—100	红黄色	壤土	粒状	5.4	4.8	0.55	0.31	8.6							
剖22	人为土	水稻土	潴育水稻土	红土质潴育水稻土	铁子底田	A	0—14	浅黄棕色	轻壤土	大块状	5.9	32.6	2.13	1.20	8.2	112	16.6	21		红土	E 107°40′20.9″ N 24°34′21.5″	84
						P	14—25	暗黄色	重壤土	大块状	6.3	25.9	1.85	1.18	8.2							
						C	25—100	红棕色	重壤土	块状	6.8	12.4	1.24	1.20	10.4							
剖23	初育土	石灰(岩)土	棕色石灰土	棕色石灰土	蜡泥田	A	0—16	暗黄棕色	黏壤土	大块状	6.5	53.4	3.08	0.54	2.8					砂页岩	E 107°41′51.3″ N 24°32′08.0″	84
						B	16—70	红棕色	黏土	柱状	7.7	21.1	1.86	0.48	3.4							
剖24	人为土	水稻土	淹育水稻土	砂页岩淹育水稻土	埋藏黑泥棕泥土	A	0—8	暗黄棕色	轻黏土	块状	5.2	23.2	2.24	0.50	12.3						E 107°46′51.3″ N 24°38′16.7″	91
						P	8—14	浅棕黄色	重壤土	块状	6.5	14.5	2.52	0.45	12.1							
						C	14—100	浅红黄色	重壤土	柱状	5.6	5.8	1.10	0.41	12.9							
剖25	初育土	石灰(岩)土	棕色石灰土	耕型红色石灰土		B	0—15	棕色	重壤土	团团块状	7.5	26.8	1.67	0.95	3.9				14.4		E 107°58′45.6″ N 24°37′25.6″	78
						B	15—33	浅黄棕色	重壤土	块状	7.8	7.7	0.75	0.48	9.0				10.3			
						G	33—49	黑棕色	中壤土	块状	7.6	41.5	1.75	0.73	3.2				18.5			
						C	49—100	棕色	轻壤土	块状	7.6	5.7	0.60	0.40	2.5				18.5			
剖26	铁铝土	红壤	红壤	耕型砂页岩红壤	红壤土	A	0—11	黄棕色	重壤土	小团块状	4.8	19.6	1.25	0.40	2.4					砂页岩	E 107°45′02.1″ N 24°34′23.8″	71
						B	11—56	暗棕黄色	重黏土	团团块状	4.5	10.8	0.68	0.34	2.1							
						C	56—100	红黄色	轻黏土	块状	4.5	8.8	0.70	0.31	3.4							

续表 Continued

剖面号 Soil profile	土纲 Soil order	土类 Soil great group	亚类 Soil subgroup	土属 Soil genus	土种 Soil species	土层码 Layer code	土层厚度 Depth/cm	颜色 Soil color	质地 Soil texture	土壤结构 Soil structure	pH	有机质 OM/(g/kg)	全氮 TN/(g/kg)	全磷 TP/(g/kg)	全钾 TK/(g/kg)	碱解氮 AN/(mg/kg)	有效磷 AP/(mg/kg)	速效钾 AK/(mg/kg)	阳离子交换量CEC/(cmol/kg)	土壤母质 Parent material	剖面点坐标 Profile coordinate	匹配指数 Matching index/%
剖27	人为土	水稻土	潴育水稻土	洪积性潴育水稻土	洪积潴育砂土田	A	0—12	棕灰色	轻壤土	粒状	7.0	33.1	2.61	0.48	7.6					洪积物	E 107°52′03.9″ N 24°34′07.8″	82
						P	12—27	棕灰色	轻壤土	粒状	6.2	25.2	1.98	0.45	7.0							
						W	27—60	灰棕色	轻壤土	柱状	7.2	8.7	1.38	0.38	7.9							
						C_1	60—80	黄棕色	重壤土	团状	7.0	5.3	0.68	0.28	4.3							
						C_2	80—100															
剖28	人为土	水稻土	潴育水稻土	砂页岩潴育水稻土	潴育蟮泥肉田	A	0—15	棕灰色	重壤土	团粒状	4.8	48.8	2.92	0.14	7.1					砂页岩	E 107°49′54.5″ N 24°31′21.0″	87
						P	15—21	暗棕色	重壤土	棱柱状	4.8	35.8	1.49	0.37	17.6							
						W	21—66	棕灰色	重壤土	棱柱状	7.2	10.7	0.93	0.34	17.3							
						C	66—100	黄棕色	重壤土	块状	7.4	4.1	0.65	0.37	15.5							
剖29	初育土	石灰(岩)土	棕色石灰土	耕型棕色石灰土	棕泥土	A	0—9	暗棕色	重壤土	块状	8.4	24.7	1.80	1.40	5.3					砂页岩	E 107°42′57.2″ N 24°26′11.1″	82
						B	9—22	暗棕色	重壤土	块状	8.2	19.8	1.63	1.11	3.6							
						C	22—100	浅棕色	轻壤土	粒状	7.8	12.0	1.36	1.12	5.5							
剖30	铁铝土	红壤	红壤	耕型砂岩红壤	红砂土	A	0—13	红棕色	重壤土	粒状	5.4	18.0	1.01	0.33	1.5							86
						B_1	13—28	灰白色	重壤土	粒状	5.1	5.0	0.37	0.20	2.0							
						B_2	28—45	暗黄色	轻壤土	粒状	5.5	23.5	1.36	0.39	1.5							
						C	45—100	黄棕色	重壤土	粒状	5.0	7.6	0.78	0.28	7.3							
剖31	人为土	水稻土	淹育水稻土	硅质页岩淹育水稻土	灰砂泥田	A	0—14	浅灰白	重壤土	小块状	6.5	30.5	1.99	0.30	1.4					硅质页岩	E 107°49′52.0″ N 24°26′33.0″	76
						P	14—19	浅白色	重壤土	块状	6.5	28.6	1.91	0.29	1.3							
						WC	19—24	浅灰色	重壤土	稀烂状	6.6	22.3	1.46	0.25	1.3							
						C	24—100	白色	重壤土	块状	7.5	1.4	0.23	0.14	2.2							
剖32	初育土	石灰(岩)土	棕色石灰土	耕型棕色石灰土	砾质棕土	A	0—14	暗棕色	中壤土	小块状	7.1	20.0	1.46	1.04	6.3						E 107°48′02.5″ N 24°27′38.6″	79
						B	14—49	灰棕色	重壤土	块状	7.2	17.1	1.37	1.06	7.7							
						C	49—100	棕色	重壤土	块状	7.3	11.6	1.20	0.80	7.3							
剖33	人为土	水稻土	淹育水稻土	红土质淹育水稻土	薄耕层磐底田	A	0—14	棕灰色	重壤土	小块状	5.5	28.9	1.68	0.69	3.7	84				红土	E 108°06′15.5″ N 24°45′44.6″	74
						P	14—25	褐色	重壤土	小块状	5.9	19.3	1.19	0.67	3.6							
						B	25—27	黑色	中壤土	铁盘状	6.3	10.0	0.82	0.52	3.7		6.1					
						C	27—100	黄棕色	重壤土	块状	6.3	4.3	0.69	0.70	4.9							
剖34	人为土	水稻土	沼泽型水稻土	烂泥田	烂底田	A	0—30	绿灰色	中壤土	块状	7.7	62.8	4.09	0.28	7.5						E 108°06′59.9″ N 24°45′07.9″	91
						G	30—100	暗灰色	中壤土	稀烂状	7.8	58.4	3.68	0.26	8.4							
剖35	铁铝土	红壤	红壤性土	耕型砾质红壤性土	多砾红土	A	0—15	栗色	黏壤土	块状	6.9	35.5	2.22	1.07	6.4						E 108°03′13.8″ N 24°44′42.9″	95
						B	13—20	暗黄棕色	黏壤土	团块状	6.9	27.5	1.77	0.90	6.3							
						C	20—100	红黄棕色	黏壤土	块状	5.8	19.3	1.40	0.96	6.8							
剖36	人为土	水稻土	淹育水稻土	棕色石灰土淹育水稻土	壤质棕泥田	A	0—15	灰黄棕色	中壤土	块状	6.7	22.4	1.35	0.94	2.9					石灰岩风化物	E 108°02′40.1″ N 24°43′43.7″	87
						P	15—23	灰黄棕色	中壤土	块状	7.2	18.9	0.94	0.77	1.6							
						C	23—100	黄棕色	中壤土	块状	7.8	4.4	0.52	0.63	9.2							
剖37	人为土	水稻土	潴育水稻土	棕色石灰土潴育水稻土	潴育黄泥田	A	0—15	浅黄色	中黏土	块状	6.5	31.5	1.88	0.77	5.4					石灰岩风化物	E 108°05′56.4″ N 24°43′29.6″	91
						P	15—19	灰黄色	中黏土	块状	7.2	27.3	1.72	0.80	5.2							
						W	19—28	暗灰棕色	中黏土	块状	7.7	18.1	1.24	0.64	4.9				4.6			
						C	28—100	暗灰棕色	中壤土	小块状	7.6	9.3	1.06	0.46	6.4				4.9			
剖38	人为土	水稻土	红壤性土	红土质淹育水稻土	薄砂黄泥田	A	0—13	暗黄色	砂壤土	小块状	4.7	25.3	1.53	0.49	4.5				11.4	红土	E 108°09′20.5″ N 24°42′42.4″	78
						P	13—15	暗黄色	砂壤土	小块状	4.9	16.8	1.07	0.43	4.2							
						C	15—100	红棕色	中黏土	块状	5.5	7.2	0.79	0.47	8.4							
剖39	人为土	水稻土	淹育水稻土	冲积性淹育水稻土	潮砂泥田	A	0—13	暗棕色	轻壤土	小块状	6.1	37.5	2.11	0.32	1.5					河流冲积物	E 108°10′12.4″ N 24°42′01.7″	75
						P	13—17	暗棕色	中壤土	块状	6.1	29.0	1.57	0.30	1.5							
						C	17—100	黄白色	轻壤土	粒状	7.2	3.1	0.30	0.22	1.2							

续表 Continued

剖面号 Soil profile	土纲 Soil order	土类 Soil great group	亚类 Soil subgroup	土属 Soil genus	土种 Soil species	土层码 Layer code	土层厚度 Depth/cm	颜色 Soil color	质地 Soil texture	土壤结构 Soil structure	pH	有机质 OM/(g/kg)	全氮 TN/(g/kg)	全磷 TP/(g/kg)	全钾 TK/(g/kg)	碱解氮 AN/(mg/kg)	有效磷 AP/(mg/kg)	速效钾 AK/(mg/kg)	阳离子交换量 CEC/(cmol/kg)	土壤母质 Parent material	剖面点坐标 Profile coordinate	匹配指数 Matching index/%
剖40	人为土	水稻土	淹育水稻土	红土质淹育水稻土	黄泥田	A	0—14	暗棕灰色	重壤土	小块状	5.1	32.8	1.86	0.43	2.8					红土	E 108°06′42.1″ N 24°41′43.8″	85
						P	14—19	灰黄棕色	重壤土	小块状	5.3	20.1	1.27	0.41	2.8							
						C	19—100	红黄棕色	重壤土	块状	6.5	5.9	0.73	0.41	3.2							
剖41	人为土	水稻土	淹育水稻土	冲积性淹育水稻土	潮泥田	A	0—14	浅黄棕色	壤土	小块状	5.6	17.5	1.13	0.35	4.7	106	6.6	37		河流冲积物	E 108°05′04.1″ N 24°41′31.0″	72
						P	14—17	褐色	黏壤土	块状	6.4	10.3	0.79	0.32	5.2							
						C	17—100	浅棕色	黏壤土	块状	5.6	5.4	0.70	0.31	7.1							
剖42	铁铝土	红壤	红壤	耕型第四纪红土红壤	红泥土	A	0—14	浅棕色	轻黏土	小块状	4.5	30.9	1.66	1.55	7.4					红土	E 108°01′45.3″ N 24°40′54.0″	77
						B	14—18	暗红棕色	中黏土	小块状	4.5	26.3	1.49	1.60	7.8							
						C	18—100	红棕色	中黏土	小块状	5.0	12.5	1.04	2.57	7.2							
剖43	人为土	水稻土	潴育水稻土	砂页岩潴育水稻土	潴育砂泥肉田	A	0—18	灰棕色	壤土	团粒状	5.4	49.6	3.15	0.33	12.9					砂页岩	E 108°00′47.3″ N 24°39′45.2″	81
						P	18—21	棕灰色	壤土	块状	5.6	39.3	2.62	0.64	13.8							
						W	21—36	黄棕色	壤土	棱柱状	7.0	17.6	1.51	0.66	13.7							
						C	36—100	棕黄色	黏壤土	块状	7.8	8.2	0.88	0.58	16.2							
剖44	人为土	水稻土	淹育水稻土	棕色石灰土淹育水稻土	浅棕泥田	A	0—12	灰黄棕色	重壤土	块状	6.8	28.8	1.73	1.35	7.1					石灰岩风化物	E 108°04′26.6″ N 24°36′44.9″	74
						P	12—20	暗黄棕色	重壤土	块状	7.6	17.6	1.11	1.09	6.3							
						C	20—100	浅棕色	重壤土	块状	7.3	10.0	1.06	1.16	7.0							
剖45	铁铝土	红壤	红壤性土	耕型砾质红壤性土	砾石红土	A	0—15	浅黄棕色	重壤土	团粒状	5.0	21.2	1.30	0.48	1.9						E 108°03′09.7″ N 24°35′18.3″	72
						B	15—60	浅黄棕色	轻黏土	块状	5.1	7.6	0.72	0.45	2.7							
						C	60—100	红黄色	轻黏土	块状	5.0	6.6	0.62	0.40	2.4							

南 丹 县

主要土类说明

红壤是南丹县主要土壤类型，占本县地域面积的 38%，主要分布于本县砂页岩地区海拔 1000m 以下的低中山或丘陵。土壤呈酸性或微酸性，富含铁铝氧化物，质地多为重壤土，植被覆盖好，表土富含有机质，腐殖质层厚，土层亦较厚，矿质养分含量较丰富，可基本满足各种树种正常生长。辟为耕地后，有机质含量下降较快，所含养分不能满足各种农作物生长需要，需适时补充。根据成土过程不同，本县红壤分为红壤、黄红壤等亚类。

黄壤是南丹县第二大土壤类型，占本县地域面积的 33%，分布于砂页岩、硅质灰岩、花岗岩地区海拔 500m 以上的山地。土壤呈黄色、酸性，表土层腐殖质厚，有机质含量丰富，植被覆盖好。黄壤土类是在气候冷凉、潮湿的环境下生成。按成土母质和成土过程不同，本县黄壤分为黄壤和粗骨性黄壤两个亚类。

石灰（岩）土是南丹县第三大土壤类型，占本县地域面积的 23%。由石灰岩组成的溶岩、峰丛地貌，广泛分布于八圩、里湖、芒场、六寨、月里等乡镇。表土层呈粒状结构或小核状结构，质地疏松，呈深棕色或棕黄色，自然肥力高。石灰（岩）土的发育与石灰岩的溶蚀风化强弱及岩溶地形有密切关系。在有石灰岩的地方均有石灰（岩）土分布，部分石灰岩交界的地段则常有厚薄不等的砂页岩覆盖在石灰岩上，其风化物受石灰岩影响而变为次生的黄色石灰土。石灰（岩）土上生长的植被多属喜钙植物，如蕨萁、五节芒、白茅、化香、青冈树、花椒树等。石灰（岩）土一般土层较薄，不耐旱，地表水极其缺乏，故很少开垦为水田。石灰（岩）土形成过程与其他岩石风化成土过程不同，以溶蚀化学风化为主，风化一点流失一点，故虽经长期的生物化学风化，但所形成的土壤并不深厚，尚保持其幼年土壤的特征。本县石灰（岩）土分为黑色石灰土、棕色石灰土、黄色石灰土等亚类。

水稻土占南丹县地域面积的 5%。水稻土是在长期季节性淹灌、水下翻耕、季节性脱水、氧化还原交替影响下，原来成土母质或母土的特性发生重大改变，形成的新的土壤类型。由于干湿交替，形成糊状淹育层、较坚实板结的犁底层、渗育层、潴育层与潜育层等多种发生层分异。这些不同发生层段是在人为耕作、水浆管理下形成的。根据土壤水分在土体中的运行方式、运行条件的不同，以及水分对成土过程的发育方向、发育强度的影响和土壤剖面构型、特点及其属性的不同，本县水稻土分为淹育型、潴育型、潜育型、沼泽型、盐渍型、矿毒型等亚类。

小于本县地域面积 3% 的土壤类型还有新积土、紫色土和粗骨土等。

本区域中心区气候特征

本区域中心区气候特征值
Regional climate characteristics in central area of the region

气候带：南亚热带湿润气候 Climate region: South subtropical humid climate	
年平均气温 /℃ Annual average temperature /℃	19.4
年平均最高气温 /℃ Annual average maximum temperature /℃	24.1
年平均最低气温 /℃ Annual average minimum temperature /℃	16.3
年降水量 /mm Annual precipitation /mm	1341
≥10℃的积温 /℃ Daily temperature accumulated in a year（≥10℃）/℃	7069
年日照时数 /h Annual sunshine /h	1347
年平均相对湿度 /% Annual average relative humidity /%	76
干燥度 Dryness	0.87

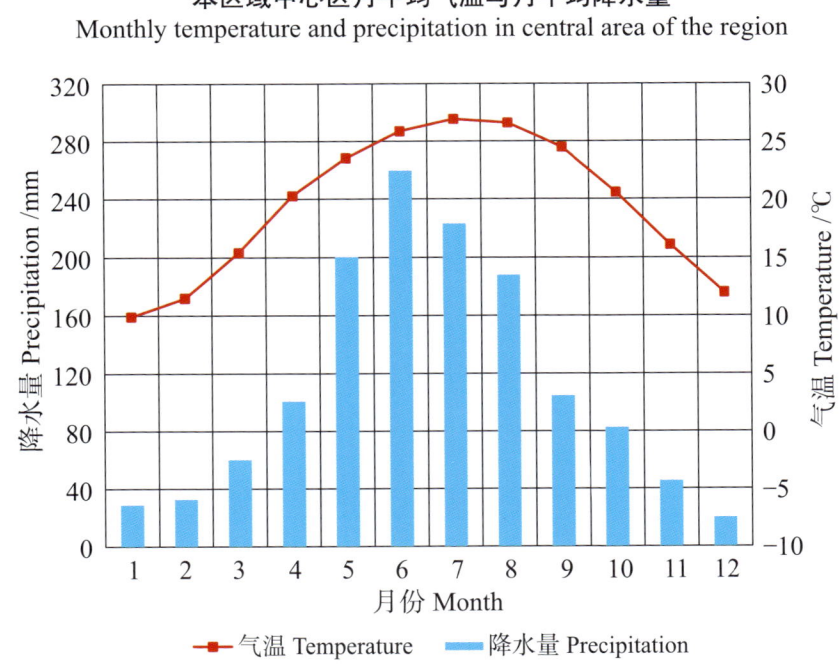

本区域中心区月平均气温与月平均降水量
Monthly temperature and precipitation in central area of the region

南丹县主要土壤类型与土壤剖面点分布图
1∶440 000

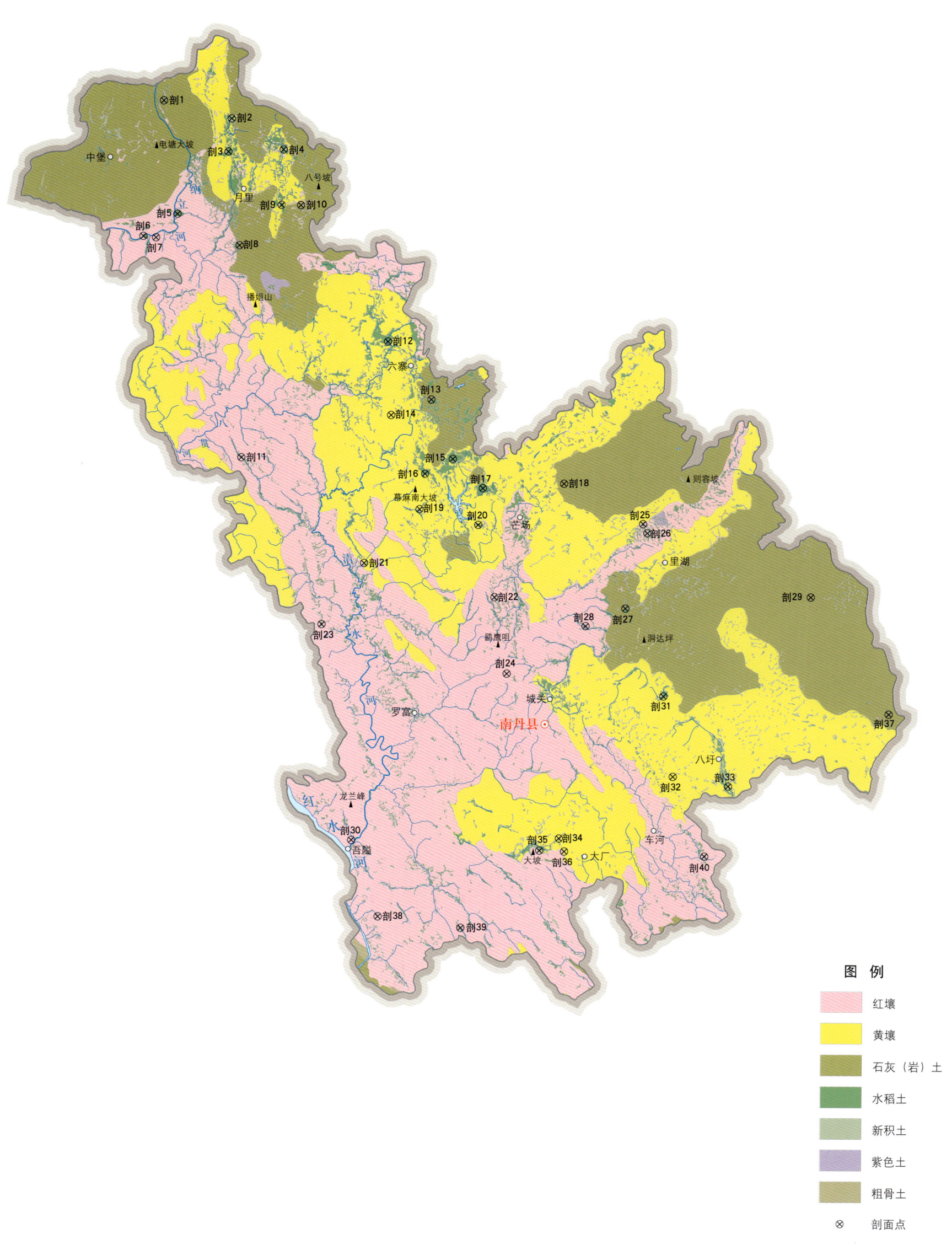

南丹县土壤剖面理化性状表

剖面号 Soil profile	土纲 Soil order	土类 Soil great group	亚类 Soil subgroup	土属 Soil genus	土种 Soil species	土层码 Layer code	土层厚度 Depth/cm	颜色 Soil color	质地 Soil texture	土壤结构 Soil structure	pH	有机质 OM/(g/kg)	全氮 TN/(g/kg)	全磷 TP/(g/kg)	全钾 TK/(g/kg)	阳离子交换量CEC/(cmol/kg)	土壤母质 Parent material	剖面点坐标 Profile coordinate	匹配指数 Matching index/%
剖1	人为土	水稻土	淹育水稻土	砂页岩淹育水稻土	砂土田	A	0—12	棕灰黄色	砂壤土	小团块状	5.5						砂页岩	E 107° 08′ 50.8″ N 25° 33′ 09.5″	71
						P	12—22	灰棕色	砂壤土	块状	5.5								
						C	22—100	浅棕色	砂壤土		7.0								
剖2	人为土	水稻土	潜育水稻土	冷浸田	浅浸田	A	0—26	浅棕色	轻黏土	块状	5.6	51.9	3.52	0.43	23.9			E 107° 13′ 03.7″ N 25° 32′ 04.9″	100
						G_1	26—81	青灰色	轻黏土	无明显结构	5.9	27.1	0.29	0.30	25.7				
						G_2	81—100	灰白夹黄色	轻黏土	无明显结构	5.1	11.9	1.63	0.36	28.2				
剖3	人为土	水稻土	淹育水稻土	砂页岩淹育水稻土	蜡泥田	A	0—13	暗棕色	轻石质中黏土	大块状	5.5	33.4	2.12	0.50	17.9		砂页岩	E 107° 12′ 50.4″ N 25° 30′ 12.6″	98
						P	13—18	棕灰色	轻石质轻黏土	小块状	6.8	21.5	1.57	0.45	22.7				
						C	18—100	棕黄色	轻黏土	小块状	6.6	5.9	1.13	0.49	30.5				
剖4	人为土	水稻土	潴育水稻土	砂页岩潴育水稻土	潴育砂土田	A	0—15	棕灰色	砂壤土	小块状	6.5						砂页岩	E 107° 16′ 16.3″ N 25° 30′ 17.3″	73
						P	15—21	暗棕色	砂壤土	柱状	7.0								
						W	21—61	棕灰色	砂壤土	块状	7.0								
						C	61—100	黄褐色	砂壤土	碎片状	5.0	36.6	2.23	0.46	13.4				
剖5	人为土	水稻土	淹育水稻土	砂页岩淹育水稻土	壤土田	A	0—10	浅灰黄色	重壤土	块状	5.6	24.9	1.47	0.37	13.1		砂页岩	E 107° 09′ 35.6″ N 25° 26′ 43.8″	90
						P	10—20	红灰黄色	轻壤土	团粒状	7.3	6.5	0.54	0.33	16.5				
						C_1	20—43	棕灰色	砂壤土	团块状	5.5	35.2	2.08	0.48	12.7				
						C_2	43—100	灰棕色	砂壤土	团块状	6.6	20.9	1.30	0.45	12.6				
剖6	人为土	水稻土	潴育水稻土	冲积性潴育水稻土	潴育潮砂田	A	0—14	浅黄棕色	砂壤土	小块状	7.5	13.9	0.91	0.34	13.9		河流冲积物	E 107° 07′ 27.8″ N 25° 25′ 30.0″	79
						P	14—18	深灰色	轻壤土	小块状	7.1	7.4	0.60	0.37	10.9				
						W	18—55	棕灰色	重壤土	小团块状	6.6	25.6	1.37	0.71	4.7				
						WC	55—100	暗灰色	重石质轻壤土	粒状	8.5	28.9	1.57	0.79	4.9	22.5			
剖7	铁铝土	红壤	黄红壤	耕型砂页黄红壤	砂质黄泥土	A	0—14	暗灰色	轻石质轻壤土	粒状	5.7	14.2	1.07	1.03	7.6	17.8	砂页岩	E 107° 08′ 15.0″ N 25° 25′ 24.6″	87
						B	14—20	暗灰色	砂壤土	小块状	8.0	26.3	1.41	0.47	17.2	17.3			
						C	20—100	棕黄色	砂壤土	小块状	7.7	24.8	1.30	0.49	18.2				
剖8	初育土	石灰(岩)土	黄色石灰土	耕型黄色石灰土	耕型黄色石灰土	A	0—25	浅灰色	重壤土	小块状	7.7	9.2	0.82	0.42	17.9			E 107° 13′ 27.1″ N 25° 24′ 53.6″	86
						B	25—40	棕灰色	重壤土	团块状	8.0	68.8	3.38	0.62	10.4				
						C	40—100	棕黄色	重石质重壤土	团块状	8.1	40.4	3.27	0.51	10.8				
剖9	人为土	水稻土	盐渍水稻土	碳酸盐渍性水稻土	鸭粪田	A	0—28	暗棕色	中壤土	小块状	8.0	43.8	4.23	0.46	11.5		砂页岩	E 107° 16′ 06.2″ N 25° 27′ 09.7″	78
						P	28—41	暗棕色	中壤土	柱状	8.2	35.3	2.45	0.39	8.7				
						W	41—100	暗棕色	重石质重壤土	小团块状	5.5	9.0	1.22	0.30	31.5				
剖10	铁铝土	红壤	黄红壤	耕型砂页黄红壤	石灰性田	A	0—12	暗灰色	轻黏土	大团块状	5.0	69.9	4.55	0.82	2.3	24.3	砂页岩	E 107° 17′ 19.7″ N 25° 27′ 07.8″	90
						P	12—20	棕黄色	轻壤土	小块状	7.8	69.5	4.53	0.79	2.1	24.3			
剖11	人为土	水稻土	盐渍水稻土	碳酸盐渍性水稻土	黄泥土	W	20—34	灰棕色	砂壤土	块状	8.2	21.7	1.25	0.33	1.2	23.8		E 107° 13′ 24.6″ N 25° 12′ 52.2″	83
						C	34—100	黄棕色	中壤土	小块状	7.9	3.8	0.30	0.41	1.4	0.5			
剖12	人为土	水稻土	潴育水稻土	硅质页岩潴育水稻土	潴育灰砂泥田	A	0—11	暗棕色	轻粉质中壤土	小块状	6.0						硅质砂页岩	E 107° 22′ 37.6″ N 25° 19′ 18.1″	83
						P	11—19	暗灰色	轻粉质中壤土	块状	6.5								
						W	19—45	灰棕色	中壤土										
						C	45—100	黄棕色	中壤土	小块状	7.0								

续表 Continued

剖面号 Soil profile	土纲 Soil order	土类 Soil great group	亚类 Soil subgroup	土属 Soil genus	土种 Soil species	土层码 Layer code	土层厚度 Depth/cm	颜色 Soil color	质地 Soil texture	土壤结构 Soil structure	pH	有机质 OM/(g/kg)	全氮 TN/(g/kg)	全磷 TP/(g/kg)	全钾 TK/(g/kg)	阳离子交换量 CEC/(cmol/kg)	土壤母质 Parent material	剖面点坐标 Profile coordinate	匹配指数 Matching index/%
剖13	人为土	水稻土	潴育水稻土	棕色石灰土潴育水稻土	潴育棕泥田	A	0—13	棕灰色	重壤土	大块状	5.6	43.6	3.09	0.54	9.4		石灰岩风化物	E 107°25′17.8″ N 25°15′59.4″	70
						P	13—18	棕灰色	重壤土	小块状	5.6	39.5	2.97	0.54	9.6				
						W	18—56	灰色	轻黏质中壤土	大块、棱柱状	7.3	10.8	0.91	0.27	9.3				
						C	56—100	棕黄色	重壤土	小团块状	7.7	9.0	1.04	0.69	13.0				
剖14	铁铝土	黄壤	粗骨性黄壤	耕型硅质岩粗骨黄壤	白砂骨土	A	0—10	棕灰色	壤土	小块状	6.5						硅质岩	E 107°22′46.4″ N 25°15′08.9″	85
						C	10—100	棕灰色	轻黏土	块状	6.5								
剖15	人为土	水稻土	潴育水稻土	砂页岩潴育水稻土	潴育蜡泥田	A	0—15	浅棕灰色	轻黏土	大块状	4.9	36.7	2.34	0.45	11.0		砂页岩	E 107°26′34.8″ N 25°12′37.1″	80
						P	15—30	棕灰色	重黏土	大块状	6.7	18.5	1.50	0.36	11.4				
						W	30—68	黄棕灰色	重黏土	棱柱状	7.1	7.6	1.03	0.39	14.1				
						C	68—100	黄黑色	重黏土	棱柱状	7.7	5.5	1.02	0.24	19.0				
剖16	人为土	水稻土	潴育水稻土	砂页岩潴育水稻土	潴育油砂田	A	0—16	深黑色	砂壤土	小块状	7.0	51.1	3.38	0.50	10.7		砂页岩	E 107°24′50.0″ N 25°11′48.1″	85
						P	16—26	棕灰色	砂壤土	大块状	6.9	37.7	2.81	0.46	10.9				
						W	26—54	棕灰色	砂壤土	棱柱状	7.9	8.0	0.57	0.20	9.1				
						C	54—100	浅灰色	重黏土	棱柱状	7.8	4.7	0.72	0.38	8.0				
剖17	人为土	水稻土	潴育水稻土	砂页岩潴育水稻土	潴育砂泥田	A	0—15	浅棕灰色	中壤土	小块状	5.0	20.1	1.20	0.87	4.0	10.8	砂页岩	E 107°28′25.0″ N 25°10′55.2″	70
						P	15—25	棕灰色	重壤土	团粒状	7.1	20.1	2.10	0.92	4.7	14.4			
						W	25—45	棕灰色	中壤土	团块状	6.9	15.9	1.41	1.15	7.6	14.5			
						C	45—100	棕灰色	中壤土	团块状	7.1	26.3	2.26	0.68	14.9				
剖18	初育土	石灰（岩）土	棕色石灰土	耕型棕色石灰土	含砂棕泥土	A	0—16	暗棕色	重黏土	小团块状	7.1	20.6	2.09	0.59	15.0		砂页岩	E 107°33′28.2″ N 25°11′06.9″	93
						B	15—46	暗棕色	轻黏土	小团块状	7.4	10.0	1.30	0.43	14.7				
						C	46—100	黄棕色	重黏土	蜂窝、小块状	4.8	34.8	2.82	0.60	18.9				
剖19	初育土	新积土	冲积土	耕型酸性潮泥土	酸性潴潮土	A	0—16	暗棕色	中壤土	小块状	5.4	23.0	2.84	0.62	18.9		河流冲积物	E 107°24′27.7″ N 25°09′47.2″	73
						B	16—34	黄棕色	轻黏土	棱柱状	5.8	12.1	1.35	1.07	19.2				
						C	34—100	浅棕灰色	中壤土	小块状	5.8	6.9	1.08	0.97	19.4				
剖20	人为土	水稻土	潴育水稻土	花岗岩潴育水稻土	潴育杂砂田	A	0—14	灰棕色	中石质中壤土	粒状	4.6	44.3	3.96	0.43	14.8		花岗岩	E 107°28′05.5″ N 25°08′51.0″	96
						P	14—24	灰黄色	中石质中壤土	团块状	4.7	64.6	2.67	0.58	16.1				
						W	24—40	青灰色	重石质轻黏土	棱块状	4.8	33.4	1.81	0.51	19.3				
						C	40—100	灰黄色	轻黏土	无明显结构	4.9	10.0	0.99	0.46	29.0				
剖21	铁铝土	黄壤	黄壤	砂页岩黄壤	深浸田	A_1	0—12	灰黑色	轻黏土	小块状	5.5	48.6	3.63	0.50	29.2		砂页岩	E 107°20′58.6″ N 25°06′45.4″	92
						A_2	12—25	褐棕色	轻黏土	小块状	6.0	30.5	2.90	0.40	30.6				
						B	25—106	黄色	轻黏土	大块状	5.5	6.9	2.05	0.40	27.7				
剖22	人为土	水稻土	潴育水稻土	潴田	深潜田	A	0—14	棕色	重黏土	无明显结构	5.8	38.0	3.53	0.38	28.0		砂页岩	E 107°29′03.6″ N 25°04′43.4″	77
						G_1	14—60	青灰色	轻黏土	粒状	5.4	32.4	3.14	0.28	28.5				
						G_2	60—100	灰灰色	轻黏土	棱块状	6.1	60.0	3.78	0.26	26.2				
剖23	人为土	水稻土	潴田	潴底田	深潴底田	A	0—12	浅棕灰色	轻黏土	无明显结构	5.2	40.1	1.89	0.33	3.9		砂页岩	E 107°18′17.3″ N 25°03′19.4″	87
						P	12—22	青灰色	重黏土	团块状	5.3	7.9	0.80	0.17	4.9				
						Wg	22—63	灰黄色	重黏土	团块状	5.2	4.2	0.84	0.15	5.4				
						G	63—100	青灰色	轻石质轻黏土	小块状	6.0								
剖24	铁铝土	红壤	黄红壤	砂页岩黄红壤		B_1	0—16	黄灰色	中壤土	小块状	6.0						砂页岩	E 107°29′45.6″ N 25°00′23.8″	70
						B_2	16—40	黄红色	中壤土	棱柱状	7.0								
							40—90	紫红色	轻石质轻壤土										
剖25	人为土	水稻土	潴育水稻土	紫色岩潴育水稻土	潴育紫砂泥田	A	0—10	紫红色	中壤土	小块状	5.5						紫色岩	E 107°38′21.1″ N 25°08′45.2″	96
						P	10—15	紫棕色	中壤土										
						W	15—30	暗棕色	中壤土	棱柱状									
						C	30—100	紫红色	中壤土	小块状									

续表 Continued

剖面号 Soil profile	土纲 Soil order	土类 Soil great group	亚类 Soil subgroup	土属 Soil genus	土种 Soil species	土层码 Layer code	土层厚度 Depth/cm	颜色 Soil color	质地 Soil texture	土壤结构 Soil structure	pH	有机质 OM/(g/kg)	全氮 TN/(g/kg)	全磷 TP/(g/kg)	全钾 TK/(g/kg)	阳离子交换量 CEC/(cmol/kg)	土壤母质 Parent material	剖面点坐标 Profile coordinate	匹配指数 Matching index/%
剖26	人为土	水稻土	潴育水稻土	潴底田	中潴底田	A	0—15	棕灰色	轻黏土	小块状	4.7	72.7	4.52	0.73	12.5		河流冲积物	E 107°38′37.0″ N 25°08′13.6″	72
						P	15—23	棕灰色	轻黏土	小块状	5.1	69.5	4.31	0.50	12.6				
						G	23—100	青灰色	重壤土	块状	4.9	114.2	5.60	0.55	11.3				
剖27	人为土	水稻土	潴育水稻土	冲积性淹育水稻土	潮砂田	A	0—14	棕灰色	砂壤土	块状	6.5						河流冲积物	E 107°37′11.3″ N 25°03′58.0″	78
						P	14—26	灰褐色	砂壤土	块状	7.0								
						C	26—100	棕黄褐相间	砂壤土	块状	7.5								
剖28	人为土	水稻土	潴育水稻土	洪积潴育水稻土	洪积潴育砂泥田	A	0—14	棕灰色	轻砂质中壤土	小块状	6.2	40.1	2.37	0.56	14.1		洪积物	E 107°34′42.0″ N 25°03′00.4″	87
						P	14—21	灰棕色	中壤土	棱柱状	6.9	26.1	2.12	0.50	14.6				
						W	21—52	灰棕色	中壤土	小块状	7.4	15.4	1.02	0.42	14.6				
						C	52—100		重石质轻壤土		7.4	12.8	0.82	0.42	14.8				
剖29	初育土	石灰（岩）土	棕色石灰土	耕型棕色石灰土	棕黏土	A	0—14	棕灰色	重石质轻壤土		6.6	34.0	1.85	1.07	4.5			E 107°48′43.9″ N 25°04′26.0″	71
						B	12—40		重石质中壤土		6.6	32.1	5.40	1.14	5.2				
						C	40—100		重石质中壤土		6.7	10.6	0.94	0.95	6.9				
剖30	铁铝土	红壤	红壤	耕型砂页岩红壤	红黏土	A	0—15	褐色	重壤土	小块状	6.7	33.0	1.85	0.82	5.9	19.3	砂页岩	E 107°19′59.9″ N 24°51′02.2″	76
						B	15—71	褐黄	中壤土	小块状	6.7	22.7	1.45	0.69	6.0	18.4			
						C	71—100	红色	中壤土	大块状	7.4	10.6	0.92	0.62	6.9	17.4			
剖31	人为土	水稻土	淹育水稻土	洪积淹育水稻土	含砂泥田	A	0—12	灰色	壤土	团块状	6.0						洪积物	E 107°39′29.2″ N 24°58′57.7″	89
						P	12—19		壤土	小块状	6.0								
						C	19—100	棕色	砂石土、泥土		7.0								
剖32	黄壤	黄壤	粗骨性黄壤	耕型硅灰岩粗骨黄壤	黄砂骨土	A	0—20	黄棕色	壤土	块状	6.5						硅质灰岩	E 107°39′59.4″ N 24°54′23.4″	76
						B	20—50	暗棕色	壤土	棱柱状	6.2								
						C	50—100	棕黄色	壤土	块状	6.0								
剖33	人为土	水稻土	淹育水稻土	洪积淹育水稻土	洪积潴育砂泥田	A	0—12	暗棕色	粉砂质中壤土	小块状	5.5	24.6	1.38	0.32	1.4		洪积物	E 107°43′25.0″ N 24°53′47.4″	92
						P	12—22	浅灰色	粉砂质中壤土	团块状	5.6	2.6	0.11	0.10	1.5				
						C	22—100	白灰色	砂屑土	块状	6.8	20.0	1.17	0.30	1.0				
剖34	初育土	新积土	冲积土	耕型酸性潮砂土	酸性潮砂土	A	0—12	棕灰色	砂壤土	团块状	6.2	34.0	1.59	0.38	7.3		河流冲积物	E 107°32′52.4″ N 24°50′58.2″	86
						B	12—17	黄棕色	壤土	粉屑状	6.1	28.0	1.31	0.37	7.5				
						C	17—100		中石质紧砂土	碎屑状	6.3	12.6	0.66	0.30	4.8				
剖35	初育土	新积土	新积土	石砾土	石砾土	A	0—28	棕色	轻壤土	大团块状	5.6	36.7	2.61	0.62	3.4		洪积物	E 107°31′38.3″ N 24°50′18.6″	85
						C	28—100		重石质重壤土	块状	5.6	13.8	1.21	0.38	3.3				
剖36	黄壤	黄壤	粗骨性黄壤	硅质灰岩粗骨黄壤		A	0—10	黑黄色	重石质重壤土	块状	4.2	83.6	2.59	0.26	0.2		硅质灰岩	E 107°33′11.2″ N 24°50′13.9″	76
						B	10—45	黄黄色	重石质轻壤土	小块状	4.9	9.6	0.32	0.12	0.3				
						C	45—100	白灰色	重石质轻壤土	大块状	4.8	17.3	0.54	0.15	0.1				
剖37	人为土	水稻土	淹育水稻土	棕色石灰土淹育水稻土	浅棕泥田	A	0—13	浅黄色	轻壤土	块状	6.0	26.1	1.74	0.92	7.0		石灰岩风化物	E 107°53′27.6″ N 24°57′43.9″	90
						P	13—22	浅黄色	黏壤土	块状	5.8	23.5	1.62	0.90	6.9				
						C	22—100	棕黄色	重壤土	小块状	7.5	9.8	0.92	0.84	5.9				
剖38	铁铝土	红壤	红壤	硅质砂页岩红壤	红黏土	A	0—26	黄色	黏壤土	大块状	6.0						砂页岩	E 107°21′33.8″ N 24°46′40.8″	73
						C	26—100	黄红色	砂壤土	团块状	6.5								
剖39	人为土	水稻土	淹育水稻土	洪积淹育水稻土	石砾底田	A	0—12	浅棕色	重壤土	团块状	5.5						洪积物	E 107°26′40.6″ N 24°45′58.7″	77
						C_1	12—31	浅棕色		板块状	7.0								
						C_2	31—100		重壤土		8.0								
剖40	人为土	水稻土	沼泽型水稻土	烂泥田	浅泥田	A	0—5	棕灰色										E 107°41′52.4″ N 24°49′49.4″	71
						G	5—100	青灰色	重壤土										

天 峨 县

主要土类说明

红壤是天峨县主要土壤类型，占本县地域面积的 62%，广泛分布于本县海拔 800m 以下的地带。红壤是在高温多雨条件下形成的地带性土壤，分布区的地貌为丘陵、低山类型。红壤的特点是色红，质地为黏壤土，富含铁铝，酸性至微酸性。本县红壤包括红壤、黄红壤、红壤性土三个亚类。

黄壤是天峨县第二大土壤类型，占本县地域面积的 15%，主要分布于海拔 800m 以上的砂页岩中低山以及高丘地带。黄壤是在亚热带温暖湿润的气候条件下发育的地带性土壤，所处地区气温较低，空气湿度大。土质疏松，土壤呈酸性至微酸性、黄色，质地为黏壤土，植被覆盖度高。

石灰（岩）土是天峨县第三大土壤类型，占本县地域面积的 15%。该土类是一种非地带性土壤，地处缺水的纯石灰岩区，成片位于本县中南部偏东，地形为峰丛洼地，藤灌林覆盖度高。土壤受其植被覆盖程度不同的影响，分为黑色石灰土与棕色石灰土两个亚类，一般在植被高大且覆盖度高的地方多为黑色石灰土，该亚类多见于山坡中上部岩缝或凹地形中。植被矮小且覆盖度低于前者，又受到人类活动影响较多的地方，由于钙质淋溶作用较强，多为棕色石灰土，质地为黏壤土。土壤呈中性至微碱性。

粗骨土占本县地域面积的 4%。粗骨土发育于基岩风化残积物、坡积物，表层发育不明显，属于 A–C 型，甚至（A）–C 型土壤。A 层发育不明显，与母质土层性状相似，略显有机质累积。有时母质层富含砾石，甚少出现剖面分异与发育特征。

小于本县地域面积 3% 的土壤类型还有水稻土和新积土等。

本区域中心区气候特征

本区域中心区气候特征值
Regional climate characteristics in central area of the region

气候带：南亚热带湿润气候 Climate region: South subtropical humid climate	
年平均气温 /℃ Annual average temperature /℃	19.0
年平均最高气温 /℃ Annual average maximum temperature /℃	23.8
年平均最低气温 /℃ Annual average minimum temperature /℃	15.7
年降水量 /mm Annual precipitation /mm	1268
≥10℃的积温 /℃ Daily temperature accumulated in a year (≥10℃) /℃	6903
年日照时数 /h Annual sunshine /h	1414
年平均相对湿度 /% Annual average relative humidity /%	77
干燥度 Dryness	0.90

本区域中心区月平均气温与月平均降水量
Monthly temperature and precipitation in central area of the region

天峨县主要土壤类型与土壤剖面点分布图
1 : 360 000

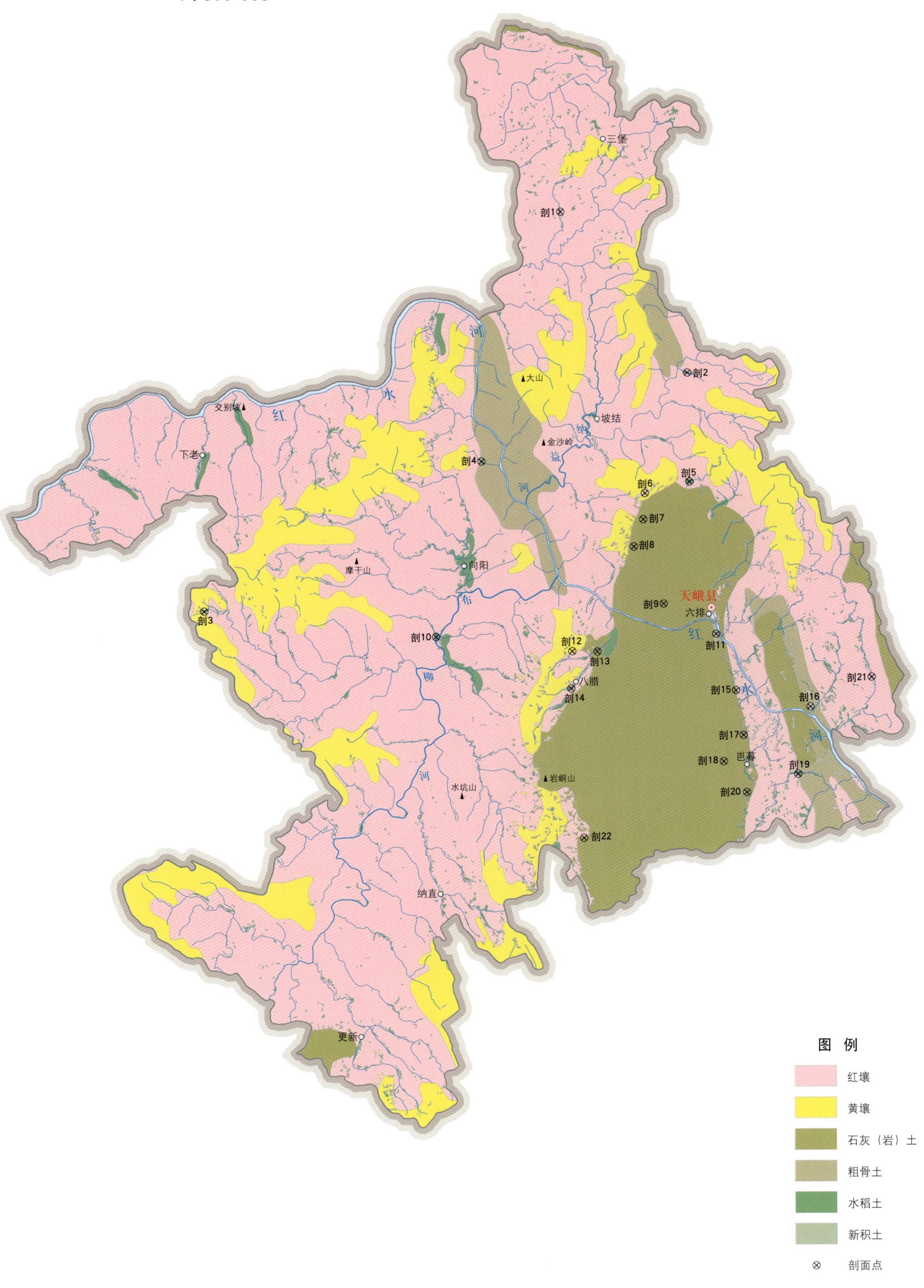

天峨县土壤剖面理化性状表

剖面号 Soil profile	土纲 Soil order	土类 Soil great group	亚类 Soil subgroup	土属 Soil genus	土种 Soil species	土层码 Layer code	土层厚度 Depth/cm	颜色 Soil color	质地 Soil texture	土壤结构 Soil structure	pH	有机质 OM/(g/kg)	全氮 TN/(g/kg)	全磷 TP/(g/kg)	全钾 TK/(g/kg)	有效磷 AP/(mg/kg)	速效钾 AK/(mg/kg)	阳离子交换量 CEC/(cmol/kg)	土壤母质 Parent material	剖面点坐标 Profile coordinate	匹配指数 Matching index/%
剖1	人为土	水稻土	淹育水稻土	冲积性淹育水稻土	潮砂泥田	A	0—9	暗灰色	重壤土	块状	5.5	47.9	2.81	0.50	15.0			8.7	河流冲积物	E 107°02′31.2″ N 25°19′06.6″	84
						P	9—12	黑色	重壤土	块状	5.5	41.2	2.19	0.38	13.4			10.0			
						C	12—100	浅黄灰色		粒状	6.6		1.35	0.62	16.6			10.5			
剖2	人为土	水稻土	潴育水稻土	冷浸田	浅渍田	Ag	0—18	棕灰色	重壤土	块状	6.8	40.7	2.60	0.51	20.6					E 107°08′55.7″ N 25°11′29.4″	95
						Gp	18—21	褐黄色	壤质重黏土	块状	6.6	37.7	2.50	0.49	19.8						
						C_1	21—43	褐黄色	重石质重壤土		6.9	19.6	1.51	0.43	20.3						
						C_2	43—100	黄色			8.0	4.2	0.85	0.27	23.2						
剖3	人为土	水稻土	潴育水稻土	冲积性潴育水稻土	潴育潮砂泥田	P	0—14	暗黄灰色	中壤土	小块状	5.3	39.0	2.45	0.36	13.9				河流冲积物	E 106°43′49.4″ N 25°00′38.9″	75
						W_1	14—23	紫灰色	中壤土	棱柱状	5.8	24.4	1.67	0.42	15.3						
						W_2	23—43	褐灰色	中壤土	棱柱状	6.6	12.8	0.94	0.44	15.2						
						3	43—57	黄色	重壤土	棱柱状	6.9	7.4	0.70	0.25	13.9						
						C	57—70	暗黄色	重壤土		7.1	7.8	0.55	0.16	14.5						
							70—100	浅黄棕色			7.0	6.6	0.57	0.35	15.0						
剖4	人为土	水稻土	淹育水稻土	砂页岩淹育水稻土	砂页岩铁磐底田	A	0—10	褐色	中壤土	块状	6.5	37.0	2.34	0.64	8.5	11.3	120	18.9	砂页岩	E 106°58′13.8″ N 25°07′28.2″	88
						P	10—14	褐灰色	重石质重壤土	块状	5.8	31.4	2.10	0.62	8.8	10.2	40	17.7			
						3	14—17	黑色	重石质重壤土	板状	7.1	21.4	1.13	0.85	7.5	7.1	30	15.2			
						C	17—100	黑色	重石质中壤土	散粒状	7.6	27.5	1.12	0.61	7.2	6.7	30	13.2			
																		6.4			
剖5	人为土	水稻土	潴育水稻土	砂页岩潴育水稻土	潴育砂泥田	A	0—19	灰黄棕色	中壤土	块状	6.9	53.6	3.26	0.84	13.1				砂页岩	E 107°08′56.4″ N 25°06′22.0″	99
						P	19—26	青灰色	重壤土	柱状	7.7	39.8	2.52	0.98	13.3						
						W_1	26—44	灰黄棕色	轻黏土	棱柱状	8.4	13.5	1.02	0.86	13.7						
						W_2	44—81	浅灰色	重壤土	块状	8.9	9.9	0.78	0.35	13.1						
						WC	81—100	浅灰棕色	轻壤土	团块状	8.1	1.8	0.38	0.25	12.2						
剖6	铁铝土	红壤	黄红壤	耕型砂页岩黄红壤	砾质土	A	0—9	浅棕色	重壤土	块状	5.4	36.5	2.40	0.63	17.6				砂页岩	E 107°06′37.4″ N 25°05′51.7″	80
						B	9—25	棕色	重石质轻黏土	块状	5.1	25.7	1.84	0.48	18.9						
						C	25—100	红黄色	重石质轻黏土	粒状	5.3	10.0	1.21	0.37	29.7						
剖7	初育土	石灰（岩）土	黑色石灰土	黑色石灰土	黑色石灰土	A	0—14	黑色	重石质重壤土	粒状	7.5	101.6	5.19	1.03	6.0					E 107°06′30.6″ N 25°04′38.6″	80
						C	14—60	黑棕色	重石质重壤土	粒状	7.7	87.9	4.32	0.82	5.7						
剖8	初育土	石灰（岩）土	黑色石灰土	耕型黑色石灰土	黑泥土	A	0—11	黑棕色	重壤土	粒状	7.8	86.7	5.09	1.56	7.3			34.3		E 107°06′00.7″ N 25°03′23.0″	73
						BC	11—26	黑色	重壤土	团块状	7.8	73.3	4.51	1.43	7.7			32.4			
						D	26—														
剖9	初育土	石灰（岩）土	棕色石灰土	铁矿棕泥土	铁矿棕泥土	A	0—12	暗棕色	重壤土	粒状	6.4	45.9	3.15	0.92	11.3					E 107°07′29.3″ N 25°00′41.0″	95
						B	12—31	暗棕色	重壤土	块状	6.7	43.5	3.15	0.91	12.5						
						C	31—100	棕色	重黏土	块状	6.8	22.7	2.21	1.69	14.1						
剖10	人为土	水稻土	盐渍水稻土	碳酸盐渍性水稻土	石灰性砂泥田	A	0—13	棕灰色	轻黏土	块状	8.1	32.1	2.32	0.33	18.5			18.9		E 106°55′44.0″ N 24°59′17.5″	90
						P	13—16	暗灰色	轻黏土	块状	8.3	23.3	1.92	0.34	16.7			18.1			
						W_1	16—41	灰黄色	轻黏土	块状	8.3	13.4	1.17	0.28	15.3			15.4			
						W_2	41—80	暗黄灰色	轻黏土	粒状	8.4	27.2	0.98	0.27	11.8			17.2			
						WC	80—100	浅灰黄棕色	轻黏土	团块状	8.2	4.9	0.81	0.24	13.9			13.0			
剖11	初育土	新积土	冲积土	耕型酸性潮泥土	酸性潮泥土	B	0—15	暗黄棕色	轻黏土	块状	6.5	18.4	1.25	0.54	9.3				河流冲积物	E 107°10′09.5″ N 24°59′13.6″	78
							15—45	浅灰色	轻黏土	块状	5.4	8.6	0.77	0.42	10.6						
						BC	45—100	浅红黄色	轻黏土	块状	5.5	4.4	0.80	0.46	12.9						

续表 Continued

剖面号 Soil profile	土纲 Soil order	土类 Soil great group	亚类 Soil subgroup	土属 Soil genus	土种 Soil species	土层码 Layer code	土层厚度 Depth/cm	颜色 Soil color	质地 Soil texture	土壤结构 Soil structure	pH	有机质 OM/(g/kg)	全氮 TN/(g/kg)	全磷 TP/(g/kg)	全钾 TK/(g/kg)	有效磷 AP/(mg/kg)	速效钾 AK/(mg/kg)	阳离子交换量CEC/(cmol/kg)	土壤母质 Parent material	剖面点坐标 Profile coordinate	匹配指数 Matching index/%
剖12	铁铝土	黄壤	黄壤	耕型砂页岩黄壤	砂质黄壤	A	0—12	棕灰色	轻黏土	块状	6.6	23.5	1.59	2.69	12.8			11.0	砂页岩	E 107°02′43.8″ N 24°58′31.4″	79
						B	12—56	棕黄色	轻黏土	块状	5.2	4.9	0.56	0.19	10.0			4.5			
						C	56—100	黄色	重石质轻黏土	块状	5.4	3.7	0.48	0.17	10.5			5.5			
剖13	人为土	水稻土	潴育水稻土	冲积性潴育水稻土	潴育潮泥田	A	0—13	暗棕黄色	重壤土	块状	5.2	33.2	2.22	0.34	13.9				河流冲积物	E 107°04′01.6″ N 24°58′29.3″	85
						P	13—21	暗黄黄色	重壤土	块状	5.4	30.8	1.99	0.34	13.9						
						W	21—38	栗色	重壤土	棱柱状	7.0	16.2	1.26	0.31	15.1						
						C	38—100	浅棕黄色	重壤土	粒状	7.6	4.4	0.72	0.47	17.3						
剖14	人为土	水稻土	潴育水稻土	冲积性潴育水稻土	潴育潮砂田	A	0—13	暗灰黄色	轻壤土	棱柱状	6.0	31.6	0.77	0.34	9.2				河流冲积物	E 107°02′39.1″ N 24°56′46.0″	88
						P	13—25	暗灰色	轻壤土	小块状	5.6	15.0	0.96	0.35	8.6						
						W	25—84	暗灰色	中壤土	棱柱状	5.7	5.3	0.70	0.33	10.4						
						C	84—100	浅棕黄色	砂壤土		6.9	6.2	0.53	0.31	11.4						
剖15	人为土	水稻土	潴育水稻土	潴底田	中潴底田	A	0—15	暗黄黄色	重壤土	块状	7.8	50.5	3.37	0.59	22.0					E 107°11′07.4″ N 24°56′33.0″	76
						Pg	15—24	暗黄灰色	重壤土	块状	7.9	46.6	2.88	0.55	23.2						
							24—40	暗灰色	重壤土	块状	7.8	32.1	2.01	0.43	22.3						
						Cg	40—100	浅棕黄色	轻黏土		7.3	17.0	1.39	0.46	26.7						
剖16	铁铝土	红壤	红壤	耕型砂页岩红壤	红壤土	A	0—11	棕色	中壤土	块状	6.0	22.2	1.64	0.83	14.7			11.5	砂页岩	E 107°14′56.4″ N 24°55′43.7″	89
						B	11—51	浅棕色	重石质重壤土	块状	6.0	10.8	0.88	0.95	15.1			10.1			
						C	51—100	红棕色	重石质轻黏土	块状	5.3	10.4	0.96	0.65	13.9			11.4			
剖17	人为土	水稻土	潴育水稻土	棕色石灰土潴育水稻土	潴育棕泥田	A	0—13	暗黄棕色	轻黏土	块状	6.2	27.6	1.68	0.87	12.7				石灰岩风化物	E 107°11′28.3″ N 24°54′27.0″	82
						P	13—22	暗黄棕色	轻黏土	柱状	7.3	14.4	1.26	0.88	14.5						
						W_1	22—40	灰黄棕色	轻黏土	柱状	6.7	8.9	1.07	0.97	13.9						
						W_2	40—73	暗棕色	轻黏土	柱状	6.6	16.8	1.15	1.04	11.4						
						C	73—100	棕色	轻黏土	块状	6.3	9.5	1.01	1.12	12.2						
剖18	初育土	石灰(岩)土	棕色石灰土	棕色石灰土	棕泥土	A	0—12	棕灰色	重壤土	粒状	7.8	59.3	3.89	0.90	10.4			27.9		E 107°10′25.7″ N 24°53′13.9″	88
						B	12—48	紫棕色	重壤土	块状	7.8	12.8	1.71	1.43	16.2			21.0			
						C	48—100	棕色	重壤土	块状	7.8	11.9	1.60	2.73	16.0			22.7			
剖19	人为土	水稻土	潴育水稻土	砂页岩潴育水稻土	潴育砂泥田	A	0—18	暗灰色	轻壤土	块状	6.6	40.5	2.58	1.94	14.7				砂页岩	E 107°14′14.3″ N 24°52′35.0″	92
						P	18—25	暗灰色	轻壤土	棱柱状	7.4	26.4	1.86	1.73	14.7						
						W_1	25—36	浅红棕色	轻壤土	棱柱状	8.1	12.7	1.01	1.58	13.9						
						W_2	36—60	暗黄棕色	轻黏土	块状	8.3	6.6	0.57	0.65	10.4						
						C	60—100	暗黄棕色	重壤土	块状	7.9	4.3	0.50	0.39	10.1						
剖20	人为土	水稻土	淹育水稻土	砂页岩淹育水稻土	蚂泥田	A	0—13	浅棕黄色	轻壤土	团块状	5.5	31.3	2.25	0.48	19.1				砂页岩	E 107°11′35.2″ N 24°51′46.1″	73
						P	13—24	黄棕色	轻黏土	块状	5.6	20.1	1.68	0.47	19.3						
						WC	24—71	黄棕色	中壤土	块状	7.2	10.0	1.06	0.34	18.0						
						C	71—100	浅红黄色	中壤土	块状	6.9	6.5	0.96	1.04	19.5						
剖21	人为土	水稻土	潴育水稻土	洪积性潴育水稻土	洪积潴育砂土田	A	0—14	暗棕色	中壤土	块状	5.8	30.7	1.87	0.30	12.3				洪积物	E 107°18′07.6″ N 24°57′04.3″	87
						P	14—26	浅灰棕色	中壤土	块状	5.4	17.4	1.26	0.29	12.9						
						W	26—61	浅灰色	中壤土	块状	7.2	9.4	0.79	0.24	13.9						
						C	61—100	暗棕色	重石质中壤土	块状	7.5	4.9	0.55	0.34	14.4						
剖22	初育土	石灰(岩)土	棕色石灰土	耕型棕色石灰土	砾质棕泥土	A	0—10	浅棕色	重壤土	粒状	6.6	46.0	3.05	1.33	8.2					E 107°03′09.7″ N 24°49′45.5″	85
						B	10—41	暗棕色	重壤土	块状	7.0	39.1	2.65	1.30	7.9						
						C	41—100	红棕色	轻黏土	块状	7.0	15.8	1.68	0.86	9.8						

凤 山 县

主要土类说明

石灰（岩）土是凤山县主要土壤类型，占本县地域面积的 43%。石灰（岩）土发生于热带、亚热带石灰岩山区，是石灰岩经溶蚀风化，形成的厚薄不同的钙质饱和或含游离钙质的土壤，多见于石隙、溶洞或峰丛底部。该土壤碳酸钙淋溶程度不一，多黏土，多为铁钙质胶结物，风化程度不一，盐基饱和度高，有机质含量及胶结状态有较大差异。

红壤是凤山县第二大土壤类型，占本县地域面积的 29%。红壤主要发生于亚热带常绿阔叶林下，呈中度脱硅富铝化特征，土壤黏粒中游离铁占全铁的 50%—60%。黏土矿物以高岭石、赤铁矿为主，黏粒硅铝率为 1.8—2.4，风化淋溶系数小于 0.2，盐基饱和度小于 35%，pH 为 4.5—5.5。红壤具深厚红色土层，淀积层（B 层）底层可见具深厚红、黄、白相间网纹的红色黏土。

黄壤是凤山县第三大土壤类型，占本县地域面积的 25%。黄壤发生于亚热带湿润条件下，中度脱硅富铝化，多见于海拔 700—1200m 的山区。土壤有机质累积较多，具 O-A-AB-B-C 剖面构型。pH 为 4.5—5.5。淀积层（B 层）富含水合氧化铁（针铁矿），呈黄色，有时多含三水铝石。多为林地，间亦耕种。

小于本县地域面积 3% 的土壤类型还有水稻土和新积土等。

本区域中心区气候特征

本区域中心区气候特征值
Regional climate characteristics in central area of the region

气候带：南亚热带湿润气候 Climate region: South subtropical humid climate	
年平均气温 /℃ Annual average temperature /℃	20.4
年平均最高气温 /℃ Annual average maximum temperature /℃	25.3
年平均最低气温 /℃ Annual average minimum temperature /℃	17.1
年降水量 /mm Annual precipitation /mm	1278
≥ 10℃的积温 /℃ Daily temperature accumulated in a year (≥ 10℃) /℃	7388
年日照时数 /h Annual sunshine /h	1447
年平均相对湿度 /% Annual average relative humidity /%	77
干燥度 Dryness	0.96

凤山县主要土壤类型与土壤剖面点分布图
1∶290 000

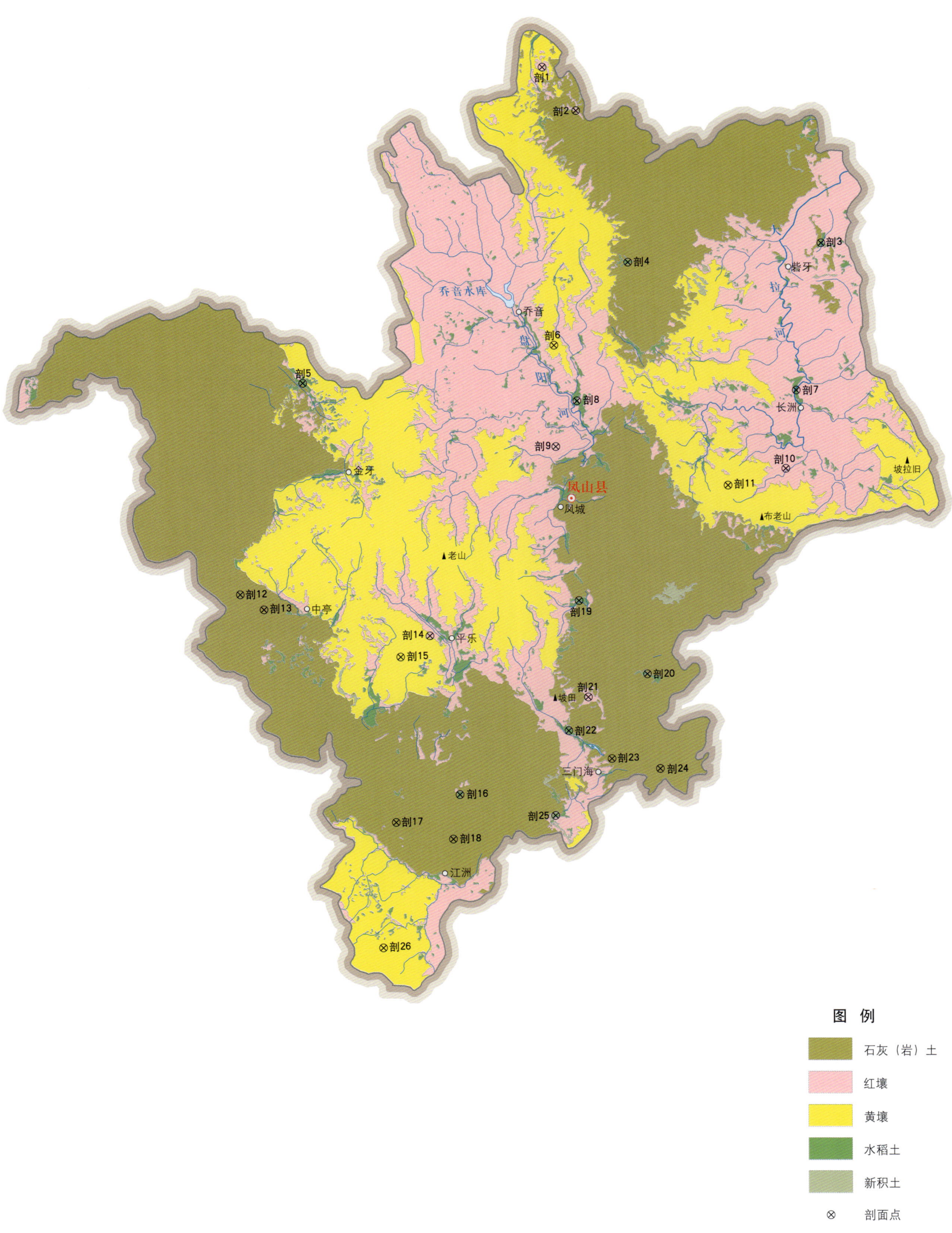

图 例

- 石灰（岩）土
- 红壤
- 黄壤
- 水稻土
- 新积土
- ⊗ 剖面点

凤山县土壤剖面理化性状表

剖面号 Soil profile	土纲 Soil order	土类 Soil great group	亚类 Soil subgroup	土属 Soil genus	土种 Soil species	土层码 Layer code	土层厚度 Depth/cm	颜色 Soil color	质地 Soil texture	土壤结构 Soil structure	pH	有机质 OM/(g/kg)	全氮 TN/(g/kg)	全磷 TP/(g/kg)	全钾 TK/(g/kg)	碱解氮 AN/(mg/kg)	有效磷 AP/(mg/kg)	速效钾 AK/(mg/kg)	阳离子交换量CEC/(cmol/kg)	土壤母质 Parent material	剖面点坐标 Profile coordinate	匹配指数 Matching index/%
剖1	铁铝土	红壤	红壤	耕型砂页岩红壤	红黏土	A	0—16	红棕色	重壤土	粒状	5.7	13.1	0.86	0.26	12.3	52	0.8	58		砂页岩	E 107°01′42.2″ N 24°48′08.3″	70
						B	16—27	紫棕色	重壤土	块状	5.7	12.6	0.77	0.24	11.2							
						C	27—100	浅棕红色	重壤土	块状	5.5	9.0	0.66	0.24	12.0							
剖2	铁铝土	红壤	红壤	耕型砂页岩红壤	红黏土	A	0—12	黄棕色	重壤土	粒状	5.2	26.9	1.99	0.54	16.6	107	3.7	92	8.3	砂页岩	E 107°03′00.2″ N 24°46′34.1″	85
						B	12—33	暗黄棕色	重壤土	块状	5.0	24.6	1.93	0.52	17.1				8.9			
						C	33—100	红黄色	轻黏土	块状	4.9	9.5	1.38	0.49	21.0				7.4			
剖3	人为土	水稻土	潴育水稻土	洪积性潴育水稻土	洪积潴育砂土田	P	0—14	浅灰棕色	砂壤土	块状	6.5						6.2	42		洪积物	E 107°12′32.1″ N 24°41′42.0″	100
						W	14—22	浅棕灰色	砂壤土	棱柱状	7.0											
							22—65	黄棕色	砂壤土	无明显结构	7.0											
							65—98	暗棕色	砂壤土		7.0											
剖4	人为土	水稻土	淹育水稻土	洪积性淹育水稻土	含砾砂泥田	A	0—11	暗黄棕色	重壤土	粒状	6.1	26.0	1.57	0.56	12.6	104			9.3	洪积物	E 107°04′56.8″ N 24°41′07.0″	90
						P	11—17	暗棕色	重壤土	块状	5.9	21.0	1.34	1.42	12.6				11.5			
						C	17—100	红黄色	重壤土		6.0	4.3	0.40	0.78	16.0				11.0			
剖5	人为土	水稻土	淹育水稻土	砂页岩淹育水稻土	壤土田	A	0—13	暗黄棕色	重壤土	小块状	4.6	28.6	1.98	0.38	18.6	114	4.1	88	10.7	砂页岩	E 106°52′07.3″ N 24°36′57.2″	88
						P	13—24	暗黄棕色	重壤土	小块状	7.0	14.9	1.21	0.31	19.8							
						C	24—100	暗黄棕色	轻黏土	小块状	7.0	9.2	1.09	0.37	19.9							
剖6	铁铝土	黄壤	黄红壤	砂页岩黄红壤	厚层砂页岩黄红壤	A	0—19	黑色	砂壤土	粒状	4.6	50.3	1.73	0.31	11.8					砂页岩	E 107°01′59.9″ N 24°38′11.8″	89
						B	19—91	黄棕色	重砾质重壤土	块状	4.8	9.0	0.57	0.26	14.2							
						C	91—150	黄棕色	重砾质重壤土	块状	4.9	8.0	0.65	0.28	17.0							
剖7	人为土	水稻土	潴育水稻土	洪积性潴育水稻土	洪积潴育砂泥田	A	0—12	暗灰黄色	重壤土	块状	5.1	39.0	2.62	0.73	22.8	156	14.8	72		洪积物	E 107°11′28.1″ N 24°36′26.7″	70
						P	12—21	暗灰黄色	重壤土	块状	6.1	28.6	2.05	0.61	22.3				11.5			
						W	21—42	暗灰黄色	重壤土	柱状	6.6	15.2	1.25	0.53	23.3				11.0			
						WC	42—60	暗灰黄色	重砾质重壤土	柱状	7.0	12.7	1.07	0.56	23.2				10.7			
						C	60—100		重砾质重壤土		7.0											
剖8	人为土	水稻土	淹育水稻土	砂页岩淹育水稻土	砂土田	A	0—9	棕灰色	砂壤土	粒状	4.7	26.3	1.69	0.39	12.3		47.5	52	6.6	砂页岩	E 107°02′51.4″ N 24°36′11.2″	91
						P	9—28	灰黄色	砂壤土	块状	5.7	19.9	1.28	0.37	12.7				7.1			
						C	28—100	棕色	中壤土	块状	6.1	15.7	1.20	0.40	13.8				9.4			
剖9	铁铝土	红壤	黄红壤	砂页岩红壤	薄层砂页岩红壤	A	0—10	暗黄棕色	重砾质中壤土	块状	5.4	47.6	2.40	0.49	16.7				11.5	砂页岩	E 107°02′00.4″ N 24°34′33.2″	79
						B	10—20	暗黄棕色	重砾质中壤土	块状	5.6	22.0	1.46	0.41	19.0				10.3			
						C	20—100	浅黄棕色	重砾质中壤土	块状	5.6	9.8	0.93	0.36	23.6				9.5			
剖10	铁铝土	红壤	黄红壤	砂页岩红壤	厚层砂页岩红壤	A	0—34	红黄色	重壤土	块状	4.8	20.3	1.39	0.34	17.8				11.2	砂页岩	E 107°10′59.9″ N 24°33′38.9″	71
						B	34—86	红黄色	轻黏土	块状	5.0	10.8	0.98	0.33	19.8				9.5			
						C	86—150	红黄色	重砾质轻黏土	大块状	5.0	8.5	0.95	0.36	21.8				8.2			
剖11	铁铝土	黄壤	黄红壤	砂页岩黄红壤	薄层砂页岩黄红壤	1	0—3	灰黑色		团粒状										砂页岩	E 107°08′43.3″ N 24°33′04.9″	98
						2	3—12	暗棕色	壤土	粒状												
						3	12—40	棕色	轻黏土	块状												
						4	40—100	黄棕色	重壤土	块状												
剖12	初育土	石灰（岩）土	黑色石灰土	黑色石灰土	黑色石灰土	A	0—12	灰黑色	中壤土	团粒状	6.4	110.5	5.57	1.25	2.9		49.2	112	21.2		E 106°49′32.9″ N 24°29′25.8″	84
						B	12—32	暗黄棕色	轻黏土	团块状	6.5	30.4	2.52	0.56	1.5				24.5			
剖13	初育土	石灰（岩）土	棕色石灰土	耕型棕色石灰土	棕泥土	A	0—12	暗棕色	重壤土	团块状	7.1	35.3	2.55	1.87	8.2	141			15.7	砂页岩	E 106°50′28.3″ N 24°28′53.0″	93
						B	12—81	棕色	重壤土	块状	7.2	29.0	2.53	1.66	6.1							
						C	81—100	棕色	重壤土	块状	7.1	12.1	1.36	1.47	17.9							

续表 Continued

剖面号 Soil profile	土纲 Soil order	土类 Soil great group	亚类 Soil subgroup	土属 Soil genus	土种 Soil species	土层码 Layer code	土层厚度 Depth/cm	颜色 Soil color	质地 Soil texture	土壤结构 Soil structure	pH	有机质 OM/(g/kg)	全氮 TN/(g/kg)	全磷 TP/(g/kg)	全钾 TK/(g/kg)	碱解氮 AN/(mg/kg)	有效磷 AP/(mg/kg)	速效钾 AK/(mg/kg)	阳离子交换量CEC/(cmol/kg)	土壤母质 Parent material	剖面点坐标 Profile coordinate	匹配指数 Matching index/%
剖14	铁铝土	红壤	黄红壤	砂页岩黄红壤	中层砂页岩黄红壤	Ao	0—2	灰黑色	中壤土	团粒状	4.4	79.9	2.79	0.46	11.3					砂页岩	E 106° 56′ 57.1″ N 24° 27′ 51.8″	85
						A₁	2—4	黑灰色	壤土	团块状	4.4	79.9	2.79	0.46	11.3							
						A₂	4—19	暗棕色	重壤土	团块状	4.5	79.9	2.79	0.46	11.3							
						B	19—50	暗黄棕色	重壤土	团块状	4.4	33.9	1.34	0.34	12.2							
						C	50—100	浅红黄色	重壤土	团块状	4.8	13.3	0.89	0.31	13.8							
剖15	铁铝土	黄壤		耕型砂页岩黄壤	砂质黄壤	A	0—12	暗灰棕色	重石质轻壤土	小块状	4.9	43.0	2.57	0.59	15.6	172	4.0	139	9.2	砂页岩	E 106° 55′ 47.3″ N 24° 27′ 06.8″	84
						B	12—24	暗灰棕色	重石质中壤土		5.1	35.9	2.06	0.59	17.1				8.9			
						C	24—100	红黄色	重石质中壤土		5.0	21.5	1.62	0.58	15.9				8.3			
剖16	人为土	潴育水稻土		棕色石灰土潴育水稻土	潴育棕泥田	A	0—13	暗黄棕色	重壤土	小块状	6.8	30.9	1.92	0.50	13.8					石灰岩风化物	E 106° 58′ 00.8″ N 24° 22′ 09.1″	75
						P	13—21	棕色	重壤土	片状	6.9	21.9	1.53	0.40	13.6							
						W	21—70	浅灰黄色	轻壤土	棱柱状	7.6	7.1	0.95	0.41	20.5							
						C	70—100	红棕色	轻黏土		7.1	5.2	0.86	0.51	20.0							
剖17	初育土	石灰（岩）土	棕色石灰土	耕型棕色石灰土	含砂棕泥土	A	0—11	灰黄质棕色	重石质重壤土	粒状	5.4	18.6	1.53	0.59	15.3	74	2.5	126	11.7	石灰岩风化物	E 106° 55′ 30.4″ N 24° 21′ 11.5″	98
						B	11—21	棕色	重壤土	小块状	5.6	9.4	1.08	0.45	17.6				10.8			
						C	21—100	浅棕色	轻壤土	块状	5.3	4.8	0.86	0.42	19.4				9.0			
剖18	初育土	石灰（岩）土	棕色石灰土	棕型棕色石灰土	棕色石灰土	A	0—6	暗棕色	中壤土	粒状	6.5	52.9	3.15	0.71	6.5					石灰岩	E 106° 57′ 43.7″ N 24° 20′ 33.6″	70
						B	6—12	暗黄棕色	砂壤土	块状	6.5	53.6	3.03	0.70	6.4							
						C	12—100	暗棕色	轻壤土	块状	7.1	16.2	1.39	0.55	9.1							
剖19	人为土	淹育水稻土		砂页岩淹育水稻土	蜻泥田	A	0—13	黄灰色	轻黏土	粒状	4.5	21.5	1.78	0.39	14.4	86	4.9	39	6.2	砂页岩	E 107° 02′ 48.5″ N 24° 29′ 03.1″	98
						P	13—20	黄灰色	轻黏土	块状	5.3	15.1	1.17	0.35	14.3				6.5			
						C	20—100	褐色	轻黏土	块状	6.3	8.1	0.64	0.42	14.3				9.6			
剖20	人为土	淹育水稻土		棕色石灰土淹育水稻土	浅棕泥田	A	0—11	灰黄棕色	重壤土	小块状	6.6	35.0	2.29	0.97	12.3	140	6.4	118		石灰岩风化物	E 107° 05′ 26.2″ N 24° 26′ 22.6″	74
						P	11—28	暗黄棕色	重壤土	块状	7.3	24.2	1.84	0.80	11.8							
						C	28—100	黄灰棕色	重壤土	块状	7.1	14.3	1.10	0.57	14.5							
剖21	铁铝土	红壤		耕型棕色石灰土淹红壤	黏质泥土	A	0—10	黄黄棕色	重壤土	粒状	6.4	44.2	2.56	1.07	7.6	176	5.0	57		石灰岩	E 107° 05′ 06.5″ N 24° 25′ 34.3″	73
						B	10—25	红红棕色	重壤土	块状	6.5	34.0	2.12	0.85	9.2							
						C	25—100	浅红棕色	重石质重壤土	块状	6.0	17.7	1.46	0.77	11.2							
剖22	人为土	潴育水稻土		砂页岩潴育水稻土	潴育棕泥田	A	0—14	暗黄棕色	中壤土	小块状	5.2	21.7	1.42	0.41	11.2	86	3.1	79		砂页岩	E 107° 02′ 19.0″ N 24° 24′ 23.0″	80
						P	14—23	暗黄棕色	中壤土	块状	6.9	13.2	1.01	0.29	11.1							
						W	23—63	黄色	重石质中壤土	棱柱状	6.9	8.8	0.78	0.31	12.3							
						C	63—100	红黄色	中壤土	块状	6.9	3.2	0.51	0.24	16.9							
剖23	初育土	石灰（岩）土	棕色石灰土	含砂棕色石灰土	含砂棕色石灰土	A	0—16	暗棕灰色	重石质轻壤土	小块状	6.0	26.6	1.63	0.26	3.2				14.9	砂页岩	E 107° 03′ 59.4″ N 24° 23′ 21.8″	71
						B	16—46	浅棕黄色	重石质中壤土	块状	6.1	7.1	0.72	0.18	4.5				12.5			
						C	46—100	黄色	重石质中壤土	块状	6.1	7.5	1.05	0.20	5.6				13.7			
剖24	初育土	石灰（岩）土	棕色石灰土	砾型棕色石灰土	砾质棕色石灰土	A	0—11	暗黄棕色	重石质轻壤土	粒状	5.7	37.3	1.97	0.66	4.2	149	2.6	113		砂页岩	E 107° 05′ 52.4″ N 24° 22′ 58.3″	72
						B	11—21	浅黄棕色	重石质中壤土	小块状	5.9	29.1	1.61	0.63	3.6							
						C	21—100	灰黄棕色	重石质中壤土	小块状	5.7	19.7	1.05	0.56	3.3							
剖25	人为土	淹育水稻土		洪积性淹育水稻土	石灰底田	A	0—12	暗黄色	重壤土	团块状	4.9	33.5	2.08	0.64	16.2	126	19.0	72		洪积物	E 107° 01′ 44.4″ N 24° 21′ 20.9″	91
						P	12—18	灰黄色	重壤土	块状	6.3	17.7	1.33	0.46	16.9							
						C	18—100	棕色	重石质中壤土	无明显结构	7.9	4.8	0.77	1.40	19.0				13.6			
剖26	铁铝土	黄壤		砂页岩黄壤	中层砂页岩黄壤	A	0—12	棕色	重壤土	粒状	5.4	55.4	3.22	0.73	20.9				7.4	砂页岩	E 106° 54′ 55.4″ N 24° 16′ 41.9″	97
						B	12—60	浅棕黄色	中壤土	小块状	4.7	25.3	2.01	0.59	22.0				7.4			
						C	60—130	黄棕色	重壤土	块状	4.8	14.0	1.54	0.55	24.7							

东 兰 县

主要土类说明

石灰（岩）土是东兰县主要土壤类型，占本县地域面积的47%。石灰（岩）土发生于本县石灰岩山区，是石灰岩经溶蚀风化，形成的厚薄不同的钙质饱和或含游离钙质的土壤，多见于石隙、溶洞或峰丛底部。该土壤碳酸钙淋溶程度不一，多黏土，多为铁钙质胶结物，风化程度不一，盐基饱和度高，有机质含量及胶结状态有较大差异。本县石灰（岩）土只有棕色石灰土一个亚类。

红壤是东兰县第二大土壤类型，占本县地域面积的38%，在垂直带上，分布在海拔500m以下区域。红壤主要发生于常绿阔叶林下，呈中度脱硅富铝化特征，土壤黏粒中游离铁占全铁的50%—60%。黏土矿物以高岭石、赤铁矿为主，黏粒硅铝率为1.8—2.4，风化淋溶系数小于0.2，盐基饱和度小于35%，pH为4.5—5.5。红壤具深厚红色土层，淀积层（B层）底层可见具深厚红、黄、白相间网纹的红色黏土。本县红壤分为红壤、黄红壤、红壤性土等亚类。

水稻土是东兰县第三大土壤类型，占本县地域面积的9%，分布在海拔700m以下，集中分布在海拔220—300m的盆地、谷地。水稻土是在长期季节性淹灌、水下翻耕、季节性脱水、氧化还原交替影响下，原来成土母质或母土的特性发生重大改变，形成的新的土壤类型。由于干湿交替，水稻土形成糊状淹育层、较坚实板结的犁底层、渗育层、潴育层与潜育层等多种发生层。这些不同发生层段是在人为耕作、水浆管理下形成的。本县水稻土包括淹育型、潴育型、潜育型、盐渍型、矿毒型等亚类。

黄壤占东兰县地域面积的4%，在垂直带上的分布为海拔800m以上的山区。黄壤发生于亚热带湿润条件下，中度脱硅富铝化。土壤有机质累积较多，具O-A-AB-B-C剖面构型。pH为4.5—5.5。淀积层（B层）富含水合氧化铁（针铁矿），呈黄色，有时多含三水铝石。多为林地，间亦耕种。本县黄壤只有黄壤一个亚类。

小于本县地域面积3%的土壤类型还有新积土和潮土等。

本区域中心区气候特征

本区域中心区气候特征值
Regional climate characteristics in central area of the region

气候带：南亚热带湿润气候 Climate region: South subtropical humid climate	
年平均气温 /℃ Annual average temperature /℃	20.5
年平均最高气温 /℃ Annual average maximum temperature /℃	25.3
年平均最低气温 /℃ Annual average minimum temperature /℃	17.2
年降水量 /mm Annual precipitation /mm	1311
≥10℃的积温 /℃ Daily temperature accumulated in a year（≥10℃）/℃	7422
年日照时数 /h Annual sunshine /h	1418
年平均相对湿度 /% Annual average relative humidity /%	76
干燥度 Dryness	0.94

本区域中心区月平均气温与月平均降水量
Monthly temperature and precipitation in central area of the region

东兰县主要土壤类型与土壤剖面点分布图
1∶310 000

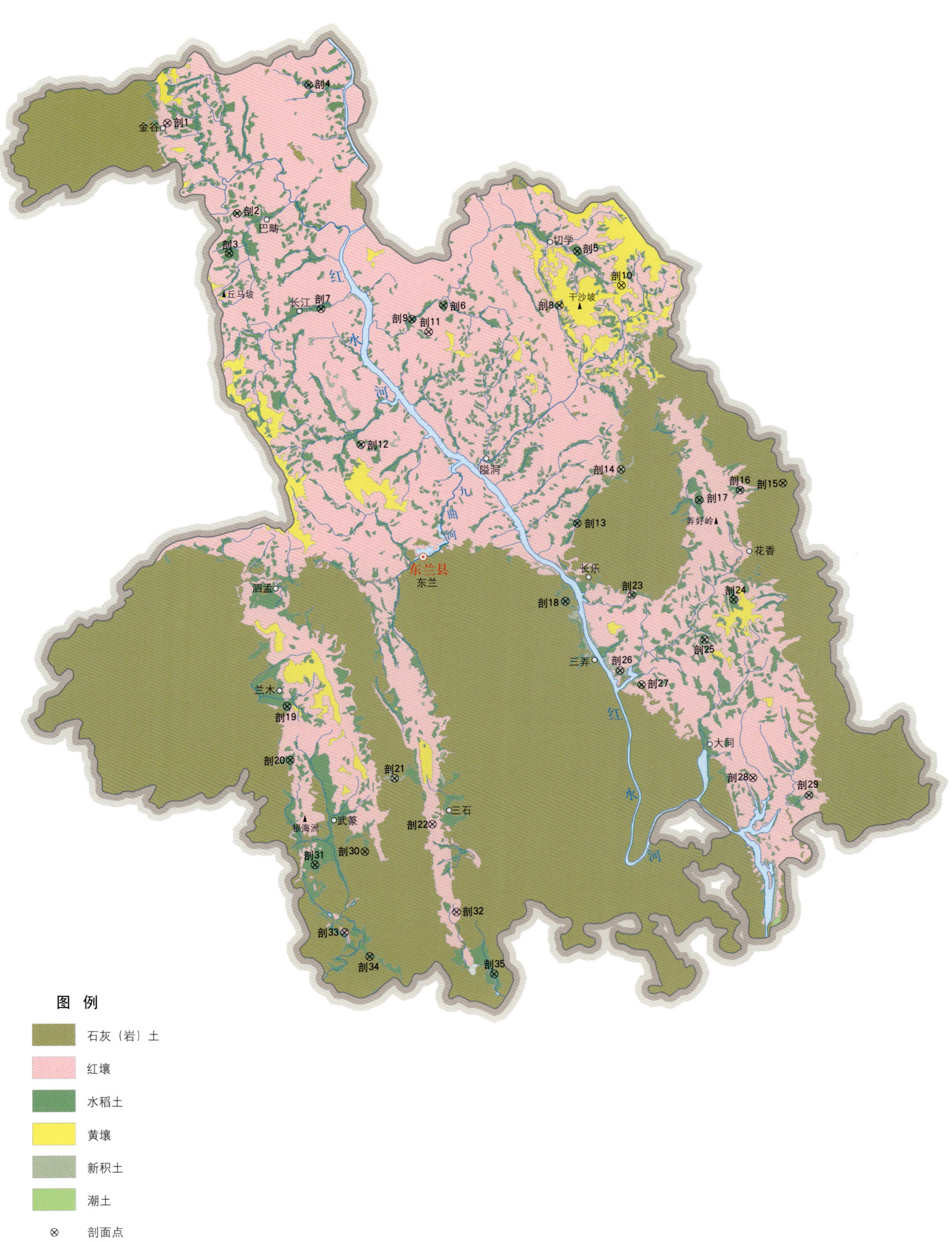

图 例
- 石灰（岩）土
- 红壤
- 水稻土
- 黄壤
- 新积土
- 潮土
- ⊗ 剖面点

第二编　分县土壤图与土壤剖面数据 | 357

东兰县土壤剖面理化性状表

剖面号 Soil profile	土纲 Soil order	土类 Soil great group	亚类 Soil subgroup	土属 Soil genus	土种 Soil species	土层码 Layer code	土层厚度 Depth/cm	颜色 Soil color	质地 Soil texture	土壤结构 Soil structure	pH	有机质 OM/(g/kg)	全氮 TN/(g/kg)	全磷 TP/(g/kg)	全钾 TK/(g/kg)	阳离子交换量CEC/(cmol/kg)	土壤母质 Parent material	剖面点坐标 Profile coordinate	匹配指数 Matching index/%
剖1	铁铝土	红壤	红壤性土	砾质红壤性土	砾质红壤性土	A	0—3.5	灰黑色	中壤土	粒状	5.2	43.6	0.76	0.22	1.9			E 107°11′54.2″ N 24°47′46.3″	95
						B	3.5—100	灰色	中壤土	粒状	5.0	14.5	0.86	0.12	1.8				
剖2	人为土	水稻土	潜育水稻土	潜底田	浅潜底田	A	0—20	黄黄色	中壤土	糊状	6.3	40.6	2.20	0.34	19.6			E 107°14′48.1″ N 24°44′15.0″	88
						G	20—	青蓝色	黏壤土	糊状	6.6	28.4	1.63	0.25	18.7				
剖3	人为土	水稻土	潜育水稻土	冷浸田	浅浸田	A	0—26	青蓝色	重壤土	糊状	5.4	39.0	2.30	0.37	19.4			E 107°14′25.4″ N 24°42′42.1″	91
						G	26—	青灰色	重壤土	块状	5.6	20.3	1.29	0.36	19.6				
剖4	人为土	水稻土	潜育水稻土	红土质潜育水稻土	潜育黄黄泥田	A	0—20	棕灰色	轻黏土	块状	5.3						红土	E 107°17′56.9″ N 24°49′09.0″	85
						P	20—33	黄黄色	轻黏土	块状	8.4								
						W	33—65	黄黄色	轻黏土	块状	7.5								
						C	65—	红色	黏土	块状	7.1								
剖5	人为土	水稻土	潜育水稻土	冲积性潜育水稻土	潜育潮泥田	A	0—22	深灰色	壤土	团粒状	7.0						河流冲积物	E 107°29′14.3″ N 24°42′33.5″	86
						P	22—32	灰黄色	壤土	块状	7.0								
						W	32—91	棕黄色	壤土	柱状	7.0								
						WC	91—	棕黄色	砂壤土	块状	6.5								
剖6	人为土	水稻土	潜育水稻土	砂页岩潜育水稻土	潜育砂泥肉田	A	0—18	棕灰色	壤土	块状	4.9						砂页岩	E 107°23′30.1″ N 24°40′32.9″	87
						P	18—25	棕黄色	壤土	块状	4.9								
						W	25—53	棕灰色	黏壤土	棱柱状	6.5								
						C	53—	黄棕色	壤土	块状	6.8								
剖7	人为土	水稻土	潜育水稻土	冲积性潜育水稻土	潜育潮泥田	A	0—10	灰灰色	壤土	块状	5.0						河流冲积物	E 107°18′17.6″ N 24°40′29.3″	84
						P	10—15	深黄色	壤土	柱状	5.5								
						W	15—29	灰灰色	壤土	柱状	7.7								
						C	29—100	暗灰色	壤土	块状	7.6								
剖8	人为土	水稻土	潜育水稻土	冷底田	冷底田	A	0—20	棕灰色	黏壤土	块状	6.6	33.0	2.02	0.56	23.0		河流冲积物	E 107°28′25.7″ N 24°40′27.8″	85
						G	20—60	浅灰色	黏壤土	碎块状	6.4	21.3	1.50	0.44	22.0				
						C	60—	棕黄色	砂壤土	粒状	7.1	8.3	1.20	0.68	28.4				
剖9	人为土	淹育水稻土	冲积性淹育水稻土	潮砂田	潮砂田	A	0—14	棕灰色	砂壤土	块状	5.5	23.5	2.40	0.39	18.5		河流冲积物	E 107°22′09.1″ N 24°40′01.6″	90
						P	14—22	浅灰色	砂壤土	块状	5.7		0.16	0.35	20.1				
						C	22—100	灰灰色	砂壤土	小块状	7.6		0.83	0.30	25.0				
剖10	铁铝土	黄壤	黄壤	砂页岩黄壤	厚层砂页岩黄壤	Ao	0—1										砂页岩	E 107°31′04.4″ N 24°41′11.6″	94
						A	1—17	灰黑色	重壤土	小核状	4.4	94.4	3.95	0.61	20.7				
						AB	17—28	浅黄色	轻壤土	小团块状	4.5	35.4	2.37	0.45	25.4				
						B	28—100	橙黄色	轻壤土	团块状	4.7	22.8	2.01	0.42	27.0				
剖11	红壤	黄红壤	耕型砂页岩黄红壤	黄泥土	黄泥土	A	0—15	黄棕色	重壤土	粒状	5.6	13.8	0.82	0.19	10.4		砂页岩	E 107°22′51.3″ N 24°39′31.5″	99
						B	15—28	棕棕色	黏壤土	块状	5.4	16.1	0.95	0.26	10.2				
						C	28—	棕棕色	砂壤土	块状	5.0	4.5	0.48	0.16	12.3				
剖12	人为土	水稻土	潜育水稻土	冲积性潜育水稻土	潜育潮油砂田	A	0—15	暗黄色	轻壤土	团粒状	5.4	31.5	2.08	0.78	6.2		河流冲积物	E 107°19′52.7″ N 24°35′13.2″	75
						P	15—23	浅灰色	轻壤土	块状	5.8	27.0	1.87	0.79	6.3				
						W	23—44	棕灰色	中壤土	块状	6.0	25.6	1.61	0.89	6.0				
						C	44—100	黄黄色	中壤土	块状	6.5								
剖13	人为土	水稻土	盐渍水稻土	碳酸盐盐渍水稻土	石灰性板结田	P	12—21	棕灰色	中壤土	块状	7.5							E 107°28′59.9″ N 24°32′01.3″	87
						W	21—61	暗灰色	中壤土	块状	8.0								
						C	61—	暗棕色	黏壤土	块状	7.7	11.8	1.11	0.61	7.5				

续表 Continued

剖面号 Soil profile	土纲 Soil order	土类 Soil great group	亚类 Soil subgroup	土属 Soil genus	土种 Soil species	土层码 Layer code	土层厚度 Depth/cm	颜色 Soil color	质地 Soil texture	土壤结构 Soil structure	pH	有机质 OM/(g/kg)	全氮 TN/(g/kg)	全磷 TP/(g/kg)	全钾 TK/(g/kg)	阳离子交换量CEC/(cmol/kg)	土壤母质 Parent material	剖面点坐标 Profile coordinate	匹配指数 Matching index/%
剖14	初育土	新积土	新积土	石砾土	石砾土	A	0—10	棕色			6.5	27.3	1.86	0.80	13.4		洪积物	E 107°30′53.6″ N 24°34′04.1″	93
						C	10—	黄色			7.0	7.4	1.01	0.48	22.5				
剖15	初育土	石灰(岩)土	棕色石灰土	耕犁棕色石灰土	棕泥土	A	0—14	暗棕色	重壤土	粒状	7.2	52.3	3.30	2.11	13.4		洪积物	E 107°37′44.8″ N 24°33′25.2″	85
						B	14—60	棕色	轻黏土	块状	7.8	29.0	1.84	1.29	12.0				
剖16	人为土	水稻土	淹育水稻土	洪积性淹育水稻土	石砾底田	A	0—15		砂壤土	粒状	7.6	17.0						E 107°35′56.0″ N 24°33′10.8″	84
						P	15—35		砂壤土	粒状	7.5	15.0							
						C	35—100		砂壤土	块状	7.5	10.0							
剖17	人为土	水稻土	潴育水稻土	砂页岩潴育水稻土	潴育蜡泥田	A	0—14	棕色	黏壤土	块状	5.0						砂页岩	E 107°34′11.5″ N 24°32′49.8″	95
						P	14—30	棕黄色	黏土	块状	7.1								
						W	30—56	棕黄色	黏土	棱柱状	7.0								
						C	56—100	黄黄色		块状	7.2								
剖18	人为土	水稻土	潴育水稻土	砂页岩潴育水稻土	潴育蜡泥肉田	A	0—12	棕灰色	壤土	粒状	4.6						砂页岩	E 107°28′25.7″ N 24°28′59.9″	100
						P	12—19	黄棕色	黏壤土	块状	6.5								
						W	19—38	灰棕色	黏土	大块状	6.9								
						C	38—	黄棕色	黏土	大块状	5.6								
剖19	人为土	水稻土	潴育水稻土	砂页岩潴育水稻土	潴育砂泥田	A	0—14	黄灰色	黏壤土	块状	5.0						砂页岩	E 107°16′31.8″ N 24°25′08.4″	71
						P	14—21	黄棕色	壤土	块状	6.0								
						W	21—50		壤土	棱柱状	7.3								
						C	50—100		壤土	块状	7.6								
剖20	人为土	水稻土	潴育水稻土	洪积性潴育水稻土	洪积潴育泥田	A	0—15	黄棕色	黏壤土	块状	5.0	33.7	2.43	0.42	19.4		洪积物	E 107°16′37.6″ N 24°23′03.2″	94
						P	15—25	棕灰色	黏壤土	块状	5.2	28.2	2.00	0.39	20.1				
						W	25—80	灰棕色	黏壤土	块状	7.3	6.7	0.87	0.37	19.5				
						C	80—	棕灰色	壤土	块状	7.4	6.3	0.86	0.29	19.1				
剖21	初育土	新积土	新积土	石砾土	多石砾土	A	0—10	棕灰色	黏壤土	糊状	7.2	20.6	1.55	0.56	17.7		洪积物	E 107°21′02.5″ N 24°22′16.7″	86
						B	10—35	棕色	黏壤土	小块状	7.0	18.5	1.44	0.51	18.6				
						C	35—		黏壤土	块状	6.7	9.4	1.02	0.46	19.4				
剖22	铁铝土	红壤	黄红壤	厚层砂页岩黄红壤	厚层砂页岩黄红壤	A	0—25	浅黄色	黏壤土	块状	5.0	62.4	2.79	0.48	14.0		砂页岩	E 107°22′35.8″ N 24°20′26.9″	99
						B	25—100		黏壤土	块状	4.9	27.2	1.42	0.34	13.9				
剖23	水稻土	水稻土	潜育水稻土	潜底田	中潜底田	A	0—18	蓝棕色	中壤土	块状	6.4	40.0	2.60	0.53	24.3		洪积物	E 107°31′14.9″ N 24°29′11.4″	76
						P	18—32	蓝棕色	中壤土	块状	7.3	38.9	2.40	0.52	23.4				
						G	32—		中壤土	块状	7.7	37.2	2.40	0.47	25.0				
剖24	人为土	水稻土	淹育水稻土	砂页岩淹育水稻土	壤土田	A	0—10	浅棕色	壤土	块状	5.3	49.6	2.90	0.67	14.7		砂页岩	E 107°35′33.4″ N 24°28′55.9″	93
						P	10—15	棕黄色	壤土	块状	5.1	39.5	2.40	0.62	15.2				
						C	15—100	棕黄色	黏壤土	块状	6.6	10.7	0.76	0.50	16.4				
剖25	人为土	水稻土	淹育水稻土	砂页岩淹育水稻土	蜡泥田	A	0—14	浅棕色	黏壤土	块状	5.3	18.2	1.13	0.28	13.8		砂页岩	E 107°34′17.0″ N 24°27′23.8″	91
						P	14—24	灰棕色	黏壤土		6.2	13.8	0.93	0.27	14.2				
						C	24—100	橙黄色	黏壤土	块状	7.0	8.5	0.69	0.21	14.3				
剖26	初育土	新积土	冲积土	石灰性潴育水稻土	厚层石灰性潮砂土	A	0—30	灰棕色	砂壤土	粒状	8.1	14.7	0.61	0.66	12.4		河流冲积物	E 107°30′40.5″ N 24°26′16.7″	90
						B	30—100	灰棕色	砂壤土	粒状	8.2	8.5	0.45	0.48	9.9				
剖27	人为土	水稻土	潴育水稻土	棕色石灰土潴育水稻土	潴育棕泥田	A	0—14	棕灰色	黏壤土	小块状	6.5	29.6	2.02	0.53	14.5		石灰岩风化物	E 107°34′35.0″ N 24°25′43.0″	70
						P	14—27	棕灰色	砂壤土	小块状	7.7	23.2	1.64	0.57	15.6				
						W	27—74	黄棕色	砂壤土	柱状	8.2	5.0	0.62	0.46	19.5				
						C	74—	浅棕黄色	黏壤土		7.9	4.2	0.60	0.41	19.4				
剖28	铁铝土	红壤	红壤	砂页岩红壤	厚层砂页岩红壤	A	0—29	灰褐色	中黏土	小块状	4.7	32.5	1.79	0.28	17.9		砂页岩	E 107°36′12.9″ N 24°22′01.8″	89
						B	29—110	棕红色	中黏土	团块状	5.1	5.6	0.76	0.22	24.0				

续表 Continued

剖面号 Soil profile	土纲 Soil order	土类 Soil great group	亚类 Soil subgroup	土属 Soil genus	土种 Soil species	土层码 Layer code	土层厚度 Depth/cm	颜色 Soil color	质地 Soil texture	土壤结构 Soil structure	pH	有机质 OM/(g/kg)	全氮 TN/(g/kg)	全磷 TP/(g/kg)	全钾 TK/(g/kg)	阴离子交换量CEC/(cmol/kg)	土壤母质 Parent material	剖面点坐标 Profile coordinate	匹配指数 Matching index/%
剖29	初育土	新积土	冲积土	酸性潮砂土	厚层酸性潮砂土	A	0—13	暗棕色	砂壤土	粒状	4.5	35.4	1.60	0.35	4.7		河流冲积物	E 107°38′34.4″ N 24°21′18.0″	94
						C	13—	紫棕色	砂壤土	粒状	4.5	9.2	0.76	0.35	0.9				
剖30	初育土	石灰(岩)土	棕色石灰土	耕型棕色石灰土	含砂棕泥土	A	0—12	红棕色	砂壤土	粒状	7.3	15.2	0.54	0.65	5.6			E 107°19′42.6″ N 24°19′26.0″	88
						B	12—58	棕色	轻壤土	块状	7.3	8.1	0.69	0.50	6.7				
						C	58—	棕色	轻壤土	块状	7.1	7.6	0.54	0.65	2.6				
剖31	人为土	水稻土	潴育水稻土	洪积性潴育水稻土	洪积潴育砂泥田	A	0—13	棕灰色	壤土	块状	6.1	15.5	0.99	0.31	3.6		洪积物	E 107°17′35.5″ N 24°18′57.2″	74
						P	13—22	灰色	壤土	块状	7.6	9.7	0.70	0.27	3.6				
						W	22—52	浅灰色	壤土	块状	7.6	5.4	0.33	0.21	2.6				
						C	52—	棕灰色	轻壤土	块状	7.6	4.4	0.31	0.30	3.9				
剖32	铁铝土	红壤		耕型砂页岩红壤	红壤土	A	0—15	灰黄红色	壤土	块状	5.3	18.1	1.20	0.38	18.7	12.3	砂页岩	E 107°23′32.3″ N 24°17′01.7″	97
						B	15—30	红黄色	壤土	块状	5.1	6.1	0.69	0.22	17.7	10.1			
						C	30—	黄红色	黏壤土	块状	5.1	4.3	0.70	0.25	24.2				
剖33	铁铝土	红壤		耕型第四纪红土红壤	红泥土	A	0—8	棕红色	重壤土	块状	4.9	20.8	1.22	0.35	0.8		红土	E 107°18′47.2″ N 24°16′19.6″	87
						B	8—13	棕红色	轻黏土	块状	4.6	18.6	1.19	0.31	10.1				
						C	13—	棕红色	中黏土	块状	4.6	7.1	0.31						
剖34	人为土	水稻土	淹育水稻土	红土质淹育水稻土	砂质黄泥田	A	0—14	灰色	砂壤土	小块状	6.8						红土	E 107°19′49.8″ N 24°15′23.8″	97
						P	14—22	黄红色	黏壤土	大块状	6.0								
						C	22—100	黄红色	黏土	大块状	6.4								
剖35	人为土	水稻土	盐渍水稻土	碳酸盐渍性水稻土	石灰性田	A	0—10	暗灰色	黏壤土	块状	7.6	44.0	2.65	0.64	4.1			E 107°25′05.2″ N 24°14′38.0″	75
						B	10—22	棕灰色	黏壤土	块状	7.8	21.7	1.93	0.53	4.0				
						C	22—	棕黄色	砂壤土	团块状	8.0	20.2	0.13	0.49	3.5				

罗城仫佬族自治县

主要土类说明

红壤是罗城仫佬族自治县主要土壤类型，占本县地域面积的49%，分布在低山丘陵和盆地缓丘上，成土母质有花岗岩、砂页岩、古洪积物以及第四纪红土。红壤一般发育程度较深，脱硅富铝化明显，土壤以红色为基调，多呈红色、橙红色。土壤质地黏重，在剖面中，黏粒略有下移现象，土壤呈酸性。土壤发育的层次分化明显，剖面构型为A-B-C，心土层或底土层一般具有红白网纹层，且含有铁锰结核，耕层浅薄，土壤瘦瘠，肥力较低，农作物产量低，属于低产土壤。在自然植被下，地面有2—3cm的枯枝落叶层，表土层（含腐殖质层）的厚度为10—20cm，呈暗棕色、粒状。剖面中的淀积层为浅红色或橘红色，质地较黏重，呈块状，多铁锰胶膜，一般在1m以下即过渡到半风化层和母质层。由于铁铝硅酸盐水解，底土中常出现黄白相间的网纹层，土体中常含少量铁粒。

石灰（岩）土是罗城仫佬族自治县第二大土壤类型，占本县地域面积的36%，分布于本县南部的峰丛洼地、峰林槽谷及岩石裂缝中，除了洼地和槽谷已开垦成比较连片的耕地，其余零星分布于石灰岩山区。石灰（岩）土是石灰岩母质上发育的一种岩性土，植被多属喜钙的草灌类型。该土类富含钙，腐殖质与钙大量结合、凝聚，在表层大量累积而使土壤呈暗黑色。一般土层不厚（小于50cm），剖面构型为A-C型，常有砾石夹入，上下层过渡明显，除表层稍疏松外，质地均较黏重，pH为6.5—8.0，部分岩间黑色石灰土土层可深达80—100cm。土壤表层有机质含量可高达6%—7%。

水稻土是罗城仫佬族自治县第三大土壤类型，占本县地域面积的8%。水稻土是人们长期种植水稻而形成的一种土壤。淹水时氧气缺乏，以嫌气还原为主，但稻根具有特殊的泌氧功能，能抗拒土壤中还原性物质的危害。有机质含量较高，磷的有效性相应也比旱地高。但部分长年渍水的冷烂田中的速效磷容易随水流失，磷素较缺乏。钾素也极易溶于水而随水流失，一般水田较旱地易于缺钾。氮素存在的形式主要是铵态氮，以铵离子形式被带电的土壤胶粒吸附于表面，较为稳定，且容易被作物吸收利用，但在串灌漫灌条件下，铵离子也容易流失。另外，在还原性很强的冷烂田中，土壤中的硫容易还原为对水稻产生毒害作用的硫化氢。水稻土的发育方向、发育的速度和程度都受着耕种模式的主导和制约。

黄壤占罗城仫佬族自治县地域面积的7%，多见于海拔700—1200m的山区。黄壤发生于亚热带湿润条件下，中度脱硅富铝化，土壤有机质累积较高，呈黄色，具O-A-AB-B-C剖面构型。

小于本县地域面积3%的土壤类型还有新积土等。

本区域中心区气候特征

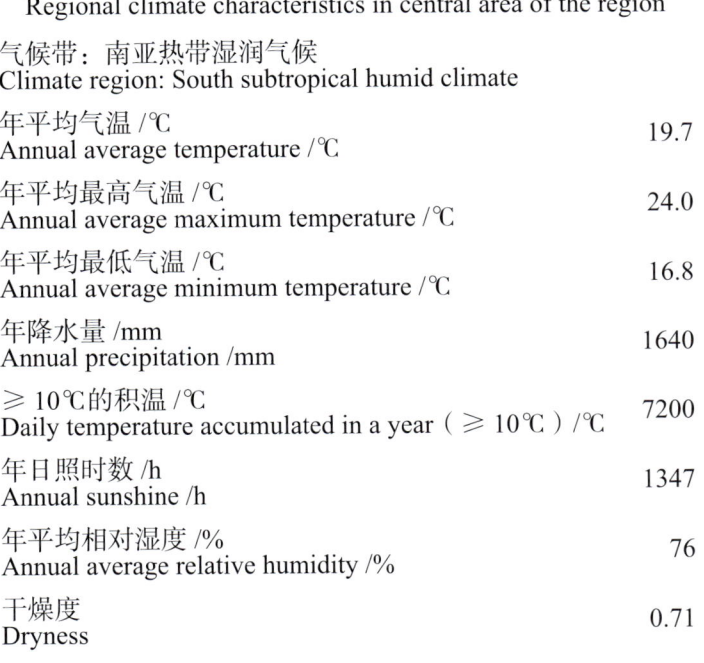

本区域中心区气候特征值
Regional climate characteristics in central area of the region

气候带：南亚热带湿润气候 Climate region: South subtropical humid climate	
年平均气温 /℃ Annual average temperature /℃	19.7
年平均最高气温 /℃ Annual average maximum temperature /℃	24.0
年平均最低气温 /℃ Annual average minimum temperature /℃	16.8
年降水量 /mm Annual precipitation /mm	1640
≥10℃的积温 /℃ Daily temperature accumulated in a year (≥10℃) /℃	7200
年日照时数 /h Annual sunshine /h	1347
年平均相对湿度 /% Annual average relative humidity /%	76
干燥度 Dryness	0.71

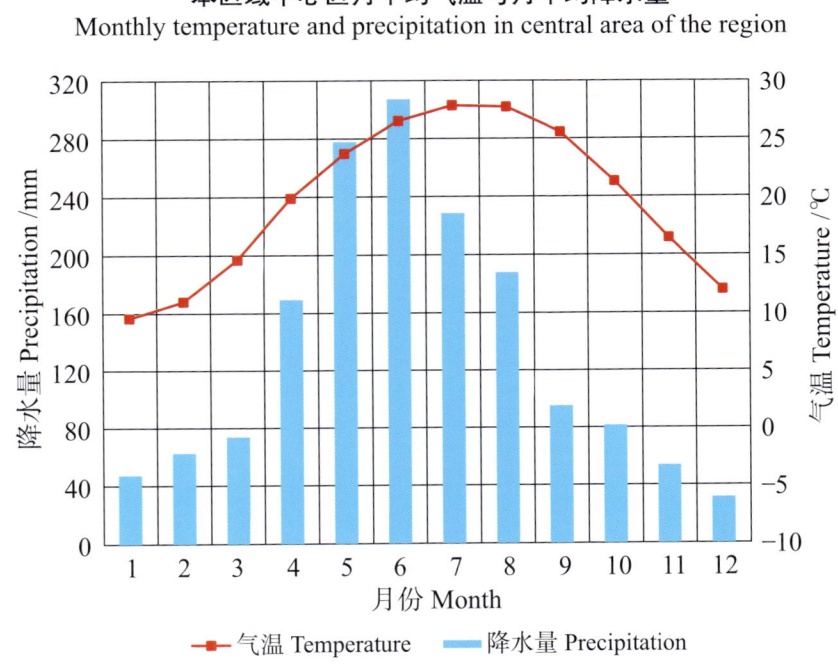

本区域中心区月平均气温与月平均降水量
Monthly temperature and precipitation in central area of the region

罗城仫佬族自治县主要土壤类型与土壤剖面点分布图
1∶310 000

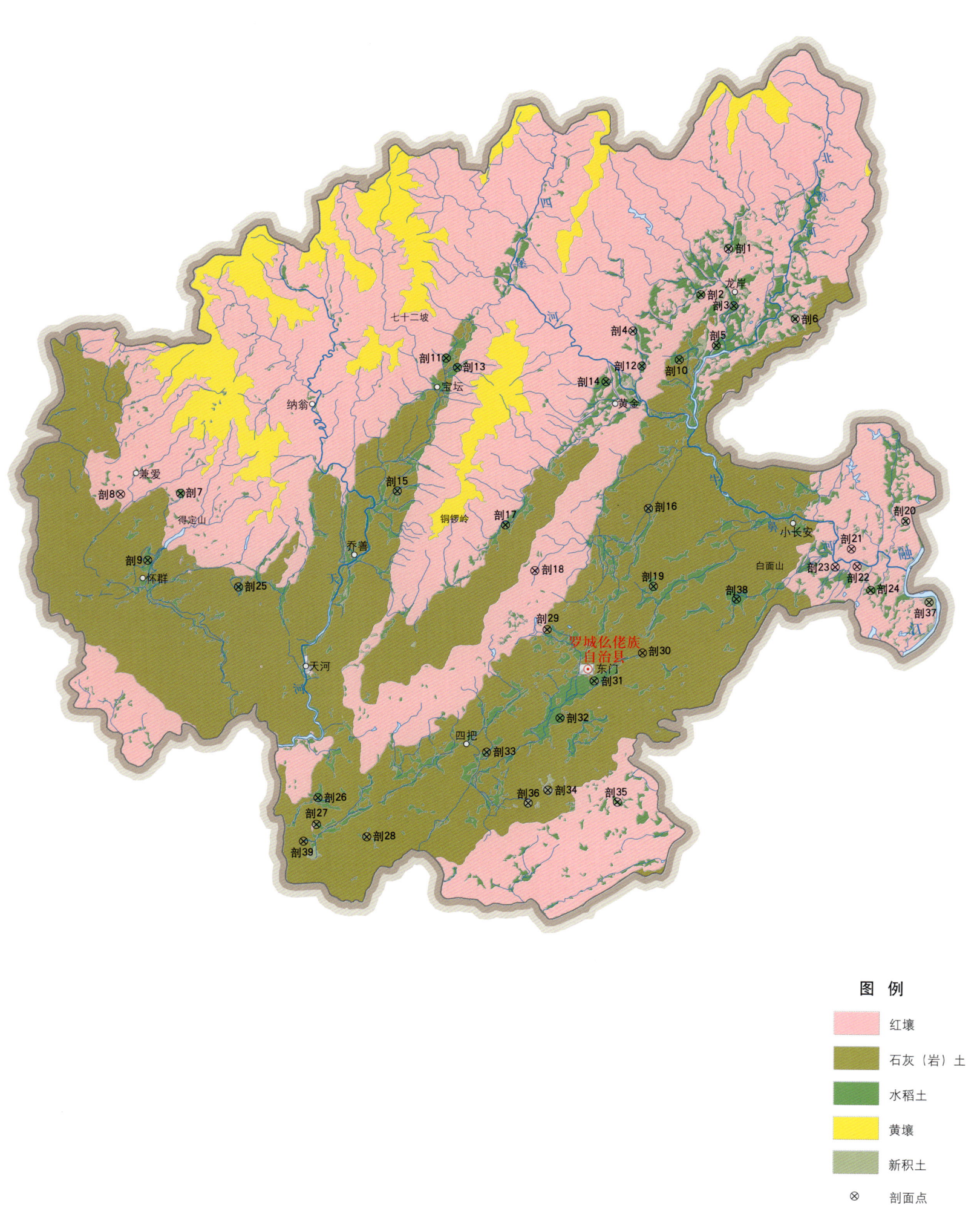

罗城仫佬族自治县土壤剖面理化性状表

剖面号 Soil profile	土纲 Soil order	土类 Soil great group	亚类 Soil subgroup	土属 Soil genus	土种 Soil species	土层码 Layer code	土层厚度 Depth/cm	颜色 Soil color	质地 Soil texture	土壤结构 Soil structure	pH	有机质 OM/(g/kg)	全氮 TN/(g/kg)	全磷 TP/(g/kg)	全钾 TK/(g/kg)	土壤母质 Parent material	剖面点坐标 Profile coordinate	匹配指数 Matching index/%
剖1	人为土	水稻土	潴育水稻土	洪积性潴育水稻土	洪积潴育含砾砂泥肉田	A	0—15	褐灰色	重壤土	碎块状	5.8	37.5	2.09	0.36	16.5	洪积物	E 108°59′39.8″ N 25°03′56.2″	87
						P	15—27	褐灰黄色	重壤土	块状	6.0	10.7	0.69	0.39	14.5			
						W	27—100	黄棕色	重壤土	柱状	6.8	1.9	0.24	0.31	22.5			
剖2	人为土	水稻土	沼泽型水稻土	埋藏黑泥田	深理黑泥田	A	0—15	灰色	粉砂壤土	单粒状	7.8						E 108°58′29.3″ N 25°02′04.9″	75
						B	15—27	灰黑棕色	重壤土	小块状	7.8	27.1	1.48	0.48	13.9			
						G	27—61	黑色	轻壤土	无明显结构	7.8							
						C	61—100	浅黄棕色	轻黏土									
剖3	人为土	水稻土	潴育水稻土	冲积性潴育水稻土	潴育潮砂泥田	A	0—11	褐色	中壤土	小块状	5.6	27.1	1.48	0.48	23.3	河流冲积物	E 108°59′57.5″ N 25°01′39.7″	77
						P	11—19	褐色	重壤土	块状	5.9	14.9	0.51	0.51	20.9			
						W	19—35	棕色	重壤土	块状	6.7	10.3	0.51	0.51	22.0			
						C	35—100	灰夹黄棕色	重壤土	块状	6.7	7.3	0.56	0.56				
剖4	人为土	水稻土	淹育水稻土	洪积性潴育水稻土	含砾黄泥田	A	0—11	灰黄棕色	重壤土	小块状	6.1	23.6	1.65	0.50	24.5		E 108°55′30.7″ N 25°00′34.2″	75
						P	11—22	浅黄棕色	轻黏土	块状	6.7	17.7	1.26	0.59	23.1			
						C	22—100	浅黄棕色	轻黏土	块状	7.2	10.8	0.60	0.42	24.3			
剖5	人为土	水稻土	潴育水稻土	冲积性潴育水稻土	潴育潮砂泥肉田	A	0—12	褐色	中壤土	碎状	5.9	30.0	0.33	0.33	14.1	河流冲积物	E 108°59′12.8″ N 25°00′03.6″	79
						P	12—19	褐灰色	重壤土	小棱柱状	5.8	19.7	0.25	0.25	16.6			
						W	19—49	黄棕灰色	重壤土	似棱柱状	7.0	4.0	0.12	0.12	19.0			
						C	49—100	黄棕灰色	重壤土	块状	7.0	4.7	0.18	0.18	20.3			
剖6	人为土	水稻土	盐渍水稻土	碳酸盐渍性水稻土	石灰性埋藏黑泥田	A	0—16	棕灰色	重壤土	小团状	7.7	69.7	4.18	0.61	3.1		E 109°02′40.9″ N 25°01′11.3″	84
						P	16—29	棕灰色	重壤土	团状	7.9	32.3	4.95	0.65	4.1			
						G_1	29—46	暗黑棕灰色	重壤土	团状	7.7	114.0	5.62	0.52	2.7			
						G_2	46—93	暗黑灰色	重壤土	无明显结构	6.8	127.0	7.63	0.30	2.9			
						C	93—100	浅灰色	轻黏土	团块状	7.6		1.97	0.37	2.6			
剖7	人为土	水稻土	潜育水稻土	冷底田	冷底田	A	0—12	浅灰色	中壤土	碎块状	6.5						E 108°35′42.4″ N 24°53′38.4″	82
						P	12—19	灰白色	中壤土	小块状	6.5							
						Wg	19—39	灰白带锈斑	中壤土	小块状	6.5							
						G	39—100	白色	轻黏土	小块状	6.5							
剖8	铁铝土	红壤	黄红壤	耕型砂页岩黄红壤	黄泥土	A	0—12	黄灰色	中黏土	小块状	6.0	31.4	1.77	1.16	14.2	砂页岩	E 108°33′03.6″ N 24°53′33.4″	74
						B	12—28	黄色	中黏土	块状	5.5	19.9	1.17	0.83	11.7			
						C	28—100	灰灰色	重壤土	碎块状	5.1	14.0	0.84	0.81	11.7			
剖9	人为土	水稻土	潴育水稻土	洪积性潴育水稻土	洪积潴育砂泥田	A	0—11	灰灰色	重壤土	碎块状	5.2	32.4	1.74	0.22	19.1	砂页岩	E 108°34′19.9″ N 24°50′56.0″	78
						P	11—17	灰黑灰色	重壤土	块状	6.3	16.7	1.06	0.23	22.8			
						W	17—40	黄棕带灰斑	中壤土	块状	7.3	3.6	0.34	0.80	21.9			
						C	40—100	蓝灰色	重壤土	小块状	7.8	1.4	0.17	0.35	21.3			
剖10	人为土	水稻土	潜育水稻土	冷浸田	浅浸田	A	0—14	棕灰色	重壤土	小块状	8.2	37.9	2.36	0.42	19.5	洪积物	E 108°57′35.3″ N 24°59′27.2″	99
						G	14—24	青灰色	重壤土	块状	7.8	8.9	2.33	0.12	16.6			
						G	24—62	青灰色	重壤土	块状	7.8	6.0	0.45	0.22	19.4			
						C	62—100	黄色	重壤土	块状	7.8	14.0	0.84	0.28	22.7			
剖11	人为土	水稻土	潴育水稻土	砂页岩潴育水稻土	潴育砂泥肉田	A	0—13	棕灰色	重壤土	小块状	6.1	4.6	0.44	0.17	26.1	砂页岩	E 108°47′17.2″ N 24°59′20.0″	85
						P	13—20	浅灰黄色	重壤土	块状	6.3	53.5	0.29	0.29	17.2			
						W	20—51	灰白色	重壤土	块状	6.9	27.6	1.81	0.25	18.3			
						C	51—100	浅黄色	重壤土	块状	7.6	9.6	0.67	0.05	18.8			
												1.5	0.36	0.22	19.5			

续表 Continued

剖面号 Soil profile	土纲 Soil order	土类 Soil great group	亚类 Soil subgroup	土属 Soil genus	土种 Soil species	土层码 Layer code	土层厚度 Depth/cm	颜色 Soil color	质地 Soil texture	土壤结构 Soil structure	pH	有机质 OM/(g/kg)	全氮 TN/(g/kg)	全磷 TP/(g/kg)	全钾 TK/(g/kg)	土壤母质 Parent material	剖面点坐标 Profile coordinate	匹配指数 Matching index/%
剖12	人为土	水稻土	潴育水稻土	冲积性潴育水稻土	潴育潮砂田	A	0—14	灰色	轻壤土	粒状	5.6	21.4	1.19	0.54	21.6	河流冲积物	E 108°55′57.0″ N 24°59′10.3″	99
						P	14—21	灰色	轻壤土	碎状	5.5	11.3	0.63	0.44	22.2			
						W	21—60	黄灰色	砂壤土	粒状	6.1	2.7	0.33	0.36	22.1			
						C	60—100	灰色	轻壤土	粒状	6.0	5.4	0.40	0.27	22.6			
剖13	人为土	水稻土	潴育水稻土	花岗岩潴育水稻土	潴育杂砂田	A	0—16	暗褐色	中壤土	小块状	5.0	62.8	3.14	0.67	17.2	花岗岩	E 108°47′47.8″ N 24°58′57.7″	77
						P	16—26	暗褐色	中壤土	块状	5.2	29.1	1.69	0.68	19.8			
						W	26—62	褐色	重壤土	块状	5.6	16.7	0.94	0.82	19.7			
						C	62—100	黄棕色	轻黏土	块状	6.0	8.1	0.59	0.50	17.6			
剖14	人为土	水稻土	潴育水稻土	洪积性潴育水稻土	洪积潴育砂土田	A	0—13	灰色	中壤土	块状	6.0	34.8	1.77	0.38	19.6	洪积物	E 108°54′22.3″ N 24°58′31.1″	70
						P	13—21	暗棕青灰色	中壤土	碎块状	6.0	15.6	0.87	0.23	21.4			
						W	21—55	灰黄色	轻壤土	粒状	6.4	8.2	0.36	0.17	19.2			
						C	55—100	灰黄色	轻壤土	块状	6.7	8.1	0.31	0.27	22.2			
剖15	人为土	水稻土	潴育水稻土	潴底田	中潴底田	A	0—16	浅灰色	重壤土	小块状	6.7	42.6	2.36	0.29	17.3	洪积物	E 108°45′15.8″ N 24°53′56.4″	81
						P	16—24	浅青灰色	重壤土	块状	6.8	205.0	1.08	0.20	18.4			
						G	24—48	浅青灰色	重壤土	无明显结构	7.4	12.6	0.53	0.15	18.2			
						C	48—100	灰棕色	重壤土	小块状	7.4	3.9	0.33	0.20	17.8			
剖16	人为土	水稻土	淹育水稻土	冲积性淹育水稻土	潮砂田	A	0—10	灰色	中壤土	粒状	6.7	37.9	2.09	0.25	2.5	河流冲积物	E 108°56′22.6″ N 24°53′27.2″	91
						P	10—15	白灰色	中壤土	小块状	7.4	0.2	1.81	0.29	5.3			
						C	15—100	黄白色	中壤土	小块状	7.9	8.8	0.13	0.40	3.8			
剖17	人为土	水稻土	淹育水稻土	棕色石灰土淹育水稻土	浅棕泥田	A	0—12	棕色	黏壤土	小块状	6.5	41.3	2.84	0.85	17.0	石灰岩风化物	E 108°50′04.6″ N 24°52′40.8″	97
						P	12—16	暗棕色	黏壤土	块状	7.2	27.0	1.70	0.61	17.3			
						C	16—100	黄棕色	黏壤土	块状	7.2	11.9	0.73	0.43	24.2			
剖18	铁铝土	红壤		砂页岩红壤		A	0—20	灰褐色	壤土	块状	5.5	4.6	1.05	0.12		砂页岩	E 108°51′24.8″ N 24°50′52.4″	96
						B	20—90	棕红色	黏土	块状	5.0	13.9	0.89	0.17	4.5			
						C	90—150	红棕色	黏土	碎块状	4.8	9.6	0.66	0.24	6.2			
剖19	人为土	水稻土	盐渍水稻土	碳酸盐渍性水稻土	石灰性板结田	A	0—18	暗棕色	重黏土	块状	7.8	66.8	3.90	0.26	10.2	砂页岩	E 108°56′39.8″ N 24°50′20.4″	81
						P	18—43	暗黄色	轻黏土	块状	8.0	19.8	1.36	5.30	7.7			
						C	43—100	黄棕色	轻黏土	碎状	8.0	14.2	1.04	3.80	13.7			
剖20	人为土	水稻土	淹育水稻土	红土质淹育水稻土	黄泥田	A	0—13	浅灰黄色	轻黏土	块状	5.7	25.8	1.55	0.34	14.8	红土	E 109°07′44.4″ N 24°53′08.9″	78
						P	13—23	浅灰黄色	中黏土	团块状	6.4	18.6	0.98	0.29	15.8			
						Cw	23—28	黄棕色	中黏土	块状	6.8	13.4	0.80	0.20	12.3			
						C	28—100	灰棕色	中黏土	块状	5.5	4.6	1.05	0.12				
剖21	铁铝土	红壤		耕犁砂页岩红壤	红壤土	A	0—13	黄色	轻黏土	碎块状	7.2	13.9	0.89	0.17	6.2	砂页岩	E 109°05′22.2″ N 24°51′59.8″	90
						C	13—100	浅黄棕色	轻黏土	块状	6.1	9.6	0.66	0.24	10.2			
剖22	铁铝土	红壤		耕犁第四纪红土红壤	砂质红泥田	A	0—12	黄橙色	中壤土	碎状	6.8	19.5	1.24	0.40	7.7	红土	E 109°05′38.0″ N 24°51′17.8″	77
						B	12—18	红橙色	重黏土	团状	6.7	13.7	0.98	0.25	10.1			
						C	18—100	浅红色	轻黏土	块状	5.1	4.7	6.60	0.15	6.2			
剖23	铁铝土	红壤		耕犁第四纪红土红壤	薄型红泥土	A	0—14	黄灰色	中黏土	团块状	5.5	15.5	1.05	0.34	16.6	红土	E 109°04′40.1″ N 24°51′15.8″	73
						B	14—42	黄黄棕色	中黏土	团块状	5.9	9.8	0.64	0.34	13.7			
						C	42—100	黄棕红色	中黏土	小块状	5.7	6.3	0.78	0.36	10.8			
剖24	人为土	水稻土	淹育水稻土	砂页岩淹育水稻土	壤土田	A	0—11	浅黄灰色	重壤土	块状	5.2	19.8	1.34	0.22	3.8	砂页岩	E 109°06′15.5″ N 24°50′21.5″	78
						P	11—17	黄灰色	重壤土	块状	5.6	10.7	0.74	0.20	2.5			
						C	17—100	黄棕色	重壤土	块状	6.4	1.5	0.30	0.40	2.5			

续表 Continued

剖面号 Soil profile	土纲 Soil order	土类 Soil great group	亚类 Soil subgroup	土属 Soil genus	土种 Soil species	土层码 Layer code	土层厚度 Depth/cm	颜色 Soil color	质地 Soil texture	土壤结构 Soil structure	pH	有机质 OM/(g/kg)	全氮 TN/(g/kg)	全磷 TP/(g/kg)	全钾 TK/(g/kg)	土壤母质 Parent material	剖面点坐标 Profile coordinate	匹配指数 Matching index/%
剖25	人为土	水稻土	潴育水稻土	棕色石灰土潴育水稻土	潴育棕泥肉	A	0—15	黄棕色	轻黏土	小块状	5.7	46.8	2.73	0.56	22.9	石灰岩风化物	E 108°38′21.8″ N 24°49′57.0″	100
						P	15—23	灰棕色	轻黏土	块状	6.1	30.1	1.98	0.55	22.7			
						W	23—51	灰棕色	轻黏土	棱柱状	7.5	10.9	0.50	0.42	21.8			
						C	51—100	棕黑色	轻黏土	柱状	7.8	14.8	0.86	0.47	22.1			
剖26	人为土	水稻土	盐渍水稻土	碳酸盐渍性水稻土	石灰性潴育田	A	0—12	褐色	重壤土	团状	7.9	50.3	3.15	0.87	0.3			92
						P	12—19	暗褐褐色	轻黏土	块状	8.0	44.6	3.05	0.78	0.3			
						G_1	19—27	暗褐褐色	轻黏土	块状	8.2	27.7	1.93	0.44	0.3			
						G_2	27—100	暗灰黄色	轻黏土	块状	8.1	12.2	0.72	0.29	0.4			
剖27	人为土	水稻土	潴育水稻土	红土质潴育水稻土	潴育黄泥田	A	0—14	灰黄色	重壤土	小块状	6.9	18.2	1.20	0.23	3.8	红土	E 108°42′02.2″ N 24°40′28.6″	98
						P	14—19	灰黄色	重黏土	小块状	8.0	13.8	0.72	0.20	3.5			
						W	19—68	灰红色	轻黏土	团块状	8.1	3.1	0.26	0.26	7.0			
						C	68—100	青棕色	中黏土	团块状	7.9	1.7	0.15	0.15	9.1			
剖28	人为土	水稻土	潴育水稻土	砂页岩潴育水稻土	潴育砂泥田	A	0—18	灰色	重黏土	块状	7.0	30.9	1.72	0.24	5.2	砂页岩	E 108°44′16.4″ N 24°40′01.9″	95
						P	18—26	黄灰色	轻黏土	块状	7.6	3.5	0.55	0.13	4.8			
						W	26—37	黄棕灰色	轻黏土	似棱块状	7.4	2.0	0.56	0.13	8.0			
						C	37—100	灰红色	中黏土	块状	7.6	3.8	0.71	0.20	7.0			
剖29	人为土	水稻土	矿毒型水稻土	矿毒田	煤矿毒田	A	0—16	棕灰色	轻黏土	核状	7.7	39.8	2.20	0.43	6.5			86
						P	16—26	暗棕色	重黏土	块状	8.2	20.6	1.33	0.28	6.5			
						3	26—34	暗棕色	重黏土	块状	7.8	3.2	0.36	0.22	7.1			
						W	34—57	黄灰黄色	重黏土	核粒状	7.9	6.7	0.35	0.23	7.6			
						C	57—100	灰黄棕色	重黏土	核粒状	7.7	2.5	0.29	0.22	5.7			
剖30	初育土	石灰（岩）土	棕色石灰土	耕型棕色石灰土	棕泥土	A	0—15	灰黄棕色	重黏土	团粒状	6.8	18.0	1.19	0.82	17.8		E 108°56′14.3″ N 24°47′39.1″	100
						B	15—62	黄黄棕色	轻黏土	柱块状	6.8	13.0	0.81	0.76	20.3			
						C	62—100	浅黄棕色	中黏土	柱状	6.8	2.9	0.24	0.77	21.9			
剖31	人为土	水稻土	盐渍水稻土	碳酸盐渍性水稻土	石灰性田	A	0—12	褐红色	轻黏土	小块状	7.8	38.4	2.22	5.40	7.6			97
						P	12—20	褐黄色	轻黏土	核状	8.0	12.4	0.89	0.49	10.3			
						W	20—44	灰黄色	重黏土	块状	8.2	6.4	0.89	0.26	4.4			
						C	44—100	黄白色	轻黏土	块状	7.0	0.8	0.24	0.24	0.2			
剖32	人为土	水稻土	潴育水稻土	洪积性潴育水稻土	洪积潴育黄泥田	A	0—10	浅灰黄色	中壤土	小块状	5.5	38.2	2.35	0.32	17.9	古洪积物	E 108°52′00.5″ N 24°48′31.3″	73
						P	10—20	灰灰黄色	轻黏土	块状	6.4	17.5	1.01	0.32	17.9			
						W	20—50	黄灰黄色	重黏土	块状	7.4	4.8	0.31	0.38	18.6			
						C	50—100	浅黄黄色	中黏土	块状	7.6	2.3	0.21	0.38	23.1			
剖33	人为土	水稻土	潴育水稻土	棕色石灰土潴育水稻土	潴育棕泥田	A	0—16	黄棕色	重黏土	碎块状	7.1	55.3	3.24	0.74	18.7	石灰岩风化物	E 108°52′39.7″ N 24°44′57.8″	96
						P	16—26	暗棕色	轻黏土	块状	7.5	47.1	2.99	0.71	17.4			
						W	26—62	浅黄棕色	中黏土	块状	7.9	11.2	0.71	0.64	14.3			
						C	62—100	暗黄色	中黏土	柱状	8.0	6.2	0.57	0.71	23.8			
剖34	初育土	新积土	冲积水稻土	石灰性潮泥土	厚层石灰性潮泥田	A	0—15	褐色	中壤土	团块状	8.2	16.3	1.03	0.30	3.8	河流冲积物	E 108°49′27.8″ N 24°43′31.4″	73
						B	15—33	暗棕色	重黏土	团块状	8.1	18.1	0.93	0.29	2.1			
						C	33—90	暗栗色	轻黏土	团块状	7.7	29.8	1.45	0.41	2.0			
剖35	人为土	水稻土	淹育水稻土	砂页岩淹育水稻土	砂土田	A	0—21	棕色	轻壤土	单粒状	6.3	25.2	1.48	0.23	1.3	砂页岩	E 108°52′12.4″ N 24°42′03.6″	72
						P	21—28	浅棕色	重黏土	小块状	6.6	7.6	0.58	0.16	1.2			
						Cw	28—37	浅黄色	轻黏土	块状		12.4	0.59	0.25	2.5			
						C	37—100	浅黄色	砾质土	块状	7.0	4.6	0.45	0.17	3.0			
剖36	初育土	新积土	新积土	石砾土	石砾土	A	0—15	暗灰色	砾质土	块状	7.0	15.2	0.73	0.73	0.6	洪积物	E 108°51′21.2″ N 24°41′32.3″	73
						B	15—48	暗灰色	砾质土	块状	6.5	7.6	7.60	0.48	0.2			
						C	48—100	暗棕色	多砾石重壤土	块状	6.5	4.2	4.20	0.39	0.3			

续表 Continued

剖面号 Soil profile	土纲 Soil order	土类 Soil great group	亚类 Soil subgroup	土属 Soil genus	土种 Soil species	土层码 Layer code	土层厚度 Depth/cm	颜色 Soil color	质地 Soil texture	土壤结构 Soil structure	pH	有机质 OM/(g/kg)	全氮 TN/(g/kg)	全磷 TP/(g/kg)	全钾 TK/(g/kg)	土壤母质 Parent material	剖面点坐标 Profile coordinate	匹配指数 Matching index/%
剖37	初育土	新积土	冲积土	酸性潮砂土	厚层酸性潮砂土	A	0—15	褐色	砂壤土	粒状	5.5	8.0	0.49	0.30	17.2	河流冲积物	E 109°08′50.7″ N 24°49′55.5″	80
						B	15—45	灰黄色	中壤土	小块状	5.5	5.6	0.46	0.36	22.4			
						C	45—100	褐棕色	中壤土	小块状	5.0	6.1	0.45	0.30	22.2			
剖38	人为土	水稻土	盐渍水稻土	碳酸盐渍性水稻土	石灰性砂泥田	A	0—12		轻石质中壤土		7.8	38.4	2.40	0.36	15.2		E 109°00′20.9″ N 24°49′53.8″	74
						P	12—18		中壤土		7.4	29.4	1.53	0.35	15.2			
						W₁	18—44		轻石质重壤土		7.8	5.6	0.43	0.31	19.0			
						W₂	44—57		轻石质中壤土		7.8	4.7	0.42	0.26	22.8			
						C	57—100		中壤土		7.6	5.7	0.45	0.32	21.5			
剖39	初育土	石灰(岩)土	棕色石灰土	耕型棕色石灰土	含砂棕泥土	A	0—13	灰黄棕色	重壤土	小团粒状	6.5	14.2	1.02	0.37	16.9		E 108°41′29.0″ N 24°39′47.5″	89
						B	13—46	灰黄棕色	轻黏土	团粒状	6.7	1.4	0.19	0.27	21.4			
						C	46—100	黄棕色	轻黏土	小块状	7.2	5.6	0.49	0.32	18.5			

环江毛南族自治县

主要土类说明

石灰（岩）土是环江毛南族自治县主要土壤类型，占本县地域面积的37%，主要分布于石灰岩堆、岩缝或山的下坡部位。石灰（岩）土发生于本县石灰岩山区，是石灰岩经溶蚀风化，形成的厚薄不同的钙质饱和或含游离钙质的土壤，多见于石隙、溶洞或峰丛底部。该土壤碳酸钙淋溶程度不一，多黏土，多为铁钙质胶结物，风化程度不一，盐基饱和度高，有机质含量及胶结状态有较大差异。

黄壤是环江毛南族自治县第二大土壤类型，占本县地域面积的31%。黄壤发生于湿润条件下，多见于海拔700—1200m的山区，中度脱硅富铝化。土壤有机质累积较高。淀积层（B层）富含水合氧化铁（针铁矿），呈黄色，有时多含三水铝石。

红壤是环江毛南族自治县第三大土壤类型，占本县地域面积的27%。红壤分布于北回归线以北海拔较低（约500m以下）的地区。红壤的主要特点是色红、酸性、质黏、富含铁铝，是覆盖于石灰岩上的红色土壤。

水稻土占本县地域面积的5%。本县水稻土发育于红土、砂页岩、页岩、河流冲积物、洪积物、石灰岩六种母质上，其中砂页岩母质发育而来的水稻土面积最大。水稻土是在长期季节性淹灌、水下翻耕、季节性脱水、氧化还原交替影响下，原来成土母质或母土的特性发生重大改变，形成的新的土壤类型。由于干湿交替，水稻土形成糊状淹育层、较坚实板结的犁底层、渗育层、潴育层与潜育层等多种发生层。这些不同发生层段是在人为耕作、水浆管理下形成的。本县水稻土分为淹育型、潴育型、潜育型、沼泽型、渗育型、盐渍型等亚类。

小于本县地域面积3%的土壤类型还有新积土等。

本区域中心区气候特征

本区域中心区气候特征值
Regional climate characteristics in central area of the region

气候带：南亚热带湿润气候 Climate region: South subtropical humid climate	
年平均气温 /℃ Annual average temperature /℃	19.6
年平均最高气温 /℃ Annual average maximum temperature /℃	23.9
年平均最低气温 /℃ Annual average minimum temperature /℃	16.6
年降水量 /mm Annual precipitation /mm	1562
≥10℃的积温 /℃ Daily temperature accumulated in a year（≥10℃）/℃	7132
年日照时数 /h Annual sunshine /h	1288
年平均相对湿度 /% Annual average relative humidity /%	76
干燥度 Dryness	0.74

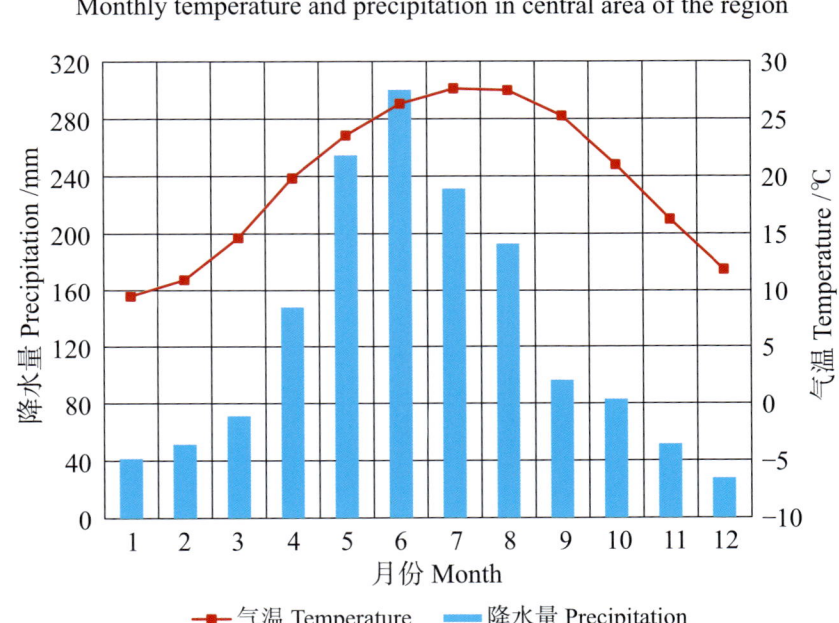

本区域中心区月平均气温与月平均降水量
Monthly temperature and precipitation in central area of the region

环江毛南族自治县主要土壤类型与土壤剖面点分布图
1 : 380 000

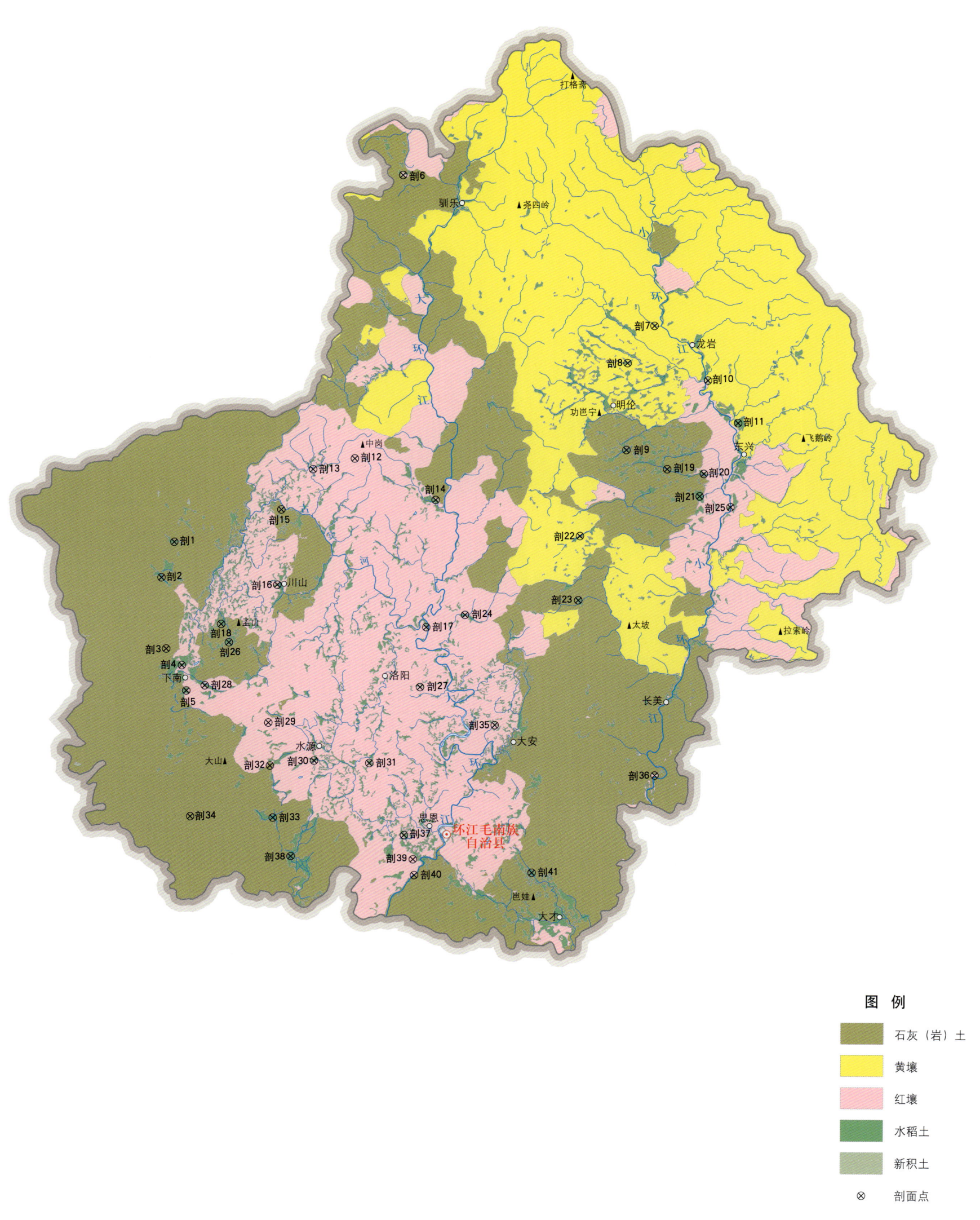

环江毛南族自治县土壤剖面理化性状表

剖面号 Soil profile	土纲 Soil order	土类 Soil great group	亚类 Soil subgroup	土属 Soil genus	土种 Soil species	土层码 Layer code	土层厚度 Depth/cm	颜色 Soil color	质地 Soil texture	土壤结构 Soil structure	pH	有机质 OM/(g/kg)	全氮 TN/(g/kg)	全磷 TP/(g/kg)	全钾 TK/(g/kg)	有效磷 AP/(mg/kg)	速效钾 AK/(mg/kg)	土壤母质 Parent material	剖面点坐标 Profile coordinate	匹配指数 Matching index/%
剖1	人为土	水稻土	淹育水稻土	棕色石灰土	薄砂棕泥田	A	0—14	褐色	中壤土	碎块状	7.0	21.8	1.30	0.25	5.4	10.7	44	石灰岩风化物	E 107°59′00.6″ N 25°05′12.8″	86
						P	14—26	浅棕黄色	中壤土	块状	7.2	11.0	1.06	0.26	9.8					
						C	26—100	黄色	重壤土	块状	7.0	7.2	0.22	0.22	2.8					
剖2	人为土	水稻土	潴育水稻土	红土质潴育水稻土	潴育黄泥田	A	0—15	棕灰色	黏壤土	碎块状	6.5	75.6	4.50			23.8	117	红土	E 107°58′18.8″ N 25°03′18.0″	88
						P	15—20	灰棕色	黏壤土	块状	6.5									
						W	20—45	黄红色	黏壤土	块状	7.0									
						C	45—100	黄红色	黏壤土	块状	7.0									
剖3	初育土	石灰(岩)土	棕色石灰土	棕色石灰土	棕色石灰土	A	0—20	灰棕色	轻黏土	粒状	7.4	47.7	3.39	2.83	4.3	1.4	42	石灰岩风化物	E 107°58′41.9″ N 24°59′29.8″	94
						B	20—30	灰黄色	轻黏土	粒状	7.4	51.1	2.95	0.82	4.6					
						C	30—	棕色												
剖4	人为土	水稻土	淹育水稻土	冲积性潴育水稻土	潮砂土田	A	0—13	浅棕色	砂壤土	细粒状	6.5	48.0	2.60	0.43	13.3			河流冲积物	E 107°59′38.8″ N 24°58′37.9″	91
						P	13—18	棕灰色	壤土	小块状	6.5	23.9	1.48	0.34	19.7					
						C	18—100	灰黄色	壤土	块状	6.5	8.2	0.70	0.31	21.6					
剖5	人为土	水稻土	潴育水稻土	棕色石灰土潴育水稻土	潴育棕泥肉田	A	0—19	棕灰色	轻壤土	小块状	6.5	48.3	2.83	0.57	10.6	7.0	179	石灰岩风化物	E 107°59′57.5″ N 24°57′17.3″	80
						P	19—27	浅棕黄色	轻壤土	块状	7.0	28.0	2.02	0.34	10.5					
						W	27—50	棕黄色	轻黏土	棱柱状	7.0	12.1	1.15	0.41	10.1					
						C	50—100	棕黄色	重黏土		6.8	10.3	1.14	0.47	11.1					
剖6	铁铝土	红壤	黄红壤	耕型石灰岩黄红壤	黏黄泥土	A	0—10	黄棕色	轻黏土	小团块状		23.3	1.70	0.85	25.7	4.6	105	石灰岩	E 108°11′56.0″ N 25°24′59.4″	86
						B	10—15	黄棕色	轻黏土	块状	7.0	22.3	1.76	0.88	26.1					
						C	15—100	灰棕色	轻黏土	大块状	7.0	16.7	1.37	0.66	26.6					
剖7	铁铝土	黄壤	黄壤	砂页岩黄壤	中层砂页岩黄壤	A	0—38	灰黄色	重壤土	粒状	6.2	56.5	2.22	0.21	21.8			砂页岩	E 108°26′53.9″ N 25°17′17.5″	72
						B	38—98	黄色	轻壤土	单粒状	6.2	6.8	4.10	0.07	28.3					
剖8	人为土	水稻土	潴育水稻土	洪积性潴育水稻土	洪积潴育砂土田	A	0—16	棕灰色	中壤土	小块状	6.8	32.8	1.87	0.43	3.3			洪积物	E 108°25′21.0″ N 25°15′16.2″	95
						P	16—24	浅棕灰色	重壤土	单粒状	6.8	47.5	2.43	0.60	3.6					
						W	24—72	灰棕色	重壤土	小块状	7.0	32.1	1.63	0.40	7.4					
						C	72—100	棕黄色	中壤土	小块状	6.8	3.5	0.26	0.18	5.7					
剖9	人为土	水稻土	潴育水稻土	棕色石灰土潴育水稻土	潴育粉砂棕泥田	A	0—14	浅棕色	中壤土	小块状	6.8	53.2	2.78	0.45	7.8			石灰岩风化物	E 108°25′23.9″ N 25°10′38.6″	97
						P	14—20	棕黄色	重壤土	棱柱状	7.0	28.6	1.90	0.27	7.7					
						W	20—26	灰棕色	中壤土	棱柱状	7.0	12.1	0.70	0.20	4.7					
						C	26—100	棕黄色	中壤土	块状	7.0	4.1	0.27	0.17	6.2					
剖10	初育土	新积土	冲积土	酸性潮砂土	薄层酸性潮砂土	A	0—25	黄棕色	砂壤土	碎块状	7.0							河流冲积物	E 108°30′06.1″ N 25°14′25.8″	88
						C	25—100	黄灰色	黏壤土	粒状	7.5	45.1	2.27							
剖11	人为土	水稻土	潴育水稻土	冲积性潴育水稻土	潴育潮砂田	A	0—14	黄棕色	壤土	粒状	6.5					12.6	39	河流冲积物	E 108°31′55.6″ N 25°12′11.9″	76
						P	14—28	棕黄色	壤土	棱柱状	6.0									
						C	28—100	棕灰色	壤土	块状	6.0									
剖12	铁铝土	红壤	红壤	页岩红壤	厚层页岩红壤	A	0—39	黄黄棕色	轻黏土	粒状	5.5	42.5	1.99	0.20	11.5			页岩	E 108°09′29.2″ N 25°09′51.8″	92
						B	39—100	棕黑色	中壤土	粒状	5.5	9.9	1.05	0.16	13.5					
剖13	铁铝土	红壤	红壤性	耕型砾红壤性土	多砾红土	A	0—13	棕黄色	中壤土	小块状	6.5	16.4	0.96	0.54	8.6			页岩	E 108°07′03.0″ N 25°09′14.4″	92
						B	13—28	红棕色	中壤土	块状	6.5	31.7	1.66	0.92	5.3					
						C	28—100	棕灰色	中壤土	碎块状	6.2	8.6	0.51	0.31	7.8					
剖14	人为土	水稻土	潴育水稻土	砂页岩潴育水稻土	潴育蜡泥肉田	A	0—15	棕灰色	轻黏土	块状	6.5	41.1	2.83	0.41	12.9			砂页岩	E 108°14′17.2″ N 25°07′46.9″	77
						P	15—24	棕灰色	轻黏土	块状	6.5	30.1	2.16	0.42	14.2					
						W	24—100		轻黏土	棱柱状	7.0	7.8	1.10	0.25	11.6					

续表 Continued

剖面号 Soil profile	土纲 Soil order	土类 Soil great group	亚类 Soil subgroup	土属 Soil genus	土种 Soil species	土层码 Layer code	土层厚度 Depth/cm	颜色 Soil color	质地 Soil texture	土壤结构 Soil structure	pH	有机质 OM/(g/kg)	全氮 TN/(g/kg)	全磷 TP/(g/kg)	全钾 TK/(g/kg)	有效磷 AP/(mg/kg)	速效钾 AK/(mg/kg)	土壤母质 Parent material	剖面点坐标 Profile coordinate	匹配指数 Matching index/%
剖15	初育土	新积土	冲积土	酸性潮泥土	薄层酸性潮泥土	A	0—22	浅灰色	壤土	小块状	6.5							河流冲积物	E 108°05′14.6″ N 25°07′04.1″	78
						B	22—30	浅灰色	壤土		6.5									
						C	30—100	灰黄色	黏壤土		7.5									
剖16	人为土	水稻土	潴育水稻土	砂页岩育水稻土	砂土田	A	0—13	浅灰色	轻壤土	小块状	6.5	36.1	2.10	0.31	6.7	7.7	63	砂页岩	E 108°05′07.4″ N 25°03′03.6″	81
						P	13—19	浅灰色	轻壤土	块状	6.5	17.1	1.05	0.26	7.2					
						C	19—100	黄色	重壤土	块状	7.0	4.5	0.41	0.22	7.1					
剖17	初育土	新积土	冲积土	酸性潮泥土	厚层酸性潮泥土	A	0—19	黄灰色	壤土	小团粒状	6.5	11.7	0.70			2.1	41	河流冲积物	E 108°13′55.2″ N 25°00′59.4″	85
						C	19—100	棕灰色	壤土	棱柱状	6.5									
剖18	人为土	水稻土	潴育水稻土	烂底田	浅烂底泥田	A	0—12	棕灰色	中壤土	块状	6.0	48.3	2.47	0.38	15.4				E 108°01′53.4″ N 25°00′53.6″	88
						G	12—100	蓝灰色	轻黏土		6.5	33.2	2.16	0.27	15.6					
剖19	人为土	水稻土	淹育水稻土	棕色石灰岩育淹育水稻土	浅棕泥田	A	0—13	棕灰色	轻黏土	块状	6.6	57.9	2.78	0.74	7.3			石灰岩风化物	E 108°27′49.0″ N 25°09′41.0″	95
						P	13—21	棕灰色	轻黏土	棱柱状	7.0	46.9	2.50	0.67	7.2					
						W₁	21—32	暗棕灰色	轻黏土	棱柱状	7.5	10.2	0.70	0.97	7.2					
						W₂	32—50	浅黄棕色	轻黏土	块状	7.5	24.6	0.91	0.90	5.7					
						C	50—100	灰黄色	壤土		7.5	8.5	0.73	0.73	6.9					
剖20	人为土	水稻土	盐渍水稻土	碳酸盐盐渍性水稻土	锅巴底田	A	0—17	灰黄色	中壤土	小块状	7.5	41.0	2.15	0.42	10.9				E 108°29′58.6″ N 25°09′28.4″	89
						P	17—31	黄灰色	重壤土	块状	7.3	19.7	1.18	0.43	11.8					
						C	31—100	灰黄色	重壤土	棱柱状	7.0	4.1	0.48	0.32	12.8					
剖21	人为土	水稻土	盐渍水稻土	碳酸盐盐渍性水稻土	石灰性田	A	0—12	灰黄色	中壤土	块状	7.8	26.3	1.91	0.85	5.9				E 108°29′44.9″ N 25°08′16.8″	100
						P	12—19	黄灰色	重壤土	棱柱状	8.0	20.8	1.54	0.47	5.7					
						C	19—100	黄灰色	壤土		7.8	2.3	0.41	0.26	5.4					
剖22	人为土	水稻土	淹育水稻土	洪积淹育水稻土	含砾砂泥田	A	0—12	灰灰色	中壤土	小块状	6.5	41.6	2.48	0.26	3.5	7.7	46	洪积物	E 108°22′47.6″ N 25°06′02.2″	76
						C	12—100	浅灰色	轻壤土	块状	6.0	5.7	0.31	0.09	1.7					
剖23	人为土	水稻土	淹育水稻土	砂页岩育淹育水稻土	蜡泥田	A	0—11	浅灰色	中壤土	块状	6.0	42.4	2.89	0.40	11.2	7.9	41	砂页岩	E 108°22′46.6″ N 25°02′36.6″	94
						P	11—21	浅灰色	轻壤土	棱柱状	7.0	17.5	1.73	0.29	12.4					
						C	21—100	红黄色	重壤土	块状	7.0	12.1	1.34	0.36	13.4					
剖24	人为土	水稻土	沼泽型水稻土	烂泥田	深淀田	A	0—10	青灰色	中壤土	块状	6.0	38.5	2.31	0.23	12.7				E 108°16′09.8″ N 25°01′41.9″	92
						G	10—100	青灰色	重壤土		6.0	36.2	2.27	0.26	12.8					
剖25	人为土	水稻土	潴育水稻土	冲积性潴育水稻土	潜育潮泥田	A	0—14	暗黄色	壤土	碎块状	6.5	59.3				84.0	57	河流冲积物	E 108°31′34.7″ N 25°07′44.4″	84
						P	14—28	棕灰色	轻壤土	块状	7.0									
						W	28—90	黄灰色	重壤土	棱柱状	7.0									
剖26	人为土	水稻土	淹育水稻土	砂页岩育水稻土	壤土田	A	0—12	棕灰色	轻壤土	小团块状	6.5	32.6	1.78	0.35	26.7			砂页岩	E 108°02′21.8″ N 24°59′55.3″	78
						P	12—18	棕灰色	中壤土	团块状	6.5	31.4	1.17	0.27	27.5					
						C	18—100	棕黄色	重壤土	团块状	6.8	9.5	0.54	0.20	25.3					
剖27	人为土	水稻土	沼泽型水稻土	烂泥田	浅淀田	A	0—10	棕灰色	中壤土	块状	6.2	36.1	2.48	0.34	13.3	4.9	83		E 108°13′38.3″ N 24°57′47.5″	95
						G	10—100	青灰色	轻壤土	块状	6.3	30.6	2.89	0.27	13.2					
剖28	人为土	水稻土	淹育水稻土	洪积性淹育水稻土	含砾砂土田	A	0—14	暗黄灰色	中壤土	小块状	7.0	29.9	2.03	0.32	4.6	11.0	58	洪积物	E 108°01′01.6″ N 24°57′35.3″	92
						P	14—20	暗黄灰色	中壤土	块状	7.0	22.6	1.52	0.26	4.8					
						C	20—100	黄色	重壤土	团块状	7.2	2.8	0.52	0.19	5.7					
剖29	铁铝土	红壤	红壤	砂页岩红壤	中层砂岩红壤	A	0—17	暗棕色	轻壤土	小块状	5.5	27.0	1.11	0.15	8.6	1.5	50	砂页岩	E 108°04′48.7″ N 24°55′42.2″	73
						B	17—44	棕灰色	轻壤土	块状	5.6	8.3	0.65	0.19	11.6					
剖30	人为土	水稻土	潜育水稻土	冷浸田	深浸田	A	0—15	浅灰色	轻壤土		6.0	61.8	3.19	0.52	12.5				E 108°07′32.2″ N 24°53′44.5″	76
						P	15—30	浅灰色	轻壤土		7.0	58.2	3.26	0.42	11.8					
						G	30—70	浅灰色	轻壤土		7.0	19.1	1.22	0.20	10.5					
						C	70—100	黄灰色	重壤土	块状	7.0	4.9	0.26	0.16	6.6					

续表 Continued

剖面号 Soil profile	土纲 Soil order	土类 Soil great group	亚类 Soil subgroup	土属 Soil genus	土种 Soil species	土层码 Layer code	土层厚度 Depth/cm	颜色 Soil color	质地 Soil texture	土壤结构 Soil structure	pH	有机质 OM/(g/kg)	全氮 TN/(g/kg)	全磷 TP/(g/kg)	全钾 TK/(g/kg)	有效磷 AP/(mg/kg)	速效钾 AK/(mg/kg)	土壤母质 Parent material	剖面点坐标 Profile coordinate	匹配指数 Matching index/%
剖31	人为土	水稻土	潜育水稻土	冷浸田	浅浸田	A	0—13	棕灰色	轻黏土	块状	6.0	43.6	2.71	0.46	10.9				E 108°10′46.9″ N 24°53′41.6″	91
						G	13—55	青灰色	轻黏土	块状	7.0	36.4	2.23	0.32	10.9					
						C	55—100	黄色	轻黏土		7.0	3.8	0.51	0.30	0.7					
剖32	初育土	石灰(岩)土	棕色石灰土	耕型棕色石灰土	含砂棕泥土	A	0—10	灰棕色	重壤土	小团块状	7.0	20.0	1.34	0.90	6.4				E 108°04′58.1″ N 24°53′25.8″	93
						C	10—100	黄棕色	重壤土	块状	7.0	8.5	0.82	0.86	9.1					
剖33	人为土	水稻土	盐渍水稻土	碳酸盐渍性水稻土	石灰性潜育田	Ag	0—22	暗灰色	重壤土	块状	7.5	69.5	4.11	1.53	4.6				E 108°05′12.8″ N 24°50′39.5″	73
						Pg	22—28	暗棕色	重壤土	块状	7.0	45.9	2.68	0.93	4.1					
						CW	28—100	黄棕色	重壤土	块状	7.2	5.4	0.54	0.65	4.6					
剖34	初育土	石灰(岩)土	棕色石灰土	烂底田	棕泥土	A	0—18	灰棕色	重黏土	小团块状	6.7	19.8	1.22	1.72	10.6	5.5	72		E 108°00′22.3″ N 24°50′37.3″	79
						B	18—40	暗棕色	重黏土	块状	7.0	20.8	0.94	0.64	4.3					
						C	40—100	红棕色	轻黏土	块状	6.8	14.5	1.01	0.65	5.8					
剖35	人为土	水稻土	潜育水稻土	烂底田	深烂底田	A	0—11	灰棕色	轻黏土	块状	6.3	43.6	3.30	0.39	12.6				E 108°18′04.0″ N 24°55′52.0″	92
						P	11—18	棕灰色	轻黏土		7.0	39.1	2.57	0.35	12.7					
						G	18—100	青灰色	轻黏土	块状	7.0	27.4	2.27	0.34	12.4					
剖36	铁铝土	红壤	红壤	耕型砂页岩红壤	红黏土	A	0—12	灰棕色	中壤土	小块状	7.0	23.7	1.22	0.65	15.2	3.9	62	砂页岩	E 108°27′29.5″ N 24°53′22.9″	94
						B	12—47	棕灰色	中壤土	块状	7.0	22.0	1.40	0.42	15.2					
						C	47—100	红棕色	中黏土	块状	7.0	4.2	0.65	0.32	18.5					
剖37	人为土	水稻土	潜育水稻土	砂页岩潴育水稻土	潴育鳝泥田	A	0—10	灰棕色	中黏土	块状	6.0	50.5	3.34	0.33	13.5			砂页岩	E 108°12′54.7″ N 24°49′53.4″	77
						P	10—20	棕灰色	中黏土	棱柱状	6.0	44.5	2.99	0.33	13.0					
						W	20—40	灰棕色	中黏土	棱柱状	6.3	9.7	0.98	0.31	12.9					
						C	40—100	黄灰棕色	中黏土	块状	6.3	10.9	1.15	0.26	12.4					
剖38	人为土	水稻土	淹育水稻土	棕色石灰土淹育水稻土	浅棕泥田	A	0—14	暗灰黄色	轻黏土	小块状	7.0	54.8	2.80	0.92	7.5	8.5	64	石灰岩风化物	E 108°06′18.7″ N 24°48′36.4″	91
						P	14—19	棕灰色	轻黏土	块状	7.0	35.3	2.41	0.83	7.8					
						C	19—100	棕灰棕色	中壤土	块状	7.0	4.1	0.70	0.95	8.9					
剖39	铁铝土	红壤	黄红壤	耕型砂页岩黄红壤	黄泥土	A	0—15	浅黄棕色	轻黏土	小块状	6.0	26.4	1.23	0.26	24.8			砂页岩	E 108°13′28.2″ N 24°48′34.9″	89
						C	15—100	棕黄色	轻黏土	块状	6.0	13.7	0.89	0.23	25.9					
剖40	铁铝土	红壤	红壤	耕型砂页岩红壤	红壤土	A	0—12	棕黄色	重壤土	块状	7.0	10.9	0.94	0.49	15.8			砂页岩	E 108°13′33.6″ N 24°47′44.2″	79
						C	12—100	棕黄色	重壤土	块状	7.0	12.1	0.71	0.45	18.6					
剖41	人为土	水稻土	潜育水稻土	砂页岩潜育水稻土	潴育砂土田	A	0—13	浅灰色	砂壤土	小块状	6.4	36.0	1.94	0.28	6.9			砂页岩	E 108°20′26.5″ N 24°48′01.1″	72
						P	13—21	灰黄色	中壤土	小块状	6.5	21.0	1.32	0.24	7.1					
						W	21—41	浅黄棕色	中壤土	棱柱状	7.0	8.6	0.49	0.24	5.8					
						C	41—100	浅棕色	中壤土	棱柱状	7.0	9.6	0.54	0.28	7.7					

巴马瑶族自治县

主要土类说明

红壤是巴马瑶族自治县主要土壤类型，占本县地域面积的62%，广泛分布在中部、南部、东部及西部海拔800m以下的丘陵、谷地，主要分布在百林、那桃、那社、巴马等乡镇，部分分布在所略、甲篆等乡镇，是本县主要的地带性土壤。本县红壤是在亚热带高温多雨、湿热同季、干湿交替的生物气候条件下形成的，一般发育程度较深，土体较厚，脱硅富铝化强烈，土色以红色为基调色，多呈红色、橙红色，质地为黏土至壤土，土壤多呈酸性，其心土层和底土层一般有红白网纹，与石灰岩相交的地方含有铁锰结核，土体发育层次明显。本县红壤分为红壤、黄红壤、红壤性土等亚类。

石灰（岩）土是巴马瑶族自治县第二大土壤类型，占本县地域面积的31%，主要分布于县内北部的西山、东山两乡及中心县城北部，甲篆镇、凤凰乡的都阳山脉南麓的部分村。石灰（岩）土是由碳酸岩类风化发育的土类，是碳酸岩类在高温多雨的条件下，受到淋溶、溶蚀，残余物在生物作用下形成的。本县石灰（岩）土包括黑色石灰土、棕色石灰土和黄色石灰土等亚类。

水稻土是巴马瑶族自治县第三大土壤类型，占本县地域面积的6%，各乡镇均有分布，其中以巴马、甲篆、所略、那桃等乡镇较多。水稻土的形成，充分体现了人为作用对土壤形成的能动性和主导性。为了满足水稻作物生长需要，人们筑田埂、平整田面，实施排灌、水耕水耙、施肥、水管、轮作等一系列的农事活动，而这些农事活动是形成水稻土的基础。只要有合适的气候和排灌条件，任何一种土壤都可因栽培水稻而逐步发育成水稻土，其起源土壤有多向性。水稻土是在水旱交替耕作条件下形成的，周期性的干湿交替、氧化还原使某些不易还原的物质和悬浮性胶体在土壤剖面中淋溶淀积，形成了水稻土特有的发生层次及剖面形态。人为的作用对水稻土的发育方向、发育的速度和程度起着决定性的作用，它不仅决定土壤中交替进行的氧化和还原、淋溶和淀积过程，还决定土壤中生物循环过程和土壤肥力的演变。本县水稻土分为淹育型、潴育型、潜育型、盐渍型及矿毒型等亚类。

小于本县地域面积3%的土壤类型还有赤红壤、新积土和紫色土等。

本区域中心区气候特征

本区域中心区气候特征值
Regional climate characteristics in central area of the region

气候带：南亚热带湿润气候 Climate region: South subtropical humid climate	
年平均气温 /℃ Annual average temperature /℃	21.6
年平均最高气温 /℃ Annual average maximum temperature /℃	26.7
年平均最低气温 /℃ Annual average minimum temperature /℃	18.2
年降水量 /mm Annual precipitation /mm	1202
≥10℃的积温 /℃ Daily temperature accumulated in a year (≥10℃) /℃	7805
年日照时数 /h Annual sunshine /h	1554
年平均相对湿度 /% Annual average relative humidity /%	77
干燥度 Dryness	1.07

本区域中心区月平均气温与月平均降水量
Monthly temperature and precipitation in central area of the region

巴马瑶族自治县主要土壤类型与土壤剖面点分布图
1:330 000

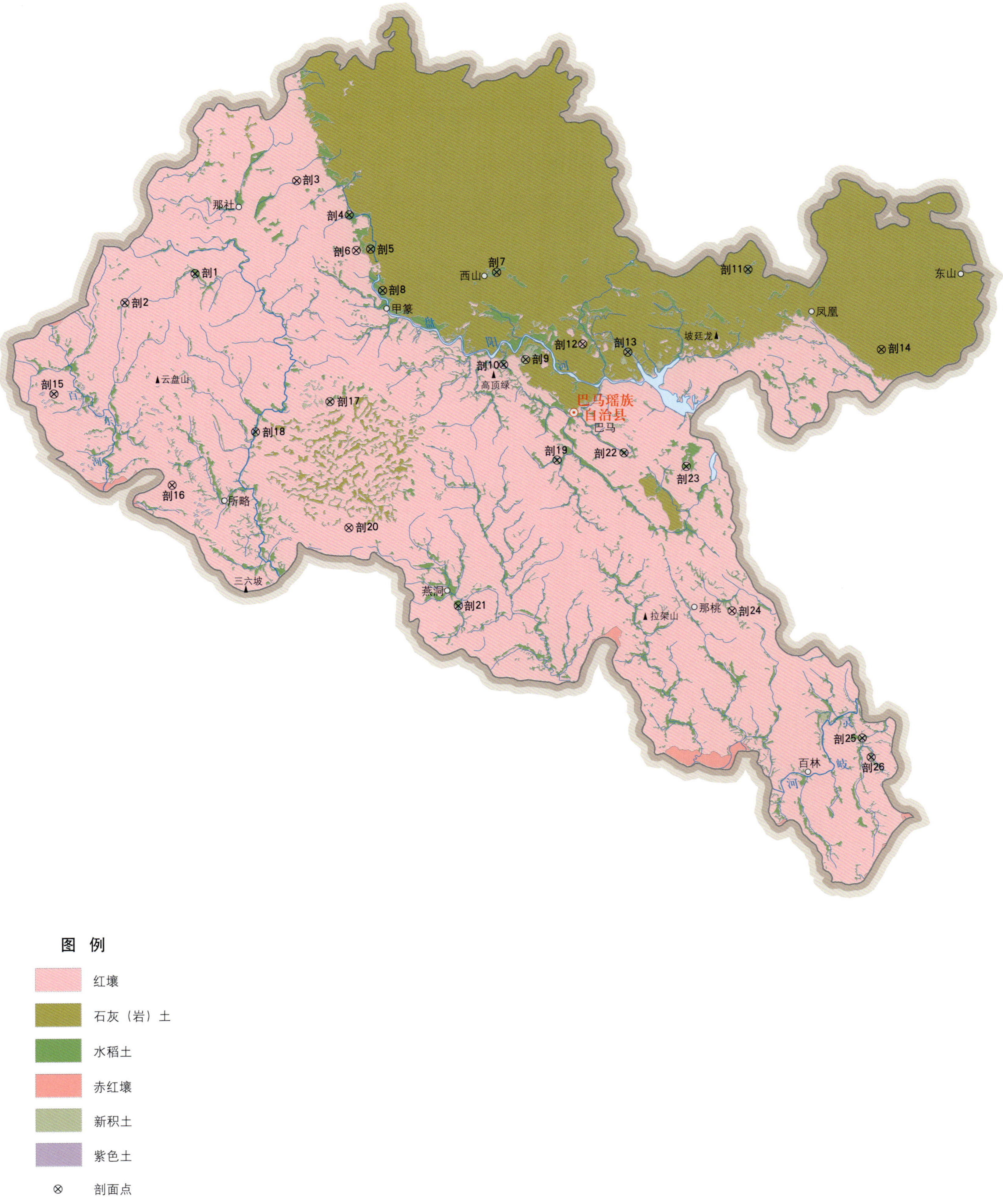

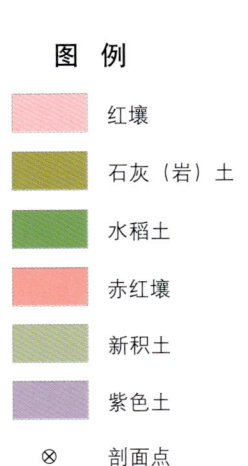

图 例
- 红壤
- 石灰（岩）土
- 水稻土
- 赤红壤
- 新积土
- 紫色土
- ⊗ 剖面点

巴马瑶族自治县土壤剖面理化性状表

剖面号 Soil profile	土纲 Soil order	土类 Soil great group	亚类 Soil subgroup	土属 Soil genus	土种 Soil species	土层码 Layer code	土层厚度 Depth/cm	颜色 Soil color	质地 Soil texture	土壤结构 Soil structure	pH	有机质 OM/(g/kg)	全氮 TN/(g/kg)	全磷 TP/(g/kg)	全钾 TK/(g/kg)	土壤母质 Parent material	剖面点坐标 Profile coordinate	匹配指数 Matching index/%
剖1	人为土	水稻土	淹育水稻土	砂页岩淹育水稻土	砂土田	A	0—11		中壤土		5.3	16.0	0.95	0.22	8.0	砂页岩	E 106°59′06.7″ N 24°14′15.0″	89
						P	11—15		中壤土		5.2	19.5	1.17	0.20	9.3			
						CW	21—30		中壤土		7.3	11.8	0.70	0.26	10.6			
						C	50—80		中壤土		7.7	3.2	0.48	0.37	17.2			
剖2	铁铝土	红壤	黄红壤	耕型砂页岩黄红壤	砾质土	A	0—9	红黄色	轻壤土	小块状	4.9	36.8	2.70	0.44	18.6	砂页岩	E 106°56′06.7″ N 24°13′10.2″	73
						B	9—25	浅红黄色	轻黏土	团块状	4.5	15.4	1.43	0.37	19.6			
						C	25—85	红棕色	轻黏土	团块状	5.1	12.7	1.25	0.36	21.5			
剖3	铁铝土	红壤	黄红壤	砂页岩黄红壤	厚层砂页岩黄红壤	A	0—10	黄黄色	重壤土	块状	5.0	33.2	1.97	0.27	17.8	砂页岩	E 107°03′29.2″ N 24°17′46.0″	95
						C	10—100	红棕色	轻壤土	块状	6.6	8.8	0.92	0.19	20.4			
剖4	人为土	水稻土	淹育水稻土	洪积性淹育水稻土	石砾底田	A	0—13	灰黄棕色	重壤土	小块状	4.9	21.4	1.61	0.37	15.3	洪积物	E 107°05′40.6″ N 24°16′24.6″	98
						P	13—22	黄黄色	中壤土	块状	5.9	17.1	1.38	0.57	16.0			
						C	22—100	棕色	轻黏土	块状	6.7	16.1	0.90	0.63	23.4			
剖5	人为土	水稻土	淹育水稻土	砂页岩淹育水稻土	蜡泥田	A	0—14	暗棕色	轻黏土	片状	4.9	27.5	2.03	0.54	17.9	砂页岩	E 107°06′34.2″ N 24°15′05.0″	98
						P	14—27	棕灰色	轻黏土	片状	5.3	23.0	1.74	0.53	19.5			
						C	27—100	黄棕色	轻黏土	片状	6.8	6.0	0.84	0.37	21.6			
剖6	铁铝土	红壤	黄红壤	砂页岩黄红壤	薄层砂页岩黄红壤	A	0—15	棕灰色	轻黏土	块状	4.6	42.0	2.24	0.42	15.5	砂页岩	E 107°05′57.1″ N 24°15′02.2″	75
						C	15—85	黄棕色	轻黏土	块状	4.8	15.6	1.20	0.29	17.1			
剖7	人为土	水稻土	淹育水稻土	棕色石灰土淹育水稻土	浅棕泥田	A	0—13	暗棕色	砂壤土	粒状	6.7	24.5	1.76	0.94	8.5	砂页岩	E 107°11′52.9″ N 24°14′06.6″	86
						P	13—21	浅棕色	砂壤土	块状	7.5	16.4	1.37	0.90	8.6			
						C	21—100	棕色	中壤土	块状	6.9	6.1	0.87	0.91	8.6			
剖8	人为土	水稻土	潴育水稻土	砂页岩潴育水稻土	潴育蚧泥田	A	0—13	棕色	重壤土	粒状	6.2	50.4	2.80	1.29	4.7	砂页岩	E 107°07′02.4″ N 24°13′28.7″	90
						P	13—19	暗棕灰色		团块状	7.3	27.1	1.63	1.26	5.1			
						W	19—29	灰黄棕色	重壤土	粒状	6.9	45.1	2.39	1.21	5.8			
						C	29—100	浅棕色	重壤土	粒状	7.1	5.0	0.75	0.55	12.5			
剖9	初育土	新积土		砾质土	多砾砂土	A	0—23	栗色	砂质土	粒状	5.7	8.5	0.77	0.84	3.1	石灰岩风化物	E 107°13′02.6″ N 24°10′42.6″	87
						B	23—34	栗色	砂质土	粒状	5.9	2.6	0.53	0.82	2.7			
						C	34—100	暗黄棕色	中壤土	块状	5.4	8.3	0.78	0.79	4.0			
剖10	人为土	水稻土	潴育水稻土		浅潜底田	A	0—13	暗黄棕色	轻黏土	团粒状	5.0	35.2	2.20	0.30	17.1	砂页岩	E 107°12′05.9″ N 24°10′31.6″	95
						W_1	13—26	蓝绿色	重黏土	无明显结构	5.2	29.2	1.72	0.26	16.7			
						W_2	26—48	灰黄色	中黏土	块状	5.7	7.2	0.74	0.20	18.5			
						C	48—100	黄棕色	中壤土	块状	6.5	5.1	0.59	0.29	18.7			
剖11	人为土	水稻土	淹育水稻土	棕色石灰土淹育水稻土	壤质棕泥田	A	0—12	浅棕色	轻黏土	粒状	6.1	22.0	1.22	1.16	8.7	石灰岩风化物	E 107°22′31.0″ N 24°14′02.5″	91
						P	12—20	暗棕色	中黏土	块状	7.1	11.7	0.99	1.09	8.9			
						C	20—100	黄棕色	重黏土	块状	7.6	5.6	0.73	0.38	11.8			
剖12	铁铝土	红壤	红壤	耕型砂页岩红壤	红黏土	A	0—27		重黏土	块状	5.7	17.8	1.27	0.56	17.1	砂页岩	E 107°15′27.4″ N 24°11′16.4″	94
						B	27—43		重黏土	块状	5.6	17.1	1.16	0.58	16.0			
						C	43—100		重黏土	块状	6.6	13.2	1.08	2.22	19.0			
剖13	初育土	新积土		石砾土	石砾土	A	0—13		轻壤土	块状	6.1	16.5	11.04	0.40	4.3	洪积物	E 107°17′21.8″ N 24°10′55.6″	98
						B	13—38		轻壤土	块状	6.3	3.9	0.34	0.19	3.5			
						C	38—100		轻壤土	块状	6.6	9.8	0.70	0.36	4.4			
剖14	初育土	石灰(岩)土	棕色石灰土	耕型棕色石灰土	砾石棕泥土	A	0—15		重壤土		7.7	42.4	2.83	1.90	9.9	洪积物	E 107°28′05.5″ N 24°10′50.5″	93
						B	15—30		重壤土		7.6	22.2	1.80	1.43	9.6			
						C	30—100		重壤土		7.5	23.2	8.80	1.11	8.7			

续表 Continued

剖面号 Soil profile	土纲 Soil order	土类 Soil great group	亚类 Soil subgroup	土属 Soil genus	土种 Soil species	土层码 Layer code	土层厚度 Depth/cm	颜色 Soil color	质地 Soil texture	土壤结构 Soil structure	pH	有机质 OM/(g/kg)	全氮 TN/(g/kg)	全磷 TP/(g/kg)	全钾 TK/(g/kg)	土壤母质 Parent material	剖面点坐标 Profile coordinate	匹配指数 Matching index/%
剖15	初育土	紫色土	酸性紫色土	耕型酸性紫色土	酸性紫泥土	A	0—13		重壤土		6.2	20.5	1.49	1.25	16.3		E 106°53′02.8″ N 24°09′40.0″	96
						B	13—42		中壤土		6.6	11.4	1.00	1.33	16.5			
						C	42—80		轻壤土		7.0	1.6	0.41	0.68	11.4			
剖16	铁铝土	红壤	黄红壤	耕型砂页岩黄红壤	砂页岩黄泥土	A	0—10		重壤土		4.9	52.6	2.40	0.36	12.7	砂页岩	E 106°57′58.7″ N 24°06′04.6″	76
						B	10—24		轻黏土		4.4	18.9	1.06	0.26	14.9			
						C	24—50		轻黏土		4.4	13.5	0.91	0.22	15.9			
剖17	初育土	新积土	新积土	石砾土	多石砾土	A	0—11	灰黄色	中壤土	粒状	5.8	21.6	1.54	0.70	12.9	洪积物	E 107°04′42.6″ N 24°09′11.9″	79
						B	11—15	黄棕色	重壤土	小块状	5.8	22.2	1.66	0.74	14.0			
						C	15—100	暗黄棕色	中壤土	小块状	6.1	14.2	1.43	0.82	19.6			
剖18	人为土	水稻土	潴育水稻土	冲积性潴育水稻土	潴育潮砂田	P	0—13				5.1	28.9	1.76	0.40	8.3	河流冲积物	E 107°01′32.5″ N 24°08′04.2″	93
						W	13—19				6.1	19.2	1.19	1.27	11.7			
							19—85				6.9	6.7	0.58	0.58	9.7			
剖19	人为土	水稻土	淹育水稻土	砂页岩淹育水稻土	壤土田	A	0—10				5.4	20.6	1.09	0.24	6.3	河流冲积物	E 107°14′16.4″ N 24°06′46.8″	71
						P	10—15				5.7	16.0	0.80	0.18	7.0			
						C	15—100				7.4	6.2	0.62	0.21	13.6			
剖20	铁铝土	红壤	黄红壤	耕型砂页岩黄红壤	黄泥土	A	0—13		中壤土			24.5	2.07	0.85	17.0	砂页岩	E 107°05′25.5″ N 24°04′19.2″	80
						B	20—30		重壤土			23.3	2.00	0.87	17.0			
						C	40—60		中壤土			7.3	1.17	0.79	17.1			
剖21	人为土	水稻土	潴育水稻土	冷浸田	深浸田	A	0—12	暗棕色	中壤土	粒状	5.5	40.9	2.47	0.42	19.5		E 107°09′59.8″ N 24°01′13.4″	76
						P	13—34	暗灰黄色	轻黏土	块状	7.3	17.4	1.49	0.42	20.8			
						G	34—100	灰棕色	轻黏土	小块状	7.7	8.6	1.07	0.43	22.5			
剖22	人为土	水稻土	盐渍水稻土	碳酸盐渍性水稻土	石灰性田	A	0—20	暗黄棕色	轻壤土	团块状	7.9	37.4	2.47	0.45	4.2	砂页岩	E 107°17′07.1″ N 24°07′00.8″	76
						P	20—26	暗黄棕色	中壤土	块状	8.3	11.2	1.21	0.34	3.1			
						W	26—48	暗灰黄色	中壤土	块状	8.4	9.9	0.65	0.27	2.8			
						C	48—100	暗黄棕色	中壤土	块状	8.3	1.4	0.31	0.16	3.7			
剖23	人为土	水稻土	潴育水稻土	砂页岩潴育水稻土	潴育砂泥田	A	0—12	灰黄色	重壤土	块状	5.2	28.0	1.70	0.15	10.8	砂页岩	E 107°19′44.8″ N 24°06′26.6″	99
						P	14—19	浅棕黄色	重壤土	柱状	6.3	15.1	1.19	0.18	14.1			
						W_1	25—30	浅黄棕色	中壤土	柱状	7.4	6.8	0.62	0.18	11.8			
						W_2	40—45	浅黄棕色	中壤土	柱状	7.0	5.1	0.56	0.17	13.0			
剖24	铁铝土	红壤	红壤	耕型砂页岩辉绿岩红壤	红壤土	A	0—20	暗黄棕色	轻壤土	小块状	6.0	23.4	1.77	0.38	20.7	砂页岩	E 107°21′33.1″ N 24°00′49.7″	83
						B	20—90	灰黄棕色	中壤土	小块状	6.3	19.7	1.47	0.37	21.0			
						C	90—100	红黄色	轻黏土	大块状	5.9	6.4	1.17	0.27	23.6			
剖25	人为土	水稻土	潴育水稻土	冲积性潴育水稻土	潴育潮油田	A	0—12	灰黄棕色	中壤土	粒状	6.6	18.3	1.09	0.23	12.8	砂页岩	E 107°26′56.4″ N 23°55′46.9″	72
						P	12—21	暗黄棕色	中壤土	团块状	7.4	18.3	0.75	0.14	12.1			
						3	21—60	暗黄棕色	中壤土	团块状	7.7	7.9	0.56	0.32	11.7			
						C	60—100	栗色	轻壤土	块状	7.6	3.3	0.27	0.82	7.6			
剖26	人为土	水稻土	潴育水稻土	冷浸田	浅浸田	Ac	0—14	灰棕色	重壤土	粒状	4.7	39.7	2.28	0.36	14.0	河流冲积物	E 107°27′17.6″ N 23°55′01.9″	74
						G	14—22	青灰色	重壤土	块状	4.4	25.4	1.72	0.39	15.2			
						W	22—67	灰黄色	中壤土	棱柱状	7.4	6.7	0.49	0.30	11.8			
						C	67—100	浅黄色	中壤土	块状	7.2	3.8	0.51	0.32	12.0			

都安瑶族自治县

主要土类说明

  石灰（岩）土是都安瑶族自治县的主要土壤类型，占本县地域面积的89%。一般来说，在亚热带气候条件下，石灰岩风化物是可以经过脱硅富铝化过程而发育成为红壤或黄壤的，但是，由于源源不断地得到碳酸钙补充，土壤的发育过程延缓，使土壤长期保持在幼年到中年的阶段。尤其是本县季风气候明显，干湿季分明，旱季时间较长，土壤的淋溶作用较弱，加上旱季蒸发量大，溶解在地下水中的盐基离子（主要是钙离子和镁离子）又随地下水向上层土体移动聚积，使碳酸钙次生富集，石灰（岩）土就更难发育成为地带性土壤。

  红壤是都安瑶族自治县第二大土壤类型，占本县地域面积的6%，分布在海拔700m（西南部的为海拔800m）以下的侵蚀中、低山，丘陵和大型岩溶谷地区。所处地区降雨较集中，干湿季分明。成土母岩有第四纪红土、砂页岩、辉绿岩和硅质页岩。本县中南部、东部和北部地区，高温多雨，干湿季不如西部明显，土壤矿物质分解强烈，淋溶系数大。土壤中的盐基被淋溶，碱金属几乎全部淋失，土壤pH一般小于5.0，盐基饱和度也低。因红壤分布区降雨量较少，气候干热，干旱时间长达7个月，土壤矿物质的分解淋溶和流失作用较弱，红壤土体中的氧化硅含量为62%—64%，氧化铁和氧化铝含量分别为6.5%—7.5%和15.1%—16.7%，硅铝率为2.1—2.9，pH一般大于5.0，盐基饱和度一般为40%—60%，个别高的达到98%。红壤的生物富集作用很明显，在植被保护较好的情况下，土壤有机质含量一般为3.0%—6.0%，高的达8.0%，碳氮比为12左右，胡富比为0.9—1.4。

  水稻土是都安瑶族自治县第三大土壤类型，占本县地域面积的3%。凡是有适合种水稻的气候和灌溉条件，任何土壤都可以因为种植水稻而逐步发育为水稻土。水稻土作为一个特殊的土类，有其独特的成土过程，周期性的干湿交替过程和伴随干湿交替而产生的氧化与还原、淋溶与淀积、盐基淋失与复盐基、黏粒的淋失与积累等成土作用，使水稻土形成了特殊的性质及特有的剖面形态发育层段。与各类旱作土相比，水稻土由于淹水耕种，有机质分解缓慢，腐殖质积累较多，磷的有效性提高，pH趋于中性，盐基饱和度较高，水热条件较为稳定。在剖面形态和发生层段方面，除较软糊的耕层之外，典型水稻土的耕层之下有一个适度发育的犁底层，犁底层之下为既承受耕层淋溶物淀积，又受地下水升降活动影响的潴育层（或斑纹层）。潴育层多为棱柱状，结构面有青灰色或棕灰色胶膜，结构体内布满紫红色条纹、锈斑，这是一般旱作土壤所没有的特性。人为灌排、施肥和耕作活动是决定水稻土形成的主导因素，对水稻土的发育方向、发育速度和程度均有决定性的意义。

  小于本县地域面积3%的土壤类型还有新积土、紫色土和黄壤等。

本区域中心区气候特征

本区域中心区气候特征值
Regional climate characteristics in central area of the region

气候带：南亚热带湿润气候 Climate region: South subtropical humid climate	
年平均气温 /℃ Annual average temperature /℃	21.2
年平均最高气温 /℃ Annual average maximum temperature /℃	25.7
年平均最低气温 /℃ Annual average minimum temperature /℃	18.2
年降水量 /mm Annual precipitation /mm	1423
≥10℃的积温 /℃ Daily temperature accumulated in a year (≥10℃) /℃	7717
年日照时数 /h Annual sunshine /h	1400
年平均相对湿度 /% Annual average relative humidity /%	77
干燥度 Dryness	0.89

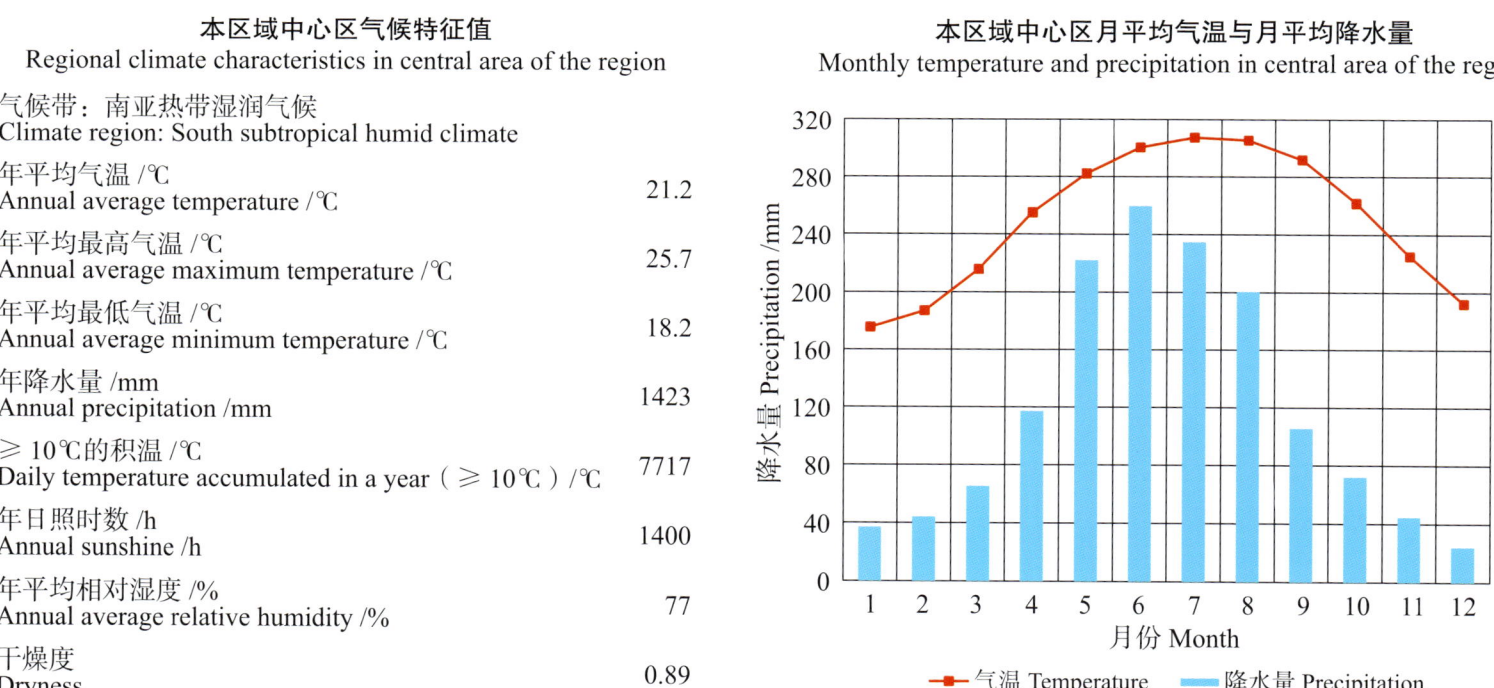

本区域中心区月平均气温与月平均降水量
Monthly temperature and precipitation in central area of the region

都安瑶族自治县主要土壤类型与土壤剖面点分布图
1 : 360 000

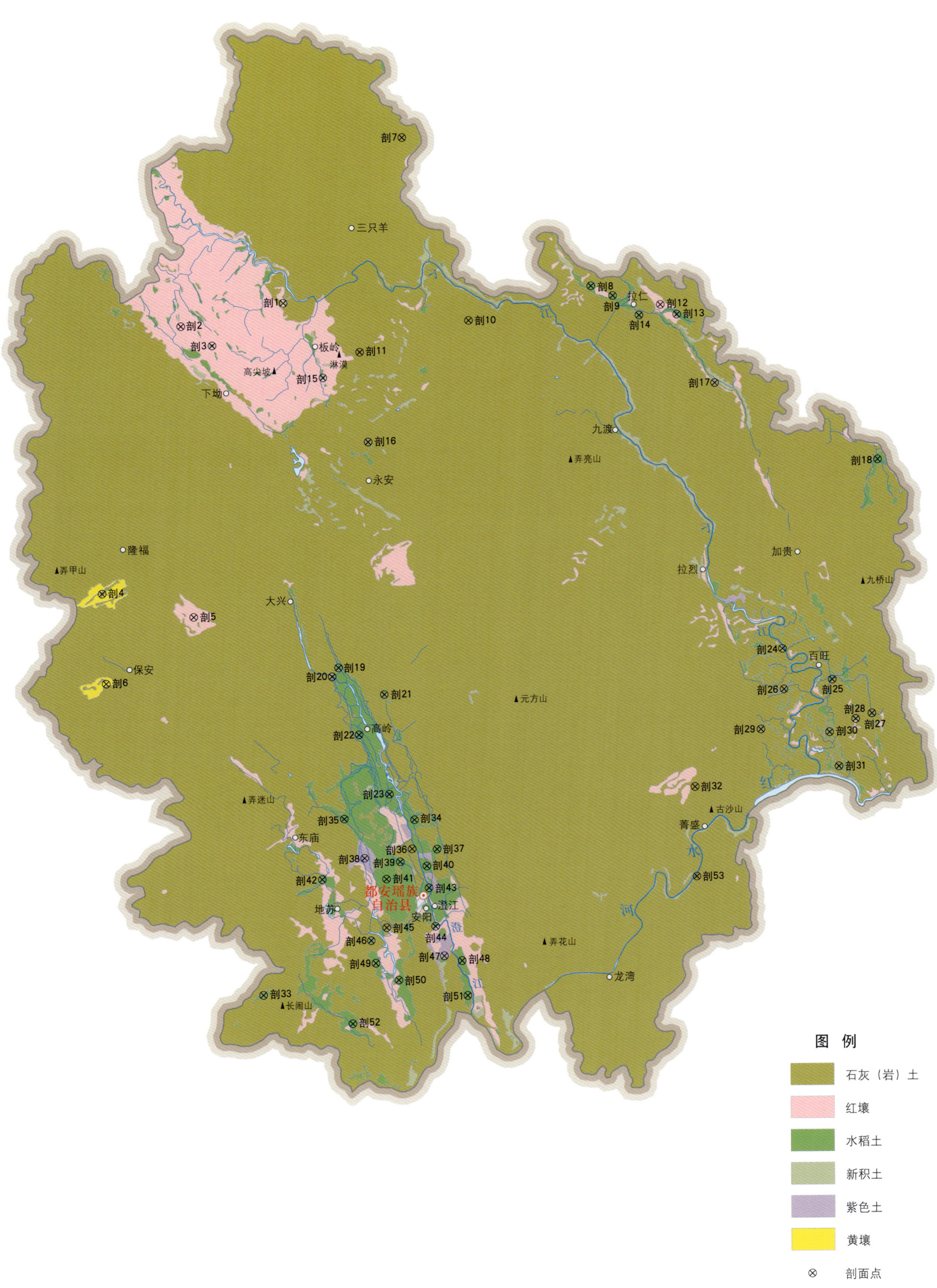

都安瑶族自治县土壤剖面理化性状表

剖面号 Soil profile	土纲 Soil order	土类 Soil great group	亚类 Soil subgroup	土属 Soil genus	土种 Soil species	土层码 Layer code	土层厚度 Depth/cm	颜色 Soil color	质地 Soil texture	土壤结构 Soil structure	pH	有机质 OM/(g/kg)	全氮 TN/(g/kg)	全磷 TP/(g/kg)	全钾 TK/(g/kg)	土壤母质 Parent material	剖面点坐标 Profile coordinate	匹配指数 Matching index/%
剖1	铁铝土	红壤	红壤性土	耕型红壤性土	砾质红壤	A	0–14		轻黏土		6.3	50.7	6.10	1.84	6.2		E 107°58′31.1″ N 24°22′51.6″	74
						C	20–40		中黏土		5.5	24.7	1.57	1.83	6.7			
剖2	铁铝土	红壤	红壤	页岩红壤		A	0–27		轻壤土		5.8	38.3	2.76	0.50	17.1	页岩	E 107°53′31.9″ N 24°21′43.9″	74
						B	27–50		中黏土		5.5	20.6	1.44	0.46	17.7			
						C	75–110		重壤土		5.6	17.2	1.49	0.49	18.8			
剖3	人为土	水稻土	淹育水稻土	棕色石灰土淹育水稻土	浅棕泥田	A	0–17		轻黏土		7.6	31.2	1.65	1.05	6.4	石灰岩风化物	E 107°55′04.4″ N 24°20′53.2″	83
						P	17–20		重壤土		7.9	26.9	1.53	1.14	6.9			
						C	50–70		中黏土		7.8	12.3	1.30	0.97	6.7			
剖4	初育土	石灰(岩)土	棕色石灰土	耕型棕色石灰土	砾质棕泥土	A	0–16		石质重壤土		7.1	22.3	1.55	1.39	6.1	石灰岩	E 107°49′54.1″ N 24°09′43.6″	96
						AB	16–39		石质重壤土		7.5	14.5	1.09	0.99	6.5			
						B	39–66		石质重壤土		7.4	15.6	1.06	0.89	5.3			
						C	66–100		石质重壤土		7.5	18.2	1.17	1.05	5.8			
剖5	铁铝土	红壤	黄红壤	砂页岩黄红壤		A	0–15		中壤土		4.4	64.5	2.07	0.16	0.4	砂页岩	E 107°54′23.8″ N 24°08′45.6″	83
						C	20–40		轻壤土		5.2	11.4	0.45	0.11	0.8			
剖6	铁铝土	黄壤	黄壤	砂页岩黄壤		A	0–9		中壤土		4.0	75.4	3.46	0.64	3.8	砂页岩	E 107°50′10.3″ N 24°05′42.4″	71
						R_1	9–44		轻壤土		4.3	58.6	1.97	0.14	9.4			
						R_2	44–105		轻壤土		4.5	36.3	1.57	0.13	8.3			
剖7	初育土	石灰(岩)土	灰岩区粗骨性土	耕型灰岩粗骨砂土	灰砾质粉砂土	A	0–15		重壤土		6.6	20.0	2.01	1.42	2.7	石灰岩	E 108°04′12.0″ N 24°30′20.1″	99
						B	25–35		重壤土		7.3	5.9	0.55	0.62	3.7			
						C	60–80		中壤土		7.3	3.0	0.33	0.41	3.9			
剖8	人为土	水稻土	淹育水稻土	硅质页岩淹育水稻土	灰泥田	A	0–14		中黏土		5.0	20.9	1.72	0.50	5.6	硅质页岩	E 108°13′34.0″ N 24°23′52.4″	71
						P	14–33		中壤土		4.9	7.7	0.81	0.53	4.6			
						C	50–70		轻壤土		4.3	6.9	0.62	0.44	2.9			
剖9	人为土	水稻土	淹育水稻土	硅质页岩淹育水稻土	灰砂泥田	A	0–13		中壤土		5.1	13.0	0.99	0.39	0.7	硅质页岩	E 108°14′38.4″ N 24°23′27.6″	93
						P	20–30		重壤土		6.3	4.2	0.41	0.31	0.6			
						C	40–60		重壤土		5.9	2.7	0.32	0.23	0.5			
剖10	初育土	石灰(岩)土	黑色石灰土	黑色石灰土	淋溶黑色石灰土	A	0–20		轻壤土		7.4	73.4	3.19	0.78	1.3	石灰岩	E 108°07′35.8″ N 24°22′14.5″	89
						B	30–50		中壤土		7.4	43.7	3.20	1.07	1.4			
剖11	初育土	石灰(岩)土	灰岩区粗骨性土	耕型灰岩粗骨性土	灰多砾石土	A	0–13		中黏土		5.5	37.8	1.90	0.32	1.1	硅质页岩	E 108°02′18.6″ N 24°20′43.4″	78
						C_1	30–40		重壤土		6.5	2.5	0.23	0.16	1.8			
						C_2	50–80		重壤土		6.9	3.5	0.35	0.20	2.6			
						C_3	80–		重壤土		7.2	3.7	0.37	0.20	0.3			
剖12	铁铝土	红壤	红壤	硅质岩红壤	中层硅质岩红壤	A	0–22		重壤土		5.6	20.3	1.00	0.27	2.5	石灰岩	E 108°16′58.7″ N 24°23′05.8″	73
						B	30–40		中壤土		5.1	9.4	0.53	0.19	2.6			
						C	65–75		轻壤土		4.7	7.7	0.54	0.21	3.3			
剖13	人为土	水稻土	潜育水稻土	潜底田	深潜底田	A	0–18		轻壤土		5.8	35.2	2.11	0.41	19.4	硅质岩	E 108°17′47.4″ N 24°22′40.4″	98
						P	20–35		中壤土		6.2	26.2	1.66	0.33	18.6			
						G	45–52		中壤土		5.8	27.8	1.75	0.33	19.7			
剖14	人为土	水稻土	盐渍水稻土	碳酸盐渍性水稻土	石灰性铁磐底田	A	0–15		轻壤土		8.1	42.1	2.85	0.63	7.2		E 108°15′56.3″ N 24°22′36.7″	82
						P	15–20		重壤土		8.1	33.1	2.32	0.57	7.3			
						3	20–26		重壤土		8.4	7.2	0.71	0.61	6.5			
						4	26–34				8.6	10.8	1.01	0.52	6.5			

续表 Continued

剖面号 Soil profile	土纲 Soil order	土类 Soil great group	亚类 Soil subgroup	土属 Soil genus	土种 Soil species	土层码 Layer code	土层厚度 Depth/cm	颜色 Soil color	质地 Soil texture	土壤结构 Soil structure	pH	有机质 OM/(g/kg)	全氮 TN/(g/kg)	全磷 TP/(g/kg)	全钾 TK/(g/kg)	土壤母质 Parent material	剖面点坐标 Profile coordinate	匹配指数 Matching index/%
剖15	人为土	水稻土	潴育水稻土	洪积性潴育水稻土	洪积潴育黄泥田	A	0—14		重壤土		5.6	35.1	2.43	0.97	8.8	洪积物	E 108° 00′ 31.7″ N 24° 19′ 32.5″	71
						P	14—21		轻黏土		5.8	29.7	2.20	0.98	8.6			
						W	21—48		轻黏土		7.4	13.9	1.20	0.67	9.4			
						C	66—80		重壤土		7.7	7.1	0.65	0.61	6.3			
剖16	人为土	水稻土	潴育水稻土	硅质页岩潴育水稻土	潴育灰砂泥田	A	0—11	暗棕色	砂壤土		5.8	23.2	1.50	0.34	0.7	硅质页岩	E 108° 02′ 47.0″ N 24° 16′ 43.3″	95
						P	11—18	暗棕灰色	砂壤土	团块状	6.6	7.5	0.44	0.25	0.6			
						W	18—36	棕灰色	砂黏土	块状	6.2	14.4	0.95	0.29	0.7			
						C	36—100	灰黄色	壤土	块状	7.6	1.6	0.18	0.11	1.0			
剖17	铁铝土	红壤	红壤	耕型砂页岩红壤	红黏土	A	0—11		轻黏土		5.4	26.7	1.85	0.67	15.5	砂页岩	E 108° 19′ 40.8″ N 24° 19′ 37.2″	71
						B	20—30		中黏土		5.5	23.4	1.76	0.59	15.9			
						C	70—80		重黏土		4.8	9.9	1.06	0.40	20.2			
剖18	人为土	水稻土	盐渍水稻土	碳酸盐渍性水稻土	石灰性潮砂泥田	A	0—13		中壤土		8.0	39.6	2.43	0.51	2.3		E 108° 27′ 42.1″ N 24° 16′ 18.8″	76
						P	13—18		重黏土		8.1	29.0	1.91	0.48	2.4			
						W₁	19—28		轻黏土		8.4	8.4	0.62	0.50	2.5			
						W₂	75—90		重黏土		8.2	16.3	1.10	0.51	2.4			
剖19	人为土	水稻土	盐渍水稻土	碳酸盐渍性水稻土	石灰性砂泥田	A	0—13		中壤土		8.1	21.1	1.45	0.38	2.6		E 108° 01′ 30.7″ N 24° 06′ 36.4″	76
						P	13—18		中壤土		8.2	18.5	1.24	0.36	2.4			
						C	20—60		重壤土		8.2	2.0	0.20	0.12	2.7			
剖20	人为土	水稻土	渗育水稻土	白散砂田	深渗白散砂田	A	0—15		重壤土		8.5	26.7	1.72	0.50	1.0		E 108° 01′ 12.4″ N 24° 06′ 12.2″	83
						Pe	15—25		重壤土		8.4	22.8	1.36	0.38	1.0			
						E	25—100		重壤土		8.6	1.7	0.47	0.98	0.6			
剖21	人为土	水稻土	潴育水稻土	棕色石灰土潴育水稻土	潴育棕泥田	A	0—15		重黏土		7.9	24.3	2.64	1.53	9.2	石灰岩风化物	E 108° 03′ 46.1″ N 24° 05′ 26.9″	89
						P	15—19		重黏土		8.1	24.7	1.68	1.31	9.4			
						W₁	19—25		轻黏土		8.3	13.2	1.02	1.08	9.1			
						W₂	25—45		重黏土		8.3	17.4	0.97	0.84	11.0			
						C	45—75		中壤土		8.2	7.6	0.95	0.74	10.9			
剖22	人为土	水稻土	淹育水稻土	黏质铁磐底砂页岩	砂页岩磐底田	A	0—15		轻壤土		4.7	26.2	2.75	0.48	2.4	砂页岩	E 108° 02′ 33.4″ N 24° 03′ 38.2″	78
						P	15—32		重黏土		5.2	14.5	2.22	0.39	2.4			
						Bfe	32—43		重黏土		5.8	11.0	1.02	0.34	2.9			
						C	43—100		中壤土		5.1	7.4	1.05	0.39	4.5			
剖23	人为土	水稻土	盐渍水稻土	碳酸盐渍性水稻土	石灰性板结田	A	0—11		轻壤土		8.1	39.7	2.64	1.64	5.9		E 108° 04′ 05.5″ N 24° 01′ 00.8″	72
						P	11—19		中壤土		8.3	30.3	2.22	1.57	6.3			
						W	19—39		重壤土		8.2	7.4	1.02	0.90	5.6			
						C	39—95		重壤土		8.1	7.0	1.05	1.00	5.9			
剖24	铁铝土	黄壤	灰化黄壤	砂页岩灰化黄壤	中层砂页岩灰化黄壤	A₁	0—10		重壤土		6.2	11.8	2.64	0.24	1.8	砂页岩	E 108° 23′ 10.3″ N 24° 07′ 46.6″	82
						A₂	14—20		重壤土		5.6	6.0	0.35	0.11	2.8			
						B	25—32		重壤土		5.8	7.0	0.71	0.20	4.9			
剖25	人为土	水稻土	盐渍水稻土	碳酸盐渍性水稻土	石灰性潜育田	A	0—17		轻壤土	团粒状	8.3	43.7	2.71	0.77	2.6		E 108° 25′ 37.2″ N 24° 06′ 25.6″	88
						P	17—31		重壤土	块状	8.4	35.4	2.23	0.67	2.7			
						Gw	31—45	浅棕黄色	轻黏土		8.4	25.7	1.68	0.65	2.8			
						G	45—82	青灰色	轻黏土		8.5	56.0	3.32	0.63	3.9			
						C	82—100	浅棕黄色	轻壤土		8.5	37.3	2.11	0.44	12.7			
剖26	人为土	水稻土	潴育水稻土	冷浸田	浅浸田	A	0—14		黏土	团块状	5.0	38.5	2.48	0.33	15.6		E 108° 23′ 16.4″ N 24° 05′ 57.5″	83
						Pg	14—24		黏土	块状	4.9	29.2	1.97	0.34	11.4			
						Wg	24—100		黏土	团块状	7.3	7.4	0.64	0.27	9.4			

续表 Continued

剖面号 Soil profile	土纲 Soil order	土类 Soil great group	亚类 Soil subgroup	土属 Soil genus	土种 Soil species	土层码 Layer code	土层厚度 Depth/cm	颜色 Soil color	质地 Soil texture	土壤结构 Soil structure	pH	有机质 OM/(g/kg)	全氮 TN/(g/kg)	全磷 TP/(g/kg)	全钾 TK/(g/kg)	土壤母质 Parent material	剖面点坐标 Profile coordinate	匹配指数 Matching index/%
剖27	人为土	水稻土	潴育水稻土	洪积性潴育水稻土	洪积潴育含砾砂泥肉田	A	0—17		中壤土		7.8	40.5	3.04	0.75	5.5	洪积物	E 108°27′34.9″ N 24°04′56.3″	88
						P	20—33		重壤土		7.3	35.4	2.44	0.51	5.1			
						W	40—55		轻砂土		8.2	9.3	0.87	0.62	4.9			
						C	70—85		中壤土		8.5	5.3	0.64	0.24	5.3			
剖28	人为土	水稻土	潴育水稻土	潜底田	浅潜底田	A	0—15		重壤土		6.1	46.6	2.50	0.44	13.9			84
						G	15—68		重壤土		6.6	35.7	1.99	0.32	14.9			
剖29	人为土	水稻土	潴育水稻土	洪积性潴育水稻土	洪积潴育石子田	A	0—19		重壤土		6.0	28.2	1.66	0.27	5.3	洪积物	E 108°26′46.7″ N 24°04′40.8″	83
						P	19—22		重壤土		7.2	20.1	1.22	0.27	5.3			
						W	25—35		重壤土		7.9	15.6	1.00	0.25	5.7			
						C	50—60		中壤土		8.2	11.1	0.77	0.19	4.6			
剖30	人为土	水稻土	潴育水稻土	冷浸田	深浸田	Ag	0—24	灰紫色	黏土	无明显结构	7.8	35.4	1.78	0.66	16.6		E 108°22′10.2″ N 24°04′09.1″	99
						Pg	24—33	灰紫色	黏土	无明显结构	7.6	25.9	1.52	0.38	16.6			
						Wg	33—100	暗棕色	黏土	柱状	7.6	14.1	0.82	0.23	14.1			
剖31	人为土	水稻土	潴育水稻土	砂页岩潴育水稻土	潴育蜡粉泥田	A	0—14	黄棕褐色	黏土		5.2	24.0	1.58	0.48	13.7	砂页岩	E 108°25′31.4″ N 24°04′04.4″	90
						P	14—19	青色,黄棕色	黏土	小块状	6.0	20.6	1.68	0.41	12.8			
						W	19—70	灰黄黄色	黏土	柱状	6.6	12.9	1.07	0.37	13.3			
						Wc	70—100	灰棕色	黏土	柱状	6.1	10.9	0.95	0.37	13.4			
剖32	初育土	石灰(岩)土	棕色石灰土	耕型棕色石灰土	埋藏黑泥棕泥土	A	0—13		轻黏土	块状	7.3	43.6	2.60	1.16	4.8		E 108°26′00.6″ N 24°02′33.7″	88
						B	13—54		轻黏土	块状	7.5	57.3	2.96	1.37	4.6			
						C	54—100		轻黏土	块状	7.5	22.7	1.37	0.72	3.7			
剖33	人为土	水稻土	淹育水稻土	紫色岩淹育水稻土	紫泥田	A	0—17	暗紫棕色	壤土	块状	5.8	35.6	1.85	0.81	2.4	紫色岩	E 107°58′04.8″ N 23°51′56.2″	100
						P	17—24	紫紫棕色	壤土	块状	7.0	25.3	1.38	0.87	3.0			
						C	24—100	紫红棕色	壤土	块状	6.8	13.0	0.74	0.82	1.7			
剖34	人为土	水稻土	盐渍水稻土	碳酸盐渍性水稻土	石灰性泥肉田	A	0—18	暗棕色	壤土	块状	8.2	35.1	1.90	0.61	2.5		E 108°26′19.7″ N 23°59′52.1″	79
						P	18—28	暗棕色	壤土	块状	8.2	28.4	1.69	0.58	2.5			
						W_1	28—40	灰棕色	壤土	块状	8.4	7.3	0.57	0.34	2.0			
						W_2	40—58	灰棕色	壤土	块状	8.3	9.8	0.59	0.41	1.9			
						C	58—100	灰黄棕色	壤土	块状	8.3	7.8	0.48	0.32	1.9			
剖35	人为土	水稻土	盐渍水稻土	碳酸盐渍性水稻土	石灰性田	A	0—15		轻壤土	块状	8.3	22.5	1.37	0.51	4.6		E 108°01′54.1″ N 23°59′50.6″	70
						P	15—21		轻壤土		8.3	20.6	1.32	0.51	4.6			
						W_1	21—38		重壤土		8.3	15.4	1.05	0.51	4.7			
						W_2	38—54		重壤土		8.3	14.8	1.00	0.49	3.7			
						C	54—100		重壤土		8.3	12.0	1.33	0.41	3.2			
剖36	初育土	石灰(岩)土	红色石灰土	耕型铁铬红色石灰土	铁铬红黏土	A	0—14		轻壤土		6.7	61.8	3.31	1.27	8.6	石灰岩	E 108°05′13.9″ N 23°58′33.6″	74
						C	14—100		重壤土		7.0	22.4	1.53	1.41	9.6			
剖37	人为土	水稻土	潴育水稻土	棕色石灰土潴育水稻土	潴育粉砾泥泥田	A	0—16		重壤土		5.9	45.0	3.06	0.79	4.0	石灰岩风化物	E 108°06′27.0″ N 23°58′33.6″	86
						P	16—22		重壤土		6.5	21.6	1.71	0.66	3.9			
						W	22—62		重壤土		8.0	6.9	0.41	0.39	2.1			
						C_1	62—82		轻壤土		7.9	18.4	0.74	0.48	1.3			
						C_2	82—100		中壤土		8.1	3.1	0.39					
剖38	初育土	紫色土				A	0—10		中壤土		5.1	33.4	1.76	0.38	12.8		E 108°02′55.3″ N 23°58′06.2″	89
						C	30—50		中壤土		5.0	4.3	0.53	0.31	15.6			
剖39	人为土	水稻土	潴育水稻土	棕色石灰土潴育水稻土	潴育棕肉泥田	A	0—19		重壤土		6.2	32.0	2.09	0.67	3.5	石灰岩风化物	E 108°04′39.7″ N 23°57′58.0″	83
						P	19—25		重壤土		6.8	17.1	1.24	0.65	3.3			
						W	30—45		重壤土		7.3	9.3	0.74	0.86	3.4			
						C	60—80		中黏土		7.6	6.4	0.86	0.95	5.4			

续表 Continued

剖面号 Soil profile	土纲 Soil order	土类 Soil great group	亚类 Soil subgroup	土属 Soil genus	土种 Soil species	土层码 Layer code	土层厚度 Depth/cm	颜色 Soil color	质地 Soil texture	土壤结构 Soil structure	pH	有机质 OM/(g/kg)	全氮 TN/(g/kg)	全磷 TP/(g/kg)	全钾 TK/(g/kg)	土壤母质 Parent material	剖面点坐标 Profile coordinate	匹配指数 Matching index/%
剖40	人为土	水稻土	潴育水稻土	紫色岩潴育水稻土	潴育紫泥田	A	0—20		轻黏土		7.2	27.9	1.82	0.51	20.1	紫色岩	E 108°05′57.8″ N 23°57′47.9″	94
						P	20—29		重黏土		7.6	18.9	1.25	0.49	20.3			
						W	29—60		重黏土		7.6	9.5	0.80	0.37	21.2			
						C	60—100		中黏土		7.5	9.9	0.72	0.33	20.5			
剖41	人为土	水稻土	淹育水稻土	红土质潴育水稻土	黄泥田	A	0—14		重壤土		5.7	40.8	2.18	0.59	6.5	红土	E 108°04′00.5″ N 23°57′10.4″	85
						P	14—20		轻黏土		6.7	24.6	1.33	0.58	6.6			
						C	20—100		中黏土		7.7	5.4	0.53	0.34	8.5			
剖42	人为土	水稻土	盐渍水稻土	碳酸盐渍性水稻土	石灰性铁子底田	A	0—18	灰黄棕色	黏土	块状	8.4	51.2	2.90	1.13	4.7		E 108°00′52.2″ N 23°57′06.5″	77
						P	18—27	暗黄棕色	黏壤土	小块状	8.4	28.2	1.71	1.09	3.1			
						Wfe	27—40	棕黑色	壤土	粒状	8.4	27.7	2.01	0.92	2.7			
						C	40—100	黄棕色	黏土	小块状	8.3	12.0	1.06	0.61	4.0			
剖43	人为土	水稻土	盐渍水稻土	碳酸盐渍性水稻土	石灰性铁子田	A	0—16	灰黄棕色	壤土	块状	8.3	40.2	2.47	0.92	4.5		E 108°06′04.7″ N 23°56′48.5″	74
						P	16—24	暗黄棕色	壤土	块状	8.3	27.3	1.89	0.86	4.6			
						C	24—100	黄棕色	壤土	块状	8.4	6.1	0.82	0.46	4.1			
剖44	人为土	水稻土	潴育水稻土	红土质潴育水稻土	潴育黄泥田	A	0—18		重黏土		6.6	54.8	3.17	1.22	6.2		E 108°06′25.2″ N 23°55′05.9″	78
						P	18—26		黏土		7.0	46.3	2.82	1.23	6.1	红土		
						W	26—57		黏土		7.9	23.5	3.10	1.05	6.7			
						C	57—100		中黏土		8.0	11.9	1.13					
剖45	初育土	石灰（岩）土	红色石灰土	耕型红色石灰性土	红泥骨石灰性田	A	0—15		重壤土		8.3	27.9	1.64	0.21	16.8		E 108°04′02.6″ N 23°55′00.1″	95
						B	15—36		中黏土		8.1	18.4	1.08	0.77	4.8			
						C	36—100		中黏土		8.5	16.3	1.24	0.89	5.1			
剖46	人为土	水稻土	潴育水稻土	红土质潴育水稻土	潴育黄泥田	A	0—15		轻黏土		5.9	47.5	2.38	0.43	9.2	红土	E 108°03′18.0″ N 23°54′24.8″	91
						P	15—27		轻黏土		7.3	30.5	1.69	0.34	9.1			
						W₁	27—34		轻黏土		7.8	11.3	0.54	0.28	8.4			
						W₂	34—73		轻黏土		7.4	11.6	0.61	0.25	6.5			
						C	73—100		中黏土		6.6	6.0	0.45	0.17	9.1			
剖47	初育土	紫色土	中性紫色土	耕型中性紫色土	中性紫泥土	A	0—29		轻壤土		5.5	24.4	1.40	0.30	3.0		E 108°06′52.2″ N 23°53′47.4″	74
						B	29—47		轻黏土		5.7	24.8	1.32	0.96	12.4			
						C	47—100		轻黏土		5.6	22.4	1.05	0.68	11.9			
剖48	人为土	水稻土	潴育水稻土	砂页岩潴育水稻土	潴育砂泥田	A	0—12		中壤土		5.2	31.9	2.17	0.51	10.4	砂页岩	E 108°07′45.1″ N 23°53′35.2″	78
						P	12—17		中黏土		5.4	23.7	1.75	0.49	10.3			
						W	20—31		中黏土		6.8	14.0	1.16	0.53	10.5			
						WC	35—45		重黏土		6.7	15.3	1.02	0.59	9.2			
						C	55—61		中黏土		5.2	6.9	0.99	0.45	11.9			
剖49	人为土	水稻土	淹育水稻土	砂页岩潴育水稻土	塘泥田	A	0—14		中黏土		5.4	25.5	1.70	0.47	9.4	砂页岩	E 108°03′32.8″ N 23°53′25.8″	79
						P	14—18		中黏土		6.2	19.4	1.41	0.45	9.1			
							18—100		中黏土		6.1	10.0	0.99	0.31	10.8			
剖50	人为土	水稻土	淹育水稻土	砂页岩潴育水稻土	粉结田	A	0—14		轻壤土		5.3	19.9	1.20	0.28	1.3	砂页岩	E 108°04′40.4″ N 23°52′41.9″	71
						P	14—28		轻壤土		6.1	12.2	0.58	0.24	1.5			
							28—100		轻壤土		4.7	9.2	0.45		1.5			
剖51	人为土	水稻土	潴育水稻土	砂页岩潴育水稻土	潴育砂泥肉田	A	0—17		轻黏土		5.3	33.3	2.22	0.59	15.4	砂页岩	E 108°08′02.4″ N 23°52′03.7″	94
						P	17—23		轻黏土		6.2	27.8	2.05	0.47	15.7			
						W	23—35		轻黏土		7.2	21.7	1.53	0.43	14.9			
						WC	35—42		轻黏土		7.6	12.9	0.93	0.33	12.8			
						C	45—55		重壤土		7.8	10.7	0.68	0.32	9.2			

续表 Continued

剖面号 Soil profile	土纲 Soil order	土类 Soil great group	亚类 Soil subgroup	土属 Soil genus	土种 Soil species	土层码 Layer code	土层厚度 Depth/cm	颜色 Soil color	质地 Soil texture	土壤结构 Soil structure	pH	有机质 OM/(g/kg)	全氮 TN/(g/kg)	全磷 TP/(g/kg)	全钾 TK/(g/kg)	土壤母质 Parent material	剖面点坐标 Profile coordinate	匹配指数 Matching index/%
剖52	人为土	水稻土	淹育水稻土	红土质淹育水稻土	砂质黄泥田	A	0—14		重壤土		5.3	30.3	1.93	0.46	3.9	红土	E 108°02′27.2″ N 23°50′43.8″	88
						P	14—21		重壤土		7.3	13.1	0.83	0.42	4.4			
						C	21—100		中黏土		7.7	8.3	0.94	0.49	10.0			
剖53	初育土	石灰(岩)土	棕色石灰土	耕犁型棕色石灰土	含砂棕泥土	A	0—22		中壤土		7.1	15.4	0.99	0.64	2.6		E 108°19′08.0″ N 23°57′31.0″	93
						B₁	22—31		中壤土		7.4	7.8	0.43	0.51	2.2			
						B₂	31—36		中壤土		7.5	11.6	0.75	0.68	3.4			
						C	36—100		轻黏土		7.8	4.1	0.49	0.74	4.4			

大化瑶族自治县

主要土类说明

石灰（岩）土是大化瑶族自治县主要土壤类型，占本县地域面积的 69%。石灰（岩）土发生于热带、亚热带石灰岩山区，是石灰岩经溶蚀风化，形成的厚薄不同的钙质饱和或含游离钙质的土壤，多见于石隙、溶洞或峰丛底部。该土壤碳酸钙淋溶程度不一，多黏土，多为铁钙质胶结物，风化程度不一，盐基饱和度高，有机质含量及胶结状态有较大差异。

赤红壤是大化瑶族自治县第二大土壤类型，占本县地域面积的 15%。赤红壤主要发生于南亚热带季雨林下，其脱硅富铝化程度仅次于砖红壤，强于红壤。铁的游离度介于二者之间，黏粒硅铝率为 1.7—2.0，风化淋溶系数为 0.05—0.15，盐基饱和度为 15%—25%，pH 为 4.5—5.5。淀积层（B 层）富含铁铝氧化物，呈赤红色。

红壤是大化瑶族自治县第三大土壤类型，占本县地域面积的 5%。红壤主要发生于常绿阔叶林下，呈中度脱硅富铝化特征，土壤黏粒中游离铁占全铁的 50%—60%。黏土矿物以高岭石、赤铁矿为主，黏粒硅铝率为 1.8—2.4，风化淋溶系数小于 0.2，盐基饱和度小于 35%，pH 为 4.5—5.5。红壤具深厚红色土层，淀积层（B 层）底层可见具深厚红、黄、白相间网纹的红色黏土。

粗骨土占大化瑶族自治县地域面积的 5%。粗骨土发育于基岩风化残积物、坡积物，表层发育不明显，属于 A–C 型，甚至（A）–C 型土壤。A 层发育不明显，与母质土层性状相似，略显有机质累积。有时母质层富含砾石，甚少出现剖面分异与发育特征。

小于本县地域面积 3% 的土壤类型还有水稻土、潮土和新积土等。

本区域中心区气候特征

本区域中心区气候特征值
Regional climate characteristics in central area of the region

气候带：南亚热带湿润气候 Climate region: South subtropical humid climate	
年平均气温 /℃ Annual average temperature /℃	21.6
年平均最高气温 /℃ Annual average maximum temperature /℃	26.5
年平均最低气温 /℃ Annual average minimum temperature /℃	18.4
年降水量 /mm Annual precipitation /mm	1286
≥10℃的积温 /℃ Daily temperature accumulated in a year (≥10℃) /℃	7847
年日照时数 /h Annual sunshine /h	1493
年平均相对湿度 /% Annual average relative humidity /%	77
干燥度 Dryness	1.00

本区域中心区月平均气温与月平均降水量
Monthly temperature and precipitation in central area of the region

大化瑶族自治县主要土壤类型与土壤剖面点分布图
1∶350 000

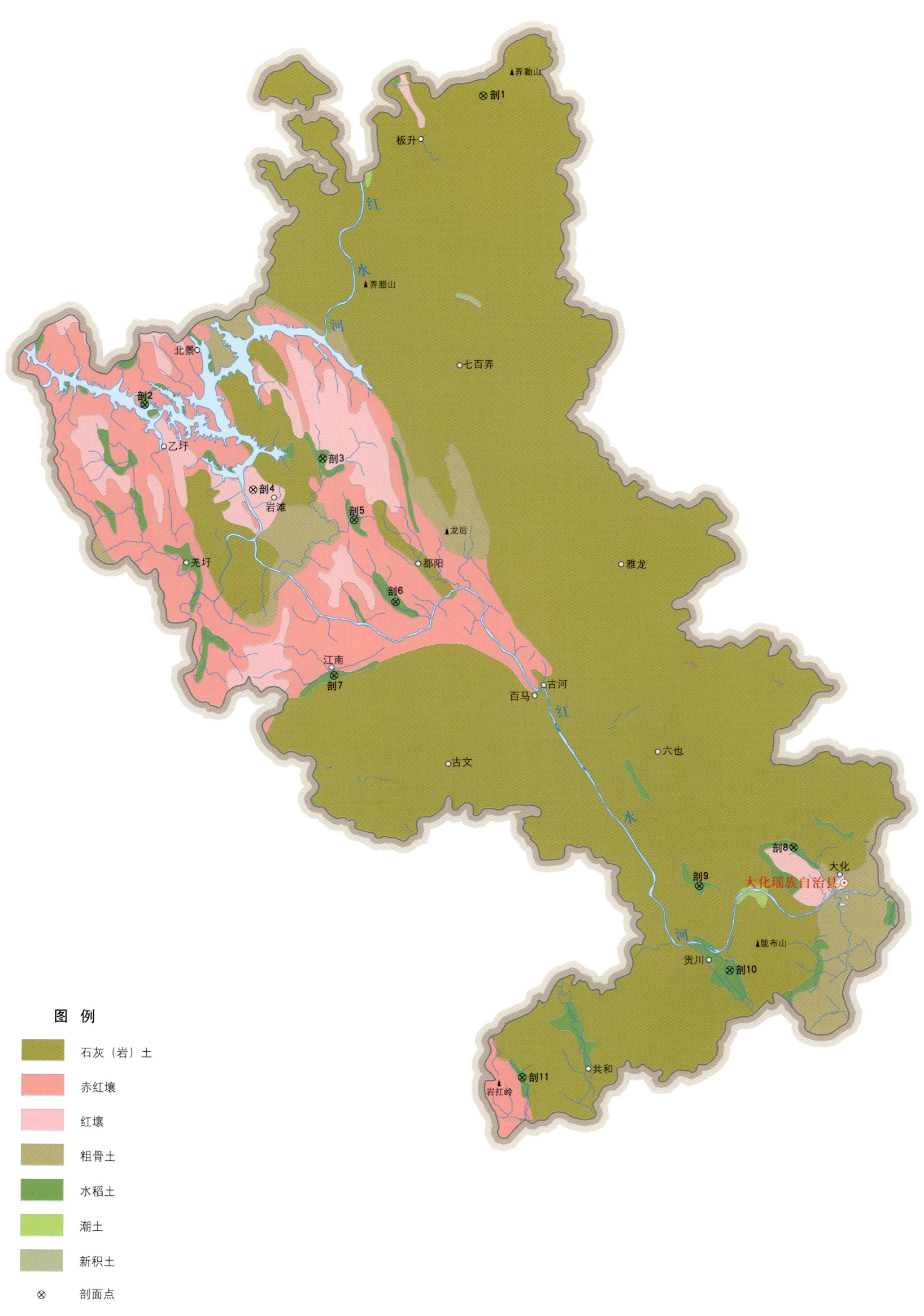

大化瑶族自治县土壤剖面理化性状表

剖面号 Soil profile	土纲 Soil order	土类 Soil great group	亚类 Soil subgroup	土属 Soil genus	土种 Soil species	土层码 Layer code	土层厚度 Depth/cm	颜色 Soil color	质地 Soil texture	土壤结构 Soil structure	pH	有机质 OM/(g/kg)	全氮 TN/(g/kg)	全磷 TP/(g/kg)	全钾 TK/(g/kg)	土壤母质 Parent material	剖面点坐标 Profile coordinate	匹配指数 Matching index/%
剖1	初育土	石灰（岩）土	红色石灰土	耕型红色石灰土	火红黏土	A	0–13		轻黏土		7.0	41.8	2.73	1.29	11.9		E 107°42′37.5″ N 24°19′31.1″	90
						C	20–38		重黏土		8.4	9.3	1.86	0.67	3.7			
剖2	人为土	水稻土	潴育水稻土	砂页岩潴育水稻土	潴育砂泥肉田	A	0–15		重黏土		4.6	46.1	3.04	0.35	18.0	砂页岩	E 107°26′01.7″ N 24°06′03.4″	75
						P	15–23		中黏土		5.0	35.4	2.43	0.34	17.2			
						W	30–50		中黏土		7.2	1.7	0.86	0.24	18.8			
						WC	55–70		中黏土		7.0	5.5	0.74	0.34	18.8			
剖3	人为土	水稻土	潴育水稻土	砂页岩潴育水稻土	潴育油砂田	A	0–15	灰黄棕色	重黏土	小块状	5.2	30.5	1.31	0.80	9.6	砂页岩	E 107°34′35.8″ N 24°03′33.8″	87
剖4	铁铝土	红壤	红壤	耕型砂页岩红壤	红壤土	A	0–18		轻黏土		5.9	22.6	1.44	0.36	12.1	砂页岩	E 107°31′12.8″ N 24°02′14.0″	80
						B	26–45		轻黏土		5.7	16.2	1.09	0.31	11.3			
						C	65–76		轻黏土		5.2	12.1	0.93	0.22	14.6			
剖5	人为土	水稻土	淹育水稻土	砂页岩淹育水稻土	砂质铁磐底田	A	0–14	浅灰色	重壤土	块状	5.1	32.6	2.16	0.57	9.7	砂页岩	E 107°36′04.7″ N 24°00′50.4″	98
						P	14–27	暗黄色	重黏土	柱状	5.8	23.0	1.32	0.61	10.1			
						C	27–100	黄棕色	中黏土	柱状	7.6	4.9	0.62	0.45	17.3			
剖6	人为土	水稻土	潴育水稻土	砂页岩潴育水稻土	潴育砂泥田	A	0–15		中黏土		5.2	31.2	2.40	0.45	16.4	砂页岩	E 107°38′01.3″ N 23°57′10.8″	86
						P	15–22		中黏土		6.6	23.1	1.82	0.44	16.3			
						W	30–45		中黏土		7.6	12.0	1.18	0.45	15.4			
						C	60–70		轻黏土		7.6	11.6	1.07	0.58	15.9			
剖7	人为土	水稻土	潴育水稻土	砂页岩潴育水稻土	潴育砂泥田	A	0–16	暗灰棕色	黏土	微团粒状	7.7	27.5	2.16	0.74	18.8	砂页岩	E 107°35′00.2″ N 23°53′55.9″	83
						P	16–21	暗灰黄色	黏土	块状	7.9	24.5	1.95	0.72	18.8			
						W_1	21–66	浅黄黄色	黏土	棱柱状	8.0	6.0	0.98	0.90	20.0			
						W_2	66–82	灰黄色	黏土	棱柱状	8.1	12.4	1.07	0.84	14.8			
						C	82–100	浅棕黄色	黏土	小块状	8.3	5.9	0.72	0.64	12.9			
剖8	人为土	水稻土	淹育水稻土	洪积物淹育水稻土	潮砂泥田	A	0–12	棕灰色	壤土	块状	6.0	16.6	1.15	0.65	10.4	洪积物	E 107°57′03.4″ N 23°46′01.6″	96
						P	12–15	灰黄棕色	壤土	块状	6.6	12.1	0.90	0.67	10.1			
						C	15–100	暗灰棕色	壤土	块状	7.3	9.4	0.64	0.40	10.0			
剖9	人为土	水稻土	潴育水稻土	棕色石灰土潴育水稻土	潴育棕泥田	A	0–12		轻黏土		6.8	35.5	2.38	1.30	5.6	石灰岩风化物	E 107°52′28.9″ N 23°44′22.9″	83
						P	14–20		重黏土		7.2	31.2	2.29	1.32	5.4			
						W	22–30		重黏土		7.5	14.8	1.10	0.98	4.4			
						C	40–80		重黏土		7.6	9.3	1.13	1.19	4.7			
剖10	人为土	水稻土	淹育水稻土	棕色石灰土淹育水稻土	铁磐棕泥田	A	0–13		中黏土		6.8	35.1	2.42	1.78	4.8	石灰岩风化物	E 107°53′54.0″ N 23°40′37.3″	70
						P	13–19		重黏土		7.5	14.8	1.07	0.90	3.6			
						C	60–80		轻黏土		7.4	11.1	1.12	1.05	4.8			
剖11	人为土	水稻土	淹育水稻土	砂页岩淹育水稻土	蜡泥田	A	0–13		轻黏土		5.0	35.8	2.01	0.28	11.6	砂页岩	E 107°43′49.4″ N 23°36′00.6″	74
						P	13–17		中黏土		5.4	22.9	1.46	0.28	12.3			
						C	35–50				7.7	4.0	0.60	0.27	17.8			

来 宾 市

市 辖 区

主要土类说明

粗骨土是来宾市主要土壤类型，占本市地域面积的 49%。粗骨土发育于基岩风化残积物、坡积物，表层发育不明显，属于 A–C 型，甚至（A）–C 型土壤。A 层发育不明显，与母质土层性状相似，略显有机质累积。有时母质层富含砾石，较少出现剖面分异与发育特征。

赤红壤是来宾市第二大土壤类型，占本市地域面积的 22%。此土类分布在本市南端几个乡镇，在海拔 500m 以下的地区，土壤层次分化明显，富含铁铝，表层呈浅红色。其脱硅富铝化程度仅次于砖红壤，强于红壤。铁的游离度介于二者之间，黏粒硅铝率为 1.7—2.0，风化淋溶系数为 0.05—0.15，盐基饱和度为 15%—25%，pH 为 4.5—5.5。本市赤红壤只有赤红壤一个亚类。

石灰（岩）土是来宾市第三大土壤类型，占本市地域面积的 16%。石灰（岩）土发生于热带、亚热带石灰岩山区，是石灰岩经溶蚀风化，形成的厚薄不同的钙质饱和或含游离钙质的土壤，多见于石隙、溶洞或峰丛底部。该土壤碳酸钙淋溶程度不一，多黏土，多为铁钙质胶结物，风化程度不一，盐基饱和度高，有机质含量及胶结状态有较大差异。本市石灰（岩）土只有棕色石灰土一个亚类。

水稻土占来宾市地域面积的 8%。水稻土是经灌溉、平整土地、施肥、种稻或轮作等过程后形成的一类耕作土壤。水耕水耙是形成水稻土的主要条件，水稻土的性质很大程度上受灌溉水和地下水位高低的影响。由于所处地形部位、水文状况、成土母质以及土壤的矿质养分含量等不同，本市水稻土分为淹育型、潴育型、潜育型、沼泽型、盐渍型等亚类。

小于本市地域面积 3% 的土壤类型还有红黏土、紫色土和新积土等。

本区域中心区气候特征

本区域中心区气候特征值
Regional climate characteristics in central area of the region

气候带：南亚热带湿润气候 Climate region: South subtropical humid climate	
年平均气温 /℃ Annual average temperature /℃	21.4
年平均最高气温 /℃ Annual average maximum temperature /℃	25.6
年平均最低气温 /℃ Annual average minimum temperature /℃	18.6
年降水量 /mm Annual precipitation /mm	1575
≥10℃的积温 /℃ Daily temperature accumulated in a year（≥10℃）/℃	7821
年日照时数 /h Annual sunshine /h	1525
年平均相对湿度 /% Annual average relative humidity /%	78
干燥度 Dryness	0.81

来宾市市辖区（部分）主要土壤类型与土壤剖面点分布图
1∶420 000

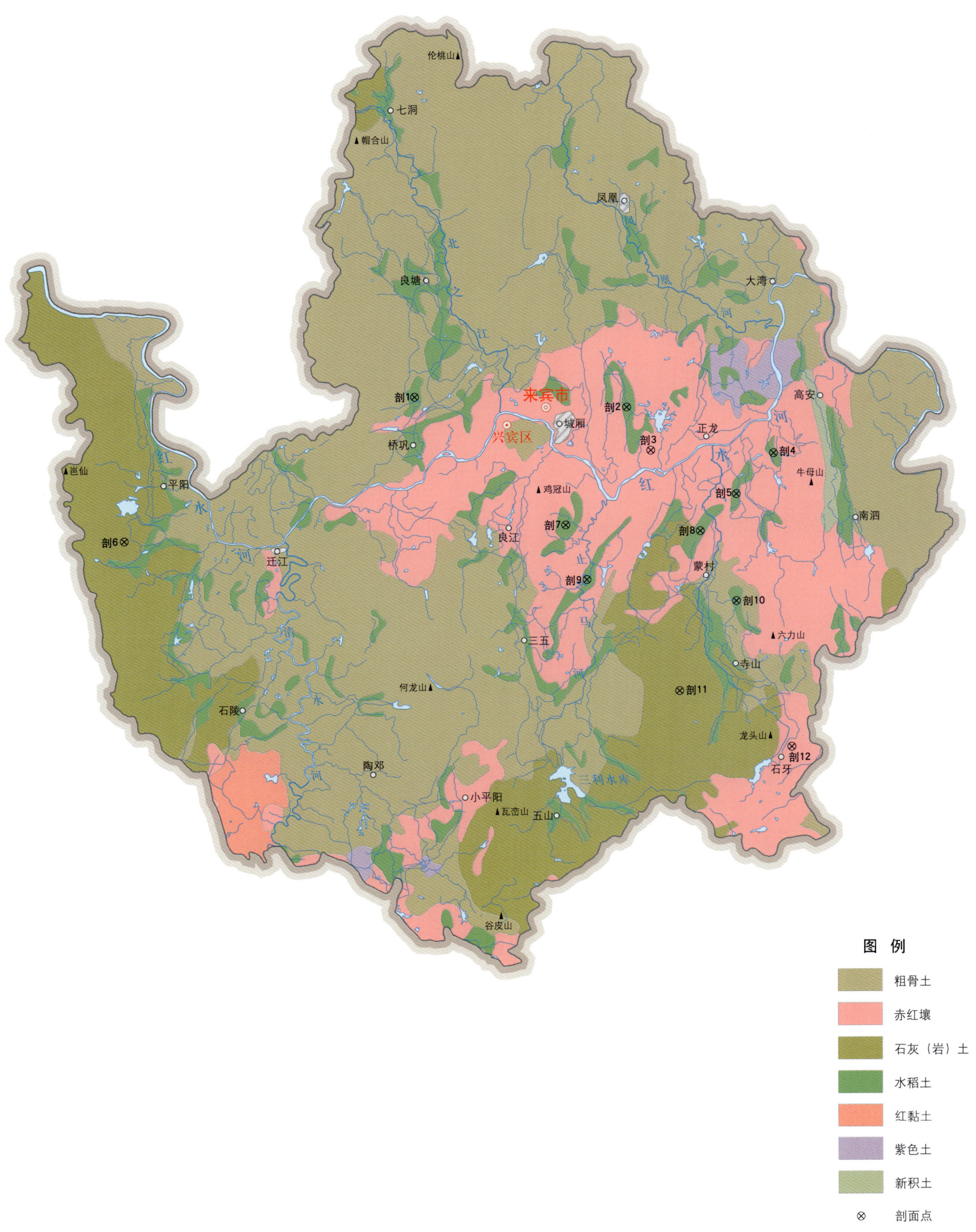

注：国务院2002年批准，撤销来宾县，设立来宾市兴宾区。

来宾市土壤剖面理化性状表

剖面号 Soil profile	土纲 Soil order	土类 Soil great group	亚类 Soil subgroup	土属 Soil genus	土种 Soil species	土层码 Layer code	土层厚度 Depth/cm	颜色 Soil color	质地 Soil texture	土壤结构 Soil structure	pH	有机质 OM/(g/kg)	全氮 TN/(g/kg)	全磷 TP/(g/kg)	全钾 TK/(g/kg)	有效磷 AP/(mg/kg)	速效钾 AK/(mg/kg)	阳离子交换量 CEC/(cmol/kg)	土壤母质 Parent material	剖面点坐标 Profile coordinate	匹配指数 Matching index/%
剖1	人为土	水稻土	淹育水稻土	硅质灰岩淹育水稻土	白粉砂泥田	A	0—9	浅灰色	中壤土	块状	7.0	29.6	0.89	0.29	1.3	5.0	50	5.0	硅质灰岩	E 108°05′41.6″ N 23°45′17.6″	88
						P	9—15	灰褐棕色	中壤土	块状	7.0	12.3	0.80	0.21	1.1			4.3			
						C	15—100	灰黄色	壤土	块状	7.5	3.2	0.20	0.15	0.2						
剖2	人为土	水稻土	潴育水稻土	砂页岩潴育水稻土	潴育砂泥田	A	0—13	中棕色	中壤土	块状	7.0	38.3	2.01	0.52	8.4				砂页岩	E 109°17′30.5″ N 23°44′55.3″	99
						P	13—18	灰黄色	轻黏土	块状	6.5	38.8	2.14	0.68	5.9						
						W	18—40	青灰色	重黏土	棱柱状	7.5	12.2	0.60	0.68	6.0						
						C	40—100	黄红色	轻黏土	块状	7.0	10.2	0.65	0.52	4.1						
剖3	铁铝土	赤红壤	赤红壤	耕型砂页岩赤红壤	赤砂土	A	0—17	暗红棕色	重黏土	块状	7.0	14.6	0.93	0.34	6.8				砂页岩	E 109°18′51.8″ N 23°42′43.6″	72
						B	17—100	暗棕棕色	重黏土	块状	8.0	11.9	0.87	0.35	0.9						
剖4	人为土	水稻土	潴育水稻土	冲积性潴育水稻土	潴育潮泥田	A	0—14	暗黄棕色	壤土	块状	6.5	30.0				2.5	38		河流冲积物	E 109°25′41.9″ N 23°42′39.2″	74
						P	14—22	暗黄棕色	壤土	小块状	6.5										
						W	22—35	灰黄棕色	壤土	棱柱状	7.0										
						C	35—100	浅灰色	壤土	小块状	7.0										
剖5	人为土	水稻土	潴育水稻土	砂页岩潴育水稻土	潴育砂土田	A	0—10	黄灰色	中壤土	小块状	6.5	28.4	1.53	0.33	1.3	3.4	80		砂页岩	E 109°23′39.0″ N 23°40′33.4″	75
						P	10—18	浅灰棕色	重黏土	块状	6.5	14.8	0.81	0.20	1.1						
						W	18—36	白灰色	轻黏土	块状	6.5	6.7	0.41	0.10	1.3						
						C	36—100	灰黄色	重黏土	块状	6.0	2.4	0.47	0.18	4.4						
剖6	初育土	石灰(岩)土	棕色石灰土	砂页岩潴育水稻土	棕色石灰土	A	0—5	灰黄棕色	中壤土	块状	7.5	75.6	5.89	0.99	13.0				砂页岩	E 108°49′38.9″ N 23°37′44.5″	84
						C	5—100	黄灰色	重黏土	块状	6.5	24.6	2.12	1.45	10.3						
剖7	人为土	水稻土	潴育水稻土	棕色石灰土潴育水稻土	潴育棕泥田	A	0—15	暗黄棕色	黏壤土	块状	6.5	28.0				1.3	25		石灰岩风化物	E 109°14′10.3″ N 23°38′52.4″	76
						P	15—22	灰黄棕色	黏壤土	块状	6.0										
						W	22—65	暗棕棕色	黏壤土	块状	7.0										
剖8	人为土	水稻土	潴育水稻土	红白质潴育水稻土	潴育黄泥田	A	0—13	棕灰色	中壤土	块状	6.0	29.8	1.31	0.36	3.6	2.5	40		红土	E 109°21′40.0″ N 23°38′39.5″	95
						P	13—22	灰棕色	中壤土	块状	7.0	11.7	0.52	0.20	4.1			6.8			
						W	22—30	黄红色	黏壤土	棱柱状	6.5	5.2	0.25	0.21	3.2						
						C	30—90	灰黄色	壤土	块状	6.5										
剖9	人为土	水稻土	潴育水稻土	砂页岩潴育水稻土	潴育砂泥肉田	A	0—13	棕色	壤土	块状	7.0	21.6	1.47	0.39	14.3				砂页岩	E 109°15′23.4″ N 23°36′06.1″	86
						P	13—18	灰黄棕色	轻黏土	块状	7.5	17.4	1.22	0.30	14.3						
						W	18—50	浅灰色	中壤土	块状	7.5	19.5	1.23	0.43	18.8						
						C	50—100	棕色	中壤土	块状	7.0	14.7	0.84	0.40	16.6						
剖10	人为土	水稻土	潴育水稻土	紫色岩潴育水稻土	潴育紫泥田	A	0—12	紫色	轻黏土	块状	7.5								紫色岩	E 109°23′42.7″ N 23°35′06.4″	90
						P	12—23	紫色	轻黏土	块状	7.5										
						W	23—56	紫色	重壤土	棱柱状	7.5										
						C	56—100	紫色	中壤土	块状	8.0										
剖11	初育土	石灰(岩)土	棕色石灰土	棕色石灰土	含砂棕色石灰土	A	0—13	棕色	中壤土	块状	8.0	27.5	3.12	1.03	3.4	5.0	25			E 109°20′35.9″ N 23°30′27.7″	92
						C	13—100	黄灰棕色	中壤土	块状	8.0	14.9	0.93	0.70	0.5						
剖12	铁铝土	赤红壤	赤红壤	耕型铁质赤红壤	铁子土	A	0—22	浅黄棕色	壤土	小块状	6.0	16.0								E 109°26′50.7″ N 23°27′41.0″	98
						B	22—35	棕色	壤土	小块状	6.0										
						C	35—100	红棕色	黏壤土	小块状	6.0										

忻 城 县

主要土类说明

石灰（岩）土是忻城县主要土壤类型，占本县地域面积的64%，广泛分布于全县各地。成土母质为石灰岩、硅质灰岩、白云质灰岩等风化物，并往往夹杂着硅质岩，植被为喜钙性的常绿阔叶灌木或藤本灌丛。该土壤碳酸钙淋溶程度不一，多黏土，多为铁钙质胶结物，风化程度不一，盐基饱和度高，有机质含量及胶结状态有较大差异。本县石灰（岩）土分为棕色石灰土和黄色石灰土两个亚类。棕色石灰土碳酸钙淋溶作用强烈，一般无石灰反应，分布在石灰岩下坡，通常质黏，呈棕色，有些有少量铁锰结核或斑纹，部分地区该土与硅质岩混存，交互作用影响，质地趋向壤土。黄色石灰土色黄，有石灰反应。

粗骨土是忻城县第二大土壤类型，占本县地域面积的29%。粗骨土发育于基岩风化残积物、坡积物，表层发育不明显，属于A–C型，甚至（A）–C型土壤。A层发育不明显，与母质土层性状相似，略显有机质累积。有时母质层富含砾石，甚少出现剖面分异与发育特征。

水稻土是忻城县第三大土壤类型，占本县地域面积的4%。水稻土是在长期季节性淹灌、水下翻耕、季节性脱水、氧化还原交替影响下，原来成土母质或母土的特性发生重大改变，形成的新的土壤类型。由于干湿交替，水稻土形成糊状淹育层、较坚实板结的犁底层、渗育层、潴育层与潜育层等多种发生层。这些不同发生层段是在人为耕作、水浆管理下形成的。

小于本县地域面积3%的土壤类型还有赤红壤、新积土和潮土等。

本区域中心区气候特征

本区域中心区气候特征值
Regional climate characteristics in central area of the region

气候带：南亚热带湿润气候 Climate region: South subtropical humid climate	
年平均气温 /℃ Annual average temperature /℃	21.1
年平均最高气温 /℃ Annual average maximum temperature /℃	25.5
年平均最低气温 /℃ Annual average minimum temperature /℃	18.2
年降水量 /mm Annual precipitation /mm	1511
≥10℃的积温 /℃ Daily temperature accumulated in a year (≥10℃) /℃	7688
年日照时数 /h Annual sunshine /h	1406
年平均相对湿度 /% Annual average relative humidity /%	77
干燥度 Dryness	0.83

本区域中心区月平均气温与月平均降水量
Monthly temperature and precipitation in central area of the region

忻城县主要土壤类型与土壤剖面点分布图
1 : 330 000

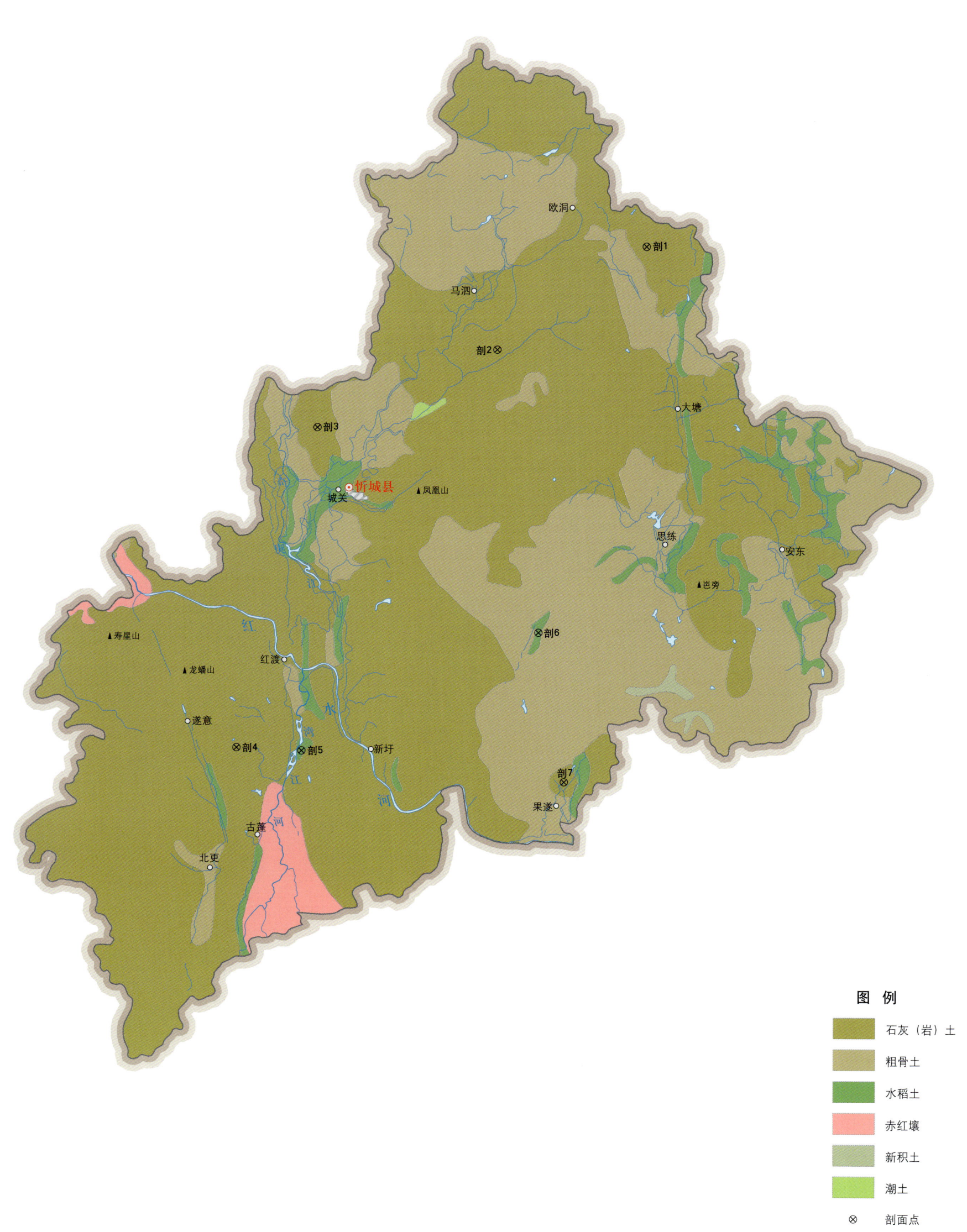

忻城县土壤剖面理化性状表

剖面号 Soil profile	土纲 Soil order	土类 Soil great group	亚类 Soil subgroup	土属 Soil genus	土种 Soil species	土层码 Layer code	土层厚度 Depth/cm	颜色 Soil color	质地 Soil texture	土壤结构 Soil structure	pH	有机质 OM/(g/kg)	全氮 TN/(g/kg)	全磷 TP/(g/kg)	全钾 TK/(g/kg)	阳离子交换量CEC/(cmol/kg)	土壤母质 Parent material	剖面点坐标 Profile coordinate	匹配指数 Matching index/%
剖1	初育土	石灰（岩）土	棕色石灰土	棕色石灰土	砾质棕色石灰土	Ao	0—1	灰黄棕色	壤土	团块状	7.0							E 108°53′08.8″ N 24°14′51.9″	83
						B	1—20	浅棕色	黏壤土	状状	7.0								
						C	20—40	红棕色	重壤土	块状	7.0								
剖2	初育土	石灰（岩）土	棕色石灰土	耕型棕色石灰土	砾质棕泥土	A	0—14	暗棕色	重壤土	粒状	7.5	21.4	1.64	0.67	4.9	8.0		E 108°46′16.2″ N 24°10′22.5″	71
						B	14—39	暗黄棕色	重壤土	块状	7.5	15.0	1.38	0.55	5.0	6.0			
						C	39—100	浅棕色	轻黏土	块状	7.5	5.8	1.07	0.65	5.3	3.0			
剖3	初育土	石灰（岩）土	棕色石灰土	棕色石灰土	棕色石灰土	Ao	0—2											E 108°37′57.4″ N 24°06′54.4″	73
						A	2—12	暗棕色	中壤土	块状	7.0	45.3	3.05	0.61	6.7	33.7			
						B	12—45	灰黄棕色	中壤土	块状	7.0	39.8	2.50	0.57	6.1	32.0			
						C	45—100	浅黄棕色	轻黏土	块状	7.0	16.3	2.15	0.46	7.4	29.5			
剖4	初育土	石灰（岩）土	棕色石灰土	棕色石灰土	含砂棕色石灰土	Ao	0—1	灰黄棕色	砂壤土	粒状	6.0							E 108°34′29.6″ N 23°53′12.1″	91
						A₁	1—4	暗黄棕色	砂壤土	团状	6.5								
						B	4—25	浅棕色	壤土	块状	6.0								
						C	25—100	暗棕灰色	重壤土	块状	6.5	31.1	1.95	0.52	1.7	10.6			
剖5	人为土	水稻土	潴育水稻土	红土质潴育水稻土	潴育黄泥田	A	0—14	暗棕灰色	重壤土	棱柱状	6.5	26.9	1.79	0.47	2.2	12.3	红土	E 108°37′31.8″ N 23°53′07.3″	96
						P	14—21	暗黄灰色	重壤土	块状	7.5	7.2	0.65	0.26	1.7	17.6			
						W	21—31	浅黄棕色	轻黏土	块状	7.5	3.2	0.45	0.26	1.8				
						B	31—47	红黄色	壤土	块状	8.0								
						C	47—100	浅灰色	壤土	片状	6.0								
剖6	人为土	水稻土	淹育水稻土	硅质页岩育水稻土	灰泥田	A	0—11	棕灰色	壤土	片状	6.0						硅质岩	E 108°48′26.3″ N 23°58′20.3″	89
						P	11—20	黄灰色	黏壤土	片状	5.5								
						C	20—100	灰黄棕色	砂壤土	团块状	6.5								
剖7	初育土	石灰（岩）土	棕色石灰土	耕型棕色石灰土	含砂棕泥土	A	0—17	棕色	砂壤土	块状	6.5							E 108°49′45.5″ N 23°52′00.1″	70
						B	17—47	浅棕色	壤土	块状	7.0								
						C	47—100												

象 州 县

主要土类说明

红壤是象州县主要土壤类型，占本县地域面积的 73%，分布于低山、丘陵、坡地等地形。成土母质类型多样，一般由第四纪红土发育而成的红壤多分布于低丘，其余类型红壤分布于低山、高丘、中丘、低丘。红壤发生于高温多雨的气候条件下，风化作用强烈，原生矿物分解较彻底，盐基淋失，铁铝氧化物和氢氧化物在土壤中相对累积，形成红色土层。由于盐基淋失，钙、镁、钾含量低，土壤呈酸性、微酸性，pH 为 5.0—6.5。由于高温多雨，生物合成很旺盛，在活跃的微生物作用下，有机质分解速度也很快。如为耕作土壤，有机质含量一般为 1%—3%，如为林地、草地，有机质含量一般大于 3%。本县红壤分为红壤、黄红壤、红壤性土等亚类。红壤亚类分布于地形部位较低的丘陵、台地、平原盆地上，土色以红色为主。黄红壤分布的地形部位高于红壤亚类，分布在海拔 500—1000m 的山地，土色红黄相间。红壤性土分布的海拔高度虽与红壤亚类相同，但分布的地形部位不同，多分布于山坡、砾岩地区，同样有红化现象，但内部砾石比较多，且不均一。

水稻土是象州县第二大土壤类型，占本县地域面积的 13%。水稻土主要是受人为的水耕水耙等影响，原来成土母质或母土的特性发生重大改变，形成的新的土壤类型。由于干湿交替，水稻土形成糊状淹育层、较坚实板结的犁底层、渗育层、潴育层与潜育层等多种发生层。这些不同发生层段是在人为耕作、水浆管理下形成的。本县水稻土分为淹育型、潴育型、潜育型、沼泽型、渗育型、盐渍型、矿毒型等亚类。

赤红壤是象州县第三大土壤类型，占本县地域面积的 6%。赤红壤主要发生于南亚热带季雨林下，其脱硅富铝化程度仅次于砖红壤，强于红壤。铁的游离度介于二者之间，黏粒硅铝率为 1.7—2.0，风化淋溶系数为 0.05—0.15，盐基饱和度为 15%—25%，pH 为 4.5—5.5。淀积层（B 层）富含铁铝氧化物，呈赤红色。

粗骨土占象州县地域面积的 3%。粗骨土发育于基岩风化残积物、坡积物，表层发育不明显，属于 A-C 型，甚至（A）-C 型土壤。A 层发育不明显，与母质土层性状相似，略显有机质累积。有时母质层富含砾石，甚少出现剖面分异与发育特征。

小于本县地域面积 3% 的土壤类型还有石灰（岩）土、潮土、新积土和黄壤等。

本区域中心区气候特征

本区域中心区气候特征值
Regional climate characteristics in central area of the region

气候带：南亚热带湿润气候 Climate region: South subtropical humid climate	
年平均气温 /℃ Annual average temperature /℃	20.7
年平均最高气温 /℃ Annual average maximum temperature /℃	25.0
年平均最低气温 /℃ Annual average minimum temperature /℃	17.8
年降水量 /mm Annual precipitation /mm	1662
≥ 10℃的积温 /℃ Daily temperature accumulated in a year（≥ 10℃）/℃	7569
年日照时数 /h Annual sunshine /h	1515
年平均相对湿度 /% Annual average relative humidity /%	78
干燥度 Dryness	0.74

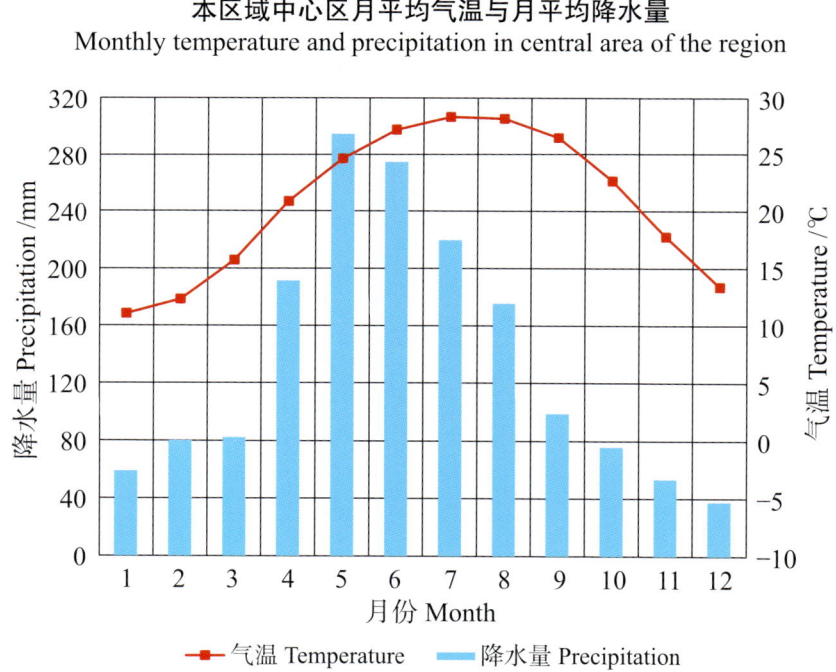

本区域中心区月平均气温与月平均降水量
Monthly temperature and precipitation in central area of the region

象州县主要土壤类型与土壤剖面点分布图
1∶340 000

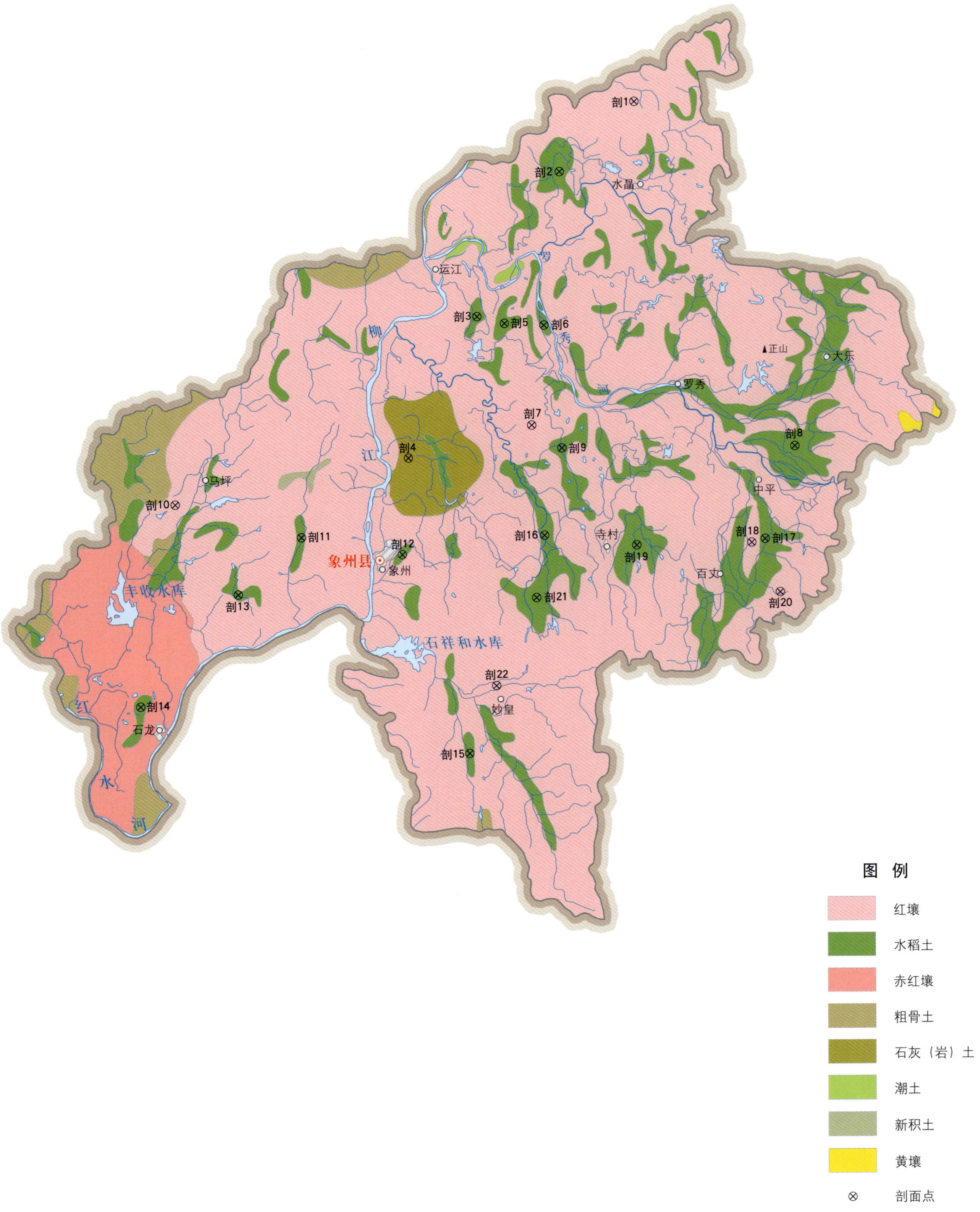

图例

- 红壤
- 水稻土
- 赤红壤
- 粗骨土
- 石灰（岩）土
- 潮土
- 新积土
- 黄壤
- ⊗ 剖面点

象州县土壤剖面理化性状表

剖面号 Soil profile	土纲 Soil order	土类 Soil great group	亚类 Soil subgroup	土属 Soil genus	土种 Soil species	土层码 Layer code	土层厚度 Depth/cm	颜色 Soil color	质地 Soil texture	土壤结构 Soil structure	pH	有机质 OM/(g/kg)	全氮 TN/(g/kg)	全磷 TP/(g/kg)	全钾 TK/(g/kg)	土壤母质 Parent material	剖面点坐标 Profile coordinate	匹配指数 Matching index/%
剖1	铁铝土	红壤	红壤	耕型第四纪红土红壤	红壤多铁子土	A	0–10	红褐色	中壤土	粒状	7.0	14.0	0.38	0.32	1.4	红土	E 109°51′19.8″ N 24°15′20.5″	87
						C	10–80	赤红色	轻壤土	块状	5.0	3.1	0.20	0.10	1.8			
剖2	人为土	水稻土	潴育水稻土	砂页岩潴育水稻土	潴育油砂田	A	0–12	棕灰色	砂壤土	粒状						砂页岩	E 109°48′11.2″ N 24°12′36.7″	94
						P	12–20	黄灰色	壤土	棱柱状								
						W	20–63	灰黄色	壤土	棱柱状								
						C	63–80											
剖3	人为土	水稻土	潴育水稻土	洪积潴育水稻土	洪积潴育砂泥田	A	0–15	棕灰色	重壤土	团块状	7.0	24.6	1.40	0.18	3.5	洪积物	E 109°44′43.8″ N 24°06′59.7″	86
						P	15–22	灰棕色	重壤土	柱状	7.0	10.0	0.39	0.18	2.7			
						W	22–62	棕红色	轻黏土	团块状	7.5	4.3	0.22	0.15	5.0			
						C	62–100	棕红色	轻黏土	团块状	7.5	4.6	0.23					
剖4	初育土	石灰（岩）土	棕色石灰土	棕色石灰土	棕色砂土	A	0–25	浅褐色	轻黏土	块状	6.5	39.0	2.20	0.25	18.3	砂页岩	E 109°41′52.4″ N 24°01′30.4″	90
						C	25–60	棕红色	重壤土	块状	7.0	28.2	1.48	0.32	18.0			
剖5	人为土	水稻土	潴育水稻土	砂页岩潴育水稻土	潴育砂土田	A	0–13	棕灰色	砂壤土	粒状	6.5	17.6	0.82	0.12	4.8	砂页岩	E 109°45′53.0″ N 24°06′44.7″	94
						P	13–20	浅棕色	壤土	块状	6.5	10.0	0.61	0.03	1.8			
						W	20–34	棕灰色	重壤土	棱柱状	7.2	6.2	0.29	0.03	2.6			
						C	34–100	棕灰色	黏壤土	块状	7.5	9.6	0.36	0.26	3.9			
剖6	人为土	水稻土	淹育水稻土	冲积性淹育水稻土	潮泥田	A	0–12	棕黄色	壤土	团粒状	5.0					河流冲积物	E 109°47′33.0″ N 24°06′41.3″	80
						P	12–30	深棕黄色	黏壤土	团粒状	5.0							
						C	30–100	红土黄色	壤土	块状	4.5							
剖7	铁铝土	红壤	红壤	耕型第四纪红土红壤	红壤铁子土	A	0–16	浅棕色	重壤土	团块状	4.5	37.4	1.68	0.38	26.1	红土	E 109°47′03.8″ N 24°02′49.6″	82
						B	16–37	棕灰色	轻黏土	团块状	4.3	23.5	1.00	0.30	26.6			
						C	37–100	红棕色	轻黏土	团块状	5.0	11.2	0.54	0.27	35.9			
剖8	人为土	水稻土	潴育水稻土	冲积性潴育水稻土	潴育潮泥田	A	0–15	暗棕色	中壤土	核状	7.5	29.5	1.56	0.50	7.8	河流冲积物	E 109°58′09.1″ N 24°02′05.3″	90
						P	15–20	棕灰色	中壤土	块状	8.0	10.5	0.46	0.21	7.7			
						W	20–48	黄色	重壤土	棱柱状	7.5	5.2	0.27	0.33	11.5			
						C	48–100	棕灰色	重壤土	块状	9.0	4.7	0.31	0.25	19.0			
剖9	人为土	水稻土	潴育水稻土	冷浸田	浅浸田	A	0–16	蓝灰色	重壤土	块状	6.0	55.8	2.82	0.35	18.2		E 109°48′20.1″ N 24°01′56.5″	77
						G	16–44	灰棕色	轻黏土	块状	7.0	38.4	1.90	0.26	19.3			
						C	44–100	棕灰色	轻黏土	块状	7.5	4.5	0.24	0.15	16.6			
剖10	铁铝土	红壤	红壤	第四纪红土红壤	红壤土	A	0–17	红灰色	中壤土	团块状	4.5	46.9	1.87	0.54	11.5	红土	E 109°32′02.5″ N 23°59′37.9″	92
						C	17–100	红黄色	轻壤土	团块状	4.5	12.5	0.53	0.49	13.2			
剖11	人为土	水稻土	淹育水稻土	洪积性淹育水稻土	石子田	A	0–13	浅灰色	黏土	块状	7.0					洪积物	E 109°37′22.1″ N 23°58′24.6″	85
						P	13–33	暗黄色	黏壤土	块状	6.5							
						C	33–100	灰棕色	黏壤土	块状	6.0							
剖12	人为土	水稻土	淹育水稻土	砂页岩淹育水稻土	蜡泥田	A	0–12	棕灰色	轻壤土	块状	6.0	34.0	1.72	0.28	12.5	砂页岩	E 109°41′38.0″ N 23°57′47.5″	93
						P	12–20	灰黄色	轻壤土	块状	6.5	27.7	1.65	0.13	13.5			
						C	20–100	浅黄色	重壤土	块状	7.5	6.5	0.27	0.37	16.0			
剖13	人为土	水稻土	淹育水稻土	洪积性淹育水稻土	石砾底田	A	0–11	棕色	重壤土	块状	7.2	58.3	3.61	0.47	3.1	洪积物	E 109°34′44.0″ N 23°56′11.7″	82
						P	11–25	浅棕色	重壤土	块状		28.6	2.11	0.67	0.3			
						C	25–100	黄棕色	轻壤土	核状	6.5	9.6	0.53		5.3			

续表 Continued

剖面号 Soil profile	土纲 Soil order	土类 Soil great group	亚类 Soil subgroup	土属 Soil genus	土种 Soil species	土层码 Layer code	土层厚度 Depth/cm	颜色 Soil color	质地 Soil texture	土壤结构 Soil structure	pH	有机质 OM/(g/kg)	全氮 TN/(g/kg)	全磷 TP/(g/kg)	全钾 TK/(g/kg)	土壤母质 Parent material	剖面点坐标 Profile coordinate	匹配指数 Matching index/%
剖14	人为土	水稻土	潴育水稻土	红土质潴育水稻土	潴育黄泥田	A	0—15	黄棕色	轻黏土	核状	6.5	37.7	1.60	0.50	9.8	红土	E 109°30′39.0″ N 23°51′49.8″	96
						P	15—26	黄棕色	轻黏土	团块状	7.5	23.6	1.20	0.46	9.1			
						W	26—46	暗灰色	重黏土	棱柱状	7.5	18.1	0.75	0.35	13.8			
						C	46—100	棕黄色	重黏土		7.5	8.7	0.39	0.29	15.6			
剖15	人为土	水稻土	潴育水稻土	洪积性潴育水稻土	洪积潴育含砾砂泥田	A	0—12	浅棕色	壤土	核状	5.0					洪积物	E 109°44′30.5″ N 23°50′07.4″	72
						P	12—24	灰棕色	壤土	团块状	6.0							
						B	24—80	灰棕色	壤土	棱柱状	7.0							
						C	80—100	青黄色	壤土	团块状	7.0							
剖16	人为土	水稻土	潴育水稻土	冷浸田	深浸田	A	0—27	暗灰色	黏土	块状	6.5				13.3	洪积物	E 109°47′37.0″ N 23°58′34.3″	100
						G	27—67	青灰色	黏土	块状	6.5				12.8			
						C	67—90	灰黄色	黏土	块状	6.5				16.5			
剖17	人为土	水稻土	潴育水稻土	砂页岩潴育水稻土	潴育蜡泥肉田	A	0—14	棕灰色	中壤土	粒状	7.0	39.5	2.13	0.49		砂页岩	E 109°56′55.3″ N 23°58′29.6″	100
						P	14—21	暗棕色	轻黏土	块状	7.5	32.4	1.97	0.37				
						W	21—30	灰黄色	轻黏土	棱柱状	7.7	4.6	0.52	0.27				
						C	30—100	红黄色	中黏土	块状	6.5	4.6	0.52					
剖18	铁铝土	红壤	红壤	耕型第四纪红土红壤	红泥土	A	0—15	黄棕色	重黏土	团块状	6.4	21.3	0.93	0.56	5.1	红土	E 109°56′21.1″ N 23°58′21.0″	92
						C	15—100	棕灰色	轻黏土	块状	5.0	4.0	0.24	0.17	0.5			
剖19	人为土	水稻土	潴育水稻土	砂页岩潴育水稻土	潴育砂泥田	A	0—11	棕灰色	重黏土	粒状	6.5	38.4	1.94	0.37	14.5	砂页岩	E 109°51′30.6″ N 23°58′13.1″	89
						P	11—17	灰棕色	重黏土	团块状	6.5	20.7	0.92	0.22	14.4			
						W	17—35	灰黄色	重黏土	棱柱状	7.0	8.2	0.34	0.24	12.2			
						C	35—88	黄灰色	重黏土	块状	7.0	3.9	0.20	0.26	13.0			
剖20	铁铝土	红壤	红壤	耕型砂页岩红壤	红壤土	A	0—39	深棕色	重黏土	团块状	7.0	53.0	2.53	0.17	20.4	砂页岩	E 109°57′33.8″ N 23°56′26.5″	71
						C	39—100	棕灰色	轻黏土	团块状	7.0	17.8	0.86	0.12	21.4			
剖21	人为土	水稻土	潴育水稻土	砂页岩潴育水稻土	潴育砂泥田	A	0—14	浅灰棕色	壤土	团粒状	6.0					砂页岩	E 109°47′18.4″ N 23°56′10.6″	76
						P	14—21	浅棕灰色	黏壤土	团块状	6.0							
						W	21—70	棕灰色	黏壤土	柱状	6.5							
						C	70—100	暗黄色	黏壤土	柱状	7.0							
剖22	铁铝土	红壤	红壤	耕型第四纪红土红壤	薄砂泥田土	A	0—8	浅灰色	砂壤土	团块状	6.0	11.5	0.51	0.44	3.6	红土	E 109°45′38.2″ N 23°52′45.5″	94
						C	8—80	红色	重壤土	团块状	5.5	5.4	0.22	0.44	5.2			

武 宣 县

主要土类说明

赤红壤是武宣县主要土壤类型，占本县地域面积的35%，分布于北回归线以南的通挽、禄新、桐岭等乡镇海拔500m以下的地方。土壤层次分化明显，且富含铁铝，表层呈浅红色。赤红壤主要发生于南亚热带季雨林下，其脱硅富铝化程度仅次于砖红壤，强于红壤。铁的游离度介于二者之间，黏粒硅铝率为1.7—2.0，风化淋溶系数为0.05—0.15，盐基饱和度为15%—25%，pH为4.5—5.5。淀积层（B层）富含铁铝氧化物，呈赤红色。

红壤是武宣县第二大土壤类型，占本县地域面积的30%，主要分布于北回归线以北海拔500m以下的地方。土壤色红，呈酸性，质黏，富含铁铝。红壤主要发生于常绿阔叶林下，呈中度脱硅富铝化特征，土壤黏粒中游离铁占全铁的50%—60%。黏土矿物以高岭石、赤铁矿为主，黏粒硅铝率为1.8—2.4，风化淋溶系数小于0.2，盐基饱和度小于35%，pH为4.5—5.5。红壤具深厚红色土层，淀积层（B层）底层可见有深厚红、黄、白相间网纹的红色黏土。

粗骨土是武宣县第三大土壤类型，占本县地域面积的16%。粗骨土发育于基岩风化残积物、坡积物，表层发育不明显，属于A-C型，甚至（A）-C型土壤。A层发育不明显，与母质土层性状相似，略显有机质累积。有时母质层富含砾石，甚少出现剖面分异与发育特征。

水稻土占武宣县地域面积的9%。水稻土是在自然土壤的基础上，在季节性的干湿交替情况下，经过长期的耕作、施肥等各种栽培措施培育而成的一类具有特有性质的土壤，它既受自然因素的影响，也受耕作方式、施肥管理等的影响，多具耕作层、犁底层、斑纹层（潴育层）、青土层（潜育层）和底土层（母质层）等发生层段。

石灰（岩）土占武宣县地域面积的8%。石灰（岩）土发生于热带、亚热带石灰岩山区，是石灰岩经溶蚀风化，形成的厚薄不同的钙质饱和或含游离钙质的土壤，多见于石隙、溶洞或峰丛底部。该土壤碳酸钙淋溶程度不一，多黏土，多为铁钙质胶结物，风化程度不一，盐基饱和度高，有机质含量及胶结状态有较大差异。

小于本县地域面积3%的土壤类型还有黄壤等。

本区域中心区气候特征

本区域中心区气候特征值
Regional climate characteristics in central area of the region

气候带：南亚热带湿润气候 Climate region: South subtropical humid climate	
年平均气温 /℃ Annual average temperature /℃	21.2
年平均最高气温 /℃ Annual average maximum temperature /℃	25.4
年平均最低气温 /℃ Annual average minimum temperature /℃	18.4
年降水量 /mm Annual precipitation /mm	1642
≥10℃的积温 /℃ Daily temperature accumulated in a year (≥10℃) /℃	7745
年日照时数 /h Annual sunshine /h	1537
年平均相对湿度 /% Annual average relative humidity /%	78
干燥度 Dryness	0.76

本区域中心区月平均气温与月平均降水量
Monthly temperature and precipitation in central area of the region

武宣县主要土壤类型与土壤剖面点分布图
1∶250 000

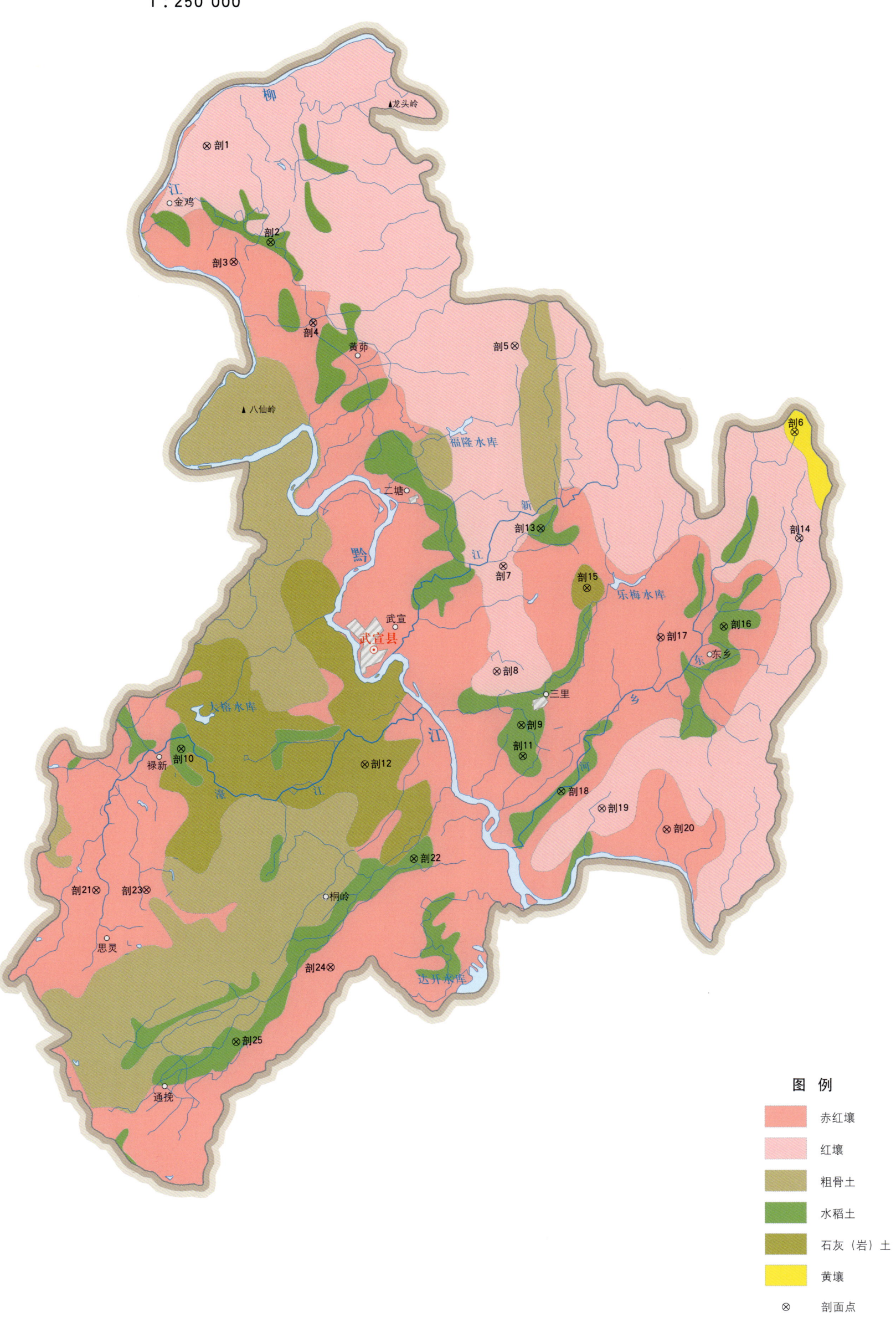

武宣县土壤剖面理化性状表

剖面号 Soil profile	土纲 Soil order	土类 Soil great group	亚类 Soil subgroup	土属 Soil genus	土种 Soil species	土层码 Layer code	土层厚度 Depth/cm	颜色 Soil color	质地 Soil texture	土壤结构 Soil structure	pH	有机质 OM/(g/kg)	全氮 TN/(g/kg)	全磷 TP/(g/kg)	全钾 TK/(g/kg)	土壤母质 Parent material	剖面点坐标 Profile coordinate	匹配指数 Matching index/%
剖1	铁铝土	红壤	红壤	第四纪红土红壤	红壤土	1	0—9	红棕色	轻黏土		5.5	12.1	0.69	0.55	2.5	红土	E 109°33′25.9″ N 23°52′04.4″	83
						2	9—100		轻黏土		5.0	17.9	0.85	0.50	1.4			
剖2	人为土	水稻土	潴育水稻土	砂页岩潴育水稻土	潴育砂泥田	A	0—9	棕灰色	中壤土	团块状	5.5	27.0	1.44	0.19	6.6	砂页岩	E 109°35′42.9″ N 23°49′00.5″	90
						2	9—17	暗灰黄色	中壤土	棱柱状	5.5	15.1	0.87	0.27	6.7			
						W	17—68	黄棕色	重壤土	团块状	6.5	4.7	0.32	0.23	11.8			
						C	68—100				6.5	3.5	0.35	0.20				
剖3	铁铝土	赤红壤	赤红壤	耕型第四纪红土红壤	赤红土	A	0—12	黄棕色	轻壤土	团粒状	7.5	30.5	1.45	1.38	5.4	红土	E 109°34′25.3″ N 23°48′21.6″	84
						2	12—60	棕红色	轻黏土	团粒状	7.0	7.3	0.37	0.93	3.6			
						C	60—100	红黄色										
剖4	铁铝土	赤红壤	赤红壤	耕型铁砾赤红壤	铁子土	1	0—14	暗棕色	砂黏土	粒状	6.0	23.5	1.10	0.43	3.3	红土	E 109°37′14.2″ N 23°46′24.6″	71
						C	50—100	黄色	砂黏土	粒状	6.0	22.4	1.13	0.89	2.9			
剖5	铁铝土	红壤	红壤	耕型第四纪红土红壤	红泥土	1	0—23	暗棕灰色	轻黏土		4.5	59.6	2.03	0.38	2.7	红土	E 109°44′20.1″ N 23°45′44.1″	79
						2	23—53		轻黏土		5.5	15.8	0.76	0.35	1.8			
剖6	铁铝土	黄壤	黄壤	砂页岩砂质黄壤	薄层砂页岩黄壤	A	0—8	灰棕色	中黏土	粒状	5.5	33.2	1.27	1.00	3.2	砂页岩	E 109°54′12.0″ N 23°43′02.5″	81
						B	30—40		中黏土		5.5	26.9	1.00	0.79	3.3			
剖7	铁铝土	红壤	红壤	耕型第四纪红土红壤	红泥土	1	0—17		轻壤土		6.0	21.8	0.92	0.78	3.9	红土	E 109°43′59.9″ N 23°38′37.3″	87
						2	17—33	暗棕色	轻黏土	团块状	4.5	19.6	1.01	0.44	0.9			
						3	33—58	浅棕黄色	中黏土	团粒状	5.0	9.6	0.83	0.54	12.1			
剖8	铁铝土	红壤	红壤	第四纪红土红壤	红壤土	A	0—14	红黄色	轻黏土	团块状	4.5	6.2	0.89	0.58	13.7	红土	E 109°43′48.0″ N 23°35′13.6″	74
						B	14—80		重壤土		6.0	49.7	2.78	0.56	2.2			
						C	80—100		重壤土		6.5	34.7	2.16	0.47	2.4			
剖9	人为土	水稻土	潴育水稻土	红壤质潴育水稻土	潴育砂质泥田	1	0—13	灰黄棕色	轻壤土	团块状	7.5	12.1	0.75	0.17	2.2	红土	E 109°44′40.9″ N 23°33′29.9″	80
						2	13—24	暗棕灰色	轻壤土	块状	8.0	3.8	0.24	0.13	2.5			
						3	24—50	暗黄棕色	轻壤土	棱柱状	5.5	30.7	1.77	0.67	11.2			
						4	50—100	暗黄棕色	中壤土	团块状	6.5	22.4	1.20	0.51	12.2			
剖10	人为土	水稻土	潴育水稻土	红壤质潴育水稻土	潴育黄泥田	A	0—15		黏壤土	团块状	6.5	14.9	0.94	0.41	12.6	红土	E 109°32′44.2″ N 23°32′37.3″	77
						P	15—23	暗黄棕色	壤土	柱状	6.6	17.0	0.89	0.52	11.6			
						W	23—58	灰黄棕色	黏壤土	粒状	6.6							
						C	58—	暗黄棕色	黏壤土	粒状	7.0							
剖11	人为土	水稻土	潴育水稻土	洪积性潴育水稻土	洪积潴育砂泥田	A	0—13	灰黄棕色	壤土	粒状	7.0					洪积物	E 109°44′44.5″ N 23°32′29.8″	92
						W	24—44	暗黑色	壤土	粒状	7.0							
						C	44—100	红黄棕色	砂壤土	粒状	7.0							
剖12	初育土	石灰（岩）土	棕色石灰土	棕色石灰土	含砂棕色石灰土	A	0—14	灰黑色	壤土	粒状							E 109°39′11.9″ N 23°32′10.3″	93
						B	14—22	灰黑色	砂壤土	粒状								
剖13	人为土	水稻土	潴育水稻土	砂页岩潴育水稻土	潴育油砂田	P	16—22	灰黄棕色	砂壤土	粒状						砂页岩	E 109°45′18.4″ N 23°39′51.5″	80
						W	22—45	红黄棕色	黏壤土	块状								
						C	45—100	暗黄色	壤土	粒状	4.0	75.2	2.85	0.44	14.1			
剖14	铁铝土	红壤	黄红壤	砂页岩黄红壤	厚层砂页岩黄红壤	A	0—15	暗黄色	壤土	粒状	6.0	4.2	0.16	0.05	4.1	砂页岩	E 109°54′23.8″ N 23°39′37.4″	95
						B	15—40	灰黄色	壤土	团块状								
						C	40—100	棕黄色	壤土	块状	5.0							

续表 Continued

剖面号 Soil profile	土纲 Soil order	土类 Soil great group	亚类 Soil subgroup	土属 Soil genus	土种 Soil species	土层码 Layer code	土层厚度 Depth/cm	颜色 Soil color	质地 Soil texture	土壤结构 Soil structure	pH	有机质 OM/(g/kg)	全氮 TN/(g/kg)	全磷 TP/(g/kg)	全钾 TK/(g/kg)	土壤母质 Parent material	剖面点坐标 Profile coordinate	匹配指数 Matching index/%
剖15	初育土	石灰(岩)土	棕色石灰土	棕色石灰岩	棕色石灰土	A	0–4	红黄色	壤土	团块状	6.0	30.2	1.77	0.48	20.4		E 109°46′56.6″ N 23°37′56.6″	72
						B	4–13	棕色	壤土	团块状	6.5	30.4	2.17	0.42	22.4			
						C	13–	暗红棕色	黏土	团块状	5.5	8.8	1.16	0.34	25.9			
剖16	人为土	水稻土	潴育水稻土	砂页岩潴育水稻土	潴育砂泥肉田	A	0–15	灰黄棕色	壤土	团粒状	6.5					砂页岩	E 109°51′45.9″ N 23°36′44.0″	75
						P	15–23	棕黄棕色	壤土	团块状	6.5							
						W	23–50	暗棕灰色	壤土	棱柱状	7.0							
						C	50–100	棕色	壤土	团块状								
剖17	铁铝土	赤红壤	赤红壤	砂页岩赤红壤	厚层砂页岩赤红壤	A	0–27	暗棕色	壤土	粒状	4.5	30.6	1.16	0.19	19.2	砂页岩	E 109°49′32.5″ N 23°36′22.0″	88
						B	27–60	浅棕红色		团块状	4.5	28.9	1.08	0.19	19.4			
						C	60–100	红棕色	壤土	团块状	4.5	6.1	0.52	0.21	23.2			
剖18	人为土	水稻土	潴育水稻土	冲积性潴育水稻土	潴育潮泥田	A	0–17	浅灰色	壤土	团粒状	7.0					河流冲积物	E 109°46′05.5″ N 23°31′21.1″	70
						P	17–19	暗棕色	砂壤土	团块状	7.0							
						W	19–50	黄棕色	砂壤土	团块状	7.0							
						C	50–100	黄棕色	砂壤土	团块状								
剖19	铁铝土	红壤	红壤	耕型砂页岩红壤	红壤土	A	0–15	浅黄棕色	重壤土	团粒状	6.0	31.5	1.83	0.40	25.4	砂页岩	E 109°47′31.9″ N 23°30′49.3″	72
						2	15–40	红黄色	重壤土	块状	5.5	14.2	1.36	0.24	31.8			
						C	40–100	浅红棕色	重壤土	块状	5.5	9.4	1.27	0.22	37.2			
剖20	铁铝土	赤红壤	赤红壤	耕型砂页岩赤红壤	赤砂土	A	0–16		重壤土	团块状	6.5	13.5	0.88	0.33	9.8	砂页岩	E 109°49′48.7″ N 23°30′09.4″	99
						2	16–24		砂壤土	团块状	5.5	12.0	0.81	0.32	11.4			
						C	64–90		轻壤土	团块状	6.0	11.0	0.72	0.39	9.9			
剖21	铁铝土	赤红壤	赤红壤	第四纪红土赤红壤	红土赤红壤	A	0–12	棕红色	壤土	团块状	6.0	26.0	1.38	1.02	2.6	红土	E 109°29′47.8″ N 23°28′01.2″	95
						B	12–40	黄棕色	砂壤土	块状	6.0	24.9	1.15	0.88	2.7			
剖22	人为土	水稻土	潴育水稻土	砂页岩潴育水稻土	潴育砂土田	A	0–14	浅灰黄色	轻壤土	粒状	6.5	16.1	1.64	0.82	2.4	砂页岩	E 109°40′56.3″ N 23°29′07.8″	70
						P	14–22	灰褐色	中壤土	团块状	6.0	10.8	0.52	0.25	6.7			
						W	22–48	浅灰黄色	中壤土	团块状	7.0	7.4	0.41	0.26	7.6			
						C	48–100		中壤土	块状	7.0	4.7	0.38	0.20	11.6			
剖23	铁铝土	赤红壤	赤红壤	耕型硅质页岩赤红壤	灰砂泥土	1	0–16		中壤土		8.0	21.4	1.20	0.57	3.3	硅质页岩	E 109°31′33.6″ N 23°28′02.6″	89
						2	16–20		轻壤土		8.0	5.1	0.45	0.29	6.4			
						3	20–50		重壤土		7.5	10.6	0.66	0.35	2.6			
						4	50–80		轻壤土		6.0		0.55	0.43	5.2			
剖24	铁铝土	赤红壤	赤红壤	耕型砂页岩赤红壤	赤砂土	A	0–19	灰黄色	壤土	团粒状	5.0	20.1	1.09	0.17	1.3	砂页岩	E 109°38′02.8″ N 23°25′36.1″	83
						C	30–100	棕红色	重壤土	团块状	4.5	11.5	0.68	0.17	1.3			
剖25	人为土	水稻土	潴育水稻土	砂页岩潴育水稻土	潴育砂泥田	A	0–12		轻黏土		5.5	6.1	0.32		2.1	砂页岩	E 109°34′45.1″ N 23°25′10.7″	72
						P	12–19				5.5							
						W	19–100											

金秀瑶族自治县

主要土类说明

红壤是金秀瑶族自治县主要土壤类型，占本县地域面积的 69%，分布于海拔 800m 以下的山地。土色呈红色或黄红色，剖面构型一般为 A-C 型。多生长松树、杉木等用材林，有少部分生长八角、油茶等经济林。根据其颜色及分布位置，本县红壤分为红壤和黄红壤两个亚类。

黄壤是金秀瑶族自治县第二大土壤类型，占本县地域面积的 29%，多分布于海拔 800m 以上的山地。黄壤地处湿度大，云雾多，干湿季不明显，植被多为常绿阔叶林的山地。因所处山地海拔较高，气温低，湿度大，土壤脱硅富铝化作用较弱，土壤中游离氧化铁遭受水化，主要以针铁矿、褐铁矿和多水氧化铁的形态存在，因而土壤黄化明显，形成黄色的土体，其表层有机质含量多在 5% 以上，土壤呈酸性至强酸性。本县黄壤只有黄壤一个亚类。

小于本县地域面积 3% 的土壤类型还有水稻土和紫色土等。

本区域中心区气候特征

本区域中心区气候特征值
Regional climate characteristics in central area of the region

气候带：南亚热带湿润气候 Climate region: South subtropical humid climate	
年平均气温 /℃ Annual average temperature /℃	20.7
年平均最高气温 /℃ Annual average maximum temperature /℃	25.0
年平均最低气温 /℃ Annual average minimum temperature /℃	17.7
年降水量 /mm Annual precipitation /mm	1662
≥10℃的积温 /℃ Daily temperature accumulated in a year (≥10℃) /℃	7558
年日照时数 /h Annual sunshine /h	1548
年平均相对湿度 /% Annual average relative humidity /%	78
干燥度 Dryness	0.73

本区域中心区月平均气温与月平均降水量
Monthly temperature and precipitation in central area of the region

金秀瑶族自治县主要土壤类型与土壤剖面点分布图
1 : 320 000

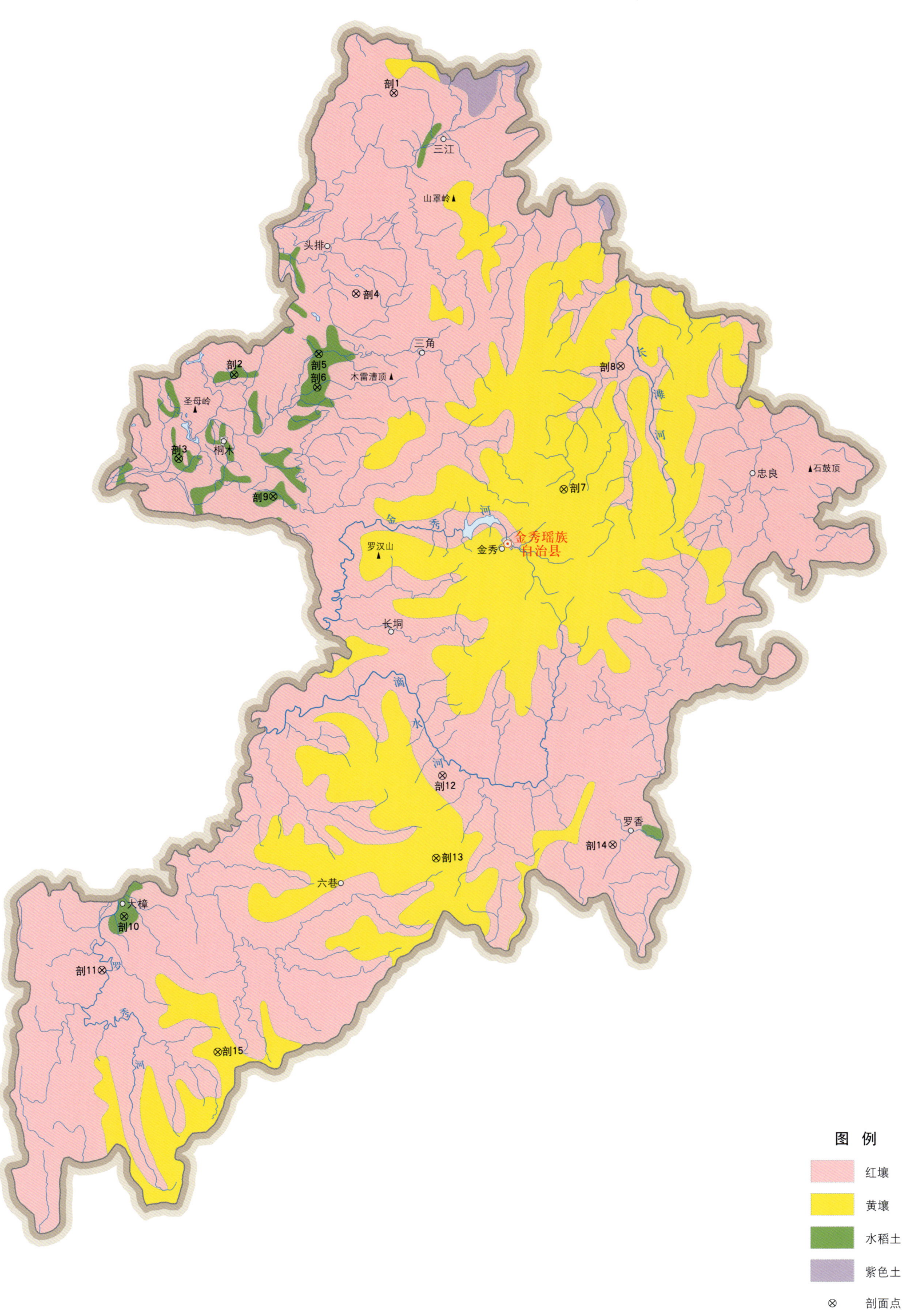

图 例
- 红壤
- 黄壤
- 水稻土
- 紫色土
- ⊗ 剖面点

金秀瑶族自治县土壤剖面理化性状表

剖面号 Soil profile	土纲 Soil order	土类 Soil great group	亚类 Soil subgroup	土属 Soil genus	土种 Soil species	土层码 Layer code	土层厚度 Depth/cm	颜色 Soil color	质地 Soil texture	土壤结构 Soil structure	pH	有机质 OM/(g/kg)	全氮 TN/(g/kg)	全磷 TP/(g/kg)	全钾 TK/(g/kg)	土壤母质 Parent material	剖面点坐标 Profile coordinate	匹配指数 Matching index/%
剖1	铁铝土	红壤	黄红壤	砂页岩黄红壤	中层砂页岩黄红壤	Ao	0–15	暗棕灰色	砂壤土	团块状	4.5	94.1	3.88	0.57	13.1	砂页岩	E 110°06′01.4″ N 24°25′49.3″	93
						A	15–26	暗黄棕色	砂壤土	块状	4.5	51.1	2.26	0.43	14.5			
						B	26–53	黄棕色	砂壤土	块状	4.5	20.6	1.13	0.37	15.9			
						C	53–80	浅红黄色	砂壤土	块状	4.5	11.4	0.37	0.43	26.2			
剖2	人为土	水稻土	潴育水稻土	砂页岩潴育水稻土	潴育砂土田	A	0–14	暗灰棕色	砂壤土	块状	5.5					砂页岩	E 109°59′06.7″ N 24°14′29.8″	85
						P	14–20	棕色	砂壤土	块状	6.0							
						W	20–62	棕灰色	砂壤土	块状	6.5							
						C	62–100	褐色	壤土	小块状	7.0							
剖3	人为土	水稻土	潴育水稻土	冷浸田	深浸田	A	0–14	暗黄棕色	砂壤土	块状	5.5					砂页岩	E 109°56′43.4″ N 24°11′08.2″	80
						P	14–25	青黄色	壤土	块状	5.0							
						G$_1$	25–53	浅棕黄色	壤土	粒状	5.5							
						G$_2$	53–100	浅棕黄色	壤土	块状	5.5							
剖4	铁铝土	红壤	红壤	砂页岩红壤	厚层砂页岩红壤	A	0–18	暗黄棕色	壤土	块状	4.5	42.6	1.94	0.47	25.4	砂页岩	E 110°04′26.2″ N 24°17′48.0″	81
						B	18–49	浅红黄色	黏壤土	团状	5.0	16.9	1.46	0.42	27.4			
						C	49–100	红黄色	黏壤土	块状	4.5	8.5	0.91	0.46	28.1			
剖5	人为土	水稻土	潴育水稻土	砂页岩潴育水稻土	潴育砂泥田	A	0–18	灰黄棕色	黏壤土	粒状	6.5					砂页岩	E 110°02′48.5″ N 24°15′21.6″	75
						P	18–22	暗黄棕色	壤土	块状	5.5							
						W	22–36	灰色	壤土	团状	5.5							
						C	36–100	暗黄棕色	壤土	团状	4.0							
剖6	人为土	水稻土	潴育水稻土	冲积性潴育水稻土	潴育潮泥田	A	0–15	暗黄棕色	壤土	粒状	6.5					河流冲积物	E 110°02′45.6″ N 24°14′01.3″	90
						P	15–20	暗黄灰色	壤土	块状	6.0							
						W	20–34	灰黄棕色	壤土	柱状	6.5							
						C	34–100	黄棕色	壤土	块状	6.5							
剖7	铁铝土	黄壤	黄壤	砂页岩黄壤	薄层砂页岩黄壤	A	0–8	黑棕色	砂壤土	团块状	4.0	61.5	2.45	0.31	11.2	砂页岩	E 110°13′34.0″ N 24°10′01.9″	90
						B	8–25	黑色	砂壤土	块状	4.0	21.4	1.06	0.23	12.6			
						C	25–38	浅红黄色	砂壤土	块状	4.0	9.8	0.63	0.12	19.5			
剖8	铁铝土	红壤	黄红壤	砂页岩黄红壤	厚层砂页岩黄红壤	A	0–26	暗黄棕色	砂壤土	散粒状	5.0	66.3	3.31	0.56	25.7	砂页岩	E 110°16′01.2″ N 24°14′58.2″	94
						B	26–38	红棕色	黏壤土	散粒状	5.5	28.5	1.75	0.49	27.3			
						C	38–100	浅棕红色	黏壤土	散粒状	5.5	11.1	0.95	0.50	27.1			
剖9	人为土	水稻土	潴育水稻土	砂页岩潴育水稻土	潴育砂泥田	A	0–14	暗灰棕色	壤土	块状	6.0					砂页岩	E 110°00′51.5″ N 24°09′40.1″	94
						P	14–26	暗棕色	壤土	棱柱状	6.0							
						W	26–51	暗黄灰色	壤土	块状	6.5							
						C	51–100	黄棕色	黏壤土	团粒状	6.5							
剖10	人为土	水稻土	潴育水稻土	砂页岩潴育水稻土	潴育蜡泥田	A	0–15	灰黄棕色	黏壤土	团粒状	4.5					砂页岩	E 109°54′28.4″ N 23°52′47.1″	99
						P	15–25	棕灰色	壤土	块状	5.5							
						W	25–100	灰黄棕色	黏壤土	块状	6.0							
剖11	铁铝土	红壤	红壤	耕型砂页岩红壤	红壤土	A	0–33	暗棕色	砂壤土	块状	5.0					砂页岩	E 109°53′31.2″ N 23°50′39.1″	77
						B	33–46	红棕色	砂壤土	粒状	4.5							
						C	46–100	浅红棕色	砂壤土	粒状	4.5							
剖12	铁铝土	红壤	黄红壤	砂页岩黄红壤	薄层砂页岩黄红壤	A	0–10	暗棕色	砂壤土	块状	5.0					砂页岩	E 110°08′19.0″ N 23°58′32.9″	99
						B	10–30	浅红棕色	砂壤土	粒状	4.5							
						C	30–39	红棕色	砂壤土	团块状	4.0							

续表 Continued

剖面号 Soil profile	土纲 Soil order	土类 Soil great group	亚类 Soil subgroup	土属 Soil genus	土种 Soil species	土层码 Layer code	土层厚度 Depth/cm	颜色 Soil color	质地 Soil texture	土壤结构 Soil structure	pH	有机质 OM/(g/kg)	全氮 TN/(g/kg)	全磷 TP/(g/kg)	全钾 TK/(g/kg)	土壤母质 Parent material	剖面点坐标 Profile coordinate	匹配指数 Matching index/%
剖13	铁铝土	黄壤	黄壤	砂页岩黄壤	厚层砂页岩黄壤	Ao	0—5	黑棕色	壤土	粒状	4.5	102.7	4.90	0.91	26.6	砂页岩	E 110°08′04.2″ N 23°55′12.4″	90
						A	5—24	棕色	壤土	粒状	4.5	44.1	2.58	0.94	29.9			
						B	24—58	浅红黄色	壤土	粒状	4.0	15.4	1.16	0.13	35.8			
						C	58—100	红棕色	壤土	粒状	4.0	13.7	1.06	0.97	31.3			
剖14	铁铝土	红壤	红壤	砂页岩红壤	中层砂页岩红壤	A	0—18	黑色	壤土	粒状	6.5					砂页岩	E 110°15′46.7″ N 23°55′48.7″	78
						B	18—50	红棕色	壤土	团块状	5.5							
						C	50—80	红棕色	壤土	团块状	6.0							
剖15	铁铝土	黄壤	黄壤	砂页岩黄壤	中层砂页岩黄壤	A	0—25	浅灰白色	壤土	块状	4.5	26.5	1.10	0.67	6.1	砂页岩	E 109°58′35.8″ N 23°47′25.9″	75
						B	25—33	灰白色	壤土	块状	4.5	16.1	0.72	0.47	6.3			
						C	33—75	黄色	砂壤土	团块状	4.5	7.3	0.47	0.51	8.0			

崇 左 市

市 辖 区

主要土类说明

赤红壤是崇左市主要土壤类型，占本市地域面积的63%。赤红壤主要发生于南亚热带季雨林下，其脱硅富铝化程度仅次于砖红壤，强于红壤。铁的游离度介于二者之间，黏粒硅铝率为1.7—2.0，风化淋溶系数为0.05—0.15，盐基饱和度为15%—25%，pH为4.5—5.5。淀积层（B层）富含铁铝氧化物，呈赤红色。本市赤红壤只有赤红壤一个亚类。

石灰（岩）土是崇左市第二大土壤类型，占本市地域面积的23%。石灰（岩）土发生于热带、亚热带石灰岩山区，是石灰岩经溶蚀风化，形成的厚薄不同的钙质饱和或含游离钙质的土壤，多见于石隙、溶洞或峰丛底部。该土壤碳酸钙淋溶程度不一，多黏土，多为铁钙质胶结物，风化程度不一，盐基饱和度高，有机质含量及胶结状态有较大差异。本市石灰（岩）土分为黑色石灰土、棕色石灰土两个亚类。

水稻土是崇左市第三大土壤类型，占本市地域面积的7%。水稻土是在长期季节性淹灌、水下翻耕、季节性脱水、氧化还原交替影响下，原来成土母质或母土的特性发生重大改变，形成的新的土壤类型。由于干湿交替，水稻土形成糊状淹育层、较坚实板结的犁底层、渗育层、潴育层与潜育层等多种发生层。这些不同发生层段是在人为耕作、水浆管理下形成的。本市水稻土分为淹育型、潴育型、潜育型、沼泽型、渗育型、盐渍型等亚类。

红壤占本市地域面积的3%。红壤主要发生于常绿阔叶林下，呈中度脱硅富铝化特征。红壤具深厚红色土层，在A-B-C剖面构型中，淀积层（B层）下部常见具深厚红、黄、白相间网纹的红色黏土。本市红壤分为黄红壤、红壤性土两个亚类。

小于本市地域面积3%的土壤类型还有新积土、紫色土、粗骨土、潮土和沼泽土等。

本区域中心区气候特征

本区域中心区气候特征值
Regional climate characteristics in central area of the region

气候带：南亚热带湿润气候 Climate region: South subtropical humid climate	
年平均气温 /℃ Annual average temperature /℃	22.2
年平均最高气温 /℃ Annual average maximum temperature /℃	27.0
年平均最低气温 /℃ Annual average minimum temperature /℃	19.0
年降水量 /mm Annual precipitation /mm	1366
≥10℃的积温 /℃ Daily temperature accumulated in a year (≥10℃) /℃	8103
年日照时数 /h Annual sunshine /h	1593
年平均相对湿度 /% Annual average relative humidity /%	79
干燥度 Dryness	0.97

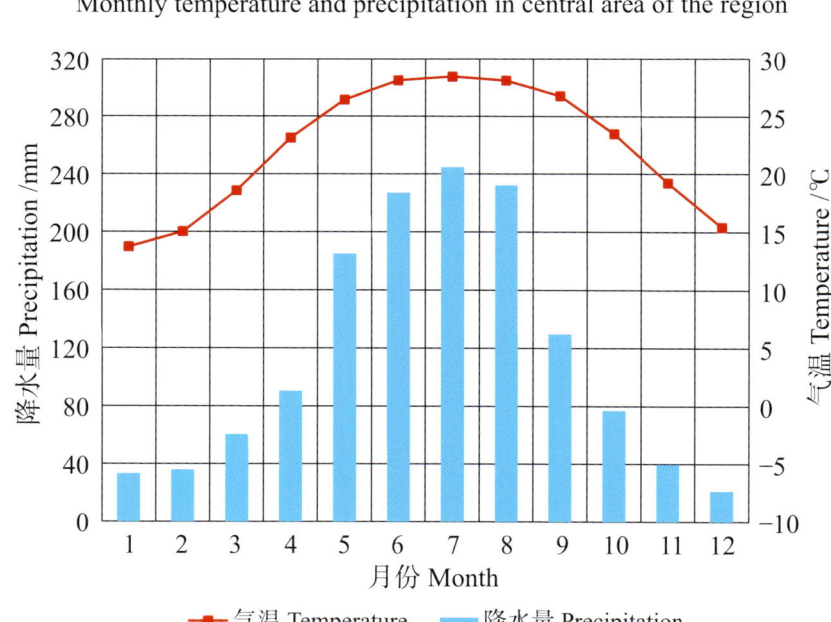

本区域中心区月平均气温与月平均降水量
Monthly temperature and precipitation in central area of the region

崇左市市辖区（部分）主要土壤类型与土壤剖面点分布图
1∶340 000

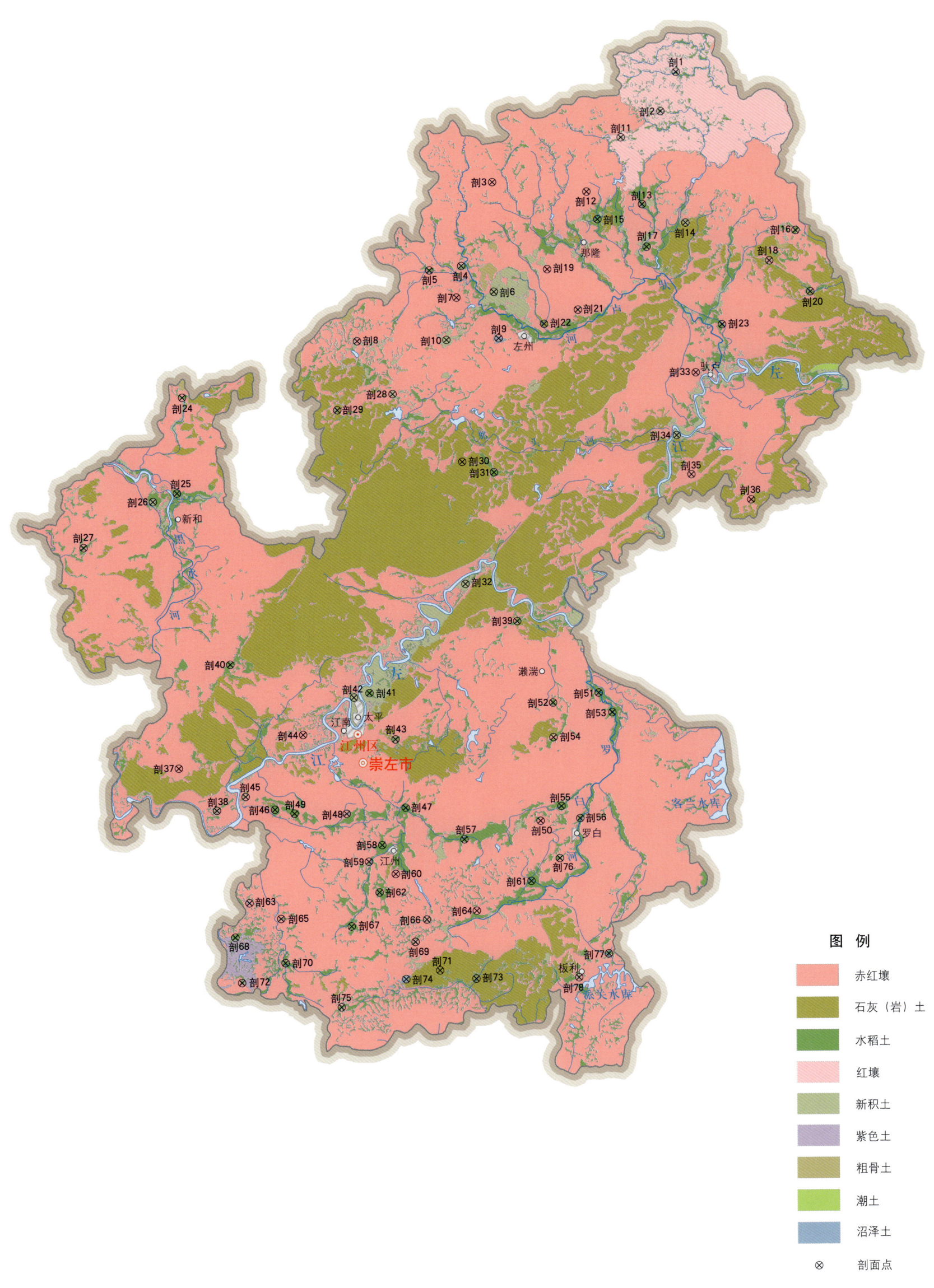

崇左市土壤剖面理化性状表

剖面号 Soil profile	土纲 Soil order	土类 Soil great group	亚类 Soil subgroup	土属 Soil genus	土种 Soil species	土层码 Layer code	土层厚度 Depth/cm	颜色 Soil color	质地 Soil texture	土壤结构 Soil structure	pH	有机质 OM/(g/kg)	全氮 TN/(g/kg)	全磷 TP/(g/kg)	全钾 TK/(g/kg)	阳离子交换量CEC/(cmol/kg)	土壤母质 Parent material	剖面点坐标 Profile coordinate	匹配指数 Matching index/%
剖1	人为土	水稻土	潴育水稻土	冲积性潴育水稻土	潴育潮泥肉田	A	0—18	暗黄棕色	重壤土	块状	7.4	34.9	2.66	0.71	14.3		河流冲积物	E 107°36′54.0″ N 22°52′40.8″	82
						P	18—28	暗灰黄色	重壤土	块状	7.9	8.8	0.77	0.31	16.4				
						W	28—43	浅灰黄色	重壤土	柱状	8.0	4.3	0.59	0.37	19.7				
						C	43—100	黄灰棕色	重壤土	柱状	7.8	2.3	0.51	0.54	22.7				
剖2	人为土	水稻土	沼泽型水稻土	烂泥田	烂底田	A	0—20	暗黄棕色	轻壤土	烂糊状	5.2	30.4	1.45	0.32	16.9	9.9		E 107°36′08.0″ N 22°50′59.3″	89
						G₁	20—42	浅灰黄色	轻壤土	稀烂状	5.2	36.6	1.74	0.35	19.6	10.2			
						G₂	42—100	暗灰色	轻壤土	稀烂状	5.6	27.7	1.39	0.32	16.2	14.0			
剖3	铁铝土	赤红壤	赤红壤	砂页岩赤红壤	厚层砂页岩赤红壤	B	0—19	浅红色	轻黏土	块状	4.8	15.5	0.45	0.33	6.0	11.4	砂页岩	E 107°28′09.5″ N 22°48′02.5″	90
						W	19—57	红色	轻黏土	块状	5.5	4.5	0.19	0.28	5.3	11.4			
						C	57—100	红色	重壤土	块状	5.6	5.9	0.22	0.51	8.5	16.2			
剖4	初育土	新积土	新积土	砾质土	砾质黏土	A	0—15	灰黄色	轻黏土	小块状	5.9	12.2	0.88	0.58	5.6		砂页岩	E 107°26′36.6″ N 22°44′26.5″	99
						B	15—22	暗黄棕色	中黏土	块状	4.7	11.8	0.53	0.53	7.4				
						C	22—100	浅黄棕色	重壤土	块状	4.8	4.7	0.50	0.40	5.9				
剖5	人为土	水稻土	潴育水稻土	冲积性潴育水稻土	潴育潮砂泥	A	0—15	暗黄棕色	轻壤土	块状	5.1	21.3	1.26	0.27	11.6		河流冲积物	E 107°25′06.8″ N 22°44′16.8″	94
						P	15—25	浅黄棕色	中壤土	块状	5.5	15.7	1.03	0.22	14.2				
						W	25—56	浅黄棕色	重壤土	柱状	7.1	4.2	0.51	0.18	15.7				
						C	56—100	暗棕色	中壤土	块状	7.0	3.7	0.52	0.17	17.5				
剖6	初育土	新积土	新积土	石砾土	石砾土	A	0—10	暗黄棕色	中壤土	团粒状	6.1	17.6	0.93	0.35	3.9	10.9	洪积物	E 107°28′07.3″ N 22°43′17.8″	99
						C	10—100	红棕色	轻壤土	块状	5.6	3.5	0.29	0.18	2.7	11.2			
剖7	铁铝土	赤红壤	赤红壤	耕型砂页岩赤红壤	赤壤土	A	0—12	暗黄棕色	中黏土	块状	4.8	33.4	1.60	0.48	18.4	11.2	砂页岩	E 107°26′21.1″ N 22°43′05.2″	84
						B	12—47	浅黄色	中黏土	块状	4.5	20.6	1.21	0.37	18.7	9.2			
						C	47—100	红棕色	中黏土	块状	4.8	11.0	0.96	0.50	23.5				
剖8	铁铝土	赤红壤	赤红壤	砂页岩赤红壤	中层砂页岩赤红壤	A	0—17	浅棕黄色	重黏土	块状	6.2	12.8	1.04	0.28	24.1		砂页岩	E 107°21′38.9″ N 22°41′16.8″	93
						B	17—35	浅黄棕色	重黏土	块状	6.9	5.2	0.65	0.14	16.3				
						C	35—100	暗灰色	重黏土	块状	7.9	9.4	1.02	0.72	27.9				
剖9	水成土	沼泽土	沼泽土	炭质黑泥土	炭质黑泡砂土	A	0—18	黑棕色	重黏土	块状	5.1	35.1	1.67	0.68	4.4	9.6	砂页岩	E 107°28′17.4″ N 22°41′16.4″	84
						B	18—65	棕灰色	中壤土	块状	5.2	41.0	1.32	0.82	5.1	14.3			
						C	65—100	灰色	重壤土	块状	5.2	9.7	3.20	0.37	3.0	5.2			
剖10	初育土	新积土	新积土	砾质土	砾质壤土	A	0—22	棕色	重壤土	块状	5.2	13.1	0.78	0.76	2.0	10.6	洪积物	E 107°25′50.4″ N 22°41′15.0″	86
						B	22—48	浅灰色	轻壤土	块状	5.1	10.4	1.10	1.50	4.9	10.0			
						C	48—100	浅白色	中壤土	小块状	4.8	1.8	0.29	0.41	1.5	11.4			
剖11	水成土	水稻土	淹育水稻土	砂页岩淹育水稻土	砂土田	A	0—14	灰白色	砂壤土	块状	5.0	22.3	1.15	0.24	11.4		砂页岩	E 107°34′14.7″ N 22°49′53.1″	83
						B	14—22	灰白色	壤土	粒状	5.0	6.7							
						C	22—100	浅棕色	壤土	块状	5.5								
剖12	铁铝土	赤红壤	赤红壤	硅质页岩赤红壤	硅质页岩赤红壤	A	0—19	浅红色	轻黏土	块状	5.1	19.3	0.96	0.68	1.8		硅质页岩	E 107°32′34.4″ N 22°47′32.6″	84
						C	19—100	浅红色	重黏土	块状	6.8	4.3	0.33	0.63	1.8				
剖13	人为土	水稻土	淹育水稻土	冲积性淹育水稻土	潮砂泥田	A	0—15	棕灰色	中壤土	小块状	7.2	14.0	0.87	0.32	4.5		河流冲积物	E 107°35′10.0″ N 22°46′57.4″	84
						P	15—20	棕灰色	重壤土	块状	7.2	6.4	0.49	0.29	4.7				
						C	20—100	红灰色	轻壤土	块状	7.2	4.3	0.53	0.44	9.2				
剖14	初育土	新积土	新积土	石砾土	多石砾土	A	0—20	灰黄色	中壤土	粒状	6.6	6.7	0.34	0.28	1.1		洪积物	E 107°37′10.6″ N 22°46′06.7″	79
						B	20—39	灰黄色	中壤土	粒状	6.4	2.1	0.13	0.13	0.9				
						C	39—100	灰黄色	砂壤土	粒状	7.0			0.76					

续表 Continued

剖面号 Soil profile	土纲 Soil order	土类 Soil great group	亚类 Soil subgroup	土属 Soil genus	土种 Soil species	土层码 Layer code	土层厚度 Depth/cm	颜色 Soil color	质地 Soil texture	土壤结构 Soil structure	pH	有机质 OM/(g/kg)	全氮 TN/(g/kg)	全磷 TP/(g/kg)	全钾 TK/(g/kg)	阳离子交换量CEC/(cmol/kg)	土壤母质 Parent material	剖面点坐标 Profile coordinate	匹配指数 Matching index/%
剖15	人为土	水稻土	潴育水稻土	第四纪红土质潴育水稻土	潴育黄泥田	A	0—15	暗棕色	中壤土	小块状	6.0	19.2	1.06	0.22	5.3	7.6	红土	E 107°33′03.6″ N 22°46′20.6″	70
						P	15—23	暗棕色	中壤土	块状	5.3	19.2	1.39	0.50	5.5	7.7			
						W	23—43	棕色	重壤土	柱状	6.0	10.4	0.55	0.19	3.6	7.0			
						C	43—100	红黄色	中壤土	柱状	5.9	6.6	0.36	0.33	3.7	6.7			
剖16	人为土	水稻土	淹育水稻土	冲积性淹育水稻土	卵石底田	A	0—16	灰黄棕色	轻壤土	块状	5.5	31.8	2.12	0.42	20.4		河流冲积物	E 107°42′20.5″ N 22°45′40.7″	86
						P	16—22	暗黄棕色	轻黏土	块状	6.8	11.4	0.91	0.50	15.2				
						B	22—36	暗黄棕色	重壤土	块状	8.0	5.1	0.45	0.47	11.4				
						C	36—100	暗黄棕色	轻黏土	块状	6.5	15.3	1.17	0.30	22.2				
剖17	人为土	水稻土	淹育水稻土	第四纪红土质淹育水稻土	砂质黄泥田	A	0—14	暗黄棕色	中壤土	碎块状	5.5	16.0	0.76	0.24	10.1	5.6	红土	E 107°35′20.0″ N 22°45′06.1″	85
						P	14—24	暗黄棕色	重壤土	块状	5.3	14.9	0.74	0.24	12.6	5.6			
						C	24—100	红黄色	轻黏土	块状	5.5	3.3	0.29	0.17	11.9	8.9			
剖18	初育土	石灰（岩）土	棕色石灰土	耕型棕色石灰土	砾石黄泥土	A	0—17	暗黄棕色	重壤土	块状	7.6	23.0	1.28	1.46	2.2			E 107°41′04.2″ N 22°44′23.6″	92
						B	17—48	暗黄棕色	重壤土	块状	7.6	12.7	0.69	0.61	2.1				
						C	48—100	黄棕色	轻黏土	块状	7.6	7.0	0.53	0.85	2.8				
剖19	铁铝土	赤红壤	赤红壤	页岩赤红壤	薄层页岩赤红壤	A	0—6	暗棕色	重壤土	块状	5.9	15.9	0.83	0.66	5.5		页岩	E 107°30′38.5″ N 22°44′13.6″	83
						C	6—100	红棕色	重壤土	块状		16.7	0.85	0.61	5.0				
剖20	人为土	水稻土	盐渍水稻土	碳酸盐渍性水稻土	石灰性铁子底田	A	0—20	灰棕色	重壤土	碎块状	8.1	15.5	0.52	0.43	1.7		砂页岩	E 107°42′57.7″ N 22°43′00.5″	85
						B	20—60	浅黄棕色	重壤土	块状	8.2	7.5	0.85	0.54	1.1				
						C	60—100	黄棕色	重壤土	块状	8.2	3.6	0.51	0.58	2.3				
剖21	人为土	水稻土	潴育水稻土	砂页岩潴育水稻土	潴育砂土田	A	0—13	暗黄棕色	中壤土	块状	5.4	30.4	1.90	0.54	13.3			E 107°32′02.4″ N 22°42′27.0″	86
						P	13—19	暗黄棕色	重壤土	块状	6.7	7.1	0.56	0.56	13.8				
						W	19—33	棕灰色	重壤土	柱状	7.9	7.1	0.57	0.55	13.2				
						C	33—100	黄棕色	中壤土	块状	6.1	18.7	1.33	0.49	12.2				
剖22	初育土	石灰（岩）土	棕色石灰土	耕型棕色石灰土	砾质棕泥土	A	0—20	栗色	壤土	块状	7.0		0.85			15.4		E 107°30′26.3″ N 22°41′52.1″	97
						B	20—48	棕色	黏壤土	块状	7.0								
						C	48—100	浅棕红色	黏壤土	小块状	7.0								
剖23	人为土	水稻土	潴育水稻土	第四纪红土质潴育水稻土	潴育砂质黄泥田	A	0—17	浅灰色	轻壤土	块状	6.0	57.3	3.86	0.90	16.4	7.2	红土	E 107°38′46.7″ N 22°41′40.6″	77
						P	17—27	灰白色	中壤土	块状	6.3	21.0	1.80	0.60	11.9	7.5			
						W	27—50	紫棕色	中壤土	柱状	8.0	8.4	0.86	0.61	20.6	6.3			
						C	50—100	紫色	轻壤土	块状	8.2	8.3	0.85	0.51	21.0				
剖24	人为土	水稻土	淹育水稻土	洪积性淹育水稻土	石砾底田	A	0—20	暗黄棕色	轻黏土	块状	5.1	27.5	1.53	0.34	2.6		洪积物	E 107°13′22.4″ N 22°38′57.8″	98
						P	20—29	暗黄棕色	中壤土	块状	7.7	6.3	0.53	0.29	0.7				
						B	29—60	暗黄棕色	中壤土	块状	6.1	5.2	0.46	0.34	2.4				
						C	60—100	浅黄棕色	中壤土	块状	6.7	1.1	0.09	0.22	0.3				
剖25	人为土	水稻土	盐渍水稻土	碳酸盐渍性水稻土	石灰性黄泥田	A	0—21	灰黄棕色	重黏土	块状	8.0	30.8	2.18	0.38	3.9			E 107°13′02.6″ N 22°34′49.8″	83
						P	21—34	棕灰色	中壤土	块状	8.3	7.4	0.47	0.13	3.5				
						G	34—47	浅黄棕色	重壤土	块状	8.1	3.5	0.22	0.13	5.0				
						C	47—100	黄棕色	中壤土	块状	8.1	2.5	0.26	0.17	6.8				
剖26	初育土	新积土	冲积土	耕型酸性潮泥土	酸性潮泥土	A	0—18	灰黄棕色	重壤土	块状	6.8	17.0	1.01	0.42	9.7	6.2	河流冲积物	E 107°11′54.1″ N 22°34′28.4″	82
						B	18—42	暗黄棕色	重壤土	块状	7.0	6.0	0.42	0.13	6.8				
						C	42—100	暗黄棕色	重壤土	碎块状	6.9	12.9	0.75	0.30	14.8				
剖27	人为土	水稻土	淹育水稻土	第四纪红土质淹育水稻土	黄泥田	A	0—15	灰黄棕色	中壤土	块状	4.9	28.6	1.25	0.29	21.0		红土	E 107°08′36.7″ N 22°32′32.6″	81
						B	15—24	暗黄棕色	轻壤土	块状	6.5	12.5	0.83	0.23	29.6	9.2			
							24—40	黄棕色	轻壤土	块状	5.2								
						C	40—100		轻壤土	块状	4.9	6.6	0.51	0.13	19.5	12.8			

续表 Continued

剖面号 Soil profile	土纲 Soil order	土类 Soil great group	亚类 Soil subgroup	土属 Soil genus	土种 Soil species	土层码 Layer code	土层厚度 Depth/cm	颜色 Soil color	质地 Soil texture	土壤结构 Soil structure	pH	有机质 OM/(g/kg)	全氮 TN/(g/kg)	全磷 TP/(g/kg)	全钾 TK/(g/kg)	阴离子交换量CEC/(cmol/kg)	土壤母质 Parent material	剖面点坐标 Profile coordinate	匹配指数 Matching index/%
剖28	初育土	新积土	新积土	砾质土	多砾壤土	A	0—11	暗黄棕色	中壤土	碎块状	6.2	10.9	0.55	0.33	1.9		洪积物	E 107°23′15.7″ N 22°38′56.1″	89
						B	11—22	红棕色	中壤土	块状	5.7	3.2	0.28	0.19	1.9				
						C	22—100	红棕色	轻黏土	块状	5.8	3.4	0.39	0.30	0.3				
剖29	人为土	水稻土	盐渍水稻土	碳酸盐渍性水稻土	石灰性埋藏黑泥田	A	0—28	暗黄棕色	重壤土	块状	8.0	15.3	0.92	0.72	1.9			E 107°20′38.8″ N 22°38′16.8″	93
						P	28—44	暗黄色	重壤土	碎块状	8.0	8.6	0.58	0.51	1.3				
						B	44—63	浅灰色	重壤土	碎块状	7.7	2.1	0.16	0.30	0.9				
						C	63—100	浅黄棕色	轻壤土	碎块状	7.6	2.2	0.20	0.25	1.2				
剖30	初育土	石灰(岩)土	棕色石灰土	耕型棕色石灰土	石灰性土	A	0—15	暗黄棕色	轻黏土	粒状	8.2	29.5	1.80	1.03	2.6			E 107°26′26.9″ N 22°35′56.8″	97
						B	15—36	灰黄棕色	中黏土	片状	8.2	14.5	0.70	0.61	1.8				
						C	36—100	暗黄棕色	轻黏土	块状	8.1	7.4	0.65	0.75	2.1				
剖31	人为土	水稻土	盐渍水稻土	碳酸盐渍性水稻土	石灰性田	P	15—27	暗黄棕色	重壤土	块状	8.0	31.6	2.36	0.78	2.7			E 107°27′55.9″ N 22°35′27.2″	71
						B	27—70	黑色	重黏土	块状	8.1	30.6	2.23	0.89	3.8				
						C	70—100	浅黄棕色	轻壤土	粒状	8.0	18.1	1.45	1.21	3.2				
剖32	初育土	新积土	冲积土	耕型酸性潮砂土	酸性潮砂土	A	0—14	暗黄棕色	中壤土	块状	6.0	6.7	0.91	0.82	4.0		河流冲积物	E 107°26′28.3″ N 22°30′38.5″	87
						B	14—52	棕色	重壤土	粒状	6.1	9.1	0.62	0.30	3.2				
						C	52—100	暗黄棕色	重壤土	粒状	4.9	8.0	0.65	0.35	5.7				
剖33	铁铝土	赤红壤	赤红壤	第四纪红土赤红壤	红土赤红壤	A	0—10	红棕色	轻壤土	粒状	4.5	7.9	0.59	0.30	6.9	7.0	红土	E 107°27′29.3″ N 22°39′36.7″	78
						C	10—100	浅黄棕色	轻壤土	块状	5.4	30.6	1.30	0.56	3.7	7.4			
剖34	初育土	新积土	冲积土	耕型中性潮砂土	中性潮砂土	A	0—15	红棕色	中壤土	单粒状	7.2	9.6	0.52	0.45	3.6		河流冲积物	E 107°36′31.4″ N 22°36′53.5″	70
						B	15—65	灰黄棕色	中壤土	粒状	7.0	14.5	0.70	0.62	6.9				
						C	65—100	红棕色	轻壤土	核状	6.8	7.7	0.52	0.44	7.6				
剖35	铁铝土	赤红壤	赤红壤	耕型第四纪红土赤红壤	赤红土	A	0—16	浅棕色	重黏土	块状	5.7	7.1	0.65	0.36	8.3		红土	E 107°37′10.6″ N 22°35′11.0″	88
						C	16—100	红黄色	中黏土	柱状	5.9	21.9	0.99	0.77	3.1	10.5			
剖36	铁铝土	赤红壤	赤红壤	耕型铁铋赤红壤	多铁子土	A	0—21	暗棕色	中壤土	块状	7.0	6.7	0.44	0.42	2.5	9.4	红土与石灰岩交错	E 107°39′56.5″ N 22°34′01.9″	91
						B	21—35	暗棕色	重壤土	块状	7.1	17.2	0.95	0.71	1.0				
						C	35—100	浅棕色	重壤土	块状	7.9	12.5	0.72	0.62	1.7				
剖37	铁铝土	赤红壤	赤红壤	耕型铁铋赤红壤	铁子底土	A	0—15	棕色	中壤土	块状	5.5	10.4	0.54	0.46	1.2	5.2	红土与石灰岩交错	E 107°12′51.1″ N 22°22′53.0″	97
						B	15—38	红棕色	中壤土	块状	5.1	13.6	0.59	0.37	3.1	7.0			
						C	38—100	浅黄红色	中壤土	块状	5.6	13.4	0.64	0.30	4.4	8.4			
剖38	人为土	水稻土	淹育水稻土	棕色石灰土淹育水稻土	薄砂棕泥田	A	0—18	暗黄棕色	砂壤土	粒状	7.0	3.4	0.18	0.36	4.5		石灰岩风化物	E 107°14′35.8″ N 22°21′00.2″	70
						P	18—24	黑黄棕色	壤土	粒状	7.5	17.2	1.11	0.28	9.3				
						B	24—36	黄棕色	壤土	块状	8.0				7.4				
						C	36—100	灰黄棕色	中壤土	小块状	8.0	18.4	1.10	0.46	13.1				
剖39	人为土	水稻土	潴育水稻土	浅参白胶泥田	浅参白胶泥田	A	0—16	灰黄棕色	黏壤土	块状	7.5	13.1	0.86	0.48	5.8			E 107°28′51.3″ N 22°28′58.0″	84
						E	16—23	灰黄棕色	黏壤土	梭柱状	6.3	2.9	0.29	0.29	9.3				
						C	23—40	红棕色	重壤土	梭柱状	7.8	3.6	0.38	0.52	3.1				
剖40	人为土	水稻土	淹育水稻土	花岗岩淹育水稻土	杂砂泥田	A	0—10	浅黄棕色	黏壤土	小块状	4.3	28.8	1.11	0.32	3.4		花岗岩	E 107°15′22.1″ N 22°27′19.4″	92
						P	10—25	浅棕色	黏壤土	块状	4.6	23.5	0.95	0.71	3.4				
						C	25—100	灰黄色	黏壤土	块状	4.8	16.2	0.56	0.37	5.0				
剖41	人为土	水稻土	淹育水稻土	冲积性淹育水稻土	薄潮泥田	A	0—15	褐色	壤土	块状	6.5	25.0	1.30	0.37			河流冲积物	E 107°21′51.8″ N 22°25′58.4″	96
						P	15—26	暗黄棕色	黏壤土	块状	6.0								
						B	26—33	暗黄棕色	黏壤土	块状	6.0								
						C	33—100	暗黄棕色	黏壤土	块状	6.0								

续表 Continued

剖面号 Soil profile	土纲 Soil order	土类 Soil great group	亚类 Soil subgroup	土属 Soil genus	土种 Soil species	土层码 Layer code	土层厚度 Depth/cm	颜色 Soil color	质地 Soil texture	土壤结构 Soil structure	pH	有机质 OM/(g/kg)	全氮 TN/(g/kg)	全磷 TP/(g/kg)	全钾 TK/(g/kg)	阳离子交换量CEC/(cmol/kg)	土壤母质 Parent material	剖面点坐标 Profile coordinate	匹配指数 Matching index/%
剖42	初育土	新积土	新积土	砾质土	砾质砂土	A	0—12	暗棕色	轻壤土	碎块状	6.6	6.6	0.37	0.15	1.8		洪积物	E 107°21′07.3″ N 22°25′47.5″	91
						C	12—100	暗红棕色	重壤土	块状	6.4	4.5	0.46	0.38	4.8				
剖43	人为土	水稻土	盐渍水稻土	碳酸盐渍性水稻土	石灰性黑泥田	A	0—18	暗棕色	轻黏土	块状	7.9	42.8	2.53	1.31	4.7			E 107°23′01.1″ N 22°23′57.1″	81
						P	18—28	暗灰色	轻黏土	块状	8.0	23.5	1.30	0.84	2.4				
						B	28—38	黑色	轻黏土	碎块状	8.0	13.7	0.76	0.50	1.4				
						C	38—100	黄棕色	轻黏土	块状	8.2	11.6	0.99	0.19	2.5				
剖44	铁铝土	赤红壤	赤红壤	石灰岩赤红壤	铁砾赤红壤	A	0—10	灰棕色	重壤土	块状	6.1	22.7	1.12	0.25	2.9		石灰岩	E 107°18′42.4″ N 22°24′13.8″	87
						C	10—100	黄棕色	重壤土	块状	6.7	8.3	0.73	0.12	2.3				
剖45	初育土	石灰(岩)土	棕色石灰土	棕色石灰土	含砂棕色石灰土	A	0—12	暗灰色	中壤土	粒状	6.8	24.4	0.99	0.37	8.3			E 107°15′56.9″ N 22°21′34.9″	88
						B	12—32	暗棕色	重壤土	粒状	7.2	10.5	0.50	0.17	5.3				
						C	32—100	红棕色	重壤土	块状	7.5	12.9	0.73	0.17	4.7				
剖46	人为土	水稻土	潴育水稻土	花岗岩潴育水稻土	潴育余砂泥田	A	0—18	暗黄棕色	重黏土	块状	6.5	32.1	1.83	0.57	17.0		花岗岩	E 107°17′18.2″ N 22°20′59.6″	90
						P	18—27	暗黄棕色	重黏土	块状	6.4	24.6	1.33	0.57	16.5				
						W	27—42	暗黄棕色	重黏土	块状	6.5	8.6	0.61	0.47	13.0				
						C	42—100	栗色	重黏土	块状	6.5	7.9	0.49	0.35	12.5				
剖47	人为土	水稻土	潴育水稻土	棕色石灰土潴育水稻土	潴育棕泥田	A	0—19	暗黄棕色	中壤土	块状	7.2	87.9	4.53	1.08	4.1		石灰岩风化物	E 107°23′25.8″ N 22°20′58.1″	74
						P	19—27	灰黄棕色	重壤土	块状	7.7	73.5	3.72	1.08	4.4				
						W	27—53	暗黄棕色	重壤土	柱状	7.8	21.5	0.26	1.26	4.8				
						C	53—100	红棕色	中壤土	块状	8.1	8.6	0.37	0.75	3.6				
剖48	铁铝土	赤红壤	赤红壤	耕型铁砾赤红壤	铁子土	A	0—18	栗色	黏土	碎块状	7.5	25.1	1.31	1.11	2.5		红土与石灰岩交错	E 107°20′39.5″ N 22°20′45.2″	100
						C	18—100	浅棕色	轻黏土	块状	6.4	9.7	0.93	0.88	2.3				
剖49	人为土	水稻土	淹育水稻土	棕色石灰土淹育水稻土	浅潜底泥田	A	0—18	暗黄棕色	重黏土	块状	7.3	2.3	0.95	0.25	6.7		石灰岩风化物	E 107°18′13.4″ N 22°20′48.5″	79
						P	18—25	黑黄棕色	重壤土	块状	7.8	14.7	0.73	0.22	9.4				
						B	25—32	黑棕色	轻壤土	块状	7.8	12.4	0.69	0.10	7.7				
						C	32—100	黑棕色	中壤土	块状	7.9	7.7	0.47	0.10	2.3				
剖50	铁铝土	赤红壤	赤红壤	第四纪红土质赤红壤	薄砂赤红土	A	0—18	浅红黄棕	中壤土	碎块状	5.9	16.8	0.73	0.39	2.4	5.4	红土	E 107°29′43.8″ N 22°20′16.4″	76
						C	18—100	暗黄棕色	中壤土	块状	5.2	7.6	0.43	0.30	3.1	7.7			
剖51	人为土	水稻土	潴育水稻土	第四纪红土质潴育水稻土	黄泥骨田	A	0—19	灰黄棕色	轻黏土	块状	7.5	22.6	1.08	0.41	11.0			E 107°32′35.2″ N 22°25′46.6″	87
						P	19—25	暗黄棕色	中壤土	柱状	6.6	24.5	1.19	0.41	5.0				
						W	25—37	暗黄棕色	中黏土	块状	5.4	20.1	0.93	0.55	11.4				
						B	37—63	黑黄棕色	重黏土	块状	8.5	3.2	0.20	0.12	2.2				
						C	63—100	浅棕色	黏土	块状	8.1	1.9	0.13	0.07	2.1				
剖52	人为土	水稻土	潜育水稻土	潜底田	浅潜底泥田	A	0—14	暗黄棕色	黏土	块状	6.9	16.7	0.80	0.29	6.3		红土	E 107°30′26.3″ N 22°25′23.2″	99
						C_1	14—73	红黄棕色	黏土	块状	5.6	7.3	0.51	0.22	13.2				
						C_2	73—100	红黄棕色	黏土	块状	5.6	4.4	0.50	0.28	18.9				
剖53	人为土	水稻土	淹育水稻土	第四纪红土质淹育水稻土	铁磐土	A	0—18	灰黄棕色	中壤土	小块状	5.6	31.7	1.52	0.33	9.5		红土	E 107°33′12.2″ N 22°24′55.1″	70
						G_1	18—39	暗黄棕色	中壤土	块状	6.5								
						G_2	39—100	浅棕色	重黏土	块状	7.0	13.8	0.79	0.47	6.1				
剖54	铁铝土	赤红壤	赤红壤	潜底土	多铁子田	A	0—16	灰黄棕色	轻黏土	块状	6.5	8.9	0.55	0.47	7.8		红土与石灰岩交错	E 107°30′25.6″ N 22°23′53.5″	82
						B	16—24	浅棕红色	重黏土	块状	7.0	9.9	0.73	0.56	12.8				
						C	24—100	灰棕色	重黏土	细块状	7.9	13.1	0.57	0.27	1.8				
剖55	人为土	水稻土	淹育水稻土	第四纪红土质淹育水稻土	多铁子田	A	0—15	暗棕色	重黏土	块状	8.0	4.3	0.20	0.11	0.8		红土	E 107°30′43.4″ N 22°20′54.1″	97
						P	15—25	暗棕色	重黏土	块状	6.9	2.8	0.29	0.11	1.0				
						C	25—100	红棕色											

续表 Continued

剖面号 Soil profile	土纲 Soil order	土类 Soil great group	亚类 Soil subgroup	土属 Soil genus	土种 Soil species	土层码 Layer code	土层厚度 Depth/cm	颜色 Soil color	质地 Soil texture	土壤结构 Soil structure	pH	有机质 OM/(g/kg)	全氮 TN/(g/kg)	全磷 TP/(g/kg)	全钾 TK/(g/kg)	阳离子交换量CEC/(cmol/kg)	土壤母质 Parent material	剖面点坐标 Profile coordinate	匹配指数 Matching index,%
剖56	人为土	水稻土	淹育水稻土	冲积性淹育水稻土	潮泥田	A	0—15	栗色	重壤土	小块状	6.9	22.6	1.34	0.44	5.9		河流冲积物	E 107°31′34.9″ N 22°20′21.0″	88
						P	15—23	灰黄棕色	重壤土	大块状	7.6	11.1	0.80	0.40	6.0				
							23—57	暗黄棕色	重壤土	大块状	7.7	7.7	0.58	0.44	6.9				
						B	57—100	暗黄棕色	轻壤土	大块状	7.3	6.5	0.47	0.34	7.5				
剖57	人为土	水稻土	淹育水稻土	第四纪红土质淹育水稻土	铁磐底田	A	0—13	灰黄棕色	黏壤土	小块状	6.0	12.6	0.70	0.30	2.4		红土	E 107°26′08.8″ N 22°19′31.6″	82
						P	13—20	暗黄棕色	黏土	块状	6.0								
						B	20—48	棕灰色	黏土	块状	6.5								
						C	48—100	浅棕红色	重黏土	块状	7.0								
剖58	人为土	水稻土	淹育水稻土	砂页岩淹育水稻土	铁子底田	A	0—9	灰黄色	黏壤土	块状	5.5						砂页岩	E 107°22′17.6″ N 22°19′21.3″	93
						P	9—17	浅棕色	黏壤土	块状	5.5								
						C	17—100	浅棕色	重黏土	块状	6.5								
剖59	铁铝土	赤红壤	赤红壤	耕型砂页岩赤红壤	赤砂土	A	0—15	紫棕色	中壤土	粒状	6.2	22.1	0.96	0.76	20.3	13.0	砂页岩	E 107°21′39.2″ N 22°18′38.9″	91
						B	15—58	紫黄灰色	中壤土	碎块状	6.5	3.9	0.21	0.27	11.4				
						C	58—100	褐色	中壤土	碎块状	6.3	2.7	0.17	2.92	10.9	7.2			
剖60	铁铝土	赤红壤	赤红壤	耕型硅质岩赤红壤	灰砂土	A	0—15	棕灰色	重壤土	块状	7.2	13.6	0.61	0.59	2.2		硅质页岩	E 107°22′53.8″ N 22°18′04.3″	79
						B	15—57	暗灰棕色	重壤土	块状	7.6	5.2	0.28	0.40	1.2				
						C	57—100	黑棕色	重壤土	块状	7.4	7.4	0.34	0.46	1.4				
剖61	人为土	水稻土	渗育水稻土	白散砂田	深渗白散砂田	A	0—13	紫棕色	重壤土	粒状	5.5	17.7	0.90	0.32	18.1		砂页岩	E 107°29′13.9″ N 22°17′38.8″	99
						P	13—23	棕灰色	重壤土	粒状	6.4	4.3	0.28	0.17	17.3				
						E	23—100	灰白色	中壤土	粒状	8.4	2.1	1.39	0.11	15.2				
剖62	人为土	水稻土	淹育水稻土	砂页岩淹育水稻土	壤土田	A	0—14	棕色	壤土	块状	5.5	22.1	1.05	0.40	5.4		砂页岩	E 107°22′07.0″ N 22°17′17.1″	100
						P	14—19	暗棕色	黏壤土	块状	5.5								
						B	19—34	暗棕灰色	黏壤土	块状	6.0								
						C	34—100	棕色	黏壤土	块状	6.0								
剖63	初育土	紫色土	石灰性紫色土	耕型石灰性紫泥土	耕型石灰性紫泥土	A	0—17	紫色	重壤土	粒状	7.9	13.0	0.84	0.49	12.7		砂页岩	E 107°16′00.8″ N 22°16′55.9″	95
						B	17—39	紫色	中壤土	块状	8.4	6.0	0.46	0.39	12.5				
						C	39—100	黄灰色	中黏土	块状	8.4	8.6	0.57	0.30	13.4				
剖64	铁铝土	赤红壤	赤红壤	花岗岩赤红壤	花岗岩赤红壤	A	0—8	暗黄棕色	重黏土	块状	4.6	43.3	1.53	0.36	3.0		花岗岩	E 107°26′38.8″ N 22°16′23.9″	77
						C	8—100	棕红色	中黏土	块状	4.6	20.6	0.84	0.37	3.2				
剖65	初育土	石灰(岩)土	黑色石灰土	黑色石灰土	淋溶黑色石灰土	A	0—17	棕色	中黏土	块状	7.0	48.0	3.38	1.04	6.6		硅质页岩	E 107°17′29.0″ N 22°16′13.8″	86
						B	17—49	棕色	中黏土	块状	7.1	50.5	3.54	1.19	7.9				
						C	49—												
剖66	人为土	水稻土	潜育水稻土	冷底田	冷底田	A	0—11	灰浅棕色	中壤土	粒状	5.4	28.3	1.25	0.33	6.2	10.9	砂页岩	E 107°24′18.1″ N 22°16′03.5″	82
						P	11—28	绿灰色	中壤土	块状	5.9	17.1	0.65	0.19	6.1	12.4			
						G	28—55	绿灰色	中壤土	团状	5.6	13.5	0.43	0.12	6.5	12.6			
						C	55—100	白灰色	壤土	团状	5.4	5.5	0.22	0.16	7.0	9.5			
剖67	人为土	水稻土	淹育水稻土	硅质灰岩淹育水稻土	白粉砂田	A	0—18	灰黄棕色	轻壤土	碎块状	7.9	20.1	1.19	0.49	6.6		硅质页岩	E 107°20′46.7″ N 22°15′50.0″	82
						B	18—55	暗灰色	重黏土	单粒状	8.5	2.8	0.24	0.45	4.1				
						C	55—100	暗灰色	中壤土	块状	8.3	0.6	0.04	0.03	0.5				
剖68	人为土	水稻土	潜育水稻土	硅质页岩潜育水稻土	潜育灰砂泥田	A	0—14	暗棕灰色	轻黏土	粒状	5.5	20.6	1.06	0.43	1.5		硅质页岩	E 107°15′19.1″ N 22°15′28.8″	99
						P	14—20	暗棕色	轻黏土	片状	6.1	6.2	0.77	0.39	1.5				
						W	20—43	暗棕色	轻黏土	片状	6.2	5.9	0.35	0.40	1.6				
						C	43—100	暗棕色	轻黏土	片状	5.1	8.7	0.37	0.55	1.7				

续表 Continued

剖面号 Soil profile	土纲 Soil order	土类 Soil great group	亚类 Soil subgroup	土属 Soil genus	土种 Soil species	土层码 Layer code	土层厚度 Depth/cm	颜色 Soil color	质地 Soil texture	土壤结构 Soil structure	pH	有机质 OM/(g/kg)	全氮 TN/(g/kg)	全磷 TP/(g/kg)	全钾 TK/(g/kg)	阳离子交换量CEC/(cmol/kg)	土壤母质 Parent material	剖面点坐标 Profile coordinate	匹配指数 Matching index/%
剖69	人为土	水稻土	潜育水稻土	潜底田	中潴底田	A	0–14	浅黄棕色	轻黏土	块状	5.4	35.1	1.99	0.93	6.7			E 107°23′44.3″ N 22°15′06.7″	73
						P	14–21	暗灰棕色	轻黏土	块状	5.9	28.8	1.63	0.61	5.6				
						G	24–48	暗灰色	壤土	块状	6.2	32.0	1.79	0.46	6.4				
						C	48–100	浅灰色	轻黏土	块状	6.3	23.1	3.90	0.27	3.9				
剖70	人为土	水稻土	淹育水稻土	砂页岩淹育水稻土	蜡烛田	A	0–12	暗黄棕色	黏壤土	小块状	5.4						砂页岩	E 107°17′39.1″ N 22°14′20.1″	78
						P	12–22	灰黄色	轻黏土	块状	6.6	16.1	1.06	0.25	16.7				
						B	22–45	浅灰色	轻黏土	块状	7.9	6.7	0.45	0.22	11.0				
						C	45–100	灰白色	轻黏土	块状	6.9	3.2	0.37	0.15	13.0				
剖71	初育土	石灰(岩)土	棕色石灰土	棕色石灰土	棕色石灰土	A	0–14	暗棕灰色	重壤土	柱状	6.8	29.7	1.23	0.49	5.0			E 107°24′51.8″ N 22°13′52.3″	71
						B	14–40	灰黄棕色	轻黏土	柱状	7.3	9.8	0.56	0.12	3.5				
						C	40–100	灰黄棕色	轻黏土	块状	7.1	9.6	0.69	0.14	1.9				
剖72	人为土	水稻土	潴育水稻土	紫色岩潴育水稻土	潴育紫泥田	A	0–23	紫灰色	重壤土	碎块状	6.4	26.4	1.51	0.48	7.7		紫色岩	E 107°15′35.6″ N 22°13′32.0″	97
						P	23–29	紫色	重壤土	块状	7.0	9.5	1.19	0.40	6.3				
						W	29–59	紫棕色	中壤土	棱柱状	6.7	20.4	1.11	0.31	8.5				
						C	59–100	紫棕色	中壤土	块状	5.2	10.6	0.58	0.52	8.3				
剖73	人为土	水稻土	沼泽型水稻土	埋藏黑泥田	深埋黑泥田	A	0–15	暗灰色	中壤土	小块状	5.5	33.3	1.47	0.36	2.1	16.4		E 107°26′32.9″ N 22°13′29.2″	100
						P	15–26	暗黑色	重壤土	块状	6.9	31.0	1.24	0.21	2.5				
						C	26–100	黑色	重壤土	块状	4.9	35.2	1.61	0.40	3.3	12.8			
剖74	水成土	沼泽土	沼泽土	炭质黑泥土	炭质黑泥黏土	A	0–19	棕灰色	轻黏土	碎块状	7.5	38.5	0.53	0.37	15.6			E 107°23′16.2″ N 22°13′31.7″	89
						B	19–58	棕灰色	轻黏土	块状	7.0	8.5	1.21	0.63	6.1				
						C	58–100	暗黄棕色	轻黏土	块状	7.2	4.4	0.19	0.74	3.0				
剖75	人为土	水稻土	潜育水稻土	潜底田	深潜底田	A	0–15	暗黄棕色	重壤土	碎块状	5.6	34.1	1.67	0.70	7.3	14.8		E 107°20′13.9″ N 22°12′23.4″	74
						P	15–24	暗黄黄色	重壤土	块状	5.8	37.2	1.50	0.86	10.7	16.5			
						G₁	24–51	暗灰黄色	重壤土	块状	6.2	34.7	1.37	0.59	8.3	16.9			
						G₂	51–100	绿灰色	重壤土	块状	6.8	31.0	1.44	0.19	6.3				
剖76	人为土	水稻土	沼泽型水稻土	埋藏黑泥田	浅埋黑泥田	A	0–14	暗黑色	轻黏土	块状	7.4	30.6	1.28	0.36	5.3			E 107°30′35.4″ N 22°18′37.9″	81
						P	14–19	黑色	轻黏土	块状	7.3	13.6	0.63	0.14	4.2				
						C	19–100	黑棕色	轻黏土	块状	7.4	21.0	0.93	0.23	4.5				
剖77	人为土	水稻土	渗育水稻土	白胶泥田	深渗白胶泥田	A	0–15	浅棕蓝色	轻黏土	块状	7.5	24.3	1.35	0.48	2.2			E 107°32′46.3″ N 22°14′25.2″	100
						P	15–20	棕色	轻黏土	块状	7.5	16.7	0.93	0.40	2.1				
						E	20–45	灰白色	轻黏土	柱状	7.1	14.4	0.80	0.34	9.4				
						C	45–100	红棕色	轻黏土	柱状	6.1	9.9	0.67	0.21	11.5				
剖78	人为土	水稻土	淹育水稻土	硅质页岩淹育水稻土	灰砂泥田	A	0–14	棕灰色	中壤土	小块状	5.1	13.8	0.83	0.30	14.3		硅质页岩	E 107°31′21.4″ N 22°13′26.5″	86
						P	14–19	棕灰色	中壤土	块状	5.2	9.3	0.54	0.26	11.9				
						B	19–40	灰棕色	重壤土	块状	6.4	8.0	0.51	0.60	18.0				
						C	40–100	红棕色	重壤土	块状	7.4	2.2	0.24	0.16	11.4				

扶 绥 县

主要土类说明

赤红壤是扶绥县主要土壤类型，占本县地域面积的60%。赤红壤主要发生于南亚热带季雨林下，其脱硅富铝化程度仅次于砖红壤，强于红壤。铁的游离度介于二者之间，黏粒硅铝率为1.7—2.0，风化淋溶系数为0.05—0.15，盐基饱和度为15%—25%，pH为4.5—5.5。淀积层（B层）富含铁铝氧化物，呈赤红色。本县赤红壤只有赤红壤一个亚类。

石灰（岩）土是扶绥县第二大土壤类型，占本县地域面积的13%。石灰（岩）土发生于本县石灰岩山区，是石灰岩经溶蚀风化，形成的厚薄不同的钙质饱和或含游离钙质的土壤，多见于石隙、溶洞或峰丛底部。该土壤碳酸钙淋溶程度不一，多黏土，多为铁钙质胶结物，风化程度不一，盐基饱和度高，有机质含量及胶结状态有较大差异。本县石灰（岩）土分为黑色石灰土、棕色石灰土两个亚类。

红黏土是扶绥县第三大土壤类型，占本县地域面积的9%。深厚黄土层下，常见第三纪红色黏土埋藏，厚层黄土层侵蚀殆尽处，红土层露出，形成母质性状明显的初育土。其黏粒含量高，塑性强，生物作用微弱，母质特性明显，pH为7.0—8.0，有时夹有砂姜层。

水稻土占扶绥县地域面积的5%。水稻土是在长期季节性淹灌、水下翻耕、季节性脱水、氧化还原交替影响下，原来成土母质或母土的特性发生重大改变，形成的新的土壤类型。由于干湿交替，水稻土形成糊状淹育层、较坚实板结的犁底层、渗育层、潴育层与潜育层等多种发生层。这些不同发生层段是在人为耕作、水浆管理下形成的。本县水稻土分为淹育型、潴育型、潜育型、沼泽型、渗育型、盐渍型、矿毒型等亚类。

紫色土占扶绥县地域面积的5%。紫色土是由热带、亚热带紫红色岩层直接风化形成的A-C型土壤。其理化性质与母岩组成直接相关，土层浅薄，剖面层次发育不明显，仍处于初育阶段。母岩富含矿质养分，且风化迅速，为良好的肥沃土壤。但其他较干旱地区的此类母岩风化物不具有此肥沃特性。本县紫色土分为酸性紫色土、中性紫色土、石灰性紫色土等亚类。

小于本县地域面积3%的土壤类型还有红壤、潮土、粗骨土和新积土等。

本区域中心区气候特征

本区域中心区气候特征值
Regional climate characteristics in central area of the region

气候带：南亚热带湿润气候 Climate region: South subtropical humid climate	
年平均气温 /℃ Annual average temperature /℃	22.1
年平均最高气温 /℃ Annual average maximum temperature /℃	26.7
年平均最低气温 /℃ Annual average minimum temperature /℃	19.0
年降水量 /mm Annual precipitation /mm	1441
≥10℃的积温 /℃ Daily temperature accumulated in a year（≥10℃）/℃	8081
年日照时数 /h Annual sunshine /h	1611
年平均相对湿度 /% Annual average relative humidity /%	79
干燥度 Dryness	0.93

本区域中心区月平均气温与月平均降水量
Monthly temperature and precipitation in central area of the region

扶绥县主要土壤类型与土壤剖面点分布图

1 : 310 000

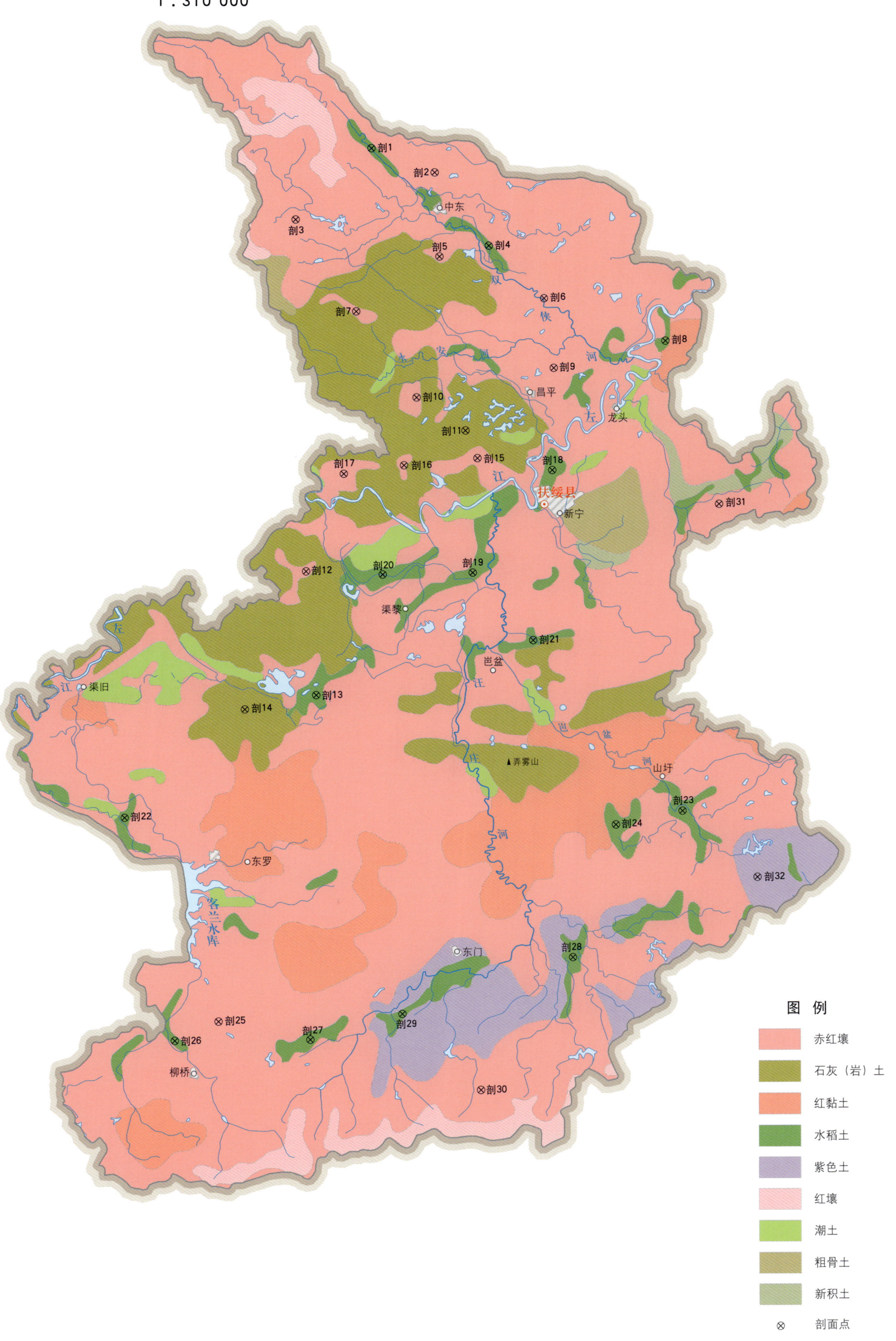

扶绥县土壤剖面理化性状表

剖面号 Soil profile	土纲 Soil order	土类 Soil great group	亚类 Soil subgroup	土属 Soil genus	土种 Soil species	土层码 Layer code	土层厚度 Depth/cm	颜色 Soil color	质地 Soil texture	土壤结构 Soil structure	pH	有机质 OM/(g/kg)	全氮 TN/(g/kg)	全磷 TP/(g/kg)	全钾 TK/(g/kg)	碱解氮 AN/(mg/kg)	有效磷 AP/(mg/kg)	速效钾 AK/(mg/kg)	土壤母质 Parent material	剖面点坐标 Profile coordinate	匹配指数 Matching index/%
剖1	人为土	水稻土	潴育水稻土	冲积性潴育水稻土	潴育潮泥田	1	0—11	浅棕色	壤土	柱状	6.0	28.9	1.52	0.39	0.6				河流冲积物	E 107°47′05.3″ N 22°52′18.5″	97
						2	11—17	棕色	轻黏土	柱状	7.2	16.6	0.91	0.31	0.7						
						3	17—45	黄棕色	轻黏土	柱状	7.9	9.4	0.65	0.31	7.4						
						4	45—100	暗棕色	轻黏土	柱状	7.7	8.6	0.53	0.33	6.1						
剖2	铁铝土	赤红壤	赤红壤	耕型石砾赤红壤	多砾赤红壤	1	0—11	浅黄色	壤土	细粒状	6.0	16.0				50	5.0	40	砂页岩	E 107°49′47.3″ N 22°51′18.0″	81
						2	11—100	黄棕色	轻黏土	粒状	6.0										
剖3	铁铝土	赤红壤	赤红壤	砂页岩赤红壤	厚层砂页岩赤红壤	1	0—16	暗棕色	壤土	粒状	5.0								砂页岩	E 107°43′45.5″ N 22°49′31.8″	100
						2	16—57	栗色	壤土	粒状	5.0										
						3	57—100	浅棕黄色	壤土	粒状	5.0										
剖4	人为土	水稻土	淹育水稻土	红土质淹育水稻土	砂质黄泥田	1	0—14	灰棕色	砂壤土	碎块状	6.8	16.0				90	3.0	50	红土	E 107°52′04.0″ N 22°48′20.0″	85
						2	14—22	棕黄色	重黏土	块状	7.0										
						3	22—100	黄红色	中黏土	块状	4.0										
剖5	铁铝土	赤红壤	赤红壤	石灰岩赤红壤	多铁砾赤红壤	1	0—15	棕黄色	轻黏土	碎砾状	6.5	24.0				80	<2.5	25	石灰岩	E 107°49′55.9″ N 22°47′56.4″	97
						2	15—100	黄色	轻黏土	碎砾状	6.0										
剖6	铁铝土	赤红壤	赤红壤	耕型铁砾赤红壤	铁子土	1	0—17	灰棕色	轻黏土	块状	7.0	32.6	1.77	0.96	4.9	80	2.5	17	红土与石灰岩交错	E 107°54′24.1″ N 22°46′11.3″	90
						2	17—31	棕黄色	中黏土	块状	7.5	18.9	1.77	0.72	3.7						
						3	31—100	棕灰色	重黏土	块状	7.4	7.0	0.86	0.57	4.3						
剖7	铁铝土	赤红壤	赤红壤	耕型铁砾赤红壤	铁子土	1	0—19	黄灰色	砂壤土	粒状	6.5	10.0				80	<2.5	25	红土与石灰岩交错	E 107°46′17.5″ N 22°45′48.1″	85
						2	19—23	棕灰色	砂壤土	块状	7.0										
						3	23—100	深灰色	壤土	块状	7.5										
剖8	人为土	水稻土	淹育水稻土	冲积性淹育水稻土	潮泥田	1	0—15	浅黄灰色	砂壤土	碎块状	5.0	20.0							河流冲积物	E 107°59′35.2″ N 22°44′23.8″	93
						2	15—67	灰灰色	壤土	细粒状	5.0										
						3	67—100	灰黄色	壤土	碎块状	5.5										
剖9	铁铝土	赤红壤	赤红壤	耕型第四纪红土赤红壤	赤壤土	1	0—16	浅棕色	轻黏土	碎块状	6.5	24.0				60	4.0	25	石灰岩	E 107°54′45.0″ N 22°43′24.6″	85
						2	16—100	浅黄色	中黏土	碎块状	7.0										
剖10	铁铝土	赤红壤	赤红壤	石灰岩赤红壤	铁砾赤红壤	1	0—15	棕色	轻黏土	粒状	6.5								石灰岩	E 107°48′49.0″ N 22°42′20.5″	74
						2	15—50	黄灰色	壤土	块状	7.0										
						3	50—100	棕灰色	壤土	块状	7.0										
剖11	初育土	石灰（岩）土	棕色石灰土	棕色石灰土	棕色石灰土	1	0—15	灰灰色	砂壤土	细粒状	6.5	29.6							红土与石灰岩交错	E 107°50′54.0″ N 22°40′59.3″	94
						2	15—65	红黄色	黏土	细粒状	6.5										
						3	65—100	黄红色	黏土	碎块状	7.0										
剖12	铁铝土	赤红壤	赤红壤	红土质淹育水稻土	多铁砾赤红壤	1	0—13	棕红色	轻黏土	块状	6.0	24.0				70	40.0	3	红土与石灰岩交错	E 107°43′54.5″ N 22°35′29.0″	96
						2	13—21	灰黄色	黏土	块状	7.0										
						3	21—62	棕灰色	黏土	块状	7.0										
						4	62—100	浅黄色	黏土	粒状	7.5										
剖13	人为土	水稻土	淹育水稻土	红土质淹育水稻土	红泥田	1	0—15	灰色	砂壤土	片状	6.5	11.6	0.60	0.22	1.7				红土	E 107°44′14.4″ N 22°30′33.3″	88
						2	19—100	黄灰色	中黏土	块状	6.1	4.9	0.29	0.21	2.0						
剖14	初育土	石灰（岩）土	棕色石灰土	棕色石灰土	含砾棕色石灰土	1	0—15	棕灰色	砂壤土	块状	7.4								红土	E 107°41′09.2″ N 22°30′02.2″	95
剖15	铁铝土	赤红壤	赤红壤	耕型第四纪红土赤红壤	赤红壤	2	15—46	灰黄色	砂壤土	块状	7.4	6.0		0.19	1.5				红土	E 107°51′23.4″ N 22°39′52.9″	93
						3	46—100		砂壤土	块状	7.1										

续表 Continued

剖面号 Soil profile	土纲 Soil order	土类 Soil great group	亚类 Soil subgroup	土属 Soil genus	土种 Soil species	土层码 Layer code	土层厚度 Depth/cm	颜色 Soil color	质地 Soil texture	土壤结构 Soil structure	pH	有机质 OM/(g/kg)	全氮 TN/(g/kg)	全磷 TP/(g/kg)	全钾 TK/(g/kg)	碱解氮 AN/(mg/kg)	有效磷 AP/(mg/kg)	速效钾 AK/(mg/kg)	土壤母质 Parent material	剖面点坐标 Profile coordinate	匹配指数 Matching index/%
剖16	铁铝土	赤红壤	赤红壤	石灰岩赤红壤	铁砾底赤红壤	1	0—14	浅灰色	砂壤土	粒状	5.2	26.7	1.07	0.19	2.5				石灰岩	E 107°48′13.0″ N 22°39′39.2″	72
						2	14—47	黄灰色	壤土	块状	5.3	5.0	0.31	0.15	3.3						
						3	47—100	红黄色	黏土	块状	5.4	3.6	0.21	0.09	2.1						
剖17	铁铝土	赤红壤	赤红壤	耕型第四纪红土红壤	赤砂土	1	0—16	浅黄色	壤土	块状	6.0	26.0				100	<2.5	35	红土	E 107°45′37.1″ N 22°39′21.2″	90
						2	16—100	红色	黏土	块状	5.5	16.0				100	3.8	25			
剖18	人为土	水稻土	淹育水稻土	红土质淹育水稻土	浅铁子底田	1	0—13	黄灰色	黏壤土	块状	5.5								红土	E 107°54′36.1″ N 22°39′20.8″	97
						2	13—24	灰黄色	黏壤土	碎块状	6.5										
						3	24—100	红黄色	重壤土	碎块状	6.5	20.0				50	1.3	30			
剖19	人为土	水稻土	淹育水稻土	红土质淹育水稻土	薄耕层铁磬底田	1	0—14	浅棕色	黏壤土	块状	6.5								红土	E 107°51′04.7″ N 22°35′18.2″	83
						2	14—20	浅褐色	黏壤土	块状	6.5										
						3	20—46	灰黄色	黏壤土	块状	6.5										
						4	46—100	浅褐色	黏壤土	块状	6.5										
剖20	人为土	水稻土	淹育水稻土	红土质淹育水稻土	薄砂泥黄泥田	1	0—15	浅灰色	砂壤土	碎块状	6.0	12.4				100	1.3	30	红土	E 107°47′12.1″ N 22°35′17.9″	94
						2	15—23	橙黄色	重黏土	块状	6.5										
						3	23—100	灰黄色	重壤土	碎块状	7.0										
剖21	人为土	水稻土	淹育水稻土	红土质淹育水稻土	铁磬底红土	1	0—16	黑灰色	中黏土	碎块状	6.0	20.0				70	1.3	90	红土	E 107°53′37.3″ N 22°32′34.1″	95
						2	16—36	红黄色	重壤土	铁盘状	6.5										
						3	36—100	灰黄色	壤土	块状	7.0					11.4					
剖22	人为土	水稻土	淹育水稻土	红土质淹育水稻土	深铁子底田	1	0—15	灰黄色	黏壤土	块状	6.1	34.9	1.80	0.45	12.2				红土	E 107°35′53.6″ N 22°25′47.8″	94
						2	15—22	灰黄色	轻黏土	块状	6.5	17.0	1.07	0.38	2.7						
						3	22—38	棕黄色	黏土	块状	7.7	2.7	0.22	0.10	4.8						
						4	38—100	黄白色	黏土	块状	8.1	4.1	0.29	0.22							
剖23	人为土	水稻土	淹育水稻土	红土质淹育水稻土	多铁子田	1	0—16	灰黄色	砂壤土	粒状	6.5	20.0				70	2.0	25	红土	E 107°59′52.8″ N 22°25′37.5″	91
						2	16—26	灰黄色	砂壤土	块状	5.5										
						3	26—68	灰黄色	黏土	块状	5.5					9.4					
						4	68—100		轻黏土	块状	6.5					9.1					
剖24	人为土	水稻土	淹育水稻土	红土质淹育水稻土	厚耕层黄泥田	1	0—15	浅黄色	中黏土	块状	5.8	32.8	1.75	0.48	9.4				红土	E 107°57′00.5″ N 22°25′07.9″	95
						2	15—23	橙色	中黏土	块状	7.0	15.9	1.05	0.50	9.1						
						3	23—100	橙色	黏土	块状	7.0	7.8	0.55	0.26	0.7						
剖25	铁铝土	赤红壤	赤红壤	第四纪红土赤红壤	红土赤红壤	1	0—20	褐棕色	中黏土	块状	4.3	30.9	1.17	0.83	4.6			50	红土	E 107°39′45.0″ N 22°17′36.2″	79
						2	20—100	灰棕色	重黏土	块状	4.6	12.5	0.74	0.72	7.2		<2.5				
剖26	人为土	水稻土	潴育水稻土	红土质潴育水稻土	潴黄泥田	1	0—17	暗黄色	壤土	块状	6.0	19.2				80			红土	E 107°37′50.9″ N 22°16′52.7″	77
						2	17—22	暗黄色	黏黏土	块状	6.5										
						3	22—55	黄棕色	轻黏土	柱状	6.5										
						4	55—84	暗棕色	轻黏土	块状	6.5										
						5	84—100	橙色	中黏土	块状	5.5	20.0				60	2.5	40			
剖27	人为土	水稻土	潜育水稻土	冷浸田	黄泥青田	1	0—14	灰黄色	轻黏土	块状	6.5	17.9	1.01	0.47	19.7				红土	E 107°43′40.4″ N 22°16′48.7″	80
						2	14—21	橙黄色	重黏土	碎块状	7.4	15.5	1.11	0.52	14.7						
						3	21—100	棕色	中黏土	块状	7.0	10.2	1.89	0.63	15.8						
剖28	人为土	水稻土	潴育水稻土		浅渍田	1	0—13	棕色	中黏土	块状	5.9	5.2	0.64	0.32	20.4		1.3	25	红土	E 107°55′01.9″ N 22°19′52.0″	86
						2	13—23	灰蓝色	中黏土	块状	7.2	13.6				40					
						3	23—59	红黄色	轻黏土	碎块状	6.0										
剖29	人为土	水稻土	淹育水稻土	红土质淹育水稻土	铁子田	1	0—17	灰褐色	重黏土	粒状	6.0								红土	E 107°47′39.1″ N 22°17′44.9″	89
						2	17—28	灰褐色	砾黏土	块状	6.5										
						3	28—100	黄棕色		块状	6.5										

续表 Continued

剖面号 Soil profile	土纲 Soil order	土类 Soil great group	亚类 Soil subgroup	土属 Soil genus	土种 Soil species	土层码 Layer code	土层厚度 Depth/cm	颜色 Soil color	质地 Soil texture	土壤结构 Soil structure	pH	有机质 OM/(g/kg)	全氮 TN/(g/kg)	全磷 TP/(g/kg)	全钾 TK/(g/kg)	碱解氮 AN/(mg/kg)	有效磷 AP/(mg/kg)	速效钾 AK/(mg/kg)	土壤母质 Parent material	剖面点坐标 Profile coordinate	匹配指数 Matching index/%
剖30	铁铝土	赤红壤	赤红壤	砂页岩赤红壤	薄层砂页岩赤红壤	1	0—10	棕灰色	壤土	块状	4.2	48.7	2.01	0.36	35.7				砂页岩	E 107°50′57.1″ N 22°14′41.3″	74
						2	10—40	浅黄色	砂壤土	块状	6.8	3.0	0.54	3.30	37.8						
剖31	铁铝土	赤红壤	赤红壤	砂页岩赤红壤	中层砂页岩赤红壤	1	0—6	灰黑色	壤土	粒状	6.5								砂页岩	E 108°01′44.6″ N 22°37′51.8″	74
						2	6—64	浅红色	轻壤土	碎块状											
剖32	初育土	紫色土	中性紫色土	耕型中性紫泥土	中性紫泥土	1	0—14	紫色	轻壤土	粒状	6.5	14.8	0.87	0.30	13.5					E 108°03′02.5″ N 22°22′55.2″	100
						2	14—27	浅紫色	壤土	块状	6.5	8.4	0.56	0.30	12.7						
						3	27—100	暗紫色	壤土	块状	7.0	7.7	0.39	0.15	9.3						

宁 明 县

主要土类说明

紫色土是宁明县主要土壤类型，占本县地域面积的41%。热带、亚热带紫红色岩层侵蚀发育，形成的紫色土具A-C剖面构型，土层浅薄。本县紫色土分为酸性紫色土、中性紫色土、石灰性紫色土等亚类。

赤红壤是宁明县第二大土壤类型，占本县地域面积的32%，分布于南亚热带（北回归线以南）海拔500m以下地区。赤红壤土壤层次分化明显，富含铁铝，表层呈浅红色。本县赤红壤只有赤红壤一个亚类。

水稻土是宁明县第三大土壤类型，占本县地域面积的14%。水稻土是在长期季节性淹灌、水下翻耕、季节性脱水、氧化还原交替影响下，原来成土母质或母土的特性发生重大改变，形成的新的土壤类型。由于干湿交替，水稻土形成糊状淹育层、较坚实板结的犁底层、渗育层、潴育层与潜育层等多种发生层。这些不同发生层段是在人为耕作、水浆管理下形成的。按水型、水质的不同，本县水稻土分为淹育型、潴育型、潜育型、沼泽型、盐渍型等亚类。

石灰（岩）土占本县地域面积的6%，主要分布于亭亮、城中、海渊等乡镇的石灰岩山区。石灰（岩）土多发生于热带、亚热带石灰岩山区，是石灰岩经溶蚀风化，形成的厚薄不同的钙质饱和或含游离钙质的土壤，多见于石隙、溶洞或峰丛底部。该土壤碳酸钙淋溶程度不一，多黏土，多为铁钙质胶结物，风化程度不一，盐基饱和度高，有机质含量及胶结状态有较大差异。本县石灰（岩）土分为黑色石灰土、棕色石灰土两个亚类。

红壤占本县地域面积的5%。红壤发生于亚热带常绿阔叶林下，呈中度脱硅富铝化特征，具深厚红色土层，在A-B-C剖面构型中，淀积层（B层）底层常见具深厚红、黄、白相间网纹的红色黏土。本县红壤只有黄红壤一个亚类。

小于本县地域面积3%的土壤类型还有黄壤、新积土和潮土等。

本区域中心区气候特征

本区域中心区气候特征值
Regional climate characteristics in central area of the region

气候带：南亚热带湿润气候 Climate region: South subtropical humid climate	
年平均气温 /℃ Annual average temperature /℃	22.3
年平均最高气温 /℃ Annual average maximum temperature /℃	27.0
年平均最低气温 /℃ Annual average minimum temperature /℃	19.3
年降水量 /mm Annual precipitation /mm	1463
≥10℃的积温 /℃ Daily temperature accumulated in a year（≥10℃）/℃	8173
年日照时数 /h Annual sunshine /h	1656
年平均相对湿度 /% Annual average relative humidity /%	80
干燥度 Dryness	0.94

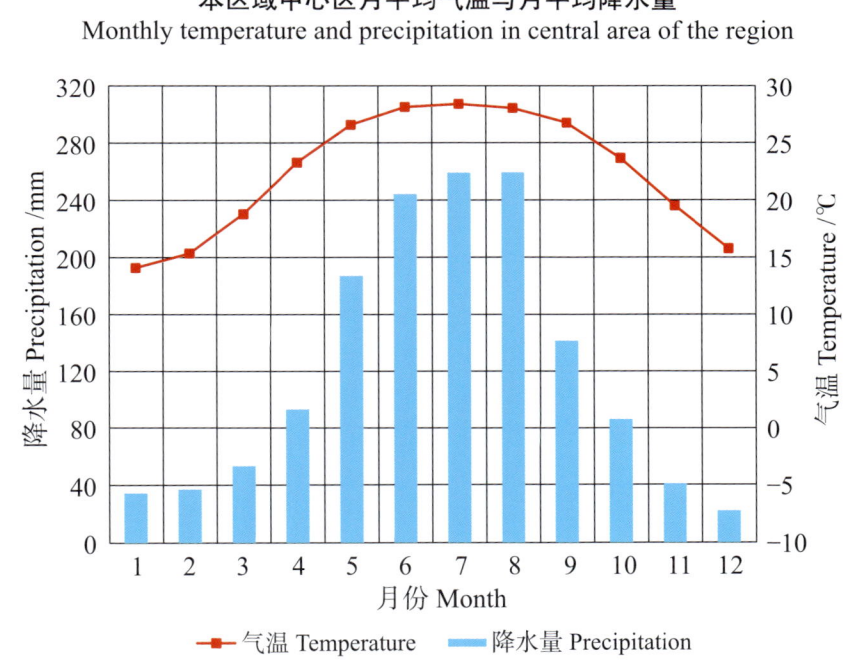

本区域中心区月平均气温与月平均降水量
Monthly temperature and precipitation in central area of the region

宁明县主要土壤类型与土壤剖面点分布图
1 : 370 000

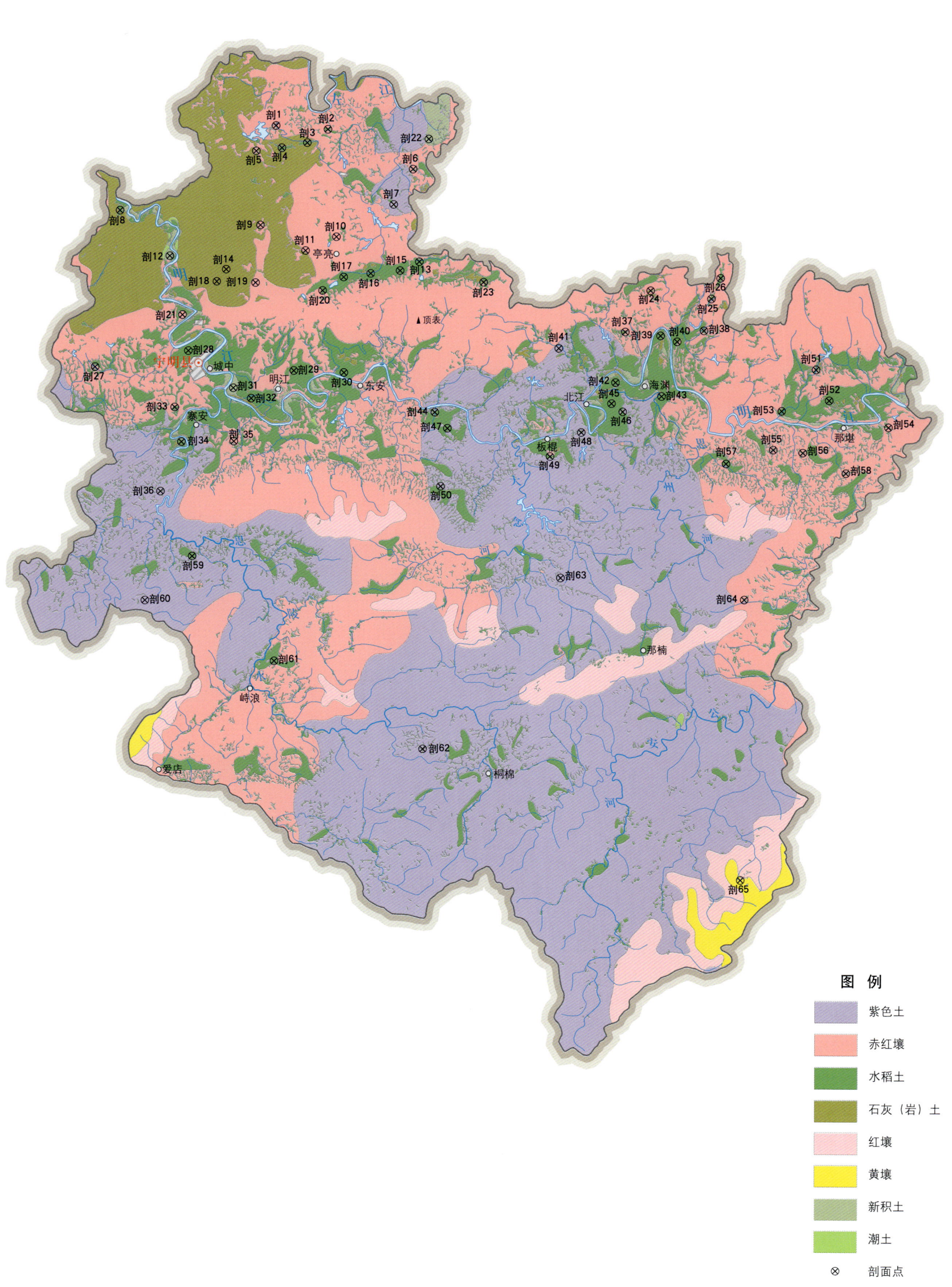

宁明县土壤剖面理化性状表

剖面号 Soil profile	土纲 Soil order	土类 Soil great group	亚类 Soil subgroup	土属 Soil genus	土种 Soil species	土层码 Layer code	土层厚度 Depth/cm	颜色 Soil color	质地 Soil texture	土壤结构 Soil structure	pH	有机质 OM/(g/kg)	全氮 TN/(g/kg)	全磷 TP/(g/kg)	全钾 TK/(g/kg)	土壤母质 Parent material	剖面点坐标 Profile coordinate	匹配指数 Matching index/%
剖1	人为土	水稻土	淹育水稻土	第四纪红土质淹育水稻土	黄泥田	A	0–15	暗黄棕色	黏土	块状	6.0	20.4	1.04	0.32	3.4	红土	E 107°07′55.5″ N 22°19′10.1″	82
						P	15–23	浅棕黄色	黏壤土	块状	7.0	14.5	0.35	0.11	1.3			
						B	23–43	黄棕色	黏土	块状	7.5	6.1	0.19	0.20	2.2			
						C	43–100	黄棕色	砂土	粒状	7.5	3.6	0.12	0.10	1.6			
剖2	人为土	水稻土	潴育水稻土	紫色岩潴育水稻土	潴育紫砂田	A	0–13	棕紫色	砂壤土	粒状	5.5	23.8	1.03	0.43	6.6	砂页岩	E 107°10′31.4″ N 22°18′57.6″	89
						P	13–22	灰紫	砂壤土	块状	6.5	6.6	0.31	0.43	6.6			
						W	22–46	灰紫色	砂壤土	块状	5.5	4.8	0.26	0.39	7.1			
						C	46–100	紫黄色	砂壤土	块状	8.0	6.4	0.31	0.37	9.0			
剖3	人为土	水稻土	沼泽型水稻土	炭质黑泥田	黑泥黏田	A	0–10	黑色	黏土	块状	8.0	38.1	1.90	0.59	7.3		E 107°09′28.8″ N 22°18′21.2″	94
						G₁	10–57	黑黄色	黏土	块状	7.5	25.0	1.20	0.46	6.9			
						G₂	57–100	黑黄棕色	黏土	块状	7.0	10.7	0.99	0.13	2.4			
剖4	人为土	水稻土	淹育水稻土	第四纪红土质淹育水稻土	铁子田	A	0–12	灰黄棕色	黏土	粒状	6.0	29.4	1.60	0.69	5.0	红土	E 107°08′12.1″ N 22°18′07.9″	92
						P	12–23	棕黄色	黏土	粒状	6.0	14.0	0.93	0.54	5.8			
						C	23–100	浅黄棕色	黏壤土	粒状	6.0	6.8	0.69	0.36	8.1			
剖5	铁铝土	赤红壤	赤红壤	耕型第四纪红土赤红壤	赤红土	A	0–14	灰黄棕色	壤土	块状	6.0	15.6	1.05	0.96	4.4	红土	E 107°06′55.4″ N 22°18′00.6″	73
						C	14–100	红黄色	黏壤土	粒状	6.5	28.5	1.49	0.81	4.1			
剖6	初育土	紫色土	石灰性紫色土	耕型石灰性紫泥田	耕型石灰性紫泥土	A	0–21	棕紫色	壤土	粒状	8.0	17.2	0.97	0.61	13.5		E 107°14′45.4″ N 22°17′04.5″	74
						B	21–58	暗棕色	壤土	块状	8.0	10.8	0.66	0.56	14.5			
						C	58–100	暗棕色	壤土	块状	8.0	10.3	0.69	0.45	10.7			
剖7	人为土	水稻土	淹育水稻土	棕色石灰土淹泥田	浅棕泥田	A	0–8	灰棕色	黏土	块状	7.0	32.9	1.49	0.82	4.4	石灰岩风化物	E 107°13′45.5″ N 22°15′26.6″	74
						P	8–12	黄棕色	黏土	块状	7.0	33.0	1.42	0.85	4.3			
						C	12–100	黄棕色	黏土	块状	7.0	7.8	0.66	0.50	4.6			
剖8	人为土	水稻土	盐渍型水稻土	碳酸盐渍性水稻土	石灰性潜育田	A	0–12	棕色	壤土	粒状	9.0	28.5	1.62	0.45	13.9		E 107°00′04.9″ N 22°15′20.4″	96
						P	12–16	暗黄棕色	壤土	粒状	9.0	28.3	1.62	0.44	14.1			
						G	16–25	暗黄棕色	壤土	粒状	9.0	24.4	1.46	0.43	14.1			
						C	25–100	暗黄棕色	壤土	粒状	9.0	8.4	0.61	0.41	15.0			
剖9	铁铝土	赤红壤	赤红壤	耕型第四纪红土赤红壤	砂质赤泥土	A	0–17	黄棕色	壤土	块状	6.5	27.5	1.52	1.66	2.7	红土	E 107°07′04.9″ N 22°14′34.4″	92
						P	17–100	灰黄棕色	壤土	粒状	6.5	11.6	0.88	1.61	2.8			
剖10	铁铝土	赤红壤	赤红壤	耕型砂页岩赤红壤	赤砂土	A	0–40	浅黄棕色	砂壤土	块状	6.0	7.2	0.39	0.31	1.6	砂页岩	E 107°10′52.3″ N 22°13′58.4″	97
						B	40–70	红黄色	砂壤土	块状	7.0	4.5	0.38	0.35	2.5			
						C	70–100	黄棕色	砂壤土	块状	5.5	0.9	0.07	0.01	0.4			
剖11	铁铝土	赤红壤	赤红壤	耕型铁砾赤红壤	铁子土	A	0–3	暗黄棕色	壤土	块状	6.0	18.1	1.03	0.47	3.7		E 107°09′19.8″ N 22°13′21.4″	90
						B	9–36	灰黄棕色	壤土	块状	6.0	12.2	0.82	0.36	3.6			
						C	36–100	红黄色	铁子土	核状	6.5	0.9	0.19	0.15	1.5			
剖12	初育土	新积土	冲积土	耕型酸性潮砂土	酸性潮砂土	A	0–16	浅棕色	砂壤土	块状	6.0	7.4	0.40	0.37	3.8	河流冲积物	E 107°02′31.9″ N 22°13′11.6″	74
						B	16–47	紫黄棕色	砂壤土	粒状	6.5	3.9	0.25	0.38	4.5			
						C	47–100	黄黄棕色	砂壤土	块状	4.5	3.9	0.24	0.36	4.2			
剖13	人为土	水稻土	潴育水稻土	棕色石灰土潴育水稻土	潴育棕泥田	A	0–12	棕色	黏土	团粒状	6.5	36.4	1.79	0.78	8.1	石灰岩风化物	E 107°15′00.1″ N 22°12′45.5″	82
						P	12–26	灰棕色	黏土	块状	6.5	37.1	1.80	0.74	8.3			
						W	26–50	灰棕色	黏土	块状	6.5	5.7	0.29	0.73	5.2			
						C	50–100	棕色	黏土	块状	6.5	4.3	0.31	0.52	4.5			

续表 Continued

剖面号 Soil profile	土纲 Soil order	土类 Soil great group	亚类 Soil subgroup	土属 Soil genus	土种 Soil species	土层码 Layer code	土层厚度 Depth/cm	颜色 Soil color	质地 Soil texture	土壤结构 Soil structure	pH	有机质 OM/(g/kg)	全氮 TN/(g/kg)	全磷 TP/(g/kg)	全钾 TK/(g/kg)	土壤母质 Parent material	剖面点坐标 Profile coordinate	匹配指数 Matching index/%
剖14	初育土	石灰(岩)土	棕色石灰土	耕型棕色石灰质土	棕泥土	A	0—14	棕色	壤土	团粒状	7.0	28.3	1.56	0.97	4.3		E 107°05′21.1″ N 22°12′32.0″	90
						B	14—50	暗棕色	壤土	团块状	6.5	14.3	1.09	0.82	4.0			
						C	50—100	黄棕色	壤土	散粒状	6.5	9.8	0.84	0.81	3.9			
剖15	人为土	水稻土	淹育水稻土	第四纪红土质淹育水稻土	铁子底田	A	0—10	灰棕色	壤土	块状	6.0	22.7	1.39	0.44	9.6	红土	E 107°14′02.4″ N 22°12′21.2″	76
						P	10—15	灰棕色	壤土	块状	6.0	16.6	0.78	0.31	8.0			
						C	15—100	棕黄色	多铁子土	粒状	7.0	11.1	0.69	0.28	7.8			
剖16	人为土	水稻土	淹育水稻土	砂页岩淹育水稻土	铁子底田	A	0—15	棕黄色	黏土	块状	7.0	21.0	1.08	0.41	7.3	砂页岩	E 107°12′33.8″ N 22°12′14.2″	75
						P	15—23	棕黄色	黏土	块状	7.5	16.3	0.89	0.38	7.0			
						B	23—34	灰黑色	砂壤土	粒状	8.0	2.4	0.19	0.90	1.9			
						C	34—100	棕黄色	砂壤土	块状	8.0	1.2	0.12	0.80	1.4			
剖17	人为土	水稻土	潴育水稻土	砂页岩潴育水稻土	潴育铁子底田	A	0—14	暗棕色	壤土	粒状	6.0	21.1	1.72	0.55	8.6	砂页岩	E 107°11′12.5″ N 22°12′05.4″	83
						P	14—23	暗棕色	多铁子土	粒状	7.0	12.4	0.71	0.34	3.4			
						W	23—53	浅灰色	铁子土	棱柱状	7.5	6.5	0.45	0.22	2.1			
						C	53—100	黄灰色	砂壤土	核状	8.0	2.5	0.23	0.20	1.6			
剖18	初育土	石灰(岩)土	棕色石灰土	耕型棕色石灰土	石灰性棕泥土	A	0—17	暗棕色	砂泥土	核状	8.0	12.9	0.67	0.73	11.7		E 107°04′52.0″ N 22°11′58.2″	94
						B	17—50	暗棕色	砂壤土	核状	8.5	5.5	0.32	0.66	13.8			
						C	50—100	浅棕色	砂壤土	粒状	8.5	3.1	0.22	0.43	13.2			
剖19	初育土	石灰(岩)土	棕色石灰土	耕型棕色石灰土	含砂棕泥土	A	0—16	黄棕色	砂壤土	块状	7.0	35.5	1.64	1.64	4.1		E 107°06′48.2″ N 22°11′53.2″	100
						C	16—100	棕黄色	砂壤土	块状	6.5	19.2	0.95	1.16	3.5			
剖20	人为土	水稻土	盐渍水稻土	碳酸盐渍性水稻土	石灰性铁泥底田	A	0—19	暗棕色	盐壤土	粒状	9.0	40.6	2.27	0.54	21.1		E 107°10′09.5″ N 22°11′28.2″	78
						P	19—27	暗棕色	盐壤土	块状	9.0	26.1	1.63	0.48	22.0			
						W	27—66	黑黄色	盐壤土	块状	9.0	21.3	1.14	0.50	20.4			
						C	66—100	棕黑色	壤土	块状	8.0	34.7	1.91	0.50	23.9			
剖21	铁铝土	赤红壤	赤红壤	砂岩赤红壤	薄层砂岩赤红壤	A	0—8	灰棕色	砂土	粒状	5.0	34.6	0.64	0.58	7.6	砂岩	E 107°03′08.1″ N 22°10′26.1″	88
						B	8—35	灰棕色	砂土	核状	6.0	22.3	0.32	0.22	3.2			
剖22	人为土	水稻土	盐渍水稻土	碳酸盐渍性水稻土	石灰性铁子底田	A	0—17	暗棕灰色	盐土	粒状	8.0	38.2	1.90	0.71	7.7		E 107°15′33.4″ N 22°18′27.1″	83
						P	17—24	暗棕灰色	盐土	核状	7.0	23.7	1.28	0.57	6.8			
						B	24—44	黑棕灰色	盐土	核状	8.0	10.3	0.40	0.40	2.7			
						C	44—100	黑棕灰色	盐土	粒状	8.0	5.9	0.31	0.36	2.1			
剖23	初育土	石灰(岩)土	棕色石灰土	耕型棕色石灰土	棕泥铁子土	A	0—27	暗棕色	壤土	块状	6.5	27.4	1.44	0.62	7.8		E 107°18′12.2″ N 22°11′45.2″	86
						B	27—37	浅棕黄色	壤土	核状	6.5	9.2	0.63	0.53	8.1			
						C	37—100	浅灰棕色	壤土	核状	6.5	3.5	0.29	0.16	3.4			
剖24	初育土	石灰(岩)土	棕色石灰土	耕型棕色石灰土	埋藏黑泥棕泥土	A	0—18	黑棕色	盐壤土	块状	6.5	38.1	1.73	0.55	9.9		E 107°26′33.0″ N 22°11′14.3″	98
						B	18—82	黑色	壤土	块状	7.0	27.3	1.77	0.66	11.5			
						C	82—100	黑色	盐壤土	块状	7.5	30.5	1.28	0.47	10.4			
剖25	人为土	水稻土	盐渍水稻土	碳酸盐渍性水稻土	石灰性板结黑泥田	A	0—23	灰棕色	黏土	块状	8.5	34.9	1.64	0.47	11.2		E 107°29′35.2″ N 22°10′49.1″	95
						B	23—40	灰黑色	黏土	块状	8.0	13.5	0.57	0.31	12.0			
						C	40—100	暗黑色	黏土	块状	7.5	26.6	1.39	0.40	11.4			
剖26	人为土	水稻土	盐渍水稻土	碳酸盐渍性水稻土	石灰性埋藏黑泥田	A	0—10	暗灰黄色	壤土	粒状	9.0	30.2	1.71	0.83	4.4		E 107°30′03.6″ N 22°11′45.8″	96
						P	10—69	灰黄棕色	壤土	块状	8.5	15.9	0.78	0.69	5.0			
						W	69—82	黑色	壤土	块状	9.0	25.1	0.99	0.58	5.7			
						C	82—100	暗黄棕色	壤土	块状	8.0	6.4	0.77	0.39	5.3			
剖27	铁铝土	赤红壤	赤红壤	砂页岩赤红壤	中层砂页岩赤红壤	A	0—24	暗棕色	黏壤土	小粒状	4.5	32.4	0.41	2.52	2.4	砂页岩	E 106°58′43.9″ N 22°08′04.1″	90
						B	24—38	赤红色	盐壤土	小粒状	4.5	21.2	0.32	2.41	2.2			
						C	38—50	赤红色	黏壤土	小块状	5.0	11.0	0.48	1.31	1.6			

续表 Continued

剖面号 Soil profile	土纲 Soil order	土类 Soil great group	亚类 Soil subgroup	土属 Soil genus	土种 Soil species	土层码 Layer code	土层厚度 Depth/cm	颜色 Soil color	质地 Soil texture	土壤结构 Soil structure	pH	有机质 OM/(g/kg)	全氮 TN/(g/kg)	全磷 TP/(g/kg)	全钾 TK/(g/kg)	土壤母质 Parent material	剖面点坐标 Profile coordinate	匹配指数 Matching index/%
剖28	人为土	水稻土	潴育水稻土	冲积性潴育水稻土	潴育潮泥田	A	0—12	灰棕色	壤土	块状	5.5	21.0	1.17	0.41	14.8	河流冲积物	E 107°03′24.5″ N 22°08′45.6″	97
						P	12—17	黑棕色	壤土	块状	6.5	16.5	1.10	0.38	14.5			
						W₁	17—28	黑棕色	壤土	团块状	6.5	12.5	0.73	0.30	16.5			
						W₂	28—64	灰棕色	壤土	团块状	6.5	5.9	0.45	0.44	28.0			
						C	64—100	灰白色	壤土	团块状	6.0							
剖29	人为土	水稻土	潴育水稻土	砂页岩潴育水稻土	潴育蚂蚴田	A	0—16	浅棕灰色	黏壤土	柱状	6.5	31.4	1.80	0.55	11.3	砂页岩	E 107°08′40.2″ N 22°07′46.6″	97
						P	16—22	棕灰色	黏壤土	块状	6.0	22.2	1.40	0.52	12.0			
						W	22—40	黄棕色	黏壤土	棱柱状	6.0	14.8	0.89	0.43	9.9			
						C	40—100	灰棕色	砂壤土	核状	6.0	10.4	0.70	0.89	10.3			
剖30	人为土	水稻土	淹育水稻土	冲积性淹育水稻土	薄潮砂泥田	A	0—16	棕色	砂壤土	块状	5.0	21.8	1.11	4.00	6.5	河流冲积物	E 107°11′10.3″ N 22°07′39.4″	94
						P	16—24	棕灰色	砂壤土	块状	7.0	6.7	0.41	0.42	8.1			
						C	24—100	棕红色	黏壤土	块状	7.0	6.2	0.46	0.48	10.9			
剖31	初育土	新积土		耕型酸性潮泥土	酸性潮泥土	A	0—17	黄褐色	黏壤土	团粒状	5.5	15.9	0.88	0.61	12.6	砂页岩	E 107°05′38.3″ N 22°07′01.5″	93
						C	17—100	黄棕色	黏壤土	粒状	6.0	9.5	0.59	0.53	12.0			
剖32	人为土	水稻土	潴育水稻土	砂页岩潴育水稻土	潴育砂泥田	A	0—15	棕色	砂壤土	块状	6.0	25.4	1.28	0.33	9.9	砂页岩	E 107°06′31.7″ N 22°06′31.3″	74
						P	15—19	棕灰色	壤土	块状	6.5	6.9	0.58	0.37	12.6			
						W	19—33	褐黄色	黏壤土	块状	6.0	18.3	1.08	0.34	10.7			
						C	33—100	红灰色	壤土	块状	6.0	6.1	0.50	0.38	16.3			
剖33	人为土	水稻土	淹育水稻土	砂页岩淹育水稻土	黏质铁磐底田	A	0—14	黄棕色	黏壤土	小块状	6.5	23.7	1.63	0.98	13.8	砂页岩	E 107°02′41.6″ N 22°06′09.8″	97
						P	14—19	棕色	黏壤土	小块状	6.5	17.7	1.37	0.95	13.5			
						C	19—100	暗棕色	黏壤土	小块状	6.5	9.8	0.89	0.83	13.0			
剖34	人为土	水稻土	淹育水稻土	冲积性淹育水稻土	紫棕泥田	A	0—14	紫色	壤土	小块状	6.5	14.9	0.87	0.59	13.6	河流冲积物	E 107°03′00.7″ N 22°04′33.6″	71
						P	14—50	紫色	砂壤土	小块状	6.5	7.1	0.54	0.68	13.5			
						C	50—100	紫棕色	砂壤土	大块状	6.5	5.2	0.44	0.63	14.3			
剖35	铁铝土	赤红壤		耕型砂页岩赤红壤	赤红土	A	0—20	紫棕色	壤土	小块状	5.5	8.2	0.41	0.31	1.7	砂页岩	E 107°05′38.0″ N 22°04′33.2″	76
						C	20—100		黏壤土	块状	5.5	5.1	0.32	0.22	1.6			
剖36	人为土	水稻土	潴育水稻土	紫色岩潴育水稻土	潴育紫泥肉田	A	0—16	紫灰色	壤土	小块状	6.5	17.3	0.89	0.43	15.5	砂页岩	E 107°01′56.3″ N 22°02′16.1″	72
						P	16—24	暗紫灰色	黏壤土	小块状	7.0	12.5	0.72	0.44	16.4			
						W	24—73	紫黄色	黏壤土	棱柱状	7.0	4.6	0.26	0.40	12.9			
						C	73—100	紫棕色	壤土	棱柱状	7.0	4.0	0.25	0.44	11.3			
剖37	人为土	水稻土	淹育水稻土	砂页岩淹育水稻土	粉结田	A	0—12	黄棕色	砂壤土	粉粒状	5.0	16.5	0.80	0.43	7.4	砂页岩	E 107°25′15.2″ N 22°09′20.9″	72
						P	12—17	黄浅灰色	黏壤土	粒状	5.0	13.6	0.70	0.33	5.4			
						C	17—100	黄赤红色	黏壤土	块状	4.5	13.1	0.50	0.21	3.2			
剖38	人为土	水稻土	淹育水稻土	紫色岩淹育水稻土	石灰性紫泥田	A	0—15	灰紫色	黏壤土	粒状	8.0	28.2	1.45	0.45	16.7	紫色岩	E 107°29′11.5″ N 22°09′20.6″	82
						P	15—21	灰紫色	黏壤土	块状	8.0	26.0	1.31	0.47	16.9			
						B	21—60	紫灰色	黏壤土	块状	7.5	18.2	1.08	0.45	17.5			
						C	60—100	紫灰色	黏壤土	块状	7.5	7.6	0.40	0.30	9.7			
剖39	人为土	水稻土	潴育水稻土	冲积性潴育水稻土	潴育潮砂田	A	0—13	灰棕色	砂壤土	粒状	6.0	8.0	0.47	0.38	5.4	河流冲积物	E 107°27′00.6″ N 22°09′08.2″	90
						P	13—22	棕灰色	黏壤土	粒状	6.5	2.9	0.25	0.42	5.3			
						W	22—73	黄棕色	黏壤土	粒状	6.5	2.7	0.21	0.36	5.8			
						C	73—100	紫色	砂土	粒状	6.5	1.9	2.20	0.32	6.5			
剖40	人为土	水稻土	淹育水稻土	冲积性淹育水稻土	紫潮砂田	A	0—15	红棕色	砂土	粒状	5.5	10.0	0.53	0.44	3.5	河流冲积物	E 107°27′50.4″ N 22°08′51.6″	98
						P	15—22	暗棕红色	砂土	粒状	5.5	5.6	0.32	0.34	4.8			
						B	22—47	暗红棕色	壤土	块状	5.5	4.7	0.32	0.38	8.1			
						C	47—100		壤土	块状	5.5	3.7	0.31	0.46	9.1			

续表 Continued

剖面号 Soil profile	土纲 Soil order	土类 Soil great group	亚类 Soil subgroup	土属 Soil genus	土种 Soil species	土层码 Layer code	土层厚度 Depth/cm	颜色 Soil color	质地 Soil texture	土壤结构 Soil structure	pH	有机质 OM/(g/kg)	全氮 TN/(g/kg)	全磷 TP/(g/kg)	全钾 TK/(g/kg)	土壤母质 Parent material	剖面点坐标 Profile coordinate	匹配指数 Matching index/%
剖41	铁铝土	赤红壤	赤红壤	砂页岩赤红壤	薄层砂页岩赤红壤	A	0—5	褐色	壤土	粒状	4.5	24.4	0.21	0.62	1.8	砂页岩	E 107°21′55.4″ N 22°08′38.0″	77
						B	5—40	褐红色	黏壤土	粒状		13.2	0.14	0.41	2.0			
剖42	人为土	水稻土	潴育水稻土	冲积性潴育水稻土	潴育紫潮泥肉田	A	0—14	浅紫色	壤土	块状	5.5	20.8	1.07	0.40	12.4	河流冲积物	E 107°24′43.8″ N 22°07′01.0″	100
						P	14—20	暗棕色	壤土	块状	5.5	9.9	0.54	0.31	12.2			
						W	20—31	棕黄紫色	壤土	块状	6.5	24.2	1.72	0.38	11.9			
						C	31—100	黄棕灰色	壤土	块状	6.0	7.5	0.48	0.37	13.5			
剖43	人为土	水稻土	潴育水稻土	砂页岩潴育水稻土	潴育砂泥田	A	0—13	暗棕色	壤土	小块状	7.0	24.7	1.36	0.58	4.2	砂页岩	E 107°27′01.3″ N 22°06′20.5″	70
						P	13—20	暗棕色	壤土	小块状	7.0	17.3	0.95	0.61	4.2			
						W	20—44	暗黄色	壤土	棱柱状	7.0	5.2	0.34	0.46	5.2			
						C	44—100	浅灰色	壤土	棱柱状	7.0	3.1	0.25	0.39	7.4			
剖44	人为土	水稻土	淹育水稻土	紫色岩淹育水稻土	紫黏田	A	0—11	暗紫色	黏土	块状	5.5	23.8	1.31	0.40	16.6	紫色岩	E 107°15′41.1″ N 22°05′46.6″	75
						P	11—21	紫色	黏土	块状	7.0	18.8	1.05	0.37	15.4			
						C	21—100	紫色	黏土	团粒状	6.5	7.5	0.52	0.37	15.5			
剖45	人为土	水稻土	潴育水稻土	第四纪红土质潴育水稻土	潴育黄泥田	A	0—12	棕黑色	壤土	小块状	6.0	27.3	1.52	0.64	18.3	红土	E 107°24′30.7″ N 22°06′02.6″	74
						P	12—16	黄棕色	壤土	柱状	7.0	13.3	1.12	0.44	8.2			
						W	16—26	棕灰黄色	壤土	块状	6.5	6.3	0.72	0.22	6.2			
						C	26—100	浅灰红色	黏土	块状	5.5	3.3	0.52	0.22	3.2			
剖46	人为土	水稻土	潴育水稻土	冲积性潴育水稻土	潴育紫潮泥肉田	A	0—20	灰紫色	壤土	细块状	5.5	25.6	1.85	0.51	15.8	河流冲积物	E 107°25′03.8″ N 22°05′39.6″	91
						P	20—27	棕灰色	壤土	细块状	6.5	18.5	1.42	0.48	14.5			
						W	27—39	黄灰色	壤土	块状	5.5	13.5	1.22	0.44	25.4			
						C	39—100	棕灰色	壤土	块状	5.0	5.0	0.42	0.22	12.4			
剖47	人为土	水稻土	淹育水稻土	紫色岩淹育水稻土	紫泥田	A	0—12	浅紫色	壤土	块状	6.0	23.4	1.31	0.54	18.7	紫色岩	E 107°16′18.2″ N 22°05′01.1″	76
						P	12—20	紫色	壤土	块状	5.5	14.0	0.82	0.52	18.2			
						B	20—44	紫色	壤土	块状	6.0	14.0	0.61	1.27	20.0			
						C	44—100	灰棕色	砂壤土	块状	6.5	4.7	0.51	0.62	30.7			
剖48	人为土	水稻土	潴育水稻土	洪积性潴育水稻土	洪积潴育砂土田	A	0—16	灰棕色	砂壤土	粒状	6.0	17.4	0.86	0.39	0.3	洪积物	E 107°22′59.0″ N 22°04′43.7″	81
						P	16—24	青灰色	砂壤土	粒状	6.0	11.5	0.61	0.30	2.9			
						W	24—78	棕黄色	砂壤土	棱柱状	5.5	5.8	0.33	0.42	3.7			
						C	78—100	紫黑色	砂壤土	粒柱状	5.5	8.7	0.25	0.33	0.3			
剖49	人为土	潜育水稻土	冷浸田	冷浸田	浅浸田	A	0—16	暗棕色	壤土	粒状	5.0	26.5	1.16	0.59	12.4	砂页岩	E 107°21′24.5″ N 22°03′38.5″	85
						G_1	16—28	蓝灰色	壤土	块状	6.0	33.3	1.23	0.48	12.3			
						G_2	28—72	浅蓝灰色	壤土	块状	5.5	22.1	1.11	0.34	5.5			
						C	72—100	浅棕色	砂壤土	块状	5.0	12.2	1.21	0.22	4.2			
剖50	人为土	水稻土	潴育水稻土	紫色岩潴育水稻土	潴育紫泥田	A	0—17	紫棕色	壤土	粒状	6.0	25.2	1.31	0.43	16.5	紫色岩	E 107°15′55.1″ N 22°03′19.3″	82
						P	17—23	棕紫色	壤土	块状	6.5	16.5	0.87	0.41	15.4			
						W	23—75	棕棕色	壤土	块状	7.0	6.3	0.34	0.32	15.1			
						C	75—100	紫棕色	壤土	块状	7.0	5.5	0.30	0.32	14.5			
剖51	人为土	潜育水稻土	冷浸田	深浸田	A	0—15	暗灰棕色	壤土	块状	6.0	33.3	1.34	0.56	4.3	砂页岩	E 107°34′45.5″ N 22°07′27.5″	77
						G_1	15—23	暗灰蓝色	壤土	小块状	6.5	28.3	1.11	0.44	3.6			
						G_2	23—100	蓝灰色	砂壤土	棱柱状	6.5	92.8	2.80	0.45	5.3			
剖52	人为土	水稻土	潴育水稻土	砂页岩潴育水稻土	潴育砂土田	A	0—12	浅灰色	砂壤土	粒状	6.5	21.2	1.11	0.46	11.9	砂页岩	E 107°35′23.2″ N 22°06′01.0″	89
						P	12—15	浅灰色	砂壤土	小块状	6.5	14.0	0.77	0.41	10.9			
						W	15—26	暗黄棕色	砂壤土	棱柱状	7.0	5.8	0.39	0.51	11.1			
						C	26—100	灰暗红色	壤土	块状	6.0	4.5	0.35	0.42	10.6			

续表 Continued

剖面号 Soil profile	土纲 Soil order	土类 Soil great group	亚类 Soil subgroup	土属 Soil genus	土种 Soil species	土层码 Layer code	土层厚度 Depth/ cm	颜色 Soil color	质地 Soil texture	土壤结构 Soil structure	pH	有机质 OM/ (g/kg)	全氮 TN/ (g/kg)	全磷 TP/ (g/kg)	全钾 TK/ (g/kg)	土壤母质 Parent material	剖面点坐标 Profile coordinate	匹配指数 Matching index/%
剖53	人为土	水稻土	淹育水稻土	砂页岩淹育水稻土	壤土田	A	0—13	灰黄色	壤土	小块状	6.0	27.9	1.66	0.95	9.7	砂页岩	E 107°33′00.8″ N 22°05′34.3″	95
						P	13—18	暗灰棕色	壤土	块状	6.0	26.5	1.61	0.94	11.0			
						C	18—100	灰棕色	黏壤土	小块状	5.5	7.9	0.77	0.90	13.7			
剖54	人为土	水稻土	淹育水稻土	冲积性淹育水稻土	薄潮砂泥田	A	0—17	灰黄棕色	壤土	块状	5.5	19.3	1.04	0.36	14.8	河流冲积物	E 107°38′19.7″ N 22°04′43.3″	90
						P	17—28	棕灰色	壤土	块状	6.0	5.6	0.33	0.34	4.5			
						C	28—100	浅棕红色	壤土	块状	5.5	4.4	0.31	0.34	9.1			
剖55	人为土	水稻土	潴育水稻土	紫色岩潴育水稻土	潴育紫砂田	A	0—13	灰紫色	壤土	团粒状	5.5	16.8	0.92	0.38	9.5	砂页岩	E 107°32′33.0″ N 22°03′46.4″	72
						P	13—17	灰紫色	壤土	块状	5.5	12.7	0.70	0.34	9.3			
						W	17—31	棕紫色	砂壤土	核柱状	6.0	4.9	0.36	0.31	9.6			
						C	31—100	棕紫色	砂壤土	块状	6.0	5.1	0.33	0.36	10.4			
剖56	人为土	水稻土	潴育水稻土	潴底田	浅潜底田	A	0—18	青灰色	黏壤土	块状	5.5	25.3	1.32	0.40	15.7		E 107°34′01.9″ N 22°03′36.6″	71
						G	18—100	褐色	黏壤土	块状	5.5	25.5	1.09	0.39	14.8			
剖57	人为土	水稻土	潴育水稻土	潜底田	深潜底田	A	0—14	棕灰色	黏土	小块状	5.5	31.4	1.14	0.49	12.4		E 107°30′11.5″ N 22°03′09.7″	74
						P	14—21	浅黄绿色	黏土	块状	5.5	12.9	0.71	0.39	5.4			
						G_1	21—50	青灰色	重黏土	块状	6.5	7.8	0.44	0.38	6.6			
						G_2	50—100	青灰色	黏土	粒状	6.5	24.1	1.22	0.53	5.2			
剖58	人为土	水稻土	潜育水稻土	潜底田	中潜底田	A	0—20	棕灰色	黏壤土	块状	5.5	26.2	1.42	0.41	12.5		E 107°36′09.8″ N 22°02′37.1″	82
						P	20—35	青蓝灰色	黏壤土	块状	6.5	13.1	1.10	0.31	11.2			
						G	35—100	浅灰色	黏壤土	块状	6.0	8.6	1.13	0.42	5.8			
剖59	人为土	水稻土	淹育水稻土	紫色岩淹育水稻土	紫砂田	A	0—15	紫色	砂壤土	碎块状	6.0	15.2	0.89	0.55	8.0	紫色岩	E 107°03′28.9″ N 21°59′13.3″	90
						P	15—20	紫色	砂壤土	块状	6.0	9.6	0.57	0.54	7.4			
						C	20—100	暗紫色	砂壤土	块状	6.5	3.9	0.33	0.50	9.2			
剖60	初育土	紫色土	酸性紫色土	页岩酸性紫色土	厚层酸性紫黏土	A	0—28	灰棕色	黏土	块状	5.5	28.4	1.24	3.21	4.4	页岩	E 107°01′05.9″ N 21°57′11.9″	89
						C_1	28—90	紫棕色	黏土	块状	4.0	20.4	0.84	2.11	3.2			
						C_2	90—100	暗紫色	黏土	块状	6.0	10.3	0.42	1.14	2.3			
剖61	人为土	水稻土	潴育水稻土	砂页岩潴育水稻土	潴育油砂田	A	0—16	暗黄棕色	砂壤土	块状	5.5	16.0	0.84	0.44	12.4	砂页岩	E 107°07′30.7″ N 21°54′18.4″	79
						P	16—22	灰黄棕色	砂壤土	核柱状	7.0	9.3	0.45	0.35	11.0			
						W	22—41	暗黄棕色	砂壤土	块状	7.0	5.2	0.33	0.32	12.0			
						C	41—100	暗黄棕色	砂壤土	块状	6.5	5.7	0.30	0.35	11.4			
剖62	人为土	水稻土	潴育水稻土	洪积性潴育水稻土	洪积潴育砂泥田	A	0—12	灰棕色	壤土	块状	5.5	18.9	1.07	0.60	13.7	洪积物	E 107°14′51.6″ N 21°50′07.9″	77
						P	12—17	灰棕色	壤土	块状	6.5	10.9	0.67	0.60	13.7			
						W	17—38	棕黄色	壤土	块状	6.5	5.6	0.38	0.50	14.4			
						C	38—100	棕黄色	壤土	块状	6.8	2.5	0.15	0.39	6.6			
剖63	人为土	水稻土	潜育水稻土	冷底田	冷底田	A	0—15	暗棕灰色	黏壤土	粒状	5.0	90.3	3.60	0.57	13.4		E 107°21′51.1″ N 21°57′58.3″	96
						P	15—22	棕灰色	黏壤土	块状	5.5	106.7	3.87	0.57	15.1			
						G	22—50	蓝灰色	黏壤土	块状	6.0	90.4	3.29	0.59	14.9			
						C	50—100	灰黄色	黏壤土	块状	6.0	54.5	2.18	0.49	15.6			
剖64	初育土	紫色土	酸性紫色土	砂页岩酸性紫色土	厚层酸性紫泥土	A	0—15	灰紫色	壤土	团粒状	5.0	28.6	1.41	2.61	3.1	砂页岩	E 107°31′00.1″ N 21°56′49.6″	74
						B	15—63	紫紫色	壤土	块状	4.5	27.4	1.21	3.12	3.2			
						C	63—100	紫红色	壤土	块状	4.0	12.4	0.61	1.34	2.1			
剖65	初育土	紫色土	酸性紫色土	砂岩酸性紫色土	厚层酸性紫砂土	A	0—23	紫色	砂壤土	粒状	5.0	32.8	0.44	0.21	1.5	砂岩	E 107°30′36.4″ N 21°43′48.7″	84
						B	23—33	紫色	砂壤土	粒状	4.5	26.6	0.21	0.64	1.2			
						C	33—100	紫色	砂壤土	粒状	4.5	13.2	0.41	0.22	1.0			

龙 州 县

主要土类说明

石灰（岩）土是龙州县主要土壤类型，占本县地域面积的 61%。石灰（岩）土发生于本县石灰岩山区，是石灰岩经溶蚀风化，形成的厚薄不同的钙质饱和或含游离钙质的土壤，多见于石隙、溶洞或峰丛底部。该土壤碳酸钙淋溶程度不一，多黏土，多为铁钙质胶结物，风化程度不一，盐基饱和度高，有机质含量及胶结状态有较大差异。本县石灰（岩）土分为黑色石灰土、棕色石灰土等亚类。

赤红壤是龙州县第二大土壤类型，占本县地域面积的 24%。赤红壤主要发生于南亚热带季雨林下，其脱硅富铝化程度仅次于砖红壤，强于红壤。铁的游离度介于二者之间，黏粒硅铝率为 1.7—2.0，风化淋溶系数为 0.05—0.15，盐基饱和度为 15%—25%，pH 为 4.5—5.5。淀积层（B层）富含铁铝氧化物，呈赤红色。本县赤红壤只有赤红壤一个亚类。

水稻土是龙州县第三大土壤类型，占本县地域面积的 11%。水稻土是在长期季节性淹灌、水下翻耕、季节性脱水、氧化还原交替影响下，原来成土母质或母土的特性发生重大改变，形成的新的土壤类型。由于干湿交替，水稻土形成糊状淹育层、较坚实板结的犁底层、渗育层、潴育层与潜育层等多种发生层。这些不同发生层段是在人为耕作、水浆管理下形成的。按水型、水质的不同，本县水稻土分为淹育型、潴育型、潜育型、沼泽型、渗育型、盐渍型和矿毒型等亚类。

小于本县地域面积 3% 的土壤类型还有新积土、紫色土、红壤和黄壤等。

本区域中心区气候特征

本区域中心区气候特征值
Regional climate characteristics in central area of the region

气候带：南亚热带湿润气候 Climate region: South subtropical humid climate	
年平均气温 /℃ Annual average temperature /℃	22.2
年平均最高气温 /℃ Annual average maximum temperature /℃	27.2
年平均最低气温 /℃ Annual average minimum temperature /℃	18.9
年降水量 /mm Annual precipitation /mm	1282
≥10℃的积温 /℃ Daily temperature accumulated in a year (≥10℃) /℃	8101
年日照时数 /h Annual sunshine /h	1595
年平均相对湿度 /% Annual average relative humidity /%	80
干燥度 Dryness	1.01

龙州县主要土壤类型与土壤剖面点分布图
1:340 000

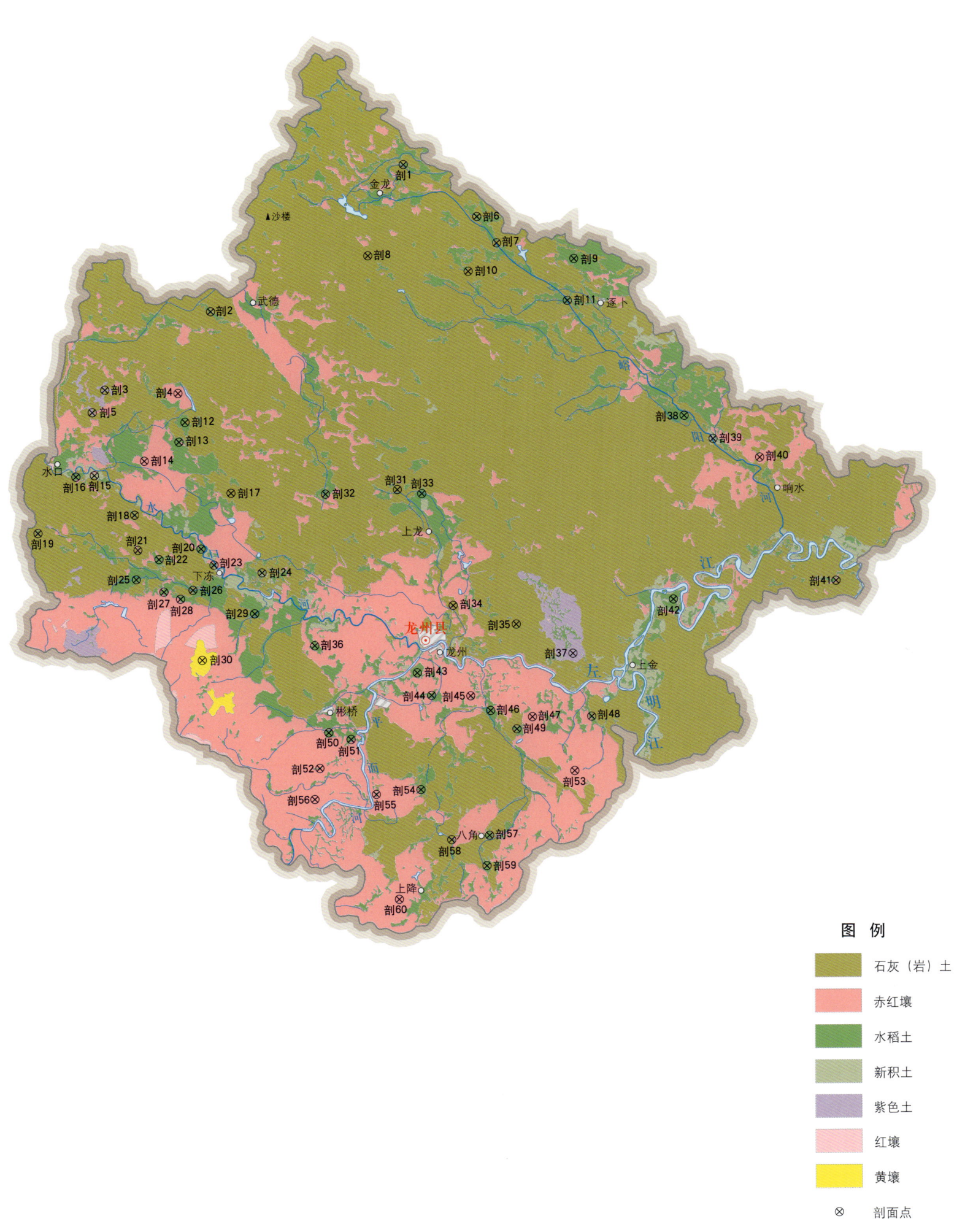

图 例

- 石灰（岩）土
- 赤红壤
- 水稻土
- 新积土
- 紫色土
- 红壤
- 黄壤
- ⊗ 剖面点

龙州县土壤剖面理化性状表

剖面号	土纲	土类	亚类	土属	土种	土层码	土层厚度/cm	颜色	质地	土壤结构	pH	有机质 OM/(g/kg)	全氮 TN/(g/kg)	全磷 TP/(g/kg)	全钾 TK/(g/kg)	阳离子交换量CEC/(cmol/kg)	土壤母质	剖面点坐标	匹配指数/%
剖1	人为土	水稻土	淹育水稻土	红土质淹育水稻土	铁子底田	A	0—12	暗灰色	重壤土	粒状	7.5						红土	E 106°50′13.9″ N 22°40′02.6″	93
						P	12—18	浅灰色	重壤土	粒状	7.0								
						C	18—100	橙色	轻黏土	粒状	6.0								
剖2	人为土	水稻土	盐渍水稻土	碳酸盐渍性水稻土	钢巴底田	A	0—14	棕黄色	轻黏土	块状	8.0							E 106°41′41.3″ N 22°34′11.3″	78
						P	14—19	棕灰色	轻黏土	块状	8.0								
						B	19—66	黑灰色	重黏土	块状	8.5								
						C	66—100	红黄色	重黏土	块状	8.5								
剖3	初育土	紫色土	酸性紫色土	砂页岩酸性紫色土	厚层酸性紫泥土	A	0—23	棕灰色	中壤土		6.2	36.0	1.26	0.22	6.5		砂页岩	E 106°37′00.5″ N 22°31′03.7″	81
						B	23—120	黄紫色	中壤土		6.2	9.0		0.60	5.4				
剖4	铁铝土	赤红壤	赤红壤	页岩赤红壤	中层页岩赤红壤	A	0—15	黄红色	重壤土	块状	5.2	17.4	0.83	0.33	1.0		页岩	E 106°40′12.4″ N 22°30′53.6″	74
						B	15—40	棕红色	中壤土	块状	5.9	5.4		0.41	0.8				
						C	40—100	棕红色	中壤土	块状	5.9								
剖5	初育土	紫色土	酸性紫色土	砂页岩酸性紫色土	中层酸性紫色土	A	0—16	灰紫色	重壤土	粒状	6.6	27.7	1.28	0.10	2.6		砂页岩	E 106°36′26.3″ N 22°30′09.7″	97
						B	16—104	棕紫色	中壤土	粒状	5.4	5.1	0.37	0.24	9.0				
剖6	人为土	水稻土	盐渍水稻土	碳酸盐渍性水稻土	石灰性多铁子田	A	0—13	棕灰色	中壤土	粒状	8.0							E 106°53′24.7″ N 22°37′54.8″	87
						P	13—20	棕色	中壤土	块状	8.0								
						C	20—100	棕黄色	中壤土		7.5								
剖7	初育土	石灰(岩)土	棕色石灰土	耕型棕色石灰土	埋藏黑棕泥土	A	0—18	浅灰色	壤土	块状	7.5							E 106°54′15.8″ N 22°36′49.7″	74
						B	18—50	黑灰色	壤土	柱状	7.5								
						C	50—100	棕黄色	黏壤土	块状	7.5								
剖8	初育土	石灰(岩)土	棕色石灰土	耕型棕色石灰土	砾质棕泥土	A	0—14	灰棕色	轻黏土	块状	7.3	27.0	1.91	0.75	10.7			E 106°48′36.7″ N 22°36′22.7″	79
						B	14—30	浅黄色	轻黏土	块状	7.5	11.0	1.09	0.50	9.8				
						C	30—100	浅黄色	轻黏土	块状	7.5	11.0	1.09	0.53	9.8				
剖9	初育土	石灰(岩)土	盐渍水稻土	碳酸盐渍性水稻土	石灰性潜育田	A	0—23	灰棕色	轻壤土	块状	8.5							E 106°57′37.8″ N 22°36′09.0″	88
						P	23—35	青棕色	中壤土	块状	8.0								
						C	35—100				8.5								
剖10	初育土	石灰(岩)土	棕色石灰土	耕型棕色石灰土	砾质棕泥土	A	0—12	棕灰色	轻壤土	粒状	6.6	27.1	1.57	0.75	9.6			E 106°52′59.5″ N 22°35′41.3″	78
						B	12—34	灰棕色	轻壤土	粒状	6.5	22.1	1.20	0.71	1.4				
						C	34—100	棕红色	中壤土	粒状	8.2	14.2	0.93	0.71	1.4				
剖11	人为土	水稻土	盐渍水稻土	碳酸盐渍性水稻土	石灰性黄子田	A	0—15	黄棕色	中壤土	块状	8.0							E 106°57′18.7″ N 22°34′26.8″	95
						P	15—20	灰黄色	重黏土	块状	8.0								
						C	20—100	灰棕色	重黏土	粒状	7.5	9.0	0.73	0.19	2.6	7.7			
剖12	人为土	水稻土	淹育水稻土	砂页岩淹育水稻土	壤土田	A	0—15	暗灰色	轻壤土	粒状	7.0	8.0	0.51	0.15	3.8	7.3	砂页岩	E 106°40′29.6″ N 22°29′43.1″	90
						P	15—18	灰棕色	砂壤土	粒状	7.4	5.5	0.59	0.25	4.8	9.1			
						C	18—100	红黄色	中壤土	块状	6.2	7.4	0.53	0.13	2.6				
剖13	人为土	水稻土	淹育水稻土	红土质淹育水稻土	砂质黄泥田	A	0—16	黄灰色	砂壤土	粒状	5.8	7.4	0.48	0.14	2.7		红土	E 106°40′13.1″ N 22°28′55.6″	100
						P	16—20	红黄色	重黏土	块状	6.0	4.9	0.42	0.19	8.5				
						C	20—100	黄灰色	中壤土	粒状	6.0								
剖14	铁铝土	赤红壤	赤红壤	耕型铁砾赤红壤	多铁子土	A	0—20	灰黄色	黏土	粒状	5.5						红土与石灰岩交错	E 106°38′41.3″ N 22°28′10.9″	92
						B	20—30	灰黄色	黏土	粒状	5.5								
						C	30—100												

续表 Continued

剖面号 Soil profile	土纲 Soil order	土类 Soil great group	亚类 Soil subgroup	土属 Soil genus	土种 Soil species	土层码 Layer code	土层厚度 Depth/cm	颜色 Soil color	质地 Soil texture	土壤结构 Soil structure	pH	有机质 OM/(g/kg)	全氮 TN/(g/kg)	全磷 TP/(g/kg)	全钾 TK/(g/kg)	阳离子交换量CEC/(cmol/kg)	土壤母质 Parent material	剖面点坐标 Profile coordinate	匹配指数 Matching index/%
剖15	初育土	新积土	冲积土	耕型酸性潮泥土	酸性潮泥土	A	0–15	灰黄色	中壤土	粒状	6.8	8.0	0.59	0.24	10.7		河流冲积物	E 106°36′29.9″ N 22°27′37.1″	97
						B	15–45	棕黄色	中壤土	块状	6.5	6.0	0.42	0.21	12.4				
						C	45–100	棕黄色	重壤土	块状	6.5	5.0	0.30	0.21	12.4				
剖16	人为土	水稻土	淹育水稻土	冲积性淹育水稻土	薄潮泥田	A	0–15	浅灰色	轻壤土	粒状	6.5						河流冲积物	E 106°35′41.3″ N 22°27′34.2″	81
						P	15–19	黄灰色	中壤土	块状	6.5								
						C	19–100	黄色	中黏土	棱柱状	6.0								
剖17	初育土	石灰(岩)土	黑色石灰土	黑色石灰土	黑色石灰土	A	0–1.5	黑灰色	黏壤土		7.8	88.5	5.62	1.27	2.8			E 106°42′28.1″ N 22°26′49.9″	93
						B	1.5–20	棕黄色	黏壤土		7.8	40.0	2.62	1.40	1.5				
						C	20—												
剖18	人为土	水稻土	淹育水稻土	洪积性淹育水稻土	含砾砂泥田	A	0–10	暗棕色	轻壤土	粒状	6.5						洪积物	E 106°38′13.6″ N 22°25′59.5″	80
						P	10–15	暗棕色	中壤土	粒状	6.5								
						C	15–100	黄棕色	重壤土	块状	7.0								
剖19	人为土	水稻土	淹育水稻土	棕色石灰土淹育水稻土	壤质棕泥田	A	0–18	灰黄色	砂壤土	粒状	6.0						石灰岩风化物	E 106°33′59.4″ N 22°25′17.7″	91
						P	18–21	棕黄色	黏土	块状	7.0								
						C	21–100	红色	黏土	块状	6.5								
剖20	人为土	水稻土	淹育水稻土	红土质淹育水稻土	黄泥田	A	0–16	灰棕色	壤土	粒状	6.0						红土	E 106°41′06.7″ N 22°24′34.5″	71
						P	16–20	浅棕色	壤土	块状	6.5								
						C	20–100	红褐色	中壤土	块状	6.0								
剖21	铁铝土	赤红壤	赤红壤	耕型砂页岩赤红壤	赤壤铁子土	A	0–12	黄棕色	重壤土	粒状	6.5						砂页岩	E 106°38′21.1″ N 22°24′33.5″	84
						B	12–30	棕红色	重壤土	块状	7.0								
						C	30–100	棕红色	中壤土	块状	7.5								
剖22	人为土	水稻土	潴育水稻土	砂页岩潴育水稻土	潴育铁子底	A	0–22	紫棕色	重壤土	粒状	7.5						砂页岩	E 106°33′59.4″ N 22°25′17.7″	96
						P	22–28	棕色	重壤土	块状	7.6								
						W	28–51	黄棕色	轻壤土	粒状	7.0								
						C	51–100	黄棕色	中壤土	粒状	7.5								
剖23	人为土	水稻土	淹育水稻土	红土质淹育水稻土	薄砂黄泥田	A	0–13	黄棕色	重壤土	块状	5.5	29.4	1.92	0.16	8.4	8.5	红土	E 106°39′16.2″ N 22°24′10.4″	92
						P	13–20	灰棕色	重壤土	块状	7.3	24.4	1.67	0.19	8.2				
						B	20–34	黄棕色	中壤土	块状	7.6	5.3	0.79	0.14	6.8				
						C	34–100	棕色	中壤土	粒状	7.4	3.0	0.23	0.60	8.0				
剖24	人为土	水稻土	沼泽型水稻土	埋藏黑泥田	深埋黑泥田	A	0–14	暗棕色	轻壤土	粒状	7.0						砂页岩	E 106°41′39.9″ N 22°23′54.7″	71
						P	14–22	浅灰色	中壤土	块状	7.0								
						D	22–80	灰黑色	重壤土	块状	7.5								
						C	80–100	黑色	重壤土	粒状	6.0								
剖25	人为土	水稻土	潴育水稻土	砂页岩潴育水稻土	潴育砂黄泥田	A	0–15	黄棕色	中壤土	块状	6.0						砂页岩	E 106°38′16.1″ N 22°23′21.5″	71
						P	15–21	灰棕色	中壤土	块状	6.0								
						W	21–35	黄棕色	中壤土	粒状	6.0								
						C	35–100	棕色	轻壤土	块状	6.5								
剖26	人为土	水稻土	潴育水稻土	花岗岩潴育水稻土	潴育杂砂泥肉田	A	0–14	灰棕色	中壤土	块状	6.0						花岗岩	E 106°43′46.0″ N 22°23′53.8″	85
						P	14–19	灰黄色	中壤土	块状	6.5								
						W	19–47	灰棕色	中壤土	块状	6.5								
						C	47–100	灰棕色	中壤土	块状	6.5								
剖27	人为土	水稻土	渗育水稻土	白胶泥田	浅渗白胶泥田	A	0–15	灰棕色	轻黏土	块状	5.5	30.1	1.73	0.27	8.9	16.1		E 106°39′28.1″ N 22°22′50.2″	98
						C	0–13	浅黄色	壤土	块状	6.0								
剖28	人为土	水稻土	渗育水稻土	白胶泥田	白胶泥田	A	13–100	灰白色	中壤土	块状	6.0							E 106°40′10.9″ N 22°22′32.5″	71

续表 Continued

剖面号 Soil profile	土纲 Soil order	土类 Soil great group	亚类 Soil subgroup	土属 Soil genus	土种 Soil species	土层码 Layer code	土层厚度 Depth/cm	颜色 Soil color	质地 Soil texture	土壤结构 Soil structure	pH	有机质 OM/(g/kg)	全氮 TN/(g/kg)	全磷 TP/(g/kg)	全钾 TK/(g/kg)	阳离子交换量CEC/(cmol/kg)	土壤母质 Parent material	剖面点坐标 Profile coordinate	匹配指数 Matching index/%
剖29	人为土	水稻土	淹育水稻土	花岗岩淹育水稻土	杂砂田	A	0—14	灰色	中壤土	粒状	5.1	17.0	0.97	0.14	5.2	4.9	花岗岩	E 106°43′25.3″ N 22°21′54.7″	84
						P	14—18	灰色	重壤土	粒状	7.1	7.2	0.45	0.19	4.1	7.3			
						B	18—40	黄灰色	中壤土	粒状	6.2	7.2	0.28	0.19	4.1	7.4			
						C	40—100	黄绿色	重壤土		6.2	4.8	0.27	0.17	4.1	7.2			
剖30	铁铝土	黄壤		花岗岩黄壤	中层花岗岩黄壤	A	0—20	灰黄色	中壤土		5.4	75.2	3.23	0.75	3.0		花岗岩	E 106°41′05.6″ N 22°20′03.5″	72
						B	20—50	黄黄色			6.0	9.5		0.57	2.9				
						C	50—												
剖31	初育土	石灰（岩）土	黑色石灰土	黑色石灰土	淋溶黑色石灰土	A	0—17	灰黑色	重壤土	块状	7.2							E 106°49′45.1″ N 22°26′52.8″	90
						B	17—45	暗黑色	重壤土	块状	7.0								
						C	45—												
剖32	人为土	水稻土	盐渍水稻土	碳酸盐渍性水稻土	石灰性板结田	A	0—14	暗黄色	重黏土	粒状	7.8	11.8	1.40	0.39	9.5			E 106°46′36.1″ N 22°26′44.2″	98
						P	14—18	暗黄色	轻黏土	粒状	7.9	11.6	1.06	0.82	9.0				
						C	18—100	浅黄色	轻黏土	粒状	8.0	10.6	0.89	0.28	8.0				
剖33	人为土	水稻土	盐渍水稻土	碳酸盐渍性水稻土	石灰性铁磐底田	A	0—14	棕灰色	壤土	少块状	8.0							E 106°50′48.5″ N 22°26′42.4″	89
						B	14—26	暗黄色	中壤土	块状	8.0								
							26—32				8.0								
						C	32—100	棕黄色	中壤土	块状	8.0								
剖34	初育土	石灰（岩）土	棕色石灰土	耕型棕色石灰土	含砂棕泥土	A	0—16	棕色	轻壤土	块状	6.5							E 106°52′06.2″ N 22°22′08.0″	72
						B	16—34	浅红色	轻壤土		6.5								
						C	34—100	浅红色	轻壤土	块状	6.5								
剖35	初育土	石灰（岩）土	棕色石灰土	棕色石灰土	棕色石灰土	A	0—6	棕色	中壤土	块状	7.3	84.8	8.42	1.69	6.1			E 106°54′51.0″ N 22°21′20.2″	83
						B	6—50	棕灰色	中壤土	块状	6.4	44.4	1.49	0.26	4.9				
						C	50—												
剖36	人为土	水稻土	淹育水稻土	红土质淹育水稻土	铁子田	A	0—14	灰黄色	重壤土	块状	6.5	21.2	1.41	0.49	10.7		红土	E 106°46′01.6″ N 22°20′35.2″	80
						P	14—18	灰黄色	轻壤土	块状	6.5	14.5	1.14	0.48	1.7				
						C	18—100	红黄色	轻黏土	块状	8.0	3.5	0.74	0.06	13.2				
剖37	初育土	紫色土	石灰性紫色土	砂岩石灰性紫色土	薄层石灰性紫砂土	A	0—10	褐紫色	砂壤土	块状	8.0	19.0	0.79	0.24	15.7		砂岩	E 106°57′18.0″ N 22°20′07.4″	97
						B	10—27	棕紫色	砂壤土	块状	8.0	16.5		0.31	15.8				
						C	27—												
剖38	人为土	水稻土	盐渍水稻土	碳酸盐渍性水稻土	石灰性田	A	0—14	灰棕色	中壤土	块状	7.6	37.0	2.09	0.78	2.0			E 107°02′20.4″ N 22°29′42.4″	90
						B	14—24	灰棕色	重壤土	块状	7.7	21.0	1.76		0.9				
						C	24—100	浅黄色	黏土	块状	7.9	5.0	0.41	0.49	0.9				
剖39	新积土	冲积土	冲积土	石灰性潮泥土	石灰性潮泥土	A	0—12	棕灰色	轻黏土	块状	8.0	22.0	1.11	0.23	7.3		河流冲积物	E 107°03′34.6″ N 22°28′45.1″	91
						B	12—43	暗黄色	轻黏土	块状	8.0	22.0	1.10	0.22	7.0				
						C	43—100	暗黄色	轻黏土	块状	8.0	23.0	1.21	0.30	8.8				
剖40	铁铝土	赤红壤	赤红壤	耕型第四纪红土红壤	赤红土	A	0—20	浅黄红色	重黏土	块状	5.5	30.0	1.83	0.59	4.6	16.4	红土	E 107°05′36.6″ N 22°27′58.0″	81
						B	20—34	棕黄色	重黏土	块状	5.0	20.0	1.30	0.50	4.4				
						C	34—100	棕黄色	重黏土	块状	4.4	14.0	0.82	0.50	4.4				
剖41	铁铝土	赤红壤	赤红壤	耕型第四纪红土红壤	薄砂赤红土	A	0—12	灰黄色	重壤土	块状	4.5					13.5	红土	E 107°08′51.4″ N 22°22′54.8″	79
						B	12—28	黄黄色	重壤土	块状	4.5	7.4	0.65	0.17	17.0				
						C	28—100	黄灰色	黏土	块状	4.0								
剖42	人为土	水稻土	潴育水稻土	冲积性潴育水稻土	潴育潮泥田	A	0—18	黄灰色	轻黏土	大块状	5.3					13.9	河流冲积物	E 107°01′44.1″ N 22°22′15.7″	100
						P	18—21	暗灰色	中黏土	小块状	5.7	8.0							

续表 Continued

剖面号 Soil profile	土纲 Soil order	土类 Soil great group	亚类 Soil subgroup	土属 Soil genus	土种 Soil species	土层码 Layer code	土层厚度 Depth/cm	颜色 Soil color	质地 Soil texture	土壤结构 Soil structure	pH	有机质 OM/(g/kg)	全氮 TN/(g/kg)	全磷 TP/(g/kg)	全钾 TK/(g/kg)	阳离子交换量CEC/(cmol/kg)	土壤母质 Parent material	剖面点坐标 Profile coordinate	匹配指数 Matching index/%
剖43	人为土	水稻土	潴育水稻土	红土质潴育水稻土	潴育黄泥田	A	0—15	棕灰色	重壤土	块状	5.5	19.6	1.22	0.20	5.2		红土	E 106°50′29.3″ N 22°19′26.0″	81
						P	15—19	棕灰色	中壤土	块状	5.3	9.0	0.65	0.91	3.7				
						W	19—25	灰黄色	中壤土	块状	5.7	5.9	0.41	0.20	3.8				
						WC	25—44	灰棕色	重壤土	块状	6.3	4.3	0.33	2.20	0.5				
						C	44—100	黄色	轻壤土	块状	6.6	4.0	0.37	0.15	7.4				
剖44	人为土	水稻土	潴育水稻土	红土质潴育水稻土	潴育铁子底田	A	0—14	棕灰色	轻黏土	块状	6.0						红土	E 106°51′05.8″ N 22°18′30.6″	78
						P	14—19	灰棕色	轻黏土	块状	6.5								
						W	19—30	灰棕色	轻黏土	块状	6.5								
						C	30—100	灰棕色	轻黏土	块状	6.5					10.1			
剖45	铁铝土	赤红壤	赤红壤	耕型铁砾赤红壤	铁子底土	A	0—15	黄灰色	壤土	块状	6.5							E 106°52′48.5″ N 22°18′28.1″	73
						B	15—30	浅黄色	壤土	块状	7.0								
						C	30—100	黄灰色	重黏土	块状	7.3								
剖46	人为土	水稻土	潴育水稻土	棕色石灰土潴育水稻土	潴育棕泥田	A	0—19	棕灰色	中壤土	小团粒状	6.5						石灰岩风化物	E 106°53′40.2″ N 22°17′52.1″	96
						P	19—28	黄灰色	中壤土	块状	7.0								
						W	28—47	红黄色	重黏土		7.8								
						C	47—100													
剖47	铁铝土	赤红壤	赤红壤	砂页岩赤红壤	中层砂页岩赤红壤	A	0—15	浅红色	壤土	块状	6.7	19.6	1.00	0.20	12.4		砂页岩	E 106°55′28.9″ N 22°17′35.2″	76
						B	15—70	灰灰色	壤土		6.7	12.6		0.19					
剖48	人为土	水稻土	盐渍水稻土	碳酸盐渍性水稻土	石灰性黑泥	A	0—14	灰黑色	轻壤土	块状	8.0							E 106°58′04.4″ N 22°17′34.4″	100
						P	14—18	黄黑色	壤土	块状	8.0								
						C	18—100	暗棕色	轻黏土	块状	8.0								
剖49	人为土	水稻土	潴育水稻土	棕色石灰土潴育水稻土	潴育棕泥田	A	0—18	浅棕色	中黏土	小团粒状	6.5						石灰岩风化物	E 106°54′47.9″ N 22°17′06.4″	75
						P	18—23	黄灰色	中黏土	块状	7.0								
						W	23—36	灰黄色	重黏土	块柱状	7.5								
						C	36—100	灰棕色	重黏土	块柱状	7.0								
剖50	人为土	水稻土	潴育水稻土	红土质潴育水稻土	铁磐底田	A	0—16	灰棕色	轻黏土	粒状	6.0						红土	E 106°46′34.7″ N 22°17′03.8″	94
						B	16—21	棕色	轻黏土	块状	6.5								
						C	21—40	灰棕色	重黏土	棱柱状	6.5								
							40—100	褐棕色	中壤土	棱柱状	6.5								
剖51	人为土	水稻土	淹育水稻土	冲积性淹育水稻土	潮泥田	A	0—19	浅棕色	中壤土	碎块状	7.4	18.0	1.03	0.17	10.5		河流冲积物	E 106°47′33.0″ N 22°16′46.9″	81
						P	19—25	暗棕色	中壤土	块状	7.6	7.0	0.65	7.70					
						C	25—100	暗棕色	砂壤土	块状	5.5	9.0	0.49	0.16	9.0				
剖52	人为土	水稻土	淹育水稻土	冲积性淹育水稻土	薄潮砂田	A	0—13	浅棕色	中壤土	块状	5.5						河流冲积物	E 106°46′10.2″ N 22°15′37.4″	82
						P	13—16	黄棕色	中壤土	块状	5.5								
						C	16—100	黄棕色	中壤土	块状	5.0								
剖53	铁铝土	赤红壤	赤红壤	花岗岩赤红壤	薄层花岗岩赤红壤	A	0—8	浅红色	砂壤土	粒状	6.0	17.5	0.53	0.15	25.1		花岗岩	E 106°57′17.5″ N 22°15′22.8″	73
						B	8—60	黄红色	中壤土	粒状	6.0	10.0	0.30	0.15	25.6				
						G	60—			粒状									
剖54	人为土	水稻土	淹育水稻土	冲积性淹育水稻土	潮砂田	A	0—13	灰白色	砂壤土	小块状	5.5						河流冲积物	E 106°50′33.5″ N 22°14′41.9″	77
						P	13—16	深灰色	砂壤土	小块状	7.0								
						C	16—100	深黄色	黏壤土	大块状									
剖55	人为土	水稻土	潴育水稻土	冲积性潴育水稻土	潴育潮砂田	A	0—18	灰黄色	砂壤土	小块状	5.5						河流冲积物	E 106°48′37.1″ N 22°14′31.6″	94
						P	18—23	黄黄色	砂壤土	大块状	5.0								
						W	23—43				5.0								
						C	43—100	红棕色	黏壤土		5.0								

续表 Continued

剖面号 Soil profile	土纲 Soil order	土类 Soil great group	亚类 Soil subgroup	土属 Soil genus	土种 Soil species	土层码 Layer code	土层厚度 Depth/cm	颜色 Soil color	质地 Soil texture	土壤结构 Soil structure	pH	有机质 OM/(g/kg)	全氮 TN/(g/kg)	全磷 TP/(g/kg)	全钾 TK/(g/kg)	阳离子交换量CEC/(cmol/kg)	土壤母质 Parent material	剖面点坐标 Profile coordinate	匹配指数 Matching index/%
剖56	铁铝土	赤红壤	赤红壤	砂页岩赤红壤	厚层砂页岩赤红壤	1	0—18	浅红色	轻壤土		6.3	21.9	1.24	0.23	14.9		砂页岩	E 106°45′55.4″ N 22°14′21.1″	81
						2	18—107	黄红色	中壤土		4.6	10.9	0.50	0.25	15.0				
剖57	人为土	淹育水稻土	砂页岩淹育水稻土	砂土田		A	0—14	棕灰色	轻壤土	粒状	7.0						砂页岩	E 106°53′32.8″ N 22°12′46.4″	99
						P	14—20	灰黄色	轻壤土	碎块状	7.0								
						C	20—100	黄色	黏壤土	块状	6.5								
剖58	初育土	石灰(岩)土	棕色石灰土	耕型棕色石灰土	石灰牲土	A	0—18	黄灰色	重壤土	梭柱状	7.9	23.2	1.67	0.27	7.1			E 106°51′51.8″ N 22°12′37.4″	94
						B	18—30	棕色	重壤土	块状	8.0	15.2	1.25	0.24	6.9				
						C	30—100	棕色	重壤土	块状	8.0	11.2	0.98	0.24	6.9				
剖59	人为土	水稻土	潜育水稻土	冷浸田	浅浸田	A	0—17	灰棕色	轻壤土	粒状	7.5							E 106°53′23.6″ N 22°11′32.3″	96
						Pg	17—21	灰棕色	轻黏土	块状	7.5								
						Cg	21—40	灰棕色	轻黏土	块状	7.5								
						C	40—100	灰棕色	轻黏土	粒状	7.5								
剖60	铁铝土	赤红壤	赤红壤	第四纪红土赤红壤	红土赤红壤	A	0—18	黄红色	轻黏土	块状	5.0	27.0	1.20	0.28	3.8	63.0	红土	E 106°49′32.5″ N 22°10′13.8″	97
						B	18—100	红色	轻黏土	块状	5.5	18.0	0.89	0.24	4.6	11.4			

大 新 县

主要土类说明

石灰（岩）土是大新县主要土壤类型，占本县地域面积的 54%。石灰（岩）土发生于热带、亚热带石灰岩山区，是石灰岩经溶蚀风化，形成的厚薄不同的钙质饱和或含游离钙质的土壤，多见于石隙、溶洞或峰丛底部。该土壤碳酸钙淋溶程度不一，多黏土，多为铁钙质胶结物，风化程度不一，盐基饱和度高，有机质含量及胶结状态有较大差异。本县石灰（岩）土分为黑色石灰土、棕色石灰土等亚类。

赤红壤是大新县第二大土壤类型，占本县地域面积的 28%。赤红壤主要发生于南亚热带季雨林下，其脱硅富铝化程度仅次于砖红壤，强于红壤。铁的游离度介于二者之间，黏粒硅铝率为 1.7—2.0，风化淋溶系数为 0.05—0.15，盐基饱和度为 15%—25%，pH 为 4.5—5.5。淀积层（B 层）富含铁铝氧化物，呈赤红色。本县赤红壤只有赤红壤一个亚类。

水稻土是大新县第三大土壤类型，占本县地域面积的 12%。水稻土是在长期季节性淹灌、水下翻耕、季节性脱水、氧化还原交替影响下，原来成土母质或母土的特性发生重大改变，形成的新的土壤类型。由于干湿交替，水稻土形成糊状淹育层、较坚实板结的犁底层、渗育层、潴育层与潜育层等多种发生层。这些不同发生层段是在人为耕作、水浆管理下形成的。按水型、水质的不同，本县水稻土分为淹育型、潴育型、潜育型、沼泽型、盐渍型、矿毒型等亚类。

红壤占本县地域面积的 4%。红壤发生于亚热带常绿阔叶林下，呈中度脱硅富铝化特征，具深厚红色土层，在 A-B-C 剖面构型中，淀积层（B 层）底层常见具深厚红、黄、白相间网纹的红色黏土。本县红壤只有黄红壤一个亚类。

小于本县地域面积 3% 的土壤类型还有新积土、潮土和紫色土等。

本区域中心区气候特征

本区域中心区气候特征值
Regional climate characteristics in central area of the region

气候带：南亚热带湿润气候 Climate region: South subtropical humid climate	
年平均气温 /℃ Annual average temperature /℃	22.2
年平均最高气温 /℃ Annual average maximum temperature /℃	27.1
年平均最低气温 /℃ Annual average minimum temperature /℃	18.9
年降水量 /mm Annual precipitation /mm	1288
≥10℃的积温 /℃ Daily temperature accumulated in a year（≥10℃）/℃	8086
年日照时数 /h Annual sunshine /h	1587
年平均相对湿度 /% Annual average relative humidity /%	79
干燥度 Dryness	1.02

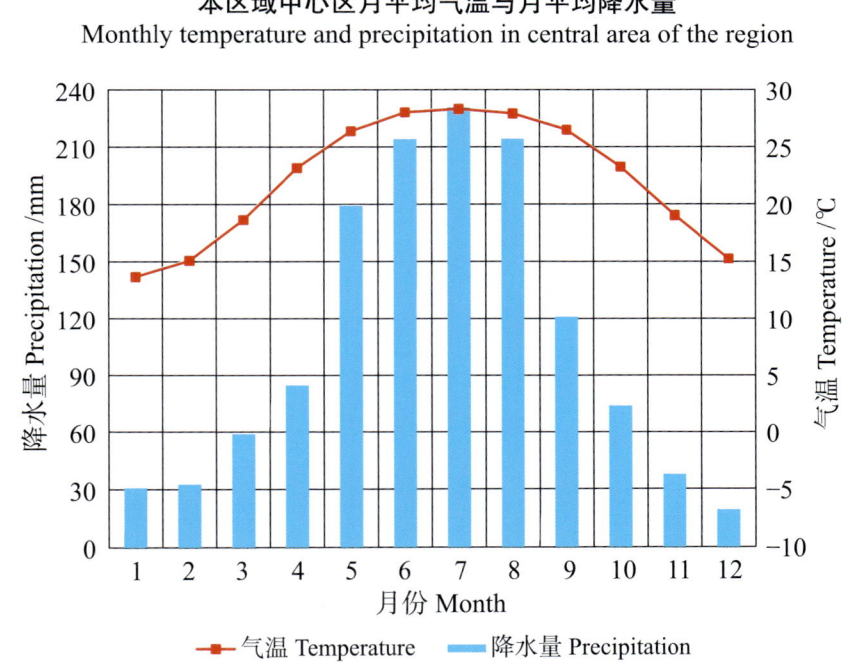

本区域中心区月平均气温与月平均降水量
Monthly temperature and precipitation in central area of the region

大新县主要土壤类型与土壤剖面点分布图
1∶350 000

图 例
石灰（岩）土
赤红壤
水稻土
红壤
新积土
潮土
紫色土
⊗ 剖面点

大新县土壤剖面理化性状表

剖面号 Soil profile	土纲 Soil order	土类 Soil great group	亚类 Soil subgroup	土属 Soil genus	土种 Soil species	土层码 Layer code	土层厚度 Depth/cm	颜色 Soil color	质地 Soil texture	土壤结构 Soil structure	pH	有机质 OM/(g/kg)	全氮 TN/(g/kg)	全磷 TP/(g/kg)	全钾 TK/(g/kg)	阳离子交换量 CEC/(cmol/kg)	土壤母质 Parent material	剖面点坐标 Profile coordinate	匹配指数 Matching index/%
剖1	初育土	石灰（岩）土	棕色石灰土	耕型棕色石灰土	含砂棕泥土	1	0—24	浅棕黄色	砂壤土	碎粒状	6.1	6.8	0.41	1.09	1.6	7.9		E 106°47′13.4″ N 23°00′08.1″	96
						2	24—63	暗棕灰色	中壤土	粒状	6.6	9.0	0.49	1.40	1.5				
						3	63—100	棕色	中壤土	小块状	6.4	6.8	0.47	1.49	2.2	10.9			
剖2	人为土	水稻土	潴育水稻土	潜底田	中潜底田	1	0—16	灰黄棕色	壤土	碎块状	7.0	60.6	3.28	1.71	8.0			E 106°44′29.0″ N 22°55′57.0″	88
						2	16—22	暗黄棕色	壤土	碎块状	7.6	53.0	2.96	1.64	8.8				
						3	22—35	青灰色	重壤土	糊状	6.7	42.9	2.51	1.51	8.8				
						4	35—100	青蓝色	重壤土	糊状	6.1	35.3	2.07	1.21	11.0				
剖3	人为土	水稻土	沼泽型水稻土	烂泥田	烂底田	1	0—19	暗灰棕色	轻黏土	糊状	6.8	55.4	3.26	0.84	2.5			E 106°44′13.2″ N 22°55′12.4″	97
						2	19—23	灰蓝色	中黏土	稀烂状	7.7	43.3	1.80	0.70	2.5				
						3	23—42	青灰色	中黏土	稀烂状	6.7	20.2	1.04	0.78	3.0				
						4	42—100	青灰色		稀烂状	6.5	49.2	0.66	0.69	2.5				
剖4	铁铝土	赤红壤		第四纪红土赤红壤	红土赤红壤	1	0—24	棕色	中壤土	块状	4.7	33.5	1.58	0.96	13.4	9.7	红土	E 106°45′46.8″ N 22°54′48.4″	82
						2	24—	红棕色	中壤土	块状	5.1	13.9	0.97	1.01	13.6	9.5			
剖5	人为土	水稻土	淹育水稻土	砂页岩淹育水稻土	壤土田	1	0—14	灰黄色	中壤土	小粒状	5.3	30.3	1.87	0.32	17.4	7.7	砂页岩风化物	E 106°59′39.2″ N 22°50′03.4″	86
						2	14—21	灰黄色	中壤土	小块状	6.5	19.0	1.34	0.31	17.7				
						3	21—100	浅黄棕色	中壤土	小块状	8.0	3.4	0.42	0.57	26.8				
剖6	人为土	水稻土	潴育水稻土	砂页岩潴育水稻土	潴育砂泥田	1	0—16	灰黄棕色	壤土	碎块状	5.4	36.8	2.30	0.51	10.0	11.5	砂页岩	E 107°07′40.1″ N 22°54′45.4″	71
						2	16—22	暗黄棕色	壤土	块状	8.2	15.9	1.30	0.52	8.6	14.6			
						3	22—42	黄棕色	壤土	柱状	8.1	9.8	0.97	8.60	8.9				
						4	42—100	棕黄色	重壤土	块状	8.1	4.0	0.96	12.00	12.9				
剖7	人为土	水稻土	沼泽型水稻土	炭质黑泥田	黑泥散田	1	0—18	黑色	中壤土	小块状	6.7	82.0	3.90	1.06	3.5			E 107°11′30.1″ N 22°54′02.4″	86
						2	18—50	黑色	中壤土	碎块状	6.5	128.4	5.34	1.05	3.0				
						3	50—100	暗黄棕色	轻壤土	块状	7.3	15.5	0.59	0.41	4.6	10.2			
剖8	人为土	水稻土	淹育水稻土	紫色岩淹育水稻土	紫泥田	1	0—17	紫褐色	中壤土	碎块状	5.5	26.0	1.78	0.36	24.1		紫色岩	E 107°03′07.5″ N 22°51′46.4″	94
						2	17—23	浅紫棕色	重壤土	块状	6.9	17.8	1.26	0.37	27.3				
						3	23—100	暗棕紫色	黏壤土	块状	8.2	2.4	0.34	0.32	30.7				
剖9	人为土	水稻土	潴育水稻土	砂页岩潴育水稻土	潴育砂泥肉田	1	0—17	棕灰色	壤土	碎粒状	5.1	36.4	2.26	0.28	15.4	8.2	砂页岩	E 107°07′16.7″ N 22°51′43.8″	71
						2	17—20	暗黄棕色	中壤土	碎块状	5.5	31.4	1.77	0.24	15.4	7.8			
						3	20—65	浅黄棕色	重壤土	块状	6.9	7.5	0.53	0.24	15.0				
						4	65—100	灰黄棕色	重壤土	块状	5.3	3.8	0.53	0.28	18.0				
剖10	人为土	水稻土	潴育水稻土	砂页岩潴育水稻土	潴育蜡泥田	1	0—17	灰棕色	轻壤土	块状	7.7	28.5	1.86	0.53	20.4	10.0	砂页岩	E 107°17′09.6″ N 22°57′56.4″	73
						2	17—20	灰黄棕色	中壤土	块状	7.8	12.7	1.72	0.48	18.4				
						3	20—53	暗黄棕色	中壤土	棱柱状	7.7	9.7	1.17	0.47	7.7				
						4	53—100	黄棕色	中壤土	块状	7.9	5.6	0.90	0.90	23.4				
剖11	铁铝土	赤红壤		耕型砂页岩赤红壤	含砾赤红壤	1	0—13	棕灰色	轻壤土	粒状	6.6	18.8	1.21	0.83	7.0	9.5	砂页岩	E 107°26′15.1″ N 22°56′49.3″	73
						2	13—44	灰黄棕色		块状	6.5	7.6	0.62	0.57	5.3				
						3	44—100	红棕色		块状	5.4	3.9	0.33	0.68	3.4				
剖12	人为土	水稻土	沼泽型水稻土	埋藏黑泥田	浅埋黑黑田	1	0—13	灰黑色	中壤土	块状	8.2	35.7	2.03	1.37	7.7		砂页岩	E 107°19′41.5″ N 22°54′36.9″	99
						2	24—60	黑色	重壤土	块状	8.2	22.7	1.20	0.94	5.6				
						3	60—100	黄棕色	重壤土	块状	8.2	4.6	0.60	0.77	6.9				

续表 Continued

剖面号 Soil profile	土纲 Soil order	土类 Soil great group	亚类 Soil subgroup	土属 Soil genus	土种 Soil species	土层码 Layer code	土层厚度 Depth/cm	颜色 Soil color	质地 Soil texture	土壤结构 Soil structure	pH	有机质 OM/(g/kg)	全氮 TN/(g/kg)	全磷 TP/(g/kg)	全钾 TK/(g/kg)	阴离子交换量 CEC/(cmol/kg)	土壤母质 Parent material	剖面点坐标 Profile coordinate	匹配指数 Matching index/%
剖13	人为土	水稻土	潴育水稻土	冲积性潴育水稻土	潴育潮沙肉田	1	0–18	棕灰色	壤土	碎粒状	5.9	34.2	2.17	0.47	12.6	12.2		E 107°17′42.6″ N 22°53′11.4″	100
剖14	铁铝土	红壤	黄红壤	砂页岩黄红壤	厚层砂页岩黄红壤	1	0–27	灰棕色	重壤土	小块状	6.3	12.9	1.16	0.33	12.8		砂页岩	E 107°24′01.1″ N 22°50′44.5″	93
						2	27–100	暗黄棕色	重壤土	块状	8.2	2.3	0.60	0.57	15.9	12.4			
						3		暗黄棕色	黏壤土	块状	8.1	2.9	0.59	0.66	16.8				
剖15	人为土	水稻土	淹育水稻土	冲积性淹育水稻土	薄潮砂泥田	1	0–16	棕色	壤土	片状	4.9	34.2	1.61	0.58	23.1	12.4		E 106°57′35.5″ N 22°45′55.3″	95
						2	16–20	黄色	重壤土	碎块状	5.3	12.2	1.01	0.43	26.9	10.2			
						3	20–100	黄灰色	砂壤土	小块状	6.0	31.4	2.15	0.45	18.7	7.7			
剖16	人为土	水稻土	淹育水稻土	冲积性淹育水稻土	薄潮泥田	1	0–16	黄灰色	砂壤土	块状	7.4	10.6	0.92	0.40	19.1			E 106°59′01.6″ N 22°44′54.2″	89
						2	16–27	黄棕色	黏壤土	块状	7.5	6.0	0.71	0.26	20.2				
						3	27–46	棕灰色	壤土	碎块状	8.0	35.6	2.02	0.50	8.9				
剖17	人为土	水稻土	潜育水稻土	冷浸田	浅浸田	1	0–17	灰黄棕色	重壤土	小块状	8.1	32.1	1.81	0.42	8.3			E 107°12′06.1″ N 22°49′12.4″	77
						2	17–31	青灰色	中壤土	块状	8.2	4.9	0.44	0.25	8.0				
						3	31–	灰棕色	黏土	块状	8.3	82.9	4.34	1.71	12.7				
剖18	人为土	水稻土	淹育水稻土	棕色石灰岩淹育水稻土	薄砂棕泥田	1	0–14	灰棕色	黏壤土	小块状	8.0	68.1	3.59	1.08	12.1		石灰岩风化物	E 107°10′02.3″ N 22°47′40.9″	71
						2	14–22		黏土	块状	8.0	10.9	0.86	0.70	13.8				
						3	22–100	黄棕色	砂壤土	碎粒状	5.9	30.6	2.00	0.76	8.5				
剖19	铁铝土	赤红壤	赤红壤	耕型第四红土红壤	铁磐土	1	0–18	褐色	重壤土	块状	6.1	29.3	1.90	0.74	8.7	8.3	红土	E 107°12′56.4″ N 22°45′54.4″	87
						2	18–60	暗棕色	中壤土	粒状	8.2	6.4	0.50	0.55	9.6	7.6			
						3	60–100	棕红色	重壤土	块状	7.0	14.5	0.84	0.44	1.2				
剖20	人为土	水稻土	淹育水稻土	冲积性淹育水稻土	薄潮砂田	1	0–15	灰棕黄色	砂壤土	小块状	5.4	13.2	0.68	0.62	1.6			E 107°01′54.8″ N 22°43′28.9″	90
						2	15–25	暗棕红色	重壤土	碎粒状	5.2	8.8	0.66	2.10	2.2				
						3	25–31	灰黄棕色	黏壤土	块状	6.7	15.3	0.80	0.27	3.8				
						4	31–100	红黄棕色	砂壤土	棱柱状	7.9	3.2	0.28	0.23	5.6				
剖21	铁铝土	赤红壤	赤红壤	红土质淹育水稻土	红泥田	1	0–19	浅棕红色	黏壤土	小块状	7.5	8.5	0.30	0.26	7.9			E 107°06′16.0″ N 22°41′54.1″	98
						2	19–44	黄棕色	黏壤土	小块状	6.5	2.8	0.39	1.20	5.5				
						3	44–100	红棕色	中壤土	块状	7.0	25.1	1.35	1.16	4.9	7.9			
剖22	铁铝土	赤红壤	赤红壤	耕型铁砾赤红壤	铁磐土	1	0–17	暗黄棕色		粒状	6.5	13.3	0.71	1.23	4.8	8.6		E 107°19′17.9″ N 22°49′42.8″	96
						2	17–36	浅棕色	中壤土	块状	4.9	21.6	1.06	0.65	4.8	9.3			
						3	36–100	红棕色	中壤土	碎块状	5.4	21.3	1.39	0.57	4.9				
剖23	人为土	水稻土	潴育水稻土	棕色石灰岩潴育水稻土	潴育棕泥田	1	0–14	暗棕色		块状	4.9	8.7	0.80	0.57	4.3		红土	E 107°15′40.8″ N 22°49′40.4″	72
						2	14–19	黄棕色	中壤土	小块状	7.0	12.8	0.92	1.21	8.9				
						3	19–37	暗黄棕色	重壤土	碎块状	7.0	29.8	1.72	1.36	8.9				
						4	37–100	浅棕色	黏壤土	棱柱状	7.9	38.0	2.00	0.99	7.3				
剖24	铁铝土	赤红壤	赤红壤	砂页岩赤红壤	厚层砂页岩赤红壤	1	0–17	浅棕红色	黏壤土	小粒状	8.0	7.6	0.64	0.98	5.4	14.8	砂页岩	E 107°22′01.2″ N 22°47′29.4″	91
						2	17–100	黄棕色	砂壤土	小片状	4.4	28.6	1.44	0.20	26.7				
剖25	紫色土	酸性紫色土	砂页岩酸性紫色土	中层酸性紫泥土		1	0–10	棕紫色	中壤土	块状	4.7	6.8	0.84	0.28	16.5		砂页岩	E 107°21′42.1″ N 22°45′00.7″	72
						2	10–42	棕紫色	粒状	5.1	48.8	1.00	0.38	32.4					
						3	42–	紫色			5.2	6.0	0.65	0.25	43.6				
剖26	铁铝土	赤红壤	硅质页岩红壤	硅质页岩赤红壤	硅质页岩赤红壤	1	0–18	棕红色	砂壤土	粉粒状	5.4	35.6	1.75	0.26	43.6	6.9	硅质页岩风化物	E 107°15′13.7″ N 22°42′46.5″	85
						2	18–100	灰白色	中壤土	粉粒状	6.6	3.0	0.21	0.06	0.6	6.9			
剖27	人为土	水稻土	淹育水稻土	硅质页岩淹育水稻土	灰泥田	1	0–16	棕灰色	中壤土	碎粒状	5.2	14.0	0.95	0.99	2.0		硅质岩	E 107°16′07.5″ N 22°41′47.8″	88
						2	16–23	浅黄灰色	重壤土	块状	5.4	15.4	1.04	0.91	1.8				
						3	23–31	浅黄灰色	重壤土	块状	6.2	8.8	0.88	0.96	2.5				
						4	31–				5.7	6.8	0.58	1.31	3.4	10.5			

续表 Continued

剖面号 Soil profile	土纲 Soil order	土类 Soil great group	亚类 Soil subgroup	土属 Soil genus	土种 Soil species	土层码 Layer code	土层厚度 Depth/cm	颜色 Soil color	质地 Soil texture	土壤结构 Soil structure	pH	有机质 OM/(g/kg)	全氮 TN/(g/kg)	全磷 TP/(g/kg)	全钾 TK/(g/kg)	阳离子交换量CEC/(cmol/kg)	土壤母质 Parent material	剖面点坐标 Profile coordinate	匹配指数 Matching index/%
剖28	铁铝土	赤红壤	赤红壤	耕型硅质页岩赤红壤	灰砂土	1	0–17	暗灰色	砂壤土	小粒状	6.5	11.8	0.65	0.56	1.2	7.0	硅质岩	E 107°14′06.0″ N 22°39′32.8″	88
						2	17–33	暗灰黄色	砂壤土	碎块状	7.4	4.4	0.27	0.35	1.2				
						3	33–100	暗黄棕色	砂壤土	粒状	5.6	2.8	0.26	0.44	1.5				
剖29	铁铝土	赤红壤	赤红壤	石灰岩赤红壤	铁砾底赤红壤	1	0–15	暗棕色		粒状	4.9	24.7	0.86	1.05	1.4	9.3	石灰岩	E 107°10′32.0″ N 22°37′20.1″	100
						2	15–50	红棕色		粒状	5.1	9.6	0.61	1.00	1.6				
						3	50–100	红棕色		粒状	5.5	5.9	0.45	1.10	1.6	9.0			
剖30	铁铝土	赤红壤	赤红壤	红土赤红壤	铁砾底赤红土	A	0–15	灰黄棕色	重壤土	粒状	4.9	24.7	0.86	1.05	1.4	9.3	红土下伏石灰岩	E 107°06′01.8″ N 22°35′24.0″	87
						B	15–50	浅棕色	重壤土	块状	5.1	9.6	0.61	1.05	1.6	5.4			
						C	50–100	棕黄棕色	轻黏土	块状	5.0	5.9	0.45	0.77	1.1	9.0			
剖31	人为土	水稻土	淹育水稻土	洪积性淹育水稻土	含砾砂泥田	1	0–16	浅灰棕色	中壤土	粒状	8.1	18.2	1.02	1.26	4.5		洪积物	E 107°02′40.6″ N 22°34′16.2″	76
						2	16–53	暗棕灰色	中壤土	碎块状	8.1	5.3	0.36	1.36	4.8				
						3	53–65	棕灰色	中壤土	小块状	8.1	1.4	0.20	0.60	4.2				
						4	65–100	浅灰棕色	中壤土	块状	8.2	1.8	0.28	0.91	4.8				

天 等 县

主要土类说明

石灰（岩）土是天等县主要土壤类型，占本县地域面积的52%。石灰（岩）土发生于热带、亚热带石灰岩山区，是石灰岩经溶蚀风化，形成的厚薄不同的钙质饱和或含游离钙质的土壤，多见于石隙、溶洞或峰丛底部。该土壤碳酸钙淋溶程度不一，多黏土，多为铁钙质胶结物，风化程度不一，盐基饱和度高，有机质含量及胶结状态有较大差异。

赤红壤是天等县第二大土壤类型，占本县地域面积的21%。赤红壤主要发生于南亚热带季雨林下，其脱硅富铝化程度仅次于砖红壤，强于红壤。铁的游离度介于二者之间，黏粒硅铝率为1.7—2.0，风化淋溶系数为0.05—0.15，盐基饱和度为15%—25%，pH为4.5—5.5。淀积层（B层）富含铁铝氧化物，呈赤红色。

红壤是天等县第三大土壤类型，占本县地域面积的15%。红壤主要发生于常绿阔叶林下，呈中度脱硅富铝化特征，土壤黏粒中游离铁占全铁的50%—60%。黏土矿物以高岭石、赤铁矿为主，黏粒硅铝率为1.8—2.4，风化淋溶系数小于0.2，盐基饱和度小于35%，pH为4.5—5.5。红壤具深厚红色土层，淀积层（B层）底层可见有深厚红、黄、白相间网纹的红色黏土。

水稻土占本县地域面积的11%。构筑田埂、平整田面、适时排灌、水耕水种、施肥管理、水旱轮作等一系列人为农事活动，是形成水稻土的基本条件。水稻土是在水旱交替的耕作条件下形成的，周期性的干湿交替、氧化还原，使土壤中的还原物质和土壤胶体淋溶淀积，土壤中生物循环和肥水不断演变，形成水稻土特有的剖面形态和理化特性。本县水稻土集中分布在低平的谷地、小河溪流的两旁，以及那利、若兰等水库所能灌溉到的地方，在一些能排灌的土坡也有零星分布。本县水稻土分为淹育型、潴育型、潜育型、沼泽型、渗育型、盐渍型、矿毒型等亚类。

小于本县地域面积3%的土壤类型还有紫色土和新积土等。

本区域中心区气候特征

本区域中心区气候特征值
Regional climate characteristics in central area of the region

气候带：南亚热带湿润气候 Climate region: South subtropical humid climate	
年平均气温 /℃ Annual average temperature /℃	22.1
年平均最高气温 /℃ Annual average maximum temperature /℃	27.2
年平均最低气温 /℃ Annual average minimum temperature /℃	18.8
年降水量 /mm Annual precipitation /mm	1222
≥10℃的积温 /℃ Daily temperature accumulated in a year（≥10℃）/℃	8030
年日照时数 /h Annual sunshine /h	1593
年平均相对湿度 /% Annual average relative humidity /%	78
干燥度 Dryness	1.06

本区域中心区月平均气温与月平均降水量
Monthly temperature and precipitation in central area of the region

天等县主要土壤类型与土壤剖面点分布图
1:300 000

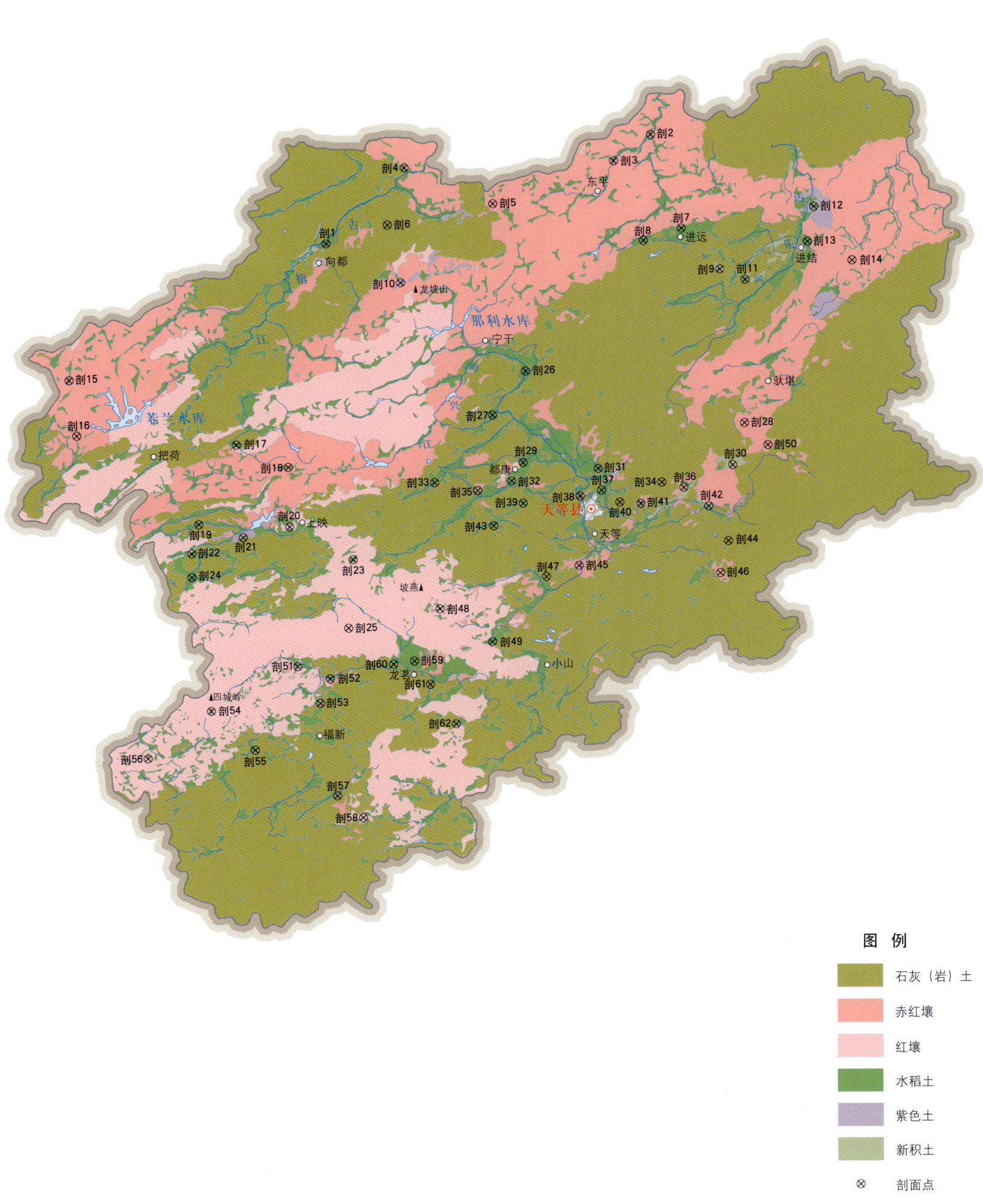

天等县土壤剖面理化性状表

剖面号 Soil profile	土纲 Soil order	土类 Soil great group	亚类 Soil subgroup	土属 Soil genus	土种 Soil species	土层码 Layer code	土层厚度 Depth/cm	颜色 Soil color	质地 Soil texture	土壤结构 Soil structure	pH	有机质 OM/(g/kg)	全氮 TN/(g/kg)	全磷 TP/(g/kg)	全钾 TK/(g/kg)	有效磷 AP/(mg/kg)	速效钾 AK/(mg/kg)	土壤母质 Parent material	剖面点坐标 Profile coordinate	匹配指数 Matching index/%
剖1	人为土	水稻土	盐渍水稻土	碳酸盐渍性水稻土	石灰性潮泥田	A	0—14	浅棕色	壤土	大团块状	8.0								E 106° 57′ 49.0″ N 23° 14′ 43.4″	98
						P	14—16	灰棕色	黏壤土	块状	8.0									
						C	16—100	浅褐色	黏土	块状	8.0									
剖2	人为土	水稻土	淹育水稻土	砂页岩淹育水稻土	砂土田	A	0—15	黄棕色	砂壤土	粒状	6.5	24.0						砂页岩	E 107° 10′ 45.1″ N 23° 18′ 31.3″	84
						P	15—23	棕黄色	砂壤土	粒状										
						C	23—100	棕色	砂壤土	粒状										
剖3	人为土	水稻土	矿毒型水稻土	金属矿毒田	锰矿毒田	A	0—12	浅灰色	轻黏土	块状	7.5	20.6	1.53	0.27	7.4			砂页岩	E 107° 09′ 15.8″ N 23° 17′ 35.2″	87
						P	12—21	浅灰色	轻黏土	块状	7.5	16.1	1.23	0.21	6.5					
						C	21—100	暗棕色	轻黏土	粒状	6.8	18.8	1.29	0.18	6.7					
剖4	人为土	水稻土	淹育水稻土	砂页岩淹育水稻土	蜡泥田	A	0—14	暗棕色	黏壤土	块状	7.0	32.4	2.05			4.0		砂页岩	E 107° 00′ 57.6″ N 23° 17′ 26.5″	92
						P	14—18	暗棕色	黏壤土	块状	7.5									
						C	18—100	暗灰色	黏土	团块状	7.5									
剖5	铁铝土	赤红壤	赤红壤	砂页岩赤红壤	中层砂页岩赤红壤	A	0—8	暗红色	黏壤土	块状	4.5							砂页岩	E 107° 04′ 27.0″ N 23° 16′ 05.8″	75
						B	8—40	暗红色	黏壤土	块状	4.0									
						C	40—100	暗红色	黏壤土	粒状	8.0									
剖6	初育土	石灰(岩)土	棕色石灰土	耕型棕色石灰土	石灰性含砂棕泥土	A	0—12	暗棕色	壤土	粒状	8.0							砂页岩	E 107° 00′ 15.1″ N 23° 15′ 22.3″	93
						B	12—15	浅棕色	壤土	粒状	8.0									
						C	15—100	浅棕色	壤土	粒状	6.0	26.1	6.19			7.0	41			
剖7	人为土	水稻土	潴育水稻土	砂页岩潴育水稻土	潴育砂泥肉田	A	0—14	棕灰色	砂壤土	粒状	6.0							砂页岩	E 107° 11′ 54.0″ N 23° 15′ 05.5″	70
						P	14—24	棕灰色	壤土	块状	7.0									
						W	24—50	棕灰色	黏壤土	块状	7.0									
						C	50—100	黄棕色	黏壤土	粒状	7.2	20.2	1.30	0.37	16.1					
剖8	人为土	水稻土	淹育水稻土	砂页岩淹育水稻土	壤土田	A	0—15	棕灰色	中壤土	团块状	6.5	13.5	0.88	0.27	15.5			砂页岩	E 107° 10′ 23.2″ N 23° 14′ 40.2″	91
						P	15—21	棕灰色	中壤土	块状	6.7	5.5	0.57	0.40	14.1					
						C	21—100	灰棕色	轻石质中壤土	团块状	8.0									
剖9	初育土	新积土	冲积土	石灰性潮泥土	薄层石灰性潮泥土	A	0—14	灰白色	壤土	小团块状	8.0							河流冲积物	E 107° 13′ 23.9″ N 23° 13′ 34.7″	83
						C	14—100	灰白色	壤土	块状	8.0									
剖10	初育土	紫色土	中性紫色土	耕型中性紫砂土	中性紫砂土	A	0—20	灰紫色	砂壤土	粒状	6.5							紫色岩	E 107° 00′ 44.5″ N 23° 13′ 15.4″	86
						B	20—40	紫紫色	砂壤土	块状	8.0	32.8	2.26			14.0				
						C	40—100	紫紫色	砂壤土	粒状	6.5									
剖11	人为土	水稻土	盐渍水稻土	碳酸盐渍性水稻土	石灰性砂泥田	A	0—20	棕色	砂壤土	粒状	8.0							砂页岩	E 107° 14′ 23.6″ N 23° 13′ 10.6″	89
						P	20—44	浅紫色	砂壤土	团块状	8.0									
						C	44—100	灰棕色	壤土	块状	7.0	36.1	2.13			16.0	66			
剖12	人为土	水稻土	潴育水稻土	紫色岩潴育水稻土	潴育紫砂泥	A	0—13	紫紫色	黏壤土	团块状	7.5							紫色岩	E 107° 17′ 10.1″ N 23° 15′ 48.7″	77
						P	13—18	紫紫色	黏土	大团块状	7.5									
						W	18—40	紫紫色	黏土	团块状	7.5									
						C	40—100	灰棕色	黏土	块状	6.0	27.7	0.29			12.0	83			
剖13	人为土	水稻土	潴育水稻土	砂页岩潴育水稻土	潴育蜡泥田	A	0—15	浅棕色	黏土	粒状	7.0							砂页岩	E 107° 16′ 53.6″ N 23° 14′ 31.9″	94
						P	15—23	灰棕色	黏土	核柱状	7.5									
						W	23—50	暗棕色	黏土	小块状	7.0									
剖14	铁铝土	赤红壤	赤红壤	砂页岩赤红壤	厚层砂页岩赤红壤	A	0—11	浅红色	黏壤土	块状	5.0							砂页岩	E 107° 18′ 38.9″ N 23° 13′ 49.3″	94
						C	11—100	浅红色	黏壤土	块状	5.0									

续表 Continued

剖面号 Soil profile	土纲 Soil order	土类 Soil great group	亚类 Soil subgroup	土属 Soil genus	土种 Soil species	土层码 Layer code	土层厚度 Depth/cm	颜色 Soil color	质地 Soil texture	土壤结构 Soil structure	pH	有机质 OM/(g/kg)	全氮 TN/(g/kg)	全磷 TP/(g/kg)	全钾 TK/(g/kg)	有效磷 AP/(mg/kg)	速效钾 AK/(mg/kg)	土壤母质 Parent material	剖面点坐标 Profile coordinate	匹配指数 Matching index/%
剖15	人为土	水稻土	潴育水稻土	紫色岩潴育水稻土	潴育紫泥肉田	A	0—15	紫灰色	黏土	小块状	5.5	33.3	1.96			10.0	120	紫色岩	E 106°47′32.3″ N 23°09′51.1″	98
						P	15—20	浅紫色	黏土	柱状	6.0									
						W	20—50	紫灰色	黏土	棱柱状	7.0									
						C	50—100	灰白色	砂质土	块状	7.0									
剖16	铁铝土	赤红壤	赤红壤	硅质页岩赤红壤	硅质页岩赤红壤	A	0—15	暗棕色	砂质土	粒状	5.5							硅质页岩	E 106°47′48.5″ N 23°07′49.8″	73
						C	15—100	暗棕色	砂质土	粒状	5.0									
剖17	人为土	水稻土	淹育水稻土	洪积淹育水稻土	含砾砂泥田	A	0—12	灰白色	壤土	粒状	6.5							洪积物	E 106°54′07.6″ N 23°07′25.0″	70
						P	12—19	暗棕色	壤土	粒状	7.0									
						C	19—100	灰白色	砂质土	粒状	7.0									
剖18	人为土	水稻土	淹育水稻土	红土质淹育水稻土	薄砂黄泥田	A	0—18	浅棕色	中壤土	粒状	7.7	14.0						红土	E 106°56′10.0″ N 23°06′34.6″	98
						P	18—23	黄棕色	轻壤土	块状	7.5									
						C	23—100	灰棕色	砂壤土	块状	7.7									
剖19	人为土	水稻土	淹育水稻土	冲积性淹育水稻土	潮泥田	A	0—12	灰灰色	壤土	粒状	7.0							河流冲积物	E 106°52′35.0″ N 23°04′31.8″	90
						P	12—20	棕灰色	壤土	块状	7.0									
						C	20—100	浅黄色	壤土	块状	7.0									
剖20	铁铝土	黄红壤	黄红壤	耕型砂页岩黄红壤	黄泥土	A	0—11	黄褐色	轻黏土	大块状	6.0	27.4	1.79	0.38	14.6			砂页岩	E 106°56′10.7″ N 23°04′23.9″	94
						B	11—33	黄褐色	黏壤土	大块状	6.5	11.1	1.03	0.31	18.9					
						C	33—100	灰棕色	重黏土	块状	6.5									
剖21	初育土	紫色土	中性紫色土	耕型中性紫泥土	耕型中性紫泥土	A	0—12	灰紫色	黏壤土	块状	7.0	28.3	1.23	0.94	16.7			砂页岩	E 106°54′20.2″ N 23°04′01.9″	87
						C	12—100	棕紫色	黏壤土	块状	7.6	4.8	1.63	0.31	22.0					
剖22	人为土	盐渍水稻土	盐渍水稻土	碳酸盐渍性水稻土	石灰性泥肉田	A	0—17	棕灰色	黏壤土	团块状	8.0								E 106°52′17.0″ N 23°03′27.4″	96
						P	17—25	灰棕色	黏壤土	团块状	8.0									
						C	25—100	灰棕色	黏壤土	块状	8.0									
剖23	人为土	水稻土	渗育水稻土	白胶泥田	深土白胶泥田	A	0—11	灰棕色	轻石质中壤土	块状	6.5	44.2	2.35	0.46	18.0				E 106°58′40.4″ N 23°03′09.4″	81
						P	11—23	灰棕色	轻石质中壤土	块状	7.0	39.4	1.96	0.31	17.1					
						C	23—48	浅黄色	重黏土	块状	6.9	6.3	2.78	0.42	17.6					
						E	48—100	灰白色	轻石质中黏土	块状	7.2	5.8	0.54	0.15	21.8					
剖24	铁铝土	赤红壤	赤红壤	棕石灰土	棕色泥肉田	A	0—16	浅棕色	黏土	块状	6.5	22.4	1.55			4.0	61	石灰岩风化物	E 106°52′16.3″ N 23°02′35.5″	81
						P	16—22	暗棕色	黏土	块状	7.0									
						C	22—100	浅黄色	黏壤土	块状	7.5									
剖25	人为土	淹育水稻土	淹育水稻土	砂页岩黄红壤	厚层砂岩黄红壤	A	0—24	浅黄色	黏壤土	粒状	5.5							砂页岩	E 106°58′27.1″ N 23°00′39.2″	85
						C	24—100	棕黄色	黏壤土	粒状	6.0									
剖26	水稻土	水稻土	潴育水稻土	冲积性潴育水稻土	潴育潮油砂	A	0—14	浅棕色	壤土	块状	6.5							河流冲积物	E 107°05′37.7″ N 23°09′56.5″	85
						P	14—18	灰棕色	壤土	块状	7.0									
						W	18—58	浅棕色	黏壤土	粒状	7.0									
						C	58—100	灰棕色	砂壤土	粒状	7.0									
剖27	人为土	水稻土	盐渍水稻土	碳酸盐渍性水稻土	石灰性埋藏黑泥田	A	0—19	灰棕色	砂壤土	粒状	8.0							砂页岩	E 107°04′17.8″ N 23°08′21.8″	81
						P	19—22	暗黑色	砂壤土	粒状	7.0									
						C	22—100	浅棕色	壤土	粒状	8.0									
剖28	铁铝土	赤红壤	赤红壤	耕型砂岩赤红壤	赤砂土	A	0—14	浅棕色	砂壤土	团块状	6.5							砂页岩	E 107°14′16.1″ N 23°07′55.9″	91
						B	14—20	浅棕色	壤土	团块状	6.0									
						C	20—100	暗棕红色	壤土	团块状	6.0									
剖29	人为土	水稻土	潴育水稻土	棕色砂页岩潴育水稻土	潴育粉砂棕泥田	A	0—17	灰棕色	砂壤土	团块状	8.0							石灰岩风化物	E 107°05′28.3″ N 23°06′36.7″	74
						P	17—23	暗棕色	壤土	团块状	8.0									
						W	23—68	暗棕色	壤土	团块状	7.6									
						C	68—100	浅灰色	壤土	团块状	7.5									

续表 Continued

剖面号 Soil profile	土纲 Soil order	土类 Soil great group	亚类 Soil subgroup	土属 Soil genus	土种 Soil species	土层码 Layer code	土层厚度 Depth/cm	颜色 Soil color	质地 Soil texture	土壤结构 Soil structure	pH	有机质 OM/(g/kg)	全氮 TN/(g/kg)	全磷 TP/(g/kg)	全钾 TK/(g/kg)	有效磷 AP/(mg/kg)	速效钾 AK/(mg/kg)	土壤母质 Parent material	剖面点坐标 Profile coordinate	匹配指数 Matching index/%
剖30	初育土	新积土	新积土	砾质土	多砾砂土	A	0–16	灰白色	砂壤土	粒状	6.5							洪积物	E 107°13′45.8″ N 23°06′24.5″	91
						C	16–100	浅灰色	中壤土	粒状	6.0									
剖31	人为土	水稻土	淹育水稻土	红土质淹育水稻土	铁磐底田	A	0–20	灰棕色	壤土	块状								红土	E 107°08′26.5″ N 23°06′21.6″	98
						P	20–30	暗黑色	黏土	块状										
						C	30–100	暗棕色	黏壤土	块状										
剖32	人为土	水稻土	淹育水稻土	棕色石灰土淹育水稻土	铁子底棕泥田	A	0–12	浅棕色	黏壤土	块状	6.5							石灰岩风化物	E 107°05′00.6″ N 23°05′57.1″	75
						P	12–21	浅棕色	黏壤土	块状	6.5									
						C	21–100	暗棕色	黏土	块状	7.5									
剖33	人为土	水稻土	盐渍水稻土	碳酸盐渍性水稻土	石灰岩子底田	A	0–17	暗黑色	壤土	小团块状	8.0							石灰岩风化物	E 107°01′57.4″ N 23°05′56.0″	82
						P	17–22	暗棕色	壤土	团块状	8.0									
						C	22–100	暗棕色	壤土	小块状	8.0									
剖34	初育土	石灰(岩)土	棕色石灰土	耕型棕色石灰土	砾石棕泥土	A	0–15	暗红色	砂壤土	碎块状	7.5								E 107°10′57.4″ N 23°05′49.2″	70
						C	15–100	浅红色	重黏土	块状	7.5									
剖35	铁铝土	赤红壤	赤红壤	第四纪红土赤红壤	红土赤红壤	A	0–10	暗红色	黏壤土	块状	6.0							红土	E 107°03′39.6″ N 23°05′37.3″	71
						C	10–100	棕红色	黏土	块状	5.5									
剖36	铁铝土	赤红壤	赤红壤	耕型赤红壤	石灰性赤红	A	0–10	浅红色	黏土	块状	8.0							石灰岩风化物	E 107°11′49.2″ N 23°05′37.0″	90
						C	10–100	浅红色	黏土	块状	8.0									
剖37	人为土	水稻土	潴育水稻土	棕色石灰土潴育水稻土	潴育棕泥田	A	0–16	灰棕色	黏土	块状	7.2							石灰岩风化物	E 107°08′33.7″ N 23°05′33.7″	80
						P	16–25	暗棕色	黏壤土	块状	7.0									
						W	25–51	浅棕色	黏壤土	棱柱状	7.0									
						C	51–100	浅棕色	黏壤土	块状	7.5									
剖38	人为土	水稻土	潴育水稻土	洪积性潴育水稻土	洪积潴育砂泥田	A	0–14	灰棕色	壤土	粒状	7.5							洪积物	E 107°07′42.8″ N 23°05′21.4″	100
						P	14–17	暗棕色	黏壤土	粒状										
						W	17–55	灰棕色	黏壤土	粒状										
						C	55–100	灰棕色	黏壤土	团块状										
剖39	人为土	沼泽型水稻土		埋藏黑泥田	深黑黑泥田	A	0–14	灰黑色	壤土	块状	6.5								E 107°05′26.9″ N 23°05′07.8″	80
						P	14–24	黑色	黏壤土	小团块状	7.0									
						C	24–100	黑棕色	黏壤土	块状	7.5									
剖40	初育土	石灰(岩)土	棕色石灰土	棕色石灰土	棕色石灰土	A	0–20	暗棕色	黏壤土	块状	6.8	21.0						红土	E 107°09′16.6″ N 23°05′07.1″	88
						B	20–60	浅棕色	黏壤土	块状	7.5									
						C	60–100	灰棕色	黏土	块状	7.0									
剖41	人为土	水稻土	淹育水稻土	红土质淹育水稻土	黄泥田	A	0–16	暗棕色	黏土	块状	8.5	46.5	3.05	0.95	0.7				E 107°10′06.6″ N 23°05′03.5″	89
						B	16–19	黄褐色	黏土	块状	8.5	9.0	0.53	0.18	0.8					
						C	19–100	浅灰色	黏土	小团块状	8.5	3.8	0.14	0.76	3.0					
剖42	人为土	水稻土	冲积水稻土	耕型石灰性潮泥土	石灰性潮泥土	A	0–15	灰白色	壤土	块状	8.5							河流冲积物	E 107°12′47.5″ N 23°04′55.2″	75
						B	15–90	灰白色	黏土	块状	8.5									
						C	90–100	灰棕色	黏土	块状	8.5									
剖43	人为土	水稻土	盐渍水稻土	碳酸盐渍性水稻土	石灰岩铁磐底田	A	0–11	棕色	壤土	块状	8.5								E 107°04′16.3″ N 23°04′19.6″	92
						B	11–14	暗棕色	黏土	块状	8.5									
						C	14–40	棕黑色	黏土	大块状	8.0									
						C	40–100	棕褐色	黏土											
剖44	初育土	石灰(岩)土	棕色石灰土	耕型棕色石灰土	棕泥土	A	0–12	暗棕色	轻黏土	块状	7.0	30.0	2.16	0.26	5.9				E 107°13′33.2″ N 23°03′38.2″	100
						C	12–100	棕色	中黏土	块状	7.0	13.4	1.50	1.41	5.7					
剖45	铁铝土	赤红壤	赤红壤	耕型第四纪红土赤红壤	赤红壤	A	0–14	浅红色	黏壤土	块状	6.2	23.7	1.44	1.36	2.8			红土	E 107°07′36.9″ N 23°02′49.0″	70
						B	14–42	暗红色	黏壤土	块状	6.8	12.1	0.85	3.21	5.6					
						C	42–100	红棕色	黏土	块状	6.8	1.22	3.08	6.0						

续表 Continued

剖面号 Soil profile	土纲 Soil order	土类 Soil great group	亚类 Soil subgroup	土属 Soil genus	土种 Soil species	土层码 Layer code	土层厚度 Depth/cm	颜色 Soil color	质地 Soil texture	土壤结构 Soil structure	pH	有机质 OM/(g/kg)	全氮 TN/(g/kg)	全磷 TP/(g/kg)	全钾 TK/(g/kg)	有效磷 AP/(mg/kg)	速效钾 AK/(mg/kg)	土壤母质 Parent material	剖面点坐标 Profile coordinate	匹配指数 Matching index/%
剖46	铁铝土	赤红壤	赤红壤	耕型铁砾赤红壤	铁子土	A	0—12	暗紫色	黏壤土	粒状	7.0	19.0	1.51			4.0	100		E 107°13′12.7″ N 23°02′27.8″	89
						B	12—56	浅紫色	黏壤土	块状	7.0									
						C	56—100	暗紫色	壤土	块状	7.0									
剖47	初育土	石灰(岩)土	棕色石灰土	耕型棕色石灰土	砾质棕色泥土	A	0—16	暗棕色	砂黏壤土	粒状	6.0	15.7	1.14			4.0	48		E 107°06′19.4″ N 23°02′25.8″	75
						B	16—74	浅棕色	砂黏壤土	粒状	7.0									
						C	74—100	浅棕色	砂黏壤土	粒状	7.0									
剖48	人为土	水稻土	渗滤水稻土	白散砂田	深渗白散砂田	A	0—16	浅灰色	轻砂质轻黏土	粒状	6.9	44.3	2.49	0.27	30.6				E 107°02′04.8″ N 23°01′18.0″	95
						P	16—23	浅灰色	中黏土	粒状	7.0	44.3	2.14	0.56	33.0					
						E	23—100	灰白色	中壤土	团块状	7.0	5.4	0.56	0.16	19.3					
剖49	人为土	水稻土	潜育水稻土	冷浸田	浅浸田	A	0—15	暗红色	轻石质重壤土	团块状	7.1	27.7	1.53	0.23	17.9				E 107°04′08.0″ N 23°00′04.3″	91
						G	15—45	青灰色	轻石质中壤土	块状	7.0	12.0	0.53	0.16	10.7					
						C	45—100	青灰色	黏土	块状										
剖50	铁铝土	赤红壤	砂页岩赤红壤	薄层砂页岩赤红壤	A	0—11	暗红色	壤土	团块状	4.5							砂页岩	E 107°15′10.8″ N 23°07′07.0″	97
						C	11—120	浅红色	黏壤土	块状	4.5									
剖51	人为土	水稻土	淹育水稻土	砂页岩淹育水稻土	黏质铁磐底田	A	0—14	灰棕色	中壤土	粒状	6.5	25.9	2.14			22.0		砂页岩	E 106°56′24.7″ N 22°59′16.8″	79
						P	14—24	黄棕色	砂黏壤土	块状										
						C	24—100	浅蓝色	黏土	块状	8.0									
剖52	人为土	水稻土	盐渍水稻土	碳酸盐渍性水稻土	石灰性潜育田	A	0—12	浅绿色	黏土	粒状	8.0								E 106°57′41.4″ N 22°58′48.7″	94
						P	12—22	浅绿色	黏土	粒状	8.0									
						C	22—100	浅灰色	壤土	块状	7.0									
剖53	铁铝土	赤红壤	耕型第四纪红土赤红壤	薄砂性赤红壤	A	0—18	暗红色	砂壤土	粒状	5.5							红土	E 106°57′16.9″ N 22°57′55.8″	75
						B	18—30	浅红色	壤土	块状	6.3									
						C	30—100	浅红色	黏壤土	块状	6.3									
剖54	人为土	水稻土	潜育水稻土	烂底田	深烂底田	A	0—23	棕色色	轻石质中壤土	块状	6.3	35.0	1.84	0.18	22.0			石灰岩风化物	E 106°52′58.1″ N 22°57′42.1″	90
						P	23—35	暗棕色	中壤土	块状	6.7	29.8	1.50	0.21	26.6					
						G	35—100	黄棕色	中壤土	粒状	6.5	31.6	1.35	0.19	27.3					
剖55	人为土	水稻土	淹育水稻土	棕色石灰土淹育水稻土	薄砂棕泥田	A	0—13	浅棕色	砂壤土	粒状	6.5							砂页岩	E 106°54′40.7″ N 22°56′15.0″	72
						P	13—18	暗棕色	黏土	块状	6.5									
						C	18—100	浅棕色	壤土	块状	6.5									
剖56	铁铝土	红壤	黄红壤	耕型砂页岩黄红壤	砂质黄泥田	A	0—12	暗棕色	黏土	粒状	6.5	10.9	1.31			27.0	163	砂页岩	E 106°50′25.4″ N 22°55′59.5″	70
						B	12—100	浅黄色	壤土	团块状	8.5									
剖57	铁铝土	赤红壤	赤红壤	耕型砂页岩赤红壤	石灰性赤壤土	A	0—17	暗黄色	黏土	团块状	8.5							砂页岩	E 106°57′54.0″ N 22°54′31.7″	82
						B	17—45	暗红色	黏壤土	块状	5.5									
						C	45—100	浅黄色	壤土	小团块状	5.5									
剖58	铁铝土	红壤	黄红壤	砂页岩黄红壤	中层砂页岩黄红壤	A	0—20	浅黄色	壤土	团块状	5.5							砂页岩	E 106°58′54.3″ N 22°53′42.8″	90
						B	20—57	棕黄色	黏质中壤土	团块状	6.5	16.5	1.00	0.41	15.7					
						C	57—100	暗黄色	轻石质中壤土	粒状	6.5	14.2	0.97	0.45	25.4					
剖59	人为土	水稻土	潴育水稻土	砂页岩潴育水稻土	潴育砂泥田	A	0—13	浅黄棕色	轻石质中壤土	粒状	7.0	10.4	0.66	0.37	17.0		45	砂页岩	E 107°01′02.3″ N 22°59′24.7″	86
						P	13—18	黄黄色	中壤土	柱状	6.5	4.4	0.39	0.23	12.0	6.0				
						W	18—31	浅灰色	重石质重壤土	团块状										
						C	31—100	浅灰色	砂质土	粒状	6.5	13.8	0.19							
剖60	人为土	水稻土	潴育水稻土	冲积性潴育水稻土	潴育潮砂田	A	0—12	浅灰色	砂质土	粒状	7.0							河流冲积物	E 107°00′13.0″ N 22°59′18.6″	92
						P	12—18	暗棕色	砂质土	粒状	7.5									
						W	18—44	暗棕色	砂质土	粒状										
						C	44—100		砂质土		7.0									

续表 Continued

剖面号 Soil profile	土纲 Soil order	土类 Soil great group	亚类 Soil subgroup	土属 Soil genus	土种 Soil species	土层码 Layer code	土层厚度 Depth/cm	颜色 Soil color	质地 Soil texture	土壤结构 Soil structure	pH	有机质 OM/(g/kg)	全氮 TN/(g/kg)	全磷 TP/(g/kg)	全钾 TK/(g/kg)	有效磷 AP/(mg/kg)	速效钾 AK/(mg/kg)	土壤母质 Parent material	剖面点坐标 Profile coordinate	匹配指数 Matching index/%
剖61	初育土	石灰（岩）土	棕色石灰土	耕型棕色石灰土	含砂棕泥土	A	0—14	暗棕色	壤土	粒状	6.5	17.1	1.26			8.0	52		E 107°01′38.6″ N 22°58′33.6″	94
						B	14—40	棕色	黏壤土	团块状	6.5									
						C	40—100	浅棕色	黏土	块状	6.5									
剖62	人为土	水稻土	盐渍水稻土	碳酸盐渍性水稻土	石灰性浅烂泥田	A	0—12	浅蓝色	砂壤土		8.0								E 107°02′38.8″ N 22°57′05.8″	71
						P	12—19	浅蓝色	壤土		8.0									
						C	19—100	棕灰色	黏壤土		8.0									

凭 祥 市

主要土类说明

赤红壤是凭祥市主要土壤类型，占本市地域面积的63%，是本市旱地土壤的主要土类，主要分布在本市海拔500m以下地区。土壤层次分化明显，且富含铁铝，表层呈浅红色。赤红壤主要发生于南亚热带季雨林下，其脱硅富铝化程度仅次于砖红壤，强于红壤。铁的游离度介于二者之间，黏粒硅铝率为1.7—2.0，风化淋溶系数为0.05—0.15，盐基饱和度为15%—25%，pH为4.5—5.5。淀积层（B层）富含铁铝氧化物，呈赤红色。本市赤红壤只有赤红壤一个亚类。

紫色土是凭祥市第二大土壤类型，占本市地域面积的18%。紫色土是由紫红色岩直接风化形成的A-C型土壤。在成土过程中矿物质风化破碎，其粉砂粒部分，除有石英外，还有大量长石、云母等原生矿物颗粒，黏粒部分的黏土矿物以脱水云母或蒙脱土类为主，其具有脱硅富铝化特性。土体呈紫红色或紫棕色，上下层次无明显差异。其理化性质与母岩组成直接相关，土层浅薄，剖面层次发育不明显。母岩富含矿质养分，且风化迅速，为良好的肥沃土壤。本市紫色土分为酸性紫色土、中性紫色土等亚类。

水稻土是凭祥市第三大土壤类型，占本市地域面积的12%。水稻土是在自然土壤或旱地土壤的基础上经栽培水稻后，在人为有规律地耕作、施肥、排灌下形成的。随着水分的流动、下移和干湿交替的变化，土壤中铁锰物质的氧化、还原、淋溶、淀积交替进行，因而形成水稻土特有的剖面结构。根据土壤耕作时间长短、熟化程度、地下水及地表水深浅的不同以及剖面层次的特点，本市水稻土分为淹育型、潴育型、潜育型、沼泽型、盐渍型等亚类。

石灰（岩）土占凭祥市地域面积的4%，分布于石灰岩地区，属于南亚热带季雨林下较稳定的土壤。石灰（岩）土是石灰岩经溶蚀风化，形成的厚薄不同的钙质饱和或含游离钙质的土壤，多见于石隙、溶洞或峰丛底部。该土壤碳酸钙淋溶程度不一，多黏土，多为铁钙质胶结物，风化程度不一，盐基饱和度高，有机质含量及胶结状态有较大差异。本市石灰（岩）土只有棕色石灰土一个亚类。

小于本市地域面积3%的土壤类型还有红壤和新积土等。

本区域中心区气候特征

本区域中心区气候特征值
Regional climate characteristics in central area of the region

气候带：南亚热带湿润气候 Climate region: South subtropical humid climate	
年平均气温 /℃ Annual average temperature /℃	22.3
年平均最高气温 /℃ Annual average maximum temperature /℃	27.2
年平均最低气温 /℃ Annual average minimum temperature /℃	19.1
年降水量 /mm Annual precipitation /mm	1345
≥10℃的积温 /℃ Daily temperature accumulated in a year（≥10℃）/℃	8155
年日照时数 /h Annual sunshine /h	1639
年平均相对湿度 /% Annual average relative humidity /%	80
干燥度 Dryness	1.00

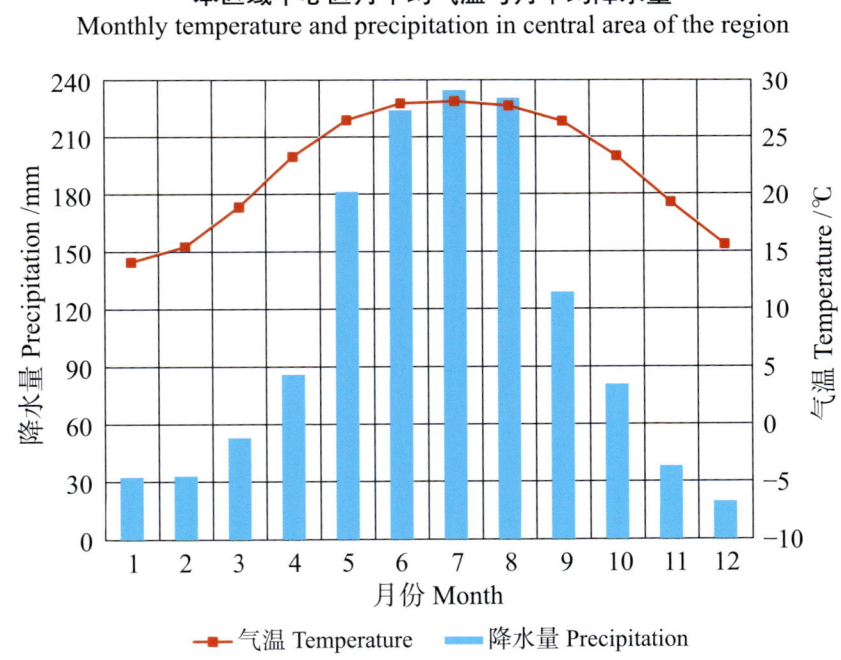

本区域中心区月平均气温与月平均降水量
Monthly temperature and precipitation in central area of the region

凭祥市主要土壤类型与土壤剖面点分布图
1 : 160 000

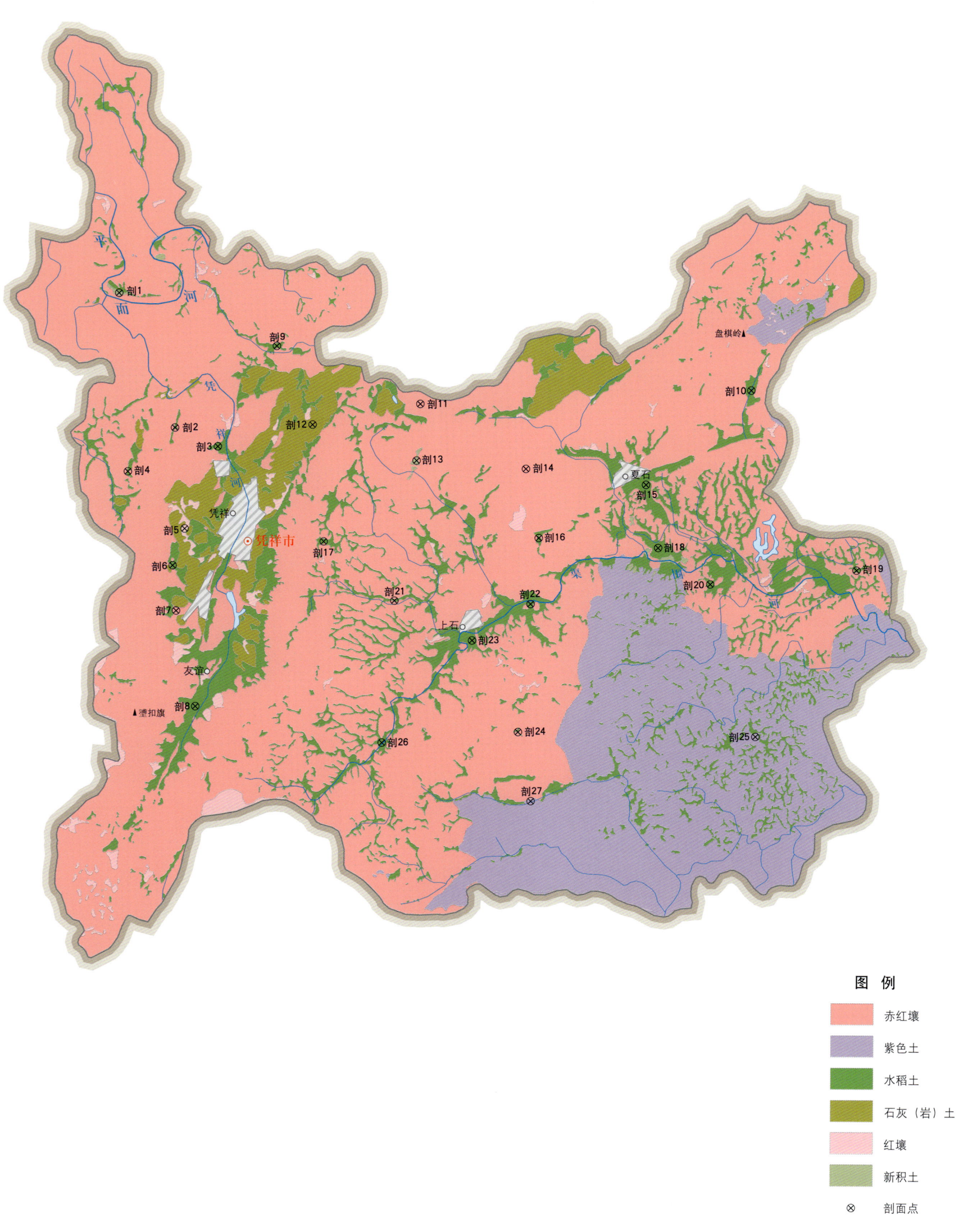

凭祥市土壤剖面理化性状表

剖面号 Soil profile	土纲 Soil order	土类 Soil great group	亚类 Soil subgroup	土属 Soil genus	土种 Soil species	土层码 Layer code	土层厚度 Depth/cm	颜色 Soil color	质地 Soil texture	土壤结构 Soil structure	pH	有机质 OM/(g/kg)	全氮 TN/(g/kg)	全磷 TP/(g/kg)	全钾 TK/(g/kg)	土壤母质 Parent material	剖面点坐标 Profile coordinate	匹配指数 Matching index/%
剖1	初育土	新积土	冲积土	耕型酸性潮砂土	酸性潮砂土	A	0~16	黄色	砂土	粒状	6.8	8.8	0.44	0.27	7.7	河流冲积物	E 106°42′25.9″ N 22°11′06.7″	85
						2	16~48	黄色	砂土	粒状	6.8	1.6	0.51	0.36	16.5			
剖2	人为土	水稻土	淹育水稻土	棕色石灰土淹育水稻土	浅棕泥田	A	0~17	浅棕色	黏壤土	粒状	6.5	31.9	8.00	0.48	10.5	石灰岩风化物	E 106°43′38.3″ N 22°08′20.8″	82
						P	17~25	暗棕色	壤土	柱状	6.8	21.1	0.90	0.48	8.3			
						C	25~100	棕色	黏壤土	块状	6.8	10.0	0.47	0.47	10.4			
剖3	人为土	水稻土	潴育水稻土	棕色石灰土潴育水稻土	潴育棕泥田	A	0~19	棕灰色	黏壤土	粒状	7.9	50.1	2.68	0.40	4.9	石灰岩风化物	E 106°44′34.1″ N 22°07′57.4″	73
						P	19~25	暗棕色	黏壤土	块状	7.8	45.6	1.51	0.39	4.2			
						W	25~40	浅灰色	黏壤土	棱柱状	7.8	34.3	1.70	0.28	4.2			
						C	40~100	灰黄色	砂黏壤土	柱状	7.9	9.6	0.55	0.17	3.0			
剖4	人为土	水稻土	淹育水稻土	花岗岩淹育水稻土	杂砂田	A	0~14	黄色	壤土	块状	5.2	19.0	0.88	0.34	7.7	花岗岩	E 106°42′35.6″ N 22°07′27.8″	94
						P	14~18	浅棕黄色	砂壤土	柱状	5.2	20.8	0.90	0.36	8.2			
						3	18~100	浅黄棕色	壤土	块状	6.1	10.0	0.34	0.34	9.4			
剖5	铁铝土	赤红壤	赤红壤	耕型砂页岩赤红壤	赤壤土	A	0~19	红黄色	壤土	粒状	5.7	22.0	1.19	0.58	3.1	砂页岩	E 106°43′49.8″ N 22°06′17.6″	71
						2	19~100	红黄色	壤土	块状	5.1	12.5	0.67	0.49	3.2			
剖6	人为土	水稻土	淹育水稻土	花岗岩淹育水稻土	杂色泥田	A	0~13	红黄色	壤土	粒状	5.3	32.3	1.83	0.38	8.6	花岗岩	E 106°43′33.6″ N 22°05′32.6″	90
						P	13~19	浅棕色	壤土	块状	5.6	25.6	1.31	0.27	8.9			
						C	19~100	红黄色	壤土	块状	6.1	11.0	0.53	0.34	9.4			
剖7	铁铝土	赤红壤	赤红壤	耕型花岗岩赤红壤	杂砂赤土	A	0~15	浅棕色	壤土	块状	6.7	26.5	1.12	0.61	3.1	花岗岩	E 106°43′37.6″ N 22°04′37.2″	90
						2	15~100	红黄色	壤土	块状	5.5	13.3	0.61	0.44	2.0			
剖8	人为土	水稻土	潴育水稻土	砂页岩潴育水稻土	潴育砂泥田	A	0~13	灰黄色	壤土	块状	6.5	25.3	1.31	0.42	3.9	砂页岩	E 106°44′02.0″ N 22°02′39.5″	73
						P	13~19	灰黄色	壤土	柱状	7.0	23.2	1.21	4.10	4.2			
						W	19~58	浅棕黄色	壤土	柱状	8.2	7.7	0.55	0.28	5.8			
						C	58~100	浅棕黄色	黏壤土	柱状	8.3	6.5	0.63	0.31	6.6			
剖9	人为土	水稻土	盐渍水稻土	碳酸盐渍水稻土	石灰性田	A	0~13	黄色	壤土	小块状	7.5	26.8	1.37	0.36	6.4	砂页岩	E 106°45′52.9″ N 22°09′59.8″	81
						P	13~19	灰黄色	壤土	块状	7.5	27.3	1.41	0.38	6.3			
						C	19~100	浅黄棕色	壤土	块粒状	7.9	13.4	0.67	0.41	6.4			
剖10	人为土	水稻土	潴育水稻土	砂页岩潴育水稻土	潴育砂土田	A	0~14	暗黄棕色	砂壤土	块状	4.7	35.6	1.46	0.28	10.2	砂页岩	E 106°56′16.4″ N 22°08′59.3″	75
						P	14~20	暗棕色	砂壤土	块状	4.6	19.1	1.01	0.13	8.9			
						W	20~55	黄棕色	砂壤土	块状	5.9	9.2	0.49	0.14	6.7			
						C	55~100	红黄色	砂壤土	棱柱状	6.6	8.2	0.35	0.27	10.0			
剖11	铁铝土	赤红壤	赤红壤	耕型砂页岩赤红壤	赤红砂土	A	0~14	浅棕色	砂壤土	块状	6.8	20.0	0.92	0.47	6.7	砂岩	E 106°49′01.2″ N 22°08′47.0″	74
						2	14~55	浅红色	砂壤土	柱状	6.5	13.5	0.59	0.43	7.1			
						C	55~100	灰黄色	轻黏土	核状	6.4	12.4	0.63	0.40	8.1			
剖12	初育土	石灰(岩)土	棕色石灰土	棕色石灰土	棕色石灰土	A	0~15	灰褐色	轻黏土	小块状						砂岩	E 106°46′39.0″ N 22°08′22.9″	77
						B₁	15~47	灰棕色	轻黏土	块状								
						B₂	47~64	暗棕色	重黏土	块状								
剖13	初育土	新积土	新积土	砾质土	砾质壤土	A	0~11	暗棕色	壤土	粒状	7.6	26.9	1.20	0.47	5.0	洪积物	E 106°48′55.4″ N 22°07′37.9″	84
						2	11~22	暗棕色	黏壤土	粒状	7.9	17.7	0.80	0.40	5.0			
						C	22~100	暗灰棕色	轻壤土	棱柱状	8.0	18.0	0.70	0.37	5.0			
剖14	铁铝土	赤红壤	赤红壤	花岗岩赤红壤	花岗岩红壤	A	0~10	浅红黄色	砂壤土	粒状						花岗岩	E 106°51′19.1″ N 22°07′26.8″	84
						B₁	10~65	黄棕色										
						B₂	65~120	浅棕色		小粒状								

剖面号 Soil profile	土纲 Soil order	土类 Soil great group	亚类 Soil subgroup	土属 Soil genus	土种 Soil species	土层码 Layer code	土层厚度 Depth/cm	颜色 Soil color	质地 Soil texture	土壤结构 Soil structure	pH	有机质 OM/(g/kg)	全氮 TN/(g/kg)	全磷 TP/(g/kg)	全钾 TK/(g/kg)	土壤母质 Parent material	剖面点坐标 Profile coordinate	匹配指数 Matching index/%
剖15	人为土	水稻土	潴育水稻土	冷底田	冷底田	A	0—19	灰棕色	黏壤土	粒状	6.4	36.1	1.52	0.44	3.6	红土	E 106°53′56.8″ N 22°07′05.8″	94
						P	19—31	棕灰色	黏壤土	粒状	6.9	9.2	0.41	0.28	3.2			
						G	31—100	棕灰色	黏壤土	块状	5.7	28.0	1.10	0.42	3.2			
剖16	人为土	水稻土	淹育水稻土	红土质潴育水稻土	黄泥田	A	0—14	棕灰色	黏土	小块状	5.4	16.5	1.02	0.49	2.7		E 106°51′34.9″ N 22°06′02.2″	71
						P	14—58	棕黄色	黏土	小块状	6.4	8.4	0.49	0.38	3.0			
						C	58—100	浅棕黄色	黏土	块状	5.3	6.2	0.50	0.52	3.2			
剖17	人为土	水稻土	潴育水稻土	冷浸田	浅浸田	A	0—11	青棕黄色	壤土	块状	6.6	37.5	1.86	0.48	12.0	红土	E 106°46′52.3″ N 22°06′00.4″	92
						G	11—24	灰黄色	壤土	块状	6.5	33.2	1.56	0.47	12.0			
						C	24—100	灰黄色	砂壤土	块状	7.9	10.9	0.60	0.46	12.2			
剖18	人为土	水稻土	潴育水稻土	红土质潴育水稻土	潴育黄泥肉田	A	0—19	浅棕黄色	黏壤土	粒柱状	5.7	39.0	1.80	0.28	10.8	红土	E 106°54′11.9″ N 22°05′48.5″	77
						P	19—25	棕黄色	黏壤土	棱柱状	6.2	35.9	1.70	0.27	11.1			
						W	25—36	棕黄色	黏壤土	棱柱状	7.7	10.5	0.57		11.7			
						C	36—100	黄色	黏壤土	粒柱状	7.8	3.2	0.22	0.12	12.9			
剖19	人为土	水稻土	淹育水稻土	砂页岩潴育水稻土	蜡泥田	A	0—17	棕黄色	黏壤土	块状	5.3	31.6	1.66	0.59	3.6	砂页岩	E 106°58′32.4″ N 22°05′18.6″	81
						P	17—21	棕黄色	黏壤土	柱状	5.2	32.3	1.61	0.57	3.0			
						C	21—100	棕黄色	砂壤土	块状	7.5	6.9	0.50	0.60	3.7			
剖20	人为土	水稻土	潴育水稻土	砂页岩潴育水稻土	潴育砂泥肉田	A	0—18	棕色	黏壤土	粒状	5.0	25.6	1.26	0.16	4.5	砂页岩	E 106°55′19.9″ N 22°05′03.1″	77
						P	18—23	暗棕色	黏壤土	块状	5.6	15.6	0.77	0.15	4.5			
						W	23—46	红黄色	黏壤土	柱状	6.4	6.5	0.27	0.13	4.5			
						C	46—100	红黄色	砂壤土	块状	6.6	4.4	0.23	0.25	4.5			
剖21	人为土	水稻土	潴育水稻土	砂页岩潴育水稻土	潴育蜡泥田	A	0—16	浅棕色	黏壤土	大块状	6.5	37.5	1.92	0.43	8.5	砂页岩	E 106°48′24.5″ N 22°04′46.9″	92
						P	16—24	浅棕色	黏土	块状	6.5	26.8	1.44	0.36	8.8			
						W	24—41	浅灰棕色	砂质黏土	块状	7.9	10.0	0.62	0.26	7.5			
						C	41—100	棕黄色	砂质黏土	柱状	6.7	2.7	0.38	0.14	12.1			
剖22	人为土	水稻土	淹育水稻土	红土质潴育水稻土	潴育黄泥田	A	0—12	灰棕色	壤土	小块状	5.4	25.7	0.31	0.29	10.9	红土	E 106°51′23.6″ N 22°04′41.2″	92
						P	12—19	黄棕色	黏壤土	块状	6.7	14.5	0.74	0.27	11.7			
						W	19—42	棕黄色	黏壤土	块状	7.7	5.5	0.32	0.25	11.8			
						C	42—100	黄色	黏壤土	块状	7.7	4.3	3.20	0.24	13.0			
剖23	人为土	水稻土	潴育水稻土	冲积性潴育水稻土	潴育潮泥田	A	0—17	棕色	壤土	块状	5.7	35.6	1.64	0.85	6.7	河流冲积物	E 106°50′06.0″ N 22°03′57.2″	81
						P	17—23	棕灰色	黏壤土	柱状	8.0	31.5	1.57	0.36	5.9			
						W	23—39	棕灰色	黏壤土	块状	8.2	12.8	0.62	0.36	5.9			
						C	39—100	灰白色	黏壤土	块状	8.2	8.7	0.40	0.24	5.8			
剖24	紫色土	酸性紫色土	砂岩酸性紫色土	中层酸性紫砂土		A	0—12	灰棕色	砂壤土	粒状	5.0	24.7	0.66	0.26	4.8	紫色岩	E 106°51′05.8″ N 22°02′05.3″	81
						B₁	12—17	紫棕色	重壤土	小块状	5.0	14.8	0.18		4.2			
						B₂	17—35	紫棕色	轻壤土	小核状	5.7	5.3	0.20	0.12	3.6			
						C	35—100	紫色	重壤土	小核状	6.0	8.1	0.36		3.5			
剖25	水稻土	淹育水稻土	砂页岩潴育水稻土	壤土田		A	0—13	棕灰色	壤土	细粒状	5.2	28.5	1.48	0.38	4.7	砂岩	E 106°56′17.5″ N 22°01′56.6″	91
						P	13—33	灰棕色	壤土	小块状	6.1	21.2	1.17	0.40	5.4			
						C	33—80	棕灰色	壤土	细粒状	6.7		0.88	0.37	4.1			
剖26	紫色土	中性紫色土	耕型中性紫泥土	耕型中性紫泥土		A	0—14	红褐色	黏壤土	粒状	6.9	14.9	0.63	0.26	5.0	砂页岩	E 106°48′06.4″ N 22°01′53.4″	94
剖27	初育土					2	8—100	红色	黏壤土	粒状	5.2	7.3	0.39	0.19	6.6	砂页岩	E 106°51′21.6″ N 22°00′40.3″	91

附 录

附录1 广西壮族自治区县级行政区及分县主要土壤类型与土壤剖面点分布图地域名对照表

地级行政区划	县级行政区名称[1]	分县主要土壤类型与土壤剖面点分布图地域名[2]	地级行政区划	县级行政区名称[1]	分县主要土壤类型与土壤剖面点分布图地域名[2]
南宁市	兴宁区	市辖区*	桂林市	秀峰区	秀峰区、叠彩区、象山区、七星区、雁山区
	江南区			叠彩区	
	西乡塘区			象山区	
	青秀区	邕宁区、良庆区、青秀区		七星区	
	良庆区			雁山区	
	邕宁区			临桂区	临桂县
	武鸣区	武鸣县		阳朔县	阳朔县
	隆安县	隆安县		灵川县	灵川县
	马山县	马山县		全州县	全州县
	上林县	上林县		兴安县	兴安县
	宾阳县	宾阳县		永福县	永福县
	横州市	横县		灌阳县	灌阳县
柳州市	城中区	市辖区*		龙胜各族自治县	龙胜各族自治县
	鱼峰区			资源县	资源县
	柳南区			平乐县	平乐县
	柳北区			恭城瑶族自治县	恭城瑶族自治县
	柳江区	柳江县		荔浦市	荔浦县
	柳城县	柳城县	梧州市	万秀区	市辖区*
	鹿寨县	鹿寨县		长洲区	
	融安县	融安县		龙圩区	
	融水苗族自治县	融水苗族自治县		苍梧县	苍梧县
	三江侗族自治县	三江侗族自治县		藤县	藤县
				蒙山县	蒙山县
				岑溪市	岑溪县

续表

地级行政区划	县级行政区名称[1]	分县主要土壤类型与土壤剖面点分布图地域名[2]	地级行政区划	县级行政区名称[1]	分县主要土壤类型与土壤剖面点分布图地域名[2]
北海市	海城区	市辖区*	百色市	隆林各族自治县	隆林各族自治县
	银海区			靖西市	靖西县
	铁山港区			平果市	平果县
	合浦县	合浦县	贺州市	八步区	市辖区*
防城港市	港口区	市辖区*		平桂区	平桂区、钟山县
	防城区			钟山县	
	上思县	上思县		昭平县	昭平县
	东兴市			富川瑶族自治县	富川瑶族自治县
钦州市	钦南区	市辖区*	河池市	宜州区	市辖区*
	钦北区	钦北区		金城江区	金城江区
	灵山县	灵山县		南丹县	南丹县
	浦北县	浦北县		天峨县	天峨县
贵港市	港北区	市辖区*		凤山县	凤山县
	港南区	港南区		东兰县	东兰县
	覃塘区			罗城仫佬族自治县	罗城仫佬族自治县
	平南县	平南县		环江毛南族自治县	环江毛南族自治县
	桂平市	桂平县		巴马瑶族自治县	巴马瑶族自治县
玉林市	玉州区	市辖区*		都安瑶族自治县	都安瑶族自治县
	福绵区			大化瑶族自治县	大化瑶族自治县
	容县	容县	来宾市	兴宾区	市辖区*
	陆川县	陆川县		忻城县	忻城县
	博白县	博白县		象州县	象州县
	兴业县			武宣县	武宣县
	北流市	北流县		金秀瑶族自治县	金秀瑶族自治县
百色市	右江区	市辖区*		合山市	
	田阳区	田阳县	崇左市	江州区	市辖区*
	田东县	田东县		扶绥县	扶绥县
	德保县	德保县		宁明县	宁明县
	那坡县	那坡县		龙州县	龙州县
	凌云县	凌云县		大新县	大新县
	乐业县	乐业县		天等县	天等县
	田林县	田林县		凭祥市	凭祥市
	西林县	西林县			

注：1）为民政部于2022年3月发布的《2021年中华人民共和国行政区划代码》中的县级行政区名称。该名称也作为本数据集分县目录。分县排序按《2021年中华人民共和国行政区划代码》中的地级、县级行政区排列。

2）分县主要土壤类型与土壤剖面点分布图地域名是全国第二次土壤普查中分县采样调查、制图的县级行政区名称。分县主要土壤类型与土壤剖面点分布图采用的县级行政域是从国家测绘局获取的1∶25万DLG（公众版）数据（使用许可协议编号：非2011—1011）。附录1显示了全国第二次土壤普查时的县级行政区域名与《2021年中华人民共和国行政区划代码》中的县级行政区名称之间的关联。附录1中仅有《2021年中华人民共和国行政区划代码》中的县级行政区名称，而没有对应的分县主要土壤类型与土壤剖面点分布图地域名的分县，表示该县级行政区无土壤剖面数据，未纳入分县目录。

* 在附录1中，凡分县主要土壤类型与土壤剖面点分布图地域名表示为"市辖区"的地域，均指在全国第二次土壤普查中，在城市中心区及近郊区完成的采样调查和制图。此时，县级行政区名称与分县主要土壤类型与土壤剖面点分布图地域名不是完全的对应关系。如梧州市市辖区主要土壤类型与土壤剖面点分布图代表土壤调查中梧州市城区及近郊区的土壤分布状况，此时将"市辖区"作为这一节的标题。

附录2 专题图基础地理要素图例

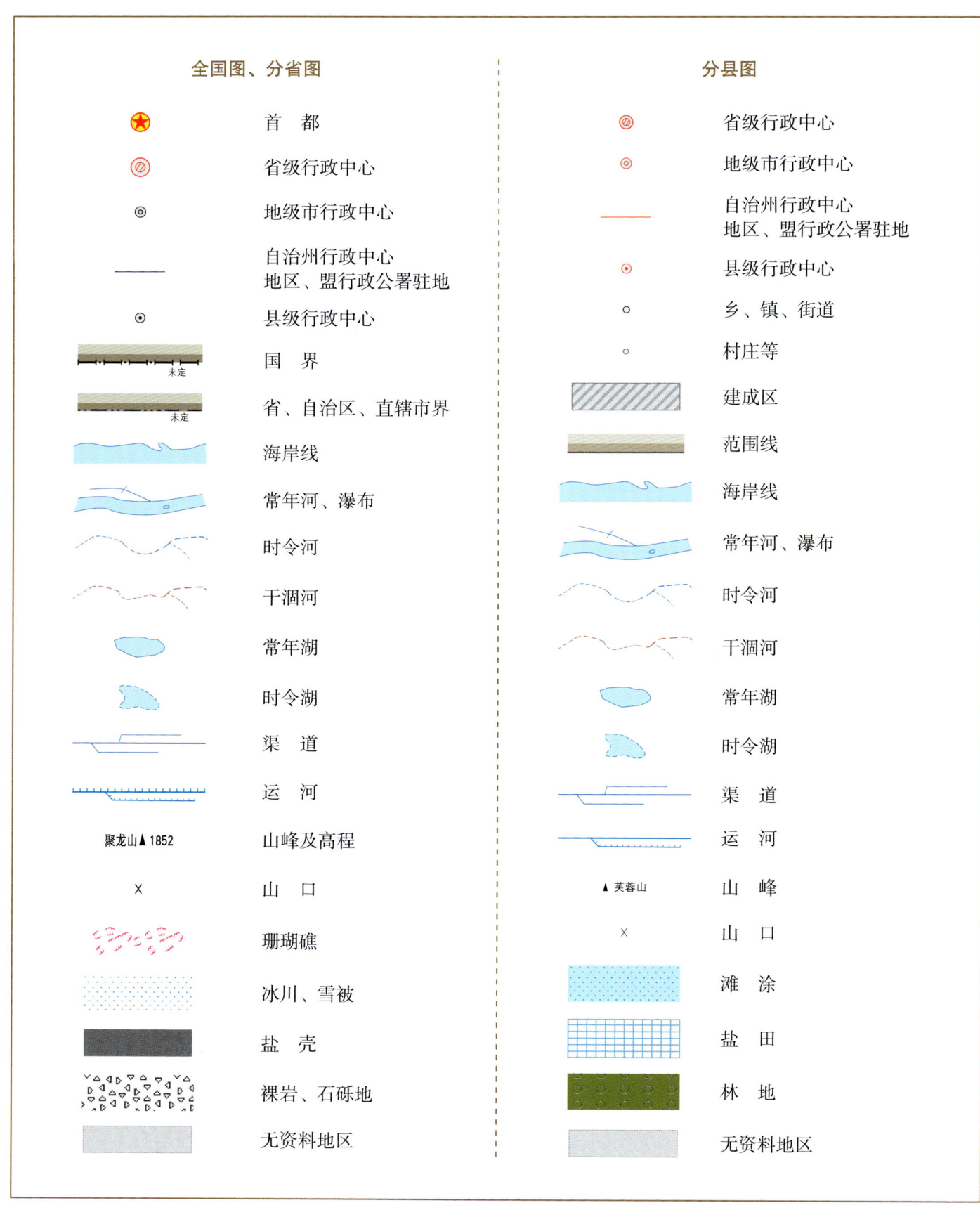

附录3　土壤图土类图例

图例	土类名	色码（RGB）	色码（CMYK）	图例	土类名	色码（RGB）	色码（CMYK）
	砖红壤	253, 139, 149	0, 56, 26, 0		棕钙土	250, 221, 212	2, 17, 13, 0
	赤红壤	253, 160, 170	0, 47, 17, 0		灰钙土	230, 214, 165	11, 15, 40, 1
	红　壤	252, 199, 209	1, 29, 6, 0		灰漠土	246, 237, 182	4, 6, 36, 0
	黄　壤	250, 238, 14	2, 5, 92, 0		灰棕漠土	232, 207, 118	8, 19, 62, 1
	黄棕壤	247, 231, 171	3, 9, 40, 0		棕漠土	238, 220, 86	5, 12, 76, 1
	黄褐土	249, 236, 121	2, 5, 64, 0		黄绵土	249, 223, 2	1, 13, 93, 0
	棕　壤	238, 218, 147	6, 14, 50, 1		红黏土	247, 149, 143	1, 52, 33, 0
	暗棕壤	226, 181, 98	9, 33, 68, 2		新积土	184, 199, 156	30, 11, 44, 2
	白浆土	223, 226, 205	15, 7, 22, 0		龟裂土	254, 252, 55	0, 7, 86, 0
	棕色针叶林土	206, 169, 142	18, 35, 40, 4		风沙土	242, 242, 180	6, 2, 39, 0
	灰化土	183, 169, 182	31, 31, 16, 4		石灰（岩）土	176, 175, 85	28, 21, 75, 9
	漂灰土*	220, 219, 162	15, 9, 44, 1		火山灰土	223, 167, 170	11, 41, 19, 2
	燥红土	250, 161, 9	0, 46, 95, 0		紫色土	199, 177, 221	28, 31, 0, 0
	褐　土	225, 201, 153	12, 21, 43, 1		磷质石灰土	240, 250, 156	7, 1, 51, 0
	灰褐土	228, 219, 186	12, 12, 30, 0		石质土	171, 181, 150	35, 18, 43, 5
	黑　土	142, 164, 151	46, 21, 38, 8		粗骨土	196, 187, 132	23, 21, 53, 4
	灰色森林土	162, 178, 175	40, 19, 27, 4		草甸土	128, 171, 117	51, 14, 63, 7

续表

图例	土类名	色码（RGB）	色码（CMYK）	图例	土类名	色码（RGB）	色码（CMYK）
	黑钙土	230, 188, 50	6, 30, 88, 1		潮 土	169, 219, 118	34, 1, 68, 0
	栗钙土	214, 195, 161	17, 22, 37, 2		砂姜黑土	191, 202, 188	29, 13, 26, 1
	栗褐土	240, 213, 157	5, 18, 43, 1		林灌草甸土	171, 191, 44	31, 12, 93, 5
	黑垆土	201, 204, 125	22, 12, 60, 3		山地草甸土	132, 184, 161	52, 9, 42, 3
	沼泽土	144, 183, 212	49, 14, 8, 2		灌漠土	158, 184, 110	39, 12, 67, 6
	泥炭土	150, 140, 173	46, 41, 10, 6		草毡土	150, 172, 169	45, 20, 29, 6
	草甸盐土	222, 145, 201	21, 49, 0, 0		黑毡土	129, 157, 106	48, 19, 63, 14
	滨海盐土	232, 206, 217	10, 22, 5, 0		寒钙土	198, 214, 203	26, 8, 21, 1
	酸性硫酸盐土	187, 159, 184	29, 38, 9, 3		冷钙土	194, 194, 96	23, 15, 72, 5
	漠境盐土	209, 130, 159	16, 58, 11, 3		冷棕钙土	183, 186, 169	31, 20, 32, 3
	寒原盐土	187, 159, 184	29, 38, 9, 3		寒漠土	235, 223, 181	9, 12, 33, 0
	碱 土	227, 211, 211	13, 18, 11, 0		冷漠土	223, 197, 102	11, 22, 68, 2
	水稻土	107, 176, 107	59, 9, 72, 3		寒冻土	196, 171, 79	19, 29, 77, 8
	灌淤土	136, 146, 47	38, 24, 90, 21				

注：* 漂灰土，《中国土壤分类与代码》（GB/T 17296—2009）中无此土类，在全国第二次土壤普查中完成的中国1:100万土壤图和分县土壤图中含漂灰土，主要分布于西藏自治区南部，总面积约为112 km²。

附录 4 中国主要土壤类型简表

土纲名[1]	土类名[2]	主要成土条件及特征[3]	分布区域	WRB 土组名[4]	MR[5]/%	百分比[6]/%
铁铝土纲 Ferrallisols	砖红壤 Latosols	热带雨林或季雨林下，强烈脱硅富铝化，游离铁占全铁的80%，土壤呈砖红色，具A–Bs–Bv–C剖面构型	海南、广东等	Acrisols	29	0.46
	赤红壤 Latosolic red soils	南亚热带季雨林下，脱硅富铝化程度次于砖红壤、强于红壤，铁的游离度介于二者之间，土壤呈赤红色，具A–Bs–C剖面构型	广东、云南、广西、福建等	Acrisols	40	2.23
	红壤 Red soils	中亚热带常绿阔叶林下，中度脱硅富铝化，具有深厚红色土层，具A–Bs–Bv或A–Bs–C剖面构型	南部的江西、福建、湖南等	Cambisols	35	6.79
	黄壤 Yellow soils	亚热带湿润气候条件下，多见于海拔700—1200m的山区，中度富铝化，土壤有机质累积较多，土壤呈黄色，具O–A–AB–B–C剖面构型	贵州、四川、云南、西藏、台湾等	Cambisols	45	2.65
淋溶土纲 Alfisols	黄棕壤 Yellow-brown soils	北亚热带暖湿落叶阔叶林下，弱度富铝化，母质多为砂页岩及花岗岩风化物，黏化特征明显，土壤呈黄棕色，具A–B–C或A–(B)–C剖面构型	长江中下游沿江低山丘陵区，以及云南、贵州、四川、陕西、西藏等	Cambisols	39	2.37
	黄褐土 Yellow-cinnamon soils	北亚热带地区，黄土状母质，无游离碳酸钙，黏化淀积明显，土壤呈灰黄棕色，具A–B–C或A–Bt–C剖面构型	河南、安徽面积最大，陕南、鄂北、江苏、川东北、江西等地也有分布	Luvisols	58	0.59
	棕壤 Brown soils	湿润暖温带地区，处于硅铝风化阶段，盐基已淋失，土体见黏粒淀积，土壤呈棕色，具O–A–Bt–C剖面构型	辽东至苏北低山丘陵，以及内蒙古、河南、西藏、云南、湖北等地的山地垂直带	Luvisols	51	2.73
	暗棕壤 Dark brown soils	湿润温带地区，针阔叶混交林下，弱酸性淋溶，有机质富集明显，土体B层呈棕色，具O–A–B–C剖面构型	黑龙江、吉林、内蒙古等	Cambisols	48	4.12

续表

土纲名[1]	土类名[2]	主要成土条件及特征[3]	分布区域	WRB 土组名[4]	MR[5]/%	百分比[6]/%
淋溶土纲 Alfisols	白浆土 Bleached baijiang soils	湿润温带平缓岗地森林草原下，上层土壤周期性滞水，还原铁、锰，漂洗形成灰黄色至灰白色白浆土层 E，具 Ah–E–Bt–C 剖面构型	黑龙江、吉林等	Luvisols	46	0.49
	棕色针叶林土 Brown coniferous forest soils	寒温带针叶林下，酸性淋溶，表层盐基饱和度降低，B 层呈棕色，具 O–A–AB–B–C 剖面构型	内蒙古、黑龙江、四川、云南、吉林、新疆等	Cambisols	47	1.15
	灰化土 Podzolic soils	寒冷湿润针叶林下，表层有机质层深厚，强烈淋溶和 SiO_2 淀积形成灰化层 A_2，具 A_1–A_2–B–BC 剖面构型	西藏	Podzols	100	<0.01
半淋溶土纲 Semi-alfisols	燥红土 Torrid red soils	热带、亚热带干旱河谷与雨区稀树草原下形成的盐基饱和的红色土壤，具 A–B–C（D）剖面构型	海南、贵州、云南、四川等	Luvisols	100	0.08
	褐土 Cinnamon soils	暖温带半湿润，黏化与钙质淋移淀积，盐基饱和，B 层呈棕褐色，具 A–B–Bk–C 剖面构型	河北、山西、北京等	Cambisols	48	2.88
	灰褐土 Gray-cinnamon soils	温带干旱、半干旱山地云冷杉下，腐殖质累积与钙积作用明显，弱黏淀特征，具 Ao–A–B–C 剖面构型	甘肃、内蒙古、新疆、西藏、青海、宁夏等地的山地垂直带	Cambisols	43	0.65
	黑土 Black soils	温带半湿润草甸草原下，具深厚的腐殖质层，无石灰性的黑色土壤，底层轻度淋溶，具 A–ABh–BhC–C 剖面构型	东北平原	Phaeozems	31	0.68
	灰色森林土 Gray forest soils	温带森林植被下，腐殖质层深厚，弱度淋溶，剖面下部见硅粉，具 O–A–AB 或（B）–BC–C 剖面构型	内蒙古、新疆、河北	Phaeozems	77	0.34
钙层土 Pedocals	黑钙土 Chernozems	温带半湿润草甸草原下，具深厚的腐殖质层、碳酸钙淋溶淀积层	内蒙古、新疆、吉林、黑龙江、青海、甘肃	Chernozems	50	1.51
	栗钙土 Castanozems	温带半干旱草原下，具有栗色腐殖质层和灰白色钙积层	内蒙古、新疆、河北、山西、吉林等	Kastanozems	61	4.18
	栗褐土 Castano-cinnamon soils	暖温带半干旱草原及灌木下，弱度黏化和弱度淋溶，通体有石灰反应	山西、内蒙古、河北	Cambisols	40	0.47
	黑垆土 Dark loessial soils	黄土高原上，由黄土母质发育，有机质含量低，腐殖质层深厚，无明显黏化层	甘肃面积最大，其次为陕北和宁南地区	Cambisols	59	0.21
干旱土 Aridisols	棕钙土 Brown caliche soils	温带干旱草原向荒漠过渡区，具浅棕色薄腐殖质层、灰白色薄钙层，钙积层接近地表	内蒙古、甘肃、青海、新疆	Cambisols	36	2.81
	灰钙土 Sierozems	暖温带干旱草原下，母质多为黄土，低腐殖质、弱淋溶，具腐殖质层和钙积层	甘肃、宁夏、新疆、青海、内蒙古、陕西	Cambisols	63	0.50

续表

土纲名[1]	土类名[2]	主要成土条件及特征[3]	分布区域	WRB 土组名[4]	MR[5]/%	百分比[6]/%
漠土 Desert soils	灰漠土 Gray desert soils	温带干旱漠境边缘区	宁夏、内蒙古、甘肃、新疆等	Cambisols	44	0.72
	灰棕漠土 Gray-brown desert soils	温带干旱中心	新疆、内蒙古等	Cambisols	78	3.11
	棕漠土 Brown desert soils	暖温带极干旱漠境中心	新疆、甘肃等	Cambisols	65	2.69
初育土 Amorphic soils	黄绵土 Loessial soils	黄土高原上，由黄土母质直接翻耕形成，具 A-C 剖面构型	陕西、甘肃、山西、宁夏等	Cambisols	33	1.97
	红黏土 Red primitive soils	由第三纪红色黏土及部分第四纪老黄土发育	陕西、甘肃、河南、山西、辽宁等	Regosols	48	0.07
	新积土 Neo-alluvial soils	新近冲积、洪积、坡积、塌积或人工堆垫，具 A-C 或（A）-C 剖面构型	全国各地，以吉林、陕西面积最大，其次为黑龙江、宁夏、四川等	Fluvisols	51	0.57
	龟裂土 Takyr	干旱、漠境地区山前细土洪积微弱发育，表层为不规则龟裂结皮	新疆、甘肃、内蒙古、宁夏	Cambisols	72	0.06
	风沙土 Aeolian soils	半干旱、干旱及滨海地区，由风成沙性母质发育	新疆、内蒙古、甘肃、青海等	Arenosols	75	7.03
	石灰（岩）土 Limestone soils	由热带、亚热带石灰岩母质发育	贵州、广西、四川、湖南等	Cambisols	80	1.73
	火山灰土 Volcanic ash soils	由火山喷发碎屑、粉尘状堆积物发育，具 A-C 剖面构型	黑龙江、江苏、海南等	Andosols	53	0.04
	紫色土 Purplish soils	由热带、亚热带紫红色岩层侵蚀发育，土层浅薄，具 A-C 剖面构型	四川、云南、湖南、贵州、广西等	Cambisols	68	2.44
	磷质石灰土 Phospho-calcic soils	热带珊瑚岛礁上，由海鸟粪与珊瑚礁风化物形成	南海的西沙、南沙、东沙、中沙诸岛	Arenosols	81	<0.01
	石质土 Lithosols	石质山地岩石风化残积物，风化层厚度一般小于 10cm，具 A-R 剖面构型	西北和华北山地	Leptosols	100	1.87
	粗骨土 Skeletal soils	基岩风化残积物、坡积物，属于 A-C 或（A）-C 剖面构型	辽宁、内蒙古、山东、浙江等地的河谷阶地、丘陵、低山和中山	Regosols	93	1.76
水成土 Aqueous soils	沼泽土 Bog soils	所处地势低洼，长期地表积水，还原作用形成潜育层 G，泥炭层或腐泥层厚度小于 50cm，具 H-G 剖面构型	黑龙江、青海、内蒙古等地的沟谷、平原河湖滨低洼地区均有分布，主要分布于东北	Gleysols	53	1.53
	泥炭土 Peat soils	泥炭层 H 厚度大于 50cm，其下为潜育层 G，具 H-G 剖面构型	青海、四川、黑龙江、吉林等	Histosols	48	0.06

续表

土纲名[1]	土类名[2]	主要成土条件及特征[3]	分布区域	WRB 土组名[4]	MR[5]/%	百分比[6]/%
半水成土 Semi-aqueous soils	草甸土 Meadow soils	冷湿条件下受地下水浸润并在草甸植被下发育，有明显腐殖质累积，铁、锰氧化还原形成锈纹层 Cu，具 A–Cu 或 A–C–Cu 剖面构型	黑龙江、内蒙古、新疆、四川等	Cambisols	92	3.54
	潮土 Fluvo-aquic soils	河流冲积平原或低平阶地耕作土壤，地下水位高，底土氧化还原交替形成锈纹层 Cu，具 A_{11}–A_{12}–Cu 或 A_{11}–C–Cu 剖面构型	主要分布于黄淮海平原，内蒙古、辽宁、湖北等地的河谷平原，滨湖低地与山间谷地也有分布	Cambisols	85	3.71
	砂姜黑土 Lime concretion black soils	河湖沉积物经脱沼与长期耕作形成，底土见砂姜	主要分布于安徽、河南、山东、江苏等，河北、湖北、广西等地也有分布	Cambisols	79	0.54
	林灌草甸土 Shrubby meadow soils	漠境河谷平原沿河一带的胡杨林下发育，有交替氧化还原作用，具 Ao–AC–C 剖面构型	新疆、内蒙古、甘肃等	Cambisols	87	0.24
	山地草甸土 Mountain meadow soils	中海拔山顶平台草甸植被下发育的薄层土壤，草皮层 As 下见铁锰锈纹、胶膜，具 As–A–C–D 剖面构型	除青藏高原及西北高山区以外，各省、自治区、直辖市均有分布，以西部为多，西南部次之	Cambisols	60	0.04
盐碱土 Alkali-saline soils	草甸盐土 Meadow solonchaks	草甸土、潮土、沼泽土地区，盐分累积量大于 6g/kg，有盐化表土层 Az，具 Az–C 剖面构型	从长江口到松辽平原均有分布	Solonchaks	55	1.21
	滨海盐土 Coastal solonchaks	母质为滨海沉积物，盐分来自海水和高矿化潜水，通常含盐量为 10g/kg，具 Az–Cz 剖面构型	山东、浙江、福建等沿海地区	Solonchaks	47	0.31
	酸性硫酸盐土 Acid sulphate soils	热带、南亚热带滨海低平原的海潮可及处，红树林残体形成的硫化物经氧化形成硫酸，土壤呈强酸性	海南、广东、广西、福建、台湾等	Solonchaks	36	<0.01
	漠境盐土 Desert solonchaks	极端干旱的漠境条件，含盐量通常在 100g/kg 以上	新疆、青海、甘肃等	Solonchaks	50	0.31
	寒原盐土 Frigid plateau solonchaks	青藏高寒地区退缩内陆湖盆、河间洼地	西藏	Solonchaks	88	0.10
	碱土 Solonetzes	碱化度（交换性钠占阳离子交换量百分比）大于 20%	零星分布于东北、华北、西北的内陆地区	Solonetz	50	0.06
人为土 Anthrosols	水稻土 Paddy soils	长期季节性淹灌、排水，水下翻耕，氧化还原交替，形成多种发生层分异：淹育层 Aa、犁底层 Ap、渗育层 P、潴育层 W 与潜育层 G	全国各地，以四川、江西、湖南等地面积为大	Anthrosols	83	4.93
	灌淤土 Irrigated warped soils	引用高泥沙含量灌溉水淤灌，加厚土层大于 50cm	新疆、宁夏、甘肃、河北、青海、西藏等	Anthrosols	70	0.22

续表

土纲名[1]	土类名[2]	主要成土条件及特征[3]	分布区域	WRB 土组名[4]	MR[5]/%	百分比[6]/%
人为土 Anthrosols	灌漠土 Irrigated desert soils	干旱荒漠地区，坎儿井水长期耕灌	新疆、甘肃、宁夏、青海等地的荒漠绿洲地带	Anthrosols	68	0.12
高山土 Alpine soils	草毡土 Felty soils	高寒区平缓高原面上，强度生草腐殖质累积与弱度氧化还原形成草毡层	青海、西藏、四川、新疆等	Cambisols	69	5.46
	黑毡土 Dark felty soils	高寒区略较温湿的原面上，草毡层初步分解，色泽较暗，有机质含量较高	西藏、四川、新疆、甘肃等	Cambisols	61	2.73
	寒钙土 Frigid calcic soils	高寒半干旱区，弱度腐殖质累积，底层积钙	西藏、青海、新疆、甘肃等	Calcisols	70	7.88
	冷钙土 Cold calcic soils	高寒区冷凉半干旱原面下，具弱腐殖质累积与钙积特征	新疆、西藏、甘肃等	Cambisols	45	1.43
	冷棕钙土 Cold brown calcic soils	高寒区温凉的半干旱河谷处，土壤弱腐殖质累积，弱度淋溶与积钙	西藏	Cambisols	67	0.09
	寒漠土 Frigid desert soils	高寒干旱条件下成土	青藏高原西北部海拔4000m以上地区，涉及新疆、四川、西藏、青海等	Cryosols	87	0.29
	冷漠土 Cold desert soils	亚高山冷凉干旱条件下成土	西藏海拔4500m以下的湖盆、河谷及山地中下部	Cambisols	42	0.03
	寒冻土 Frigid frozen soils	高山冰川冰缘地带条件下，以物理风化为主	青藏高原冰缘地区，涉及新疆、西藏、甘肃等	Leptosols	100	3.23

注：1）中国土壤分类系统中土纲名及土纲英译名。
2）中国土壤分类系统中土类名及土类英译名。
3）本栏所用土层及后缀代码释义。
　　自然土壤：A 表土层，As 草根层、草毡层，A_2 灰化层，B 母质特征消失的表下层，C 受成土作用影响小的母质层，D 未受成土作用影响的碎屑层，R 坚硬岩石层，E 漂白层、白浆层，H 泥炭状有机质层，Hi 纤维状泥炭层，He 半分解泥炭层，O 凋落物有机质层。
　　旱地土壤：A_{11} 旱耕层，A_{12} 亚耕层，C_1 心土层，C_2 底土层。
　　水田土壤：Aa 耕作层（淹育层），Ap 犁底层（淹育层），P 渗育层，W 潴育层，G 潜育层，Gw 脱潜层，M 腐泥层。
　　土层后缀代码：d 漂灰特征，c 铁结核或硬结核，f 冰冻特征，h 有机质淀积，k 石灰聚积，n 碱化特征，q 硅聚积，t 黏粒淀积，v 网纹特征，x 脆盘，z 易溶盐聚积，su 硫化物聚积，b 埋藏或重叠，e 漂洗特征，g 潜育特征，i 弱分解有机质，m 胶结或固结，p 人工扰动，s 三氧化二物聚积，u 锈色斑纹，w 色泽或结构发育，y 石膏聚积，mo 铁锰胶膜。
4）世界土壤资源参比基础（world reference base for soil resources，WRB）工作组发布土组名，WRB 土组划分原则与中国土壤分类系统中土纲接近。
5）WRB 土组对中国土壤分类系统中各土类的最大可参比性（maximum referencibility，MR）。
6）该土类面积占各土类总面积的百分比。

附录5　广西壮族自治区主要土壤类型表

土纲名[1]	土类名[2]	WRB 土组名[3]	MR[4]/%	百分比[5]/%
铁铝土纲 Ferrallisols	砖红壤 Latosols	Acrisols	29	1.5
	赤红壤 Latosolic red soils	Acrisols	40	23.2
	红壤 Red soils	Cambisols	35	28.7
	黄壤 Yellow soils	Cambisols	45	5.9
淋溶土纲 Alfisols	黄棕壤 Yellow-brown soils	Cambisols	39	0.5
初育土 Amorphic soils	红黏土 Red primitive soils	Regosols	48	0.3
	新积土 Neo-alluvial soils	Fluvisols	51	0.2
	石灰（岩）土 Limestone soils	Cambisols	80	17.3
	紫色土 Purplish soils	Cambisols	68	4.8
	粗骨土 Skeletal soils	Regosols	93	4.1
半水成土 Semi-aqueous soils	潮土 Fluvo-aquic soils	Cambisols	85	0.2
盐碱土 Alkali-saline soils	滨海盐土 Coastal solonchaks	Solonchaks	47	0.1
人为土 Anthrosols	水稻土 Paddy soils	Anthrosols	83	11.0

注：1）中国土壤分类系统中土纲名及土纲英译名。
2）中国土壤分类系统中土类名及土类英译名。
3）世界土壤资源参比基础（world reference base for soil resources，WRB）工作组发布土组名，WRB 土组划分原则与中国土壤分类系统中土纲接近。
4）WRB 土组对中国土壤分类系统中各土类的最大可参比性（maximum referencibility，MR）。
5）该土类占广西壮族自治区区域面积百分比，土类面积不足本自治区区域面积0.05%的土类未列入本表。

附录6　分省土壤有机质含量图有机质含量分级图例

图例	分级序号	色码（CMYK）	色码（RGB）	图例	分级序号	色码（CMYK）	色码（RGB）
	1	2, 2, 17, 0	255, 255, 220		8	38, 0, 74, 0	157, 218, 104
	2	4, 1, 35, 0	248, 255, 190		9	42, 0, 80, 0	146, 210, 90
	3	8, 0, 47, 0	238, 255, 165		10	48, 1, 85, 0	132, 200, 80
	4	17, 0, 53, 0	220, 249, 150		11	52, 4, 89, 1	123, 190, 70
	5	23, 0, 60, 0	203, 242, 135		12	54, 11, 94, 3	115, 175, 55
	6	28, 0, 62, 0	185, 235, 130		13	61, 18, 98, 7	92, 158, 37
	7	34, 0, 68, 0	169, 225, 118		14	64, 24, 100, 15	70, 138, 20

附录7 广西壮族自治区典型剖面0—20cm土层土壤理化性状中位数与平均数

土壤理化性状[1]	广西壮族自治区[2]			华南地区[3]			全国[4]		
	中位数	平均数	样本量*	中位数	平均数	样本量*	中位数	平均数	样本量*
有机质 /（g/kg）	25.6	28.4	1992	23.0	25.5	6847	18.6	25.4	53243
pH	6.1	6.1	2493	5.6	5.8	7285	6.8	6.8	54014
全氮 /（g/kg）	1.39	1.56	1966	1.15	1.29	6833	1.06	1.37	49409
全磷 /（g/kg）	0.46	0.63	1950	0.34	0.48	6490	0.60	0.78	50185
全钾 /（g/kg）	11.1	11.9	1949	14.0	15.2	6145	18.0	17.5	29736
碱解氮 /（mg/kg）	100	106	65	100	111	1941	90	114	19316
有效磷 /（mg/kg）	4.0	6.3	354	3.4	6.4	3668	4.4	7.5	23100
速效钾 /（mg/kg）	48	61	379	48	64	3735	90	110	23841
阳离子交换量 /（cmol/kg）	9.7	11.4	203	8.3	9.0	1229	13.1	14.8	22361

注：1）土壤全氮、全磷、全钾、碱解氮、有效磷、速效钾含量均以N、P、K纯养分量计。
　　2）本卷收录的广西壮族自治区典型土壤剖面共计2638个。通过对剖面数据的土层厚度转换，附录7给出了这些典型剖面0—20cm土层土壤理化性状中位数与平均数。全国第二次土壤普查剖面采样为典型土类采样，而非网格化采样。0—20cm土层土壤理化性状中位数与平均数不代表本自治区土壤理化性状平均状况。但全国第二次土壤普查是我国最早的大样本量调查，附录7所示的0—20cm土层土壤理化性状中位数与平均数对了解广西壮族自治区20世纪80年代土壤肥力性量化指标具有一定参考价值。
　　3）华南地区包括广东、海南、福建和广西4个省、自治区，本数据集收录该地区的剖面共计7781个。
　　4）本数据集全集收录的剖面共计63792个。
　　*样本量的单位为"个"。

附录 8　广西壮族自治区主要土地利用类型 0—30cm 土层土壤有机质含量[1]

土地利用类型	广西壮族自治区		华南地区[2]		全国	
	占自治区区域面积百分比 /%[3]	有机质 / (g/kg)	占地域面积百分比 /%	有机质 / (g/kg)	占地域面积百分比 /%	有机质 / (g/kg)
耕地	13.97	24.36	11.60	21.33	13.52	18.65
园地	7.06	26.51	8.98	19.72	2.13	16.68
林地	67.99	27.13	64.53	24.17	30.04	26.96
草地	1.17	27.50	1.06	24.33	27.97	19.18
湿地	0.54	29.15	1.08	16.29	2.48	17.56

注：1）各土地利用类型 0—30cm 土层土壤有机质含量由本卷编制的广西壮族自治区土壤有机质含量图和自然资源部土地科学数据中心编制的 2019 年 1∶100 万比例尺全国土地利用缩编图通过叠加、计算生成。其中，耕地包括水田、水浇地和旱地；园地包括果园、茶园和其他园地；林地包括有林地、灌木林地和其他林地；草地包括天然牧草地、人工牧草地和其他草地。湿地包括沼泽地、沿海滩涂和内陆滩涂。

2）华南地区包括广东、海南、福建和广西 4 个省、自治区。

3）土地利用类型占自治区区域面积百分比根据第三次全国国土调查发布的 2019 年土地利用现状分类面积汇总数据计算生成。

附录 9 广西壮族自治区耕地、园地、林地和草地中主要土壤类型占比[1]

广西壮族自治区								华南地区[2]								全国							
耕地		园地		林地		草地		耕地		园地		林地		草地		耕地		园地		林地		草地	
土类名	占比/%	土类名	占比/%	土类名	占比/%	土类名	占比/%	土类名	占比/%	土类名	占比/%	土类名	占比/%	土类名	占比/%	土类名	占比/%	土类名	占比/%	土类名	占比/%	土类名	占比/%
水稻土	31.8	红壤	38.0	红壤	32.5	石灰(岩)土	27.2	水稻土	38.3	砖红壤	30.6	红壤	39.4	石灰(岩)土	19.7	水稻土	14.9	水稻土	14.3	红壤	16.7	寒钙土	21.8
赤红壤	29.4	赤红壤	23.7	赤红壤	21.8	粗骨土	19.0	赤红壤	21.9	水稻土	23.8	赤红壤	24.4	粗骨土	13.0	潮土	14.3	红壤	13.1	暗棕壤	10.3	草毡土	14.4
石灰(岩)土	11.8	水稻土	21.5	石灰(岩)土	19.5	黄壤	13.1	红壤	11.3	赤红壤	20.3	水稻土	10.1	红壤	12.3	草甸土	9.1	砖红壤	11.5	黄壤	7.0	栗钙土	9.7
红壤	10.8	石灰(岩)土	8.6	黄壤	7.6	红壤	12.2	砖红壤	9.7	红壤	17.3	石灰(岩)土	9.5	黄壤	10.0	褐土	6.1	褐土	10.5	黄棕壤	6.3	棕钙土	7.4
粗骨土	5.4	紫色土	3.2	水稻土	5.3	黄棕壤	10.0	石灰(岩)土	6.8	石灰(岩)土	2.3	黄壤	7.1	水稻土	9.4	紫色土	4.8	赤红壤	9.6	棕壤	5.8	寒冻土	5.3
紫色土	5.2	粗骨土	2.2	紫色土	4.8	赤红壤	4.8	紫色土	3.5	紫色土	1.5	紫色土	2.7	赤红壤	7.7	红壤	4.7	紫色土	5.6	赤红壤	5.1	风沙土	4.8
砖红壤	2.3	黄壤	1.4	粗骨土	4.0	砖红壤	4.4	粗骨土	3.3	粗骨土	0.8	砖红壤	2.3	黄棕壤	6.8	黑土	3.4	粗骨土	5.0	褐土	4.6	灰棕漠土	4.4
红黏土	0.8	砖红壤	0.3	砖红壤	1.2	紫色土	2.5	风沙土	1.0	黄壤	0.6	粗骨土	2.2	风沙土	5.6	黑钙土	3.2	潮土	4.8	紫色土	4.5	黑钙土	4.0
合计	97.5	合计	98.9	合计	96.7	合计	93.2	合计	95.8	合计	97.2	合计	97.7	合计	84.5	合计	60.5	合计	74.4	合计	60.3	合计	71.8

注:1) 耕地、园地、林地和草地中主要土壤类型占比由本卷编制的广西壮族自治区土壤图和自然资源部土地科学数据中心编制的 2019 年 1:100 万比例尺全国土地利用缩编图通过叠加、计算生成。其中,耕地包括水田、水浇地和旱地;园地包括果园、茶园和其他园地;林地包括有林地、灌木林地和其他林地;草地包括天然牧草地、人工牧草地和其他草地。当某省、某区中某土地利用类型所含土壤类型较多时,本表仅列出占比比较大的土壤类型。

2) 华南地区包括广东、海南、福建和广西 4 个省、自治区。

附录10 《中国土壤剖面数据集》参编单位

国家科技基础性工作专项重点项目"我国1∶5万土壤图籍编撰及高精度数字土壤构建"主持与参加单位	
中国农业科学院农业资源与农业区划研究所	湖南农业大学
中国科学院南京土壤研究所	西北农林科技大学
中国农业科学院农业环境与可持续发展研究所	沈阳大学
中国科学院地理科学与资源研究所	山东省国土测绘院
国家基础地理信息中心	辽宁省基础测绘院
全国农业技术推广服务中心	黑龙江省农业科学院土壤肥料与环境资源研究所
中国农业大学	海南省农业科学院
华中农业大学	上海市农业科学院生态环境保护研究所
中国地质大学(北京)	城信迪赛(北京)科技有限公司
参加数据集各分卷审核和修订工作的单位	
北京市农林科学院植物营养与资源研究所	广西农业科学院农业资源与环境研究所
河北省农林科学院农业资源环境研究所	重庆市农业技术推广总站
山西省农业科学院农业环境与资源研究所	贵州省农业科学院土壤肥料研究所
辽宁省农业科学院植物营养与环境资源研究所	云南省农业科学院农业环境资源研究所
吉林省农业科学院农业资源与环境研究所	甘肃省农业科学院土壤肥料与节水农业研究所
江苏省农业科学院农业资源与环境研究所	青海省农林科学院土壤肥料研究所
福建省农业科学院	宁夏农林科学院农业资源与环境研究所
江西省土壤肥料技术推广站	新疆农业科学院土壤肥料与农业节水研究所
山东省农业科学院农业资源与环境研究所	西藏自治区农牧科学院
湖南省土壤肥料研究所	

续表

参加分县大比例尺纸质土壤图与土种志收集的单位	
北京市耕地建设保护中心	福建省农田建设与土壤肥料技术总站
天津市农田建设管理处	山东省土壤肥料总站
河北省土壤肥料总站	河南省土壤肥料站
山西省耕地质量监测保护中心	湖北省耕地质量与肥料工作总站（湖北省土壤肥料调查测试中心）
内蒙古自治区土壤肥料和节水农业工作站	湖南省土壤肥料工作站
辽宁省土壤肥料总站	广东省农业科学院农业资源与环境研究所
吉林省土壤肥料总站	河池市土壤肥料工作站
黑龙江八一农垦大学	成都土壤肥料测试中心
上海市农业技术推广服务中心	云南省土壤肥料工作站
江苏省农业科学院	陕西省耕地质量与农业环境保护工作站
扬州市土壤肥料站	甘肃省耕地质量建设保护总站
安徽省土壤肥料总站	

注：表中各参编单位仅出现一次，参与多项工作的单位不重复列出。

参考文献

[1] 张维理，徐爱国，张认连，等．土壤分类研究回顾与中国土壤分类系统的修编［J］．中国农业科学，2014，47（16）：3214-3230.

[2] 张维理，KOLBE H，张认连，等．世界主要国家土壤调查工作回顾［J］．中国农业科学，2022，55（18）：3565-3583.

[3] MCBRATNEY A B, MENDONÇA SANTOS M L, MINASNY B. On digital soil mapping［J］. Geoderma, 2003（117）: 3-52.

[4] USDA. Natural Resources Conservation Service［EB/OL］. Soils National Soil Information System（NASIS）［2021-12-01］. http://www.nrcs.usda.gov/wps/portal/nrcs/detail/soils/survey/cid=nrcs142p2_053552.

[5] CSIRO Land and Water. Australian Soil Resource Information System（ASRIS）［EB/OL］.［2021-12-01］. http://www.asris.csiro.au/asris.

[6] European Soil Data Centre［EB/OL］.［2021-12-01］. http://eusoils.jrc.ec.europa.eu/.

[7] 全国土壤普查办公室．全国第二次土壤普查暂行技术规程［M］．北京：农业出版社，1979.

[8] 张维理，张认连，徐爱国，等．中国1∶5万比例尺数字土壤的构建［J］．中国农业科学，2014，47（16）：3195-3213.

[9] 张维理，傅伯杰，徐爱国，等．中国土壤调查结果的地统计特征［J］．中国农业科学，2022，55（13）：2572-2583.

[10] 张维理．海量空间数据提取、整合与制图表达方法概要［J］．中国农业科学，2014，47（16）：3231-3249.

[11] 张维理．智能化海量空间信息分析与地图制图软件包IMAT设计及构建［J］．中国农业科学，2014，47（16）：3250-3263.

[12]《第一次全国地理国情普查地图集》编纂委员会．第一次全国地理国情普查地图集［M］．北京：中国地图出版社，2019.

[13] 中国地图出版社．中国地图集［M］．3版．北京：中国地图出版社，2022.

[14] 全国土壤质量标准化技术委员会．土壤制图 1∶25 000 1∶50 000 1∶100 000 中国土壤图用色和图例规范：GB/T 36501—2018［S］．北京：中国标准出版社，2018.

[15] 张维理，KOLBE H，张认连．土壤有机碳作用及转化机制研究进展［J］．中国农业科学，2020，53（2）：317-331.

[16] 周北燕，石家星．中华人民共和国地形图［M］．北京：中国地图出版社，2009.

[17]《中华人民共和国气候图集》编委会．中华人民共和国气候图集［M］．北京：气象出版社，2002.

[18] 中国标准化与信息分类编码研究所，全国农业技术推广服务中心．中国土壤分类与代码：GB/T 17296—1998［S］.

[19] 中国标准研究中心．中国土壤分类与代码：GB/T 17296—2000［S］.

[20] 全国信息分类编码标准化技术委员会．中国土壤分类与代码：GB/T 17296—2009［S］．北京：中国标准出版社，2009.

[21] ISSS, ISRIC, FAO. World Reference Base for Soil Resources. Wageningen/Rome, 1998.

［22］SHI X Z，YU D S，XU S X，et al. Cross-reference for relating Genetic Soil Classification of China with WRB at different scales［J］. Geoderma，2010（155）：344-350.
［23］全国土壤普查办公室. 中国土种志　第一卷［M］. 北京：中国农业出版社，1993.
［24］全国土壤普查办公室. 中国土种志　第二卷［M］. 北京：中国农业出版社，1994.
［25］全国土壤普查办公室. 中国土种志　第三卷［M］. 北京：中国农业出版社，1994.
［26］全国土壤普查办公室. 中国土种志　第四卷［M］. 北京：中国农业出版社，1995.
［27］全国土壤普查办公室. 中国土种志　第五卷［M］. 北京：中国农业出版社，1995.
［28］全国土壤普查办公室. 中国土种志　第六卷［M］. 北京：中国农业出版社，1996.
［29］全国土壤普查办公室. 中国土壤［M］. 北京：中国农业出版社，1998.